精通 Android 实例开发

陈强◆编著

人民邮电出版社
北京

图书在版编目（CIP）数据

精通Android实例开发 / 陈强编著. — 北京 : 人民邮电出版社, 2015.11
ISBN 978-7-115-40097-0

Ⅰ. ①精… Ⅱ. ①陈… Ⅲ. ①移动终端—应用程序—程序设计 Ⅳ. ①TN929.53

中国版本图书馆CIP数据核字(2015)第193183号

内 容 提 要

本书以 200 多个经典应用范例的实现过程，详细讲解了开发各类 Android 应用程序的方法和技巧。本书共计 17 章，从 UI 界面布局实战开始讲起，依次讲解了基本控件应用、事件处理实战、界面显示实战、文件操作和数据存储实战、电话和短信实战，二维/三维图形、渲染和动画实战、网络应用、视频和音频应用、手机游戏应用、移动 Web 应用、Google API 服务等内容。在讲解每一个范例时，都遵循了理论联系实际的讲解方式，详细讲解了实例必备的理论知识。本书几乎涵盖了所有 Android 应用项目开发的主要内容，讲解方法通俗易懂，特别有利于初学者学习。

本书适合 Android 应用开发者、具备 Android 初/中级知识的读者、Android 爱好者，也可以作为相关培训学校和大专院校相关专业的教学用书。

◆ 编　　著　陈　强
责任编辑　张　涛
责任印制　张佳莹　焦志炜

◆ 人民邮电出版社出版发行　　北京市丰台区成寿寺路 11 号
邮编　100164　　电子邮件　315@ptpress.com.cn
网址　http://www.ptpress.com.cn
固安县铭成印刷有限公司印刷

◆ 开本：787×1092　1/16
印张：50　　　　2015 年 11 月第 1 版
字数：1376 千字　　　　2024 年 7 月河北第 3 次印刷

定价：99.00 元（附光盘）

读者服务热线：(010)81055410　印装质量热线：(010)81055316
反盗版热线：(010)81055315
广告经营许可证：京东市监广登字20170147号

前　　言

经过几年的发展，Android 系统已经从最初的智能电话领域逐渐进入教育、医疗、军事、汽车、家居等重要领域。目前，已有众多设备开始选择使用 Android 系统，比如智能手机、智能电视、平板电脑、智能相机等。

此外，Android 平台不仅支持 Java、C、C++等主流编程语言，还支持 Ruby、Python 等脚本语言，甚至 Google 专为 Android 的应用开发推出了 Simple 语言，这使得 Android 有着非常广泛的开发群体。

本书特色

本书内容丰富，实例内容覆盖全面。我们的目标是通过一本书提供多本图书的价值，读者可以根据自己的需要有选择地阅读。在内容的编写上，本书具有以下特色。

（1）实例全面

无论是 UI 应用还是控件、游戏、网络、多媒体、地图定位、平板电脑开发、优化和创意开发等，几乎涵盖了所有的 Android 应用领域，每个实例讲解详细，让读者真正明白具体原理和具体实现。

（2）结构合理

从用户的实际需要出发，科学安排知识结构，内容由浅入深，叙述清楚。全书精心筛选的最具代表性、读者最关心的典型知识点，几乎包括 Android 技术的各个方面。

（3）易学易懂

本书条理清晰、语言简洁，可帮助读者快速掌握每个知识点。使读者既可以按照本书编排的章节顺序进行学习，也可以根据自己的需求对某一章节进行有针对性学习。

（4）实用性强

本书彻底摒弃枯燥的理论和简单的操作，注重实用性和可操作性，详细讲解了各个部分的实践知识，使用户掌握相关的操作技能的同时，还能学习到相应的基础知识。

本书版本

2014 年 10 月 15 日，谷歌 I/O 大会在旧金山开幕，会上谷歌发布了 Anroid 5.0 系统。本书的内容以新版本 Android 5.0 为基础，并且兼容了 Android 4.4 及其以前的版本，详细讲解了 Android 应用开发的基本知识。

本书答疑和源程序下载网站：www.toppr.net。

读者对象

本书的读者对象包括：

- 初学编程的自学者；
- 大中专院校师生；

- 毕业设计阶段的学生；
- 编程爱好者；
- 相关培训机构的老师和学员；
- 从事 Android 开发的程序员。

在编写过程中，得到了人民邮电出版社工作人员的大力支持，正是各位编辑的求实、耐心和效率才使本书快速出版。另外，也十分感谢我的家人，在我写作的时候给予了我巨大的支持。本人水平毕竟有限，书中如有纰漏和不尽如人意之处在所难免，诚请读者提出意见或建议，以便修订并使之更臻完善，编辑联系邮箱：zhangtao@ptpress.com.cn。

编　者

目　录

第 1 章　正式开发前的准备……1

1.1　Windows 下安装 Java 环境 JDK……1

1.1.1　实例说明……1

1.1.2　具体实现……2

1.1.3　特别提醒——检测是否安装成功……3

1.2　在 Windows 环境下安装 Eclipse……4

1.2.1　实例说明……4

1.2.2　具体实现……4

1.2.3　特别提醒——为 Eclipse 建立快捷方式……5

1.3　在 Windows 环境下集成安装 Eclipse 和 Android SDK……6

1.3.1　实例说明……6

1.3.2　具体实现……6

1.3.3　特别提醒——不同的 SDK 版本……8

1.4　在 Windows 环境下安装 ADT……8

1.4.1　实例说明……8

1.4.2　具体实现……8

1.4.3　特别提醒——不用担心安装过程慢……9

1.5　将 Android SDK 和 Eclipse 相关联……9

1.5.1　实例说明……10

1.5.2　具体实现……10

1.5.3　特别提醒——不关联启动 SDK 的方法……10

1.6　验证 Android 开发环境……10

1.6.1　实例说明……11

1.6.2　具体实现……11

1.6.3　特别提醒——快速运行 Android 的诀窍……11

1.7　使用 CMD 方式创建 Android 虚拟设备……12

1.7.1　实例说明……12

1.7.2　具体实现……12

1.7.3　特别提醒……13

1.8　使用图形界面方式创建 AVD 模拟器……14

1.8.1　实例说明……14

1.8.2　具体实现……14

1.8.3　特别提醒——删除/修改 AVD……15

1.9　手动更新 Android SDK……16

1.9.1　实例说明……16

1.9.2　具体实现……16

1.9.3　特别提醒——自定义选择安装的 SDK……18

1.10　单独下载的方式来更新 Android SDK……18

1.10.1　实例说明……19

1.10.2　具体实现……19

1.10.3　特别提醒——快速安装 Android SDK 的诀窍……19

1.11　在 Linux 环境下搭建 Android 平台……19

1.11.1　实例说明……19

1.11.2　具体实现……20

1.11.3　特别提醒……20

1.12　苹果 Mac 环境下搭建 Android 平台……21

1.12.1　实例说明……21

1.12.2　具体实现……21

1.12.3　特别提醒——都是一个原理……22

1.13　搭建过程中的常见错误……22

1.13.1　实例说明……23

1.13.2　最常见的 3 个错误……23

1.13.3　特别提醒——其他错误……24

1.14　第一个 Android 程序……25

1.14.1　实例说明……26

1.14.2　具体实现……26

1.14.3　特别提醒——解决模拟器运行时间长而引发的错误……27

1.15　向 Eclipse 中导入 Android 程……28

1.15.1　实例说明……28

1.15.2　具体实现……28

1.15.3　特别提醒——一次向 Eclipse 中导入多个 Android 程序……29

1.16　断点调试 Android 程序……30

1.16.1　实例说明……30

1.16.2　具体实现……30

1.16.3　特别提醒——其他调试方法……31

第 2 章　界面布局……32

2.1　使用线性布局（LinearLayout）……32

2.1.1　实例说明……32

2.1.2 具体实现 32
2.1.3 特别提醒——布局类型的继承 33
2.2 使用相对布局（Relative Layout） 34
2.2.1 实例说明 34
2.2.2 具体实现 34
2.2.3 特别提醒——RelativeLayout效果结构 35
2.3 使用表格布局（Table Layout） 36
2.3.1 实例说明 36
2.3.2 具体实现 36
2.3.3 特别提醒——使用表格布局的注意事项 37
2.4 使用绝对布局（AbsoluteLayout） 37
2.4.1 实例说明 37
2.4.2 具体实现 37
2.4.3 特别提醒——为什么不推荐使用 AbsoluteLayout 37
2.5 使用标签布局（TabLayout） 38
2.5.1 实例说明 38
2.5.2 具体实现 38
2.5.3 特别提醒——计算器的升级理念 39
2.6 使用层布局（FrameLayout） 39
2.6.1 实例说明 39
2.6.2 具体实现 39
2.6.3 特别提醒——层与层的覆盖 40
2.7 演示 Layout 布局的综合应用 40
2.7.1 实例说明 40
2.7.2 具体实现 40
2.7.3 特别提醒——设置的图片不能太大 44
2.8 创建一个桌面组件 Widget 45
2.8.1 实例说明 45
2.8.2 具体实现 45
2.8.3 特别提醒——其他的实例 45
2.9 在屏幕中实现一个按钮效果 45
2.9.1 实例说明 45
2.9.2 具体实现 46
2.9.3 特别提醒——更加漂亮的按钮 46
2.10 在屏幕中显示文字 47
2.10.1 实例说明 47
2.10.2 具体实现 47
2.10.3 特别提醒——Color 属性代表的颜色 49
2.11 设置手机屏幕中的字体 49
2.11.1 实例说明 49
2.11.2 具体实现 50
2.11.3 特别提醒——更改 TextView 文字的颜色 51
2.12 在屏幕中显示编辑框 51
2.12.1 实例说明 51
2.12.2 具体实现 51
2.12.3 特别提醒——限制文本框中文字字数 52
2.13 在屏幕中显示复选框 53
2.13.1 实例说明 54
2.13.2 具体实现 54
2.14.3 特别提醒——RadioButton（单选框）控件 54
2.14 在屏幕中显示单选框 55
2.14.1 实例说明 55
2.14.2 具体实现 55
2.14.3 特别提醒——按钮的不同状态 55
2.15 在屏幕中显示下拉列表框 56
2.15.1 实例说明 56
2.15.2 具体实现 56
2.15.3 特别提醒——Spinner 的属性和方法 58
2.16 在屏幕中实现自动输入文本效果 58
2.16.1 实例说明 58
2.16.2 具体实现 58
2.16.3 特别提醒——下拉框的雾化效果 59
2.17 使用日期选择器控件 DatePicker 59
2.17.1 实例说明 59
2.17.2 具体实现 60
2.17.3 特别提醒——控件 DatePicker 中的方法 60
2.18 使用时间选择器控件 TimePicker 61
2.18.1 实例说明 61
2.18.2 具体实现 61
2.18.3 特别提醒——在屏幕中同时显示日期和时间 61
2.19 在屏幕内实现滚动效果 64
2.19.1 实例说明 64
2.19.2 具体实现 64
2.19.3 特别提醒——解决 ScrollView 控件中的内容不能完整显示的问题 64
2.20 在屏幕内实现进度条效果 65
2.20.1 实例说明 65

2.20.2 具体实现……65
2.20.3 特别提醒——为控件 Progressbar 设置样式……66
2.21 在屏幕内使用拖动条功能……67
2.21.1 实例说明……67
2.21.2 具体实现……67
2.21.3 特别提醒——在拖动条中显示提示文字……67
2.22 在屏幕内使用评分组件……67
2.22.1 实例说明……68
2.22.2 具体实现……68
2.22.3 特别提醒——使用 RatingBar 控件的流程……68
2.23 在屏幕内显示一幅图片……69
2.23.1 实例说明……69
2.23.2 具体实现……69
2.23.3 特别提醒——制作一个相框……70
2.24 设置一幅图片当作按钮……71
2.24.1 实例说明……71
2.24.2 具体实现……71
2.24.3 特别提醒——图片按钮控件的事件响应……72
2.25 实现类似 QQ 空间的照片效果……73
2.25.1 实例说明……73
2.25.2 具体实现……73
2.25.3 特别提醒——ImageSwitcher 控件的 3 种方法……74
2.26 使用网格视图控件布局屏幕……74
2.26.1 实例说明……74
2.26.2 具体实现……75
2.26.3 特别提醒——升级实例……76
2.27 在屏幕内实现多个标签栏样式的效果……76
2.27.1 实例说明……76
2.27.2 具体实现……76
2.27.3 特别提醒——TabView 的标准用法格式……77
2.28 实现一个 3 行布局……77
2.28.1 实例说明……77
2.28.2 具体实现……77
2.28.3 特别提醒——升级实例……78
2.29 实现书架展示效果……79
2.29.1 实例说明……79
2.29.2 具体实现……79
2.29.3 特别提醒——升级实例……80
2.30 实现树形菜单效果……80
2.30.1 实例说明……80
2.30.2 具体实现……81
2.30.3 特别提醒——其他控件的功能……82
2.31 实现一个精美的登录界面……82
2.31.1 实例说明……82
2.31.2 具体实现……82
2.31.3 特别提醒——实例升级……84
第 3 章 基本控件应用……85
3.1 使用 EditText 控件和 setOnKeyListener 事件实现文本处理……85
3.1.1 实例说明……85
3.1.2 具体实现……85
3.1.3 特别提醒——实现文字过滤……86
3.2 在屏幕中实现一个背景图片按钮……86
3.2.1 实例说明……86
3.2.2 具体实现……87
3.2.3 特别提醒——"res/drawable" 目录的作用……88
3.3 使用 Toast 实现提醒……88
3.3.1 实例说明……88
3.3.2 具体实现……88
3.3.3 特别提醒——Toast 的优势……90
3.4 用 RadioGroup 控件实现选择处理……91
3.4.1 实例说明……91
3.4.2 具体实现……91
3.4.3 特别提醒——RadioGroup 控件的特殊作用……92
3.5 使用 CheckBox 实现一个购物清单……92
3.5.1 实例说明……92
3.5.2 具体实现……92
3.5.3 特别提醒——应用触摸屏技术……94
3.6 使用 CheckBox 实现同意条款效果……94
3.6.1 实例说明……94
3.6.2 具体实现……95
3.6.3 特别提醒——处理 CheckBox 的状态……96
3.7 使用 ImageView 控件实现相框效果……96
3.7.1 实例说明……96
3.7.2 具体实现……97
3.7.3 特别提醒——ImageButton 的按钮切换……98
3.8 使用 Spinner 实现选择处理……98
3.8.1 实例说明……98
3.8.2 具体实现……99
3.8.3 特别提醒——设置下拉菜单中的 TextView……100

3.9 使用 Gallery 控件实现个人相簿功能…………101
3.9.1 实例说明…………101
3.9.2 具体实现…………101
3.9.3 特别提醒——设置 Gallery 图片的宽高…………102
3.10 在手机中实现文件搜索功能…………103
3.10.1 实例说明…………103
3.10.2 具体实现…………103
3.10.3 特别提醒——搜索子目录…………104
3.11 使用 ImageButton 控件实现按钮置换功能…………104
3.11.1 实例说明…………104
3.11.2 具体实现…………105
3.11.3 特别提醒——操作显示的默认图片…………105
3.12 使用 AnalogClock 实现一个时钟效果…………106
3.12.1 实例说明…………106
3.12.2 具体实现…………106
3.12.3 特别提醒——3 种常用的 System Clock…………107
3.13 在手机屏幕中实现不同的进度条效果…………108
3.13.1 实例说明…………108
3.13.2 具体实现…………108
3.13.3 特别提醒——在进度条中的 4 种不同风格…………110
3.14 在屏幕中手动选择日期和时间…………110
3.14.1 实例说明…………111
3.14.2 具体实现…………111
3.14.3 特别提醒——控件 TimePicker 中的主要方法…………112
3.15 动态排版手机屏幕…………113
3.15.1 实例说明…………113
3.15.2 具体实现…………113
3.15.3 特别提醒——总结 UI 界面布局…………114
3.16 使用 ListActivity 实现界面布局…………115
3.16.1 实例说明…………115
3.16.2 具体实现…………116
3.16.3 特别提醒——ListActivity 的用法总结…………117
3.17 加载手机磁盘中的文件…………118
3.17.1 实例说明…………118
3.17.2 具体实现…………118
3.17.3 特别提醒——解析 Android 中的图片素材目录…………119
3.18 使用菜单控件 MENU…………119
3.18.1 实例说明…………119
3.18.2 具体实现…………119
3.18.3 特别提醒——Android 系统中的 3 种菜单类型…………121
3.19 使用 SimpleAdapter 实现 ListView 效果…………122
3.19.1 实例说明…………122
3.19.2 具体实现…………122
3.19.3 特别提醒——ArrayAdapter 接受一个数组或者 List 作为参数…………123
3.20 在屏幕中实现抽屉样式效果…………123
3.20.1 实例说明…………123
3.20.2 具体实现…………123
3.20.3 特别提醒——实现可拖拉的抽屉效果…………126
3.21 在屏幕中演示使用多种对话框…………129
3.21.1 实例说明…………129
3.21.2 具体实现…………130
3.21.3 特别提醒——自定义消除 AlertDialog 的黑、白边框…………133
3.22 联合使用 Toast 和 Notification 实现提醒…………134
3.22.1 实例说明…………134
3.22.2 具体实现…………135
3.22.3 特别提醒——更新通知信息…………139
3.23 动态添加/删除 Spinner 菜单…………139
3.23.1 实例说明…………139
3.23.2 具体实现…………139
3.23.3 特别提醒——改变 TextView 内容…………141
3.24 自定义一个 Android 控件…………142
3.24.1 实例说明…………142
3.24.2 具体实现…………142
3.24.3 特别提醒——将属性值绑定到控件的基本步骤…………144
3.25 设置控件的外观样式…………145
3.25.1 实例说明…………145
3.25.2 具体实现…………145
3.25.3 特别提醒——查看 Android 开源代码…………146
3.26 使用自定义控件在屏幕中绘制一条虚线…………147
3.26.1 实例说明…………148

3.26.2 具体实现 …… 148
3.26.3 特别提醒——总结实现自定义控件的流程 …… 148
3.27 实现自定义组合控件和自定义对话框 …… 149
3.27.1 实例说明 …… 149
3.27.2 具体实现 …… 149
3.27.3 特别提醒——读者们汲取笔者的教训 …… 152
3.28 使用 OptionsMenu 在屏幕中自定义自己的菜单 …… 152
3.28.1 实例说明 …… 152
3.28.2 具体实现 …… 153
3.28.3 特别提醒——编写自定义样式 …… 154
3.29 使用 ExpandableListView 实现手风琴效果 …… 155
3.29.1 实例说明 …… 155
3.29.2 具体实现 …… 155
3.29.3 特别提醒——ExpandableListAdapter 接口 …… 156
3.30 基于自定义适配器的 ExpandableListView …… 156
3.30.1 实例说明 …… 157
3.30.2 具体实现 …… 157
3.30.3 特别提醒——实现规整的布局 …… 158
3.31 使用 Chronometer 在屏幕中实现定时器效果 …… 160
3.31.1 实例说明 …… 160
3.31.2 具体实现 …… 160
3.31.3 特别提醒——进一步设置时间 …… 161
3.32 使用控件 SlidingDrawer 在屏幕中实现滑动式抽屉的效果 …… 161
3.32.1 实例说明 …… 161
3.32.2 具体实现 …… 162
3.32.3 特别提醒——布局 SlidingDrawer 里面的控件 …… 163
3.33 在 EditText 插入 QQ 表情 …… 163
3.33.1 实例说明 …… 163
3.33.2 具体实现 …… 163
3.33.3 特别提醒——删除表情图片的思路 …… 163
3.34 为 Button 设计样式 …… 164
3.34.1 实例说明 …… 164
3.34.2 具体实现 …… 164
3.34.3 特别提醒——Android 如何设置控件的样式 …… 164
3.35 为控件自定义样式 …… 164
3.35.1 实例说明 …… 164
3.35.2 具体实现 …… 165
3.35.3 特别提醒——和样式设置相关的属性和文件 …… 165
3.36 制作一个有秒针的时钟 …… 165
3.36.1 实例说明 …… 165
3.36.2 具体实现 …… 165
3.36.3 特别提醒——要如何随时都知道时间的改变 …… 167

第 4 章 屏幕显示应用 …… 168
4.1 在屏幕中输出显示一段文字 …… 168
4.1.1 实例说明 …… 168
4.1.2 具体实现 …… 168
4.1.3 特别提醒——处理超出屏幕宽度的文字 …… 169
4.2 更改屏幕背景颜色 …… 169
4.2.1 实例说明 …… 169
4.2.2 具体实现 …… 169
4.2.3 特别提醒——"res/values"目录保存设置颜色 …… 171
4.3 更改屏幕中的文字颜色 …… 171
4.3.1 实例说明 …… 171
4.3.2 具体实现 …… 171
4.3.3 特别提醒——遵循 MVC 开发模式 …… 172
4.4 置换屏幕中 TextView 文字的颜色 …… 172
4.4.1 实例说明 …… 172
4.4.2 具体实现 …… 173
4.4.3 特别提醒——使用转义字符 …… 173
4.5 获取手机屏幕的分辨率 …… 173
4.5.1 实例说明 …… 173
4.5.2 具体实现 …… 174
4.5.3 特别提醒——DisplayMetrics 的用法 …… 174
4.6 设置屏幕中的文字样式 …… 175
4.6.1 实例说明 …… 175
4.6.2 具体实现 …… 175
4.6.3 特别提醒——更改 Layout 中对象的外观 …… 176
4.7 响应按钮事件 …… 176
4.7.1 实例说明 …… 177
4.7.2 具体实现 …… 177
4.7.3 特别提醒——两个注意事项 …… 177

4.8 实现屏幕界面的转换…………178
4.8.1 实例说明…………178
4.8.2 具体实现…………178
4.8.3 特别提醒——setContentView 转换屏幕界面…………179
4.9 在一个 Activity 中调用另一个 Activity…………179
4.9.1 实例说明…………179
4.9.2 具体实现…………180
4.9.3 特别提醒——Intent 的作用…………181
4.10 计算标准体重…………181
4.10.1 实例说明…………181
4.10.2 具体实现…………182
4.10.3 特别提醒——Activity 的原理…………184
4.11 将数据返回到前一个 Activity…………184
4.11.1 实例说明…………184
4.11.2 具体实现…………184
4.11.3 特别提醒——重新返回给主 Activity1…………187
4.12 单击按钮后改变文字颜色…………187
4.12.1 实例说明…………188
4.12.2 具体实现…………188
4.12.3 特别提醒——使用 HTML 控制颜色…………188
4.13 设置手机屏幕中文本的字体…………189
4.13.1 实例说明…………189
4.13.2 具体实现…………189
4.13.3 特别提醒——使用字体的问题…………190
4.14 在手机屏幕中实现拖动图片特效…………190
4.14.1 实例说明…………190
4.14.2 具体实现…………190
4.14.3 特别提醒——导入外部图片作为内置图…………191
4.15 制作一个简单的计算器…………191
4.15.1 实例说明…………192
4.15.2 具体实现…………192
4.15.3 特别提醒——计算小数…………193
4.16 在屏幕中实现一个 About（关于）信息效果…………193
4.16.1 实例说明…………193
4.16.2 具体实现…………193
4.16.3 特别提醒——实现一个确认对话框…………194
4.17 在手机屏幕中实现程序加载效果…………195
4.17.1 实例说明…………195
4.17.2 具体实现…………195
4.17.3 特别提醒——ProgressDialog 类…………196
4.18 创建一个有选择项的对话框…………196
4.18.1 实例说明…………196
4.18.2 具体实现…………197
4.18.3 特别提醒——AlertDialog.Builder 的内部组成…………197
4.19 改变手机的主题…………198
4.19.1 实例说明…………198
4.19.2 具体实现…………198
4.19.3 特别提醒——设置 Style…………199
4.20 在屏幕中自动显示输入的数据…………199
4.20.1 实例说明…………199
4.20.2 具体实现…………199
4.20.3 特别提醒——链接字符串的妙用…………200
4.21 实现手机振动效果…………200
4.21.1 实例说明…………200
4.21.2 具体实现…………201
4.21.3 特别提醒——Vibrator 对象实现振动…………203
4.22 实现图文提醒效果…………203
4.22.1 实例说明…………203
4.22.2 具体实现…………203
4.22.3 特别提醒——带图提醒的妙用…………205
4.23 实现类似于 MSN/QQ 的状态效果…………205
4.23.1 实例说明…………205
4.23.2 具体实现…………206
4.23.3 特别提醒——使用 NotificationManager 的基本步骤…………207
4.24 检索手机中的通讯录…………208
4.24.1 实例说明…………209
4.24.2 具体实现…………209
4.24.3 特别提醒——URI 介绍和 ContentResolver 的用法剖析…………211
4.25 管理手机系统中的文件…………212
4.25.1 实例说明…………213
4.25.2 具体实现…………213
4.25.3 特别提醒——同时显示文件名、图标和文件夹名…………216
4.26 清除、还原手机桌面…………216
4.26.1 实例说明…………216
4.26.2 具体实现…………216

4.26.3 特别提醒——类 ContextWrapper 的根类……217
4.27 “修改/删除”手机中的文件……217
4.27.1 实例说明……218
4.27.2 具体实现……218
4.27.3 特别提醒——I/O 类的操作流程……223
4.28 获取当前运行程序的路径……224
4.28.1 实例说明……224
4.28.2 具体实现……225
4.28.3 特别提醒——两种表示目录的方式……227
4.29 获取手机内 SIM 卡的信息……227
4.29.1 实例说明……227
4.29.2 具体实现……228
4.29.3 特别提醒——SIM 卡的意义……230
4.30 查看当前系统中正在运行的程序……231
4.30.1 实例说明……231
4.30.2 具体实现……231
4.30.3 特别提醒——AndroidManifest.xml 中的权限……233
4.31 修改手机屏幕的显示方向……236
4.31.1 实例说明……236
4.31.2 具体实现……236
4.31.3 特别提醒——切换和不切换的实现方法……239

第 5 章 自动为您服务……240

5.1 获取手机屏幕的分辨率……240
5.1.1 实例说明……240
5.1.2 具体实现……240
5.1.3 特别提醒——一个模拟器模拟短信操作……242
5.2 获取手机剩余的电池容量……243
5.2.1 实例说明……243
5.2.2 具体实现……243
5.2.3 特别提醒——Reseiver 的作用……244
5.3 来电时自动发送信息提醒……245
5.3.1 实例说明……245
5.3.2 具体实现……245
5.3.3 特别提醒——TelephonyManager 和 PhoneStateListener……247
5.4 获取手机中存储卡的容量……248
5.4.1 实例说明……248
5.4.2 具体实现……248
5.4.3 特别提醒——使用 FAT32 格式的磁盘镜像作为 SD 卡的模拟……249
5.5 操作存储卡和内存卡中的信息……250
5.5.1 实例说明……250
5.5.2 具体实现……250
5.5.3 特别提醒——管理 SD 卡中的内容……255
5.6 设置闹钟……255
5.6.1 实例说明……255
5.6.2 具体实现……255
5.6.3 特别提醒——类 AlarmManager 的作用……259
5.7 设置黑名单来电自动静音……259
5.7.1 实例说明……260
5.7.2 具体实现……260
5.7.3 特别提醒——检测 Android 系统是否静音……262
5.8 定时更换手机桌面背景……262
5.8.1 实例说明……262
5.8.2 具体实现……262
5.8.3 特别提醒——AlarmManager 的原理……268
5.9 开机后自动显示一个界面……269
5.9.1 实例说明……269
5.9.2 具体实现……269
5.9.3 特别提醒——开机发送 BOOT_COMPLETED 广播信息……270
5.10 替换手机屏幕的背景图片……270
5.10.1 实例说明……270
5.10.2 具体实现……270
5.10.3 特别提醒——维持图片的宽高比……272
5.11 在手机屏幕中拖动一个按钮……272
5.11.1 实例说明……273
5.11.2 具体实现……273
5.11.3 特别提醒——通过 keyCode 来判断 A～Z 的按键……275
5.12 自动控制系统服务……276
5.12.1 实例说明……276
5.12.2 具体实现……276
5.12.3 特别提醒——Service 的作用……278
5.13 手机背面朝上时自动启动震动模式……278

5.13.1 实例说明……278
5.13.2 具体实现……278
5.13.3 特别提醒——registerListener()的参数……282
5.14 AlarmManager 的启动和关闭……283
5.14.1 实例说明……283
5.14.2 具体实现……283
5.14.3 特别提醒——闹钟服务……284
5.15 黑名单拦截机制……284
5.15.1 实例说明……284
5.15.2 具体实现……285
5.15.3 特别提醒——Android 的通话机制……287
5.16 开机后启动一个服务……288
5.16.1 实例说明……288
5.16.2 具体实现……288
5.16.3 特别提醒——开机自动启动的原理……288

第 6 章 数据存储服务……289

6.1 在屏幕中显示 SharedPreferences 存储的信息……289
6.1.1 实例说明……289
6.1.2 具体实现……289
6.1.3 特别提醒——存放数据的路径……290
6.2 数据的添加和删除……290
6.2.1 实例说明……290
6.2.2 具体实现……290
6.2.3 特别提醒——Android 支持 5 种打印输出级别……294
6.3 演示 ContentProvider 的用法……294
6.3.1 实例说明……294
6.3.2 具体实现……294
6.3.3 特别提醒——ContentResolver 提供的接口……295
6.4 使用 SQLite 编写一个日记本……296
6.4.1 实例说明……296
6.4.2 具体实现……296
6.4.3 特别提醒——SimpleCursor Adapter 和 ArrayAdapter 的对比……301
6.5 使用 Content Provider 实现日记本功能……301
6.5.1 实例说明……301
6.5.2 具体实现……301
6.5.3 特别提醒——Content Provider 和 ContentResolver 中的 Uri……310
6.6 保存用户的信息……310
6.6.1 实例说明……310
6.6.2 具体实现……310
6.6.3 特别提醒——XML 文件的形式保存数据……312
6.7 使用文件保存数据……312
6.7.1 实例说明……312
6.7.2 具体实现……313
6.7.3 特别提醒——方法 openFileOutput()……314
6.8 将网上图片保存在 SD 卡中并显示出来……315
6.8.1 实例说明……315
6.8.2 具体实现……316
6.8.3 特别提醒——总结数据存储方式……317
6.9 读取上次保存的信息……319
6.9.1 实例说明……319
6.9.2 具体实现……319
6.9.3 特别提醒——使用 SharedPreferences 保存 key-value 对的步骤……320
6.10 使用 Content Provider 存储信息……320
6.10.1 实例说明……320
6.10.2 具体实现……320
6.10.3 特别提醒——框架内部的操作……322
6.11 使用 SQLite 操作数据……322
6.11.1 实例说明……322
6.11.2 具体实现……322
6.11.3 特别提醒——使用 SQLiteDatabase 操作 SQLite 数据库……324
6.12 一个 SQLite 管理程序……324
6.12.1 实例说明……324
6.12.2 具体实现……325

第 7 章 电话和短信应用……327

7.1 实现一个简单的拨号程序……327
7.1.1 实例说明……327
7.1.2 具体实现……327
7.1.3 特别提醒——IntentFilter 实现拨号……329
7.2 实现发送短信功能……330
7.2.1 实例说明……330
7.2.2 具体实现……330

7.2.3 特别提醒——包 android.telephony 简介 331
7.3 实现一个按钮拨号程序 332
7.3.1 实例说明 332
7.3.2 具体实现 332
7.3.3 特别提醒——一段通用的验证电话号码的代码 334
7.4 一个发送短信系统 334
7.4.1 实例说明 334
7.4.2 具体实现 334
7.4.3 特别提醒——SmsManager 类 337
7.5 实现屏幕触控拨号程序 338
7.5.1 实例说明 338
7.5.2 具体实现 338
7.5.3 特别提醒——将 Action 动作定义成常数 338
7.6 实现短信群发功能 339
7.6.1 实例说明 339
7.6.2 具体实现 339
7.6.3 特别提醒——Android 的群组功能 341
7.7 在发送短信时实现 E-mail 邮件通知 341
7.7.1 实例说明 342
7.7.2 具体实现 342
7.7.3 特别提醒——通过 Intent 机制协助应用间的交互与通讯 345
7.8 来电后自动发送邮件通知 345
7.8.1 实例说明 345
7.8.2 具体实现 345
7.8.3 特别提醒——模拟器的问题 347
7.9 监听短信是否发送成功 347
7.9.1 实例说明 347
7.9.2 具体实现 347
7.9.3 特别提醒——发送短信的状态 350
7.10 监控手机拨接状态 350
7.10.1 实例说明 351
7.10.2 具体实现 351
7.10.3 特别提醒——getSystemService 的返回对象 353
7.11 监控收取的短信中是否含有某关键字 353
7.11.1 实例说明 353
7.11.2 具体实现 354
7.11.3 特别提醒——不可以直接唤醒原来的主 Activity 359
第 8 章 图形图像处理 361
8.1 在手机屏幕中绘制一个矩形 361
8.1.1 实例说明 361
8.1.2 具体实现 361
8.1.3 特别提醒——类 Paint 中的方法 363
8.2 在手机屏幕中绘制一个画布 363
8.2.1 实例说明 364
8.2.2 具体实现 364
8.2.3 特别提醒——生成图片水印效果 365
8.3 在手机屏幕中绘制各种图形 365
8.3.1 实例说明 366
8.3.2 具体实现 366
8.3.3 特别提醒——save 方法和 restore 方法 368
8.4 在手机屏幕中模拟实现水纹效果 368
8.4.1 实例说明 368
8.4.2 实例说明 369
8.4.3 特别提醒——缩放位图 371
8.5 在手机屏幕中渲染一个几何图形 371
8.5.1 实例说明 371
8.5.2 具体实现 371
8.5.3 特别提醒——类 Shader 中的子类 373
8.6 在手机屏幕中实现动画效果 373
8.6.1 实例说明 373
8.6.2 具体实现 373
8.6.3 特别提醒——Tween 动画的 4 种动画效果 375
8.7 在手机屏幕中实现 Frame 动画效果 375
8.7.1 实例说明 375
8.7.2 具体实现 375
8.7.3 特别提醒——实现 Frame 动画的方法 376
8.8 使用 Matrix 实现图片缩放 376
8.8.1 实例说明 376
8.8.2 具体实现 377
8.8.3 特别提醒——4 种缩放位图的基本方法 379
8.9 旋转屏幕中的图片 380
8.9.1 实例说明 380
8.9.2 具体实现 380
8.9.3 特别提醒——用 Matrix 或 Canvas 旋转位图 382
8.10 实现天上移动星星的效果 382

8.10.1 实例说明……382
8.10.2 具体实现……382
8.10.3 特别提醒——OpenGL 技术 ··385
8.11 构建一个模拟 3D 场景……385
8.11.1 实例说明……385
8.11.2 具体实现……385
8.11.3 特别提醒——分析相关的底层代码……387
8.12 实现浮动的旗帜效果……388
8.12.1 实例说明……388
8.12.2 具体实现……388
8.12.3 特别提醒——用 OpenGL ES 绘图的基本流程……389
8.13 在屏幕中显示多个物体……390
8.13.1 实例说明……390
8.13.2 具体实现……390
8.13.3 特别提醒——类 FloatBuffer……392
8.14 模拟实现粒子系统效果……392
8.14.1 实例说明……392
8.14.2 具体实现……392
8.14.3 特别提醒——粒子系统的实现过程……394
8.15 移动手机屏幕中的图片……394
8.15.1 实例说明……395
8.15.2 具体实现……395
8.15.3 特别提醒——配对使用 save 和 restore……397
8.16 在 Canvas 画布中绘制字符串……398
8.16.1 实例说明……398
8.16.2 具体实现……398
8.16.3 特别提醒——设置画布的属性……403
8.17 在手机屏幕中移动一个不断变换颜色的图形……403
8.17.1 实例说明……403
8.17.2 具体实现……404
8.17.3 特别提醒——SurfaceView 的用法……406
8.18 在手机屏幕中实现一个图片移动的动画效果……406
8.18.1 实例说明……406
8.18.2 具体实现……406
8.18.3 特别提醒——在 SurfaceHolder.Callback 回调接口中的常用方法……408
8.19 绘制一个三维圆柱体……409
8.19.1 实例说明……409
8.19.2 具体实现……409
8.19.3 特别提醒——展开后的圆柱体……415
8.20 在手机屏幕中混合图像……415
8.20.1 实例说明……416
8.20.2 具体实现……416
8.20.3 特别提醒——常用的混合方式……419
8.21 显示图片的宽和高……419
8.21.1 实例说明……420
8.21.2 具体实现……420
8.21.3 特别提醒——使用 BitmapDrawable 或 BitmapFactory 获取资源中的位图……421
8.22 绘制各种空心图形、实心图形和渐变图形……422
8.22.1 实例说明……422
8.22.2 具体实现……422
8.22.3 特别提醒——Canvas 与 ImageView 对比……424
8.23 编写一个屏保程序……424
8.23.1 实例说明……425
8.23.2 具体实现……425
8.23.3 特别提醒——4 个 Runnable……430
8.24 在屏幕中通过单击的方式移动图片……430
8.24.1 实例说明……430
8.24.2 具体实现……430
8.24.3 特别提醒——Bitmap 的两点重要应用……433
8.25 显示存储卡中的图片……433
8.25.1 实例说明……433
8.25.2 具体实现……433
8.25.3 特别提醒——测试存储卡……435
8.26 显示系统内的图片信息……436
8.26.1 实例说明……436
8.26.2 具体实现……436
8.26.3 特别提醒——BitmapDrawable 操作位图……437
8.27 实现图片阴影效果和影子效果……438
8.27.1 实例说明……438
8.27.2 具体实现……438
8.27.3 特别提醒——设置字体的阴影……439

第 9 章　互联网应用……441
9.1　传递 HTTP 参数……441
9.1.1　实例说明……441
9.1.2　具体实现……441
9.1.3　特别提醒——在 Android 系统中打开链接……444
9.2　在手机中浏览网页……444
9.2.1　实例说明……444
9.2.2　具体实现……444
9.2.3　特别提醒——loadUrl 方法访问网页……445
9.3　在手机中使用 HTML 程序……445
9.3.1　实例说明……445
9.3.2　具体实现……445
9.3.3　特别提醒——开发 Android 网络项的注意事项……446
9.4　使用内置浏览器打开网页……446
9.4.1　实例说明……446
9.4.2　具体实现……446
9.4.3　特别提醒——WebSettings 设置 WebView 属性……448
9.5　在屏幕中显示 QQ 空间中的图片……448
9.5.1　实例说明……448
9.5.2　具体实现……448
9.5.3　特别提醒——Gallery 控件在游戏中的应用……450
9.6　从网络中下载图片作为屏幕背景……450
9.6.1　实例说明……450
9.6.2　具体实现……450
9.6.3　特别提醒——将 InputStream 转换为 String……452
9.7　将文件上传至服务器……452
9.7.1　实例说明……452
9.7.2　具体实现……453
9.7.3　特别提醒——表单上传程序实现文件上传……454
9.8　实现一个 RSS 系统……455
9.8.1　实例说明……455
9.8.2　具体实现……455
9.8.3　特别提醒——RSS2.0 的语法规则……461
9.9　远程下载并安装一个软件……462
9.9.1　实例说明……462
9.9.2　具体实现……463
9.9.3　特别提醒——APK 文件介绍……466
9.10　开发一个移动微博发布器……469
9.10.1　实例说明……469
9.10.2　具体实现……470
9.10.3　特别提醒——乐多博客的接口……473
9.11　解析和生成 XML……474
9.11.1　实例说明……474
9.11.2　具体实现……474
9.11.3　特别提醒——SAX 解析器……475
9.12　获取网络中的图片……476
9.12.1　实例说明……476
9.12.2　具体实现……476
9.12.3　特别提醒——Android 中获取网络图片的 3 种方法……477
9.13　获取网页的代码……477
9.13.1　实例说明……478
9.13.2　具体实现……478
9.13.3　特别提醒——Android 获取网页数据的方法总结……478
9.14　获取 JSON 数据……480
9.14.1　实例说明……480
9.14.2　具体实现……480
9.14.3　特别提醒——Android 获取 JSON 并输出显示的方法……480
9.15　多线程下载……481
9.15.1　实例说明……481
9.15.2　具体实现……481
9.15.3　特别提醒——多线程下载文件的过程……484
9.16　get 方式传递数据……485
9.16.1　实例说明……485
9.16.2　具体实现……485
9.16.3　特别提醒——解决乱码问题……486
9.17　post 方式传递数据……486
9.17.1　实例说明……486
9.17.2　具体实现……486
9.17.3　特别提醒——get 方式和 post 方式的区别……487
9.18　调用 WebService 的数据……487
9.18.1　实例说明……487
9.18.2　具体实现……487
9.18.3　特别提醒——WebService 介绍……488
第 10 章　多媒体应用……489
10.1　调节手机音量的大小……489
10.1.1　实例说明……489

10.1.2 具体实现 489
10.1.3 特别提醒——AudioManager 管理手机声音 492
10.2 在手机中播放 MP3 文件 492
10.2.1 实例说明 492
10.2.2 具体实现 492
10.2.3 特别提醒——播放手机卡里的音乐或者网络中的流媒体 495
10.3 编写一个录音程序 495
10.3.1 实例说明 495
10.3.2 具体实现 496
10.3.3 特别提醒——Android 的开源多媒体框架 500
10.4 在手机中实现相机预览和拍照功能 500
10.4.1 实例说明 500
10.4.2 具体实现 500
10.4.3 特别提醒——使用摄像头的方法 505
10.5 在手机中播放影片 507
10.5.1 实例说明 507
10.5.2 具体实现 507
10.5.3 特别提醒——VideoView 类的构造函数 509
10.6 编程的方式设置手机中的铃声 509
10.6.1 实例说明 509
10.6.2 具体实现 510
10.6.3 特别提醒——设置 3 种声音 512
10.7 播放远程网络中的 MP3 512
10.7.1 实例说明 512
10.7.2 具体实现 512
10.7.3 特别提醒——Runnable 并不一定是新开一个线程 517
10.8 从网络中远程下载手机铃声 517
10.8.1 实例说明 517
10.8.2 具体实现 518
10.8.3 特别提醒——使用 Notification 的注意事项 522
10.9 远程观看网络中的 3GP 视频 522
10.9.1 实例说明 522
10.9.2 具体实现 522
10.9.3 特别提醒——Gallery 调用 MediaProvider 的数据 527
10.10 在屏幕中播放 GIF 动画 528
10.10.1 实例说明 528
10.10.2 具体实现 528
10.10.3 特别提醒——GIF 动画和帧播放 532
10.11 编写一个简单的音乐播放器 533
10.11.1 实例说明 533
10.11.2 具体实现 533
10.11.3 特别提醒——SD 卡支持 ContentProvider 接口 536
10.12 在手机中播放 MP4 视频 536
10.12.1 实例说明 536
10.12.2 具体实现 536
10.12.3 特别提醒——VideoView 中的常用方法 537
第 11 章 地图服务 538
11.1 获取当前位置的坐标 538
11.1.1 实例说明 538
11.1.2 具体实现 538
11.1.3 特别提醒——android.location 的定位功能 540
11.2 使用谷歌地图 540
11.2.1 实例说明 540
11.2.2 具体实现 542
11.2.3 特别提醒——使用 Map API 密钥的基本流程 544
11.3 输入一个坐标后在地图中实现定位 546
11.3.1 实例说明 546
11.3.2 具体实现 546
11.3.3 特别提醒——类 GeoPoint 的方法 548
11.4 在手机中实现地址查询 548
11.4.1 实例说明 548
11.4.2 具体实现 548
11.4.3 特别提醒——Google Map API 解密 551
11.5 实现路径导航 551
11.5.1 实例说明 551
11.5.2 具体实现 551
11.5.3 特别提醒——起点和终点的设置 555
11.6 移动手机时自动实现位置更新 556
11.6.1 实例说明 556
11.6.2 具体实现 556
11.6.3 特别提醒——判断 GPS 模块是否存在或开启 559
11.7 在地图中绘制线路并计算距离 559

11.7.1 实例说明 ……559
11.7.2 具体实现 ……560
11.7.3 特别提醒——JavaScript overlay 类型 ……564
11.8 在谷歌地图中显示指定的位置 ……564
11.8.1 实例说明 ……564
11.8.2 具体实现 ……564
11.8.3 特别提醒——Android 的位置访问 ……566
11.9 在屏幕中显示当前位置的详细信息 ……566
11.9.1 实例说明 ……566
11.9.2 具体实现 ……566
11.9.3 特别提醒——Android 中实现定位的地图 ……569
11.10 快速查询某个位置 ……569
11.10.1 实例说明 ……569
11.10.2 具体实现 ……569
11.10.3 特别提醒——谷歌地图的 3 种视图模式 ……570
11.11 在手机地图中查询一个地址 ……571
11.11.1 实例说明 ……571
11.11.2 具体实现 ……571
11.11.3 特别提醒——选择中文输入法 ……572

第 12 章 Google API 应用 ……573

12.1 模拟验证官方账号 ……573
12.1.1 实例说明 ……573
12.1.2 具体实现 ……573
12.1.3 特别提醒——Google Account 的组成 ……578
12.2 实现谷歌搜索功能 ……578
12.2.1 实例说明 ……578
12.2.2 具体实现 ……579
12.2.3 特别提醒——使用 Google Search API 的流程 ……582
12.3 使用 Google Chart API 生成二维条码 ……582
12.3.1 实例说明 ……582
12.3.2 具体实现 ……582
12.3.3 特别提醒——Google Chart API 的用法详解 ……585
12.4 在手机中编写一个翻译软件 ……586
12.4.1 实例说明 ……586
12.4.2 具体实现 ……586
12.4.3 特别提醒——Ajax 语言的 API ……587
12.5 在手机屏幕中生成二维条码 ……588
12.5.1 实例说明 ……588
12.5.2 具体实现 ……588
12.5.3 特别提醒——DisplayMetircs 处理分辨率问题 ……591
12.6 引用 qrcode 项目实现二维条码 ……591
12.6.1 实例说明 ……591
12.6.2 具体实现 ……591
12.6.3 特别提醒——Android 拍照的两种方式 ……598

第 13 章 游戏应用 ……599

13.1 五子棋游戏 ……599
13.1.1 实例说明 ……599
13.1.2 具体实现 ……599
13.2 益智类游戏——魔塔 ……605
13.2.1 实例说明 ……605
13.2.2 具体实现 ……605
13.2.3 特别提醒——一款游戏产品受到的限制 ……620
13.3 一个简单的贪吃蛇游戏 ……620
13.3.1 实例说明 ……620
13.3.2 具体实现 ……621
13.3.3 特别提醒——贪吃蛇游戏的基本思路 ……624
13.4 扑克游戏 ……625
13.4.1 实例说明 ……625
13.4.2 具体实现 ……625
13.4.3 特别提醒——游戏的大纲策划 ……628
13.5 扫雷游戏 ……629
13.5.1 实例说明 ……629
13.5.2 具体实现 ……630
13.5.3 特别提醒——用“?”标记空白 ……635
13.6 体育竞技类游戏——疯狂足球 ……635
13.6.1 实例说明 ……635
13.6.2 具体实现 ……636
13.6.3 特别提醒——做好准备工作 ……638
13.7 象棋游戏 ……639
13.7.1 实例说明 ……639
13.7.2 具体实现 ……639
13.8 21 点游戏 ……641
13.8.1 实例说明 ……642
13.8.2 具体实现 ……642

13.8.3 特别提醒——棋牌游戏发展现状……644
13.9 俄罗斯方块游戏……644
13.9.1 实例说明……644
13.9.2 具体实现……644
13.9.3 特别提醒——经典棋牌类游戏……646
13.10 蚂蚁迷呀……647
13.10.1 实例说明……647
13.10.2 具体实现……647
13.11 推箱子游戏……650
13.11.1 实例说明……650
13.11.2 具体实现……650
13.11.3 特别提醒——SurfaceView的作用……653
13.12 更复杂的扫雷游戏……653
13.12.1 实例说明……653
13.12.2 具体实现……653
13.12.3 特别提醒——关于扫雷游戏的一点说明……658
第14章 程序优化……659
14.1 <merge/>标签在UI界面中的优化作用……659
14.1.1 实例说明……659
14.1.2 具体实现……659
14.1.3 特别提醒——使用<merge />标签的注意事项……661
14.2 测试计算机的性能……661
14.2.1 实例说明……661
14.2.2 具体实现……661
14.2.3 特别提醒——使用动态代理……664
14.3 测试内存性能……664
14.3.1 实例说明……664
14.3.2 具体实现……664
14.3.3 特别提醒——命名问题……665
14.4 Android Layout优化……666
14.4.1 实例说明……666
14.4.2 具体实现……666
14.4.3 特别提醒——Layout布局的注意事项……667
14.5 优化Bitmap图片……667
14.5.1 实例说明……667
14.5.2 具体实现……667
14.5.3 特别提醒——Options中的属性……669
14.6 优化Android模拟器……669
14.6.1 实例说明……669
14.6.2 具体实现……669
14.6.3 特别提醒——开启动画效果选项……671
第15章 平板电脑应用开发……672
15.1 设置平板程序开发环境……672
15.1.1 实例说明……672
15.1.2 具体实现……672
15.1.3 特别提醒——平板电脑的分辨率……673
15.2 在平板电脑中开发一个音乐播放器……674
15.2.1 实例说明……674
15.2.2 具体实现……674
15.2.3 特别提醒——在平板电脑中开发一个视频播放程序……678
15.3 浏览指定的网页……679
15.3.1 实例说明……679
15.3.2 具体实现……679
15.3.3 特别提醒——设置样式自适应……682
15.4 开发一个天气预报系统……683
15.4.1 实例说明……683
15.4.2 具体实现……683
15.4.3 特别提醒——XML实现方式……689
15.5 使用文件存储数据的方法保存音乐状态……689
15.5.1 实例说明……690
15.5.2 具体实现……690
15.5.3 特别提醒——修改平板电脑程序……692
15.6 勇敢派递员游戏……692
15.6.1 实例说明……692
15.6.2 具体实现……692
15.6.3 特别提醒——解读AndEngine框架……693
15.7 愤怒的小鸟游戏……694
15.7.1 实例说明……694
15.7.2 具体实现……694
15.7.3 特别提醒——AndEngine的基本运行流程……698
15.8 仓库管理系统……698
15.8.1 实例说明……698
15.8.2 具体实现……698

15.8.3 特别提醒——删除供应商信息步骤及处理流程……702

第 16 章 移动 Web 应用……704

16.1 在 Android 模拟器测试网页……704
16.1.1 实例说明……704
16.1.2 具体实现……704
16.1.3 特别提醒——移动设备将占据未来计算机市场……705
16.2 编写第一个网页……705
16.2.1 实例说明……705
16.2.2 具体实现……705
16.2.3 特别提醒——格式化一级和二级导航的<ul>元素……709
16.3 使用 jQuery 设计网页……709
16.3.1 实例说明……709
16.3.2 具体实现……709
16.3.3 特别提醒——jQuery 介绍……711
16.4 使用页面模板……711
16.4.1 实例说明……711
16.4.2 具体实现……711
16.4.3 特别提醒——组件的增强样式……712
16.5 使用多页面模板……712
16.5.1 实例说明……713
16.5.2 具体实现……713
16.5.3 特别提醒——设置内部页面的页面标题……713
16.6 使用 Ajax 驱动导航……714
16.6.1 实例说明……714
16.6.2 具体实现……714
16.6.3 特别提醒——分析 jQuery Mobile 的处理流程……715
16.7 开发一个 Ajax 网页……716
16.7.1 实例说明……716
16.7.2 具体实现……716
16.7.3 特别提醒——智能手机数量猛增……719
16.8 实现基本对话框效果……720
16.8.1 实例说明……720
16.8.2 具体实现……720
16.8.3 特别提醒——使用操作表……721
16.9 实现警告框……721
16.9.1 实例说明……721
16.9.2 具体实现……722
16.9.3 特别提醒——使用多选项操作表……723
16.10 实现竖屏和横屏自适应效果……723
16.10.1 实例说明……723
16.10.2 具体实现……723
16.10.3 特别提醒——Webkit 的媒体扩展……724
16.11 实现全屏显示效果……724
16.11.1 实例说明……724
16.11.2 具体实现……724
16.11.3 特别提醒——可以用于定位页眉的 3 种样式……725
16.12 实现只有图标的按钮效果……725
16.12.1 实例说明……726
16.12.2 具体实现……726
16.12.3 特别提醒——在页眉中使用分段控件……727
16.13 实现回退按钮效果……727
16.13.1 实例说明……727
16.13.2 具体实现……727
16.13.3 特别提醒——在页眉中添加回退链接……728
16.14 在表单中输入文本……728
16.14.1 实例说明……729
16.14.2 具体实现……729
16.14.3 特别提醒——将输入字段与其语义类型关联……730
16.15 动态输入文本……731
16.15.1 实例说明……731
16.15.2 具体实现……731
16.15.3 特别提醒——使用选择菜单……732
16.16 实现一个自定义选择菜单效果……732
16.16.1 实例说明……732
16.16.2 具体实现……732
16.16.3 特别提醒——占位符选项……734
16.17 使用内置列表……734
16.17.1 实例说明……734
16.17.2 具体实现……734
16.17.3 特别提醒——使用列表分割线……735
16.18 实现缩略图列表效果……735
16.18.1 实例说明……735
16.18.2 具体实现……735
16.18.3 特别提醒——使用拆分按钮列表……737
16.19 实现可折叠设置效果……737
16.19.1 实例说明……737

16.19.2 具体实现 737
16.19.3 特别提醒——使用 CSS 设置样式 739
16.20 使用网络连接 API 739
16.20.1 实例说明 739
16.20.2 具体实现 739
16.20.3 特别提醒——使用指南针 API 740
16.21 预加载一个网页 740
16.21.1 实例说明 740
16.21.2 具体实现 741
16.21.3 特别提醒——Pagebeforechange 事件 741
16.22 开发一个 Web 版的电话簿系统 741
16.22.1 实例说明 742
16.22.2 具体实现 742
16.22.3 特别提醒——使用页面初始化事件 Page initialization events 746
16.23 搭建 PhoneGap 开发环境 746
16.23.1 实例说明 746
16.23.2 具体实现 747
16.23.3 特别提醒——PhoneGap 移动 Web 开发的步骤 748
16.24 创建基于 PhoneGap 的 HelloWorld 程序 748
16.24.1 实例说明 748
16.24.2 具体实现 748
16.24.3 特别提醒——使用 PhoneGap API 752
第 17 章 创意开发 753
17.1 开发一个蓝牙遥控器 753
17.1.1 实例说明 753
17.1.2 具体实现 753
17.1.3 特别提醒——蓝牙在模拟器上发生问题 758
17.2 手机模拟实现跋杯仪式 758
17.2.1 实例说明 758
17.2.2 具体实现 759
17.2.3 特别提醒——使用传感器技术 763
17.3 随时检测我们当前的加速度 763
17.3.1 实例说明 763
17.3.2 具体实现 763
17.3.3 特别提醒——安装 SensorSimulator 工具 765
17.4 语音识别系统 767
17.4.1 实例说明 767
17.4.2 具体实现 767
17.4.3 特别提醒——谷歌的语音识别技术 768
17.5 在 Android 中使用 JavaScript 769
17.5.1 实例说明 769
17.5.2 具体实现 769
17.5.3 特别提醒——在 Android 中做网页 771
17.6 动态更换壁纸 771
17.6.1 实例说明 771
17.6.2 具体实现 771
17.6.3 特别提醒——Service BroadcastReceiver 与 AlarmManager 772
17.7 二维扫描码程序 772
17.7.1 实例说明 772
17.7.2 具体实现 773
17.7.3 特别提醒——Zxing 开源项目 775
17.8 随身日记本 775
17.8.1 实例说明 775
17.8.2 具体实现 775
17.8.3 特别提醒——Cursor 对象的常用方法 777

第 1 章　正式开发前的准备

都说“工欲善其事，必先利其器”，在进行 Android 开发之前，需要先搭建一个合适的开发环境。在本章的内容中，将以具体实例来详细介绍搭建 Android 开发环境中的知识，让读者从实例中体会搭建 Android 开发环境的方法和技巧，为步入本书后面知识的学习打下基础。

1.1 Windows 下安装 Java 环境 JDK

实例 001	Windows 下安装 Java 环境 JDK
源码路径	无
视频路径	光盘:\视频\001

1.1.1　实例说明

在搭建 Android 开发环境之前，一定先确定基于 Android 应用软件所需要开发环境的要求，具体要求如表 1-1 所示。

表 1-1　　　　**开发系统所要求参数**

项　目	版 本 要 求	说　明	备　注
操作系统	Windows XP 或 Vista Mac OS X 10.4.8+Linux Ubuntu Drapper	根据自己的计算机自行选择	选择自己最熟悉的操作系统
软件开发包	Android SDK	选择最新版本的 SDK	截止到目前，其最新版是 3.1
IDE	Eclipse IDE+ADT	Eclipse3.3 (Europa)，3.4 (Ganymede)ADT (Android Development Tools)开发插件	选择“for Java Developer”
其他	JDK Apache Ant	Java SE Development Kit 5 或 6 Linux 和 Mac 上使用 Apache Ant 1.6.5+，Windows 上使用 1.7+版本	（单独的 JRE 不可以，必须要有 JDK），不兼容 Gnu Java 编译器（gcj）

在 Android 软件开发包中主要包括以下工具。

- JDK：可以到网址 http://www.oracle.com/technetwork/java/javase/downloads/index.html 下载。
- Eclipse（Europa）：可以到网址 http://www.eclipse.org/downloads/下载 Eclipse IDE for Java Developers。
- Android SDK：可以到网址 http://developer.android.com 下载。
- 对应的开发插件。

JDK 是 Java Development Kit 的缩写，是 Sun Microsystems 针对 Java 开发员的产品。自从 Java 推出以来，JDK 已经成为使用最广泛的 Java SDK。JDK 是整个 Java 的核心，包括了 Java 运行环境，Java 工具和 Java 基础的类库。JDK 是学好 Java 的第一步。而专门运行在 x86 平台的 Jrocket 在服务端运行效率也要比 Sun JDK 好很多。从 Sun 的 JDK 5.0 开始，提供了泛型等非常实用的功能，其版本也不断更新，运行效率得到了非常大的提高。我们本书讲解的 Android 应用开发的部分内容需要基于 JDK 来实现，所以需要先安装 JDK。

1.1.2　具体实现

我们以 JDK 1.7 为例，在 Window 下安装 JDK 的过程如下所示。

（1）登录 Oracle 官方网站，网址为 http://developers.sun.com/ downloads/，如图 1-1 所示。

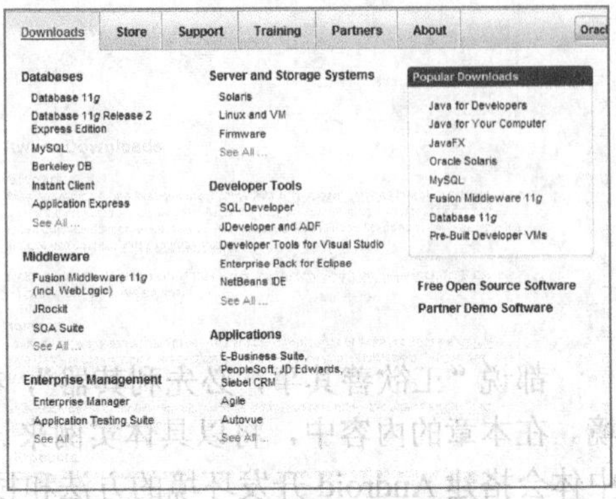

▲图 1-1　Oracle 官方下载页面

（2）在图 1-1 中可以看到有很多版本，在此选择当前最新的版本 Java 7，下载页面如图 1-2 所示。

（3）在图 1-2 中单击 JDK 下方的【Download】按钮，在弹出的新界面中选择将要下载的 JDK，笔者在此选择的是 Windows X86 版本，如图 1-3 所示。

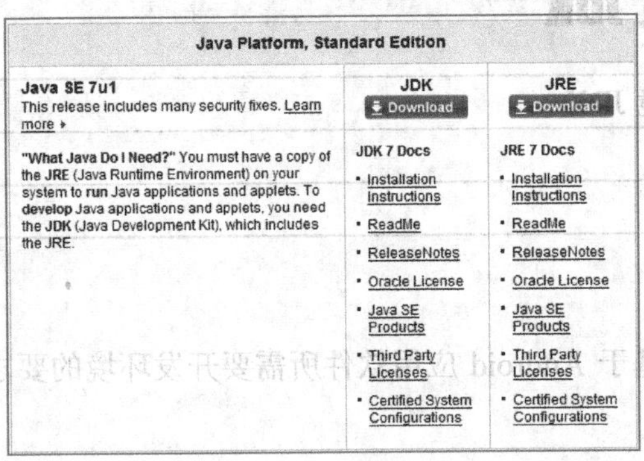

▲图 1-2　JDK 下载页面

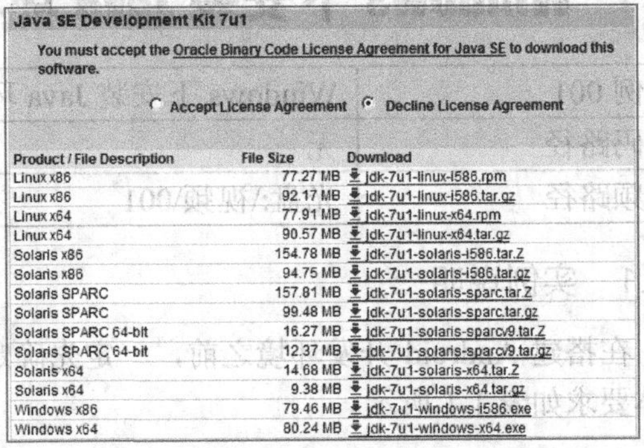

▲图 1-3　选择 Windows X86 版本

（4）下载完成后双击下载的“.exe”文件开始进行安装，将弹出“安装向导”对话框，在此单击【下一步】按钮，如图 1-4 所示。

（5）弹出“安装路径”对话框，在此选择文件的安装路径，如图 1-5 所示。

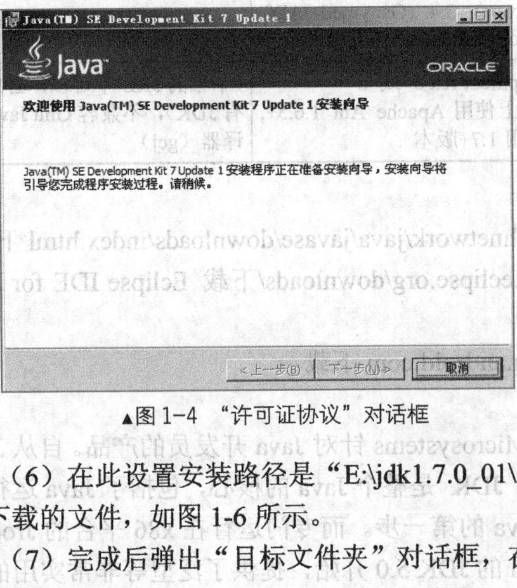

▲图 1-4　“许可证协议”对话框

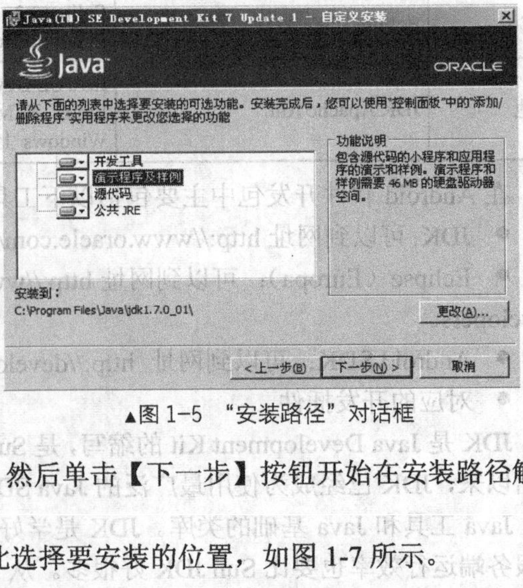

▲图 1-5　“安装路径”对话框

（6）在此设置安装路径是“E:\jdk1.7.0_01\”，然后单击【下一步】按钮开始在安装路径解压缩下载的文件，如图 1-6 所示。

（7）完成后弹出“目标文件夹”对话框，在此选择要安装的位置，如图 1-7 所示。

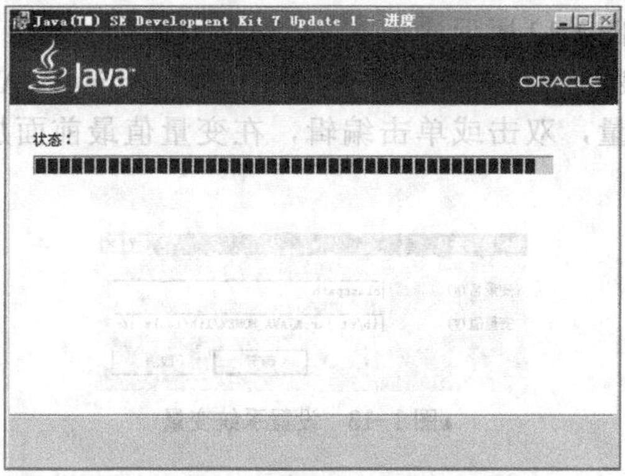

▲图 1-6 解压缩下载的文件

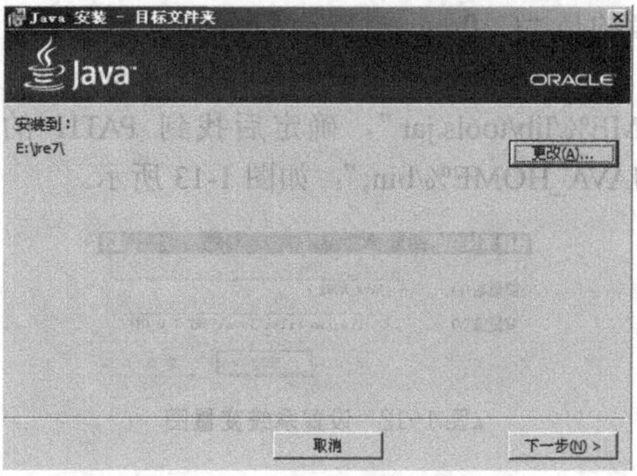

▲图 1-7 “目标文件夹”对话框

（8）单击【下一步】按钮后开始正式安装，如图 1-8 所示。

（9）完成后弹出“完成”对话框，单击【完成】按钮后完成整个安装过程，如图 1-9 所示。

▲图 1-8 继续安装

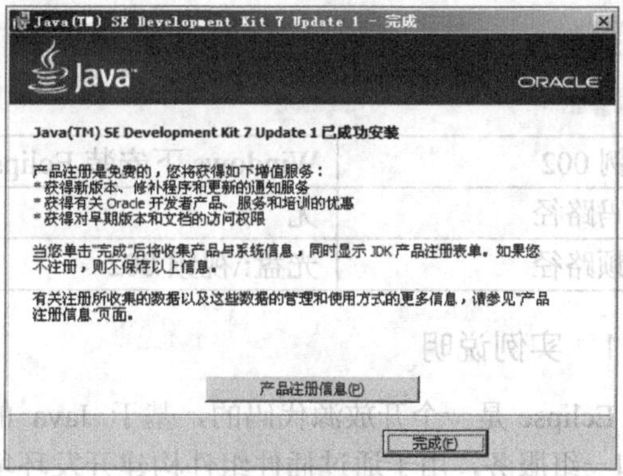

▲图 1-9 完成安装

1.1.3 特别提醒——检测是否安装成功

安装 JDK 完成后，我们可以检测是否安装成功，具体检验方法如下所示。

（1）在安装电脑中依次单击【开始】|【运行】，在运行框中输入“cmd”并按下回车键，如图 1-10 所示。

（2）在打开的 CMD 窗口中输入“java –version”，如果显示如图 1-11 所示的提示信息，则说明安装 JDK 成功。

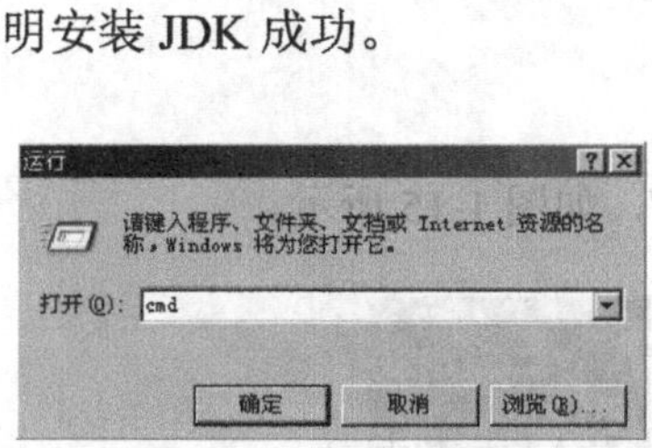

▲图 1-10 输入“cmd”

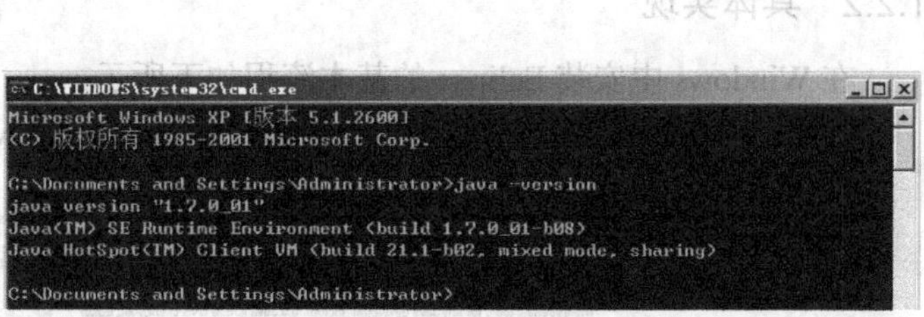

▲图 1-11 CMD 窗口

如果检测没有安装成功，则需要将其目录的绝对路径添加到系统的 PATH 中，具体做法如下所示。

（1）右键依次单击【我的电脑】|【属性】|【高级】，单击下面的“环境变量”，在下面的“系统变量”处选择新建，在变量名处输入“JAVA_HOME”，在变量值中输入刚才的目录，比如

笔者的是"C:\Program Files\Java\jdk1.7.0_01"，如图 1-12 所示。

（2）再新建一个变量，名为 classpath，变量值为".;%JAVA_HOME%/lib/rt.jar;%JAVA_HOME%/lib/tools.jar"，确定后找到 PATH 的变量，双击或单击编辑，在变量值最前面加上"%JAVA_HOME%/bin;"，如图 1-13 所示。

▲图 1-12　设置系统变量图

▲图 1-13　设置系统变量

（3）再次依次单击【开始】|【运行】，在运行框中输入"cmd"并按下回车键，在打开的 CMD 窗口中输入"java –version"，如果显示如图 1-14 所示的提示信息，则说明安装成功。

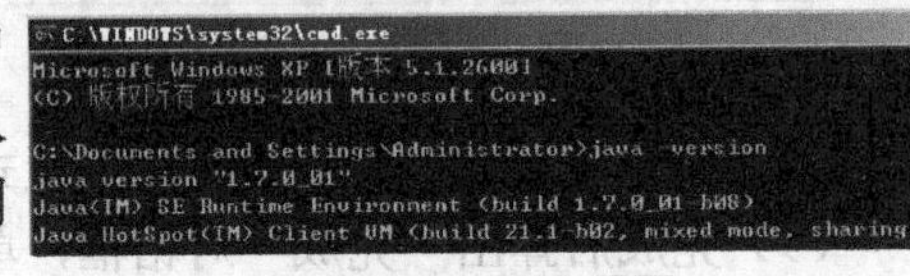

▲图 1-14　CMD 界面

1.2 在 Windows 环境下安装 Eclipse

实例 002	Windows 下安装 Eclipse
源码路径	无
视频路径	光盘:\视频\002

1.2.1　实例说明

Eclipse 是一个开放源代码的，基于 Java 的可扩展开发平台。就其本身而言，它只是一个框架和一组服务，用于通过插件组件构建开发环境。幸运的是，Eclipse 附带了一个标准的插件集，包括 Java 开发工具（Java Development Tools，JDT）。

Eclipse 最初是由 IBM 公司开发的替代商业软件 Visual Age for Java 的下一代 IDE 开发环境，2001 年 11 月免费贡献给开源社区，现在它由非营利软件供应商联盟 Eclipse 基金会（Eclipse Foundation）管理。2003 年，Eclipse 3.0 选择 OSGi 服务平台规范为运行时架构。2007 年 6 月，稳定版 3.3 发布。2008 年 6 月发布代号为 Ganymede 的 3.4 版。2009 年 7 月发布代号为 GALILEO 的 3.5 版。2010 年 6 月发布代号为 Helios 的 3.6 版。2011 年 6 月发布代号为 Indigo 的 3.7 版。

1.2.2　具体实现

在 Windows 中安装 Eclipse 的基本流程如下所示。

（1）打开 Eclipse 的下载页面 http://www.eclipse.org/downloads/，如图 1-15 所示。

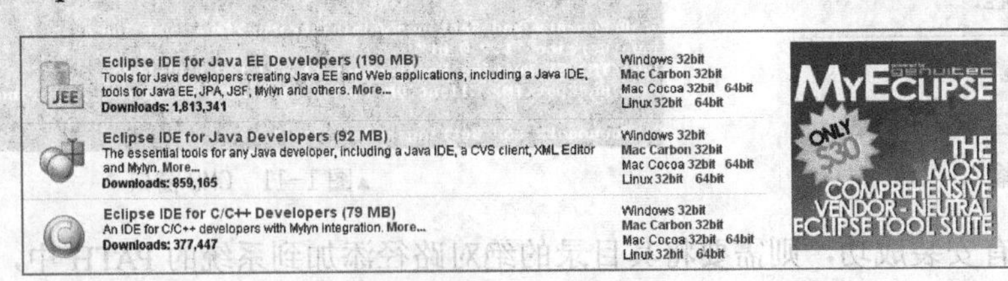

▲图 1-15　下载页面

（2）在图 1-15 中选择"Eclipse IDE for Java Developers (92 MB)"，在其下载的镜像页面，选择离用户最近的镜像即可（一般推荐的下载速度就不错），如图 1-16 所示。

▲图 1-16　选择镜像

（3）下载完成后找到下载的压缩包“eclipse-java-galileo-SR1-win32.zip”。Eclipse 无须执行安装程序，解压此压缩文件就可以用，不过一定要先安装 JDK。在此假设 Eclipse 解压后存放的目录为“F:\eclipse”。

（4）进入解压后的目录会看到一个名为“eclipse.exe”的可执行文件，双击此文件后直接运行 Eclipse，启动界面如图 1-17 所示。

（5）因为是安装后第一次启动 Eclipse，所以会弹出“选择工作空间”的提示，如图 1-18 所示。

▲图 1-17　Eclipse 启动界面

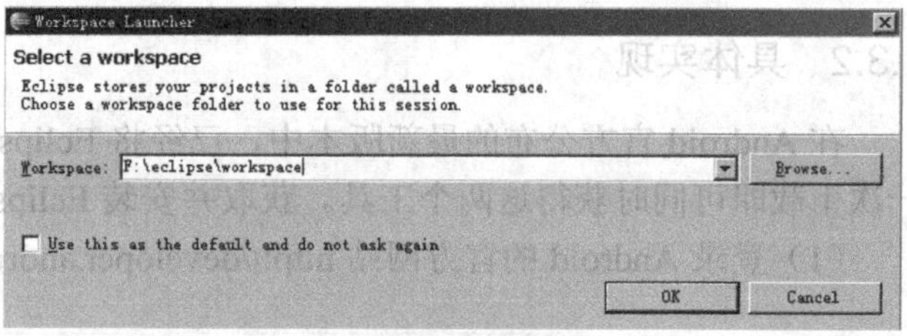

▲图 1-18　选择工作空间

（6）单击【OK】按钮后进入 Eclipse 进入初始欢迎界面，如图 1-19 所示。

（7）单击图 1-19 中左上角的“☒”图标将欢迎界面关闭，此时将显示 Eclipse 集成环境开发主界面，如图 1-20 所示。

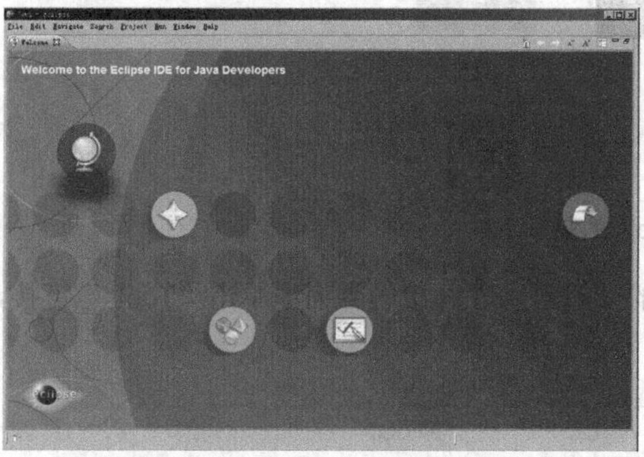

▲图 1-19　初始欢迎界面

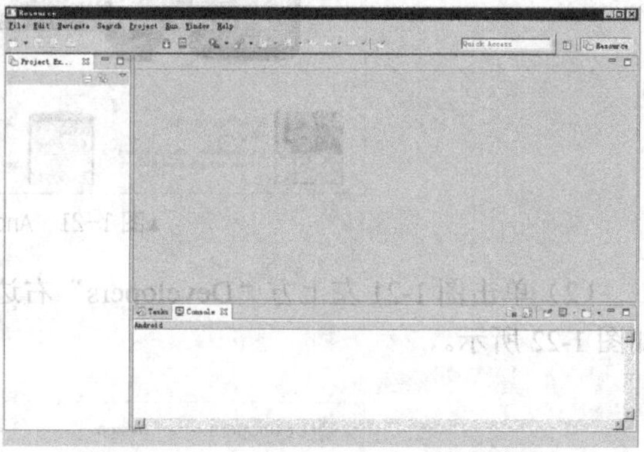

▲图 1-20　Eclipse 集成环境开发主界面

1.2.3　特别提醒——为 Eclipse 建立快捷方式

当安装后第一次启动 Eclipse 时会弹出图 1-18 所示的“选择工作空间”界面，我们设置一个硬盘目录后就可以进入 Eclipse 开发环境界面。

细心的读者会发现，在安装 Eclipse 的过程中并没有经历像安装其他工具一样的提示对话框界面，只需经过简单的解压缩工作即可完成安装，整个过程仿佛是在安装一个绿色软件。其实 Eclipse 作为一款免费工具，就是一款免安装版的工具。为了使用方便，可以将安装目录中的“eclipse.exe”发送到桌面快捷方式。

1.3 在 Windows 环境下集成安装 Eclipse 和 Android SDK

实例 003	Windows 下安装 Android SDK
源码路径	无
视频路径	光盘:\视频\003

1.3.1　实例说明

Android SDK 指的是 Android 专属的软件开发工具包。与 iPhone 相似，Android 采用 WebKit 浏览器引擎，具备触摸屏、高级图形显示和上网功能，用户能够在手机上查看电子邮件、搜索网址和观看视频节目等，比 iPhone 等其他手机更强调搜索功能，界面更强大，可以说是一种融入全部 Web 应用的单一平台。

1.3.2　具体实现

在 Android 官方公布的最新版本中，已经将 Eclipse 和 Android SDK 这两个工具进行了集成，一次下载即可同时获得这两个工具。获取并安装 Eclipse 和 Android SDK 的具体步骤如下所示。

（1）登录 Android 的官方网站 http://developer.android.com/index.html，如图 1-21 所示。

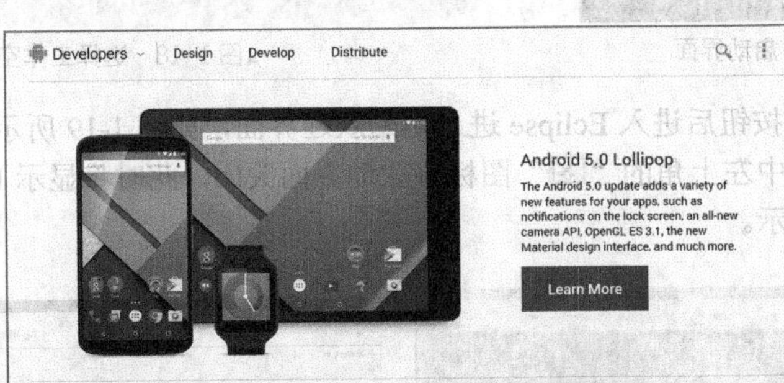

▲图 1-21　Android 的官方网站

（2）单击图 1-21 左上方“Developers”右边的 ˅ 符号，在弹出的界面中单击“Tools”链接，如图 1-22 所示。

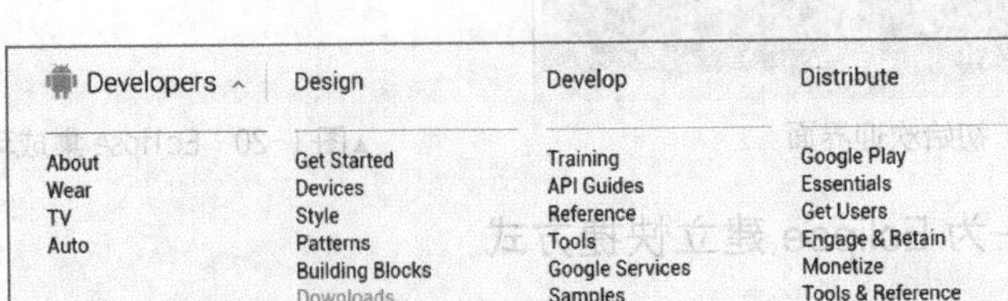

▲图 1-22　单击“Tools”链接

（3）在弹出的新页面中单击“Download the SDK”按钮，如图 1-23 所示。

▲图 1-23　单击"Download the SDK"按钮

（4）在弹出的"Get the Android SDK"界面中勾选"I have read and agree with the above terms and conditions"前面的复选框，然后在下面的单选按钮中选择系统的位数。例如笔者的机器是 32 位的，所以勾选"32-bit"前面的单选按钮，如图 1-24 所示。

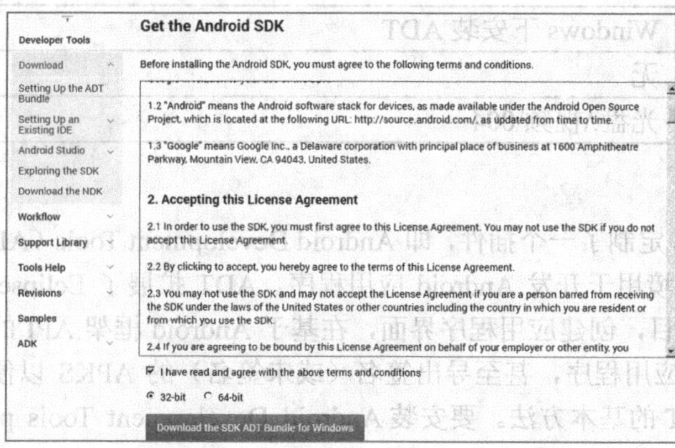

▲图 1-24　"Get the Android SDK"界面

（5）单击图 1-24 中的 Download the SDK ADT Bundle for Windows 按钮后开始下载工作，下载的目标文件是一个压缩包，如图 1-25 所示。

（6）将下载得到的压缩包进行解压，解压后的目录结构如图 1-26 所示。

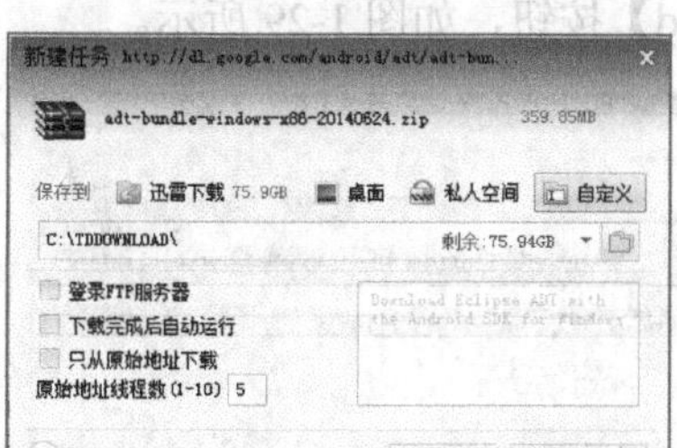

▲图 1-25　开始下载目标文件压缩包

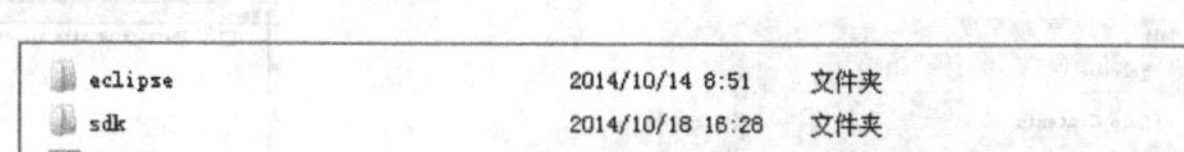

▲图 1-26　解压后的目录结构

由此可见，Android 官方已经将 Eclipse 和 Android SDK 实现了集成。双击"eclipse"目录中的"eclipse.exe"可以打开 Eclipse。

（7）打开 Android SDK 的方法有两种，第一种是双击下载目录中的"SDK Manager.exe"文件，第二种在是 Eclipse 工具栏中单击图标。打开后的效果如图 1-27 所示，此时会发现当前 Android SDK 的最新版本是 Android 5.0（API 21）。

1.3.3 特别提醒——不同的 SDK 版本

在 SDK 下载页面中，针对 Windows 平台有两个 SDK 下载文件，除了我们上面下载的外，还有一个是“installer_r12-windows.exe”，这是一个安装版的 SDK，下载后双击打开，按照提示进行操作即可完成 SDK 的安装。另外，当前的 Android SDK 的版本众多，读者可以根据自己的需要来选择下载。如果是开发手机项目，建议下载 Android SDK 2.3，如果是开发平板项目，建议下载当前最新的 Android SDK 3.2，当然最好的做法是 2.3 和 3.2 都下载。

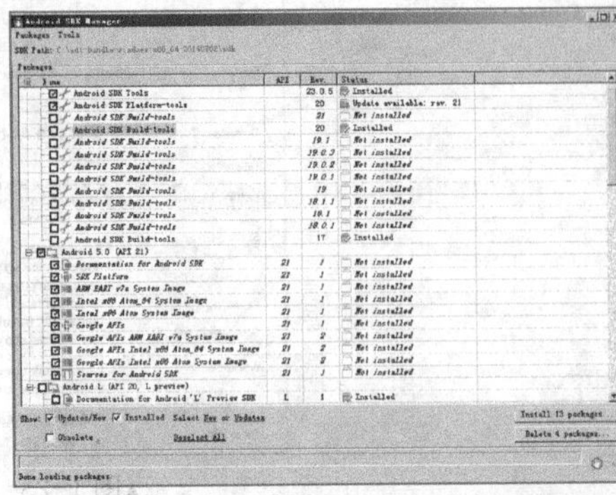

▲图 1-27　打开 Android SDK 后的界面效果

1.4 在 Windows 环境下安装 ADT

实例 004	Windows 下安装 ADT
源码路径	无
视频路径	光盘:\视频\004

1.4.1 实例说明

Android 为 Eclipse 定制了一个插件，即 Android Development Tools（ADT），这个插件为用户提供一个强大的综合环境用于开发 Android 应用程序。ADT 扩展了 Eclipse 的功能，可以让用户快速地建立 Android 项目，创建应用程序界面，在基于 Android 框架 API 的基础上添加组件，以及用 SDK 工具集调试应用程序，甚至导出签名（或未签名）的 APKS 以便发行应用程序。下面详细介绍安装配置 ADT 的基本方法。要安装 Android Development Tools plug-in，需要首先打开 Eclipse IDE，然后进行下面的操作。

1.4.2 具体实现

（1）打开 Eclipse 后，依次单击菜单栏中的【Help】|【Install New Software...】命令，如图 1-28 所示。

（2）在弹出的“Available Software”对话框中单击【Add】按钮，如图 1-29 所示。

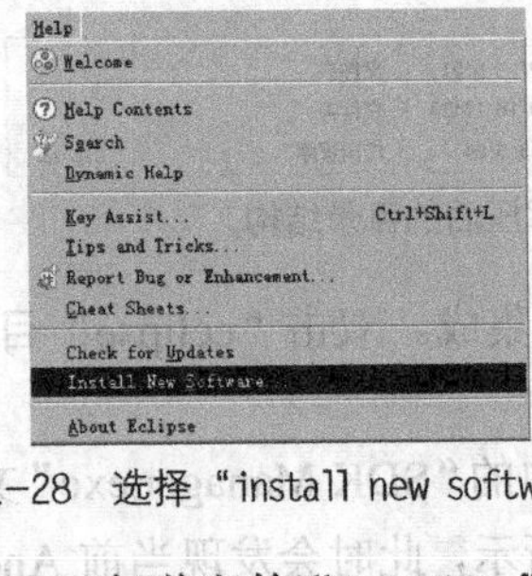

▲图 1-28　选择“install new software...”

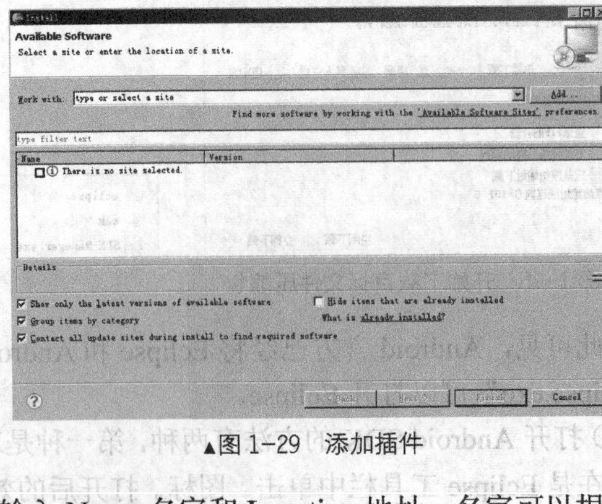

▲图 1-29　添加插件

（3）在弹出的“Add Site”对话框中分别输入 Name 名字和 Location 地址，名字可以根据自己的需要来命名，例如“guan”，但是在 location 中必须输入插件的网络地址，例如“http://dl-ssl.google.

com/Android/eclipse/”，单击【OK】按钮，如图 1-30 所示。

（4）单击【OK】按钮，完成设置此时在“Install”界面将会显示可用的插件，如图 1-31 所示。

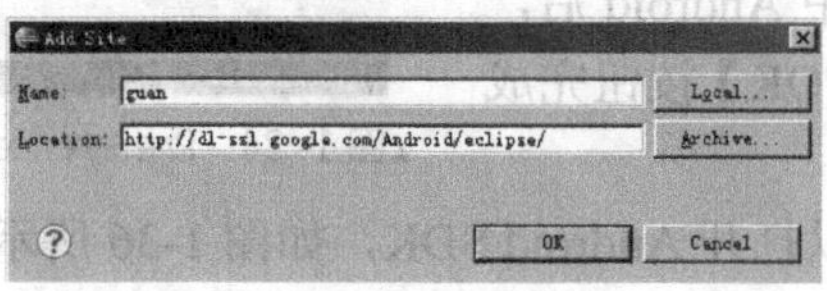

▲图 1-30　设置地址

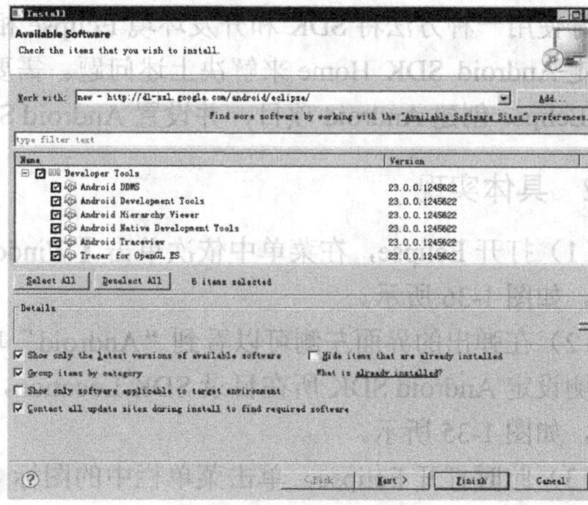

▲图 1-31　插件列表

（5）选中“Android DDMS”和“Android Development Tools”，然后单击【Next】按钮来到安装详情界面，如图 1-32 所示。

（6）单击【Finish】按钮，开始进行安装，安装进度对话框如图 1-33 所示。

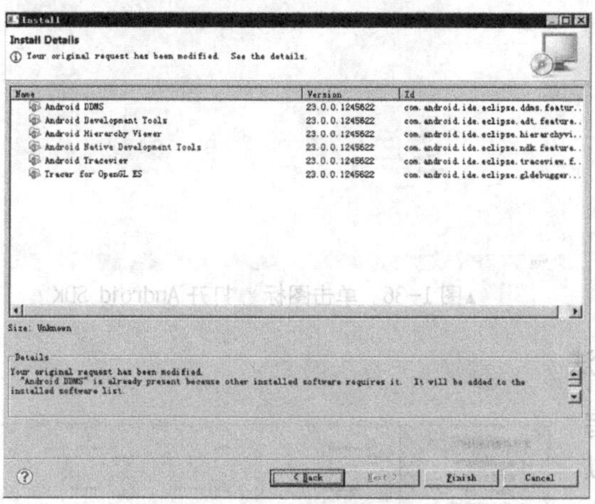

▲图 1-32　插件安装详情界面

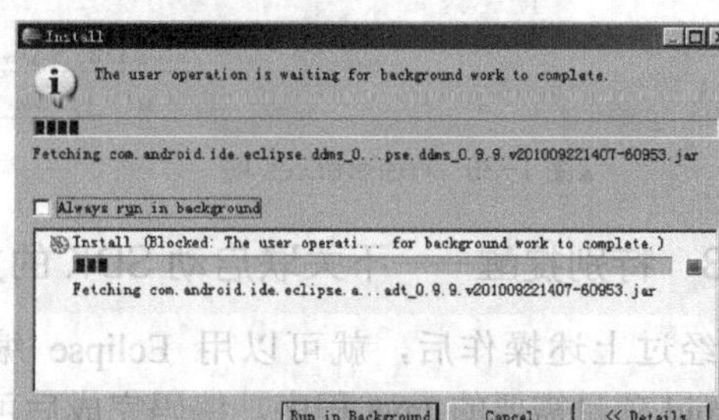

▲图 1-33　开始安装

1.4.3　特别提醒——不用担心安装过程慢

在上述步骤中，因为会计算插件占用资源情况，整个过程有点慢，读者需要耐心慢慢等待。完成全部安装后会提示重启 Eclipse 来加载插件，重启后就可以用了。另外，不同版本的 Eclipse 安装插件的方法和步骤是不同的，但是都大同小异，相信读者参照上面的操作能够自行解决。

1.5　将 Android SDK 和 Eclipse 相关联

实例 005	将 Android SDK 和 Eclipse 相关联
源码路径	无
视频路径	光盘:\视频\005

1.5.1　实例说明

安装好 ADT 插件后，使用起来很不方便。因为我们使用 Eclipse 进行 Android 应用开发，所以最好使用一种方法将 SDK 和开发环境 Eclipse 相关联。Google 也已经想到了这个问题，我们需要设定 Android SDK Home 来解决上述问题。需要经过特别配置才可以使用 Eclipse 创建 Android 项目，并设置 Android SDK 的主目录。

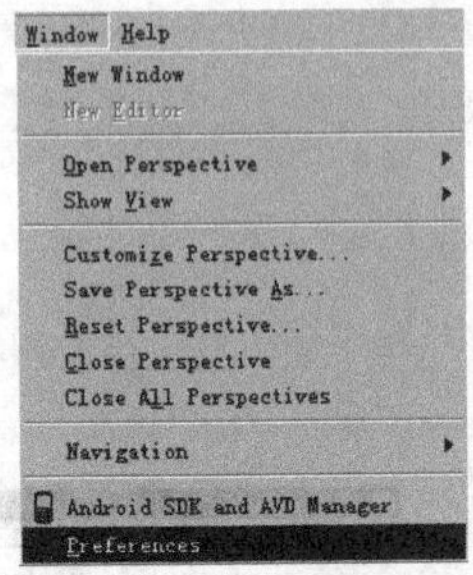

▲图 1-34　Preferences 项

1.5.2　具体实现

（1）打开 Eclipse，在菜单中依次单击【Windows】|【Preferences】选项，如图 1-36 所示。

（2）在弹出的界面左侧可以看到“Android”项，选中 Android 后，在右侧设定 Android SDK 所在目录 SDK Location，单击【OK】按钮完成设置，如图 1-35 所示。

（3）此时打开 Eclipse，单击菜单栏中的图标就可以打开 Android SDK，如图 1-36 所示。

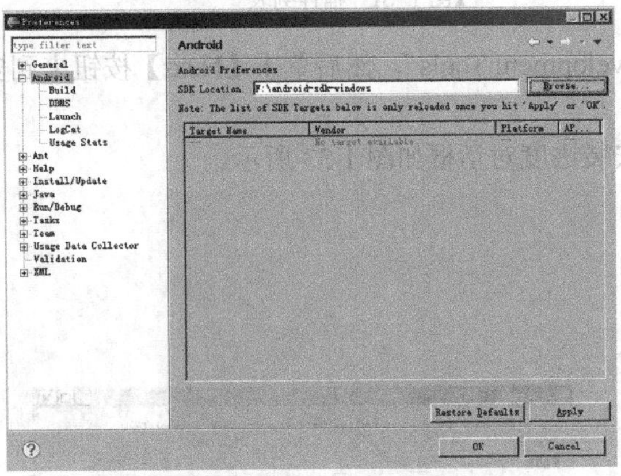

▲图 1-35　Preferences 项

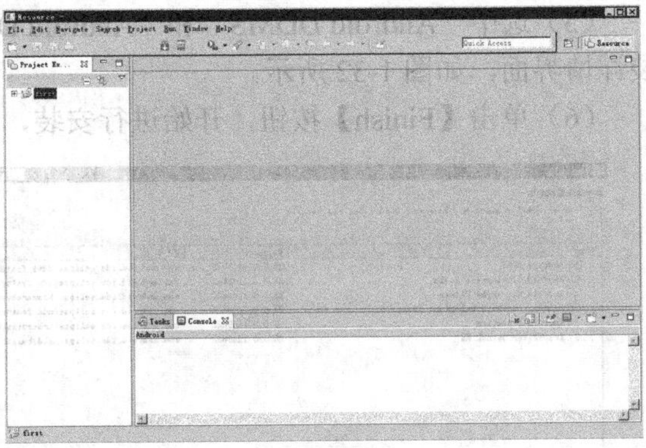

▲图 1-36　单击图标打开 Android SDK

1.5.3　特别提醒——不关联启动 SDK 的方法

经过上述操作后，就可以用 Eclipse 编写 Android 项目需要的 Java 程序，编码完成后可以使用 Eclipse 来调试 Android 项目。如果不将 Android SDK 和 Eclipse 相关联，在使用 Android SDK 时需要进入其安装目录，然后单击“SDK Manager.exe”才能启动 Android SDK，整个过程比较麻烦，如图 1-37 所示。

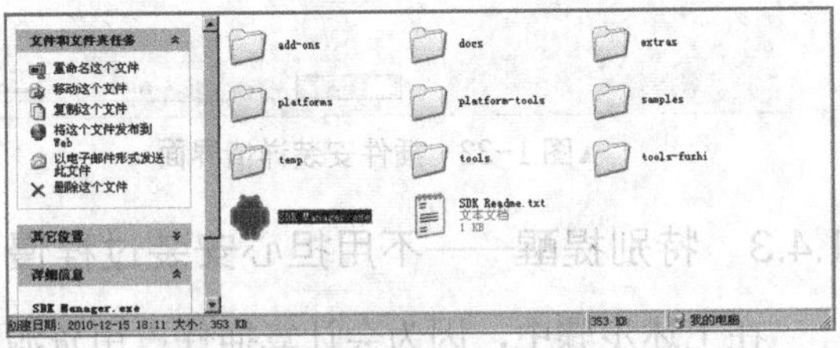

▲图 1-37　单击“SDK Manager.exe”

1.6　验证 Android 开发环境

实例 006	验证开发环境
源码路径	无
视频路径	光盘:\视频\006

1.6.1 实例说明

经过前面实例的的实现过程，在 Windows 中搭建 Android 开发环境搭建的工作已经基本完成。但是怎样才能验证我们的开发环境是否搭建成功呢？都说实践是检验理论的唯一途径，我们可以通过新建一个 Android 项目的方法来验证当前的环境是否可以正常工作。

1.6.2 具体实现

（1）打开 Eclipse，在菜单中依次选择【File】|【New】|【Project】项，在弹出的对话框中可以看到"Android"选项，如图 1-38 所示。

（2）在图 1-38 上选择"Android"，然后单击【Next】按钮打开"New Android Project"对话框，在对应的文本框中输入必要的信息，如图 1-39 所示。

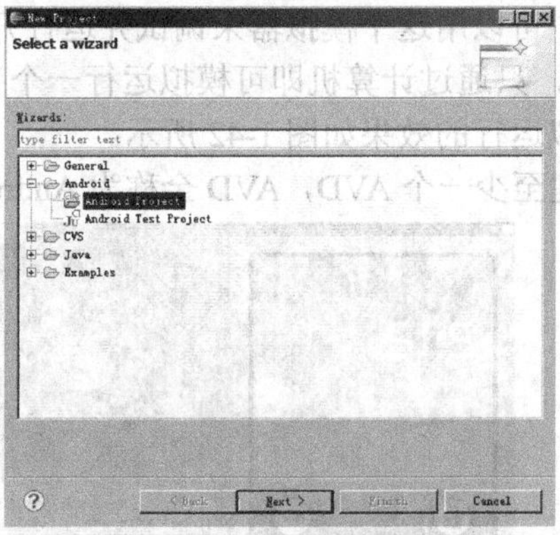

▲图 1-38　新建项目

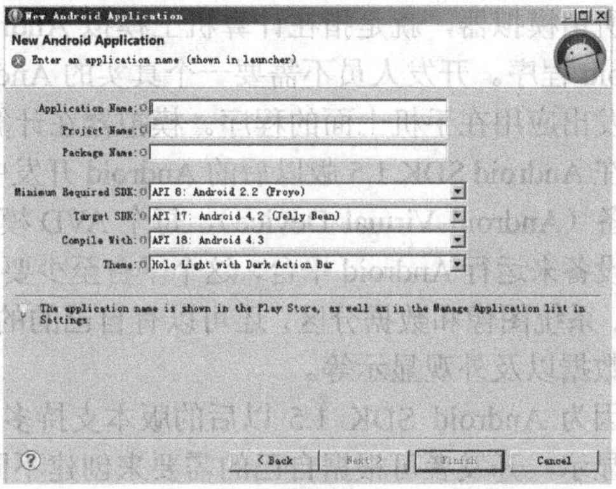

▲图 1-39 "New Android Project"对话框

（3）这里不再具体说明项目信息中各项的意义，后面章节会详细介绍。单击【Finish】按钮，会自动完成项目的创建工作，最后将可以看到如图 1-40 所示的项目结构。

通过上述操作，已经在 Windows 平台上搭建好了开发环境。

1.6.3 特别提醒——快速运行 Android 的诀窍

在使用 Eclipse 创建 Android 项目时，上述过程其实稍微拐了一个小弯。可以在菜单中依次选择【File】|【New】|【Android Project】项，如图 1-41 所示。此时将不会弹出图 1-38 所示的界面，而是直接弹出图 1-39 所示的界面。

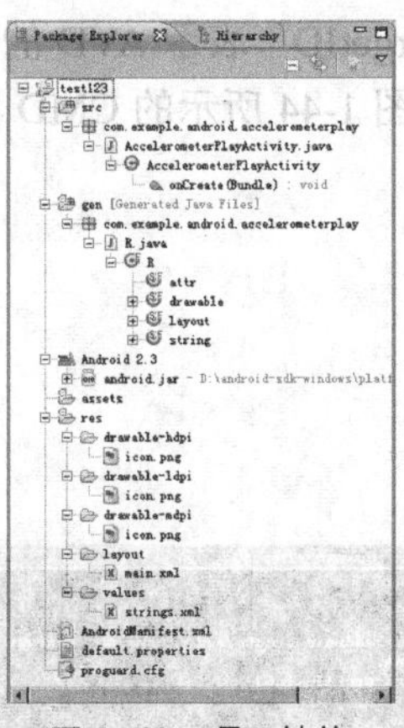

▲图 1-40　项目结构

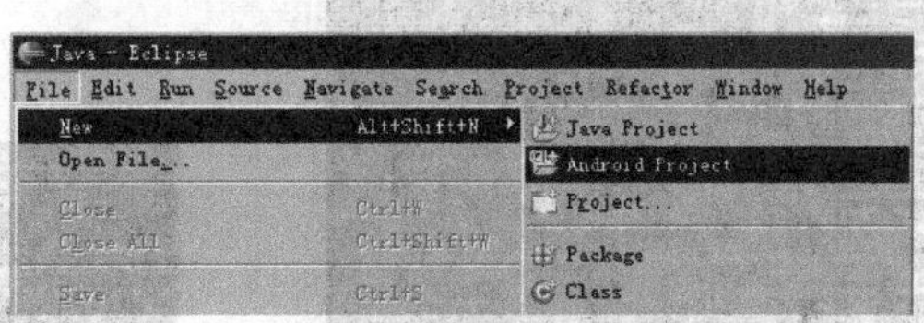

▲图 1-41　直接选择"Android Project"

1.7 使用 CMD 方式创建 Android 虚拟设备

实例 007	CMD 方式创建 Android 虚拟设备（AVD 模拟器）
源码路径	无
视频路径	光盘:\视频\007

1.7.1　实例说明

我们都知道程序开发需要调试，只有经过调试之后才能知道程序是否能正确运行。Android 作为一款手机系统，我们怎么样在能在计算机平台之上调试 Android 程序呢？Google 提供了模拟器来解决这一问题。

所谓模拟器，就是指在计算机上模拟 Android 系统，可以用这个模拟器来调试并运行开发的 Android 程序。开发人员不需要一个真实的 Android 手机，只通过计算机即可模拟运行一个手机，并开发出应用在手机上面的程序。模拟器在计算机上模拟运行的效果如图 1-42 所示。

在 Android SDK 1.5 版以后的 Android 开发中必需创建至少一个 AVD，AVD 全称为 Android 虚拟设备（Android Virtual Device），每个 AVD 模拟了一套虚拟设备来运行 Android 平台，这个平台至少要有自己的内核、系统图像和数据分区，还可以有自己的的 SD 卡和用户数据以及外观显示等。

因为 Android SDK 1.5 以后的版本支持多个平台和外观显示，开发者可根据自己的需要来创建不同的 AVD 来模拟和测试不同的平台环境。

▲图 1-42　模拟器模拟手机

1.7.2　具体实现

在 Windows 下使用 CMD 命令创建 AVD 的基本流程如下所示。

（1）依次单击【开始】|【运行】，在运行框中输入“cmd”并按下回车键后进入 CMD 窗口。

（2）输入“android list targets”查看当前机器可用的 Android 平台，如图 1-43 所示。

如上列举了 16 个 targets，ID 号从 1 到 16。

（3）使用下面的格式创建一个 AVD：

```
android create avd --name <your_avd_name> --target <targetID>
```

其中“your_avd_name”是我们需要创建的 AVD 的名字，“targetID”表示 AVD 的版本号，假如创建了一个名为“mm”、版本号为“2”的 AVD，可以通过如图 1-44 所示的 CMD 界面实现。

▲图 1-43　CMD 界面

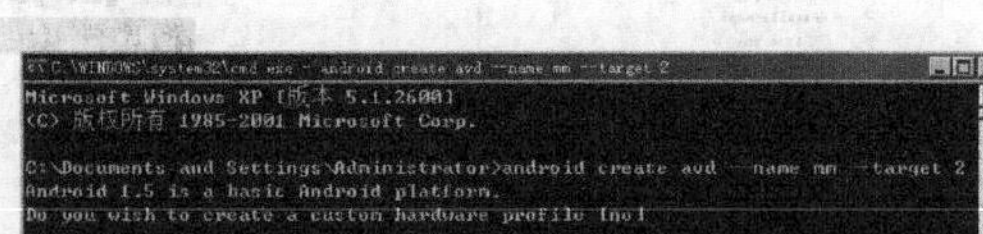

▲图 1-44　CMD 界面

（4）单击 Eclipse 菜单栏中的“Run Configurations”，在弹出界面中可以找到我们刚才创建的 AVD，如图 1-45 所示。

（5）在 Target 菜单下选中自己定义的这个 AVD，然后单击底部的【Run】按钮，如图 1-46 所示。

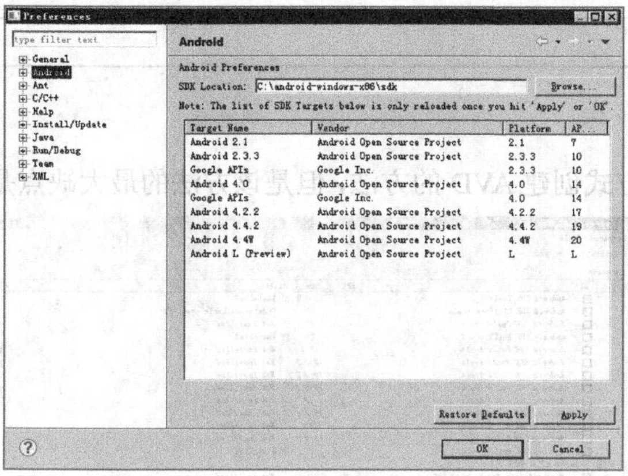

▲图 1-45　刚才创建的名为“mm”的 AVD

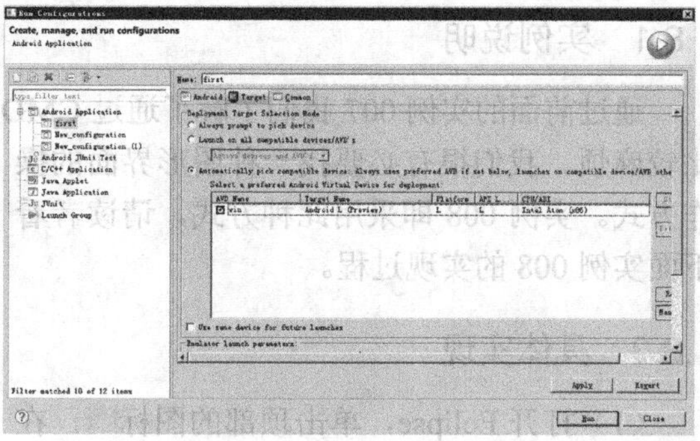

▲图 1-46　选择 AVD

（6）此时就会运行名为“win”、版本号为“L”的模拟器。

1.7.3　特别提醒

对于 Android 程序的开发者来说，模拟器给开发者在开发和测试上带来了很大的便利。无论在 Windows 下还是 Linux 下，Android 模拟器都可以顺利运行，并且官方提供了 Eclipse 插件，可将模拟器集成到 Eclipse 的 IDE 环境。当然，你也可以从命令行启动 Android 模拟器。

当然 Android 模拟器不能完全替代真机，具体来说有如下差异：

- 模拟器不支持呼叫或接听实际来电，但可以通过控制台模拟电话呼叫（呼入和呼出）；
- 模拟器不支持 USB 连接；
- 模拟器不支持相机/视频捕捉；
- 模拟器不支持音频输入（捕捉），但支持输出（重放）；
- 模拟器不支持扩展耳机；
- 模拟器不能确定连接状态；
- 模拟器不能确定电池电量水平和交流充电状态；
- 模拟器不能确定 SD 卡的插入/弹出；
- 模拟器不支持蓝牙。

获取模拟器的方法非常简单，我们既可以从官方站点（http://developer.Android.com/）免费下载单独的模拟器，也可以从网络中用搜索关键字的方法获取。网络中推出了很多版本的 Android 模拟器，例如有专门针对游戏玩家的，有专门针对不同手机型号的。笔者在此建议读者从从官方站点（http://developer.Android.com/）下载。下载 Android SDK 后，解压后在其 SDK 的根目录下有一个名为“tools”文件夹，此文件夹下包含了完整的模拟器和一些非常有用的工具。

Android SDK 中包含的模拟器的功能非常齐全，电话本、通话等功能都可正常使用（当然你没办法真的从这里打电话）。甚至其内置的浏览器和 Maps 都可以联网。用户可以使用键盘输入，用鼠标单击模拟器按键输入，甚至还可以使用鼠标单击、拖动屏幕进行操纵。

1.8 使用图形界面方式创建 AVD 模拟器

实例 008	图形界面方式创建 AVD 模拟器
源码路径	无
视频路径	光盘:\视频\008

1.8.1　实例说明

通过前面的实例 007 我们了解了通过 CMD 方式创建 AVD 的方法，但是该方法的最大缺点是比较麻烦。我们很有必要找一种图形界面的操作方式。实例 008 即采用此种方式，请读者看下面实例 008 的实现过程。

1.8.2　具体实现

（1）打开 Eclipse，单击顶部的图标，在弹出界面中列出了当前机器上已经安装的 Android SDK 包，如图 1-47 所示。

（2）打开 Eclipse，单击顶部的图标，在弹出界面中已经列出了当前机器上已经安装的 AVD，如图 1-48 所示。在此界面可以用图形化的方式添加新 AVD，删除或修改已有的 AVD。

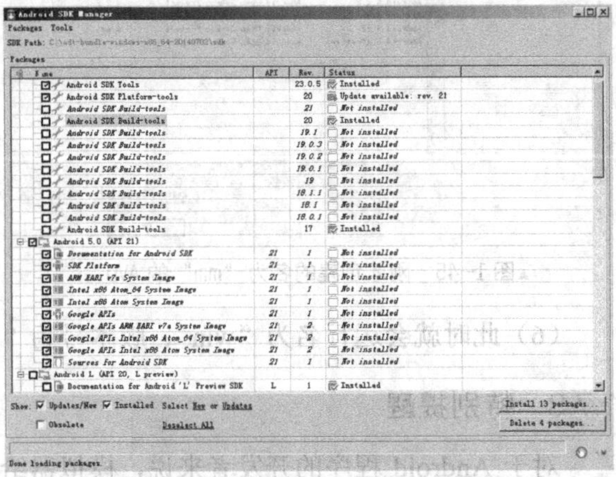

▲图 1-47　已经安装的 Android SDK 包

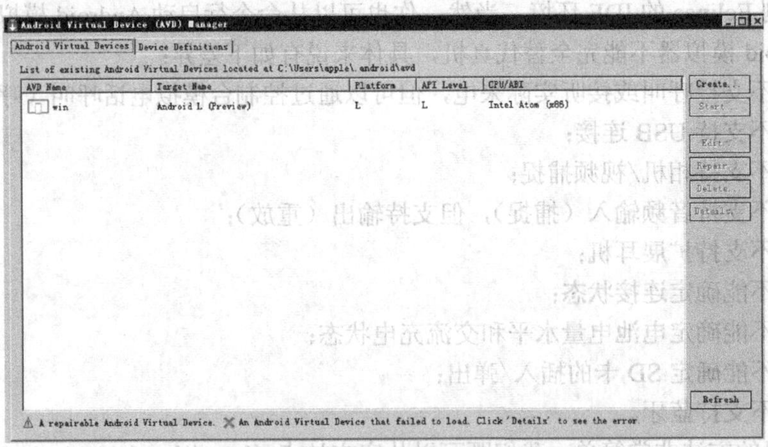

▲图 1-48　已经安装的 AVD 列表

（3）在图 1-48 界面中单击按钮【Create】，在弹出界面中依次设置 Name（AVD 的名字），Target（AVD 的 ID 号），SD Card（AVD 中 SD 卡的空间大小），Skin（AVD 的外观样式），最后单击【Create AVD】按钮后可以新建一个 AVD，如图 1-49 所示。

- AVD Name：在此设置将要创建 AVD 的名字，可以英文字符命名。
- Target：在此设置将要创建 AVD 的 API 版本，例如 Android 2.3、Android 2.3、Android 4.0、Android L 等。
- Device：在此设置将要创建 AVD 的屏幕分辨率大小。

● CPU/ABI：用于设置当前机器的 CPU。在开发低 Android SDK 版本应用程序时，使用的 Android 模拟器模拟的是 ARM 的体系结构（arm-eabi），这个模拟器并不是运行在 Intelx86 上，而是模拟的 ARM，所以在调试程序的时候经常感觉到非常慢。针对这个问题，Intel 推出了支持 Intelx86 的 Android 模拟器，这将大大提高启动速度和程序的运行速度，这将允许 Android 模拟器能够以原始速度（真机运行速度）运行在使用 Intel x86 处理器的计算机中。所以对于使用 Intel x86 计算机开发 Android 应用程序的开发者来说，建议在“CPU/ABI”中选择有“Intel”标识符的选项。

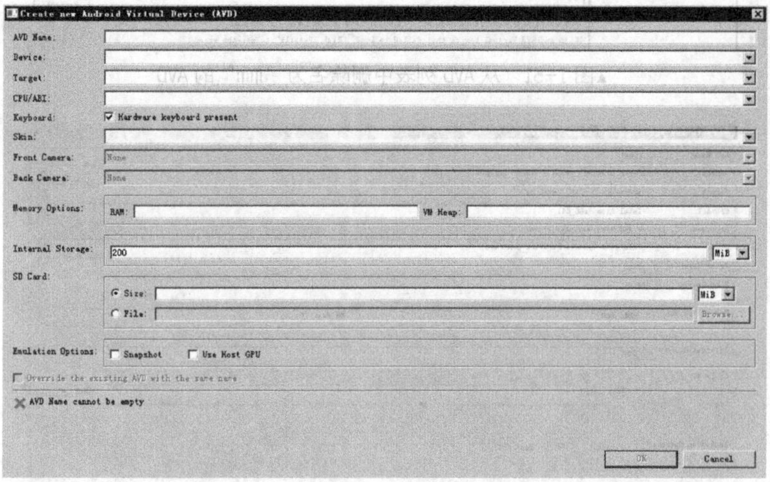

▲图 1-49 新建一个 AVD

（4）此时新建的名为“first”的 AVD 出现在 AVD 列表中，如图 1-50 所示。

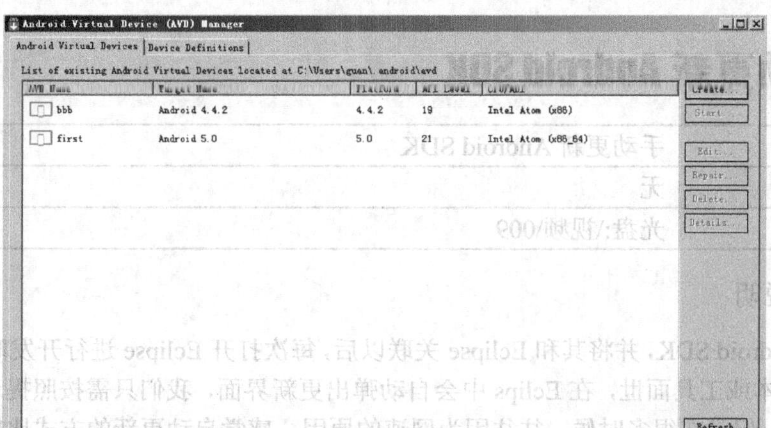

▲图 1-50 名为“first”的 AVD 出现在 AVD 列表中

1.8.3 特别提醒——删除/修改 AVD

除了上面的图形界面方式添加 AVD 外，我们还可以删除或修改已经存在的 AVD。

（1）删除一个 AVD：在列表中用鼠标选中一个 AVD，例如名为“mm”的 AVD，单击右侧的【Delete】按钮即可删除此 AVD。删除后在 AVD 列表中不再有此 AVD，如图 1-51 所示。

（2）修改一个 AVD：在列表中用鼠标选中一个 AVD，例如名为“first”的 AVD，单击右侧的【Edit】按钮后弹出如图 1-52 所示的界面。在此可以修改此 AVD 的 Target（AVD 的 ID 号），SD Card

（AVD 中 SD 卡的空间大小）和 Skin（AVD 的外观样式），最后单击【OK】按钮后可以新建一个 AVD。

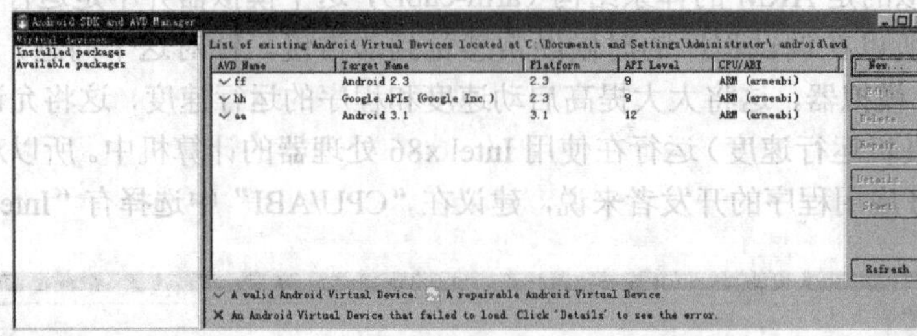

▲图 1-51　从 AVD 列表中删除名为“mm”的 AVD

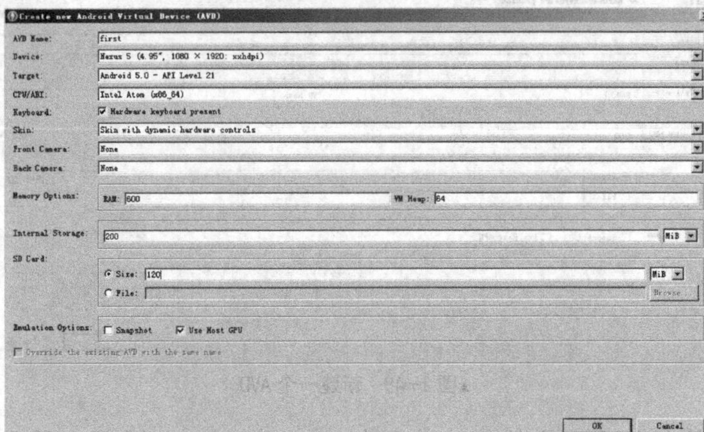

▲图 1-52　修改名为“aa”的 AVD

1.9　手动更新 Android SDK

实例 009	手动更新 Android SDK
源码路径	无
视频路径	光盘:\视频\009

1.9.1　实例说明

在安装 Android SDK，并将其和 Eclipse 关联以后，每次打开 Eclipse 进行开发时，如果 Android SDK 有新的版本或工具面世，在 Eclips 中会自动弹出更新界面，我们只需按照提示进行操作即可完成更新操作。但是在很多时候，往往因为网速的原因，感觉自动更新的方式比较慢，此时我们可以使用手动设置的方式实现更新。

1.9.2　具体实现

（1）单击 Eclipse 顶部的图标，在弹出界面中列出了当前机器上已经安装的 Android SDK 包，如图 1-53 所示。

（2）勾选列表中一个选项前面的复选框，然后单击“Install packages...”按钮。这表示在当前计算机安装这个选项的安装包，如图 1-54 所示。

（3）弹出“Choose Packages Install”界面，在左侧列表中列出了可以安装的更新内容，如图 1-55 所示。

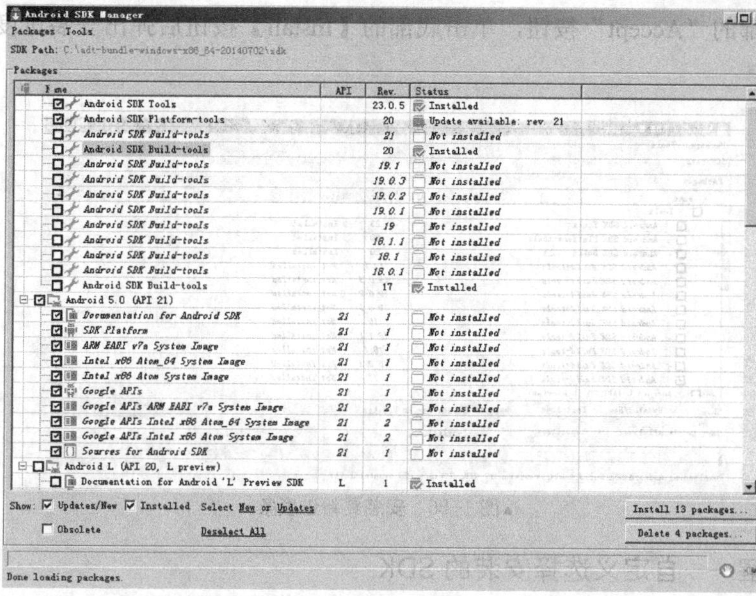

▲图 1-53 “Installed packages” 界面

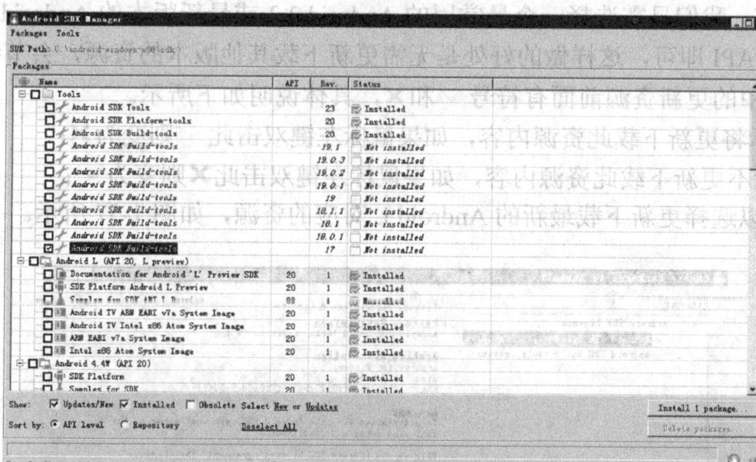

▲图 1-54 进度框界面

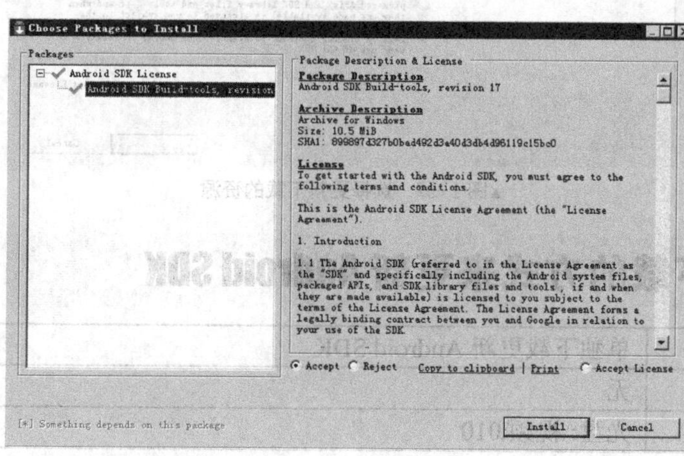

▲图 1-55 更新列表

（4）勾选底部的“Accept”按钮，单击底部的【Install】按钮后弹出安装进度条，如图 1-56 所示。

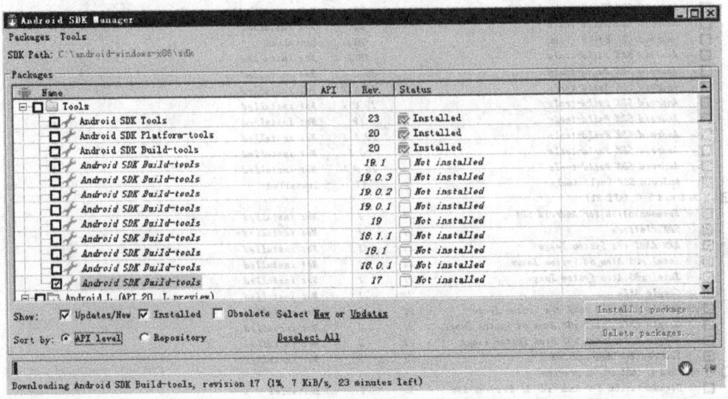

▲图 1-56　安装更新进度条

1.9.3　特别提醒——自定义选择安装的 SDK

在图 1-55 所示的更新列表中，我们可以自行选择需要更新的内容。此功能非常有必要，因为 Android 版本众多，我们只需选择一个最常用的 Android 2.3 或最新版本的 Android L，然后选择对应版本的 Google API 即可，这样做的好处是无需更新下载其他版本的资源，会节省很多时间。

在左侧列表中的更新资源前面有符号✓和✕，具体说明如下所示。

- ✓：表示将更新下载此资源内容，如果鼠标左键双击此✓则变为✕；
- ✕：表示不更新下载此资源内容，如果鼠标左键双击此✕则变为✓；

这样我们可以选择更新下载最新的 Android L 对应的资源，如图 1-57 所示。

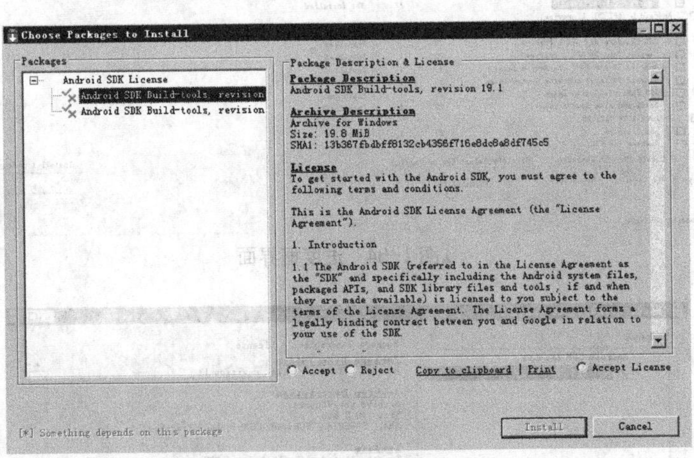

▲图 1-57　选择更新下载的资源

1.10　单独下载的方式来更新 Android SDK

实例 010	单独下载更新 Android SDK
源码路径	无
视频路径	光盘:\视频\010

1.10.1 实例说明

此实例还是演示更新 Android SDK 的问题，实例 009 虽然演示了手动更新 Android SDK 的方法，但是因为网速的问题，整个更新过程会比较缓慢。此时我们可以考虑单独下载更新文件压缩包的方式实现更新。

1.10.2 具体实现

（1）输入 www.baidu.com 进入百度主页。

（2）输入关键字“android-1.6_r03-windows.zip”进行搜索。

（3）找到下载链接后，使用迅雷等下载工具下载压缩资源文件，将下载的压缩文件复制到我们安装 Android SDK 中的“temp”目录下。

（4）然后在 Eclipse 中打开 Android SDK 开始更新，此时将会发现在线更新 android-1.6 的速度非常快。

1.10.3 特别提醒——快速安装 Android SDK 的诀窍

通过上述实例 010 实现了快速安装更新资源 android-1.6 的方法，按照同样的原理，我们可以使用迅雷下载其他 Android SDK 资源，并将其放在“temp”目录下，也可以实现其他版本 Android SDK 资源的快速更新。其实 Android SDK 资源的官方地址都是下面的格式。

```
https://dl-ssl.google.com/android/repository/压缩资源包
```

在上述格式中，每个版本的“压缩资源包”的名字不同，例如下面的都是 Android 资源压缩包的名字。

- android-2.0_r01-windows.zip。
- android-2.1_r01-windows.zip。
- android-1.1_r1-windows.zip。
- android-1.5_r03-windows.zip。
- android-1.6_r02-windows.zip。
- usb_driver_r03-windows.zip。
- google_apis-6_r01.zip。
- google_apis-5_r01.zip。
- google_apis-4_r02.zip。
- google_apis-7_r01.zip。

1.11 在 Linux 环境下搭建 Android 平台

实例 011	Linux 系统下搭建 Android 平台
源码路径	无
视频路径	光盘:\视频\011

1.11.1 实例说明

Android 基于 Linux 平台，是一个开源的智能手机系统，所以除了能够在我们平常所用的 Windows 平台下开发 Android 应用项目外，还可以在 Linux 平台中开发 Android 应用项目。所以很有必要讲述在 Linux 平台中搭建 Android 开发环境。

1.11.2　具体实现

以 Linux ubuntu 8.10 平台为例，搭建 Android 开发环境的具体流程如下所示。

（1）安装虚拟光驱 daemon400.exe。

（2）在 windows XP 下用虚拟光驱安装 ubuntu 8.10，iso 文件为：ubuntu-8.10-beta-desktop-i386.iso。

（3）用 dpkg 命令打 patch，进入 ubuntu 系统将 ubuntu_package_0430.tar.gz 解压。

```
tar -zvxf ubuntu_package_0430.tar.gz
```

然后打开 patch。

```
sudo dpkg -i *.deb
```

如果存在没有成功的现实，再依次执行下面的命令。

```
sudo dpkg  i  filename.deb
```

也可能需要一起运行 dpkg，具体格式如下所示。

```
sudo dpkg  i  filename1.deb filename1.deb
```

另外，还需要重新将 java5 执行 dpkg 命令（因为用 java6 会有问题）。

（4）编译原码和 Android SDK

编译原码时先解压原码到本地，然后进入原码目录执行如下命令。

```
make
```

接下来开始编译 SDK，当完成 make 后，直接 make SDK，此时会在“out/host/linux-x86/sdk”目录下面生成 mdk 文件和文件夹，形如“android-sdk_eng.xxx_linux-x86”。

（5）开始安装 Eclipse。

直接解压 eclipse-jee-ganymede-SR2-linux-gtk.tar.gz 即可安装 Eclipse。

```
tar -zvxf eclipse-jee-ganymede-SR2-linux-gtk.tar.gz
```

1.11.3　特别提醒

在 Linux 下安装 Android 所需的工具后，也需要经过配置后才能使用。具体配置过程如下所示。

（1）修改~/.bashrc 文件，加入 Android SDK 与 Eclipse 的环境变量。

```
$vi ~/.bashrc
```

在文件的最后加入：

```
export
PATH=/usr/local/android-sdk/tools:/usr/local/eclipse:$PA
TH
```

保存后退出，使配置信息生效。

```
$source ~/.bashrc
```

（2）生成 Android AVD 配置信息。创建 Android AVD 的格式如下所示。

```
android create avd -n your-avd-name -t your-targets
```

例如通过下面的代码可以创建一个 Android 1.5 的 AVD。

```
$android create avd -n android-sdk-15 -t 2
```

可以使用命令“android list”来查寻其具体信息。

```
$android list
```

▲图 1-58　Linux 环境下运行的 AVD

（3）接下来需要测试刚才编译好的 SDK。在 Eclipse 中将 Android SDK 目录设置成自己编译生成的 SDK 目录，例如“out/host/linux-x86/sdk/android-sdk_eng.xxx_linux-x86”。

（4）依次选择【Window】|【preferences】|【Android】中的 SDK Location，进行设置。

（5）接下来开始创建 AVD。

在 Eclipse 中，依次单击【Window】|【Android AVD Manager】，将 Name、Target、SD Card、Skin 选项都填选好后，点击【Create AVD】按钮即可。

（6）进入 CMD 窗口并进入到目录下，执行如下命令后将成功运行模拟器。

```
emulator  avd avdname
```

经过上述操作后，模拟器就运行起来了。通过如下命令也可以运行模拟器。

```
$emulator @android-sdk-15 -show-kernel
```

运行上述 Android 1.5 的 AVD 后的效果如图 1-58 所示。

如果没有需要的 JDK、Eclipse 或 Android SDK，在 Linux 下也需要分别下载它们，只是在下载时选择 Linux 的资源即可，整个安装顺序和 Windows 下的大同小异。

1.12 苹果 Mac 环境下搭建 Android 平台

实例 012	苹果 Mac 系统下搭建 Android 平台
源码路径	无
视频路径	光盘:\视频\012

1.12.1 实例说明

截至 2011 年 8 月，Android 和苹果系统系统分别占据智能手机操作系统份额的前两位。对很多使用苹果系统的开发人员来说，很有必要在苹果 Mac 系统下搭建 Android 平台。

1.12.2 具体实现

（1）登录 http://developer.android.com/sdk/index.html 来到 Android SDK 下载界面，在此单击下载链接“android-sdk_r12-mac_x86.zip”，下载苹果 Mac 系统专用的压缩包，如图 1-59 所示。

（2）下载并解压缩后，可以看到在 SDK 目录中的文件，如图 1-60 所示。

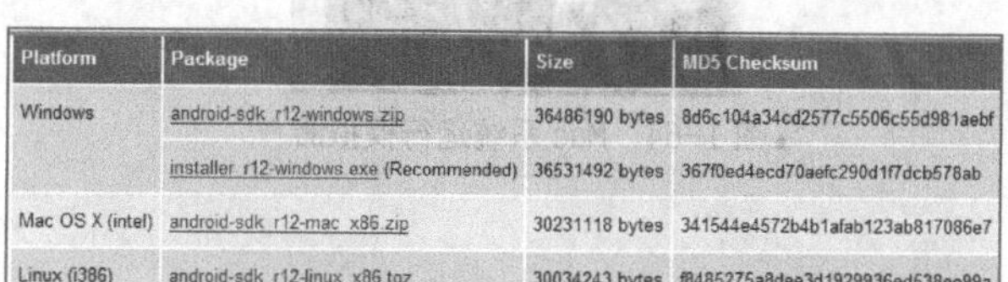

Platform	Package	Size	MD5 Checksum
Windows	android-sdk_r12-windows.zip	36486190 bytes	8d6c104a34cd2577c5506c55d981aebf
	installer_r12-windows.exe (Recommended)	36531492 bytes	367f0ed4ecd70aefc290d1f7dcb578ab
Mac OS X (intel)	android-sdk_r12-mac_x86.zip	30231118 bytes	341544e4572b4b1afab123ab817086e7
Linux (i386)	android-sdk_r12-linux_x86.tgz	30034243 bytes	f8485275a8dee3d1929936ed538ee99a

▲图 1-59 下载苹果 Mac 系统专用的压缩包

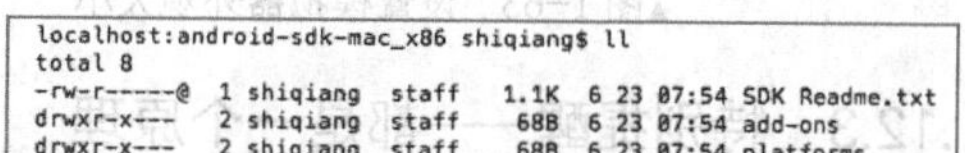

```
localhost:android-sdk-mac_x86 shiqiang$ ll
total 8
-rw-r-----@  1 shiqiang  staff   1.1K  6 23 07:54 SDK Readme.txt
drwxr-x---   2 shiqiang  staff    68B  6 23 07:54 add-ons
drwxr-x---   2 shiqiang  staff    68B  6 23 07:54 platforms
drwxrwx---  26 shiqiang  staff   884B  6 21 19:52 tools
```

▲图 1-60 SDK 目录中的文件

（3）从文件夹“tools”中打开 Android 程序，这是用来打开 App 或者脚本的 SDK 管理器。

（4）此时可以看到弹出的“Android SDK and AVD Manager”窗口，根据列表提示可以从资源库中下载我们需要的组件。和 Windows 系统一样，我们可以自行决定下载哪些资源。

（5）下载并安装选中的资源后，单击左侧的“Virtual Devices”菜单，然后从右侧的窗口中单击按钮【New】。在新弹出的窗口中可以配置虚拟设备或环境，如图 1-61 所示。

（6）如果选择了 Android SDK 2.2 环境，设置后的界面，如图 1-62 所示。

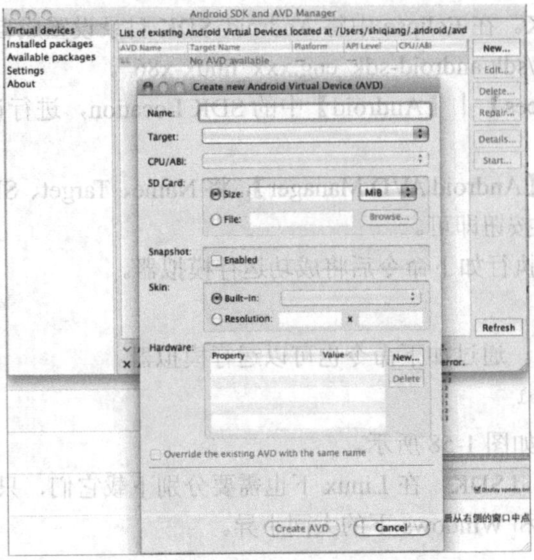

▲图 1-61　配置虚拟设备或环境

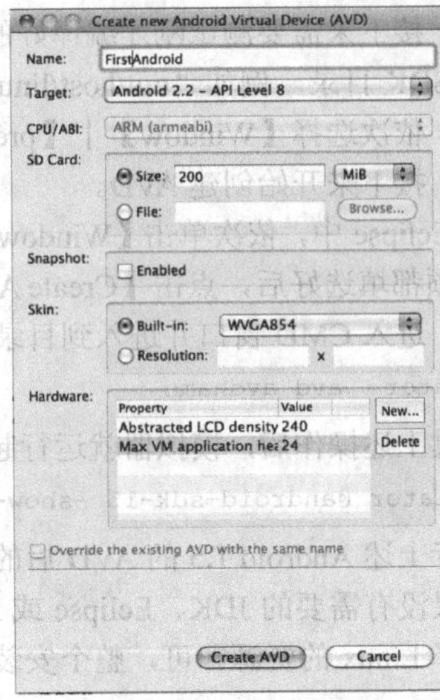

▲图 1-62　设置后的界面

（7）创建之后就可以通过右侧的【Start】按钮来启动模拟器。在启动的时候会出现选择缩放比例的提示，笔者在此设置了 10，能够比较好地显示，如图 1-63 所示。

（8）经过上述设置后，Android 开发环境搭建完毕，单击底部的图标 Launch 后即可运行模拟器，如图 1-64 所示。

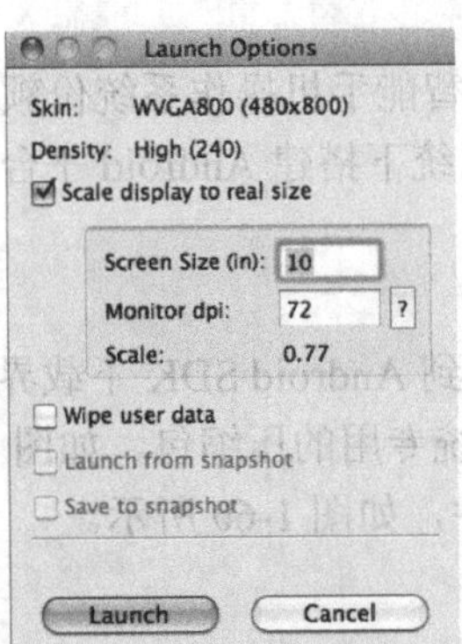

▲图 1-63　设置模拟器外观大小

▲图 1-64　Mac 系统运行模拟器

1.12.3　特别提醒——都是一个原理

由此可见，无论是 Linux 系统还是 Mac 系统，整个搭建过程都非常简单。读者需要在 Android 主站下载对应的 SDK 安装包，如果在 Mac 平台安装其他版本的 SDK 就会出现错误。

1.13　搭建过程中的常见错误

实例 013	常见错误分析
源码路径	无
视频路径	光盘:\视频\013

1.13.1 实例说明

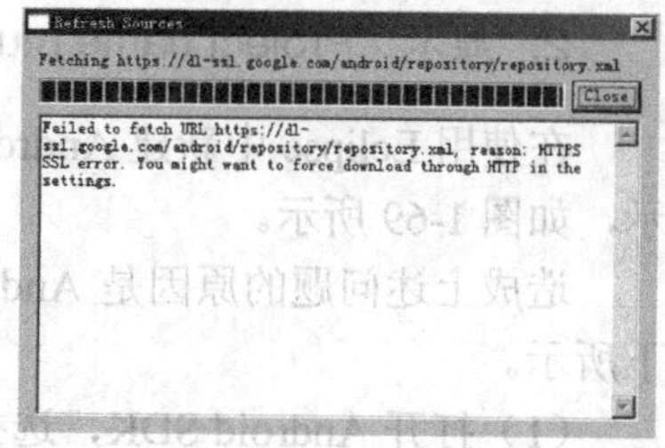

▲图 1-65 不能更新

无论安装或搭建任何一个开发环境，都会不可避免地遇到一些意想不到的问题，这些问题可能是我们粗心造成的，也可能是使用系统环境的差异造成的。在下面的实例中，将简单介绍搭建 Android 开发环境中常见问题的解决方法。

1.13.2 最常见的 3 个错误

1. Android 不能在线更新

在安装 Android 后，需要更新为最新的资源和配置。但是在启动 Android 后，经常能更新，弹出如图 1-65 所示的错误信息。

Android 默认的在线更新地址是 https://dl-ssl.google.com/android/eclipse/，但是经常会出现错误。如果此地址不能进行更新，可以自行设置更新地址，需要修改为如下地址。

```
http://dl-ssl.google.com/android/repository/repository.xml
```

具体修改方法如下所示。

（1）单击“Android SDK and AVD Manager”界面左侧的“Available Packages”选项，然后单击下面的【Add Site…】按钮，如图 1-66 所示。

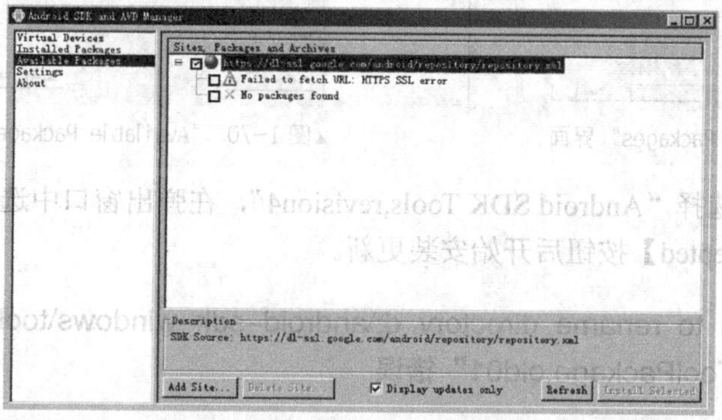

▲图 1-66 “Available Packages”界面

（2）在弹出的“Add Site URL”对话框中输入修改后的地址，如图 1-67 所示。地址如下所示。

```
http://dl-ssl.google.com/android/repository/repository.xml
```

（3）单击【OK】按钮后完成操作，此时就可以使用更新功能了，如图 1-68 所示。

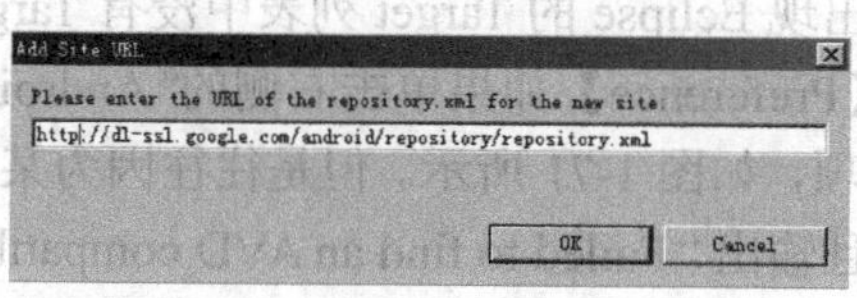

▲图 1-67 “Available Packages”界面

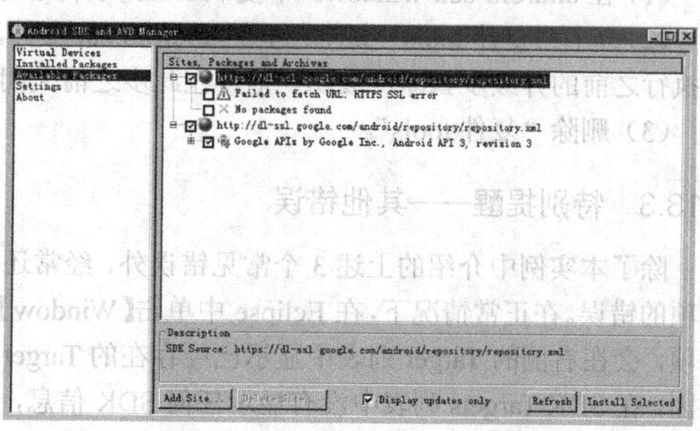

▲图 1-68 “Available Packages”界面

2. 显示“Project name must be specified”

在使用 Eclipse 中新建 Android 工程时，一直显示“Project name must be specified”的错误提示，如图 1-69 所示。

造成上述问题的原因是 Android 没有完成更新，只需完全更新后即可解决。具体解决方法如下所示。

（1）打开 Android SDK，选择左侧的“Installed Packages”，如图 1-70 所示。

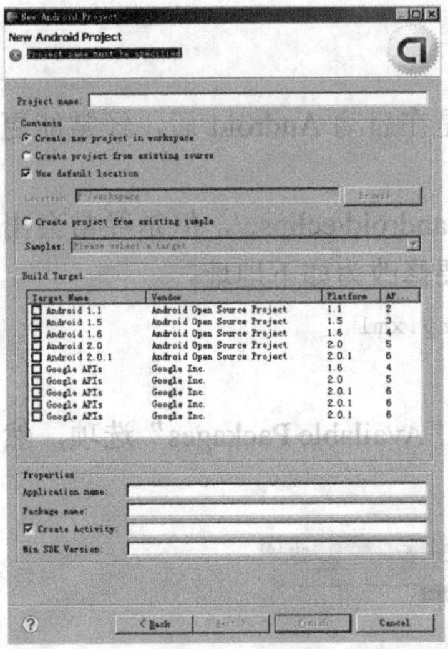

▲图 1-69 “Available Packages”界面

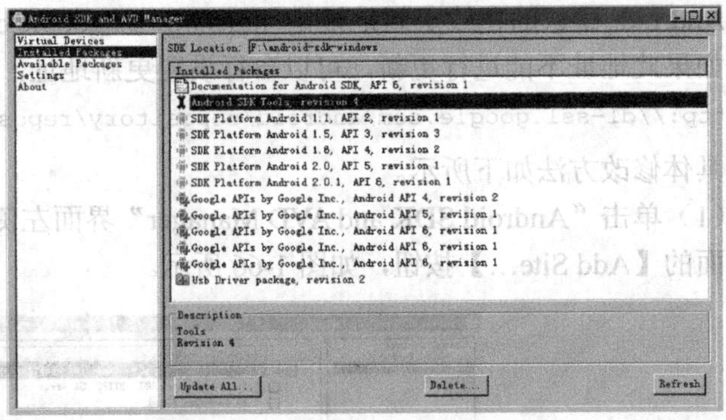

▲图 1-70 “Available Packages”界面

（2）右侧列表中选择“Android SDK Tools,revision4”，在弹出窗口中选择“Accept”单选框，最后单击【Install Accepted】按钮后开始安装更新。

3. 提示“Failed to rename directory d:\android-sdk-windows\tools to d:\android-sdk-windows\tools\temp\ToolPackage.old01”错误

当 Android SDK 在线更新时，经常提示“Failed to rename directory d:\android-sdk-windows\tools to d:\android-sdk-windows\tools\temp\ToolPackage.old01”之类的错误。这通常是因为杀毒软件或防火墙对这个文件进行了访问限制，建议读者在更新时关闭杀毒软件和防火墙。如果还不行则需要进行如下操作。

（1）在 android-sdk-windows 下复制 tools 文件夹，然后创建一个名为“复件 tools”的文件夹。

（2）运行“复件 tools”文件夹里的 android.bat 文件，在出现的 Android SDK and AVD Manager 上执行之前的升级步骤即可成功。记得在此步之前关闭已打开的 Android SDK.. Manager（若有）。

（3）删除“复件 tools”。

1.13.3 特别提醒——其他错误

除了本实例中介绍的上述 3 个常见错误外，经常还会出现 Eclipse 的 Target 列表中没有 Target 选项的错误。在正常情况下，在 Eclipse 中单击【Window】|【Preference】，如果单击右侧的“Android”选项，会在右侧的 Target 列表中显示已经存在的 Target 选项，如图 1-71 所示。但是往往因为某种原因，在 SDK Targets 列表中没有显示任何 SDK 信息，并且输出“Failed to find an AVD compatible with target”的错误提示。

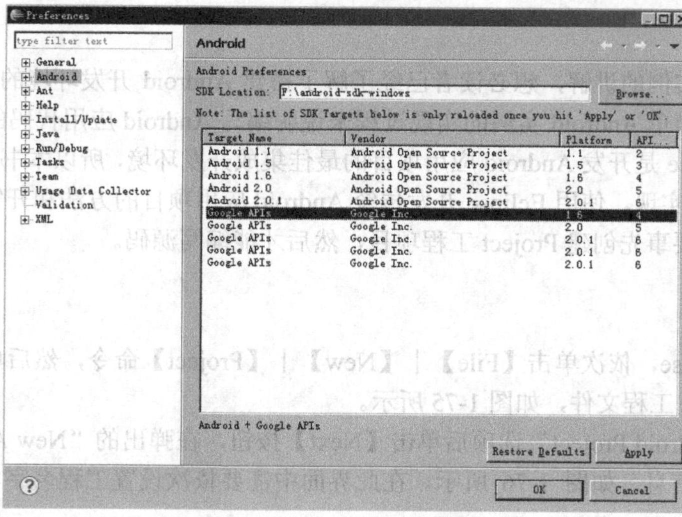

▲图 1-71　SDK Targets 列表

造成上述问题的原因是 AVD 没有创建成功，我们手工安装 AVD 来解决此问题，当然前提是 Android 更新完毕。具体解决方法如下所示。

（1）在运行中键入“CMD”来到 CMD 窗口界面，如图 1-72 所示。

（2）按照如下格式创建一个 AVD。

```
android create avd --name <your_avd_name> --target <targetID>
```

CMD 窗口界面如图 1-73 所示。

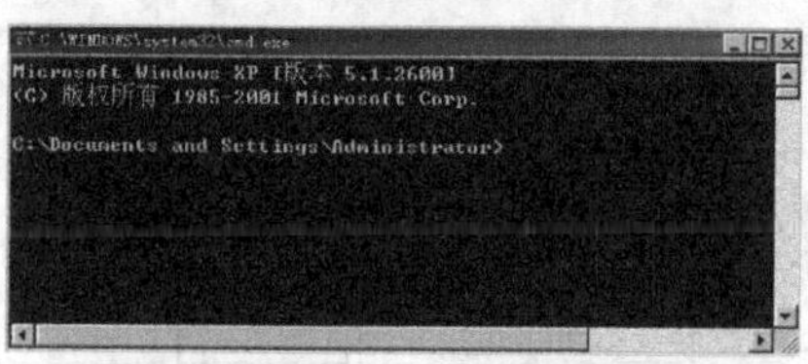

▲图 1-72　SDK Targets 列表

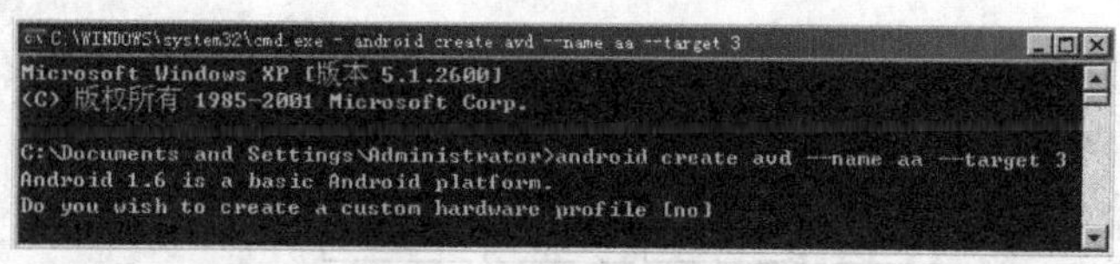

▲图 1-73　CMD 界面

在图 1-73 的窗口中创建了一个名为“aa”，target ID 为 3 的 AVD，然后在 CMD 界面中输入"n"，即完成操作，如图 1-74 所示。此时会在图 1-71 所示的 SDK Targets 列表界面中显示此 AVD。

关于搭建 Android 开发环境的常见错误我们就讲解到这儿，其实很多错误都是人为原因造成的，最常见的人为原因就是粗心。建议读者从头到尾仔细阅读本章的配置内容。一定不要急于想看后面的具体编码的章节，因为一次粗心会浪费你一整天甚至数天的时间重复升级，甚至重复卸载。

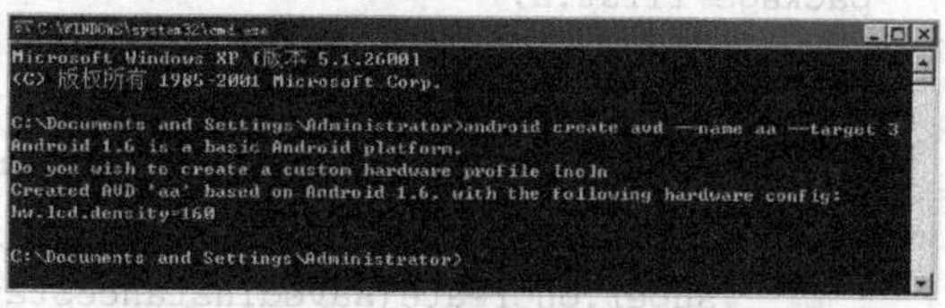

▲图 1-74　CMD 界面

1.14　第一个 Android 程序

实例 014	第一个 Android 程序
源码路径	光盘\daima\014
视频路径	光盘:\视频\014

1.14.1　实例说明

经过本书前面实例的讲解，想必读者已经了解了搭建 Android 开发环境的基本知识。在本实例中，将通过一个简单 Android 实例的实现过程来说明编写 Android 应用代码的具体流程。

我们知道 Eclipse 是开发 Android 应用项目的最佳集成开发环境，所以本书中的具体编码实例都将使用 Eclipse 来实现。使用 Eclipse 开发传统 Android 应用项目的方法和开发传统 Java 项目的方法基本相似，都要事先创建 Project 工程项目，然后才能编写源码。

1.14.2　具体实现

（1）打开 Eclipse，依次单击【File】|【New】|【Project】命令，然后单击“Android”选项新建一个 Android 工程文件，如图 1-75 所示。

（2）选择“Android Project”选项后单击【Next】按钮，在弹出的“New Android Project”对话框中，设置工程信息，如图 1-76 所示。在此界面中需要依次设置工程名字、包名字、Activity 名字、应用名字。

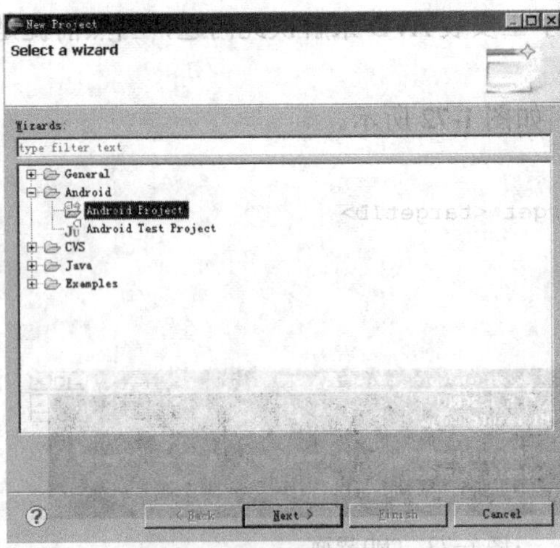

▲图 1-75　新建工程文件

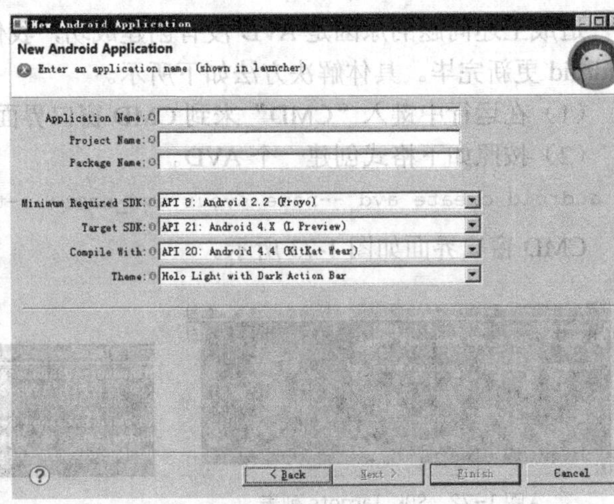

▲图 1-76　设置工程

（3）经过上述步骤后，创建了一个名为“first”的工程文件。此时打开文件“fist.java”，会显示如下代码。

```
package first.a;
import android.app.Activity;
import android.os.Bundle;
public class fistMM extends Activity {
    /** Called when the activity is first created. */
    @Override
    public void onCreate(Bundle savedInstanceState) {
        super.onCreate(savedInstanceState);
        setContentView(R.layout.main);
    }
}
```

如果此时运行程序，在模拟器中将不会显示任何东西。我们可以对上述代码稍微进行修改，让程序输出“你们好，我是 Android!”。具体代码如下所示。

```
package first.a;
import android.app.Activity;
import android.os.Bundle;
import android.widget.TextView;
```

```
public class fistMM extends Activity {
    /** Called when the activity is first created. */
    @Override
    public void onCreate(Bundle savedInstanceState) {
        super.onCreate(savedInstanceState);
        setContentView(R.layout.main);
        TextView tv = new TextView(this);
        tv.setText("你们好，我是 Android!");
        setContentView(tv);
    }
}
```

（4）保存上述代码，此时就可以运行这段程序了。右键单击项目名，在弹出命令中依次选择【Run As】|【Android Application】命令，如图 1-77 所示。

（5）此时运行上述 Android 工程程序，运行完成后在屏幕中输出“你们好，我是 Android!”这段文字，如图 1-78 所示。

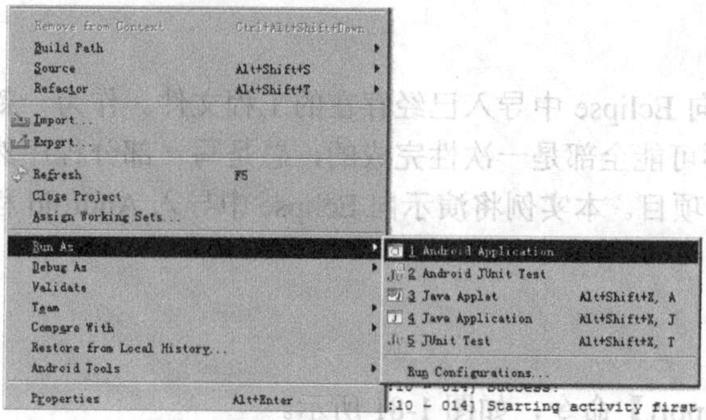

▲图 1-77　开始调试

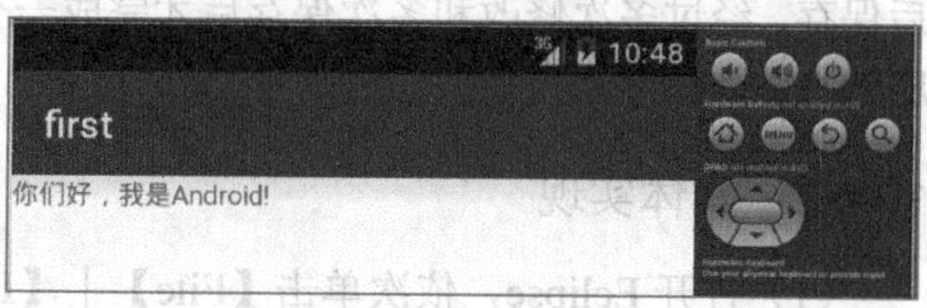

▲图 1-78　运行效果

1.14.3　特别提醒——解决模拟器运行时间长而引发的错误

在第一次使用模拟器调试 Android 程序时，很可能因为加载程序的时间太长，运行后会一直显示图 1-79 所示的界面。

解决此问题的方法是单击图 1-79 中的 MENU 键，在弹出窗口中单击【Wait】按钮，如图 1-80 所示。

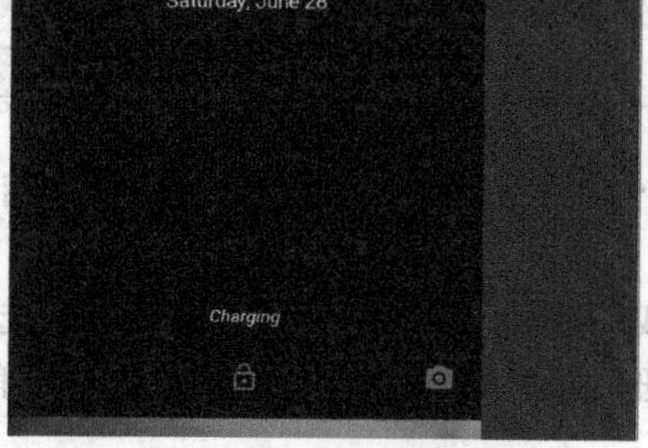

▲图 1-79　一直显示此界面

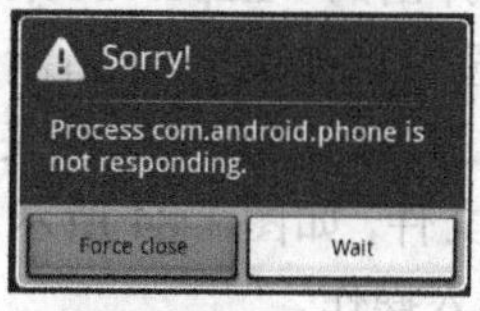

▲图 1-80　单击“Wait”按钮

经过上述操作，即可成功显示图 1-78 所示的运行效果。

另外在 Android 项目中，几乎所有的 UI 都是由 View 或 View 子类实现的。View 代表了一块区域，此区域不但可以处理事件，并且可以渲染这块区域。上述代码中的组件是 TextView，此组件就是通过继承 View 来实现的。为此我们可以认为：TextView 代表了一块区域，区域里面有一些文字信息，并且我们可以对区域里的文字进行修饰处理。

1.15 向 Eclipse 中导入 Android 程

实例 015	向 Eclipse 中导入 Android 程序
源码路径	无
视频路径	光盘:\视频\015

1.15.1　实例说明

使用过 Eclipse 的读者应该知道，我们可以向 Eclipse 中导入已经存在的工程文件。作为一款开发工具，这个功能是必须具备的。工程项目不可能全部是一次性完成的，总是写一部分程序然后保存，经过多次修改和多次保存后才完成一个项目。本实例将演示向 Eclipse 中导入 Android 程序的方法。

1.15.2　具体实现

（1）打开 Eclipse，依次单击【File】|【Import】命令，如图 1-81 所示。

（2）在弹出界面中选择“Existing Projects into Workspace”选项，然后单击【Next】按钮，如图 1-82 所示。

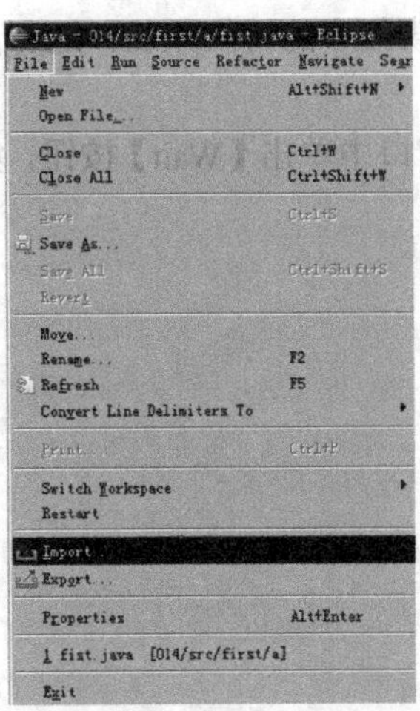

▲图 1-81　选择 Import 命令

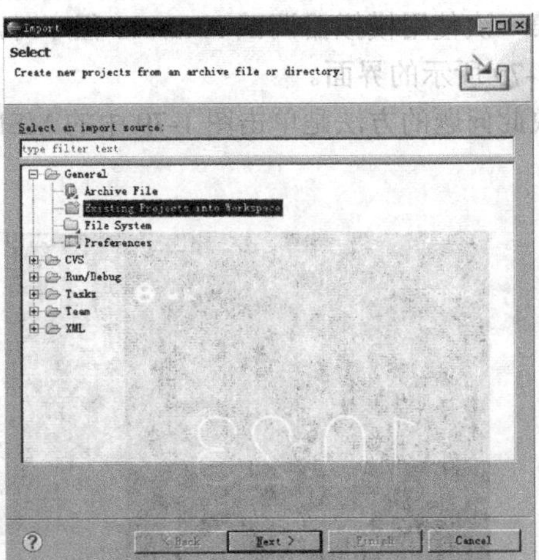

▲图 1-82　选择“Existing Projects into Workspace”选项

（3）在弹出的“Import Projects”界面中选择“Select root directory”单选框，然后单击后面的【Browse】按钮，如图 1-83 所示。

（4）在弹出的“浏览文件夹”对话框中选择我们要导入的工程文件，在此假设选择前面实例 014 的源码文件，如图 1-84 所示。单击【确定】按钮返回“Import Projects”界面，然后单击【Finish】按钮完成导入操作。

经过上述操作后，成功的将实例 014 的 Android 工程文件导入了 Eclipse 中。

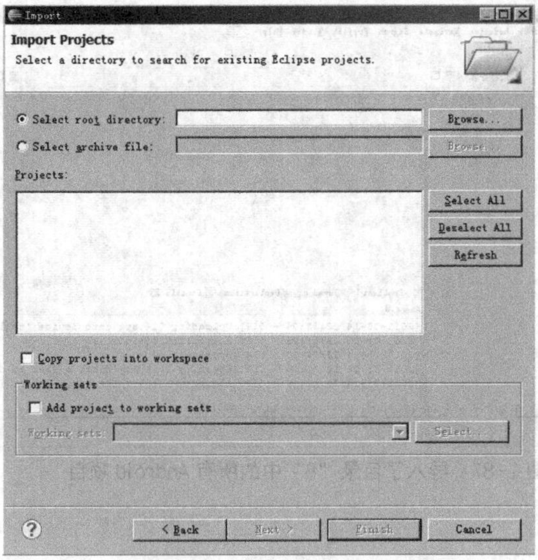

▲图 1-83 单击【Browse】按钮

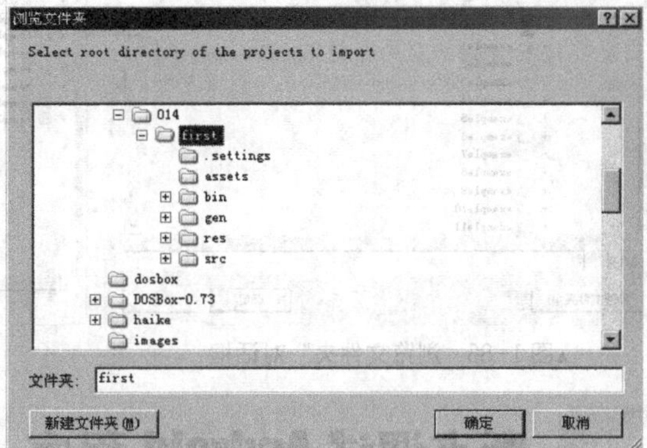

▲图 1-84 “浏览文件夹”对话框

1.15.3 特别提醒——一次向 Eclipse 中导入多个 Android 程序

在上述实例中，一次只导入了一个 Android 工程文件。其实在现实项目开发过程中，可以一次性向 Eclipse 中导入多个 Android 程序，也可以分次导入多个 Android 程序到 Eclipse。

一次性向 Eclipse 中导入多个 Android 程序的流程如下所示。

（1）打开 Eclipse，依次单击【File】|【Import】命令，在弹出的“Import Projects”界面中选择“Select root directory”单选框，然后单击后面的【Browse】按钮。

（2）在弹出的“浏览文件夹”对话框中选择要导入的工程文件，此时可以选择拥有多个 Android 项目的文件夹。例如目录“8”中有多个 Android 项目，如图 1-85 所示。

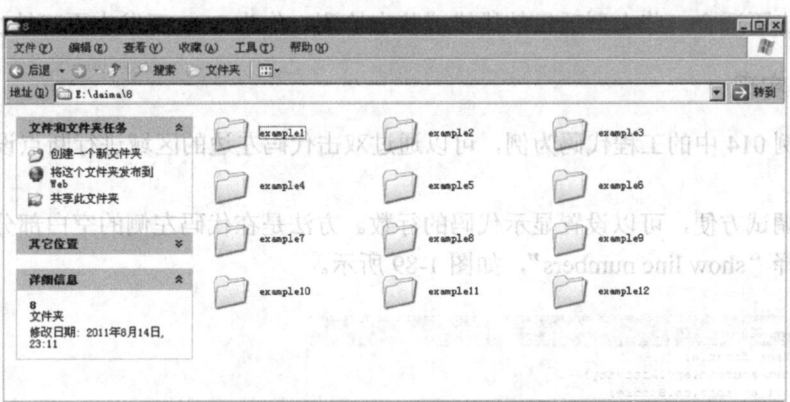

▲图 1-85 目录“8”中有多个 Android 项目

（3）在“浏览文件夹”对话框中选择目录“8”，如图 1-86 所示。

（4）单击【确定】按钮返回“Import Projects”界面，然后单击【Finish】按钮完成导入操作。此时在在 Eclipse 中成功导入了目录“8”中的所有 Android 项目，如图 1-87 所示。

分次导入多个 Android 程序到 Eclipse 是指按照实例 015 的流程导入一个 Android 工程后，再次按照实例 015 的流程导入另外一个 Android 工程，依此类推。

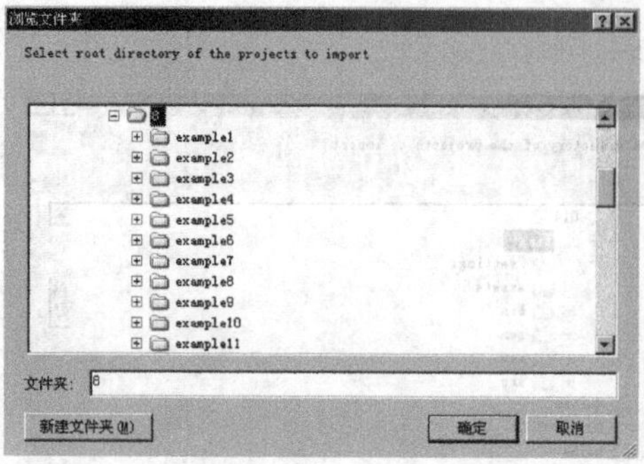

▲图 1-86　浏览文件夹”对话框

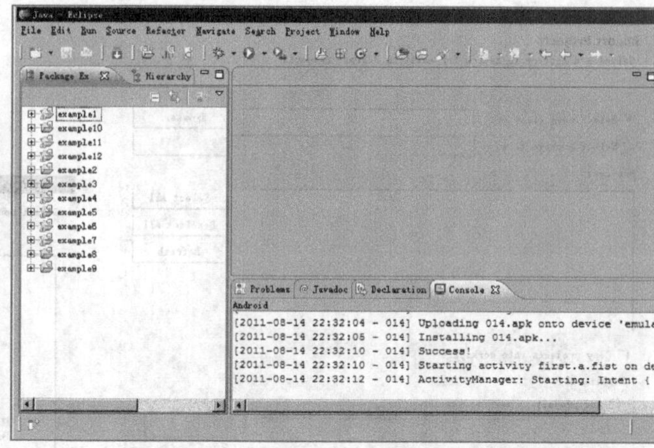

▲图 1-87　导入了目录“8”中的所有 Android 项目

1.16　断点调试 Android 程序

实例 016	断点调试 Android 程序
源码路径	无
视频路径	光盘:\视频\016

1.16.1　实例说明

开发一个 Android 项目后，可以对工程代码进行调试处理。我们可以使用 Android SDK 和插件，在 Eclipse 集成开发环境中断点调试 Android 程序。其实此处设置断点和 Java 中的一样，可以通过双击代码左边的区域进行断点设置。在设置断点调试时，经常需要单步跟踪每个变量，相对于 Android ADT 独有的 Logcat、TraceView 以及 DDMS 中的其他一些工具而言，设置断点检查每个变量的运行输出更适合一些大型项目的排错或状态检测，作为 Java 开发中不可缺少的调试方法。

1.16.2　具体实现

（1）以实例 014 中的工程代码为例，可以通过双击代码左边的区域进行断点设置，如图 1-88 所示。

（2）为了调试方便，可以设置显示代码的行数。方法是在代码左侧的空白部分单击右键，在弹出命令中选择“show line numbers”，如图 1-89 所示。

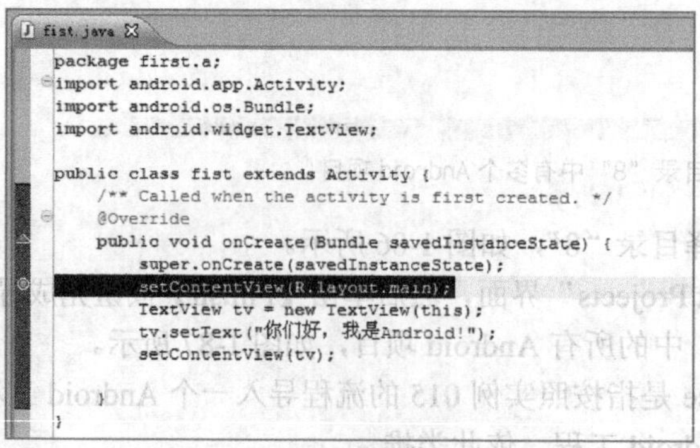

▲图 1-88　设置断点

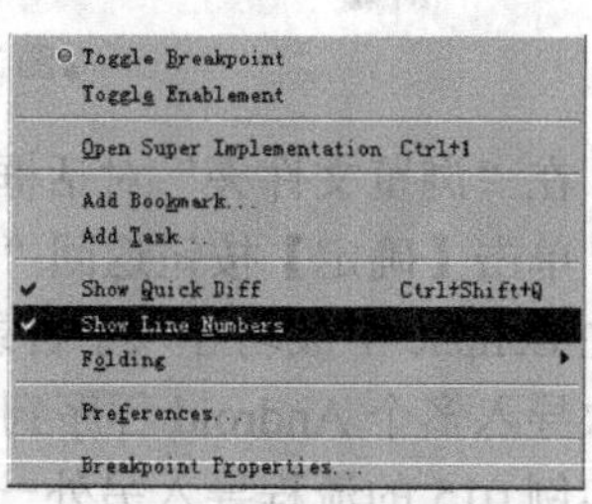

▲图 1-89　显示行数

（3）当使用断点调试运行时，必须通过 Debug 方式运行工程。标准的 Run 是针对最终的 Release 版本而设计的，要想实现单步跟踪，Android 给出了两种方法，第一种是在 Eclipse 中单击 Debug 按钮，选择你要调试的应用，如图 1-90 所示。

第二种方法是在“Package Explorer”中用鼠标右键单击工程名，在弹出的菜单中依次选择【Debug As】|【Android Application】命令即可，如图 1-91 所示。

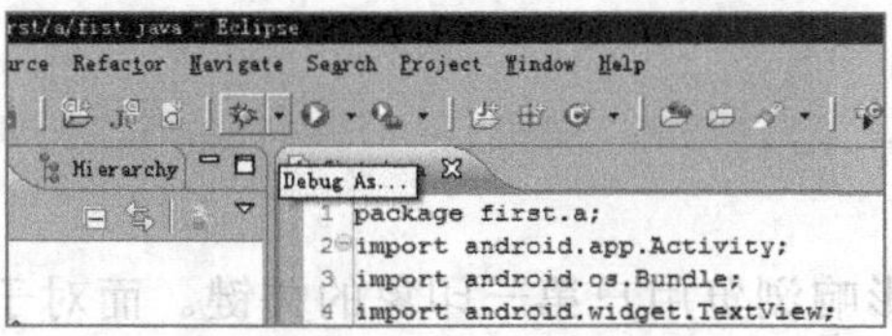

▲图 1-90　Debug As...图标

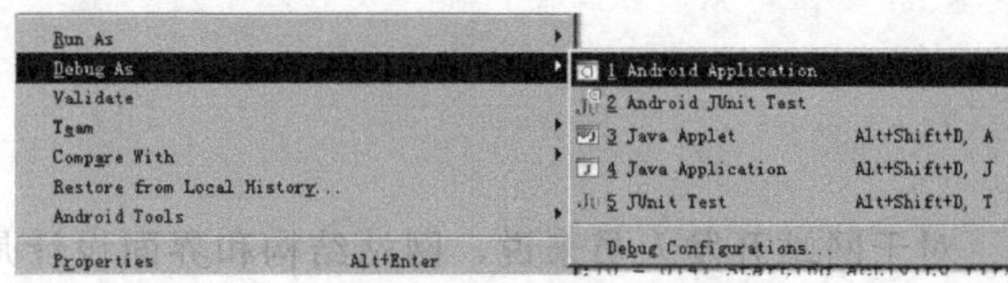

▲图 1-91　第二种方法

1.16.3　特别提醒——其他调试方法

Android 断点单步调试的具体调试方法和普通的 Java 程序类似。

另外除了双击鼠标左键将会在所双击代码的那一行添加一个程序断点外，还可以在红框区域单击右键，在弹出菜单中单击第一项“Toggle Breakpoint”，将会在右键所单击代码的那行添加一个程序断点，可以用同样的操作方法取消程序断点，如图 1-92 所示。

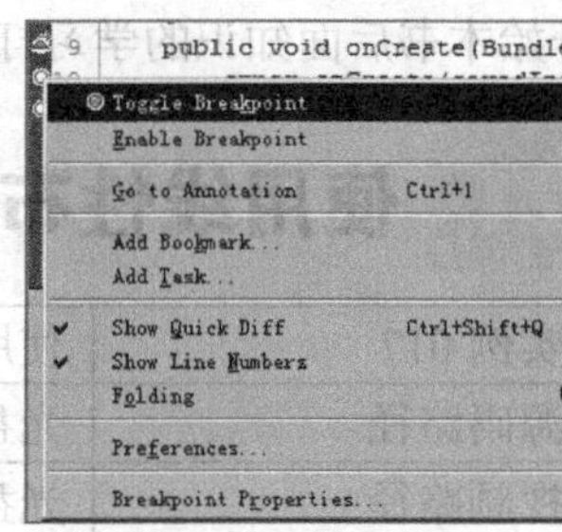

▲图 1-92　设置断点

第 2 章 界面布局

对于网站开发人员来说，网站结构和界面设计是影响浏览用户第一印象的关键。而对于 Android 应用开发来说，除了功能强大的应用程序外，屏幕界面效果也是影响程序质量的重要因素。因为消费者永远喜欢的是界面既美观，功能又强大的软件产品。在设计优美界面之前，一定要先对屏幕进行布局。在本章的内容中，将以具体实例来介绍布局 Android 屏幕的知识，为读者开始本书后面知识的学习打下基础。

2.1 使用线性布局（LinearLayout）

实例 017	使用线性布局（LinearLayout）
源码路径	光盘:\daima\017
视频路径	光盘:\视频\017

2.1.1 实例说明

一个 Android 程序是由一个或多个 Activity 组成的，Activity 是一个 UI 容器，它本身不在用户界面中显示出来。其中类 View 起了重要的作用，View 是一个最基本的 UI 类，几乎所有的 UI 组件都是继承 View 而实现的。TextView 的使用格式如下：

```
android.view.View
```

其主要功能如下：

- 为指定的屏幕矩形区域存储布局和内容；
- 处理尺寸和布局，绘制，焦点改变，翻屏，按键、手势；
- widget 基类。

线性布局即 LinearLayout 布局，是 Android 屏幕中常用的布局方式，是一个 ViewGroup 以线性方向显示它的子视图（view）元素，即垂直地或水平方向。

2.1.2 具体实现

（1）使用 Eclipse 创建一个名为“017”的 Android 工程。

（2）编写布局文件“res/layout/main.xml”，代码如下所示。

```
<?xml version="1.0" encoding="utf-8"?>
<LinearLayout xmlns:android="http://schemas.android.com/apk/res/android"
           android:layout_width="fill_parent"
           android:layout_height="fill_parent"
           android:orientation="horizontal">
   <Button android:id="@+id/button1"
         android:layout_width="wrap_content"
         android:layout_height="wrap_content"
         android:text="Hello, I am a Button1"
```

```
        android:layout_weight="1"
        />
    <Button android:id="@+id/button2"
    android:layout_width="wrap_content"
    android:layout_height="wrap_content"
    android:text="Hello, I am a Button2"
    android:layout_weight="1"
    />
    <Button android:id="@+id/button3"
    android:layout_width="wrap_content"
    android:layout_height="wrap_content"
    android:text="Hello, I am a Button3"
    android:layout_weight="1"
    />
    <Button android:id="@+id/button4"
    android:layout_width="wrap_content"
    android:layout_height="wrap_content"
    android:text="Hello, I am a Button4"
    android:layout_weight="1"
    />
    <Button android:id="@+id/button5"
    android:layout_width="wrap_content"
    android:layout_height="wrap_content"
    android:text="Hello, I am a Button5"
    android:layout_weight="1"
    />
</LinearLayout>
```

在上述代码中，在根 LinearLayout 视图组（ViewGroup）中包含了 5 个 Button，它的子元素是以线性方式（horizontal）布局，运行效果如图 2-1 所示。

▲图 2-1　LinearLayout 布局

2.1.3　特别提醒——布局类型的继承

在 Androd 布局中，需要了解视图容器组件 ViewGroup 的概念，视图容器组件 ViewGroup 的使用格式如下：

```
ndroid.view.Viewgroup
```

ViewGroup 用于包含并管理下级系列的 Views 和其他 Viewgroup，是一个布局的基类。ViewGroup 好像一个 View 容器，负责对添加进来的 View 进行布局处理。一个 ViewGroup 可以建到另一个 ViewGroup 中去。这是因为 ViewGroup 也是继承 View.ViewGroup 类，即是其他容器类的基类。它们之间的关系如图 2-2 所示。

上述实例中的属性可以修改，例如将如下代码中的“horizontal”修改为“vertical”，表示垂直/纵向显示，则执行效果如图 2-3 所示。

```
android:orientation="vertical"
```

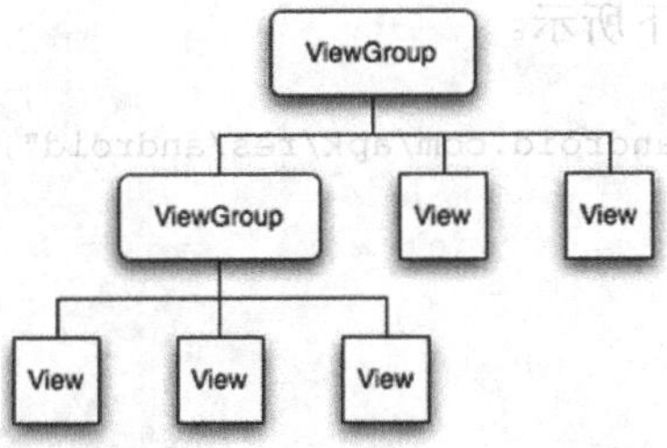

▲图 2-2　各类的继承关系

▲图 2-3　纵向显示

还有一个十分重要的属性，在上述实例中的定义代码如下。

```
android:layout_weight="1"
```

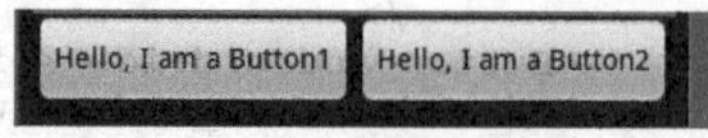

▲图 2-4 运行效果

这个属性很关键，如果没有显式地设置它，则其默认为 0。如果把此属性删除，运行效果如图 2-4 所示。

由此可见，如果去掉这个属性，我们本来定义的 5 个 Button 运行后只能显示出 2 个 Button，这是为什么呢？

“weight”顾名思义是权重的意思，layout_weight 用于给一个线性布局中的诸多视图的重要程度赋值。所有的视图都有一个 layout_weight 值，默认为 0，意思是需要显示多大的视图就占据多大的屏幕空间。这就不难解释为什么会造成上面的情况了：Button1~Button5 都设置了 layout_height 和 layout_width 属性为 wrap_content，即包住文字内容，他们都没有设置 layout_weight 属性，即默认为 0，这样 Button1 和 Button2 根据需要的内容占据了整个屏幕，而其他按钮就显示不了。

如果赋一个高于 0 的值，则将父视图中的可用空间分割，分割大小具体取决于每一个视图的 layout_weight 值以及该值在当前屏幕布局的整体 layout_weight 值和在其他视图屏幕布局的 layout_weight 值中所占的比率而定。假如在水平方向上有一个文本标签和两个文本编辑元素，该文本标签并无指定 layout_weight 值，所以它将占据需要提供的最少空间。如果两个文本编辑元素每一个的 layout_weight 值都设置为 1，则两者平分在父视图布局剩余的宽度（因为我们声明这两者的重要度相等）。如果两个文本编辑元素，其中第一个的 layout_weight 值设置为 1，而第二个的设置为 2，则剩余空间的 2/3 分给第一个，1/3 分给第二个。数值越小，重要度就越高。

2.2 使用相对布局（Relative Layout）

实例 018	使用相对布局（Relative Layout）
源码路径	光盘:\daima\018
视频路径	光盘:\视频\018

2.2.1 实例说明

相对布局是指一个 ViewGroup 以相对位置显示它的子视图（view）元素，一个视图可以指定相对于它的兄弟视图的位置（例如在给定视图的左边或者下面）或相对于 RelativeLayout 的特定区域的位置（例如底部对齐，或中间偏左）。

相对布局是设计用户界面的有力工具，因为它消除了嵌套视图组。如果你发现自己使用了多个嵌套的 LinearLayout 视图组，就可以考虑使用一个 RelativeLayout 视图组了。

2.2.2 具体实现

（1）使用 Eclipse 创建一个名为“018”的 Android 工程。

（2）编写布局文件“res/layout/main.xml”，代码如下所示。

```
<?xml version="1.0" encoding="utf-8"?>
<RelativeLayout xmlns:android="http://schemas.android.com/apk/res/android"
    android:layout_width="fill_parent"
    android:layout_height="fill_parent">
    <TextView
        android:id="@+id/label"
        android:layout_width="fill_parent"
        android:layout_height="wrap_content"
        android:text="Type here:"/>
    <EditText
```

```
        android:id="@+id/entry"
        android:layout_width="fill_parent"
        android:layout_height="wrap_content"
        android:background="@android:drawable/editbox_background"
        android:layout_below="@id/label"/>
    <Button
        android:id="@+id/ok"
        android:layout_width="wrap_content"
        android:layout_height="wrap_content"
        android:layout_below="@id/entry"
       android:layout_alignParentRight="true"
        android:layout_marginLeft="10dip"
        android:text="OK" />
    <Button
        android:layout_width="wrap_content"
        android:layout_height="wrap_content"
        android:layout_toLeftOf="@id/ok"
        android:layout_alignTop="@id/ok"
        android:text="Cancel" />
</RelativeLayout>
```

执行之后的效果如图 2-5 所示。

▲图 2-5　执行效果

2.2.3　特别提醒——RelativeLayout 效果结构

在上述实例中，在 RelativeLayout 视图组中包含了一个 TextView、一个 EditView 和两个 Button，并且使用了下面的属性代码来设置布局显示。

```
android:layout_below="@id/label"/>
 android:layout_below="@id/entry"
android:layout_alignParentRight="true"
android:layout_toLeftOf="@id/ok"
android:layout_alignTop="@id/ok"
```

在使用相对布局方式中，正是使用这些类似的属性来定位视图到你想要的位置，它们的值是你参照的视图的 ID。这些属性的意思很简单，就是英文单词的直译，就不多做介绍了。

通过此实例可以看出，RelativeLayout 允许子元素指定它们相对于其他元素或父元素的位置（通过 ID 指定）。所以可以以右对齐、或上下、或置于屏幕中央的形式来排列两个元素。如果第一个元素在屏幕的中央，那么相对于这个元素的其他元素将以屏幕中央的相对位置来排列。如果使用 XML 来指定这个 Layout，则在你定义它之前，被关联的元素必须定义。其效果结构如图 2-6 所示。

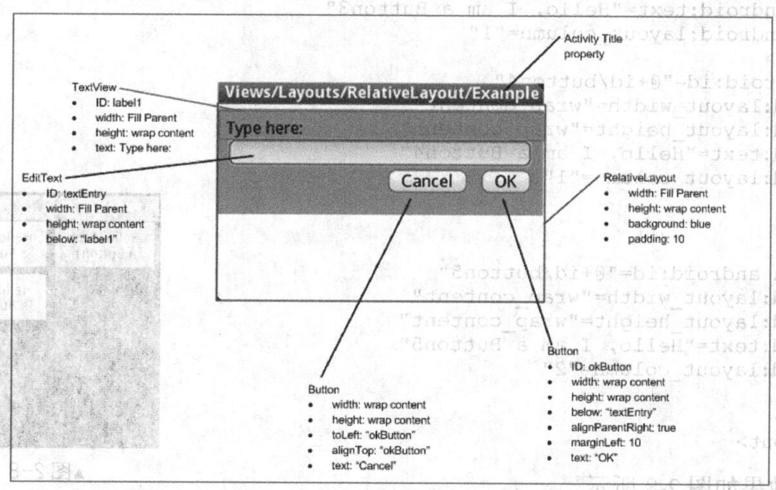

▲图 2-6　RelativeLayout 效果结构

2.3 使用表格布局（Table Layout）

实例 019	使用表格布局（Table Layout）
源码路径	光盘:\daima\019
视频路径	光盘:\视频\019

2.3.1　实例说明

表格布局（Table Layout）是一个 ViewGroup 以表格显示它的子视图（view）元素，即行和列标识一个视图的位置。其实 Android 的表格布局跟 HTML 中的表格布局非常类似，TableRow 就像 HTML 表格的<tr>标记。表格布局通常用于把子元素放入到行与列中，不显示行、列或是单元格边界线，但是单元格不能横跨行，与 HTML 中一样。效果如图 2-7 所示。

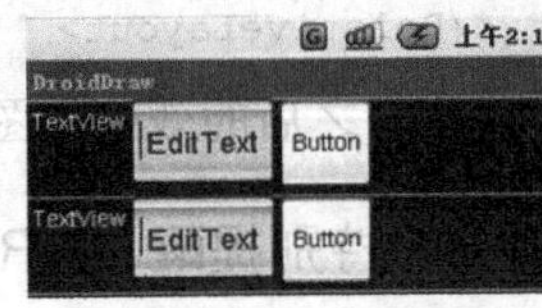

▲图 2-7　表格布局

2.3.2　具体实现

（1）使用 Eclipse 创建一个名为“019”的 Android 工程。

（2）编写布局文件“res/layout/main.xml”，代码如下所示。

```
    <TableRow>
    <Button android:id="@+id/button1"
          android:layout_width="wrap_content"
          android:layout_height="wrap_content"
          android:text="Hello, I am a Button1"
          android:layout_column="0"
          />
      <Button android:id="@+id/button2"
     android:layout_width="wrap_content"
     android:layout_height="wrap_content"
     android:text="Hello, I am a Button2"
     android:layout_column="1"
     />
     </TableRow>
    <TableRow><!-- row2 -->
    <Button android:id="@+id/button3"
          android:layout_width="wrap_content"
          android:layout_height="wrap_content"
          android:text="Hello, I am a Button3"
          android:layout_column="1"
          />
 <Button android:id="@+id/button4"
     android:layout_width="wrap_content"
     android:layout_height="wrap_content"
     android:text="Hello, I am a Button4"
     android:layout_column="1"
     />
 </TableRow>
 <TableRow>
     <Button android:id="@+id/button5"
     android:layout_width="wrap_content"
     android:layout_height="wrap_content"
     android:text="Hello, I am a Button5"
     android:layout_column="2"
     />
 </TableRow>
 </TableLayout>
```

执行后的效果如图 2-8 所示。

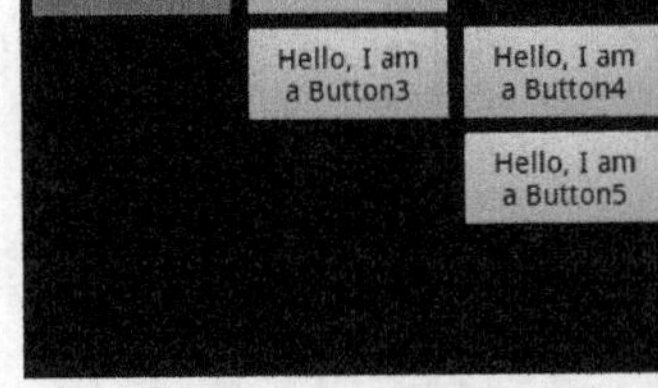

▲图 2-8　表格布局

2.3.3 特别提醒——使用表格布局的注意事项

在使用表格布局时需要知道以下三点。

- android:shrinkColumns：对应的方法是 setShrinkAllColumns(boolean)，作用是设置表格的列是否收缩（列编号从 0 开始，下同），如果有多列则用逗号隔开（下同），如 android:shrinkColumns="0,1,2"，即表格的第 1、2、3 列的内容是收缩的以适合屏幕，不会挤出屏幕。
- android:collapseColumns：对应的方法是 setColumnCollapsed(int,boolean)，作用是设置表格的列是否隐藏。
- android:stretchColumns：对应的方法是 setStretchAllColumns(boolean)，作用是设置表格的列是否拉伸。

2.4 使用绝对布局（AbsoluteLayout）

实例 020	使用绝对布局（AbsoluteLayout）
源码路径	光盘:\daima\020
视频路径	光盘:\视频\020

2.4.1 实例说明

绝对布局（AbsoluteLayout）是一个 ViewGroup 以绝对方式显示它的子视图（view）元素，即以坐标的方式来定位在屏幕上位置。这种布局方式很好理解，在布局文件或编程地设置 View 的坐标，从而绝对地定位。

2.4.2 具体实现

（1）使用 Eclipse 创建一个名为“020”的 Android 工程。

（2）编写布局文件“res/layour/main.xml”，代码如下所示。

```
<AbsoluteLayout xmlns:android="http://schemas.android.com/apk/res/android"
  android:id="@+id/AbsoluteLayout01"
  android:layout_width="fill_parent"
  android:layout_height="fill_parent"
  >
  <TextView android:id="@+id/txtIntro"
    android:text="绝对布局"
    android:layout_width="fill_parent"
    android:layout_height="wrap_content"
    android:layout_x="20dip"
    android:layout_y="20dip">
  </TextView>
</AbsoluteLayout>
```

执行后的效果如图 2-9 所示。

▲图 2-9 执行效果

2.4.3 特别提醒——为什么不推荐使用 AbsoluteLayout

AbsoluteLayout 可以让子元素指定准确的 x/y 坐标值，并显示在屏幕上。(0, 0)为左上角，当向下或向右移动时，坐标值将变大。AbsoluteLayout 没有页边框，允许元素之间互相重叠（尽管不推荐）。我们通常不推荐使用 AbsoluteLayout，除非你有正当理由要使用它，因为它使界面代码太过刚性，在不同的设备上可能不能很好地工作。例如如图 2-10 所示的效果。

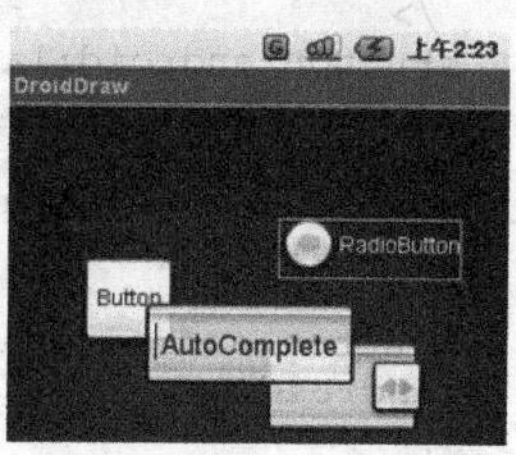

▲图 2-10 AbsoluteLayout 效果

2.5 使用标签布局（TabLayout）

实例 021	使用标签布局（TabLayout）
源码路径	光盘:\daima\021
视频路径	光盘:\视频\021

2.5.1　实例说明

标签布局（TabLayout）是一个 ViewGroup 以标签的方式显示它的子视图（view）元素，就像在 Firefox 中的一个窗口中显示多个网页一样。为了创建一个标签 UI（tabbed UI），需要使用到 TabHost 和 TabWidget。TabHost 必须是布局的根节点，它包含显示标签的 TabWidget 和显示标签内容的 FrameLayout。

2.5.2　具体实现

（1）使用 Eclipse 创建一个名为“021”的 Android 工程。

（2）编写布局文件“res/layout/main.xml”，代码如下所示。

```
<TableRow>
  <Button android:layout_width="wrap_content" android:layout_height="wrap_content"
   android:text=" 7 " />
  <Button android:layout_width="wrap_content"
   android:layout_height="wrap_content" android:text=" 8 "
   />
  <Button android:layout_width="wrap_content"
   android:layout_height="wrap_content" android:text=" 9 "
   />
  <Button android:layout_width="wrap_content"
   android:layout_height="wrap_content" android:text=" / "
   />

</TableRow>
<TableRow>
  <Button android:layout_width="wrap_content"
   android:layout_height="wrap_content" android:text=" 4 "
   />
  <Button android:layout_width="wrap_content"
   android:layout_height="wrap_content" android:text=" 5 "
   />
  <Button android:layout_width="wrap_content"
   android:layout_height="wrap_content" android:text=" 6 "
   />
  <Button android:layout_width="wrap_content"
   android:layout_height="wrap_content" android:text=" * "
   />

</TableRow>
<TableRow>
  <Button android:layout_width="wrap_content"
   android:layout_height="wrap_content" android:text=" 1 "
   />
  <Button android:layout_width="wrap_content"
   android:layout_height="wrap_content" android:text=" 2 "
   />
  <Button android:layout_width="wrap_content"
   android:layout_height="wrap_content" android:text=" 3 "
   />
  <Button android:layout_width="wrap_content"
   android:layout_height="wrap_content" android:text="   . "
   />
```

```
        </TableRow>
        <TableRow>
            <Button android:layout_width="wrap_content"
             android:layout_height="wrap_content" android:text=" 0 "
             />
            <Button android:layout_width="wrap_content"
             android:layout_height="wrap_content" android:text=" = "
             />
            <Button android:layout_width="wrap_content"
             android:layout_height="wrap_content" android:text=" - "
             />
            <Button android:layout_width="wrap_content"
             android:layout_height="wrap_content" android:text=" + "
             />
        </TableRow>
        </TableLayout>
```

执行后将显示一个计算器的效果。

2.5.3 特别提醒——计算器的升级理念

在上述实例中，使用了按钮来实现计算器的按键效果，其实为了提高项目的美观性，我们可以使用素材图片来实现案件效果。在实现标签内容时，使用标签在同一个活动中交换视图、使用标签在完全隔离的活动之间改变。可根据需要选择不同的方式，但是如果每个标签提供不同的用户活动，应为每个标签选择隔离的活动，因此你可以更好地以分离的组管理应用程序，而不是简单设计一个巨大的应用程序和布局。

2.6 使用层布局（FrameLayout）

实例 022	使用层布局（FrameLayout）
源码路径	光盘:\daima\022
视频路径	光盘:\视频\020

2.6.1 实例说明

层布局（FrameLayout）是一个最简单的布局对象，它被定制为屏幕上的一个空白备用区域，之后你可以在其中填充一个单一对象，例如一张要发布的图片等。所有的子元素将会固定在屏幕的左上角，我们不能为 FrameLayout 中的一个子元素指定一个位置。后一个子元素将会直接在前一个子元素之上进行覆盖填充，把它们部分或全部挡住（除非后一个子元素是透明的）。

2.6.2 具体实现

（1）使用 Eclipse 创建一个名为“022”的 Android 工程。

（2）编写布局文件“res/layout/main.xml”，代码如下所示。

```
<?xml version="1.0" encoding="utf-8"?>
<FrameLayout    xmlns:android="http://schemas.android.com/apk/res/android"
    android:layout_width="fill_parent"
    android:layout_height="fill_parent">
    <TextView
        android:text="big"
        android:layout_width="wrap_content"
        android:layout_height="wrap_content"
        android:textSize="50pt"/>
    <TextView
        android:text="middle"
        android:layout_width="wrap_content"
```

```
        android:layout_height="wrap_content"
        android:textSize="20pt"/>
    <TextView
        android:text="small"
        android:layout_width="wrap_content"
        android:layout_height="wrap_content"
        android:textSize="10pt"/>
</FrameLayout>
```

执行后因为多层重叠而发生重影效果，如图 2-11 所示。

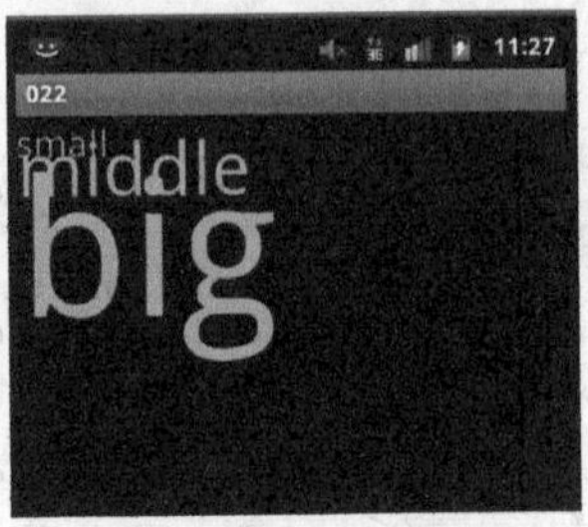

▲图 2-11　计时器效果

2.6.3　特别提醒——层与层的覆盖

从图 2-12 所示效果可以看出，FrameLayout 能够将组件显示在屏幕的左上角，后面的组件覆盖前面的组件。该布局容器（container）可以占有屏幕的某块区域来显示单一的对象，可以包含有多个 widgets 或者是容器（container），但是所有被包含的 widgets 或者是 container 必需被固定到屏幕的左上角，并且一层覆盖一层，而不能通过为一个 widgets 或者是 container 指定一个位置。在 container 中所包含的 widgets 或者是 container 的队列是采用堆栈结构，最后加进来的 widgets 或者是 container 显示在最上面。所以后一个 widgets 或者是 container 将会直接覆盖在前一个 widgets 或者是 container 之上，把它们部分或全部挡住。除非后一个 widgets/container 是透明的，否则必需得到 FrameLayout Container 的允许。

2.7　演示 Layout 布局的综合应用

实例 023	Layout 布局的综合应用
源码路径	光盘:\daima\023
视频路径	光盘:\视频\023

2.7.1　实例说明

布局就像容器，里面可以装下很多控件。布局里面还可以套用其他的布局。这样就可以实现界面的多样化以及设计的灵活性。使用布局组件 Layout 的格式如下所示。

```
<LinearLayout xmlns:android="http://schemas.android.com/apk/res/android"
    android:orientation="vertical"
    android:layout_width="fill_parent"
    android:layout_height="fill_parent"
>
```

在一个布局容器中可以包括零个或多个布局容器。LinearLayout 线性的布局方式，可使用上下的方式添加控件，或使用左右的方式添加控件。

其实本章前面的实例都是属于 Layout 布局的范畴，例如线性布局（LinearLayout）和相对布局（Relative Layout）等。

2.7.2　具体实现

（1）使用 Eclipse 创建一个名为“023”的 Android 工程。

（2）编写文件 ActivityMain.java.java，此 Java 文件是项目的主文件，功能是调用各个公用文件来实现具体的功能。

- 通过函数 setContentView(R.layout.main)实现 Activity 和布局文件 main.xml 的关联。
- 使用对象 button0、button1、button2 和 button3 分别代表 4 个 Button 按钮。
- 为了查看不同布局的效果，分别为各个 Button 按钮设置单击监听器，每一个监听器都会跳转到一个新的 Activity。

文件 ActivityMain.java.java 的主要代码如下所示。

```
setContentView(R.layout.main);
button0 = (Button) findViewById(R.id.button0);
button0.setOnClickListener(listener0);
button1 = (Button) findViewById(R.id.button1);
button1.setOnClickListener(listener1);
button2 = (Button) findViewById(R.id.button2);
button2.setOnClickListener(listener2);
button3 = (Button) findViewById(R.id.button3);
button3.setOnClickListener(listener3);
```

（3）编写布局文件 main.xml，此段代码是一个典型的 LinearLayout 布局样式，主要代码如下所示。

```
<Button android:id="@+id/button0"
    android:layout_width="fill_parent"
    android:layout_height="wrap_content" android:text="使用 FrameLayout"/>
<Button android:id="@+id/button1"
    android:layout_width="fill_parent"
    android:layout_height="wrap_content" android:text="使用 RelativeLayout"/>
<Button android:id="@+id/button2"
    android:layout_width="fill_parent"
    android:layout_height="wrap_content" android:text="LinearLayout 和 RelativeLayout"/>
<Button android:id="@+id/button3"
    android:layout_width="fill_parent"
    android:layout_height="wrap_content" android:text="使用 TableLayout"/>
```

（4）编写单击第一个按钮 button0 的处理代码。单击后会在新界面中显示一幅图片，此界面是用 FrameLayout 布局的。在文件 activity_frame_layout.xml 中定义了这幅图片的显示样式，即在 FrameLayout 布局中添加了一个图片显示组件 ImageView 元素。具体实现代码如下所示。

```
<?xml version="1.0" encoding="utf-8"?>
<FrameLayout android:id="@+id/left"
    xmlns:android="http://schemas.android.com/apk/res/android"
    android:layout_width="fill_parent"                    /**x 轴方向填充空间*/
    android:layout_height="fill_parent"                   /**y 轴方向填充空间*/
>
    <ImageView android:id="@+id/photo"                     /**定义组件的 id*/
        android:src="@drawable/bg"
        android:layout_width="wrap_content"               /**宽度能包容图片*/
        android:layout_height="wrap_content"              /**高度能包容图片*/
    />
</FrameLayout>
```

对上述代码的几点说明如下所示。

- 通过“android:id”来访问定义的显示组件 ImageView 元素；
- android:layout_width="fill_parent：表示 FrameLayout 布局可以在 x 轴方向填充的空间；
- android:layout_height="fill_parent：表示 FrameLayout 布局可以在 y 轴方向填充的空间；
- android:layout_width="wrap_content" 和 android:layout_height="wrap_content"：表示 ImageView 只需将图片完全包含即可。

（5）编写单击第二个按钮 button1 的处理代码。单击后会显示一个输入用户名的表单界面效果，此功能是通过 RelativeLayout 实现的。对应的布局文件是 relative_layout.xml，主要实现代码如下所示。

```
<TextView android:id="@+id/label" android:layout_width="fill_parent"
    android:layout_height="wrap_content" android:text="请输入用户名：" />
<!--
    这个 EditText 放置在上边 id 为 label 的 TextView 的下边
-->
<EditText android:id="@+id/entry" android:layout_width="fill_parent"
    android:layout_height="wrap_content"
    android:background="@android:drawable/editbox_background"
```

```
    android:layout_below="@id/label" />
<!--
    取消按钮和容器的右边齐平，并且设置左边的边距为 10dip
-->
<Button android:id="@+id/cancel" android:layout_width="wrap_content"
    android:layout_height="wrap_content" android:layout_below="@id/entry"
    android:layout_alignParentRight="true"
    android:layout_marginLeft="10dip" android:text="取消" />
<!--
    确定按钮在取消按钮的左侧，并且和取消按钮的高度齐平
-->
<Button android:id="@+id/ok" android:layout_width="wrap_content"
    android:layout_height="wrap_content"
    android:layout_toLeftOf="@id/cancel"
    android:layout_alignTop="@id/cancel" android:text="确定" />
```

对上述代码的主要说明如下所示。

- android:id：定义组件的 ID；
- android:layout_width：用于设置组件的宽度，主要有如下两种设置方式：
  - ➢ fill_parent：填充父容器器；
  - ➢ wrap_content：仅仅包容内容即可；
- android:layout_height：定义组件的高度；
- android:background="@drawable/blue"：定义组件的背景，在此设置了背景颜色；
- android:padding="10dip"："dip"表示依赖于设备的像素，有如下两种表现方式：
  - ➢ padding：填充；
  - ➢ margin：边框；
- android:layout_below="@id/label"：将此组件放在 ID 为"label"的组件下方。这是一种很经典的布局方式，好处是适配性很强，并且不用关心具体的细节，在不同屏幕、不通手机设备上都是通用的；
- android:layout_alignParentRight="true"：是相对布局，表示和父容器器的右边对齐；
- android:layout_marginLeft="10dip"：设置 ID 为 cancel 的 Button 的左边距为 10dips；
- android:layout_toLeftOf="@id/cancel"：设置此组件在 ID 为 cancel 的组件的左边；
- android:layout_alignTop="@id/cancel"：设置此组件和 ID 为 cancel 的组件的高度对齐。

（6）编写单击第三个按钮 button2 后的处理代码。单击后会显一系列的文本信息，此功能是通过 LinearLayout 和 RelativeLayout 布局联合实现的。

- 布局第 a 组第 a 项和第 a 组第 b 项

在文件 left.xml 中通过 RelativeLayout 布局实现此功能，主要实现代码如下所示。

```
<?xml version="1.0" encoding="utf-8"?>
<RelativeLayout
android:id="@+id/left"
    xmlns:android="http://schemas.android.com/apk/res/android"
    android:layout_width="fill_parent"
    android:layout_height="fill_parent">
    <TextView android:id="@+id/view1" android:background="@drawable/blue"
        android:layout_width="fill_parent"
        android:layout_height="50px" android:text="第 a 组第 a 项" />
    <TextView android:id="@+id/view2"
        android:background="@drawable/yellow"
        android:layout_width="fill_parent"
        android:layout_height="50px" android:layout_below="@id/view1"
        android:text="第 a 组第 b 项" />
</RelativeLayout>
```

在上述代码中，使用了如下 2 个高度都是 50 像素的 TextView：

- 第一个 TextView：通过"@drawable/blue"设置其背景颜色是"blue"。

- 第二个 TextView：通过 android:layout_below="@id/view1"设置其位置位于第一个 TextView 的下方。
- 布局第 b 组第 a 项和第 b 组第 b 项

在文件 right.xml 中使用另外一个 RelativeLayout 实现此布局功能，具体实现代码如下所示。

```
<?xml version="1.0" encoding="utf-8"?>
<RelativeLayout android:id="@+id/right"
    xmlns:android="http://schemas.android.com/apk/res/android"
    android:layout_width="fill_parent"
    android:layout_height="fill_parent">
    <TextView android:id="@+id/right_view1"
        android:background="@drawable/yellow" android:layout_width="fill_parent"
        android:layout_height="wrap_content" android:text="第 b 组第 a 项" />
    <TextView android:id="@+id/right_view2"
        android:background="@drawable/blue"
        android:layout_width="fill_parent"
        android:layout_height="wrap_content"
        android:layout_below="@id/right_view1" android:text="第 b 组第 b 项" />
</RelativeLayout>
```

注意　　上述代码和文件 left.xml 类似，在此将不再进行详细介绍。

- 实现 Layout 和 Activity 的关联

在 Activity 中，为了使用方便可以自行构建一个 Layout。为了实现 Layout 和 Activity 的关联，可以在文件 ActivityLayout.java 中编写如下实现代码。

```
public class ActivityLayout extends Activity {
    /** Called when the activity is first created. */
    @Override
    public void onCreate(Bundle savedInstanceState) {
        super.onCreate(savedInstanceState);
        /**创建一个 Layout **/
        LinearLayout layoutMain = new LinearLayout(this);
        layoutMain.setOrientation(LinearLayout.HORIZONTAL);
/**实现 Layout 和 Activity 的关联**/
        setContentView(layoutMain);
       /**得到一个 LayoutInflater 对象，此对象可以对 XML 布局文件进行解析，并生成一个 view**/
        LayoutInflater              inflate             =              (LayoutInflater)
getSystemService(Context.LAYOUT_INFLATER_SERVICE);
        RelativeLayout layoutLeft = (RelativeLayout) inflate.inflate(
            R.layout.left, null);
        RelativeLayout layoutRight = (RelativeLayout) inflate.inflate(
            R.layout.right, null);
       /**生成一个可以供 Layout 使用的 LayoutParams**/
        RelativeLayout.LayoutParams relParam = new RelativeLayout.LayoutParams(
            RelativeLayout.LayoutParams.WRAP_CONTENT,
            RelativeLayout.LayoutParams.WRAP_CONTENT);
/**将 layoutLeft 添加到 layoutMain，第一个参数是添加进去的 view，第二、三个分别是 view 的高度和宽度
**/
layoutMain.addView(layoutLeft, 100, 100);
/**将 layoutRight 添加到 layoutMain，第二个参数是一个 RelativeLayout.LayoutParams**/
layoutMain.addView(layoutRight, relParam);
    }
```

（7）编写单击第四个按钮 button3 后的处理代码。单击后会显一个整齐排列的表单，此功能是通过 TableLayout 实现的，实现文件 activity_table_layout.xml 的主要代码如下所示。

```
<TableLayout xmlns:android="http://schemas.android.com/apk/res/android"
    android:layout_width="fill_parent" android:layout_height="fill_parent"
    android:stretchColumns="1">
    <TableRow>
        <TextView android:text="用户名:" android:textStyle="bold"
            android:gravity="right" android:padding="3dip" />
        <EditText android:id="@+id/username" android:padding="3dip"
```

```
            android:scrollHorizontally="true" />
    </TableRow>
    <TableRow>
        <TextView android:text="密码:" android:textStyle="bold"
            android:gravity="right" android:padding="3dip" />
        <EditText android:id="@+id/password" android:password="true"
            android:padding="3dip" android:scrollHorizontally="true" />
    </TableRow>
    <TableRow android:gravity="right">
        <Button android:id="@+id/cancel"
            android:text="取消" />
        <Button android:id="@+id/login"
            android:text="登录" />
    </TableRow>
</TableLayout>
```

在上述代码中，使用标签“TableLayout”定义了一个表格布局，然后通过“TableRow”标签定义了表格布局里的一行，用户可以根据需要在每一行中加入自己需要的一些组件。

▲图 2-12　初始效果

运行后的初始效果如图 2-12 所示，单击【使用 FrameLayout】按钮后会显示我们设置的图片，如图 2-13 所示。单击【使用 RelativeLayout】按钮后会显示一个信息输入界面，如图 2-14 所示。单击【使用 LinearLayout 和 RelativeLayout】按钮后会显示 4 块不同样式的区域块，如图 2-15 所示。单击【使用 TableLayout】按钮后会显示一个用户登录表单，如图 2-16 所示。

▲图 2-13　显示图片

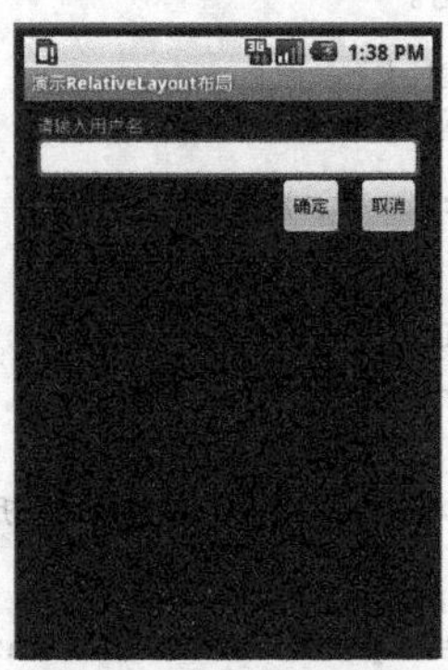

▲图 2-14　显示输入用户名

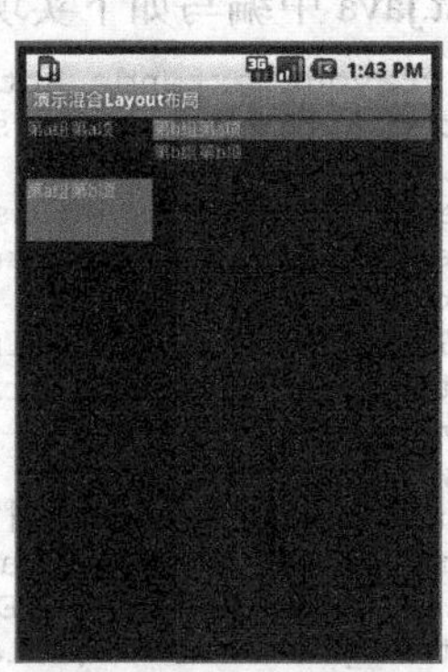

▲图 2-15　4 块不同样式的区域块

▲图 2-16　用户登录表单

2.7.3　特别提醒——设置的图片不能太大

通过上述实例演示了联合使用 Layout 布局的知识，在具体布局的时候，读者需要注意一些比较特殊的事项。例如在使用 FrameLayout 布局方式显示一幅图片的时候，设置的图片不能太大，特别是当前数码相机拍的照片几乎都在数兆大小，如果太大，单击【使用 FrameLayout】按钮后不会成功显示设置的图片，如图 2-17 所示。

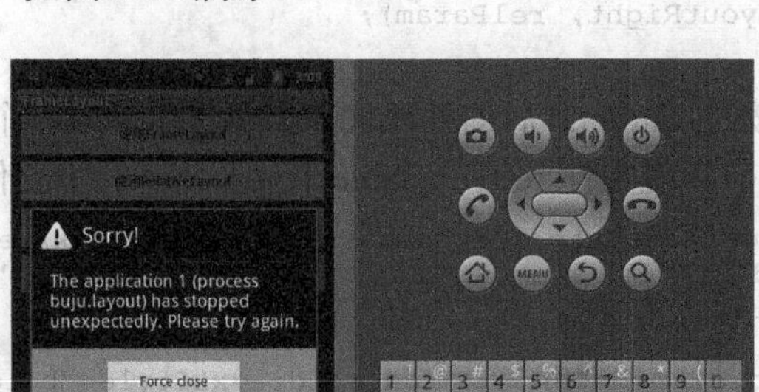

▲图 2-17　太大的图片不能显示

2.8 创建一个桌面组件 Widget

实例 024	创建一个桌面组件 Widget
源码路径	光盘:\daima\024\MainActivity.java
视频路径	光盘:\视频\024

2.8.1 实例说明

Widget 是一个桌面组件，从名字就可以知道是实现桌面布局的。Widget 的这个“叫法”来自一个叫做 Rose 的苹果电脑工程师。在 1998 年的一天，Rose 在自己的苹果操作系统桌面玩一个可以更换皮肤的 MP3 播放器时忽发奇想：如果在我桌面上运行的所有工具都能够更换皮肤或外观，那将是一件很酷的事情，Rose 的兴奋之情溢于言表，她给这个酷酷的玩意儿起了个名字叫“Konfabulator”。

Android 本身已经自带了时钟、音乐播放器、相框和 Google 搜索 4 个 Widget 程序，不过这并不能阻止大家开发自己更加美观，功能更丰富的版本。另外，微博客、RSS 订阅、股市信息、天气预报这些 Widget 也都有流行的可能。

2.8.2 具体实现

（1）使用 Eclipse 创建一个 MainActivity 作为应用程序的入口，自动生成的主文件是 MainActivity.java。

（2）编写布局文件 main.xml，主要代码如下所示。

```
<?xml version="1.0" encoding="utf-8"?>
<LinearLayout xmlns:android="http://schemas.android.com/apk/res/android"
    android:orientation="vertical"
    android:layout_width="fill_parent"
    android:layout_height="fill_parent"
    >
</LinearLayout>
```

通过上述代码，在手机屏幕中使用了 Widget 组件。执行后不会显示任何信息，这是因为我们没有在里面添加任何元素。由此可见，Widget 组件只是起了一个“容器”的作用，我们只要把需要显示的屏幕元素添加到这个“容器”里面即可。

2.8.3 特别提醒——其他的实例

在本章接下来的实例代码，都保存在本实例项目中，即本章剩余实例的源码都保存在“光盘:\daima\024”目录下，这样做的目的是展示在 Widget 组件中“盛装”主要屏幕元素的效果。

2.9 在屏幕中实现一个按钮效果

实例 025	在屏幕中实现一个按钮效果
源码路径	光盘:\daima\024
视频路径	光盘:\视频\025

2.9.1 实例说明

在本书前面的示例中，已经使用过按钮（Button）控件，这是一个按钮控件。在日常应用时，当单击 Button 后会触发一个事件，这个事件会实现用户需要的功能。例如用户输入一些信息，单击“确定”或“取消”按钮后，会实现对应的功能。

2.9.2　具体实现

（1）修改布局文件 main.xml，在里面添加一个 TextView 和一个 Button。

（2）在文件 mainActivity.java 中，先通过 findViewByID( )获取 TextView 文本和 Button 按钮的资源，然后为 Button 按钮添加事件监听器 Button.OnClickListener( )，最后定义处理事件处理程序。主要代码如下所示。

```
//获取 TextView 文本和 Button 按钮的资源
show= (TextView)findViewById(R.id.show_TextView);
press=(Button)findViewById(R.id.Click_Button);
//为 Button 按钮添加事件监听器 Button.OnClickListener()
press.setOnClickListener(new Button.OnClickListener(){
        @Override
        public void onClick(View v) {
            // TODO Auto-generated method stub
        }
    });
//定义处理事件处理程序
press.setOnClickListener(new Button.OnClickListener(){
        @Override
        public void onClick(View v) {
            // 点击按钮后输出一段文本
            show.setText("哎呦, button 被点了一下");
        }
    });
```

运行后首先显示一个“按钮+文本”样式的界面，当单击按钮【这是 button】后会执行单击事件，执行定义的事件处理程序，如图 2-18 所示。

▲图 2-18　执行效果

2.9.3　特别提醒——更加漂亮的按钮

Android 中的 Button 控件是最基本的常用控件，每一个 Button 都会使用系统提供的默认背景作为按钮的默认风格。但是这个系统默认的背景可能会因为不同的设备或者同一个平台系统的不同版本出现不同。例如 Windows XP 和 Windows 2000 的默认 UI 差别很大。而在实际项目中设计界面风格时，往往需要让使用中的 Button 有一个“更加漂亮”的外观风格。无论是初学者还是高手，通常使用 StateListDrawable（状态图片列表）来实现“更加漂亮”的外观风格，这种理念是根据 Button 的不同状态来用自己设计的背景图片替换 Button 默认的背景图片的功能，从而让这个 Button 达到设计的效果。

那么 StateListDrawable（状态图片列表）是什么呢？这是一种定义在 XML 文件中的图片资源，这种资源可以按照 Button 当前的状态来动态地选择不同的图片。利用 StateListDrawable 可以让系统自动改变 Button 的背景图片，从而使 Button 实现更好的 UI 风格。

一个 StateListDrawable 是一个定义在 XML 文件中图片资源的对象，它可以根据某些对象不同的状态来从一系列的图片中筛选出一幅图片供这些对象的图片属性使用。举一个通俗点的例子，这好比是一个映射，程序员只需要将某对象的图片属性设置为这个映射，这个对象的该图片属性就会在对象不同的状态下被具体指定为不同的图片。例如 Button 控件可能会有多种状态，有按下状态、获得焦点状态等。通过 StateListDrawable 可以为不同状态下的 Button 提供不同的背景图片。

在具体实现时，我们可以在一个 XML 文件中定义这个状态图片列表。并且在这个 XML 文件<selector>标签下的<item>标签元素中，必需定义说明这个列表的所有图片资源。每一个<item>都有各种各样的属性来描述这个条目信息应该在什么状态下被作为图片资源使用。

当在改变状态的时候，这个状态图片列表的<item>信息将从上到下被遍历，一旦某个<item>描述的状态和当前状态相符则停止遍历，此时使用当前<item>描述的图片。在此使用的是第一个状态匹配的<item>，而不是最佳状态匹配的<item>。

2.10 在屏幕中显示文字

实例 026	在屏幕中显示文字
源码路径	光盘:\daima\024
视频路径	光盘:\视频\026

2.10.1 实例说明

在手机屏幕中可以通过文本框控件 TextView 来显示文本。在使用 TextView 控件时通常遵循如下 6 个步骤。

（1）导入 TextView 包，具体代码如下所示。

```
import android.widget.TextView;
```

（2）在文件 mainActivity.java 中声明一个 TextView，例如下面的代码。

```
private TextView mTextView01;
```

（3）在文件 main.xml 中定义一个 TextView 对象 TextView01，例如下面的代码。

```
<TextView android:text="TextView01"
                android:id="@+id/TextView01"
                android:layout_width="wrap_content"
                android:layout_height="wrap_content"
                android:layout_x="61px"
                android:layout_y="69px">
</TextView>
```

（4）利用 findViewById( )方法获取 main.xml 中的 TextView，例如下面的代码。

```
mTextView01 = (TextView) findViewById(R.id.TextView01);
```

（5）设置 TextView 标签内容，例如下面的代码。

```
String str_2 = "欢迎来到 Android 世界...";
mTextView01.setText(str_2);
```

（6）设置文本超级链接，例如下面的代码。

```
<TextView
        android:id="@+id/TextView02"
        android:layout_width="wrap_content"
        android:layout_height="wrap_content"
        android:autoLink="all"
        android:text="请访问 Android 开发者:
        http://developer.android.com/index.html">
</TextView>
```

2.10.2 具体实现

修改文件 mainActivity.java，在里面分别添加 12 个 TextView 对象变量，1 个 LinearLayout 对象变量、1 个 WC 整数变量、1 个 LinearLayout.LayoutParams 变量，主要实现代码如下所示。

```
/* 定义使用的对象 */
private LinearLayout myLayout;
private LinearLayout.LayoutParams layoutP;
private int WC = LinearLayout.LayoutParams.WRAP_CONTENT;
private TextView black_TV, blue_TV, cyan_TV, dkgray_TV,
        gray_TV, green_TV,ltgray_TV, magenta_TV, red_TV,
        transparent_TV, white_TV, yellow_TV;
@Override
public void onCreate(Bundle savedInstanceState) {
    super.onCreate(savedInstanceState);
    /* 实例化一个 LinearLayout 布局对象 */
    myLayout = new LinearLayout(this);
    /* 设置 LinearLayout 的布局为垂直布局 */
    myLayout.setOrientation(LinearLayout.VERTICAL);
    /* 设置 LinearLayout 布局背景图片 */
    myLayout.setBackgroundResource(R.drawable.back);
    /* 加载主屏布局 */
    setContentView(myLayout);
    /* 实例化一个 LinearLayout 布局参数，用来添加 View */
    layoutP = new LinearLayout.LayoutParams(WC, WC);
    /* 构造实例化 TextView 对象 */
    constructTextView();
    /* 把 TextView 添加到 LinearLayout 布局中 */
    addTextView();
    /* 设置 TextView 文本颜色 */
    setTextViewColor();
    /* 设置 TextView 文本内容 */
    setTextViewText();
}
/* 设置 TextView 文本内容 */
public void setTextViewText() {
    black_TV.setText("黑色");
    blue_TV.setText("蓝色");
    cyan_TV.setText("青绿色");
    dkgray_TV.setText("灰黑色");
    gray_TV.setText("灰色");
    green_TV.setText("绿色");
    ltgray_TV.setText("浅灰色");
    magenta_TV.setText("红紫色");
    red_TV.setText("红色");
    transparent_TV.setText("透明");
    white_TV.setText("白色");
    yellow_TV.setText("黄色");
}
/* 设置 TextView 文本颜色 */
public void setTextViewColor() {
    black_TV.setTextColor(Color.BLACK);
    blue_TV.setTextColor(Color.BLUE);
    dkgray_TV.setTextColor(Color.DKGRAY);
    gray_TV.setTextColor(Color.GRAY);
    green_TV.setTextColor(Color.GREEN);
    ltgray_TV.setTextColor(Color.LTGRAY);
    magenta_TV.setTextColor(Color.MAGENTA);
    red_TV.setTextColor(Color.RED);
    transparent_TV.setTextColor(Color.TRANSPARENT);
    white_TV.setTextColor(Color.WHITE);
    yellow_TV.setTextColor(Color.YELLOW);
}
/* 构造实例化 TextView 对象 */
public void constructTextView() {
    black_TV = new TextView(this);
    blue_TV = new TextView(this);
    cyan_TV = new TextView(this);
    dkgray_TV = new TextView(this);
    gray_TV = new TextView(this);
    green_TV = new TextView(this);
    ltgray_TV = new TextView(this);
    magenta_TV = new TextView(this);
    red_TV = new TextView(this);
```

```
        transparent_TV = new TextView(this);
        white_TV = new TextView(this);
        yellow_TV = new TextView(this);
    }
    /* 把 TextView 添加到 LinearLayout 布局中 */
    public void addTextView() {
        myLayout.addView(black_TV, layoutP);
        myLayout.addView(blue_TV, layoutP);
        myLayout.addView(cyan_TV, layoutP);
        myLayout.addView(dkgray_TV, layoutP);
        myLayout.addView(gray_TV, layoutP);
        myLayout.addView(green_TV, layoutP);
        myLayout.addView(ltgray_TV, layoutP);
        myLayout.addView(magenta_TV, layoutP);
        myLayout.addView(red_TV, layoutP);
        myLayout.addView(transparent_TV, layoutP);
        myLayout.addView(white_TV, layoutP);
        myLayout.addView(yellow_TV, layoutP);
    }
}
```

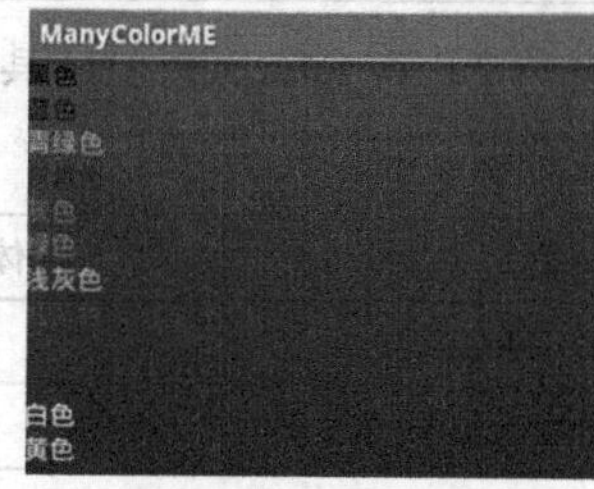

▲图 2-19　执行效果

执行后效果如图 2-19 所示。

2.10.3　特别提醒——Color 属性代表的颜色

由上述实例的实现过程可知，我们可以设置 TextView 控件的文本颜色。此功能是通过 Color 属性实现的，各个属性值的具体说明如下所示。

- Color.BLACK：黑色
- Color.BLUE：蓝色
- Color.CYAN：青绿色
- Color.DKGRAY：灰黑色
- Color.GRAY：灰色
- Color.GREEN：绿色
- Color.LTGRAY：浅灰色
- Color.MAGENTA：红紫色
- Color.RED：红色
- Color.TRANSPARENT：透明
- Color.WHITE：白色
- Color.YELLOW：黄色

2.11 设置手机屏幕中的字体

实例 027	设置手机屏幕中的字体
源码路径	光盘:\daima\024
视频路径	光盘:\视频\027

2.11.1　实例说明

在 Android 手机系统中，可以使用使用 TextView 来设置屏幕中静态域的字体。在计算机系统中，使用 Typeface 来类表示字体的风格，具体来说有如下两种类型。

（1）int Style 类型，具体说明如表 2-1 所示。

表 2-1　　　　　　　　int Style 类型说明

字　体	说　明
BOLD	粗体
BOLD_ITALIC	粗斜体
ITALIC	斜体
NORMAL	普通字体

（2）Typeface 类型，具体说明如表 2-2 所示。

表 2-2　　　　　　　　Typeface 类型说明

字　体	说　明
DEFAULT	默认字体
DEFAULT_BOLD	默认粗体
MONOSPACE	单间隔字体
SANS_SERIF	无衬线字体
SERIF	衬线字体

2.11.2　具体实现

修改文件 mainActivity.java 以实现多种字体样式的显示，主要实现代码如下所示。

```
public void setTextSizeOf() {
    // 设置绘制的文本大小，该值必须大于 0
    bold_TV.setTextSize(24.0f);
    bold_italic_TV.setTextSize(24.0f);
    default_TV.setTextSize(24.0f);
    default_bold_TV.setTextSize(24.0f);
    italic_TV.setTextSize(24.0f);
    monospace_TV.setTextSize(24.0f);
    normal_TV.setTextSize(24.0f);
    sans_serif_TV.setTextSize(24.0f);
    serif_TV.setTextSize(24.0f);
}
public void setTextViewText() {
    /* 设置文本 */
    bold_TV.setText("BOLD");
    bold_italic_TV.setText("BOLD_ITALIC");
    default_TV.setText("DEFAULT");
    default_bold_TV.setText("DEFAULT_BOLD");
    italic_TV.setText("ITALIC");
    monospace_TV.setText("MONOSPACE");
    normal_TV.setText("NORMAL");
    sans_serif_TV.setText("SANS_SERIF");
    serif_TV.setText("SERIF");
}
public void setStyleOfFont() {
    /* 设置字体风格 */
    bold_TV.setTypeface(null, Typeface.BOLD);
    bold_italic_TV.setTypeface(null, Typeface.BOLD_ITALIC);
    default_TV.setTypeface(Typeface.DEFAULT);
    default_bold_TV.setTypeface(Typeface.DEFAULT_BOLD);
    italic_TV.setTypeface(null, Typeface.ITALIC);
    monospace_TV.setTypeface(Typeface.MONOSPACE);
    normal_TV.setTypeface(null, Typeface.NORMAL);
    sans_serif_TV.setTypeface(Typeface.SANS_SERIF);
    serif_TV.setTypeface(Typeface.SERIF);
}
```

运行后效果如图 2-20 所示。

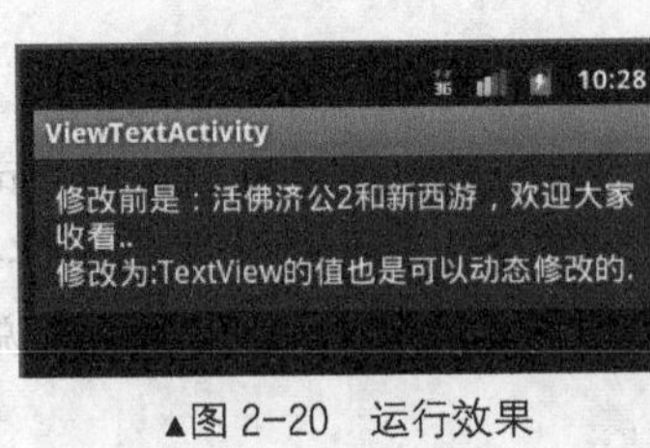

▲图 2-20　运行效果

2.11.3 特别提醒——更改 TextView 文字的颜色

除了前面介绍的设置字体颜色外，我们可以在开发过程中通过修改代码的方式来更改 TextView 文字的颜色，具体实现流程如下所示。

（1）在代码中由 ID 获取 TextView，具体代码如下所示。

```
TextView text_A=(TextView)findViewById(R.id.TextView01);
TextView text_B=(TextView)findViewById(R.id.TextView02);
```

（2）分别获取 Resources 对象和 Drawable 对象，具体代码如下所示。

```
Resources myColor_R=getBaseContext().getResources();
//getBaseContext()获得基础 Context
//getResources()从 Context 获取资源实例对象
Drawable myColor_D=myColor_R.getDrawable(R.color.white);
```

（3）设置文本背景颜色，然后利用 android.graphics.Color 的颜色静态变量来改变文本颜色，具体代码如下所示。

```
text_A.setBackgroundDrawable(myColor_D);
text_A.setTextColor(android.graphics.Color.GREEN);
```

（4）使用 Color 的静态常量来设置文本颜色，具体代码如下所示。

```
text_B.setTextColor(Color.RED);
```

2.12 在屏幕中显示编辑框

实例 028	在屏幕中显示编辑框
源码路径	光盘:\daima\024
视频路径	光盘:\视频\028

2.12.1 实例说明

在手机屏幕中，和网页一样能够显示可输入文本信息的文本框功能是通过编辑框控件 EditText 实现的。编辑框控件 EditText 的用法和 TextView 类似，它能生成一个可编辑的文本框。

2.12.2 具体实现

（1）在主窗口界面中添加一个 EditText 控件，然后设定其监听器在接收到单击事件时，程序打开 EditText 的界面。定义文件 editview.xml 来布局程序打开的 EditText 界面，具体代码如下所示。

```
//供用户输入值
<EditText android:id="@+id/edit_text"
android:layout_width="fill_parent"
android:layout_height="wrap_content"
android:text="这里可以输入文字" />
   //用于获取输入的值
   <Button android:id="@+id/get_edit_view_button"
      android:layout_width="wrap_content"
      android:layout_height="wrap_content"
      android:text="获取 EditView 的值" />
```

（2）编写事件处理文件 EditTextActivity.java，主要代码如下所示。

```
   private  Button.OnClickListener  get_edit_view_button_listener  =  new  Button.
OnClickListener() {
     /**响应代码，显示 EditText 中的值**/
     public void onClick(View v) {
        EditText edit_text = (EditText) findViewById(R.id.edit_text);
```

```
            CharSequence edit_text_value = edit_text.getText();
            setTitle("EditText 的值:"+edit_text_value);

        }
    };
}
```

执行后先显示默认的文本和输入框，如图 2-21 所示。输入一段文本并单击【获取 EditView 的值】按钮后会获取输入的文字，并显示出输入的文字，如图 2-22 所示。

▲图 2-21 初始效果

▲图 2-22 运行效果

2.12.3 特别提醒——限制文本框中文字字数

控件 EditText 的最基本功能是接受用户输入信息，但是真正的现实项目中往往没那么简单，而是需要实现更多的限制，例如实现文本长度限制和是否数字限制等。因为手机的屏幕尺寸是有限的，所以很有必要限制每个用户在文本框中的输入内容。实现文本限制的方法非常简单，接下来用两段简单的代码来说明。

首先编写布局文件，在屏幕中添加了一个文本框和一个按钮。主要代码如下所示。

```
<EditText
    android:layout_width="fill_parent"
      android:layout_height="wrap_content"
    android:textColor="#DDDDDD"
    android:text="请输入您的名字"
    android:id ="@+id/et"
     android:maxLength = "10"
></EditText>
<Button
    android:layout_width="fill_parent"
      android:layout_height="wrap_content"
      android:text="点击转换焦点"
></Button>
<EditText
    android:layout_width="fill_parent"
      android:layout_height="wrap_content"

    android:text="点击转换焦点"
    android:id ="@+id/et2"
></EditText>
```

然后开始编写主程序文件，在此主要实现了单击按钮后的响应事件，在此限制最多在文本框中输入 10 个字符。当用户在文本框中输入字符并单击【点击转换焦点】按钮后，如果输入的字符超过了 10 个则会输出“超出”提示。

```
//表示文本框是否为空
private Boolean isEmpty = true;

/** Called when the activity is first created. */
@Override
public void onCreate(Bundle savedInstanceState) {
    super.onCreate(savedInstanceState);
    setContentView(R.layout.main);
    EditText et = (EditText)this.findViewById(R.id.et);
    //监听控件的焦点改变事件
      et.setOnFocusChangeListener(new OnFocusChangeListener() {
        @Override
```

```
        public void onFocusChange(View arg0, boolean arg1) {
            // TODO Auto-generated method stub
            //获取触发事件的 EditText
            EditText clickEditText = (EditText)arg0;

            //如果失去焦点
            if(arg1 == false)
            {
                //获取当前文本
                String text =clickEditText.getText().toString().trim();
                //如果的确人为输入过内容
                if(text.length()>0
                        &text.equals("请输入您的名字")== false)
                {
                    isEmpty = false;
                    clickEditText.setTextColor(Color.BLACK);
                    clickEditText.setText(text);
                }
                else
                {
                    clickEditText.setText("请输入您的名字");
                    clickEditText.setTextColor(Color.GRAY);
                    isEmpty = true;
                }
            }
            //如果获得焦点
            else
            {
            clickEditText.setTextColor(Color.BLACK);
            //如果处于未编辑状态，则清空“请输入您的名字”这几个字
            if(isEmpty == true)
            {
                clickEditText.setText("");
            }
        }
    }
});

//监听控件有新字符输入
et.setOnKeyListener(new OnKeyListener() {
    @Override
    public boolean onKey(View arg0, int arg1, KeyEvent arg2) {
        // TODO Auto-generated method stub
        //获取触发事件的 EditText
        EditText clickEditText = (EditText)arg0;
        //获取当前文本
        String text =clickEditText.getText().toString().trim();


        if(text.length()==10)
        {
            //提示用户
            Toast toast = Toast.makeText(MyActivity.this, "最大长度为 10 个字符", Toast.
            LENGTH_SHORT);
            toast.setGravity(0, 0, 0);
            toast.show();
        }
        return false;
    }
};
```

2.13 在屏幕中显示复选框

实例 029	在屏幕中显示复选框
源码路径	光盘:\daima\024
视频路径	光盘:\视频\029

2.13.1　实例说明

在网页中有复选框这一概念，复选框提供一个制造单一选择开关的方法；它包括一个小框和一个标签。典型的复选框有一个小的“X”（或者它设置的其他类型）或是空的，这依靠项目是否被选择来决定。在收集屏幕中也可以实现复选框的效果，此功能是通过 CheckBox（复选框）控件实现的。CheckBox 控件能够为用户提供输入信息，用户可以一次性选择多个选项。在 Android 中，使用 CheckBox 控件也需要在 XML 布局文件中定义。

2.13.2　具体实现

（1）编写布局文件 check_box.xml，插入拥有 4 个可选选项的 CheckBox 控件供用户选择，然后插入一个 Button 控件来响应用户的选择单击事件。

（2）编写单击按钮事件的处理文件 CheckBoxActivity.java，把用户选中的选项值显示在 Title 上面。主要代码如下所示。

```
    private void find_and_modify_text_view() {
        plain_cb = (CheckBox) findViewById(R.id.plain_cb);
        serif_cb = (CheckBox) findViewById(R.id.serif_cb);
        italic_cb = (CheckBox) findViewById(R.id.italic_cb);
        bold_cb = (CheckBox) findViewById(R.id.bold_cb);
        Button get_view_button = (Button) findViewById(R.id.get_view_button);
        get_view_button.setOnClickListener(get_view_button_listener);
    }

    private  Button.OnClickListener  get_view_button_listener  =  new  Button.OnClick
Listener() {
        public void onClick(View v) {
            String r = "";
            if (plain_cb.isChecked()) {
                r = r + "," + plain_cb.getText();
            }
            if (serif_cb.isChecked()) {
                r = r + "," + serif_cb.getText();
            }
            if (italic_cb.isChecked()) {
                r = r + "," + italic_cb.getText();
            }
            if (bold_cb.isChecked()) {
                r = r + "," + bold_cb.getText();
            }
            setTitle("Checked: " + r);
        }
    };
}
```

执行后先显示 4 个选项值供用户选择，如图 2-23 所示。用户选择某些选项并单击按钮“获取复选框的值”，将在屏幕顶端用文本提示已经选择的选项，如图 2-24 所示。

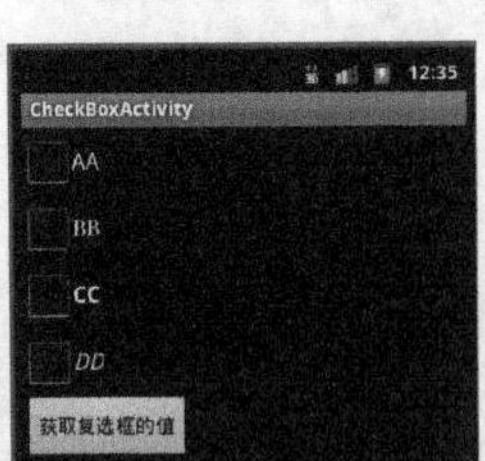

▲图 2-23　初始效果

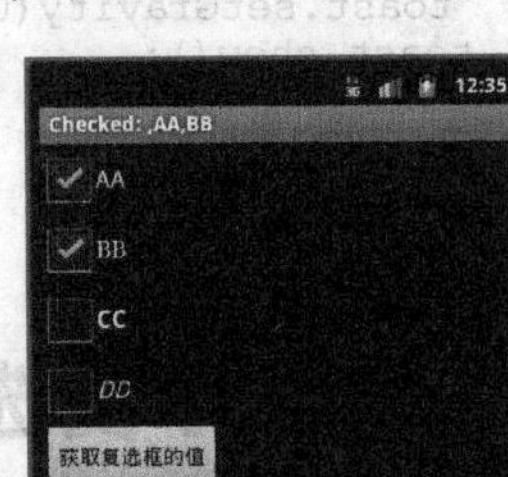

▲图 2-24　运行效果

2.14.3　特别提醒——RadioButton（单选框）控件

无论是本实例讲解的 CheckBox（复选框）控件，还是下一个实例将要讲解的 RadioButton（单选框），这两个控件都只有选中和未选中状态。不同的是 RadioButton 是单选按钮，需要编制到一个 RadioGroup 中，同一时刻一个 RadioGroup 中只能有一个按钮处于选中状态。控件 CheckBox 和 RadioButton 常用方法及说明如表 2-3 所示。

表 2-3 常用方法说明

属 性 名	说 明
isChecked()	判断是否被选中，选中则返回 True，否则返回 False。
performClick()	调用 ClickListener 监听器，模拟依次单击操作。
setChecked()	通过传入的参数设置控件状态。
toggle	置反控件的当前状态。
setOnCheckedChangeListener	为控件设置 OnCheckedChangeListener 监听器。

2.14 在屏幕中显示单选框

实例 030	在屏幕中显示单选框
源码路径	光盘:\daima\024
视频路径	光盘:\视频\030

2.14.1 实例说明

与 Check Box（复选框）相比，RadioButton（单选框）只能选中一项命令，是图形用户界面上的一种控件。单选框允许用户在一组选项中选择其中的一个选项。单选框的外观一般是一个空白的圆洞，而在它的旁边则通常有一个文字标签。它还可用于选择：当用户按下标签时，对应的选择钮就会被选上。已选上的选择钮一般会在圆洞内加上一小圆点。单项选择控件 RadioGroup 是和多项选择控件 Check Box 相对应的，但是它只能供用户选择一个选项。

2.14.2 具体实现

（1）编写布局文件 radio_group.xml，在里面设置 4 个选项供用户选择。

（2）编写事件处理文件 RadioGroupActivity.java，主要代码如下所示。

```
protected void onCreate(Bundle savedInstanceState) {
    super.onCreate(savedInstanceState);
    setContentView(R.layout.radio_group);
    setTitle("RadioGroupActivity");
    mRadioGroup = (RadioGroup) findViewById(R.id.menu);
    Button clearButton = (Button) findViewById(R.id.clear);
    clearButton.setOnClickListener(this);
}
```

当用户单击【清除】按钮后会使用 setTitle 修改 Title 值为“RadioGroupActivity”，然后获取 RadioGroup 对象和按钮对象。执行后先显示 4 个选项值供用户选择，如图 2-25 所示。用户选择一个选项并单击【清除】按钮后会清除选择的选项，如图 2-26 所示。

2.14.3 特别提醒——按钮的不同状态

控件 RadioGroup 可以创建一组选中状态相互排斥的单选按钮组。在一个组中只有一个按钮可以被选中，当选中了一个 RadioButton 后会自动取消其他按钮的选中状态。在初始状态下，所有的单选按钮都未勾选，虽然不能取消一个特定的单选按钮的勾选状态，但可以通过单选按钮组去消除它的勾选状态。RadioGroup 和 RadioButton 通常是放在一起使用的。

▲图 2-25　初始效果

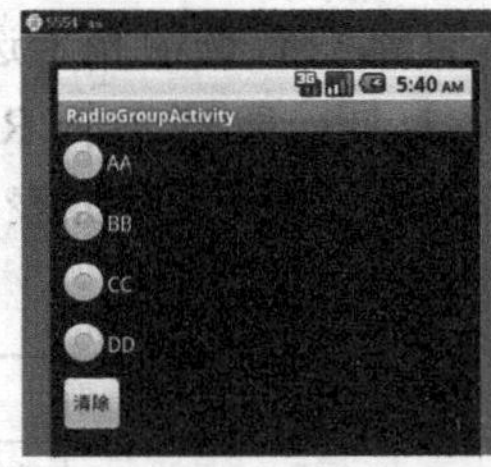

▲图 2-26　运行效果

Interface RadioGroup.OnCheckedChangeListener 是当单选按钮组中单选按钮的勾选状态发生改变时所要调用的回调函数的接口类。如果我们希望当 RadioGroup 中的 RadioButton 按钮的选中状态改变时可以执行相应的操作，就可以为 RadioGroup 添加一个监听器。在这个类中需要重写方法 onCheckedChanged(RadioGroup group, int checkedId)，这个方法的两个参数分别表示传递进来的组以及组中选中的 RadioButton 的 ID。我们可以通过此 ID 来判断哪一个按钮被选中，从而执行相应的操作。

2.15 在屏幕中显示下拉列表框

实例 031	在屏幕中显示下拉列表框
源码路径	光盘:\daima\024
视频路径	光盘:\视频\031

2.15.1　实例说明

在 Android 手机屏幕中，可以使用下拉列表控件 Spinner 显示一个下拉列表框效果。使用下拉列表框后，用户不需要输入数据，只需选择一个选项后即可在框中完成数据输入工作。Spinner 位于 android.widget 包下，每次只显示用户选中的元素，当用户再次点击时，会弹出选择列表供用户选择，而选择列表中的元素同样来自适配器。Spinner 是类 View 的一个子类。

2.15.2　具体实现

（1）在主布局文件 main.xml 中添加按钮【Spinner】，单击此按钮后会启动新界面 SpinnerActivity。

（2）在文件 MainActivity.java 中编写按钮单击事件的处理代码，具体如下所示。

```
private Button.OnClickListener spinner_button_listener = new Button.OnClickListener()
{
        public void onClick(View v) {
            Intent intent = new Intent();
            intent.setClass(MainActivity.this, SpinnerActivity.class);
            startActivity(intent);
        }
    };
```

在上述代码中，启动了 SpinnerActivity，此 SpinnerActivity 可以展示 Spinner 组件的界面。在具体实现上，先创建了 SpinnerActivity 的 Activity，然后修改了其 onCreate 方法，设置其对应模板为 spinner.xml。在文件 SpinnerActivity.java 中的对应代码如下所示。

```
public void onCreate(Bundle savedInstanceState) {
        super.onCreate(savedInstanceState);
        setTitle("SpinnerActivity");
        setContentView(R.layout.spinner);
        find_and_modify_view();
    }
```

（3）编写文件下拉列表框界面的布局文件 spinner.xml，在里面添加了 2 个 TextView 控件和 2 个 Spinner 控件。

（4）在设置文件 AndroidManifest.xml 中设置定义的 Spinner 组件的 ID 为 spinner_1，宽度占满了其父元素“LinearLayout”的宽，高度自适应。主要代码如下所示。

```
<activity android:name="SpinnerActivity"></activity>
```

经过上述操作后，就可以在屏幕中生成一个简单的单选选项界面，但是在列表中并没有选项值。如果要在下拉列表中实现可供用户选择的选项值，需要在里面填充一些数据。

（5）载入列表数据，首先定义需要载入的数据，然后在方法 onCreate 中通过调用 find_and_modify_view()来载入数据。在文件 SpinnerActivity.java 中实现上述功能的代码如下所示。

```
private static final String[] mCountries = { "China" ,"Russia", "Germany",
        "Ukraine", "Belarus", "USA" };
private void find_and_modify_view() {
        spinner_c = (Spinner) findViewById(R.id.spinner_1);
        allcountries = new ArrayList<String>();
        for (int i = 0; i < mCountries.length; i++) {
            allcountries.add(mCountries[i]);
        }
        aspnCountries = new ArrayAdapter<String>(this,
            android.R.layout.simple_spinner_item, allcountries);
        aspnCountries
        .setDropDownViewResource(android.R.layout.simple_spinner_dropdown_item);
        spinner_c.setAdapter(aspnCountries);
```

通过上述代码，将定义的 mCountries 数据载入了 Spinner 组件中。

（6）在文件 spinner.xml 中预定义数据，即在文件 spinner.xml 的模板中再添加一个 Spinner 组件。

（7）在文件 SpinnerActivity.java 中初始化 Spinner 中的值，具体代码如下所示。

```
spinner_2 = (Spinner) findViewById(R.id.spinner_2);
  ArrayAdapter<CharSequence> adapter = ArrayAdapter.createFromResource(
  this, R.array.countries, android.R.layout.simple spinner_item);
  adapter.setDropDownViewResource(android.R.layout.simple_spinner_dropdown_item);
  spinner_2.setAdapter(adapter);
```

在上述代码中，将 R.array.countries 对应值载入了 spinner_2 中，在 R.array.countries 中对应的值是在文件 array.xml 中预先定义的。

执行后先显示两个下拉列表表单，如图 2-27 所示。当单击一个下拉列表单后面的▼会弹出一个由 Spinner 组件实现的下拉选项框，如图 2-28 所示。当选择选择一个选项后，选项值会自动出现在输入表单中，如图 2-29 所示。

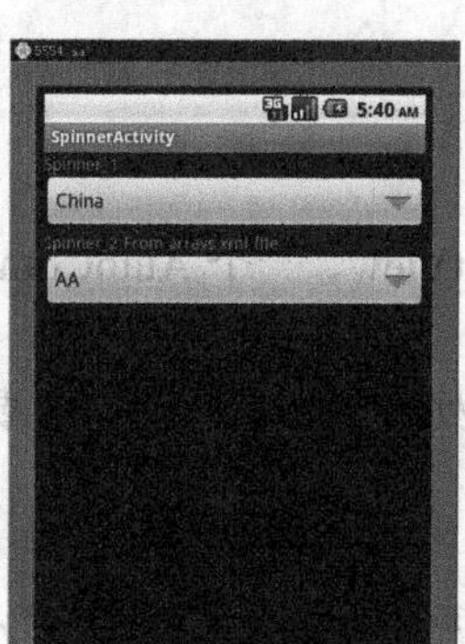

▲图 2-27　初始效果

▲图 2-28　运行效果

▲图 2-29　选择的值自动出现在表单中

2.15.3　特别提醒——Spinner 的属性和方法

Spinner 是一个每次只能选择所有项中的一个项的控件。它的项来自于与之相关联的适配器中。

- Spinner 属性

android:prompt：当 Spinner 对话框关闭时显示该提示。

- Spinner 方法

➢ setPrompt(CharSequence prompt)：设置当 Spinner 对话框关闭时显示的提示；

➢ performClick()：如果它被定义就调用此视图的 OnClickListener；

➢ setOnItemClickListener(AdapterView.OnItemClickListener l)：当项被点击时调用；

➢ onDetachedFromWindow()：当 Spinner 脱离窗口时被调用。

2.16 在屏幕中实现自动输入文本效果

实例 032	在屏幕中实现自动输入文本效果
源码路径	光盘:\daima\024
视频路径	光盘:\视频\032

2.16.1　实例说明

在 Android 手机屏幕中，可以使用控件 AutoCompleteTextView 实现自动输入文本功能。此控件的主要功能是帮助用户自动输入数据，例如当用户输入一个字符后，能够根据这个字符提示显示出与之相关的数据。

在控件 AutoCompleteTextView 中主要有以下 3 个方法：

- clearListSelection()：清除选中的列表项；
- dismissDropDown()：如果存在关闭下拉菜单；
- getAdapter()：获取适配器。

2.16.2　具体实现

（1）修改主布局文件 main.xml，在里面添加一个 TextView、一个 AutoCompleteTextView 和一个 Button。

（2）修改文件 mainActivity.java，添加自动完成功能处理事件的代码。主要代码如下所示。

```
/*定义要使用的类对象*/
private String[] normalString =
        new String[] {
      "Android", "Android Blog","Android Market", "Android SDK",
      "Android AVD","BlackBerry","BlackBerry JDE", "Symbian",
      "Symbian Carbide", "Java 2ME","Java FX", "Java 2EE",
      "Java 2SE", "Mobile", "Motorola", "Nokia", "Sun",
      "Nokia Symbian", "Nokia forum", "WindowsMobile", "Broncho",
```

```
        "Windows XP", "Google", "Google Android ", "Google 浏览器",
        "IBM", "MicroSoft", "Java", "C++", "C", "C#", "J#", "VB" };
    @SuppressWarnings("unused")
    private TextView show;
    private AutoCompleteTextView autoTextView;
    private Button clean;
    private ArrayAdapter<String> arrayAdapter;
    @Override
    public void onCreate(Bundle savedInstanceState) {
        super.onCreate(savedInstanceState);
        /*装入主屏布局 main.xml*/
        setContentView(R.layout.main);
        /*从 XML 中获取 UI 元素对象*/
        show = (TextView) findViewById(R.id.TextView_InputShow);
        autoTextView =
         (AutoCompleteTextView) findViewById(R.id.AutoCompleteTextView_input);
        clean = (Button) findViewById(R.id.Button_clean);
        /*实现一个适配器对象，用来给自动完成输入框添加自动装入的内容*/
        arrayAdapter = new ArrayAdapter<String>(this,
            android.R.layout.simple_dropdown_item_1line, normalString);
        /*给自动完成输入框添加内容适配器*/
        autoTextView.setAdapter(arrayAdapter);
        /*给清空按钮添加点击事件处理监听器*/
        clean.setOnClickListener(new Button.OnClickListener() {
            @Override
            public void onClick(View v) {
                // TODO Auto-generated method stub
                /*清空*/
                autoTextView.setText("");
            }
        });
    }
}
```

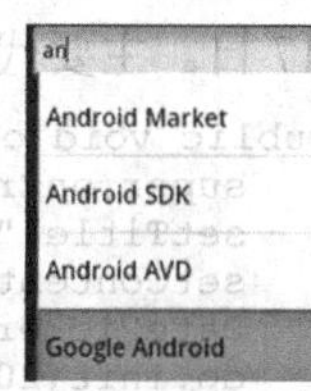

▲图 2-30 弹出文本输入提示框

执行后可以在文本框中输入数据，输入后会根据预先准备的数据进行提示，如图 2-30 所示。

2.16.3 特别提醒——下拉框的雾化效果

在使用 AutoCompleteTextView 控件时，自动弹出的下拉框是雾化效果的，可能很多读者对此效果不是很喜欢。我们知道 ListView 控件的 setFadingEdge(false)属性可以去掉，而 AutoCompleteTextView 里面的下拉菜单其实也是一个 ListView，只不过是被封装在 AutoCompleteTextView 内部的，并且是私有的。根据这个原理，是不是可以去掉这个雾化效果呢？

答案是当然可以！我们可以实现一个 AutoCompleteTextView 的子类，重写 showDropDown 方法，此方法调用了 buildDropDown 方法，但 buildDropDown 是一个无法重写的私有方法。重写的 showDropDown 先调用父类的 showDropDown 方法，然后通过反射获取 mDropDownList 对象，调用如下属性即可去掉雾化效果。

```
dropdown.setVerticalFadingEdgeEnabled(false);
```

2.17 使用日期选择器控件 DatePicker

实例 033	使用日期选择器控件 DatePicker
源码路径	光盘:\daima\024
视频路径	光盘:\视频\033

2.17.1 实例说明

日期选择器控件 DatePicker 能够为用户提供快速选择日期的方法。我们知道日期的格式是“年—月—日”，在很多计算机系统和嵌入式系统中都为用户提供了日期选择表单，这样无需手工输入一个日期，只需利用鼠标点击就可以完成输入日期的工作。

2.17.2 具体实现

（1）在主布局文件 main.xml 中添加一个 ID 为“DatePicker_button”的按钮，单击后可以打开 DatePicker 日期界面。

（2）定义上述按钮响应处理事件，具体代码如下所示。

```
private    Button.OnClickListener    date_picker_button_listener    =    new    Button.
OnClickListener() {
        public void onClick(View v) {
            Intent intent = new Intent();
            intent.setClass(MainActivity.this, DatePickerActivity.class);
            startActivity(intent);
        }
    };
```

当单击按钮【DatePicker】后会跳转到 DatePickerActivity 上。当创建一个 Activity 组件后，需要在其 onCreate 方法中指定需要绑定的模板文件为 date_picker.xml。

（3）在文件 DatePickerActivity.java 中编写 onCreate 的实现代码，设置默认的开始时间是 2011 年 5 月 17 日。主要代码如下所示。

```
    public void onCreate(Bundle savedInstanceState) {
        super.onCreate(savedInstanceState);
        setTitle("CheckBoxActivity");
        setContentView(R.layout.date_picker);
        DatePicker dp =  (DatePicker)this.findViewById(R.id.date_picker);
        dp.init(2011, 5, 17, null);
}
```

（4）在日期界面布局文件 date_picker.xml 中添加 DatePicker 组件，设置控件 DatePicker 的 ID 为“date_picker”，其宽度和高度都为自适应。

（5）在文件 AndroidManifest.xml 中添加申明 Activity 的代码，具体代码如下所示。

```
<activity android:name="DatePickerActivity" />
```

执行后先显示设置的起始日期，如图 2-31 所示。分别单击月、日、年上面的“加号”或下面的“减号”后，将会自动显示更改后的月、日、年，如图 2-32 所示。

▲图 2-31 初始效果

▲图 2-32 日期改变后的效果

2.17.3 特别提醒——控件 DatePicker 中的方法

在此需要掌握控件 DatePicker 中的以下主要方法：

- setCurrentMinute(Integer currentMinute)：设置当前时间的分钟；
- getCurrentMinute()：获取当前时间的分钟；
- setEnabled(boolean enabled)：设置当前视图是否可以编辑；
- setOnTimeChangedListener(TimePicker.OnTimeChangedListener onTimeChangedListener)：当时间改变时调用。

2.18 使用时间选择器控件 TimePicker

实例 034	使用时间选择器控件 TimePicker
源码路径	光盘:\daima\024
视频路径	光盘:\视频\034

2.18.1 实例说明

既然日期“年-月-日”格式的日期可以设置成自动输入，同理“时-分”格式的时间也可以设置成自动输入的方式。在 Android 系统中，可以使用控件 TimePicker 实现时间选择器的效果，其功能和控件 DatePicker 的功能类似，它可以为用户提供快速选择时间的方法。

控件 DatePicker 继承自类 FrameLayout，如果要捕获用户修改日期选择控件中的数据事件，需要为 DatePicker 添加一个 OnDateChangedListener 监听器。

2.18.2 具体实现

（1）在文件 main.xml 中添加一个 Button 按钮，单击后会来到“日期选择器”界面。

（2）编写单击按钮后响应事件代码，当单击按钮【time_picker】后跳转到 TimePickerActivity。主要代码如下所示。

```
public void onClick(View v) {
    Intent intent = new Intent();
    intent.setClass(MainActivity.this, TimePickerTimePicker.class);
    startActivity(intent);
}
```

（3）创建一个新 Activity，在其 onCreate 方法中设置其对应的模板文件为 time_picker.xml，然后获取了其中的 TimePicker 控件。主要代码如下所示。

```
public void onCreate(Bundle savedInstanceState) {
    super.onCreate(savedInstanceState);
    setTitle("TimePickerActivity");
    setContentView(R.layout.time_picker);
    TimePicker tp =  (TimePicker)this.findViewById(R.id.time_picker);
    tp.setIs24HourView(true);
}
```

（4）在文件 time_picker.xml 中定义控件 TimePicker。

执行后先显示设置的起始时间，单击时间上面的“加号”或下面的“减号”可以更改时间值，如图 2-33 所示。

▲图 2-33　运行效果

2.18.3 特别提醒——在屏幕中同时显示日期和时间

在前面的实例 033 和实例 034 中，分别讲解了 DatePicker 控件和 TimePicker 控件的使用方法。其实在现实手机屏幕中要求一步到位——即在屏幕中同时显示日期和时间。接下来将通过一个具体实例来讲解联合使用控件 DatePicker 和 TimePicker 的基本方法。

（1）修改主布局文件 main.xml，分别添加一个 DatePicker、一个 TimePicker、一个 TextView。主要代码如下所示。

```
<DatePicker
    android:id="@+id/my_DatePicker"
    android:layout_width="wrap_content"
    android:layout_height="wrap_content"
    android:layout_x="10px"
```

```
        android:layout_y="10px">
    </DatePicker><!-- 日期设置器 -->
    <TimePicker
        android:id="@+id/my_TimePicker"
        android:layout_width="wrap_content"
        android:layout_height="wrap_content"
        android:layout_x="10px"
        android:layout_y="150px">
    </TimePicker><!-- 事件设置器 -->
    <TextView
        android:id="@+id/my_TextView"
        android:layout_width="228px"
        android:layout_height="29px"
        android:text="TextView"
        android:layout_x="10px"
        android:layout_y="300px">
    </TextView>
```

（2）初始化 DatePicker 的日期，编写日期改变时的事件处理代码，具体代码如下所示。

```
/* 定义 程序用到的 UI 元素对象:日历设置器*/
        DatePicker my_datePicker;
        /* findViewById()从 XML 中获取 UI 元素对象 */
        my_datePicker = (DatePicker) findViewById(R.id.my_DatePicker);
/*为日历设置器添加点击事件监听器，处理设置日期事件*/
        my_datePicker.init(my_Year, my_Month, my_Day,
                            new DatePicker.OnDateChangedListener(){
            @Override
            public void onDateChanged(DatePicker view, int year,
                        int monthOfYear, int dayOfMonth) {
                // TODO Auto-generated method stub
                /*日期改变事件处理*/
            }
        });
```

（3）初始化 TimePicker 时间，编写时间改变时的事件处理代码，对应代码如下所示。

```
/* 定义 程序用到的 UI 元素对象:时间设置器*/
        TimePicker my_timePicker;
        /* findViewById()从 XML 中获取 UI 元素对象 */
        my_timePicker = (TimePicker) findViewById(R.id.my_TimePicker);
        /* 把时间设置成 24 小时制 */
        my_timePicker.setIs24HourView(true);
        /*为时间设置器添加点击事件监听器，处理设置时间事件*/
        my_timePicker.setOnTimeChangedListener(new
                                        TimePicker.OnTimeChangedListener(){
            @Override
            public void onTimeChanged(TimePicker view, int hourOfDay,
                                                        int minute) {
                // TODO Auto-generated method stub
                /*时间改变事件处理*/
            }
        });
```

（4）在文件 mainActivity.java 中添加动态修改时间功能，并显示时间和日期变化后的效果。主要代码如下所示。

```
    /* 定义时间变量: 年、月、日、小时、分钟 */
    int my_Year;
    int my_Month;
    int my_Day;
    int my_Hour;
    int my_Minute;
    /* 定义 程序用到的 UI 元素对象:日历设置器、时间设置器、显示时间的 TextView */
    DatePicker my_datePicker;
    TimePicker my_timePicker;
    TextView showDate_Time;
    /* 定义日历对象，初始化时，用来获取当前时间 */
    Calendar my_Calendar;
    @Override
```

```
    public void onCreate(Bundle savedInstanceState) {
        /* 从Calendar抽象基类获得实例对象，并设置成中国时区 */
        my_Calendar = Calendar.getInstance(Locale.CHINA);
        /* 从日历对象中获取当前的：年、月、日、时、分 */
        my_Year = my_Calendar.get(Calendar.YEAR);
        my_Month = my_Calendar.get(Calendar.MONTH);
        my_Day = my_Calendar.get(Calendar.DAY_OF_MONTH);
        my_Hour = my_Calendar.get(Calendar.HOUR_OF_DAY);
        my_Minute = my_Calendar.get(Calendar.MINUTE);
        super.onCreate(savedInstanceState);
        setContentView(R.layout.main);
        /* findViewById()从XML中获取UI元素对象 */
        my_datePicker = (DatePicker) findViewById(R.id.my_DatePicker);
        my_timePicker = (TimePicker) findViewById(R.id.my_TimePicker);
        showDate_Time = (TextView) findViewById(R.id.my_TextView);
        /* 把时间设置成24小时制 */
        my_timePicker.setIs24HourView(true);
        /* 显示时间 */
        loadDate_Time();
        /*为日历设置器添加点击事件监听器，处理设置日期事件*/
        my_datePicker.init(my_Year, my_Month, my_Day,
                                        new DatePicker.OnDateChangedListener(){
            @Override
            public void onDateChanged(DatePicker view, int year,
                                            int monthOfYear, int dayOfMonth) {
                // TODO Auto-generated method stub
                /*把设置改动后的日期赋值给我的日期对象*/
                my_Year=year;
                my_Month=monthOfYear;
                my_Day=dayOfMonth;
                /* 动态显示修改后的日期 */
                loadDate_Time();
            }
        });
        /*为时间设置器添加点击事件监听器，处理设置时间事件*/
        my_timePicker.setOnTimeChangedListener(new
                                            TimePicker.OnTimeChangedListener(){
            @Override
            public void onTimeChanged(TimePicker view, int hourOfDay,
                                                        int minute) {
                /*把设置改动后的时间赋值给我的时间对象*/
                my_Hour=hourOfDay;
                my_Minute=minute;
                /* 动态显示修改后的时间 */
                loadDate_Time();
            }
        });
    }
    /* 设置显示日期时间的方法 */
    private void loadDate_Time() {
        showDate_Time.setText(new StringBuffer()
                .append(my_Year).append("/")
                .append(FormatString(my_Month + 1))
                .append("/").append(FormatString(my_Day))
                .append("  ").append(FormatString(my_Hour))
                .append(" : ").append(FormatString(my_Minute)));
    }
    /* 日期时间显示两位数的方法 */
    private String FormatString(int x) {
        String s = Integer.toString(x);
        if (s.length() == 1) {
            s = "0" + s;
        }
        return s;
    }
}
```

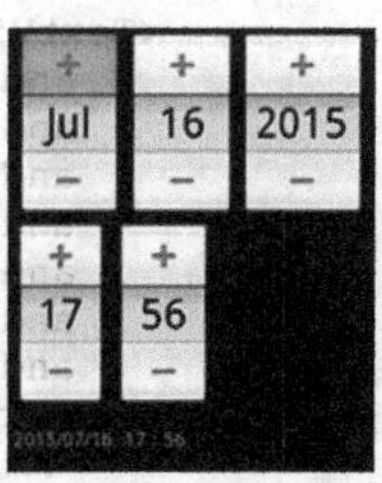

▲图 2-34　运行效果

执行后的效果过如图 2-34 所示。

2.19 在屏幕内实现滚动效果

实例 035	在屏幕内实现滚动效果
源码路径	光盘:\daima\024
视频路径	光盘:\视频\035

2.19.1　实例说明

屏幕滚动功能十分重要，因为手机屏幕的大小有限，当需要显示很多信息时，可以通过滚动条来浏览所有的信息。在 Android 系统中，可以使用滚动视图控件 ScrollView 在手机屏幕中生成滚动样式的显示方式，这样即使内容超出了屏幕大小，也能通过滚动的方式供用户浏览。

2.19.2　具体实现

使用滚动视图控件 ScrollView 的方法比较简单，只需在 LinearLayout 外面增加一个 ScrollView 标记即可，使用格式如下所示。

```
<ScrollView xmlns:android="http://schemas.android.com/apk/res/android"
        android:layout_width="fill_parent"
        android:layout_height="wrap_content"
>
```

在上述代码中，将滚动视图控件 ScrollView 放在了 LinearLayout 的外面，这样当 LinearLayout 中的内容超过屏幕大小时，会实现滚动浏览功能。

2.19.3　特别提醒——解决 ScrollView 控件中的内容不能完整显示的问题

当读者在使用 ScrollView 控件时，往往会遇到如下问题：在 ScrollView 中只能包含一个 Context，如果同时又有 Text 和 Button，就只能显示出第一个。

如果读者不知道这条规定，例如想在 ScrollView 的文本后面加一个确定键，认为这样就可以仅通过屏幕操作退出当前 Activity。可是当把一个 ImageButton 加在 ScrollView 后面时，在模拟器中运行后却发现不能显示出来。为了解决这个问题，我们可以把 Text 和 Button 放在一起当作一个整体。例如下面的代码。

```
<ScrollView
   xmlns:android="http://schemas.android.com/apk/res/android"
   android:layout_width="fill_parent"
   android:layout_height="fill_parent">
   <LinearLayout
      xmlns:android="http://schemas.android.com/apk/res/android"
      android:orientation="vertical"
      android:layout_width="fill_parent"
      android:layout_height="fill_parent"
      android:background="#FFc0c0c0"
      android:padding="10dip">
      <TextView
         android:id="@+id/about_content"
         android:layout_width="wrap_content"
         android:layout_height="wrap_content"
         android:text="@string/about_text"
         android:textColor="#FF000000"
         android:autoLink="all"
         android:textSize="20sp"/>
      <RelativeLayout
         xmlns:android="http://schemas.android.com/apk/res/android"
         android:layout_width="fill_parent"
         android:layout_height="wrap_content"
         android:gravity="center">
```

```
            <ImageButton
                android:layout_gravity="center"
                android:id="@+id/about_exit"
                android:src="@drawable/looks"
                android:background="#FF46333c"
                android:scaleType="center"
                android:layout_width="wrap_content"
                android:layout_height="fill_parent"
                android:text="@string/about_ok"/>
            <TextView android:id="@+id/about_text_exit"
                android:layout_height="fill_parent"
                android:layout_width="wrap_content"
                android:background="#FF46333c"
                android:text="Let's Go!"
                android:layout_toRightOf="@id/about_exit"
                android:layout_alignTop="@id/about_exit"
                android:layout_alignBottom="@id/about_exit"
                android:clickable="true"/>
        </RelativeLayout>
    </LinearLayout>
</ScrollView>
```

这样在 ScrollView 滚动完毕之后，便能看到一个 ImageButton 按钮。此时，添加单击事件就可以退出该 Activity 界面了。

2.20 在屏幕内实现进度条效果

实例 036	在屏幕内实现进度条效果
源码路径	光盘:\daima\024
视频路径	光盘:\视频\036

2.20.1 实例说明

在 Android 系统中，进度条控件 ProgressBar 可以用图像化的方式显示某个过程的进度，这样做的好处是能够更加直观地显示进度。进度条在计算机领域中非常常见，例如软件安装过程都一般使用进度条。

（1）XML 重要属性

- android:progressBarStyle：默认进度条样式；
- android:progressBarStyleHorizontal：水平样式。

（2）重要方法

- getMax()：返回这个进度条的范围的上限；
- getProgress()：返回进度；
- getSecondaryProgress()：返回次要进度；
- incrementProgressBy(int diff)：指定增加的进度；
- isIndeterminate()：指示进度条是否在不确定模式下；
- setIndeterminate(boolean indeterminate)：设置不确定模式下；
- setVisibility(int v)：设置该进度条是否可视。

（3）重要事件

onSizeChanged(int w, int h, int oldw, int oldh)：当进度值改变时引发此事件。

2.20.2 具体实现

（1）在主布局文件 main.xml 中增按钮【ProgressBar】。

（2）单击【ProgressBar】按钮后启动 ProgressBarActivity 以打开进度条界面，在文件 MainActivity.java 中对应的代码如下所示。

```
private  Button.OnClickListener  progress_bar_button_listener  =  new  Button.OnClick
Listener() {
      public void onClick(View v) {
         Intent intent = new Intent();
         intent.setClass(MainActivity.this, ProgressBarActivity.class);
         startActivity(intent);
      }
   };
```

（3）编写文件 ProgressBarActivity.java 设置对应的布局文件为 Progress_Bar.xml，主要代码如下所示。

```
public class ProgressBarActivity extends Activity{
   CheckBox plain_cb;
   CheckBox serif_cb;
   CheckBox italic_cb;
   CheckBox bold_cb;
   @Override
   public void onCreate(Bundle savedInstanceState) {
      super.onCreate(savedInstanceState);
      setTitle("ProgressBarActivity");
      setContentView(R.layout.progress_bar);
   }
```

（4）编写进度条界面的布局文件 Progress_Bar.xml，在里面插入如下 2 个 ProgressBar 控件。

- 第一个：环形进度条，进度到 50；
- 第二个：水平进度样式，进度到 75。

执行后将显示对应样式的进度条效果。

2.20.3 特别提醒——为控件 Progressbar 设置样式

在具体开发时，可以把控件 Progressbar 设置为我们自己需要的样式。可以把样式设置到一个需要设置动画的页面布局上，比如程序在进入的时候需要播放一个动画，宣传公司的某个产品或者提示用户怎么操作程序以及一些快捷键等，而不再需要一个 ImageView 对象和 AnimationDrawable 对象，来通过 start()播放动画。

建议读者多看 Android 源码系统中的那些样式，看看 Google 的工程师们是怎么去定义这些东西的，从中我们可以学到很多东西，例如在文件“\frameworks\base\core\res\res\drawable\progress_large.xml”中设置了 Progressbar 的样式。再例如在下面的代码中，bg_loading_1.png 是我们要设置的转圈进度条的图片。

```
<?xml version="1.0" encoding="utf-8"?>
<animated-rotate xmlns:android="http://schemas.android.com/apk/res/android"
   android:drawable="@drawable/bg_loading_1"
   android:pivotX="50%"
   android:pivotY="50%" />
```

此时就可以通过 Java 文件应用到控件当中去，可以实现我们需要的 Progressbar 样式。主要代码如下所示。

```
<ProgressBar
   android:indeterminateDrawable="@drawable/progress_drawable_large"
   android:indeterminateOnly="true"
   android:indeterminateDuration="500"
   android:indeterminateBehavior="repeat"
   android:layout_width="wrap_content"
   android:layout_height="wrap_content">
</ProgressBar>
```

2.21 在屏幕内使用拖动条功能

实例 037	在屏幕内使用拖动条功能
源码路径	光盘:\daima\024
视频路径	光盘:\视频\037

2.21.1 实例说明

在 Android 系统中，使用拖动条控件 SeekBar 可以用拖动某个图标进程的方式来直观地显示某一进度。现实中最常见的拖动条应用是播放器的播放进度，我们可以通过拖动拖动条来控制播放进度。

2.21.2 具体实现

（1）在布局文件 main.xml 中插入按钮【SeekBar】。

（2）为按钮【SeekBar】编写处理事件代码，当用户单击按钮后会跳转到 SeekBarActivty。对应代码如下所示。

```
private Button.OnClickListener seek_bar_button_listener = new Button.OnClickListener()
{
        public void onClick(View v) {
            Intent intent = new Intent();
            intent.setClass(MainActivity.this, SeekBarActivity.class);
            startActivity(intent);
        }
    };
```

（3）为新建的 Activty 指定模板文件为 seek_bar.xml，在此文件中定义一个 SeekBar 控件，设置其 ID 为 seek，设定宽度为布满屏幕显示，设置其最大值是 100。

（4）在文件 AndroidManifest.xml 中增加对 SeekBarActivity 权限的申明，对应代码如下所示。

```
<activity android:name="SeekBarActivity" />
```

执行后将显示对应样式的进度条，用户可以通过鼠标来拖动进度条的位置，如图 2-35 所示。

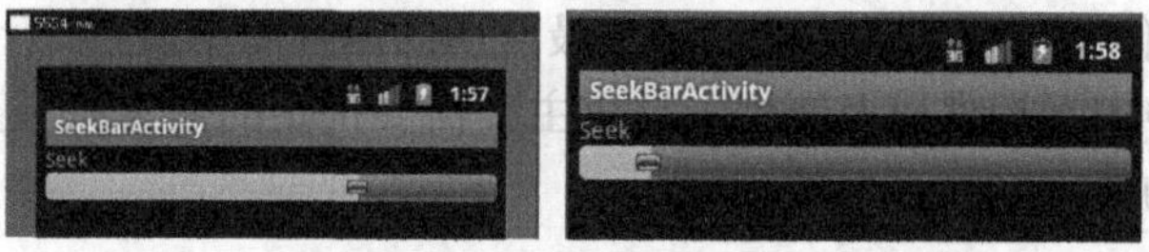

▲图 2-35 运行效果

2.21.3 特别提醒——在拖动条中显示提示文字

在使用拖动条控件 SeekBar 时，很多读者希望在拖动条中显示对应的提示文字，这样的效果会更加直观。但是很不幸，在 SDK 资料中并没有 SetText 或直接在布局设置的时候把 SeekBar 拉进去的信息，在其属性中也没有 Text 属性。但是我们使用一个 SeekBar 和一个 TextView 组合，组成自定义的组合控件，这样通过这个组合控件的属性可以实现想要的显示文字效果。

2.22 在屏幕内使用评分组件

实例 038	在屏幕内使用评分组件
源码路径	光盘:\daima\024
视频路径	光盘:\视频\038

2.22.1　实例说明

在 Android 系统中，评分组件 RatingBar 的功能是为用户提供一个评分操作的模式。在日常应用中，经常见到评分系统，例如读者在卓越网或当当网购买图书后，可以对这本书发布评论或评分。

2.22.2　具体实现

（1）在文件 main.xml 中插入按钮【RatingBar】，具体代码如下所示。

```
<Button android:id="@+id/seek_bar_button"
        android:layout_width="wrap_content"
        android:layout_height="wrap_content"
        android:text="SeekBar"
/>
```

（2）编写单击按钮的处理事件代码，当用户单击按钮后会跳转到 RatingBarActivty。对应代码如下所示。

```
private Button.OnClickListener rating_bar_button_listener = new Button.OnClickListener()
{
        public void onClick(View v) {
            Intent intent = new Intent();
            intent.setClass(MainActivity.this, RatingBarActivity.class);
            startActivity(intent);
        }
    };
```

（3）为新建的 Activty 指定模板文件为 rating_bar.xml，在文件中定义了一个 RatingBar 控件，设置了其 ID 为 rating_bar，设定了宽度和高度都是自适应。

（4）在文件 AndroidManifest.xml 中申明 RatingBarActivity 权限，对应代码如下所示。

```
<activity android:name="RatingBarActivity" />
```

执行后将显示对应样式的评级图，用户可以通过鼠标来选择评级，如图 2-35 所示。

▲图 2-36　运行效果

2.22.3　特别提醒——使用 RatingBar 控件的流程

使用 RatingBar 控件的流程非常清晰，其中最常用的流程如下所示。

（1）在布局文件中定义控件以及属性，这里主要需要指定的是总星星数量和当前的值，也就是总级别跟当前级别的量，例如下面的代码。

```
<RatingBar
    android:id="@+id/ratingBar"
    android:numStars="5" //总级别，总分，星星个数
    android:rating="1.5"  //当前级别，分数，星星个数
    android:layout_width="wrap_content"
    android:layout_height="wrap_content">
</RatingBar>
```

（2）使用 RatingBar 控件中的方法实现评分，RatingBar 有如下两个比较重要的方法。

```
RatingBar.setRating(flaot rating);//设置评分
RatingBar.getRating();//获取评分
```

（3）使用如下事件监听处理完成评分操作。

```
RatingBar.setOnRatingBarChangeListener(new OnRatingBarChangeListener(){
    @Override
        public void onRatingChanged(RatingBar ratingBar, float rating,  boolean fromUser)
{
                //doing actions
        }
    });
```

2.23 在屏幕内显示一幅图片

实例 039	在屏幕内显示一幅图片
源码路径	光盘:\daima\024
视频路径	光盘:\视频\039

2.23.1　实例说明

在 Android 系统中，可以使用图片视图控件 ImageView 在屏幕中显示一幅图片。

2.23.2　具体实现

（1）在文件 main.xml 中插入按钮【ImageView】，具体代码如下所示。

```
<Button android:id="@+id/image_view_button"
        android:layout_width="wrap_content"
        android:layout_height="wrap_content"
        android:text="ImageView"
/>
```

（2）编写单击按钮的处理事件代码，当用户单击按钮后会跳转到 ImageViewActivty 界面。对应代码如下所示。

```
private Button.OnClickListener image_view_button_listener = new Button.OnClickListener()
{
        public void onClick(View v) {
            Intent intent = new Intent();
            intent.setClass(MainActivity.this, ImageViewActivity.class);
            startActivity(intent);
        }
    };
```

（3）为新建的 Activty 指定布局模板为 image_view.xml，在此设置 Android:src 为一张图片，该图片位于本项目根目录下的“res\drawable”文件夹中，它支持 PNG、JPG、GIF 等常见的图片格式。

（4）编写文件 ImageViewActivity.java 文件，主要代码如下所示。

```
public class ImageViewActivity extends Activity {
    CheckBox plain_cb;
    CheckBox serif_cb;
    CheckBox italic_cb;
    CheckBox bold_cb;

    /** Called when the activity is first created. */
    @Override
    public void onCreate(Bundle savedInstanceState) {
        super.onCreate(savedInstanceState);
        setTitle("ImageViewActivity");
        setContentView(R.layout.image_view);
//          find_and_modify_text_view();
    }
```

（5）在文件 AndroidManifest.xml 中声明权限 ImageViewActivity，对应代码如下所示。

```
<activity android:name="ImageViewActivity" />
```

执行后将在屏幕中显示指定的一幅图片，如图 2-37 所示。

▲图 2-37　运行效果

2.23.3　特别提醒——制作一个相框

在实际项目应用中，通过 ImageView 可以对图片进行叠加处理。例如我们需要制作一个相框，需要使用如图 2-38 所示的 3 副素材图片。

left.png　　right.png　　photo.png

▲图 2-38　素材图片

上述相框功能的具体实现流程如下所示。

（1）在主布局 main.xml 中添加 UI 元素，主要代码如下所示。

```
<?xml version="1.0" encoding="utf-8"?>
<AbsoluteLayout
    android:id="@+id/widget34"
    android:layout_width="fill_parent"
    android:layout_height="fill_parent"
    xmlns:android="http://schemas.android.com/apk/res/android"
><!--创建第一个 ImageView （第二层图片）-->
<ImageView
    android:id="@+id/myImageView1"
    android:layout_width="wrap_content"
    android:layout_height="wrap_content"
    android:layout_x="0px"
    android:layout_y="36px"
/>
<!--创建第二个 ImageView （第一层图片）-->
<ImageView
    android:id="@+id/myImageView2"
    android:layout_width="wrap_content"
    android:layout_height="wrap_content"
    android:layout_x="0px"
    android:layout_y="36px"
/>
<!--创建第一个 Button -->
<Button
    android:id="@+id/myButton1"
    android:layout_width="105px"
    android:layout_height="66px"
    android:text="pic1"
    android:layout_x="9px"
    android:layout_y="356px"
/>
<!--创建第二个 Button -->
<Button
    android:id="@+id/myButton2"
    android:layout_width="105px"
    android:layout_height="66px"
    android:text="pic2"
    android:layout_x="179px"
    android:layout_y="356px"
/>
</AbsoluteLayout>
```

（2）修改 mainActivity.java 文件，主要代码如下所示。

```
/* 声明 Button、ImageView 对象 */
private ImageView mImageView01;
```

```
    private ImageView mImageView02;
    private Button mButton01;
    private Button mButton02;
    @Override
    public void onCreate(Bundle savedInstanceState) {
        super.onCreate(savedInstanceState);
        setContentView(R.layout.main);
        /* 取得 Button、ImageView 对象 */
        mImageView01 = (ImageView) findViewById(R.id.myImageView1);
        mImageView02 = (ImageView) findViewById(R.id.myImageView2);
        mButton01 = (Button) findViewById(R.id.myButton1);
        mButton02 = (Button) findViewById(R.id.myButton2);
        /* 设置 ImageView 背景图 */
        mImageView01.setImageDrawable(getResources().getDrawable(
                R.drawable.right));
        mImageView02.setImageDrawable(getResources().getDrawable(
                R.drawable.photo));
        /* 用 OnClickListener 事件来启动 */
        mButton01.setOnClickListener(new Button.OnClickListener() {
            @Override
            public void onClick(View v) {
                /* 当启动后， ImageView 立刻换背景图 */
                mImageView01.setImageDrawable(getResources().getDrawable(
                        R.drawable.right));
            }
        });
        mButton02.setOnClickListener(new Button.OnClickListener() {
            @Override
            public void onClick(View v) {
                mImageView01.setImageDrawable(getResources().getDrawable(
                        R.drawable.left));
            }
        });
    }
}
```

这样简单地实现了对 3 幅素材图片的叠加处理。

2.24 设置一幅图片当作按钮

实例 040	设置一幅图片当作按钮
源码路径	光盘:\daima\024
视频路径	光盘:\视频\040

2.24.1 实例说明

在 Android 系统中，为了使界面更加美观，通常在系统中将一幅图片作为按钮来使用，此功能是通过图片按钮控件 ImageButton 实现的。通过使用 ImageButton，可以使项目中的按钮更加美观大方。

2.24.2 具体实现

（1）在文件 main.xml 中插入按钮【ImageButton】，具体代码如下所示。

```
<Button android:id="@+id/image_button_button"
        android:layout_width="wrap_content"
        android:layout_height="wrap_content"
        android:text="ImageButton" />
```

（2）编写单击按钮处理事件的代码，当用户单击按钮后会跳转到 ImageButtonActivty。对应代码如下所示。

```
private  Button.OnClickListener  image_button_button_listener  =  new  Button.OnClick
Listener() {
```

```
        public void onClick(View v) {
            Intent intent = new Intent();
            intent.setClass(MainActivity.this, ImageButtonActivity.class);
            startActivity(intent);
        }
    };
```

（3）为新建的 Activty 指定模板文件为 image_button.xml，在里面设置了 Android:src 的地址为一幅图片，该图片位与本项目根目录下的“res\drawable”文件夹中，它支持 PNG、JPG、GIF 等常见的图片格式。

（4）编写对应的 java 程序，对应代码如下所示。

```
public class ImageButtonActivity extends Activity {
    CheckBox plain_cb;
    CheckBox serif_cb;
    CheckBox italic_cb;
    CheckBox bold_cb;
    /** Called when the activity is first created. */
    @Override
    public void onCreate(Bundle savedInstanceState) {
        super.onCreate(savedInstanceState);
        setTitle("ImageButtonActivity");
        setContentView(R.layout.image_button);
//          find_and_modify_text_view();
    }
```

（5）在文件 AndroidManifest.xml 中申明 ImageButtonActivity 权限，对应代码如下所示。

```
<activity android:name="ImageButtonActivity" />
```

执行后将显示一个按钮，此按钮使用指定的图片实现的，如图 2-39 所示。

2.24.3　特别提醒——图片按钮控件的事件响应

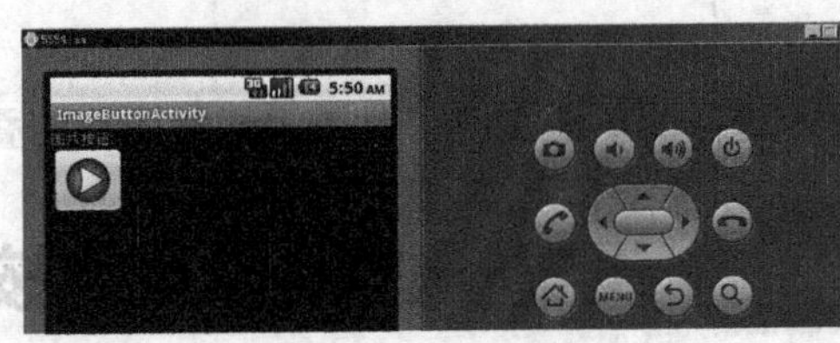

▲图 2-39　运行效果

在使用图片按钮控件时，因为此时的图片是一个按钮，所以此图片也具备点击事件响应功能。但是在编写处理事件时，初学者通常不注意单击的临界点。例如想编写一个 Android 程序，在界面中添加两个控件 ImageButton 和 TextView，当点击图片时后边的 TextView 文字跟着变化。此功能看似简单，但是很多初学者编写出了下面的代码。

```
ImageButton bt1 = (ImageButton)findViewById(R.id.dun01);
        final TextView tv1 = (TextView)findViewById(R.id.shuzi01);
        bt1.setOnClickListener(new OnClickListener() {
            int a=0;
            public void onClick(View v) {
                if(a<4){
                    ++a;
                }
                        tv1.setText(a);
                }
            });
```

但是执行之后根本没有响应变化，这就是因为没有注意单击事件的临界点。在上述代码中，每次单击图片的动作都会重置 a 的值，所以才会没有响应。我们只需将上述代码进行如下修改即可实现需要的功能。

```
int a=0;
bt1.setOnClickListener(new ImageButton.OnClickListener(){
@Override
public void onClick(view v) {
    if(a<4)
    {
```

```
            ++a;
          }
          else
          {a=0;
          }
      tv1.setText(""+a);
   }
   });
```

2.25 实现类似 QQ 空间的照片效果

实例 041	实现类似 QQ 空间的照片效果
源码路径	光盘:\daima\024
视频路径	光盘:\视频\041

2.25.1 实例说明

在 Android 系统中，可以使用切换图片控件实现和 QQ 空间中类似的幻灯图片显示效果。Android 系统中的切换图片控件有 2 个，分别是 ImageSwitcher 和 Gallery，它们的功能是以滑动的方式展现图片。在具体效果上，将首先显示一幅大图，然后在大图下面显示一组可以滚动的小图。

2.25.2 具体实现

（1）编写单击按钮处理事件的代码，当用户单击按钮后会跳转到 ImageShowActivty。对应代码如下所示。

```
private Button.OnClickListener image_show_button_listener = new Button.OnClickListener()
{
        public void onClick(View v) {
            Intent intent = new Intent();
            intent.setClass(MainActivity.this, ImageShowActivity.class);
            startActivity(intent);
        }
    };
```

（2）为新建的 Activty 指定模板文件为 image_show.xml，在 RelativeLayout 中插入了 2 个控件，分别是 ImageSwitcher 和 Gallery。其中 ImageSwitcher 用于显示上面那幅大图，Gallery 用于控制下面小图列表索引。

（3）编写 Java 程序文件 ImageShowActivity.java，此文件的实现流程如下所示。

- 编写函数 onCreate，使用 requestWindowFeature(Window.FEATURE_NO_TITLE) 设置 Activity 没有 titlebar，只有这样此图片的显示区域才会增大。而使用类 Gallery 的方法和使用 ListView 的方法差不多，也需要使用 setAdapter 来进行资源设置。对应的代码如下所示。

```
public void onCreate(Bundle savedInstanceState) {
        super.onCreate(savedInstanceState);
        requestWindowFeature(Window.FEATURE_NO_TITLE);
        setContentView(R.layout.image_show);
        setTitle("ImageShowActivity");

        mSwitcher = (ImageSwitcher) findViewById(R.id.switcher);
        mSwitcher.setFactory(this);
        mSwitcher.setInAnimation(AnimationUtils.loadAnimation(this,
        android.R.anim.fade_in));
        mSwitcher.setOutAnimation(AnimationUtils.loadAnimation(this,
        android.R.anim.fade_out));
        Gallery g = (Gallery) findViewById(R.id.gallery);
        g.setAdapter(new ImageAdapter(this));
        g.setOnItemSelectedListener(this);
    }
```

● 封装 BaseAdapter，通过 GetView 函数来返回要显示的 ImageView，函数 GetView 的实现代码如下所示。

```
public View getView(int position, View convertView, ViewGroup parent) {
        ImageView i = new ImageView(mContext);
        i.setImageResource(mThumbIds[position]);
        i.setAdjustViewBounds(true);
        i.setLayoutParams(new Gallery.LayoutParams(
        LayoutParams.WRAP_CONTENT, LayoutParams.WRAP_CONTENT));
        i.setBackgroundResource(R.drawable.picture_frame);
        return i;
    }
```

通过上述代码动态生成了一个 ImageView，然后使用 setImageResource、setLayoutParams 和 setBackgroundResource，分别实现图片源文件、图片大小和图片背景的设置。当图片被显示到当前屏幕时，此函数会自动回调来提供要显示的 ImageView。

● 在 ImageSwitcher1 中实现 ViewSwitcher.ViewFactory 接口，在此接口中定义方法 View makeView，为 ImageSwitcher 返回一个 View，在调用 ImageSwitcher 时，首先通过 Factory 为其提供一个 View，然后 ImageSwitcher 就可以初始化各种资源了。实现代码如下所示。

```
public View makeView() {
    ImageView i = new ImageView(this);
      i.setBackgroundColor(0xFF000000);
      i.setScaleType(ImageView.ScaleType.FIT_CENTER);
      i.setLayoutParams(new ImageSwitcher.LayoutParams(LayoutParams.FILL_PARENT,
              LayoutParams.FILL_PARENT));
      return i;
  }
```

（4）在文件 AndroidManifest.xml 中申明 Activity 权限，对应代码如下所示。

```
<activity android:name="ImageShowActivity" />
```

执行后将会按照 QQ 空间中的照片样式显示，如图 2-40 所示。

▲图 2-40　执行效果

2.25.3　特别提醒——ImageSwitcher 控件的 3 种方法

ImageSwitcher 控件的功能是实现图片切换，主要通过以下 3 种方法实现具体功能。

- setImageURI(Uri uri)：设置图片地址；
- setImageResource(int resid)：设置图片资源库；
- setImageDrawable(Drawable drawable)：绘制图片。

2.26　使用网格视图控件布局屏幕

实例 042	使用网格视图控件布局屏幕
源码路径	光盘:\daima\024
视频路径	光盘:\视频\042

2.26.1　实例说明

几年来随着手机系统的发展，大屏幕触摸手机受到了大家的追捧。其中最受欢迎的屏幕显示样式是以块状模式排列显示各个应用。

在 Android 系统中，可以使用网格视图控件 GridView 将多幅指定的图片以指定大小、并顺序排列的样式显示出来。此功能在相册的图片浏览中比较常见。

2.26.2 具体实现

（1）编写单击按钮的处理事件代码，当用户单击按钮后会跳转到 ImageShowActivty。对应代码如下所示。

```
private Button.OnClickListener grid_view_button_listener = new Button.OnClickListener()
{
        public void onClick(View v) {
            Intent intent = new Intent();
            intent.setClass(MainActivity.this, GridViewActivity.class);
            startActivity(intent);
        }
    };
```

（2）在文件 GridViewActivity.java 中创建 onCreate 方法，为创建的 Activty 指定模板 grid_view.xml，然后获取其模板中的 GridView 控件，并使用 setAdapter 方法为其绑定一个合适的 ImageAdapter。具体代码如下所示。

```
public void onCreate(Bundle savedInstanceState) {
        super.onCreate(savedInstanceState);
        setContentView(R.layout.grid_view);
        setTitle("GridViewActivity");
        GridView gridview = (GridView) findViewById(R.id.grid_view);
        gridview.setAdapter(new ImageAdapter(this));
    }
```

（3）编写代码实现 ImageAdapter，因为 ImageAdapter 继承自 BaseAdapter，所以可以通过构造方法 ImageAdapter 获取 Context，然后实现 getView。主要代码如下所示。

```
    private Integer[] mThumbIds = {
            R.drawable.grid_view_01, R.drawable.grid_view_02,
            R.drawable.grid_view_03, R.drawable.grid_view_04,
            R.drawable.grid_view_05, R.drawable.grid_view_06,
            R.drawable.grid_view_07, R.drawable.grid_view_08,
            R.drawable.grid_view_09, R.drawable.grid_view_10,
            R.drawable.grid_view_11, R.drawable.grid_view_12,
            R.drawable.grid_view_13, R.drawable.grid_view_14,
            R.drawable.grid_view_15, R.drawable.sample_1,
            R.drawable.sample_2, R.drawable.sample_3,
            R.drawable.sample_4, R.drawable.sample_5,
            R.drawable.sample_6, R.drawable.sample_7
    };
}
```

（4）在文件 AndroidManifest.xml 中申明 Activity，对应代码如下所示。

```
<activity android:name="GridViewActivity" />
```

执行后将会按照格子视图的方式显示指定的图片，如图 2-41 所示。

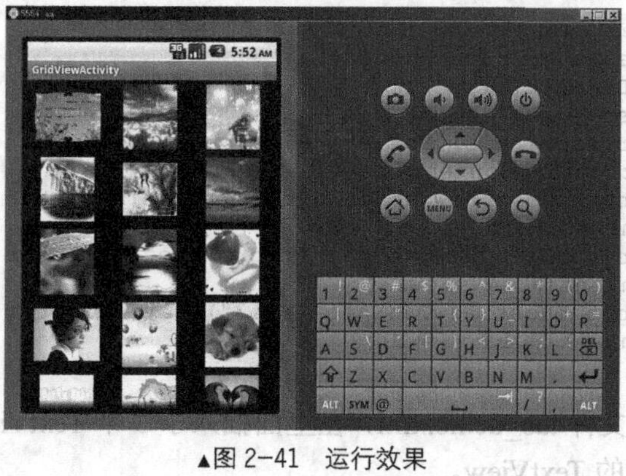

▲图 2-41 运行效果

2.26.3 特别提醒——升级实例

控件 Gallery 主要用于横向显示图像列表，如果使用常规的做法，在 Gallery 控件中只能有限地显示指定的图像。也就是说，如果为 Gallery 组件指定了 10 张图像，那么当 Gallery 组件显示到第 10 张时，就不会再继续显示了。这虽然在大多数时候没有什么关系，但是在现实中需要注意的是，我们希望图像显示到最后一张时再从第 1 张开始显示，也就是循环显示。要实现这种风格的 Gallery 组件，就需要对 Gallery 的 Adapter 对象进行一番改进。

例如我们可以通过 Gallery 模拟循环显示图像，在单击某一个 Gallery 组件中的图像时在下方显示一个放大的图像（使用 ImageSwitcher 组件）。至于具体实现方法，读者可以亲自试验一下，如果自己实现不出来这个功能，可以用电子邮箱联系我们寻求帮助。

2.27 在屏幕内实现多个标签栏样式的效果

实例 043	在屏幕内实现多个标签栏样式的效果
源码路径	光盘:\daima\024
视频路径	光盘:\视频\043

2.27.1 实例说明

在 Android 系统中，可以使用标签控件 TabView 在屏幕内实现多个标签栏样式的效果，并且当单击某个标签栏时会打开对应的界面。

2.27.2 具体实现

（1）编写单击按钮处理事件代码，对应代码如下所示。

```
private Button.OnClickListener tab_demo_button_listener = new Button.OnClickListener()
{
        public void onClick(View v) {
            Intent intent = new Intent();
            intent.setClass(MainActivity.this, TabDemoActivity.class);
            startActivity(intent);
        }
    };
```

（2）编写文件 TabDemoActivity.java 用于集成 TabActivity 并实现 TabDemoActivity，通过 getTabContentView 获取了 TabHost，然后绑定其模板，这样就绑定了每个标签的内容关联。主要代码如下所示。

```
@Override
    public void onCreate(Bundle savedInstanceState) {
        super.onCreate(savedInstanceState);
        setTitle("TabDemoActivity");
        TabHost tabHost = getTabHost();
        LayoutInflater.from(this).inflate(R.layout.tab_demo,
                tabHost.getTabContentView(), true);
        tabHost.addTab(tabHost.newTabSpec("tab1").setIndicator("tab1")
                .setContent(R.id.view1));
        tabHost.addTab(tabHost.newTabSpec("tab3").setIndicator("tab2")
                .setContent(R.id.view2));
        tabHost.addTab(tabHost.newTabSpec("tab3").setIndicator("tab3")
                .setContent(R.id.view3));
    }
```

（3）编写新界面模板文件 tab_demo.xml，在里面插入了 3 个 TextView 控件，当每个标签切换的时候，会显示各自对应的 TextView。

（4）在文件 AndroidManifest.xml 中申明 Activity 权限，对应代码如下所示。

```
<activity android:name="TabDemoActivity" />
```

执行后将会按指定的样式显示对应标签。

2.27.3 特别提醒——TabView 的标准用法格式

有很多初学者对控件 TabView 的用法掌握不好，特别是对自定义 TabView 控件的方法一团雾水。在此笔者给出如下标准用法格式，读者可以根据自己的需要进行简单修改。

```
for(int i=0;i<tabHost.getTabWidget().getChildCount();i++) {
   tabHost.setOnTabChangedListener(new OnTabChangeListener(){
      @Override
      public void onTabChanged(String tabId) {
         // TODO Auto-generated method stub
          for(int i=0;i<tabHost.getTabWidget().getChildCount();i++)
             {
tabHost.getTabWidget().getChildAt(i).setBackgroundColor(R.color.transparent);//unselected
             }
tabHost.getTabWidget().getChildAt(tabHost. getCurrentTab()).setBackgroundColor
(Color.parseColor("#000011")); // selected
         }
```

2.28 实现一个 3 行布局

实例 044	实现一个 3 行布局效果
源码路径	光盘:\daima\044
视频路径	光盘:\视频\044

2.28.1 实例说明

在本实例中，使用了 TableLayout 布局方式，将整个屏幕划分为 3 行，在每行中可以设置不同的元素内容。

2.28.2 具体实现

布局文件 main.xml 比较简单，设置了 3 行元素的具体内容，具体代码如下所示。

```
<!-- 表格布局 -->
<TableLayout
    android:layout_width="fill_parent"
    android:layout_height="wrap_content"
    android:padding="10dip" >
    <!-- 表格布局：第一行 -->
    <TableRow
        android:layout_width="fill_parent"
        android:layout_height="wrap_content"
        android:padding="10dip" >
        <TextView
            android:layout_width="wrap_content"
            android:layout_height="wrap_content"
            android:layout_gravity="center_vertical"
            android:layout_marginRight="10dip"
            android:text="姓名：" >
        </TextView>
        <EditText
            android:id="@+id/bankingYourNameEditText"
            android:layout_width="wrap_content"
            android:layout_height="wrap_content"
            android:layout_gravity="center_vertical"
            android:layout_weight="1"
```

```
            android:background="@null"
            android:singleLine="true" >
        </EditText>
    </TableRow>
    <!-- 表格布局：第二行 -->
    <TableRow
        android:layout_width="fill_parent"
        android:layout_height="wrap_content"
        android:padding="10dip" >
        <TextView
            android:layout_width="wrap_content"
            android:layout_height="wrap_content"
            android:layout_gravity="center_vertical"
            android:layout_marginRight="10dip"
            android:text="联系电话：" >
        </TextView>
        <EditText
            android:id="@+id/bankingContactTelEditText"
            android:layout_width="wrap_content"
            android:layout_height="wrap_content"
            android:layout_gravity="center_vertical"
            android:layout_weight="1"
            android:background="@null"
            android:inputType="phone"
            android:singleLine="true" >
        </EditText>
    </TableRow>
    <!-- 表格布局：第三行 -->
    <TableRow
        android:layout_width="fill_parent"
        android:layout_height="wrap_content"
        android:padding="10dip" >
        <TextView
            android:layout_width="wrap_content"
            android:layout_height="wrap_content"
            android:layout_gravity="center_vertical"
            android:layout_marginRight="10dip"
            android:text="联系电话：" >
        </TextView>
        <EditText
            android:id="@+id/bankingContactTelEditText"
            android:layout_width="wrap_content"
            android:layout_height="wrap_content"
            android:layout_gravity="center_vertical"
            android:layout_weight="1"
            android:background="@null"
            android:inputType="phone"
            android:singleLine="true" >
        </EditText>
    </TableRow>
</TableLayout>

<Button
    android:id="@+id/button1"
    android:layout_width="wrap_content"
    android:layout_height="wrap_content"
    android:layout_gravity="center"
    android:text="Button" />
```

执行后的效果如图 2-42 所示。

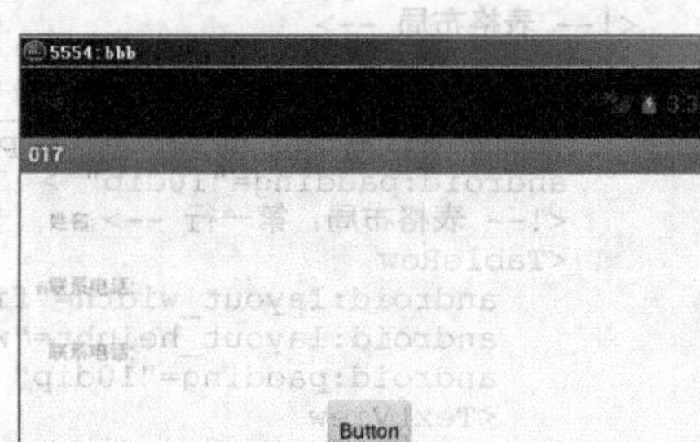

▲图 2-42　执行效果

2.28.3　特别提醒——升级实例

为了使整个界面效果更佳美观，我们可以在此实例的基础上继续升级，添加 3 幅指定的素材图片，实现圆角边框效果。首先需要添加如下所示的 3 个布局文件：

- shape_bottom_corner_no_top_line.xml
- shape_no_corner_without_bottom.xml

- shape_top_corner_no_bottom_line.xml

然后在第一行添加素材图片：

```
android:background="@drawable/shape_top_corner_no_bottom_line"
```

然后在第二行添加素材图片：

```
android:background="@drawable/shape_no_corner_without_bottom"
```

然后在第三行添加素材图片：

```
android:background="@drawable/shape_bottom_corner_no_top_line"
```

这样升级之后的效果如图 2-43 所示。

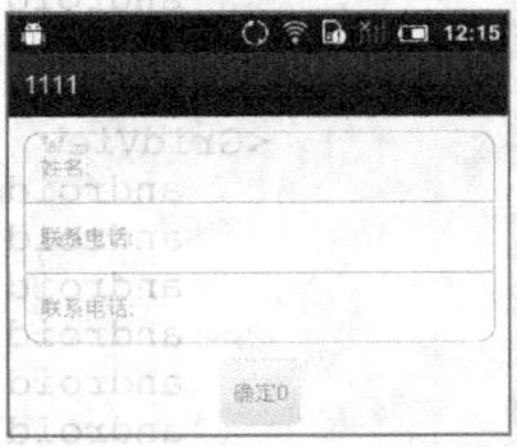

▲图 2-43　升级后的效果

2.29 实现书架展示效果

实例 045	实现一个书架展示效果
源码路径	光盘:\daima\045
视频路径	光盘:\视频\045

2.29.1　实例说明

在 Android 应用中，有时候我们在处理 Acitivity 时，如果 Activity 不够显示了，但又不想把视图缩小或者不想跳转，这时候怎么办？Android 考虑到了这一点，使用 SlidingDrawer 组件可以解决这一难题。SlidingDrawer 组件的具体用法如下所示。

```
<SlidingDrawer
        android:id="@+id/sliding"
        android:layout_width="match_parent"
        android:layout_height="match_parent"
        android:content="@+id/allApps"
        android:handle="@+id/imageViewIcon"
        android:orientation="vertical"
>
```

2.29.2　具体实现

布局文件 main.xml 比较简单，设置了 3 行元素的具体内容，具体代码如下所示。

```
<include layout="@layout/head" android:id="@+id/head"/>
    <cn.com.karl.view.MyGridView
        android:id="@+id/bookShelf"
        android:layout_width="fill_parent"
        android:layout_height="fill_parent"
        android:layout_below="@id/head"
        android:cacheColorHint="#00000000"
        android:columnWidth="90.0dip"
        android:fadingEdge="none"
        android:horizontalSpacing="5dp"
        android:listSelector="#00000000"
        android:numColumns="3"
        android:scrollbars="none"
        android:verticalSpacing="20dp" />
   <SlidingDrawer
        android:id="@+id/sliding"
        android:layout_width="match_parent"
        android:layout_height="match_parent"
        android:content="@+id/allApps"
        android:handle="@+id/imageViewIcon"
        android:orientation="vertical" >
        <Button
            android:id="@+id/imageViewIcon"
```

```
        android:layout_width="wrap_content"
        android:layout_height="wrap_content"
        android:text="本地"
        android:textSize="18dp"
        android:background="@drawable/btn_local" />
    <GridView
        android:id="@+id/allApps"
        android:layout_width="wrap_content"
        android:layout_height="wrap_content"
        android:background="@drawable/file_list_bg"
        android:columnWidth="60dp"
        android:gravity="center"
        android:horizontalSpacing="10dp"
        android:numColumns="auto_fit"
        android:padding="10dp"
        android:stretchMode="columnWidth"
        android:verticalSpacing="10dp" />
</SlidingDrawer>
```

执行后的效果如图 2-44 所示。

2.29.3 特别提醒——升级实例

我们可以在此实例的基础上继续升级，添加实现抽屉效果，具体的原理读者可以参阅光盘中的本实例目录下的“WidgetTest”工程文件，升级后的界面效果图 2-45 所示。

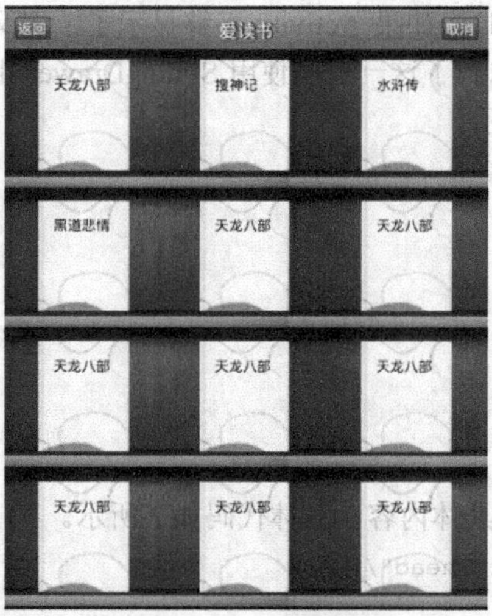

▲图 2-44 执行效果

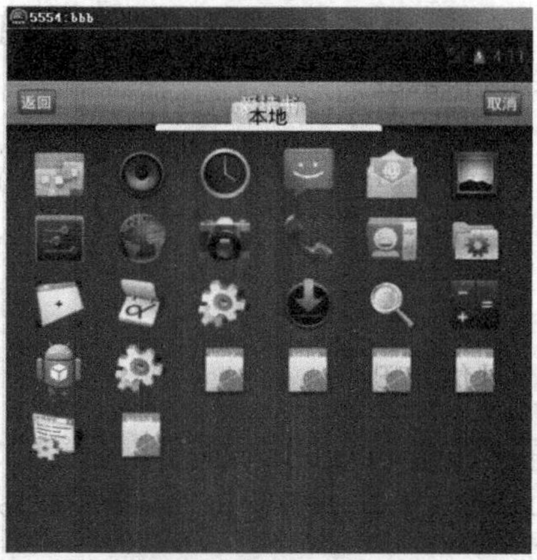

▲图 2-45 升级后的效果

2.30 实现树形菜单效果

实例 046	实现一个树形节点菜单效果效果
源码路径	光盘:\daima\046
视频路径	光盘:\视频\046

2.30.1 实例说明

众所周知，传统的开发语言都能实现树形节点效果。在 Windows 系统的资源管理器中，硬盘文件的浏览就是一个典型的树形样式，如图 2-46 所示。

本实例是一个典型的 Android 布局案例，其中有树形布局。

2.30.2 具体实现

布局文件 main.xml 比较简单，只是设置插入了一个 ListView 控件，具体代码如下所示。

```
<ListView  android:id="@+id/android:list"
    android:layout_width="fill_parent"
        android:layout_height="wrap_content"
        android:scrollbars="vertical" >
</ListView>
```

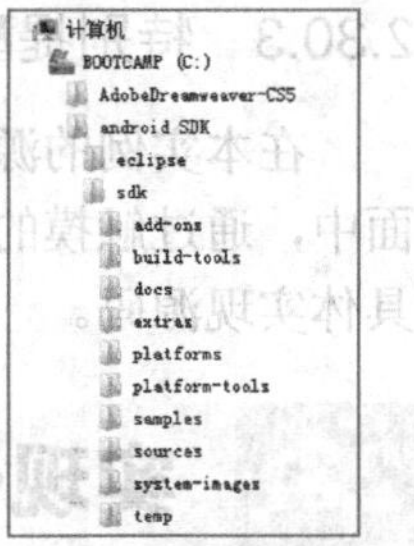

▲图 2-46 Windows 系统的树形样式

然后在文件 TreeDataProvider.java 中，编写实现树形样式的代码，主要代码如下所示。

```
    private void initDataSource(){
        TreeElement fisrtelement1 = new TreeElement("01", "用户界面和控件");
        TreeElement fisrtelement2 = new TreeElement("02", "菜单和对话框");
        TreeElement fisrtelement3 = new TreeElement("03", "2D 动画示例");
        nodes.add(fisrtelement1);
        nodes.add(fisrtelement2);
        nodes.add(fisrtelement3);

        TreeElement secondelement1 = new TreeElement("01_01", "android 中的常见控件");
        TreeElement secondelement2 = new TreeElement("01_02", "android 中的其他控件");
        TreeElement secondelement3 = new TreeElement("01_03", "android 布局");
        fisrtelement1.addChild(secondelement1);
        fisrtelement1.addChild(secondelement2);
        fisrtelement1.addChild(secondelement3);

        TreeElement thirdelement1 = new TreeElement("01_01_01", "文本控件");
        TreeElement  thirdelement2 = new TreeElement("01_01_02", "按钮控件");
        TreeElement  thirdelement3 = new TreeElement("01_01_03", "列表控件");
        TreeElement  thirdelement4 = new TreeElement("01_01_04", "网格控件");
        TreeElement  thirdelement5 = new TreeElement("01_01_05", "日期和时间控件");
        secondelement1.addChild(thirdelement1);
        secondelement1.addChild(thirdelement2);
        secondelement1.addChild(thirdelement3);
        secondelement1.addChild(thirdelement4);
        secondelement1.addChild(thirdelement5);

        TreeElement  fourelement1  =  new  TreeElement("01_01_01_01",  "TextView 控 件
",getIntent(TextViewActivity.class));
        TreeElement  fourelement2 = new TreeElement("01_01_01_02", "EditTextView 控件
",getIntent(EditTextViewActivity.class));
        thirdelement1.addChild(fourelement1);
        thirdelement1.addChild(fourelement2);

        TreeElement thirdelement0301 = new TreeElement("01_03_01", "LinearLayout 布局示
例",getIntent(LinearLayoutActivity.class));
        TreeElement thirdelement0302 = new TreeElement("01_03_02", "TableLayout 布局示例
",getIntent(TableLayoutActivity.class));
        TreeElement thirdelement0303 = new TreeElement("01_03_03", "LinearLayout 复杂布
局示例",getIntent(LinearLayoutComplexActivity.class));
        TreeElement thirdelement0304 = new TreeElement("01_03_04", "Linear Table 组合布
局",getIntent(Linear_Table_LayoutComplexActivity.class));
        TreeElement thirdelement0305 = new TreeElement("01_03_05", "RelitaveLayout 布局
",getIntent(RelativeLayoutActivity.class));
        TreeElement thirdelement0306 = new TreeElement("01_03_06", "RelitaveLayout 复杂
示例",getIntent(RelativeLayoutComplexActivity.class));
        secondelement3.addChild(thirdelement0301);
        secondelement3.addChild(thirdelement0302);
        secondelement3.addChild(thirdelement0303);
        secondelement3.addChild(thirdelement0304);
        secondelement3.addChild(thirdelement0305);
        secondelement3.addChild(thirdelement0306);
    }
```

执行后的效果如图 2-47 所示。

▲图 2-47 执行效果

2.30.3　特别提醒——其他控件的功能

在本实例的源码中，还演示了其他布局控件和常用控件的用法。读者可以在图 2-47 所示的界面中，通过触摸的方式浏览其他控件的执行效果。并且在本实例的源码中，也给出了各种效果的具体实现源码。

2.31　实现一个精美的登录界面

实例 047	实现一个精美的登录界面效果
源码路径	光盘:\daima\047
视频路径	光盘:\视频\047

2.31.1　实例说明

在本实例中，使用 include 语句调用了 3 个字界面 page1.xml、page2.xml 和 page3.xml。其中在布局文件 page1.xml 中，实现了一个精美的登录框效果。

2.31.2　具体实现

布局文件 main.xml 比较简单，在此重点介绍 page1.xml，具体代码如下所示。

```
<TextView
    android:id="@+id/page1_title"
    android:layout_width="wrap_content"
    android:layout_height="wrap_content"
    android:layout_alignParentTop="true"
    android:layout_centerHorizontal="true"
    android:background="@drawable/page1_title_bg"
    android:paddingLeft="40dp"
    android:paddingRight="40dp"
    android:text="@string/page1_title"
    android:textColor="#ffffff"
    android:textSize="15dp" />
<TextView
    android:id="@+id/page1_title_1"
    android:layout_width="wrap_content"
    android:layout_height="wrap_content"
    android:layout_below="@+id/page1_title"
    android:layout_centerHorizontal="true"
    android:text="@string/page1_title_1"
    android:textColor="#000000"
    android:textSize="10dp" />

<ImageView
    android:id="@+id/page1_image"
    android:layout_width="150dp"
    android:layout_height="150dp"
    android:layout_below="@+id/page1_title_1"
    android:layout_centerHorizontal="true"
    android:paddingTop="2dp"
    android:src="@drawable/page1_image" />

<RelativeLayout
    android:id="@+id/page1_login"
    android:layout_width="fill_parent"
    android:layout_height="110dp"
    android:layout_centerHorizontal="true"
    android:layout_below="@+id/page1_image"
    android:gravity="center_horizontal"
    android:orientation="vertical" >
```

```
        <EditText
            android:id="@+id/page1_login_user_edit"
            android:layout_width="280dp"
            android:layout_height="wrap_content"
            android:paddingTop="16dp"
            android:paddingLeft="100dp"
            android:paddingRight="80dp"
            android:paddingBottom="17dp"
            android:saveEnabled="true"
            android:singleLine="true"
            android:background="@drawable/page1_login_input"
            style="@style/page1_text"
            android:hint="@string/page1_login_userText_hint" />
        <TextView
            android:id="@+id/page1_login_user_text"
            android:layout_width="wrap_content"
            android:layout_height="wrap_content"
            android:paddingTop="16dp"
            android:paddingLeft="20dp"
            style="@style/page1_text"
            android:text="@string/page1_login_userText" />
        <TextView
             android:layout_width="37dp"
             android:layout_height="37dp"
             android:paddingTop="16dp"
             android:paddingRight="10dp"
             android:textStyle="bold"
             android:textSize="17sp"
             android:layout_alignRight="@+id/page1_login_user_edit"
             android:text="@string/page1_login_right_image"
             />
        <EditText
            android:id="@+id/page1_login_passwd_edit"
            android:layout_width="280dp"
            android:layout_height="wrap_content"
            android:layout_alignParentBottom="true"
            android:paddingTop="16dp"
            android:paddingLeft="180dp"
            android:paddingRight="80dp"
            android:paddingBottom="15dp"
            android:layout_marginBottom="11dp"
            android:saveEnabled="true"
            android:singleLine="true"
            android:background="@drawable/page1_login_input"
            style="@style/page1_text"
            android:password="true"/>
        <TextView
            android:id="@+id/page1_login_passwd_text"
            android:layout_width="wrap_content"
            android:layout_height="wrap_content"
            android:layout_below="@+id/page1_login_user_text"
            android:paddingTop="28dp"
            android:paddingLeft="20dp"
            style="@style/page1_text"
            android:text="@string/page1_login_passwdText" />
    </RelativeLayout>
    <TableLayout
        android:id="@+id/page1_tableLayout"
        android:layout_width="wrap_content"
        android:layout_height="wrap_content"
        android:layout_below="@+id/page1_login"
        android:gravity="center_horizontal">
        <TableRow >
            <Button
                android:layout_width="wrap_content"
                android:layout_height="40dp"
                android:paddingLeft="30dp"
                android:layout_marginLeft="20dp"
```

```
            android:paddingRight="40dp"
            style="@style/page1_text"
            android:text="@string/page1_network_button"/>
        <Button
            android:layout_width="wrap_content"
            android:layout_height="40dp"
            android:paddingLeft="30dp"
            android:paddingRight="30dp"
            android:layout_marginLeft="20dp"
            style="@style/page1_text"
            android:text="@string/page1_login_button1"/>
    </TableRow>
</TableLayout>
<RelativeLayout
    android:id="@+id/checkbox_relativeLayout"
    android:layout_width="fill_parent"
    android:layout_height="wrap_content"
    android:layout_below="@+id/page1_tableLayout"
    >
    <CheckBox
        android:id="@+id/page1_checbox1"
        android:layout_width="wrap_content"
        android:layout_height="wrap_content"
        android:layout_alignParentTop="true"
        android:layout_marginLeft="50dp"
        style="@style/page1_checbox_text"
        android:button="@drawable/page1_checbox_selector"
        android:text="@string/page1_checbox_text1"/>
     <CheckBox
        android:layout_width="wrap_content"
        android:layout_height="wrap_content"
        android:layout_below="@+id/page1_checbox1"
        android:layout_marginLeft="50dp"
        style="@style/page1_checbox_text"
        android:button="@drawable/page1_checbox_selector"
        android:text="@string/page1_checbox_text2"/>
</RelativeLayout>
<RelativeLayout
    android:layout_width="fill_parent"
    android:layout_height="wrap_content"
    android:layout_alignParentBottom="true"
    >
     <TextView
        android:id="@+id/page1_text1"
        android:layout_width="wrap_content"
        android:layout_height="wrap_content"
           android:layout_centerHorizontal="true"
           android:textColor="#000000"
        android:text="@string/page1_tex1" />
     <TextView
        android:id="@+id/page1_text2"
        android:layout_width="wrap_content"
        android:layout_height="wrap_content"
           android:layout_centerHorizontal="true"
           android:paddingLeft="60dp"
           android:paddingBottom="10dp"
           android:layout_alignLeft="@+id/page1_text1"
           android:textColor="#ff0000"
        android:text="@string/page1_tex2" />
</RelativeLayout>
```

整个实例的登录框界面是由上述代码实现的，由输入框、按钮、复选框、图片等控件构成。

2.31.3　特别提醒——实例升级

我们可以以此实例为基础继续升级，在 page2.xml 和 page3.xml 文件中添加其他元素，并且在“.java”文件中可以添加事件处理代码。在本书的源码中，我们还列出了其他节目的实现代码，读者运行程序可以看到界面效果。

第3章 基本控件应用

对于手机开发项目来说，几乎所有的应用功能都需要用控件来实现。控件就如同在 Web 开发中的一个模块，通过调用这些控件能够实现对应的功能效果。其实在本书第 2 章的内容中，所有的实例都是基于控件实现的，无论是 Button 还是 TextView，都是一个控件。之所以将它们作为单独的一章来讲解，是因为屏幕布局的重要性。在本章的内容中，将通过具体的实例来讲解 Android 系统中各个常用控件的基本用法。

3.1 使用 EditText 控件和 setOnKeyListener 事件实现文本处理

实例 048	使用 EditText 控件和 setOnKeyListener 事件实现文本处理
源码路径	光盘:daima\048
视频路径	光盘:\视频\048

3.1.1 实例说明

通过这个实例将演示使用 EditText 和 setOnKeyListener 实现文本处理的方法。在实例中将以 EditText 和 TextView 来演示如何在捕捉 User 键盘输入文字，并同时获取输入的文字，并且同步显示于 TextView，类似手机版的 Ajax 效果，实现实时输入并实时输出效果。

3.1.2 具体实现

（1）在文件 main.xml 中分别插入两个 TextView 控件和一个 EditText 控件。

（2）编写主程序文件，此文件的重点是用 EditText.OnKeyListener 拦截在 EditText 中的输入事件，我们只需要重写 onKey()方法即可实现这个功能。在方法 onKey()中，将从 EditText.getText() 获取的文字显示在 TextView 当中。此文件的主要代码如下所示。

```
/*声明 TextView、EditText 对象*/
private TextView mTextView01;
private EditText mEditText01;

/** Called when the activity is first created. */
  @Override
public void onCreate(Bundle savedInstanceState)
{
  super.onCreate(savedInstanceState);
  setContentView(R.layout.main);

  /*取得 TextView、EditText*/
  mTextView01 = (TextView)findViewById(R.id.myTextView);
  mEditText01 = (EditText)findViewById(R.id.myEditText);

  /*设置 EditText 用 OnKeyListener 事件来启动*/
  mEditText01.setOnKeyListener(new EditText.OnKeyListener()
```

```
        {
          @Override
          public boolean onKey(View arg0, int arg1, KeyEvent arg2)
          {
            // TODO Auto-generated method stub
            /*设置 TextView 显示 EditText 所输入的内容*/
            mTextView01.setText(mEditText01.getText());
            return false;
          }
        });
    }
    }
```

执行后的效果如图 3-1 所示，当在文本框输入字符后，可以在文本框下方即时显示在输入的字符，如图 3-2 所示。

▲图 3-1　初始效果

▲图 3-2　即时显示提示信息

3.1.3　特别提醒——实现文字过滤

上述的实时输入实时显示效果可以扩展到许多手机应用程序中，读者可以在 OnKeyListener() 里做实时文字过滤效果，例如：当 User 输入不雅的文字时，可以提示 User 不接受部分关键字，以输入 Shit 为例，在 TextView 就会出现：Sh*t，此种做法可以过滤掉不雅文字的出现。

此外，不仅是 Widget 内的控件才具有 setOnKeyListener 方法可以重写，在 View 里也有 View.setOnKeyListener，即捕捉 User 点击键盘时的事件处理。但是需要特别注意，需拦截这个事件，即 View 要取得焦点（Focus）才能触发 onKeyDown 事件。

3.2　在屏幕中实现一个背景图片按钮

实例 049	在屏幕中实现一个背景图片按钮
源码路径	光盘:daima\049
视频路径	光盘:\视频\049

3.2.1　实例说明

在现实应用中，可能需要设计一个具有背景图的按钮，使按钮更美观。在 Android 的手机屏幕中，也可以实现一个具有背景图的按钮。具体设计流程如下所示。

（1）将按钮背景图预先 Import 至 Drawable 里（*.png 图形文件），利用这些图片，作为 ImageButton 的背景图；

（2）在 Layout 配置一个“一般按钮”，读者可以查看两者的对照效果，在运行之后可以明显看出图片按钮与一般按钮在外观上存在的差异。

有许多方法可以设置 ImageButton 背景图，在本实例中使用了 ImageButton.setImageResource() 方法实现，在此方法中需要传递的参数是“res/drawable/”下面的 Resource ID。除了设置上述方法外，还需要使用 onFocusChange 与 onClick 等按钮事件来处理单击按钮之后的操作，最后通过 TextView 来显示目前图片按钮的状态为 onClick、onFocus 或 offFocus，并且同步更新按钮的背景图，让用户感觉有动态交互的感觉。

3.2.2　具体实现

（1）在布局文件 main.xml 中分别插入 1 个 TextView 控件、1 个 ImageButton 控件和 1 个 ImageButton 控件，分别构造 ImageButton、Button 和 TextView 3 个对象，并在 ImageButton 上设置 onFocusChangeListener 与 onClickListener 事件，这样就实现了 Image Button 图片的置换功能。

（2）编写主程序文件 example2.java，在 ImageButton 上设置按钮事件 onFocusChangeListener 与 onClickListener 的处理方法，并实现 Image Button 图片的置换。实例文件的主要代码如下所示。

```
/*声明 3 个对象变量(图片按钮、按钮 TextView)*/
private ImageButton mImageButton1;
private Button mButton1;
private TextView mTextView1;

/** Called when the activity is first created. */
@Override
public void onCreate(Bundle savedInstanceState)
{
  super.onCreate(savedInstanceState);
  setContentView(R.layout.main);

  /*通过 findViewById 建构三个对象*/
  mImageButton1 =(ImageButton) findViewById(R.id.myImageButton1);
  mButton1=(Button)findViewById(R.id.myButton1);
  mTextView1 = (TextView) findViewById(R.id.myTextView1);

  /*通过 OnFocusChangeListener 来应答 ImageButton 的 onFous 事件*/
  mImageButton1.setOnFocusChangeListener(new OnFocusChangeListener()
  {
    public void onFocusChange(View arg0, boolean isFocused)
    {
      // TODO Auto-generated method stub
      /*若 ImageButton 状态为 onFocus，改变 ImageButton 的图片
       * 并改变 textView 的文字*/
      if (isFocused==true)
      {
        mTextView1.setText("图片按钮状态为:Got Focus");
        mImageButton1.setImageResource(R.drawable.iconfull);
      }
      /*若 ImageButton 状态为 offFocus，改变 ImageButton 的图片
       *并改变 textView 的文字*/
      else
      {
        mTextView1.setText("图片按钮状态为:Lost Focus");
        mImageButton1.setImageResource(R.drawable.iconempty);
      }
    }
  });
  /*通过 onClickListener 来应答 ImageButton 的 onClick 事件*/
  mImageButton1.setOnClickListener(new OnClickListener()
  {
    public void onClick(View v)
    {
      // TODO Auto-generated method stub
      /*若 ImageButton 状态为 onClick，改变 ImageButton 的图片
       * 并改变 textView 的文字*/
     mTextView1.setText("图片按钮状态为:Got Click");
     mImageButton1.setImageResource(R.drawable.iconfull);
    }
  });

  /*通过 onClickListener 来应答 Button 的 onClick 事件*/
  mButton1.setOnClickListener(new OnClickListener()
  {
    public void onClick(View v)
```

```
            {
              // TODO Auto-generated method stub
              /*若 Button 状态为 onClick，改变 ImageButton 的图片
               * 并改变 textView 的文字*/
              mTextView1.setText("图片按钮状态为:Lost Focus");
              mImageButton1.setImageResource(R.drawable.iconempty);
            }
          });
      }
    }
```

通过上述代码，实现了图片样式的按钮效果，执行后的显示效果如图 3-3 所示，单击图片按钮后的效果如图 3-4 所示。

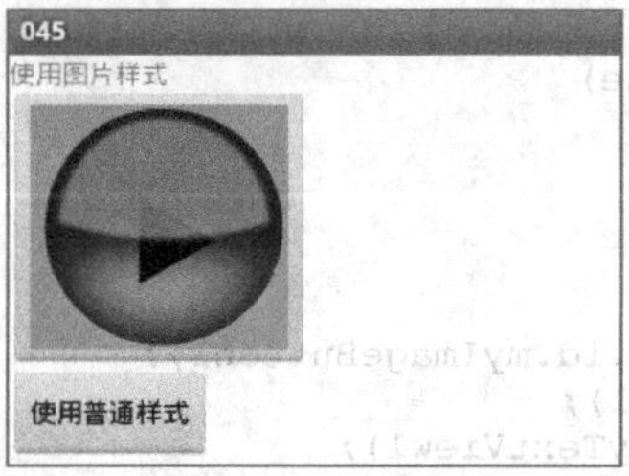

▲图 3-3　初始效果

▲图 3-4　单击后的效果

3.2.3　特别提醒——"res/drawable"目录的作用

除了在运行时用 onFocus() 与 onClick() 事件来设置按钮背景图片外，根据 Android 的 MVC 设计理念，可以让程序在运行之初就以 XML 定义的方式来初始化 ImageButton 的背景图，我们需要做的工作仅仅是提前将图片导入到"res/drawable"目录下即可。

3.3　使用 Toast 实现提醒

实例 050	使用 Toast 实现提醒
源码路径	光盘:daima\050
视频路径	光盘:\视频\050

3.3.1　实例说明

Toast（提醒）是 Android 系统中的一个提示对象，以简短小信息的样式提示用户某种信息。提示信息以一个浮动的样式在屏幕的最上层显示，显示提示之后，静待几秒后便会自动消失。Toast 提示在项目中的最常见应用是调整音量大小，当点击音量调整钮之后，会看见跳出的音量指示 Toast 对象，等待调整完之后便会消失。

通过 Toast 的特性，可以在不影响用户通话或聆听音乐情况下，显示要给 User 的信息。这样可以在任何程序运行时，通过 Toast 的方式，显示运行变量或手机环境的概况。

在本实例中使用 EditText 控件来接受用户输入的文字，当点击 Button 按钮时，将 EditText 里的文字以 Toast.makeText()的方法将文字显示于 Toast 对象中，这段文字在显示一段时间后自动消失。

3.3.2　具体实现

（1）在文件 main.xml 中分别插入了 2 个 TextView 控件和 1 个 ImageButton 控件。

（2）在主程序文件中构建控件 EditText 与 Button 对象，并在 Button 的 onClick() 方法中使用 Toast 对象的 makeText()方法来显示输入的文字。实例文件的主要代码如下所示。

```
  /** Called when the activity is first created. */
  /*声明两个对象变量(按钮与编辑文字)*/
  private Button mButton;
  private EditText mEditText;
  @Override
  public void onCreate(Bundle savedInstanceState)
  {
    super.onCreate(savedInstanceState);
    setContentView(R.layout.main);

    /*通过 findViewById()取得对象 */
    mButton=(Button)findViewById(R.id.myButton);
    mEditText=(EditText)findViewById(R.id.myEditText);

    /*设置 onClickListener 给 Button 对象聆听 onClick 事件*/
    mButton.setOnClickListener(new OnClickListener()
    {
      @Override
      public void onClick(View v)
      {
      // TODO Auto-generated method stub

      /*声明字符串变量并取得用户输入的 EditText 字符串*/
      Editable Str;
      Str=mEditText.getText();

      /*使用系统标准的 makeText()方式来产生 Toast 信息*/
      Toast.makeText(
        example3.this,
        "你的愿望  "+Str.toString()+"已送达宝贝信箱",
        Toast.LENGTH_LONG).show();

      /*清空 EditText*/
      mEditText.setText("");
      }
    });
  }
}
```

执行后的显示效果如图 3-5 所示，我们可以在文本框中输入祝福语句，然后单击按钮【050】后发现在屏幕中出现一段提示信息，这个提示信息会在一定时间内消失。在 Toast 构造参数中的第二个参数为显示的时间常数，可设置为 LENGTH_LONG 或 LENGTH_SHORT，前者提示时间较长，后者较短，作为传递 makeText()方法的参数使用，如图 3-6 所示。

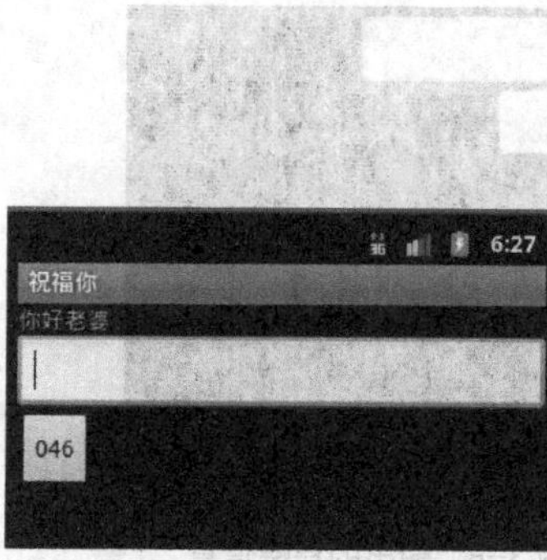

▲图 3-5　初始效果

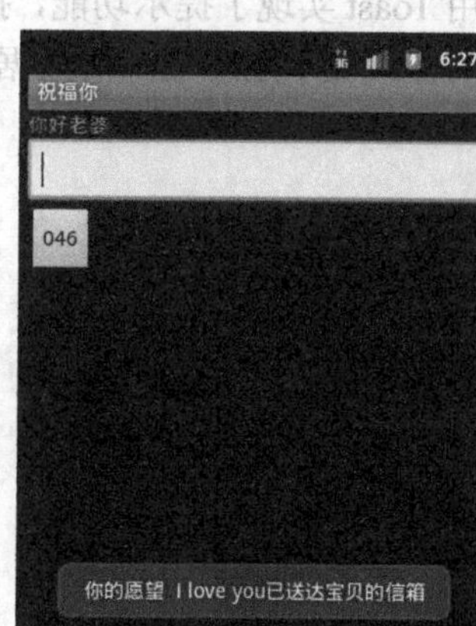

▲图 3-6　温馨提示效果

3.3.3　特别提醒——Toast 的优势

在 Android 系统中，可以使用 Dialog、Toast（提醒）和 Notification（通知）来实现提醒功能。和 Dialog 相比，Toast 提醒更加友好温馨，并且不会打断用户的当前操作。Toast 是 Android 中用来显示显示信息的一种机制，和 Dialog 不一样的是，Toast 是没有焦点的，而且 Toast 显示的时间有限，过一定的时间就会自动消失。例如在下面的代码中，编写了 Activity 的子类 ToastDemo。

```
public class ToastDemo extends Activity {
    private EditText myET;
    private Button myBtn;
    /** Called when the activity is first created. */
    @Override
    public void onCreate(Bundle savedInstanceState) {
        super.onCreate(savedInstanceState);
        setContentView(R.layout.main);
         myET = (EditText) findViewById(R.id.myET);
        myBtn = (Button) findViewById(R.id.myBtn);
        myBtn.setOnClickListener(new Button.OnClickListener(){
            @Override
            public void onClick(View v) {
                // TODO Auto-generated method stub
                Toast.makeText(ToastDemo.this, "您所填的信息是: " +
                        myET.getText ().toString(), Toast.LENGTH_LONG).show();
                myET.setText("");
            }
        });
    }
}
```

然后编写 main.xml 文件，主要代码如下所示。

```
<TextView
    android:layout_width="fill_parent"
    android:layout_height="wrap_content"
    android:text="@string/myText"
    />
<EditText
    android:id="@+id/myET"
    android:layout_width="180px"
    android:layout_height="wrap_content"
    />
<Button
    android:id="@+id/myBtn"
    android:layout_width="100px"
    android:layout_height="wrap_content"
    android:text="@string/BtnText"
    />
```

这样就使用 Toast 实现了提示功能，执行后的效果如图 3-7 所示；输入信息并单击【发送】按钮后会以提示的样式显示刚才输入的数据，如图 3-8 所示。

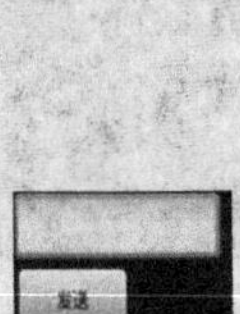

▲图 3-7　初始效果

▲图 3-8　输出的提醒信息

3.4 用 RadioGroup 控件实现选择处理

实例 051	RadioGroup 控件实现选择处理
源码路径	光盘:daima\051
视频路径	光盘:\视频\051

3.4.1 实例说明

在本实例中布置了一个 TextView，Widget 控件和一个 RadioGroup 控件，并在 RadioGroup 中放置 2 个 RadioButton 控件，默认样式为不选择。当程序运行后使用 onCheckedChanged 作为启动事件装置，当用户选择其中一个按钮时显示被选择项的内容，最后将 RadioButton 的选项文字显示于 TextView 当中。

3.4.2 具体实现

（1）文件 main.xml 中分别插入 1 个 TextView 控件、1 个 RadioGroup 控件和 2 个 RadioButton 控件。

（2）使用 OnCheckedChangeListener 来启动 RadioGroup 的事件，启动后将被勾选选项的文字显示在 TextView 文本框中。实例主程序文件的主要代码如下所示。

```
  public void onCreate(Bundle savedInstanceState)
  {
    super.onCreate(savedInstanceState);
    setContentView(R.layout.main);
    /*取得 TextView、RadioGroup、RadioButton对象*/
    mTextView1 = (TextView) findViewById(R.id.myTextView);
    mRadioGroup1 = (RadioGroup) findViewById(R.id.myRadioGroup);
    mRadio1 = (RadioButton) findViewById(R.id.myRadioButton1);
    mRadio2 = (RadioButton) findViewById(R.id.myRadioButton2);

    /*RadioGroup 用 OnCheckedChangeListener 来运行*/
    mRadioGroup1.setOnCheckedChangeListener(mChangeRadio);
  }
  private RadioGroup.OnCheckedChangeListener mChangeRadio = new
          RadioGroup.OnCheckedChangeListener()
  {
    @Override
    public void onCheckedChanged(RadioGroup group, int checkedId)
    {
      // TODO Auto-generated method stub
      if(checkedId==mRadio1.getId())
      {
        /*把 mRadio1 的内容传到 mTextView1*/
        mTextView1.setText(mRadio1.getText());
      }
      else if(checkedId==mRadio2.getId())
      {
        /*把 mRadio2 的内容传到 mTextView1*/
        mTextView1.setText(mRadio2.getText());
      }
    }
  };
}
```

实例执行后的效果如图 3-9 所示。当选择一个选项后会提示显示出选择的值，如图 3-10 所示。

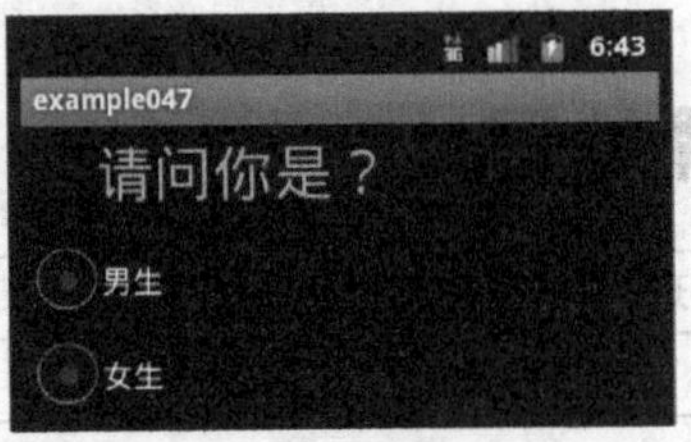

▲图 3-9 初始效果

▲图 3-10 输出提示

3.4.3 特别提醒——RadioGroup 控件的特殊作用

在 Andorid 系统中，可以使用 RadioGroup 控件将不同的 RadioButton 布置在同一个 Radio 按钮组内，用户只能单一选择同属一个 RadioGroup 组里的按钮，虽然前一章曾经介绍过 RadioGroup 与 RadioButton，但当时使用的是 Button 事件，在本实例中讲解的是在“单击”的同时就运行事件处理的方法，不再需要 Button（按钮）的辅助了。

3.5 使用 CheckBox 实现一个购物清单

实例 052	使用 CheckBox 实现一个购物清单
源码路径	光盘:daima\052
视频路径	光盘:\视频\052

3.5.1 实例说明

在 Android 系统中，CheckBox 是一个供用户选择的复选框控件。在下面的实例中，通过 CheckBox.setOnCheckedChangeListener 在在程序中设置 3 个 CheckBox 复选项，分别表示 3 种物品列表，当我们勾选其中的一个物品后，会在 TextView 控件中里显示所选择的物品列表。

3.5.2 具体实现

（1）在文件 main.xml 中分别插入 1 个 TextView 控件和 3 个 CheckBox 控件。

（2）在主程序文件中分别构建 3 个 CheckBox 对象和 1 个 TextView 对象，然后通过响应 setOnCheckedChangeListener 事件，使用方法 onCheckedChanged()来更新 TextView 中显示的文字。在具体实现上，假定用户只有 3600 元钱，并提供了一个货物清单供用户选择要买的商品。当用户选择商品后，会显示对应的购买物品，如果超出了 3600 元这个额度，会显示出对应的提示。主程序文件的主要代码如下所示。

```
public class example052 extends Activity
{
  /*声明对象变量*/
  private TextView mTextView1;
  private CheckBox mCheckBox1;
  private CheckBox mCheckBox2;
  private CheckBox mCheckBox3;

  /** Called when the activity is first created. */
  @Override
  public void onCreate(Bundle savedInstanceState)
  {
    super.onCreate(savedInstanceState);
    setContentView(R.layout.main);
    /*通过 findViewById 取得 TextView 对象并调整文字内容*/
    mTextView1 = (TextView) findViewById(R.id.myTextView1);
```

```
    mTextView1.setText("你所选择的项目有: ");

    /*通过 findViewById 取得 3 个 CheckBox 对象*/
    mCheckBox1=(CheckBox)findViewById(R.id.myCheckBox1);
    mCheckBox2=(CheckBox)findViewById(R.id.myCheckBox2);
    mCheckBox3=(CheckBox)findViewById(R.id.myCheckBox3);

    /*设置 OnCheckedChangeListener 给 3 个 CheckBox 对象*/
    mCheckBox1.setOnCheckedChangeListener(mCheckBoxChanged);
    mCheckBox2.setOnCheckedChangeListener(mCheckBoxChanged);
    mCheckBox3.setOnCheckedChangeListener(mCheckBoxChanged);
  }

  /*声明并建构 onCheckedChangeListener 对象*/
  private CheckBox.OnCheckedChangeListener mCheckBoxChanged
  = new CheckBox.OnCheckedChangeListener()
  {
    /*implement onCheckedChanged 方法*/
    @Override
    public void onCheckedChanged(CompoundButton buttonView,
                                 boolean isChecked)
    {
      // TODO Auto-generated method stub
      /*通过 getString()取得 CheckBox 的文字字符串*/
      String str0="所选的项目为: ";
      String str1=getString(R.string.str_checkbox1);
      String str2=getString(R.string.str_checkbox2);
      String str3=getString(R.string.str_checkbox3);
      String plus=";";
      String result="但是超过预算了!!";
      String result2="还可以再多买几个喔!!";

      /*任一 CheckBox 被勾选后,该 CheckBox 的文字会改变 TextView 的文字内容
       * 3 个对象总共 8 种情境*/
      if(mCheckBox1.isChecked()==true & mCheckBox2.isChecked()==true
         & mCheckBox3.isChecked()==true)
      {
        mTextView1.setText(str0+str1+plus+str2+plus+str3+result);
      }
      else if(mCheckBox1.isChecked()==false & mCheckBox2.isChecked()==true
         & mCheckBox3.isChecked()==true)
      {
        mTextView1.setText(str0+str2+plus+str3+result);
      }
      else if(mCheckBox1.isChecked()==true & mCheckBox2.isChecked()==false
         & mCheckBox3.isChecked()==true)
      {
        mTextView1.setText(str0+str1+plus+str3+result);
      }
      else if(mCheckBox1.isChecked()==true & mCheckBox2.isChecked()==true
         & mCheckBox3.isChecked()==false)
      {
        mTextView1.setText(str0+str1+plus+str2+result);
      }
      else if(mCheckBox1.isChecked()==false & mCheckBox2.isChecked()==false
         & mCheckBox3.isChecked()==true)
      {
        mTextView1.setText(str0+str3+plus+result2);
      }
      else if(mCheckBox1.isChecked()==false & mCheckBox2.isChecked()==true
         & mCheckBox3.isChecked()==false)
      {
        mTextView1.setText(str0+str2);
      }
      else if(mCheckBox1.isChecked()==true & mCheckBox2.isChecked()==false
         & mCheckBox3.isChecked()==false)
      {
        mTextView1.setText(str0+str1);
      }
```

```
        else if(mCheckBox1.isChecked()==false & mCheckBox2.isChecked()==false
            & mCheckBox3.isChecked()==false)
        {
          mTextView1.setText(str0);
        }
      }
    };
  }
```

实例执行后的效果如图 3-11 所示。当选择一种商品后会在下方显示对应的提示信息，如图 3-12 所示。如果超出了预算额度 3600 元，则会显示超出预算的提示，如图 3-13 所示。

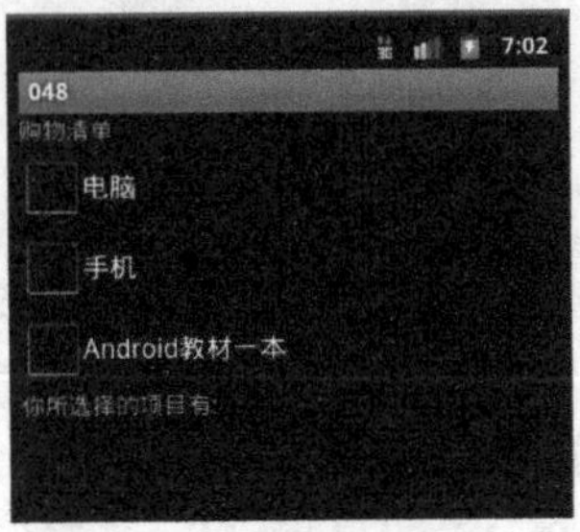

▲图 3-11 初始效果

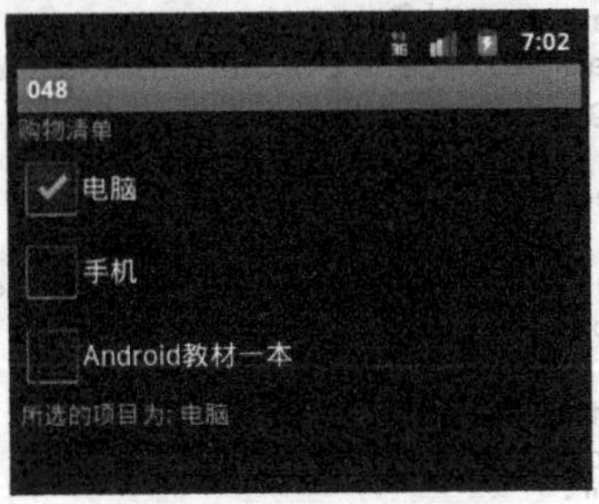

▲图 3-12 显示提示效果

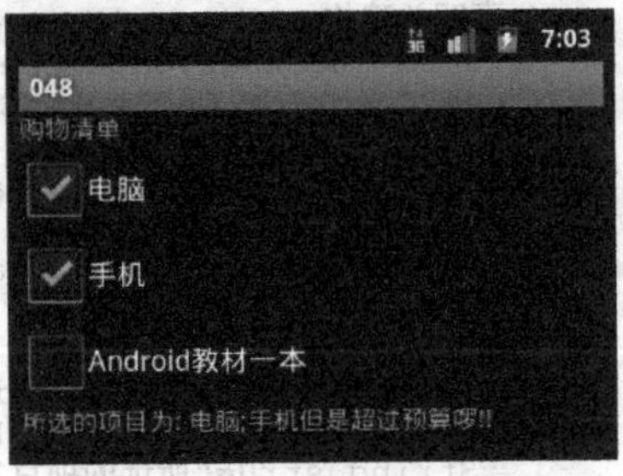

▲图 3-13 超出预算提示效果

3.5.3 特别提醒——应用触摸屏技术

为了满足特殊项目的需求，可以将 OnCheckedChangeListener 改为 OnTouchListener（屏幕触控事件），这样只要触摸屏幕就可以实现选择处理。具体实现代码如下所示。

```
private CheckBox.OnTouchListener mCheckBoxTouch =
new CheckBox.OnTouchListener()
{
  @Override
  public boolean onTouch(View v, MotionEvent event)
  {
    // TODO Auto-generated method stub
    /* 判断在触控笔指压此控件时的状态 */
    if(mCheckBox1.isChecked()==false)
    {
      /*当触控笔放开后的动作*/
    }
    else if(mCheckBox1.isChecked()==true)
    {
      /*当触控笔压下后的动作*/
    }
    return false;
  }
};
```

3.6 使用 CheckBox 实现同意条款效果

实例 053	使用 CheckBox 实现同意条款效果
源码路径	光盘:daima\053
视频路径	光盘:\视频\053

3.6.1 实例说明

使用某些网络服务时，系统通常会要求我们签署某些同意条款。在开发手机应用程序时，也经常需要实现“同意条款”功能效果。在 Android 系统中，可以使用 CheckBox 控件实现同意条款功能，这是因为 CheckBox 可以选取的状态有两种，分别是 isChecked=true 与 isChecked=false，这样便于实现“同意”还是“不同意”功能。

在本实例中，使用 TextView 放入条款文字，在下方配置一个 CheckBox Widget 作为选取项，通过 Button.onClickListener 按钮事件处理，取得用户同意条款的状态。当 CheckBox.isChecked 为 true 时更改 TextView 的文字内容为“已经同意了!”，当未选取 CheckBox 选项时，按钮 Button 是不可以选择的。

3.6.2 具体实现

（1）在文件 main.xml 中分别插入 2 个 TextView 控件、1 个 CheckBox 控件和 1 个 Button 控件。

（2）在主程序文件中使用 CheckBox.OnClickListener 事件来判断 Button 是否显示，判断方法是判断 Button.Enabled 的值。在开始时其默认值是 false，当单击 CheckBox 选项时，Button 按钮的参数变为 true。主程序文件的主要代码如下所示。

```
/*声明 TextView、CheckBox、Button 对象*/
public TextView myTextView1;
public TextView myTextView2;
public CheckBox myCheckBox;
public Button myButton;

  @Override
public void onCreate(Bundle savedInstanceState)
{
  super.onCreate(savedInstanceState);
  setContentView(R.layout.main);

  /*取得 TextView、CheckBox、Button*/
  myTextView1 = (TextView) findViewById(R.id.myTextView1);
  myTextView2 = (TextView) findViewById(R.id.myTextView2);
  myCheckBox = (CheckBox) findViewById(R.id.myCheckBox);
  myButton = (Button) findViewById(R.id.myButton);

  /*将 CheckBox、Button 默认为未选择状态*/
  myCheckBox.setChecked(false);
  myButton.setEnabled(false);
  myCheckBox.setOnClickListener(new CheckBox.OnClickListener()
  {
   @Override
   public void onClick(View v)
   {
     // TODO Auto-generated method stub
     if(myCheckBox.isChecked())
     {
       /*设置 Button 为不能选择对象*/
       myButton.setEnabled(true);
       myTextView2.setText("");
     }
     else
     {
       /*设置 Button 为可以选择对象*/
       myButton.setEnabled(false);
       myTextView1.setText(R.string.text1);
       /*在 TextView2 里显示出"请勾选我同意"*/
       myTextView2.setText(R.string.no);
     }
   }
  });

  myButton.setOnClickListener(new Button.OnClickListener()
  {
   @Override
   public void onClick(View v)
```

```
        {
            // TODO Auto-generated method stub
            if(myCheckBox.isChecked())
            {
              myTextView1.setText(R.string.ok);
            }else
            {
            }
          }
        });

      }
    }
```

执行后的效果如图 3-14 所示，当选择“同意”选项并单击【确定】按钮后，会输出对应的提示界面，如图 3-15 所示。

▲图 3-14　初始效果

▲图 3-15　输出提示

3.6.3　特别提醒——处理 CheckBox 的状态

CheckBox 在默认内容为空白时（没有任何默认的提示文字），可设置提示用户的文字，其调用的方法为 CheckBox.setHint()方法。我们知道 CheckBox 有一个 isChecked()方法，此方法会返回其状态，其中 true 代表选中状态，false 代表未选中。很多读者禁不住要问 CheckBox 是怎么记住状态的？答案其实很简单，通常将状态存入到 SharedPreferences 文件中，也可以保存在数据库中。有关一般存入 SharedPreferences 文件中，可以在数据库中记录的知识和相关数据库，知识将在本书第 5 章中进行讲解。

3.7　使用 ImageView 控件实现相框效果

实例 054	使用 ImageView 控件实现相框效果
源码路径	光盘:daima\054
视频路径	光盘:\视频\054

3.7.1　实例说明

在本实例中，要预先准备三张图片，其中两张是外框图，一张是内框图，将这三张图片放在“res/drawable”目录下面。图片是 PNG 格式的图形文件，图像大小是手机屏幕大小，读者可以依据手机的分辨率来调整 ImageView 的大小。

在 Layout 布局中创建了两个 ImageView 图像视图，并且以绝对坐标的方式“堆”在一起，然后在其下方放两个 Button 按钮，单击按钮后能够实现切换图片功能，在此需要设置 Button 事件里处理置换图片的动作。

当单击 Button1 按钮后，在 ImageView1 中会显示“right”中的图片；单击 Button2 后，在 ImageView1 中会显示“left“的图片，而 ImageView2 中都是固定不动的图片。

3.7.2 具体实现

（1）在文件 main.xml 中分别创建 2 个 ImageView 控件，其中 1 个作为外框使用，另一个作为内框使用。在摆放图片时，需要做一个排序堆栈顺序，将前景图放在上方，将背景图放在前景图的下方。

（2）编写主程序文件，其核心功能是通过 getResources()方法实现的，此方法负责访问 Resource ID，访问资源里的图文件、文字都要用到 getResources()；在此使用 getResources().getDrawable() 来载入 res/drawable 里的图文件，并将图片放置在 ImageView 当中。主程序文件的主要代码如下所示。

```
  /*声明 Button、ImageView 对象*/
  private ImageView mImageView01;
  private ImageView mImageView02;
  private Button mButton01;
  private Button mButton02;

  /** Called when the activity is first created. */
  @Override
  public void onCreate(Bundle savedInstanceState)
  {
    super.onCreate(savedInstanceState);
    setContentView(R.layout.main);

    /*取得 Button、ImageView 对象*/
    mImageView01 = (ImageView)findViewById(R.id.myImageView1);
    mImageView02 = (ImageView)findViewById(R.id.myImageView2);
    mButton01 = (Button) findViewById(R.id.myButton1);
    mButton02 = (Button) findViewById(R.id.myButton2);
    /*设置 ImageView 背景图*/
    mImageView01.setImageDrawable(getResources().
            getDrawable(R.drawable.right));
    mImageView02.setImageDrawable(getResources().
            getDrawable(R.drawable.aaa));

    /*用 OnClickListener 事件来启动*/
    mButton01.setOnClickListener(new Button.OnClickListener()
    {
      @Override
      public void onClick(View v)
      {
      /*启动后，ImageView 立刻换背景图*/
      mImageView01.setImageDrawable(getResources().
              getDrawable(R.drawable.right));
      }
    });

    mButton02.setOnClickListener(new Button.OnClickListener()
    {
      @Override
      public void onClick(View v)
      {
      mImageView01.setImageDrawable(getResources().
              getDrawable(R.drawable.left));
      }
    });
  }
}
```

实例执行后的初始效果如图 3-16 所示，当分别单击按钮【pic1】和【pic2】后，会分别显示用“Left”和“Right”素材的相框，如图 3-17 所示。

▲图 3–16　初始效果

▲图 3–17　不同素材相框

3.7.3　特别提醒——ImageButton 的按钮切换

对于上述实例，读者可以将两个 ImageButton Widget 堆栈在一起，这样不但有背景图，而且还有按钮事件。具体代码如下所示。

```
<ImageButton
  android:id="@+id/myImageButton1"
  android:state_focused="true"
  android:layout_width="320px"
  android:layout_height="280px"
  android:layout_x="0px"
  android:layout_y="36px"
/>
```

使用 ImageButton 的方法比较简单，而堆栈的技巧可参考这个范例程序，比较不同的地方就是只要单击图片，即可直接做换图的动作，不需要再单击 Button 做更换，需要注意的是图片大小要作调整，否则可能会与 ImageButton 不合。

另外，对于“res\drawable”目录下的素材图片，图片名字不能是纯数字组成的，否则程序将会出现错误。

3.8　使用 Spinner 实现选择处理

实例 055	使用 Spinner 实现选择处理
源码路径	光盘:daima\055
视频路径	光盘:\视频\055

3.8.1　实例说明

本实例自定义了一个下拉菜单样式，然后调用方法 setDropDownViewResource 以 XML 的方式定义下拉菜单要显示的模样。在实例中除了自定义下拉菜单外，还编程实现了一段动画效果，当我们用触控的方式单击这个自定义 Spinner 控件时，会以一段动画效果来提示我们。

其实在本书前面的实例 031 中，已经讲解了使用 Spinner 控件的方法，鉴于此控件的重要性，在本实例中将再次通过一个实例来讲解此控件的用法。Spinner 是一个拉菜单，类似于 Swing 中的 Combo Box、HTML 中的 <select>。因为手机画面有限，所以要在有限的范围选择项目，下拉菜单是较好的选择。

3.8.2 具体实现

（1）在文件 main.xml 中分别插入 1 个 TextView 控件和 1 个 Spinner 控件。

（2）编写文件 myspinner.xml 用于布局弹出下拉菜单界面的样式，在里面使用 TextView 组件。

（3）编写动画样式文件 my_anim.xml，Android 的动画由 4 种类型（type）组成，分别是 alpha、scale、translate 和 rotate，在下面的自定义动画代码中使用其中的 translate 和 alpha 两种。具体代码如下。

```
<set xmlns:android="http://schemas.android.com/apk/res/android">
  <translate
  android:fromXDelta="0"
  android:toXDelta="-100%p"
  android:duration="300"
  >
  </translate>
  <alpha
  android:fromAlpha="1.0"
  android:toAlpha="0.0"
  android:duration="300">
  </alpha>
</set>
```

（4）编写文件 example055.java，在新建 ArrayAdapter 时使用 ArrayAdapter(Context context, int textViewResourceId, T[] objects)这个生成器，参数 textViewResourceId 使用 Android 提供的 ResourceID，参数 objects 为必须传递的字符串数组（String Array）。文件 example055.java 的主要代码如下所示。

```
public class example055 extends Activity
{
  private static final String[] countriesStr =
  { "曼联", "利物浦", "切尔西", "阿森纳" };
  private TextView myTextView;
  private Spinner mySpinner;
  private ArrayAdapter<String> adapter;
  Animation myAnimation;

  /** Called when the activity is first created. */
  @Override
  public void onCreate(Bundle savedInstanceState)
  {
    super.onCreate(savedInstanceState);
    /* 载入main.xml Layout */
    setContentView(R.layout.main);

    /* 以findViewById()取得对象 */
    myTextView = (TextView) findViewById(R.id.myTextView);
    mySpinner = (Spinner) findViewById(R.id.mySpinner);

    adapter = new ArrayAdapter<String>(this,
      android.R.layout.simple_spinner_item, countriesStr);
    /* myspinner_dropdown为自定义下拉菜单模式定义在res/layout目录下 */
    adapter.setDropDownViewResource(R.layout.myspinner_dropdown);

    /* 将ArrayAdapter添加Spinner对象中 */
    mySpinner.setAdapter(adapter);

    /* 将mySpinner添加OnItemSelectedListener */
    mySpinner.setOnItemSelectedListener
     (new Spinner.OnItemSelectedListener()
    {
      @Override
      public void onItemSelected
```

```
        (AdapterView<?> arg0, View arg1, int arg2,
          long arg3)
      {
        /* 将所选 mySpinner 的值代入 myTextView 中 */
        myTextView.setText("您选择的是" + countriesStr[arg2]);
        /*显示 mySpinner */
        arg0.setVisibility(View.VISIBLE);
      }
      @Override
      public void onNothingSelected(AdapterView<?> arg0)
      {
        // TODO Auto-generated method stub
      }
    });

    /* 取得 Animation 定义在 res/anim 目录下 */
    myAnimation = AnimationUtils.loadAnimation(this, R.anim.my_anim);

    /* 将 mySpinner 添加 OnTouchListener */
    mySpinner.setOnTouchListener(new Spinner.OnTouchListener()
    {

      @Override
      public boolean onTouch(View v, MotionEvent event)
      {
        /* 将 mySpinner 运行 Animation */
        v.startAnimation(myAnimation);
        /* 将 mySpinner 隐藏 */
        v.setVisibility(View.INVISIBLE);
        return false;
      }

    });

    mySpinner.setOnFocusChangeListener(new Spinner.OnFocusChangeListener()
    {
      @Override
      public void onFocusChange(View v, boolean hasFocus)
      {
        // TODO Auto-generated method stub
      }
    });
  }
}
```

执行后的效果如图 3-18 所示，单击下拉菜单后显示悬浮选项效果界面，在里面有 4 个选项供用户选择，如图 3-19 所示。

当选择一个选项后，会显示出对应的提示信息，例如选择了“阿森纳”后的效果如图 3-20 所示。

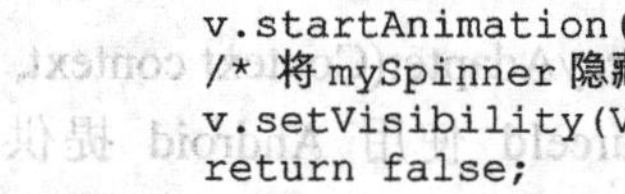

▲图 3-18　初始效果

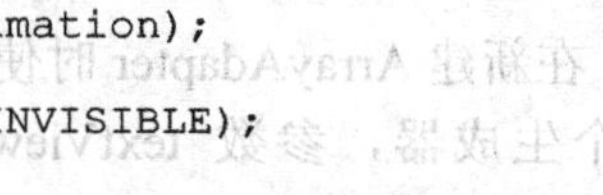

▲图 3-19　4 个选项

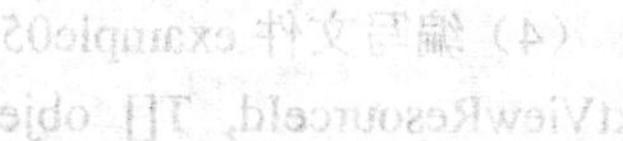

▲图 3-20　提示信息

3.8.3　特别提醒——设置下拉菜单中的 TextView

在上述实例中，使用 Adapter 的 setDropDownViewResource 可以设置下拉菜单的显示样式，设置样式的 XML 文件被定保存在“res/layout”目录下。我们可以针对下拉菜单中的 TextView 进行设置，如同本程序里的 R.layout.myspinner_dropdown 即为自定义的下拉菜单 TextView 样式。除了改变下拉菜单样式外，也对 Spinner 做了一点动态效果，单击 Spinner 时，晃动 Spinner 再出现下拉菜单（myAnimation）。

3.9 使用 Gallery 控件实现个人相簿功能

实例 056	使用 Gallery 控件实现个人相簿功能
源码路径	光盘:daima\056
视频路径	光盘:\视频\056

3.9.1 实例说明

在本书前面的实例 041 和实例 042 中都使用了 Gallery 控件，本节将通过一个个人相簿系统的实现过程来讲解 Gallery 控件的更高级用法。

在本实例中，首先将 6 张 PNG 图片导入到“Drawable”目录下，在响应 onCreate 的同时将素材图片载入到 Gallery Widget 中；然后添加一个 OnItemClick 事件以取得图片的 ID 编号，这样就可以响应用户单击图片时的状态，完成 Gallery 的高级使用。

3.9.2 具体实现

（1）在文件 main.xml 中插入 1 个 Gallery 控件。

（2）编写文件 attrs.xml 设置定义 layout 外部资源的样式，并且设置随着滑动而改变 layout 背景图的效果。

（3）编写主程序文件，在此文件中，ImageAdapter 继承于 BaseAdapter class 未实现方法的重写构造，通过 Gallery 中的 OnItemClick()方法来响应图片滑动及 Layout 宽和高的设置。主程序文件的主要代码如下所示。

```
    super.onCreate(savedInstanceState);
    setContentView(R.layout.main);
    /*通过 findViewById 取得*/
    Gallery g = (Gallery) findViewById(R.id.mygallery);
    /* 添加 ImageAdapter 并设置给 Gallery 对象 */
    g.setAdapter(new ImageAdapter(this));

    /* 设置一个 itemclickListener 并 Toast 被单击图片的位置 */
    g.setOnItemClickListener(new OnItemClickListener()
    {
      public void onItemClick
      (AdapterView<?> parent, View v, int position, long id)
      {
        Toast.makeText
        (example9.this, getString(R.string.my_gallery_text_pre)
        + position+ getString(R.string.my_gallery_text_post),
        Toast.LENGTH_SHORT).show();
      }
    });
  }

  /* 改写 BaseAdapter 自定义一个 ImageAdapter class */
  public class ImageAdapter extends BaseAdapter
  {
    /*声明变量*/
    int mGalleryItemBackground;
    private Context mContext;

    /*ImageAdapter 的构造器*/
    public ImageAdapter(Context c)
    {
      mContext = c;

      /* 使用在 res/values/attrs.xml 中的<declare-styleable>定义
```

```
     * 的 Gallery 属性.*/
    TypedArray a = obtainStyledAttributes(R.styleable.Gallery);

    /*取得 Gallery 属性的 Index id*/
    mGalleryItemBackground = a.getResourceId
    (R.styleable.Gallery_android_galleryItemBackground, 0);

    /*让对象的 styleable 属性能够反复使用*/
    a.recycle();
  }

  /* 覆盖的方法 getCount,返回图片数目 */
  public int getCount()
  {
    return myImageIds.length;
  }

  /* 覆盖的方法 getItemId,返回图像的数组 id */

  public Object getItem(int position)
  {
    return position;
  }
  public long getItemId(int position)
  {
    return position;
  }

  /* 覆盖的方法 getView,返回一 View 对象 */
  public View getView
  (int position, View convertView, ViewGroup parent)
  {
    /*产生 ImageView 对象*/
    ImageView i = new ImageView(mContext);
    /*设置图片给 imageView 对象*/
    i.setImageResource(myImageIds[position]);
    /*重新设置图片的宽高*/
    i.setScaleType(ImageView.ScaleType.FIT_XY);
    /*重新设置 Layout 的宽高*/
    i.setLayoutParams(new Gallery.LayoutParams(136, 88));
    /*设置 Gallery 背景图*/
    i.setBackgroundResource(mGalleryItemBackground);
    /*返回 imageView 对象*/
    return i;
  }

  /*建构一 Integer array 并取得预加载 Drawable 的图片 id*/
  private Integer[] myImageIds =
  {
    R.drawable.photo1,
    R.drawable.photo2,
    R.drawable.photo3,
    R.drawable.photo4,
    R.drawable.photo5,
    R.drawable.photo6,
  };
 }
}
```

▲图 3-21 执行效果

执行后可以通过滑动鼠标的方式来浏览每一幅图片，如图 3-21 所示。

3.9.3 特别提醒——设置 Gallery 图片的宽高

其实本实例还有另外一个重点，即讲解如何设置 Gallery 图片的宽高，以及放置图片 Layout 的大小。在上述示例中，编写一个专用的、继承自 BaseAdapter 的 ImageAdapter 容器来保存图片，通过方法 ImageView.setScaleType()来改变图片的显示格式，再通过方法 setLayoutParams()来改变 Layout 的宽和高。这样就实现了设置 Gallery 图片的宽高、以及放置图片 Layout 大小的功能。

3.10 在手机中实现文件搜索功能

实例 057	在手机中实现文件搜索功能
源码路径	光盘:daima\057
视频路径	光盘:\视频\057

3.10.1 实例说明

我们知道网页中的搜索功能，在日常学习过程中经常使用百度来搜索学习资料。而文件搜索是指通过输入关键字的方式快速检索我们需要的文件。同样，在 Android 手机系统中也可以使用文件搜索的功能，此功能通过 Java I/O 的 API 中提供的 java.io.File 对象实现，只要利用 File 对象的方法，并结合 Android 中的对象 EditText 和 TextView 等就可以实现手机文件的搜索功能。

在本实例中，分别使用 EditText、Button 和 TextView 3 个对象来实现此功能，用户将要搜索的文件名称或关键字输入 EditText 中，单击 Button 后，程序会在根目录中寻找符合条件的文件，并将搜索结果显示于 TextView 中；如果找不到符合的文件，则显示找不到文件。

3.10.2 具体实现

（1）在文件 main.xml 中分别插入 1 个 TextView 控件，1 个 EditText 控件和 1 个 Button 控件。

（2）编写主程序文件，以 java.io.File 对象来取得根目录下的文件，经过比较后，将符合结果的文件路径写入 TextView 中，若要在 TextView 中换行，需使用"\n"换行符实现换行处理。主程序文件的主要代码如下所示。

```
/*声明对象变量*/
private Button mButton;
private EditText mKeyword;
private TextView mResult;

/** Called when the activity is first created. */
@Override
public void onCreate(Bundle savedInstanceState)
{
  super.onCreate(savedInstanceState);
  /* 载入 main.xml Layout */
  setContentView(R.layout.main);

  /* 初始化对象 */
  mKeyword=(EditText)findViewById(R.id.mKeyword);
  mButton=(Button)findViewById(R.id.mButton);
  mResult=(TextView) findViewById(R.id.mResult);

  /* 将 mButton 添加 onClickListener */
  mButton.setOnClickListener(new Button.OnClickListener()
  {
    public void onClick(View v)
    {
    /*取得输入的关键字*/
      String keyword = mKeyword.getText().toString();
      if(keyword.equals(""))
      {
        mResult.setText("关键字不能为空!!");
      }
      else
      {
        mResult.setText(searchFile(keyword));
      }
    }
  });
}
```

```
/* 搜索文件的 method */
private String searchFile(String keyword)
{
  String result="";
  File[] files=new File("/").listFiles();
  for( File f : files )
  {
    if(f.getName().indexOf(keyword)>=0)
    {
      result+=f.getPath()+"\n";
    }
  }
  if(result.equals("")) result="找不到文件!!";
  return result;
 }
}
```

这样，整个实例介绍完毕。执行后的效果如图 3-22 所示，输入搜索关键字，并单击【检索文件】按钮后会在按钮下方显示对应的搜索结果，如图 3-23 所示。

▲图 3-22　执行效果

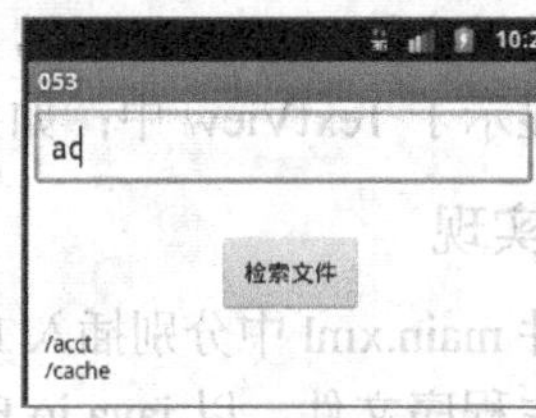

▲图 3-23　搜索效果

3.10.3　特别提醒——搜索子目录

在手机中搜索文件算是一个用户比较关心的问题，这个功能十分有用。试想一下，如果 SD 卡中存储了大量的音乐文件，我们可以用文件搜索功能快速检索到将要播放的文件。上述实例的核心是方法 searchFile(String keyword)，此方法能够搜索根目录下符合搜索关键字的文件。在搜索文件的过程中，只会搜索根目录中的文件，并没有再对子目录下的文件作进一步的比较，如果要再强化这个文件搜索的功能，让它也能搜索包含子目录下的所有文件，可以在程序中利用 File.isDirectory() 方法来判断其是否为还有子目录，如果有的话则继续往下一层寻找。如果没有则终止向下寻找的动作。具体实现方法读者可以根据笔者介绍的这个原理亲自尝试实现，有问题可以寻求笔者求助。读者要注意的是，需要提前验证手机硬件环境是否能负荷程序做大规模的文件搜索。

3.11　使用 ImageButton 控件实现按钮置换功能

实例 058	使用 ImageButton 控件实现按钮置换功能
源码路径	光盘:daima\058
视频路径	光盘:\视频\058

3.11.1　实例说明

在本实例中使用了 3 幅图片，分别是 p1.png、p2.png 和 p3.png。当响应 onCreate()时，在屏幕 Layout 中的两个 ImageButton 分别显示图片 p1.png 和 p2.png。当单击其中的一个按钮时，会改变当前显示图片，显示为 p3.png，并且还原另一按钮显示为默认的图文件，以按钮事件及图文件置换的方式来提醒用户现在所“选择”的是哪一个图像按钮。

简单来说，在本实例中可以实现两个按钮之间的交互，即当单击 A 按钮时，恢复 B 按钮图片；

当单击 B 按钮时，恢复 A 按钮的图片。使用的方法为单击的瞬间置换图片，置换的图片方式与先前介绍的相同（ImageButton.setImageDrawable）。

3.11.2 具体实现

编写文件主程序文件，通过方法 setImageDrawable 来改变按钮的图片，图片素材保存在“res/drawable”目录下面。而单击按钮响应方法 ImageButton.setOnClickListener()是本程序的关键，通过同时换两个按钮的图片来表示被选择的图片，是一种类似被选择的假象手法，常应用于切换开关（Turn On/Turn Off）。主程序文件的主要代码如下所示。

```
public void onCreate(Bundle savedInstanceState)
{
  super.onCreate(savedInstanceState);
  /* 载入 main.xml Layout */
  setContentView(R.layout.main);

  /* 以 findViewById()取得 TextView 及 ImageButton 对象 */
  myTextView = (TextView) findViewById(R.id.myTextView);
  myImageButton_1=(ImageButton)findViewById(R.id.myImageButton_1);
  myImageButton_2=(ImageButton)findViewById(R.id.myImageButton_2);

  /* myImageButton_1 添加 OnClickListener */
  myImageButton_1.setOnClickListener(new Button.OnClickListener()
  {
   public void onClick(View v)
   {
     myTextView.setText("你点击的是 myImageButton 1");
     /* 点击 myImageButton_1 时将 myImageButton_1 图片置换成 p3 图片 */
     myImageButton_1.setImageDrawable(getResources().getDrawable(
         R.drawable.p3));
     /* 点击 myImageButton_1 时将 myImageButton_2 图片置换成 p2 图片 */
     myImageButton_2.setImageDrawable(getResources().getDrawable(
         R.drawable.p2));
   }
  });

  /* myImageButton_2 添加 OnClickListener */
  myImageButton_2.setOnClickListener(new Button.OnClickListener()
  {
   public void onClick(View v)
   {
     myTextView.setText("你点击的是 myImageButton 2");
     /* 点击 myImageButton_2 时将 myImageButton_1 图片置换成 p1 图片 */
     myImageButton_1.setImageDrawable(getResources().getDrawable(
         R.drawable.p1));
     /* 点击 myImageButton_2 时将 myImageButton_2 图片置换成 p3 图片 */
     myImageButton_2.setImageDrawable(getResources().getDrawable(
         R.drawable.p3));
   }
  });
 }
}
```

执行后如果单击一个图片按钮后将会显示另一幅图片，如图 3-24 所示。

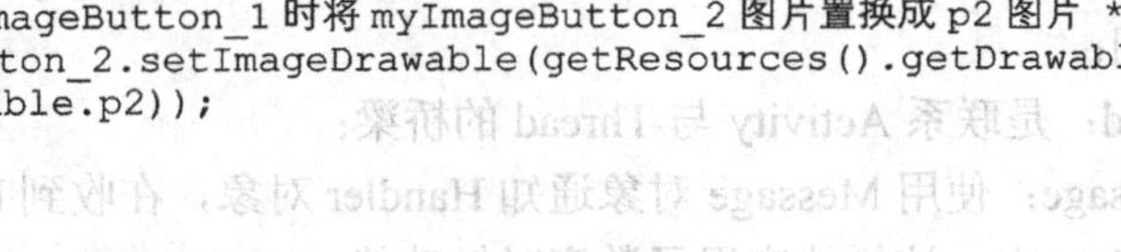

▲图 3-24 执行效果

3.11.3 特别提醒——操作显示的默认图片

在实现上述实例的功能时，除了在“res/drawable”目录下放置图片外，还可以使用 Android

系统来操作显示的默认图片，例如打电话、短信提示图标等应用，实现方法非常简单，只需修改文件 main.xml 中的 ImageButton 属性即可。即将如下代码

```
android:src="@drawable/p1"
```

修改为：

```
android:src="@android:drawable/sym_action_call"
```

在上述代码中，通过标识“@android:”表示所引用的素材是 Android 提供的，而不是个人导入的素材。

3.12　使用 AnalogClock 实现一个时钟效果

实例 059	使用 AnalogClock 实现一个时钟效果
源码路径	光盘:daima\059
视频路径	光盘:\视频\059

3.12.1　实例说明

我们都知道时钟效果，可能读者会好奇如何通过编程实现一个时钟的界面效果。其实在 Android 系统中有一个专门的时钟对象 AnalogClock Widget，此对象可以实现时钟显示效果。在本实例屏幕的上方显示一个时钟效果界面，并在其下放置一个 TextView 以显示一个电子时钟效果。

在具体实现上，本实例需要使用如下 3 个对象。

- android.os.Handler：通过产生的 Thread 对象在进程内同步调用方法 System.currentTimeMillis()，这样可以取得系统时间；
- java.lang.Thread：是联系 Activity 与 Thread 的桥梁；
- android.os.Message：使用 Message 对象通知 Handler 对象，在收到 Message 对象后将时间变量的值显示在 TextView 中，这样就实现了数字时钟功能。

3.12.2　具体实现

编写主程序文件，在此需要另外加载 Java 对象 Calendar 和 Thread，在响应 onCreate()时构造这两个对象，并且实现方法 handelMessage()和 run()。主程序文件的主要代码如下所示。

```
/*声明一常数作为判别信息用*/
protected static final int GUINOTIFIER = 0x1234;

/*声明两个 widget 对象变量*/
private TextView mTextView;
public AnalogClock mAnalogClock;

/*声明与时间相关的变量*/
public Calendar mCalendar;
public int mMinutes;
public int mHour;

/*声明关键 Handler 与 Thread 变量*/
public Handler mHandler;
private Thread mClockThread;

/** Called when the activity is first created. */
public void onCreate(Bundle savedInstanceState)
{
  super.onCreate(savedInstanceState);
  setContentView(R.layout.main);
```

```
    /*通过 findViewById 取得两个 widget 对象*/
    mTextView=(TextView)findViewById(R.id.myTextView);
    mAnalogClock=(AnalogClock)findViewById(R.id.myAnalogClock);

    /*通过 Handler 来接收运行线程所传递的信息并更新 TextView*/
    mHandler = new Handler()
    {
      public void handleMessage(Message msg)
      {
        /*这里是处理信息的方法*/
        switch (msg.what)
        {
          case example13.GUINOTIFIER:
          /* 在这处理要 TextView 对象 Show 时间的事件 */
            mTextView.setText(mHour+" : "+mMinutes);
            break;
        }
        super.handleMessage(msg);
      }
    };
    /*通过运行线程来持续取得系统时间*/
    mClockThread=new LooperThread();
    mClockThread.start();
  }

  /*改写一个 Thread Class 用来持续取得系统时间*/
  class LooperThread extends Thread
  {
    public void run()
    {
      super.run();
      try
      {
        do
        {
          /*取得系统时间*/
          long time = System.currentTimeMillis();
          /*通过 Calendar 对象来取得小时与分钟*/
          final Calendar mCalendar = Calendar.getInstance();
          mCalendar.setTimeInMillis(time);
          mHour = mCalendar.get(Calendar.HOUR);
          mMinutes = mCalendar.get(Calendar.MINUTE);

          /*让运行线程休息一秒*/
          Thread.sleep(1000);
           /*重要关键程序:取得时间后发出信息给 Handler*/
           Message m = new Message();
           m.what = example13.GUINOTIFIER;
           example13.this.mHandler.sendMessage(m);
        }while(example13.LooperThread.interrupted()==false);
        /*当系统发出中断信息时停止本循环*/
      }
      catch(Exception e)
      {
        e.printStackTrace();
      }
    }
  }
}
```

执行后会显示一个数字时钟效果，如图 3-25 所示。

▲图 3-25　执行效果

3.12.3　特别提醒——3 种常用的 System Clock

在本实例中，使用 TextView 控件模拟显示了数字时钟 DigitalClock。读者课后可以参考 AnalogClock 与 DigitalClock 这两个 widget 的程序代码并进行练习，对于以后在项目中实现 Timer 等相关小对象会有所帮助。

另外，Android 还提供了另外 3 种常用的、不同特性的 System Clock，分别是 System.currentTimeMillis()、uptimeMillis()和 elapsedRealtime()。在本实例使用的 System.currentTimeMillis() 就是一种标准的 Clock 用法，我们需要搭配真实的日期与时间使用，另外两者则适用于 interval 与 elapse time 来控制程序和 UI。

3.13 在手机屏幕中实现不同的进度条效果

实例 060	在手机屏幕中实现不同的进度条效果
源码路径	光盘:daima\060
视频路径	光盘:\视频\060

3.13.1 实例说明

在本实例中，使用 ProgressBar 和 Handler 联合实现了后台进度条提示效果。使用控件 ProgressBar 实现了进度条，使用 Handler 访问新进程 Activity 中的 Widget，并将运行状态在屏幕中显示出来。通过 Handler 对象和 Message 对象，将进程里的状态往外传递，最后由 Activity 的 Handler 事件来取得运行状态。

3.13.2 具体实现

编写主程序文件，主要实现代码如下所示。

```
/* 自定义 Handler 信息代码，用以作为识别事件处理 */
protected static final int GUI_STOP_NOTIFIER = 0x108;
protected static final int GUI_THREADING_NOTIFIER = 0x109;

/** Called when the activity is first created. */
@Override
public void onCreate(Bundle savedInstanceState)
{
  super.onCreate(savedInstanceState);
  setContentView(R.layout.main);

  mButton01 = (Button)findViewById(R.id.myButton1);
  mTextView01 = (TextView)findViewById(R.id.myTextView1);

  /* 设置 ProgressBar widget 对象 */
  mProgressBar01 = (ProgressBar)findViewById(R.id.myProgressBar1);

  /* 调用 setIndeterminate 方法赋值 indeterminate 模式为 false */
  mProgressBar01.setIndeterminate(false);

  /* 当单击按钮后，开始运行线程工作 */
  mButton01.setOnClickListener(new Button.OnClickListener()
  {
    @Override
    public void onClick(View v)
    {
      // TODO Auto-generated method stub

      /* 单击按钮让 ProgressBar 显示 */
      mTextView01.setText(R.string.str_progress_start);

      /* 将隐藏的 ProgressBar 显示出来 */
      mProgressBar01.setVisibility(View.VISIBLE);

      /* 指定 Progress 最多为 100 */
      mProgressBar01.setMax(100);

      /* 初始 Progress 为 0 */
```

```
        mProgressBar01.setProgress(0);

        /* 起始一个运行线程 */
        new Thread(new Runnable()
        {
          public void run()
          {
            /* 默认 0~9，共运行 10 次的循环叙述 */
            for (int i=0;i<10;i++)
            {
              try
              {
                /* 成员变量，用以识别加载进度 */
                intCounter = (i+1)*20;
                /* 每运行一次循环，即暂停 1 秒 */
                Thread.sleep(1000);

                /* 当 Thread 运行 5 秒后显示运行结束 */
                if(i==4)
                {
                  /* 以 Message 对象，传递参数给 Handler */
                  Message m = new Message();
                  /* 以 what 属性指定 User 自定义 */
                  m.what = example60.GUI_STOP_NOTIFIER;
                  example15.this.myMessageHandler.sendMessage(m);
                  break;
                }
                else
                {
                  Message m = new Message();
                  m.what = example60.GUI_THREADING_NOTIFIER;
                  example60.this.myMessageHandler.sendMessage(m);
                }
              }
              catch(Exception e)
              {
                e.printStackTrace();
              }
            }
          }
        }).start();
      }
    });
  }

  /* Handler 建构之后，会聆听传来的信息代码 */
  Handler myMessageHandler = new Handler()
  {
    // @Override
    public void handleMessage(Message msg)
    {
      switch (msg.what)
      {
        /* 当取得离开运行线程时所取得的信息 */
        case example15.GUI_STOP_NOTIFIER:

          /* 显示运行终了 */
          mTextView01.setText(R.string.str_progress_done);

          /* 设置 ProgressBar Widget 为隐藏 */
          mProgressBar01.setVisibility(View.GONE);
          Thread.currentThread().interrupt();
          break;

        /* 当取得持续在运行线程当中时所取得的信息 */
        case example15.GUI_THREADING_NOTIFIER:
          if(!Thread.currentThread().isInterrupted())
          {
```

```
        mProgressBar01.setProgress(intCounter);
        /* 将显示进度显示于 TextView 当中 */
        mTextView01.setText
        (
          getResources().getText(R.string.str_progress_start)+
          "("+Integer.toString(intCounter)+"%)\n"+
          "Progress:"+
          Integer.toString(mProgressBar01.getProgress())+
          "\n"+"Indeterminate:"+
          Boolean.toString(mProgressBar01.isIndeterminate())
        );
      }
      break;
    }
    super.handleMessage(msg);
  }
```

通过上述代码，在屏幕中设计了一个按钮，单击此按钮后会显示 ProgressBar 进度条。在默认的布局文件 main.xml 中，并没有指定它的 indeterm-inate 属性，所以即使在程序中调用了 ProgressBar 的 setindeterminate()方法，还是无法改变 ProgressBar.getProgress 的值，这个值永远都是 0。所以在上述代码中使用了循环动画来作为运行过程中的显示素材，并使用了一个 counter 递增整数来表示运行进度的百分比。

执行后会显示一个按钮界面，用户单击【请按下后】按钮后会显示一个提示的进度条，如图 3-26 所示。

3.13.3　特别提醒——在进度条中的 4 种不同风格

在 Android 系统中，ProgressBar 是一个进度条控件，能够在屏幕中实现进度条效果，如图 3-27 所示。

▲图 3-26　执行效果

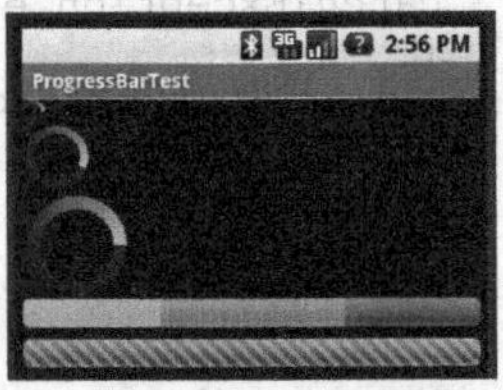

▲图 3-27　进度条

通常将进度条分为两种，分别是不确定（indeterminate=true）和确定（indeterminate=false），其中默认值是不确定（indeterminate=true）进度条。在图 3-27 中的第 1~3 个是不确定进度条，第 4 个是确定进度条。

在进度条中可以使用如下 4 种不同的风格。

- 默认值是 progressBarStyle，见图 3-27 中的第 2 个。
- 设置成 progressBarStyleSmall 后，图标变小。见图 3-27 中的第 1 个。
- 设置成 progressBarStyleLarge 后，图标变大。见图 3-27 中的第 3 个。
- 设置成 progressBarStyleHorizontal 后，变成横向长方形。见图 3-27 中的第 4 个。

3.14　在屏幕中手动选择日期和时间

实例 061	在屏幕中手动选择日期和时间
源码路径	光盘:daima\061
视频路径	光盘:\视频\061

3.14.1 实例说明

在 Android API 中提供了 2 个十分重要的对象 DatePicker 和 TimePicker，通过这两个对象可以实现动态输入日期与时间的功能。在本实例中使用了 DatePicker、TimePicker 和 TextView 3 种对象，其中用 TextView 来显示日期与时间，默认带入目前系统的日期与时间，用 DatePicker 与 TimePicker 让用户动态调整日期与时间。当用户调整了 DatePicker 日期或 TimePicker 时间时，在 TextView 中显示的日期与时间也会随之改变。

3.14.2 具体实现

编写主程序文件，使用 updateDisplay()方法来设置在 TextView 中所显示的日期时间，使用 java.util.Calendar 对象来获取当前系统的时间，并将这个时间传入到 TextView 中。如果用户改变了 DatePicker 中的年、月、日时，会运行如下两类操作。

（1）触发 DatePicker 的 onDateChange() 事件，并同时运行方法 updateDisplay()来重新设置在 TextView 中显示的日期。

（2）触发 TimePicker 的 onTimeChange() 事件，运行方法 updateDisplay() 来重新设置在 TextView 中显示的时间。

主程序文件的主要代码如下所示。

```
/*声明日期及时间变量*/
private int mYear;
private int mMonth;
private int mDay;
private int mHour;
private int mMinute;
/*声明对象变量*/
TextView tv;
TimePicker tp;
DatePicker dp;

/** Called when the activity is first created. */
@Override
public void onCreate(Bundle savedInstanceState)
{
  /*取得目前日期与时间*/
  Calendar c=Calendar.getInstance();
  mYear=c.get(Calendar.YEAR);
  mMonth=c.get(Calendar.MONTH);
  mDay=c.get(Calendar.DAY_OF_MONTH);
  mHour=c.get(Calendar.HOUR_OF_DAY);
  mMinute=c.get(Calendar.MINUTE);

  super.onCreate(savedInstanceState);
  /* 载入main.xml Layout */
  setContentView(R.layout.main);

  /*取得TextView对象，并调用updateDisplay()
    来设置显示的初始日期时间*/
  tv= (TextView) findViewById(R.id.showTime);
  updateDisplay();

  /*取得DatePicker对象，以init()设置初始值与onDateChangeListener() */
  dp=(DatePicker)findViewById(R.id.dPicker);
  dp.init(mYear,mMonth,mDay,new DatePicker.OnDateChangedListener()
  {
    @Override
    public void onDateChanged(DatePicker view,int year,
                  int monthOfYear,int dayOfMonth)
    {
      mYear=year;
      mMonth= monthOfYear;
```

```
            mDay=dayOfMonth;
            /*调用 updateDisplay()来改变显示日期*/
            updateDisplay();
          }
        });
        /*取得 TimePicker 对象，并设置为 24 小时制显示*/
        tp=(TimePicker)findViewById(R.id.tPicker);
        tp.setIs24HourView(true);
        /*setOnTimeChangedListener，并覆盖 onTimeChanged event*/
        tp.setOnTimeChangedListener(new TimePicker.OnTimeChangedListener()
        {
          @Override
          public void onTimeChanged(TimePicker view,
                                    int hourOfDay,
                                    int minute)
          {
            mHour=hourOfDay;
            mMinute=minute;
            /*调用 updateDisplay()来改变显示时间*/
            updateDisplay();
          }
        });

      /*设置显示日期时间的方法*/
      private void updateDisplay()
      {
        tv.setText(
          new StringBuilder().append(mYear).append("/")
                             .append(format(mMonth + 1)).append("/")
                             .append(format(mDay)).append("  ")
                             .append(format(mHour)).append(":")
                             .append(format(mMinute))
        );
      }

      /*日期时间显示两位数的方法*/
      private String format(int x)
      {
        String s=""+x;
        if(s.length()==1) s="0"+s;
        return s;
      }
    }
```

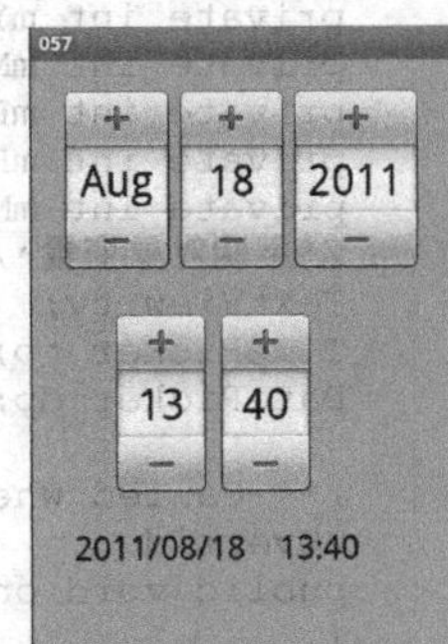

▲图 3-28 执行效果

至此整个实例介绍完毕，执行后会显示一个数字时钟效果。用户可以分别单击＋和－来自动选择日期和时间。具体效果如图 3-28 所示。

3.14.3 特别提醒——控件 TimePicker 中的主要方法

在控件 TimePicker 中的主要方法如下所示：

- setCurrentMinute(Integer currentMinute)：设置当前时间的分钟；
- getCurrentMinute()：获取当前时间的分钟；
- setEnabled(boolean enabled)：设置当前视图是否可以编辑；
- setOnTimeChangedListener(TimePicker.OnTimeChangedListener onTimeChangedListener)：当时间改变时调用。

在控件 DatePicker 中的重要方法如下所示：

- getDayOfMonth()：获取当前 Day；
- getMonth()：获取当前月；
- getYear()：获取当前年；
- updateDate(int year, int monthOfYear, int dayOfMonth)：更新日期。

3.15 动态排版手机屏幕

实例 062	动态排版手机屏幕
源码路径	光盘:daima\062
视频路径	光盘:\视频\062

3.15.1 实例说明

我们知道 GridView 能够实现网格化的二维排版。在本实例中，将联合使用 GridView 和 ArrayAdapter 实现动态排版功能。在具体实现上，首先在屏幕中插入 2 个按钮作为动态放入 GridView 的开关，第一个按钮设置屏幕显示为两行两列样式，在里面放入 4 个 Item；另一个按钮设置屏幕显示为 3 行 3 列显示样式，在里面放入了 9 个 Item，这样就实现了对文字的动态排版处理。

3.15.2 具体实现

编写主程序文件，在里面设置 mButton01 和 mButton02 两个按钮对象，并分别为其设置 OnClickListener 单击监听事件，在按钮单击事件中会处理配置 GridView 的方法。为了方便地配置 GridView，通过 setNumColumns 方法设置了在 GridView 中将要显示的字段数量。然后初始化了 ArrarAdapter 对象 ArrarAdapter1，这样就可以使用调用 GridView.setAdapter()的方式，将 String 类型的 Item 放入到 GridView 中去。

主程序文件的主要实现代码如下：

```
public void onCreate(Bundle savedInstanceState)
{
  super.onCreate(savedInstanceState);
  setContentView(R.layout.main);

  /* 4 个字符串数组 */
  mGames1 = new String[]
          {
            getResources().getString(R.string.str_list1),
            getResources().getString(R.string.str_list2),
            getResources().getString(R.string.str_list3),
            getResources().getString(R.string.str_list4)
          };

  /* 9 个字符串数组 */
  mGames2 = new String[]
          {
            getResources().getString(R.string.str_list1),
            getResources().getString(R.string.str_list2),
            getResources().getString(R.string.str_list3),
            getResources().getString(R.string.str_list4),
            getResources().getString(R.string.str_list1),
            getResources().getString(R.string.str_list2),
            getResources().getString(R.string.str_list3),
            getResources().getString(R.string.str_list4),
            getResources().getString(R.string.str_list1)
          };

  mButton01 = (Button)findViewById(R.id.myButton1);
  mButton02 = (Button)findViewById(R.id.myButton2);
  mGridView01 = (GridView)findViewById(R.id.myGridView1);

  mTextView01 = (TextView)findViewById(R.id.myTextView1);

  mButton01.setOnClickListener(new Button.OnClickListener()
  {
    @Override
```

```
        public void onClick(View v)
        {
          // TODO Auto-generated method stub

          /* 4 个元素，以 2 列方式呈现(2x2) */
          mGridView01.setNumColumns(2);

          aryAdapter1 = new ArrayAdapter<String>
          (example62.this, R.layout.simple_list_item_1_small, mGames1);

          mGridView01.setAdapter(aryAdapter1);
          //mGridView01.setScrollBarStyle(DEFAULT_KEYS_DIALER);
          mGridView01.setSelection(2);
          mGridView01.refreshDrawableState();
        }
      });

      mButton02.setOnClickListener(new Button.OnClickListener()
      {
        @Override
        public void onClick(View v)
        {
          // TODO Auto-generated method stub

          /* 9 个元素，以 3 列方式呈现(3x3) */
          mGridView01.setNumColumns(3);

          aryAdapter1 = new ArrayAdapter<String>
          (example16.this, R.layout.simple_list_item_1_small, mGames2);

          mGridView01.setAdapter(aryAdapter1);
        }
      });

      mGridView01.setOnItemClickListener
            (new GridView.OnItemClickListener()
      {
        @Override
        public void onItemClick(AdapterView<?> parent,
                        View v, int position, long arg3)
        {
          // TODO Auto-generated method stub

          /* 判断 Adapter 里的元素个数，判断被单击的是第几个元素名称 */
          switch(aryAdapter1.getCount())
          {
            case 4:
              /* position 为 GridView 里的元素索引值 */
              mTextView01.setText(mGames1[position]);
              break;
            case 9:
              mTextView01.setText(mGames2[position]);
              break;
          }
        }
      });
    }
  }
```

执行后先显示拥有 2 个按钮的界面，当单击【显示 2X2 个】按钮后会显示两行两列的排列样式，如图 3-29 所示；当单击【显示 3X3 个】按钮后会显 3 行 3 列的排列样式，如图 3-30 所示。

3.15.3 特别提醒——总结 UI 界面布局

通过上述实例，实现了手机屏幕的排列，接下来笔者对手机 UI 布局做一个简单的总结。UI 界面对于每个应用而言，是与用户进行交互的门脸。好的门脸，不只是要亮丽可人，最好还能过目不忘，甚至还应该有涵养有气质。

对于开发者来说，锻造这样的面容，不但需要高超的技艺，也需要有称手的工具和素材。有套好用的 UI 框架，对于开发者而言，真有如沙漠中的甘露。Android 的 UI 框架，最核心的是资源和 Layout 体系，然后通过完善的控件库，简明的接口设计，进一步帮助开发者最快搭建自己需要的界面。

UI 控件做 UI，有时候就像搭积木，在 Android 中，这个最基本的积木块，就是 View。所有其他的 UI 元素，都是派生于此类的子孙类们，其结构如图 3-31 所示。

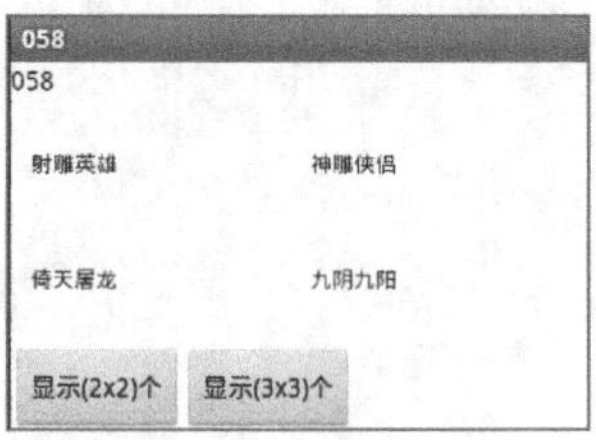

▲图 3-29　2×2 排列

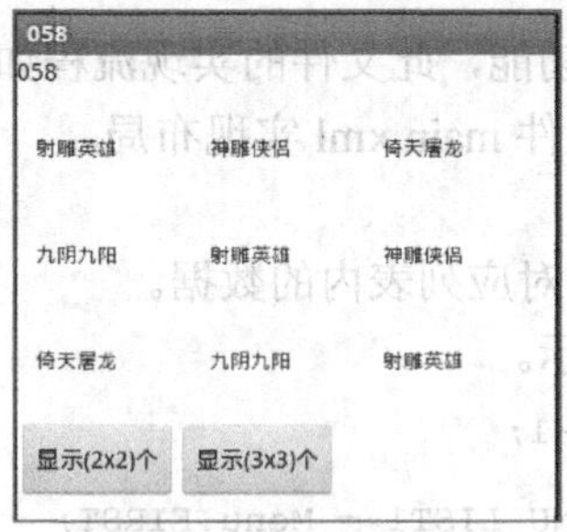

▲图 3-30　3×3 排列

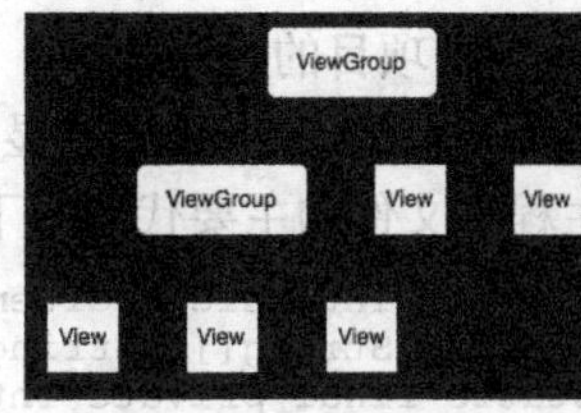

▲图 3-31　UI 结构

在每一个 Window 窗体界面下，上图所示的结构都是一个标准而完整的树结构。在 View 中有一个子类 ViewGroup，它相当于一个容器类或者是复合控件，所有派生于 ViewGroup 的子类在这颗 UI 树中都可以承担着父节点的职责，而另一些绕过 ViewGroup 直接从 View 中派生出来，没有别的任何分支布局，这样就只能在叶节点考虑分支布局了。

之所以说这是一个很标准的控件树，是因为父控件对子控件有绝对的掌控权，每个子控件的占地面积和位置，都是基于父控件来分配的，它能够接受和处理的事件也是父控件派发下去的。这样的结构被很多平台和框架广泛的认可，和传统的 win 开发和 Symbian 相比，虽然因为事件传播途径变长了，很多操作的效率变低了，但整个结构更有层次性，每个控件只需要多其父控件负责指挥子控件就好，职责明确，逻辑简单，利于开发和设计。

谈及任何平台的控件，都有一些不可避免的主题，UI 也不例外，我们需要重点关注每个控件是如何标识、如何设定大小和位置、如何接受和处理事件和如何绘制的。读者只要掌握了这些主题，距离精通掌握 UI 也就不远了！

3.16　使用 ListActivity 实现界面布局

实例 063	使用 ListActivity 实现界面布局
源码路径	光盘:daima\063
视频路径	光盘:\视频\063

3.16.1　实例说明

在 Andorid 系统中，ListActivity 是一个和 Activity 同级别的类。类 ListActivity 也能够实现布局处理，在显示菜单列表和列表明细项目方面比 Activity 更具有优势。

如果想让自己编写的程序继承于 ListActivity，可以通过实现下面的方法来实现。

- getListAdapter()：获取列表项目的 Adapter。
- getListView：获取列表的 View。
- getSelectItemId()：获取当前 Keypad 所选择的 Item ID。

- onContentChanged()：ListActivity 列表内容更新事件。
- onListItemClick(ListView,View,int,long)：用户在列表项目中单击触发事件。
- onRestoreInstancsState(Bundle)：当还原至此实例状态事件。
- setListAdapter(ListAdapter)：设置 ListAdapter 的列表项目。
- setSelection(int)：设置所选的项目。

3.16.2 具体实现

编写主程序文件实现信息显示功能，此文件的实现流程如下所示。

- 声明对象变量，然后载入文件 main.xml 实现布局。
- 设置项目的顺序位置。
- 根据用户选择的选项显示出对应列表内的数据。

主程序文件的主要代码如下所示。

```
private int selectedItem = -1;
private String[] mString;
static final private int MENU_LIST1 = Menu.FIRST;
static final private int MENU_LIST2 = Menu.FIRST+1;
private ArrayAdapter<String> mla;

@Override
protected void onCreate(Bundle savedInstanceState)
{
  // TODO 自动引起的方法残余部分
  super.onCreate(savedInstanceState);
}

@Override
protected void onListItemClick(ListView l, View v, int position, long id)
{
  // TODO 自动引起的方法残余部分

  selectedItem = position;
  Toast.makeText(shiyongListActivity.this,  mString[selectedItem], Toast.LENGTH_
SHORT).show();
  super.onListItemClick(l, v, position, id);
}

@Override
public boolean onCreateOptionsMenu(Menu menu)
{
  // TODO Auto-generated method stub
  /* menu组ID */
  int idGroup1 = 0;

  /*项目的顺序位置*/
  int orderMenuItem1 = Menu.NONE;
  int orderMenuItem2 = Menu.NONE+1;

  menu.add(idGroup1, MENU_LIST1, orderMenuItem1, R.string.str_menu_list1);
  menu.add(idGroup1, MENU_LIST2, orderMenuItem2, R.string.str_menu_list2);

  return super.onCreateOptionsMenu(menu);
}

@Override
public boolean onOptionsItemSelected(MenuItem item)
{
  // TODO Auto-generated method stub
  switch(item.getItemId())
  {
    case (MENU_LIST1):
      mString = new String[]
                        {
```

```
                getResources().getString(R.string.str_list1),
                getResources().getString(R.string.str_list2),
                getResources().getString(R.string.str_list3),
                getResources().getString(R.string.str_list4)
              };
      mla = new ArrayAdapter<String>(shiyongListActivity.this, R.layout.main, mString);
      shiyongListActivity.this.setListAdapter(mla);
      break;
    case (MENU_LIST2):
      mString = new String[]
              {
                getResources().getString(R.string.str_list5),
                getResources().getString(R.string.str_list6),
                getResources().getString(R.string.str_list7),
                getResources().getString(R.string.str_list8)
              };
      mla = new ArrayAdapter<String>(shiyongListActivity.this, R.layout.main, mString);
      shiyongListActivity.this.setListAdapter(mla);
      break;
   }
   return super.onOptionsItemSelected(item);
  }

}
```

执行后将在底部显示 2 个布局快，并分别显示设置的文本，具体效果如图 3-32 所示；当单击第一个布局块后会显示弹出对应的信息，如图 3-33 所示；当单击第二个布局块后会显示弹出对应的信息，如图 3-34 所示。

3.16.3　特别提醒——ListActivity 的用法总结

类 ListActivity 其实就是一个包含 ListView 组件的 Activity 类。我们完全可以直接在一个普通的 Activity 中添加一个 ListView，这样可以实现和类 ListActivity 一样的功能。读到此肯定有读者禁不住要问：既然通过 Activity 和 ListView 可以实现 ListActivity 的功能，那么存在 ListActivity 还有必要吗？当然有，原因是使用 ListActivity 更加方便。

▲图 3-32　初始效果

▲图 3-33　对应的信息

▲图 3-34　对应的信息

在使用 ListActivity 时，并不用像 Activity 那样必须使用 setContentView 来设置 Layout 后才能显示页面。在 ListActivity 不需要重写 onCreate(Bundle savedInstanceState)的情况下，可以直接将列表加载到 ListActivity 中，这样使用起来十分方便，此用法经常用于投票选择和多项目列表条中。

像数组或者是光标一样，通过绑定数据资源来陈列一系列选项的活动，当我们选择这些选项时，将会触发一个事件。ListActivity 操作着一个列表视图对象，这个列表视图能绑定不同的数据资源，典型的就是一个持有查询结果的数组或光标。

3.17 加载手机磁盘中的文件

实例 064	加载手机磁盘中的文件
源码路径	光盘:daima\064
视频路径	光盘:\视频\064

3.17.1　实例说明

在 Android 项目程序中，通常将图片文件保存在“res\drawable”目录下，这样可以通过 R.drawable.id 来获取图片的 ZD，我们可以在程序中任意使用这幅图片。但是如果没有将此图片保存在“res\drawable”目录下，例如仅仅想从存储卡中获取一幅图片，此时需要 Android API 中的 Bitmap 对象来实现。

在本实例中，将使用 decodeFile 方法来加载手机磁盘中图片文件，并显示在手机屏幕中。

3.17.2　具体实现

（1）编写文件 main.xml，在屏幕中分别插入 1 个 TextView 控件、1 个 ImageView 控件和 1 个 Button 控件。

（2）编写主程序文件，使用 decodeFile(fileName)方法获取 Bitmap 对象，然后使用 setImageBitmap()来设置此 Bitmap 对象的显示。主程序文件的主要代码如下所示。

```
/*声明对象变量*/
private ImageView mImageView;
private Button mButton;
private TextView mTextView;
private String fileName="/data/123.png";
/** Called when the activity is first created. */
@Override
public void onCreate(Bundle savedInstanceState)
{
  super.onCreate(savedInstanceState);
  /* 载入 main.xml Layout */
  setContentView(R.layout.main);

  /* 取得 Button 对象，并添加 onClickListener */
  mButton = (Button)findViewById(R.id.mButton);
  mButton.setOnClickListener(new Button.OnClickListener()
  {
   public void onClick(View v)
   {
   /* 取得对象 */
     mImageView = (ImageView)findViewById(R.id.mImageView);
     mTextView=(TextView)findViewById(R.id.mTextView);
     /* 检查文件是否存在 */
     File f=new File(fileName);
     if(f.exists())
     {
       /* 产生 Bitmap 对象，并放入 mImageView 中 */
       Bitmap bm = BitmapFactory.decodeFile(fileName);
       mImageView.setImageBitmap(bm);
       mTextView.setText(fileName);
     }
     else
     {
       mTextView.setText("文件不存在");
     }
   }
```

```
        });
    }
}
```

执行后将显示加载指定的图片并显示在屏幕当中，如图 3-35 所示。

▲图 3-35　执行效果

3.17.3　特别提醒——解析 Android 中的图片素材目录

其实本实例应该属于图片处理的范畴，放在本章的目的是讲解 decodeFile 方法和 Button 按钮联合使用的效果。在放置图片的时候需要将素材图片放在“res”目录下，在此初学者经常遇到如下问题：

通过 BitmapFactory.decodeFile(pathName)加载进来一个 480×320 的图片，但是在使用的时候，通过 getWidth(),getHeight()取得的 Bitmap 大小却只有 320×213。本来应该全屏显示的，现在只是显示在了屏幕的左上方。

这是因为把素材图片放在了“drawable-hdpi”目录下，如果把图片放在“drawable-ldpi”和“drawable-mdpi”中就不会有问题了。通常在“res”目录下有 3 个用于保存素材图片的文件夹，如图 3-36 所示。

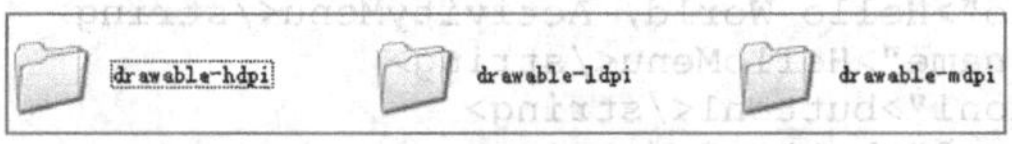

▲图 3-36　保存素材图片的文件夹

- “drawable-hdpi”：里面存放高分辨率的图片，如 WVGA (480×800),FWVGA (480×854)。
- “drawable-mdpi”：里面存放中等分辨率的图片，如 HVGA (320×480)。
- “drawable-ldpi”：里面存放低分辨率的图片，如 QVGA (240×320)。

3.18 使用菜单控件 MENU

实例 065	使用菜单控件 MENU
源码路径	光盘:daima\065
视频路径	光盘:\视频\065

3.18.1　实例说明

在 Android 系统中，可以使用控件 Menu 为用户提供一个友好的界面显示效果。大部分手机应用程序包括如下两种人机互动方式。

- 第一种：直接通过 GUI 的 Views，可以满足大部分交互操作。
- 第二种：应用 Menu，当按下 Menu 按钮后，会弹出与当前活动状态下的应用程序相匹配的菜单。

上述两种方式都有各自的优势，而且相辅相成，即便用户可以由主界面完成大部分操作，但是适当拓展 Menu 功能可以更加完善应用程序，至少用户可以通过排列整齐的按钮清晰地了解当前模式下可以使用的功能。

3.18.2　具体实现

（1）编写布局文件 main.xml 主文件，在里面分别插入 1 个 TextView 控件和 2 个 Button 控件。其中 TextView 控件用于显示文本，并用“layout_width”设置 Button 的宽度，用“layout_height”设置 Button 的高度。通过符号@来设置读取变量值并进行替换。文件的主要代码如下所示。

```
<?xml version="1.0" encoding="utf-8"?>
<LinearLayout xmlns:android="http://schemas.android.com/apk/res/android"
    android:orientation="vertical" android:layout_width="fill_parent"
    android:layout_height="fill_parent">
    <TextView android:layout_width="fill_parent"
        android:layout_height="wrap_content" android:text="@string/hello" />
    <Button android:id="@+id/button1"
        android:layout_width="100px"
        android:layout_height="wrap_content" android:text="@string/button1" />
    <Button android:id="@+id/button2"
        android:layout_width="wrap_content"
        android:layout_height="wrap_content" android:text="@string/button2" />
</LinearLayout>
```

- android:text="@string/button1"：相当于<string name="button1">button1</string>
- android:text="@string/button2"：相当于<string name="button2">button2</string>

上面的符号@十分重要，用于提示 XML 文件解析器解析@后面的名字，例如上面的"@string/button1"，解析器会从文件“values/string.xml”中读取 Button1 这个变量值。

文件 string.xml 中定义了 TextView 和 Button 的值，具体代码如下所示。

```
<?xml version="1.0" encoding="utf-8"?>
<resources>
    <string name="hello">Hello World, ActivityMenu</string>
    <string name="app_name">HelloMenu</string>
    <string name="button1">button1</string>
    <string name="button2">button2</string>
</resources>
```

（2）编写主程序文件，首先定义函数 onCreate 来显示 main.xml 设置的布局，并设置 2 个 Button 为不可见状态；然后定义函数 onCreateOptionsMenu 来生成 menu，此函数是一个回调方法，只有当按下手机设备上的 menu 按钮后，Android 才会生成一个包含 2 个子项的菜单。在具体实现上，将首先得到 super 函数调用后的返回值，并在 onCreateOptionsMenu 的最后返回；然后调用 menu.add 给 menu 添加一个项；最后定义函数 onOptionsItemSelected，此函数是一个回调方法，只有当按下手机设备上的 MENU 按钮后，Android 才会调用执行。而这个事件就是单击菜单里的某一项，即 MenuItem。

主程序文件的主要代码如下所示。

```
    public void onCreate(Bundle savedInstanceState){
        super.onCreate(savedInstanceState);
        setContentView(R.layout.main);
        button1 = (Button) findViewById(R.id.button1);
        button2 = (Button) findViewById(R.id.button2);
        /* 设置 2 个 button 不可见 */
button1.setVisibility(View.INVISIBLE);
        button2.setVisibility(View.INVISIBLE);
            }
    @Override
    /*
     * menu.findItem(EXIT_ID);找到特定的 MenuItem
     * MenuItem.setIcon.可以设置 menu 按钮的背景
     */
    public boolean onCreateOptionsMenu(Menu menu) {
        super.onCreateOptionsMenu(menu);
        menu.add(0, ITEM0, 0, "此时显示 button1");
        menu.add(0, ITEM1, 0, "此时显示 button2");
        menu.findItem(ITEM1);
        return true;
    }
    public boolean onOptionsItemSelected(MenuItem item) {
        switch (item.getItemId()) {
        case ITEM0:
            actionClickMenuItem1();
```

```
            break;
            case ITEM1:
                actionClickMenuItem2(); break;

            }
            return super.onOptionsItemSelected(item);}
        /*
         * 单击第一个 menu 的第一个按钮执行的动作
         */
        private void actionClickMenuItem1(){
            setTitle("button1 可见");
            button1.setVisibility(View.VISIBLE);
            button2.setVisibility(View.INVISIBLE);
        }
        /*
         * 单击第二个 menu 的第一个按钮执行的动作
         */
        private void actionClickMenuItem2(){
            setTitle("可以看到 button2");
            button1.setVisibility(View.INVISIBLE);
            button2.setVisibility(View.VISIBLE);
        }
    }
```

执行后的效果如图 3-37 所示；当单击模拟器上的“MENU”键后会触发程序，并在屏幕中显示预先设置的已经隐藏的 2 个按钮，如图 3-38 所示。

▲图 3-37　初始效果

▲图 3-38　触发设备后的效果

3.18.3　特别提醒——Android 系统中的 3 种菜单类型

在 Android 系统中提供了 3 种菜单类型，分别是 Options Menu、Context Menu 和 Sub Menu。其中 Options Menu 通过按下 Home 键来显示，Context Menu 需要在 View 上按上 2 秒后显示。这两种 Menu 都有可以加入子菜单，子菜单不能嵌套子菜单。Options Menu 最多只能在屏幕最下面显示 6 个菜单选项，称为 Icon Menu，Icon Menu 不能有 Checkable 选项。多于 6 个的菜单项会以 More Icon Menu 来调出，称为 Expanded Menu。Options Menu 通过 Activity 的 onCreateOptions Menu 来生成，这个函数只会在 Menu 第一次生成时调用。任何想改变 Options Menu 的想法只能用 onPrepareOptionsMenu 来实现，这个函数会在 Menu 显示前调用。onOptionsItemSelected 用来处理选中的菜单项。

Context Menu 与某个具体的 View 绑定在一起，在 Activity 中用 registerForContextMenu 来为某个 View 注册 Context Menu。Context Menu 在显示前都会调用 onCreateContextMenu 来生成 Menu。onContextItemSelected 用来处理选中的菜单项。

另外，在 Android 中还提供了分组菜单项的功能，可以把具有相似功能的菜单项分到同一个组内，这样可以通过调用 setGroupCheckable、setGroupEnabled 和 setGroupVisible 来设置菜单属性，而无需单独设置，提高了开发效率。

3.19 使用 SimpleAdapter 实现 ListView 效果

实例 066	使用 SimpleAdapter 实现 ListView 效果
源码路径	光盘:daima\066
视频路径	光盘:\视频\066

3.19.1 实例说明

在 Android 系统中，ListView 是最常用的组件之一，能够在屏幕内实现显示一些列表信息。ListView 通过 Adapter 适配器来构建显示功能，在 Android 系统中可以使用 3 种 Adapter，分别是 ArrayAdapter、SimpleAdapter 和 CursorAdapter。在本实例中，将使用 SimpleAdapter 来实现 ListView 效果。

3.19.2 具体实现

（1）构建 List 列表，设置用 Map 来实现列表中的每一项。然后编码创建 TestList（测试列表）类继承 Activity。具体代码如下所示。

```
super.onCreate(savedInstanceState);
      setContentView(R.layout.main);
      ArrayList<HashMap<String, Object>> users = new ArrayList<HashMap<String, Object>>();
      for (int i = 0; i < 10; i++) {
        HashMap<String, Object> user = new HashMap<String, Object>();
        user.put("img", R.drawable.user);
        user.put("username", "姓名(" + i+")");
        user.put("age", (20 + i) + "");
        users.add(user);
      }
      SimpleAdapter saImageItems = new SimpleAdapter(this,
            users,// 数据来源
            R.layout.user,//每一个 user xml 相当 ListView 的一个组件
            new String[] { "img", "username", "age" },
            // 分别对应 view 的 ID
            new int[] { R.id.img, R.id.name, R.id.age });
      // 获取 listview
  ((ListView) findViewById(R.id.users)).setAdapter(saImageItems);
```

（2）编写文件 main.xml 实现布局，在里面插入 3 个 TextView，其中 ListView 前面是标题行，ListView 相当于用来显示数据的容器，里面每行是一个用户信息。

（3）编写文件 use.xml，用于定义用户信息布局。在文件中设置每行包含一个 img 图片和 2 段 TextView 文字信息，这个文件以参数的形式通过 Adapter 在 ListView 中显示。

（4）编写主程序文件，使用 for 循环语句设置姓名以 i 递增，工资以 i×1000 递增，并且使用 SimpleAdapter 显示每块区域的用户信息。主要代码如下所示。

```
public void onCreate(Bundle savedInstanceState) {
    super.onCreate(savedInstanceState);
    setContentView(R.layout.main);
  ArrayList<HashMap<String, Object>> users = new ArrayList<HashMap<String, Object>>();
    for (int i = 0; i < 10; i++) {
        HashMap<String, Object> user = new HashMap<String, Object>();
        user.put("img", R.drawable.user);
        user.put("username", "姓名(" + i+")");
```

```
            user.put("age", (1000 * i) + "");
            users.add(user);
        }
SimpleAdapter saImageItems = new SimpleAdapter(this,
            users,                      // 数据来源
            R.layout.user,              //每一个 user xml 相当 ListView 的一个组件
            new String[] { "img", "username", "age" },
            // 分别对应 view 的 id
            new int[] { R.id.img, R.id.name, R.id.age });
```

读者执行程序后可看到效果。

3.19.3 特别提醒——ArrayAdapter 接受一个数组或者 List 作为参数

因为 ArrayAdapter 可以接受一个数组或者 List 列表作为参数来构建并显示数据，所以可以通过 ArrayAdapter 接受一个数组或者 List 作为参数的方式来实现 LstView 效果。下面通过一个简单例子说明实现过程。先创建 Test 继承 ListActivity （活动列表），这里我们传入一个 string 数组，具体代码如下所示。

```
public class ListTest extends ListActivity {
    /** *//** Called when the activity is first created. */
    @Override
    public void onCreate(Bundle savedInstanceState) {
        super.onCreate(savedInstanceState);
        String[] sw = new String[100];
        for (int i = 0; i < 100; i++) {
            sw[i] = "listtest_" + i;
        }
        ArrayAdapter<String> adapter = new ArrayAdapter<String>(this,android.R.layout.
simple_list_item_1,sw);//使用系统已经实现好的 xml 文件 simple_list_item_1
        setListAdapter(adapter);
    }
}
```

程序执行后效果如图 3-39 所示。

从以上代码的执行结果可以看出，不需要加载自己的 Layout 布局，只用系统中已经实现的 Layout 就可以很快实现 ListView 功能。

▲图 3-39 运行效果

3.20 在屏幕中实现抽屉样式效果

实例 067	在屏幕中实现抽屉样式效果
源码路径	光盘:daima\067
视频路径	光盘:\视频\067

3.20.1 实例说明

在 Android 开发过程中，我们喜欢使用特效，如抽屉效果，这样可以给人很好的体验。抽屉效果在当前的触摸手机中大行其道，绚丽的效果和动感的视觉冲击给生活带来了绚丽的色彩。单击一个按钮，界面就像拉抽屉一样展开。比较常用的应用是 launch 应用。在这个应用实现了拉抽屉呈现所有的程序。在这里我们参考一些别人写的博客实例讲解实现细节。

3.20.2 具体实现

（1）编写核心功能文件 Panel.java，此文件是抽屉组件的源码，这个抽屉只实现了从右往左的弹出/从左往右的收缩，读者可以根据自己的需要修改源码来改变抽屉动作的方向。

```
/**Handle 的宽度，与 Panel 等高*/
private final static int HANDLE_WIDTH=30;
/**每次自动展开/收缩的范围*/
private final static int MOVE_WIDTH=20;
private Button btnHandle;
private LinearLayout panelContainer;
private int mRightMargin=0;
private Context mContext;
private PanelClosedEvent panelClosedEvent=null;
private PanelOpenedEvent panelOpenedEvent=null;

/**
 * otherView 自动布局以适应 Panel 展开/收缩的空间变化
 * @author GV
 *
 */
public Panel(Context context,View otherView,int width,int height) {
    super(context);
    this.mContext=context;

    //改变 Panel 附近组件的属性
    LayoutParams otherLP=(LayoutParams) otherView.getLayoutParams();
    otherLP.weight=1;//支持压挤
    otherView.setLayoutParams(otherLP);

    //设置 Panel 本身的属性
    LayoutParams lp=new LayoutParams(width, height);
    lp.rightMargin=-lp.width+HANDLE_WIDTH;
    //Panel 的 Container 在屏幕不可视区域，Handle 在可视区域
    mRightMargin=Math.abs(lp.rightMargin);
    this.setLayoutParams(lp);
    this.setOrientation(LinearLayout.HORIZONTAL);

    //设置 Handle 的属性
    btnHandle=new Button(context);
    btnHandle.setLayoutParams(new LayoutParams(HANDLE_WIDTH,height));
    btnHandle.setOnClickListener(new OnClickListener(){

        @Override
        public void onClick(View arg0) {
            LayoutParams lp = (LayoutParams) Panel.this.getLayoutParams();
            if (lp.rightMargin < 0)// CLOSE 的状态
                new AsynMove().execute(new Integer[] { MOVE_WIDTH });// 正数展开
            else if (lp.rightMargin >= 0)// OPEN 的状态
                new AsynMove().execute(new Integer[] { -MOVE_WIDTH });// 负数收缩
        }

    });
    //btnHandle.setOnTouchListener(HandleTouchEvent);
    this.addView(btnHandle);

    //设置 Container 的属性
    panelContainer=new LinearLayout(context);
    panelContainer.setLayoutParams(new LayoutParams(LayoutParams.FILL_PARENT,
            LayoutParams.FILL_PARENT));
    this.addView(panelContainer);
}
/**
 * 定义收缩时的回调函数
 * @param event
 */
public void setPanelClosedEvent(PanelClosedEvent event)
{
    this.panelClosedEvent=event;
}

/**
 * 定义展开时的回调函数
 * @param event
```

```
     */
    public void setPanelOpenedEvent(PanelOpenedEvent event)
    {
        this.panelOpenedEvent=event;
    }

    /**
     * 把View放在Panel的Container
     * @param v
     */
    public void fillPanelContainer(View v)
    {
        panelContainer.addView(v);
    }

    /**
     * 异步移动Panel
     */
    class AsynMove extends AsyncTask<Integer, Integer, Void> {

        @Override
        protected Void doInBackground(Integer... params) {
            int times;
            if (mRightMargin % Math.abs(params[0]) == 0)// 整除
                times = mRightMargin / Math.abs(params[0]);
            else
                // 有余数
                times = mRightMargin / Math.abs(params[0]) + 1;

            for (int i = 0; i < times; i++) {
                publishProgress(params);
                try {
                    Thread.sleep(Math.abs(params[0]));
                } catch (InterruptedException e) {
                    // TODO Auto-generated catch block
                    e.printStackTrace();
                }
            }
            return null;
        }

        @Override
        protected void onProgressUpdate(Integer... params) {
            LayoutParams lp = (LayoutParams) Panel.this.getLayoutParams();
            if (params[0] < 0)
                lp.rightMargin = Math.max(lp.rightMargin + params[0],
                        (-mRightMargin));
            else
                lp.rightMargin = Math.min(lp.rightMargin + params[0], 0);

            if(lp.rightMargin==0 && panelOpenedEvent!=null){//展开之后
                panelOpenedEvent.onPanelOpened(Panel.this);//调用OPEN回调函数
            }
            else if(lp.rightMargin==-(mRightMargin) && panelClosedEvent!=null){//收缩之后
                panelClosedEvent.onPanelClosed(Panel.this);//调用CLOSE回调函数
            }
            Panel.this.setLayoutParams(lp);
        }
    }
}
```

（2）编写文件main.java，此文件是整个实例的主控部分，用于演示使用Panel实现抽屉效果。文件main.java的实现代码如下所示。

```
public void onCreate(Bundle savedInstanceState) {
    super.onCreate(savedInstanceState);
    setContentView(R.layout.main);
    this.setTitle("“可动态布局”的抽屉组件之构建基础-----hellogv");
    gridview = (GridView) findViewById(R.id.gridview);
    container=(LinearLayout)findViewById(R.id.container);
```

```
    panel=new Panel(this,gridview,200,LayoutParams.FILL_PARENT);
    container.addView(panel);//加入 Panel 控件

    //新建测试组件
    TextView tvTest=new TextView(this);
    tvTest.setLayoutParams(new
LayoutParams(LayoutParams.FILL_PARENT,LayoutParams.FILL_PARENT));
    tvTest.setText("测试组件，红字白底");
    tvTest.setTextColor(Color.RED);
    tvTest.setBackgroundColor(Color.WHITE);
    //加入到 Panel 里面
    panel.fillPanelContainer(tvTest);

    panel.setPanelClosedEvent(panelClosedEvent);
    panel.setPanelOpenedEvent(panelOpenedEvent);

    //往 GridView 填充测试数据
    ArrayList<HashMap<String, Object>> lstImageItem = new ArrayList<HashMap<String,
Object>>();
    for (int i = 0; i < 100; i++) {
        HashMap<String, Object> map = new HashMap<String, Object>();
        map.put("ItemImage", R.drawable.icon);
        map.put("ItemText", "NO." + String.valueOf(i));
        lstImageItem.add(map);
    }

    SimpleAdapter saImageItems = new SimpleAdapter(this,
            lstImageItem,
            R.layout.item,
            new String[] { "ItemImage", "ItemText" },
            new int[] { R.id.ItemImage, R.id.ItemText });
    gridview.setAdapter(saImageItems);
    gridview.setOnItemClickListener(new ItemClickListener());

}

PanelClosedEvent panelClosedEvent =new PanelClosedEvent(){

    @Override
    public void onPanelClosed(View panel) {
        Log.e("panelClosedEvent","panelClosedEvent");
    }

};

PanelOpenedEvent panelOpenedEvent =new PanelOpenedEvent(){
    @Override
    public void onPanelOpened(View panel) {
        Log.e("panelOpenedEvent","panelOpenedEvent");
    }

};
class ItemClickListener implements OnItemClickListener {
    @Override
    public void onItemClick(AdapterView<?> arg0,View arg1, int arg2,
long arg3) {
        @SuppressWarnings("unchecked")
        HashMap<String, Object> item = (HashMap<String, Object>) arg0
                .getItemAtPosition(arg2);
        setTitle((String) item.get("ItemText"));
    }
}
```

此时就在屏幕中实现了一个简单的抽屉效果，如图 3-40 所示。

▲图 3-40　执行效果

3.20.3　特别提醒——实现可拖拉的抽屉效果

其实上述实例的抽屉效果还是不够完美，要是能像 iPhone 那样实现可拖拉的抽屉效果就更加完善了。在 Android 系统中，拖拉功能是基于 GestureDetector 技术实现的，有关 GestureDetector 的基本使用方法不是本书的重点，有兴趣的读者可以上网查询相关的教程。我们可以尝试在上述实例的基础上增加以下功能：

（1）支持手势拖拉；

（2）拖拉到一半时，可以自动展开或者收缩。

根据上述功能要求，可以对上述实例中的文件 Panel.java 进行修改，修改后的代码如下所示。

```
public Panel(Context context,View otherView,int width,int height) {
    super(context);
    this.mContext=context;

    //定义手势识别
    mGestureDetector = new GestureDetector(mContext,this);
    mGestureDetector.setIsLongpressEnabled(false);

    //改变 Panel 附近组件的属性
    LayoutParams otherLP=(LayoutParams) otherView.getLayoutParams();
    otherLP.weight=1;
    otherView.setLayoutParams(otherLP);

    //设置 Panel 本身的属性
    LayoutParams lp=new LayoutParams(width, height);
    lp.rightMargin=-lp.width+HANDLE_WIDTH;
    mRightMargin=Math.abs(lp.rightMargin);
    this.setLayoutParams(lp);
    this.setOrientation(LinearLayout.HORIZONTAL);
    //设置 Handler 的属性
    btnHandler=new Button(context);
    btnHandler.setLayoutParams(new LayoutParams(HANDLE_WIDTH,height));
    //btnHandler.setOnClickListener(handlerClickEvent);
    btnHandler.setOnTouchListener(handlerTouchEvent);
    this.addView(btnHandler);

    //设置 Container 的属性
    panelContainer=new LinearLayout(context);
    panelContainer.setLayoutParams(new LayoutParams(LayoutParams.FILL_PARENT,
        LayoutParams.FILL_PARENT));
    this.addView(panelContainer);

}

private View.OnTouchListener handlerTouchEvent=new View.OnTouchListener() {

    @Override
    public boolean onTouch(View v, MotionEvent event) {
        if(event.getAction()==MotionEvent.ACTION_UP && //onScroll时的ACTION_UP
                mIsScrolling==true)
        {
            LayoutParams lp=(LayoutParams) Panel.this.getLayoutParams();
            if (lp.rightMargin >= (-mRightMargin/2)) {//往左超过一半
                new AsynMove().execute(new Integer[] { MOVE_WIDTH });// 正数展开
            }
            else if (lp.rightMargin < (-mRightMargin/2)) {//往右拖拉
                new AsynMove().execute(new Integer[] { -MOVE_WIDTH });// 负数收缩
            }
        }
        return mGestureDetector.onTouchEvent(event);
    }
};

/**
 * 定义收缩时的回调函数
 * @param event
 */
public void setPanelClosedEvent(PanelClosedEvent event)
```

```
{
    this.panelClosedEvent=event;
}

/**
 * 定义展开时的回调函数
 * @param event
 */
public void setPanelOpenedEvent(PanelOpenedEvent event)
{
    this.panelOpenedEvent=event;
}

/**
 * 把View放在Panel的Container
 * @param v
 */
public void fillPanelContainer(View v)
{
    panelContainer.addView(v);
}

/**
 * 异步移动Panel
 */
class AsynMove extends AsyncTask<Integer, Integer, Void> {

    @Override
    protected Void doInBackground(Integer... params) {
        int times;
        if (mRightMargin % Math.abs(params[0]) == 0)// 整除
            times = mRightMargin / Math.abs(params[0]);
        else
            // 有余数
            times = mRightMargin / Math.abs(params[0]) + 1;

        for (int i = 0; i < times; i++) {
            publishProgress(params);
            try {
                Thread.sleep(Math.abs(params[0]));
            } catch (InterruptedException e) {
                // TODO Auto-generated catch block
                e.printStackTrace();
            }
        }
        return null;
    }

    @Override
    protected void onProgressUpdate(Integer... params) {
        LayoutParams lp = (LayoutParams) Panel.this.getLayoutParams();
        if (params[0] < 0)
            lp.rightMargin = Math.max(lp.rightMargin + params[0],
                (-mRightMargin));
        else
            lp.rightMargin = Math.min(lp.rightMargin + params[0], 0);

        if(lp.rightMargin==0 && panelOpenedEvent!=null){//展开之后
            panelOpenedEvent.onPanelOpened(Panel.this);//调用OPEN回调函数
        }
        else if(lp.rightMargin==-(mRightMargin) && panelClosedEvent!=null){
        //收缩之后
            panelClosedEvent.onPanelClosed(Panel.this);//调用CLOSE回调函数
        }
        Panel.this.setLayoutParams(lp);
    }
}

@Override
public boolean onDown(MotionEvent e) {
```

```
            mScrollX=0;
            mIsScrolling=false;
            return false;
        }

        @Override
        public boolean onSingleTapUp(MotionEvent e) {
            LayoutParams lp = (LayoutParams) Panel.this.getLayoutParams();
            if (lp.rightMargin < 0)// CLOSE 的状态
                new AsynMove().execute(new Integer[] { MOVE_WIDTH });// 正数展开
            else if (lp.rightMargin >= 0)// OPEN 的状态
                new AsynMove().execute(new Integer[] { -MOVE_WIDTH });// 负数收缩
            return false;
        }

        @Override
        public boolean onScroll(MotionEvent e1, MotionEvent e2, float distanceX,
                float distanceY) {
            mIsScrolling=true;
            mScrollX+=distanceX;

            LayoutParams lp=(LayoutParams) Panel.this.getLayoutParams();
            if (lp.rightMargin < -1 && mScrollX > 0) {//往左拖拉
                lp.rightMargin = Math.min((lp.rightMargin + (int) mScrollX),0);
                Panel.this.setLayoutParams(lp);
                Log.e("onScroll",lp.rightMargin+"");
            }
            else if (lp.rightMargin > -(mRightMargin) && mScrollX < 0) {//往右拖拉
                lp.rightMargin = Math.max((lp.rightMargin + (int) mScrollX),-mRightMargin);
                Panel.this.setLayoutParams(lp);
            }

            if(lp.rightMargin==0 && panelOpenedEvent!=null){//展开之后
                panelOpenedEvent.onPanelOpened(Panel.this);//调用 OPEN 回调函数
            }
            else if(lp.rightMargin==-(mRightMargin) && panelClosedEvent!=null){//收缩之后
                panelClosedEvent.onPanelClosed(Panel.this);//调用 CLOSE 回调函数
            }
            Log.e("onScroll",lp.rightMargin+"");

            return false;
        }

        @Override
        public boolean onFling(MotionEvent e1, MotionEvent e2, float velocityX,
                float velocityY) {return false;}
        @Override
        public void onLongPress(MotionEvent e) {}
        @Override
        public void onShowPress(MotionEvent e) {}
    }
```

此时执行后，就可以在屏幕中通过拖曳的方式实现抽屉效果。

3.21 在屏幕中演示使用多种对话框

实例 068	在屏幕中演示使用多种对话框
源码路径	光盘:daima\068
视频路径	光盘:\视频\068

3.21.1 实例说明

对话框控件 Dialog 的功能是在手机屏幕中实现互动对话框效果。在本节内容中，将通过一个具体实例的实现过程，来讲解使用 Dialog 控件的方法。

3.21.2 具体实现

编写主程序文件，此文件比较复杂，接下来将详细讲解此文件的实现过程。

- 定义方法 onCreateDialog

在此方法中使用 findViewByID 通过组件的 ID 返回对这个组件的引用，setOnClickListener 是单击 button1 按钮的监听器事件，onClick 为单击 Button 按钮后的回调函数，函数 showDialog 是 Activity 中的函数，用于将 ID 为 DIALOG1 的 Dialog 显示出来。

方法 onCreateDialog 的主要代码如下所示。

```
protected void onCreate(Bundle savedInstanceState) {
    super.onCreate(savedInstanceState);
    setContentView(R.layout.alert_dialog);
    Button button1 = (Button) findViewById(R.id.button1);
    button1.setOnClickListener(new OnClickListener() {
        public void onClick(View v) {
            showDialog(DIALOG1);
        }
    });

    Button buttons2 = (Button) findViewById(R.id.buttons2);
    buttons2.setOnClickListener(new OnClickListener(){
        public void onClick(View v) {
            showDialog(DIALOG2);
        }
    });

    Button button3 = (Button) findViewById(R.id.button3);
    button3.setOnClickListener(new OnClickListener() {
        public void onClick(View v) {
            showDialog(DIALOG3);
        }
    });

    Button button4 = (Button) findViewById(R.id.button4);
    button4.setOnClickListener(new OnClickListener() {
        public void onClick(View v) {
            showDialog(DIALOG4);
        }
    });
}
```

- 编写方法 onCreateDialog

方法 onCreateDialog 是一个回调函数，能够根据不同的 Dialog 的 ID（编号）生成不同的 Dialog，例如 buildDialog1 函数用于生成第一个要显示的 Dialog。主要代码如下所示。

```
@Override
    protected Dialog onCreateDialog (int id) {
        switch (id) {
        case DIALOG1:
            return buildDialog1(ActivityMain.this);

        case DIALOG2:
            return buildDialog2(ActivityMain.this);

        case DIALOG3:
            return buildDialog3(ActivityMain.this);
        case DIALOG4:
            return buildDialog4(ActivityMain.this);

        }
        return null;
    }
```

- 编写函数 buildDialog1、buildDialog2、buildDialog3 和 buildDialog4，这 4 个函数的实现原

理是一样的，具体说明如下所示。

- buildDialog1：onClick 方法是监听器中的回调方法，当单击 Dialog 按钮时，系统会回调这个方法。setNeutralButton 方法和 setPositiveButton 方法相对应，主要用于设置、取消按钮的一些属性。执行 builder.create 后，会生成一个配置好的 Dialog。
- buildDialog2：当单击第二个 button 按钮后会执行 buildDialog2，其中方法 setNeutralButton 用于设置中间按钮中的一些属性，具体设置方法和 buildDialog1 中的一样。
- buildDialog3：当单击第三个 button 按钮后会执行 buildDialog3，其中通过 LayoutInflater 类的 inflater 方法，可以将一个 XML 布局变为一个 View 实例。下面代码是整个 Dialog 的精髓。

```
builder.setView(textEntryView);
```

通过上述方法可以将实现好的个性化的 View 放置到 Dialog 中去，此处的 textEntryView 和 alert_dialog_entry.xml 定义的布局相关联。

- buildDialog4：此程序最为简单，执行后将会显示一个等待界面。

上述 4 个函数的主要实现代码如下所示。

```
private Dialog buildDialog1(Context context) {
    /*创建一个 AlertDialog.Builder builder 对象*/
    AlertDialog.Builder builder = new AlertDialog.Builder(context);
    /*给 AlertDialog 预设一个图片*/
    builder.setIcon(R.drawable.alert_dialog_icon);
    /*给 AlertDialog 预设一个标题*/
    builder.setTitle(R.string.alert_dialog_two_buttons_title);
    /*设置按钮的属性*/
    builder.setPositiveButton(R.string.alert_dialog_ok,
            new DialogInterface.OnClickListener() {
                public void onClick(DialogInterface dialog, int whichButton) {

                    setTitle("您刚才单击了对话框上的确定按钮");
                }
            });
    builder.setNegativeButton(R.string.alert_dialog_cancel,
            new DialogInterface.OnClickListener() {
                public void onClick(DialogInterface dialog, int whichButton) {
                    setTitle("您刚才单击了对话框上的取消按钮");
                }
            });
    return builder.create();

}
private Dialog buildDialog2(Context context) {
    AlertDialog.Builder builder = new AlertDialog.Builder(context);
    builder.setIcon(R.drawable.alert_dialog_icon);
    builder.setTitle(R.string.alert_dialog_two_buttons_msg);
    builder.setMessage(R.string.alert_dialog_two_buttons2_msg);
    builder.setPositiveButton(R.string.alert_dialog_ok,
            new DialogInterface.OnClickListener() {
                public void onClick(DialogInterface dialog, int whichButton) {

                    setTitle("您刚才单击了对话框上的确定按钮");
                }
            });
    builder.setNeutralButton(R.string.alert_dialog_something,
            new DialogInterface.OnClickListener() {
                public void onClick(DialogInterface dialog, int whichButton) {

                    setTitle("您刚才单击了对话框上的进入详细按钮");
                }
            });
    builder.setNegativeButton(R.string.alert_dialog_cancel,
            new DialogInterface.OnClickListener() {
                public void onClick(DialogInterface dialog, int whichButton) {
```

```
                    setTitle("您刚才单击了对话框上的取消按钮");
                }
            });
        return builder.create();
    }

    private Dialog buildDialog3(Context context) {
        LayoutInflater inflater = LayoutInflater.from(this);
        final View textEntryView = inflater.inflate(
                R.layout.text_entry, null);//引用布局样式文件
        AlertDialog.Builder builder = new AlertDialog.Builder(context);
        builder.setIcon(R.drawable.alert_dialog_icon);
        builder.setTitle(R.string.alert_dialog_text_entry);
        builder.setView(textEntryView);
        builder.setPositiveButton(R.string.alert_dialog_ok,
                new DialogInterface.OnClickListener() {
                    public void onClick(DialogInterface dialog, int whichButton) {
                        setTitle("您刚才单击了对话框上的确定按钮");
                    }
                });
        builder.setNegativeButton(R.string.alert_dialog_cancel,
                new DialogInterface.OnClickListener() {
                    public void onClick(DialogInterface dialog, int whichButton) {
                        setTitle("您刚才单击了对话框上的取消按钮");
                    }
                });
        return builder.create();
    }

    private Dialog buildDialog4(Context context) {
        ProgressDialog dialog = new ProgressDialog(context);
        dialog.setTitle("正在处理中");
        dialog.setMessage("等一会吧……");
        return  dialog;
    }
}
```

执行后的初始效果如图 3-41 所示；单击第一个 Button 按钮后的效果如图 3-42 所示；单击第二个 Button 按钮后的效果如图 3-43 所示；单击第三个 Button 按钮后的效果如图 3-44 所示；单击第四个 Button 按钮后的效果如图 3-45 所示。

▲图 3-41 初始效果

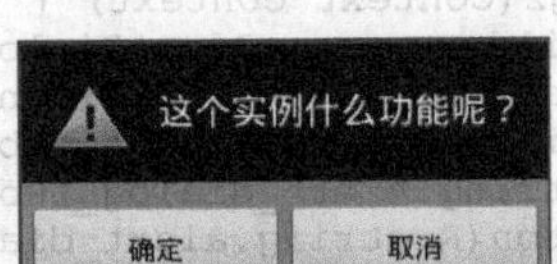

▲图 3-42 单击第一个 Button 后的效果

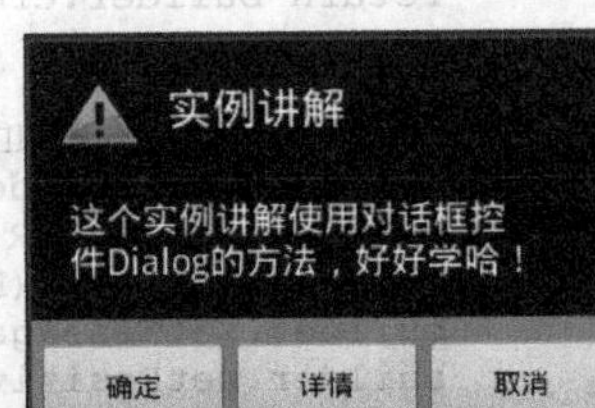

▲图 3-43 单击第二个 Button 后的效果

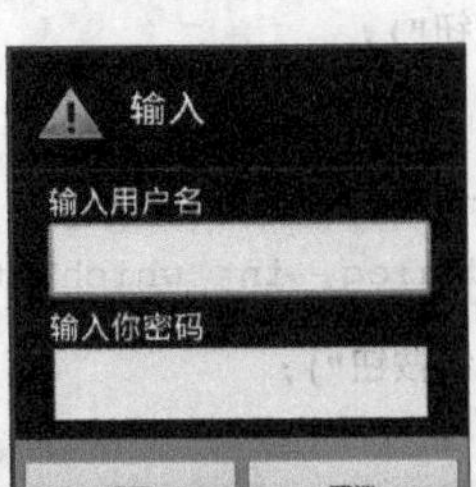

▲图 3-44 单击第三个 Button 后的效果

▲图 3-45 单击第四个 Button 后的效果

3.21.3 特别提醒——自定义消除 AlertDialog 的黑、白边框

无论是网页项目，窗体项目还是手机应用项目，都离不开对话框功能。对话框的样式是系统提前设置好的，其实我们可以根据项目要求来自定义对话框，例如自定义消除 AlertDialog 的黑、白边框。下面以具体代码来演示自定义消除 AlertDialog 的黑、白边框的方法。

（1）自定义布局文件，主要代码如下所示。

```
<?xml version="1.0" encoding="utf-8"?>
<RelativeLayout xmlns:android="http://schemas.android.com/apk/res/android"
   android:layout_height="fill_parent" android:layout_width="fill_parent"
   >
   <RelativeLayout  android:layout_width="fill_parent" android:layout_height="wrap_
content"
      android:background="@drawable/popup_title" android:id="@+id/about_us_rel01">
      <TextView android:id="@+id/about_us_title" android:layout_width="wrap_content"
          android:layout_height="wrap_content"
          android:text=" 关 于 我 们 "  android:layout_marginLeft="20dip"  android:
textSize="20dip"/>
      </RelativeLayout>
   <RelativeLayout android:layout_height="wrap_content" android:layout_below= "@+id/
about_us_rel01"
      android:background="@drawable/popup_bg" android:id="@+id/about_us_rel02"
      android:layout_width="fill_parent" android:gravity="center" >
      <ListView android:id="@+id/test_alertdialog_listview"
        android:layout_height="wrap_content" android:layout_width="wrap_content"
      ></ListView>

      </RelativeLayout>
</RelativeLayout>
```

（2）然后通过如下 Java 代码消除边框。

```
        final String[] datas ={"data1","data2"};
        LayoutInflater inflater = this.getLayoutInflater();
        View view = inflater.inflate(R.layout.test_alertdialog_listview,null);
        ListView lv  = (ListView)view.findViewById(R.id.test_alertdialog_listview);
        lv.setAdapter(new
ArrayAdapter(this,android.R.layout.simple_list_item_1,datas));
        lv.setOnItemClickListener(new OnItemClickListener(){

            @Override
            public void onItemClick(AdapterView<?> parent, View view,
                  int position, long id) {
                alertdialog.dismiss();
                Toast.makeText(TestAndroid.this,datas[position],Toast.LENGTH_LONG).show();
            }

        });
        alertdialog = new AlertDialog.Builder(this)
            //              .setView(view);
            .setItems(datas, new DialogInterface.OnClickListener() {
                @Override
                public void onClick(DialogInterface dialog, int which) {
                    // TODO Auto-generated method stub
                }
            })
            .create();
        // 在此使用 setview 方法可以设置布局文件和 alertdialog 四周边框的距离，可以消除黑边框
        alertdialog.setView(view, 0, 0, 0, 0);
        alertdialog.show();
```

（3）除了上述方法外，还可以通过设置 Dialog 对话框样式的方法来定义并消除边框。我们可以使用样式文件在 Values 目录下新建文件 styles.xml，主要代码如下所示。

```
<resources>
<style name="dialog" parent="@android:style/Theme.Dialog">
<item name="android:windowFrame">@null</item>
<item name="android:windowIsFloating">true</item>
<item name="android:windowIsTranslucent">false</item>
<item name="android:windowNoTitle">true</item>
<item name="android:background">@android:color/black</item>
<item name="android:windowBackground">@null</item>
<item name="android:backgroundDimEnabled">false</item>
</style>
</resources>
```

（4）在调用上述 XML 时需要使用 AlerDialog 的接口类，Dialog 接口代码如下所示。

```
    Dialog dialog =new Dialog(SetActivity.this, R.style.dialog);
                dialog.setContentView(R.layout.test);
                dialog.show();
```

（5）接下来看一下 Dialog 的源码文件，里面的构造函数如下所示。

```
public Dialog(Context context, int theme) {
      mContext =new ContextThemeWrapper(context, theme ==0? com.android.internal.
R.style.Theme_Dialog : theme);
      mWindowManager = (WindowManager)context.getSystemService("window");
      Window w = PolicyManager.makeNewWindow(mContext);
      mWindow = w;
      w.setCallback(this);
      w.setWindowManager(mWindowManager, null, null);
      w.setGravity(Gravity.CENTER);
      mUiThread = Thread.currentThread();
      mDismissCancelHandler =
new DismissCancelHandler(this);
   }
```

通过上述代码可以看出，Android 使用了默认的构造函数 Dialog 来设置样式，如果没有为其设置样式，即默认加载事先编写好的样式文件，Dialog 由多个“png”格式的图片构成，大部分都是带有边框“png”格式图片，所以上边的样式文件要将其背景去除掉。

3.22 联合使用 Toast 和 Notification 实现提醒

实例 069	联合使用 Toast 和 Notification 实现提醒
源码路径	光盘:daima\069
视频路径	光盘:\视频\069

3.22.1 实例说明

在前面的实例实现过程中曾经讲解过，在 Android 系统中可以使用 Dialog、Toast 和 Notification 实现提醒功能。前面的实例已经多次演示了前两者的使用方法，在本实例中将着重讲解 Notification 的用法。看名字就知道，Notification 是一个和提醒有关的应用，它通常和 NotificationManager 一块来设置通知。设置通知的方法比较简单，最基本的方式就是新建一个 Notification 对象，然后设置好通知的各项参数，再使用系统后台运行的 NotificationManager 服务将通知发出来。基本步骤如下所示。

（1）得到 NotificationManager 对象

```
String ns = Context.NOTIFICATION_SERVICE;
NotificationManager mNotificationManager = (NotificationManager) getSystemService(ns);
```

（2）新建一个 Notification 对象

```
Notification notification = new Notification();
notification.icon = R.drawable.notification_icon;
```

也可以使用稍微复杂的方式创建 Notification 对象。

```
int icon = R.drawable.notification_icon;            //通知图标
CharSequence tickerText = "Hello";                  //状态栏(Status Bar)显示的通知文本提示
long when = System.currentTimeMillis();             //通知产生的时间，会在通知信息里显示
Notification notification = new Notification(icon, tickerText, when);
```

（3）填充 Notification 的各个属性。

```
Context context = getApplicationContext();
CharSequence contentTitle = "My notification";
CharSequence contentText = "Hello World!";
Intent notificationIntent = new Intent(this, MyClass.class);
PendingIntent contentIntent = PendingIntent.getActivity(this, 0, notificationIntent,
0);
notification.setLatestEventInfo(context, contentTitle, contentText, contentIntent);
```

在 Notification 中提供了如下几种常用的手机提示方式。

- 在状态栏（Status Bar）显示的通知文本提示，例如下面的代码。

```
notification.tickerText = "hello";
```

- 发出提示音，例如下面的代码。

```
notification.defaults |= Notification.DEFAULT_SOUND;
notification.sound = Uri.parse("file:///sdcard/notification/ringer.mp3");
notification.sound = Uri.withAppendedPath(Audio.Media.INTERNAL_CONTENT_URI, "6");
```

- 手机振动，例如下面的代码。

```
notification.defaults |= Notification.DEFAULT_VIBRATE;
long[] vibrate = {0,100,200,300};
notification.vibrate = vibrate;
```

- LED 灯闪烁，例如下面的代码。

```
notification.defaults |= Notification.DEFAULT_LIGHTS;
notification.ledARGB = 0xff00ff00;
notification.ledOnMS = 300;
notification.ledOffMS = 1000;
notification.flags |= Notification.FLAG_SHOW_LIGHTS;
```

（4）发送通知，例如下面的代码。

```
private static final int ID_NOTIFICATION = 1;
mNotificationManager.notify(ID_NOTIFICATION, notification);
```

3.22.2 具体实现

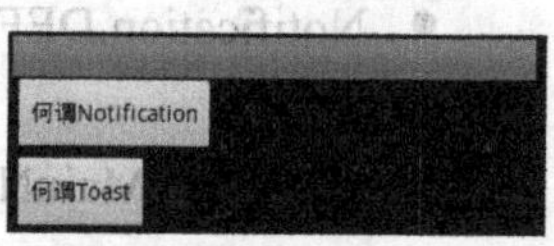

▲图 3-46 插入 2 个 Button

（1）编写文件 main.xml 主文件，此文件是一个布局文件，功能是在屏幕中插入 2 个 Button 按钮。此时执行后效果如图 3-46 所示。

（2）编写文件 ActivityMain.java，对 2 个 Button 按钮绑定单击监听器 OnClickListener，当单击这 2 个 Button 按钮时，会跳转到新的 Activity 上面。主要代码如下所示。

```
    public void onCreate(Bundle savedInstanceState) {
        super.onCreate(savedInstanceState);
        listener1 = new OnClickListener() {
            public void onClick(View v) {
                setTitle("介绍 Notification");
                Intent intent = new Intent(ActivityMain.this,
                        ActivityMainNotification.class);
                startActivity(intent);
            }
        };
        listener2 = new OnClickListener() {
            public void onClick(View v) {
                setTitle("介绍 Toast");
                Intent intent = new Intent(ActivityMain.this,
```

```
                ActivityToast.class);
            startActivity(intent);
        }
    };
    setContentView(R.layout.main);
    button1 = (Button) findViewById(R.id.button1);
    button1.setOnClickListener(listener1);
    button2 = (Button) findViewById(R.id.button2);
    button2.setOnClickListener(listener2);
  }
}
```

（3）编写单击第一个 Button 按钮的处理程序，即单击图 3-48 中的【何谓 Notification】按钮后，执行文件 ActivityMainNotification.java。在实现此文件过程中需要特别注意以下 4 点。

● 因为所有的 Notification 都是通过 NotificationManager 来管理的，所以需要先创建 NotificationManager 对象实例来管理这个 Activity 中信息。实现代码如下。

```
mNotificationManager=(NotificationManager)getSystemService(NOTIFICATION_SERVICE);
```

● 函数 setWeather 的功能是实例化一个 Notification 并将结果显示出来，此函数是 ActivityMainNotification 中的重要函数之一。

● 需要注意如下代码中的三个参数。

```
Notification notification = new Notification(drawable, tickerText,
                System.currentTimeMillis());
```

➢ 第一个：显示的图片的 ID。

➢ 第二个：显示的文本文字。

➢ 第三个：Notification 显示的时间，一般是立即显示，时间就是 System.currentTimeMillis()。

● 函数 setDefault 非常重要，此函数初始化了一个 Notification，在设置 Notification 时使用了如下缺省值的形式。

```
notification.defaults = defaults;
```

另外，在文件 ActivityMainNotification.java 中还用到了以下几种表现形式。

● Notification.DEFAULT_VIBRATE：表示当前的 Notification 显示出来时手机会发出震动。

● Notification.DEFAULT_SOUND：表示当前的 Notification 显示出来时手机会伴奏。

● Notification.DEFAULT_ALL：表示当前的 Notification 显示出来时手机即会震动，也会伴随音乐。

文件 ActivityMainNotification.java 的主要代码如下所示。

```
    button.setOnClickListener(new Button.OnClickListener() {
        public void onClick(View v) {
            setWeather("很好", "天气好", "很好", R.drawable.sun);
        }
    });
    button = (Button) findViewById(R.id.cloudy_1);
    button.setOnClickListener(new Button.OnClickListener() {
        public void onClick(View v) {
            setWeather("一般", "天气", "一般", R.drawable.cloudy);
        }
});
    button = (Button) findViewById(R.id.rain_1);
    button.setOnClickListener(new Button.OnClickListener() {
        public void onClick(View v) {
            setWeather("不好", "天气", "不好", R.drawable.rain);
        }
    });
    button = (Button) findViewById(R.id.defaultSound);
    button.setOnClickListener(new Button.OnClickListener() {
        public void onClick(View v) {
```

```
                setDefault(Notification.DEFAULT_SOUND);
            }
        });
        button = (Button) findViewById(R.id.defaultVibrate);
        button.setOnClickListener(new Button.OnClickListener() {
            public void onClick(View v) {
                setDefault(Notification.DEFAULT_VIBRATE);
            }
        });
        button = (Button) findViewById(R.id.defaultAll);
        button.setOnClickListener(new Button.OnClickListener() {
            public void onClick(View v) {
                setDefault(Notification.DEFAULT_ALL);
            }
        });
        button = (Button) findViewById(R.id.clear);
        button.setOnClickListener(new Button.OnClickListener() {
            public void onClick(View v) {
                mNotificationManager.cancel(NOTIFICATIONS_ID);
            }
        });
    }
    private void setWeather(String tickerText, String title, String content,
            int drawable) {
        Notification notification = new Notification(drawable, tickerText,
                System.currentTimeMillis());
        PendingIntent contentIntent = PendingIntent.getActivity(this, 0,
                new Intent(this, ActivityMain.class), 0);
        notification.setLatestEventInfo(this, title, content, contentIntent);
        mNotificationManager.notify(NOTIFICATIONS_ID, notification);
    }
    private void setDefault(int defaults) {
        PendingIntent contentIntent = PendingIntent.getActivity(this, 0,
                new Intent(this, ActivityMain.class), 0);
        String title = "天气";
        String content = "晴";
        final Notification notification = new Notification(R.drawable.sun,
                content, System.currentTimeMillis());
        notification.setLatestEventInfo(this, title, content, contentIntent);
        notification.defaults = defaults;
        mNotificationManager.notify(NOTIFICATIONS_ID, notification);
    }
```

（4）单击第一个 Button 按钮后会来到一个新界面，新界面的布局文件是由 activity_notification.xml 实现的。

执行后新界面的效果如图 3-47 所示。

当单击新图 3-47 中的 Button 按钮后会实现上述程序中设置的某种效果，例如单击【有声音】按钮后，会发出有声音的 Notification 提示。

（5）编写第二个 Button 按钮的处理代码，即单击图 3-48 中的【何谓 Toast】按钮后，执行文件 ActivityToast.java，此文件是通过 Toast 实现的，它不需要用 NotificationManager 来管理。文件 ActivityToast.java 的主要代码如下所示。

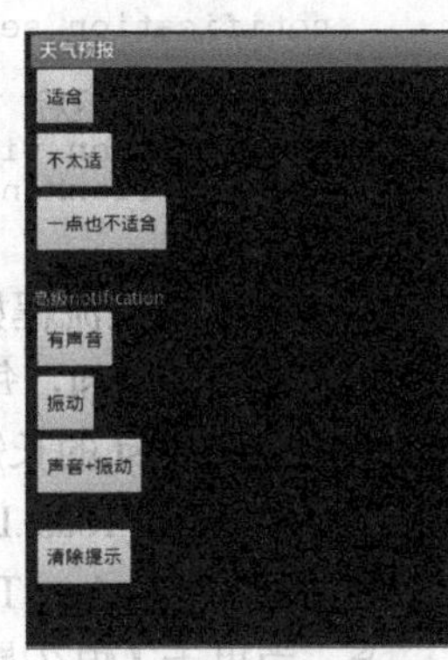

▲图 3-47 运行效果

```
public void onCreate(Bundle savedInstanceState) {
    super.onCreate(savedInstanceState);
    listener1 = new OnClickListener() {
        public void onClick(View v) {
            setTitle("短暂提醒");
            showToast(Toast.LENGTH_SHORT);
        }
    };
    listener2 = new OnClickListener() {
        public void onClick(View v) {
            setTitle("恒久提醒");
```

```
            showToast(Toast.LENGTH_LONG);
            showNotification();
        }
    };
    setContentView(R.layout.activity_toast);
    button1 = (Button) findViewById(R.id.button1);
    button1.setOnClickListener(listener1);
    button2 = (Button) findViewById(R.id.button2);
    button2.setOnClickListener(listener2);
}
protected void showToast(int type) {

    View view = inflateView(R.layout.toast);

    TextView tv = (TextView) view.findViewById(R.id.content);
    tv.setText("欢迎来到大明湖! ");

    Toast toast = new Toast(this);
    toast.setView(view);
    toast.setDuration(type);
    toast.show();
}

private View inflateView(int resource) {
    LayoutInflater vi = (LayoutInflater) getSystemService(Context.LAYOUT_INFLATER_SERVICE);
    return vi.inflate(resource, null);
}

protected void showNotification() {

    NotificationManager notificationManager = (NotificationManager) getSystemService
(NOTIFICATION_SERVICE);

    CharSequence title = "济南府";
    CharSequence contents = "大明湖畔";

    PendingIntent contentIntent = PendingIntent.getActivity(this, 0,
        new Intent(this, ActivityMain.class), 0);

    Notification notification = new Notification(R.drawable.default_icon,
        title, System.currentTimeMillis());

    notification.setLatestEventInfo(this, title, contents, contentIntent);

    // 100ms 延迟后，振动 250ms，停止 100ms 后振动 500ms
    notification.vibrate = new long[] { 100, 250, 100, 500 };
    notificationManager.notify(NOTIFICATIONS_ID, notification);
}
```

此文件的处理流程如下所示。

- 实例化 Toast，每个 Toast 和一个 View 相关。
- 设置 Toast 的长短，使用“showToast(Toast.LENGTH_SHORT);”设置 Toast 短时间显示，使用“showToast(Toast.LENGTH_LONG)”设置 Toast 长时间显示。
- 通过函数 showToast 来显示 Toast，具体说明如下。

➢ 当单击【恒久显示】按钮后，程序会长时间的显示提醒，并用 Notification 在状态栏中提示用户。

➢ 当单击【短暂显示】按钮后，程序会短时间的显示提醒。

（6）单击第二个 Button 按钮后来到对应的新界面，新界面使用文件 activity_toast.xml 实现布局。

执行后新界面的效果如图 3-48 所示。单击【短暂 Toast】按钮后会短时间显示一个提醒，当单击【永恒 Toast】按钮后会长时间显示一个提醒，这两种方式的提醒界面都是相同的，具体效果如图 3-49 所示。

▲图 3-48 运行效果

▲图 3-49 运行效果

3.22.3 特别提醒——更新通知信息

除了使用 Notification 发布通知信息外，还可以使用 Notification 更新通知信息。如果需要更新一个通知，需要在设置好 Notification 之后调用 setLatestEventInfo 来实现，只需重新发送一次通知即可。

需要传入相同的 ID 才能更新一个已经触发过的 Notification，如果 ID 不相同就说明不是同一个通知。我们既可以传入相同的 Notification 对象，也可以传入一个全新的对象。只要 ID 相同，新的 Notification 对象会替换状态条图标和扩展的状态窗口的细节。

同样的道理，通过调用 NotificationManager 中的 cancel 方法来使用 ID 取消 Notification 通知，例如下面的代码。

```
notificationManager.cancel(notificationRef);
```

当取消一个 Notification 通知时，会移除它的状态条图标并清除在扩展的状态窗口中的信息。

3.23 动态添加/删除 Spinner 菜单

实例 070	动态添加/删除 Spinner 菜单
源码路径	光盘:daima\070
视频路径	光盘:\视频\070

3.23.1 实例说明

在本书前面的实例中已经讲解过用 Spinner 自定义菜单和实现事件交互的方法。本实例的功能将更加复杂高级，在本实例中将利用 ArrayList（动态数组）的依赖性在动态增减 Spinner 下拉菜单中的选项。

在本实例中，将设计一个 EditText 输入框，当用户输入了文字并单击【添加】按钮的同时，就会将输入的值添加至 Spinner 下拉菜单的最后一项，接着 Spinner 会停留在刚添加好的选项上；单击【删除】按钮则会删除选择的 Spinner 选项。

3.23.2 具体实现

（1）编写文件 main.xml，在里面分别插入 1 个 TextView 文本框、1 个 Button 按钮和 1 个 EditText 编辑框。

（2）编写文件 add.java，主要代码如下所示。

```
public class add extends Activity
{
  private static final String[] countriesStr =
  { "Android多媒体", "Android网络", "Android驱动", "Android游戏" };
  private TextView myTextView;
  private EditText myEditText;
  private Button myButton_add;
  private Button myButton_remove;
  private Spinner mySpinner;
  private ArrayAdapter<String> adapter;
  private List<String> allCountries;
  /** Called when the activity is first created. */
  @Override
  public void onCreate(Bundle savedInstanceState)
  {
    super.onCreate(savedInstanceState);
    /* 载入main.xml Layout */
    setContentView(R.layout.main);
    allCountries = new ArrayList<String>();
    for (int i = 0; i < countriesStr.length; i++)
    {
      allCountries.add(countriesStr[i]);
    }
    /* new ArrayAdapter对象并将allCountries传入 */
    adapter = new ArrayAdapter<String>(this,
        android.R.layout.simple_spinner_item, allCountries);
    adapter
        .setDropDownViewResource
        (android.R.layout.simple_spinner_dropdown_item);
    /* 以findViewById()取得对象 */
    myTextView = (TextView) findViewById(R.id.myTextView);
    myEditText = (EditText) findViewById(R.id.myEditText);
    myButton_add = (Button) findViewById(R.id.myButton_add);
    myButton_remove = (Button) findViewById(R.id.myButton_remove);
    mySpinner = (Spinner) findViewById(R.id.mySpinner);
    /* 将ArrayAdapter添加Spinner对象中 */
    mySpinner.setAdapter(adapter);
    /* 将myButton_add添加OnClickListener */
    myButton_add.setOnClickListener(new Button.OnClickListener()
    {
      @Override
      public void onClick(View arg0)
      {
        String newCountry = myEditText.getText().toString();
        /* 先比较添加的值是否已存在，不存在才可添加 */
        for (int i = 0; i < adapter.getCount(); i++)
        {
          if (newCountry.equals(adapter.getItem(i)))
          {
            return;
          }
        }
        if (!newCountry.equals(""))
        {
          /* 将值添加至adapter */
          adapter.add(newCountry);
          /* 取得添加的值的位置 */
          int position = adapter.getPosition(newCountry);
          /* 将Spinner选择在添加的值的位置 */
          mySpinner.setSelection(position);
          /* 将myEditText清空 */
          myEditText.setText("");
        }
      }
    });
    /* 将myButton_remove添加OnClickListener */
    myButton_remove.setOnClickListener(new Button.OnClickListener()
    {
      @Override
      public void onClick(View arg0)
      {
```

```
      if (mySpinner.getSelectedItem() != null)
      {
        /* 删除mySpinner的值 */
        adapter.remove(mySpinner.getSelectedItem().toString());
        /* 将 myEditText 清空 */
        myEditText.setText("");
        if (adapter.getCount() == 0)
        {
          /* 将 myTextView 清空 */
          myTextView.setText("");
        }
      }
    }
  });
  /* 将 mySpinner 添加 OnItemSelectedListener */
  mySpinner.setOnItemSelectedListener
  (new Spinner.OnItemSelectedListener()
  {
    @Override
    public void onItemSelected(AdapterView<?> arg0, View arg1, int arg2,
      long arg3)
    {
      /* 将所选 mySpinner 的值带入 myTextView 中 */
      myTextView.setText(arg0.getSelectedItem().toString());
    }
    @Override
    public void onNothingSelected(AdapterView<?> arg0)
    {
    }
  });
 }
}
```

上述代码的实现流程如下所示。

- 定义数组 String[]，保存 4 个数据。
- 载入 main.xml 的布局，然后新建 ArrayAdapter 对象并将 allCountries 传入。
- 用 findViewById()取得对象，并将 ArrayAdapter 添加 Spinner 对象中。
- 实现添加处理，先比较添加的值是否已存在，不存在才可添加；然后将值添加至 adapter，并取得添加的值的位置，将 Spinner 选择在添加的值的位置；最后，将 myEditText 清空。
- 通过 setOnClickListener 将 myButton_remove 添加 OnClickListener：首先，删除 mySpinner 的值；然后，将 myEditText 清空；最后，将 myTextView 清空。
- 使用 setOnItemSelectedListener 监听用户选择选项，将选择的项 mySpinner 添加入 OnItemSelectedListener 中，并将所选项 mySpinner 的值传入 myTextView 中。

执行后的效果如图 3-50 所示；在框中输入一个选项并单击【添加】按钮后，会将输入的信息添加到下拉框中，如图 3-51 所示。当单击【删除】按钮后会删除当前下拉框中显示的选项信息。

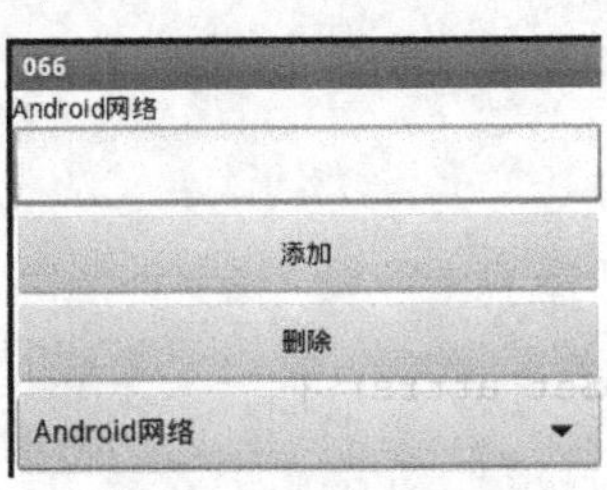

▲图 3-50　初始效果

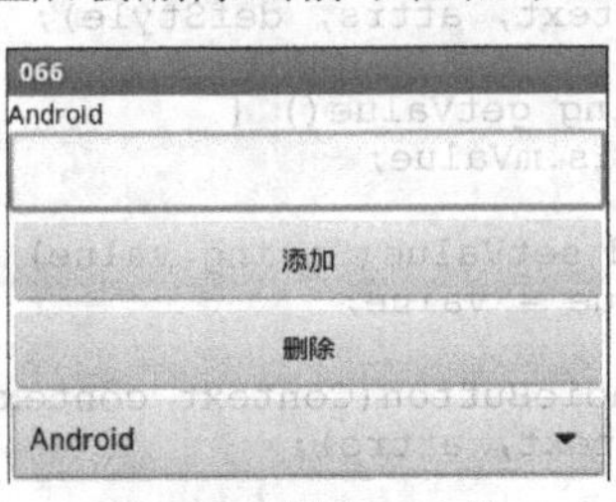

▲图 3-51　添加一个值

3.23.3　特别提醒——改变 TextView 内容

在本实例中，setDropDownViewResource 的功能是，设置用户单击 Spinner 后出现的下拉菜单样式，除了可以使用自定义方式改变 TextView 内容外，在 Android 还提供如下两种基本的样式。

- android.R.layout.simple_spinner_item：设置 TextView 的下拉菜单样式。
- ndroid.R.layout.simple_spinner_dropdown_item：除了有 TextView 外，在右边显示 Radio 的下拉菜单。

3.24 自定义一个 Android 控件

实例 071	自定义一个 Android 控件
源码路径	光盘:daima\071
视频路径	光盘:\视频\071

3.24.1 实例说明

Android 应用项目离不开控件，Android 系统为我们提供了很多漂亮的控件，不过控件虽多但是功能弱小。例如在 Radio 中只能放一个 text，而没有 value（key）可以存放。使得一个 RadioGroup 里的 RadioButton 可以同时被选择。

Android 提供这些控件的目的是告诉我们如何实现一个最基本的控件，而非实现一个完整、强大的功能。Android 提供了自定义控件的功能，鼓励开发人员发挥聪明才智去开发自己的控件，我们可以在 Android 的基础控件上实现想要的功能。在本实例中，实现了自定义的组合控件——RadioButton 组合 RadioGroup。

3.24.2 具体实现

（1）设置自定义控件

Android 系统自带的 RadioButton 只能存放 text，因为本实例的目标是设计一个可以同时存放 key-value 对应的键值的 RadioButton，所以需要编写一个自定义控件来存放 key-value。实现思路非常简单，可以新建一个名为 ocom.sinxiao.view.MyRadioButton 的类，他继承自 android.wedget.RadioButton，然后重写父类的所有构造方法。这样就实现了一个跟父类一模一样的控件，然后在此基础上加入我们需要的功能就可以实现一个功能更加强大的“RadioButton”控件，在本实例中加入一个属性 value，用来存放 RadioButton 的 key。

实现文件 MyRadioButton.java 的主要代码如下所示。

```
public    class    MyRadioButton    extends    android.widget.RadioButton    implements
OnCheckedChangeListener {
private String mValue;
public MyRadioButton(Context context, AttributeSet attrs, int defStyle) {
  super(context, attrs, defStyle);
}
public String getValue() {
  return this.mValue;
}
public void setValue(String value) {
  this.mValue = value;
}
public MyRadioButton(Context context, AttributeSet attrs) {
  super(context, attrs);
  try {
   /**
    * 与values/attrs.xml里面定义的属性绑定
    */
   TypedArray  a  =  context.obtainStyledAttributes(attrs,  R.styleable.RadioButton);
this.mValue = a.getString(R.styleable.RadioButton_value);    a.recycle();
  } catch (Exception e) {
   e.printStackTrace();
```

```
    }
    setOnCheckedChangeListener(this);
}
public MyRadioButton(Context context) {
    super(context);
}
@Override
public void onCheckedChanged(CompoundButton buttonView, boolean isChecked) {
MyRadioGroup group = (MyRadioGroup) getParent();
group.setTheValue(this.getValue());
Log.d("-------Main", "the new value is ===>"+this.getValue());
}}
```

在上述代码中，加入一个新属性 value，由于 Android 习惯以 m 开头来命名属性，所以我们的自定义控件也要遵循这个规则来。而对于方法 setter 和 gette 来说，不需要加前缀 m。这样，我们就可以使用这个自定义控件了。而且可以给它设置一个 value，加上父类的 text 属性就可以在 RadioButton 中加入 key- value 的键值了。

（2）在 XML 中引用自定义控件

我们可以在 XML 中加入自定义控件，具体方法非常简单，只需要在控件名前加入包名即可。

（3）定义文件 attrs.xml 中的属性

既然在自定义控件中加入了一个新的属性，相应的应该能够在 XML 文件中引用并赋初始值。最简单的方法是在文件“res/values/attrs.xml”中定义属性，在自定义控件中获取这个属性，然后跟自定义控件的属性相绑定。如果我们的工程中没有文件 attrs.xml，则需要新建一个。在里面只存放自定义控件中需要的属性，此文件起了一个中介作用，负责将“layout/xx.xml”文件中对这个变量的引用和自定义控件里面的属性绑定起来。

（4）控件属性与 XML 的定义绑定

在文件文件 MyRadioButton.java 中存在如下代码：

```
 /**
   * 跟 values/attrs.xml 里面定义的属性绑定
   */
 TypedArray a = context.obtainStyledAttributes(attrs,
            R.styleable.RadioButton);
  this.mValue = a.getString(R.styleable.RadioButton_value);
  a.recycle();
```

此处的 TypedArray 是一个存放资源的 Array 数组，能够从上下文中获取属性资源 R.styleable.RadioButton。其中 attrs 对应 attrs.xml 文件，是构造函数传进来。如下代码的目的是获取文件 attrs.xml 中定义的属性，并将这个属性的值传给本控件的 mValue。

```
a.getString(R.styleable.RadioButton_value);
```

在最后返回一个绑定结束的信号给资源“a.recycle();”，整个绑定结束。

（5）在 XML 中对控件赋初始值

绑定结束后需要在赋初始值的地方赋值，对控件赋初始值的代码如下所示。在文件 main.xml 中对控件赋初始值的代码如下所示。

```
<LinearLayout xmlns:android=http://schemas.android.com/apk/res/android
xmlns:fsms="http://schemas.android.com/apk/res/com.sinxiao.myview"
  android:orientation="vertical"
  android:layout_width="fill_parent"
  android:layout_height="fill_parent"     >
```

在上述代码中，首行声明命名空间，命名空间为 fsms，路径是 http://schemas.android.com/apk/res/，后面接的是 R 的路径“rog.kandy.R”。然后在自定义控件的 xml 描述中，可以使用“fsms:value="true"”格式实现初始化赋值自定义控件的操作。

(6) 实现 RadioGroup、RadioButton 组合控件

经过前面步骤的操作，仅仅是实现自定义控件，接下来开始讲解实现组合控件的方法。在组合控件中，最经常用到的应该就是 RadioGroup 和 RadioButton。RadioButton 的实现已经在上面介绍了。下面要介绍 RadioGroup 的自定义控件和功能扩展。实现文件 MyRadioGroup.java 的主要代码如下所示。

```
    private String tag ="===myRadioGroup";
    // 设置子控件的值
    private void setChildValue(){
     int n = this.getChildCount();
     Log.d(tag, "the n is "+n);
     for(int i=0;i<n;i++){
      MyRadioButton radio = (MyRadioButton)this.getChildAt(i);
      if(radio.getValue().equals(this.mValue)){
       radio.setChecked(true);
      }else{
       radio.setChecked(false);
      }
     }
    }
    // 获取子类的值
    private void getChildValue(){
     int n = this.getChildCount();
     for(int i=0;i<n;i++){
      MyRadioButton radio = (MyRadioButton)this.getChildAt(i);
      if(radio.isChecked()){
       this.mValue=radio.getValue();
      }
     }
    }

    public void setTheValue(String value) {
     this.mValue = value;
    }

    public String getTheValue(){
     getChildValue();
     return this.mValue;
    }

   @Override
   public void onCheckedChanged(RadioGroup group, int checkedId) {
      setChildValue();
   }
 }
```

在上述代码中，RadioGroup 实现了如下两个功能：

- 获取子控件（RadioButton）所选择的值；
- 设置子控件要选择的值。

实现上述功能的方法非常简单，首先通过循环或者 RadioGroup 的子控件检测哪个控件被选择，然后通过 getValue 获取值，并将此 value 赋值给 RadioGroup 的扩展属性 value。当 MyRadioButton 发生改变的时候，向 RadioGroup 赋值，然后 RadioGroup 根据 value 值来刷新界面，这就实现了单选的效果。

实例执行后的效果如图 3-52 所示。

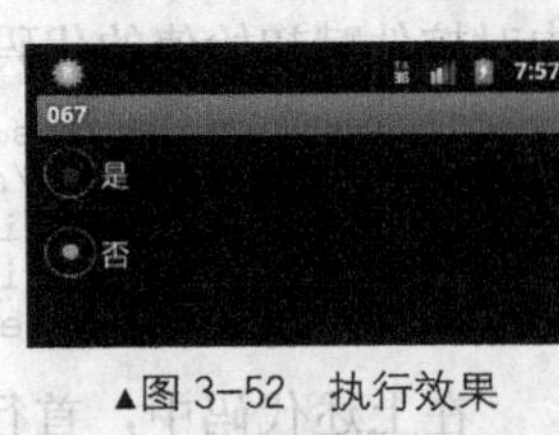

▲图 3-52 执行效果

3.24.3 特别提醒——将属性值绑定到控件的基本步骤

在编写自定义控件的时候，经常需要将一些属性值绑定到控件中，这样当用户选择某个控件时，可以直接从所选控件中获取所需要的值，这样开发就比较容易了。下面我们总结一下将属性值绑定到控件的基本步骤。

（1）在文件“res/values/attrs.xml”中定义要添加的属性值，例如下面的代码。

```
<?xml version="1.0" encoding="utf-8"?>
<resources>
    <declare-styleable name="MyRadioButton">
        <attr name="value" format="string"/>
    </declare-styleable>
</resources>
```

（2）创建自定义的控件类，例如下面的代码。

```
<pre name="code" class="java">public class MyRadioButton extends RadioButton {

    public MyRadioButton(Context context, AttributeSet attrs) {
        super(context, attrs);
        //从attrs.xml获取自定义的控件属性
        TypedArray a = context.obtainStyledAttributes(attrs, R.styleable.MyRadioButton);
        ////从attrs.xml获取自定义的value属性(控件属性名称+ "_" + 自定义的属性名称)
        this.m_value = a.getString(R.styleable.MyRadioButton_value);
        a.recycle();
    }
    public String getM_value() {
        return m_value;
    }
    public void setM_value(String mValue) {
        m_value = mValue;
    }
    //自定义属性
    private String m_value;
}
```

（3）在文件res/layout/main.xml中创建自定义控件，例如下面的代码。

```
<?xml version="1.0" encoding="utf-8"?>
<!-- xmlns:cs="http://schemas.android.com/apk/res/com.draw" 为自定义控件指定命名空间
com.draw: 取AndroidManifest.xml中 package="com.draw" 属性值
-->
<LinearLayout xmlns:android="http://schemas.android.com/apk/res/android"
    xmlns:cs="http://schemas.android.com/apk/res/com.draw"
    android:orientation="vertical"
    android:layout_width="fill_parent"
    android:layout_height="fill_parent"
    >
    <!-- cs:value="value" 为自定义的属性赋值 -->
    <com.draw.MyRadioButton android:id="@+id/rdTest"  cs:value="checked"
        android:text="hello"                          android:layout_height="wrap_content"
android:layout_width="wrap_content"/>
</LinearLayout>
```

3.25 设置控件的外观样式

实例 072	设置控件的外观样式
源码路径	光盘:daima\072
视频路径	光盘:\视频\072

3.25.1　实例说明

在开发Android程序的过程中，系统提供的控件外观有时距离我们的要求会有一定差距。此时我们可以通过一些方法来改善控件的外观样式。在本实例中，将详细讲解如何改变按钮控件RadioButton的外观样式。

3.25.2　具体实现

（1）首先制作一个9patch的图片作为背景图，准备一副PNG格式图片，设置白色为透明色，如图 3-53 所示。

（2）使用 SDK/tools/draw9patch 工具在可伸缩的范围周围加上黑色的线告知系统这些区域可以伸缩。在处理后的图片周围多了黑色线，如图 3-54 所示。（注意：本实例后面有此工具的具体说明）。

▲图 3-53 PNG 图片

▲图 3-54 加黑线的图片

（3）继续使用 SDK/tools/draw9patch 工具制作按钮素材图片，具体说明如下所示。

：表示 enabled on：紫色外框、红色中心点；

：表示 enabled off：只有紫色外框；

：表示 enabled on，pressed：黄色外框，红色中心点；

：表示 enabled off，pressed：黄色外框；

：表示 disabled on：灰色外框，灰色中心点；

：表示 disabled off：灰色外框。

读者可以根据需要定义其他样式。

（4）使用 XML 文件描述一个 drawable，在“res/drawable/”目录下创建文件 custom_radio_btn.xml。

（5）创建一个自定义的 Style 样式，并应用到 RaidioButton 的 style 属性上，主要代码如下所示。

```
<style name="CustomRadioBtn">
      <item name="android:background">@drawable/radio_btn_bg</item>
      <item name="android:button">@drawable/custom_radio_btn</item>
</style>
```

此时设置 RaidioButton 控件的外观功能就完成了，运行后的效果如图 3-55 所示。

3.25.3 特别提醒——查看 Android 开源代码

笔者在编写上述实例程序时，参考了 Android 开源代码。在开源代码中有实现各种控件的完整方法，可以参考开源代码中的实现方法，尝试修改其他控件的外观样式。接下来简单介绍笔者分析在 Android 开源代码中控制样式的代码。

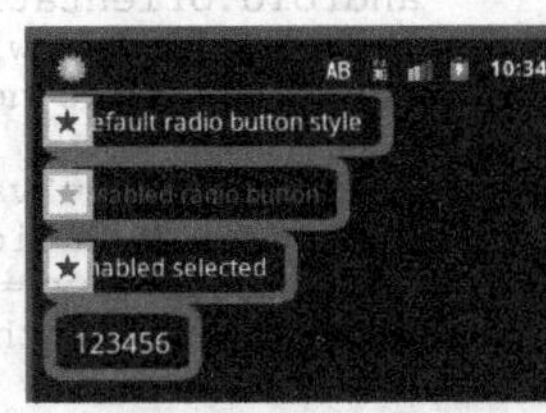

▲图 3-55 执行效果

我们需要查看在 Android 开源代码中对 RadioButton 控件的定义，RadioButton 的显示样式由其 Background、Button 等属性决定。在 Android 系统中使用 Style 定义了默认的属性，在 Android 源码系统中，通过如下文件实现对控件的默认定义。

```
android/frameworks/base/core/res/res/values/styles.xml
```

其中在文件 styles.xml 中定义 RadioButton 控件外观样式的代码如下所示。

```
<style name="Widget.CompoundButton.RadioButton">
      <item
name="android:background">@android:drawable/btn_radio_label_background</item>
      <item name="android:button">@android:drawable/btn_radio</item>
</style>
```

从上述源码可以看出，其背景图是 btn_radio_label_background，btn_radio_label_background 是一幅图片，被保存在如下路径中。

```
android/frameworks/base/core/res/res/drawable-mdpi/btn_radio_label_background.9.png
```

由此可以看出，使用了一个 NinePatch 图片作为背景，此图片可以拉伸填充。

按钮的样子是 btn_radio 设置的，btn_radio 的实现被保存在如下路径中。

```
android/frameworks/base/core/res/res/drawable/btn_radio.xml
```

在文件 btn_radio.xml 中定义了 Drawable，其主要代码如下所示。

```
<selector xmlns:android="http://schemas.android.com/apk/res/android">
   <item android:state_checked="true" android:state_window_focused="false"
        android:drawable="@drawable/btn_radio_on" />
   <item android:state_checked="false" android:state_window_focused="false"
        android:drawable="@drawable/btn_radio_off" />

   <item android:state_checked="true" android:state_pressed="true"
        android:drawable="@drawable/btn_radio_on_pressed" />
   <item android:state_checked="false" android:state_pressed="true"
        android:drawable="@drawable/btn_radio_off_pressed" />

   <item android:state_checked="true" android:state_focused="true"
        android:drawable="@drawable/btn_radio_on_selected" />
   <item android:state_checked="false" android:state_focused="true"
        android:drawable="@drawable/btn_radio_off_selected" />

   <item android:state_checked="false" android:drawable="@drawable/btn_radio_off" />
   <item android:state_checked="true" android:drawable="@drawable/btn_radio_on" />
</selector>
```

上述代码定义了按钮的多种样式，内容非常容易理解，在此只讲解一种的含义，其他几种相信读者就能看懂了。看下面的代码：

```
<item android:state_checked="true" android:state_pressed="true"
        android:drawable="@drawable/btn_radio_on_pressed" />
```

上述代码的含义是：当 RadioButton 被选中并且被按下时，其 Button 的外观样式按照 btn_radio_on_pressed 规定的显示。btn_radio_on_pressed 规定的显示如下路径图片的样式。

```
android/frameworks/base/core/res/res/drawable-mdpi/btn_radio_on_pressed.png
```

图片 btn_radio_on_pressed.png 的效果如图 3-56 所示。

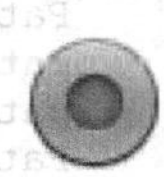

▲图 3-56　btn_radio_on_pressed 样式

另外在 Drawable 的 Item 中可存在以下属性。

```
android:drawable="@[package:]drawable/drawable_resource"
android:state_pressed=["true" | "false"]
android:state_focused=["true" | "false"]
android:state_selected=["true" | "false"]
android:state_active=["true" | "false"]
android:state_checkable=["true" | "false"]
android:state_checked=["true" | "false"]
android:state_enabled=["true" | "false"]
android:state_window_focused=["true" | "false"]
```

当按钮的状态和上述某个 Item 匹配后，就会使用此 Item 定义的 Drawable 作为按钮图片。

在最后简单讲解一下 Draw 9-patch 工具，通过使用 Draw 9-patch 工具，可以轻易地创建 NinePatch 图形，使用 WYSIWYG 编辑器可以预览图片的扩展版本，并高亮化我们选择的区域。有关此工具的具体用法，可以参考 http://developer.android.com/guide/developing/tools/draw9patch. html。

3.26　使用自定义控件在屏幕中绘制一条虚线

实例 073	使用自定义控件在屏幕中绘制一条虚线
源码路径	光盘:daima\073
视频路径	光盘:\视频\073

3.26.1　实例说明

在本实例中，使用 Android 自定义控件在屏幕中绘制一条虚线。

3.26.2　具体实现

（1）打开 Eclipse 新建一个 Android 工程，设置 Activity 为 Main.java。主要代码如下所示。

```
package com.android.dashedLine;

import android.app.Activity;
import android.os.Bundle;

public class Main extends Activity {
    /** Called when the activity is first created. */
    @Override
    public void onCreate(Bundle savedInstanceState) {
        super.onCreate(savedInstanceState);
        setContentView(R.layout.main);
    }
}
```

（2）自定义控件 DashedLine，此控件能够在屏幕中绘制一条虚线。实现文件 dashedLine.java 的主要代码如下所示。

```
public class DashedLine extends View {
    public DashedLine(Context context, AttributeSet attrs) {
        super(context, attrs);
    }
    @Override
    protected void onDraw(Canvas canvas) {
        // TODO Auto-generated method stub
        super.onDraw(canvas);
        Paint paint = new Paint();
        paint.setStyle(Paint.Style.STROKE);
        paint.setColor(Color.BLUE);
        Path path = new Path();
        path.moveTo(0, 10);
        path.lineTo(480,10);
        PathEffect effects = new DashPathEffect(new float[]{5,5,5,5},1);
        paint.setPathEffect(effects);
        canvas.drawPath(path, paint);
    }
}
```

▲图 3-57　在屏幕中绘制一条虚线

（3）编写布局文件 main.xml，在此文件中引入自定义控件 DashedLine。在引用该控件时应使用了自定义控件所在位置的绝对路径，因为此实例中的类 DashedLine 保存在 com.android.dashedLine 包中，所以引入时写为下面的格式。

```
<com.android.dashedLine.DashedLine ……/>
```

到此为止，整个实例介绍完毕，执行后会在屏幕中绘制一条虚线，如图 3-57 所示。

3.26.3　特别提醒——总结实现自定义控件的流程

如果精通了实现自定义控件的方法，标志着你已经基本掌握了 Android 控件的知识。自定义的控件一般都是从标准控件继承来的，或者是多种控件组合，或者是对标准控件的属性进行改变而得到的自己满意的控件。

实现自定义控件的方法有多种，经过笔者的总结，最通用的流程如下所示。

（1）将自定义控件写成一个类，具体怎么写这个类的属性视具体情况而定。

（2）在“res/values”目录下建立一个名为 attrs.xml 的文件，并在里面增加对控件属性的定义。

（3）使用 AttributeSet 完成控件类的构造函数，并在构造函数中将自定义控件类中变量与文件 attrs.xml 中的属性连接起来。

（4）在自定义控件类中使用这些已经连接的属性变量。

（5）将自定义的控件类定义到布局用的 XML 文件中。

（6）在界面中生成此自定义控件类对象并加以使用。

3.27 实现自定义组合控件和自定义对话框

实例 074	实现自定义组合控件和自定义对话框
源码路径	光盘:daima\074
视频路径	光盘:\视频\074

3.27.1　实例说明

在项目中经常需要使用选择对话框功能，虽然可以使用 Android 自带的控件实现，但是自带的控件不利于实现高级的功能，并且不利于项目的长远发展。我们可以设计一个自定义的控件，在控件中整合我们所需要的所有功能。实例的功能是实现如图 3-58 所示的效果。在具体实现时，先实现 Item 部分，再实现对话框部分。

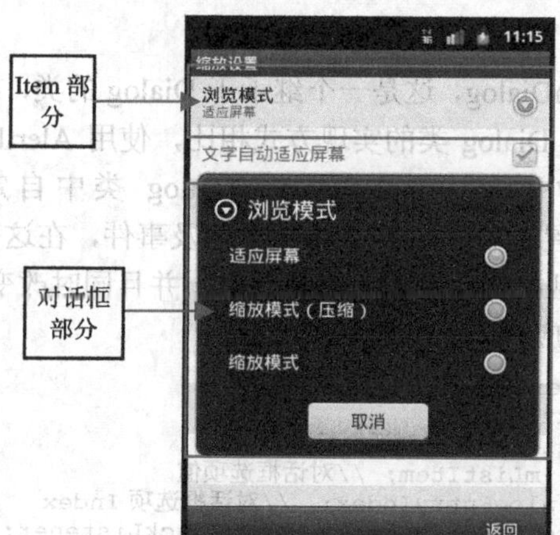

▲图 3-58　执行效果

3.27.2　具体实现

（1）定义一个自定义控件类 ListSelectView extends LinearLayout，在此类中包含了如下变量。

```
private TextView tvHeader;    //Item 的标题
private TextView tvContent;   //Item 的选项

private CharSequence[] mEntries;   //对话框的选项
   private CharSequence[] mEntryValues;  //选择对话框后的值
private int mClickedDialogEntryIndex; //对话框选项的 Index
```

（2）接下来先实现 Item 部分，然后定义构造函数 ListSelectView 用于初始化控件及其状态，主要代码如下所示。

```
public ListSelectView(Context context, AttributeSet attrs) {
   super(context, attrs);
   LayoutInflater.from(context).inflate(R.layout.list_select_layout, this, true);
   TypedArray  a   =   context.obtainStyledAttributes(attrs,   org.lansir.R.styleable.
```

```
ListSelectView, 0, 0);
    //从属性处初始化值
    mEntries = a.getTextArray(org.lansir.R.styleable.ListSelectView_entries);
    mEntryValues = a.getTextArray(org.lansir.R.styleable.ListSelectView_entryValues);
    a.recycle();
    tvHeader = (TextView) findViewById(R.id.tvListSelectLayoutTitle);  //初始化控件
    tvContent = (TextView) findViewById(R.id.tvListSelectLayoutContent);
    tvHeader.setTextColor(Color.BLACK);  //设置标题颜色
    tvContent.setGravity(Gravity.TOP);
    this.setOnClickListener(this); //设置点击事件
}
```

到此为止，实现了 Item 部分的功能效果，执行效果如图 3-59 所示。

（3）从现在开始讲解对话框部分的实现过程，首先设置单击事件，单击后可以弹出一个对话框界面。主要代码如下所示。

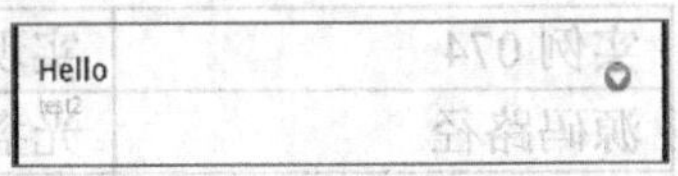

▲图 3-59 执行效果

```
@Override
public final void onClick(View v) {
    SingleSelectionDialog dialog = new SingleSelectionDialog.Builder(this.getContext()).
setTitle(tvHeader.getText()).setSingleChoiceItems(mEntries,
        mClickedDialogEntryIndex, new DialogInterface.OnClickListener() {
            @Override
            public void onClick(DialogInterface dialog, int which) {
                mClickedDialogEntryIndex = which;
                tvContent.setText(mEntryValues[mClickedDialogEntryIndex]);
                dialog.dismiss();
            }
        }).create();
    dialog.show();
}
```

（4）定义对话框 SingleSelectionDialog，这是一个继承于 Dialog 的类，在此之所以没有选择继承于 AlertDialog，这是因为和使用 Dialog 类的实现方式相比，使用 AlertDialog 自定义具体内容和 Style 样式会更加麻烦。另外，在 SingleSelectionDialog 类中自定义了一个封装方法 setSingleChoiceItems，在方法中设置了对话框 List 选项的值及事件，在这个事件里设置了选项的 Index 索引，便于下次再次单击对话框时设置成已设置的值。并且同时改变主页 Item 选项值 t 的内容并关闭对话框。上述功能的对应代码如下所示。

```
    public static class Builder {
        private Context context;
        private CharSequence title;  //对话框标题
        private CharSequence[] mListItem; //对话框选项值
        private int mClickedDialogEntryIndex;  //对话框选项 Index
        private DialogInterface.OnClickListener mOnClickListener;  //对话框点击事件
        public Builder(Context context) {
            this.context = context;
        }
        public Builder setTitle(int title) {
            this.title = (String) context.getText(title);
            return this;
        }
        public Builder setTitle(CharSequence title) {
            this.title = title;
            return this;
        }
        public CharSequence[] getItems() {
            return mListItem;
        }
        public Builder setItems(CharSequence[] mListItem) {
            this.mListItem = mListItem;
            return this;
        }

        //设置单选 List 选项及事件，这些属性在之后的 create 中用到，这里使用 Android 系统创建 Dialog
的风格
```

```
        public Builder setSingleChoiceItems(CharSequence[] items, int checkedItem, final
OnClickListener listener) {
            this.mListItem = items;
                    this.mOnClickListener = listener;
                    this.mClickedDialogEntryIndex = checkedItem;
                    return this;
            }
        public SingleSelectionDialog create() {
            LayoutInflater inflater = (LayoutInflater) context
                    .getSystemService(Context.LAYOUT_INFLATER_SERVICE);
            final SingleSelectionDialog dialog = new SingleSelectionDialog(
                    context, R.style.Theme_Dialog_ListSelect);
            View layout = inflater.inflate(R.layout.single_selection_dialog,
                    null);
            dialog.addContentView(layout, new LayoutParams(
                    LayoutParams.FILL_PARENT, LayoutParams.WRAP_CONTENT));
            if(mListItem == null){
              throw new RuntimeException("Entries should not be empty");
            }
            ListView lvListItem = (ListView) layout.findViewById(R.id.lvListItem);
//              android.R.layout.simple_list_item_single_choice
            //lvListItem.setAdapter(new ArrayAdapter(context, android.R.layout.simple_
list_item_single_choice, android.R.id.text1, mListItem));
//              SingleSelectionAdapter mSingleSelectionAdapter=new SingleSelectionAdapter
(context, R.layout.single_list_item, R.id.ctvListItem, mListItem);
// lvListItem.setAdapter(mSingleSelectionAdapter);
            lvListItem.setAdapter(new ArrayAdapter(context,  R.layout.single_selection_
list_item, R.id.ctvListItem, mListItem));
            lvListItem.setOnItemClickListener(new OnItemClickListener(){
                @Override
                public void onItemClick(AdapterView<?> parent, View view,
                        int position, long id) {
                    mOnClickListener.onClick(dialog, position);
                }

            });
            lvListItem.setChoiceMode(ListView.CHOICE_MODE_SINGLE);
            lvListItem.setItemChecked(mClickedDialogEntryIndex, true);
            lvListItem.setSelection(mClickedDialogEntryIndex);
            TextView tvHeader = (TextView)layout.findViewById(R.id.title);
            tvHeader.setText(title);
                return dialog;
        }
    }
}
```

在上述代码中，使用 setSingleSelectItems 设置了单选列表的 Item 选项以及事件，这些属性将在 Create 方法中用到。方法 Create 用于初始化 Dialog 对话框的主题，可以分别实现取消标题、取消边框和使用透明的功能。

（5）为对话框中的每个 Item 选项定义 Style 样式，主要代码如下所示。

```
<style name="Theme.Dialog.ListSelect" parent="android:style/Theme.Dialog">
    <item name="android:windowIsFloating">true</item>
    <item name="android:windowIsTranslucent">false</item><!--半透明-->
    <item name="android:backgroundDimEnabled">false</item><!--模糊-->
    <item name="android:windowContentOverlay">@null</item>
    <item name="android:windowNoTitle">true</item>
    <item name="android:windowFrame">@null</item><!--边框-->
</style>
```

（6）使用 setContent 方法来初始化对话框中选项的内容，在此使用自定义布局的方式去创建界面。

（7）设置 Adapter，使得 Adapter 的 Layout 使用前面我们自定义的 Layout，此 Layout 设置了 List 列表选项的样式。

（8）本步骤是最后一步，开始整合“自定义组合控件+自定义对话框”功能，最终整个 Activity

的主要代码如下所示。

```
public void onCreate(Bundle savedInstanceState) {
    super.onCreate(savedInstanceState);
    setContentView(R.layout.main);
    mListSelectView = (ListSelectView)findViewById(R.id.lsvTest);
    mListSelectView.setHeader("Hello");
    mListSelectView.setContent("world");
}
```

本实例设计完毕，之后的效果如图 3-60 所示。单击图标后弹出选择对话框，如图 3-61 所示。

▲图 3-60 执行效果

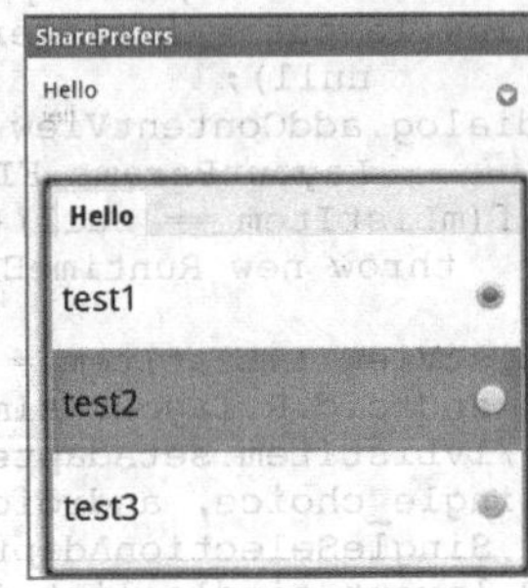

▲图 3-61 弹出对话框

3.27.3 特别提醒——读者们汲取笔者的教训

在笔者实现此实例的时候，当初想设置主页 Item 的选择，并尝试在构造函数中使用方法 this.setBackground()来设置，但是最终发现无论在 XML 中对 ListSelectView 设置 paddingLeft，还是设置 layout_margin 等属性都无效，希望读者们汲取笔者的教训。

另外，在上述实例的最后一步——“整合”步骤中，读者需要注意一个问题。如果我们使用了系统自定义的 Adapter，会发现它能为我们解决很多问题，如上述缓存选项状态等问题。这里表面看起来没什么讲究，其实在此有一个明文规定：setChoiceMode 必须在 setItemChecked 前调用，否则 setChoiceMode 会失效。

3.28 使用 OptionsMenu 在屏幕中自定义自己的菜单

实例 075	使用 OptionsMenu 在屏幕中自定义自己的菜单
源码路径	光盘:daima\075
视频路径	光盘:\视频\075

3.28.1 实例说明

菜单是用户界面中最常见的、使用非常频繁的元素之一，在 Android 中的菜单被分为 3 种，分别是选项菜单（OptionsMenu）、上下文菜单（ContextMenu）和子菜单（SubMenu），在本实例中使用了 OptionsMenu。在菜单 OptionsMenu 中存在以下 5 种方法。

- public boolean onCreateOptionsMenu(Menu menu)：使用此方法调用 OptionsMenu。
- public boolean onOptionsItemSelected(MenuItem item)：选中菜单项后发生的动作。
- public void onOptionsMenuClosed(Menu menu)：菜单关闭后发生的动作。
- public boolean onPrepareOptionsMenu(Menu menu)：选项菜单显示之前 onPrepareOptionsMenu 方法会被调用，可以用此方法来根据当时的情况调整菜单。
- public boolean onMenuOpened(int featureId, Menu menu)：打开菜单后发生的动作。

3.28.2 具体实现

（1）设置默认样式

默认样式是指在屏幕底部弹出的菜单，此菜单也通常被称为选项菜单（OptionsMenu）。在一般情况下，选项菜单最多可以显示 2×3 的菜单项，因为这些菜单项有文字有图标，所以也被称作 Icon Menus。如果多于 6 项，从第六项开始会自动被隐藏，并在第六项中出现一个 More 图标，单击图标 More 后才出现第六项以及以后的菜单项，这些菜单项通常被称为 Expanded Menus。

（2）编写重载方法 onCreateOptionsMenu(Menu menu)，在此方法中添加菜单项并返回 true，如果返回 false 表示不会显示菜单。文件 DefaultMenu.java 中的主要代码如下所示。

```
@Override
public boolean onCreateOptionsMenu(Menu menu) {

menu.add(Menu.NONE, Menu.FIRST + 1, 5, "删除").setIcon(
android.R.drawable.ic_menu_delete);
menu.add(Menu.NONE, Menu.FIRST + 2, 2, "保存").setIcon(
android.R.drawable.ic_menu_edit);
menu.add(Menu.NONE, Menu.FIRST + 3, 6, "帮助").setIcon(
android.R.drawable.ic_menu_help);
menu.add(Menu.NONE, Menu.FIRST + 4, 1, "添加").setIcon(
android.R.drawable.ic_menu_add);
menu.add(Menu.NONE, Menu.FIRST + 5, 4, "详细").setIcon(
android.R.drawable.ic_menu_info_details);
menu.add(Menu.NONE, Menu.FIRST + 6, 3, "发送").setIcon(
android.R.drawable.ic_menu_send);
return true;
}
```

在上述代码中，使用方法 setIcon()为菜单设置图标，这里使用的是系统自带的图标，以 android.R 开头的资源是系统提供的，个人提供的资源以 R 开头。另外，在方法 add()中有如下 4 个参数。

- 组别：如果不分组的话就写 Menu.NONE。
- id：Android 根据这个 ID 来确定不同的菜单。
- 顺序：哪个菜单出现在前面由这个参数的大小决定。
- 文本：菜单的显示文本。

（3）在文件 DefaultMenu.java 中使用方法 onOptionsItemSelected(MenuItem item)为菜单项注册事件，主要代码如下所示。

```
@Override
public boolean onOptionsItemSelected(MenuItem item) {
switch (item.getItemId()) {
case Menu.FIRST + 1:
Toast.makeText(this, "删除菜单被单击了", Toast.LENGTH_LONG).show();
break;
case Menu.FIRST + 2:
Toast.makeText(this, "保存菜单被单击了", Toast.LENGTH_LONG).show();
break;
case Menu.FIRST + 3:
Toast.makeText(this, "帮助菜单被单击了", Toast.LENGTH_LONG).show();
break;
case Menu.FIRST + 4:
Toast.makeText(this, "添加菜单被单击了", Toast.LENGTH_LONG).show();
break;
case Menu.FIRST + 5:
Toast.makeText(this, "详细菜单被单击了", Toast.LENGTH_LONG).show();
break;
case Menu.FIRST + 6:
Toast.makeText(this, "发送菜单被单击了", Toast.LENGTH_LONG).show();
break;
}
return false;
}
```

到此为止，此实例实现完毕，执行后的效果如图 3-62 所示。

▲图 3-62　执行效果

3.28.3　特别提醒——编写自定义样式

为了更加完美地演示此实例，我们可以尝试编写自定义样式，在单击【MENU】键后能够显示一个更加绚丽的界面。具体实现流程如下所示。

（1）自定义一个菜单界面，使用 GridView 来包含 4 列 3 行的菜单项。

（2）编写文件 item_menu.xml，在此设置菜单项的样式是显示一个图标和一个文字。

（3）编写文件 CustomizeMenu.java，通过如下代码分别设置菜单中显示图片和菜单文字。

```
private boolean isMore = false;// menu 菜单翻页控制
AlertDialog menuDialog;// menu 菜单 Dialog
GridView menuGrid;
View menuView;

private final int ITEM_SEARCH = 0;// 搜索
private final int ITEM_FILE_MANAGER = 1;// 文件管理
private final int ITEM_DOWN_MANAGER = 2;// 下载管理
private final int ITEM_FULLSCREEN = 3;// 全屏
private final int ITEM_MORE = 11;// 菜单
/** 菜单图片 **/
int[] menu_image_array = { R.drawable.menu_search,
        R.drawable.menu_filemanager, R.drawable.menu_downmanager,
        R.drawable.menu_fullscreen, R.drawable.menu_inputurl,
        R.drawable.menu_bookmark, R.drawable.menu_bookmark_sync_import,
        R.drawable.menu_sharepage, R.drawable.menu_quit,
        R.drawable.menu_nightmode, R.drawable.menu_refresh,
        R.drawable.menu_more };
/** 菜单文字 **/
String[] menu_name_array = { "搜索", "文件管理", "下载管理", "全屏", "网址", "书签",
        "加入书签", "分享页面", "退出", "夜间模式", "刷新", "更多" };
/** 菜单图片 2 **/
int[] menu_image_array2 = { R.drawable.menu_auto_landscape,
        R.drawable.menu_penselectmodel, R.drawable.menu_page_attr,
        R.drawable.menu_novel_mode, R.drawable.menu_page_updown,
        R.drawable.menu_checkupdate, R.drawable.menu_checknet,
        R.drawable.menu_refreshtimer, R.drawable.menu_syssettings,
        R.drawable.menu_help, R.drawable.menu_about, R.drawable.menu_return };
/** 菜单文字 2 **/
String[] menu_name_array2 = { "自动横屏", "笔选模式", "阅读模式", "浏览模式", "快捷翻页",
        "检查更新", "检查网络", "定时刷新", "设置", "帮助", "关于", "返回" };
```

如果第一次打开则设置视图，否则直接显示 menuDialog 视图。

```
public boolean onMenuOpened(int featureId, Menu menu) {
    if (menuDialog == null) {
        menuDialog = new AlertDialog.Builder(this).setView(menuView).show();
    } else {
        menuDialog.show();
    }
```

定义 getMenuAdapter 来获取菜单项中的值，主要代码如下所示。

```
private SimpleAdapter getMenuAdapter(String[] menuNameArray,
int[] imageResourceArray) {
ArrayList<HashMap<String, Object>> data = new ArrayList<HashMap<String, Object>>();
for (int i = 0; i < menuNameArray.length; i++) {
HashMap<String, Object> map = new HashMap<String, Object>();
map.put("itemImage", imageResourceArray[i]);
map.put("itemText", menuNameArray[i]);
data.add(map);
}
SimpleAdapter simperAdapter = new SimpleAdapter(this, data,
R.layout.item_menu, new String[] { "itemImage", "itemText" },
```

```
new int[] { R.id.item_image, R.id.item_text });
return simperAdapter;
}
```

然后为菜单添加菜单项，主要代码如下所示。

```
@Override
public boolean onCreateOptionsMenu(Menu menu) {
menu.add("menu");// 必须创建一项
return super.onCreateOptionsMenu(menu);
}
```

到此为止，整个实例介绍完毕，执行后的效果如图 3-63 所示。

▲图 3-63 执行效果

3.29 使用 ExpandableListView 实现手风琴效果

实例 076	使用 ExpandableListView 实现手风琴效果
源码路径	光盘:daima\076
视频路径	光盘:\视频\076

3.29.1 实例说明

手风琴效果是网页中经常出现的一种特效，能够实现类似手风琴的动感效果。此功能经常用于新闻系统和信息列表展示项目中。在本实例中，将使用 ExpandableListView 在 Android 手机屏幕中实现一个手风琴效果。

在 ExpandableListView 中常用的方法如下所示。

- expandGroup(int groupPos)：在分组列表视图中展开一组。
- setSelectedGroup(int groupPosition)：设置选择指定的组。
- setSelectedChild(int groupPosition, int childPosition, boolean shouldExpandGroup)：设置选择指定的子项。
- getPackedPositionGroup(long packedPosition)：返回所选择的组。
- getPackedPositionForChild(int groupPosition, int childPosition)：返回所选择的子项。
- getPackedPositionType(long packedPosition)：返回所选择项的类型，例如 Child 和 Group。
- isGroupExpanded(int groupPosition)：判断此组是否展开。

3.29.2 具体实现

主程序文件 ExpandableListDemo.java 的主要代码如下所示。

```
public class MyExpandableListAdapter extends BaseExpandableListAdapter {
    // Sample data set.  children[i] contains the children (String[]) for groups[i].
    public String[] groups = { "我的好友", "新疆同学", "亲戚", "同事" };
    public String[][] children = {
            { "胡算林", "张俊峰", "王志军", "二人" },
            { "李秀婷", "蔡乔", "别高", "余音" },
            { "摊派新", "张爱明" },
            { "马超", "司道光" }
    };

    public Object getChild(int groupPosition, int childPosition) {
        return children[groupPosition][childPosition];
    }
    public long getChildId(int groupPosition, int childPosition) {
        return childPosition;
    }
    public int getChildrenCount(int groupPosition) {
        return children[groupPosition].length;
```

```
    }
    public TextView getGenericView() {
       // Layout parameters for the ExpandableListView
       AbsListView.LayoutParams lp = new AbsListView.LayoutParams(
            ViewGroup.LayoutParams.MATCH_PARENT, 64);
       TextView textView = new TextView(ExpandableListDemo.this);
       textView.setLayoutParams(lp);
       // Center the text vertically
       textView.setGravity(Gravity.CENTER_VERTICAL | Gravity.LEFT);
       // Set the text starting position
       textView.setPadding(36, 0, 0, 0);
       return textView;
    }
    public View getChildView(int groupPosition, int childPosition, boolean isLast
Child,
         View convertView, ViewGroup parent) {
       TextView textView = getGenericView();
       textView.setText(getChild(groupPosition, childPosition).toString());
       return textView;
    }
    public Object getGroup(int groupPosition) {
       return groups[groupPosition];
    }
    public int getGroupCount() {
       return groups.length;
    }
    public long getGroupId(int groupPosition) {
       return groupPosition;
    }
    public View getGroupView(int groupPosition, boolean isExpanded, View convertView,
         ViewGroup parent) {
       TextView textView = getGenericView();
       textView.setText(getGroup(groupPosition).toString());
       return textView;
    }
    public boolean isChildSelectable(int groupPosition, int childPosition) {
       return true;
    }
    public boolean hasStableIds() {
       return true;
    }
  }
```

读者可执行程序后看到效果。

3.29.3 特别提醒——ExpandableListAdapter 接口

在 ExpandableListView 控件中，ExpandableListAdapter 是一个十分重要的接口，能够将基础数据链接到一个 ExpandableListView 中。此接口的实施将提供访问 Child 的数据（由组分类），并实例化的 Child 和 Group。其实从 ExpandableListView 的名字就可以看出，它是对 ListView 的一个补充，它与一般 ListView 的区别其实就在于它有 Group 和 Child 的区分，也就是说它在一般 ListView 的基础上当点击上面的某一项时还能继续弹出一个子 ListView。

在实际应用的时候也需要给它添加适配器，但是给它手写适配器的时候需要新建一个内部类去继承 BaseExpandableListAdapter 而不是 baseAdapter。

3.30 基于自定义适配器的 ExpandableListView

实例 077	基于自定义适配器的 ExpandableListView
源码路径	光盘:daima\077
视频路径	光盘:\视频\077

3.30.1 实例说明

我们知道在使用ListView的时候就经常需要根据项目需要而自定义适配器的ListView，我们同样也可以编写一个自定义适配器的ExpandableListView。在本实例中，为ExpandableListView自定义了一个适配器。

3.30.2 具体实现

（1）编写文件main.xml用于定义Activity的布局界面。

（2）编写文件group.xml用于定义屏幕中一级列表的布局样式。

（3）编写文件child.xml用于定义屏幕中二级列表的布局样式。

（4）编写实现文件ExpandableList.java，实现流程如下所示。

● 准备一级列表中显示的数据，在里面显示两个一级列表，分别显示“group1”和“group2”。主要代码如下所示。

```
List<Map<String, String>> groups = new ArrayList<Map<String, String>>();
Map<String, String> group1 = new HashMap<String, String>();
group1.put("group", "group1");
Map<String, String> group2 = new HashMap<String, String>();
group2.put("group", "group2");
groups.add(group1);
groups.add(group2);
```

● 准备第一个一级列表中的二级列表数据，在里面显示两个二级列表，分别显示“childData1”和“childData2”。主要代码如下所示。

```
List<Map<String, String>> child1 = new ArrayList<Map<String, String>>();
Map<String, String> child1Data1 = new HashMap<String, String>();
child1Data1.put("child", "child1Data1");
Map<String, String> child1Data2 = new HashMap<String, String>();
child1Data2.put("child", "child1Data2");
child1.add(child1Data1);
child1.add(child1Data2);
```

● 准备第二个一级列表中的二级列表数据，在里面显示一个二级列表“child2Data1”的内容。主要代码如下所示。

```
List<Map<String, String>> child2 = new ArrayList<Map<String, String>>();
Map<String, String> child2Data1 = new HashMap<String, String>();
child2Data1.put("child", "child2Data1");
child2.add(child2Data1);
```

● 使用list对象保存所有的二级列表数据，主要代码如下所示。

```
List<List<Map<String, String>>> childs = new ArrayList<List<Map<String, String>>>();
childs.add(child1);
childs.add(child2);

ExpandableAdapter viewAdapter = new ExpandableAdapter(this, groups, childs);
elv.setAdapter(viewAdapter);
}

//自定义的ExpandListAdapter
class ExpandableAdapter extends BaseExpandableListAdapter
{
private Context context;
List<Map<String, String>> groups;
List<List<Map<String, String>>> childs;
```

● 定义构造函数ExpandableAdapter，此函数从前到后依次有3个参数，分别表示context对象、一级列表数据源和二级列表数据源。定义此函数的代码如下所示。

```
public ExpandableAdapter(Context context, List<Map<String, String>> groups, List<List
<Map<String, String>>> childs)
```

```
{
this.groups = groups;
this.childs = childs;
this.context = context;
}
@Override
public Object getChild(int groupPosition, int childPosition)
{
return childs.get(groupPosition).get(childPosition);
}

@Override
public long getChildId(int groupPosition, int childPosition)
{
return childPosition;
}
```

- 定义函数 getChildView 来获取二级列表的 View 对象，主要代码如下所示。

```
@Override
public View getChildView(int groupPosition, int childPosition, boolean isLastChild, View
convertView,
ViewGroup parent)
{
@SuppressWarnings("unchecked")
String text = ((Map<String, String>) getChild(groupPosition, childPosition)).get
("child");
LayoutInflater layoutInflater = (LayoutInflater) context.getSystemService (Context.
LAYOUT_INFLATER_SERVICE);
```

- 定义函数 getGroupView 来获取一级列表 View 对象，主要代码如下所示。

```
@Override
public View getGroupView(int groupPosition, boolean isExpanded, View convertView,
ViewGroup parent)
{
String text = groups.get(groupPosition).get("group");
LayoutInflater layoutInflater = (LayoutInflater) context.getSystemService(Context.
LAYOUT_INFLATER_SERVICE);

//获取一级列表布局文件,设置相应元素属性
LinearLayout linearLayout = (LinearLayout) layoutInflater.inflate(R.layout.group,
null);
TextView textView = (TextView)linearLayout.findViewById(R.id.textView01);
textView.setText(text);
```

至此整个实例介绍完毕，执行后的效果如图 3-64 所示。

3.30.3 特别提醒——实现规整的布局

用于 ExpandableListView 控件在很多教科书中并没有涉及，因为考虑到此控件的巨大应用，例如新闻系统、类似 QQ 好友列表等应用，所以在本书中使用了这几个实例来进行讲解。到此为止，本章中关于自定义控件的知识讲解完毕。希望读者根据本书中实例的思路，根据项目需求编写自定义控件。在编写自定义控件的同时，可以调整自身子控件与父类中子控件的布局。例如图 3-65 所示的功能是通过自定义控件实现的，这种规整的布局效果究竟是怎样实现的呢？

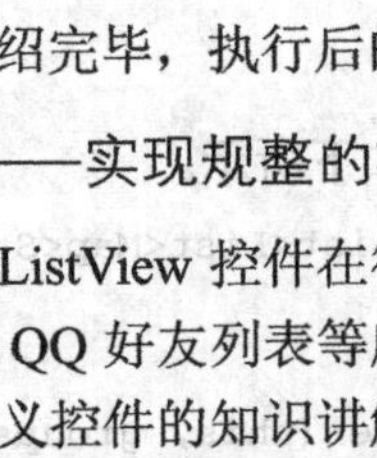

▲图 3-64 执行效果

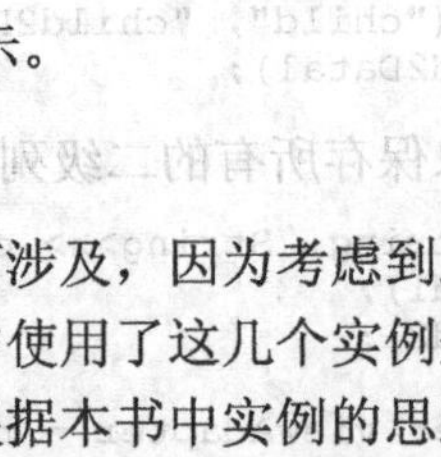

▲图 3-65 规整的布局

在具体实现时，我们以 AlertDialog 作为父类的自定义控件。首先编写如下代码。

```
import android.app.AlertDialog;
 import android.content.Context;
 import android.content.DialogInterface;
 import android.os.Bundle;
 import android.view.LayoutInflater;
 import android.view.View;
 import android.widget.CheckBox;
 import android.widget.ImageView;
 import android.widget.SeekBar;
public class BrightnessSettingDialog extends AlertDialog implements DialogInterface
{
   private SeekBar mSeekBar;
   private CheckBox mCheckBox;
   private ImageView mIcon;
   private int mProgress;
   public BrightnessSettingDialog(Context context) {
     super(context);
   }
   public BrightnessSettingDialog(Context context, int theme) {
     super(context, theme);
   }
   @Override
   protected void onCreate(Bundle savedInstanceState) {
       LayoutInflater inflater = (LayoutInflater) getContext().getSystemService(
           Context.LAYOUT_INFLATER_SERVICE);
       View view = inflater.inflate(R.layout.brightness_setting_dialog, null);
       setView(view);
       super.onCreate(savedInstanceState);
       mSeekBar = (SeekBar)findViewById(R.id.seekbar);
       mCheckBox = (CheckBox) findViewById(R.id.automatic_mode);
       mIcon = (ImageView) findViewById(R.id.icon);
       mIcon.setImageResource(R.drawable.brightness);
       mListener.onBindBrightnessSettingDialog();
   }
   public SeekBar getSeekBar() {
       return mSeekBar;
   }
   public CheckBox getCheckBox() {
       return mCheckBox;
   }
}
```

在上述代码中，首先创建了 AlertDialog 的子类，然后在 OnCreate 方法中通过 LayoutInflater 来加载控件。接着调用方法 setView 将加载的控件添加到父控件中，最后调用父类的 onCreate 方法。

在此要注意的是，在 XML 文件中采用的是 RelativeLayout 布局。主要代码如下所示。

```
<?xml version="1.0" encoding="utf-8"?>
<RelativeLayout xmlns:android="http://schemas.android.com/apk/res/android"
   android:layout_width="wrap_content" android:layout_height="wrap_content">
   <ScrollView xmlns:android="http://schemas.android.com/apk/res/android"
     android:id="@+id/screen" android:layout_width="fill_parent"
     android:layout_height="wrap_content" android:orientation="vertical">
     <LinearLayout xmlns:android="http://schemas.android.com/apk/res/android"
        android:layout_width="fill_parent" android:layout_height="wrap_content"
        android:orientation="vertical" android:gravity="center_horizontal"
        android:paddingBottom="10dip">
        <ImageView android:id="@+id/icon" android:layout_width="wrap_content"
           android:layout_height="wrap_content" android:paddingTop="10dip" />

        <CheckBox android:id="@+id/automatic_mode"
           android:layout_width="fill_parent" android:layout_height="wrap_content"
           android:text="@string/automatic_brightness"
android:textAppearance="?android:attr/textAppearanceSmall"
           android:layout_marginTop="6dip" android:layout_marginLeft="10dip"
           android:layout_marginRight="20dip" />
        <SeekBar android:id="@+id/seekbar" android:layout_width="fill_parent"
```

```
        android:layout_height="wrap_content" android:padding="10dip" />
    </LinearLayout>
  </ScrollView>
</RelativeLayout>
```

3.31 使用 Chronometer 在屏幕中实现定时器效果

实例 078	使用 Chronometer 在屏幕中实现定时器效果
源码路径	光盘:daima\078
视频路径	光盘:\视频\078

3.31.1　实例说明

定时器确实是一项了不起的发明，使相当多需要人控制时间的工作变得简单了许多。人们甚至将定时器用在军事方面，制成定时炸弹、定时雷管等。现在不少家用电器都安装了定时器来控制开关或工作时间。在本实例中，将使用 Chronometer 控件在 Android 屏幕中实现定时器效果。本实例的源码路径和实例 076 的源码路径一致，读者在此需要特别注意这一点。

Chronometer 是一个简单的定时器，我们可以指定一个开始时间，并以此定时，或者如果不指定一个开始时间，它将会使用你的时间开始。默认情况下它会显示在当前定时器的值的形式“分：秒”或“H：MM：SS”，或者可以使用 Set（字符串）格式的定时器值。

（1）属性

android:format：此属性用于定义时间的格式，例如 hh:mm:ss；

（2）方法

- setBase(long base)：设置倒计时定时器；
- setFormat(String format)：设置显示时间的格式；
- start()：开始计时；
- stop()：停止计时；
- setOnChronometerTickListener(Chronometer.OnChronometerTickListener listener)：当计时器改变时调用。

3.31.2　具体实现

（1）编写 XML 布局文件，在里面插入 5 个 Button 按钮，通过按钮可以控制计时控件。

（2）编写程序文件 ChronometerDemo.java，分别设置单击 Button 按钮后的处理事件。主要代码如下所示。

```
public class ChronometerDemo extends Activity {
private Chronometer mChronometer;
protected void onCreate(Bundle savedInstanceState) {
 super.onCreate(savedInstanceState);
 setContentView(R.layout.chronometerpage);
 Button button;
      mChronometer = (Chronometer) findViewById(R.id.chronometer);
      button = (Button) findViewById(R.id.start);
      button.setOnClickListener(mStartListener);
      button = (Button) findViewById(R.id.stop);
      button.setOnClickListener(mStopListener);
      button = (Button) findViewById(R.id.reset);
      button.setOnClickListener(mResetListener);
      button = (Button) findViewById(R.id.set_format);
      button.setOnClickListener(mSetFormatListener);
      button = (Button) findViewById(R.id.clear_format);
```

```
        button.setOnClickListener(mClearFormatListener);
    }
    View.OnClickListener mStartListener = new OnClickListener() {
        public void onClick(View v) {
            mChronometer.start();
        }
    };
    View.OnClickListener mStopListener = new OnClickListener() {
        public void onClick(View v) {
            mChronometer.stop();
        }
    };
    View.OnClickListener mResetListener = new OnClickListener() {
        public void onClick(View v) {
            mChronometer.setBase(SystemClock.elapsedRealtime());
        }
    };
    View.OnClickListener mSetFormatListener = new OnClickListener() {
        public void onClick(View v) {
            mChronometer.setFormat("Formatted time (%s)");
        }
    };
    View.OnClickListener mClearFormatListener = new
OnClickListener() {
        public void onClick(View v) {
            mChronometer.setFormat(null);
        }
    };
```

执行后的效果如图 3-66 所示。

▲图 3-66　执行效果

3.31.3　特别提醒——进一步设置时间

Chronometer 是 TextView 的子类，也是一个 Android 组件。这个组件可以用 1 秒的时间间隔进行计时，并显示出计时结果。整个 Chronometer 类的核心功能就是 3 种方法：start、stop 和 setBase，其中 start 方法表示开始计时；stop 方法表示停止计时；setBase 方法表示重新计时。start 和 stop 方法没有任何参数，setBase 方法有一个参数，表示开始计时的基准时间。如果要从当前时刻重新计时，可以将该参数值设为 SystemClock.elapsedRealtime()。

我们可以对 Chronometer 组件做进一步设置。在默认情况下，Chronometer 组件只输出 MM:SS 或 H:MM:SS 格式的时间。例如当计时到 1 分 20 秒时，Chronometer 组件会显示 01:20。如果想改变显示的信息内容，可以使用 Chronometer 类的 setFormat 方法。该方法需要一个 String 变量，并使用“%s”表示计时信息。

3.32　使用控件 SlidingDrawer 在屏幕中实现滑动式抽屉的效果

实例 079	使用控件 SlidingDrawer 在屏幕中实现滑动式抽屉的效果
源码路径	光盘:daima\079
视频路径	光盘:\视频\079

3.32.1　实例说明

控件 SlidingDrawer 可以隐藏屏外的内容，并允许用户通过 handle 来显示隐藏的内容。SlidingDrawer 可以垂直或水平滑动，它有两 View 组成，其中一个是可以拖动的 handle，另外一个是隐藏内容的 View。在本实例中，将使用控件 SlidingDrawer 在屏幕中实现滑动式抽屉的效果。

（1）属性

- android:allowSingleTap：设置是否可以通过 handle 打开或关闭。
- android:animateOnClick：设置当使用者按下手柄打开/关闭时是否该有一个动画。
- android:content：隐藏的内容。
- android:handle：handle 手柄。

（2）方法

- animateClose()：关闭时实现动画。
- close()：即时关闭。
- getContent()：获取内容。
- isMoving()：指示 SlidingDrawer 是否在移动。
- isOpened()：指示 SlidingDrawer 是否已全部打开。
- lock()：屏蔽触摸事件。
- setOnDrawerCloseListener(SlidingDrawer.OnDrawerCloseListener onDrawerCloseListener)：SlidingDrawer 关闭时调用。
- unlock()：解除屏蔽触摸事件。
- toggle()：切换打开和关闭的抽屉 SlidingDrawer。

3.32.2 具体实现

编写主程序文件 SlidingDrawerDemo.java，主要代码如下所示。

```
protected void onCreate(Bundle savedInstanceState) {
  // TODO Auto-generated method stub
  super.onCreate(savedInstanceState);
  setContentView(R.layout.sildingdrawer);

  imbg=(ImageButton)findViewById(R.id.handle);
  mDrawer=(SlidingDrawer)findViewById(R.id.slidingdrawer);
  tv=(TextView)findViewById(R.id.tv);
  mDrawer.setOnDrawerOpenListener(new SlidingDrawer.OnDrawerOpenListener()
  {
   @Override
   public void onDrawerOpened() {
    flag=true;
    imbg.setImageResource(R.drawable.down);
   }
  });
  mDrawer.setOnDrawerCloseListener(new SlidingDrawer.OnDrawerCloseListener(){
   @Override
   public void onDrawerClosed() {
    flag=false;
    imbg.setImageResource(R.drawable.up);
   }
  });
  mDrawer.setOnDrawerScrollListener(new SlidingDrawer.OnDrawerScrollListener(){
   @Override
   public void onScrollEnded() {
    tv.setText("结束拖动");
   }
   @Override
   public void onScrollStarted() {
   tv.setText("开始拖动");
   }
  });
 }
}
```

执行后在屏幕中实现一个滑动式抽屉的效果。

3.32.3 特别提醒——布局 SlidingDrawer 里面的控件

在使用 SlidingDrawer 控件时，必须为 SlidingDrawer 里面的控件设置布局，并且必须在布局文件中指定 handle 和 content 的内容，否则将不能成功实现滑动式抽屉的效果。例如下面的代码。

```
<SlidingDrawer android:layout_width="fill_parent"
  android:layout_height="fill_parent" android:handle="@+id/handle"
  android:content="@+id/content" android:orientation="vertical"
  android:id="@+id/slidingdrawer">
  <ImageButton android:id="@id/handle" android:layout_width="50dip"
   android:layout_height="44dip" android:src="@drawable/up" />
  <LinearLayout android:id="@id/content"
   android:layout_width="fill_parent" android:layout_height="fill_parent"
   android:background="#ffffff">
   <TextView android:text="这是一个滑动式抽屉的示例"
   android:id="@+id/tv"
   android:textSize="18px"
   android:textColor="#000000"
   android:gravity="center_vertical|center_horizontal"
   android:layout_width="match_parent"
   android:textStyle="bold"
   android:layout_height="match_parent"></TextView>
  </LinearLayout>
 </SlidingDrawer>
```

3.33 在 EditText 插入 QQ 表情

实例 080	在 EditText 插入一个 QQ 表情
源码路径	光盘:daima\080
视频路径	光盘:\视频\080

3.33.1 实例说明

QQ 程序对于大家来说相比都不会陌生，在聊天窗口中我们可以插入丰富多彩的 QQ 表情。在本实例中，自定义了一个 EditText 控件，在里面插入了一个 QQ 表情。

3.33.2 具体实现

在本实例中，添加 QQ 表情图片是用 SpannableString ImageSpan 实现的，实现文件是 SmiliesEditText，主要代码如下所示。

```
public void insertIcon(int id){
SpannableString ss = new SpannableString(getText().toString()+"[smile]");
    Drawable d = getResources().getDrawable(id);
    d.setBounds(0, 0, d.getIntrinsicWidth(), d.getIntrinsicHeight());
    ImageSpan span = new ImageSpan(d, ImageSpan.ALIGN_BASELINE);
    ss.setSpan(span, getText().length(),getText().length()+"[smile]".length(), Spannable.
SPAN_INCLUSIVE_EXCLUSIVE);
    setText(ss);
 }
```

执行后的效果如图 3-67 所示。

▲图 3-67 执行效果

3.33.3 特别提醒——删除表情图片的思路

本实例提供了一个插入图片的接口，仅给广大读者提供了一个参考，大家可以自己完善里面的功能。但是无论是什么操作，都是通过捕获 EditText 键盘事件的原理实现的。在此提出实现一个完整的支持表情图片的 EditText（类似 QQ 聊天）一个小思路：删除图片的过程其实就是重置 EditText 文本的过程。

3.34 为 Button 设计样式

实例 081	为 Button 设计一个精美样式
源码路径	光盘:daima\081
视频路径	光盘:\视频\081

3.34.1　实例说明

在 Android 应用中，系统提供的默认 Button 按钮不是很漂亮，我们可以为 Button 按钮设计一个精美的样式。本实例演示了简单美化 Button 按钮的方法，并演示了为其添加背景及触摸状态样式的方法。

3.34.2　具体实现

在布局文件 main.xml 中添加一个按钮，代码如下所示。

```
<TextView
    android:layout_width="fill_parent"
    android:layout_height="wrap_content"
    android:text="@string/hello" />
<Button
    android:layout_width="wrap_content"
    android:layout_height="wrap_content"
    android:background="@drawable/buttonstyle"/>
```

在文件 buttonstyle.xml 中设置按钮的显示样式，代码如下所示。

```
<?xml version="1.0" encoding="utf-8"?>
<selector xmlns:android="http://schemas.android.com/apk/res/android">
    <item android:state_pressed="true" android:drawable="@drawable/button_on" />
    <item android:state_focused="true" android:drawable="@drawable/button_on" />
    <item android:drawable="@drawable/button" />
</selector>
```

执行后的效果如图 3-68 所示。当触摸按下按钮时，按钮颜色会成变绿。

▲图 3-68　执行效果

3.34.3　特别提醒——Android 如何设置控件的样式

如果我们不满足于系统控件的外观要改变一些背景，文字颜色等，这些属性可以在代码里更改，随便哪种控件，都有一大串以 set 开头的方法。但是在代码里这样改来改去还是比较麻烦的，如果同样的控件多了，重复的代码也比较多。控件的这些属性也是可以在 XML 文件里改的，同样的控件多了，还是会带来代码的重复。这样我们就可以设置控件样式了。

3.35 为控件自定义样式

实例 082	为 Android 控件自定义样式
源码路径	光盘:daima\082
视频路径	光盘:\视频\082

3.35.1　实例说明

在 Android 应用中，我们可以设置内置控件的显示样式。在本实例中，以 EditText 控件为例来说明如何来设置 Android 控件的样式。

3.35.2　具体实现

本实例的核心是样式文件 style.xml，具体实现代码如下所示。

```
<?xml version="1.0" encoding="utf-8"?>
<resources>
    <style name="et1" parent="@android:style/Widget.EditText">
        <item name="android:background">#1A4EA4</item>
        <item name="android:textColor">#FFF111</item>
    </style>
        <style name="et2" parent="@android:style/Widget.EditText">
        <item name="android:background">#A6C60F</item>
        <item name="android:textColor">#EC02C3</item>
    </style>
</resources>
```

在上述代码中建立了两种样式，从字面意思上可以看出这两中样式分别都更改了背景颜色和文字颜色，一个控件可以更改的属性有很多，这里只改了两个，只有属性的 name 才可以改。所有的属性的名字在哪呢？所有的属性的名字都在文件 attrs.xml 中。这个文件存在于：android sdk 目录\data\res\values 目录下。

执行后的效果如图 3-69 所示。

▲图 3-69　执行效果

3.35.3　特别提醒——和样式设置相关的属性和文件

在本实例的两个样式中都有一个 parent 属性，这就不难理解 style 是可以继承的。在这里继承的是系统默认的 EditText 属性，只修改了背景和文字颜色而已。系统的 EditText 样式是在哪里定义的呢？所有系统控件的样式是在一个 style.xml 文件中，这个文件也在上文指出的那个目录下。在里面可以找到 Widget.EditText 的样式定义，有了这个文件就可以查看某一种控件可以更改哪些样式。

另外，在设置 style 时经常用到@和？，@表明引用的的资源是在一个项目或是系统框架中定义过的。？表明引用的资源是在当前的主题定义过的。在上例设置背景中的值中，除了可以是颜色的值外，还可以是一个图片的引用。

3.36　制作一个有秒针的时钟

实例 083	在屏幕中实现一个有秒针的时钟
源码路径	光盘:daima\083
视频路径	光盘:\视频\083

3.36.1　实例说明

在 Android 应用中，可以使用 AnalogClock 控件实现一个时钟效果。在本实例中，将在屏幕中实现一个有秒针的时钟效果。

3.36.2　具体实现

本实例的实现文件 AnalogClock.java，主要代码如下所示。

```
 /**
 * 标志时间、时区、时钟布局大小等是否有改变
 */
private boolean mChanged;

/**
```

```
     * 线程队列管理,消息传递和处理机制
     */
    private Handler loopHandler = new Handler();

    /**
     * 标志页面刷新线程尚未执行
     */
    private boolean isRun = false;

    /**
     * 时钟运行
     */
    private void run()
    {
        /**
         * 将线程加入队列
         */
        loopHandler.post(tickRunnable);
    }
    private Runnable tickRunnable = new Runnable() {
        public void run() {
            /**
             * 在非 UI 线程调用，强制刷新界面
             */
            postInvalidate();
            /**
             * 将线程加入队列，1000 毫秒后启动
             */
            loopHandler.postDelayed(tickRunnable, 1000);
        }
    };
    /**
     * 构造方法
     */
    public AnalogClock(Context context) {
        this(context, null);
    }

    public AnalogClock(Context context, AttributeSet attrs) {
        this(context, attrs, 0);
    }

    public AnalogClock(Context context, AttributeSet attrs,
                int defStyle) {
        super(context, attrs, defStyle);

        /**
         * 初始化日历对象
         */
        mCalendar = new Time();
        time_zone = mCalendar.timezone;

        Resources r = this.getContext().getResources();
        InputStream is =null;

        /**
         * 初始化表盘，时针，分针， 秒针
         */
        is = r.openRawResource(R.drawable.clock);
        mDialDrawable = new BitmapDrawable(is);
        mDial = mDialDrawable.getBitmap();

        is = r.openRawResource(R.drawable.hands);
        mHourHandDrawable = new BitmapDrawable(is);

        is = r.openRawResource(R.drawable.hands);
        mMinuteHandDrawable = new BitmapDrawable(is);

        is = r.openRawResource(R.drawable.hands);
```

```
        mSecondHandDrawable = new BitmapDrawable(is);

        /**
         * 获取表盘有效像素宽高
         */
        mDialWidth = mDialDrawable.getIntrinsicWidth();
        mDialHeight = mDialDrawable.getIntrinsicHeight();
    }
```

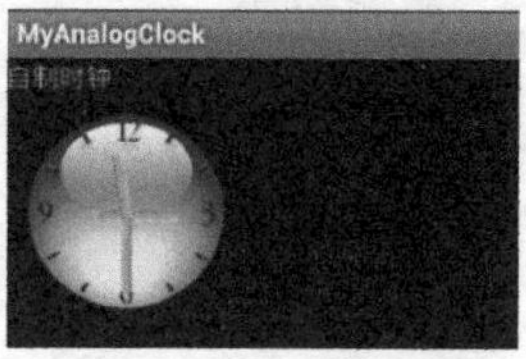

▲图 3-70　执行效果

执行后的效果如图 3-70 所示。

3.36.3　特别提醒——要如何随时都知道时间的改变

在 onAttachedToWindow()中，AnalogClock 通过函数 registerReceiver()注册了 3 个由系统发出的 Actions: ACTION_TIME_TICK、ACTION_TIME_CHANGED 和 ACTION_TIMEZONE_CHANGED。在 Android 中，系统会通过 Intent 传送某些系统通知信息，这些通知信息被称为 Action。在应用程序中，想要收到这些系统通知信息，有如下所示 ID 两个方法。

（1）在 AndroidManifest.xml 中定义 receiver 的类别。

（2）利用 registerReceiver()向系统注册接收的类别。

因为 AnaloClock 是以控件的方式存在，如果每次使用这个控件，都还要在 AndroidManifest.xml 中定义，那就太麻烦了。因此，AnaloClock 使用的是第二种方法。

其中，ACTION_TIME_TICK 是由系统在每分传送出来的 Action。ACTION_TIME_CHANGED 则是当使用者更改系统时间所送出的 Action。当你的手机跨越时间区，系统则会送出 ACTION_TIMEZONE_CHANGED 给有注册的程序。一旦这些 Actions 发生时，他会呼叫在程序最后 new 出来的 BroadcastReceiver 事件，mIntentReceiver 中的 onReceive()回调函数。

第 4 章 屏幕显示应用

我们在购买一款手机时，追求的既是界面美观、又是功能强大的产品。所以对于 Android 程序员来说，我们的任务是开发既能保证界面美观绚丽、又能实现强大功能的应用程序。在本书第 2 章中已经讲解了和屏幕布局有关的实例，在第 3 章已经讲解了和控件有关的实例。在本章的内容中，将以前面两章的内容为基础，详细讲解。

4.1 在屏幕中输出显示一段文字

实例 084	在屏幕中输出一段文字
源码路径	光盘:\daima\084
视频路径	光盘:\视频\084

4.1.1 实例说明

本实例十分简单，在本书前面的示例中已经多次在屏幕中输出文字了。为了满足现实的需求，我们可以对屏幕中的文字进行修饰，以实现绚丽效果。本实例的功能是在屏幕中输出一句文字“欢迎购买本书...”。具体实现方法非常简单，只需在 Layout 中创建一个对象，然后定义文件 strings.xml 中的字符串常数，在最后通过 TextView 中的 setText 方法在将要加载程序的时候更改 TextView 中的显示文字。

4.1.2 具体实现

（1）编写主程序文件，首先载入布局文件 main.xml，然后定义变量“String str_2”表示在手机屏幕中显示的文字。具体代码如下所示。

```
public void onCreate(Bundle savedInstanceState)
{
  super.onCreate(savedInstanceState);
  /* 载入 main.xml Layout，此时 myTextView01:text 为 str_1 */
  setContentView(R.layout.main);
  /* 使用函数 findViewBtId，利用 ID 找到该 TextView 对象 */
  mTextView01 = (TextView) findViewById(R.id.myTextView01);
  String str_2 = "欢迎来到 Android 世界...";
  mTextView01.setText(str_2);
}
}
```

（2）编写布局文件 main.xml，主要代码如下所示。

```
<?xml version="1.0" encoding="utf-8"?>
<AbsoluteLayout
android:id="@+id/widget35"
android:layout_width="fill_parent"
android:layout_height="fill_parent"
```

```
xmlns:android="http://schemas.android.com/apk/res/android"
>
<TextView
android:id="@+id/myTextView01"
android:layout_width="wrap_content"
android:layout_height="wrap_content"
android:text="@string/str_1"
android:layout_x="30px"
android:layout_y="50px"
>
</TextView>
</AbsoluteLayout>
```

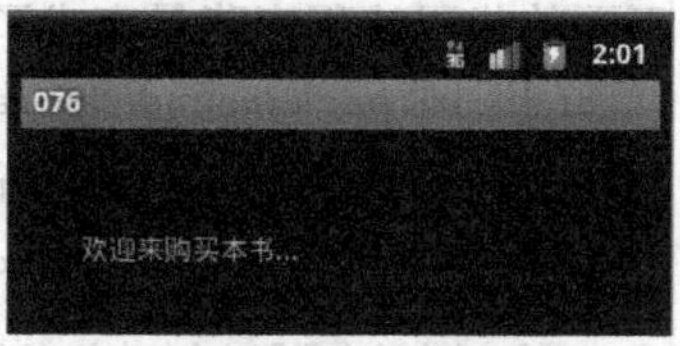

▲图 4-1 运行效果

执行后的效果如图 4-1 所示。

4.1.3 特别提醒——处理超出屏幕宽度的文字

上述实例十分简单，使用 TextView 控件在屏幕中输出了一段文字“欢迎购买本书...”。幸亏这段文字比较短，如果这行文字的长度超过了屏幕的宽度，我们应该怎么处理呢？非常简单，只需在 XML 文件中添加如下两句代码即可解决。

```
android:ellipsize="end"
android:layout_height="wrap_content"
```

例如在文件 main.xml 中，可以使用如下布局代码解决 TextView 中文字长度超出屏幕的情况。

```
<TextView android:id="@+id/aa"
   android:layout_width="fill_parent"
   android:layout_height="wrap_content"
   android:ellipsize="end"
   android:singleLine="true"
   />
```

4.2 更改屏幕背景颜色

实例 085	更改屏幕背景颜色
源码路径	光盘:\daima\085
视频路径	光盘:\视频\085

4.2.1 实例说明

在 Android 开发应用中，为了满足项目的需求经常需要设置屏幕画面的背景颜色。Android 系统默认的窗口的底色是深黑色，有许多方法可以更改 Activity 中的窗口底色，其中最简单的方法是将颜色代码事先定义在 Drawable 中，当程序 onCreate 创建时，加载预先定义的画面颜色。

在本实例中，在 Drawable 中指定 Layout 的背景颜色为黄色，黄色的颜色代码为#0xffffff00，预先定义在 Drawable 当中，当程序运行时，背景就会变为黄色。

4.2.2 具体实现

（1）编写主程序文件，在里面继承 Activity 类，在重写 onCreate 之初直接显示 R.layout.main（main.xml）这个页面安排的布局配置。主要代码如下所示。

```
public class beijing extends Activity
{
  /** Called when the activity is first created. */
  @Override
  public void onCreate(Bundle savedInstanceState)
  {
    super.onCreate(savedInstanceState);
```

```
    setContentView(R.layout.main);
  }
}
```

（2）编写布局文件 main.xml，在里面插入 2 个 TextView 对象和 2 个 EditText 对象，关键在于下面的代码让程序背景变成了黄色。

```
android:background="@drawable/yellow"
```

文件 main.xml 的主要代码如下所示。

```
<?xml version="1.0" encoding="utf-8"?>
<AbsoluteLayout
android:id="@+id/widget35"
android:layout_width="fill_parent"
android:layout_height="fill_parent"
android:background="@drawable/yellow"   //加粗部分
xmlns:android="http://schemas.android.com/apk/res/android"
>
<TextView
android:id="@+id/widget28"
android:layout_width="wrap_content"
android:layout_height="wrap_content"
android:text="@string/str_id"
android:textColor="@drawable/darkgray"
android:layout_x="61px"
android:layout_y="69px"
>
</TextView>
<TextView
android:id="@+id/widget29"
android:layout_width="wrap_content"
android:layout_height="wrap_content"
android:text="@string/str_pwd"
android:textColor="@drawable/darkgray"
android:layout_x="61px"
android:layout_y="158px"
>
</TextView>
<EditText
android:id="@+id/widget31"
android:layout_width="120dip"
android:layout_height="wrap_content"
android:textSize="18sp"
android:layout_x="114px"
android:layout_y="57px"
>
</EditText>
<EditText
android:id="@+id/widget30"
android:layout_width="120dip"
android:layout_height="wrap_content"
android:textSize="18sp"
android:password="true"
android:layout_x="112px"
android:layout_y="142px"
>
</EditText>
</AbsoluteLayout>
```

（3）在文件 color.xml 文件中设置屏幕中文本的显示颜色和屏幕背景的颜色，主要代码如下所示。

```
<?xml version="1.0" encoding="utf-8"?>
<resources>
  <drawable name="darkgray">#808080FF</drawable>
  <drawable name="yellow">#ffffff00</drawable>//加粗部分
</resources>
```

▲图 4-2 运行效果

执行后的效果如图 4-2 所示。

4.2.3　特别提醒——“res/values”目录保存设置颜色

在上述实例中，必须保证 main.xml 中的加粗部分代码“yellow”和 color.xml 中的粗部分代码“yellow”一致，否则不会成功运行。在编写类似项目时，应该事先将定义好的颜色代码（Color Code）以 Drawable 的名称（name）存放于 Resources 当中，这是开发 Android 程序的好习惯，正如同字符串常数一样，颜色也是可以事先定义好的。在本实例中使用如下定义 Drawable 的 Resource 的方法。

```
<drawable name=color_name>color_value</drawable>
```

定义好的 drawable name 常数必需存放于“res/values”目录下面作为资源来取用，但定义好的背景颜色并非只能当作是默认颜色声明使用，在程序的事件里，是可以通过程序来更改的，例如下面的代码。

```
Resources resources = getBaseContext().getResources();
Drawable HippoDrawable = resources.getDrawable(R.drawable.white);
TextView tv = (TextView)findViewByID(R.id.text);
tv.setBackground(HippoDrawable);
```

4.3　更改屏幕中的文字颜色

实例 086	更改屏幕中的文字颜色
源码路径	光盘:\daima\086
视频路径	光盘:\视频\086

4.3.1　实例说明

在前面的实例中，通过 Drawable 定义颜色常数的方式更改了屏幕背景的颜色。但实际项目中，通常使用程序来控制 TextView 或其他对象的背景色（setBackgroundDrawable 方法）。在本实例中，将详细介绍更改屏幕中 TextView 文字颜色的方法。

本实例其实是对前一个实例实现的扩展，在实现时预先在 Layout 中添加两个 TextView，并在 onCreate 初始化的同时通过两种程序描述来实时更改原来 Layout 里 TextView 的背景色以及文字颜色，最后学会使用 Android 默认的颜色常数（graphics.Color）来更改文字的前景色。

4.3.2　具体实现

编写主程序文件，在里面新建 mTextView01 和 mTextView02 两个类成员变量，在这两个变量在 onCreate 响应之初用 findViewById 方法初始化为 Layout（main.xml）里的 TextView 对象。当中使用了 Resource 类以及 Drawable 类，分别创建了 Resources 对象以及 HippoDrawable 对象，并将前一个范例中所创建的 R.drawable.white 以 getDrawable 方法加载，最后则调用了 setBackgroundDrawable 方法来更改 mTextView01 的文字底纹。更改 TextView 里的文字，则使用了 setText 方法。

而在 mTextView02 当中，使用了 graphics.Color 里的颜色常数，接着，再利用 setTextColor 更改文字的前景色。

主程序文件的主要代码如下所示。

```
public void onCreate(Bundle savedInstanceState)
{
  super.onCreate(savedInstanceState);
  setContentView(R.layout.main);

  /*通过 findViewById 构造器来使用 main.xml 与 string.xml
  中 button 与 textView 的参数*/
```

```
        mButton=(Button) findViewById(R.id.mybutton);
        mText= (TextView) findViewById(R.id.mytext);

        /*声明并构造一整数 array 来存储欲使用的文字颜色*/
        mColors = new int[]
                        {
        Color.BLACK, Color.RED, Color.BLUE,
        Color.GREEN, Color.MAGENTA, Color.YELLOW
                        };
        colornum=0;

        /*使用 setOnClickListener 让按钮聆听事件*/
        mButton.setOnClickListener(new View.OnClickListener()
        {
          /*使用 onClick 让用户点下按钮来驱动变动文字颜色*/
          public void onClick(View v)
          {
            if (colornum < mColors.length)
            {
              mText.setTextColor(mColors[colornum]);
              colornum++;
            }
            else
              colornum=0;
          }
        });
      }
    }
```

执行后的效果如图 4-3 所示，单击按钮后会显示不同的文本颜色。

▲图 4-3　运行效果

4.3.3　特别提醒——遵循 MVC 开发模式

在本实例中，使用了 Android.graphics.Color 类中的 Color.Black 来改变 TextView 文字的颜色。但是这样的写法不符合 MVC 开发模式，因为没有将模块和资源分开。所以建议读者在程序中引用在文件“rse/values/color.xml”中定义的 color 变量。

4.4　置换屏幕中 TextView 文字的颜色

实例 087	置换屏幕中 TextView 文字的颜色
源码路径	光盘:\daima\087
视频路径	光盘:\视频\087

4.4.1　实例说明

前几个实例讲解了改变屏幕中文本颜色和背景颜色的方法，其实我们也可以置换处理屏幕中的 TextView 文字。在 Android 开发应用中，可以通过 CharSequence 数据类型与 Resource ID 应用来置换 TextView 文字。从一开始自 Layout 里通过 Resource 初始化 TextView 的文字，到程序中动态更改 TextView 文字，但如何在代码里取得 Resource 的字符串呢？在 Android 里，确实有些方法可以直接以 R.string，直接转换 ID 为 String，不过，这样的数据类型转换是非常规甚至是不妥的，正确的方法是利用 Context.getString 方法来取得存放在 global 里的 Resource ID。以下这个范例将示范如何在程序运行时（runtime），通过 CharSequence 依据 Resource ID 取出字符串，并正确更改 TextView 的文字。

4.4.2　具体实现

（1）在布局文件 main.xml 中创建了两个 TextView 对象，采取 LinearLayout 方式一上一下进行布局，在运行结果中 ID 为 myTextView01 的 TextView 并没有任何文字的更改，维持一开始的 str_1（参考字符串常数里的文字），但在程序运行后，ID 为 myTextView02 的 TextView 则作了文字的实时更改。

（2）编写主程序文件，此处的主代码和前面程序的差异主要是在更改 mTextView02 的文字时（setText 方法），合并了 str_3 与 str_2 这两个不同对象，因为 setText 方法同时支持 CharSequence 与 String 类型的参数，所以可以同步输出不同数据类型的字符串进行。主程序文件的主要代码如下所示。

```
private TextView mTextView02;

/** Called when the activity is first created. */
@Override
public void onCreate(Bundle savedInstanceState)
{
  super.onCreate(savedInstanceState);
  setContentView(R.layout.main);

  mTextView02 = (TextView) findViewById(R.id.myTextView02);
  CharSequence str_2 = getString(R.string.str_2);

  String str_3 = "这是调用的Resource";
  mTextView02.setText(str_3 + str_2);
}
```

▲图 4-4　运行效果

运行后的效果如图 4-4 所示。

4.4.3　特别提醒——使用转义字符

虽然在文件“values/strings.xml”中定义了默认的字符串常数，但是还需要留意如果遇见“?”、“'”和“\”等符号时，必须使用转义字符“\”，例如使用下面的代码。

```
\?
\'
\\
```

4.5　获取手机屏幕的分辨率

实例 088	获取手机屏幕的分辨率
源码路径	光盘:\daima\088
视频路径	光盘:\视频\088

4.5.1　实例说明

不同的手机有不同的分辨率，分辨率越大屏幕越清晰。在当前手机市场中，屏幕的分辨率大小已经成为划分手机档次的一个标准。在开发手机应用程序时，除了底层对 API 的掌握度之外，最重要的仍是屏幕分辨率的概念，因各家手机厂商所采用的屏幕尺寸不同，用户 UI 接口呈现及布局自然也各异。

尽管 Android 可设置为随着窗口大小调整缩放比例，但即便如此，手机程序设计人员还是必需知道手机屏幕的边界，以避免缩放造成的布局（Layout）变形问题。这个范例非常简短，只需几行程序即可取得手机的分辨率，当中的关键则是 DisplayMetrics 类的应用。

4.5.2　具体实现

编写主程序文件，因为在 android.util 之下的 DisplayMetrics 对象中记录了一些常用的信息，例如显示信息、屏幕大小、维度和字体等，所以在此文件中可以使用 DisplayMetrics 对象获取当前手机屏幕的分辨率，在使用时要记得引用 android.util.DisplayMetrics。其中 DisplayMetrics 对象里的 widthPixels 和 heightPixels 字段是整数类型。主程序文件的主要代码如下所示。

```
public void onCreate(Bundle savedInstanceState)
{
  super.onCreate(savedInstanceState);
  setContentView(R.layout.main);

  /* 必须引用 android.util.DisplayMetrics */
  DisplayMetrics dm = new DisplayMetrics();
  getWindowManager().getDefaultDisplay().getMetrics(dm);

  String strOpt = "分辨率是：" +
      dm.widthPixels + " × " + dm.heightPixels;

  mTextView01 = (TextView) findViewById(R.id.myTextView01);
  mTextView01.setText(strOpt);
}
```

运行后的效果如图 4-5 所示。

▲图 4-5　运行效果

上述程序一开始所创建的 DisplayMetrics 对象（程序中的 dm），不需要传递任何参数（构造时），但在调用 getWindowManager()方法之后，会取得现有的 Activity 的 Handler，此时，调用 getDefaultDisplay 方法将取得的宽高维度存放于 DisplayMetrics 对象 dm 中，而取得的宽高维度是以像素为单位（Pixel），“像素”所指的是“绝对像素”而不是“相对像素”。

4.5.3　特别提醒——DisplayMetrics 的用法

Android 可设置为随着窗口大小调整缩放比例，但即便如此，手机程序设计人员还是必须知道手机屏幕的边界，以避免缩放造成的布局变形问题。在 Android 系统中，使用 DisplayMetircs 类可以很方便地获取屏幕分辨率。

在 Andorid.util 包中提供了类 DisplayMetrics，在此类中提供了一种关于显示的通用信息，例如显示大小、分辨率和字体。为了获取 DisplayMetrics 成员，首先初始化一个对象。例如下面的代码。

```
DisplayMetrics metrics = new DisplayMetrics();
getWindowManager().getDefaultDisplay().getMetrics;
```

构造函数 DisplayMetrics 不需要传递任何参数，调用 getWindowManager() 后会获取现有 Activity 的 Handler，此时方法 getDefaultDisplay()会将获取的宽、高维度存放在 DisplayMetrics 对象中，而取得的宽高维度是以像素为单位(Pixel)，“像素”所指的是“绝对像素”而非“相对像素”。通过 DisplayMetrics 的方法 toString()可以获取 DisplayMetrics 的大部分 fields 信息。

在 Android 系统中，像素单位 dip、px、pt 和 sp 之间的区别如下所示。

- dip：是 Device Independent Pixels 的缩写，翻译为设备独立像素。不同设备有不同的显示效果，这和设备硬件有关，一般为了支持 WVGA、HVGA 和 QVGA 时推荐使用 dip，因为不依赖像素。
- px：是 Pixels 的缩写，有像素之意。不同设备显示效果相同，一般 HVGA 代表 320 像素

×480 像素，这个用得比较多。

- pt：是 Point 的缩写，是一个标准的长度单位，1pt=1/72 英寸，用于印刷业，非常简单易用。
- Sp：是 Scaled Pixel 的缩写，含有放大像素之意。主要用于字体显示 best for textsize，根据谷歌 建议，TextView 的字号最好使用 sp 做单位，

过去，程序员通常以像素为单位设计计算机用户界面。例如定义一个宽度为 300 像素的表单字段，列之间的间距为 5 像素，图标大小为 16×16 像素等。这样处理的问题在于，如果在一个每英寸点数（dpi）更高的新显示器上运行该程序，则用户界面会显得很小。在有些情况下，用户界面可能会小到难以看清内容。

与分辨率无关的度量单位可以解决这一问题，在 Android 系统中支持下列所有单位。

- px（像素）：屏幕上的点。
- in（英寸）：长度单位。
- mm（毫米）：长度单位。
- pt（磅）：1/72 英寸。
- dp（与密度无关的像素）：一种基于屏幕密度的抽象单位。在每英寸 160 点的显示器上，1dp = 1px。
- dip：与 dp 相同，多用于 Android/Ophone 示例中。
- sp（与刻度无关的像素）：与 dp 类似，但是可以根据用户的字体大小首选项进行缩放。

4.6 设置屏幕中的文字样式

实例 089	设置屏幕中的文字样式
源码路径	光盘:\daima\089
视频路径	光盘:\视频\089

4.6.1 实例说明

前几个实例讲解了某个单独对象的修饰、处理方法。总是要一个个指定文字的大小、颜色很浪费效率，实际上我们可以使用类似 CSS 样式的方法来指定颜色、大小。本节将通过一个简单实例的实现过程，介绍样式化处理对象的方法。

4.6.2 具体实现

（1）编写主程序文件，此文件代码十分简单，只是加载了 R.layout.main 定义的布局内容而已，但由于定义在 main.xml 里的语句不同，自然也有不同的样貌呈现。主要代码如下所示。

```
public void onCreate(Bundle savedInstanceState)
{
  super.onCreate(savedInstanceState);
  setContentView(R.layout.main);
}
```

（2）编写布局文件，本实例的布局文件由 main.xml 和 style.xml 共同实现。其中文件 main.xml 是纯布局文件，设置了初始化 TextView 时使用指定的 Style 属性。文件 main.xml 的实现代码如下所示。

```
<?xml version="1.0" encoding="utf-8"?>
<LinearLayout
  xmlns:android="http://schemas.android.com/apk/res/android"
  android:background="@drawable/white"
  android:orientation="vertical"
  android:layout_width="fill_parent"
```

```
        android:layout_height="fill_parent"
        >
        <!-- 应用模式 1 的 TextView -->
        <TextView
        style="@style/DavidStyleText1"
        android:layout_width="fill_parent"
        android:layout_height="wrap_content"
        android:gravity="center_vertical|center_horizontal"
        android:text="@string/str_text_view1"
        />
        <!-- 应用模式 2 的 TextView -->
        <TextView
        style="@style/DavidStyleText2"
        android:layout_width="fill_parent"
        android:layout_height="wrap_content"
        android:gravity="center_vertical|center_horizontal"
        android:text="@string/str_text_view2"
        />
</LinearLayout>
```

（3）编写文件 style.xml，在里面定义文本的显示样式。主要代码如下所示。

```
<?xml version="1.0" encoding="utf-8"?>
<resources>
  <style name="DavidStyleText1">
    <item name="android:textSize">48sp</item>
    <item name="android:textColor">#EC9237</item>
  </style>
  <style name="DavidStyleText2">
    <item name="android:textSize">24sp</item>
    <item name="android:textColor">#FF7F7C</item>
    <item name="android:fromAlpha">0.0</item>
    <item name="android:toAlpha">0.0</item>
  </style>
</resources>
```

运行后的效果如图 4-6 所示。

▲图 4-6　运行效果

4.6.3　特别提醒——更改 Layout 中对象的外观

style 与 color 的 XML 语法相类似，皆需要先声明 XML 的版本且 Encoding 为 UTF-8，但其内的 resources 则需要以 stylename 作为样式名称，在最内层才是以 Item 定义样式的范围，其具体的语法如下所示。

```
<style name=string [parent=string] >
    <item name=string>Hex value | string value | reference</item>+
</style>
```

在上述实例中故意创建了两个 TextView 来做对比，这样就呈现出两种不同的样式差异，而 Style 的写法与先前介绍到的颜色常数（color.xml）相同，同样是定义在“res/values”目录下，但其 XML 定义的方式不同。

在 Android 程序开发过程中，通常通过样式（Style）来初始化 TextView 的文本颜色和大小。我们上面的这个范例只是抛砖引玉，其实在 Layout 中的任何对象（以 XML 定义）都可以使用样式来更改其外观。

4.7 响应按钮事件

实例 090	响应按钮事件
源码路径	光盘:\daima\090
视频路径	光盘:\视频\090

4.7.1 实例说明

在本书前面的实例中，已经多次用到了按钮响应事件。按钮是在许多 Windows 窗口应用程序中最常见到的控件（Controls），此控件也常在网页设计里出现，诸如网页注册窗体、应用程序里的【确定】等。通过本实例的实现过程，详细介绍 Android 中响应按钮事件的方法。

我们通常将按钮所触发的事件处理称为 Event Handler，在 Android 中的按钮事件是由系统的 Button.OnClickListener 所控制。在本实例的 Activity 中布局了一个按钮（Button），并为这个按钮设置了事件处理函数，在单击按钮同时会更改 TextView 里的文字。

4.7.2 具体实现

编写主程序文件，在编写时需要先在 Layout 中布局一个 Button 按钮对象和一个 TextView 文本对象，没有这两个对象系统会无法运行下去。主程序文件的主要实现代码如下所示。

```
public void onCreate(Bundle savedInstanceState)
{
  super.onCreate(savedInstanceState);
  setContentView(R.layout.main);

  mButton1 =(Button) findViewById(R.id.myButton1);
  mTextView1 = (TextView) findViewById(R.id.myTextView1);
  mButton1.setOnClickListener(new Button.OnClickListener()
  {
    @Override
    public void onClick(View v)
    {
      mTextView1.setText("大家好！");
    }
  });
 }
}
```

运行后的效果如图 4-7 所示。当单击屏幕中的【按我】按钮后，屏幕上的文本将会发生变化，由原来的“082”变为“大家好！”，如图 4-8 所示。

▲图 4-7 运行效果

▲图 4-8 按下按钮后的效果

4.7.3 特别提醒——两个注意事项

关于上述实例，读者需要如下两点。

（1）注意在 onCreate 中创建的 Button.OnClickListener 事件，这也是触发按钮时会运行的程序段落；但由于 Eclipse 无法自动加载默认的传递参数（new Button.OnClickListener()），所以，在编写程序描述时，必须自行键入新创建的按钮所需的 OnClickListener()事件。

（2）注意到上述代码中只有一个按钮，其实在 Activity 中可以布局多个按钮。实现方法非常简单，只需在 Layout 里多配置一个按钮对象即可。

4.8 实现屏幕界面的转换

实例 091	实现屏幕界面的转换
源码路径	光盘:\daima\091
视频路径	光盘:\视频\091

4.8.1 实例说明

在网络冲浪过程中我们会经常光顾不同的页面，在使用手机时也经常访问不同的屏幕界面。通过本实例的实现过程，将详细介绍实现屏幕界面转换处理的方法。

在网页的世界里，想要在两个网页间做转换，只要利用超链接（HyperLink）就可以实现。在手机的世界里，究竟如何实现手机页面之间的转换呢？最简单的方式就是改变 Activity 的 Layout。在本实例中布局两个 Layout，分别是 Layout1（main.xml）和 Layout2（mylayout.xml），默认载入的 Layout 是 main.xml，在 Layout1 中创建了一个按钮，当单击该按钮后会显示第二个 Layout（mylayout.xml）界面。同样在 Layout2 界面中也设置了一个按钮，当单击这个按钮后会回返回到原来的 Layout1 界面。

4.8.2 具体实现

（1）编写主程序文件，在此文件中设置预加载的 Layout 布局是 main.xml，屏幕上显示的是黑色背景的“演示界面转换”，当单击第一个 Layout 中的按钮时会改变 Activity 的 Layout 为 layout2.xml，并且屏幕上显示变为白色背景文字“083”。主程序文件的主要代码如下所示。

```
public void onCreate(Bundle savedInstanceState)
{
  super.onCreate(savedInstanceState);
  /* 载入 main.xml Layout */
  setContentView(R.layout.main);

  /* 以 findViewById()取得 Button 对象，并添加 onClickListener */
  Button b1 = (Button) findViewById(R.id.button1);
  b1.setOnClickListener(new Button.OnClickListener()
  {
    public void onClick(View v)
    {
      jumpToLayout2();
    }
  });
}
/*将 layout 由 main.xml 切换成 layout2.xml */
public void jumpToLayout2()
{
  /* 将 layout 改成 mylayout.xml */
  setContentView(R.layout.layout2);

  /* 通过 findViewById()取得 Button 对象，并添加 onClickListener 事件 */
  Button b2 = (Button) findViewById(R.id.button2);
  b2.setOnClickListener(new Button.OnClickListener()
  {
    public void onClick(View v)
    {
      jumpToLayout1();
    }
  });
}

/*将 layout 由 mylayout.xml 切换成 main.xml */
```

```
    public void jumpToLayout1()
    {
      /* 将 layout 改成 main.xml */
      setContentView(R.layout.main);

      /* 以 findViewById()取得 Button 对象，并添加 onClickListener */
      Button b1 = (Button) findViewById(R.id.button1);
      b1.setOnClickListener(new Button.OnClickListener()
      {
        public void onClick(View v)
        {
          jumpToLayout2();
        }
      });
    }
  }
```

（2）编写修饰文件，本实例的布局文件由 main.xml 和 mylayout.xml 共同实现。其中文件 main.xml 是为了突出显示 Layout 间切换的效果，特别改变两个 Layout 的背景色及输出文字。在 main.xml 中定义其背景色为黑色，输出文字为“演示界面转换”；而在 mylayout.xml 中，定义了其背景色为白色，输出文字为“083”。

运行后的效果如图 4-9 所示。当单击屏幕中的【去 Layout】按钮后幕上的文本将会发生变化，由原来的“演示界面转换”变为“083”，如图 4-10 所示。

▲图 4-9　运行效果

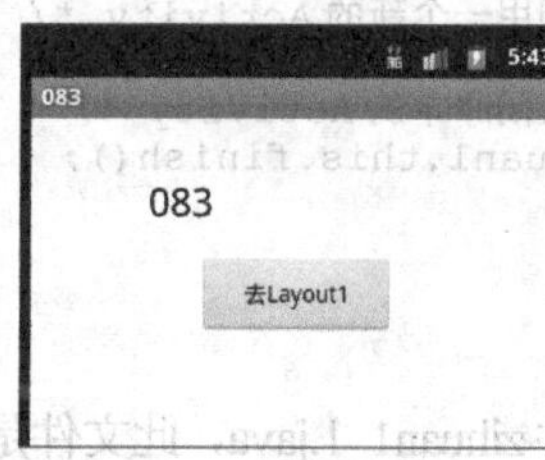

▲图 4-10　转换后效果

4.8.3　特别提醒——setContentView 转换屏幕界面

在 Android 系统中，通常使用 setContentView 方法转换屏幕界面。此实例就是基于 setContentView 实现的。在现实开发应用中，基本都是采用改变 Activity Layout 来实现手机页面转换的效果，当然也可以搭配之前介绍过的 Style 与 Theme 的设置，进行更加灵活的布局配置运用，例如，让用户自行决定要使用的系统样式、背景及文字颜色等，接着直接改变布局。

4.9　在一个 Activity 中调用另一个 Activity

实例 092	在一个 Activity 中调用另一个 Activity
源码路径	光盘:\daima\092
视频路径	光盘:\视频\092

4.9.1　实例说明

在前面的实例中，介绍了如何通过切换 Layout 的方式实现在手机页屏幕中切换界面的方法。除了可以在页面中转换背景、颜色或文字内容外，还可以实现对 Activity 界面的置换。此时就不是单单改变 Layout 就能完成的，因为在置换时需要传递的变量不像在网页那样通过 Cookie 或 Session 实现，我们需要在程序里将主控权转交到另外一个 Activity，只靠前面介绍的 Layout 技术是无法的。通过本实例的实现过程，详细介绍一个 Activity 调用另一个 Activity 的方法。

4.9.2　具体实现

（1）编写主程序文件 zihuan1.java，在此文件按钮时调用另一个 Activity（zhihuan_1），并将主 Activity 关闭 finish()，接着将主控权交给 Activity2。主程序文件 zihuan1.java 的主要实现代码如下所示。

```
public class zhihuan1 extends Activity
{
  /** Called when the activity is first created. */
  @Override
  public void onCreate(Bundle savedInstanceState)
  {
    super.onCreate(savedInstanceState);
    /* 载入 mylayout.xml Layout */
    setContentView(R.layout.main);

    /* 以 findViewById()取得 Button 对象，并添加 onClickListener */
    Button b1 = (Button) findViewById(R.id.button1);
    b1.setOnClickListener(new Button.OnClickListener()
    {
      public void onClick(View v)
      {
        /* new 一个 Intent 对象，并指定要启动的 class */
        Intent intent = new Intent();
          intent.setClass(zhihuan1.this, zhihuan1_1.class);

          /* 调用一个新的 Activity */
          startActivity(intent);
          /* 关闭原本的 Activity */
          zhihuan1.this.finish();
      }
    });
  }
}
```

（2）编写文件 zihuan1_1.java，此文件是第二个 Activity 的主程序，其加载的 Layout 为 mylayout.xml，屏幕上所显示的是白色背景的“这是第二个 Activity”，在此 Activity（Activity2）界面单击 Button 按钮后会重新调用 Activity1，并使用 finish()方法关闭 Activity2。主要实现代码如下所示。

```
public class zhihuan1_1 extends Activity
{
  /** Called when the activity is first created. */
  @Override
  public void onCreate(Bundle savedInstanceState)
  {
    super.onCreate(savedInstanceState);
    /* 载入 main.xml Layout */
    setContentView(R.layout.layout2);

    /* 以 findViewById()取得 Button 对象，并添加 onClickListener */
    Button b2 = (Button) findViewById(R.id.button2);
    b2.setOnClickListener(new Button.OnClickListener()
    {
      public void onClick(View v)
      {
        /* new 一个 Intent 对象，并指定要启动的 class */
        Intent intent = new Intent();
          intent.setClass(zhihuan1_1.this, zhihuan1.class);

          /* 调用一个新的 Activity */
        startActivity(intent);
        /* 关闭原本的 Activity */
        zhihuan1_1.this.finish();
      }
    });
  }
}
```

（3）编写修饰文件，本实例的布局文件是 main.xml 和 mylayout.xml。其中文件 main.xml 是为了突出显示 Layout 间切换的效果，特意有区别的输出两个 Layout 的背景和文字。

（4）编写配置文件，因为在该实例中添加了一个 Activity，所以必须在文件 AndroidManifest.xml 中定义一个新的 activity，并给予名称 name，否则程序将无法编译运行。主要实现代码如下所示。

```
<application android:icon="@drawable/icon" android:label="@string/app_name">
  <activity android:name=".zhihuan1"
            android:label="@string/app_name">
    <intent-filter>
      <action android:name="android.intent.action.MAIN" />
      <category android:name="android.intent.category.LAUNCHER" />
    </intent-filter>
  </activity>
  <activity android:name="zhihuan1_1"></activity>
```

运行后的效果如图 4-11 所示。当单击屏幕中的按钮后，屏幕上的文本将会发生变化，如图 4-12 所示。

▲图 4-11　运行效果

▲图 4-12　转换后效果

系统中新添加 Activity 时，必须在 AndroidManifest.xml 里定义一个新的 Activity，否则系统将会因为找不到 Activity 而发生编译错误。定义代码如下所示。

```
<activity android:name="zhihuan_1"></activity>
```

4.9.3　特别提醒——Intent 的作用

在开发 Android 应用项目时，可以在主程序里使用 startActivity()方法调用另一个 Activity（主程序本身即是一个 Activity），但是整个应用的核心关键并不在方法 startActivity，而是 Intent 这个特有的对象。Intent 就如同其英文字义，含有“想要”或“意图”之意。在主 Activity 当中，Intent 告诉程序自己是什么，并想要前往到哪里，这些是 Intent 对象所处理的任务。在本实例中并没有使用特别的 Layout 布局，而是直接在主 Activity（Activity1）中部署了一个按钮，在单击此按钮的同时告诉主 Activity 前往 Activity2，并在 Activity2 里创建一个回到 Activity1 的按钮。

4.10　计算标准体重

实例 093	计算标准体重
源码路径	光盘:\daima\093
视频路径	光盘:\视频\093

4.10.1　实例说明

在前面的实例中介绍了如何在 Activity 中调用另一个 Activity 的方法，在现实应用中还经常需要在不同的 Activity 之间传递数据。要想实现此功能，需要利用 android.os.Bundle 对象封装数据的能力，将想要传递的数据或参数通过 Bundle 来传递给不同 Intent 之间的数据。在本实例中，演示了一个计算标准体重程序的实现过程。在实例中通过一个简易的表单类型，在 Activity1 中收集用户输入的数据，在离开 Activity1 的时候将用户选择的结果传递至下一个 Activity2。

4.10.2 具体实现

（1）编写文件 butong.java，在此文件中定义了“性别”单选按钮选项的 RadioGroup 值并输入身高的 EditText 输入框，并运用 Intent 及 Bundle 对象在调用 Activity2（butong_1）的同时将数据传入。文件 butong.java 的主要实现代码如下所示。

```
public class butong extends Activity
{
  /** Called when the activity is first created. */
  @Override
  public void onCreate(Bundle savedInstanceState)
  {
    super.onCreate(savedInstanceState);
    /* 载入 main.xml Layout */
    setContentView(R.layout.main);

    /* 以 findViewById()取得 Button 对象，并添加 onClickListener */
    Button b1 = (Button) findViewById(R.id.button1);
    b1.setOnClickListener(new Button.OnClickListener()
    {
      public void onClick(View v)
      {
        /*取得输入的身高*/
        EditText et = (EditText) findViewById(R.id.height);
        double height=Double.parseDouble(et.getText().toString());
        /*取得选择的性别*/
        String sex="";
        RadioButton rb1 = (RadioButton) findViewById(R.id.sex1);
        if(rb1.isChecked())
        {
          sex="M";
        }
        else
        {
          sex="F";
        }
        /*new 一个 Intent 对象，并指定 class*/
        Intent intent = new Intent();
        intent.setClass(butong.this,butong_1.class);

        /*new 一个 Bundle 对象，并将要传递的数据传入*/
        Bundle bundle = new Bundle();
        bundle.putDouble("height",height);
        bundle.putString("sex",sex);
        /*将 Bundle 对象 assign 给 Intent*/
        intent.putExtras(bundle);
        /*调用 Activity EX03_10_1*/
        startActivity(intent);
      }
    });
  }
}
}
```

（2）编写文件 butong_1.java，设置需要在 Activity2（butong_1）中接收来自 Activity1（butong）传递来的数据。Activity1 是以 Bundle 封装对象，所以 Activity2 也是以 Bundle 的方式解开封装的数据；程序中以 getIntent().getExtras() 方法取得随着 Bundle 对象传递过来的性别与身高，经过计算之后，显示在屏幕上。文件 butong_1.java 的主要代码如下所示。

```
public class butong_1 extends Activity {
  /** Called when the activity is first created. */
  @Override
  public void onCreate(Bundle savedInstanceState)
  {
    super.onCreate(savedInstanceState);
    /* 加载 main.xml Layout */
    setContentView(R.layout.layout2);
```

```
        /* 取得Intent中的Bundle对象 */
        Bundle bunde = this.getIntent().getExtras();

        /* 取得Bundle对象中的数据 */
        String sex = bunde.getString("sex");
        double height = bunde.getDouble("height");

        /* 判断性别 */
        String sexText="";
        if(sex.equals("M"))
        {
          sexText="男性";
        }
        else
        {
          sexText="女性";
        }

        /* 取得标准体重 */
        String weight=this.getWeight(sex, height);
        /* 设置输出文字 */
        TextView tv1=(TextView) findViewById(R.id.text1);
        tv1.setText("你是一位"+sexText+"\n你的身高是"
                +height+"厘米\n你的标准体重是"+weight+"公斤");
    }
    /* 四舍五入的method */
    private String format(double num)
    {
      NumberFormat formatter = new DecimalFormat("0.00");
      String s=formatter.format(num);
      return s;
    }
    /* 用findViewById()取得Button对象，并添加onClickListener事件 */
    private String getWeight(String sex,double height)
    {
      String weight="";
      if(sex.equals("M"))
      {
        weight=format((height-80)*0.7);
      }
      else
      {
        weight=format((height-70)*0.6);
      }
      return weight;
    }
}
```

（3）编写配置文件AndroidManifest.xml，因为在本实例中有两个Activity，所以在文件中必须声明两个Activity，否则系统将无法运行。配置文件AndroidManifest.xml的主要实现代码如下所示。

```
<?xml version="1.0" encoding="utf-8"?>
  <manifest xmlns:android="http://schemas.android.com/apk/res/android"
    package="irdc.butong"
    android:versionCode="1"
    android:versionName="1.0.0">
   <application android:icon="@drawable/icon" android:label="@string/app_name">
    <activity android:name=".butong"
         android:label="@string/app_name">
      <intent-filter>
        <action android:name="android.intent.action.MAIN" />
        <category android:name="android.intent.category.LAUNCHER" />
      </intent-filter>
    </activity>
    <activity android:name="butong_1"></activity>
   </application>
</manifest>
```

运行后的效果如图 4-13 所示。当输入身高、选择性别并单击【计算】按钮后会显示对应此身高的标准体重，如图 4-14 所示。

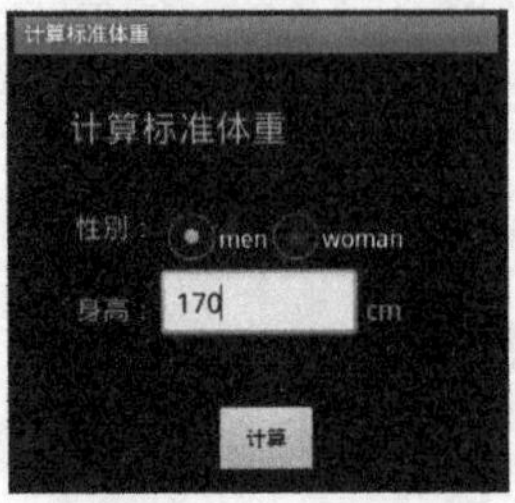

▲图 4-13　运行效果

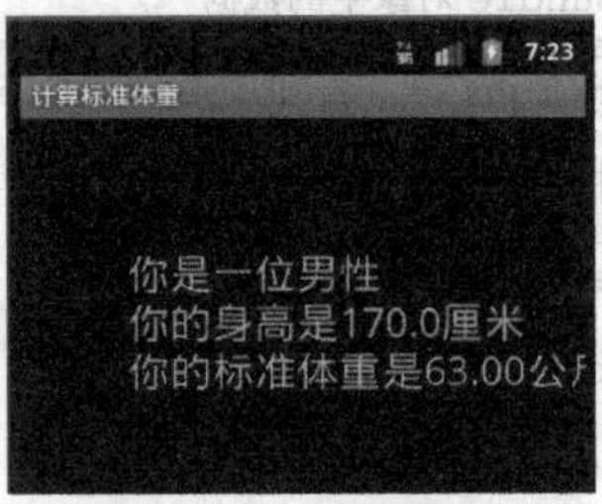

▲图 4-14　转换后效果

4.10.3　特别提醒——Activity 的原理

经过本书前面实例的讲解，相信读者已经了解到应用程序由很多个内部相互联系的屏幕——Activity 组成，这些 Activity 必须包含在应用程序的 manifest 中。为了连接它们，你可能想要显式地指定打开哪个 Activity。

为了显式地选择一个 Activity 类来启动，需要创建一个新的 Intent，指定当前应用程序的上下文和要启动的 Activity 类。然后传递这个 Intent 给 startActivity，例如下面的代码。

```
Intent intent = new Intent(MyActivity.this, MyOtherActivity.class);
startActivity(intent);
```

在调用 startActivity 之后，新的 Activity（在这个例子里，是 MyOtherActivity）将被创建，并变成可见和活跃状态，移到 Activity 栈的最顶端。

4.11　将数据返回到前一个 Activity

实例 094	将数据返回到前一个 Activity
源码路径	光盘:\daima\094
视频路径	光盘:\视频\094

4.11.1　实例说明

在 Android 开发应用中，经常需要将数据返回到前一个 Activity 中。通过本实例实现过程，详细介绍将数据返回到前一个 Activity 的方法。

在实例 092 中，将数据从 Activity1 成功传递到 Activity2。但是如果要再返回到 Activity1，数据还会再封装一次吗？而且前一个 Activity1 早就被程序销毁了，如果在 Activity1 最后用方法 finish() 结束程序，然后再通过 Activity2 将数据采用 Bundle 的方式用新打开的 Activity1 传递参数。虽然这样可以恢复用户输入的数据，但是并不是我们真正期待的效果。

正确的做法是在“次页面”加上一个【返回上页】按钮，如果保证回上页后能保留之前输入的相关信息，那么就必须使用方法 startActivityForResult()唤起一个 Activity。使用此方法，前一个 Activity1 便会有一个等待次 Activity2 的返回，而返回的数据就可以达到想要的结果。

4.11.2　具体实现

（1）编写文件 qian.java，在 Activity1 中将调用 Activity 的方法更改成 startActivityForResult (intent,0)，其中参数 0 是下一个 Activity 要返回值的依据，在此可以指定为自行定义的参考标识符

（Identifier）。在程序中覆盖了方法 onActivityResult()，当程序收到返回结果后再重新加载写回原本输入的值。文件 qian.java 的具体实现代码如下所示。

```
public class qian extends Activity
{
  private EditText et;
  private RadioButton rb1;
  private RadioButton rb2;

  /** Called when the activity is first created. */
  @Override
  public void onCreate(Bundle savedInstanceState)
  {
    super.onCreate(savedInstanceState);
    /* 载入 main.xml Layout */
    setContentView(R.layout.main);
    /* 以 findViewById()取得 Button 对象，并添加 onClickListener */
    Button b1 = (Button) findViewById(R.id.button1);
    b1.setOnClickListener(new Button.OnClickListener()
    {
      public void onClick(View v)
      {
        /*取得输入的身高*/
        et = (EditText) findViewById(R.id.height);
        double height=Double.parseDouble(et.getText().toString());
        /*取得选择的性别*/
        String sex="";
        rb1 = (RadioButton) findViewById(R.id.sex1);
        rb2 = (RadioButton) findViewById(R.id.sex2);
        if(rb1.isChecked())
        {
          sex="M";
        }
        else
        {
          sex="F";
        }

        /*new 一个 Intent 对象，并指定 class*/
        Intent intent = new Intent();
        intent.setClass(qian.this,qian_1.class);

        /*new 一个 Bundle 对象，并将要传递的数据传入*/
        Bundle bundle = new Bundle();
        bundle.putDouble("height",height);
        bundle.putString("sex",sex);

        /*将 Bundle 对象 assign 给 Intent*/
        intent.putExtras(bundle);

        /*调用 Activity EX03_11_1*/
        startActivityForResult(intent,0);
      }
    });
  }

  /* 覆盖 onActivityResult()*/
  @Override
  protected void onActivityResult(int requestCode, int resultCode,
                                  Intent data)
  {
    switch (resultCode)
    {
      case RESULT_OK:
        /* 取得来自 Activity2 的数据，并显示于画面上 */
        Bundle bunde = data.getExtras();
        String sex = bunde.getString("sex");
        double height = bunde.getDouble("height");
```

```
        et.setText(""+height);
        if(sex.equals("M"))
        {
          rb1.setChecked(true);
        }
        else
        {
          rb2.setChecked(true);
        }
        break;
      default:
        break;
    }
  }
}
```

（2）编写文件 qian_1.java，设置 Activity2 界面，当单击 Button 按钮时将 Bundle 对象与结果返回给前一个 Activity1。文件 qian_1.java 的主要代码如下所示。

```
public class qian_1 extends Activity {
  Bundle bunde;
  Intent intent;
  /** Called when the activity is first created. */
  @Override
  public void onCreate(Bundle savedInstanceState)
  {
    super.onCreate(savedInstanceState);
    /* 载入 mylayout.xml Layout */
    setContentView(R.layout.myalyout);

    /* 取得 Intent 中的 Bundle 对象 */
    intent=this.getIntent();
    bunde = intent.getExtras();

    /* 取得 Bundle 对象中的数据 */
    String sex = bunde.getString("sex");
    double height = bunde.getDouble("height");

    /* 判断性别 */
    String sexText="";
    if(sex.equals("M"))
    {
      sexText="男性";
    }
    else
    {
      sexText="女性";
    }

    /* 取得标准体重 */
    String weight=this.getWeight(sex, height);

    /* 设置输出文字 */
    TextView tv1=(TextView) findViewById(R.id.text1);
    tv1.setText("你是一位"+sexText+"\n 你的身高是"+height+
             "厘米\n 你的标准体重是"+weight+"公斤");

    /* 以 findViewById()取得 Button 对象，并添加 onClickListener */
    Button b1 = (Button) findViewById(R.id.button1);
    b1.setOnClickListener(new Button.OnClickListener()
    {
      public void onClick(View v)
      {
        /* 返回 result 回上一个 activity */
        qian_1.this.setResult(RESULT_OK, intent);

        /* 结束这个 activity */
        qian_1.this.finish();
```

```
        }
      });
    }
    /* 四舍五入的 method */
    private String format(double num)
    {
      NumberFormat formatter = new DecimalFormat("0.00");
      String s=formatter.format(num);
      return s;
    }

    /* 以 findViewById()取得 Button 对象，并添加 onClickListener */
    private String getWeight(String sex,double height)
    {
      String weight="";
      if(sex.equals("M"))
      {
        weight=format((height-80)*0.7);
      }
      else
      {
        weight=format((height-70)*0.6);
      }
      return weight;
    }
  }
```

（3）编写配置文件 AndroidManifest.xml，因为中有两个 Activity，所以文件中必须有两个 activity 的声明，否则系统将无法运行。配置文件 AndroidManifest.xml 的具体实现代码如下所示。

```
<?xml version="1.0" encoding="utf-8"?>
 <manifest xmlns:android="http://schemas.android.com/apk/res/android"
     package="irdc.qian"
     android:versionCode="1"
     android:versionName="1.0.0">
   <application android:icon="@drawable/icon" android:label="@string/app_name">
     <activity android:name=".qian"
          android:label="@string/app_name">
       <intent-filter>
         <action android:name="android.intent.action.MAIN" />
         <category android:name="android.intent.category.LAUNCHER" />
       </intent-filter>
     </activity>
     <activity android:name="qian_1"></activity>
   </application>
 </manifest>
```

运行程序后，当输入身高、选择性别并单击“计算”按钮后，将显示标准体重。

4.11.3 特别提醒——重新返回给主 Activity1

为了在回到上一页时能够显示之前所输入的数据，所以将原本传递次 Activity 的 Intent（里面包含了有数据的 Bundle 对象）再重新返回给主 Activity1。如果要在次 Activity2 中返回其他的数据，例如，经过计算后的结果、数据，此时只需将要返回的数据再放入 Bundle 对象中即可达成。

4.12 单击按钮后改变文字颜色

实例 095	单击按钮后改变文字颜色
源码路径	光盘:\daima\095
视频路径	光盘:\视频\095

4.12.1 实例说明

经过本书前面实例的学习，了解了多种和 TextView 文字相关的处理方法，并且也了解了和按钮相关的处理方法。本实例将对前面的知识进行整合处理，通过 setOnClickListener 监听单击事件，在单击后触发函数 setTextColor 来改变文本颜色。因为提前创建一个字形定义的颜色数组 mColor，在单击按钮时会根据此颜色数组索引值的变化来置换 TextView 中的文字颜色。

4.12.2 具体实现

编写主程序文件，在此文件中使用函数 setTextColor 来改变文字的颜色，单击按钮后执行函数 onClick，此函数驱动了 setTextColor 的事件。主程序文件的主要实现代码如下所示。

```
public class wenyan087 extends Activity
{
  private Button mButton;
  private TextView mText;
  private int[] mColors;
  private int colornum;
  @Override
  public void onCreate(Bundle savedInstanceState)
  {
    super.onCreate(savedInstanceState);
    setContentView(R.layout.main);
    /*通过 findViewById 构造器来使用 main.xml 与 string.xml 中 button 与 textView 的参数*/
    mButton=(Button) findViewById(R.id.mybutton);
    mText= (TextView) findViewById(R.id.mytext);
    /*声明并构造一整数 array 来存储欲使用的文字颜色*/
    mColors = new int[]  {
    Color.BLACK, Color.RED, Color.BLUE,
    Color.GREEN, Color.MAGENTA, Color.YELLOW
                      };
    colornum=0;
    /*使用 setOnClickListener 让按钮聆听事件*/
    mButton.setOnClickListener(new View.OnClickListener()   {
      /*使用 onClick 让用户点下按钮来驱动变动文字颜色*/
      public void onClick(View v)    {
        if (colornum < mColors.length) {
          mText.setTextColor(mColors[colornum]);
          colornum++;
        }
        else
          colornum=0;
      }
    });
  }
}
```

运行后的效果如图 4-15 所示；当单击【单击】按钮后会改变文本的颜色，如图 4-16 所示；再次单击"单击"按钮后，文本还会改变颜色。如图 4-17 所示。

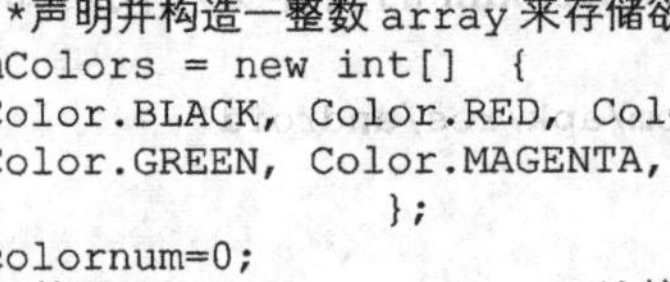

▲图 4-15 运行效果

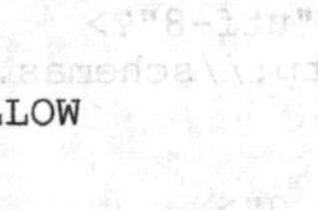

▲图 4-16 改变颜色

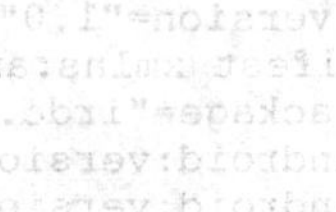

▲图 4-17 改变颜色

4.12.3 特别提醒——使用 HTML 控制颜色

对文本颜色的控制方法，相信再也没有 HTML 那样简单并为心所欲了。其实在 Android 手机屏幕中，也可以也能用 HTML 来控制 TextView 文本的颜色。例如通过下面的代码可以实现“红色”两字的高亮显示。

```
TextView tv = new TextView(this);
tv.setText(Html.fromHtml("<font color=\"#ff0000\">红色</font>其它颜色"));
```

读者在日常开发应用中，可以使用上述方式来设置屏幕中的TextView文本的颜色，这种方法算是最简单、最容易理解的。

4.13 设置手机屏幕中文本的字体

实例 096	设置手机屏幕中文本的字体
源码路径	光盘:\daima\096
视频路径	光盘:\视频\096

4.13.1 实例说明

在Android开发应用中，经常需要置换手机屏幕中文字字体的格式。文字的字体格式主要包括文字大小（Size）和字体（Font）。改变字体和改变颜色的原理一样，即通过按钮对象的Button.onClickListener来改变TextView的字体大小和字体。

在TextView对象中存在许多和字体有关的方法。例如使用setTextSize改变文字的大小，使用setTypeface来指定字体。在本实例中将涉及2个按钮，一个控制文本大小，一个控制文本字体，并通过外部资源assets，引用外部字体文件True Type Font，再通过Typeface类的creatFromAsset方法，让TextView通过SetTypeface来改变字体。

4.13.2 具体实现

编写主程序文件，在此文件中通过setTextSize改变文字的大小，通过setTypeface来指定文本的字体。主程序文件的具体实现代码如下所示。

```
public void onCreate(Bundle savedInstanceState)
{
  super.onCreate(savedInstanceState);
  setContentView(R.layout.main);

  mText=(TextView)findViewById(R.id.mytextview);
  sizeButton=(Button) findViewById(R.id.sizebutton);
  fontButton=(Button) findViewById(R.id.fontbutton);
  /*设置 onClickListener 与按钮对象连接*/
  sizeButton.setOnClickListener(new View.OnClickListener()
  {
    public void onClick(View v)
    {
      /*使用 setTextSize()来改变字体大小 */
      mText.setTextSize(20);
    }
  }
  );
  fontButton.setOnClickListener(new View.OnClickListener()
  {
    public void onClick(View v)
    {
      /*必须事先在 assets 底下创建一个 fonts 文件夹
       * 并放入要使用的字体文件(.ttf)
       * 并提供相对路径给 creatFromAsset()来创建 Typeface 对象*/
      mText.setTypeface
      (Typeface.createFromAsset(getAssets(),
      "fonts/HandmadeTypewriter.ttf"));
    }
```

```
            }
        );
    }
}
```

运行后的效果如图 4-18 所示，当单击【转换】按钮和【变大】按钮后，文本样式和大小将会改变，如图 4-19 所示。

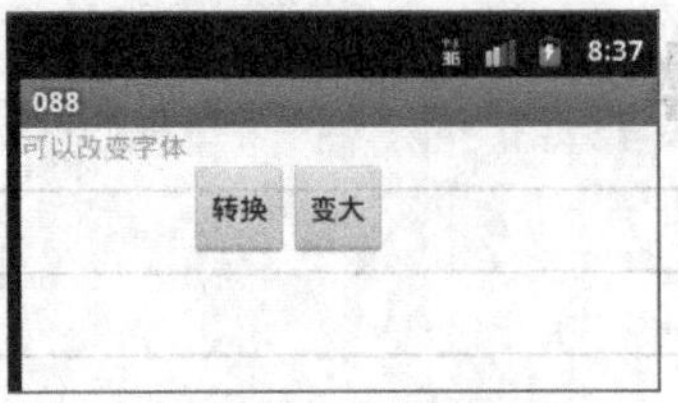

▲图 4-18 运行效果

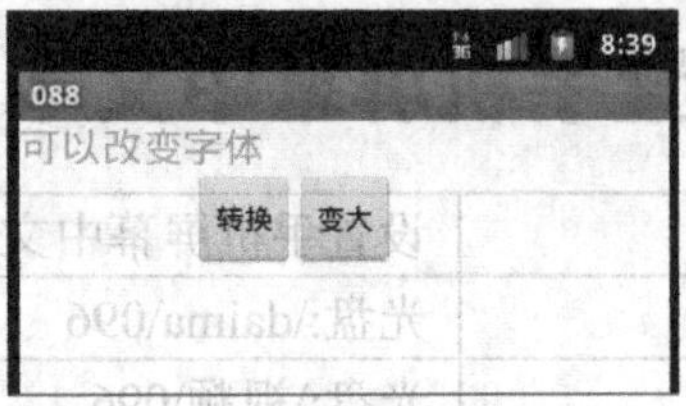

▲图 4-19 改变大小

4.13.3 特别提醒——使用字体的问题

在本实例中，使用了类 Typeface 和外部字体文件来改变文字的字体。但是在当前的 Android 系统中，缺乏对字体的支持，即使使用了它支持的字体也不会报错，而是以 Droid Type 来替换。所以当使用外部字体但字体没有变换时，通常是因为这个字体在 Android 中不被支持。

4.14 在手机屏幕中实现拖动图片特效

实例 097	在手机屏幕中实现拖动图片特效
源码路径	光盘:\daima\097
视频路径	光盘:\视频\097

4.14.1 实例说明

在很多手机产品中，可以在屏幕中通过滑动的方式拖动一幅图片，这样的效果很吸引用户的眼球。在 Android 中可以通过类 Android.content.Context、Android.widget.BaseAdapter 和 Android.widget.ImageView 来实现拖动图片特效。在 Activity 中，Context 作为 Android.content 的子类，它好比 Canvas 画布随时会被处理或覆盖。在本实例的 Layout 中布局一个 Gallery 对象，然后通过类 widget.BaseAdapter 作为容器来存放 Gallery 所需要的图。为了复习前面学的 Gallery 的使用方法，在实例中使用了 Android 的 Icon 图标。

4.14.2 具体实现

编写主程序文件，在此创建一个继承于 BaseAdapte 的方法 ImageAdapte，此方法的功能是暂时保存要显示的图片作为 Gallery 控件图片的引用。主程序文件的主要代码如下所示。

```
public class texiao089 extends Activity{
  private TextView mTextView01;
  @Override
  public void onCreate(Bundle savedInstanceState)
  {
    super.onCreate(savedInstanceState);
    setContentView(R.layout.main);
    mTextView01 = (TextView) findViewById(R.id.myTextView01);
    mTextView01.setText(getString(R.string.str_txt1));
    mTextView01.setTextColor(Color.BLUE);

    ((Gallery) findViewById(R.id.myGallery1))
```

```
            .setAdapter(new ImageAdapter(this));
  }
  public class ImageAdapter extends BaseAdapter
  {
    /* 类成员 myContext 为 Context 父类 */
    private Context myContext;

    /*使用 android.R.drawable 里的图片作为图库来源，类型为整数数组*/
    private int[] myImageIds =
                    {
                        android.R.drawable.btn_minus,
                        android.R.drawable.btn_radio,
                        android.R.drawable.ic_lock_idle_low_battery,
                        android.R.drawable.ic_menu_camera
                    };
    /* 构造器只有一个参数，即要存储的 Context */
    public ImageAdapter(Context c) { this.myContext = c; }
    /* 返回所有已定义的图片总数量 */
    public int getCount() { return this.myImageIds.length; }
    /* 利用 getItem 方法，取得目前容器中图像的数组 ID */
    public Object getItem(int position) { return position; }
    public long getItemId(int position) { return position; }

    /* 取得目前欲显示的图像 View，传入数组 ID 值使之读取与成像 */
    public View getView(int position, View convertView,
                    ViewGroup parent)
    {
      /* 创建一个 ImageView 对象 */
      ImageView i = new ImageView(this.myContext);

      i.setImageResource(this.myImageIds[position]);
      i.setScaleType(ImageView.ScaleType.FIT_XY);

      /* 设置这个 ImageView 对象的宽高，单位为 dip */
      i.setLayoutParams(new Gallery.LayoutParams(120, 120));
      return i;
    }
    /*依据距离中心的位移量 利用 getScale 返回 views 的大小(0.0f to 1.0f)*/
    public float getScale(boolean focused, int offset)
    {
      /* Formula: 1 / (2 ^ offset) */
      return Math.max(0,1.0f/(float)Math.pow(2,Math.abs(offset)));
    }
  }
}
```

运行后会在屏幕中显示几幅图片，当单击某个图片后会以滚动特效的样式显示，如图 4-20 所示。

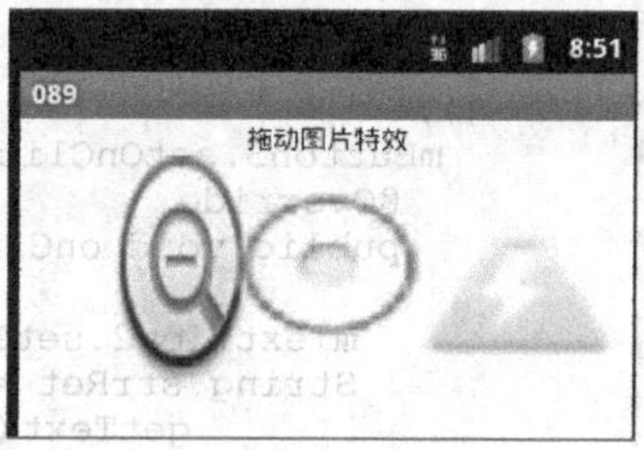

▲图 4-20　运行效果

4.14.3　特别提醒——导入外部图片作为内置图

在上述实例中使用的是 Android 系统的内置图标，如果感觉图标魅力不够，读者可以从外部导入美观的图片，方法是将这些有魅力的图片素材导入到“res\drawable”目录下，这些图形文件会在部署阶段跟着应用程序一起打包成.apk 文件。

4.15　制作一个简单的计算器

实例 098	制作一个简单的计算器
源码路径	光盘:\daima\098
视频路径	光盘:\视频\098

4.15.1　实例说明

计算器是手机中的最常用程序之一，计算器可以方便人们处理日常计算事务。通过本实例的实现过程，详细介绍在手机屏幕中实现简易计算器的方法。

4.15.2　具体实现

编写文件 jisuanqi.java，在此文件中创建一个按钮对象，使用 Java Integer.toString()或Float.toString()来处理逻辑运算数值。文件 jisuanqi.java 的主要代码如下所示。

```
public class jisuanqi extends Activity {
    public Button mButton2;
    public Button mButton3;
    public Button mButton4;
    public Button mButton5;
    public EditText mEditText1;
    public EditText mEditText2;
    public TextView mTextView2;
    public TextView mTextView4;

    @Override
    public void onCreate(Bundle savedInstanceState) {
     super.onCreate(savedInstanceState);
     setContentView(R.layout.main);
     mTextView2 = (TextView) findViewById(R.id.mTextView2);
     mTextView4 = (TextView) findViewById(R.id.mTextView4);
     mButton2 = (Button) findViewById(R.id.mButton2);
     mButton3 = (Button) findViewById(R.id.mButton3);
     mButton4 = (Button) findViewById(R.id.mButton4);
     mButton5 = (Button) findViewById(R.id.mButton5);
     mEditText1 = (EditText) findViewById(R.id.mText1);
     mEditText2 = (EditText) findViewById(R.id.mText2);

     mButton2.setOnClickListener(new Button.OnClickListener() {
     @Override
     public void onClick(View v)
    {
      mTextView2.setText("+");
      String strRet = Integer.toString( Integer.parseInt(mEditText1.
              getText().toString())+ Integer.parseInt
              (mEditText2.getText().toString()) );
      mTextView4.setText(strRet);

    }
    });
      mButton3.setOnClickListener(new Button.OnClickListener()  {
       @Override
       public void onClick(View v)
       {
         mTextView2.setText("-");
         String strRet = Integer.toString( Integer.parseInt(mEditText1.
                getText().toString())- Integer.parseInt
                (mEditText2.getText().toString()) );
         mTextView4.setText(strRet);
       }
   });
     mButton4.setOnClickListener(new Button.OnClickListener(){
       @Override
       public void onClick(View v)
       {
         mTextView2.setText("*");
         String strRet = Integer.toString( Integer.parseInt(mEditText1.
                getText().toString())* Integer.parseInt
                (mEditText2.getText().toString()) );
         mTextView4.setText(strRet);

       }
```

```
        });
        mButton5.setOnClickListener(new Button.OnClickListener() {
          @Override
          public void onClick(View v)
          {
            mTextView2.setText("/");
            String strRet = Integer.toString( Integer.parseInt(mEditText1.
                    getText().toString())/ Integer.parseInt
                    (mEditText2.getText().toString()) );
            mTextView4.setText(strRet);
          }
        });
      }
    }
```

运行程序后，当输入数值并选择一个算法后会计算出对应的结果。

4.15.3　特别提醒——计算小数

上述实例只能计算整数，不能计算小数类型。我们将其 Integer 类型改为 Float 数据类型，这样就可以计算小数了。

4.16　在屏幕中实现一个 About（关于）信息效果

实例 099	在屏幕中实现一个 About（关于）信息效果
源码路径	光盘:\daima\099
视频路径	光盘:\视频\099

4.16.1　实例说明

在计算机系统中经常见到 About（关于）信息，主要功能是说明当前软件或硬件的基本信息，例如网站中的“关于我们”。在本实例中，通过手机接口 Menu Shotcut 实现了“关于”对话框和“离开”对话框效果。在程序中除了默认覆盖的 onCreate 响应函数外，还建立 2 个类函数 onCreateMenu()和 onOptionItemSelected()。其中前者用于创建菜单（Menu）项目，后者则用于处理菜单被选择运行后的事件。

4.16.2　具体实现

编写主程序文件，在此文件中创建了一个类函数 onCreateOptionsMenu(Menu menu)，此函数用于添加 Menu 菜单，然后使用函数 onOptionItemSelected()获取菜单选择项目处理对应的事件，用 getItemId()=0 表示“关于”，用 getItemId()=1 表示“离开”。主程序文件的主要代码如下所示。

```
public void onCreate(Bundle savedInstanceState)
{
  super.onCreate(savedInstanceState);
  setContentView(R.layout.main);
}

public boolean onCreateOptionsMenu(Menu menu)
{
  menu.add(0, 0, 0, R.string.app_about);
  menu.add(0, 1, 1, R.string.str_exit);
  return super.onCreateOptionsMenu(menu);
}
public boolean onOptionsItemSelected(MenuItem item)  {
  super.onOptionsItemSelected(item);
  switch(item.getItemId())
  {
```

```
      case 0:
        openOptionsDialog();
        break;
      case 1:
        finish();
        break;
    }
    return true;
  }
  private void openOptionsDialog() {
    new AlertDialog.Builder(this)
    .setTitle(R.string.app_about)
    .setMessage(R.string.app_about_msg)
    .setPositiveButton(R.string.str_ok,
        new DialogInterface.OnClickListener(){
         public void onClick(DialogInterface dialoginterface, int i){
          }
         }
        )
    .show();
  }
}
```

运行后的效果如图 4-21 所示，当单击“Menu”键后会弹出两个子菜单，如图 4-22 所示；当单击“关于我们”选项后会弹出一个对话框，此对话框就是 About（关于）的说明信息，如图 4-23 所示。

▲图 4-21　运行结果

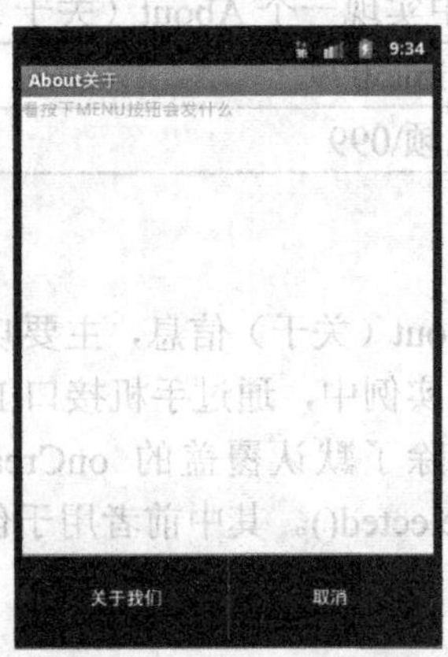

▲图 4-22　单击 Menu 键后

▲图 4-23 “关于我们” 对话框

4.16.3　特别提醒——实现一个确认对话框

当用户在屏幕中单击【离开】按钮时，为了更好的用户体验，一般会在中间提供一个确认过程。例如在下面的实现方法中用到了 AlertDialog 对话框。

```
public void exitOptionsDialog(){
new AlertDialog.Builder(this)
.setTitle("Message")
.setMessage("Are you sure.")
.setNegativeButton("No", new DialogInterface.OnClickListener(){
public void onClick(DialogInterface dialogInterface,int i){
}
})
.setPositiveButton("Yes", new DialogInterface.OnClickListener(){
public void onClick(DialogInterface dialogInterface,int i){
finish();
}
})
.show();
}
```

4.17 在手机屏幕中实现程序加载效果

实例 100	在手机屏幕中实现程序加载效果
源码路径	光盘:\daima\100
视频路径	光盘:\视频\100

4.17.1 实例说明

我们在很多应用软件程序中遇到过程序加载功能，例如系统提示“程序正在加载，请用户慢慢等待……”等。在实例中设计了一个按钮，单击按钮后开始线程的周期，在运行过程中显示ProgressDialog，当线程运行完毕后，结束ProgressDialog对话框。

4.17.2 具体实现

编写主程序文件，在此文件中创建了一个按钮对象，单击按钮后会触发myShowProgressBar事件以更改TextView中的文字，并将焦点传递给前台的ProgressDialog.show。运行3秒钟后，再将焦点传递返回给原来的Activity。主程序文件的主要代码如下所示。

```
public class dengdai092 extends Activity {
  private Button mButton1;
  private TextView mTextView1;
  public ProgressDialog myDialog = null;
  @Override
  public void onCreate(Bundle savedInstanceState) {
    super.onCreate(savedInstanceState);
    setContentView(R.layout.main);

    mButton1 =(Button) findViewById(R.id.myButton1);
    mTextView1 = (TextView) findViewById(R.id.myTextView1);
    mButton1.setOnClickListener(myShowProgressBar);
  }
  Button.OnClickListener myShowProgressBar =
  new Button.OnClickListener() {
    public void onClick(View arg0)
    {
      final CharSequence strDialogTitle =
            getString(R.string.str_dialog_title);
      final CharSequence strDialogBody =
            getString(R.string.str_dialog_body);
      // 显示 Progress 对话框
      myDialog = ProgressDialog.show   (
                 dengdai092.this,
                 strDialogTitle,
                 strDialogBody,
                 true
               );
      mTextView1.setText(strDialogBody);
      new Thread(){
        public void run()  {
          try{
            /*暂停 3 秒作为示范 */
            sleep(3000);
          }
          catch (Exception e)
          {
            e.printStackTrace();
          }
          finally{
            // 卸载所创建的 myDialog 对象。
            myDialog.dismiss();
          }
```

```
            }
        }.start(); /* 开始运行运行线程 */
      }
    };
  }
```

运行后的效果如图 4-24 所示，单击【按下后开始执行前台运算…】按钮后弹出“等待”提示框信息，如图 4-25 所示。

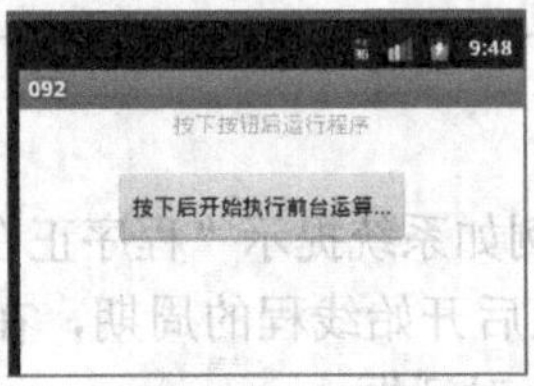

▲图 4-24　运行结果

▲图 4-25　显示等待提示信息

4.17.3　特别提醒——ProgressDialog 类

在 Android 开发应用中，程序加载功能是通过类 ProgressDialog 实现的，此类被封装在 Android.app.ProgressDialog 中。在 Android 中使用时需要注意，Progress Dialog 必须在后台程序运行完毕前使用方法 dismiss()来关闭取得焦点的对话框，否则程序将会陷入无法终止的无穷循环中。另外，也可以在线程中确保不存在任何更改 Context 或 parent View 状态、文字输出等事件的方法实现。因为线程里的 Context 或 View 并不属于 parent，他们两者之间没有任何关联。在本实例中，将以线程来模拟后台程序的运行，再在线程运行完毕时，关闭动画对话框。

类 Android.app.ProgressDialog 是本实例的核心，在此类中包括了几种重要的构造方法，具体信息如表 4-1 所示。

表 4-1　　Android.app.ProgressDialog 类的构造函数

方　法	格　式
static	show(Contextcontext,CharSequencetitle,CharSequencemessage)
static	show(Contextcontext,CharSequencetitle,CharSequencemessage, booleanindeterminate)
static	show(Contextcontext,CharSequencetitle,CharSequencemessage, booleanindeterminate,booleancancelable)
static	show(Contextcontext,CharSequencetitle,CharSequencemessage, booleanindeterminate,booleancancelable, DialogInterface.OnCancelListenercancelListener)

有关 Android.app.ProgressDialog 类更加详细的信息，请读者参阅下面的网址：
http://www.chinaup.org/docs/reference/android/app/ProgressDialog.html

4.18　创建一个有选择项的对话框

实例 101	创建一个有选择项的对话框
源码路径	光盘:\daima\101
视频路径	光盘:\视频\101

4.18.1　实例说明

对话框是网络中常见的应用，在手机软件中也必不可少。在本书前面的实例中已经多次介绍了生成对话框的方法，也介绍了 AlertDialog.Builder 对话框的用法。其实在 AlertDialog.Builder 对话框中还可以包含多个子对话框。在本实例中创建了一个按钮事件，触发该按钮事件后以类似列表项目的方式呈现在 Alert Dialog 中。

4.18.2 具体实现

编写主程序文件，自此文件中设置了一个 Button 按钮对象，单击后会弹出一个拥有 3 个选项的对话框。主程序文件的主要代码如下所示。

```
Button.OnClickListener myShowAlertDialog = new Button.OnClickListener(){
  public void onClick(View arg0)  {
    new AlertDialog.Builder(xuanze093.this)
      .setTitle(R.string.str_alert_title)
      .setItems(R.array.items_irdc_dialog,
      new DialogInterface.OnClickListener()  {
        public void onClick(DialogInterface dialog, int whichcountry){
          CharSequence strDialogBody = getString(R.string.str_alert_body);
          String[] aryShop =
          getResources().getStringArray(R.array.items_irdc_dialog);
            new AlertDialog.Builder(xuanze093.this)
            .setMessage(strDialogBody + aryShop[whichcountry])
            .setNeutralButton(R.string.str_ok, new DialogInterface.OnClickListener()
            {
              public void onClick(DialogInterface dialog, int whichButton)
              {
              }
            })
            .show();
        }
      })
      .setNegativeButton("    ", new DialogInterface.OnClickListener()
      {
        @Override
        public void onClick(DialogInterface d, int which)
        {
          d.dismiss();
        }
      })
      .show();
  } /*End: public void onClick(View arg0)*/
};
}
```

运行后的效果如图 4-26 所示，单击【单击我】按钮后弹出一个选择项菜单，如图 4-27 所示；选择一个选项后会弹出一个对话框，如图 4-28 所示。单击【OK】按钮后返回到初始界面。

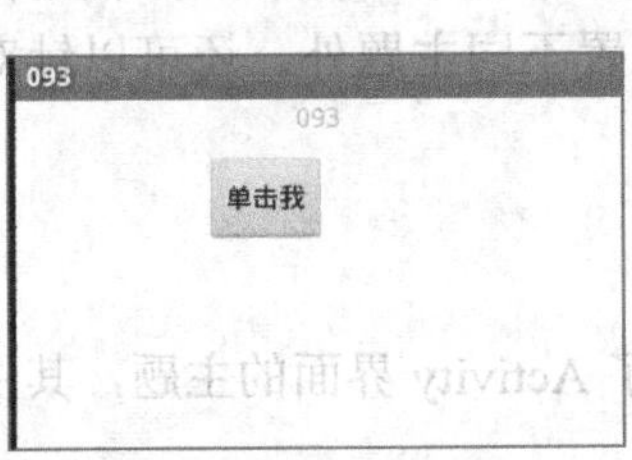

▲图 4-26 运行结果

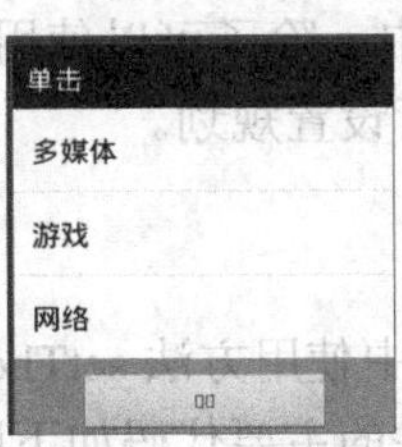

▲图 4-27 选项

▲图 4-28 选择提示

4.18.3 特别提醒——AlertDialog.Builder 的内部组成

在本书前面的实例中，曾经讲解过 AlertDialog，要想完全理解 AlertDialog.Builder，必须先明白 AlertDialog。AlertDialog 是 Dialog 的一个直接子类，也是 Android 系统当中最常用的对话框之一。一个 AlertDialog 可以有两个以上的 Button，可以对一个 AlertDialog 设置相应的信息。比如

title、massage、setSingleChoiceItems、setPositiveButton 和 setNegativeButton 等。但是不能直接通过 AlertDialog 的构造函数来生产一个 AlertDialog。打开 AlertDialog 的源码会发现：AlertDialog 所有的构造方法都是写保护的所以不能通过，必须使用“AlertDialog alertDialog = new AlertDialog();”格式得到。AlertDialog 构造方法的源码如下所示。

```
protected AlertDialog(Context context) {
this(context, com.android.internal.R.style.Theme_Dialog_Alert);
}
protected AlertDialog(Context context, int theme) {
super(context, theme);
mAlert = new AlertController(context, this, getWindow());
}
protected  AlertDialog(Context  context, boolean  cancelable,  OnCancelListener
cancelListener) {
super(context, com.android.internal.R.style.Theme_Dialog_Alert);
setCancelable(cancelable);
setOnCancelListener(cancelListener);
mAlert = new AlertController(context, this, getWindow());
}
```

所以只能通过如下代码得到。

```
AlertDialog.Builder alertDialog =new AlertDialog.Builder(this);
```

针对 AlertDialog 中设置了“确定”和“取消”按钮，一般来说“确定”为执行某个动作，“取消”就是不执行，但是如果用户单击了系统的 Back 键，此时就会将 AlertDialog 关闭，而并没有执行预期的取消操作。此时需要关注方法 setCancelable(false)，在此方法中设置该 AlertDialog 是否可以被 Back 键取消，如果不设置，默认为 true。

4.19 改变手机的主题

实例 102	改变手机的主题
源码路径	光盘:\daima\102
视频路径	光盘:\视频\102

4.19.1 实例说明

改变显示主题是常见的手机应用程序之一，在大多数手机中我们可以选择自己需要的主题风格。在本书前面的内容中已经介绍过使用 Style 的方法，通过它可以开发出不同外观的显示效果，并且还可以大大方便对程序的维护。引入 Style 后，大大改善了程序员和视觉设计人员之间存在的沟通问题。在 Android 开发应用中，除了可以使用 Style 设置不同主题外，还可以针对每个 Activity、前景、背景、透明度等进行设置规划。

4.19.2 具体实现

（1）编写主程序文件，在此文件中使用方法 setTheme 指定了 Activity 界面的主题，其中主题设置文件是 Style.xml 中。主程序文件的主要代码如下所示。

```
public void onCreate(Bundle savedInstanceState) {
    super.onCreate(savedInstanceState);
    /*
     * 应用透明背景的主题
     * setTheme(R.style.Theme_Transparent);
     */
    /*
     * 应用布景主题 1
```

```
        */
         setTheme(R.style.Theme_Translucent);
        /*
         * 应用布景主题 2
        * setTheme(R.style.Theme_Translucent2);
        */
        setContentView(R.layout.main);
    }
```

▲图 4-29　运行效果

（2）编写主题文件 Style.xml，在里面预先设置了 4 种主题样式 Theme、ThemeTranslucent、ThemeTransparent 和 TextAppearance.Theme.PlaneText。运行后的效果如图 4-29 所示。

4.19.3　特别提醒——设置 Style

Style 也属于 resource，所以需要在 resource 下定义，就像定义 string、color 一样。要定义 Style，需要指定 name。在 Style 中通常包含一个或多个 Item，每个 Item 的 name 是 Android View 属性的名字，值是对应相关属性的值。我们可以给 Style 指定 Parent Style 父样式，从而可以继承和覆盖 Parent Style 的属性，Parent 取值是另外一个 Style，如果是继承自自己定义的 Style，只需要在命名 Style 时增加前缀，这个前缀就是即将继承的 Style 的名字。

如果给 View 指定 Style，那么这个 Style 只对该 View 有效。如果给 ViewGroup 指定 Style，那么 ViewGroup 下的元素也不会应用这个 Style，除非特别指定。给 View 指定 Style 时，没有“android:”前缀，而只是 Style。

另外，读者还需要注意 Theme 和 Style 是不同的，Theme 应用的范围是整个 Application 和 Activity。Theme 是一个属性，但不是一个 View 的属性，而是文件 androidmanifest.xml 中 Application 和 Activity 的属性。而 Style 则是给某个特定的 View 指定属性，但它们的值都是定义好的一个 Style。各种 LayOut 是 View 的子类，有的是直接子类，有的是间接子类。

4.20　在屏幕中自动显示输入的数据

实例 103	在屏幕中自动显示输入的数据
源码路径	光盘:\daima\103
视频路径	光盘:\视频\103

4.20.1　实例说明

本实例提供了一个文本输入框，如果用户输入一个电话号码，则可以进行拨号处理；如果输入一个网址，则可以登录到这个地址；如果输入一个邮箱地址，则可以发送邮件。

上述功能是通过对象 Linkify 实现的。通过此对象可以让系统动态获取输入的数据，并对获取的数据作出一个判断，判断是电话、邮箱还是网址，并作出对应的处理。只需通过 TextView 和 EditText 交互，就可以在屏幕中显示输入的数据。在具体实现上，只需重写 EditText.setOnkeyListener()即可。

4.20.2　具体实现

编写主程序文件，在此文件中设置了 Linkify 的处理事件，必须在创建 TextView 之后设置 Linkify，否则设置的回复处理不会起效果。还应设置 mTextView01 拥有自动链接功能，这样就能自动链接到指定网址的页面。主程序文件的主要代码如下所示。

```
public void onCreate(Bundle savedInstanceState)
    {
```

```
        super.onCreate(savedInstanceState);
        setContentView(R.layout.main);
        mTextView01 = (TextView)findViewById(R.id.myTextView1);
        mEditText01 = (EditText)findViewById(R.id.myEditText1);
        mEditText01.setOnKeyListener(new EditText.OnKeyListener()
        {
          @Override
          public boolean onKey(View arg0, int arg1, KeyEvent arg2)
          {
          mTextView01.setText(mEditText01.getText());
            /*判断输入的类型是何种，并与系统连接*/
          Linkify.addLinks(mTextView01,Linkify.WEB_URLS|Linkify.
              EMAIL_ADDRESSES|Linkify.PHONE_NUMBERS);
            return false;
          }
        });
      }
```

执行程序后，在文本框中可以输入电话号码、邮箱地址或网址，输入后可显示对应的操作。

4.20.3 特别提醒——链接字符串的妙用

类 Linkify 是一个辅助类，通过 RegEx 样式匹配可以自动地在 TextView 类（和继承的类）中创建超链接。符合特定 RegEx 样式的文本会被转变成可单击的超链接，这些超链接隐式地调用 startActivity(new Intent(Intent.ACTION_VIEW, uri))，符合条件的文本会作为目标 URI。

静态方法 Linkify.addLinks 可以用一个 View 来制作链接，还包括一个或多个支持默认内容类型的结果。Linkify 类提供了一些内容类型，包括 WEB_URLS、EMAIL_ADDRESSES、PHONE_NUMBERS 和 ALL。

另外，为了定义自己的链接字符串，需要创建一个 RegEx 样式来匹配文本，从而显示成超链接的形式。和本地类型一样，通过调用 Linkify.addLinks 来指定目标 View，但此时传入的是新的 RegEx 样式。我们还可以传入一个前缀，当链接单击时会自动添加到目标 URI 上。

还可以在定义的 MatchFilter 中实现方法 acceptMatch，为 RegEx 样式匹配添加额外的条件。当发现一个潜在的匹配时会触发 acceptMatch，匹配的开始点和结束点（包括被查找的整个文本）以参数的形式传入。

Transform Filter 为格式化文本字符串提供了更大的自由度，允许我们修改由链接文本自动生成的隐式 URI。减少链接文本和目标 URI 的耦合能更加自由地决定如何显示数据字符串给用户。

使用 Transform Filter 可以在定义的 TransformFilter 中实现 transformUrl 方法。当 Linkify 找到正确的匹配后会调用 transformUrl，传入使用的 RegEx 样式和它创建的默认 URI 字符串。我们可以修改匹配的字符串，然后返回一个适合给其他 Android 应用程序“看”的 URI。

4.21 实现手机振动效果

实例 104	实现手机振动效果
源码路径	光盘:\daima\104
视频路径	光盘:\视频\104

4.21.1 实例说明

作为一款手机，除了基本的通话功能和短信功能外，振动也是一个极为重要的功能之一。通过手机振动，能够帮助我们及时感知打来的电话或发来的短信。手机振动方式是不同的，分为一直持续振动和只振动一轮两种。在本实例中，向读者详细讲解触发手机振动事件的方法。

Android 中的振动事件为 Vibration，需要设置振动的时间长短和周期，设置单位是毫秒。如果要建立手机振动，则必须建立 Vibratior 对象，并通过调用 vibrate 来实现振动目的。在 Vibratior 构造器中有 4 个参数，前 3 个用于设置振动大小，最后一个用于设置振动持续时间。

4.21.2 具体实现

编写主程序文件，接下来将详细讲解此文件的具体实现流程。

（1）设置 ToggleButton 对象来检测 ToggleButton 是否被启动，如果单击按钮【ON】则启动振动模式，如果单击按钮【OFF】则关闭振动模式。具体代码如下所示。

```
super.onCreate(savedInstanceState);
setContentView(R.layout.main);
/*设置 ToggleButton 的对象*/
mVibrator01 = ( Vibrator )getApplication().getSystemService
(Service.VIBRATOR_SERVICE);
final ToggleButton mtogglebutton1 =
(ToggleButton) findViewById(R.id.myTogglebutton1);
final ToggleButton mtogglebutton2 =
(ToggleButton) findViewById(R.id.myTogglebutton2);
final ToggleButton mtogglebutton3 =
(ToggleButton) findViewById(R.id.myTogglebutton3);
```

（2）通过“mVibrator01.vibrate(new long[]{100,10,100,1000},-1);”设置短振动模式的振动周期，具体代码如下所示。

```
/* 短振动 */
mtogglebutton1.setOnClickListener(new OnClickListener()
{
  public void onClick(View v)
  {
    if (mtogglebutton1.isChecked())
    {
      /* 设置振动的周期 */
      mVibrator01.vibrate( new long[]{100,10,100,1000},-1);
      /*用 Toast 显示振动启动*/
      Toast.makeText
      (
        example4.this,
        getString(R.string.str_ok),
        Toast.LENGTH_SHORT
      ).show();
    }
    else
    {
      /* 取消振动 */
      mVibrator01.cancel();
      /*用 Toast 显示振动已被取消*/
      Toast.makeText
      (
        example4.this,
        getString(R.string.str_end),
        Toast.LENGTH_SHORT
      ).show();
    }
  }
});
```

（3）通过“mVibrator01.vibrate(new long[]{100,100,100,1000},0);”设置长振动模式的振动周期，具体代码如下所示。

```
/* 长振动 */
mtogglebutton2.setOnClickListener(new OnClickListener()
{
  public void onClick(View v)
  {
```

```
   if (mtogglebutton2.isChecked())
   {
     /*设置振动的周期*/
     mVibrator01.vibrate(new long[]{100,100,100,1000},0);
     /*用 Toast 显示振动启动*/
     Toast.makeText
     (
      example4.this,
      getString(R.string.str_ok),
      Toast.LENGTH_SHORT
     ).show();
   }
   else
   {
     /* 取消振动 */
     mVibrator01.cancel();
     /* 用 Toast 显示振动取消 */
     Toast.makeText
     (
      example4.this,
      getString(R.string.str_end),
      Toast.LENGTH_SHORT
     ).show();
   }
  }
 });
```

（4）通过“mVibrator01.vibrate(new long[]{1000,50,1000,50,1000},0);”设置节奏振动模式的振动周期，具体代码如下所示。

```
   /* 节奏振动 */
   mtogglebutton3.setOnClickListener(new OnClickListener()
   {
    public void onClick(View v)
    {
      if (mtogglebutton3.isChecked())
      {
        /* 设置振动的周期 */
        mVibrator01.vibrate( new long[]{1000,50,1000,50,1000},0);
        /*用 Toast 显示振动启动*/
        Toast.makeText
        (
          example4.this, getString(R.string.str_ok),
          Toast.LENGTH_SHORT
        ).show();
      }
      else
      {
        /* 取消振动 */
        mVibrator01.cancel();
        /* 用 Toast 显示振动取消 */
        Toast.makeText
        (
          example4.this,
          getString(R.string.str_end),
          Toast.LENGTH_SHORT
        ).show();
      }
    }
   });
  }
}
```

接下来还需要在文件 AndroidManifest.xml 中声明 Android.permission.VIBRATE 的权限，具体代码如下所示。

```
<?xml version="1.0" encoding="utf-8"?>
<manifest
  xmlns:android="http://schemas.android.com/apk/res/android"
  android:versionCode="1"
  android:versionName="1.0.0" package="irdc.example096">
  <application
    android:icon="@drawable/icon"
    android:label="@string/app_name">
    <activity
      android:label="@string/app_name"
      android:name="irdc.example096.example096">
      <intent-filter>
        <action android:name="android.intent.action.MAIN" />
        <category android:name="android.intent.category.LAUNCHER" />
      </intent-filter>
    </activity>
  </application>
  <uses-permission android:name="android.permission.VIBRATE" />
</manifest>
```

执行程序后，当选择一种模式并单击后面的图标按钮后会启动对应的振动模式。

4.21.3 特别提醒——Vibrator 对象实现振动

手机的振动可以是一种提醒或替换铃声的事件，在上述实例中，向读者讲解了触发手机振动事件的方法。虽然振动是手机默认的模式，但是通过程序的辅助可以实现精密控制，诸如振动周期、持续时间等。在设置振动（Vibration）事件时，必须要知道命令其振动的时间长短、振动事件的周期等。因为在 Android 中设置的数值都是以毫秒（1000 毫秒=1 秒）为单位进行计算的，所以在设置时，如果设置的时间值太小会感觉不出来效果。

要让手机乖乖地振动，需创建 Vibrator 对象，通过调用 Vibrate 方法来达到振动的目的，在 Vibrator 的构造器中有 4 个参数，前 3 个的值是设置振动的大小，可以把数值改成一大一小，这样就可以明显感觉出振动的差异，而最后一个值是设置振动的时间。

在控制振动事件时，虽然通过振动时间周期可以表现出差异，但是在实际设计过程中，可以设计诸如接收到短信、单击按钮的瞬间来达到简短振动提示。笔者曾经在一些 Android 游戏中使用振动的事件，例如在物体碰到墙壁的声效场景就可以使用振动实现。

4.22 实现图文提醒效果

实例 105	实现图文提醒效果
源码路径	光盘:\daima\105
视频路径	光盘:\视频\105

4.22.1 实例说明

在本书前面的实例中，已经讲解过 Toast 实现提醒功能的基本知识，通过 Toast 能够在手机中实现一个醒目的提示效果。在本实例的 Toast 中放置一幅图片和一行文字，这样实现图文并茂的提醒效果。图文提醒和单独的文字提醒相比，具有更好的视觉冲击效果。在具体实现上，在 Toast 中放置一个 Layout，在此 Layout 中包含了图片和文字，这些图片和文字就是提醒的内容。

4.22.2 具体实现

本实例主程序文件的主要代码如下所示。

```
public class example097 extends Activity
{
```

```
private Button mButton01;
/** Called when the activity is first created. */
@Override
public void onCreate(Bundle savedInstanceState)
{
  super.onCreate(savedInstanceState);
  setContentView(R.layout.main);
  mButton01 = (Button)findViewById(R.id.myButton1);
  /*设置 Button 用 OnClickListener 启动事件*/
  mButton01.setOnClickListener(new Button.OnClickListener()
  {
    @Override
    public void onClick(View v)
    {
      // TODO Auto-generated method stub
      /* 创建 ImageView */
      ImageView mView01 = new ImageView(example097.this);
      TextView mTextView = new TextView(example097.this);
      /* 创建 LinearLayout 对象 */
      LinearLayout lay = new LinearLayout(example097.this);

      /* 设置 mTextView 去抓取 string 值 */
      mTextView.setText(R.string.app_url);
      /* 判断 mTextView 的内容为何，并与系统做连接 */
      Linkify.addLinks
      (
        mTextView,Linkify.WEB_URLS|
        Linkify.EMAIL_ADDRESSES|
        Linkify.PHONE_NUMBERS
      );
      /*用 Toast 提示*/
      Toast toast = Toast.makeText
                 (
                   example097.this,
                   mTextView.getText(),
                   Toast.LENGTH_LONG
                 );
      /* 自定义 View 对象 */
      View textView = toast.getView();
      /* 以水平方式排列 */
      lay.setOrientation(LinearLayout.HORIZONTAL);
      /* 在 ImageView Widget 里指定显示的图片 */
      mView01.setImageResource(R.drawable.icon);
      /* 在 Layout 里添加刚创建的 View */
      lay.addView(mView01);
      /* 在 Toast 里显示文字 */
      lay.addView(textView);

      /* 以 Toast 和 setView 方法传入 Layout */
      toast.setView(lay);
      /* 显示 Toast 提示*/
      toast.show();
    }
  });
}
}
```

上述代码的实现流程如下所示。

- 设置 Button 用 OnClickListener 启动事件 setOnClickListener(new Button.OnClickListener()。
- 分别创建创建 ImageView 对象和 LinearLayout 对象，并设置用 mTextView 抓取 string 值。
- 判断 mTextView 的内容为何，并与系统实现连接。
- 用 Toast 提醒的方式将内容显示出来。

执行后的效果如图 4-30 所示，单击【图文提醒】按钮后弹出一个图文效果的提醒，如图 4-31 所示。

▲图 4-30 初始效果

▲图 4-31 图文提醒

4.22.3 特别提醒——带图提醒的妙用

带图片的提醒功能在现实应用中非常常见，通用的格式如下所示。

```
toast = Toast.makeText(getApplicationContext(),
  "带图片的 Toast", Toast.LENGTH_LONG);
 toast.setGravity(Gravity.CENTER, 0, 0);
 LinearLayout toastView = (LinearLayout) toast.getView();
 ImageView imageCodeProject = new ImageView(getApplicationContext());
 imageCodeProject.setImageResource(R.drawable.icon);
 toastView.addView(imageCodeProject, 0);
 toast.show();
```

其实真正的高手是可以完全自定义显示效果的，例如下面的代码。

```
LayoutInflater inflater = getLayoutInflater();
  View layout = inflater.inflate(R.layout.custom,
   (ViewGroup) findViewById(R.id.llToast));
  ImageView image = (ImageView) layout
   .findViewById(R.id.tvImageToast);
  image.setImageResource(R.drawable.icon);
  TextView title = (TextView) layout.findViewById(R.id.tvTitleToast);
  title.setText("Attention");
  TextView text = (TextView) layout.findViewById(R.id.tvTextToast);
  text.setText("完全自定义 Toast");
  toast = new Toast(getApplicationContext());
  toast.setGravity(Gravity.RIGHT | Gravity.TOP, 12, 40);
  toast.setDuration(Toast.LENGTH_LONG);
  toast.setView(layout);
  toast.show();
```

4.23 实现类似于 MSN/QQ 的状态效果

实例 106	实现类似于 MSN/QQ 的状态效果
源码路径	光盘:\daima\106
视频路径	光盘:\视频\106

4.23.1 实例说明

手机的最顶端是状态栏，通常在里面显示时间、信号强度和电池电量，我们可以在状态栏中显示一幅图片，并结合图片和文字来实现更加美观的提示。在本实例的状态栏中放置一幅图标作为提醒，在具体实现时，使用 Android API 管理提示信息，并且定义了通知管理对象 NotificationManage，将 Notification 添加到 NotificationManage 以便将信息显示在状态栏。

4.23.2 具体实现

（1）编写主程序文件，此文件的具体实现流程如下所示。

● 分别设置在线、离开、忙碌、一会儿回来、离线 5 种状态，具体代码如下所示。

```
/*声明对象变量*/
private NotificationManager myNotiManager;
private Spinner mySpinner;
private ArrayAdapter<String> myAdapter;
private static final String[] status =
{ "在线中","离开了","忙碌中","马上回来","离线中" };

@Override
protected void onCreate(Bundle savedInstanceState)
{
  super.onCreate(savedInstanceState);
  /* 载入 main.xml Layout */
  setContentView(R.layout.main);
```

● 初始化 Notification 对象，然后使用 myspinner_dropdown 自定义下拉菜单模式，并将 ArrayAdapter 添加到 Spinner 对象中，根据具体状态显示对应的提示图标。并且还定义了 onNothingSelected(AdapterView<?> arg0)供用户选择当前的状态。具体代码如下所示。

```
    /* 初始化对象 */
  myNotiManager=
    (NotificationManager)getSystemService(NOTIFICATION_SERVICE);
  mySpinner=(Spinner)findViewById(R.id.mySpinner);
  myAdapter=new ArrayAdapter<String>(this,android.R.layout.simple_spinner_item,status);
  /* 应用 myspinner_dropdown 自定义下拉菜单模式 */
  myAdapter.setDropDownViewResource(R.layout.myspinner);
  /* 将 ArrayAdapter 添加到 Spinner 对象中 */
  mySpinner.setAdapter(myAdapter);
  /* 将 mySpinner 添加 OnItemSelectedListener */
  mySpinner.setOnItemSelectedListener(
    new Spinner.OnItemSelectedListener() {
    @Override
    public void onItemSelected(AdapterView<?> arg0,View arg1,
                    int arg2,long arg3)
    {
      /* 依照选择的 Item 来判断要发哪一个 Notification */
      if(status[arg2].equals("在线中"))
      {
        setNotiType(R.drawable.msn,"在线中");
      }
      else if(status[arg2].equals("离开了"))
      {
        setNotiType(R.drawable.away,"离开了");
      }
      else if(status[arg2].equals("忙碌中"))
      {
        setNotiType(R.drawable.busy,"忙碌中");
      }
      else if(status[arg2].equals("马上回来"))
      {
        setNotiType(R.drawable.min,"马上回来");
      }
      else
      {
        setNotiType(R.drawable.offine,"离线中");
      }
    }
    @Override
    public void onNothingSelected(AdapterView<?> arg0)
    {
    }
  });
}
```

● 定义方法setNotiType，创建新的Intent和Notication，并设置相关对应的参数。主要代码如下所示。

```
  /* 发出Notification的方法*/
private void setNotiType(int iconId, String text)
{
  /* 创建新的Intent，作为单击Notification留言条时运行的Activity */
  Intent notifyIntent=new Intent(this,example098_1.class);
  notifyIntent.setFlags( Intent.FLAG_ACTIVITY_NEW_TASK);
  /* 创建PendingIntent作为设置递延运行的Activity */
  PendingIntent appIntent=PendingIntent.getActivity(example098.this,
                 0,notifyIntent,0);
  /* 创建Notication提醒，并设置相关参数 */
  Notification myNoti=new Notification();
  /* 设置statusbar显示的icon */
  myNoti.icon=iconId;
  /* 设置statusbar显示的文字信息 */
  myNoti.tickerText=text;
  /* 设置notification发生时同时发出默认声音 */
  myNoti.defaults=Notification.DEFAULT_SOUND;
  /* 设置Notification留言条的参数 */
  myNoti.setLatestEventInfo(example098.this,"登录状态",text,appIntent);
  /* 送出Notification */
  myNotiManager.notify(0,myNoti);
 }
}
```

（2）编写文件example098_1.java，引入example098_1 extends Activity并发出Toast提醒，实现模拟QQ/MSN的登录效果。主要代码如下所示。

```
/* 当用户单击Notification留言条时，会运行的Activity */
public class example098_1 extends Activity {
 @Override
 protected void onCreate(Bundle savedInstanceState)
 {
   super.onCreate(savedInstanceState);

   /* 发出Toast提醒*/
   Toast.makeText(example098_1.this,
                  "模拟实现MSN、QQ切换登录状态",
                  Toast.LENGTH_SHORT
                 ).show();
   finish();
 }
}
```

执行后将首先显示默认的“在线”状态，并在状态栏中显示在线图标，如图4-32所示。在下拉框中可以选择其他的状态，对应的状态栏也会显示对应的图标，如图4-33所示。例如当选择“离开”按钮后，会在状态栏中显示对应的提示图标，是一个MSN的图标，如图4-34所示。

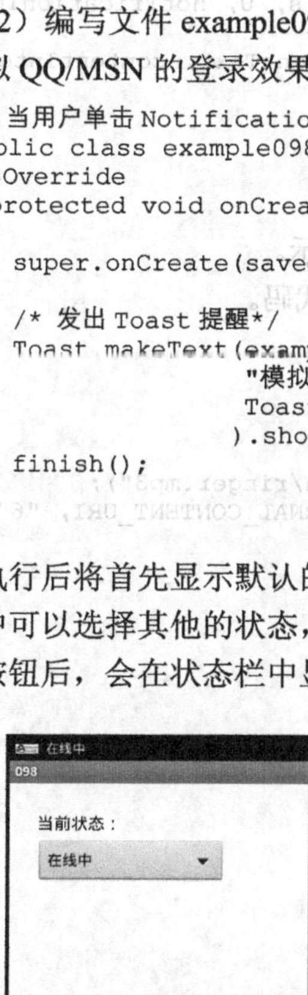

▲图4-32　初始效果

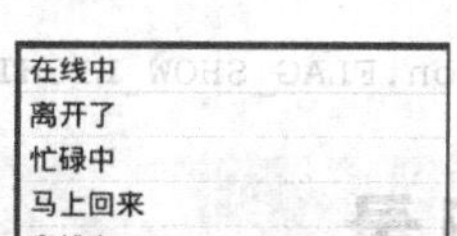

▲图4-33　选择其他状态

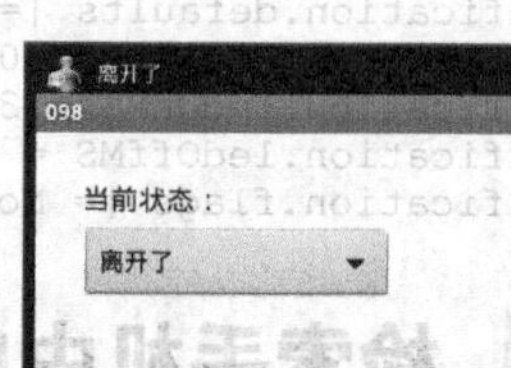

▲图4-34　离开图标

4.23.3　特别提醒——使用NotificationManager的基本步骤

在Android应用中，NotificationManager和Notification用来实现通知功能。通知设置等操作相对来说比较简单，基本的使用方式就是用新建一个 Notification 对象，然后设置好通知的各项参数，然后使用系统后台运行的 NotificationManager 服务将通知发出来。

使用 NotificationManager 的基本步骤如下所示。

（1）得到 NotificationManager，例如下面的代码。

```
String ns = Context.NOTIFICATION_SERVICE;
NotificationManager mNotificationManager = (NotificationManager) getSystemService(ns);
```

（2）创建一个新的 Notification 对象，例如下面的代码。

```
Notification notification = new Notification();
notification.icon = R.drawable.notification_icon;
```

也可以使用稍微复杂一些的方式创建 Notification，例如下面的代码。

```
int icon = R.drawable.notification_icon; //通知图标
CharSequence tickerText = "Hello"; //状态栏(Status Bar)显示的通知文本提示
long when = System.currentTimeMillis(); //通知产生的时间，会在通知信息里显示
Notification notification = new Notification(icon, tickerText, when);
```

（3）填充 Notification 的各个属性，例如下面的代码。

```
Context context = getApplicationContext();
CharSequence contentTitle = "My notification";
CharSequence contentText = "Hello World!";
Intent notificationIntent = new Intent(this, MyClass.class);
PendingIntent contentIntent = PendingIntent.getActivity(this, 0, notificationIntent,
0);
notification.setLatestEventInfo(context, contentTitle, contentText, contentIntent);
```

（4）发送通知，例如下面的代码。

```
private static final int ID_NOTIFICATION = 1;
mNotificationManager.notify(ID_NOTIFICATION, notification);
```

在 Notification 中提供了丰富的手机提示方式，具体说明如下所示。

（1）在状态栏（Status Bar）显示的通知文本提示，例如下面的代码。

```
notification.tickerText = "hello";
```

（2）发出提示音，例如下面的代码。

```
notification.defaults |= Notification.DEFAULT_SOUND;
notification.sound = Uri.parse("file:///sdcard/notification/ringer.mp3");
notification.sound = Uri.withAppendedPath(Audio.Media.INTERNAL_CONTENT_URI, "6");
```

（3）实现手机振动，例如下面的代码。

```
notification.defaults |= Notification.DEFAULT_VIBRATE;
long[] vibrate = {0,100,200,300};
notification.vibrate = vibrate;
```

（4）实现 LED 灯闪烁效果，例如下面的代码。

```
notification.defaults |= Notification.DEFAULT_LIGHTS;
notification.ledARGB = 0xff00ff00;
notification.ledOnMS = 300;
notification.ledOffMS = 1000;
notification.flags |= Notification.FLAG_SHOW_LIGHTS;
```

4.24 检索手机中的通讯录

实例 107	检索手机中的通讯录
源码路径	光盘:\daima\107
视频路径	光盘:\视频\107

4.24.1 实例说明

在手机应用中，检索通讯录中的联系人是十分常见的功能之一。通过手机的查询系统，可以迅速找到通讯录中联系人的相关信息。此原理和百度检索相似，我们知道在百度主页中，只需输入要检索关键字的首字符，系统就能够提示显示出很多对应的关键字。同样在手机联系人检索应用中，也可以实现类似的功能效果。即输入要查询的联系人信息，系统能够根据输入的关键字首字符，自动显示出通讯录中对应的联系人信息。

在 Android 系统中是如何实现应用程序之间的数据共享的？一个应用程序可以将自己的数据完全暴露出去，外界根本看不到，也不用看到这个应用程序暴露的数据是如何存储的，或者是使用数据库还是使用文件，还是通过网上获得，这些一切都不重要，重要的是外界可以通过这一套标准及统一的接口和这个程序里的数据打交道，例如添加（Insert）、删除（Delete）、查询（Query）、修改（Update），当然需要一定的权限才可以。

如何将应用程序的数据暴露出去？在 Android 中提供了 ContentProvider，一个程序可以通过实现一个 Content provider 的抽象接口将自己的数据完全暴露出去，而且 Content providers 是以类似数据库中表的方式将数据暴露。Content providers 存储和检索数据，通过它可以让所有的应用程序访问到，这也是应用程序之间唯一共享数据的方法。要想使应用程序的数据公开化，可通过 2 种 方法：创建一个属于你自己的 Content provider 或者将你的数据添加到一个已经存在的 Content provider 中，前提是有相同数据类型并且有写入 Content provider 的权限。

如何通过一套标准及统一的接口获取其他应用程序暴露的数据？Android 提供了 ContentResolver，外界的程序可以通过 ContentResolver 接口访问 ContentProvider 提供的数据。本实例的通讯录检索功能就是通过 ContentProvider 实现的。

4.24.2 具体实现

（1）编写主程序文件，此文件的具体实现流程如下所示。

- 通过数组 String[]获取通讯录中的字段，具体代码如下所示。

```
private AutoCompleteTextView myAutoCompleteTextView;
private TextView myTextView1;
private Cursor contactCursor;
private ContactsAdapter myContactsAdapter;
/* 要获取通讯录的字段 */
public static final String[] PEOPLE_PROJECTION = new String[]
{ Contacts.People._ID, Contacts.People.PRIMARY_PHONE_ID,
    Contacts.People.TYPE, Contacts.People.NUMBER, Contacts.People.LABEL,
    Contacts.People.NAME };
```

- 分别通过语句 ContentResolver content = getContentResolver();和 contactCursor = content.query 来获取通讯录里的数据，在具体实现时通过 Cursor 来获取通讯录中的存储内容，例如电话号码和姓名等。具体代码如下所示。

```
/** Called when the activity is first created. */
@Override
public void onCreate(Bundle savedInstanceState)
{
  super.onCreate(savedInstanceState);
  setContentView(R.layout.main);
  myAutoCompleteTextView = (AutoCompleteTextView)
  findViewById(R.id.myAutoCompleteTextView);
  myTextView1 = (TextView) findViewById(R.id.myTextView1);
  /* 取得 ContentResolver */
  ContentResolver content = getContentResolver();
  /* 取得通讯录的 Cursor */
  contactCursor = content.query
```

```
    (
     Contacts.People.CONTENT_URI,
     PEOPLE_PROJECTION, null, null,
     Contacts.People.DEFAULT_SORT_ORDER
    );
    /* 将 Cursor 传入自己实现的 ContactsAdapter */
    myContactsAdapter = new ContactsAdapter(this, contactCursor);
    myAutoCompleteTextView.setAdapter(myContactsAdapter);
```

- 定义 myAutoCompleteTextView.setOnItemClickListener 事件，当用户单击联系人姓名后的拦截事件处理，并通过 ContactsAdapter.getCursor（）来获取联系人的电话号码。具体代码如下所示。

```
    myAutoCompleteTextView.setOnItemClickListener
    (new AdapterView.OnItemClickListener()
    {
     @Override
     public void onItemClick
     (AdapterView<?> arg0, View arg1, int arg2, long arg3)
     {
      /* 取得 Cursor */
      Cursor c = myContactsAdapter.getCursor();
      /* 移到所单击的位置 */
      c.moveToPosition(arg2);
      String number = c.getString
      (c.getColumnIndexOrThrow(Contacts.People.NUMBER));
      /* 当找不到电话号码时显示无输入电话号码 */
      number = number == null ? "没有输入电话号码" : number;
      myTextView1.setText(c.getString
      (c.getColumnIndexOrThrow(Contacts.People.NAME))
      + "的电话号码是" + number);
     }
    });
   }
  }
```

（2）编写文件 ContactsAdapter.java，此文件继承了 CursorAdapter，以 curse 作为下拉菜单 data 数据的 Class 类，并且重写了 runQueryOnBackgroundThread(CharSequence constraint) 方法，当输入“*”时显示所有的联系人电话信息。具体代码如下所示。

```
public class ContactsAdapter extends CursorAdapter
{
 private ContentResolver mContent;
 public ContactsAdapter(Context context, Cursor c)
 {
  super(context, c);
  mContent = context.getContentResolver();
 }
 @Override
 public void bindView(View view, Context context, Cursor cursor)
 {
  /* 取得通讯录人员的名字 */
  ((TextView) view).setText(cursor.getString(cursor
     .getColumnIndexOrThrow(Contacts.People.NAME)));
 }
 @Override
 public View newView(Context context, Cursor cursor, ViewGroup parent)
 {
  final LayoutInflater inflater = LayoutInflater.from(context);
  final TextView view = (TextView) inflater.inflate(
     android.R.layout.simple_dropdown_item_1line, parent, false);
  view.setText(cursor.getString(cursor
     .getColumnIndexOrThrow(Contacts.People.NAME)));
  return view;
 }
 @Override
 public String convertToString(Cursor cursor)
 {
  return cursor.getString(cursor.getColumnIndexOrThrow(Contacts.People.NAME));
```

```
    }

    @Override
    public Cursor runQueryOnBackgroundThread(CharSequence constraint)
    {
      if (getFilterQueryProvider() != null)
      {
        return getFilterQueryProvider().runQuery(constraint);
      }
      StringBuilder buffer = null;
      String[] args = null;
      if (constraint != null)
      {
        buffer = new StringBuilder();
        buffer.append("UPPER(");
        buffer.append(Contacts.ContactMethods.NAME);
        buffer.append(") GLOB ?");
        args = new String[]
        { constraint.toString().toUpperCase() + "*" };
      }
      return mContent.query(Contacts.People.CONTENT_URI,
          example8.PEOPLE_PROJECTION, buffer == null ? null : buffer.toString(),
          args, Contacts.People.DEFAULT_SORT_ORDER);
    }
  }
```

（3）编写文件 AndroidManifest.xml，声明打开访问通讯录的权限，主要代码如下所示。

```
<uses-permission android:name="android.permission.READ_CONTACTS">
</uses-permission>
```

执行后的效果如图 4-35 所示。当输入一个联系人字符后能够根据联系人自动提示显示对应的信息，当输入*后会显示通讯录中所有联系人的信息。

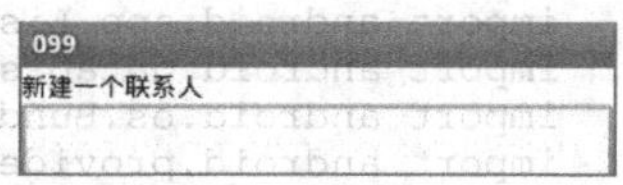

▲图 4-35　执行效果

4.24.3　特别提醒——URI 介绍和 ContentResolver 的用法剖析

上述实例的实现过程比较简单，但是很有必要讲解如何获取其他应用程序共享的数据知识，比如获取 Android 手机电话薄中的信息，这对初学者来说十分重要。

（1）何谓 URI

URI 是网络资源的定义，在 Android 中赋予其更广阔的含义，例如下面的例子。

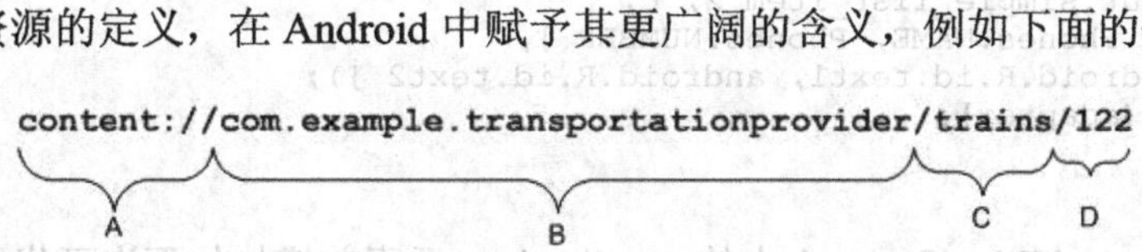

在上例中，将其分为 A、B、C、D 共 4 个部分，这 4 个部分的具体说明如下所示。

A：标准前缀，用来说明一个 Content Provider 控制这些数据，无法改变。

B：URI 的标识，它定义了是哪个 Content Provider 提供这些数据。对于第三方应用程序，为了保证 URI 标识的唯一性，它必须是一个完整的、小写的类名。这个标识在<provider> 元素的 authorities 属性中说明。

```
<provider name=".TransportationProvider"
authorities="com.example.transportationprovider">
```

C：路径，Content Provider 使用这些路径来确定当前需要生什么类型的数据，URI 中可能不包括路径，也可能包括多个。

D：如果 URI 中包含，表示需要获取的记录的 ID；如果没有 ID，就表示返回全部。

由于 URI 通常比较长，而且有时候容易出错，且难以理解。所以，在 Android 当中定义了一些辅助类，并且定义了一些常量来代替这些长字符串，例如：People.CONTENT_URI。

（2）何谓 ContentResolver

ContentResolver 是通过 URI 来查询 ContentProvider 中提供的数据。除了 URI 外，还必须知道需要获取的数据段的名称，以及此数据段的数据类型。如果你需要获取一个特定的记录，你就必须知道当前记录的 ID，也就是 URI 中 D 部分。

前面也提到了 Content Providers 是以类似数据库中表的方式将数据暴露出去，那么 ContentResolver 也将采用类似数据库的操作来从 Content Providers 中获取数据。现在简要介绍 ContentResolver 的主要接口，具体如表 4-2 所示。

表 4-2　ContentResolver 返回值

返 回 值	函数声明
final Uri	insert(Uri url, ContentValues values)Inserts a row into a table at the given URL.
final int	delete(Uri url, String where, String[] selectionArgs)Deletes row(s) specified by a content URI.
final Cursor	query(Uri uri, String[] projection, String selection, String[] selectionArgs, String sortOrder)Query the given URI, returning a Cursor over the result set.
final int	update(Uri uri, ContentValues values, String where, String[] selectionArgs)Update row(s) in a content URI.

（3）使用 ContentResolver 的简单实例

首先打开 Eclipes，创建一个名为“ContentResolver”的项目。

然后编写主程序代码，具体代码如下所示。

```
package moandroid.showcontact;
import android.app.ListActivity;
import android.database.Cursor;
import android.os.Bundle;
import android.provider.Contacts.Phones;
import android.widget.ListAdapter;
import android.widget.SimpleCursorAdapter;
public class showcontact extends ListActivity {
protected void onCreate(Bundle savedInstanceState) {

super.onCreate(savedInstanceState);
Cursor c = getContentResolver().query(Phones.CONTENT_URI, null, null, null, null);
startManagingCursor(c);
ListAdapter adapter = new SimpleCursorAdapter(this,
android.R.layout.simple_list_item_2, c,
new String[] { Phones.NAME, Phones.NUMBER },
new int[] { android.R.id.text1, android.R.id.text2 });
setListAdapter(adapter);
}
}
```

最后在文件 AndroidManifest.xml 中的<application>元素前增加如下许可代码，具体代码如下所示。

```
<uses-permission android:name="android.permission.READ_CONTACTS" />
```

在模拟器中运行启动后，单击 Menu 按键返回到 Home 界面，打开 Contacts 选择 Contacts 标签页，添加 2 个联系人信息。返回到 Home，选择 moandroid.showcontact 运行，刚添加的 2 个联系人信息将显示在界面上。

4.25 管理手机系统中的文件

实例 108	管理手机系统中的文件
源码路径	光盘:\daima\108
视频路径	光盘:\视频\108

4.25.1 实例说明

在手机应用中，经常利用手机来存储各种各样的文件信息，此时很有必要用一个工具来管理手机系统中的各个文件。在本实例中，通过 ListActivity 和 Java I/O 来查找根目录下的所有文件，并通过方法 setListAdapter 将存放文件信息的 ArrayAdapter 设置给 ListView。

4.25.2 具体实现

（1）编写主程序文件，此文件的具体实现流程如下所示。

- 声明变量 items 用于表示存放显示的名称，变量 paths 表示存放文件路径，变量 rootPath 表示起始目录。具体代码如下所示。

```
/* 变量声明
   items：存放显示的名称
   paths：存放文件路径
   rootPath：起始目录          */
private List<String> items=null;
private List<String> paths=null;
private String rootPath="/";
private TextView mPath;
```

- 载入主布局文件 main.xml，然后初始化 mPath 用于显示目前路径。主要代码如下所示。

```
@Override
protected void onCreate(Bundle icicle)
{
  super.onCreate(icicle);

  /* 载入main.xml Layout */
  setContentView(R.layout.main);
  /* 初始化mPath，用以显示目前路径 */
  mPath=(TextView)findViewById(R.id.mPath);
  getFileDir(rootPath);
}
```

- 定义方法 getFileDir(String filePath)来获取文件的具体架构，具体代码如下所示。

```
/* 取得文件架构的方法 */
private void getFileDir(String filePath)
{
  /* 设置目前所在路径 */
  mPath.setText(filePath);
  items=new ArrayList<String>();
  paths=new ArrayList<String>();
  File f=new File(filePath);
  File[] files=f.listFiles();

  if(!filePath.equals(rootPath))
  {
    /* 第一笔设置为[回到根目录] */
    items.add("b1");
    paths.add(rootPath);
    /* 第二笔设置为[回到上一层] */
    items.add("b2");
    paths.add(f.getParent());
  }
  /* 将所有文件添加ArrayList中 */
  for(int i=0;i<files.length;i++)
  {
    File file=files[i];
    items.add(file.getName());
    paths.add(file.getPath());
  }

  /* 使用自定义的MyAdapter来将数据传入ListActivity */
  setListAdapter(new MyAdapter(this,items,paths));
}
```

● 设置单击按钮触发事件处理方法 onListItemClick，如果是文件夹就则运行 getFileDir()函数，如果是文件则运行 openFile()函数。具体代码如下所示。

```
/* 设置 ListItem 被单击时要做的动作 */
@Override
protected void onListItemClick(ListView l,View v,int position,
                    long id)
{
  File file=new File(paths.get(position));
  if (file.isDirectory())
  {
    /* 如果是文件夹就再运行 getFileDir() */
    getFileDir(paths.get(position));
  }
  else
  {
    /* 如果是文件就运行 openFile() */
    openFile(file);
  }
}
```

● 定义方法 openFile(File f)，用于在手机上打开指定的文件。具体代码如下所示。

```
/* 在手机上打开文件的方法 */
private void openFile(File f)
{
  Intent intent = new Intent();
  intent.addFlags(Intent.FLAG_ACTIVITY_NEW_TASK);
  intent.setAction(android.content.Intent.ACTION_VIEW);

  /* 调用 getMIMEType()来取得 MimeType */
  String type = getMIMEType(f);
  /* 设置 intent 的 file 与 MimeType */
  intent.setDataAndType(Uri.fromFile(f),type);
  startActivity(intent);
}
```

● 定义方法 getMIMEType(File f)来判断文件的类型，其中“end”表示结尾的扩展名。具体代码如下所示。

```
/* 判断文件 MimeType 的方法 */
private String getMIMEType(File f)
{
  String type="";
  String fName=f.getName();
  /* 取得扩展名 */
  String end=fName.substring(fName.lastIndexOf(".")+1,
          fName.length()).toLowerCase();

  /* 依附档名的类型决定 MimeType */
  if(end.equals("m4a")||end.equals("mp3")||end.equals("mid")
    ||end.equals("xmf")||end.equals("ogg")||end.equals("wav"))
  {
    type = "audio";
  }
  else if(end.equals("3gp")||end.equals("mp4"))
  {
    type = "video";
  }
  else if(end.equals("jpg")||end.equals("gif")||end.equals("png")
        ||end.equals("jpeg")||end.equals("bmp"))
  {
    type = "image";
  }
  else
  {
    /* 如果无法直接打开，就跳出软件列表给用户选择 */
    type="*";
  }
  type += "/*";
```

```
    return type;
  }
}
```

（2）编写文件 MyAdapter.java，此文件的具体实现流程如下所示。

- 通过如下代码分别声明以下 4 个变量。

➢ mIcon1：回到根目录的图文件。

➢ mIcon2：回到上一层的图档。

➢ mIcon3：文件夹的图文件。

➢ mIcon4：文件的图档。

```
/* 自定义 Adapter，继承于 android.widget.BaseAdapter */
public class MyAdapter extends BaseAdapter
{
  /* 变量声明 */
  private LayoutInflater mInflater;
  private Bitmap mIcon1;
  private Bitmap mIcon2;
  private Bitmap mIcon3;
  private Bitmap mIcon4;
  private List<String> items;
  private List<String> paths;
```

- 定义构造器 MyAdapter，分别传入参数 items、paths 和 mInflater，然后赋值在前面定义的 4 个变量。具体代码如下所示。

```
  /* MyAdapter 的构造器，传入 3 个参数  */
  public MyAdapter(Context context,List<String> it,List<String> pa)
  {
    /* 参数初始化 */
    mInflater = LayoutInflater.from(context);
    items = it;
    paths = pa;
    mIcon1 = BitmapFactory.decodeResource(context.getResources(),
                                          R.drawable.back01);
    mIcon2 = BitmapFactory.decodeResource(context.getResources(),
                                          R.drawable.back02);
    mIcon3 = BitmapFactory.decodeResource(context.getResources(),
                                          R.drawable.folder);
    mIcon4 = BitmapFactory.decodeResource(context.getResources(),
                                          R.drawable.doc);
  }
```

- 使用自定义的 file_row 作为 Layout 布局样式，然后分别设置“回到根目录”的文字与 icon 和“回到上一层”的文字与 icon。具体代码如下所示。

```
  @Override
  public View getView(int position,View convertView,ViewGroup parent)
  {
    ViewHolder holder;

    if(convertView == null)
    {
      /* 使用自定义的 file_row 作为 Layout */
      convertView = mInflater.inflate(R.layout.file_row, null);
      /* 初始化 holder 的 text 与 icon */
      holder = new ViewHolder();
      holder.text = (TextView) convertView.findViewById(R.id.text);
      holder.icon = (ImageView) convertView.findViewById(R.id.icon);

      convertView.setTag(holder);
    }
    else
    {
      holder = (ViewHolder) convertView.getTag();
    }
    File f=new File(paths.get(position).toString());
```

```
      /* 设置[回到根目录]的文字与 icon */
      if(items.get(position).toString().equals("b1"))
      {
        holder.text.setText("Back to /");
        holder.icon.setImageBitmap(mIcon1);
      }
      /* 设置[回到上一层]的文字与 icon */
      else if(items.get(position).toString().equals("b2"))
      {
        holder.text.setText("Back to ..");
        holder.icon.setImageBitmap(mIcon2);
      }
      /* 设置[文件或文件夹]的文字与 icon */
      else
      {
        holder.text.setText(f.getName());
        if(f.isDirectory())
        {
          holder.icon.setImageBitmap(mIcon3);
        }
        else
        {
          holder.icon.setImageBitmap(mIcon4);
        }
      }
      return convertView;
    /* class ViewHolder */
    private class ViewHolder
    {
      TextView text;
      ImageView icon;
    }
  }
```

▲图 4-36　执行效果

执行后会显示系统中的文件，当选择一个文件夹后会继续显示此文件中的内容，如图 4-36 所示。

4.25.3　特别提醒——同时显示文件名、图标和文件夹名

因为 Android API 提供的 ArrayAdapter 对象只允许存入 String 数组或 List 对象中，所以在显示文件列表时只能以字符串的形式来显示文件名。如果要同时显示文件名、图标和文件夹名，则需要定义一个实现 Adapter Interface 的对象。

在 Android API 中提供了 BaseAdapter 对象，只要继承了此对象，就可以实现属于自己的 Adapter，在本实例中，我们事先准备了素材图片作为图标，用于代表不同的文件或文件夹类型。

4.26　清除、还原手机桌面

实例 109	清除、还原手机桌面
源码路径	光盘:\daima\109
视频路径	光盘:\视频\109

4.26.1　实例说明

在 Android 手机系统有一个默认的开机主界面，如图 4-37 所示。

我们可以通过编程的方法来控制默认主界面显示的内容。在本实例中，首先在文件 AndroidManifest.xml 中设置操作权限。然后重写 ContextWrapper 的方法 clearWallpaper()，这样就可以设置操作默认主界面的显示内容。

▲图 4-37　默认主界面

4.26.2　具体实现

编写主程序文件，此文件的具体实现流程如下所示。

（1）单击 Button 按钮后用 OnClickListener 启动事件，具体代码如下所示。

```
  private Button mButton1;
  /** Called when the activity is first created. */
 @Override
 public void onCreate(Bundle savedInstanceState)
 {
   super.onCreate(savedInstanceState);
   setContentView(R.layout.main);

   mButton1 =(Button) findViewById(R.id.myButton1);

   /*设置 Button 用 OnClickListener 来启动事件*/
   mButton1.setOnClickListener(new Button.OnClickListener()
   {
     @Override
     public void onClick(View arg0)
     {
       // TODO Auto-generated catch block
       try
       {
         /*清除背景图案  */
         clearWallpaper();
         Toast.makeText(example10.this, getString(R.string.str_done)
            ,Toast.LENGTH_SHORT).show();
       }
       catch (IOException e)
       {
         e.printStackTrace();
       }
     }
   });
 }
```

（2）重写方法 clearWallpaper()，用于清除当前设置的桌面，从而还原成为原来的默认设置。具体代码如下所示。

```
 @Override
 public void clearWallpaper() throws IOException
 {
   // TODO Auto-generated method stub
   super.clearWallpaper();
 }
}
```

最后需要在文件 AndroidManifest.xml 中设置 SET_WALLPAPER 权限，具体代码如下所示。

```
   <uses-permission android:name="android.permission.SET_WALLPAPER" />
</manifest>
```

执行后在屏幕中显示一个【删除】按钮，单击此按钮后会还原来到默认的背景界面，如图 4-38 所示。

▲图 4-38 初始效果

4.26.3 特别提醒——类 ContextWrapper 的根类

对于初学者来说，可能对类 ContextWrapper 有点陌生。其实 Activity 是继承自 ContextThemeWrapper 的，而 ContextThemeWrapper 又继承自 ContextWrapper，而 ContextWrapper 又继承自 Context。

4.27 “修改/删除”手机中的文件

实例 110	“修改/删除”手机中的文件
源码路径	光盘:\daima\110
视频路径	光盘:\视频\110

4.27.1　实例说明

在手机系统中，除了能够查看里面的文件和文件夹外，还经常需要操作管理里面的一些文件。本实例基于前面的实例 108，即先实现实例 108 中的文件浏览功能，然后再添加“修改/删除”文件功能，实现对指定文件或文件夹的名字修改或删除操作。这些名字修改和文件删除等操作，都是通过 Java I/O 实现的。

4.27.2　具体实现

（1）编写主程序文件，其具体实现流程如下所示。

- 通过如下代码声明如下需要的 3 个对象。
  - items：存放显示的名称。
  - paths：存放文件路径。
  - rootPath：起始目录。

```
/* 对象声明
   items：存放显示的名称
   paths：存放文件路径
   rootPath：起始目录
*/
private List<String> items=null;
private List<String> paths=null;
private String rootPath="/";
private TextView mPath;
private View myView;
private EditText myEditText;

@Override
protected void onCreate(Bundle icicle)
{
  super.onCreate(icicle);
  /* 载入main.xml Layout */

  setContentView(R.layout.main);
  /* 初始化mPath，用以显示目前路径 */
  mPath=(TextView)findViewById(R.id.mPath);
  getFileDir(rootPath);
}
```

- 定义方法 getFileDir(String filePath)，用于获取手机内的文件架构。

```
private void getFileDir(String filePath)
{
  /* 设置目前所在路径 */
  mPath.setText(filePath);
  items=new ArrayList<String>();
  paths=new ArrayList<String>();

  File f=new File(filePath);
  File[] files=f.listFiles();

  if(!filePath.equals(rootPath))
  {
    /* 第一笔设置为[回到根目录] */
    items.add("b1");
    paths.add(rootPath);
    /* 第二笔设置为[回上层] */
    items.add("b2");
    paths.add(f.getParent());
  }
  /* 将所有文件添加到ArrayList中 */
  for(int i=0;i<files.length;i++)
  {
    File file=files[i];
```

```
    items.add(file.getName());
    paths.add(file.getPath());
  }
  /* 使用自定义的 MyAdapter 来将数据传入 ListActivity */
  setListAdapter(new MyAdapter(this,items,paths));
}
```

上述方法的实现流程如下所示。

➢ 设置目前所在路径。

➢ 分别实现“回到根目录”和“回上层”操作。

➢ 使用自定义的 MyAdapter 来将数据传入 ListActivity。

● 设置 ListItem 被单击时要做的动作处理事件 onListItemClick(ListView l,View v,int position,long id)，如果是文件夹则运行方法 getFileDir()，如果是文件则运行方法 fileHandle()。具体代码如下所示。

```
@Override
protected void onListItemClick(ListView l,View v,int position,long id)
{
  File file = new File(paths.get(position));
  if(file.isDirectory())
  {
    /* 如果是文件夹就再运行 getFileDir() */
    getFileDir(paths.get(position));
  }
  else
  {
    /* 如果是文件调用 fileHandle() */
    fileHandle(file);
  }
}
```

● 定义方法 fileHandle(final File file)用于处理文件，如果 which==0 则选择要打开的文件；如果 which==1 则修改文件名；如果 which 是其他值则删除选中文件。具体代码如下所示。

```
/* 处理文件的方法 */
private void fileHandle(final File file){
  /* 单击文件时的 OnClickListener */
  OnClickListener listener1=new DialogInterface.OnClickListener()
  {
    public void onClick(DialogInterface dialog,int which)
    {
      if(which==0)
      {
        /* 选择的 item 为打开文件 */
        openFile(file);
      }
      else if(which==1)
      {
        /* 选择的 item 为更改档名 */
        LayoutInflater factory=LayoutInflater.from(example12.this);
        /* 初始化 myChoiceView，使用 rename_alert_dialog 为 layout */
        myView=factory.inflate(R.layout.rename_alert_dialog,null);
        myEditText=(EditText)myView.findViewById(R.id.mEdit);
        /* 将原始文件名先放入 EditText 中 */
        myEditText.setText(file.getName());
        /* new 一个更改文件名的 Dialog 的确定按钮的 listener */
        OnClickListener listener2=
        new DialogInterface.OnClickListener()
        {
          public void onClick(DialogInterface dialog, int which)
          {
            /* 取得修改后的文件路径 */
            String modName=myEditText.getText().toString();
            final String pFile=file.getParentFile().getPath()+"/";
            final String newPath=pFile+modName;
            /* 判断档名是否已存在 */
```

```
            if(new File(newPath).exists())
            {
              /* 排除修改档名时没修改直接送出的状况 */
              if(!modName.equals(file.getName()))
              {
                /* 跳出 Alert 警告档名重复，并确认是否修改 */
                new AlertDialog.Builder(example12.this)
                    .setTitle("注意!")
                    .setMessage("已经存在，是否要覆盖?")
                    .setPositiveButton("确定",
                     new DialogInterface.OnClickListener()
                    {
                      public void onClick(DialogInterface dialog,
                                          int which)
                      {
                        /* 档名重复仍然修改会覆改掉已存在的文件 */
                        file.renameTo(new File(newPath));
                        /* 重新产生文件列表的 ListView */
                        getFileDir(pFile);
                      }
                    })
                    .setNegativeButton("取消",
                     new DialogInterface.OnClickListener()
                    {
                      public void onClick(DialogInterface dialog,
                                          int which)
                      {
                      }
                    }).show();
              }
            }
            else
            {
              /* 档名不存在，直接做修改动作 */
              file.renameTo(new File(newPath));
              /* 重新产生文件列表的 ListView */
              getFileDir(pFile);
            }
          }
        };
        /* create 更改档名时跳出的 Dialog */
        AlertDialog renameDialog=
          new AlertDialog.Builder(example12.this).create();
        renameDialog.setView(myView);
        /* 设置更改档名单击确认后的 Listener */
        renameDialog.setButton("确定",listener2);
        renameDialog.setButton2("取消",
        new DialogInterface.OnClickListener()
        {
          public void onClick(DialogInterface dialog, int which)
          {
          }
        });
        renameDialog.show();
      }
      else
      {
        /* 选择的 item 为删除文件 */
        new AlertDialog.Builder(example12.this).setTitle("请注意!")
            .setMessage("确定删除?")
            .setPositiveButton("确定",
             new DialogInterface.OnClickListener()
            {
              public void onClick(DialogInterface dialog,
                                  int which)
              {
                /* 删除文件 */
                file.delete();
                getFileDir(file.getParent());
              }
            })
```

```
            .setNegativeButton("取消",
             new DialogInterface.OnClickListener()
             {
              public void onClick(DialogInterface dialog,
                           int which)
              {
              }
            }).show();
        }
      }
    };
```

● 当用户选择一个文件时系统会自动弹出一个词问如何处理文件的 ListDialog 对话框，对应代码如下所示。

```
    String[] menu={"打开","更名","删除"};
    new AlertDialog.Builder(example12.this)
        .setTitle("准备干啥?")
        .setItems(menu,listener1)
        .setPositiveButton("取消",
         new DialogInterface.OnClickListener()
        {
          public void onClick(DialogInterface dialog, int which)
          {
          }
        })
        .show();
  }
```

● 定义方法 openFile(File f)用于在手机上打开指定的文件，具体代码如下所示。

```
  /* 在手机上打开文件的方法 */
  private void openFile(File f)
  {
    Intent intent = new Intent();
    intent.addFlags(Intent.FLAG_ACTIVITY_NEW_TASK);
    intent.setAction(android.content.Intent.ACTION_VIEW);
    /* 调用 getMIMEType()来取得 MimeType */
    String type = getMIMEType(f);
    /* 设置 intent 的 file 与 MimeType */
    intent.setDataAndType(Uri.fromFile(f),type);
    startActivity(intent);
  }
```

● 定义方法 getMIMEType(File f)用于判断指定文件的类型，具体代码如下所示。

```
  /* 判断文件 MimeType 的方法 */
  private String getMIMEType(File f)
  {
    String type="";
    String fName=f.getName();
    /* 取得扩展名 */
    String end=fName.substring(fName.lastIndexOf(".")+1,
                        fName.length()).toLowerCase();
    /* 依附档名的类型决定 MimeType */
    if(end.equals("m4a")||end.equals("mp3")||end.equals("mid")
      ||end.equals("xmf")||end.equals("ogg")||end.equals("wav"))
    {
      type = "audio";
    }
    else if(end.equals("3gp")||end.equals("mp4"))
    {
      type = "video";
    }
    else if(end.equals("jpg")||end.equals("gif")||end.equals("png")
          ||end.equals("jpeg")||end.equals("bmp"))
    {
      type = "image";
    }
    else
    {
```

```
        /* 如果无法直接打开，就跳出软件列表给用户选择 */
        type="*";
      }
      type += "/*";
      return type;
    }
  }
```

（2）编写文件 MyAdapter.java，此文件的具体实现流程如下所示。

● 通过如下代码分别声明如下 4 个变量。

```
/* 变量声明 */
private LayoutInflater mInflater;
private Bitmap mIcon1;
private Bitmap mIcon2;
private Bitmap mIcon3;
private Bitmap mIcon4;
private List<String> items;
private List<String> paths;
```

对上述四个变量的具体说明如下所示。

➢ mIcon1：回到根目录的图文件。

➢ mIcon2：回到上一层的图档。

➢ mIcon3：文件夹的图文件。

➢ mIcon4：文件的图档。

● 定义构造器 MyAdapter，分别传入参数 items、paths 和 mInflater，最后赋值前面定义的 4 个变量。具体代码如下所示。

```
/* MyAdapter 的构造器，传入 3 个参数  */
public MyAdapter(Context context,List<String> it,List<String> pa)
{
  /* 参数初始化 */
  mInflater = LayoutInflater.from(context);
  items = it;
  paths = pa;
  mIcon1 = BitmapFactory.decodeResource(context.getResources(),
                                  R.drawable.back01);
  mIcon2 = BitmapFactory.decodeResource(context.getResources(),
                                  R.drawable.back02);
  mIcon3 = BitmapFactory.decodeResource(context.getResources(),
                                  R.drawable.folder);
  mIcon4 = BitmapFactory.decodeResource(context.getResources(),
                                  R.drawable.doc);
}
```

● 使用自定义的 file_row 作为 Layout 布局样式，然后分别设置“回到根目录”的文字与 icon 和“回到上一层”的文字与 icon。具体代码如下所示。

```
@Override
public View getView(int position,View convertView,ViewGroup parent)
{
  ViewHolder holder;

  if(convertView == null)
  {
    /* 使用自定义的 file_row 作为 Layout */
    convertView = mInflater.inflate(R.layout.file_row, null);
    /* 初始化 holder 的 text 与 icon */
    holder = new ViewHolder();
    holder.text = (TextView) convertView.findViewById(R.id.text);
    holder.icon = (ImageView) convertView.findViewById(R.id.icon);

    convertView.setTag(holder);
  }
  else
  {
```

```
        holder = (ViewHolder) convertView.getTag();
      }
      File f=new File(paths.get(position).toString());
        /* 设置[回到根目录]的文字与 icon */
        if(items.get(position).toString().equals("b1"))
        {
          holder.text.setText("Back to /");
          holder.icon.setImageBitmap(mIcon1);
        }
        /* 设置[回到上一层]的文字与 icon */
        else if(items.get(position).toString().equals("b2"))
        {
          holder.text.setText("Back to ..");
          holder.icon.setImageBitmap(mIcon2);
        }
        /* 设置[文件或文件夹]的文字与 icon */
        else
        {
          holder.text.setText(f.getName());
          if(f.isDirectory())
          {
            holder.icon.setImageBitmap(mIcon3);
          }
          else
          {
            holder.icon.setImageBitmap(mIcon4);
          }
        }
        return convertView;
      }
      /* class ViewHolder */
      private class ViewHolder
      {
        TextView text;
        ImageView icon;
      }
    }
```

执行程序后，在界面中当选择一个文件夹后会弹出一个操作对话框。可以选择“打开文件”、“改名”和“删除”这 3 种操作。

4.27.3 特别提醒——I/O 类的操作流程

I/O 类库通常使用“流（Stream）”这个抽象概念，它代表任何有能力产生数据的数据源对象或者是有能力接收数据的接收端对象。“流”屏蔽了实际的 I/O 设备中处理数据的细节。例如下面的代码。

```
BufferedReader in = new BufferedReader(
new FileReader("IOStreamDemo.java"));
BufferedReader stdin = new BufferedReader(
new InputStreamReader(System.in));// java.io.BufferedReader(java.io.Reader)
//而 System.in 是一个 InputStream,因此用 InputStreamReader 进行转换（适配器模式）
```

（1）要想打开一个文件用于字符输入，可以使用以 String 或 File 对象作为文件名的 FileReader。为了提高速度，我们希望对哪个文件进行缓冲，那么它将作为结果的引用传给一个 BufferedReader 构造器。例如下面的代码。

```
BufferedReader in = new BufferedReader(new FileReader("IOStreamDemo.java"));
String s, s2 = new String();
while ((s = in.readLine()) != null)
      s2 += s + "\n";
in.close();
```

注意 BufferedReader 也提供 readLine()方法，所以这是我们的最终对象和进行读取的接口。

另外，也可以用 System.in 读取来自控制台的输入。System.in 是一个 InputStream，而 BufferedReader 需要的是 Reader 参数，因此引入 InputStreamReader 来进行转换（适配器模式）。例如下面的代码。

```
BufferedReader stdin = new BufferedReader(new InputStreamReader(
System.in));
System.out.println("Enter a line");
System.out.println(stdin.readLine());
```

（2）从内存读入。用字符串创建一个 StringReader。例如下面的代码。

```
// 2. Input from memory
StringReader in2 = new StringReader(s2);
int c;
while((c = in2.read()) != -1)
System.out.print((char)c);
```

（3）格式化的内存输入

如果要读取格式化数据（JDK4.0 Documentation: read primitive Java data types），此时要用到 DataInputStream，它是一个面向字节的 I/O 类。例如下面的代码。

```
DataInputStream in3 = new DataInputStream(new ByteArrayInputStream(s2.getBytes()));
while(true)
System.out.print((char)in3.readByte());
```

（4）文件输出

首先创建一个与指定文件连接的 FileWriter，通常会用 BufferedWriter 将其包装起来用以缓冲输出。然后为了格式化把它转换成 PrintWriter。例如下面的代码。

```
BufferedReader in4 = new BufferedReader(new StringReader(s2));
PrintWriter    out1    =    new    PrintWriter(new    BufferedWriter(new    FileWriter
("D:\\IODemo.txt")));
int lineCount = 1;
while(((s = in4.readLine()) != null))
out1.println(lineCount++ + ":" + s);
out1.close();
```

为了序列化一个对象，首先要创建某些 OutputSteam 对象，然后将其封装在一个 ObjectOutput Stream 对象内。这时，只需调用 writeObject()即可将对象序列化，并将其发送给 OutputStream 对象。要将一个序列重组为一个对象，需要将一个 InputStream 对象封装在 ObjectInputStream 对象内，然后调用 readObject()。

4.28 获取当前运行程序的路径

实例 111	获取当前运行程序的路径
源码路径	光盘:\daima\111
视频路径	光盘:\视频\111

4.28.1 实例说明

在运行 Android 程序后，我们可以通过编程的方式来获取正在运行程序的路径，此路径通常位于“/data/data/package name”目录下，此处的 package name 是程序的 pakeage 名称。在本实例中设计了两个按钮，会分别触发获取 File 和 Cache 路径的事件。当用户选择某文件后会弹出一个新页面，此新页面以 ListActivity 来显示里面的目录或文件。当打开目录时，还可以看到该目录下的文件。

4.28.2 具体实现

（1）编写主程序文件，其具体实现流程如下所示。

● 定义两个按钮变量 myButton1 和 myButton2，然后定义两个文件变量 cacheDir 和 fileDir。具体代码如下所示。

```
private Button myButton1;
private Button myButton2;
private File cacheDir;
private File fileDir;
```

● 根据单击的按钮获取目前 Cache 目录和目前 File 目录，具体代码如下所示。

```
@Override
public void onCreate(Bundle savedInstanceState)
{
  super.onCreate(savedInstanceState);
  setContentView(R.layout.main);

  myButton1 = (Button) findViewById(R.id.myButton1);
  myButton2 = (Button) findViewById(R.id.myButton2);

  /* 取得目前 Cache 目录 */
  cacheDir = this.getCacheDir();
  /* 取得目前 File 目录 */
  fileDir = this.getFilesDir();
```

● 定义单击两个按钮的处理事件 myButton1.setOnClickListener 和 myButton2.setOnClickListener，具体代码如下所示。

```
  myButton1.setOnClickListener(new Button.OnClickListener()
  {
    @Override
    public void onClick(View arg0)
    {
      String path = fileDir.getParent() + java.io.File.separator
          + fileDir.getName();
      showListActivity(path);
    }
  });
  myButton2.setOnClickListener(new Button.OnClickListener()
  {
    @Override
    public void onClick(View arg0)
    {
      String path = cacheDir.getParent() + java.io.File.separator
          + cacheDir.getName();
      showListActivity(path);
    }
  });
}
```

● 调用 example103_1 中定义的功能，然后传入获取路径。具体代码如下所示。

```
private void showListActivity(String path)
 {
  Intent intent = new Intent();
  intent.setClass(example13.this, example13_1.class);
  Bundle bundle = new Bundle();
  bundle.putString("path", path);
  intent.putExtras(bundle);
  startActivity(intent);
 }

}
```

（2）编写文件 example13_1.java，其具体实现流程那个如下所示。

- 定义类 example103_1，此类继承了 ListActivity。具体代码如下所示。

```
public class example103_1 extends ListActivity
{
 private List<String> items = null;
 private String path;
 /** Called when the activity is first created. */
 public void onCreate(Bundle savedInstanceState)
 {
  super.onCreate(savedInstanceState);
  setContentView(R.layout.mylist);
  Bundle bunde = this.getIntent().getExtras();
  /* 取得 example103 所传的路径 */
  path = bunde.getString("path");
  this.setTitle(path);
  java.io.File file = new java.io.File(path);
  /* 列出该路径下的所有文件 */
  fill(file.listFiles());
 }
```

- 定义方法 onListItemClick 用于显示传入的文件和文件目录，具体代码如下所示。

```
 @Override
 protected void onListItemClick
 (ListView l, View v, int position, long id)
 {
  File file = new File
  (path + java.io.File.separator + items.get(position));

  if (file.isDirectory())
  {
   fill(file.listFiles());
  }
 }
```

- 定义方法 fill(File[] files)将取得的文件名放入到 ArrayList 中，具体代码如下所示。

```
 private void fill(File[] files)
 {
  items = new ArrayList<String>();
  if (files == null)
  {
   return;
  }
  /* 将取得的文件名放入 ArrayList */
  for (File file : files)
  {
   items.add(file.getName());
  }
  /* 将 ArrayList 放入 ArrayAdapter */
  ArrayAdapter<String> fileList = new ArrayAdapter<String>
  (this, android.R.layout.simple_list_item_1, items);
  setListAdapter(fileList);
 }
}
```

（3）编写文件 AndroidManifest.xml，在里面设置两个 Activity，其中一个在 Launcher 启动时运行，另外一个为取得文件夹信息时所需要显示的 Activity。具体代码如下所示。

```
<?xml version="1.0" encoding="utf-8"?>
<manifest xmlns:android="http://schemas.android.com/apk/res/android"
   package="irdc.example103"
   android:versionCode="1"
   android:versionName="1.0.0">
  <application android:icon="@drawable/icon" android:label="@string/app_name">
     <activity android:name=".example103"
          android:label="@string/app_name">
       <intent-filter>
         <action android:name="android.intent.action.MAIN" />
         <category android:name="android.intent.category.LAUNCHER" />
```

```
            </intent-filter>
        </activity>
        <activity android:name="irdc.example103.example103_1"></activity>
    </application>
</manifest>
```

执行后在屏幕中显示两个按钮，如图 4-39 所示。当单击一个按钮后会显示对应的目录信息。例如单击【当前 File】按钮后的效果如图 4-40 所示。

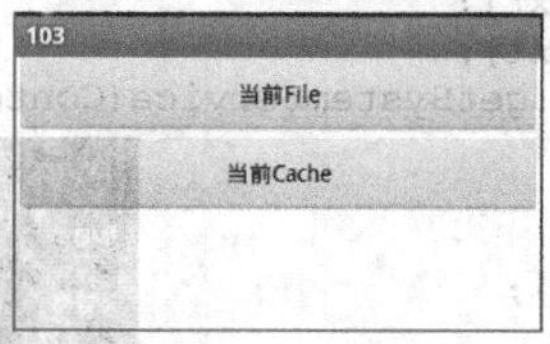

▲图 4-39 初始效果

▲图 4-40 文件信息

4.28.3 特别提醒——两种表示目录的方式

在 Java 的处理文件应用中，有如下两种表示目录的方式。

（1）绝对目录，它以“/”为起始字符，代表从根目录下开始寻找给出的目录，例如“/c:/java”。

（2）相对路径，它以不带“/”的目录名表示，表示以当前 Java 程序正在运行的目录作为起始目录来寻找给出的目录。例如“java/classes”。在相对路径中用一些特定的字符来代表特的目录，例如“.”代表当前目录，“..”代表当前目录的上一级目录。

在很多应用中就是利用“.”作为目录名，构造 File 对象的实例，然后通过 File 对象的方法来获取当前程序运行的目录。这种方法虽然简单，但有时不能正确得出当前程序的运行目录。原因在于，运行 Java 程序不一定要进入到该程序的类文件或 JAR 文件所在的目录，只要在运行时指定了正确的类路径信息，就可以在任何目录中运行 Java 程序，此时利用这种方法只能得到发出运行命令时所在的目录信息。

在此介绍一种只使用 Java 标准 API 的路径探测方法获取目录，就是利用 ClassLoader 抽象类。利用 java.lang.Class 的 getClassLoader 方法，可以获得给定类的 ClassLoader 实例，它的 getResource 方法可以获得当前类装载器中的资源的位置，我们可以利用类文件的名称作为要查找的资源，经过处理后就可获得当前 Java 程序的运行位置信息

4.29 获取手机内 SIM 卡的信息

实例 112	获取手机内 SIM 卡的信息
源码路径	光盘:\daima\112
视频路径	光盘:\视频\112

4.29.1 实例说明

在 Android 手机应用中，经常需要获取 SIM 卡内的信息。本实例通过 Android API 中的 TelephonyManager（即 Android.telephony.TelephonyManager）对象中的方法来读取 SIM 卡的信息。另外，TelephonyManager 还能获取手机的号码。看下面的代码：

```
TelephonyManager tm = (TelephonyManager)this.getSystemService(Context.TELEPHONY_SERVICE);
numberText.setText(tm.getLine1Number());
```

其中，上面加粗部分能够获取本机号码，除此之外，在类 TelephonyManager 中还提供了多种获取手机信息的函数，例如 IMEI、IMSI 等。看下面的代码：

```
    public void onCreate(Bundle savedInstanceState) {
        super.onCreate(savedInstanceState);
        setContentView(R.layout.main);

        numberText = (TextView) findViewById(R.id.numberText);
        imeiText = (TextView) findViewById(R.id.imeiText);
        onText = (TextView) findViewById(R.id.onText);
        snText = (TextView) findViewById(R.id.snText);
        imsiText = (TextView) findViewById(R.id.imsiText);
        ssText = (TextView) findViewById(R.id.ssText);
        ntText = (TextView) findViewById(R.id.ntText);
        TelephonyManager tm = (TelephonyManager)this.getSystemService(Context. TELEPHONY_
SERVICE);
        numberText.setText(tm.getLine1Number());
        imeiText.setText(tm.getDeviceId());
        onText.setText(tm.getNetworkOperatorName());
        snText.setText(tm.getSimSerialNumber());
        imsiText.setText(tm.getSubscriberId());
        ssText.setText(tm.getNetworkCountryIso());
        ntText.setText(tm.getNetworkOperator());
    }
}
```

▲图 4-41　运行结果

通过上述代码中的几个函数，分别获取了手机号码、IMIE、运营商名称、SIM 卡序列号、IMSI、SIM 卡所在国家、运营商编号。运行效果如图 4-41 所示。

4.29.2　具体实现

（1）编写主程序文件，此文件的具体实现流程如下所示。

● 载入 main.xml 布局文件，通过方法 add(getResources().getText(R.string.str_list0).toString()) 将取得的信息写入 List 中，最后通过 if 语句来设置 SIM 卡的状态。具体代码如下所示。

```
private TelephonyManager telMgr;
private List<String> item=new ArrayList<String>();
private List<String> value=new ArrayList<String>();

@SuppressWarnings("static-access")
@Override
public void onCreate(Bundle savedInstanceState)
{
  super.onCreate(savedInstanceState);
  /* 载入 main.xml Layout */
  setContentView(R.layout.main);
  telMgr = (TelephonyManager)getSystemService(TELEPHONY_SERVICE);

  /* 将取得的信息写入 List 中 */
  /* 取得 SIM 卡状态 */
  item.add(getResources().getText(R.string.str_list0).toString());
  if(telMgr.getSimState()==telMgr.SIM_STATE_READY)
  {
    value.add("良好");
  }
  else if(telMgr.getSimState()==telMgr.SIM_STATE_ABSENT)
  {
    value.add("无 SIM 卡");
  }
  else
  {
    value.add("SIM 卡被锁定或未知的状态");
  }
```

● 分别获取 SIM 卡的卡号、供货商代码、供货商名称和国别信息，然后使用自定义的 MyAdapter 将数据传入 ListActivity。具体代码如下所示。

```
  /* 取得 SIM 卡卡号 */
  item.add(getResources().getText(R.string.str_list1).toString());
```

```
    if(telMgr.getSimSerialNumber()!=null)
    {
      value.add(telMgr.getSimSerialNumber());
    }
    else
    {
      value.add("无法取得");
    }
    /* 取得 SIM 卡供货商代码 */
    item.add(getResources().getText(R.string.str_list2).toString());
    if(telMgr.getSimOperator().equals(""))
    {
      value.add("无法取得");
    }
    else
    {
      value.add(telMgr.getSimOperator());
    }
    /* 取得 SIM 卡供货商名称 */
    item.add(getResources().getText(R.string.str_list3).toString());
    if(telMgr.getSimOperatorName().equals(""))
    {
      value.add("无法取得");
    }
    else
    {
      value.add(telMgr.getSimOperatorName());
    }
    /* 取得 SIM 卡国别 */
    item.add(getResources().getText(R.string.str_list4).toString());
    if(telMgr.getSimCountryIso().equals(""))
    {
      value.add("无法取得");
    }
    else
    {
      value.add(telMgr.getSimCountryIso());
    }
    /* 使用自定义的 MyAdapter 来将数据传入 ListActivity */
    setListAdapter(new MyAdapter(this,item,value));
  }
```

（2）编写文件 MyAdapter.java，其具体实现流程如下所示。

● 声明变量 mInflater、items 和 values，然后定义 MyAdapter 构造器并传入 3 个参数。具体代码如下所示。

```
/* 自定义的 Adapter，继承 android.widget.BaseAdapter */
public class MyAdapter extends BaseAdapter
{
  /* 变量声明 */
  private LayoutInflater mInflater;
  private List<String> items;
  private List<String> values;
  /* MyAdapter 的构造器，传入 3 个参数  */
  public MyAdapter(Context context,List<String> item,
                   List<String> value)
  {
    /* 参数初始化 */
    mInflater = LayoutInflater.from(context);
    items = item;
    values = value;
  }
```

● 分别覆盖方法 getCount()，getItem(int position)，getItemId(int position)，getView(int position,View convertView,ViewGroup par)，具体代码如下所示。

```
  /* 因继承 BaseAdapter，需覆盖以下方法 */
  @Override
```

```
public int getCount()
{
  return items.size();
}
@Override
public Object getItem(int position)
{
  return items.get(position);
}

@Override
public long getItemId(int position)
{
  return position;
}

@Override
public View getView(int position,View convertView,ViewGroup par)
{
  ViewHolder holder;
  if(convertView == null)
  {
    /* 使用自定义的 file_row 作为 Layout */
    convertView = mInflater.inflate(R.layout.row_layout,null);
    /* 初始化 holder 的 text 与 icon */
    holder = new ViewHolder();
    holder.text1=(TextView)convertView.findViewById(R.id.myText1);
    holder.text2=(TextView)convertView.findViewById(R.id.myText2);
    convertView.setTag(holder);
  }
  else
  {
    holder = (ViewHolder) convertView.getTag();
  }
  /* 设置要显示的信息 */
  holder.text1.setText(items.get(position).toString());
  holder.text2.setText(values.get(position).toString());
  return convertView;
 }
 private class ViewHolder
 {
  /* text1：信息名称
   * text2：信息内容 */
  TextView text1;
  TextView text2;
 }
}
```

（3）编写文件 AndroidManifest.xml，在里面声明读取电话状态的权限，具体代码如下所示。

```
<!-- 设置 READ_PHONE_STATE 权限 -->
 <uses-permission android:name="android.permission.READ_PHONE_STATE">
</uses-permission>
```

执行后会显示对应的获取信息，如图 4-42 所示。

4.29.3　特别提醒——SIM 卡的意义

▲图 4-42　执行效果

SIM 卡是 Subscriber Identity Module（客户识别模块）的缩写，也称为智能卡、用户身份识别卡，GSM 数字移动电话机必需装上此卡方能使用。它在计算机芯片上存储了数字移动电话客户的信息，加密的密钥等内容，可对 GSM 网络客户身份进行鉴别，并对客户通话时的语音信息进行加密。SIM 卡的使用，完全防止了并机和通话被窃听行为，并且 SIM 卡的制作是严格按照 GSM 国际标准和规范来完成的，从而可靠地保障了客户的正常通讯。

为防止他人擅用您的 SIM 卡，SIM 卡设置了个人识别密码 PIN 码，只要设置了 PIN 码用户在每次打开手机时，屏幕上会显示要求输入 4 位 PIN 码，初始的 PIN 码为 1234 或 0000，连续输入 3 次错误码的 PIN 码，手机会显示“输入 PUK 码”或“已锁”字样，说明 SIM 卡已被锁上，这时千万不要再按手机键盘，因为如果输入的 PIN 解锁码累计超过 10 次，SIM 卡将自动报废，此时需携带 SIM 卡身份证到移动营业厅，由服务人员为您解锁。

4.30 查看当前系统中正在运行的程序

实例 113	查看当前系统中正在运行的程序
源码路径	光盘:\daima\113
视频路径	光盘:\视频\113

4.30.1 实例说明

计算机中的任务管理器大家肯定不会陌生，其中的进程管理器能够显示当前正在运行的程序。在本实例中插入了一个按钮，单击按钮后会显示当前系统中正在运行的程序。当前运行程序是通过 ActivityManager.getRunningTasks 方法获取的，然后通过 ListView 将获取的信息显示出来。

当单击按钮后，如果在 ListView 的工作已经结束或被操作系统回收，则是不会更新运行列表的。另外，如果不具有访问其他运行程序的权限，也不会显示在 ListView 列表。

注意 为了保证 Android 的运行，限制了获取于小程序的数量，在本实例中设置了最多获取 30 个进程。

4.30.2 具体实现

（1）编写主程序文件，其具体实现流程如下所示。

- 设置类成员最多能够获取 30 个 Task 数量，具体代码如下所示。

```
/* 类成员设置取回最多几笔的 Task 数量 */
private int intGetTastCounter=30;
```

- 设置类成员 ActivityManager 的对象，当单击按钮后取得正在后台运行的工作程序。具体代码如下所示。

```
/* 类成员 ActivityManager 对象 */
private ActivityManager mActivityManager;

/** Called when the activity is first created. */
@Override
public void onCreate(Bundle savedInstanceState)
{
  super.onCreate(savedInstanceState);
  setContentView(R.layout.main);

  mButton01 = (Button)findViewById(R.id.myButton1);
  mListView01 = (ListView)findViewById(R.id.myListView1);

  /* 单击按钮取得正在后台运行的工作程序 */
  mButton01.setOnClickListener(new Button.OnClickListener()
  {
    @Override
    public void onClick(View v)
    {
      // TODO Auto-generated method stub
      try
      {
        /* ActivityManager 对象向系统取得 ACTIVITY_SERVICE */
```

```
        mActivityManager = (ActivityManager)
        example17.this.getSystemService(ACTIVITY_SERVICE);
        arylistTask = new ArrayList<String>();
        /* 以 getRunningTasks 方法取回正在运行中的程序 TaskInfo */
        List<ActivityManager.RunningTaskInfo> mRunningTasks =
        mActivityManager.getRunningTasks(intGetTastCounter);

        int i = 1;
        /* 以循环及 baseActivity 方式取得工作名称与 ID */
        for (ActivityManager.RunningTaskInfo amTask : mRunningTasks)
        {
          /* baseActivity.getClassName 取出运行工作名称 */
          arylistTask.add("" + (i++) + ": "+
          amTask.baseActivity.getClassName()+
          "(ID=" + amTask.id +")");
        }
        aryAdapter1 = new ArrayAdapter<String>
        (example17.this, R.layout.simple_list_item_1, arylistTask);

        if(aryAdapter1.getCount()==0)
        {
          /* 当没有任何运行工作，则提示信息 */
          mMakeTextToast
          (
            getResources().getText
            (R.string.str_err_no_running_task).toString(),
            true
          );
        }
        else
        {
          /* 发现后台运行的工作程序，以 ListView Widget 条列呈现 */
          mListView01.setAdapter(aryAdapter1);
        }
      }
      catch(SecurityException e)
      {
        /* 当无 GET_TASKS 权限时(SecurityException 异常)提示信息 */
        mMakeTextToast
        (
          getResources().getText
          (R.string.str_err_permission).toString(),
          true
        );
      }
    }
  });
```

- 监听用户选择某一个正在运行进程时的事件，具体代码如下所示。

```
mListView01.setOnItemSelectedListener
(new ListView.OnItemSelectedListener()
{
  @Override
  public void onItemSelected
  (AdapterView<?> parent, View v, int id, long arg3)
  {
    // TODO Auto-generated method stub
    /* 由于将运行工作以数组存放，所以使用 ID 取出数组元素名称 */
    mMakeTextToast(arylistTask.get(id).toString(),false);
  }
  @Override
  public void onNothingSelected(AdapterView<?> arg0)
  {
    // TODO Auto-generated method stub

  }
});
```

- 设置当用户选择某一个正在运行进程时的事件处理，具体代码如下所示。

```
/* 当 User 在运行工作上单击时的事件处理 */
mListView01.setOnItemClickListener
(new ListView.OnItemClickListener()
{
  @Override
  public void onItemClick
  (AdapterView<?> parent, View v, int id,  long arg3)
  {
    // TODO Auto-generated method stub
    /* 由于将运行工作以数组存放，故以 ID 取出数组元素名称 */
    mMakeTextToast(arylistTask.get(id).toString(), false);
  }
});
}
```

- 定义方法 mMakeTextToast(String str, boolean isLong)实现一个提醒效果，具体代码如下所示。

```
public void mMakeTextToast(String str, boolean isLong)
{
  if(isLong==true)
  {
    Toast.makeText(example17.this, str, Toast.LENGTH_LONG).show();
  }
  else
  {
    Toast.makeText(example17.this, str, Toast.LENGTH_SHORT).show();
  }
}
```

（2）编写文件 AndroidManifest.xml，在此文件中声明 GET_TASKS 权限，具体代码如下所示。

```
<uses-permission android:name="android.permission.GET_TASKS"></uses-permission>
```

执行后在屏幕中显示一个钮，如图 4-43 所示。单击【获取运行的程序】按钮后列表显示当前正在运行的程序，如图 4-44 所示。

▲图 4-43　初始效果

▲图 4-44　当前运行程序

4.30.3　特别提醒——AndroidManifest.xml 中的权限

在本书前面的示例中，已经多次讲解了在文件 AndroidManifest.xml 中声明权限的问题。在此对此文件中的权限做一个简单的总结说明，帮助读者遇到类似问题时能够快速查询到它们的含义。

- android.permission.ACCESS_CHECKIN_PROPERTIES：允许读写访问“properties”表在 checkin 数据库中，改值可以修改上传。
- android.permission.ACCESS_COARSE_LOCATION：允许一个程序访问 CellID 或 Wi-Fi 热点来获取粗略的位置。

- android.permission.ACCESS_FINE_LOCATION：允许一个程序访问精确位置（如 GPS）。
- android.permission.ACCESS_LOCATION_EXTRA_COMMANDS：允许应用程序访问额外的位置提供命令。
- android.permission.ACCESS_MOCK_LOCATION：允许程序创建模拟位置用于测试。
- android.permission.ACCESS_NETWORK_STATE：允许程序访问相关 GSM 网络信息。
- android.permission.ACCESS_SURFACE_FLINGER：允许程序使用 SurfaceFlinger 底层特性。
- android.permission.ACCESS_WIFI_STATE：允许程序访问 Wi-Fi 网络状态信息。
- android.permission.ADD_SYSTEM_SERVICE：允许程序发布系统升级服务。
- android.permission.BATTERY_STATS：允许程序更新手机电池统计信息。
- android.permission.BLUETOOTH：允许程序连接到已配对的蓝牙设备。
- android.permission.BLUETOOTH_ADMIN：允许程序发现蓝牙设备并配对。
- android.permission.BRICK：请求能够禁用设备。
- android.permission.BROADCAST_PACKAGE_REMOVED：在一个应用程序包已经移除后允许程序广播一个提示消息。
- android.permission.BROADCAST_STICKY：允许一个程序广播常用 Intents。
- android.permission.CALL_PHONE：允许一个程序初始化一个不需通过拨号用户界面的电话拨号（需要用户确认）。
- android.permission.CALL_PRIVILEGED：允许一个程序拨打包含紧急号码的任何号码，无需用户通过拨号用户界面确认。
- android.permission.CAMERA：请求访问使用照相设备。
- android.permission.CHANGE_COMPONENT_ENABLED_STATE：允许一个程序改变一个组件或其他的启用/禁用。
- android.permission.CHANGE_CONFIGURATION：允许一个程序修改当前设置，如本地化。
- android.permission.CHANGE_NETWORK_STATE：允许程序改变网络连接状态。
- android.permission.CHANGE_WIFI_STATE：允许程序改变 Wi-Fi 连接状态。
- android.permission.CLEAR_APP_CACHE：允许一个程序从所有在设备中安装的程序清除缓存。
- android.permission.CLEAR_APP_USER_DATA：允许一个程序清除用户设置。
- android.permission.CONTROL_LOCATION_UPDATES：允许从无线模块启用/禁止位置更新提示。
- android.permission.DELETE_CACHE_FILES：允许程序删除缓存文件。
- android.permission.DELETE_PACKAGES：允许删除一个程序包。
- android.permission.DEVICE_POWER：允许访问底层电源管理。
- android.permission.DIAGNOSTIC：允许程序 RW 诊断资源。
- android.permission.DISABLE_KEYGUARD：允许程序禁用键盘锁。
- android.permission.DUMP：允许程序从系统服务返回状态抓取信息。
- android.permission.EXPAND_STATUS_BAR：允许一个程序在状态栏扩展收缩,Android 开发网提示应该是一个类似 Windows Mobile 中的托盘程序。
- android.permission.FACTORY_TEST：作为一个工厂测试程序，运行在 root 用户。
- android.permission.FLASHLIGHT：访问闪光灯，Android 开发网提示 HTC Dream 不包含闪光灯。
- android.permission.FORCE_BACK：允许程序强行一个后退操作是否在顶层 Activities。
- android.permission.GET_ACCOUNTS：在 Accounts Service 中访问一个账户列表。
- android.permission.GET_PACKAGE_SIZE：允许一个程序获取任何 package 占用空间容量。

- android.permission.GET_TASKS：允许一个程序获取有关当前或最近运行任务的信息。
- android.permission.HARDWARE_TEST：允许访问硬件。
- android.permission.INJECT_EVENTS：允许一个程序截获用户事件（如按键、触摸、轨迹球等）到一个时间流。
- android.permission.INSTALL_PACKAGES：允许一个程序安装 packages。
- android.permission.INTERNAL_SYSTEM_WINDOW：允许打开窗口使用系统用户界面。
- android.permission.INTERNET：允许程序打开网络套接字。
- android.permission.MANAGE_APP_TOKENS：在窗口管理器中允许程序管理（包括创建、催后、z-order 默认向 z 轴推移）程序引用。
- android.permission.MASTER_CLEAR：清除一切数据。
- android.permission.MODIFY_AUDIO_SETTINGS：允许程序修改全局音频设置。
- android.permission.MODIFY_PHONE_STATE：允许修改话机状态，如电源、人机接口等。
- android.permission.MOUNT_UNMOUNT_FILESYSTEMS：允许挂载和反挂载文件系统可移动存储。
- android.permission.PERSISTENT_ACTIVITY：允许一个程序设置其 activities 显示。
- android.permission.PROCESS_OUTGOING_CALLS：允许程序监视、修改有关拨出电话。
- android.permission.READ_CALENDAR：允许程序读取用户日历数据。
- android.permission.READ_CONTACTS：允许程序读取用户联系人数据。
- android.permission.READ_FRAME_BUFFER：允许程序更多常规地访问帧缓冲数据。
- android.permission.READ_INPUT_STATE：允许程序返回当前按键状态。
- android.permission.READ_LOGS：允许程序读取底层系统日志文件。
- android.permission.READ_OWNER_DATA：允许程序读取所有者数据。
- android.permission.READ_SMS：允许程序读取短信息。
- android.permission.READ_SYNC_SETTINGS：允许程序读取同步设置。
- android.permission.READ_SYNC_STATS：允许程序读取同步状态。
- android.permission.REBOOT：请求能够重新启动设备。
- android.permission.RECEIVE_BOOT_COMPLETED：允许一个程序接收到 ACTION_BOOT_COMPLETED 广播在系统完成启动。
- android.permission.RECEIVE_MMS：允许一个程序监控收到 MMS 彩信、记录或处理。
- android.permission.RECEIVE_SMS：允许程序监控一个收到的短信息。
- android.permission.RECEIVE_WAP_PUSH：允许程序监控将收到的 WAP PUSH 信息。
- android.permission.RECORD_AUDIO：允许程序录制音频。
- android.permission.REORDER_TASKS 允许程序改变 Z 轴排列任务。
- android.permission.RESTART_PACKAGES：允许程序重新启动其他程序。
- android.permission.SEND_SMS：允许程序发送 SMS 短信。
- android.permission.SET_ACTIVITY_WATCHER：允许程序监控或控制 Activities。
- android.permission.SET_ALWAYS_FINISH：在处于后台时允许程序控制是否 Activities 间接完成。
- android.permission.SET_ANIMATION_SCALE：修改全局信息比例。
- android.permission.SET_DEBUG_APP：配置一个程序用于调试。
- android.permission.SET_ORIENTATION：允许底层访问设置屏幕方向和实际旋转。
- android.permission.SET_PREFERRED_APPLICATIONS：允许一个程序修改列表参数

PackageManager.addPackageToPreferred()和方法 PackageManager.removePackageFromPreferred()。

- android.permission.SET_PROCESS_FOREGROUND：允许当前运行程序强行到前台。
- android.permission.SET_PROCESS_LIMIT：允许设置最大的运行进程数量。
- android.permission.SET_TIME_ZONE：允许程序设置时间区域。
- android.permission.SET_WALLPAPER：允许程序设置壁纸。
- android.permission.SET_WALLPAPER_HINTS：允许程序设置壁纸 hits。
- android.permission.SIGNAL_PERSISTENT_PROCESSES：允许程序请求发送信号到所有显示的进程。
- android.permission.STATUS_BAR：允许程序打开、关闭或禁用状态栏及图标。
- android.permission.SUBSCRIBED_FEEDS_READ：允许一个程序访问订阅 RSS Feed 内容。
- android.permission.SYSTEM_ALERT_WINDOW：允许一个程序打开窗口使用 TYPE_SYSTEM_ALERT，显示在其他所有程序的顶层。
- android.permission.VIBRATE：允许访问振动设备。
- android.permission.WAKE_LOCK：允许使用 PowerManager 的 WakeLocks 保持进程在休眠时从屏幕消失。
- android.permission.WRITE_APN_SETTINGS：允许程序写入 API 设置。
- android.permission.WRITE_CALENDAR：允许一个程序写入但不读取用户日历数据。
- android.permission.WRITE_CONTACTS：允许程序写入但不读取用户联系人数据。
- android.permission.WRITE_GSERVICES：允许程序修改 Google 服务地图。
- android.permission.WRITE_OWNER_DATA：允许一个程序写入但不读取所有者数据。
- android.permission.WRITE_SETTINGS：允许程序读取或写入系统设置。
- android.permission.WRITE_SMS：允许程序写短信。
- android.permission.WRITE_SYNC_SETTINGS：允许程序写入同步设置。

4.31 修改手机屏幕的显示方向

实例 114	修改手机屏幕的显示方向
源码路径	光盘:\daima\114
视频路径	光盘:\视频\114

4.31.1 实例说明

广大读者对屏幕旋转肯定不会陌生，很多智能手机都能根据我们拿手机的方式动态地横向或纵向显示屏幕中的内容。在本实例中的屏幕中插入了一个按钮，单击按钮后会先判断当前屏幕的方向，即如果是横向显示则改为纵向显示，如果是纵向显示则改为横向显示。在具体实现上，必需要覆盖方法 setRequestedOrientation 来改变屏幕方向，如果要获取当前的屏幕方向，则需要访问方法 getRequestedOrientation。

4.31.2 具体实现

（1）编写主程序文件，此文件的具体实现流程如下所示。

- 判断 getRequestedOrientation()的值是否为-1，如果是-1 则表示在 Activity 属性中没有设置 Android:screenOrientation 的值，即表示即使单击了按钮，也无法判断出屏幕的方向，不会实现屏幕方向更改。具体代码如下所示。

```
private TextView mTextView01;
private Button mButton01;

/** Called when the activity is first created. */
@Override
public void onCreate(Bundle savedInstanceState)
{
  super.onCreate(savedInstanceState);
  setContentView(R.layout.main);

  mButton01 = (Button)findViewById(R.id.myButton1);
  mTextView01 = (TextView)findViewById(R.id.myTextView1);

  if(getRequestedOrientation()==-1)
  {
   mTextView01.setText(getResources().getText
   (R.string.str_err_1001));
  }
```

● 定义方法 setOnClickListener(new Button.OnClickListener()，当用户单击按钮后开始旋转屏幕画面。具体代码如下所示。

```
  mButton01.setOnClickListener(new Button.OnClickListener()
  {
    @Override
    public void onClick(View arg0)
    {
      /* 方法一：重写 getRequestedOrientation */

      /* 若无法取得 screenOrientation 属性 */
      if(getRequestedOrientation()==-1)
      {
        /* 提示无法进行画面旋转功能，因无法判别 Orientation */
        mTextView01.setText(getResources().getText
        (R.string.str_err_1001));
      }
      else
      {
        if(getRequestedOrientation()==
           ActivityInfo.SCREEN_ORIENTATION_LANDSCAPE)
        {
          /* 若当下为横排，则更改为竖排呈现 */
          setRequestedOrientation
          (ActivityInfo.SCREEN_ORIENTATION_PORTRAIT);
        }
        else if(getRequestedOrientation()==
                ActivityInfo.SCREEN_ORIENTATION_PORTRAIT)
        {
          /* 若当下为竖排，则更改为横排呈现 */
          setRequestedOrientation
          (ActivityInfo.SCREEN_ORIENTATION_LANDSCAPE);
        }
      }
    }
  });
}
```

● 定义方法 setRequestedOrientation(int requestedOrientation)，判断当前要更改的屏幕方向，并实现旋转处理。具体代码如下所示。

```
@Override
public void setRequestedOrientation(int requestedOrientation)
{
  /* 判断要更改的方向，以 Toast 提示 */
  switch(requestedOrientation)
  {
    /* 更改为 LANDSCAPE */
    case (ActivityInfo.SCREEN_ORIENTATION_LANDSCAPE):
      mMakeTextToast
      (
```

```
        getResources().getText(R.string.str_msg1).toString(),
        false
      );
      break;
    /* 更改为 PORTRAIT */
    case (ActivityInfo.SCREEN_ORIENTATION_PORTRAIT):
      mMakeTextToast
      (
        getResources().getText(R.string.str_msg2).toString(),
        false
      );
      break;
  }
  super.setRequestedOrientation(requestedOrientation);
}
```

● 定义方法 getRequestedOrientation(int requestedOrientation)获取当前屏幕方向，并通过方法 mMakeTextToast 输出提示信息。具体代码如下所示。

```
@Override
public int getRequestedOrientation()
{
  // TODO Auto-generated method stub

  /* 此重写 getRequestedOrientation 方法，可取得当下屏幕的方向 */
  return super.getRequestedOrientation();
}

public void mMakeTextToast(String str, boolean isLong)
{
  if(isLong==true)
  {
    Toast.makeText(example18.this, str, Toast.LENGTH_LONG).show();
  }
  else
  {
    Toast.makeText(example18.this, str, Toast.LENGTH_SHORT).show();
  }
}
}
```

（2）编写文件 AndroidManifest.xml，在里面设置 Activity 的 Android:screenOrientation 属性，具体代码如下所示。

```
<activity
  android:name=".example106"
  android:label="@string/app_name"
  android:screenOrientation="portrait"
>
```

执行后在屏幕中显示一个按钮，如图 4-45 所示。单击【改变方向】按钮后会旋转屏幕，如图 4-46 所示。

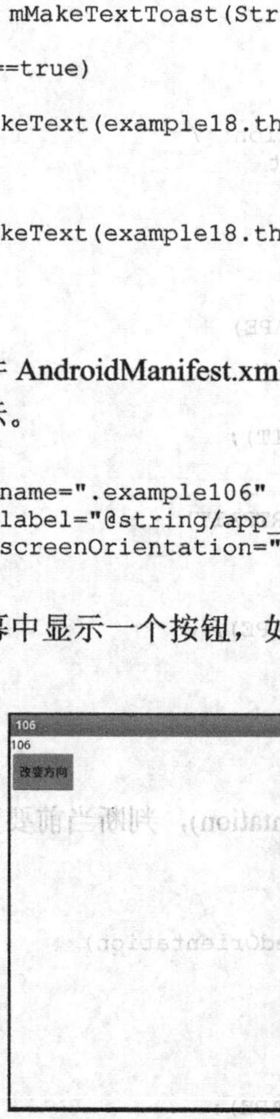

▲图 4-45　初始效果

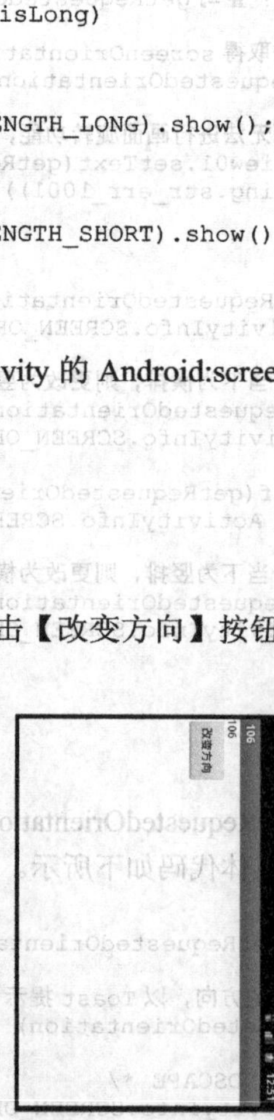

▲图 4-46　实现旋转

4.31.3 特别提醒——切换和不切换的实现方法

其实除了可以自动改变屏幕放向外，还可以自动适用屏幕的大小。Android 手机屏幕有很多大小规格，例如 480×320、640×360、800×480，我们在“res”目录下可以创建不同的 layout 文件夹，比如 layout-640×36 和 layout-800×480，所有的 layout 文件在编译之后都会写入 R.java 里，而系统会根据屏幕的大小自己选择合适的 layout 进行使用。

（1）实现横屏竖屏自动切换：

可以在“res”目录下建立“layout-port”和“layout-land”两个子目录，里面分别放置竖屏和横屏两种布局文件，这样在手机屏幕方向变化的时候系统会自动调用相应的布局文件，避免一种布局文件无法满足两种屏幕显示的问题。

（2）实现不切换：

Android 中的每个 Activity 都有 screenOrientation 属性，每个 Activity 都可以设置为竖屏（Portrait）显示，也都可以设置为无重力感应（Nosensor）显示。设置方法很简单，只需在文件 AndroidManifest.xml 中配配置即可。例如下面的代码：

```
android:screenOrientation="landscape"
```

每次切换 Android 屏幕会重启 Activity，所以应该在 Activity 销毁前保存当前活动的状态，在 Activity 再次 Create 的时候载入配置。有的程序是适合横竖屏切换的，此时需要在配置 Activity 的时候进行如下的配置：

```
android:configChanges="keyboardHidden|orientation"
```

另外需要重写 Activity 的 onConfigurationChanged 方法，具体实现方式如下所示。

```
@Override
     public void onConfigurationChanged(Configuration newConfig) {
          super.onConfigurationChanged(newConfig);
          if (this.getResources().getConfiguration().orientation == Configuration.
ORIENTATION_LANDSCAPE) {
               // land do nothing is ok
          } else if (this.getResources().getConfiguration().orientation ==
Configuration.ORIENTATION_PORTRAIT) {
               // port do nothing is ok
          }
     }
```

第5章 自动为您服务

当手机收到了一条短信后，立即在屏幕中弹出一个提示框“您有一条新的信息”，相信读者应该有上述经历。我们的手机是一个神奇的工具，在有新情况时会自动向我们发出提示信息。这种自动化提示信息功能是通过编程的方式实现的。在本章的内容中，将通过具体的实例来讲解在Android系统中实现自动化服务的基本用法。

5.1 获取手机屏幕的分辨率

实例 115	获取手机屏幕的分辨率
源码路径	光盘:\daima\115
视频路径	光盘:\视频\115

5.1.1 实例说明

在手机系统中，存在广播系统 BroadcastReseiver，它实时监听手机内的短信状况。当手机收到短信后，会通过 Notification 在状态栏中显示短信的摘要信息。本实例设计了这样一个程序：当用户收到短信后，系统将自动在手机屏幕上显示“有短信”的提示。在实例中会将接收到的短信对象解析为可以识别发信人号码和短信正文的字符串。本实例的难点是如何向系统注册一个常驻的 BroadcastReseiver 对象，然后在后台中聆听短信事件，最后将短信内容编译出来。

5.1.2 具体实现

（1）编写主程序文件，目的是使用 TextView 文字显示“等待接收信息中...”的提示。具体代码如下所示。

```
public class example107 extends Activity
{
  private TextView mTextView1;
  /** Called when the activity is first created. */
  @Override
  public void onCreate(Bundle savedInstanceState)
  {
    super.onCreate(savedInstanceState);
    setContentView(R.layout.main);
    /*通过 findViewById 构造器创建 TextView 对象*/
    mTextView1 = (TextView) findViewById(R.id.myTextView1);
    mTextView1.setText("等待接收信息中...");
  }
}
```

（2）编写文件 example107_SMS.java，此文件的具体实现流程如下所示。

- 引用 BroadcastReceiver 类，使用 telephoney.gsm.SmsMessage 来收取短信，并使用 Toast 类来通知用户收到短信。具体代码如下所示。

```
/*必需引用 BroadcastReceiver 类*/
```

```
import android.content.BroadcastReceiver;
import android.content.Context;
import android.content.Intent;
import android.os.Bundle;
/*必需引用 telephoney.gsm.SmsMessage 来收取短信*/
import android.telephony.gsm.SmsMessage;
/*必需引用 Toast 类来告知用户收到短信*/
import android.widget.Toast;
```

● 自定义继承于 BroadcastReceiver 的类 example107_SMS，此类用于聆听系统服务广播的信息。具体代码如下所示。

```
/*声明静态字符串,并使用 android.provider.Telephony.SMS_RECEIVED 作为 Action 为短信的依据*/
private static final String mACTION =
"android.provider.Telephony.SMS_RECEIVED";

@Override
public void onReceive(Context context, Intent intent)
{
  // TODO Auto-generated method stub
  /* 判断传来的 Intent 是否为短信*/
  if (intent.getAction().equals(mACTION))
  {
    /*建构一字符串集合变量 sb*/
    StringBuilder sb = new StringBuilder();
    /*接收由 Intent 传来的数据*/
    Bundle bundle = intent.getExtras();
    /*判断 Intent 是否有数据*/
    if (bundle != null)
    {
      /* pdus 为 Android 内置短信参数 identifier
       * 通过 bundle.get("")返回一包含 pdus 的对象*/
      Object[] myOBJpdus = (Object[]) bundle.get("pdus");
      /*构建短信对象 array,并依据收到的对象长度来创建 array 的大小*/
      SmsMessage[] messages = new SmsMessage[myOBJpdus.length];
      for (int i = 0; i<myOBJpdus.length; i++)
      {
        messages[i] =
        SmsMessage.createFromPdu((byte[]) myOBJpdus[i]);
      }

      /* 将送来的短信合并自定义信息于 StringBuilder 当中 */
      for (SmsMessage currentMessage : messages)
      {
        sb.append("正在接收到来自:\n");
        /* 来讯者的电话号码 */
        sb.append(currentMessage.getDisplayOriginatingAddress());
        sb.append("\n------发来的短信-------\n");
        /* 取得传来信息的 BODY */
        sb.append(currentMessage.getDisplayMessageBody());
      }
    }
```

上述代码的实现流程如下所示。

➢ 声明静态字符串,并使用 android.provider.Telephony.SMS_RECEIVED 作为 Action 为短信的依据。

➢ 用 if 语句判断传来的 Intent 是否为短信，如果是则先建构一字符串集合变量“sb”，然后接收由 Intent 传来的数据。

➢ 通过 if 语句判断 Intent 是否有数据信息。

● 以 Notification(Toast)提醒的方式来显示通知信息，返回到主 Activity 让其以一个全新的 task 任务来运行。具体代码如下所示。

```
Toast.makeText
(
  context, sb.toString(), Toast.LENGTH_LONG
).show();

/* 返回主 Activity */
```

```
    Intent i = new Intent(context, example1.class);
    /*设置让以一个全新的 task 任务来运行*/
    i.addFlags(Intent.FLAG_ACTIVITY_NEW_TASK);
    context.startActivity(i);
  }
```

（3）编写文件 AndroidManifest.xml，在里面向系统注册常驻的 receiver 接收器，设置此接收器的 intent-filter 名为“android.provider.Telephony.SMS_RECEIVED”，并声明 permission.RECEIVE_SMS 权限。具体代码如下所示。

```
      <!-- 建立 receiver 来聆听系统广播信息 -->
      <receiver android:name="example107_SMS">
      <!-设定要捕捉的讯息名称为 provider 中的 Telephony.SMS_RECEIVED -->
      <action
        android:name="android.provider.Telephony.SMS_RECEIVED" />
    </intent-filter>
      </receiver>
  </application>
  <uses-permission android:name="android.permission.RECEIVE_SMS"></uses-permission>
```

执行后的效果如图 5-1 所示。当接收到短信后会在屏幕中显示对应的提示信息，并且同时在手机中的收件箱显示收到的短信，如图 5-2 所示。

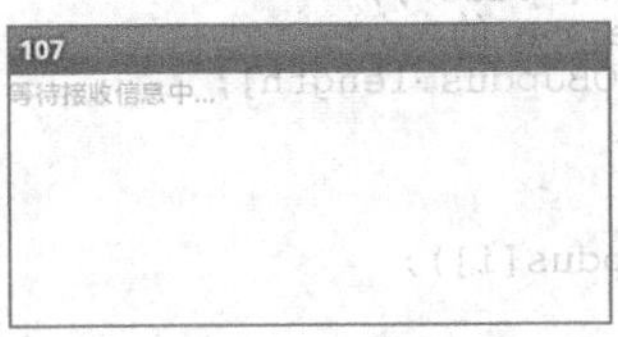

▲图 5-1 初始效果

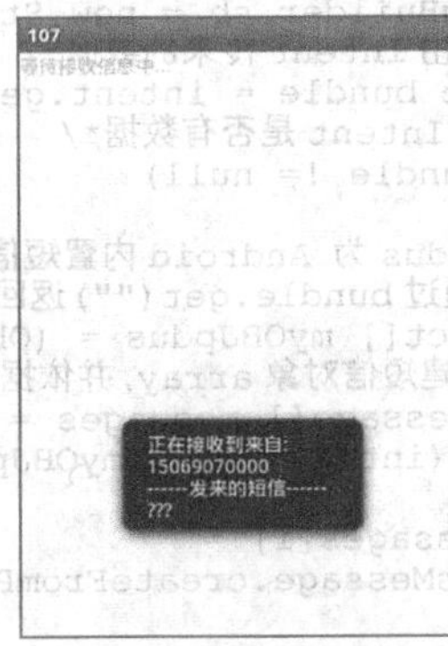

▲图 5-2 短信提示

5.1.3 特别提醒——一个模拟器模拟短信操作

在模拟器中具体测试收发短信功能时，我们需要同时运行两个模拟器，一个用于发送短信，另外一个负责接收短信。但是这样机器会很慢，无法同时启动两个模拟器。其实我们只需启动一个模拟器也可以测试这个实例，方法是在 Eclipse 菜单中依次单击 Windows→Show View→Other→Android→Emulator Control 命令来到“Emulator Control”面板。在 Telephony Actions 分组框中，Voice 是呼叫，SMS 是发送短信。Incoming number 是模拟器的端口号，也可以使用这个功能给我们的模拟器拨打电话或发送短信，如图 5-3 所示。

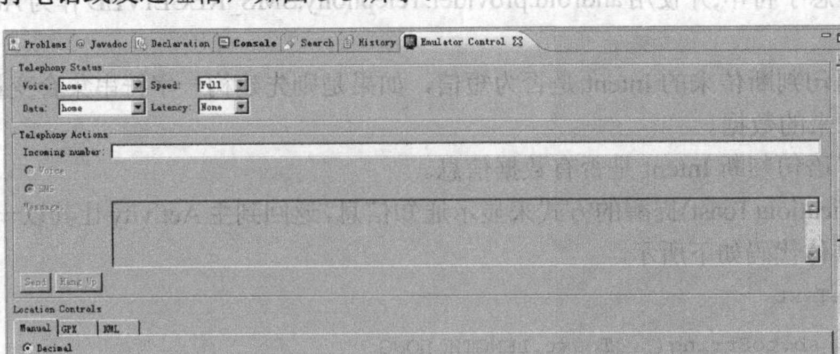

▲图 5-3 “Emulator Control”面板

5.2 获取手机剩余的电池容量

实例 116	获取手机剩余的电池容量
源码路径	光盘:\daima\116
视频路径	光盘:\视频\116

5.2.1 实例说明

在选购手机过程中，电池容量是十分重要的因素之一。在使用过程中，最担心的是害怕手机没电而影响业务。为此，显示电池容量的应用变得愈发重要了。在本实例中，使用 BroadcastReseiver 的特性来获取手机电池的容量。通过注册 BroadcastReseiver 时设置的 IntentFilter 来获取系统发出的 Intent.ACTION_BATTERY_CHANGED，然后以此来获取电池的容量。

5.2.2 具体实现

编写主程序文件，其具体实现流程如下所示。

（1）声明 3 个变量对象并创建 BroadcastReceiver，如果捕捉到的 action 是 ACTION_BATTERY_CHANGED 则运行方法 onBatteryInfoReceiver()。具体代码如下所示。

```
/* 变量声明 */
private int intLevel;
private int intScale;
private Button mButton01;

/* 创建 BroadcastReceiver */
private BroadcastReceiver mBatInfoReceiver=new BroadcastReceiver()
{
  public void onReceive(Context context, Intent intent)
  {
    String action = intent.getAction();
    /* 如果捕捉到的 action 是 ACTION_BATTERY_CHANGED 则运行 onBatteryInfoReceiver() */
    if (Intent.ACTION_BATTERY_CHANGED.equals(action))
    {
      intLevel = intent.getIntExtra("level", 0);
      intScale = intent.getIntExtra("scale", 100);
      onBatteryInfoReceiver(intLevel,intScale);
    }
  }
```

（2）载入主布局文件 main.xml，初始化 Button 按钮并设置单击后的动作，注册系统 BroadcastReceiver 广播事件来访问电池计量大小。具体代码如下所示。

```
public void onCreate(Bundle savedInstanceState)
{
  super.onCreate(savedInstanceState);
  /* 载入 main.xml Layout */
  setContentView(R.layout.main);
  /* 初始化 Button，并设置单击后的动作 */
  mButton01 = (Button)findViewById(R.id.myButton1);
  mButton01.setOnClickListener(new Button.OnClickListener()
  {
    @Override
    public void onClick(View v)
    {
      /* 注册一个系统 BroadcastReceiver，作为访问电池计量之用 */
      registerReceiver
      (
        mBatInfoReceiver,
        new IntentFilter(Intent.ACTION_BATTERY_CHANGED)
```

```
        );
      }
    });
  }
```

（3）定义方法 onBatteryInfoReceiver，首先创建一个背景模糊的 Window 界面，并将对话窗口放在前景显示，然后将取得的电池计量显示于 Dialog 对话框中，最后设置返回主画面的按钮。具体代码如下所示。

```
/* 捕捉到 ACTION_BATTERY_CHANGED 时要运行的 method */
public void onBatteryInfoReceiver(int intLevel, int intScale)
{
  final Dialog d = new Dialog(example2.this);
  d.setTitle(R.string.str_dialog_title);
  d.setContentView(R.layout.mydialog);
  /* 创建一个背景模糊的 Window，且将对话窗口放在前景 */
  Window window = d.getWindow();
  window.setFlags
  (
    WindowManager.LayoutParams.FLAG_BLUR_BEHIND,
    WindowManager.LayoutParams.FLAG_BLUR_BEHIND
  );
  /* 将取得的电池计量显示于 Dialog 对话框中 */
  TextView mTextView02=(TextView)d.findViewById(R.id.myTextView2);
  mTextView02.setText
  (
    getResources().getText(R.string.str_dialog_body)+
    String.valueOf(intLevel * 100 / intScale) + "%"
  );
  /* 设置返回主画面的按钮 */
  Button mButton02 = (Button)d.findViewById(R.id.myButton2);
  mButton02.setOnClickListener(new Button.OnClickListener()
  {
    @Override
    public void onClick(View v)
    {
      /* 反注册 Receiver，并关闭对话窗口 */
      unregisterReceiver(mBatInfoReceiver);
      d.dismiss();
    }
  });
  d.show();
 }
}
```

执行后的效果如图 5-4 所示。当单击【单击后获取电池电量】按钮后会显示当前电池的容量，如图 5-5 所示。

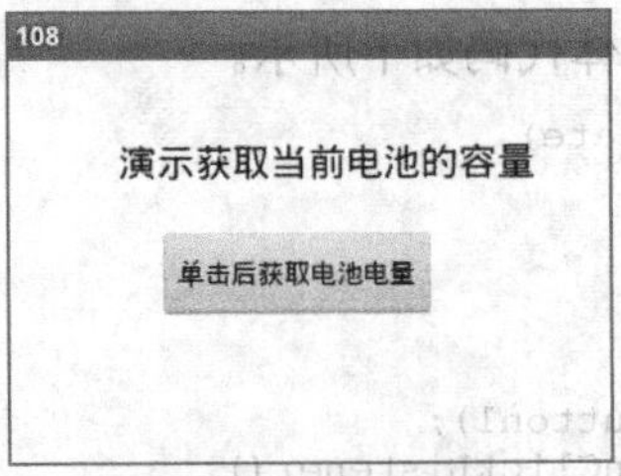

▲图 5-4　初始效果

▲图 5-5　显示容量

5.2.3　特别提醒——Reseiver 的作用

在手机模拟器中，电池剩余电量永远是剩余 50%。Android API 里面的 BroadcastReseiver 类和 Button 的 Listener 类似，当 Reseiver 被注册后会在后台等待被其他程序调用。当指定要捕捉的 Action 发生时，Reseiver 就会被调用，并运行 onReseiver 来实现里面的程序。

5.3 来电时自动发送信息提醒

实例 117	来电时自动发送信息提醒
源码路径	光盘:\daima\117
视频路径	光盘:\视频\117

5.3.1 实例说明

在当前手机系统中，如果有电话打进来会自动在屏幕中显示拨打用户的姓名或电话号码。在Android系统中，可以通过PhoneStateListener中的方法来监听来电状态。在具体实现时，需要创建PhoneStateListener对象，并重写其中的onCallStateChanged()方法，并通过传入的“state”来判断来电状态。

要获取来电状态，需要用户读取电话状态的权限，否则不能成功获取状态。我们需要在模拟器中事先添加一个联系人记录，并为其起名。这样当电话进来后，会在屏幕中显示名字。如果是非通讯录的来电，则在屏幕中显示Unknown Caller。

5.3.2 具体实现

（1）编写主程序文件，其具体实现流程如下所示。

● 引用主布局文件main.xml，使用TextView对象myTextView1显示提示信息。具体代码如下所示。

```
public void onCreate(Bundle savedInstanceState)
{
  super.onCreate(savedInstanceState);
  setContentView(R.layout.main);
  myTextView1 = (TextView) findViewById(R.id.myTextView1);
```

● 通过TelephonyManager对象tm来获取电话服务，通过tm.listen来监听当前电话的状态。具体代码如下所示。

```
  /* 添加自己实现的 PhoneStateListener */
  exPhoneCallListener myPhoneCallListener =
  new exPhoneCallListener();
  /* 取得电话服务 */
  TelephonyManager tm =
  (TelephonyManager) this.getSystemService
  (Context.TELEPHONY_SERVICE);

  /* 注册电话通信 Listener */
  tm.listen
  (
    myPhoneCallListener,
    PhoneStateListener.LISTEN_CALL_STATE
  );
}
```

● 使用内部类继承PhoneStateListener，然后重写onCallStateChanged电话状态的改变事件，这样当状态改变时改变myTextView1中的文字和颜色，并分别设置无任何状态、接起电话、电话进来的显示。具体代码如下所示。

```
public class exPhoneCallListener extends PhoneStateListener {
  /* 重写 onCallStateChanged
  当状态改变时改变 myTextView1 的文字及颜色 */
  public void onCallStateChanged(int state, String incomingNumber)
```

```
      {
        switch (state)
        {
          /* 无任何状态时 */
          case TelephonyManager.CALL_STATE_IDLE:
            myTextView1.setTextColor
            (
              getResources().getColor(R.drawable.red)
            );
            myTextView1.setText("没有电话进来");
            break;
          /* 接起电话时 */
          case TelephonyManager.CALL_STATE_OFFHOOK:
            myTextView1.setTextColor
            (
              getResources().getColor(R.drawable.green)
            );
            myTextView1.setText("正在通话中");
            break;
          /* 电话进来时 */
          case TelephonyManager.CALL_STATE_RINGING:
            getContactPeople(incomingNumber);
            break;
          default:
            break;
        }
        super.onCallStateChanged(state, incomingNumber);
      }
    }
```

● 使用方法 getContactPeople 获取手机内的联系人信息，然后在 cursor 中存放“联系人”的字段名称。具体代码如下所示。

```
    private void getContactPeople(String incomingNumber)
    {
      myTextView1.setTextColor(Color.BLUE);
      ContentResolver contentResolver = getContentResolver();
      Cursor cursor = null;
      /* cursor 里要放的字段名称 */
      String[] projection = new String[]
      {
        Contacts.People._ID,
        Contacts.People.NAME,
        Contacts.People.NUMBER
      };
```

● 通过来电号码来查找对应的联系人，如果查找到则显示此号码对应的姓名，如果没有查找到则只显示号码。具体代码如下所示。

```
      /* 根据来电电话号码去找该联系人 */
      cursor = contentResolver.query
      (
        Contacts.People.CONTENT_URI, projection,
        Contacts.People.NUMBER + "=?",
        new String[]
        {
          incomingNumber
        },
        Contacts.People.DEFAULT_SORT_ORDER
      );
      /* 找不到联系人 */
      if (cursor.getCount() == 0)
      {
        myTextView1.setText("unknown Number:" + incomingNumber);
      }
      else if (cursor.getCount() > 0)
      {
        cursor.moveToFirst();
        /* 在 projection 这个数组里名字是放在第 1 个位置 */
```

```
        String name = cursor.getString(1);
        myTextView1.setText(name + ":" + incomingNumber);
      }
    }
  }
```

（2）编写文件 AndroidManifest.xml，具体代码如下所示。

```
<uses-permission android:name="android.permission.READ_CONTACTS"></uses-permission>
<uses-permission
android:name="android.permission.READ_PHONE_STATE"></uses-permission>
```

通过上述代码获取了如下两个权限。

- android.permission.READ_CONTACTS：读取通讯录权限。
- android.permission.READ_PHONE_STATE：获取电话状态权限。

执行后的效果如图 5-6 所示，当打来电话后会显示来电的基本信息，如图 5-7 所示。

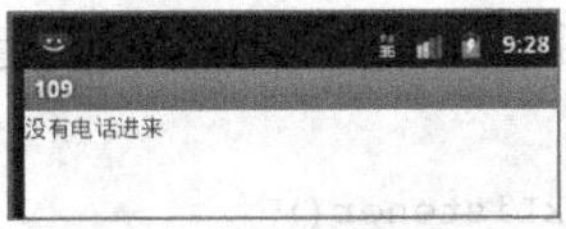

▲图 5-6　初始效果

▲图 5-7　来电后界面

5.3.3　特别提醒——TelephonyManager 和 PhoneStateListener

开发应用程序的时候，我们希望能够监听电话的呼入，以便执行暂停音乐播放器等操作，当电话结束之后，再次恢复播放。在 Android 平台可以通过 TelephonyManager 和 PhoneStateListener 来完成这个任务。

TelephonyManager 作为一个 Service 接口提供给用户查询电话相关的内容，比如 IMEI，LineNumber1 等。通过下面的代码即可获得 TelephonyManager 的实例。

```
TelephonyManager mTelephonyMgr = (TelephonyManager) this
.getSystemService(Context.TELEPHONY_SERVICE);
```

在 Android 平台中，监听器 PhoneStateListener 可以监听电话的状态，比如呼叫状态和连接服务等。其方法如下所示。

```
public void onCallForwardingIndicatorChanged(boolean cfi)
public void onCallStateChanged(int state, String incomingNumber)
public void onCellLocationChanged(CellLocation location)
public void onDataActivity(int direction)
public void onDataConnectionStateChanged(int state)
public void onMessageWaitingIndicatorChanged(boolean mwi)
public void onServiceStateChanged(ServiceState serviceState)
public void onSignalStrengthChanged(int asu)
```

这里我们只需要覆盖 onCallStateChanged()方法即可监听呼叫状态。在 TelephonyManager 中定义了 3 种状态，分别是振铃（Ringing），摘机（Offhook）和空闲（Idle），我们通过 state 的值就知道现在的电话状态了。

获得了 TelephonyManager 接口之后，调用 listen()方法即可监听电话状态。

```
mTelephonyMgr.listen(new TeleListener(),
PhoneStateListener.LISTEN_CALL_STATE);
```

5.4 获取手机中存储卡的容量

实例 118	获取手机中存储卡的容量
源码路径	光盘:\daima\118
视频路径	光盘:\视频\118

5.4.1 实例说明

随着手机娱乐功能的增加，不可避免需要存储卡功能。存储卡是可以随时插拔的，每次插拔时会对操作系统进行 ACTION broadcast。为了便于我们下载感兴趣的资源，很有必要及时了解存储卡的容量信息。在本实例中，使用 StatFs 文件系统来获取 MicroSD 存储卡的剩余容量。在具体实现时，需要先判断是否安装存储卡，如果不存在则不予计算。并且为了更好地显示容量，在屏幕布局中插入了一个 ProgressBar Widget 控件，这样使显示效果一目了然。

5.4.2 具体实现

编写主程序文件，其具体实现流程如下所示。

（1）定义单击按钮监听事件 setOnClickListener，单击后触发事件处理程序，调用方法 showSize()显示存储卡的剩余容量。具体代码如下所示。

```
    myButton.setOnClickListener(new Button.OnClickListener()
    {
      @Override
      public void onClick(View arg0)
      {
        showSize();
      }
    });
}
```

（2）定义方法 showSize()来显示存储卡的容量大小，具体代码如下所示。

```
private void showSize() {
  /*  将 TextView 及 ProgressBar 设置为空值及 0 */
  myTextView.setText("");
  myProgressBar.setProgress(0);
  /* 判断存储卡是否插入 */
  if (Environment.getExternalStorageState().equals(Environment.MEDIA_MOUNTED))
  {
    /*   取得 SD CARD 文件路径一般是/sdcard */
    File path = Environment.getExternalStorageDirectory();
    /* StatFs 看文件系统空间使用状况 */
    StatFs statFs = new StatFs(path.getPath());
    /* Block 的 size*/
    long blockSize = statFs.getBlockSize();
    /* 总 Block 数量 */
    long totalBlocks = statFs.getBlockCount();
    /*   已使用的 Block 数量 */
    long availableBlocks = statFs.getAvailableBlocks();
    String[] total = fileSize(totalBlocks * blockSize);
    String[] available = fileSize(availableBlocks * blockSize);
    /* getMax 取得在 main.xml 里 ProgressBar 设置的最大值 */
    int ss = Integer.parseInt(available[0]) * myProgressBar.getMax()
        / Integer.parseInt(total[0]);
    myProgressBar.setProgress(ss);
    String text = "总共" + total[0] + total[1] + "\n";
    text += "可用" + available[0] + available[1];
    myTextView.setText(text);
  } else if (Environment.getExternalStorageState().equals(
```

```
      Environment.MEDIA_REMOVED))
    {
     String text = "SD CARD已删除";
     myTextView.setText(text);
    }
  }
  /*返回为字符串数组[0]为大小为[1]单位KB或MB*/
  private String[] fileSize(long size)
  {
    String str = "";
    if (size >= 1024)
    {
     str = "KB";
     size /= 1024;
     if (size >= 1024)
     {
      str = "MB";
      size /= 1024;
     }
    }
    DecimalFormat formatter = new DecimalFormat();
    /* 每3个数字用，分隔如：1,000 */
    formatter.setGroupingSize(3);
    String result[] = new String[2];
    result[0] = formatter.format(size);
    result[1] = str;
    return result;
  }
}
```

上述代码的具体实现流程如下所示。

- 分别设置 TextView 和 ProgressBar 为空值和 0。
- 获取 SD CARD 文件路径。
- 通过 StatFs 来查看文件系统空间使用状况。
- 分别获取总 Block 数量和已使用的 Block 数量。
- 通过 getMax 获取在 main.xml 里 ProgressBar 设置的最大值。
- 显示出容量信息。
- 如果没有 SD 卡则输出“SD CARD 已删除”的提示。

执行后的效果如图 5-8 所示。

▲图 5-8 执行效果

5.4.3 特别提醒——使用 FAT32 格式的磁盘镜像作为 SD 卡的模拟

在使用 Android 模拟器时，我们可以使用 FAT32 格式的磁盘镜像作为 SD 卡的模拟，具体实现过程如下所示。

（1）进入 Android SDK 目录下的 tools 子目录，运行如下命令。

```
mksdcard -l sdcard 512M /your_path_for_img/sdcard.img
```

这样就创建了一个 512MB 的 SD 卡镜像文件。

（2）在运行模拟器时指定模拟存储卡路径，在此注意需要使用完整路径。

```
emulator -sdcard /your_path_for_img/sdcard.img
```

此时在模拟器中就可以使用“/sdcard”这个路径来指向模拟的 SD 卡了。

在使用 mksdcard 命令时要注意如下 6 点：

- mycard 命令可以使用 3 种尺寸：字节、KB 和 MB。如果只使用数字，表示字节。后面还可以跟 K，如 262144KB，也表示 256MB。
- mycard 建立的虚拟文件最小为 8MB，也就是说，模拟器只支持大于 8MB 的虚拟文件。
- -l 命令行参数表示虚拟磁盘的卷标，可以没有该参数。

- 虚拟文件的扩展名可以是任意的，如 mycard.abc。
- mksdcard 命令不会自动建立不存在的目录，因此，在执行上面命令之前，要先在当前目录中建立一个 card 目录。
- mksdcard 命令是按实际大小生成的 sdcard 虚拟文件。也就是说，生成 256MB 的虚拟文件的尺寸就是 256MB，如果生成较大的虚拟文件，要看看自己的硬盘空间是否够用。

在执行完上面的命令后，执行下面命令可以启动 Android 模拟器。

```
emulator -avd avd1 -sdcard card/mycard.img
```

在开发环境（Eclipse）中，可以在 Run Configuration 对话框中设置启动参数，也可以在 Preferences 对话框中设置默认启动参数。这样在新建立的 Android 工程中就自动加入了装载 SDcard 虚拟文件的命令行参数。

如果读者使用 OPhone 虚拟机，设置的方法也是完全一样的。然后在虚拟机中的 Setting 里看看 sdcard，是否能找到，那么如何查看 sdcard 虚拟设备中的内容呢？方法很多，最简单的就是使用 Android Eclipse 插件带的 DDMS 透视图实现。

5.5 操作存储卡和内存卡中的信息

实例 119	操作存储卡和内存卡中的信息
源码路径	光盘:\daima\119
视频路径	光盘:\视频\119

5.5.1 实例说明

在本实例中将添加两个按钮，分别用于添加和删除内存或存储卡内的文件。并且在实例中使用了 3 个 Activity，主程序界面是 Entry Activity，另外两个分别用于处理内存卡和存储卡。当用户选择内存或存储卡后，以列表形式显示里面的所有的目录和文件名，并在 Menu 菜单中显示“添加”或“删除”按钮。单击“添加”按钮后会显示一个添加菜单，实现添加文件功能。当单击“删除”按钮后，可以删除指定的文件。

5.5.2 具体实现

（1）编写主程序文件，此文件的具体实现流程如下所示。

- 使用 getFilesDir()方法取得 SD 卡的目录，设置当 SD 卡没有插入时按钮 myButton2 处于不能用状态。具体代码如下所示。

```
/* 取得目前 File 目录 */
fileDir = this.getFilesDir();
/* 取得 SD 卡目录 */
sdcardDir = Environment.getExternalStorageDirectory();
/* 当没有 SD 卡插入时将 myButton2 设成不能按 */
if (Environment.getExternalStorageState().equals(Environment.MEDIA_REMOVED))
{
  myButton2.setEnabled(false);
}
```

- 分别定义按钮单击处理事件 setOnClickListener 和 setOnClickListener，具体代码如下所示。

```
    myButton1.setOnClickListener(new Button.OnClickListener()
    {
      @Override
      public void onClick(View arg0)
      {
```

```
        String path = fileDir.getParent() + java.io.File.separator
            + fileDir.getName();
        showListActivity(path);
      }
    });
    myButton2.setOnClickListener(new Button.OnClickListener()
    {
      @Override
      public void onClick(View arg0)
      {
        String path = sdcardDir.getParent() + sdcardDir.getName();
        showListActivity(path);
      }
    });
  }
```

● 在方法 showListActivity 中定义一个 Intent 对象 intent，然后将路径传到 example111_1。具体代码如下所示。

```
  private void showListActivity(String path)
  {
    Intent intent = new Intent();
    intent.setClass(example111.this, example8_1.class);
    Bundle bundle = new Bundle();
    /* 将路径传到 example111_1 */
    bundle.putString("path", path);
    intent.putExtras(bundle);
    startActivity(intent);
  }
}
```

（2）编写文件 example111_1.java，其具体实现流程如下所示。

● 将主 Activity 传来的 path 字符串作为传入路径，如果路径不存在，则使用 java.io.File 来创建。具体代码如下所示。

```
  private List<String> items = null;
  private String path;
  protected final static int MENU_NEW = Menu.FIRST;
  protected final static int MENU_DELETE = Menu.FIRST + 1;

  @Override
  public void onCreate(Bundle savedInstanceState)
  {
    super.onCreate(savedInstanceState);
    setContentView(R.layout.ex111_1);
    Bundle bunde = this.getIntent().getExtras();
    path = bunde.getString("path");
    java.io.File file = new java.io.File(path);
    /* 当该目录不存在时创建目录 */
    if (!file.exists())
    {
      file.mkdir();
    }
    fill(file.listFiles());
  }
```

● 定义 onOptionsItemSelected，根据用户选择 MENU 选项分别实现添加或删除操作。具体代码如下所示。

```
  public boolean onOptionsItemSelected(MenuItem item)
  {
    super.onOptionsItemSelected(item);
    switch (item.getItemId())
    {
      case MENU_NEW:
        /* 点击添加 MENU */
        showListActivity(path, "", "");
        break;
```

```
    case MENU_DELETE:
      /* 点击删除 MENU */
      deleteFile();
      break;
  }
  return true;
}
```

- 定义 onCreateOptionsMenu 来添加需要的 MENU。具体代码如下所示。

```
public boolean onCreateOptionsMenu(Menu menu)
{
  super.onCreateOptionsMenu(menu);
  /* 添加 MENU */
  menu.add(Menu.NONE, MENU_NEW, 0, R.string.strNewMenu);
  menu.add(Menu.NONE, MENU_DELETE, 0, R.string.strDeleteMenu);
  return true;
}
```

- 当单击某一个文件名时获取此文件的内容，具体代码如下所示。

```
protected void onListItemClick
(ListView l, View v, int position, long id)
{
  File file = new File
  (path + java.io.File.separator + items.get(position));
  /* 单击文件取得文件内容 */
  if (file.isFile())
  {
    String data = "";
    try
    {
      FileInputStream stream = new FileInputStream(file);
      StringBuffer sb = new StringBuffer();
      int c;
      while ((c = stream.read()) != -1)
      {
        sb.append((char) c);
      }
      stream.close();
      data = sb.toString();
    }
    catch (Exception e)
    {
      e.printStackTrace();
    }
    showListActivity(path, file.getName(), data);
  }
}
```

- 使用方法 fill(File[] files)将内容填充到文件，具体代码如下所示。

```
private void fill(File[] files)
{
  items = new ArrayList<String>();
  if (files == null)
  {
    return;
  }
  for (File file : files)
  {
    items.add(file.getName());
  }
  ArrayAdapter<String> fileList = new ArrayAdapter<String>
  (this,android.R.layout.simple_list_item_1, items);
  setListAdapter(fileList);
}
```

- 使用方法 showListActivity 来显示已经存在的文件列表，主要代码如下所示。

```
private void showListActivity
```

```
(String path, String  ilename, String data)
{
  Intent intent = new Intent();
  intent.setClass(example111_1.this, example111_2.class);
  Bundle bundle = new Bundle();
  /* 文件路径 */
  bundle.putString("path", path);
  /* 文件名 */
  bundle.putString(" ilename",  ilename);
  /* 文件内容 */
  bundle.putString("data", data);
  intent.putExtras(bundle);

  startActivity(intent);
}
```

● 使用方法 deleteFile()删除用户选定的文件，具体代码如下所示。

```
private void deleteFile() {
  int position = this.getSelectedItemPosition();
  if (position >= 0)
  {
    File file = new File(path + java.io.File.separator +
    items.get(position));
    /* 删除文件 */
    file.delete();
    items.remove(position);
    getListView().invalidateViews();
  }
}
}
```

（3）编写文件 example111_2.java，其具体实现流程如下。

● 使用 myEditText1 对象来放置文件内容，定义 Bundle 对象 bunde 来获取路径 path 和数据 data。具体代码如下所示。

```
public void onCreate(Bundle savedInstanceState)
{
  super.onCreate(savedInstanceState);
  setContentView(R.layout.ex111_2);
  /* 放置文件内容的 EditText */
  myEditText1 = (EditText) findViewById(R.id.myEditText1);

  Bundle bunde = this.getIntent().getExtras();
  path = bunde.getString("path");
  data = bunde.getString("data");
  fileName = bunde.getString("fileName");
  myEditText1.setText(data);
}
```

● 使用 onOptionsItemSelected 根据用户选择而进行操作。当选择 MENU_SAVE 时，保存这个文件。具体代码如下所示。

```
public boolean onOptionsItemSelected(MenuItem item)
{
  super.onOptionsItemSelected(item);
  switch (item.getItemId())
  {
    case MENU_SAVE:
      saveFile();
      break;
  }
  return true;
}
```

● 使用 onCreateOptionsMenu(Menu menu)来添加一个 MENU，具体代码如下所示。

```
public boolean onCreateOptionsMenu(Menu menu)
{
```

```
    super.onCreateOptionsMenu(menu);
    /* 添加 MENU */
    menu.add(Menu.NONE, MENU_SAVE, 0, R.string.strSaveMenu);
    return true;
  }
```

● 定义 saveFile()来保存文件。先定义 LayoutInflater 对象 factory 来跳出并存档，然后通过 myDialogEditText 获取 Dialog 对话框中的 EditText 数据，最后实现存档处理。具体代码如下所示。

```
  private void saveFile()
  {
    /* 跳出存档的 Dialog */
    LayoutInflater factory = LayoutInflater.from(this);

    final View textEntryView = factory.inflate
    (R.layout.save_dialog, null);

    Builder mBuilder1 = new AlertDialog.Builder(example8_2.this);

    mBuilder1.setView(textEntryView);
    /* 取得 Dialog 里的 EditText */
    myDialogEditText = (EditText) textEntryView.findViewById
                              (R.id.myDialogEditText);
    myDialogEditText.setText(fileName);
    mBuilder1.setPositiveButton
    (
      R.string.str_alert_ok,new DialogInterface.OnClickListener()
      {
        public void onClick(DialogInterface dialoginterface, int i)
        {
          /* 存档 */
          String Filename = path + java.io.File.separator
             + myDialogEditText.getText().toString();
          java.io.BufferedWriter bw;
          try
          {
            bw = new java.io.BufferedWriter(new java.io.FileWriter(
               new java.io.File(Filename)));
            String str = myEditText1.getText().toString();
            bw.write(str, 0, str.length());
            bw.newLine();
            bw.close();
          }
          catch (IOException e)
          {
            e.printStackTrace();
          }
          /* 回到 example111_1 */
          Intent intent = new Intent();
          intent.setClass(example111_2.this, example8_1.class);
          Bundle bundle = new Bundle();
          /* 将路径传到 example111_1 */
          bundle.putString("path", path);
          intent.putExtras(bundle);
          startActivity(intent);
          finish();
        }
      });
    mBuilder1.setNegativeButton(R.string.str_alert_cancel, null);
    mBuilder1.show();
  }
}
```

执行后的效果如图 5-9 所示，当单击按钮后会显示对应的存储信息，如图 5-10 所示。当单击 MENU 按键后会弹出两个控制选项，如图 5-11 所示。此时，可以通过这两个选项分别对存储卡中数据实现管理。

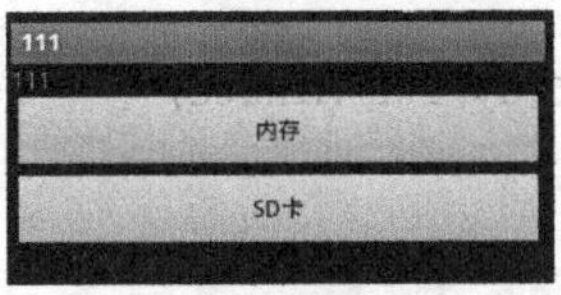

▲图 5-9 初始效果

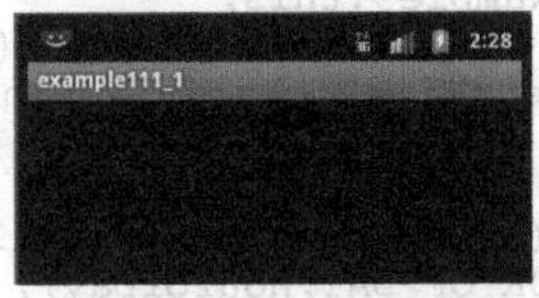

▲图 5-10 SD 卡的文件信息

▲图 5-11 管理 MENU

5.5.3 特别提醒——管理 SD 卡中的内容

如果想复制本机文件到 SD 卡中，或者管理 SD 卡中的内容，可以通过如下两种方案实现。

● 在 Linux 平台下 mount 成一个 loop 设备，并创建一个目录，比如"android_sdcard"，然后执行如下命令：

```
mount -o loop sdcard.img android_sdcard
```

这样通过管理这个目录就可以实现管理 SD 卡中的的内容了。

● 在 Windows 环境下也可以用 mtools 来实现管理，可以用 Android SDK 中如下的自带命令实现。

```
adb push local_file sdcard/remote_file
```

5.6 设置闹钟

实例 120	设置闹钟
源码路径	光盘:\daima\120
视频路径	光盘:\视频\120

5.6.1 实例说明

手机的闹钟功能对大家来说都不陌生。在 Android 系统中提供了一个名为 AlarmManager 的类，通过此类可以设置在指定时间运行某些动作。使用内置的 Alarm Clock 可以实现闹钟功能。

5.6.2 具体实现

（1）编写主程序文件，其具体实现流程如下所示。

● 载入主布局文件 main.xml，单击 Button1 按钮后实现只响一次闹钟，通过 setTime1 对象实现只响一次的闹钟的设置。具体代码如下所示。

```
public void onCreate(Bundle savedInstanceState)
{
  super.onCreate(savedInstanceState);
  /* 载入 main.xml Layout */
  setContentView(R.layout.main);
  /* 以下为只响一次的闹钟的设置 */
  setTime1=(TextView) findViewById(R.id.setTime1);
  /* 只响一次的闹钟的设置 Button */
  mButton1=(Button)findViewById(R.id.mButton1);
  mButton1.setOnClickListener(new View.OnClickListener()
  {
    public void onClick(View v)
```

```
{
  /* 取得单击按钮时的时间作为 TimePickerDialog 的默认值 */
  c.setTimeInMillis(System.currentTimeMillis());
  int mHour=c.get(Calendar.HOUR_OF_DAY);
  int mMinute=c.get(Calendar.MINUTE);
```

- 通过 TimePickerDialog 弹出一个对话框供用户来设置时间，具体代码如下所示。

```
  /* 跳出 TimePickerDialog 来设置时间 */
  new TimePickerDialog(example9.this,
    new TimePickerDialog.OnTimeSetListener() {
      public void onTimeSet(TimePicker view,int hourOfDay,int minute)
      {
        /* 取得设置后的时间，秒跟毫秒设为 0 */
        c.setTimeInMillis(System.currentTimeMillis());
        c.set(Calendar.HOUR_OF_DAY,hourOfDay);
        c.set(Calendar.MINUTE,minute);
        c.set(Calendar.SECOND,0);
        c.set(Calendar.MILLISECOND,0);
        /* 指定闹钟设置时间到时要运行 CallAlarm.class */
        Intent intent = new Intent(example9.this, example112_2.class);
        /* 创建 PendingIntent */
        PendingIntent sender=PendingIntent.getBroadcast(example9.this,0, intent, 0);
/* AlarmManager.RTC_WAKEUP 设置服务在系统休眠时同样会运行，以 set()设置的 PendingIntent 只会运
行一次* */
        AlarmManager am;
        am = (AlarmManager)getSystemService(ALARM_SERVICE);
        am.set(AlarmManager.RTC_WAKEUP,
            c.getTimeInMillis(),
            sender
          );
        /* 更新显示的设置闹钟时间 */
        String tmpS=format(hourOfDay)+": "+format(minute);
        setTime1.setText(tmpS);
        /* 以 Toast 提示设置已完成 */
        Toast.makeText(example9.this,"设置闹钟时间为"+tmpS,
          Toast.LENGTH_SHORT)
          .show();
      }
    },mHour,mMinute,true).show();
  }
});
```

- 单击 mButton2 按钮来删除只响一次的闹钟，具体代码如下所示。

```
mButton2=(Button) findViewById(R.id.mButton2);
mButton2.setOnClickListener(new View.OnClickListener()
{
  public void onClick(View v)
  {
    Intent intent = new Intent(example112.this, example112_2.class);
    PendingIntent sender=PendingIntent.getBroadcast(
                Example112.this,0, intent, 0);
    /* 由 AlarmManager 中删除 */
    AlarmManager am;
    am =(AlarmManager)getSystemService(ALARM_SERVICE);
    am.cancel(sender);
    /* 以 Toast 提示已删除设置，并更新显示的闹钟时间 */
    Toast.makeText(example112.this,"闹钟时间解除",
            Toast.LENGTH_SHORT).show();
    setTime1.setText("目前无设置");
  }
});
```

（2）开始设置重复响起的闹钟，具体代码如下所示。

```
/* 以下为重复响起的闹钟的设置 */
setTime2=(TextView) findViewById(R.id.setTime2);
/* create 重复响起的闹钟的设置画面 */
/* 引用 timeset.xml 为 Layout */
```

```
LayoutInflater factory = LayoutInflater.from(this);
final View setView = factory.inflate(R.layout.timeset,null);
final TimePicker tPicker=(TimePicker)setView
                .findViewById(R.id.tPicker);
tPicker.setIs24HourView(true);
/* create 重复响起闹钟的设置 Dialog */
final AlertDialog di=new AlertDialog.Builder(example112.this)
    .setIcon(R.drawable.clock)
    .setTitle("设置")
    .setView(setView)
    .setPositiveButton("确定",
     new DialogInterface.OnClickListener()
    {
      public void onClick(DialogInterface dialog, int which)
      {
        /* 取得设置的间隔秒数 */
        EditText ed=(EditText)setView.findViewById(R.id.mEdit);
        int times=Integer.parseInt(ed.getText().toString())
              *1000;
        /* 取得设置的开始时间，秒及毫秒设为 0 */
        c.setTimeInMillis(System.currentTimeMillis());
        c.set(Calendar.HOUR_OF_DAY,tPicker.getCurrentHour());
        c.set(Calendar.MINUTE,tPicker.getCurrentMinute());
        c.set(Calendar.SECOND,0);
        c.set(Calendar.MILLISECOND,0);
        /* 指定闹钟设置时间到时要运行 CallAlarm.class */
        Intent intent = new Intent(example112.this,
                     Example112_2.class);
        PendingIntent sender = PendingIntent.getBroadcast(
                     Example112.this,1, intent, 0);
        /* setRepeating()可让闹钟重复运行 */
        AlarmManager am;
        am = (AlarmManager)getSystemService(ALARM_SERVICE);
        am.setRepeating(AlarmManager.RTC_WAKEUP,
              c.getTimeInMillis(),times,sender);
        /* 更新显示的设置闹钟时间 */
        String tmpS=format(tPicker.getCurrentHour())+": "+
              format(tPicker.getCurrentMinute());
        setTime2.setText("设置闹钟时间为"+tmpS+
                  "开始，重复间隔为"+times/1000+"秒");
        /* 以 Toast 提示设置已完成 */
        Toast.makeText(example9.this,"设置闹钟时间为"+tmpS+
                  "开始，重复间隔为"+times/1000+"秒",
                  Toast.LENGTH_SHORT).show();
      }
    })
    .setNegativeButton("取消",
     new DialogInterface.OnClickListener()
    {
      public void onClick(DialogInterface dialog, int which)
      {
      }
    }).create();
```

上述代码的具体实现流程如下所示。

- 以 create 重复响起的闹钟的设置画面，并引用 timeset.xml 为布局文件。
- 以 create 重复响起闹钟的设置 Dialog 对话框。
- 获取设置的间隔秒数。
- 获取设置的开始时间，秒及毫秒都设为 0。
- 指定闹钟设置时间到时要运行 CallAlarm.class。
- 通过 setRepeating()可让闹钟重复运行。
- 通过 dmpS 更新显示的设置闹钟时间。
- 通过 Toast 提示设置已完成。

● 单击 mButton3 按钮实现重复响起的闹钟，具体代码如下所示。

```
/* 重复响起的闹钟的设置 Button */
mButton3=(Button) findViewById(R.id.mButton3);
mButton3.setOnClickListener(new View.OnClickListener()
{
  public void onClick(View v)
  {
    /* 取得单击按钮时的时间作为 tPicker 的默认值 */
    c.setTimeInMillis(System.currentTimeMillis());
    tPicker.setCurrentHour(c.get(Calendar.HOUR_OF_DAY));
    tPicker.setCurrentMinute(c.get(Calendar.MINUTE));
    /* 跳出设置画面 di */
    di.show();
  }
});
```

● 单击 mButton4 按钮后删除重复响起的闹钟，具体代码如下所示。

```
  mButton4=(Button) findViewById(R.id.mButton4);
  mButton4.setOnClickListener(new View.OnClickListener()
  {
    public void onClick(View v)
    {
      Intent intent = new Intent(example9.this, example9_2.class);
      PendingIntent sender = PendingIntent.getBroadcast(
                          example9.this,1, intent, 0);
      /* 在 AlarmManager 中删除 */
      AlarmManager am;
      am = (AlarmManager)getSystemService(ALARM_SERVICE);
      am.cancel(sender);
      /* 以 Toast 提示已删除设置，并更新显示的闹钟时间 */
      Toast.makeText(example112.this,"闹钟时间解除",
                  Toast.LENGTH_SHORT).show();
      setTime2.setText("目前无设置");
    }
  });
}
```

● 使用方法 format 来设置使用两位数的显示格式来表示日期时间，具体代码如下所示。

```
/* 日期时间显示两位数的方法 */
private String format(int x)
{
  String s=""+x;
  if(s.length()==1) s="0"+s;
  return s;
}
}
```

(3) 编写文件 example112_1.java，具体代码如下所示。

```
/* 实际跳出闹铃 Dialog 的 Activity */
public class example112_1 extends Activity
{
  @Override
  protected void onCreate(Bundle savedInstanceState)
  {
    super.onCreate(savedInstanceState);
    /* 跳出的闹铃警示  */
    new AlertDialog.Builder(example9_1.this)
        .setIcon(R.drawable.clock)
        .setTitle("闹钟响了!!")
        .setMessage("赶快起床吧!!!")
        .setPositiveButton("关掉它",
         new DialogInterface.OnClickListener()
        {
          public void onClick(DialogInterface dialog, int whichButton)
          {
            /* 关闭 Activity */
```

```
            Example112_1.this.finish();
        }
      })
      .show();
    }
}
```

（4）编写文件 example112_2.java，具体代码如下所示。

```
/* 调用闹钟 Alert 的 Receiver */
public class example112_2 extends BroadcastReceiver
{
  @Override
  public void onReceive(Context context, Intent intent)
  {
    /* 创建 Intent，调用 AlarmAlert.class */
    Intent i = new Intent(context, example9_1.class);
    Bundle bundleRet = new Bundle();
    bundleRet.putString("STR_CALLER", "");
    i.putExtras(bundleRet);
    i.addFlags(Intent.FLAG_ACTIVITY_NEW_TASK);
    context.startActivity(i);
  }
}
```

（5）编写文件 AndroidManifest.xml，在里面添加对 CallAlarm 的 receiver 设置。具体代码如下所示。

```
<!-注册 receiver CallAlarm -->
<receiver android:name=".example112_2" android:process=":remote" />
<activity android:name=".example112_1" ndroid:label="@string/app_name">
</activity>
```

执行后的效果如图 5-12 所示，单击第一个【设置】按钮后弹出设置界面，在此可以设置闹钟时间，如图 5-13 所示。单击第二个按钮可以设置重复响起的时间，如图 5-14 所示。

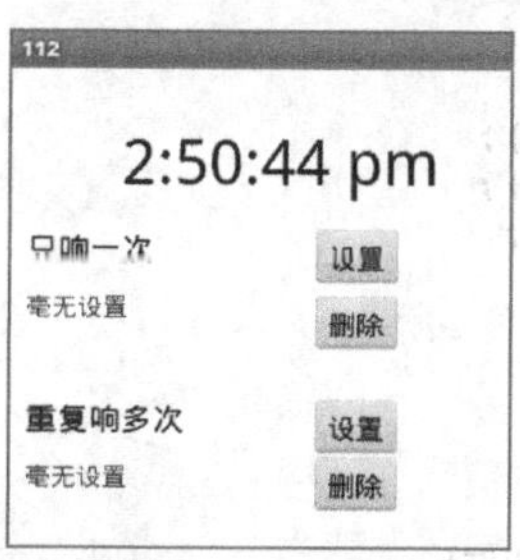

▲图 5-12 初始效果

▲图 5-13 响一次的设置界面

▲图 5-14 重复响的设置界面

5.6.3 特别提醒——类 AlarmManager 的作用

开发手机闹钟主要用到了类 AlarmManager，在此类中提供了访问系统定时服务的途径，开发人员可以在程序中设置某个应用程序在未来的某个时刻被执行。当 AlarmManager 定时时间到了之后，当初注册的 Intent 对象将会被系统广播，进而启动目标程序。在程序运行时当需要使用 AlarmManager 类时，可以通过 Context 对象的 GetSystemService(Context.ALARM_SERVICE)方法来获得 AlarmManager 对象。

5.7 设置黑名单来电自动静音

实例 121	设置黑名单来电自动静音
源码路径	光盘:\daima\121
视频路径	光盘:\视频\121

5.7.1　实例说明

几乎在当前的每个手机中都具备黑名单功能，不允许被列入黑名单的用户能打进电话或发进短信。在本实例中添加了一个 EditText，在里面可以输入黑名单用户的电话号码。当此号码来电时，系统会自动将其设置为静音模式。当对方挂机后，系统将自动设置为正常模式，并使用 Toast 提示用户。在具体实现上，通过 setRingerMode 来改变铃声模式。在 Android 系统中存在如下 3 种模式。

- 正常模式：RINGER_MODE_NORMAL。
- 静音模式：RINGER_MODE_SILENT。
- 震动模式：RINGER_MODE_VIBRATE。

5.7.2　具体实现

编写主程序文件，其具体实现流程如下所示。

（1）设置 PhoneCallListener 对象 phoneListener，使用 TelephonyManager 获取 Telephony Severice 值，然后查找 TextView 和 EditText 中的数据信息。具体代码如下所示。

```
public void onCreate(Bundle savedInstanceState)
{
  super.onCreate(savedInstanceState);
  setContentView(R.layout.main);

  /*设置 PhoneCallListener*/
  mPhoneCallListener phoneListener=new mPhoneCallListener();
  /*用 TelephonyManager 抓取 Telephony Severice*/
  TelephonyManager telMgr = (TelephonyManager)getSystemService(
      TELEPHONY_SERVICE);
  /*设置 Listen Call*/
  telMgr.listen(phoneListener, mPhoneCallListener.
      LISTEN_CALL_STATE);
  /*获取 TextView 和 EditText 的数据信息*/
  mTextView01 = (TextView)findViewById(R.id.myTextView1);
  mTextView03 = (TextView)findViewById(R.id.myTextView3);
  mEditText1 = (EditText)findViewById(R.id.myEditText1);

}
```

（2）判断 PhoneStateListener 当前状态，具体代码如下所示。

```
/*  判断 PhoneStateListener 当前状态*/
public class mPhoneCallListener extends PhoneStateListener
{
  @Override
  public void onCallStateChanged(int state, String incomingNumber) {
    switch(state)
    {
      /*  获取手机待机状态*/
      case TelephonyManager.CALL_STATE_IDLE:
        mTextView01.setText(R.string.str_CALL_STATE_IDLE);
        try
        {
          AudioManager audioManager = (AudioManager)
                  getSystemService(Context.AUDIO_SERVICE);
          if (audioManager != null)
          {
            /*设置手机为待机时响铃正常*/
            audioManager.setRingerMode(AudioManager.RINGER_MODE_NORMAL);
            audioManager.getStreamVolume(AudioManager.STREAM_RING);
          }
        }
        catch(Exception e){
          mTextView01.setText(e.toString());
          e.printStackTrace();
        }
```

```
        break;
      /*  获取手机状态为通话中 */
      case TelephonyManager.CALL_STATE_OFFHOOK:
        mTextView01.setText(R.string.str_CALL_STATE_OFFHOOK);
        break;
      /*  获取的手机状态为来电中 */
      case TelephonyManager.CALL_STATE_RINGING:
        /*显示来电信息  */
        mTextView01.setText(
          getResources().getText(R.string.str_CALL_STATE_RINGING)+
         incomingNumber);
        /*  判断输入电话是否一致，一样时用静音  */
        if(incomingNumber.equals(mTextView03.getText().toString())){
        try{
          AudioManager audioManager = (AudioManager)
                  getSystemService(Context.AUDIO_SERVICE);
        if (audioManager != null){
          /*设置响铃为静音  */
          audioManager.setRingerMode(AudioManager.
             RINGER_MODE_SILENT);
          audioManager.getStreamVolume(
             AudioManager.STREAM_RING);
          Toast.makeText(example10.this, getString(R.string.str_msg)
             ,Toast.LENGTH_SHORT).show();
          }
        }
        catch(Exception e)
        {
         mTextView01.setText(e.toString());
         e.printStackTrace();
        break;
        }
      }
    }
    super.onCallStateChanged(state, incomingNumber);
    mEditText1.setOnKeyListener(new EditText.OnKeyListener()
    {
```

（3）使用 onKey 将在 EditText 文本框中输入的数据显示在 TextView 中。具体代码如下所示。

```
public boolean onKey(View v, int keyCode, KeyEvent event)
{
    // TODO Auto-generated method stub
    /*将在 EditText 的输入数据显示在 TextView*/
    mTextView03.setText(mEditText1.getText());
    return false;
}
```

执行后的效果如图 5-15 所示，在输入框中可以输入黑名单号码，如图 5-16 所示。设置完毕后，当此号码来电时会自动设置为静音模式，如图 5-17 所示。

▲图 5-15　执行效果

▲图 5-16　黑名单号码

▲图 5-17　来电静音

注意　　上述实例在模拟器中不会显示静音模式图片，但是在真实手机上会显示。

5.7.3 特别提醒——检测 Android 系统是否静音

检测 Android 系统是否静音的通用代码如下所示。

```
AudioManager am = (AudioManager)getSystemService(Context.AUDIO_SERVICE);
switch (am.getRingerMode()) {
    case AudioManager.RINGER_MODE_SILENT:
        Log.i("MyApp","Silent mode");
        break;
    case AudioManager.RINGER_MODE_VIBRATE:
        Log.i("MyApp","Vibrate mode");
        break;
    case AudioManager.RINGER_MODE_NORMAL:
        Log.i("MyApp","Normal mode");
        break;
}
```

5.8 定时更换手机桌面背景

实例 122	定时更换手机桌面背景
源码路径	光盘:\daima\122
视频路径	光盘:\视频\122

5.8.1 实例说明

在很多智能手机中，我们可以设置在不同的时间显示不同屏幕背景。在本实例中，预先准备了7张素材图片供用户选择，这些素材图片被保存在“res\drawable”目录下。本实例结合了本书前面介绍的闹钟实例的实现原理，使用 AlarmManager 设置在什么时间执行什么样的动作。

5.8.2 具体实现

(1) 编写主程序文件，其具体实现流程如下。

- 声明7个 Button 按钮设置按钮，1个启动按钮，1个终止按钮，声明了7个显示素材图片文件名称的 TextView。具体代码如下所示。

```
/*声明7个Button设置按钮，1个启动按钮，1个终止按钮*/
private Button mButton1;
private Button mButton2;
private Button setButton1;
private Button setButton2;
private Button setButton3;
private Button setButton4;
private Button setButton5;
private Button setButton6;
private Button setButton7;
/* 声明显示图文件名称的七个TextView */
private TextView mySet1;
private TextView mySet2;
private TextView mySet3;
private TextView mySet4;
private TextView mySet5;
private TextView mySet6;
private TextView mySet7;
```

- 声明自定义的数据库变量 Dai 来存放设置的图片地址 Map，具体代码如下所示。

```
/* 声明自定义的数据库变量Dai */
private Dai db;
/* 声明存放设置值的Map */
private Map<Integer,Integer> map;
private LayoutInflater inflater;
private int tmpWhich=0;
```

```
/* 声明存放图文件 id 的数组 bg 与存放图文件名称的数组 bgName */
private final int[] bg =
{R.drawable.b01,R.drawable.b02,R.drawable.b03,R.drawable.b04,
R.drawable.b05,R.drawable.b06,R.drawable.b07};
private final String[] bgName =
{"b01.png","b02.png","b03.png","b04.png","b05.png","b06.png",
"b07.png"};
```

- 载入主布局文件载入 main.xml，将在数据库中存放的设置值保存到 map 中，然后初始化各个 TextView 对象，具体代码如下所示。

```
public void onCreate(Bundle savedInstanceState) {
  super.onCreate(savedInstanceState);
  /* 载入 main.xml 布局文件*/
  setContentView(R.layout.main);
  inflater=(LayoutInflater)getSystemService(
     Context.LAYOUT_INFLATER_SERVICE);
  /* 将数据库存放的设置值放入 map 中 */
  initSettingData();
  /* 初始化 TextView 对象 */
  mySet1=(TextView) findViewById(R.id.mySet1);
  mySet2=(TextView) findViewById(R.id.mySet2);
  mySet3=(TextView) findViewById(R.id.mySet3);
  mySet4=(TextView) findViewById(R.id.mySet4);
  mySet5=(TextView) findViewById(R.id.mySet5);
  mySet6=(TextView) findViewById(R.id.mySet6);
  mySet7=(TextView) findViewById(R.id.mySet7);
```

- 根据获取的图像设置显示的图文件名称，实现代码如下所示。

```
/* 设置显示的图文件名称 */
if(!map.get(0).equals(99))
{
  mySet1.setText(bgName[map.get(0)]);
}
if(!map.get(1).equals(99))
{
  mySet2.setText(bgName[map.get(1)]);
}
if(!map.get(2).equals(99))
{
  mySet3.setText(bgName[map.get(2)]);
}
if(!map.get(3).equals(99))
{
  mySet4.setText(bgName[map.get(3)]);
}
if(!map.get(4).equals(99))
{
  mySet5.setText(bgName[map.get(4)]);
}
if(!map.get(5).equals(99))
{
  mySet6.setText(bgName[map.get(5)]);
}
if(!map.get(6).equals(99))
{
  mySet7.setText(bgName[map.get(6)]);
}
```

- 初始个 Button 按钮对象，使用方法 initButton()来监听单击不同按钮的事件，具体代码如下所示。

```
/* 初始化 Button 对象 */
setButton1=(Button) findViewById(R.id.setButton1);
setButton2=(Button) findViewById(R.id.setButton2);
setButton3=(Button) findViewById(R.id.setButton3);
setButton4=(Button) findViewById(R.id.setButton4);
setButton5=(Button) findViewById(R.id.setButton5);
```

```
setButton6=(Button) findViewById(R.id.setButton6);
setButton7=(Button) findViewById(R.id.setButton7);
/* 以 initButton()来设置 OnClickListener */
setButton1=initButton(setButton1,mySet1,0);
setButton2=initButton(setButton2,mySet2,1);
setButton3=initButton(setButton3,mySet3,2);
setButton4=initButton(setButton4,mySet4,3);
setButton5=initButton(setButton5,mySet5,4);
setButton6=initButton(setButton6,mySet6,5);
setButton7=initButton(setButton7,mySet7,6);
```

- 用 setOnClickListener 监听单击启动服务按钮的事件，具体代码如下所示。

```
/* 设置启动服务的 Button */
mButton1=(Button)findViewById(R.id.myButton1);
mButton1.setOnClickListener(new View.OnClickListener(){
  public void onClick(View v){
    /* 取得服务启动后一天的 0 点 0 分 0 秒的 millsTime */
    Calendar calendar=Calendar.getInstance();
    calendar.add(Calendar.DATE,1);
    calendar.set(Calendar.HOUR_OF_DAY,0);
    calendar.set(Calendar.MINUTE,0);
    calendar.set(Calendar.SECOND,0);
    calendar.set(Calendar.MILLISECOND,0);
    long startTime=calendar.getTimeInMillis();
    /* 重复运行的间隔时间 */
    long repeatTime=24*60*60*1000;
    /* 将更换桌布的排程添加到 AlarmManager 中 */
    Intent intent = new Intent(example11.this,MyReceiver.class);
    PendingIntent sender = PendingIntent.getBroadcast(
                      example11.this, 0, intent, 0);
    AlarmManager am = (AlarmManager)getSystemService(
      ALARM_SERVICE);
    /* setRepeating()可让排程重复运行
      startTime 为开始运行时间
      repeatTime 为重复运行间隔
      AlarmManager.RTC 可使服务休眠时仍然会运行 */
    am.setRepeating(AlarmManager.RTC,startTime,repeatTime,
              sender);
    /* 以 Toast 提示已启动 */
    Toast.makeText(example11.this,"服务已启动",Toast.LENGTH_SHORT)
      .show();
    /* 启动后马上先运行一次换桌布的程序以更换今天的桌布 */
    Intent i = new Intent(example11.this,Change.class);
    startActivity(i);
  }
});
```

上述代码的执行流程如下所示。

- 获取服务启动后一天的 0 点 0 分 0 秒的时间 millsTime。
- 重复运行的间隔时间。
- 将更换桌布的排程添加到 AlarmManager 中。
- 通过 setRepeating()方法让排程处理重复运行。
- 使用 Toast 提示已经启动。
- 启动后马上先运行一次换桌布的程序以更换今天的桌布。

- 定义 onClick(View v)来监听单击终止服务 Button 按钮的事件，具体代码如下所示。

```
/* 设置终止服务的 Button */
mButton2=(Button) findViewById(R.id.myButton2);
mButton2.setOnClickListener(new View.OnClickListener()
{
  public void onClick(View v)
  {
    Intent intent = new Intent(example114.this,MyReceiver.class);
    PendingIntent sender = PendingIntent.getBroadcast(
```

```
                    example11.this, 0, intent, 0);
      /* 从AlarmManager中删除调度 */
      AlarmManager am = (AlarmManager)getSystemService(
        ALARM_SERVICE);
      am.cancel(sender);
      /* 使用Toast提示已终止 */
      Toast.makeText(example11.this,"服务已终止",Toast.LENGTH_SHORT)
        .show();
    }
  });
}
```

- 定义方法 initSettingData()从数据库中过去设置值，具体代码如下所示。

```
/* 由数据库中取得设置值的方法 */
private void initSettingData()
{
  map=new LinkedHashMap<Integer,Integer>();
  db=new Dai(example11.this);
  Cursor cur=db.select();
  while(cur.moveToNext()){
    map.put(cur.getInt(0),cur.getInt(1));
  }
  cur.close();
  db.close();
}
```

- 设置单击 Button 按钮后跳出的选择图片的 Dialog 对话框，然后设置预览画面的文件名与 ImageView 图像，最后改变画面显示的设置图文件文件名，并将更改的设置存入数据库。具体代码如下所示。

```
/* 设置Button的OnClickListener的方法 */
private Button initButton(Button b,final TextView t,final int id)
{
  b.setOnClickListener(new View.OnClickListener()
  {
    public void onClick(View v)
    {
      /* 设置单击Button按钮后跳出的选择图片的Dialog 对话框*/
      new AlertDialog.Builder(example11.this)
        .setIcon(R.drawable.pic_icon)
        .setTitle("请选择图片! ")
        .setSingleChoiceItems(bgName,map.get(id),
        new DialogInterface.OnClickListener()
        {
          public void onClick(DialogInterface dialog,int which)
          {
            tmpWhich=which;
            /* 选择图片后跳出预览图文件的窗口 */
            View view=inflater.inflate(R.layout.preview, null);
            TextView message=(TextView) view.findViewById(
              R.id.bgName);
            /* 设置预览画面的文件名与ImageView */
            message.setText(bgName[which]);
            ImageView mView01 = (ImageView)view.findViewById(
              R.id.bgImage);
            mView01.setImageResource(bg[which]);
            Toast toast=Toast.makeText(example11.this,"", Toast.LENGTH_SHORT);
            toast.setView(view);
            toast.show();
          }
        })
        .setPositiveButton("确定",
        new DialogInterface.OnClickListener()
        {
          public void onClick(DialogInterface dialog,int which1)
          {
            /* 改变画面显示的设置图文件文件名 */
            t.setText(bgName[tmpWhich]);
```

```
            /* 改变map里的值 */
            map.put(id,tmpWhich);
            /* 将更改的设置保存到数据库 */
            saveData(id,tmpWhich);
          }
        })
        .setNegativeButton("取消",new DialogInterface.OnClickListener()
        {
          public void onClick(DialogInterface dialog,int which)
          {
          }
        }).show();
    }
  });
  return b;
}
```

● 定义方法saveData将设置值存储到DB，具体代码如下所示。

```
 private void saveData(int id,int value)
 {
  db=new Dai(example11.this);
  db.update(id,value);
  db.close();
 }
}
```

（2）编写文件MyReceiver.java，运行后更换桌面背景。具体代码如下所示。

```
/* 运行更换桌面背景的 Receiver */
public class Receiver extends BroadcastReceiver
{
  @Override
  public void onReceive(Context context, Intent intent)
  {
    /* 创建 Intent，调用 Change.class */
    Intent i = new Intent(context, Change.class);
    Bundle bundleRet = new Bundle();
    bundleRet.putString("STR_CALLER", "");
    i.putExtras(bundleRet);
    i.addFlags(Intent.FLAG_ACTIVITY_NEW_TASK);
    context.startActivity(i);
  }
}
```

（3）编写文件Change.java，在运行时更换桌面背景的Activity，并声明存放图文件ID的数组bg，具体代码如下所示。

```
/* 实际运行更换桌面背景的Activity */
public class Change extends Activity
{
  /* 声明存放图文件 ID 的数组bg */
  private static final int[] bg =
    {R.drawable.b01,R.drawable.b02,R.drawable.b03,R.drawable.b04,
    R.drawable.b05,R.drawable.b06,R.drawable.b07};
  @Override
  protected void onCreate(Bundle savedInstanceState)
  {
    super.onCreate(savedInstanceState);
    /* 载入progress.xml Layout */
    setContentView(R.layout.pro);
    /* 取得今天是星期几 */
    Calendar ca=Calendar.getInstance();
    int dayOfWeek=ca.get(Calendar.DAY_OF_WEEK)-1;

    /* 从数据库中取得今天应该换哪一张背景 */
    int DailyBg=0;
    String selection = "DailyId=?";
    String[] selectionArgs = new String[]{""+dayOfWeek};
    Dai db=new Dai(Change.this);
```

```
        Cursor cur=db.select(selection,selectionArgs);
        while(cur.moveToNext())
        {
          DailyBg=cur.getInt(0);
        }
        cur.close();
        db.close();
        /* 如果 DailyBg==99 代表没设置，就不运行 */
        if(DailyBg!=99)
        {
          Bitmap bmp=BitmapFactory.decodeResource
          (getResources(), bg[DailyBg]);
          try
          {
            super.setWallpaper(bmp);
          }
          catch (IOException e)
          {
            e.printStackTrace();
          }
        }
        finish();
      }
    }
```

通过上述代码获取今天是星期几，然后从数据库中取得今天应该换哪一张背景，如果“DailyBg==99”则代表没设置则不运行。

（4）编写文件 Dai.java，其具体实现流程如下所示。

● 声明变量并定义构造器 Dai(Context context)，具体代码如下所示。

```
public class Dai extends SQLiteOpenHelper
{
  /* 变量声明 */
  private final static String DATABASE_NAME = "dailyBG_db";
  private final static int DATABASE_VERSION = 1;
  private final static String TABLE_NAME = "dailySetting_table";
  public final static String FIELD1 = "DailyId";
  public final static String FIELD2 = "DailyBg";
  public SQLiteDatabase sdb;

  /* 构造器 */
  public Dai(Context context)
  {
    super(context, DATABASE_NAME, null, DATABASE_VERSION);
    sdb= this.getWritableDatabase();
  }
```

● 如果 Table 不存在则建 table 表格，并存入初始的数据到数据库对象 DB。具体代码如下所示。

```
  public void onCreate(SQLiteDatabase db)
  {
    /* Table 不存在就创建 table */
    String sql = "CREATE TABLE IF NOT EXISTS "+TABLE_NAME+"("+FIELD1
      +" INTEGER primary key, "+FIELD2+" INTEGER)";
    db.execSQL(sql);

    /* 存入初始的数据到数据库对象 DB */
    sdb=db;
    insert(0,99);
    insert(1,99);
    insert(2,99);
    insert(3,99);
    insert(4,99);
    insert(5,99);
    insert(6,99);
  }
  @Override
  public void onUpgrade(SQLiteDatabase db,int oldVersion,int newVersion)
```

```
    {
    }
    public Cursor select()
    {
      Cursor cursor=sdb.query(TABLE_NAME,null,null,null,null,null,null);
      return cursor;
    }
```

- 定义方法 select 来检索数据，当 select 有 where 条件时才使用此方法。具体代码如下所示。

```
    public Cursor select(String selection,String[] selectionArgs)
    {
      String[] columns = new String[] { FIELD2 };
      Cursor cursor=sdb.query(TABLE_NAME,columns,selection,
                  selectionArgs,null,null,null);
      return cursor;
    }
```

- 定义方法 insert 用于将添加的值放入到 ContentValues，具体代码如下所示。

```
    public long insert(int value1,int value2)
    {
      /* 将添加的值放入 ContentValues */
      ContentValues cv = new ContentValues();
      cv.put(FIELD1, value1);
      cv.put(FIELD2, value2);
      long row = sdb.insert(TABLE_NAME, null, cv);
      return row;
    }
```

- 定义方法 delete(int id)来删除设置，具体代码如下所示。

```
    public void delete(int id)
    {
      String where = FIELD1 + " = ?";
      String[] whereValue ={ Integer.toString(id) };
      sdb.delete(TABLE_NAME, where, whereValue);
    }
```

- 定义方法 update 来修改设置，具体代码如下所示。

```
    public void update(int id, int value)
    {
      String where = FIELD1 + " = ?";
      String[] whereValue ={ Integer.toString(id) };
      /* 将修改的值放入 ContentValues */
      ContentValues cv = new ContentValues();
      cv.put(FIELD2, value);
      sdb.update(TABLE_NAME, cv, where, whereValue);
    }
}
```

（5）编写文件 AndroidManifest.xml，在里面添加 MyReceiver 的 receiver 设置，并添加使用背景图像权限 android.permission.SET_WALLPAPER。具体代码如下所示。

```
<receiver android:name=".MyReceiver" android:process=":remote"/>
<!-- 设定 SET_WALLPAPER 权限 -->
<uses-permission android:name="android.permission.SET_WALLPAPER" />
```

执行程序后，选择一天并单击界面后面的【设置】按钮，在弹出的对话框界面中可以设置这天的背景图片。

5.8.3 特别提醒——AlarmManager 的原理

AlarmManager 的最大功能是实现闹钟，即设置在什么时候自动执行闹钟功能。每个 AlarmManager 有一个对应的 AlarmManagerServie 服务程序，该服务程序才是正真提供闹铃服务的，它主要维护应用程序注册下来的各类闹铃并适时地给闹铃设备设置即将触发的闹铃（在 Linux 系统中，实现的设备名为“/dev /alarm”），并且一直监听闹铃设备，一旦有闹铃触发或者是闹铃事件发生，AlarmManagerServie 服务程序就会遍历闹铃列表找到相应的注册闹铃并发出广播。该服务程序在系统启动时被系统服务程序 system_service 启动并初始化闹铃设备（/dev/alarm）。当然，在 JAVA 层的 AlarmManagerService 与 Linux Alarm 驱动程序接口之间还有一层封装，那就是 JNI。

AlarmManager 将应用与服务分割开来后，使得应用程序开发者不用关心具体的服务，而是直接通过 AlarmManager 来使用这种服务。这就是“客户/服务”模式的好处。AlarmManager 与 AlarmManagerServie 之间是通过 Binder 来通信的，它们之间是多对一的关系。

5.9 开机后自动显示一个界面

实例 123	开机后自动显示一个界面
源码路径	光盘:\daima\123
视频路径	光盘:\视频\123

5.9.1 实例说明

打开手机设备后一般都会自动显示一个特定的开机界面。在本实例中，包含了一个主程序 Activity 和一个 Broadcast Reseiver 类，只要运行此程序一次，以后一开机就会运行这个程序。

5.9.2 具体实现

（1）编写文件 example115.java，在此文件中定义主界面 Activity，设置程序只要运行一次，就会在以后开机时自动运行，在运行时使用 TextView 文字在屏幕中输出提示。具体代码如下所示。

```
/* 本程序只要运行一次，就会在日后开机时自动运行 */
private TextView mTextView01;

/** Called when the activity is first created. */
@Override
public void onCreate(Bundle savedInstanceState)
{
  super.onCreate(savedInstanceState);
  setContentView(R.layout.main);

  /* 为了快速示意，程序仅以欢迎的 TextView 文字作为展示 */
  mTextView01 = (TextView)findViewById(R.id.myTextView1);
  mTextView01.setText(R.string.str_welcome);
 }
}
```

（2）编写文件 IntentReceiver.java，在此文件中定义类 IntentReceiver，在其内部覆盖了 onReceive()方法，此方法会接收来自系统的广播。方法 onReceive()的功能是唤醒自己，所以在传入 Intent 的参数中的第二个参数是指定 Activity 的类，最后以 start-Activity()方法打开并运行程序。具体代码如下所示。

```
/* 捕捉 android.intent.action.BOOT_COMPLETED 的 Receiver 类 */
public class IntentReceiver extends BroadcastReceiver
{
  @Override
  public void onReceive(Context context, Intent intent)
  {
    /* 当收到 Receiver 时，指定打开此程序（EX06_16.class） */
    Intent mBootIntent = new Intent(context, example115.class);
    /* 设置 Intent 打开为 FLAG_ACTIVITY_NEW_TASK */
    mBootIntent.setFlags(Intent.FLAG_ACTIVITY_NEW_TASK);
    /* 将 Intent 以 startActivity 传送给操作系统 */
    context.startActivity(mBootIntent);
  }
}
```

▲图 5-18 执行效果

执行后将会显示我们设置的开机欢迎语，如图 5-18 所示。

5.9.3　特别提醒——开机发送 BOOT_COMPLETED 广播信息

本书前面讲解的 Activity、Service 和 Broadcast Reseiver 都是在开机之后运行的。实际上此时开机事件会发送出一个 Android.intent.action.BOOT_COMPLETED 广播信息。只要接收到此 Action 动作，就能在 Reseiver 中打开自己的程序。

5.10　替换手机屏幕的背景图片

实例 124	替换手机屏幕的背景图片
源码路径	光盘:\daima\124
视频路径	光盘:\视频\124

5.10.1　实例说明

在本书前面的实例中曾经讲解过如何“清除”桌面的方法，在本实例中则是讲解如何设置桌面背景图。在本实例中，在 Layout 中布局了一个 Gallery Widget 控件，使用 Gallery 的特性为用户提供了可滑动的图片。

5.10.2　具体实现

编写主程序文件，此文件的具体实现流程如下所示。

（1）利用 Integer[]对象 myImageIds 保存我们准备的素材图片资源（Resource ID），然后利用 Gallery 方式显示出来。具体代码如下所示。

```
super.onCreate(savedInstanceState);
setContentView(R.layout.main);

/*设置图档*/
Integer[] myImageIds =
{
  R.drawable.google,
  R.drawable.helloking,
  R.drawable.chamberlain,
  R.drawable.king,
  R.drawable.with,
};

mImageAdapter01 = new ImageAdapter(example116.this, myImageIds);
/*设置图为 Gallery 的显示方式*/
Gallery g = (Gallery) findViewById(R.id.mygallery);
g.setAdapter(mImageAdapter01);
```

（2）选择某幅图片后弹出一个确认对话框，在里面显示此图片的预览效果。如果单击里面的【确定】按钮，则将此图片设置为桌面背景。具体代码如下所示。

```
    g.setOnItemClickListener(new Gallery.OnItemClickListener()
    {
      @Override
      public void onItemClick
      (AdapterView<?> parent, View v, final int position, long id)
      {
        // TODO Auto-generated method stub
        new AlertDialog.Builder(example116.this)
        .setTitle(R.string.app_about)
        /*设置弹出窗口的图式*/
        .setIcon(mImageAdapter01.myImageIds[position])
        /*设置弹出窗口的信息*/
        .setMessage(R.string.app_about_msg)
        /*确认窗口*/
        .setPositiveButton(R.string.str_ok,
```

```
    new DialogInterface.OnClickListener()
    {
      public void onClick(
      DialogInterface dialoginterface, int i)
      {
        Resources resources = getBaseContext().getResources();
        is = resources.openRawResource
        (mImageAdapter01.myImageIds[position]);
        try
        {
          /*更换桌面*/
          setWallpaper(is);
          /*用 Toast 来显示桌面已更换*/
          Toast.makeText
          (
            example116.this,
            getString(R.string.my_gallery_text_pre),
            Toast.LENGTH_SHORT
          ).show();
        }
        catch (Exception e)
        {
          e.printStackTrace();
        };
      }
    }).setNegativeButton
    (R.string.str_no, new DialogInterface.OnClickListener()
    {
      /*设置跳出窗口的返回事件*/
      public void onClick(DialogInterface dialoginterface, int i)
      {
        /*用 Toast 来显示桌面已取消*/
        Toast.makeText
        (
          example116.this,
          getString(R.string.my_gallery_text_no),
          Toast.LENGTH_SHORT
        ).show();
      }
    }).show();
  }
 });
}
```

（3）使用方法 setWallpaper 来设置桌面图片，具体代码如下所示。

```
public class ImageAdapter extends BaseAdapter
{
  int mGalleryItemBackground;
  private Context mContext;
  private Integer[] myImageIds;

  public ImageAdapter(Context c, Integer[] aid)
  {
    mContext = c;
    myImageIds = aid;
    TypedArray a = obtainStyledAttributes(R.styleable.Gallery);
    mGalleryItemBackground = a.getResourceId
    (
      R.styleable.Gallery_android_galleryItemBackground, 0
    );
    a.recycle();
  }
  @Override
  public int getCount()
  {
    return myImageIds.length;
  }

  @Override
  public Object getItem(int  position)
```

```
      {
        return null;
      }
      @Override
      public long getItemId(int  position)
      {
        return position;
      }
      @Override
      public View getView
      (int position, View convertView, ViewGroup parent)
      {
        /*产生 ImageView 对象*/
        ImageView i = new ImageView(mContext);
        /*设置图片给 ImageView 对象*/
        i.setImageResource(myImageIds[position]);
        /*重新设置图片的宽高*/
        i.setScaleType(ImageView.ScaleType.FIT_XY);
        /*重新设置 Layout 的宽高*/
        i.setLayoutParams(new Gallery.LayoutParams(138, 108));
        /*设置 Gallery 背景图*/
        i.setBackgroundResource(mGalleryItemBackground);
        /*返回 imageView 对象*/
        return i;
      }
    }
    @Override
    public void setWallpaper(InputStream data) throws IOException
    {
      super.setWallpaper(data);
    }
  }
```

执行后的效果如图 5-19 所示，单击某幅图片后会弹出一个“确认”对话框，单击【确定】按钮后将设置此副图片为桌面，如图 5-20 所示。

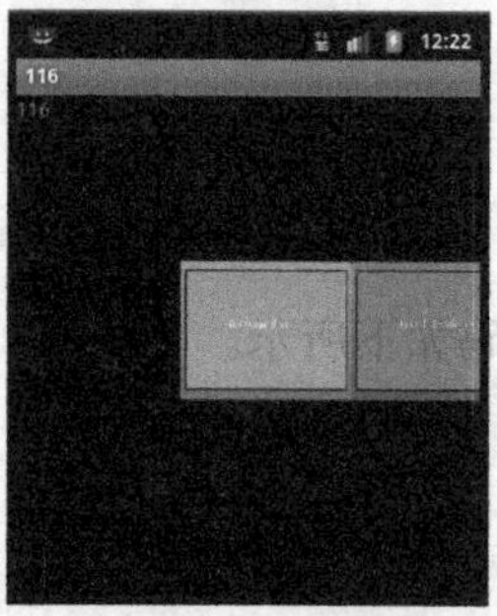

▲图 5-19　执行效果

▲图 5-20　“确认”对话框

5.10.3　特别提醒——维持图片的宽高比

要想为手机设置桌面背景图，需要先准备素材图片，并且图片的大小必须与屏幕的宽高比一样，分辨率可以不相同。提到宽高比，是因为制作好的手机桌面并不知道会放在哪一款 Android 手机里，在未知的情况下，维持图片的宽高比，可以顺利完成桌面的置换，而不至于让桌面产生变形。

5.11 在手机屏幕中拖动一个按钮

实例 125	在手机屏幕中拖动一个按钮
源码路径	光盘:\daima\125
视频路径	光盘:\视频\125

5.11.1　实例说明

在屏幕中设置一个 D-Pad 按键，当用户单击 D-Pad 上的上、下、左、右 4 个方向时会改变在 Layout 上的按钮绝对坐标。通过及时捕捉 onKeyDown 事件的方法来改变按键的坐标位置。

5.11.2　具体实现

编写主程序文件，在其中绑定了一个 mButton01 按钮。当 Activity 执行 onCreate()时调用方法 RestoreButton，这是一个自定义的方法，功能为判断用户手机的屏幕分辨率，并将按键按钮居中放置。主程序文件的主要代码如下所示。

```
/* 存储屏幕的分辨率 */
private int intScreenX, intScreenY;

/* 按钮位移的平移量 */
private int intShift = 2;

/** Called when the activity is first created. */
@Override
public void onCreate(Bundle savedInstanceState)
{
  super.onCreate(savedInstanceState);
  setContentView(R.layout.main);

  DisplayMetrics dm = new DisplayMetrics();
  getWindowManager().getDefaultDisplay().getMetrics(dm);

  /* 取得屏幕解析像素 */
  intScreenX = dm.widthPixels;
  intScreenY = dm.heightPixels;

  /* 定义按钮的宽×高 */
  intWidth = 80;
  intHeight = 40;

  mButton01 =(Button) findViewById(R.id.myButton1);

  /* 初始化按钮位置居中 */
  RestoreButton();

  /* 当单击按钮时，还原初始位置 */
  mButton01.setOnClickListener(new Button.OnClickListener()
  {
    @Override
    public void onClick(View v)
    {
      // TODO Auto-generated method stub
      RestoreButton();
    }
  });
}

@Override
public boolean onKeyDown(int keyCode, KeyEvent event)
{
  // TODO Auto-generated method stub
  switch(keyCode)
  {
    /* 中间按键 */
    case KeyEvent.KEYCODE_DPAD_CENTER:
      /* keyCode=23 */
      RestoreButton();
      break;
    /* 上按键 */
    case KeyEvent.KEYCODE_DPAD_UP:
      /* keyCode=19 */
      MoveButtonUp();
```

```
      break;
    /* 下按键 */
    case KeyEvent.KEYCODE_DPAD_DOWN:
      /* keyCode=20 */
      MoveButtonDown();
      break;
    /* 左按键 */
    case KeyEvent.KEYCODE_DPAD_LEFT:
      /* keyCode=21 */
      MoveButtonLeft();
      break;
    /* 右按键 */
    case KeyEvent.KEYCODE_DPAD_RIGHT:
      /* keyCode=22 */
      MoveButtonRight();
      break;
  }
  return super.onKeyDown(keyCode, event);
}

/* 还原按钮位置的事件处理 */
public void RestoreButton()
{
  intButtonX = ((intScreenX-intWidth)/2);
  intButtonY = ((intScreenY-intHeight)/2);
  mMakeTextToast
  (
    "("+
    Integer.toString(intButtonX)+
    ","+
    Integer.toString(intButtonY)+")",true
  );

  /* 以 setLayoutParams 方法，重新安排 Layout 上的位置 */
  mButton01.setLayoutParams
  (
    new AbsoluteLayout.LayoutParams
    (intWidth,intHeight,intButtonX,intButtonY)
  );
}

/* 单击 DPAD 上按键时事件处理 */
public void MoveButtonUp()
{
  intButtonY = intButtonY-intShift;
  /* 预防按钮到达下边界时的处理 */
  if(intButtonY<0)
  {
    intButtonY = 0;
  }
  mButton01.setLayoutParams
  (
    new AbsoluteLayout.LayoutParams
    (intWidth,intHeight,intButtonX,intButtonY)
  );
}

/* 单击 D-PAD 下按键时事件处理 */
public void MoveButtonDown()
{
  intButtonY = intButtonY+intShift;
  /* 预防按钮到达下边界时的处理 */
  if(intButtonY>(intScreenY-intHeight))
  {
    intButtonY = intScreenX-intHeight;
  }
  mButton01.setLayoutParams
  (
    new AbsoluteLayout.LayoutParams
```

```
      (intWidth,intHeight,intButtonX,intButtonY)
    );
  }

  /* 单击 D-PAD 左按键时事件处理 */
  public void MoveButtonLeft()
  {
    intButtonX = intButtonX-intShift;
    /* 预防按钮到达左边界时的处理 */
    if(intButtonX<0)
    {
      intButtonX = 0;
    }
    mButton01.setLayoutParams
    (
      new AbsoluteLayout.LayoutParams
      (intWidth,intHeight,intButtonX,intButtonY)
    );
  }

  /* 单击 D-PAD 右按键时事件处理 */
  public void MoveButtonRight()
  {
    intButtonX = intButtonX+intShift;
    /* 预防按钮到达右边界时的处理 */
    if(intButtonX>(intScreenX-intWidth))
    {
      intButtonX = intScreenX-intWidth;
    }
    mButton01.setLayoutParams
    (
      new AbsoluteLayout.LayoutParams
      (intWidth,intHeight,intButtonX,intButtonY)
    );
  }

  public void mMakeTextToast(String str, boolean isLong)
  {
    if(isLong==true)
    {
      Toast.makeText(example117.this, str, Toast.LENGTH_LONG).show();
    }
    else
    {
      Toast.makeText(example117.this, str, Toast.LENGTH_SHORT).show();
    }
  }
}
```

▲图 5-21 执行效果

通过上述代码，在 Activity 中重写了 onKeyDown()方法，传入的参数是 keyCode 与 KeyEvent，其中前者是按键代码，是一个整数；后者为 KeyEvent 对象。

在 keyCode 中，将其与“KeyEvent.KEYCODE_*”进行比较来做判断，分别使用 KeyEvent.KEYC、ODE_DPAD_CENTER、KeyEvent.KEYCODE_DPAD_UP、KeyEvent.KEYCODE_DPAD_DOWN、KeyEvent.KEYCODE_DPAD_LEFT、KeyEvent.KEYCODE_DPAD_RIGHT 作为上、下、左、右、中央这五方向的单击事件。

执行后的效果如图 5-21 所示，我们可以使用键盘上的方向键移动屏幕中的按钮。

5.11.3 特别提醒——通过 keyCode 来判断 A～Z 的按键

除了 D-Pad 的按键事件之外，在 onKeyDown 方法中还可以通过 keyCode 来判断 A～Z 的按键，此时只需要比较下面的代码即可。

```
KEYCODE_A
KEYCODE_B
```

```
KEYCODE_C
KEYCODE_D
……
KEYCODE_Z
```

在具体判断过程中，可以通过一个特别的方法来获取用户输入的 A～Z 大写英文字。

```
int kp='A'+keyCode-29;
char strRet=  (char) kp;
Toast.makeText
(example117. this, Character.toString( strRet)  ,Toast .LENGTH_SHORT). show()j
```

如果无法判断未来新手机设计的按键，可以通过下面的 keyCode 进行捕捉。

```
KEYCODE_UNKNOWN
```

通过下面代码捕捉控制音量大小声的按键。

```
IKEYCODE_VOLUME_DOWN
lKEYCODE_VOLUME_UP
```

5.12 自动控制系统服务

实例 126	自动控制系统服务
源码路径	光盘:\daima\126
视频路径	光盘:\视频\126

5.12.1 实例说明

Android 系统的 Service 对象是以分时进程的方式运行的，这表示即便是通过 Activity 里启动 Service，也不会在相同的 Pocess 进程中运行，而是各自属于不同的程序。在本实例中，通过 Activity 分别实现开始和终止 Service 服务，但假如直接编写 Service 就结束的话，也无法证明服务是否真的在"后台运行"，所以在实例中演示了如何在 Service 中开启一个 Runnable 进程的方法，每一秒都在 console 中输出运行的秒数，这样可以证明系统服务是真的处于"正在运行"中。

5.12.2 具体实现

（1）编写主程序文件，在里面设置两个按钮事件，一个负责打开 Service 服务，另一个负责关闭已打开的 Service。打开服务的方法与打开 Activity 活动的方法不同，虽然都是通过 Intent 来达成，但是前者是 startService()，后者是 startActivity()，而关闭 Service 的方法是 stopService()。无论是打开还是关闭服务，在构造的 Intent 对象中第一个传入的参数都是这个 Activity (Package)的 Context，第二个参数是服务的类"*.class"。主程序文件的主要代码如下所示。

```
super.onCreate(savedInstanceState);
setContentView(R.layout.main);
mButton01 = (Button)findViewById(R.id.myButton1);
/* 开始启动系统服务按钮事件 */
mButton01.setOnClickListener(new Button.OnClickListener()
{
  @Override
  public void onClick(View v)
  {
    /* 构建 Intent 对象，指定打开对象为 mService1 服务 */
    Intent i = new Intent( example118.this, Service1.class );
    /* 设置新 Task 的方式 */
    i.setFlags( Intent.FLAG_ACTIVITY_NEW_TASK );
    /* 以 startService 方法启动 Intent */
    startService(i);
  }
```

```
  });
  mButton02 = (Button)findViewById(R.id.myButton2);
  /* 关闭系统服务按钮事件 */
  mButton02.setOnClickListener(new Button.OnClickListener()
  {
    @Override
    public void onClick(View v)
    {
      /* 构建 Intent 对象，指定欲关闭的对象为 mService1 服务 */
      Intent i = new Intent( example118.this, Service1.class );
     /* 以 stopService 方法关闭 Intent */
      stopService(i);
    }
  });
 }
}
```

（2）编写文件 Servicel.java，在同一个 Activity 的 Package 层级下新建一个名为 Srvicel 的自定义类，此处的类名称 Servicel 是后台运行的服务名称，此名称必需与文件 Manifest.xml 中所定义的 Service 名称相符。文件 Servicel.java 的主要代码如下所示。

```
public class Service1 extends Service
{
  private Handler objHandler = new Handler();
  private int intCounter=0;
  private Runnable mTasks = new Runnable()
  {
    public void run()
    {
      intCounter++;
      Log.i("HIPPO", "Counter:"+Integer.toString(intCounter));
      objHandler.postDelayed(mTasks, 1000);
    }
  };

  @Override
  public void onStart(Intent intent, int startId)
  {
    objHandler.postDelayed(mTasks, 1000);
    super.onStart(intent, startId);
  }
  @Override
  public void onCreate()
  {
    super.onCreate();
  }

  @Override
  public IBinder onBind(Intent intent)
  {
    return null;
  }
  @Override
  public void onDestroy()
  {
    objHandler.removeCallbacks(mTasks);
    super.onDestroy();
  }
}
```

（3）编写文件 AndroidManifest.xml，在里面定义服务名称、访问权限，在此需注意<service></service>所写的位置是在</activity>结束之后，在</application>之前。文件 AndroidManifest.xml 的代码如下所示。

```
<?xml version="1.0" encoding="utf-8"?>
<manifest
  xmlns:android="http://schemas.android.com/apk/res/android"
```

```
    package="irdc.example118"
    android:versionCode="1"
    android:versionName="1.0.0">
    <application
      android:icon="@drawable/icon"
      android:label="@string/app_name">
      <activity
        android:name="irdc.example118.example118"
        android:label="@string/app_name">
        <intent-filter>
          <action android:name="android.intent.action.MAIN" />
          <category android:name="android.intent.category.LAUNCHER" />
        </intent-filter>
      </activity>
      <service      android:name="irdc.example118.Service1"      android:exported="true"
  android:process=":remote" ></service>
    </application>
</manifest>
```

执行后的效果如图 5-22 所示，单击屏幕中的按钮后可以分别启动或关闭 Dervice 服务。

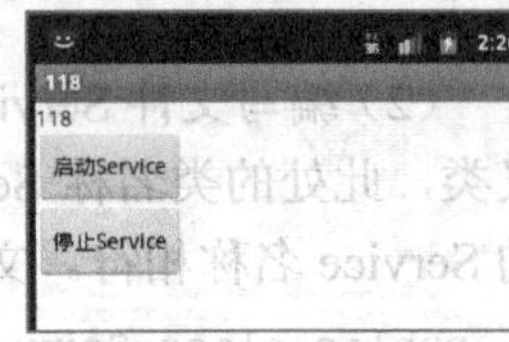

▲图 5-22　执行效果

5.12.3　特别提醒——Service 的作用

因为在启动服务时可以没有 Activity 活动存在，所以即使使用 Activity 启动服务，也会有各自独立的事件及焦点要处理。许多 Android 底层的系统服务（System Service）也是继承自 Android.app.Service，一旦程序继承自 Service 类，那么服务的生态链就先从 onCreate()开始，接着就会进入启动服务 onStart0，默认继承的 Service 类并不一定要有 onStart()，但是前提是一定要重写 public IBinder onBind(Intent intent)方法。

一旦服务在 onStart()被启动后就说明程序编写完毕，只要在这个继承 Service 的对象中编写 BroadcastReceiver 类对象，就可以开始聆听操作系统广播的信息了。

5.13　手机背面朝上时自动启动震动模式

实例 127	手机背面朝上时自动启动震动模式
源码路径	光盘:\daima\127
视频路径	光盘:\视频\127

5.13.1　实例说明

通过 Android 系统中的 API，可以判断手机的倾斜、旋转等模式。通过 BroadcastReceiver 对象来聆听系统广播短信或 PhoneState Listener 对象，聆听系统广播的电话事件等。Android 系统的 Sensor.Manager 事件是使用 Sensor 对象实现的。为了让 Activity 程序在 onCreate()后的第一个进入点（onResume()方法）就能监视手朝状态，在 onResume0 方法里创建 IntentFilter，使用 SensorListener.registerListener()注册一个自定义的 SensorListener，在 onPause()离开程序时取消系统注册（unregisterLister）SensorListener。

因为只判断手机的倾斜或旋转状态并不够实用，所以在本实例中联合使用了 SensorListener 和 AudioManager。当程序发现手机被翻成背面时，就会将铃声模式更改为振动模式。

5.13.2　具体实现

（1）编写主程序文件，在此文件中注册了 SensorListener 的 registerListener()方法，使 Activity 程序能够捕捉到 Sensor 的变化。在捕捉变化时需要传入以下 3 个参数。

- mSensorListener：SensorListener 对象，为 Activity 类成员，通过覆盖 onSensorChanged()

方法作为判断。

- SensorManager.SENSOR_ORIENTATION：欲捕捉的 Sensor 事件常数。
- SensorManager.SENSOR_DELAY NORMAL：状态更改的精准度常数。

主程序文件的主要代码如下所示。

```
/* 创建 SensorManager 对象 */
private SensorManager mSensorManager01;
private TextView mTextView01;

/* 以私有类成员存储 AudioManager 模式 */
private int strRingerMode;

/** Called when the activity is first created. */
@Override
public void onCreate(Bundle savedInstanceState)
{
  super.onCreate(savedInstanceState);
  setContentView(R.layout.main);

  mTextView01 = (TextView)findViewById(R.id.myTextView1);

  /* 创建 SensorManager 对象，取得 SENSOR_SERVICE 服务 */
  mSensorManager01 =
  (SensorManager)getSystemService(Context.SENSOR_SERVICE);

  /* 取得现在的 AudioManager 模式 */
  GetAudioManagerMode();

  /* 依据现在的 AudioManager 模式，显示于 TextView 当中 */
  switch(strRingerMode)
  {
    /* 正常模式 */
    case AudioManager.RINGER_MODE_NORMAL:
      mTextView01.setText(R.string.str_normal_mode);
      break;
    /* 静音模式 */
    case AudioManager.RINGER_MODE_SILENT:
      mTextView01.setText(R.string.str_silent_mode);
      break;
    /* 振动模式 */
    case AudioManager.RINGER_MODE_VIBRATE:
      mTextView01.setText(R.string.str_vibrate_mode);
      break;
  }
}

/* 创建 SensorListener 捕捉 onSensorChanged 事件 */
private final SensorListener mSensorListener =
         new SensorListener()
{
  @Override
  public void onSensorChanged(int sensor, float[] values)
  {
    // TODO Auto-generated method stub

    //float fRollAngle = values[SensorManager.DATA_X];

    /* 取得 Y 平面左右倾斜的 Pitch 角度 */
    float fPitchAngle = values[SensorManager.DATA_Y];

    /* 正面向下(Y 轴旋转)，经实验结果为小于-120 为翻背面 */
    if(fPitchAngle<-120)
    {
      /* 先设置为静音模式 */
      ChangeToSilentMode();

      /* 再设置为震动模式 */
      ChangeToVibrateMode();
```

```
      /* 判断铃声模式 */
      switch(strRingerMode)
      {
        /* 正常模式 */
        case AudioManager.RINGER_MODE_NORMAL:
          mTextView01.setText(R.string.str_normal_mode);
          break;
        /* 静音模式 */
        case AudioManager.RINGER_MODE_SILENT:
          mTextView01.setText(R.string.str_silent_mode);
          break;
        /* 振动模式 */
        case AudioManager.RINGER_MODE_VIBRATE:
          mTextView01.setText(R.string.str_vibrate_mode);
          break;
      }
    }
    else
    {
      /* 正面向上(Y 轴旋转)，经实验结果为大于-120 为翻正面 */
      /* 更改为正常模式 */
      ChangeToNormalMode();

      /* 调用更改模式后，再一次确认手机的模式为何 */
      switch(strRingerMode)
      {
        case AudioManager.RINGER_MODE_NORMAL:
          mTextView01.setText(R.string.str_normal_mode);
          break;
        case AudioManager.RINGER_MODE_SILENT:
          mTextView01.setText(R.string.str_silent_mode);
          break;
        case AudioManager.RINGER_MODE_VIBRATE:
          mTextView01.setText(R.string.str_vibrate_mode);
          break;
      }
    }
  }

  @Override
  public void onAccuracyChanged(int sensor, int values)
  {
    // TODO Auto-generated method stub

  }
};

/* 取得当下的 AudioManager 模式 */
private void GetAudioManagerMode()
{
  try
  {
    /* 创建 AudioManager 对象，取得 AUDIO_SERVICE */
    AudioManager audioManager =
    (AudioManager)getSystemService(Context.AUDIO_SERVICE);

    if (audioManager != null)
    {
      /* RINGER_MODE_NORMAL |
         RINGER_MODE_SILENT |
         RINGER_MODE_VIBRATE */

      strRingerMode = audioManager.getRingerMode();
    }
  }
  catch(Exception e)
  {
    mTextView01.setText(e.toString());
    e.printStackTrace();
  }
}
```

```
/* 更改为静音模式 */
private void ChangeToSilentMode()
{
  try
  {
    AudioManager audioManager =
    (AudioManager)getSystemService(Context.AUDIO_SERVICE);

    if (audioManager != null)
    {
      /* RINGER_MODE_NORMAL |
         RINGER_MODE_SILENT |
         RINGER_MODE_VIBRATE */

      audioManager.setRingerMode(AudioManager.RINGER_MODE_SILENT);
      strRingerMode = audioManager.getRingerMode();
    }
  }
  catch(Exception e)
  {
    mTextView01.setText(e.toString());
    e.printStackTrace();
  }
}

/* 更改为振动模式 */
private void ChangeToVibrateMode()
{
  try
  {
    AudioManager audioManager =
    (AudioManager)getSystemService(Context.AUDIO_SERVICE);

    if (audioManager != null)
    {
      /* 调用 setRingerMode 方法，设置模式 */
      audioManager.setRingerMode
      (
        AudioManager.RINGER_MODE_VIBRATE
      );
      /* RINGER_MODE_NORMAL |
         RINGER_MODE_SILENT |
         RINGER_MODE_VIBRATE */
      strRingerMode = audioManager.getRingerMode();
    }
  }
  catch(Exception e)
  {
    mTextView01.setText(e.toString());
    e.printStackTrace();
  }
}

/* 更改为正常模式 */
private void ChangeToNormalMode()
{
  try
  {
    AudioManager audioManager =
    (AudioManager)getSystemService(Context.AUDIO_SERVICE);

    if (audioManager != null)
    {
      /* RINGER_MODE_NORMAL |
         RINGER_MODE_SILENT |
         RINGER_MODE_VIBRATE */
      audioManager.setRingerMode(AudioManager.RINGER_MODE_NORMAL);
      strRingerMode = audioManager.getRingerMode();
    }
  }
```

```
    catch(Exception e)
    {
      mTextView01.setText(e.toString());
      e.printStackTrace();
    }
  }

  @Override
  protected void onResume()
  {
    // TODO Auto-generated method stub

    /* 注册一个 SensorListener 的 Listener */
    /* 传入 Sensor 模式与 rate */
    mSensorManager01.registerListener
    (
      mSensorListener,
      SensorManager.SENSOR_ORIENTATION,
      SensorManager.SENSOR_DELAY_NORMAL
    );
    super.onResume();
  }

  @Override
  protected void onPause()
  {
    // TODO Auto-generated method stub

    /* 覆盖 onPause 事件，取消 mSensorListener */
    mSensorManager01.unregisterListener(mSensorListener);
    super.onPause();
  }
}
```

（2）编写文件 AndroidManifest.xml，在此声明 Android.permission.VIBRATE 权限，主要代码如下所示。

```
<uses-permission android:name="android.permission. VIBRATE"> </uses-permission>
```

执行后的效果如图 5-23 所示，如果将手机反转则会自动进入振动模式。

5.13.3 特别提醒——registerListener()的参数

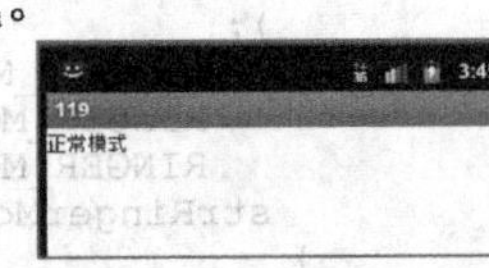

▲图 5-23 执行效果

在上述实例中，通过 onResume()调用了 SensorManager.registerListener()，在此过程中传入了如下 3 个参数。

```
mSensorManager01. registerLis tener (
   mSensorListener,
   SensorManager. SENSOR_ORIENTATION,
   SensorManager. SENSOR_DELAY_NORMAL
 ),
```

其中第二个参数代表欲捕捉的 Sensor 事件常数，除了用 SensorManager.SENSOR_ORIENTATION 来判断手机的空间方向外，我们还可以设置如表 5-1 中的常数。

表 5-1 Sensor 事件常数

常　数	说　明
SENSOR_ACCELEROMETER	加速度计
SENSOR LIGHT	感光计
SENSOR_MAGNETIC_FIELD	磁场计
SENSOR_TEMPERATURE	温度计
SENSOR_TRICORDER	三度仪
SENSOR_ALL	所有事件

第三个参数表示状态更新判别率，包含了表 5-2 所示的常数。

表 5-2 常数说明

常 数	说 明
SENSOR_DELAY_FASTEST	最实时，尽可能在发生事件当下即触发
SENSOR_DELAY GAME	为游戏设计最佳判断方式
SENSOR_DELAY NORMAL	正常层级（本范例）

5.14 AlarmManager 的启动和关闭

实例 128	演示 AlarmManager 的启动和关闭
源码路径	光盘:\daima\128
视频路径	光盘:\视频\128

5.14.1 实例说明

在 Android 应用中，AlarmManager 的使用机制有人称为全局定时器，有人称为闹钟。AlarmManager 的作用和 Timer 有点相似，都有如下所示的两种用法：

（1）在指定时长后执行某项操作。

（2）周期性的执行某项操作。

使用 AlarmManager 共有以下 3 种方式，都是通过 PendingIntent 实现的。

- getActivity(Context, int, Intent, int)。
- getBroadcast(Context, int, Intent, int)。
- getService(Context, int, Intent, int)。

本实例演示了使用 AlarmManager 的方法。

5.14.2 具体实现

首先是创建一个 BroadCast 类，此类需要继承 BroadCastReceiver，主要代码如下所示。

```
public class ActionBroadCast extends BroadcastReceiver {

    private static int num = 0;
    /* (non-Javadoc)
     *    @see    android.content.BroadcastReceiver#onReceive(android.content.Context,
android.content.Intent)
     */
    @Override
    public void onReceive(Context context, Intent intent) {
        // TODO Auto-generated method stub
        Log.e("ActionBroadCast", "New Message !" + num++);
    }
}
```

然后启动 AlarmManager，此处直接在 Activity 中启动，文件 AlarmTestActivity.java 的主要代码如下所示。

```
public class AlarmTestActivity extends Activity {
    /** Called when the activity is first created. */
    @Override
    public void onCreate(Bundle savedInstanceState) {
        super.onCreate(savedInstanceState);
        setContentView(R.layout.main);
```

```
        AlarmManager am = (AlarmManager)getSystemService(ALARM_SERVICE);

        PendingIntent  pi  =  PendingIntent.getBroadcast(this,  0,  new  Intent(this,
ActionBroadCast.class), Intent.FLAG_ACTIVITY_NEW_TASK);
        long now = System.currentTimeMillis();
        am.setInexactRepeating(AlarmManager.RTC_WAKEUP, now, 3000, pi);
    }
}
```

这样用 Repeating 的方式，每隔 3 秒发一条广播消息过去。RTC_WAKEUP 的方式保证即使手机休眠了，也依然会发广播消息。

最后看文件 AndroidManifest.xml，在此需要注册一下 Activity 和 BroadCast。主要代码如下所示。

```
<application
    android:icon="@drawable/ic_launcher"
    android:label="@string/app_name" >
    <activity
        android:label="@string/app_name"
        android:name=".AlarmTestActivity" >
        <intent-filter >
            <action android:name="android.intent.action.MAIN" />
            <category android:name="android.intent.category.LAUNCHER" />
        </intent-filter>
    </activity>
    <receiver
        android:name="ActionBroadCast">
    </receiver>
</application>
```

这样执行后的效果如图 5-24 所示。

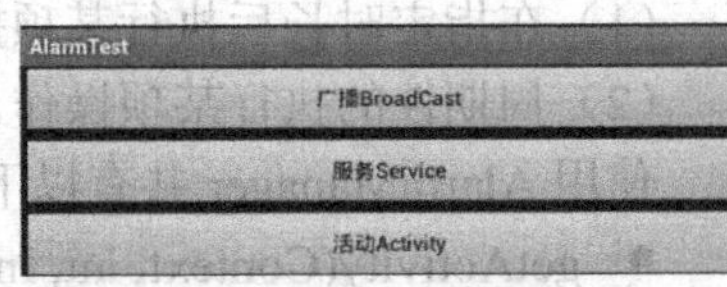

▲图 5-24 执行效果

5.14.3 特别提醒——闹钟服务

在 Android 系统中，对应 AlarmManager 有一个 AlarmManagerService 服务程序，该服务程序才是正真提供闹铃服务的，它主要维护应用程序注册下来的各类闹铃并适时设置即将触发的闹铃给闹铃设备（在系统中，Linux 实现的设备名为"/dev/alarm"），并且一直监听闹铃设备，一旦有闹铃触发或者是闹铃事件发生，AlarmManagerService 服务程序就会遍历闹铃列表找到相应的注册闹铃并发出广播。该服务程序在系统启动时被系统服务程序 system_service 启动并初始化闹铃设备（/dev/alarm）。当然，在 Java 层的 AlarmManagerService 与 Linux Alarm 驱动程序接口之间还有一层封装，那就是 JNI。

AlarmManager 将应用与服务分割开来后，使得应用程序开发者不用关心具体的服务，而是直接通过 AlarmManager 来使用这种服务。这也许就是客户/服务模式的好处吧。AlarmManager 与 AlarmManagerService 之间是通过 Binder 来通信的，它们之间是多对一的关系。

5.15 黑名单拦截机制

实例 129	实现和名单电话拦截功能
源码路径	光盘:\daima\129
视频路径	光盘:\视频\129

5.15.1 实例说明

本实例具备基本的黑名单功能，并且在前面实例的基础上进行了一些改进，增加了可以从通讯录读取电话，启动和取消黑名单功能，增加了国际化功能。

5.15.2 具体实现

实例文件 MainActivity.java 的主要代码如下所示。

```
public void onCreate(Bundle savedInstanceState) {
    super.onCreate(savedInstanceState);
    setContentView(R.layout.main);
    initView();
    prepareListener();
    setListener();

}

@Override
protected Dialog onCreateDialog(int id) {
    // TODO Auto-generated method stub
    return buildDialog(MainActivity.this);

}

/**
 * 初始化视图组件
 */
private void initView() {
    tv = (TextView) findViewById(R.id.apptip);
    stateTips = (TextView) findViewById(R.id.mTextView01);
    phoneView = (TextView) findViewById(R.id.TextView02);
    btncontact = (Button) findViewById(R.id.btnConact);
    btnset = (Button) findViewById(R.id.btnSet);
    etPhone = (EditText) findViewById(R.id.phonetext);
    btnCancel = (Button)findViewById(R.id.btnCancel);
}

/**
 * 初始化组件事件监听器
 */
private void prepareListener() {
    btncontactListener = new OnClickListener() {

        public void onClick(View v) {
            // TODO Auto-generated method stub
            Intent intent = new Intent(MainActivity.this,
                    ContactActivity.class);
            startActivityForResult(intent, CONTACT_LIST);
        }

    };
    btnsetListener = new OnClickListener() {

        public void onClick(View v) {
            // TODO Auto-generated method stub
            phoneListener = new mPhoneCallListener();
            /**
             * 设置 TelephonyManager 去抓取 telephone service
             */
            telMgr = (TelephonyManager) getSystemService(TELEPHONY_SERVICE);
            /* Listen Call */
            telMgr.listen(phoneListener, mPhoneCallListener.LISTEN_CALL_STATE);
            showDialog(0);
        }

    };

    btncancelListener = new OnClickListener() {

        public void onClick(View v) {
            // TODO Auto-generated method stub
            //TelephonyManager telMgr = (TelephonyManager) getSystemService (TELEPHONY_
SERVICE);

            telMgr.listen(phoneListener, mPhoneCallListener.LISTEN_NONE);
```

```
            showDialog(0);
        }

    };
}

/**
 * 设置组件监听器
 */
private void setListener() {
    btncontact.setOnClickListener(btncontactListener);
    btnset.setOnClickListener(btnsetListener);
    btnCancel.setOnClickListener(btncancelListener);
}

/**
 * 获取返回值的回调方法
 */
@Override
protected void onActivityResult(int requestCode, int resultCode, Intent data) {
    // TODO Auto-generated method stub
    super.onActivityResult(requestCode, resultCode, data);
    switch (requestCode) {
    case CONTACT_LIST: {
        Bundle extras = data.getExtras();
        etPhone.setText(extras.getString("Number"));
        // editPhonerName.setText(extras.getString("Name"));
        phoneView.setText(extras.getString("Number"));
    }
        break;
    }
}
/**
 * 继承 phonestatelistener 实现自己的逻辑方法
 * @author Administrator
 *
 */
public class mPhoneCallListener extends PhoneStateListener {
    @Override
    public void onCallStateChanged(int state, String incomingNumber) {
        // TODO Auto-generated method stub
        switch (state) {
        /*   取得手机是待机状态 */
        case TelephonyManager.CALL_STATE_IDLE:
            stateTips.setText(R.string.str_CALL_STATE_IDLE);

            try {
                AudioManager audioManager = (AudioManager) getSystemService (Context.
                AUDIO_SERVICE);
                if (audioManager != null) {
                    /* 设置手机为待机时响铃为正常模式 */
                    audioManager
                        .setRingerMode(AudioManager.RINGER_MODE_NORMAL);
                    audioManager.getStreamVolume(AudioManager.STREAM_RING);
                }
            } catch (Exception e) {
                stateTips.setText(e.toString());
                e.printStackTrace();
            }
            break;

        /*   取得手机状态为通话中 */
        case TelephonyManager.CALL_STATE_OFFHOOK:
            stateTips.setText(R.string.str_CALL_STATE_OFFHOOK);
            break;

        /*   取得手机状态为来电 */
        case TelephonyManager.CALL_STATE_RINGING:
            /* 显示来电信息    */
            stateTips.setText(getResources().getText(
                    R.string.str_CALL_STATE_RINGING)
```

```
                + incomingNumber);
        Log.i("电话",phoneView.getText().toString());
        /* 判断与输入电话是否为一样，一样则转为静音模式  */
        if (incomingNumber.equals(phoneView.getText().toString())) {
            try {
                AudioManager audioManager = (AudioManager) getSystemService (Context.
                AUDIO_SERVICE);
                if (audioManager != null) {
                    /* 设置响铃模式为静音  */
                    audioManager
                            .setRingerMode(AudioManager.RINGER_MODE_SILENT);
                    audioManager
                            .getStreamVolume(AudioManager.STREAM_RING);
                    Toast.makeText(MainActivity.this,
                            getString(R.string.str_msg),
                            Toast.LENGTH_LONG).show();
                }
            } catch (Exception e) {
                stateTips.setText(e.toString());
                e.printStackTrace();
                break;
            }
        }
    }

    super.onCallStateChanged(state, incomingNumber);

    etPhone.setOnKeyListener(new EditText.OnKeyListener() {
        public boolean onKey(View v, int keyCode, KeyEvent event) {
            // TODO Auto-generated method stub
            /* 同步显示  TextView */
            phoneView.setText(etPhone.getText());
            return false;
        }
    });
}

/**
 * 构造对话框
 * @param context
 * @return
 */
private Dialog buildDialog(Context context) {
    AlertDialog.Builder builder = new AlertDialog.Builder(context);
    builder.setTitle(R.string.alertTips);
    builder.setPositiveButton("OK",
            new DialogInterface.OnClickListener() {
                public void onClick(DialogInterface dialog, int whichButton) {
                }
            });
//      builder.setNegativeButton("取消",
//              new DialogInterface.OnClickListener() {
//                  public void onClick(DialogInterface dialog, int whichButton) {
//
//                  }
//              });
    return builder.create();
}
}
```

5.15.3 特别提醒——Android 的通话机制

Android 没有对外公开结束通话的 API，如果需要结束通话，必需使用 AIDL 与电话管理服务进行通信，并调用服务中的 API 实现结束通话，具体方法如下所示。

（1）从 Android 的源代码中复制以下文件到项目中：

com.android.internal.telephony 包下的 ITelephony.aidl，对应 Android 版本源码如下目录：

```
\base\telephony\java\com\android\internal\telephony
```

还有 android.telephony 包下的 NeighboringCellInfo.aidl，由此可见，需要在项目中建立对应的包名存放上述两个 aidl 文件。

（2）调用 ITelephony.endCall()结束通话，代码如下所示：

```
Method method = Class.forName("android.os.ServiceManager").getMethod
("getService", String.class);www.2cto.com
IBinder binder = (IBinder)method.invoke(null, new Object[]{TELEPHONY_SERVICE});
ITelephony telephony = ITelephony.Stub.asInterface(binder);
telephony.endCall();
```

（3）以上只是 ITelephony 的用法之一。可应用于实现电话的黑名单功能——监听电话来电状态，判断其若是黑名单号码，即当时挂断电话。另外还有其他很多实用的方法，例如，其 call 方法可以直接拨打出电话，获取电话呼叫状态等方法。

需要在清单文件 AndroidManifest.xml 中添加权限：

```
<uses-permission android:name="android.permission.CALL_PHONE" />
```

5.16 开机后启动一个服务

实例 130	设置开机后启动一个服务
源码路径	光盘:\daima\130
视频路径	光盘:\视频\130

5.16.1 实例说明

本实例的功能是，设置开机后将自动启动一个服务，演示在 Android 中使用 Intent 机制启动一个 Activity 的过程。

5.16.2 具体实现

实例文件 BootBroadcastReceiver.java 的主要代码如下所示。

```
public void onReceive(Context context, Intent intent) {
        // TODO Auto-generated method stub
        Log.v(TAG, "+++++++++++just try to open PowerManager Servers+++++++++++");
        if(intent.getAction().equals(ACTION))
        {
            Log.e(TAG, "try to start powerManager servers");
            Intent mDemoService=new Intent();//启动服务
            mDemoService.addFlags(Intent.FLAG_ACTIVITY_NEW_TASK);
            mDemoService.setClass(context, StartBootDemoServer.class);
            context.startService(mDemoService);

            }

    }
```

5.16.3 特别提醒——开机自动启动的原理

在 Android 系统中，开机自动启动的原理是：实现一个 BroadcastReceiver，监听手机启动完成的事件 ACTION_BOOT_COMPLETED 即可。服务被关闭后如何自动启动呢？方法是：在手机启动后不直接启动 Service，而是启动一个 Timer，或者 AlarmManager，然后每隔一段时间去启动 Service。

第 6 章 数据存储服务

在本书前面的实例中，曾经提到过“数据存储”这一概念。数据存储是手机领域中最常见的应用之一，通过数据存储能够在移动设备中显示不同的信息。本章将通过具体实例的实现流程，来详细讲解在 Android 系统中实现数据存储的基本用法。

6.1 在屏幕中显示 SharedPreferences 存储的信息

实例 131	在屏幕中显示 SharedPreferences 存储的信息
源码路径	daima\131
视频路径	视频\131

6.1.1 实例说明

SharedPreferences 是 Android 提供的用来存储一些简单配置信息的机制。例如，一些默认欢迎语、登录的用户名和密码等。SharedPreferences 以键值对的方式存储，这样开发人员可以很方便地实现读取和存入。

SharedPreferences 类似过去 Windows 系统上的 ini 配置文件，但是可以分为多种权限，可以全局共享访问。虽然此存储方式的整体效率不是特别高，但是对于常规的轻量级而言比 SQLite 好很多，如果存储量不大可以考虑自己定义文件格式。XML 处理时 Dalvik 会通过自带底层的本地 XML Parser 解析，比如 XMLpull 方式，这样对于内存资源占用比较好。

通过本实例的实现过程，向读者详细讲解使用 SharedPreferences 存储方式的基本流程。

6.1.2 具体实现

编写文件 exampleHelper.java，主要代码如下所示。

```
public class exampleHelper {
    SharedPreferences sp;
    SharedPreferences.Editor editor;

    Context context;

    public exampleHelper(Context c,String name){
        context = c;
        sp = context.getSharedPreferences(name, 0);
        editor = sp.edit();
    }
    public void putValue(String key, String value){
        editor = sp.edit();
        editor.putString(key, value);
        editor.commit();
    }
```

```
    public String getValue(String key){
        return sp.getString(key, null);
    }
}
```

编写文件 exampleuse.java，主要代码如下所示。

```
public class exampleuse extends Activity {
    public final static String COLUMN_NAME ="name";
    public final static String COLUMN_MOBILE ="mobile";
    exampleHelper sp;
    @Override
    public void onCreate(Bundle savedInstanceState) {
        super.onCreate(savedInstanceState);
        //setContentView(R.layout.main);

        sp = new exampleHelper(this, "contacts");

        //设置存储的信息
        sp.putValue(COLUMN_NAME, "Mr WANG");
        sp.putValue(COLUMN_MOBILE, "1506907XXXX");


        //2. to fetch the value
        String name = sp.getValue(COLUMN_NAME);
        String mobile = sp.getValue(COLUMN_MOBILE);

        TextView tv = new TextView(this);
        tv.setText("NAME:"+ name + "\n" + "MOBILE:" + mobile);
        setContentView(tv);
    }
}
```

执行后的效果如图 6-1 所示。

▲图 6-1　执行效果

6.1.3　特别提醒——存放数据的路径

在上述代码中，因为“pack_name”为“example120”，所以存放数据的路径为是“data/data/example120 /share_prefs/contacts.xml”。文件 contacts.xml 的内容如下：

```
<?xml version='1.0' encoding='utf-8' standalone='yes' ?>
<map>
<string name="mobile">1506907XXXX</string>
<string name="name">Mr WANG</string>
</map>
```

6.2 数据的添加和删除

实例 132	演示数据添加、删除等操作
源码路径	daima\132
视频路径	视频\132

6.2.1　实例说明

在数据库编程中，我们通常使用 SQL 语句来操作数据库中的数据，例如添加、删除、修改等操作。在 Android 开发应用中，也可以操作存储在数据库中的数据，分别实现对这些数据的添加、删除和修改操作。在本实例中，使用 SQLite 存储方式来保存数据，并通过编程方式来操作里面的数据。

6.2.2　具体实现

编写主程序文件，其具体实现流程如下所示。

（1）定义继承于 SQLiteOpenHelper 的类 DatabaseHelper，具体代码如下所示。

```
private static class DatabaseHelper extends SQLiteOpenHelper {
    DatabaseHelper(Context context) {
        super(context, DATABASE_NAME, null, DATABASE_VERSION);
    }
    @Override
    public void onCreate(SQLiteDatabase db) {
        String sql = "CREATE TABLE " + TABLE_NAME + " (" + TITLE
            + " text not null, " + BODY + " text not null " + ");";
        Log.i("haiyang:createDB=", sql);
        db.execSQL(sql);
    }
    @Override
    public void onUpgrade(SQLiteDatabase db, int oldVersion, int newVersion) {
    }
}
```

在上述代码中，类 DatabaseHelper 继承了 SQLiteOpenHelper 类，并且重写了 onCreate 和 onUpgrade 方法。在 onCreate()方法里边首先我们构造一条 SQL 语句，然后调用 db.execSQL(sql)执行 SQL 语句。这条 SQL 语句为我们生成一张数据库表。

此处的 SQLiteOpenHelper 是一个辅助类，功能是生成一个数据库，并管理数据库的版本。当在程序当中调用此类中的方法 getWritableDatabase 或者 getReadableDatabase 的时候，如果没有数据则 Android 系统就会自动生成一个数据库。SQLiteOpenHelper 同时也是一个抽象类，其主要功能是通过如下 3 个函数实现的。

- onCreate（SQLiteDatabase）：在数据库第一次生成的时候会调用这个方法，一般我们在这个方法里生成数据库表。
- onUpgrade（SQLiteDatabase, int, int）：当数据库需要升级的时候，Android 系统会主动调用这个方法。一般我们在这个方法里删除数据表，并建立新的数据表，当然是否还需要做其他操作，完全取决于应用的需求。
- onOpen（SQLiteDatabase）：这是当打开数据库时的回调函数，一般也不会用到。

（2）编写按钮处理事件，单击【插入两条记录】按钮后插入两条新的记录到数据库中的 diary 表中，并且在屏幕的 Title（标题）区域就会有成功提示，如图 6-2 所示。

单击【插入两条记录】按钮后执行监听器里的 onClick 方法，并最终执行 insertItem 方法以插入两条数据。具体代码如下所示。

```
/*插入两条数据*/
private void insertItem() {
    SQLiteDatabase db = mOpenHelper.getWritableDatabase();
    String sql1 = "insert into " + TABLE_NAME + " (" + TITLE + ", " + BODY
            + ") values('haiyang','Android很好');";
    String sql2 = "insert into " + TABLE_NAME + " (" + TITLE + ", " + BODY
            + ") values('icesky', 'Android很好');";
    try {
        Log.i("haiyang:sql1=", sql1);
        Log.i("haiyang:sql2=", sql2);
        db.execSQL(sql1);
        db.execSQL(sql2);
        setTitle("成功插入两条数据");
    } catch (SQLException e) {
        setTitle("插入失败");
    }
}
```

在上述代码中，sql1 和 sql2 是标准的实现插入操作的 SQL 语句，“Log.i()”会将参数内容打印到日志中，并且打印级别是 Info 级别，“db.execSQL（sql1）”的功能是执行 SQL 语句。

（3）单击【查询数据】按钮后会在屏幕的 Title 区域中显示当前数据表中的数据条数，因为刚才插入了两条数据，所以此时显示为两条，如图 6-3 所示。

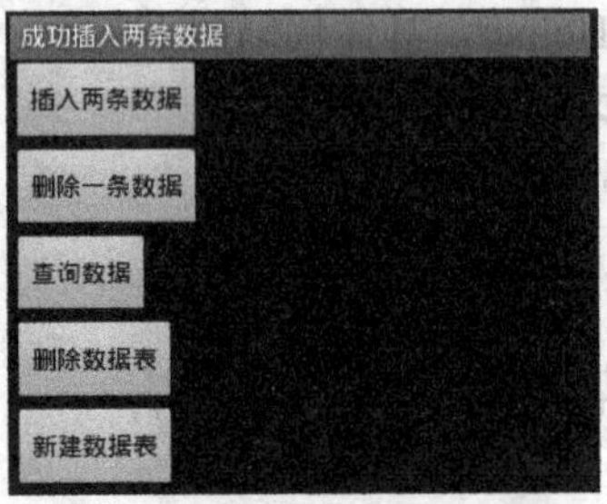

▲图 6-2　插入成功

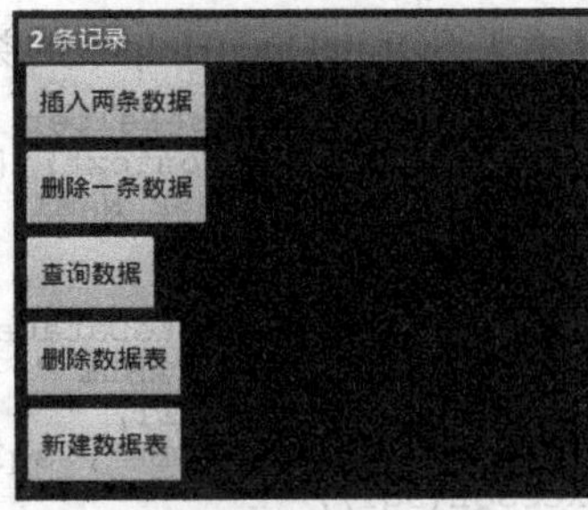

▲图 6-3　查询数据

单击【查询数据】按钮后会执行 showItems 方法，具体代码如下所示。

```
    /* 在屏幕的 title 区域显示当前数据表当中的数据的条数 */
    private void showItems() {
        /得到一个可写的数据库/
        SQLiteDatabase db = mOpenHelper.getReadableDatabase();
        String col[] = { TITLE, BODY };
        Cursor cur = db.query(TABLE_NAME, col, null, null, null, null, null);
        /通过 getCount()方法，可以得到 Cursor 当中数据的个数。/
        Integer num = cur.getCount();
        setTitle(Integer.toString(num) + " 条记录");
    }
}
```

在上述代码中，通过如下代码将查询到的数据放到一个 Cursor 中。

```
Cursor cur = db.query(TABLE_NAME, col, null, null, null, null, null)
```

通过上述语句，在 Cursor 中封装了表 TABLE_NAME 中的所有数据条列。在 query()方法中包含了 7 个参数，各个参数的具体说明如下。

- 第 1 个参数：代表数据库里表的名字，比如在这个例子中，表的名字就是 TABLE_NAME，也就是"diary"。
- 第 2 个字段：代表想要返回数据包含的列的信息。在这个例子当中我们想要得到的列有 title、body。我们把这两个列的名字放到字符串数组里来。
- 第 3 个参数 selection：相当于 SQL 语句的 where 部分，如果想返回所有的数据，那么就直接置为 null。
- 第 4 个参数 selectionArgs：在 selection 部分可能会用到"？"操作符，此时需要在 selectionArgs 定义的字符串代替 selection 中的"？"。
- 第 5 个参数 groupBy：定义查询出来的数据是否分组，如果为 null 则说明不用分组。
- 第 6 个参数 having：相当于 SQL 语句当中的 having 部分。
- 第 7 个参数 orderBy：用于描述我们期望的返回值是否需要排序，如果设置为 null 则说明不需要排序。

（4）单击【删除一条数据】按钮后会删除库中的一条数据，如果成功删除，在屏幕的 title 区域会显示对应的文字提示，如图 6-4 所示。

现在我们再单击查询数据库按钮，看数据库里边的记录是不是少了一条。当单击【删除一条数据】按钮后会执行 deleteItem 方法，其代码如下所示。

```
    /*
    * 删除其中的一条数据
    */
    private void deleteItem() {
        try {
            SQLiteDatabase db = mOpenHelper.getWritableDatabase();
            db.delete(TABLE_NAME, " title = 'aaa'", null);
            setTitle("删除 title 为 aaa 的一条记录");
```

```
    } catch (SQLException e){
    }
}
```

在上述代码中，通过如下语句删除了一条题目为“aaa”的数据。当然如果有很多条数据 title 都为“aaa”，那么一并删除。在方法 delete 中各个参数的具体说明如下。

- 第一个参数：表示数据库表名，在这里是 TABLE_NAME，也就是 diary。
- 第二个参数：相当于 SQL 语句中的 where 部分，也就是描述了删除的条件。如果在第二个参数当中有“？”，那么第三个参数中的字符串会依次替换在第二个参数当中出现的“？”符号。

（5）单击【删除数据表】按钮后可以删除数据表 diary，如图 6-5 所示。

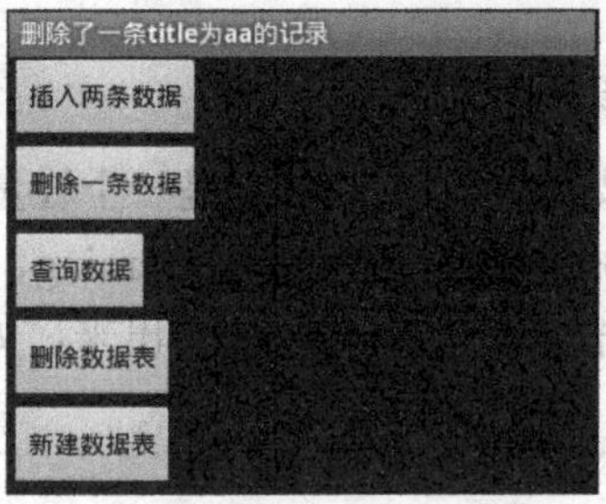

▲图 6-4　删除一条数据

▲图 6-5　删除表

删除数据表功能是通过方法 dropTable 实现的，在此方法中构造了一个标准的删除数据表的 SQL 语句，然后执行这条语句 db.execSQL(sql)。具体代码如下所示。

```
/*删除数据表*/
private void dropTable() {
    SQLiteDatabase db = mOpenHelper.getWritableDatabase();
    String sql = "drop table " + TABLE_NAME;
    try {
        db.execSQL(sql);
        setTitle("成功删除数据表：" + sql);
    } catch (SQLException e) {
        setTitle("删除错误");
    }
} }
```

（6）此时单击其他的按钮，程序会出现异常，在此单击【新建数据表】按钮，如图 6-6 所示。如果此时单击【查询数据】按钮，则显示有 0 条数据，如图 6-7 所示。

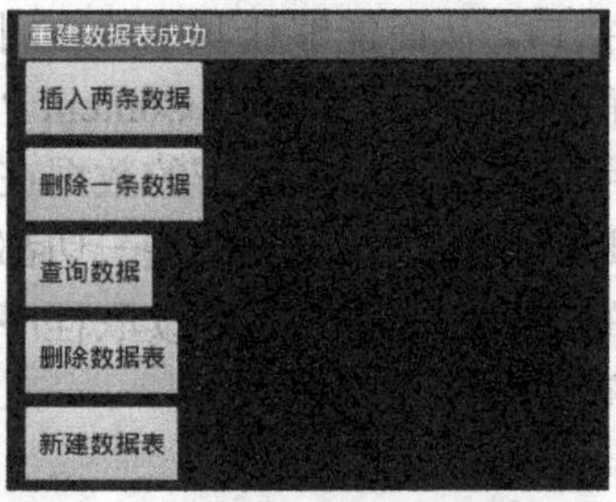

▲图 6-6　新建表

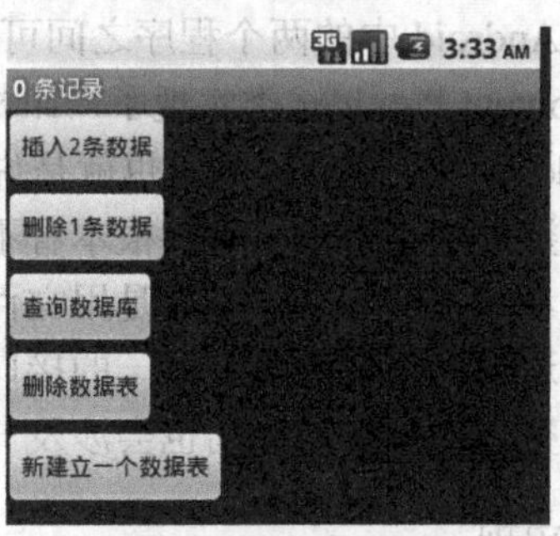

▲图 6-7　显示 0 条记录

创建新表功能是通过方法 CreateTable 实现的，主要代码如下所示。

```
/*重新建立数据表*/
private void CreateTable() {
```

```
        SQLiteDatabase db = mOpenHelper.getWritableDatabase();
        String sql = "CREATE TABLE " + TABLE_NAME + " (" + TITLE
                + " text not null, " + BODY + " text not null " + ");";
        Log.i("haiyang:createDB=", sql);

        try {
            db.execSQL("DROP TABLE IF EXISTS diary");
            db.execSQL(sql);
            setTitle("重建数据表成功");
        } catch (SQLException e) {
            setTitle("重建错误");
        }
    }
```

在上述代码中，如果已经存在 diary 表，则需要先删除原来的，因为在同一个数据库当中不能出现两张同样名字的表。

6.2.3　特别提醒——Android 支持 5 种打印输出级别

SQLite 是 Android 所带的一个标准的数据库，它支持 SQL 语句，它是一个轻量级的嵌入式数据库。Android 支持 5 种打印输出级别，分别是 Verbose、Debug、Info、Warning、Error，当然我们在程序当中一般用到的是 Info 级别，即将一些自己需要知道的信息打印出来，如图 6-8 所示。

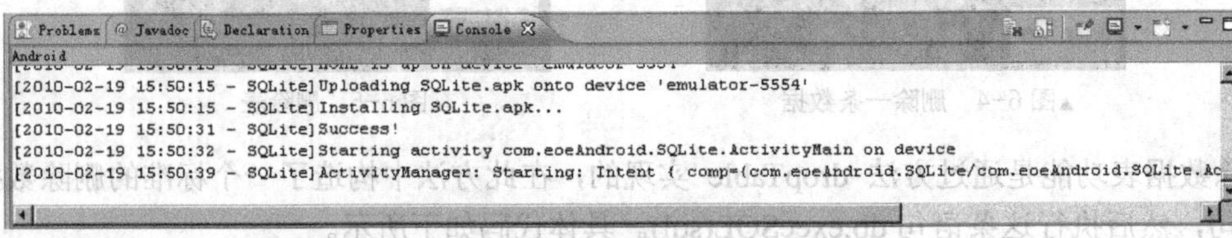

▲图 6-8　打印输出级别

6.3　演示 ContentProvider 的用法

实例 133	演示 ContentProvider 的用法
源码路径	daima\133
视频路径	视频\133

6.3.1　实例说明

在 Android 系统中，数据是私有的，当然这些数据包括文件数据和数据库数据以及一些其他类型的数据。Android 中的两个程序之间可以进行数据交换，此功能就是通过 Content Provider 实现的。一个 Content Provider 类实现了一组标准的方法接口，从而能够让其他的应用保存或读取此 Content Provider 的各种数据类型。也就是说，一个程序可以通过实现一个 Content Provider 的抽象接口将自己的数据暴露出去。外界根本看不到，也不用看到这个应用暴露的数据在应用当中是如何存储的，或者是用数据库存储还是用文件存储，还是通过网上获得，这些一切都不重要，重要的是外界可以通过这一套标准及统一的接口和程序里的数据打交道，可以读取程序的数据，也可以删除程序的数据，当然，中间也会涉及一些权限的问题。

6.3.2　具体实现

（1）单击模拟器的 MENU 键，单击在桌面上弹出的“Add”选项，如图 6-9 所示。

（2）进入应用后，依次单击选择“Shortcuts”、“Contact”和“Create new contact”，如图 6-10 所示。

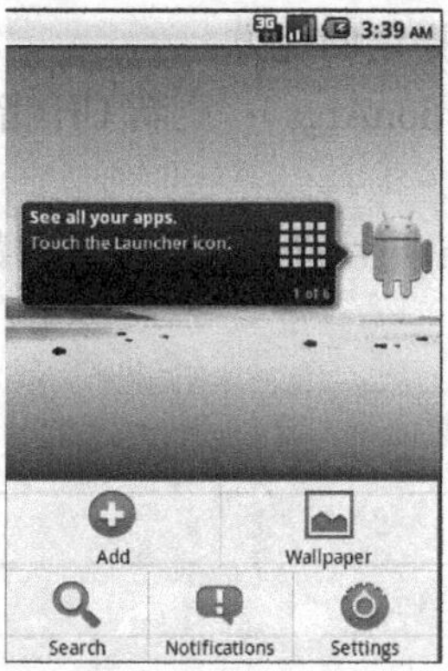

▲图 6-9 出现的桌面

▲图 6-10 单击 Create new contact

（3）在弹出界面中添加联系人姓名和电话号码信息，如图 6-11 所示。

（4）填写资料完毕后，单击【DONE】按钮完成保存，如图 6-12 所示。

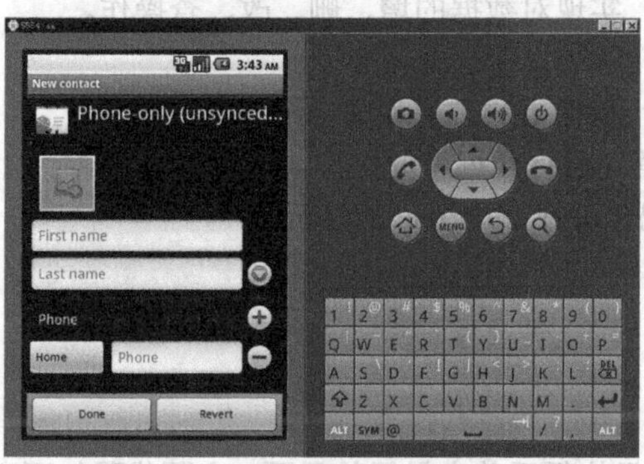

▲图 6-11 添加联系人姓名和电话号码

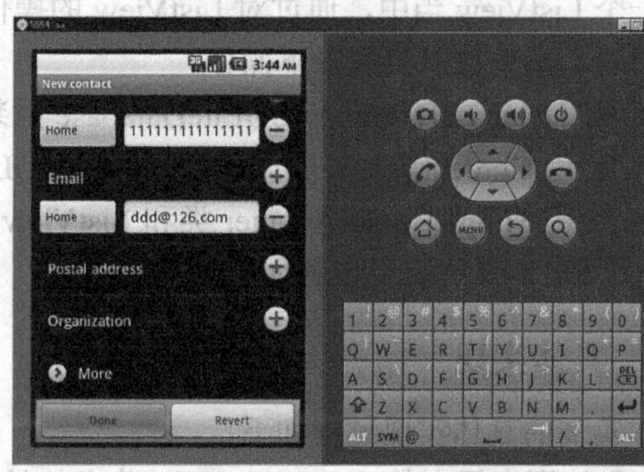

▲图 6-12 单击 Save 保存

（5）按照上述操作步骤，即可添加 1 条联系人数据，效果如图 6-13 所示。

上述存储联系人的操作过程就是将信息使用 Content Provider 进行存储的过程。接下来再看实例文件代码，文件 example122.java 的主要代码如下所示。

▲图 6-13 添加后的数据

```
public class example122 extends ListActivity {
protected void onCreate(Bundle savedInstanceState) {
    super.onCreate(savedInstanceState);
    Cursor c = getContentResolver().query(Phones.CONTENT_URI, null, null, null, null);
    startManagingCursor(c);
    ListAdapter adapter = new SimpleCursorAdapter(this,
            android.R.layout.simple_list_item_2, c,
                    new String[] { Phones.NAME, Phones.NUMBER },
                    new int[] { android.R.id.text1, android.R.id.text2 });
    setListAdapter(adapter);
  }
}
```

6.3.3 特别提醒——ContentResolver 提供的接口

外界的程序可以通过 ContentResolver 接口来访问 Content Provider 提供的数据，在 Activity 中通过 getContentResolver()可以得到当前应用的 ContentResolver 实例。ContentResolver 提供的接口和 ContentProvider 中需要实现的接口对应，具体来说主要有以下几个。

- query（Uri uri, String[] projection, String selection, String[] selectionArgs,String sortOrder）：通过 Uri 进行查询，返回一个 Cursor。

- insert（Uri url, ContentValues values）：将一组数据插入到 Uri 指定的地方。
- update（Uri uri, ContentValues values, String where, String[] selectionArgs）：更新 Uri 指定位置的数据。
- delete（Uri url, String where, String[] selectionArgs）：删除指定 Uri 并且符合一定条件的数据。

6.4 使用 SQLite 编写一个日记本

实例 134	使用 SQLite 编写一个日记本
源码路径	daima\134
视频路径	视频\134

6.4.1　实例说明

在本实例中，不但要对数据库进行增、删、改、查的操作，而且还要把数据库当中的数据显示在一个 ListView 当中，通过对 ListView 的操作，实现对数据的增、删、改、查操作。

通过本实例可以实现以下操作。

- 对 DatabaseHelper 和 SQLiteDatabase 封装，以便更加方便和安全地访问数据库。
- 利用 ContentValues 类来代替原始的 SQL 语句进行数据库的操作。
- 使用 SimpleCursorAdapter 类和 ListView 配合进行 ListView 的显示。
- 日记本具体实现步骤如下所述。

6.4.2　具体实现

本实例的具体实现过程如下：

（1）编写布局文件 diary_list.xml，此文件是项目执行后首先显示的界面，主要代码如下所示。

```
<?xml version="1.0" encoding="utf-8"?>
<LinearLayout xmlns:android="http://schemas.android.com/apk/res/android"
    android:layout_width="wrap_content"
    android:layout_height="wrap_content">
    <ListView android:id="@+id/android:list"
        android:layout_width="wrap_content"
        android:layout_height="wrap_content" />
    <TextView android:id="@+id/android:empty"
android:layout_width="wrap_content"
android:layout_height="wrap_content" android:text="按下 MENU 写日记!! " />
</LinearLayout>
```

执行后效果如图 6-14 所示。

▲图 6-14　首先显示的界面

（2）编写文件 DiaryDbAdapter.java，此文件的实现流程如下所示。

- 定义类 DiaryDbAdapter，此类用于封装 DatabaseHelper 和 SQLiteDatabase 类，使我们对数据库的操作更加安全和方便。定义 DatabaseHelper 类的方法非常简单，只不过在这个例子里，在 onUpgrade 中增加了升级的代码，具体如下所示。

```
private static class DatabaseHelper extends SQLiteOpenHelper {
        DatabaseHelper(Context context) {
            super(context, DATABASE_NAME, null, DATABASE_VERSION);
        }
        @Override
    public void onCreate(SQLiteDatabase db) {          //生成数据库
            db.execSQL(DATABASE_CREATE);
        @Override
```

```
        public void onUpgrade(SQLiteDatabase db, int oldVersion, int newVersion) {
            db.execSQL("DROP TABLE IF EXISTS diary");
            onCreate(db);
        }
    }
```

在 DiaryDbAdapter 类中提供了如下方法。

➢ open()：调用这个方法后，如果数据库还没有建立，那么会建立数据库，如果数据库已经建立了，那么会返回可写的数据库实例。

➢ close()：调用此方法，DatabaseHelper 会关闭对数据库的访问。

➢ createDiary（String title, String body）通过一个 title 和 body 字段在数据库当中创建一条新的纪录。

➢ deleteDiary（long rowId）：通过记录的 id，删除数据库中的那条记录。

➢ getAllNotes()：得到 diary 表中所有的记录，并且以一个 Cursor 的形式进行返回。

➢ getDiary（long rowId）：通过记录的主键 id，得到特定的一条记录。

➢ updateDiary（long rowId, String title, String body）：更新主键 id 为 rowId 那条记录中的两个字段 title 和 body 字段的内容。

● 实现插入日记功能，通过 SQL 语句实现插入操作，SQL 语句的好处是比较直观。在这个例子当中，将要插入的值都放到一个 ContentValues 的实例中，然后执行插入操作，主要代码如下所示。

```
public long createDiary(String title, String body) {
        //实例化一个 contentValues 类
        ContentValues initialValues = new ContentValues();
        initialValues.put(KEY_TITLE, title);
        initialValues.put(KEY_BODY, body);// 将列名和对应的列值放置到 initialValues 里
        Calendar calendar = Calendar.getInstance();
        String created = calendar.get(Calendar.YEAR) + "年"
                + calendar.get(Calendar.MONTH) + "月"
                + calendar.get(Calendar.DAY_OF_MONTH) + "日"
                + calendar.get(Calendar.HOUR_OF_DAY) + "小时"
                + calendar.get(Calendar.MINUTE) + "分种";
        initialValues.put(KEY_CREATED, created);
        return mDb.insert(DATABASE_TABLE, null, initialValues);// 插入一条新的纪录
    }
```

● 实现修改日记功能，在此采用 ContentValues 机制来更新一条记录，主要代码如下所示。

```
public boolean updateDiary(long rowId, String title, String body) {
        ContentValues args = new ContentValues();
        args.put(KEY_TITLE, title);
        args.put(KEY_BODY, body);
        Calendar calendar = Calendar.getInstance();
        String created = calendar.get(Calendar.YEAR) + "年"
                + calendar.get(Calendar.MONTH) + "月"
                + calendar.get(Calendar.DAY_OF_MONTH) + "日"
                + calendar.get(Calendar.HOUR_OF_DAY) + "小时"
                + calendar.get(Calendar.MINUTE) + "分种";
        args.put(KEY_CREATED, created);
        return mDb.update(DATABASE_TABLE, args, KEY_ROWID + "=" +
rowId, null) > 0;
    }
```

此时返回到程序的主界面，对应的 Activity 是 example123。当按下 MENU 键后出现的界面如图 6-15 所示。

（3）编写文件 example123.java，此文件的实现流程如下所示。

● 编写方法 onMenuItemSelected，用于处理选择按下 MENU 时弹出的选项，主要代码如下所示。

▲图 6-15　运行界面

```
@Override
public boolean onMenuItemSelected(int featureId, MenuItem item) {
    switch (item.getItemId()) {
    case INSERT_ID:
        createDiary();
        return true;
    case DELETE_ID:
        mDbHelper.deleteDiary(getListView(). getSelectedItemId());
        renderListView();
        return true;
    }
    return super.onMenuItemSelected(featureId, item);
}
```

在上述代码中，如果单击添加一篇新日记按钮那么会执行 createDiary()语句；如果单击删除一条记录，会执行“mDbHelper.deleteDiary(getListView().getSelectedItemId())”语句，首先删除当前被选中的某一项所对应的数据库当中的记录；“renderListView()”语句用于重新对界面刷新。

- 方法 createDiary 首先构造了一个 Intent，此 Intent 负责跳转到 ActivityDiaryEdit 里，然后启动这个 Intent，并且需要返回值。主要代码如下所示。

```
private void createDiary() {
  Intent i = new Intent(this, ActivityDiaryEdit.class);
  startActivityForResult(i, ACTIVITY_CREATE);
  }
```

- 在此文件中有多处地方都用到了方法 renderListView()。在 onCreate 里用这个方法显示 ListView。当 ListView 需要发生变化后，例如，删除了一条记录或者增加了一条记录的时候，我们调用这个方法来刷新 ListView，方法 renderListView()的主要代码如下所示。

```
    private void renderListView() {
    mDiaryCursor = mDbHelper.getAllNotes();
    startManagingCursor(mDiaryCursor);
    String[] from = new String[] { DiaryDbAdapter.KEY_TITLE,
            DiaryDbAdapter.KEY_CREATED };
    int[] to = new int[] { R.id.text1, R.id.created };
    SimpleCursorAdapter notes = new SimpleCursorAdapter(this,
            R.layout.diary_row, mDiaryCursor, from, to);
    setListAdapter(notes);
}
```

➢ mDiaryCursor = mDbHelper.getAllNotes()语句：首先获取数据库当中的所有数据，这些数据以 Cursor 的形式存在。

➢ startManagingCursor（mDiaryCursor）语句：将生成的 Cursor 交给 Activity 来管理，这样的好处是系统能自动做很多事情，比如当程序暂停的时候，这个系统可以卸载 Cursor 以节省空间，当程序重新启动的时候系统重新查询生成 Cursor。

➢ String[] from：定义了 ListView 每一排对应的数据是从数据库中的哪个列表里选取。

➢ int[] to：和 SimpleAdapter 类似，里边是一个 View 的数组。这些 View 只能是 TextView 或者 ImageView。这些 View 是以 id 的形式来表示的，如 Android.R.id.text1。

➢ setListAdapter（notes）语句：将 SimpleCursorAdapter 和 ListActivity 里边的 ListView 绑定起来，至此在界面当中才会显示出列表来。

当单击【写新日记】按钮后的界面如图 6-16 所示。

图 6-20 所示的 Activity 是 ActivityDiaryEdit，对应的布局文件是 edit.xml，在里面插入了 LinearLayout 控件、TextView 控件和 EditText 控件，在 LinearLayout 中放置了一些文本框、输入框和一些 Button 按钮。主要代码如下所示。

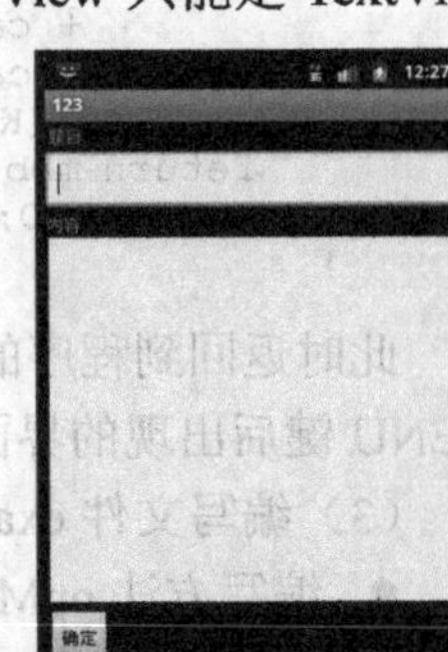

▲图 6-16　添加日记界面

```
<?xml version="1.0" encoding="utf-8"?>
```

```
<LinearLayout xmlns:android="http://schemas.android.com/ apk/res/android"
    android:orientation="vertical" android:layout_width="fill_parent"
    android:layout_height="fill_parent">
    <LinearLayout android:orientation="vertical"
        android:layout_width="fill_parent"
        android:layout_height="wrap_content">
        <TextView android:layout_width="wrap_content"
            android:layout_height="wrap_content" android:text="@string/title"
            android:padding="2px" />
        <EditText android:id="@+id/title"
            android:layout_width="fill_parent"
            android:layout_height="wrap_content" android:layout_weight="1" />
    </LinearLayout>
    <TextView android:layout_width="wrap_content"
        android:layout_height="wrap_content" android:text="@string/body" />
    <EditText android:id="@+id/body" android:layout_width="fill_parent"
        android:layout_height="fill_parent" android:layout_weight="1"
        android:scrollbars="vertical" android:gravity="top" />
    <Button android:id="@+id/confirm" android:text="@string/confirm"
        android:layout_width="wrap_content"
        android:layout_height="wrap_content" />
</LinearLayout>
```

输入日记内容并单击【确定】按钮后，调用按钮绑定的单击监听器里边的 onClick 方法，主要代码如下所示。

```
public void onClick(View view) {
  String title = mTitleText.getText().toString();
  String body = mBodyText.getText().toString();
  if (mRowId != null) {
  mDbHelper.updateDiary(mRowId, title, body);
  } else mDbHelper.createDiary(title, body);
  Intent mIntent = new Intent();
  setResult(RESULT_OK, mIntent);
  finish();
  }
```

目前 mRowId 为 null，所以执行 mDbHelper.createDiary（title, body）语句将数据保存到数据当中。通过 setResult（RESULT_OK, mIntent）语句用于设置返回值。执行完上边的代码后，系统跳转到 example123，并执行回调函数 onActivityResult，主要代码如下所示。

```
protected void onActivityResult(int requestCode, int resultCode,
  Intent intent) {
  super.onActivityResult(requestCode, resultCode, intent);
  renderListView();
  }
```

- 修改已经添加的日记进行处理。当单击 ListView 里边的条列后，可以对刚才保存的数据进行编辑。上述功能是通过 ActivityMain 中的 onListItemClick 方法实现的，主要代码如下所示。

```
// 需要对 position 和 ID 进行一个很好的区分
// position 指的是单击的这个 ViewItem 在当前 ListView 中的位置
// 每一个和 ViewItem 绑定的数据，肯定都有一个 ID，通过这个 ID 可以找到那条数据。
protected void onListItemClick(ListView l, View v, int position, long id) {
    super.onListItemClick(l, v, position, id);
    Cursor c = mDiaryCursor;
    c.moveToPosition(position);
    Intent i = new Intent(this, ActivityDiaryEdit.class);
    i.putExtra(DiaryDbAdapter.KEY_ROWID, id);
    i.putExtra(DiaryDbAdapter.KEY_TITLE, c.getString(c
            .getColumnIndexOrThrow(DiaryDbAdapter.KEY_TITLE)));
    i.putExtra(DiaryDbAdapter.KEY_BODY, c.getString(c
            .getColumnIndexOrThrow(DiaryDbAdapter.KEY_BODY)));
    startActivityForResult(i, ACTIVITY_EDIT);
}
```

对上述代码的几点说明：

➢ c.moveToPosition（position）语句：将在 Cursor 当中的指针移到 Position 位置，这个 Position 位置是我们单击的这个一列在整个列表中的位置。

➢ Intent i = new Intent（this, ActivityDiaryEdit.class）语句：构造一个跳转到 ActivityDiaryEdit 的 intent。

➢ putExtra()方法：将要传递的数据放到 intent 当中。

➢ c.getString（c.getColumnIndexOrThrow(DiaryDbAdapter.KEY_TITLE)）：得到这一条数据中列名为 Title 的值。

➢ c.getString（c.getColumnIndexOrThrow(DiaryDbAdapter.KEY_BODY)）：得到这一条数据中列名为 Body 的值。

➢ startActivityForResult（i, ACTIVITY_EDIT）语句：启动 Intent，发生 Activity 的跳转。

（4）编写文件 ActivityDiaryEdit，其中方法 onCreate 的主要代码如下所示。

```
Bundle extras = getIntent().getExtras();
 if (extras != null) {
 String title = extras.getString(DiaryDbAdapter.KEY_TITLE);
 String body = extras.getString(DiaryDbAdapter.KEY_BODY);
 mRowId = extras.getLong(DiaryDbAdapter.KEY_ROWID);
  if (title != null) {
 mTitleText.setText(title);
 } if (body != null) {
 mBodyText.setText(body);
 }
 }
```

在上述代码中，ActivityDiaryEdit 的 Activity 中有 2 个 Intent 可以跳转进来。

● 第一种是新建一篇日记的时候，此时 Intent 中的 Extras 部分没有任何数据；

● 第二种情况是在单击列表的某一个条列的时候，此时的 Intent 如上所示会携带 Extras 数据。所以在 ActivityDiaryEdit 中我们通过判断 Extras 是否为 Null，就可以判断是哪种 Intent 启动的。

发表日记后会在屏幕中列表显示发布的日记标题，如图 6-17 所示。上下移动焦点（可以通过键盘的上下键或者模拟器中的上下按键），可以对拥有焦点的那一项进行删除，如图 6-18 所示。

▲图 6-17　上下移动焦点界面

▲图 6-18　开始删除一条日记

删除操作时，首先执行 onMenuItemSelected 中的代码。

```
mDbHelper.deleteDiary(getListView().getSelectedItemId());
 renderListView();
```

在上述代码中。

● getListView()方法：用于获取当前的 ListView 引用。

● getSelectedItemId()方法用于获取当前这一列所对应的数据项的 rowId，也就是这条数据在数据库中的主键 ID。

- mDbHelper.deleteDiary()方法：用于删去数据库中的这一列数据。
- renderListView()方法：用于对列表重新刷新一遍。

6.4.3 特别提醒——SimpleCursorAdapter 和 ArrayAdapter 的对比

SimpleCursorAdapter 和 ArrayAdapter 类似，SimpleCursorAdapter 也是集成 Adapter。ArrayAdapter 负责把一个字符串数组中的数据填充到一个 ListView 当中，而对应的 SimpleCursorAdapter 负责把 Cursor 里边的内容填充到 ListView 当中。通过 SimpleCursorAdapter 可以把数据库当中一列的数据和 ListView 中一排进行对应起来。和前两个 Adapter 类似，要求和数据对应的 View 必需是 TextView 或者 ImageView。

6.5 使用 Content Provider 实现日记本功能

实例 135	使用 Content Provider 实现日记本功能
源码路径	daima\135
视频路径	视频\135

6.5.1 实例说明

在本书前面的内容中已经学习过 Content Provider 的内容，并且使用了系统中一个联系人的 Content Provider，在本实例中，日记本功能是通过 Content Provider 实现的，而不是直接用数据库实现。这样外界的程序就可以访问得到日记本这个应用数据。通过本实例可以学到以下操作。

- 如何实现一个 Content Provider。
- 理解 UriMatcher 的含义。
- onPrepareOptionsMenu 方法介绍。

6.5.2 具体实现

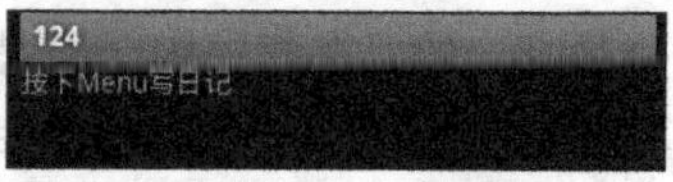

▲图 6-19 执行效果

运行后的效果如图 6-19 所示。

（1）图 6-19 所示的界面效果在前面的例子里已经见过。本例的主 Activity 是一个 ListActivity，对应的布局文件是 diary_list.xml，其主要代码如下所示。

```
<?xml version="1.0" encoding="utf-8"?>
<LinearLayout xmlns:android="http://schemas.android.com/apk/res/android"
    android:layout_width="wrap_content"
    android:layout_height="wrap_content">
    <ListView android:id="@+id/android:list"
        android:layout_width="wrap_content"
        android:layout_height="wrap_content" />
    <TextView android:id="@+id/android:empty"
        android:layout_width="wrap_content"
        android:layout_height="wrap_content" android:text="按下 Menu 写日" />
</LinearLayout>
```

在上述代码中，ListView 的 ID 必需定义成 Android:id="@+id/Android:list"的形式，这样系统才可以在 List Activity 里引用得到。

（2）本实例日记本的数据存储在 SQLite 数据库中，执行增、删、改、查操作时不是直接访问数据库实现的，而是通过日记本程序的 Content Proivder 实现的。接下来编写文件 Diary.java，在里面定义了 Diary 类，在此类中有一个内部静态类 DiaryColumns，和它的名字意思一样，此类里主要定义了日记本数据库的列表字段的名字，主要代码如下所示。

```
public static final class DiaryColumns implements BaseColumns {
        private DiaryColumns() {}
        public static final Uri CONTENT_URI = Uri.parse("content://" + AUTHORITY +
"/diaries");
        public static final String CONTENT_TYPE = "vnd.Android.cursor.dir/vnd.google.
diary";
        public static final String CONTENT_ITEM_TYPE = "vnd.Android.cursor.item/vnd.
google.diary";
        public static final String DEFAULT_SORT_ORDER = "created DESC";
        public static final String TITLE = "title";
        public static final String BODY = "body";
        public static final String CREATED = "created";
    }
```

在上述代码中，BaseColumns 是一个接口，里边有 2 个变量，一个是_ID="_id"，一个是_COUNT="_count"。在 Android 中，每一个数据库表至少有一个字段，而且这个字段是_id。所以当我们构造列名的辅助类时，直接实现 BaseColumns，这样便默认地拥有了_id 字段。

在本实例的数据表里一共有 4 个字段，分别是“id”、“title”、“body”、“created”。

（3）编写文件 DiaryContentProvider.java，先分析类 DiaryContentProvider，此类继承自 Content Provider，在里面实现了 Content Provider 的一些接口方法，并且成为日记本的一个 Content Provider。现在通过学习这个类，来详细了解实现一个自定义的 Content Provider 的具体过程。

- 先定义一个 public staticfinal 的 Uri 类型的变量，并且命名为 CONTENT_URI。Diary Content Provider 所能处理的 Uri 都是基于 CONTENT_URI 来构建的，需要注意的是，这个 CONTENT_URI 中的内容以 content://开头，全部小写，且全局惟一。

以下是在这个例子中的一个普通 URI，通过分析这个 URI，可以了解 content URI 的构成，具体格式如下所示。

```
content://com.example124.diarycontentprovider/diaries/1
```

➢ 第一部分“content://”：这部分是固定存在的，不需要做任何修改。

➢ 第二部分是授权（AUTHORITY）部分：即 com.example124.diarycontentprovider，授权部分是唯一的，在程序中一般是我们实现的那个 Content Provider 的全称，并且全都小写。这部分是和 AndroidManifest.xml 文件当中的如下部分对应的。

```
<provider Android:name ="DiaryContentProvider
Android:authorities="shiyongcontentprovider. diaryconten tprovider" />
```

➢ 第三部分：是请求数据的类型，例如，在这个例子当中定义的类型是 diaries。当然这一部分可以由 0 个片段或者多个片段构成，如果 Content Provider 只是暴露出了一种类型的数据，那么这部分可以为空，但是如果暴露出了多种，尤其是包含子类的时候，就不能为空，例如，日记本程序里可以暴露出来两种数据，一种是用户自己的“diaries/my”，另一种是其他人的“diaries/others”。

➢ 第四部分：是“1”，当然这部分是允许为空的。如果为空，表示请求全部数据；如果不为空，表示请求特定 ID 的数据。

- 构建用户的数据存储系统。通常是将数据存储在数据库系统中，但是也可以将数据存储在其他的地方，如文件系统等。在这个例子当中，是将数据存储到数据库系统当中。
- 实现 Content Provider 这个抽象类的抽象方法，具体如下所示。

➢ public boolean onCreate()：当 Content Provider 生成的时候调用此方法。

➢ public Cursor query(Uri uri, String[] projection, String selection,String[] selectionArgs, String sortOrder)：此方法返回一个 Cursor 对象作为查询结果集。

➢ public Uri insert（Uri uri, ContentValues initialValues）：此方法负责向数据集当中插入一列，并返回这一列的 Uri。

➢ public int delete（Uri uri, String where, String[] whereArgs）：此方法负责删除指定的 Uri 数据。

➢ public int update（Uri uri, ContentValues values, String where,String[] whereArgs）：此方法负责更新指定 Uri 的数据。

➢ public String getType（Uri uri）：返回所给 Uri 的 MIME 类型。

● 在 AndroidManifest.xml 文件中增加<provider>标签，例如本例中的实现代码如下所示。

```
<provider  Android:name="DiaryContentProvider"  Android:authorities="com.example124.
diarycontentprovider" />
```

其中“Android:name”是我们实现的这个 Content Provider 的类名；“Android: authorities”是 content URI 的第二部分，即授权部分，实现代码是“com.shiyongcontentprovider.diarycontentprovider”。

（4）继续看实现 DiaryContentProvider 类的代码，因为此实例的数据是存储在数据库当中，所以需要定义 DatabaseHelper 辅助类。主要代码如下所示。

```
private static class DatabaseHelper extends SQLiteOpenHelper {
    DatabaseHelper(Context context) {
        super(context, DATABASE_NAME, null, DATABASE_VERSION);
        Log.i("jinyan", "DATABASE_VERSION=" + DATABASE_VERSION);
    }
    @Override
    public void onCreate(SQLiteDatabase db) {
        Log.i("jinyan", "onCreate(SQLiteDatabase db)");
        String sql = "CREATE TABLE " + DIARY_TABLE_NAME + " ("
                + DiaryColumns._ID + " INTEGER PRIMARY KEY,"
                + DiaryColumns.TITLE + " TEXT," + DiaryColumns.BODY
                + " TEXT," + DiaryColumns.CREATED + " TEXT" + ");";
        //
        sql ="CREATE TABLE " + DIARY_TABLE_NAME + " ("
        + DiaryColumns._ID + " INTEGER PRIMARY KEY,"
        + DiaryColumns.TITLE + " varchar(255)," + DiaryColumns.BODY
        + " TEXT," + DiaryColumns.CREATED + " TEXT" + ");";
        Log.i("jinyan", "sql="+sql);
        db.execSQL(sql);
    }
    @Override
    public void onUpgrade(SQLiteDatabase db, int oldVersion, int newVersion) {
        Log.i("jinyan",
                " onUpgrade(SQLiteDatabase db, int oldVersion, int newVersion)="
                        + newVersion);
        db.execSQL("DROP TABLE IF EXISTS diary");
        onCreate(db);
    }
}
```

在上述代码中，通过 DatabaseHelper 里操作数据库的辅助类可以生成数据库，并且维护这个数据库。

（5）然后在类 DiaryContentProvider 中定义需要的变量和常量，这些常量主要是描述数据库的信息。

```
private static final String DATABASE_NAME = "database";
 private static final int DATABASE_VERSION = 1;
 private static final String DIARY_TABLE_NAME = "diary";
  private static HashMap<String, String> sDiariesProjectionMap;
  private static final int DIARIES = 1;
 private static final int DIARY_ID = 2;
  private static final UriMatcher sUriMatcher;
```

编写 static 模块，具体代码如下所示。

```
sUriMatcher = new UriMatcher(UriMatcher.NO_MATCH);
sUriMatcher.addURI(Diary.AUTHORITY, "diaries", DIARIES);
sUriMatcher.addURI(Diary.AUTHORITY, "diaries/#", DIARY_ID);
```

上面代码中的 UriMatcher 是匹配 Uri 的一个辅助类，具体说明如下所示。

● sUriMatcher.addURI(Diary.AUTHORITY, "diaries", sUriMatcher.match(uri))：如果 Uri 是 content://com.shiyongcontentprovider.diarycontentprovider/diaries/，那么 sUriMatcher.match(uri) 的返回值就是 DIARIES。

● sUriMatcher.addURI(Diary.AUTHORITY, "diaries/#", DIARY_ID)：如果 Uri 是 content://com.shiyongcontentprovider.diarycontentprovider/diaries/id（其中后边的 ID 是一个数字），那么 sUriMatcher.match(uri)的返回值就是 DIARY_ID。

通过 UriMatcher 类可以很方便地判断一个 Uri 的类型，特别是判断这个 Uri 是对单个数据的请求，还是对全部数据的请求。

（6）继续编写文件 DiaryContentProvider.java，开始编写抽象方法，具体实现流程如下所示。

● 编写插入方法 insert()，具体代码如下所示。

```
@Override
public Uri insert(Uri uri, ContentValues initialValues) {
 if (sUriMatcher.match(uri) != DIARIES) {
 throw new IllegalArgumentException("Unknown URI " + uri);
 }
 ContentValues values;
 if (initialValues != null) {
 values = new ContentValues(initialValues);
 } else {
 values = new ContentValues();
 }
 if (values.containsKey(Diary.DiaryColumns.CREATED) == false) {
 values.put(Diary.DiaryColumns.CREATED, getFormateCreatedDate());
 }
 if (values.containsKey(Diary.DiaryColumns.TITLE) == false) {
 Resources r = Resources.getSystem();
 values.put(Diary.DiaryColumns.TITLE, r
 .getString(Android.R.string.untitled));
 }
 if (values.containsKey(Diary.DiaryColumns.BODY) == false) {
 values.put(Diary.DiaryColumns.BODY, "");
 }
 SQLiteDatabase db = mOpenHelper.getWritableDatabase();
 long rowId = db.insert(DIARY_TABLE_NAME, DiaryColumns.BODY, values);
 if (rowId > 0) {
 Uri diaryUri= ContentUris.withAppendedId( Diary.DiaryColumns.CONTENT_URI, rowId);
 return diaryUri;
 }
 throw new SQLException("Failed to insert row into " + uri);
 }
```

➢ sUriMatcher.match(uri) != DIARIES 语句：判断传进来的 Uri，如果这个 Uri 不是 DIARIES 类型，那么这个 Uri 就是一个非法的 Uri。

➢ SQLiteDatabase db = mOpenHelper.getWritableDatabase()语句：负责得到一个 SQLiteDatabase 的实例。

➢ db.insert（DIARY_TABLE_NAME, DiaryColumns.BODY, values）语句：负责插入一条记录到数据库中。

方法 insert()返回的是一个 Uri，而不是一个记录的 ID，所以，需要把记录的 ID 构造成一个 Uri：Uri diaryUri= ContentUris.withAppendedId(Diary.DiaryColumns.CONTENT_URI, rowId).withAppendedId()方法在下边的小知识当中详细介绍。

ContentUris 是 content URI 的一个辅助类，在里面要有如下 2 个常用的方法。

➢ public static Uri withAppendedId（Uri contentUri, long id）：负责把 ID 和 contentUri 连接成一个新的 Uri。比如在例子中是这么使用的。

```
ContentUris.withAppendedId ( Diary. DiaryColumns.CONTENT_URI, rowId)
```

如果 rowId 为 100，则现在的 Uri 内容就是。

```
content://com.example124.diarycontentprovider/diaries/100
```

➢ public static long parseId（Uri contentUri）：负责把 content URI 后边的 ID 解析出来，比如现在这个 content URI 是 content://com.shiyongcontentprovider.diarycontentprovider/diaries/100，那么这个函数的返回值就是 100。

● 编写删除方法 delete()，具体实现代码如下所示。

```
public int delete(Uri uri, String where, String[] whereArgs) {
 SQLiteDatabase db = mOpenHelper.getWritableDatabase();
 String rowId = uri.getPathSegments().get(1);
 return db .delete(DIARY_TABLE_NAME, DiaryColumns._ID + "=" + rowId, null);
 }
```

➢ rowId = uri.getPathSegments().get(1)：用于得到 rowId 的值。

➢ getPathSegments()方法：得到一个 String 的 List，在我们例子当中 uri.getPathSegments().get(1)为 rowId，如果是 uri.getPathSegments().get(0)那值就为“diaries”。

➢ db.delete(DIARY_TABLE_NAME, DiaryColumns._ID + "=" + rowId, null)：是标准的 SQLite 删除操作。第一个参数是数据表的名字，第二个参数相当于 SQL 语句当中的 where 部分。

● 编写更新数据的方法 update()，具体实现代码如下所示。

```
@Override
public int update(Uri uri, ContentValues values, String where,
        String[] whereArgs) {
    SQLiteDatabase db = mOpenHelper.getWritableDatabase();
    String rowId = uri.getPathSegments().get(1);
    return db.update(DIARY_TABLE_NAME, values, DiaryColumns._ID + "="
            + rowId, null);
}
```

通过上述代码，先得到 SQLiteDatabase 的实例，然后得到 rowId，最后再调用 db.update(DIARY_TABLE_NAME, values, DiaryColumns._ID + “=” + rowId, null)语句执行更新工作。

● 编写查寻一条数据方法 query()，具体代码如下所示。

```
@Override
public Cursor query(Uri uri, String[] projection, String selection,
        String[] selectionArgs, String sortOrder) {
    SQLiteQueryBuilder qb = new SQLiteQueryBuilder();
    switch (sUriMatcher.match(uri)) {
    case DIARIES:
        qb.setTables(DIARY_TABLE_NAME);
        break;
    case DIARY_ID:
        qb.setTables(DIARY_TABLE_NAME);
        qb.appendWhere(DiaryColumns._ID + "="
                + uri.getPathSegments().get(1));
        break;
    default:
        throw new IllegalArgumentException("Unknown URI " + uri);
    }
    String orderBy;
    if (TextUtils.isEmpty(sortOrder)) {
        orderBy = Diary.DiaryColumns.DEFAULT_SORT_ORDER;
    } else {
        orderBy = sortOrder;
    }
    SQLiteDatabase db = mOpenHelper.getReadableDatabase();
    Cursor c = qb.query(db, projection, selection, selectionArgs, null,
            null, orderBy);
    return c;
}
```

关于对上述代码的具体说明如下。

➢ SQLiteQueryBuilder：是一个构造 SQL 查询语句的辅助类。

➢ sUriMatcher.match(uri)：根据返回值可以判断这次查询请求时，它是请求全部数据还是某个 ID 的数据。如果返回值是 DIARIES，那么只需要执行 qb.setTables（DIARY_TABLE_NAME）语句就可以了；如果返回值是 DIARY_ID，那么还需要将 where 部分的参数设置进去，代码为 qb.appendWhere(DiaryColumns._ID + "="+ uri.getPathSegments().get(1))。

➢ SQLiteDatabase db = mOpenHelper.getReadableDatabase()：得到一个可读的 SQLiteDatabase 实例。

➢ Cursor c = qb.query（db, projection, selection, selectionArgs, null,null, orderBy）语句：类似于一个标准的 SQL 查询，但是此查询是 SQLiteQueryBuilder 来发起的，而不是 SQLiteDatabase 直接发起的，所以在参数方面略有不同。此函数的定义格式如下所示。

```
query ( SQLiteDatabase db, String[] projectionIn, String selection, String[] selectionArgs,
String groupBy, String having, String sortOrder, String limit)
```

各个参数的具体说明如下所示。

➢ 第 1 个参数为要查询的数据库实例。

➢ 第 2 个参数是一个字符串数组，里面的每一项代表了需要返回的列名。

➢ 第 3 个参数相当于 SQL 语句中的 where 部分。

➢ 第 4 个参数是一个字符串数组，其中每一项依次替代在第三个参数中出现的问号（?）。

➢ 第 5 个参数相当于 SQL 语句当中的 groupby 部分。

➢ 第 6 个参数相当于 SQL 语句当中的 having 部分。

➢ 第 7 个参数描述如何进行排序。

➢ 第 8 个参数相当于 SQL 当中的 limit 部分，控制返回数据的个数。

在 DiaryContentProvider 类里边还有 2 个重要的方法，分别是 getType 和 getFormateCreatedDate。后者的功能是根据时间得到一个特定格式的字符串。前者是一个必需要重写的方法，重写 getType 方法的主要代码如下所示。

```
public String getType(Uri uri) {
 switch (sUriMatcher.match(uri)) {
 case DIARIES:
 return DiaryColumns.CONTENT_TYPE;
  case DIARY_ID:
 return DiaryColumns.CONTENT_ITEM_TYPE;
  default:
 throw new IllegalArgumentException("Unknown URI " + uri);
 }
 }
```

此方法用于返回一个所给 Uri 的指定数据的 MIME 类型。它的返回值如果以 vnd.Android.cursor.item 开头，就代表这个 Uri 指定的是单条数据。如果是以 vnd.Android.cursor.dir 开头的话，说明这个 Uri 指定的是全部数据。

（7）单击 MENU 键后会在 xample124 中执行如下代码。

```
@Override public boolean onCreateOptionsMenu(Menu menu) {
 super.onCreateOptionsMenu(menu);
 menu.add(0, MENU_ITEM_INSERT, 0, R.string.menu_insert);
 return true;
 }
```

执行后按下 MENU 键会弹出“添加日记”选项，如图 6-20 所示。

单击【添加日记】选项后进入如图 6-21 所示的界面。

（8）在文件 ActivityDiaryEditor.java 中定义了 ActivityDiaryEditor 类，在里面有两种方法进入日记本程序界面。一种是通过新建日记进入此界面，另一种是经过编辑日记进入此日记运行界面。

下面是在文件 ActivityDiaryEditor 中使用的方法 onCreate()，其代码如下所示。

▲图 6-20 单击 MENU 后的运行界面

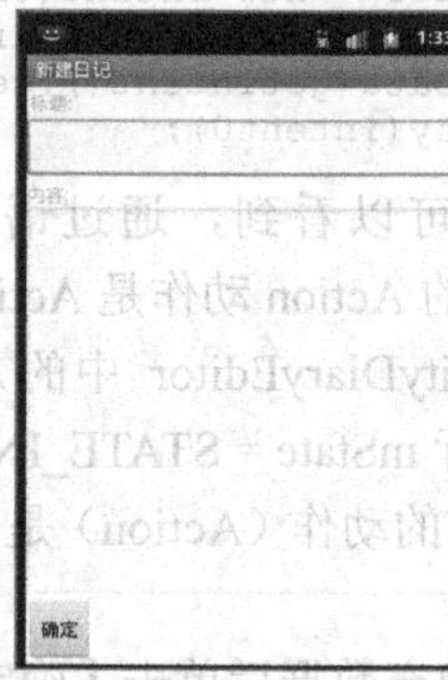

▲图 6-21 添加日记界面

```
@Override
protected void onCreate(Bundle savedInstanceState) {
    super.onCreate(savedInstanceState);
    setTheme(android.R.style.Theme_Black);
    final Intent intent = getIntent();
    final String action = intent.getAction();
    setContentView(R.layout.diary_edit);

    mTitleText = (EditText) findViewById(R.id.title);
    mBodyText = (EditText) findViewById(R.id.body);
    confirmButton = (Button) findViewById(R.id.confirm);

    if (EDIT_DIARY_ACTION.equals(action)) {          // 编辑日记
        mState = STATE_EDIT;
        mUri = intent.getData();
        mCursor = managedQuery(mUri, PROJECTION, null, null, null);
        mCursor.moveToFirst();
        String title = mCursor.getString(1);
        mTitleText.setTextKeepState(title);
        String body = mCursor.getString(2);
        mBodyText.setTextKeepState(body);
        setResult(RESULT_OK, (new Intent()).setAction(mUri.toString()));
        setTitle("编辑日记");
    } else if (INSERT_DIARY_ACTION.equals(action)) {    // 新建日记
        mState = STATE_INSERT;
        setTitle("新建日记");
    } else {
        Log.e(TAG, "no such action error");
        finish();
        return;
    }
    confirmButton.setOnClickListener(new View.OnClickListener() {
        public void onClick(View view) {
            if (mState == STATE_INSERT) {
                insertDiary();
            } else {
                updateDiary();
            }
            Intent mIntent = new Intent();
            setResult(RESULT_OK, mIntent);
            finish();
        }
    });
}
```

在上述代码中，通过 getIntent()得到启动当前 Activity 的那个 Intent。

通过 intent.getAction()得到这个 Intent 的动作（Action）。在此操作中，当前的 Activiy 是通过单击先前的【新建日记】按钮进来的，所以很有必要了解文件 example124.java 中方法 onOptionsItem

Selected 的动作（Action）是怎么设置的，其代码如下所示。

```
Intent intent0 = new Intent(this, ActivityDiaryEditor.class);
intent0.setAction(ActivityDiaryEditor.INSERT_DIARY_ACTION);
intent0.setData(getIntent().getData());
startActivity(intent0);
```

从上述代码可以看到，通过语句 intent0.setAction（ActivityDiaryEditor.INSERT_ DIARY _ACTION）设置的 Action 动作是 ActivityDiaryEditor.INSERT_DIARY_ACTION)实现的。

➢ 在 ActivityDiaryEditor 中的方法 onCreate()中，当动作（Action）为 INSERT_DIARY_ ACTION 时，执行 mState = STATE_INSERT，也就是标记当前的状态为插入状态。

➢ 如果当前的动作（Action）是 EDIT_DIARY_ACTION，那么当前就是编辑状态：mState = STATE_EDIT。

当运行程序填充数据后单击【确定】按钮，执行单击监听方法 onClick()，此方法可以根据不同的状态执行插入或者更新数据的操作。

写完日记并单击【确定】按钮后，程序将执行插入操作，具体代码如下所示。

```
private void insertDiary() {
    String title = mTitleText.getText().toString();
    String body = mBodyText.getText().toString();
    ContentValues values = new ContentValues();
    values.put(Diary.DiaryColumns.CREATED, DiaryContentProvider
        .getFormateCreatedDate());
    values.put(Diary.DiaryColumns.TITLE, title);
    values.put(Diary.DiaryColumns.BODY, body);
    getContentResolver().insert(Diary.DiaryColumns.CONTENT_URI, values);
}
```

在上述代码中，首先通过方法 getText()读取编辑框中的数据，然后将要插入的数据都放到一个 ContentValues 实例当中。调用 getContentResolver()得到当前应用的一个 ContentResolver 的实例。

（9）当单击确定按钮后，程序运行出现如图 6-22 所示的界面。按方向键向下键将焦点移动到这条数据上，然后单击 MENU 键会出现如图 6-23 所示界面。

▲图 6-22 已经插入的数据

▲图 6-23 单击 MENU 键界面

图 6-23 所示的这个界面和刚才讲到的单击 MENU 键出现的界面一样，此界面的生成代码如下所示。

```
/*在每一次 Menu 生成的时候前都会调用这个方法，在这个方法里边可以动态的修改生成的 Menu。*/
public boolean onPrepareOptionsMenu(Menu menu) {
    super.onPrepareOptionsMenu(menu);
    final boolean haveItems = getListAdapter().getCount() > 0;
    if (haveItems) {
        // 如果选中一个 Item 的话
        if (getListView().getSelectedItemId() > 0) {
            menu.removeGroup(1);
```

```
        Uri uri = ContentUris.withAppendedId(getIntent().getData(),
                getSelectedItemId());
        Intent intent = new Intent(null, uri);
        menu.add(1, MENU_ITEM_EDIT, 1, "编辑").setIntent(intent);
        menu.add(1, MENU_ITEM_DELETE, 1, "删除");
      }
    }else{
      menu.removeGroup(1);
    }
    return true;
  }
```

在上述代码中，和这个 ListView 相关联的 ListAdapter 里边元素的个数大于零的时候 haveItems 为真，否则为假。具体说明如下。

- menu.removeGroup(1)：如果 Menu 里有分组为 1 组的子项的话，那么就先全部删除。
- getIntent().getData()：得到的 Uri 是 DiaryColumns.CONTENT_URI。
- ContentUris.withAppendedId(getIntent().getData(),getSelectedItemId())：生成一个和 ListView 中获得焦点这一项的数据的 Uri。
- menu.add(1, MENU_ITEM_EDIT, 1, "编辑内容").setIntent(intent)：在 Menu 当中增加了一项 "编辑内容"，并且这一项和一个 Intent 关联，这个 Intent 主要用于携带数据，它里面携带的就是一个 Uri 的数据，在下面的 onOptionsItemSelected()函数当中会用到。
- menu.add(1, MENU_ITEM_DELETE, 1, "删除当前日记")：用于增加另外一项。

如果 haveItems 为假，也就是当前和这个 ListView 相关联的 ListAdapter 里边元素的个数为 0，即数据显示在 ListView 上的时候，单击 Menu 按钮的话，如果 Menu 当中还有第 1 分组的子项的话，就给删除了，实现语句为：menu.removeGroup(1)。

当单击 Menu 按钮时，在 Activity 中回调的函数可能有以下两个。

- onOptionsItemSelected()：此函数只在第一次在当前应用当中单击 Menu 键的时候回调，以后再不回调。
- onPrepareOptionsMenu()：此函数在每次单击 Menu 键后显示 Menu 的时候被系统回调，每次 Menu 显示前都会回调此函数。我们一般根据条件改变 Menu 显示的逻辑都放在这个函数里边。

当单击 Menu 键时弹出 3 个按钮，单击其中的某一个按钮会触发 Android 系统回调 onOptionsItemSelected()函数，此函数实现代码如下所示。

```
  @Override public boolean onOptionsItemSelected(MenuItem item) {
    switch (item.getItemId()) {                              //插入一条数据
    case MENU_ITEM_INSERT:
    Intent intent0 = new Intent(this, ActivityDiaryEditor.class);
    intent0.setAction(ActivityDiaryEditor.INSERT_DIARY_ACTION);
    intent0.setData(getIntent().getData());
    startActivity(intent0);
    return true;                                             //编辑当前数据内容
    case MENU_ITEM_EDIT:
    Intent intent = new Intent(this, ActivityDiaryEditor.class);
    intent.setData(item.getIntent().getData());
  intent.setAction(ActivityDiaryEditor.EDIT_DIARY_ACTION);
    startActivity(intent); return true;                     //删除当前数据
    case MENU_ITEM_DELETE:
    Uri uri = ContentUris.withAppendedId(getIntent().getData(),
    getListView().getSelectedItemId());
    getContentResolver().delete(uri, null, null);
    renderListView();
     }
    return super.onOptionsItemSelected(item);
    }
```

当用户单击添加新日记按钮后，程序新建一个跳转 Activity 的 Intent()，并且设置了 Action 和 Data，这两个部分在程序跳转到 ActivityDiaryEditor 后会用到。

当用户单击编辑按钮后，程序也新建了一个跳转 Activity 的 Intent，并且也设置了 Action 和 Data。同样，这两部分在程序跳转到 ActivityDiaryEditor 后会用到。需要注意的是，通过 item.getIntent().getData()得到了所需要的 Uri。

当用户单击删除按钮后，程序通过 ContentUris.withAppendedId(getIntent().getData(), getListView().getSelectedItemId())先得到需要删除数据的 Uri，然后得到当前的 ContentResolvor，再调用它的 delete 方法进行删除。当删除数据后，调用 renderListView()函数对 ListView 进行及时刷新。

6.5.3 特别提醒——Content Provider 和 ContentResolver 中的 Uri

再谈一谈 Content Provider 和 Content Resolver 中的 Uri。在 ContentProvider 和 ContentResolver 中有 2 种使用 Uri 的形式，一种是指定全部数据，另一种是指定某个 ID 的数据。我们看下面的例子。

```
content://contacts/people/    //此 Uri 指定的就是全部的联系人数据
content://contacts/people/1   //此 Uri 指定的是 ID 为 1 的联系人的数据
```

在上边两个类中用到的 Uri 一般由 3 部分组成，具体说明如下。

- 第一部分是："content://"。
- 第二部分是要获得数据的一个字符串片段。
- 第三部分是 ID（如果没有指定 ID，那么表示返回全部）。

因为 URI 通常比较长，而且有时候容易出错，且难以理解。所以，在 Android 当中定义了一些辅助类，并且定义了一些常量来代替这些长字符串的使用，例如下边的代码。

```
Contacts.People.CONTENT_URI （联系人的 Uri）
```

读者需要注意上述 Uri 的使用格式，可以根据项目的需求来选择。

6.6 保存用户的信息

实例 136	保存用户信息
源码路径	daima\136
视频路径	视频\136

6.6.1 实例说明

在编程的时候经常需要保存一些用户设置的信息，例如是否记住密码、显示的字体大小等等。在 Android 应用中，可以使用 SharedPreferences 实现这个功能，SharedPreferences 是一个轻量级的存储类，特别适合用于保存软件配置参数。SharedPreferences 其背后是用 XML 文件存放数据，文件存放在“/data/data/package name/shared_prefs”目录下。

6.6.2 具体实现

（1）编写文件 SharedPreferencesUtil.java，在此定义了一个工具类，在执行保存操作的时候一定不要忘记使用 commit()。另外，因为 SharedPreferences 本身就是以 XML 保存文件的，所以我们不用给它命名时多加“.xml”后缀。文件 SharedPreferencesUtil.java 的主要代码如下所示。

```
public class SharedPreferencesUtil {
    private SharedPreferences sp;
    private Editor editor;
    private final static String SP_NAME = "mydata";
    private final static int MODE = Context.MODE_WORLD_READABLE
            + Context.MODE_WORLD_WRITEABLE;
    public SharedPreferencesUtil(Context context) {
```

```
        sp = context.getSharedPreferences(SP_NAME, MODE);
        editor = sp.edit();
    }
    public boolean save(String key, String value) {
        editor.putString(key, value);
        // 不要忘了加 commit
        return editor.commit();
    }
    public String read(String key) {
        String str = null;
        str = sp.getString(key, null);
        return str;
    }
}
```

（2）编写主程序文件，主要代码如下所示。

```
    /**
     * 给控件初始化
     */
    public void init() {
        util = new SharedPreferencesUtil(this);
        saveBtn = (Button) findViewById(R.id.save_btn);
        readBtn = (Button) findViewById(R.id.read_btn);
        inputEv = (EditText) findViewById(R.id.input_et);
        showEv = (EditText) findViewById(R.id.showinfo_et);
        // 设置监听
        setListener();
    }

    /**
     * 给 Button 加监听事件
     */
    public void setListener() {
        saveBtn.setOnClickListener(new OnClickListener() {
            public void onClick(View v) {
                boolean b = util.save("mykey", inputEv.getText().toString());
                String msg;
                if (b) {
                    msg = "保存成功";
                } else {
                    msg = "保存失败";
                }
                Toast.makeText(example125.this, msg,
                        Toast.LENGTH_SHORT).show();
            }
        });

        readBtn.setOnClickListener(new OnClickListener() {
            public void onClick(View v) {
                System.out.println("read...");
                String value = util.read("mykey");
                showEv.setText(value);
            }
        });
    }
    @Override
    public void onCreate(Bundle savedInstanceState) {
        super.onCreate(savedInstanceState);
        setContentView(R.layout.main);
        init();
    }
}
```

执行后的效果如图 6-24 所示，在文本框中输入文本，先单击【保存】按钮，然后单击【读取】按钮后会在下方文本框中显示输入的数据，如图 6-25 所示，单击【保存】按钮。

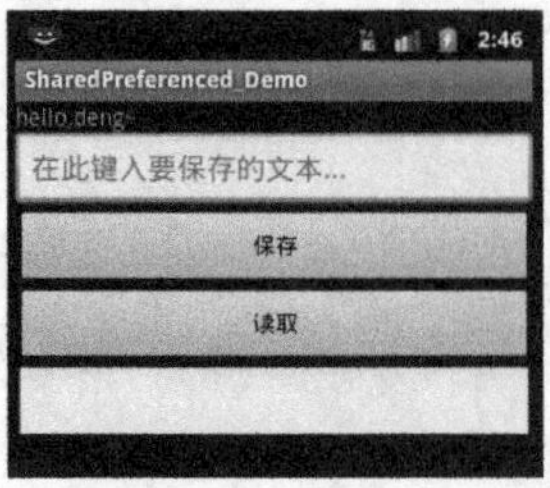

▲图 6-24　执行效果

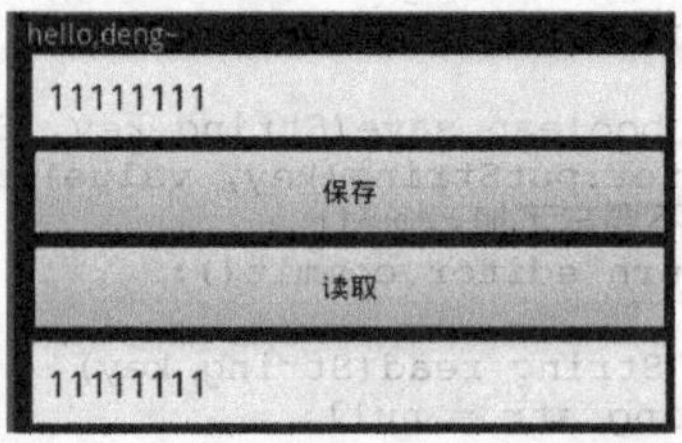

▲图 6-25　在下方文本框显示读取的数据

6.6.3　特别提醒——XML 文件的形式保存数据

在 Android 系统中，使用 SharedPreferences 保存的信息以 XML 文件的形式保存在“/data/data/PACKAGE_NAME /shared_prefs”目录下。我们可以通过的下面的代码来读取这些数据。

```
String PREFS_NAME = "Note.sample.roiding.com";
SharedPreferences settings = getSharedPreferences(PREFS_NAME, 0);
boolean silent = settings.getBoolean("silentMode", false);
String hello = settings.getString("hello","Hi");
```

然后通过以下代码显示出来：

```
String PREFS_NAME = "Note.sample.roiding.com";
<SPAN class=hilite1>SharedPreferences</SPAN>
settings =getSharedPreferences(PREFS_NAME, 0);
boolean silent = settings.getBoolean("silentMode", false);
String hello = settings.getString("hello", "Hi");
```

在上述代码中，“SharedPreferences settings = getSharedPreferences(PREFS_NAME, 0);”通过名称得到一个 SharedPreferences，这个 Preferences 是共享的，共享的范围局限在同一个 Package 中，这里面说的 Package 和 Java 里面的那个 Package 不同，这里面的 Package 是指在 AndroidManifest.xml 文件中的。

```
<manifest xmlns:android="http://schemas.android.com/apk/res/android"
package="com.roiding.sample.note"
android:versionCode="1"
android:versionName="1.0.0">
```

通过代码“boolean silent = settings.getBoolean(”silentMode”, false);”获得一个 boolean 值，此时会看到使用 Preferences 的好处了：可以提供一个默认值。也就是说如果 Preference 中不存在这个值的话，那么就用后面的值作为返回指，这样就省去了 if 什么为空的判断。

6.7 使用文件保存数据

实例 137	使用文件保存数据
源码路径	daima\137
视频路径	视频\137

6.7.1　实例说明

在 Android 手机系统中，可以使用文件来保存数据。和传统的 Java 中实现 I/O 的程序类似，在 Android 中，其提供了 openFileInput 和 openFileOuput 方法读取设备上的文件，请读者看下面的代码。

```
String FILE_NAME = "tempfile.tmp";                         //确定要操作文件的文件名
  FileOutputStream fos = openFileOutput(FILE_NAME, Context.MODE_PRIVATE); //初始化
  FileInputStream fis = openFileInput(FILE_NAME);         //创建写入流代码解释:
```

在上述代码中的 2 个方法只支持读取该应用目录下的文件，读取非其自身目录下的文件将会抛出异常。需要提醒的是，如果调用 FileOutputStream 时指定的文件不存在，Android 会自动创建它。另外，在默认情况下，写入的时候会覆盖原文件内容，如果想把新写入的内容附加到原文件内容后，则可以指定其模式为 Context.MODE_APPEND。

另外，经常有人询问存储方式的持久性，询问关机后能够继续存在的存储方式。其实关机后依然存在的存储方式是 File 文件存储、SharedPreference 存储、SQLite 存储和 Content Provider 存储。这 4 种存储方式的主要特点如下所示。

- File 文件存储：主要存储大型文件，但需要你的 SD 卡中有相应的空间，比如存一个二进制文件。操作方式与普通 Java 相似，即打开一个 FileInputStream/FileOutPutStream，转成 InputStream/outPutStream 然后读/写字节。
- SharedPrefrence：主要用来存储简单数据类型，不能存文件，比如 QQ 第一次登录后可以保存帐号和密码（用户选择记住密码），下次用户再登录时直接进入不需要用户再输入。
- SQLite：是小型数据库，主要用来存记录表格，比如存多个玩家的积分排行榜，需要有 id、score、level 等字段组成的 N 行表格。
- Content Provider：又称内容提供器，提供一种实现两个不相关的应用程序之间进行通信方式，比如程序 A 在指定的 Content Provider 中存下一个数据，程序 B 可以取到。

6.7.2 具体实现

（1）编写文件 MainActivity.java，定义保存文件并读取文件内容的方法。主要代码如下所示。

```
public class MainActivity extends Activity {
    private EditText writeET;
    private Button writeBtn;
    private TextView contentView;
    public static final String FILENAME = "setting.set";

    @Override
    public void onCreate(Bundle savedInstanceState) {
        super.onCreate(savedInstanceState);
        setContentView(R.layout.main);
        writeET = (EditText) findViewById(R.id.write_et);
        writeBtn = (Button) findViewById(R.id.write_btn);
        contentView = (TextView) findViewById(R.id.contentview);
        writeBtn.setOnClickListener(new OperateOnClickListener());
    }

    class OperateOnClickListener implements OnClickListener {
        @Override
        public void onClick(View v) {
            writeFiles(writeET.getText().toString());
            contentView.setText(readFiles());
            System.out.println(getFilesDir());
        }
    }

    // 保存文件内容
    private void writeFiles(String content) {
        try {
            // 打开文件获取输出流，文件不存在则自动创建
            FileOutputStream fos = openFileOutput(FILENAME,
                    Context.MODE_PRIVATE);
            fos.write(content.getBytes());
            fos.close();
        } catch (Exception e) {
            e.printStackTrace();
        }
    }
```

```
    // 读取文件内容
    private String readFiles() {
        String content = null;
        try {
            FileInputStream fis = openFileInput(FILENAME);
            ByteArrayOutputStream baos = new ByteArrayOutputStream();
            byte[] buffer = new byte[1024];
            int len = 0;
            while ((len = fis.read(buffer)) != -1) {
                baos.write(buffer, 0, len);
            }
            content = baos.toString();
            fis.close();
            baos.close();
        } catch (Exception e) {
            e.printStackTrace();
        }
        return content;
    }
}
```

（2）编写文件 FilesUtil.java，分别实现保存文件和读取文件内容的功能。主要代码如下所示。

```
public class FilesUtil {
    /**保存文件内容，fileName 表示文件名称，content 表示内容*/
    private void writeFiles(Context c, String fileName, String content, int mode)
            throws Exception {
        // 打开文件获取输出流，文件不存在则自动创建
        FileOutputStream fos = c.openFileOutput(fileName, mode);
        fos.write(content.getBytes());
        fos.close();
    }

    /*读取文件内容，return 表示返回文件内容*/
    private String readFiles(Context c, String fileName) throws Exception {
        ByteArrayOutputStream baos = new ByteArrayOutputStream();
        FileInputStream fis = c.openFileInput(fileName);
        byte[] buffer = new byte[1024];
        int len = 0;
        while ((len = fis.read(buffer)) != -1) {
            baos.write(buffer, 0, len);
        }
        String content = baos.toString();
        fis.close();
        baos.close();
        return content;
    }
}
```

执行后的效果如图 6-26 所示，在文本框中输入信息并单击【Write】按钮后将信息写入并保存到文件，并在按钮下方显示输入的信息，如图 6-27 所示。

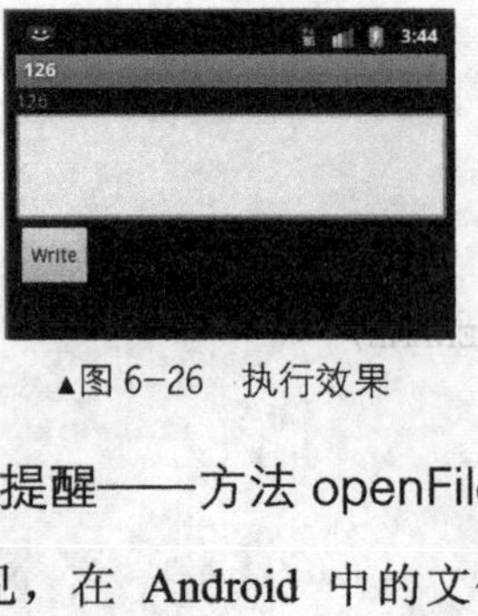

▲图 6-26　执行效果

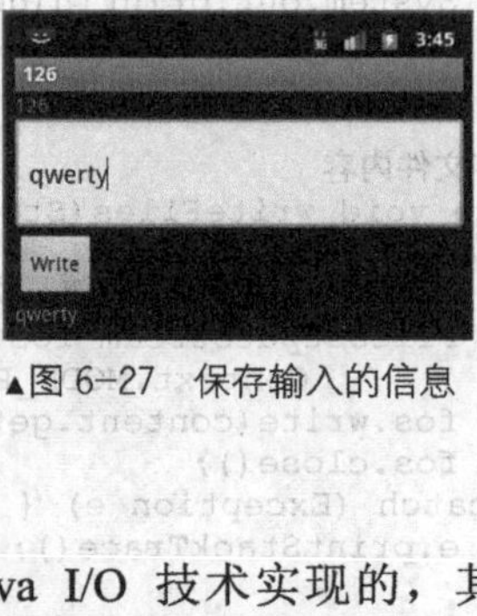

▲图 6-27　保存输入的信息

6.7.3　特别提醒——方法 openFileOutput()

由此可见，在 Android 中的文件存储就是利用了 Java I/O 技术实现的，其中通过方法 openFileOutput()将数据输出到文件中，具体的实现过程与在 J2SE 环境中保存数据到文件中是一样

的。下面是通用的代码格式。

```
ublic void save()
    {
        try {
            FileOutputStream
outStream=this.openFileOutput("a.txt",Context.MODE_WORLD_READABLE);
            outStream.write(text.getText().toString().getBytes());
            outStream.close();
            Toast.makeText(MyActivity.this,"Saved",Toast.LENGTH_LONG).show();
        } catch (FileNotFoundException e) {
            return;
        }
        catch (IOException e){
            return ;
        }
    }
```

在方法 openFileOutput()中的第一参数用于指定文件名称，不能包含路径分隔符“/”，如果文件不存在，Android 会自动创建它。创建的文件保存在“/data/data/<package name>/files”目录，通过单击 Eclipse 菜单“Window”-“Show View”-“Other”，在对话窗口中展开 android 文件夹，选择下面的 File Explorer 视图，然后在 File Explorer 视图中展开/data/data/<package name>/files 目录就可以看到该文件。

openFileOutput()方法的第二参数用于指定操作模式，有如下 4 种模式。

- Context.MODE_PRIVATE = 0。
- Context.MODE_APPEND = 32768。
- Context.MODE_WORLD_READABLE = 1。
- Context.MODE_WORLD_WRITEABLE = 2。

其中 Context.MODE_PRIVATE 是默认的操作模式，代表该文件是私有数据，只能被应用本身访问，在该模式下，写入的内容会覆盖原文件的内容，如果想把新写入的内容追加到原文件中，可以使用 Context.MODE_APPEND。

Context.MODE_APPEND 模式会检查文件是否存在，存在就往文件追加内容，否则就创建新文件。

Context.MODE_WORLD_READABLE 和 Context.MODE_WORLD_WRITEABLE 用来控制其他应用是否有权限读写该文件。

MODE_WORLD_READABLE 模式表示当前文件可以被其他应用读取；MODE_WORLD_WRITEABLE 表示当前文件可以被其他应用写入。

如果是私有文件则只能被创建该文件的应用访问，如果希望文件能被其他应用读和写，可以在创建文件时，指定 Context.MODE_WORLD_READABLE 和 Context.MODE_WORLD_ WRITEABLE 权限。

6.8 将网上图片保存在 SD 卡中并显示出来

实例 138	将网上图片保存在 SD 卡中并显示出来
源码路径	daima\138
视频路径	视频\138

6.8.1 实例说明

在现实开发应用中，经常需要使用网络中的资源。在本实例中，首先下载获取远程网络中的图片，然后将下载的图片保存在 SD 卡中，最后将 SD 卡中的图片从屏幕中显示出来。

6.8.2 具体实现

（1）编写文件 Activity01.java，监听单击【下载】按钮事件，单击后下载指定地址的图片。并且定义方法 GetNetBitmap 来获取网络中的图片，主要代码如下所示。

```
public void onCreate(Bundle savedInstanceState)
{
super.onCreate(savedInstanceState);
setContentView(R.layout.main);

mEditText=(EditText)findViewById(R.id.edit);
btn1=(Button)findViewById(R.id.download_Btn);//下载按钮
btn2=(Button)findViewById(R.id.show_pic);//显示图按钮

///为显示按钮设置监听,保存 Url 的数据
btn2.setOnClickListener(new Button.OnClickListener() {
          public void onClick(View v) {
              Intent intent=new Intent();
                 intent.setClass(Activity01.this, A1.class);
                 startActivity(intent);
                 Activity01.this.finish();//结束
          }
     });
/////下载图片
btn1.setOnClickListener(new Button.OnClickListener() {
          public void onClick(View v) {
//判断是否可以对 SD 卡进行操作
     if(Environment.getExternalStorageState().equals(Environment.MEDIA_MOUNTED)) {
     String url=mEditText.getText().toString().trim();
     String fileName=url.substring(url.lastIndexOf('/')+1,url.length());//提取下载图片的
文件名
Bitmap bitmap=GetNetBitmap(url);//得到 bitmap
     String sdCardDir = Environment.getExternalStorageDirectory()+"/hekui/";//获取 SD 卡
目录
            File file = new File(sdCardDir,fileName);//在 SD 卡的目录下创建图片文件
     try //将网络上读取的图片保存到 SD 卡中
                    {
          FileOutputStream out=new FileOutputStream(file);//为图片文件实例化输出流
          if(bitmap.compress(Bitmap.CompressFormat.PNG, 100, out))//对图片保存
          {
          out.flush();
          Log.v(TAG,"Success");
          out.close();
           info=(TextView)findViewById(R.id.textView1);
          info.setText(fileName+" 下载成功!! ");
          }
          }
                 catch (FileNotFoundException e)
                 {
                    Log.v(TAG,"文件没发现!! ");
          e.printStackTrace();
          } catch (IOException e)
          {
          e.printStackTrace();
          Log.v(TAG,"数据流错误!! ");
          }
             }
          }
     });
}

/////取得网络上的图片
public Bitmap GetNetBitmap(String url)
{
```

```
        URL imageUrl = null;
        Bitmap bitmap=null;
        try
        {
            imageUrl = new URL(url);
        }
        catch (MalformedURLException e)
        {
            Log.v(TAG, e.getMessage());
        }

        if (imageUrl != null) {
            try {
                HttpURLConnection conn = (HttpURLConnection)imageUrl.openConnection();
                conn.setDoInput(true);// 设置请求的方式
                conn.connect();

                InputStream is = conn.getInputStream();// 将得到的数据转化为 inputStream
                bitmap = BitmapFactory.decodeStream(is);// 将 inputstream 转化为 Bitmap
                is.close();// 关闭数据

            } catch (IOException e) {
                e.printStackTrace();
            }
        }
        else
        {
            Log.v(TAG,"Url is Null!!");
        }
        return bitmap;
    }
    }
```

（2）编写文件 sdk_fileclass.java，在获取 Android“下载/缓存”内容目录。主要代码如下所示。

```
public class sdk_fileclass {
    /*.getDownloadCacheDirectory()获取 Android 下载/缓存内容目录*/
public private String dirName = Environment
    .getExternalStorageDirectory().toString()+"/hekui/";
    public String[] filenames = new File(dirName).list();
    public int getCount(){
        if(filenames == null)
            return 0;
        return filenames.length;
    }
    public Bitmap getlmageAt(String[] filenames, int i){
        String path = dirName;
        if(i>=filenames.length)
            return null;
        path+=filenames[i];
        Bitmap b = BitmapFactory.decodeFile(path);
        return b;
    }
}
```

▲图 6-28　执行效果

执行后的效果如图 6-28 所示，输入图片地址并单击【下载】按钮后会下载此图片，单击【显示】按钮会显示下载的图片。

6.8.3　特别提醒——总结数据存储方式

到此为止，本章的实例全部讲解完毕，接下来对本章的核心知识做一个总结。Android 的数据存储有以下几个方式。

- Shared Preferences：存储数据以 key-value 的形式保存在 XML 文件中。
- Internal Storage：存储在 APK 安装目录。
- External Storage：存储在扩展的地方，一般指 SD 卡。

- SQLite Databases：数据库存储。
- Network Connection：网络存储。

（1）Shared Preferences

此方式是系统本身自带封装好了的方式，实际上就是存储在 APK 安装所在目录，数据的存放形式是 XML，下面是读取和写入通用代码。

```
public class Calc extends Activity {
public static final String PREFS_NAME = "MyPrefsFile";

@Override
protected void onCreate(Bundle state){
   super.onCreate(state);
   . . .
   // Restore preferences
   SharedPreferences settings = getSharedPreferences(PREFS_NAME, 0);
   boolean silent = settings.getBoolean("silentMode", false);
   setSilent(silent);
}
@Override
protected void onStop(){
   super.onStop();
  // We need an Editor object to make preference changes.
  // All objects are from android.context.Context
  SharedPreferences settings = getSharedPreferences(PREFS_NAME, 0);
  SharedPreferences.Editor editor = settings.edit();
  editor.putBoolean("silentMode", mSilentMode);
  // Commit the edits!
  editor.commit();
}
}
```

（2）利用 APK 本身存储

此种方式是把文件存储在机器内存中，也就是手机设备应用程序的安装目录中。APK 存储方式提供了如下两个方法：

- openFileOutput()；
- openFileInput()。

这两个方法的返回类型都是 FileInputStream，下面是通用代码。

```
String FILENAME = "hello_file";
String string = "hello world!";
FileOutputStream fos = openFileOutput(FILENAME, Context.MODE_PRIVATE);
fos.write(string.getBytes());
fos.close();
```

（3）缓存文件

缓存文件也是存储在 app 本身的安装目录里，只是和 openFileOutput 不在一个目录里，缓存目录里面的数据用户是可以用户手动删除的， openFileOutput 就不行，getCacheDir()获取缓存目录，根据自己的需求读写文件。

（4）扩展存储

一般指的是 SD 卡的存储，通用演示代码如下所示。

```
boolean mExternalStorageAvailable = false;
boolean mExternalStorageWriteable = false;
String state = Environment.getExternalStorageState();

if (Environment.MEDIA_MOUNTED.equals(state)) {
mExternalStorageAvailable = mExternalStorageWriteable = true;
} else if (Environment.MEDIA_MOUNTED_READ_ONLY.equals(state)) {
mExternalStorageAvailable = true;
mExternalStorageWriteable = false;
} else {
```

```
mExternalStorageAvailable = mExternalStorageWriteable = false;
}
```

（5）数据库存储

数据库是在 Web 应用中很常用的方式，应用场合比较多，在 Android 中的数据库是 SQLite，本章已经通过实例讲解了具体用法。

（6）网络存储

是指利用网络获取数据或者通过网络上传数据，常用的类有 java.net.*和 android.net.*。

6.9 读取上次保存的信息

实例 139	读取上次保存的信息
源码路径	daima\139
视频路径	视频\139

6.9.1 实例说明

本实例演示说明了如何使用 SharedPreferences 来存储数据的方法，能够在 Activity 退出时保存界面的基本的信息，当再次运行该程序的时候，就会读取上次保存的信息。界面中有一个账号 EditText，密码 EditText 和一个记住密码的 CheckBox，输入账号和密码，如果选中记住密码复选框，下次打开程序时，则会显示账号和密码；如果没有选中记住密码复选框，下次打开程序时则只是显示账号。

6.9.2 具体实现

在布局文件 main.xml 中，密码的 EditText 中的属性 android:inputType="textPassword"表示该文本框输入的字符将以黑点来代替字符，表示为密码类型。主程序文件 TabLayout.java 的主要代码如下所示。

```
/*** 初始化UI控件 */
  private void initializeViews(){
     username = (EditText)findViewById(R.id.username);
     password = (EditText)findViewById(R.id.password);

     cbRemember = (CheckBox)findViewById(R.id.ischecked);
     cbRemember.setOnCheckedChangeListener(new
CompoundButton.OnCheckedChangeListener() {

        @Override
        public void onCheckedChanged(CompoundButton buttonView, boolean isChecked) {
           isRemember = isChecked;
        }
     });
  }
  @Override
  public void onStop() {
     super.onStop();
     SharedPreferences   agPreferences   =   getSharedPreferences(PREFERENCES_NAME,
Activity.MODE_PRIVATE);
     SharedPreferences.Editor editor = agPreferences.edit();
     userName = username.getText().toString();
     passWord = password.getText().toString();
     editor.putString("UserName", userName);
     editor.putString("PassWord", passWord);
     editor.putBoolean("Remember", isRemember);
     editor.commit();
```

```
    }
}
```

执行后的效果如图 6-29 所示。

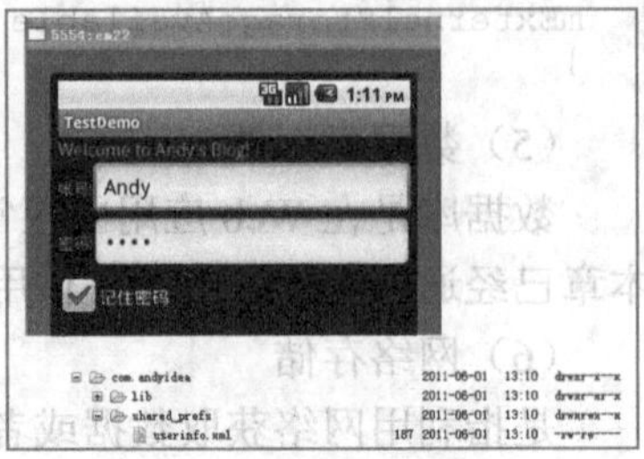

▲图 6-29　执行效果

6.9.3　特别提醒——使用 SharedPreferences 保存 key-value 对的步骤

保存 key-value 对一般要指定一个文件名，然后用类似 putString 的方法指定 key 和 value。SharedPreferences 也采用了同样的方法。使用 SharedPreferences 保存 key-value 对的步骤如下所示。

（1）使用 Activity 类的 getSharedPreferences 方法获得 SharedPreferences 对象。其中存储 key-value 文件的名称由 getSharedPreferences 方法的第一个参数指定。

（2）使用 SharedPreferences 接口的 edit 获得 SharedPreferences.Editor 对象。

（3）通过 SharedPreferences.Editor 接口的 putXXX 方法保存 key-value 对。其中 XXX 表示 value 的不同数据类型。Boolean 类型的 value 用 putBoolean 方法，字符串类型的则为 putString 方法。

（4）通过 SharedPreferences.Editor 接口的 commit 方法保存 key-value 对。Commit 方法相当于数据库事务中的提交（commit）操作。只有在事件结束后进行提交，才会将数据真正保存在数据库中。保存 key-value 也是一样。

6.10　使用 Content Provider 存储信息

实例 140	使用 Content Provider 存储信息
源码路径	daima\140
视频路径	视频\140

6.10.1　实例说明

在 Android 应用中，Content Provider 表示内容提供者，它是一个类，此类主要是对 Android 系统中进行共享的数据进行包装，并提供了一组统一的访问接口供其他程序调用。这些被共享的数据，可以使用系统自己的或使个人应用程序中的数据，Content Provider 使用表的形式来组织数据。

6.10.2　具体实现

主程序文件 MyProvider.java 的主要代码如下所示。

```
public class MyProvider extends ContentProvider {
    DBHelper                  mDbHelper = null;
    SQLiteDatabase            db        = null;
    private static final UriMatcher mMatcher;
    // 1.第一步把所需要匹配 Uri 路径全部注册上
    static {
        // UriMatcher：用于匹配 Uri
        // 常量 UriMatcher.NO_MATCH 表示不匹配任何路径的返回码(-1)。
        mMatcher = new UriMatcher(UriMatcher.NO_MATCH);
        // 如果 match()方法匹配 content:com.wirlessqa.content.provider/profile 路径，返回匹
        // 配码为 1
        mMatcher.addURI(Profile.AUTOHORITY, Profile.TABLE_NAME, Profile.ITEM);
        // 添加需要匹配 Uri，如果匹配就会返回匹配码
        // 如果 match()方法匹配 content://com.wirlessqa.content.provider/profile/#路径，返
        // 回匹配码为 2
        mMatcher.addURI(Profile.AUTOHORITY, Profile.TABLE_NAME + "/#", Profile.ITEM_ID);
// #号为通配符
        // 注册完需要匹配的 Uri 后，就可以使用 mMatcher.match(uri)方法对输入的 Uri 进行匹配，如果匹
```

```
        // 配就返回匹配码
        // 匹配码是调用 addURI()方法传入的第三个参数，假设匹配 content://com.wirelessqa.
        // content.provider/profile 路径，返回的匹配码为 1
    }
    // onCreate()方法在 ContentProvider 创建后就会被调用，Android 系统运行后，ContentProvider
    // 只有在被第一次使用它时才会被创建。
    @Override
    public boolean onCreate() {
        mDbHelper = new DBHelper(getContext());
        db = mDbHelper.getReadableDatabase();
        return true;
    }
    @Override
    public int delete(Uri uri, String selection, String[] selectionArgs) {
      long rowId;
      if (mMatcher.match(uri) != Profile.ITEM) {
          throw new IllegalArgumentException("Unknown URI" + uri);
      }
      rowId = db.delete(Profile.TABLE_NAME, selection, selectionArgs);
//      if(rowId>0){
//          Uri noteUri = ContentUris.withAppendedId(Profile.CONTENT_URI, rowId);
//          getContext().getContentResolver().notifyChange(noteUri, null);
//      }
        return 0;
    }
    @Override
    public String getType(Uri uri) {
      switch (mMatcher.match(uri)) {
          case Profile.ITEM:
              return Profile.CONTENT_TYPE;
          case Profile.ITEM_ID:
              return Profile.CONTENT_ITEM_TYPE;
          default:
              throw new IllegalArgumentException("Unknown URI" + uri);
      }
    }
    // 外部应用程序通过这个方法向 ContentProvider 添加数据。
    @Override
    public Uri insert(Uri uri, ContentValues values) {
      long rowId;
      // mMatcher.match(uri)对输入的 Uri 进行匹配，如果匹配就返回匹配码
      if (mMatcher.match(uri) != Profile.ITEM) {
          throw new IllegalArgumentException("Unknown URI" + uri);
      }
      rowId = db.insert(Profile.TABLE_NAME, null, values); //向数据库里插入数据
      if (rowId > 0) {
          // ContentUris.withAoppendedId 用于为路径加上 ID 部分
          Uri noteUri = ContentUris.withAppendedId(Profile.CONTENT_URI, rowId);
          // 当外部应用需要对 ContentProvider 中的数据进行添加、删除、修改和查询操作时，可以使用
          //ContentResolver 类来完成
          //ContentResolver 是属于 context 的，通过 getContentResolver 获取
          //ContentResolver 可以通过 registerContentObserver 注册观察者（观察者是
          //ContentObserver 的派生类）
          //一旦 ContentProvider 操作的数据变化后，调用 ContentResolver 的 notifyChange 方法即
          //可通知到观察者（回调观察者的 onChange 方法）
          //注册观察者不是必须的，所有 notifyChange 不是必须调用的
          getContext().getContentResolver().notifyChange(noteUri, null);
          return noteUri;
      }

      throw new SQLException("Failed to insert row into " + uri);
    }

    @Override
    public Cursor query(Uri uri, String[] projection, String selection, String[]
selectionArgs, String sortOrder) {
        Cursor c = null;
        switch (mMatcher.match(uri)) {
```

```
            case Profile.ITEM:
                c = db.query(Profile.TABLE_NAME, projection, selection, selectionArgs,
                null, null, sortOrder);
                break;
            case Profile.ITEM_ID:
                c = db.query(Profile.TABLE_NAME, projection, Profile.COLUMN_ID + "=" +
                uri.getLastPathSegment(),selectionArgs, null, null, sortOrder);
                break;
            default:
                throw new IllegalArgumentException("Unknown URI" + uri);
        }
        //从而在 ContentService 中注册 contentservice 的观察者，这个观察者是 cursor 的内部成员
        //（cursor 是一个接口，此处真正的 cursor 是 sqlitecursor）
        //这样每个查询返回的 cursor 都能在 contentprovider 对应数据改变时得到通知，因为这些 cursor
        //都有一个成员注册成了 contentservice 的观察者
        c.setNotificationUri(getContext().getContentResolver(), uri);
        return c;
    }
    @Override
    public int update(Uri uri, ContentValues values, String selection, String[]
selectionArgs) {
        // TODO Auto-generated method stub
        return 0;
    }
}
```

执行后的效果如图 6-30 所示。

▲图 6-30　执行效果

6.10.3　特别提醒——框架内部的操作

在 Android 系统下，查询联系人、通话记录等操作需要用到 Content Provider。但是，调用 Content Provider 时，Android 框架内部是如何做的呢？总的来说分为如下两个步骤。

（1）初始化 Content Provider。这一阶段主要是参照 AndroidManifest.xml。注意这里只有当包含 Content Provider 的进程运行的时候，才会对该进程内所有的 Content Provider 进行初始化。其他 Provider 是按需初始化的（后续文章会介绍该问题）。

（2）调用 ContentProvider，进行数据库操作。这个调用通常发生在用户定义的 Activity 子类的相关接口内。调用时，首先会获取对应的 Content Provider 对象（有可能是代理对象）。然后，再调用（直接调用或者通过 IBinder 接口）。

6.11　使用 SQLite 操作数据

实例 141	使用 SQLite 操作数据
源码路径	daima\141
视频路径	视频\141

6.11.1　实例说明

SQLite 是一款轻量级数据库，它是嵌入式的，而且占用的资源非常少，在嵌入式设备中，可能只需要几百 KB，这也是 Android 系统采用 SQLite 数据库的原因之一吧。

6.11.2　具体实现

编写文件文件 dbHelper.java，设置继承 SQLiteOpenHelper 类实现的 dbHelper 类。主要代码如下所示。

```
    public Cursor select()
  {
```

```
    SQLiteDatabase db=this.getReadableDatabase();
    Cursor cursor=db.query(TABLE_NAME, null, null, null, null, null, "_id desc");
    return cursor;
}

public long insert(String Title)
{
    SQLiteDatabase db=this.getWritableDatabase();
    ContentValues cv=new ContentValues();
    cv.put(FIELD_TITLE, Title);
    long row=db.insert(TABLE_NAME, null, cv);
    return row;
}

public void delete(int id)
{
    SQLiteDatabase db=this.getWritableDatabase();
    String where=FIELD_ID+"=?";
    String[] whereValue={Integer.toString(id)};
    db.delete(TABLE_NAME, where, whereValue);
}

public void update(int id,String Title)
{
    SQLiteDatabase db=this.getWritableDatabase();
    String where=FIELD_ID+"=?";
    String[] whereValue={Integer.toString(id)};
    ContentValues cv=new ContentValues();
    cv.put(FIELD_TITLE, Title);
    db.update(TABLE_NAME, cv, where, whereValue);
}
```

接下来正式进入到我们实际例子中要操作的功能，编写文件 testDbActivity.java，将 Menu 作为功能按钮。主要代码如下所示。

```
public void onCreate(Bundle savedInstanceState) {
    super.onCreate(savedInstanceState);
    setContentView(R.layout.main);
    myEditText=(EditText)findViewById(R.id.EditText1);
    myListView=(ListView)findViewById(R.id.ListView1);
    db=new dbHelper(testDbActivity.this);
    myCursor=db.select();
    SimpleCursorAdapter adpater=new SimpleCursorAdapter(this
        , R.layout.test, myCursor,
        new String[]{dbHelper.FIELD_TITLE},
        new int[]{R.id.topTextView});
    myListView.setAdapter(adpater);
    myListView.setOnItemClickListener(new OnItemClickListener() {

        @Override
        public void onItemClick(AdapterView<?> arg0, View arg1, int arg2,
                long arg3) {
            // TODO Auto-generated method stub
            myCursor.moveToPosition(arg2);
            _id=myCursor.getInt(0);
            myEditText.setText(myCursor.getString(1));
        }
    });

    myListView.setOnItemSelectedListener(new OnItemSelectedListener() {

        @Override
        public void onItemSelected(AdapterView<?> arg0, View arg1,
                int arg2, long arg3) {
            // TODO Auto-generated method stub
            SQLiteCursor sc=(SQLiteCursor)arg0.getSelectedItem();
            _id=sc.getInt(0);
            myEditText.setText(sc.getString(1));
        }
```

```
            @Override
            public void onNothingSelected(AdapterView<?> arg0) {
                // TODO Auto-generated method stub

            }
        });
    }
    private void operation(String cmd)
    {
        if(myEditText.getText().toString().equals(""))
        return;
        if(cmd=="add")
            db.insert( myEditText.getText().toString());
        if(cmd=="edit")
            db.update(_id,  myEditText.getText().toString());
        if(cmd=="delete")
            db.delete(_id);
        myCursor.requery();
        myListView.invalidateViews();
        myEditText.setText("");
        _id=0;

    }
```

▲图 6-31 执行效果

执行后的效果如图 6-31 所示。

6.11.3 特别提醒——使用 SQLiteDatabase 操作 SQLite 数据库

Android 提供了一个名为 SQLiteDatabase 的类，该类封装了一些操作数据库的 API。可以调用 SQLiteDatabase 的静态方法：

```
public static SQLiteDatabase openDatabase(String path,SQLiteDatabase.CursorFactory
factory,int flags)
```

flags 参数可以是 OPEN_READWRITE、OPEN_READONLY、CREATE_IF_NECESSARY 和 NO_LOCALIZED_COLLATORS 中的一个或多个（多个模式组合用/隔离）。

```
public static SQLiteDatabase openOrCreateDatabase(File file,SQLiteDatabase.
CursorFactory factory)
public static SQLiteDatabase openOrCreateDatabase(String path,SQLiteDatabase.
CursorFactory factory)
```

上面是用来打开文件系统中位于绝对路径 path 的数据库。还可以通过 Context 对象调用下面的方法直接在私有数据库目录创建或打开一个名为 name 的数据库。

```
public abstract SQLiteDatabase openOrCreateDatabase(String name,int mode,SQLiteDatabase.
CursorFactory factory)
```

请注意，这里的 mode 是指 MODE_PRIVATE、MODE_WORLD_READABLE 和 MODE_WORLD_WRITEABLE。

6.12 一个 SQLite 管理程序

实例 142	实现一个 SQLite 管理程序
源码路径	daima\142
视频路径	视频\142

6.12.1 实例说明

本实例是一个经典 Android 平台上的 SQLite 管理程序，功能有打开现有的 SQLite 数据库、新建 SQLite 数据库，还能执行 SQL 语句，功能很强大，并且主界面简洁、漂亮。

6.12.2 具体实现

在本实例中，新建的数据库默认存放在 SD 卡的根目录，在此可以看到表、视图、索引和查询 4 个按钮。核心程序文件 aSQLiteManager.java 主要代码如下所示。

```
    public void onClick(View v) {
        int key = v.getId();
        if (key == R.id.Open) {
            Intent i = new Intent(this, NewFilePicker.class);
            Utils.logD("Calling NewFilepicker");
//              Utils.logD("Calling NewFilepicker for result");
//              startActivityForResult(i, 1);
            startActivity(i);
        } else if (key == R.id.About) {
            showAboutDialog();
        }  else if (key == R.id.NewDB) {
            Utils.logD("Create new database");
            newDatabase();
        } else if (key == R.id.Recently) {
            // Retrieve recently opened files
            SharedPreferences settings = getSharedPreferences("aSQLiteManager", MODE_PRIVATE);
            _recentFiles = settings.getString("Recently", null);
            if (_recentFiles == null) {
                Utils.showMessage("Recently files: ", _recentFiles, _cont);
            } else {
                String[] resently = _recentFiles.split(";");
                Utils.logD(_recentFiles);
                AlertDialog dial = new AlertDialog.Builder(this)
                .setTitle(getString(R.string.Recently))
                .setSingleChoiceItems(resently, 0, new ResentFileOnClickHandler() )
                .create();
                dial.show();
            }
        }
    }

    /**
     * Open a the database clicked on from the recently opened file menu
     */
    public class ResentFileOnClickHandler implements DialogInterface.OnClickListener {
        public void onClick(DialogInterface dialog, int which) {
            String[] files = _recentFiles.split(";");
            String database = files[which];
            //Utils.toastMsg(_cont, database);
            dialog.dismiss();
            Intent i = new Intent(_cont, DBViewer.class);
            i.putExtra("db", database);
            startActivity(i);
        }
    }


    /**
     * Display the about dialog
     */
    private void showAboutDialog() {
        Dialog dial = new Dialog(this);
        dial.setContentView(R.layout.about);
        dial.show();
    }

    protected void onActivityResult(int requestCode, int resultCode, Intent data)
    {
        Utils.logD("MainDriver main-activity got result from sub-activity");
        if (resultCode == Activity.RESULT_CANCELED) {
            Utils.logD("WidgetActivity was cancelled or encountered an error.
resultcode == result_cancelled");
            Utils.logD("WidgetActivity was cancelled - data =" + data);
```

```
        } else
          switch (requestCode) {
          case 1:
              String msg = data.getStringExtra("returnedData");
              Utils.showMessage("Returned file", msg, _cont);
             break;
          }
        Utils.logD("MainDriver main-activity got result from sub-activity");
    }
```

执行后的效果如图 6-32 所示。

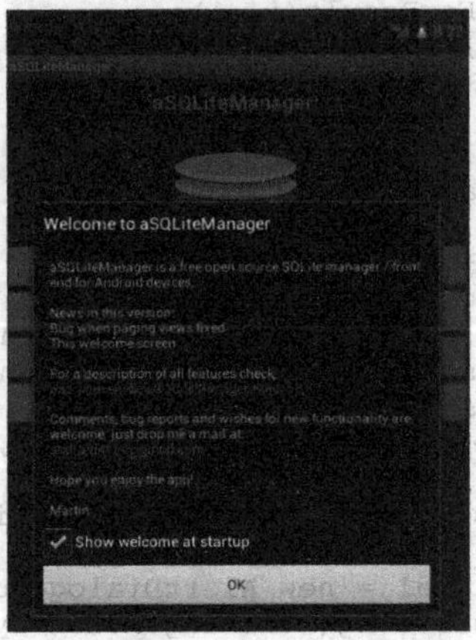

▲图 6-32　执行效果

第7章 电话和短信应用

我们买手机的最主要用处就是拨打电话、接听电话、发送短信和接受短信。在本章的内容中，将通过具体实例的实现流程，来详细讲解在Android系统中实现电话和短信应用的基本方法。

7.1 实现一个简单的拨号程序

实例 143	实现一个简单的拨号程序
源码路径	daima\143
视频路径	视频\143

7.1.1 实例说明

拨号功能离不开IntentFilter，在本实例中，使用一个Intent打开电话拨号程序，Intent的行为是ACTION_DIAL，同时在Intent中传递被呼叫人的电话号码。整个程序的实现分为三个阶段，第一阶段完成向固定电话拨号的工作，用户不能自由输入希望通话的电话号码。第二阶段负责进一步完善用户界面，让用户可以自由输入电话号码后再拨号。第三阶段加入IntentFilter，使用户可以通过硬键盘拨号键启动我们的程序。

7.1.2 具体实现

（1）编写文件main.xml，在界面中加入一个Button按钮和一个<TextView>标签，加入新的<Button>标签。把Button的ID设置为button_id，同时将Button显示在界面上的文字设置为res/string.xml/下的Button，打开res/string.xml，把Button的内容设置为“拨号”。

（2）编写文件Dialer.java代码，在里面定位“拨号”按钮。要加入对“拨号”按钮的响应，首先通过findViewById()方法获得该按钮对象的引用。然后加入对“拨号”按钮按键动作的响应，为“拨号”按钮对象调用setOnClickListener()方法，设置单击事件监听器。文件Dialer.java的主要实现如下所示。

```
public class Dialer extends Activity {
/** Called when the Activity is first created. */
@Override
public void onCreate(Bundle savedInstanceState) {
super.onCreate(savedInstanceState);
setContentView(R.layout.main);
final Button button = (Button) findViewById(R.id.button_id);
button.setOnClickListener(new Button.OnClickListener() {
@Override
public void onClick(View b) {
Intent i = new Intent(Intent.ACTION_DIAL, Uri.parse("tel://13800138000"));
startActivity(i);
}
});
```

```
    }
}
```

（3）接下来进一步完善第一阶段中的成果，使得用户能输入电话号码。由于用户输入的内容可能不是一个有效的电话号码，所以程序还需要对用户输入的字符串进行判断，呼叫有效号码，如果是无效号码则提示用户重新输入。

- 修改用户界面，加入获取用户输入的 EditText 控件。在 Button 按钮前加入一个 EditText 控件用于获取用户输入电话号码，设置其 ID 引用名为 phonenumber_id。

```
<EditText android:id = "@+id/phonenumber_id"
 android:layout_width="fill_parent"
 android:layout_height="wrap_content"
 />
 <Button android:id = "@+id/button_id"
 android:layout_width="fill_parent"
 android:layout_height="wrap_content" android:text="@string/button"
 />
```

- 获得 EditText 对象的引用，代码如下所示。

```
final EditText phoneNumber =  (EditText)findViewById(R.id.phonenumber_id);
```

- 在回调方法 onClick 中加入对电话号码有效性的判断和处理，具体代码如下所示。

```
@Override  public void onClick(View b) {
  String callee = phoneNumber.getText().toString();
  if (PhoneNumberUtils.isGlobalPhoneNumber(callee)){
  Intent i = new Intent(Intent.ACTION_DIAL, Uri.parse(tel"://"+ callee)); startActivity(i);
  } else {
  Toast.makeText(TinyDialer.this, R.string.notify_incorrect_phonenumber,
  Toast.LENGTH_LONG).show();
  }
```

在上述代码中，使用 android.telephony.PhoneNumberUtils 包中的方法 isGlobalPhoneNumber 来判断电话号码的有效性，在 Android 中为我们准备了很多类似的方法可以简化程序员的工作量，用好这些方法能够帮助我们轻松快速地完成工作。另外，使用 Toast 类来输出无效电话号码提示。

到此为止，整个实例编写完毕。文件 Dialer.java 的完整代码如下所示。

```
public class Dialer extends Activity {
    /** Called when the activity is first created. */
    @Override
    public void onCreate(Bundle savedInstanceState) {
        super.onCreate(savedInstanceState);
        setContentView(R.layout.main);

        final EditText phoneNumber = (EditText) findViewById(R.id.phonenumber_id);
        final Button button = (Button) findViewById(R.id.button_id);
        button.setOnClickListener(new Button.OnClickListener()
                  {
                    @Override
                    public void onClick(View b) {
                        String callee = phoneNumber.getText().toString();
                        if (PhoneNumberUtils.isGlobalPhoneNumber(callee)){
                        //Intent i = new Intent(Intent.ACTION_DIAL, Uri.parse("tel://" + callee));
                        Intent i = new Intent(Intent.ACTION_CALL, Uri.parse("tel://" + callee));
                            startActivity(i);
                        } else {
                            Toast.makeText(Dialer.this,
                            R.string.notify_incorrect_phonenumber,
                                    Toast.LENGTH_LONG).show();
                        }
                    }
                }
        );
```

```
    }
}
```

执行后的效果如图 7-1 所示。在文本框中输入电话号码并按下【拨打号码】按钮后将自动切换到 Android 自带的拨号程序，同时你所拨打的电话号码将会显示在屏幕上，如图 7-2 所示。

▲图 7-1　执行效果

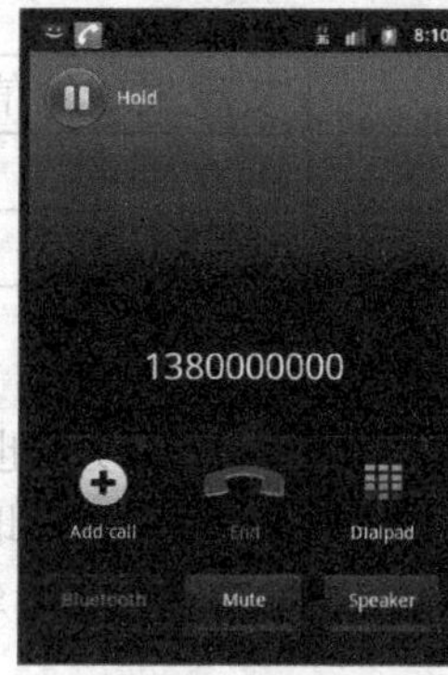

▲图 7-2　Android 自带拨号程序界面

7.1.3　特别提醒——IntentFilter 实现拨号

其实我们可以使用 IntentFilter 实现拨号处理，从硬件键盘的拨号键启动程序需要我们在 Dialer 中加入一条新的 IntentFilter。我们先来看看在 AndroidManifest.xml 中关于 IntentFilter 的如下描述。

```
<intent-filter>
<action android:name="android.Intent.Action.MAIN" />
 <category android:name="android.Intent.Category.LAUNCHER" />
</intent-filter>
```

目前只有一条 IntentFilter，它的动作名称是 Action.MAIN，类别名称是 Category.LAUNCHER。正是有了这条 IntentFilter，Dialer 的图标才出现在了应用程序选择的菜单里。为了新加入拨号键启动 TiDialer，需要加入下面的代码。

```
<intent-filter>
 <action android:name="android.Intent.Action.CALL_BUTTON"/ >
<category android:name="android.Intent.Category.DEFAULT" />
</intent-filter>
```

此时按下键盘左下角绿色的拨号键时，系统会弹出一个窗口提醒用户，选择启动 Dialer 还是选择 Android 自带的拨号程序，如图 7-3 所示。

▲图 7-3　Android 自带拨号程序界面

上述过程使用了隐式 Intent，Dialer 声明自己的 IntentFilter 行为是 ACTION.CALL_BUTTON，以后每次用户按下拨号键时，Android 系统都会将拨号键的意图和所有声明过 ACTION. CALL_BUTTON 的 IntentFilter 进行比较，然后将匹配的组件提供给用户选择。

在 Android 应用中，我们可以用 Intent 启动新的 Activity。这个实例的目的是希望在按钮被按下后发出一个启动系统自带拨号程序的 Intent，所以首先创建 Intent 对象。创建一个新的 Intent 对象的基本语法如下所示。

```
Intent <Intent_name> = new Intent(<ACTION>,<Data>)
```

在本例中，参数<ACTION>为 Intent.ACTION_DIAL，参数<Data>是希望传入的电话号码。

在 Android 中，传给 Intent 的数据用 Uri 格式表示，因此需要使用 Uri.parse 方法将字符串格式的电话号码解析成 URI 格式。在本例中，用 tel:13800138000 表示我们想要呼叫的电话号码。最终创建 Intent 的代码如下所示。

```
Intent I = new Intent(Intent.ACTION_DIAL,
  Uri.parse("tel://13800138000"));
```

创建 Intent 完毕后，就可以通过它告诉 Android 希望启动新的 Activity 了：

```
startActivity(i);
```

7.2 实现发送短信功能

实例 144	实现发送短信功能
源码路径	daima\144
视频路径	视频\144

7.2.1 实例说明

和电话拨号程序一样，短信功能也是任何一款手机不可或缺的基本应用，是使用频率最高的程序之一。在本实例中，不是简单地使用 Intent 激活 Android 自带的短信程序，而是使用 SmsManager 类完成发送短信的功能。笔者希望借此例抛砖引玉，帮助读者进一步理解 Android 中常见类的用法。

7.2.2 具体实现

（1）编写布局文件 main.xml，主要代码如下所示。

```
<?xml version="1.0" encoding="utf-8"?>
<LinearLayout xmlns:android="http://schemas.android.com/apk/res/android"
    android:orientation="vertical"
    android:layout_width="fill_parent"
    android:layout_height="fill_parent"
    >
    <TextView
        android:layout_width="fill_parent"
        android:layout_height="wrap_content"
        android:text="输入短信号码"
        />
    <EditText
        android:id="@+id/txtPhoneNo"
        android:layout_width="fill_parent"
        android:layout_height="wrap_content"
        />
    <TextView
        android:layout_width="fill_parent"
        android:layout_height="wrap_content"
        android:text="短信"
        />
    <EditText
        android:id="@+id/txtMessage"
        android:layout_width="fill_parent"
        android:layout_height="150px"
        android:gravity="top"
        />
    <Button
        android:id="@+id/btnSendSMS"
        android:layout_width="fill_parent"
        android:layout_height="wrap_content"
        android:text="发送短信"
        />
</LinearLayout>
```

▲图 7-4　程序界面

设计后的界面如图 7-4 所示。

（2）设置权限，因为项目程序需要使用发送短信功能，根据对 AndroidManifest.xml 的描述，在此需要在该文件中声明程序的权限。因此这里需要加入 TinySMS 发送短信的权限声明。主要代码如下所示。

```
//发送短信权限
<uses-permission android:name="android.permission.SEND_SMS" />
```

（3）编写文件 example129.java 实现发送短信处理，单击【发送短信】按钮后调用回调方法 onClick()实现发送短信的功能。具体代码如下所示。

```
    btnSendSMS.setOnClickListener(new View.OnClickListener()
    {
       public void onClick(View v)
       {
          String phoneNo = txtPhoneNo.getText().toString();
          String message = txtMessage.getText().toString();
          if (phoneNo.length()>0 && message.length()>0){
             Log.v("ROGER", "will begin sendSMS");
               sendSMS(phoneNo, message);
          }
          else
             Toast.makeText(SMSchuli.this,
               "请重新输入电话号码和短信内容",
                 Toast.LENGTH_LONG).show();
       }
    });
}
```

TinySMS 并不是使用 Intent 激活 Android 自带的短信程序，而是直接使用了一个叫作 sendSMS 的方法。方法 sendSMS 的实现代码如下所示。

```
private void sendSMS(String phoneNumber, String message)  {
    PendingIntent pi = PendingIntent.getActivity(this, 0,
       new Intent(this, SMSchuli.class), 0);
    Log.v("ROGER", "will init SMS Manager");
    SmsManager sms = SmsManager.getDefault();

    Log.v("ROGER", "will send SMS");
    sms.sendTextMessage(phoneNumber, null, message, pi, null);
}
```

SmsManager 是在 android.telephony.gsm.SmsManager 中定义的用户管理短信应用的类。它的用法有点特殊，开发人员不用直接实例化 SmsManager 类，而只需要调用静态方法 getDefault()获得 SmsManger 对象，方法 sendTextMessage()用于发送短信到指定号码。在上面这段代码中，使用了一个 PendingIntent 的对象，该对象指向 TinySMSActivity。因此当用户按下“发送短信”键之后，用户界面会重新回到 TinySMS 的初始界面。

在 Android 的模拟器中对短信或电话提供了非常方便的测试功能。用户只需要在 Windows 命令行中输入 emulator 再启动一个 Android 模拟器，这样就可以实现两个手机间的电话或者短信的测试。需要说明的是，每个模拟器左上角的数字代表了该模拟器的电话号码。

7.2.3　特别提醒——包 android.telephony 简介

除了在前面两个实例中包含的内容以外，复杂的电话或短信应用可以参考 Android 包 android.telephony 和 android.telephony.gsm。其中在包 android.telephony 中包含了下面的类。

- CellLocation：设备位置的抽象类。
- PhoneNumberFormattingTextWather：用于监视一个 TextView 控件。
- PhoneNumberUtils：包含处理各种号码字符串的实用工具。
- PhoneStarteListener：监视手机电话状态变化的监听类。
- ServiceState：包括了电话状态和相关的服务信息。
- SMSManager：表示具体短信。
- TelephoneManager：提供对手机中电话服务信息的访问。
- 在包 android.telephony.gsm 中包含了和短信服务相关的类，具体说明如下所示。

- GSMCellLocation：GSM 手机的基站位置。
- GSMManager：管理各种短信操作。
- GSMManage：表示的具体的短信。

7.3 实现一个按钮拨号程序

实例 145	实现一个按钮拨号程序
源码路径	daima\145
视频路径	视频\145

7.3.1 实例说明

本实例演示了实现一个基本的手机拨打电话的过程，首先使用了一个 EditText 用于获取输入的电话号码，单击 Button 按钮后执行拨打电话程序，通过自定义的 isPhoneNumberValid(String phoneNumber)验证用户输入的是合法的电话号码。

在拨打电话的时候，首先在 AndiroidManifest 中声明“uses-permission”权限，然后通过自定义的 Intent 对象、“ACTION_CALL”键和 Uri.parse()方法写入用户输入的电话号码，最后通过方法 startActivity 实现拨打电话的功能。

7.3.2 具体实现

编写文件 example130.java，下面开始讲解其具体实现代码。

（1）引用类和对象，声明 Button 与 EditText 对象名称，主要代码如下所示。

```
/*声明 Button 与 EditText 对象名称*/
 private Button mButton1;
 private EditText mEditText1;
 @Override
 public void onCreate(Bundle savedInstanceState) {
  super.onCreate(savedInstanceState);
  setContentView(R.layout.main);
  /*通过 findViewById 构造器来构造 EditText 与 Button 对象*/
  mEditText1 = (EditText) findViewById(R.id.myEditText1);
  mButton1 = (Button) findViewById(R.id.myButton1);
```

（2）设置 Button 按钮对象的 OnClick 单击事件，主要代码如下所示。

```
  mButton1.setOnClickListener(new Button.OnClickListener()
  {
   @Override
   public void onClick(View v)
   {
    try
    {
     /*取得 EditText 中用户输入的字符串*/
     String strInput = mEditText1.getText().toString();
     if (isPhoneNumberValid(strInput)==true)
     {
      /*建构一个新的 Intent
      运行 action.CALL 的常数与通过 Uri 将字符串带入*/
      Intent myIntentDial = new
      Intent
      (
       "android.intent.action.CALL",
       Uri.parse("tel:"+strInput)
      );
      /*在 startActivity()方法中
      带入自定义的 Intent 对象以运行拨打电话的工作 */
      startActivity(myIntentDial);
      mEditText1.setText("");
```

```
            }
            else
            {
            mEditText1.setText("");
              Toast.makeText(
              example2.this, "电话格式不正确",
              Toast.LENGTH_LONG).show();
            }
          }
          catch(Exception e)
          {
            e.printStackTrace();
          }
        }
      });
    }
```

(3) 定义方法 isPhoneNumberValid 来检查字符串是否为电话号码，返回 True 表示是合法的电话号码，返回 False 表示不是合法的电话号码。主要代码如下所示。

```
    public static boolean isPhoneNumberValid(String phoneNumber)
    {
      boolean isValid = false;
      /* 可接受的电话格式有:
       * ^\\(? : 可以使用 "(" 作为开头
       * (\\d{3}): 紧接着 3 个数字
       * \\)? : 可以使用")"接续
       * [- ]? : 在上述格式后可以使用具选择性的 "-".
       * (\\d{4}) : 再紧接着 3 个数字
       * [- ]? : 可以使用具选择性的 "-" 接续.
       * (\\d{4})$: 以四个数字结束.
       * 可以比较下列数字格式:
       * (123)456-78900, 123-4560-7890, 12345678900, (123)-4560-7890
      */
      String expression = "^\\(?(\\d{3})\\)?[- ]?(\\d{3})[- ]?(\\d{5})$";
      String expression2 ="^\\(?(\\d{3})\\)?[- ]?(\\d{4})[- ]?(\\d{4})$";
      CharSequence inputStr = phoneNumber;
      /*创建 Pattern*/
      Pattern pattern = Pattern.compile(expression);
      /*将 Pattern 以参数传入 Matcher 作 Regular expression*/
      Matcher matcher = pattern.matcher(inputStr);
      /*创建 Pattern2*/
      Pattern pattern2 =Pattern.compile(expression2);
      /*将 Pattern2 以参数传入 Matcher2 作 Regular expression*/
      Matcher matcher2= pattern2.matcher(inputStr);
      if(matcher.matches()||matcher2.matches())
      {
        isValid = true;
      }
      return isValid;
    }
  }
```

执行后的效果如图 7-5 所示；如果输入的电话号码不规范则输出对应的提示，如图 7-6 所示；当输入规范的号码并单击【拨打电话】按钮后显示拨打界面，实现拨打电话功能，如图 7-7 所示。

▲图 7-5　执行效果

▲图 7-6　自动显示输入数据

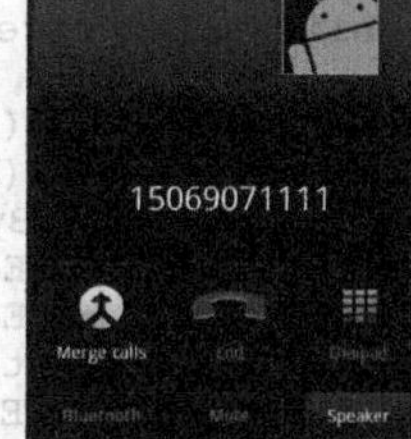

▲图 7-7　拨打界面

7.3.3 特别提醒——一段通用的验证电话号码的代码

在上述代码中，使用方法 isPhoneNumberValid 来检查字符串是否为电话号码，这其实是一个正则表达式功能。下面再给出一段通用的验证电话号码的代码。

```
public static boolean isPhoneNumberValid(String phoneNumber)
{
  boolean isValid = false;
  String expression = "^\\(?(\\d{3})\\)?[- ]?(\\d{3})[- ]?(\\d{4})$";
  String expression2 ="^\\(?(\\d{2})\\)?[- ]?(\\d{4})[- ]?(\\d{4})$";
  CharSequence inputStr = phoneNumber;
  Pattern pattern = Pattern.compile(expression);
  Matcher matcher = pattern.matcher(inputStr);
  Pattern pattern2 =Pattern.compile(expression2);
  Matcher matcher2= pattern2.matcher(inputStr);
  if(matcher.matches()||matcher2.matches())
  {
  isValid = true;
  }
  return isValid;
 }
```

7.4 一个发送短信系统

实例 146	一个发送短信系统
源码路径	daima\146
视频路径	视频\146

7.4.1 实例说明

在本实例中，定义了 2 个 EditText 编辑框控件来分别获取收信人电话和短信正文，并设置了判断手机号码规范化的方法，在此规定短信的字符数不能超过 70 个。在具体实现上，是通过 SmsManager 对象的方法 sendTextMessage（）来完成的。在 sendTextMessage（）中要传入 5 个值，分别是收件人地址 String、发送地址 String、正文 String、发送服务 PendingIntent 和送达服务 PendingIntent。

7.4.2 具体实现

编写文件 example131.java，其具体实现流程如下所示。

（1）声明一个 Button 按钮变量用于激活发信处理程序，声明 2 个 EditText 变量用于获取输入收信人电话号码和短信内容。主要代码如下所示。

```
/*声明变量一个 Button 与两个 EditText*/
private Button mButton1;
private EditText mEditText1;
private EditText mEditText2;
@Override
public void onCreate(Bundle savedInstanceState)
{
 super.onCreate(savedInstanceState);
 setContentView(R.layout.main);
 /*通过 findViewById 构造器来建构 EditText1,EditText2 与 Button 对象*/
 mEditText1 = (EditText) findViewById(R.id.myEditText1);
 mEditText2 = (EditText) findViewById(R.id.myEditText2);
 mButton1 = (Button) findViewById(R.id.myButton1);
 /*将默认文字加载 EditText 中*/
 mEditText1.setText("请输入号码");
 mEditText2.setText("请输入内容!!");
 /*设置用户单击 EditText 时做出响应*/
```

```
mEditText1.setOnClickListener(new EditText.OnClickListener()
{
  public void onClick(View v)
  {
    /*单击EditText时清空正文*/
    mEditText1.setText("");
  }
}
);
```

（2）定义方法onClickListener来响应当用户点击EditText时的反应。主要代码如下所示。

```
/*设置onClickListener 让用户单击EditText时做出反应*/
mEditText2.setOnClickListener(new EditText.OnClickListener()
{
  public void onClick(View v)
  {
    /*单击EditText时清空正文*/
    mEditText2.setText("");
  }
}
);
```

（3）定义方法onClickListener作为用户单击Button的反应，主要代码如下所示。

```
/*设置onClickListener 让用户点击Button时做出反应*/
mButton1.setOnClickListener(new Button.OnClickListener()
{
  @Override
  public void onClick(View v)
  {
    /*由EditText1取得短信收件人电话*/
    String strDestAddress = mEditText1.getText().toString();
    /*由EditText2取得短信文字内容*/
    String strMessage = mEditText2.getText().toString();
    /*建构一个取得default instance的 SmsManager对象 */
    SmsManager smsManager = SmsManager.getDefault();

    // TODO Auto-generated method stub
```

（4）检查收件人电话格式是否正确，短信字数是否超过70字符，然后通过smsManager.sendTextMessage实现发送短信处理，具体实现代码如下所示。

```
/*检查收件人电话格式与短信字数是否超过70字符*/
if(isPhoneNumberValid(strDestAddress)==true &&
   iswithin70(strMessage)==true)
{
  try
  {
    /*
    * 两个条件都检查通过的情况下,发送短信
    * 先建构一个PendingIntent对象并使用getBroadcast()广播
    * 将PendingIntent、电话、短信文字等参数
    * 传入sendTextMessage()方法发送短信
    */
    PendingIntent mPI = PendingIntent.getBroadcast
    (example131.this, 0, new Intent(), 0);
    smsManager.sendTextMessage
    (strDestAddress, null, strMessage, mPI, null);
  }
  catch(Exception e)
  {
    e.printStackTrace();
  }
  Toast.makeText
  (
    Example131.this,"送出成功!!" ,
    Toast.LENGTH_SHORT
  ).show();
  mEditText1.setText("");
```

```
        mEditText2.setText("");
      }
      else
      {
        /* 当电话格式与短信文字不符合条件时,以 Toast 提醒 */
        if (isPhoneNumberValid(strDestAddress)==false)
        { /*且字数超过 70 字符*/
          if(iswithin70(strMessage)==false)
          {
            Toast.makeText
            (
              example3.this,
              "电话号码格式错误/短信内容超过 70 字!!!",
              Toast.LENGTH_SHORT
            ).show();
          }
          else
          {
            Toast.makeText
            (
              Example131.this,
              "电话号码格式错误,请检查!!" ,
              Toast.LENGTH_SHORT
            ).show();
          }
        }
        /*字数超过 70 字符*/
        else if (iswithin70(strMessage)==false)
        {
          Toast.makeText
          (
            Example131.this,
            "短信内容超过 70 字,请删除部分内容!!",
            Toast.LENGTH_SHORT
          ).show();
        }
      }
    }
  });
}
/*检查字符串是否为电话号码的方法,并返回 true or false 的判断值*/
public static boolean isPhoneNumberValid(String phoneNumber)
{
  boolean isValid = false;
  /* 可接受的电话格式有:
   * ^\\(? : 可以使用 "(" 作为开头
   * (\\d{3}): 紧接着 3 个数字
   * \\)? : 可以使用")"接续
   * [- ]? : 在上述格式后可以使用具选择性的 "-".
   * (\\d{3}) : 再紧接着 3 个数字
   * [- ]? : 可以使用具选择性的 "-" 接续.
   * (\\d{5})$: 以 5 个数字结束.
   * 可以比较下列数字格式:
   * (123)456-7890, 123-456-7890, 1234567890, (123)-456-7890
  */
  String expression =
  "^\\(?(\\d{3})\\)?[- ]?(\\d{3})[- ]?(\\d{5})$";

  /* 可接受的电话格式有:
   * ^\\(? : 可以使用 "(" 作为开头
   * (\\d{3}): 紧接着 3 个数字
   * \\)? : 可以使用")"接续
   * [- ]? : 在上述格式后可以使用具选择性的 "-".
   * (\\d{4}) : 再紧接着 4 个数字
   * [- ]? : 可以使用具选择性的 "-" 接续.
   * (\\d{4})$: 以 4 个数字结束.
   * 可以比较下列数字格式:
   * (02)3456-7890, 02-3456-7890, 0234567890, (02)-3456-7890
```

```
      */
      String expression2=
      "^\\(?(\\d{3})\\)?[- ]?(\\d{4})[- ]?(\\d{4})$";

      CharSequence inputStr = phoneNumber;
      /*创建 Pattern*/
      Pattern pattern = Pattern.compile(expression);
      /*将 Pattern 以参数传入 Matcher 作 Regular expression*/
      Matcher matcher = pattern.matcher(inputStr);
      /*创建 Pattern2*/
      Pattern pattern2 =Pattern.compile(expression2);
      /*将 Pattern2 以参数传入 Matcher2 作 Regular expression*/
      Matcher matcher2= pattern2.matcher(inputStr);
      if(matcher.matches()||matcher2.matches())
      {
        isValid = true;
      }
      return isValid;
    }
    public static boolean iswithin70(String text)
    {
      if (text.length()<= 70)
      {
        return true;
      }
      else
      {
        return false;
      }
    }
  }
```

至此整个实例介绍完毕，执行后的效果如图 7-8 所示，输入手机号码，编写短信内容后，单击“发送”按钮后即可完成短信发送功能，系统会提示成功信息，如图 7-9 所示。

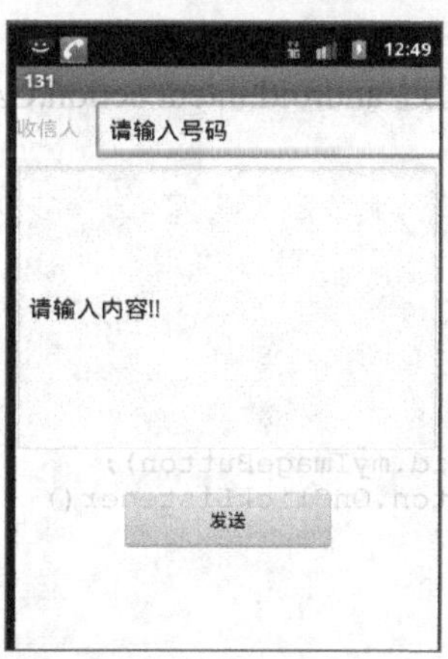

▲图 7-8　初始效果

▲图 7-9　发送成功

如果短信内容和收信人号码格式不规范，会输出对应的错误提示。

7.4.3　特别提醒——SmsManager 类

在本实例代码中，使用方法 PendingIntent.getBroadcast 自定义了 PendingIntent 并进行 Broadcast 广播，然后使用 SmsManager.getDefault()预先构建的 SmsManager，使用方法 sendTextMessage 将有关的数据以参数形式带入，这样即可完成发短信的任务。

在主程序中使用发送短信的方式，只展示了 SmsManager 类中可使用的 3 种传送短信的方法之一，而完整的 3 种可用方法，整理如表 7-1 所示。

表 7-1　　SmsManager 类中可使用的 3 种方法

方法名称	传入参数	使用时机
sendDataMessage	String destinationAddress, String scAddress, short destin-ationPort, byte[] data, PendingIntent sentIntent, PendingIntent deliveryIntent	发送 Data 格式的 SMS 传送到特定程序的 Port
sendMultipartTextMessage	String destinationAddress, String scAddress, ArrayList<String> parts, ArrayList<PendingIntent> sentIntents, ArrayList<PendingIntent> deliveryIntents	发送多条文字短信
sendTextMessage	String destinationAddress, String scAddress, String text, PendingIntent sentIntent, PendingIntent deliveryIntent	发送文字短信

7.5 实现屏幕触控拨号程序

实例 147	屏幕触控拨号程序
源码路径	daima\147
视频路径	视频\147

7.5.1 实例说明

在触摸屏手机应用中，通常需要触摸一个按钮来实现拨号处理。本实例将使用 Intent 方式把电话号码传递给内置的拨号程序，然后内置拨号程序实现拨号处理操作。利用方法 startActivity 将程序焦点交给内置的拨号程序，这样原来的 Activity 会成为失焦状态，并且还会发生 onPause 暂停事件，直到关闭拨号程序，焦点也交还给原来的 Activity。在具体实现上，先插入了一个按钮，当单击按钮后会调用手机内置的默认拨号界面。

7.5.2 具体实现

编写文件 example132.java，当用户单击图标按钮后通过 android.intent.action.CALL_BUTTON 调用默认的拨号界面。主要代码如下所示。

```
public class example132 extends Activity {
  private ImageButton myImageButton;
  @Override
  public void onCreate(Bundle savedInstanceState)
  {
    super.onCreate(savedInstanceState);
    setContentView(R.layout.main);
    myImageButton = (ImageButton) findViewById(R.id.myImageButton);
    myImageButton.setOnClickListener(new ImageButton.OnClickListener()
    {
      public void onClick(View v)
      {
        /* 调用拨号的画面 */
        Intent myIntentDial = new Intent("android.intent.action.CALL_BUTTON");
        startActivity(myIntentDial);
      }
    });
  }
}
```

执行后会在屏幕中显示一个图标按钮，如图 7-10 所示。单击按钮后，会自动来到系统内置的默认拨号界面，如图 7-11 所示。

7.5.3 特别提醒——将 Action 动作定义成常数

在 Intent 中通常将很多 Action 动作定义成常数，例如下面的代码。

```
Intent myIntentDial = new Intent("android.intent.action.CALL_BUTTON");
```

也可以改为下面的格式。

```
Intent myIntentDial = new Intent(Intent.ACTION_CALL_BUTTON)
```

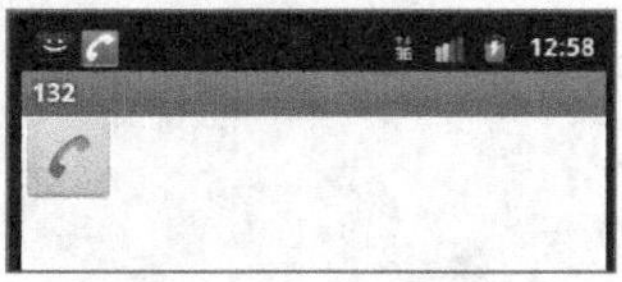

▲图 7-10　初始效果

▲图 7-11　内置的拨号界面

7.6 实现短信群发功能

实例 148	实现短信群发功能
源码路径	daima\148
视频路径	视频\148

7.6.1　实例说明

在本实例中，当单击【发送】按钮后会先获取手机通讯录的信息，让用户选择短信接收者。选好后返回主程序，然后实现短信群发功能。在使用本实例前，需要事先在通讯录添加一些联系人信息，这些联系人作为接收短信者。当用户选择接收者后，会将短信发送到目标者。

7.6.2　具体实现

编写文件 example133.java，其具体流程如下所示。

（1）分别定义变量 mTextView01、mTextView3、mTextView5、mButton01 和 mButton01，并分别为上述变量赋值。主要代码如下所示。

```
private TextView mTextView01;
private TextView mTextView3;
private TextView mTextView5;
private Button mButton01;
private Button mButton02;
/*先声明 strMessage 为 String*/
String strMessage;
private static final int PICK_CONTACT_SUBACTIVITY = 2;
@Override
public void onCreate(Bundle savedInstanceState)
{
  super.onCreate(savedInstanceState);
  setContentView(R.layout.main);
  mTextView01 = (TextView)findViewById(R.id.myTextView1);
  mButton01 = (Button)findViewById(R.id.myButton1);
  mTextView3 = (TextView)findViewById(R.id.myTextView3);
  mButton02 = (Button)findViewById(R.id.myButton2);
  mTextView5= (TextView)findViewById(R.id.myTextView5);
```

（2）分别为屏幕中的 2 个 Button 按钮设置处理事件，单击 mButton01 按钮后获取 mTextView3 里的内容，单击 mButton02 按钮后获取 mTextView5 里的内容。主要代码如下所示。

```
/*设置第一个 Button 事件*/
mButton01.setOnClickListener(new Button.OnClickListener()
```

```
    {
      @Override
      public void onClick(View v)
      {
        Uri uri = Uri.parse("content://contacts/people");
        Intent intent = new Intent(Intent.ACTION_PICK, uri);
        /*获取 mTextView3 里的内容*/
        strMessage = mTextView3.getText().toString();
        startActivityForResult(intent, PICK_CONTACT_SUBACTIVITY);
      }
    });
    /*设置第二个 Button 事件*/
    mButton02.setOnClickListener(new Button.OnClickListener()
    {
      @Override
      public void onClick(View v)
      {
        // TODO Auto-generated method stub
        Uri uri = Uri.parse("content://contacts/people");
        Intent intent = new Intent(Intent.ACTION_PICK, uri);
        /*获取 mTextView5 里的内容*/
        strMessage = mTextView5.getText().toString();
        startActivityForResult(intent, PICK_CONTACT_SUBACTIVITY);
      }
    });
  }
```

（3）在获取 android.permission.READ_CONTACTS 的权限下，通过 try 来抓取通讯录的姓名、通讯录的电话，然后设置要寄给通讯录里的电话，接着用 smsManager.sendTextMessage 发送短信，最后用 Toast 来显示正在传送的提示。主要代码如下所示。

```
  @Override
  protected void onActivityResult
  (int requestCode, int resultCode, Intent data)
  {
    // TODO Auto-generated method stub
    switch (requestCode)
    {
      case PICK_CONTACT_SUBACTIVITY:
        final Uri uriRet = data.getData();
        if(uriRet != null)
        {
          try
          {
            /* 必须要有 android.permission.READ_CONTACTS 权限 */
            Cursor c = managedQuery(uriRet, null, null, null, null);
            c.moveToFirst();
            /*抓取通讯录的姓名*/
            String strName =
            c.getString(c.getColumnIndexOrThrow(People.NAME));
            /*抓取通讯录的电话*/
            String strPhone =
            c.getString(c.getColumnIndexOrThrow(People.NUMBER));

            /*设置要寄给通讯录里的电话*/
            String strDestAddress = strPhone;
            System.out.println(strMessage);
            SmsManager smsManager = SmsManager.getDefault();

            PendingIntent mPI = PendingIntent.getBroadcast
            (example133.this, 0, new Intent(), 0);
            /*寄出短信*/
            smsManager.sendTextMessage
            (
              strDestAddress, null, strMessage, mPI, null
            );
            /*用 Toast 显示传送中提示*/
            Toast.makeText
```

```
                (
                  Example133.this,
                  getString(R.string.str_msg)+strName,
                  Toast.LENGTH_SHORT
                ).show();
              mTextView01.setText(strName+":"+strPhone);
            }
            catch(Exception e)
            {
              mTextView01.setText(e.toString());
              e.printStackTrace();
            }
          }
          break;
      }
      super.onActivityResult(requestCode, resultCode, data);
    }
  }
```

最后，需要在文件 AndroidManifest.xml 中声明 READ_CONTACTS 权限和 SEND_SMS 权限。主要代码如下所示。

```
<uses-permission
android:name="android.permission.READ_CONTACTS"></uses-permission>
<uses-permission android:name="android.permission.SEND_SMS"></uses-permission>
```

执行后的效果如图 7-12 所示，单击【发送】按钮后来到联系人界面，如图 7-13 所示。单击其中的一个联系人后，会将短信发送给他，并输出发送提示，如图 7-14 所示。

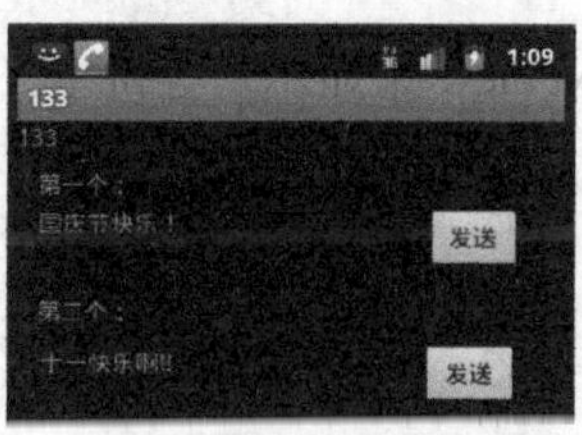

▲图 7-12 初始效果

▲图 7-13 联系人界面

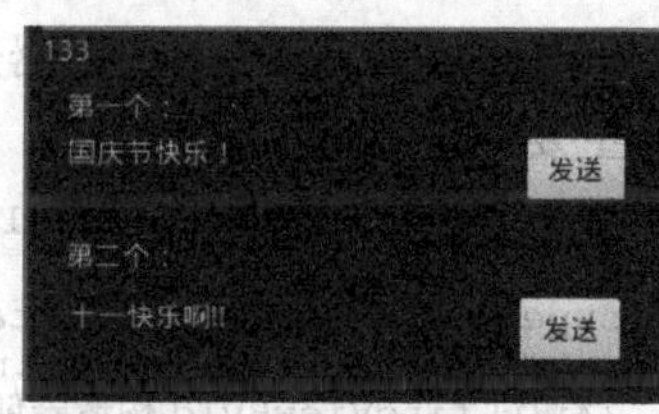

▲图 7-14 已发送

7.6.3 特别提醒——Android 的群组功能

通过上述实例虽然实现了短信发送功能，但是还不能算是群组发送。实际上 Android 系统允许用户创建若干个群组。可以把联系人很轻松地放进各种不同的群组里面。Android 系统之所以提供了这样的一个特性，是为了让用户可以给整组联系人群发邮件或者短信，这是一个很贴心的功能，如图 7-15 所示。

另外，当然也可以用编程的方式实现群发短信。既可以把联系人的数据并用字符串数组的形式保存，也可以以 Cursor 为对象来通过循环的方式，当取得了联系人数据的同时就传出指定的信息内容。

▲图 7-15 Android 的群组

7.7 在发送短信时实现 E-mail 邮件通知

实例 149	在发送短信时实现 Email 邮件通知
源码路径	daima\149
视频路径	视频\149

7.7.1　实例说明

在本实例中，当用户收到一条短信后，先用 Toast 提示获取了短信，然后使用 Email 发送提示到用户的邮箱中，这样就可以将重要的短信放在邮箱中保存，从而不用担心短信容量的问题了。

在具体实现上，先在后台设计一个 BroadcastReseiver 用于等待接收短信。当接收到短信以后，使用 Bundle 的方式来封装短信的内容，然后通过 Intent 方式返回给主程序 Activity。因为 Receiver 无法直接发送 Email，所以需要将控制权回给主程序，通过主程序来运行发送 Email 的工作。当主程序收到 Bundle 后，会以 Bundle.getString 的方法来取得返回短信的内容，然后以 Intent.setType ("plain/text")来设置要打开的 Intent 类型，并以关键程序 Intent.putExtra(android.content.Intent.EXTRA_EMAIL,strEmailReciver)来指定要打开的是 Email 所需要的 Extra 参数，当 Android 系统收到这些参数后，就会打开内置的 Email 发送程序。读者在此需要注意的是，在模拟器运行后会显示"No application can perform this action"的提示，而在真实机器上不会出现此问题。

7.7.2　具体实现

（1）编写文件 example134.java，其具体实现流程如下。

- 分别声明一个 TextView、String 数组和两个文本字符串变量，主要代码如下所示。

```
/*声明一个 TextView,String 数组与两个文本字符串变量*/
private TextView mTextView1;
public String[] strEmailReciver;
public String strEmailSubject;
public String strEmailBody;
```

- 通过 findViewById 构造器来创建 TextView 对象，并通过 TextView 来显示"等待中..."的提示。主要代码如下所示。

```
public void onCreate(Bundle savedInstanceState)
{
  super.onCreate(savedInstanceState);
  setContentView(R.layout.main);
  /*通过 findViewById 构造器创建 TextView 对象*/
  mTextView1 = (TextView) findViewById(R.id.myTextView1);
  mTextView1.setText("等待中...");
```

- 通过 try 语句获取短信传来的 bundle 堆信息，并取出 bunde 中的字符串，然后自定义 Intent 来寄送 Email 邮件信息，同时设置邮件格式为"plain/text"，并分别取得 EditText01、EditText02、EditText 03 和 04 的值作为收件人地址、附件、主题和正文，最后将取得的字符串放入 mEmailIntent 中。主要代码如下所示。

```
  try {
    /*取得短信传来的 bundle 堆信息*/
    Bundle bunde = this.getIntent().getExtras();
    if (bunde!= null)
    {
      /*将 bunde 内的字符串取出*/
      String sb = bunde.getString("STR_INPUT");
      /*自定义一 Intent 来运行寄送 E-mail 的工作*/
      Intent mEmailIntent =
      new Intent(android.content.Intent.ACTION_SEND);
      /*设置邮件格式为"plain/text"*/
      mEmailIntent.setType("plain/text");

      /*取得 EditText01, EditText02, EditText03, EditText04 的值作为收件人地址,附件,主题,正文*/
      strEmailReciver =new String[]{"jay.mingchieh@gmail.com"};
      strEmailSubject = "你有一封短信!!";
      strEmailBody = sb.toString();

      /*将取得的字符串放入 mEmailIntent 中*/
```

```
        mEmailIntent.putExtra(android.content.Intent.EXTRA_EMAIL,
        strEmailReciver);
        mEmailIntent.putExtra(android.content.Intent.EXTRA_SUBJECT,
        strEmailSubject);
        mEmailIntent.putExtra(android.content.Intent.EXTRA_TEXT,
        strEmailBody);
        startActivity(Intent.createChooser(mEmailIntent,
        getResources().getString(R.string.str_message)));
      }
      else
      {
        finish();
      }
    }
    catch(Exception e)
    {
      e.printStackTrace();
    }
  }
}
```

（2）编写文件 SMSreceiver.java，其具体实现流程如下。

- 引用 BroadcastReceiver 类，使用 telephoney.gsm.SmsMessage 来接收短信，使用 Toast 类来通知用户收到短信，主要代码如下所示。

```
/*引用 telephoney.gsm.SmsMessage 来收取短信*/
import android.telephony.gsm.SmsMessage;
/*引用 Toast 类来告知用户收到短信*/
import android.widget.Toast;
```

（3）自定义继承自 BroadcastReceiver 类，用于聆听系统服务广播的信息，然后声明静态字符串并作为 Action 启动短信的依据，主要代码如下所示。

```
public class SMSreceiver extends BroadcastReceiver
{
  * android.provider.Telephony.SMS_RECEIVED
  private static final String mACTION =
  "android.provider.Telephony.SMS_RECEIVED";

  private String str_receive="收到短信!";
```

- 定义方法 onReceive(Context context, Intent intent 来获取短信，先通过 if 语句判断传来 Intent 是否为短信，是则建构一字符串集合变量 sb 并接收由 Intent 传来的数据。主要代码如下所示。

```
public void onReceive(Context context, Intent intent)
{
  Toast.makeText(context, str_receive.toString(),
  Toast.LENGTH_LONG).show();
  /*判断传来 Intent 是否为短信*/
  if (intent.getAction().equals(mACTION))
  {
    /*建构一字符串集合变量 sb*/
    StringBuilder sb = new StringBuilder();
    /*接收由 Intent 传来的数据*/
    Bundle bundle = intent.getExtras();
```

- 使用 if 语句判断在 Intent 中是否有数据，用 pdus 作为 android 内置短信参数 identifier，并通过 bundle.get("")返回一包含 pdus 的对象。主要代码如下所示。

```
/*判断 Intent 是有数据*/
if (bundle != null)
{
 Object[] myOBJpdus = (Object[]) bundle.get("pdus");
```

- 构造短信对象 array，并依据收到的对象长度来创建 array 的大小。主要代码如下所示。

```
SmsMessage[] messages = new SmsMessage[myOBJpdus.length];
```

```
for (int i = 0; i<myOBJpdus.length; i++)
{
  messages[i] =
  SmsMessage.createFromPdu((byte[]) myOBJpdus[i]);
}
```

- 分别获取收信人的电话号码，并将传来信息保存在BODY。主要代码如下所示。

```
for (SmsMessage currentMessage : messages)
{
  sb.append("接收到来自:\n");
  /* 收信人的电话号码 */
  sb.append(currentMessage.getDisplayOriginatingAddress());
  sb.append("\n------传来的短信------\n");
  /* 取得传来信息的BODY */
  sb.append(currentMessage.getDisplayMessageBody());
  Toast.makeText
  (
    context, sb.toString(), Toast.LENGTH_LONG
  ).show();
 }
}
```

- 使用Notification(Toast)提醒来显示提示信息，主要代码如下所示。

```
Toast.makeText
(
  context, sb.toString(), Toast.LENGTH_LONG
).show();
```

- 返回主Activity，然后自定义一个Bundle，将短信信息以putString()方法存入自定义的Bundle内，最后设置Intent的Flag以一个全新的task来运行。主要代码如下所示。

```
      Intent i = new Intent(context, example4.class);
      /*自定义一Bundle*/
      Bundle mbundle = new Bundle();
      /*将短信信息以putString()方法存入自定义的bundle内*/
      mbundle.putString("STR_INPUT",  sb.toString());
      /*将自定义bundle写入Intent中*/
      i.putExtras(mbundle);
      /*设置Intent的Flag以一个全新的task来运行*/
      i.addFlags(Intent.FLAG_ACTIVITY_NEW_TASK);
      context.startActivity(i);
    }
  }
}
```

（4）编写文件AndroidManifest.xml，向系统注册一个常驻的BroadcastReseiver，并设置这个Reseiver的intent-filter，让其SMSreceiver针对收到短信事件做出反应，并声明android.permission.RECEIVE_SMS权限。主要代码如下所示。

```
<intent-filter>
  <action android:name="android.intent.action.MAIN" />
  <category android:name="android.intent.category.LAUNCHER" />
   </intent-filter>
   </activity>
   <!-- 建立receiver来聆听系统广播信息 -->
  <receiver android:name="irdc.example134.SMSreceiver">
   <!-- 设置要捕捉的信息名是provider中Telephony.SMS_RECEIVED -->
 <intent-filter>
  <action
    android:name="android.provider.Telephony.SMS_RECEIVED" />
 </intent-filter>
 </receiver>
   </application>
<uses-permission android:name="android.permission.RECEIVE_SMS"></uses-permission>
</manifest>
```

实例执行后，如果收到一条短信则会显示提示信息，并自动生成一条邮件提示，如图7-16所示。

7.7.3 特别提醒——通过 Intent 机制协助应用间的交互与通讯

▲图 7-16 运行效果

Android 中提供了 Intent 机制来协助应用间的交互与通讯，或者采用更准确的说法是，Intent 不仅可用于应用程序之间，也可用于应用程序内部 Activity/Service 之间的交互。Intent 这个英语单词的本意是“目的、意向”等，对于较少从事于大型平台开发工作的程序员来说，这可能是一个不太容易理解的抽象概念，因为它与我们平常使用的简单函数/方法调用，或者上节中提到的通过库调用接口的方式不太一样。在 Intent 的使用中你看不到直接的函数调用，相对函数调用来说，Intent 是更为抽象的概念，利用 Intent 所实现的软件复用的粒度是 Activity/Service，比函数复用更高一些，另外耦合也更为松散。

Android 中与 Intent 相关的还有 Action/Category 及 Intent Filter 等，另外还有用于广播的 Intent，这些元素掺杂在一起，导致初学者不太容易迅速掌握 Intent 的用法。

有很多初学者不理解 Intent 和 Bundle 有什么样的作用。假如我现在要从 A 界面跳转到 B 界面或者 C 界面。这样的话我需要写 2 个 Intent，如果还要涉及的传递值的话，Intent 就要写两遍添加值的方法。那么如果用 1 个 Bundle 直接把值先存里边，然后再存到 Intent 中不是更简洁吗？

再看一个例子，如果现在有 Activity A、ActivityB 和 ActivityC，要把值通过 A 经过 B 传给 C，此时该怎么传呢？如果用 Intent 的话，从 A-B 先写一遍，再在 B 中都取出来 然后再把值放到 Intent 中，再跳到 C，整个过程很麻烦。如果在 A 中用了 Bundle 的话，可以把 Bundle 传给 B，在 B 中再转传到 C，此时 C 就可以直接去了。这样做还有一个好处，就是在 B 中可以给 Bundle 对象添加新的 key-value，同样可以在 C 中取出来。

7.8 来电后自动发送邮件通知

实例 150	来电后自动发送邮件通知
源码路径	daima\150
视频路径	视频\150

7.8.1 实例说明

在实例 149 中，介绍了来短信后自动发送邮件通知的实现过程。同理也可以编写一个程序，当来电时自动用邮件进行通知。在本实例中，通过 TelephoneManage 来判断来电状态，并实现来电通知。程序通过 Email 来通知来电记录，本实例继承了前面的实例，并再次对 PhoneCallListener 判断电话事件，并根据来电状态来发送 Email。

7.8.2 具体实现

编写文件 example135.java，具体实现流程如下所示。

（1）定义 TelephonyManager 对象 telMgr 来获取 TELEPHONY_SERVICE 系统信息，主要代码如下所示。

```
public void onCreate(Bundle savedInstanceState)
{
  super.onCreate(savedInstanceState);
  setContentView(R.layout.main);

  mPhoneCallListener phoneListener=new mPhoneCallListener();
```

```
/*对象 telMgr，用于获取 TELEPHONY_SERVICE 系统*/
TelephonyManager telMgr = (TelephonyManager)getSystemService
        (TELEPHONY_SERVICE);
telMgr.listen(phoneListener, mPhoneCallListener.
        LISTEN_CALL_STATE);
mTextView1 = (TextView)findViewById(R.id.myTextView1);
}
```

（2）使用 PhoneCallListener 来聆听电话状态更改事件，方法 onCallStateChanged 的具体实现流程如下所示。

- 分别获取电话待机状态、通话状态和来电状态；
- 显示号码；
- 有电话时发送邮件；
- 设置收信人邮箱地址；
- 设置邮件标题；
- 设置邮件内容；
- 实现发信处理。

上述功能的主要代码如下所示。

```
public class mPhoneCallListener extends PhoneStateListener
{
 @Override
 public void onCallStateChanged(int state, String incomingNumber)
 {
  switch(state)
  {
   /*获取电话待机状态*/
   case TelephonyManager.CALL_STATE_IDLE:
    mTextView1.setText(R.string.str_CALL_STATE_IDLE);
    break;
   /*获取电话通话状态*/
   case TelephonyManager.CALL_STATE_OFFHOOK:
    mTextView1.setText(R.string.str_CALL_STATE_OFFHOOK);
    break;
   /*获取电话来电状态*/
   case TelephonyManager.CALL_STATE_RINGING:
    mTextView1.setText
    (
     /*显示号码*/
     getResources().getText(R.string.str_CALL_STATE_RINGING)+
     incomingNumber
    );
    /*有电话时发送邮件*/
    Intent mEmailIntent = new Intent(android.content.Intent
        .ACTION_SEND);
    mEmailIntent.setType("plain/text");
    /*设置收信人邮箱地址*/
    mEmailIntent.putExtra(android.content.Intent.EXTRA_EMAIL,
          new String[]{mEditText01.toString()});
    /*设置邮件标题*/
    mEmailIntent.putExtra(android.content.Intent.EXTRA_SUBJECT,
          strEmailSubject);
    /*设置邮件内容*/
    mEmailIntent.putExtra(android.content.Intent.EXTRA_TEXT,
          R.string.str_EmailBody+incomingNumber);
    /*实现发信处理*/
    startActivity(Intent.createChooser(mEmailIntent,
          getResources().getString(R.string.str_message)));
    break;
   default:
    break;
  }
  super.onCallStateChanged(state, incomingNumber);
 }
```

```
    }
}
```

执行后当有电话进来时会显示提示信息，有短信时也会显示对应的提示，如图 7-17 所示。

7.8.3 特别提醒——模拟器的问题

当挂机后会发送邮件，当然因为是模拟器，所以显示“No application can perform this action”的提示。如图 7-18 所示。在真实机器上不会出现此问题。

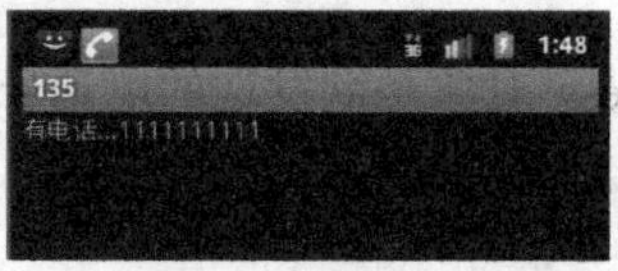

▲图 7-17 来电时界面

▲图 7-18 发邮件

7.9 监听短信是否发送成功

实例 151	监听短信是否发送成功
源码路径	daima\151
视频路径	视频\151

7.9.1 实例说明

当发送短信后，我们往往比较关心是否发送成功。在本实例中，当发送一条短信后会及时提供一条说明短信是发送成功还是失败的信息。手机的默认程序可以捕捉到发送状态，这是因为经过系统广播的信息，程序可以捕捉到发送结果。本实例的学习重点是如何衍生广播类 mServiceReceiver，并在这个 Receiver 中判断短信的发送结果。

7.9.2 具体实现

编写文件 example136.java，其具体实现流程如下所示。

（1）创建两个 mServiceReceiver 对象作为类成员变量，然后分别创建 mButton1、mButton2、mTextView01、mEditText1 和 mEditText2 对象。主要代码如下所示。

```
/* 创建两个 mServiceReceiver 对象，作为类成员变量 */
private mServiceReceiver mReceiver01, mReceiver02;
private Button mButton1;
private TextView mTextView01;
private EditText mEditText1, mEditText2;
```

（2）自定义 ACTION 常数作为广播的 Intent Filter 识别常数。分别通过 mEditText1 获取电话号码，通过 mEditText2 获取信息内容，然后设置设置默认为 5556 表示第二个模拟器的 Port。主要代码如下所示。

```
/* 自定义 ACTION 常数，作为广播的 Intent Filter 识别常数 */
private String SMS_SEND_ACTIOIN = "SMS_SEND_ACTIOIN";
private String SMS_DELIVERED_ACTION = "SMS_DELIVERED_ACTION";

/** Called when the activity is first created. */
@Override
public void onCreate(Bundle savedInstanceState)
{
  super.onCreate(savedInstanceState);
  setContentView(R.layout.main);

  mTextView01 = (TextView)findViewById(R.id.myTextView1);
```

```
   /* 电话号码 */
   mEditText1 = (EditText) findViewById(R.id.myEditText1);
   /* 短信内容 */
   mEditText2 = (EditText) findViewById(R.id.myEditText2);
   mButton1 = (Button) findViewById(R.id.myButton1);

   //mEditText1.setText("+12345678");
   /* 设置默认为 5556 表示第二个模拟器的 Port */
   mEditText1.setText("5556");
   mEditText2.setText("Hello AAA!");
```

（3）设置单击按钮后的事件处理程序，strDestAddress 对象是欲发送的电话号码，strMessage 对象是要发送的内容。主要代码如下所示。

```
/* 发送 SMS 短信按钮事件处理 */
mButton1.setOnClickListener(new Button.OnClickListener()
{
  @Override
  public void onClick(View arg0)
  {
    /* 欲发送的电话号码 */
    String strDestAddress = mEditText1.getText().toString();
    /* 欲发送的短信内容 */
    String strMessage = mEditText2.getText().toString();
```

（4）创建 SmsManager 对象来发送短信，具体流程如下所示。

- 创建自定义 Action 常数的 Intent。
- 用 sentIntent 参数为传送后接受的广播信息 PendingIntent。
- 用 deliveryIntent 参数为送达后接受的广播信息 PendingIntent。
- 发送 SMS 短信。
- 有异常则用 mTextView01.setText(e.toString())输出异常。

主要代码如下所示。

```
    /* 创建 SmsManager 对象 */
    SmsManager smsManager = SmsManager.getDefault();

    // TODO Auto-generated method stub
    try
    {
      /* 创建自定义 Action 常数的 Intent(给 PendingIntent 参数之用) */
      Intent itSend = new Intent(SMS_SEND_ACTIOIN);
      Intent itDeliver = new Intent(SMS_DELIVERED_ACTION);

      /* sentIntent 参数为传送后接受的广播信息 PendingIntent */
      PendingIntent mSendPI = PendingIntent.getBroadcast
      (getApplicationContext(), 0, itSend, 0);

      /* deliveryIntent 参数为送达后接受的广播信息 PendingIntent */
      PendingIntent mDeliverPI = PendingIntent.getBroadcast
      (getApplicationContext(), 0, itDeliver, 0);

      /* 发送 SMS 短信，注意最后的 2 个 PendingIntent 参数 */
      smsManager.sendTextMessage
      (strDestAddress, null, strMessage, mSendPI, mDeliverPI);

      mTextView01.setText(R.string.str_sms_sending);
    }
    catch(Exception e)
    {
      mTextView01.setText(e.toString());
      e.printStackTrace();
    }
  }
```

```
    });
  }
```

（5）自定义 mServiceReceiver 来覆盖 BroadcastReceiver 以聆听短信状态信息。如果发送短信成功则输出“成功发送”提示，如果发送短信成功则输出“发送失败”提示。主要代码如下所示。

```
/* 自定义 mServiceReceiver 覆盖 BroadcastReceiver 聆听短信状态信息 */
public class mServiceReceiver extends BroadcastReceiver
{
  @Override
  public void onReceive(Context context, Intent intent)
  {
    // TODO Auto-generated method stub

    try
    {
      /* android.content.BroadcastReceiver.getResultCode()方法 */
      switch(getResultCode())
      {
        case Activity.RESULT_OK:
          /* 发送短信成功 */
          //mTextView01.setText(R.string.str_sms_sent_success);
          mMakeTextToast
          (
            getResources().getText
            (R.string.str_sms_sent_success).toString(),
            true
          );
          break;
        case SmsManager.RESULT_ERROR_GENERIC_FAILURE:
          /* 发送短信失败 */
          //mTextView01.setText(R.string.str_sms_sent_failed);
          mMakeTextToast
          (
            getResources().getText
            (R.string.str_sms_sent_failed).toString(),
            true
          );
          break;
        case SmsManager.RESULT_ERROR_RADIO_OFF:
          break;
        case SmsManager.RESULT_ERROR_NULL_PDU:
          break;
      }
    }
    catch(Exception e)
    {
      mTextView01.setText(e.toString());
      e.getStackTrace();
    }
  }
}
```

（6）定义方法 mMakeTextToast 来输出发送成功还是失败的提示，主要代码如下所示。

```
public void mMakeTextToast(String str, boolean isLong)
{
  if(isLong==true)
  {
    Toast.makeText(example12.this, str, Toast.LENGTH_LONG).show();
  }
  else
  {
    Toast.makeText(example12.this, str, Toast.LENGTH_SHORT).show();
  }
}
```

（7）定义方法 onResume 来重启 Activity，主要代码如下所示。

```
@Override
```

```
    protected void onResume()
    {
      /* 自定义 IntentFilter 为 SENT_SMS_ACTIOIN Receiver */
      IntentFilter mFilter01;
      mFilter01 = new IntentFilter(SMS_SEND_ACTIOIN);
      mReceiver01 = new mServiceReceiver();
      registerReceiver(mReceiver01, mFilter01);

      /* 自定义 IntentFilter 为 DELIVERED_SMS_ACTION Receiver */
      mFilter01 = new IntentFilter(SMS_DELIVERED_ACTION);
      mReceiver02 = new mServiceReceiver();
      registerReceiver(mReceiver02, mFilter01);

      super.onResume();
    }
```

（8）定义方法 onPause() 来暂停 Activity，主要代码如下所示。

```
    @Override
    protected void onPause()
    {
      // TODO Auto-generated method stub

      /* 取消注册自定义 Receiver */
      unregisterReceiver(mReceiver01);
      unregisterReceiver(mReceiver02);

      super.onPause();
    }
  }
```

▲图 7-19　短信提示

到此为止，整个实例介绍完毕，发送短信后将显示短信是否发送成功的提示，如图 7-19 所示。

7.9.3　特别提醒——发送短信的状态

在 Android 系统中，通过“SmsManager smsManager = SmsManager.getDefault();”语句获取短信管理器，这是 Android 系统默认的短信管理器，通过它可以发送短信。通过“List<String> contents = smsManager.divideMessage(content);”语句可以发送多条短信，在此可以将内容较长的短信拆分成多条短信发送。

在发送短信时会有两个结果状态，一个是短信是否成功发送，另一个是对方是否成功接收。是否发送成功不是由 Android 程序来决定的，短信是由短信基站发送的，我们只需要把短信发送到移动无线通信网络，网络发送短信是否成功,移动网络会返回一个信号，信号会被程序捕获。

程序采用异步的方式捕获信号，因为不可能一直开着线程等待返回的信号，所以 sendTextMessage()的后两个参数 sentIntent 和 deliveryIntent 就是接受发送和接收状态信号用的。

sentIntent 是短信发送是否成功的 Intent，deliveryIntent 是接收方是否收到短信的 Intent，这里如果不想接收返回的信号，可以设置为 null。

当把 Intent 传进去后，如果移动网络返回一个短信发送成功或失败的信号，操作系统会通过异步的方式广播这个 Intent，用户就知道短信的发送状态了。

7.10　监控手机拨接状态

实例 152	监控手机拨接状态
源码路径	daima\152
视频路径	视频\152

7.10.1 实例说明

手机最重要的功能不外乎是拨接电话和收发短信，在 Android 系统中，通过 PhoneStateListener 可以实现这些功能。要监控手机电话状态，需要先创建 PhoneStateListener 对象，并重写其中的 onCallStateChanged 方法，通过传入的“state”判断来电状态。

要想获得手机电话的状态，需要拥有读取电话状态的权限，即 Android.permission.READ_PHONE_STATE，否则程序即使写好了也获取不到状态。在使用 PhoneStateListener 来监听事件的过程中，需要在 Activity onCreate()时获取系统里的 TelephonyManager 服务，即 getSystemService (Context.TELEPHONY_SERVICE)。

为了验证实例功能，预先在通讯录添加一条电话为“1234567”、名字为“QW Er”的联系人，当此号码打进电话时，可以将该电话的人名在 TextView 显示出来；当非通讯录里的电话来电时，则显示 unknown Number，当接起电话时，显示 CALL_STATE_OFFHOOK，当挂掉电话时则返回到 IDLE 状态。

本实例程序实现了两种来电者的情境，一种是来电号码已经在通讯录中保存，另一种是没有在通讯录中保存。

7.10.2 具体实现

（1）编写文件 example137.java，在此通过 getSystemService 获取 TelephonyManager 对象，再向 TelephonyManager 注册 PhoneCallListener 事件。在具体注册时，需要传入 PhoneCallListener 类及要倾听的事件名称。因为聆听的是电话状态，所以在聆听事件中便要传入 LISTEN_CALL_STATE。文件 example137.java 的主要代码如下所示。

```
public class example137 extends Activity
{
  private TextView myTextView1;
  @Override
  public void onCreate(Bundle savedInstanceState)
  {
    super.onCreate(savedInstanceState);
    setContentView(R.layout.main);
    myTextView1 = (TextView) findViewById(R.id.myTextView1);
    /* 添加自己实现的 PhoneStateListener */
    exPhoneCallListener myPhoneCallListener =
    new exPhoneCallListener();

    /* 获取电话服务 */
    TelephonyManager tm =
    (TelephonyManager) this.getSystemService
    (Context.TELEPHONY_SERVICE);
    /* 注册电话通信 Listener */
    tm.listen
    (
      myPhoneCallListener,
      PhoneStateListener.LISTEN_CALL_STATE
    );
  }
  /* 内部 class 类继承 PhoneStateListener */
  public class exPhoneCallListener extends PhoneStateListener
  {
    /* 重写 onCallStateChanged
    当状态改变时改变 myTextView1 的文字及颜色 */
    public void onCallStateChanged(int state, String incomingNumber)
    {
      switch (state)
      {
        /* 无任何状态时 */
        case TelephonyManager.CALL_STATE_IDLE:
```

```
            myTextView1.setTextColor
            (
              getResources().getColor(R.drawable.red)
            );
            myTextView1.setText("CALL_STATE_IDLE");
            break;
          /* 接起电话时 */
          case TelephonyManager.CALL_STATE_OFFHOOK:
            myTextView1.setTextColor
            (
              getResources().getColor(R.drawable.green)
            );
            myTextView1.setText("CALL_STATE_OFFHOOK");
            break;
          /* 电话进来时 */
          case TelephonyManager.CALL_STATE_RINGING:
            getContactPeople(incomingNumber);
            break;
          default:
            break;
        }
        super.onCallStateChanged(state, incomingNumber);
      }
    }
    private void getContactPeople(String incomingNumber)
    {
      myTextView1.setTextColor(Color.BLUE);
      ContentResolver contentResolver = getContentResolver();
      Cursor cursor = null;
      /* cursor 里要放的字段名称 */
      String[] projection = new String[]
      {
        Contacts.People._ID,
        Contacts.People.NAME,
        Contacts.People.NUMBER
      };
      /* 用来电电话号码去找该联系人 */
      cursor = contentResolver.query
      (
        Contacts.People.CONTENT_URI, projection,
        Contacts.People.NUMBER + "=?",
        new String[]
        {
          incomingNumber
        },
        Contacts.People.DEFAULT_SORT_ORDER
      );
      /* 找不到联系人 */
      if (cursor.getCount() == 0)
      {
        myTextView1.setText("unknown Number:" + incomingNumber);
      }
      else if (cursor.getCount() > 0)
      {
        cursor.moveToFirst();
        /* 在 projection 这个数组里名字是放在第 1 个位置 */
        String name = cursor.getString(1);
        myTextView1.setText(name + ":" + incomingNumber);
      }
    }
  }
```

在上述代码中，在被重写方法 onCallStateChanged()中传入了 state 状态和 incomingNumber 电话号。在代码中针对 CALL_STATE_IDLE、CALL_STATE_OFFHOOK 和 CALL_STATE_RINGING 这三种状态来验证 EditText 的变化，分别表示“待机”、“通话中”和“来电响铃中”。

（2）编写文件 AndroidManifest.xml，分别声明将读取通讯录权限和获取电话状态权限。主要代码如下所示。

```
<uses-permission android:name="android.permission.READ_CONTACTS">
</uses-permission>
<uses-permission android:name="android.permission.READ_PHONE_STATE">
</uses-permission>
```

执行后的效果如图 7-20 所示，有电话进来时的效果如图 7-21 所示。

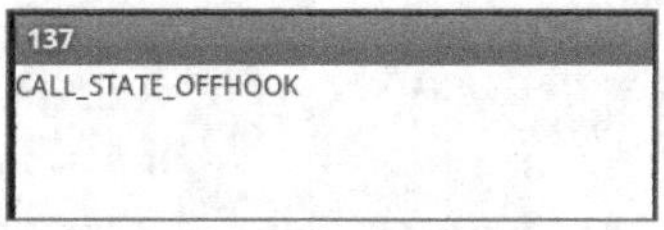

▲图 7-20　执行效果

▲图 7-21　有电话进来时

7.10.3　特别提醒——getSystemService 的返回对象

除了取得电话通信状态的系统服务外，getSystemService 会根据传入的 name 来取得对应的 Object，如表 7-2 所示。

表 7-2　　返回对象与说明

传入的 name	返回的对象	说　明
WINDOW_SERVICE	WindowManager	管理打开的窗口程序
LAYOUT_INFLATER_SERVICE	LayoutLnflater	取得 XML 里定义的 View
ACTIVITY_SERVICE	ActivityManager	管理应用程序的系统状态
POWER_SERVICE	PowerManager	电源服务
ALARM_SERVICE	AlarmManager	闹钟服务
NOTIFICATION_SERVICE	NotificationManager	状态栏服务
KEYGUARD_SERVICE	KeyguardManager	键盘锁服务
LOCATION_SERVICE	LocationManager	位置服务（如 GPS）
SEARCH_SERVICE	SearchManager	搜索服务
VIBRATOR_SERVICE	Vibrator	手机振动服务
CONNECTIVITY_SERVICE	ConnectivityManager	网络连接服务
WIFI_SERVICE	WifiManager	Wi-Fi 服务

7.11 监控收取的短信中是否含有某关键字

实例 153	监控收取的短信中是否含有某关键字
源码路径	daima\153
视频路径	视频\153

7.11.1　实例说明

在本实例的 Activity 中启动系统背景服务，并在启动服务之后关闭 Activity，接着在操作系统后台中运行监控，直到手机收到短信之后才判断短信内容中是否含有设计好的关键字。如果发现对应关键字，则返回短信给发信者的电话，进而达到电信业者常用的“双向短信”机制。

要想实现本实例，需要涉及 BroadcastReceiver、Intent Filter、startService、scopService 以及向系统注册 receiver 的 TAG。

7.11.2 具体实现

（1）编写文件 example138.java，在里面定义了主程序 Activity，设置了程序中需要具备的开始运行开关（按钮），只要安装了这个 Activity 应用程序就会向系统注册 receiver。当被唤醒之后会运行返回短信的工作，并在发送短信后，再一次结束。文件 example138.java 的主要代码如下所示。

```
public class example138 extends Activity
{
  private Button mButton01,mButton02;
  private TextView mTextView01;

  /* 双向短信识别关键字 */
  private static String strSecretWord="IRDC";

  /* 广播信息加 Delimiter 上返回识别 TAG */
  public static String strDelimiter1="<delimiter1>";

  /** Called when the activity is first created. */
  @Override
  public void onCreate(Bundle savedInstanceState)
  {
    super.onCreate(savedInstanceState);
    setContentView(R.layout.main);

    mTextView01 = (TextView)findViewById(R.id.myTextView1);

    try
    {
      /* 创建 Bundle 对象，判断是否有传入封装参数 */
      Bundle mBundle01 = this.getIntent().getExtras();
      if (mBundle01 != null)
      {
        /* 取得参数名称 STR_PARAM01 */
        String strParam01 = mBundle01.getString("STR_PARAM01");
        String[] aryTemp01 = null;

        /* 发现为来自广播的信息参数，表示来自自己的广播事件 */
        if(eregi(strDelimiter1,strParam01))
        {
          /* 判断 strDelimiter，并以数组存放 */
          aryTemp01 = strParam01.split(strDelimiter1);

          /* 判断数组元素[0]是否为 * 电话号码并对短信关键字进行检查 */

          if(isTWCellPhone(aryTemp01[0]) &&
             eregi(strSecretWord,aryTemp01[1])
             && aryTemp01.length==2)
          {
            /* 显示已捕捉到双向短信关键字 */
            mMakeTextToast
            (
              getResources().getText
              (R.string.str_cmd_sms_catched).toString(), false
            );

            /* 原发送短信 User 的电话，也返回短信的电话号码 */
            String strDestAddress = aryTemp01[0];

            /* 测试模拟器之间是否顺利送达 Port Number */
            //String strDestAddress = "5556";

            /* 要返回的 SMS BODY 内容 */
            String strMessage = getResources().getText
            (R.string.str_cmd_sms_returned).toString();

            /* 创建 SmsManager 对象 */
            SmsManager smsManager = SmsManager.getDefault();
```

```
        // TODO Auto-generated method stub
        try
        {
          /* 创建 PendingIntent 作为 sentIntent 参数 */
          PendingIntent mPI = PendingIntent.getBroadcast
          (example138.this, 0, new Intent(), 0);

          /* 直接传送短信 */
          smsManager.sendTextMessage
          (strDestAddress, null, strMessage, mPI, null);

          /* 系统自动返回短信之后，以 Toast 显示结果 */
          mMakeTextToast
          (
            getResources().getText
            (R.string.str_cmd_sms_sending).toString()+
            strDestAddress,
            true
          );
        }
        catch(Exception e)
        {
          e.printStackTrace();
        }
        finish();
      }
      else
      {
        /* 若没有发现可识别的来电电话号码 */
        /* 判断是否为来自自定义 SMS Receiver 广播信息 */
        if(eregi(strDelimiter1,strParam01))
        {
          aryTemp01 = strParam01.split(strDelimiter1);
          mTextView01.setText(aryTemp01[1].toString());
        }
        else
        {
          /* 没有自己的广播事件，纯粹为一般 SMS 短信 */
          mTextView01.setText(strParam01);
        }
      }
    }
    else
    {
      if(eregi(strDelimiter1,strParam01))
      {
        aryTemp01 = strParam01.split(strDelimiter1);
        mTextView01.setText(aryTemp01[1].toString());
      }
      else
      {
        /* 没有自己的广播事件，纯粹为一般SMS 短信 */
        mTextView01.setText(strParam01);
      }
    }
  }
}
catch(Exception e)
{
  e.printStackTrace();
}
mButton01 = (Button)findViewById(R.id.myButton1);
/* 开始聆听双向短信服务(mService1)启动 */
mButton01.setOnClickListener(new Button.OnClickListener()
{
  @Override
  public void onClick(View arg0)
  {
    Intent i = new Intent( example138.this, Service1.class );
```

```
      i.setFlags( Intent.FLAG_ACTIVITY_NEW_TASK );
      startService(i);
      mMakeTextToast(getResources().getText
      (R.string.str_service_online).toString(),true);
      finish();
    }
  });
  mButton02 = (Button)findViewById(R.id.myButton2);
  /* 终止聆听双向短信服务(mService1) */
  mButton02.setOnClickListener(new Button.OnClickListener()
  {
    @Override
    public void onClick(View arg0)
    {
      // TODO Auto-generated method stub
      Intent i = new Intent( example138.this, Service1.class );
      stopService(i);
      mMakeTextToast(getResources().getText
      (R.string.str_service_offline).toString(),true);
    }
  });
}
public void mMakeTextToast(String str, boolean isLong)
{
  if(isLong==true)
  {
    Toast.makeText(example138.this, str, Toast.LENGTH_LONG).show();
  }
  else
  {
    Toast.makeText(example138.this, str, Toast.LENGTH_SHORT).show();
  }
}
/* 判断接收的短信是否为有关键字的短信 */
public static boolean isCommandSMS(String strPat, String strSMS)
{
  String strPattern = "(?i)"+strPat;
  Pattern p = Pattern.compile(strPattern);
  Matcher m = p.matcher(strSMS);
  return m.find();
}
/* 自定义正规表达式，无分大小写比较字符串 */
public static boolean eregi(String strPat, String strUnknow)
{
  /* 方法一 */
  String strPattern = "(?i)"+strPat;
  Pattern p = Pattern.compile(strPattern);
  Matcher m = p.matcher(strUnknow);
  return m.find();
}
/* 判断短信发送者的来电，是否为移动电话格式 */
public static boolean isTWCellPhone(String strUnknow)
{
  /*
   * (0935)456-789, 0935-456-789, 1234567890, (0935)-456-789
   * */
  String strPattern="^\\(?(\\d{4})\\)?[-]?(\\d{3})[-]?(\\d{4})$";
  Pattern p = Pattern.compile(strPattern);
  Matcher m = p.matcher(strUnknow);
  return m.matches();
}
/* 判断短信发送者的来电，是否为美国移动电话格式 */
public static boolean isUSCellPhone(String strUnknow)
{
  String strPattern="^\\(?(\\d{3})\\)?[-]?(\\d{3})[-]?(\\d{4})$";
  Pattern p = Pattern.compile(strPattern);
  Matcher m = p.matcher(strUnknow);
  return m.matches();
}
```

```
    @Override
    protected void onResume()
    {
      super.onResume();
    }

    @Override
    protected void onPause()
    {
      super.onPause();
    }
}
```

在上述主程序代码中设计了两个按钮事件，一个是开始双向短信服务，另一个是停止双向短信服务。在类成员处设置了自定义的 delimiter 以及双向短信里要判断的关键字“IRDC”，虽然全部都大写，但程序里编写了函数 eregi()来判断用户送来的短信里是否有相似的关键字。

在 Activity 的 onCreate()中，首先 try 是否有传入此 Activity 的 Bundle 对象，这是来自文件 IntentReceiver.j ava 中送来的参数 STR_PARAM01，如果发现这个参数，则表示是收到短信事件后的被唤醒的事件，参数 STR_PARAM01 是用户传来的短信，其内容格式如下。

```
<发信人电话号码><delimiter1><短信 BODY>
```

在程序中必须判断是否含有<delimiterl>，如果有则表示是自己广播传来的；如果没有，则可能是系统自己的短信广播。在拆解<delimiterl>标签之后，开始判断在短信内容中是否有设计好的关键字，当发现关键字之后，这表示是有效的双向短信，随即展开操作。

（2）编写文件 IntentReceiver.java，此文件与 AndroidManifest.xml 相互搭配，将类名称注册在系统的 Receiver 当中，当系统广播自己定义好的信息时会被此程序接收，在此起到了唤醒唤醒原 Activity 的功能。文件 IntentReceiver.java 的主要代码如下所示。

```
/* 自定义继承自 BroadcastReceiver 类聆听自定义系统服务广播的信息*/
public class IntentReceiver extends BroadcastReceiver
{
  /* 自定义欲作为 Intent Filter 的 ACTION 信息 */
  public static final String HIPPO_SERVICE_IDENTIFIER =
                      "HIPPO_ON_SERVICE_001";
  @Override
  public void onReceive(Context context, Intent intent)
  {
    // TODO Auto-generated method stub
    if(intent.getAction().toString().equals
      (HIPPO_SERVICE_IDENTIFIER))
    {
      /* 以 Bundle 对象解开传来的参数 */
      Bundle mBundle01 = intent.getExtras();
      String strParam1="";

      /* 若 Bundle 对象不为空值，取出参数 */
      if (mBundle01 != null)
      {
        /* 将取出的 STR_PARAM01 参数，存放于 strParam1 字符串中 */
        strParam1 = mBundle01.getString("STR_PARAM01");
      }
      /* 调用母体 Activity，唤醒原主程序 */
      Intent mRunPackageIntent = new Intent(context, example138.class);
      mRunPackageIntent.setFlags(Intent.FLAG_ACTIVITY_NEW_TASK);
      if(strParam1!="")
      {
        /* 重新封装参数（SMS 信息）返回 */
        mRunPackageIntent.putExtra("STR_PARAM01", strParam1);
      }
      else
      {
        mRunPackageIntent.putExtra
```

```
        (
          "STR_PARAM01", "From Service notification..."
        );
      }
      context.startActivity(mRunPackageIntent);
    }
  }
}
```

（3）编写文件 Service1.java，当在文件 example138.java 中主 Activity 里单击打开服务的按钮之后，便会结束主 Activity，并在系统后台运行这个 Servicel 的系统服务，由服务里编写聆听系统发送短信的 Broadcast，一旦发现有短信传进来，就向系统发出自定义的系统 AC'flON 广播信息，由 IntentReceiver.java 接手，再由 HippoCustomIntentReceiver.j ava 打开原来的 Activity。文件 Service1.java 的主要代码如下所示。

```
/* 自定义系统服务，当聆听到信息事件时，则广播自定义信息 */
public class Service1 extends Service
{
  /* Handler 对象 */
  private Handler objHandler = new Handler();
  private int intCounter=0;

  /* 自定义广播识别 ACTIOIN 常数 */
  public static final String HIPPO_SERVICE_IDENTIFIER = "HIPPO_ON_SERVICE_001";
  /* 系统接收短信的广播 ACTION 常数 */
  private static final String HIPPO_SMS_ACTION =
          "android.provider.Telephony.SMS_RECEIVED";
  /* 自定义短信 mSMSReceiver 对象 */
  private mSMSReceiver mReceiver01;
  /* 是否为 debug 模式，需要在 console 里输出 Log */
  private static boolean bIfDebug = true;
  private Runnable mTasks = new Runnable()
  {
    public void run()
    {
      intCounter++;
      Log.i("HIPPO", "Counter:"+Integer.toString(intCounter));
      objHandler.postDelayed(mTasks, 1000);
    }
  };

  @Override
  public void onStart(Intent intent, int startId)
  {
    // TODO Auto-generated method stub

    if(bIfDebug)
    {
      objHandler.postDelayed(mTasks, 1000);
    }
    super.onStart(intent, startId);
  }
  @Override
  public void onCreate()
  {
    /* 向系统注册 Receiver，聆听系统短信广播事件 */
    IntentFilter mFilter01;
    mFilter01 = new IntentFilter(HIPPO_SMS_ACTION);
    mReceiver01 = new mSMSReceiver();
    registerReceiver(mReceiver01, mFilter01);
    super.onCreate();
  }
  @Override
  public IBinder onBind(Intent intent)
  {
    return null;
  }
```

```
@Override
public void onDestroy()
{
  objHandler.removeCallbacks(mTasks);
  unregisterReceiver(mReceiver01);
  super.onDestroy();
}
/* 当收到系统短信广播事件后的事件处理 */
public class mSMSReceiver extends BroadcastReceiver
{
  @Override
  public void onReceive(Context context, Intent intent)
  {
    /* 判断是否为系统广播的短信 ACTION */
    if (intent.getAction().equals(HIPPO_SMS_ACTION))
    {
      StringBuilder sb = new StringBuilder();
      Bundle bundle = intent.getExtras();
      if (bundle != null)
      {
        /* 拆解与识别 SMS 短信 */
        Object[] myOBJpdus = (Object[]) bundle.get("pdus");
        SmsMessage[] messages = new SmsMessage[myOBJpdus.length];
        for (int i = 0; i<myOBJpdus.length; i++)
        {
          messages[i] =
          SmsMessage.createFromPdu((byte[]) myOBJpdus[i]);
        }
        //Log.i(LOG_TAG, "[SMSApp Bundle] " + bundle.toString());

        /* 将送来的短信合并自定义信息于 StringBuilder 当中 */
        for (SmsMessage currentMessage : messages)
        {
          sb.append(currentMessage.getDisplayOriginatingAddress());
          /* 在电话与 SMS 短信 BODY 之间，加上分隔 TAG */
          sb.append(example138.strDelimiter1);
          sb.append(currentMessage.getDisplayMessageBody());
        }
        /* 向系统广播自定义信息 */
        Intent i = new Intent(HIPPO_SERVICE_IDENTIFIER);
        i.putExtra("STR_PARAM01", sb.toString());

        /* 以 sendBroadcast 送出广播信息 */
        sendBroadcast(i);
      }
    }
    else
    {
      Intent i = new Intent(HIPPO_SERVICE_IDENTIFIER);
      i.putExtra("STR_PARAM01", intent.getAction().toString());
      sendBroadcast(i);
    }
```

（4）编写文件 AndroidManifest.xml，在此设计<receiver>标签，向系统注册自定义 ACTION 名称，使得手机即使关闭原有的 Activity 程序之后仍然可以通过系统广播的信息唤醒自己。文件 AndroidManifest.xml 的主要代码如下所示。

```
<!-- 声明接收短信权限 -->
<uses-permission android:name="android.permission.RECEIVE_SMS"/>
<!-- 声明发送短信权限 -->
<uses-permission android:name="android.permission.SEND_SMS"></uses-permission>
```

执行后的效果如图 7-22 所示。

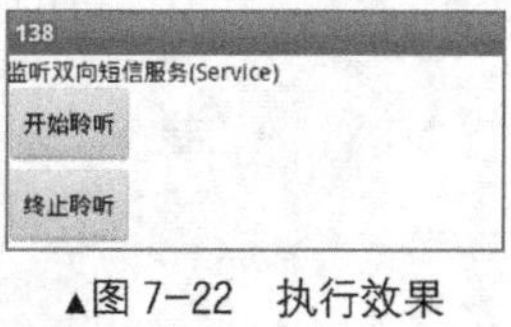

▲图 7-22 执行效果

7.11.3 特别提醒——不可以直接唤醒原来的主 Activity

也许有读者禁不住会问：“为何不直接在 Service (mServicel.java)里在

捕捉到了系统接收短信的事件之后，就直接唤醒原来的主 Activity？”，这是因为在 Service 类里没有 Context，所以不能使用下面的方式来“唤醒”原 Activity 程序：

```
Intent mRunPackageIntent=new Intent (context, example138.class);
```

所以在实例中通过 sendBroadcast()方式将主控权交给了文件 IntentReceiver.java 中的类来处理，最后由<receiver>的事件生成 context，所以在 BroadcastReceiver 当中再次唤醒主 Activity 程序。

另外，读者必须注意在文件 AndroidManifest.xml 的<receiver>中自行定义设计的 ACTION NAME（动作名）——HIPPO_ON_SERVICE_O01，因为既然接收的是系统广播，如果设置得非常普遍，例如设置成 cat、dog 等，那么其他的 Activity 只要有以下的程序语句，就会把这个程序给“唤醒”了。

```
public static final String mACTION= "HIPPO_ON_SERVICE_O01";
public  void SomeDummyFunction()
{
/*创建 Intent 对象，构造参数为自定义参数*/
Intent i=new Intent (mACTION)j
/*通过 putExtra 方法封装参数返回 Activity*/
i.putExtra("STR_PARAM1",  "foo message…");
sendBroadcast (i);
)
```

第 8 章　图形图像处理

图形和图像永远是多媒体的重要组成部分，在计算机领域，可以将图形图像分为 2D 和 3D 两大类。在本章的内容中，将通过具体实例的实现流程，来详细讲解在 Android 系统中实现 2D 和 3D 图形图像处理的基本方法。

8.1 在手机屏幕中绘制一个矩形

实例 154	在手机屏幕中绘制一个矩形
源码路径	daima\154
视频路径	视频\154

8.1.1　实例说明

在 Android 系统中，可以使用类 Color 和类 Paint 实现绘图功能。其中 Android.Graphics.Color 提供了常规主要颜色的定义，比如 Color.BLACK 和 Color.GREEN 等，我们平时创建时主要使用以下静态方法来实现。

（1）static int argb(int alpha, int red, int green, int blue)：构造一个包含透明对象的颜色。

（2）static int rgb(int red, int green, int blue)：构造一个标准的颜色对象。

（3）static int parseColor(String colorString)：解析一种颜色字符串的值，比如传入 Color.BLACK。

本类返回的均为一个整形，类似于：绿色为 0xff00ff00，红色为 0xffff0000 的值。可以将这个 DWORD 型看作 AARRGGBB，AA 代表 Aphla 透明色，后面的就不难理解，每个分成 DWORD 后整好为 0～255。

而我们可以将类 Android.Graphics.Paint，Paint 理解为对画笔、画刷的属性定义。

8.1.2　具体实现

（1）编写文件 Activity.java，通过“mGameView = new GameView(this)”，用 Activity 类的 setContentView 方法来设置要显示的具体 View 类。文件 Activity.java 的主要代码如下所示。

```
public class Activity01 extends Activity
{
        private GameView mGameView;
    /** Called when the activity is first created. */
    @Override
    public void onCreate(Bundle savedInstanceState)
    {
        super.onCreate(savedInstanceState);

        mGameView = new GameView(this);

        setContentView(mGameView);
```

```
    }
}
```

（2）编写文件 draw.java 用于绘制指定的图形，此文件的实现流程如下所示。

● 声明 Paint 对象 mPaint，定义 draw 分别用于构建对象和开启线程。具体代码如下所示。

```
/* 声明 Paint 对象 */
private Paint mPaint = null;
public draw(Context context)
{
    super(context);
    /* 构建对象 */
    mPaint = new Paint();
    /* 开启线程 */
    new Thread(this).start();
}
```

● 定义方法 onDraw，先设置 Paint 格式和颜色，并根据提取的颜色、尺寸、风格、字体和属性实现绘制处理。具体代码如下所示。

```
public void onDraw(Canvas canvas)
{
    super.onDraw(canvas);
    /* 设置 Paint 为无锯齿 */
    mPaint.setAntiAlias(true);
    /* 设置 Paint 的颜色 */
    mPaint.setColor(Color.WHITE);
    mPaint.setColor(Color.BLUE);
    mPaint.setColor(Color.YELLOW);
    mPaint.setColor(Color.GREEN);
    /* 同样是设置颜色 */
    mPaint.setColor(Color.rgb(255, 0, 0));
    /* 提取颜色 */
    Color.red(0xcccccc);
    Color.green(0xcccccc);
    /* 设置 paint 的颜色和 Alpha 值(a,r,g,b) */
    mPaint.setARGB(255, 255, 0, 0);
    /* 设置 paint 的 Alpha 值 */
    mPaint.setAlpha(220);
    /* 这里可以设置为另外一个 paint 对象 */
    // mPaint.set(new Paint());
    /* 设置字体的尺寸 */
    mPaint.setTextSize(14);
    // 设置 paint 的风格为“空心”.
    // 当然也可以设置为“实心”(Paint.Style.FILL)
    mPaint.setStyle(Paint.Style.STROKE);
    // 设置“空心”的外框的宽度。
    mPaint.setStrokeWidth(5);
    /* 得到 Paint 的一些属性 */
    Log.i(TAG, "paint 的颜色：" + mPaint.getColor());
    Log.i(TAG, "paint 的 Alpha：" + mPaint.getAlpha());
    Log.i(TAG, "paint 的外框的宽度：" + mPaint.getStrokeWidth());
    Log.i(TAG, "paint 的字体尺寸：" + mPaint.getTextSize());
    /* 绘制一个矩形 */
    // 肯定是一个空心的矩形
    canvas.drawRect((320 - 80) / 2, 20, (320 - 80) / 2 + 80, 20 + 40, mPaint);
    /* 设置风格为实心 */
    mPaint.setStyle(Paint.Style.FILL);
    mPaint.setColor(Color.GREEN);
    /* 绘制绿色实心矩形 */
    canvas.drawRect(0, 20, 40, 20 + 40, mPaint);
}
```

● 定义触笔事件 onTouchEvent，设置按键按下时触发事件 onKeyDown，按键弹起触发事件 onKeyUp。主要代码如下所示。

```
// 触笔事件
public boolean onTouchEvent(MotionEvent event)
{
    return true;
```

```
    }
    // 按键按下事件
    public boolean onKeyDown(int keyCode, KeyEvent event)
    {
        return true;
    }
    // 按键弹起事件
    public boolean onKeyUp(int keyCode, KeyEvent event)
    {
        return false;
    }
    public boolean onKeyMultiple(int keyCode, int repeatCount, KeyEvent event)
    {
        return true;
    }
    public void run()
    {
        while (!Thread.currentThread().isInterrupted())
        {
            try
            {
                Thread.sleep(100);
            }
            catch (InterruptedException e)
            {
                Thread.currentThread().interrupt();
            }
            // 使用 postInvalidate 可以直接在线程中更新界面
            postInvalidate();
        }
    }
}
```

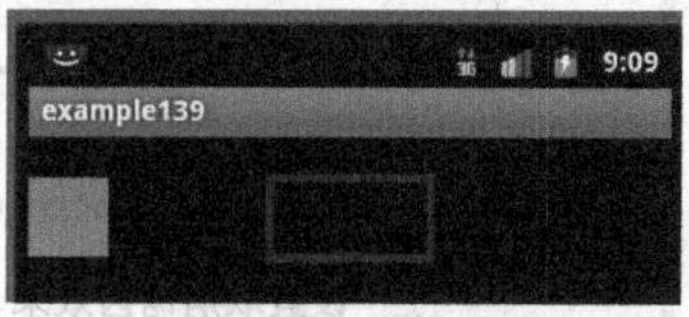

▲图 8-1 执行效果

执行后的效果如图 8-1 所示。

8.1.3 特别提醒——类 Paint 中的方法

类 Paint 是 Android 系统中最常用的图形绘制类，在此类中的常用方法如下所示。

（1）void reset()：实现重置功能。

（2）void setARGB(int a, int r, int g, int b)或 void setColor(int color)：用于设置 Paint 对象的颜色。

（3）void setAntiAlias(boolean aa)：设置是否抗锯齿，需要配合 void setFlags (Paint.ANTI_ALIAS_FLAG) 来帮助消除锯齿使其边缘更平滑。

（4）Shader setShader(Shader shader)：设置阴影，Shader 类是一个矩阵对象，如果为 NULL 将清除阴影。

（5）void setStyle(Paint.Style style)：设置样式，一般为 FILL 填充，或者 STROKE 凹陷效果。

（6）void setTextSize(float textSize)：设置字体大小。

（7）void setTextAlign(Paint.Align align)：设置文本对齐方式。

（8）Typeface setTypeface(Typeface typeface)：设置字体，通过 Typeface 可以加载 Android 内部的字体，一般为宋体。对于中文，部分 ROM 可以自己添加，例如雅黑等。

（9）void setUnderlineText(boolean underlineText)：是否设置下划线，需要和 void setFlags (Paint.UNDERLINE_TEXT_FLAG)方法一起使用。

8.2 在手机屏幕中绘制一个画布

实例 155	在手机屏幕中绘制一个画布
源码路径	daima\155
视频路径	视频\155

8.2.1　实例说明

在 Android 系统中，使用类 Canvas 来实现画布功能。可以将画布看作是一种处理过程，我们使用各种方法来管理 Bitmap、GL 或者 Path 路径，同时它可以配合 Matrix 矩阵类给图像做旋转、缩放等操作，同时 Canvas 类还提供了裁剪、选取等操作。

8.2.2　具体实现

编写主程序文件，主要代码如下所示。

```
/* 声明 Paint 对象 */
private Paint mPaint   = null;
public example2(Context context)
{
    super(context);
    /* 构建对象 */
    mPaint = new Paint();
    /* 开启线程 */
    new Thread(this).start();
}

public void onDraw(Canvas canvas)
{
    super.onDraw(canvas);

    /* 设置画布的颜色 */
    canvas.drawColor(Color.BLACK);

    /* 设置取消锯齿效果 */
    mPaint.setAntiAlias(true);

    /* 设置裁剪区域 */
    canvas.clipRect(10, 10, 280, 260);

    /* 线锁定画布 */
    canvas.save();
    /* 旋转画布 */
    canvas.rotate(45.0f);

    /* 设置颜色及绘制矩形 */
    mPaint.setColor(Color.RED);
    canvas.drawRect(new Rect(15,15,140,70), mPaint);
    /* 解除画布的锁定 */
    canvas.restore();

    /* 设置颜色及绘制另一个矩形 */
    mPaint.setColor(Color.GREEN);
    canvas.drawRect(new Rect(150,75,260,120), mPaint);
}
// 触笔事件
public boolean onTouchEvent(MotionEvent event)
{
    return true;
}
// 按键按下事件
public boolean onKeyDown(int keyCode, KeyEvent event)
{
    return true;
}
// 按键弹起事件
public boolean onKeyUp(int keyCode, KeyEvent event)
{
    return false;
}
public boolean onKeyMultiple(int keyCode, int repeatCount, KeyEvent event)
```

```
    {
        return true;
    }
    public void run()
    {
        while (!Thread.currentThread().isInterrupted())
        {
            try
            {
                Thread.sleep(100);
            }
            catch (InterruptedException e)
            {
                Thread.currentThread().interrupt();
            }
            // 使用postInvalidate可以直接在线程中更新界面
            postInvalidate();
        }
    }
}
```

执行后的效果如图 8-2 所示。

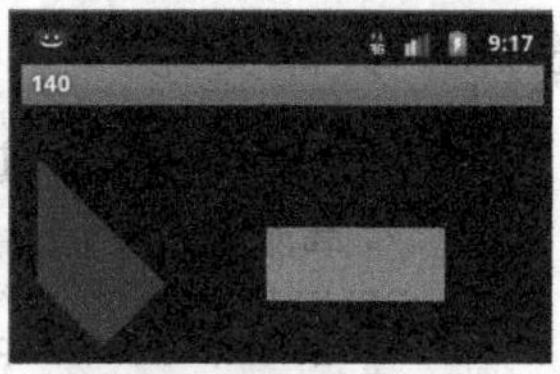

▲图 8-2 执行效果

8.2.3 特别提醒——生成图片水印效果

我们可以对屏幕中的图片生成水印效果，生成过程分为以下 3 个环节。

- 第一，载入原始图片。
- 第二，载入水印图片。
- 第三，保存新的图片。

例如下面的代码。

```
private Bitmap createBitmap( Bitmap src, Bitmap watermark )
{
    String tag = "createBitmap";
    Log.d( tag, "create a new bitmap" );
    if( src == null )
    {
        return null;
    }
    int w = src.getWidth();
    int h = src.getHeight();
    int ww = watermark.getWidth();
    int wh = watermark.getHeight();
    //创建一个新的和SRC长度宽度一样的位图
    Bitmap newb = Bitmap.createBitmap( w, h, Config.ARGB_8888 );
    Canvas cv = new Canvas( newb );
    //在 0，0坐标开始画入src
    cv.drawBitmap( src, 0, 0, null );
    //在src的右下角画入水印
    cv.drawBitmap( watermark, w - ww + 5, h - wh + 5, null );
    //保存
    cv.save( Canvas.ALL_SAVE_FLAG );
     //存储
    cv.restore();
    return newb;
}
```

8.3 在手机屏幕中绘制各种图形

实例 156	在手机屏幕中绘制各种图形
源码路径	daima\156
视频路径	视频\156

8.3.1 实例说明

在本实例中，将使用 Rect 类来绘制各种样式的图形。Rect 类即 Android.Graphics.Rect 类，即矩形区域。类 Rect 除了表示一个矩形区域位置描述外，还可以帮助计算图形之间是否有碰撞（包含）关系，对于 Android 游戏开发比较有用，在其主要成员 contains 中包含了如下 3 种重载方法来判断包含关系。

```
boolean contains(int left, int top, int right, int bottom)
boolean contains(int x, int y)
boolean contains(Rect r)
```

8.3.2 具体实现

编写主程序文件，其主要代码如下所示。

```
/* 声明Paint对象 */
private Paint mPaint = null;
    private example3_1 mGameView2 = null;
public example(Context context)
{
    super(context);
    /* 构建对象 */
    mPaint = new Paint();

    mGameView2 = new example3_1(context);

    /* 开启线程  */
    new Thread(this).start();
}
public void onDraw(Canvas canvas)
{
    super.onDraw(canvas);

    /* 设置画布为黑色背景 */
    canvas.drawColor(Color.BLACK);
    /* 取消锯齿 */
    mPaint.setAntiAlias(true);
    mPaint.setStyle(Paint.Style.STROKE);
    {
        /* 定义矩形对象 */
        Rect rect1 = new Rect();
        /* 设置矩形大小 */
        rect1.left = 5;
        rect1.top = 5;
        rect1.bottom = 25;
        rect1.right = 45;
        mPaint.setColor(Color.BLUE);
        /* 绘制矩形 */
        canvas.drawRect(rect1, mPaint);

        mPaint.setColor(Color.RED);
        /* 绘制矩形 */
        canvas.drawRect(50, 5, 90, 25, mPaint);
        mPaint.setColor(Color.YELLOW);
        /* 绘制圆形(圆心x,圆心y,半径r,p) */
        canvas.drawCircle(40, 70, 30, mPaint);
        /* 定义椭圆对象 */
        RectF rectf1 = new RectF();
        /* 设置椭圆大小 */
        rectf1.left = 80;
        rectf1.top = 30;
        rectf1.right = 120;
        rectf1.bottom = 70;
        mPaint.setColor(Color.LTGRAY);
        /* 绘制椭圆 */
        canvas.drawOval(rectf1, mPaint);
```

```
        /* 绘制多边形 */
        Path path1 = new Path();

        /*设置多边形的点*/
        path1.moveTo(150+5, 80-50);
        path1.lineTo(150+45, 80-50);
        path1.lineTo(150+30, 120-50);
        path1.lineTo(150+20, 120-50);
        /* 使这些点构成封闭的多边形 */
        path1.close();
        mPaint.setColor(Color.GRAY);
        /* 绘制这个多边形 */
        canvas.drawPath(path1, mPaint);

        mPaint.setColor(Color.RED);
        mPaint.setStrokeWidth(3);
        /* 绘制直线 */
        canvas.drawLine(5, 110, 315, 110, mPaint);
    }
    //下面绘制实心几何体
    mPaint.setStyle(Paint.Style.FILL);
    {
        /* 定义矩形对象 */
        Rect rect1 = new Rect();
        /* 设置矩形大小 */
        rect1.left = 5;
        rect1.top = 130+5;
        rect1.bottom = 130+25;
        rect1.right = 45;
        mPaint.setColor(Color.BLUE);
        /* 绘制矩形 */
        canvas.drawRect(rect1, mPaint);
        mPaint.setColor(Color.RED);
        /* 绘制矩形 */
        canvas.drawRect(50, 130+5, 90, 130+25, mPaint);
        mPaint.setColor(Color.YELLOW);
        /* 绘制圆形(圆心 x,圆心 y,半径 r,p) */
        canvas.drawCircle(40, 130+70, 30, mPaint);
        /* 定义椭圆对象 */
        RectF rectf1 = new RectF();
        /* 设置椭圆大小 */
        rectf1.left = 80;
        rectf1.top = 130+30;
        rectf1.right = 120;
        rectf1.bottom = 130+70;
        mPaint.setColor(Color.LTGRAY);
        /* 绘制椭圆 */
        canvas.drawOval(rectf1, mPaint);
        /* 绘制多边形 */
        Path path1 = new Path();
        /*设置多边形的点*/
        path1.moveTo(150+5, 130+80-50);
        path1.lineTo(150+45, 130+80-50);
        path1.lineTo(150+30, 130+120-50);
        path1.lineTo(150+20, 130+120-50);
        /* 使这些点构成封闭的多边形 */
        path1.close();
        mPaint.setColor(Color.GRAY);
        /* 绘制这个多边形 */
        canvas.drawPath(path1, mPaint);
        mPaint.setColor(Color.RED);
        mPaint.setStrokeWidth(3);
        /* 绘制直线 */
        canvas.drawLine(5, 130+110, 315, 130+110, mPaint);
    }
    /* 通过 ShapeDrawable 来绘制几何图形 */
    mGameView2.DrawShape(canvas);
}
```

```
    // 触笔事件
    public boolean onTouchEvent(MotionEvent event)
    {
        return true;
    }
    // 按键按下事件
    public boolean onKeyDown(int keyCode, KeyEvent event)
    {
        return true;
    }
    // 按键弹起事件
    public boolean onKeyUp(int keyCode, KeyEvent event)
    {
        return false;
    }
    public boolean onKeyMultiple(int keyCode, int repeatCount, KeyEvent event)
    {
        return true;
    }
    public void run()
    {
        while (!Thread.currentThread().isInterrupted())
        {
            try
            {
                Thread.sleep(100);
            }
            catch (InterruptedException e)
            {
                Thread.currentThread().interrupt();
            }
            //使用 postInvalidate 可以直接在线程中更新界面
            postInvalidate();
        }
    }
}
```

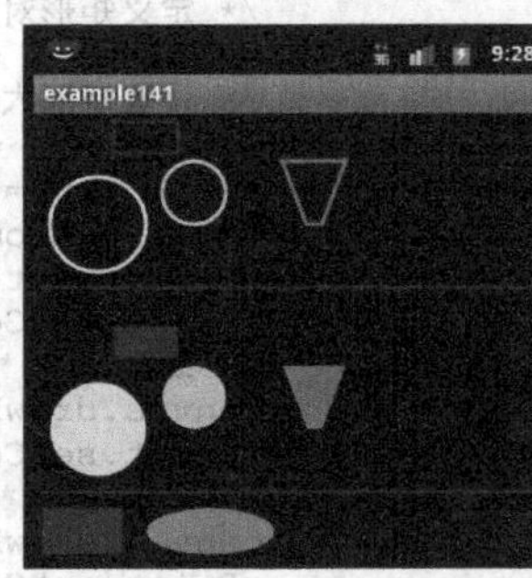

▲图 8-3 执行效果

执行后的效果如图 8-3 所示。

8.3.3 特别提醒——save 方法和 restore 方法

方法 onDraw 非常重要，它能够传入一个 Canvas 对象，这是用来绘制控件视觉界面的画布。在 onDraw 方法中会经常看到调用 save 和 restore 方法，它们到底是干什么用的呢？

- save：用来保存 Canvas 的状态。save 之后，可以调用 Canvas 的平移、放缩、旋转、错切、裁剪等操作。
- restore：用来恢复 Canvas 之前保存的状态。防止 save 后对 Canvas 执行的操作对后续的绘制有影响。

8.4 在手机屏幕中模拟实现水纹效果

实例 157	在手机屏幕中模拟实现水纹效果
源码路径	daima\157
视频路径	视频\157

8.4.1 实例说明

本实例是通过 Bitmap 类实现的，类 Android.Graphics.Bitmap 是一个位图操作类，能够实现对位图的基本操作。在类 Bitmap 中提供了很多实用的方法，其中最为常用的几种方法如下所示。

（1）boolean compress(Bitmap.CompressFormat format, int quality, OutputStream stream)：压缩一

个 Bitmap 对象根据相关的编码、画质保存到一个 OutputStream 中。其中第一个压缩格式目前有 JPG 和 PNG。

（2）void copyPixelsFromBuffer(Buffer src)：从一个 Buffer 缓冲区复制位图像素。

（3）void copyPixelsToBuffer(Buffer dst)：将当前位图像素内容复制到一个 Buffer 缓冲区。

（4）final int getHeight()：获取高度。

（5）final int getWidth()：获取宽度。

（6）final boolean hasAlpha()：是否有透明通道。

（7）void setPixel(int x, int y, int color)：设置某像素的颜色。

（8）int getPixel(int x, int y)：获取某像素的颜色，Android 开发网提示这里返回的 int 型是 color 的定义。

8.4.2 实例说明

编写主程序文件，主要代码如下所示。

```
        super(context);
        /* 装载图片 */
        Bitmap image = BitmapFactory.decodeResource(this.getResources(),R.drawable.qq);
        BACKWIDTH = image.getWidth();
        BACKHEIGHT = image.getHeight();

        buf2 = new short[BACKWIDTH * BACKHEIGHT];
        buf1 = new short[BACKWIDTH * BACKHEIGHT];
        Bitmap2 = new int[BACKWIDTH * BACKHEIGHT];
        Bitmap1 = new int[BACKWIDTH * BACKHEIGHT];
        /* 加载图片的像素到数组中 */
        image.getPixels(Bitmap1, 0, BACKWIDTH, 0, 0, BACKWIDTH, BACKHEIGHT);
        new Thread(this).start();
    }
    void DropStone(int x,// x坐标
               int y,// y坐标
               int stonesize,// 波源半径
               int stoneweight)// 波源能量
    {
        for (int posx = x - stonesize; posx < x + stonesize; posx++)
            for (int posy = y - stonesize; posy < y + stonesize; posy++)
                if ((posx - x) * (posx - x) + (posy - y) * (posy - y) < stonesize * stonesize)
                    buf1[BACKWIDTH * posy + posx] = (short) -stoneweight;
    }
    void RippleSpread()
    {
        for (int i = BACKWIDTH; i < BACKWIDTH * BACKHEIGHT - BACKWIDTH; i++)
        {
            // 波能扩散
            buf2[i] = (short) (((buf1[i - 1] + buf1[i + 1] + buf1[i - BACKWIDTH] + buf1[i
            + BACKWIDTH]) >> 1) - buf2[i]);
            // 波能衰减
            buf2[i] -= buf2[i] >> 5;
        }
        // 交换波能数据缓冲区
        short[] ptmp = buf1;
        buf1 = buf2;
        buf2 = ptmp;
    }
  /* 渲染水纹效果 */
    void render()
    {
        int xoff, yoff;
        int k = BACKWIDTH;
        for (int i = 1; i < BACKHEIGHT - 1; i++)
        {
            for (int j = 0; j < BACKWIDTH; j++)
```

```
            {
                // 计算偏移量
                xoff = buf1[k - 1] - buf1[k + 1];
                yoff = buf1[k - BACKWIDTH] - buf1[k + BACKWIDTH];
                // 判断坐标是否在窗口范围内
                if ((i + yoff) < 0)
                {
                    k++;
                    continue;
                }
                if ((i + yoff) > BACKHEIGHT)
                {
                    k++;
                    continue;
                }
                if ((j + xoff) < 0)
                {
                    k++;
                    continue;
                }
                if ((j + xoff) > BACKWIDTH)
                {
                    k++;
                    continue;
                }
                // 计算出偏移像素和原始像素的内存地址偏移量
                int pos1, pos2;
                pos1 = BACKWIDTH * (i + yoff) + (j + xoff);
                pos2 = BACKWIDTH * i + j;
                Bitmap2[pos2++] = Bitmap1[pos1++];
                k++;
            }
        }
    }

    public void onDraw(Canvas canvas)
    {
        super.onDraw(canvas);

        /* 绘制经过处理的图片效果 */
        canvas.drawBitmap(Bitmap2, 0, BACKWIDTH, 0, 0, BACKWIDTH, BACKHEIGHT, false, null);
    }

    // 触笔事件
    public boolean onTouchEvent(MotionEvent event)
    {

        return true;
    }
    // 按键按下事件
    public boolean onKeyDown(int keyCode, KeyEvent event)
    {
        return true;
    }
    // 按键弹起事件
    public boolean onKeyUp(int keyCode, KeyEvent event)
    {
        DropStone(BACKWIDTH/2, BACKHEIGHT/2, 10, 30);
        return false;
    }
    public boolean onKeyMultiple(int keyCode, int repeatCount, KeyEvent event)
    {
        return true;
    }

    /**
     * 线程处理
     */
    public void run()
```

```
        {
            while (!Thread.currentThread().isInterrupted())
            {
                try
                {
                    Thread.sleep(50);
                }
                catch (InterruptedException e)
                {
                    Thread.currentThread().interrupt();
                }
                RippleSpread();
                render();
                //使用 postInvalidate 可以直接在线程中更新界面
                postInvalidate();
            }
        }
}
```

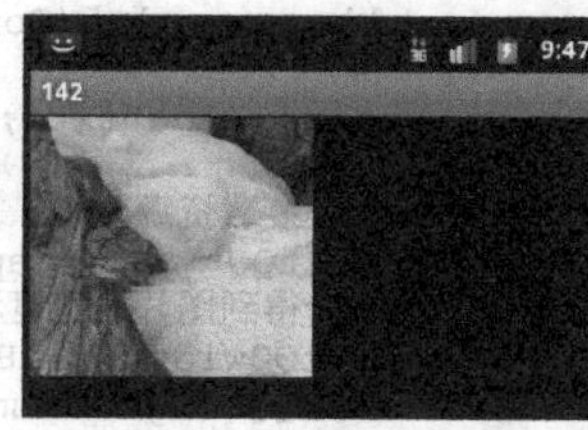

▲图 8-4　执行效果

执行后可以通过操作图像像素数的方式模拟实现水纹效果，如图 8-4 所示。

8.4.3　特别提醒——缩放位图

在 Bitmap 类中，最常用的功能是实现图像缩放处理，例如使用下面的方法可以创建一个可缩放的位图对象。

```
static Bitmap createBitmap(Bitmap src)
static Bitmap createBitmap(int[] colors, int width, int height, Bitmap.Config config)
static Bitmap createBitmap(int[] colors, int offset, int stride, int width, int height,
Bitmap.Config config)
static Bitmap createBitmap(Bitmap source, int x, int y, int width, int height, Matrix
m, boolean filter)
static Bitmap createBitmap(int width, int height, Bitmap.Config config)
static Bitmap createBitmap(Bitmap source, int x, int y, int width, int height)
static Bitmap createScaledBitmap(Bitmap src, int dstWidth, int dstHeight, boolean filter)
```

8.5 在手机屏幕中渲染一个几何图形

实例 158	在手机屏幕中渲染一个几何图形
源码路径	daima\158
视频路径	视频\158

8.5.1　实例说明

在 Android 系统中，可以使用 Shader 类来渲染图像以及一些几何图形。在使用 Shader 类时需要先构建 Shader 对象，然后通过 Paint 的 setShader 方法设置渲染对象，在绘制时使用这个 Paint 对象即可。当然，用不同的渲染时需要构建不同的对象。

8.5.2　具体实现

编写主程序文件，其具体代码如下所示。

```
/* 声明Bitmap对象 */
Bitmap   mBitQQ    = null;
int       BitQQwidth    = 0;
int       BitQQheight    = 0;
Paint   mPaint = null;
/* Bitmap渲染 */
Shader mBitmapShader = null;
/* 线性渐变渲染 */
Shader mLinearGradient = null;
```

```
    /* 混合渲染 */
    Shader mComposeShader = null;
    /* 唤醒渐变渲染 */
    Shader mRadialGradient = null;
    /* 梯度渲染 */
    Shader mSweepGradient = null;
    ShapeDrawable mShapeDrawableQQ = null;
    public example5(Context context)
    {
        super(context);

        /* 装载资源 */
        mBitQQ = ((BitmapDrawable) getResources().getDrawable(R.drawable.qq)). getBitmap();
        /* 得到图片的宽度和高度 */
        BitQQwidth = mBitQQ.getWidth();
        BitQQheight = mBitQQ.getHeight();
        /* 创建 BitmapShader 对象 */
        mBitmapShader = new BitmapShader(mBitQQ,Shader.TileMode.REPEAT,Shader. TileMode.
MIRROR);
        /* 创建 LinearGradient 并设置渐变的颜色数组 */
        mLinearGradient = new LinearGradient(0,0,100,100,
                                new
int[]{Color.RED,Color.GREEN,Color.BLUE,Color.WHITE},
        null,Shader.TileMode.REPEAT);
        /*混合渲染*/
        mComposeShader = new ComposeShader(mBitmapShader,mLinearGradient,PorterDuff.
Mode.DARKEN);
        /* 构建 RadialGradient 对象，设置半径的属性 */
        //这里使用了 BitmapShader 和 LinearGradient 进行混合
        //当然也可以使用其他的组合
        //混合渲染的模式很多，可以根据自己需要来选择
        mRadialGradient = new RadialGradient(50,200,50,new int[]{Color.GREEN,Color.RED,
Color.BLUE,Color.WHITE},null,Shader.TileMode.REPEAT);
        /* 构建 SweepGradient 对象 */
        mSweepGradient = new SweepGradient(30,30,new int[]{Color.GREEN,Color.RED, Color.
BLUE,Color.WHITE},null);
        mPaint = new Paint();

        /* 开启线程 */
        new Thread(this).start();
    }
    public void onDraw(Canvas canvas)
    {
        super.onDraw(canvas);

        //将图片裁剪为椭圆形
        /* 构建 ShapeDrawable 对象并定义形状为椭圆 */
        mShapeDrawableQQ = new ShapeDrawable(new OvalShape());
        /* 设置要绘制的椭圆形为 ShapeDrawable 图片 */
        mShapeDrawableQQ.getPaint().setShader(mBitmapShader);
        /* 设置显示区域 */
        mShapeDrawableQQ.setBounds(0,0, BitQQwidth, BitQQheight);
        /* 绘制 ShapeDrawableQQ */
        mShapeDrawableQQ.draw(canvas);
        //绘制渐变的矩形
        mPaint.setShader(mLinearGradient);
        canvas.drawRect(BitQQwidth, 0, 320, 156, mPaint);
        //显示混合渲染效果
        mPaint.setShader(mComposeShader);
        canvas.drawRect(0, 300, BitQQwidth, 300+BitQQheight, mPaint);
        //绘制环形渐变
        mPaint.setShader(mRadialGradient);
        canvas.drawCircle(50, 200, 50, mPaint);
        //绘制梯度渐变
        mPaint.setShader(mSweepGradient);
        canvas.drawRect(150, 160, 300, 300, mPaint);
    }
    // 触笔事件
    public boolean onTouchEvent(MotionEvent event)
```

```
    {
        return true;
    }
    // 按键按下事件
    public boolean onKeyDown(int keyCode, KeyEvent event)
    {
        return true;
    }
    // 按键弹起事件
    public boolean onKeyUp(int keyCode, KeyEvent event)
    {
        return false;
    }
    public boolean onKeyMultiple(int keyCode, int repeatCount, KeyEvent event)
    {
        return true;
    }
    /*线程处理*/
    public void run()
    {
        while (!Thread.currentThread().isInterrupted())
        {
            try
            {
                Thread.sleep(100);
            }
            catch (InterruptedException e)
            {
                Thread.currentThread().interrupt();
            }
            //使用 postInvalidate 可以直接在线程中更新界面
            postInvalidate();
        }
    }
}
```

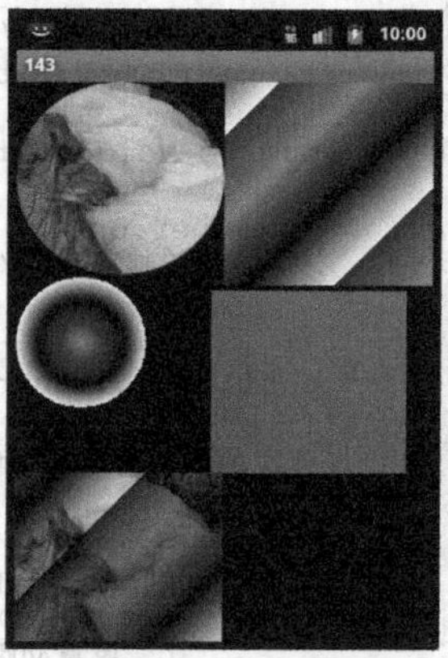

▲图 8-5　执行效果

执行后的效果如图 8-5 所示。

8.5.3　特别提醒——类 Shader 中的子类

在类 Shader 中包括几个直接子类，分别是 BitmapShader、ComposeShader、LinearGradient、RadialGradient、SweepGradient。其中 BitmapShader 主要用来渲染图像，LinearGradient 主要用来实现梯度渲染，RadialGradient 主要用来实现环形渲染，SweepGradient 主要用来实现梯度渲染，ComposeShader 主要用来实现混合渲染，可以和其他几个子类组合起来使用。

8.6 在手机屏幕中实现动画效果

实例 159	在手机屏幕中实现动画效果
源码路径	daima\159
视频路径	视频\159

8.6.1　实例说明

在 Android 平台中提供了两类动画，分别是 Tween 动画和 Frame 动画。其中 Tween 动画用于对场景里的对象不断进行图像变换来产生动画效果，而 Frame 动画用于顺序播放事先做好的图像。在本实例中，将使用 Tween 实现动画效果。

8.6.2　具体实现

主程序文件的主要代码如下所示。

```
    /* 定义 Alpha 动画 */
    private Animation mAnimationAlpha = null;

    /* 定义 Scale 动画 */
    private Animation mAnimationScale = null;

    /* 定义 Translate 动画 */
    private Animation mAnimationTranslate = null;

    /* 定义 Rotate 动画 */
    private Animation mAnimationRotate = null;

    /* 定义 Bitmap 对象 */
    Bitmap mBitQQ = null;

    public example9(Context context)
    {
        super(context);

        /* 装载资源 */
        mBitQQ = ((BitmapDrawable) getResources().getDrawable(R.drawable.qq)).getBitmap();
    }
    public void onDraw(Canvas canvas)
    {
        super.onDraw(canvas);
        /* 绘制图片 */
        canvas.drawBitmap(mBitQQ, 0, 0, null);
    }
    public boolean onKeyUp(int keyCode, KeyEvent event)
    {
        switch ( keyCode )
        {
        case KeyEvent.KEYCODE_DPAD_UP:
            /* 创建 Alpha 动画 */
            mAnimationAlpha = new AlphaAnimation(0.1f, 1.0f);
            /* 设置动画的时间 */
            mAnimationAlpha.setDuration(3000);
            /* 开始播放动画 */
            this.startAnimation(mAnimationAlpha);
            break;
        case KeyEvent.KEYCODE_DPAD_DOWN:
            /* 创建 Scale 动画 */
            mAnimationScale =new ScaleAnimation(0.0f, 1.0f, 0.0f, 1.0f,
            Animation.RELATIVE_TO_SELF, 0.5f, Animation.RELATIVE_TO_SELF, 0.5f);
            /* 设置动画的时间 */
            mAnimationScale.setDuration(500);
            /* 开始播放动画 */
            this.startAnimation(mAnimationScale);
            break;
        case KeyEvent.KEYCODE_DPAD_LEFT:
            /* 创建 Translate 动画 */
            mAnimationTranslate = new TranslateAnimation(10, 100,10, 100);
            /* 设置动画的时间 */
            mAnimationTranslate.setDuration(1000);
            /* 开始播放动画 */
            this.startAnimation(mAnimationTranslate);
            break;
        case KeyEvent.KEYCODE_DPAD_RIGHT:
            /* 创建 Rotate 动画 */
            mAnimationRotate=new RotateAnimation(0.0f, +360.0f,
                                    Animation.RELATIVE_TO_SELF,0.5f,
                                    Animation.RELATIVE_TO_SELF, 0.5f);
            /* 设置动画的时间 */
            mAnimationRotate.setDuration(1000);
            /* 开始播放动画 */
            this.startAnimation(mAnimationRotate);
            break;
        }
        return true;
```

```
    }
}
```

执行后的效果如图 8-6 所示。

▲图 8-6 执行效果

8.6.3 特别提醒——Tween 动画的 4 种动画效果

Tween 动画通过对 View 的内容完成一系列的图形变换来实现动画效果，这些图形变换主要包括平移、缩放、旋转和改变透明度等。Tween 动画主要包括以下 4 种动画效果。

（1）Alpha：渐变透明度动画效果。

（2）Scale：渐变尺寸伸缩动画效果。

（3）Translate：画面转移位置移动动画效果。

（4）Rotate：画面转移旋转动画效果。

8.7 在手机屏幕中实现 Frame 动画效果

实例 160	在手机屏幕中实现 Frame 动画效果
源码路径	daima\160
视频路径	视频\160

8.7.1 实例说明

Android 动画分为 Tween 动画和 Frame 动画，Tween 动画主要包括图片的放大缩小、旋转、透明度变化、移动等等操作；Frame 动画则简单得多了，就是把一张张的图片连续播放产生动画效果。在本实例中，将演示实现 Frame 动画效果的方法。

8.7.2 具体实现

主程序文件的主要代码如下所示。

```
/* 定义 AnimationDrawable 动画 */
private AnimationDrawable frameAnimation = null;
Context mContext = null;

/* 定义一个 Drawable 对象 */
Drawable mBitAnimation = null;
public example10(Context context)
{
    super(context);

    mContext = context;

    /* 实例化 AnimationDrawable 对象 */
    frameAnimation = new AnimationDrawable();

    /* 装载资源 */
    //这里用一个循环装载所有名字类似的资源
    //如“a1.......15.png”的图片
    //这个方法用处非常大
    for (int i = 1; i <= 15; i++)
    {
        int id = getResources().getIdentifier("a" + i, "drawable", mContext.
getPackageName());
        mBitAnimation = getResources().getDrawable(id);
        /* 为动画添加 1 帧 */
        //参数 mBitAnimation 是该帧的图片
```

```
            //参数 500 是该帧显示的时间,按毫秒计算
            frameAnimation.addFrame(mBitAnimation, 500);
        }

        /* 设置播放模式是否循环。false 表示循环而 true 表示不循环 */
        frameAnimation.setOneShot( false );

        /* 设置本类将要显示这个动画 */
        this.setBackgroundDrawable(frameAnimation);
    }
    public void onDraw(Canvas canvas)
    {
        super.onDraw(canvas);

    }

    public boolean onKeyUp(int keyCode, KeyEvent event)
    {
        switch ( keyCode )
        {
        case KeyEvent.KEYCODE_DPAD_UP:
            /* 开始播放动画 */
            frameAnimation.start();
            break;
        }
        return true;
    }
}
```

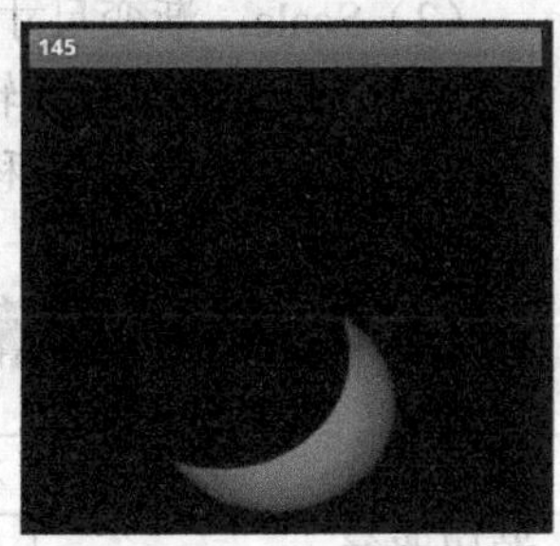

▲图 8-7　执行效果

执行后可以通过按下键盘上的方向键来实现动画效果，如图 8-7 所示。

8.7.3　特别提醒——实现 Frame 动画的方法

我们平时所见到的最多的就是 Frame 动画，所以 Android 中当然也少不了它。它的使用方法更加简单，只需要创建一个 AnimationDrawabledF 对象来表示 Frame 动画，然后通过方法 addFrame 把每一帧要显示的内容添加进去，最后通过方法 start 就可以播放这个动画了，同时还可以通过方法 setOneShot 设置是否重复播放。

8.8　使用 Matrix 实现图片缩放

实例 161	使用 Matrix 实现图片缩放
源码路径	daima\161
视频路径	视频\161

8.8.1　实例说明

Matrix 类即 Android.Graphics.Matrix，能够实现图形的变换操作，例如常见的缩放和旋转处理。Matrix 中有关图形的变换、缩放等相关操作，常用的方法有以下几种。

（1）void reset()：重置一个 Matrix 对象。

（2）void set(Matrix src)：复制一个源矩阵，和本类的构造方法 Matrix(Matrix src)一样。

（3）boolean isIdentity()：返回这个矩阵是否定义（已经有意义）。

（4）void setRotate(float degrees)：指定一个角度以 0,0 为坐标进行旋转。

（5）void setRotate(float degrees, float px, float py)：指定一个角度以 px,py 为坐标进行旋转。

（6）void setScale(float sx, float sy)：缩放处理。

（7）void setScale(float sx, float sy, float px, float py)：以坐标 px,py 进行缩放。

（8）void setTranslate(float dx, float dy)：平移。

（9）void setSkew (float kx, float ky, float px, float py：以坐标 px，py 进行倾斜。

（10）void setSkew (float kx, float ky)：倾斜处理。

8.8.2 具体实现

（1）编写布局文件 main.xml，在界面中插入 2 个 Button 按钮，并准备一副素材图片 suofang.bng。具体代码如下所示。

```
<ImageView
  android:id="@+id/myImageView"
  android:layout_width="200px"
  android:layout_height="150px"
  android:src="@drawable/suofang"
  android:layout_x="0px"
  android:layout_y="0px"
>
</ImageView>
<Button
  android:id="@+id/myButton1"
  android:layout_width="90px"
  android:layout_height="60px"
  android:text="@string/str_button1"
  android:textSize="18sp"
  android:layout_x="20px"
  android:layout_y="372px"
>
</Button>
<Button
  android:id="@+id/myButton2"
  android:layout_width="90px"
  android:layout_height="60px"
  android:text="@string/str_button2"
  android:textSize="18sp"
  android:layout_x="210px"
  android:layout_y="372px"
>
</Button>
```

（2）编写主程序文件，其具体实现代码如下所示。

```
/* 相关变量声明 */
private ImageView mImageView;
private Button mButton01;
private Button mButton02;
private AbsoluteLayout layout1;
private Bitmap bmp;
private int id=0;
private int displayWidth;
private int displayHeight;
private float scaleWidth=1;
private float scaleHeight=1;

/** Called when the activity is first created. */
@Override
public void onCreate(Bundle savedInstanceState)
{
  super.onCreate(savedInstanceState);
  /* 载入 main.xml Layout */
  setContentView(R.layout.main);

  /* 取得屏幕分辨率大小 */
  DisplayMetrics dm=new DisplayMetrics();
  getWindowManager().getDefaultDisplay().getMetrics(dm);
  displayWidth=dm.widthPixels;
  /* 屏幕高度须扣除下方 Button 高度 */
  displayHeight=dm.heightPixels-80;
```

```
    /* 初始化相关变量 */
    bmp=BitmapFactory.decodeResource(getResources(),
                              R.drawable.suofang);
    mImageView = (ImageView)findViewById(R.id.myImageView);
    layout1 = (AbsoluteLayout)findViewById(R.id.layout1);
    mButton01 = (Button)findViewById(R.id.myButton1);
    mButton02 = (Button)findViewById(R.id.myButton2);

    /* 缩小按钮 onClickListener */
    mButton01.setOnClickListener(new Button.OnClickListener()
    {
      @Override
      public void onClick(View v)
      {
        small();
      }
    });
    /* 放大按钮 onClickListener */
    mButton02.setOnClickListener(new Button.OnClickListener()
    {
      @Override
      public void onClick(View v)
      {
        big();
      }
    });
  }
  /* 图片缩小的 method */
  private void small()
  {
    int bmpWidth=bmp.getWidth();
    int bmpHeight=bmp.getHeight();
    /* 设置图片缩小的比例 */
    double scale=0.8;
    /* 计算出这次要缩小的比例 */
    scaleWidth=(float) (scaleWidth*scale);
    scaleHeight=(float) (scaleHeight*scale);
    /* 产生 reSize 后的 Bitmap 对象 */
    Matrix matrix = new Matrix();
    matrix.postScale(scaleWidth, scaleHeight);
    Bitmap resizeBmp = Bitmap.createBitmap(bmp,0,0,bmpWidth,bmpHeight,matrix,true);
    if(id==0)
    {
      /* 如果是第一次按，就删除原来默认的 ImageView */
      layout1.removeView(mImageView);
    }
    else
    {
      /* 如果不是第一次按，就删除上次放大缩小所产生的 ImageView */
      layout1.removeView((ImageView)findViewById(id));
    }
    /* 产生新的 ImageView，放入 reSize 的 Bitmap 对象，再放入 Layout 中 */
    id++;
    ImageView imageView = new ImageView(suofang.this);
    imageView.setId(id);
    imageView.setImageBitmap(resizeBmp);
    layout1.addView(imageView);
    setContentView(layout1);

    /* 因为图片放到最大时放大按钮会 disable，所以在缩小时把他重设为 enable */
    mButton02.setEnabled(true);
  }
  /* 图片放大的 method */
  private void big()
  {
    int bmpWidth=bmp.getWidth();
    int bmpHeight=bmp.getHeight();
    /* 设置图片放大的比例 */
    double scale=1.25;
    /* 计算这次要放大的比例 */
    scaleWidth=(float)(scaleWidth*scale);
```

```
        scaleHeight=(float)(scaleHeight*scale);
        /* 产生 reSize 后的 Bitmap 对象 */
        Matrix matrix = new Matrix();
        matrix.postScale(scaleWidth, scaleHeight);
        Bitmap resizeBmp = Bitmap.createBitmap(bmp,0,0,bmpWidth,bmpHeight,matrix,true);
        if(id==0)
        {
          /* 如果是第一次按，就删除原来设置的 ImageView */
          layout1.removeView(mImageView);
        }
        else
        {
          /* 如果不是第一次按，就删除上次放大缩小所产生的 ImageView */
          layout1.removeView((ImageView)findViewById(id));
        }
        /* 产生新的 ImageView，放入 reSize 的 Bitmap 对象，再放入 Layout 中 */
        id++;
        ImageView imageView = new ImageView(suofang.this);
        imageView.setId(id);
        imageView.setImageBitmap(resizeBmp);
        layout1.addView(imageView);
        setContentView(layout1);

        /* 如果再放大会超过屏幕大小，就把 Button disable */
        if(scaleWidth*scale*bmpWidth>displayWidth||
          scaleHeight*scale*bmpHeight>displayHeight)
        {
         mButton02.setEnabled(false);
        }
      }
    }
```

上述代码的执行流程如下所示。

- 载入布局文件 main.xml。
- 取得屏幕分辨率大小，初始化相关变量。
- 实现缩小按钮 onClickListener 处理 mButton01.setOnClickListener。
- 实现放大按钮 onClickListener 处理 mButton02.setOnClickListener。
- 定义图片缩小方法 small()。
- 定义图片放大方法 big()。

执行后在屏幕中显示一幅图片和两个按钮，如图 8-8 所示；分别单击“缩小处理”和“放大处理”按钮后，会实现对图片的缩小、放大处理，如图 8-9 所示。

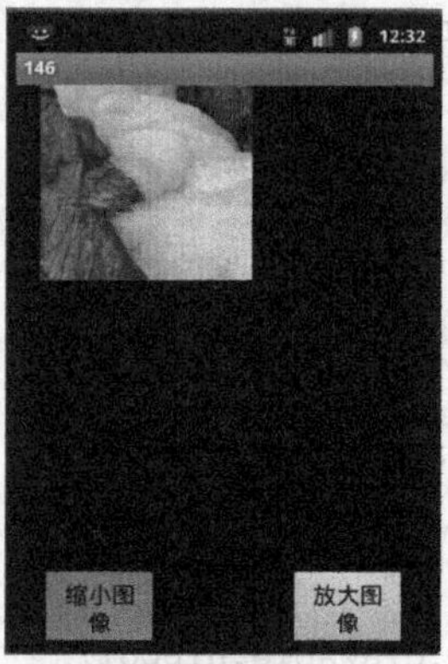

▲图 8-8 初始效果

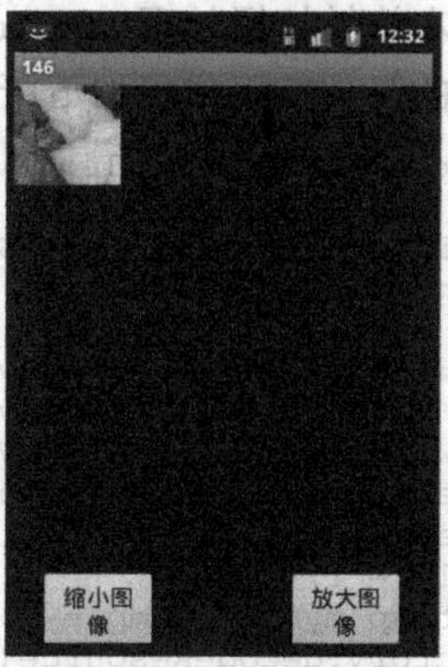

▲图 8-9 缩小后效果

8.8.3 特别提醒——4 种缩放位图的基本方法

在 Android 系统中，有以下 4 种缩放位图的基本方法。

（1）将一个位图按照需求重画一遍，画后的位图就是我们需要的了，与位图的显示几乎一样。

```
drawBitmap(Bitmap bitmap, Rect src, Rect dst, Paint paint)
```

（2）在原有位图的基础上缩放原位图，创建一个新的位图。

```
CreateBitmap(Bitmap source, int x, int y, int width, int height, Matrix m, boolean filter)
```

（3）借助 Canvas 的 scale(float sx, float sy) 方法，不过要注意此时整个画布都缩放了。

（4）借助 Matrix 实现。

```
Bitmap bmp = BitmapFactory.decodeResource(getResources(), R.drawable.pic180);
Matrix matrix=new Matrix();
matrix.postScale(0.2f, 0.2f);
Bitmap dstbmp=Bitmap.createBitmap(bmp,0,0,bmp.getWidth(),
bmp.getHeight(),matrix,true);
canvas.drawColor(Color.BLACK);
canvas.drawBitmap(dstbmp, 10, 10, null); 5. 位图旋转
```

8.9 旋转屏幕中的图片

实例 162	旋转屏幕中的图片
源码路径	daima\162
视频路径	视频\162

8.9.1　实例说明

Matrix 可以操作图像，可以分为 translate（平移），rotate（旋转），scale（缩放）和 skew（倾斜）4 种操作方式，每一种操作变换在 Android 的 API 中都提供了 set、post 和 pre 3 种操作方式。除了 translate，其他 3 种操作都可以指定中心点。在本实例中，通过 Bitmap 和 Matrix 实现了对图片的旋转处理。

8.9.2　具体实现

编写旋转处理文件 example147.java，其具体实现流程如下所示。

（1）加载默认的 Drawable。

（2）实现向左旋转按钮处理 mButton1.setOnClickListener。

（3）实现向右旋转按钮处理 mButton2.setOnClickListener。

主程序文件的具体实现代码如下所示。

```
public void onCreate(Bundle savedInstanceState)
{
  super.onCreate(savedInstanceState);
  setContentView(R.layout.main);

  mButton1 =(Button) findViewById(R.id.myButton1);
  mButton2 =(Button) findViewById(R.id.myButton2);
  mTextView1 = (TextView) findViewById(R.id.myTextView1);
  mImageView1 = (ImageView) findViewById(R.id.myImageView1);
  ScaleTimes = 1;
  ScaleAngle = 1;
  final Bitmap mySourceBmp =
  BitmapFactory.decodeResource(getResources(), R.drawable.hippo);
  final int widthOrig = mySourceBmp.getWidth();
  final int heightOrig = mySourceBmp.getHeight();
  /* 程序刚运行，加载默认的 Drawable */
  mImageView1.setImageBitmap(mySourceBmp);
  /* 向左旋转按钮 */
  mButton1.setOnClickListener(new Button.OnClickListener()
```

```
{
  @Override
  public void onClick(View v)
  {
    // TODO Auto-generated method stub
    ScaleAngle--;
    if(ScaleAngle<-5)
    {
      ScaleAngle = -5;
    }
    /* ScaleTimes=1 表示维持 1:1 的宽高比例*/
    int newWidth = widthOrig * ScaleTimes;
    int newHeight = heightOrig * ScaleTimes;

    float scaleWidth = ((float) newWidth) / widthOrig;
    float scaleHeight = ((float) newHeight) / heightOrig;

    Matrix matrix = new Matrix();
    /* 使用 Matrix.postScale 设置维度 */
    matrix.postScale(scaleWidth, scaleHeight);

    /* 使用 Matrix.postRotate 方法旋转 Bitmap*/
    matrix.setRotate(5*ScaleAngle);

    /* 创建新的 Bitmap 对象 */
    Bitmap resizedBitmap =
    Bitmap.createBitmap
    (mySourceBmp, 0, 0, widthOrig, heightOrig, matrix, true);
    BitmapDrawable myNewBitmapDrawable =
    new BitmapDrawable(resizedBitmap);

    mImageView1.setImageDrawable(myNewBitmapDrawable);
    mTextView1.setText(Integer.toString(5*ScaleAngle));
  }
});

/* 向右旋转按钮 */
mButton2.setOnClickListener(new Button.OnClickListener()
{
  @Override
  public void onClick(View v)
  {
    ScaleAngle++;
    if(ScaleAngle>5)
    {
      ScaleAngle = 5;
    }

    /* ScaleTimes=1，维持 1:1 的宽高比例*/
    int newWidth = widthOrig * ScaleTimes;
    int newHeight = heightOrig * ScaleTimes;

    /* 计算旋转的 Matrix 比例 */
    float scaleWidth = ((float) newWidth) / widthOrig;
    float scaleHeight = ((float) newHeight) / heightOrig;

    Matrix matrix = new Matrix();
    /* 使用 Matrix.postScale 设置维度 */
    matrix.postScale(scaleWidth, scaleHeight);

    /* 使用 Matrix.postRotate 方法旋转 Bitmap*/
    //matrix.postRotate(5*ScaleAngle);
    matrix.setRotate(5*ScaleAngle);

    /* 创建新的 Bitmap 对象 */
    Bitmap resizedBitmap =
    Bitmap.createBitmap
    (mySourceBmp, 0, 0, widthOrig, heightOrig, matrix, true);
```

```
            BitmapDrawable myNewBitmapDrawable =
            new BitmapDrawable(resizedBitmap);

            mImageView1.setImageDrawable(myNewBitmapDrawable);
            mTextView1.setText(Integer.toString(5*ScaleAngle));
          }
        });
      }
    }
```

执行后将显示一幅图片和两个按钮，分别单击【左转】和【右转】按钮后会实现对图片旋转处理，分别如图 8-10 和图 8-11 所示。

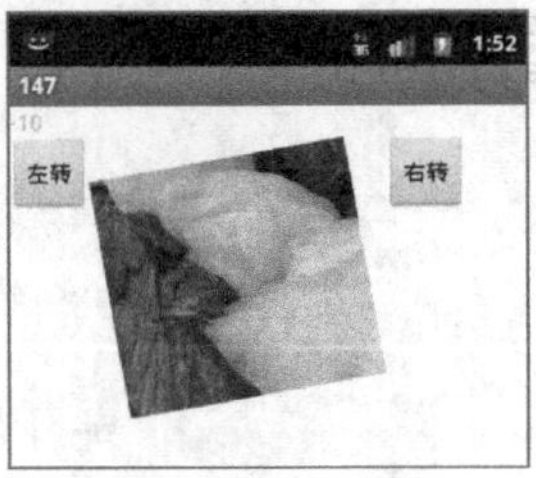

▲图 8-10　左旋转效果

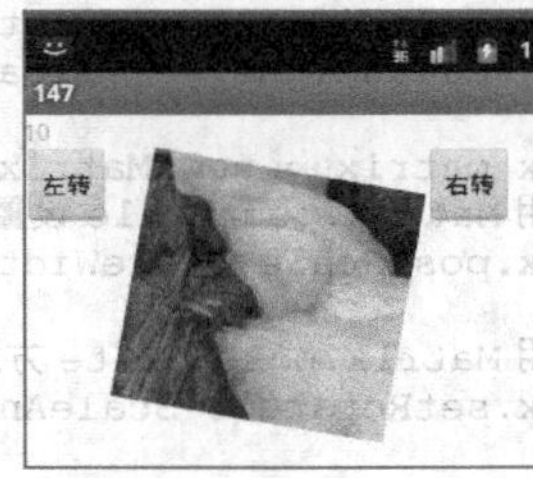

▲图 8-11　右旋转后的效果

8.9.3　特别提醒——用 Matrix 或 Canvas 旋转位图

在 Android 系统中，可以借助 Matrix 或者 Canvas 来旋转位图。

```
Bitmap bmp = BitmapFactory.decodeResource(getResources(), R.drawable.pic180);
Matrix matrix=new Matrix();
matrix.postScale(0.8f, 0.8f);
matrix.postRotate(45);
Bitmap dstbmp=Bitmap.createBitmap(bmp,0,0,bmp.getWidth(),
bmp.getHeight(),matrix,true);
canvas.drawColor(Color.BLACK);
canvas.drawBitmap(dstbmp, 10, 10, null);
```

8.10　实现天上移动星星的效果

实例 163	在屏幕中实现天上移动星星的效果
源码路径	daima\163
视频路径	视频\163

8.10.1　实例说明

本实例需要实现三维效果，所以需要使用 OpenGL 技术。在实现本实例时，需要事先准备一张素材图片，然后在此图片的基础上形成一个螺旋图案，以达到闪烁星星的效果。为了实现旋转效果，定义变量 angle 来表示当前星星所处的角度。

8.10.2　具体实现

编写主程序文件，在此文件中通过创建循环的方式实现了闪烁的星星效果。具体实现代码如下所示。

```
    public static final int    num     = 50;                         // 星星数目
    boolean                 twinkle = true;                          // 闪烁的星星
    boolean                 key;
    public Star[]          star      = new Star[num];             // 存放星星的数组
    float                 zoom      = -10.0f;                        // 星星离观察者的距离
```

```
    float              tilt        = 90.0f;              // 星星的倾角
    float              spin;                             // 闪烁星星的自转
    int one = 0x10000;
    Random random = new Random();
    int                 texture;                          // 纹理

    IntBuffer coord = IntBuffer.wrap(new int[]{
            0,0,
            one,0,
            one,one,
            0,one,
    });
    IntBuffer vertexs = IntBuffer.wrap(new int[]{
            -one,-one,0,
            one,-one,0,
            one,one,0,
            -one,one,0,
    });
    ByteBuffer indices = ByteBuffer.wrap(new byte[]{
            1, 0, 2, 3
    });
    @Override
    public void onDrawFrame(GL10 gl)
    {
gl.glClear(GL10.GL_COLOR_BUFFER_BIT | GL10.GL_DEPTH_BUFFER_BIT);// 清除屏幕和深度缓存
        gl.glBindTexture(GL10.GL_TEXTURE_2D, texture);    // 选择纹理
        for (int i=0; i<num; i++)                     // 循环设置所有的星星
        {
            gl.glLoadIdentity();                      // 绘制每颗星星之前，重置模型观察矩阵
            gl.glTranslatef(0.0f,0.0f,zoom);                // 深入屏幕里面
            gl.glRotatef(tilt,1.0f,0.0f,0.0f);                // 倾斜视角
            gl.glRotatef(star[i].angle,0.0f,1.0f,0.0f);  // 旋转至当前所画星星的角度
            gl.glTranslatef(star[i].dist,0.0f,0.0f);        // 沿 X 轴正向移动
            gl.glRotatef(-star[i].angle,0.0f,1.0f,0.0f); // 取消当前星星的角度
            gl.glRotatef(-tilt,1.0f,0.0f,0.0f);           // 取消屏幕倾斜
            //设置定点数组
            gl.glEnableClientState(GL10.GL_VERTEX_ARRAY);
            //设置颜色数组
            gl.glEnableClientState(GL10.GL_COLOR_ARRAY);

            gl.glEnableClientState(GL10.GL_TEXTURE_COORD_ARRAY);

            if (twinkle)                          // 启用闪烁效果
            {
                // 使用 byte 型数值指定一个颜色

gl.glColor4f((float)star[(num-i)-1].r/255.0f,(float)star[(num-i)-1].g/255.0f,(float)
star[(num-i)-1].b/255.0f,1.0f);
                gl.glVertexPointer(3, GL10.GL_FIXED, 0, vertexs);
                gl.glTexCoordPointer(2, GL10.GL_FIXED, 0, coord);

                {
                    coord.position(0);
                    vertexs.position(0);
                    indices.position(0);

                    gl.glDrawElements(GL10.GL_TRIANGLE_STRIP,4,GL10.GL_UNSIGNED_BYTE,indices);
                }
                //绘制结束
                gl.glFinish();
            }
            gl.glRotatef(spin,0.0f,0.0f,1.0f);                  // 绕 Z 轴旋转星星
            // 使用 byte 型数值指定一个颜色
            gl.glColor4f((float)star[(num-i)-1].r/255.0f,(float)star[(num-i)-1].g/
255.0f,(float)star[(num-i)-1].b/255.0f,1.0f);
            gl.glVertexPointer(3, GL10.GL_FIXED, 0, vertexs);
            gl.glTexCoordPointer(2, GL10.GL_FIXED, 0, coord);

            {
```

```
            coord.position(0);
            vertexs.position(0);
            indices.position(0);

            gl.glDrawElements(GL10.GL_TRIANGLE_STRIP,4,GL10.GL_UNSIGNED_BYTE,indices);
        }
        //绘制正方形结束
        gl.glFinish();
        gl.glDisableClientState(GL10.GL_COLOR_ARRAY);
        //取消顶点数组
        gl.glDisableClientState(GL10.GL_VERTEX_ARRAY);
        gl.glDisableClientState(GL10.GL_TEXTURE_COORD_ARRAY);

        spin+=0.01f;                              // 星星的公转
        star[i].angle+=(float)(i)/(float)num;        // 改变星星的自转角度
        star[i].dist-=0.01f;                      // 改变星星离中心的距离
        if (star[i].dist<0.0f)                    // 星星到达中心了吗
        {
            star[i].dist+=5.0f;                   // 往外移 5 个单位
            star[i].r=random.nextInt(256);        // 赋一个新红色分量
            star[i].g=random.nextInt(256);        // 赋一个新绿色分量
            star[i].b=random.nextInt(256);        // 赋一个新蓝色分量
        }
    }
}
@Override
public void onSurfaceChanged(GL10 gl, int width, int height)
{
    float ratio = (float) width / height;
    //设置 OpenGL 场景的大小
    gl.glViewport(0, 0, width, height);
    //设置投影矩阵
    gl.glMatrixMode(GL10.GL_PROJECTION);
    //重置投影矩阵
    gl.glLoadIdentity();
    // 设置视口的大小
    gl.glFrustumf(-ratio, ratio, -1, 1, 1, 10);
    // 选择模型观察矩阵
    gl.glMatrixMode(GL10.GL_MODELVIEW);
    // 重置模型观察矩阵
    gl.glLoadIdentity();
}
@Override
public void onSurfaceCreated(GL10 gl, EGLConfig config)
{
    gl.glShadeModel(GL10.GL_SMOOTH);                          // 启用阴影平滑
    gl.glClearColor(0.0f, 0.0f, 0.0f, 0.0f);                     // 黑色背景
    gl.glHint(GL10.GL_PERSPECTIVE_CORRECTION_HINT, GL10.GL_NICEST);
    // 告诉系统对透视进行修正
    IntBuffer buffer = IntBuffer.allocate(1);
    // 创建一个纹理
    gl.glGenTextures(1, buffer);
    texture = buffer.get();
    // 创建一个线性滤波纹理
    gl.glBindTexture(GL10.GL_TEXTURE_2D, texture);
    gl.glTexParameterx(GL10.GL_TEXTURE_2D,GL10.GL_TEXTURE_MIN_FILTER,GL10.GL_ LINEAR);
    gl.glTexParameterx(GL10.GL_TEXTURE_2D, GL10.GL_TEXTURE_MAG_FILTER, GL10.GL_ LINEAR);
    GLUtils.texImage2D(GL10.GL_TEXTURE_2D, 0, GLImage.mBitmap, 0);
    gl.glEnable(GL10.GL_TEXTURE_2D);                    // 启用纹理映射
    gl.glShadeModel(GL10.GL_SMOOTH);// 启用阴影平滑
    gl.glClearColor(0.0f, 0.0f, 0.0f, 0.5f);              // 黑色背景
    gl.glHint(GL10.GL_PERSPECTIVE_CORRECTION_HINT, GL10.GL_NICEST);
// 真正精细的透视修正
    gl.glBlendFunc(GL10.GL_SRC_ALPHA,GL10.GL_ONE); // 设置混色函数取得半透明效果
    gl.glEnable(GL10.GL_BLEND);                        // 启用混色
    for (int i=0; i<num; i++)                     // 创建循环设置全部星星
    {
```

```
            Star starTMP = new Star();
            starTMP.angle=0.0f;                    // 所有星星都从零角度开始
            starTMP.dist=((float)(i)/(float)num)*5.0f;         // 计算星星离中心的距离
            starTMP.r=random.nextInt(256);              // 为 star[loop]设置随机红色分量
            starTMP.g=random.nextInt(256);              // 为 star[loop]设置随机红色分量
            starTMP.b=random.nextInt(256);              // 为 star[loop]设置随机红色分量
            star[i] = starTMP;
        }
    }
    public boolean onKeyUp(int keyCode, KeyEvent event)
    {
        twinkle=!twinkle;
        return false;
    }
}
class Star
{
    int      r, g, b;    // 星星的颜色
    float    dist;        // 星星距离中心的距离
    float    angle    = 0.0f;// 当前星星所处的角度
}
```

执行之后的效果如图 8-12 所示。

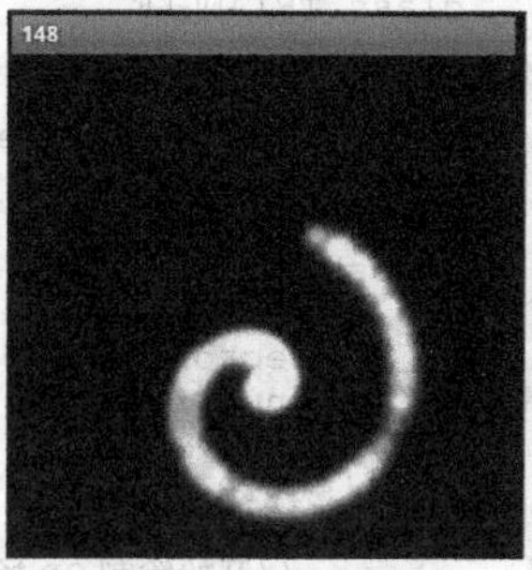

▲图 8-12 执行效果

8.10.3 特别提醒——OpenGL 技术

本实例用到了 OpenGL 技术，OpenGL 是 Open Graphics Library 的缩写，是一个定义了一个跨编程语言、跨平台的编程接口的规格，它用于三维图像（二维的亦可）。OpenGL 是个专业的图形程序接口，是一个功能强大，调用方便的底层图形库。OpenGL 的前身是 SGI 公司为其图形工作站开发的 IRIS GL。IRIS GL 是一个工业标准的 3D 图形软件接口，功能虽然强大但是移植性不好，于是 SGI 公司便在 IRIS GL 的基础上开发了 OpenGL。OpenGL 的英文全称是"Open Graphics Library"，顾名思义，OpenGL 便是"开放的图形程序接口"。虽然 DirectX 在家用市场全面领先，但在专业高端绘图领域，OpenGL 是不能被取代的主角。

8.11 构建一个模拟 3D 场景

实例 164	在屏幕中构建一个模拟 3D 场景效果
源码路径	daima\164
视频路径	视频\164

8.11.1 实例说明

在现实世界中，任何一个复杂的对象都是由一些简单的形状构成的。所以在创建复杂环境之前应该先定义一个场景的数据结构。例如，可以使用 3D 空间中的坐标值（x,y,z）以及纹理坐标（u,v）来定义一个三角形的顶点。

8.11.2 具体实现

编写文件 Data1.java 来设置顶点结构 VERTEX 和三角形结构 TRIANGLE，绘制了 3D 场景，并定义方法 SetupWorld()用于读取资源数据，去掉每个三角形的顶点数据，定义方法 onKeyUp 来响应键盘按键事件。具体实现代码如下所示。

```
//VERTEX 顶点结构
class VERTEX
{
    float x, y, z;// 3D 坐标
```

```
    float u, v;// 纹理坐标
    public VERTEX(float x,float y,float z,float u,float v)
    {
        this.x = x;
        this.y = y;
        this.z = z;
        this.u = u;
        this.v = v;
    }
}
//TRIANGLE 三角形结构
class TRIANGLE
{
    // VERTEX 矢量数组，大小为 3
    VERTEX[]   vertex   = new VERTEX[3];
}
//SECTOR 区段结构
class SECTOR
{
    // Sector 区段中的三角形个数
    int numtriangles;
    // 三角形的 list
    List<TRIANGLE> triangle = new ArrayList<TRIANGLE>();
}
        //开始绘制 3D 场景
        for(TRIANGLE triangle : sector1.triangle)
        {
            vertexPointer.clear();
            texCoordPointer.clear();
            gl.glNormal3f(0.0f, 0.0f, 1.0f);
            for(int i=0; i<3; i++)
            {   VERTEX vt = triangle.vertex[i];
                vertexPointer.put(vt.x);
                vertexPointer.put(vt.y);
                vertexPointer.put(vt.z);
                texCoordPointer.put(vt.u);
                texCoordPointer.put(vt.v);
            }
            gl.glDrawArrays(GL10.GL_TRIANGLES, 0, 4);
        }
        gl.glDisableClientState(GL10.GL_TEXTURE_COORD_ARRAY);
        gl.glDisableClientState(GL10.GL_VERTEX_ARRAY);
    //读取资源数据
    public void SetupWorld()
    {
        BufferedReader br = new BufferedReader(new InputStreamReader(GLFile.getFile
("data/world.txt")));

        TRIANGLE triangle = new TRIANGLE();
        int vertexIndex = 0;

        try {
            String line = null;
            while((line = br.readLine()) != null){
            if(line.trim().length() <= 0 || line.startsWith("/")){
                continue;
            }
            String part[] = line.trim().split("\\s+");
            float x = Float.valueOf(part[0]);
            float y = Float.valueOf(part[1]);
            float z = Float.valueOf(part[2]);
            float u = Float.valueOf(part[3]);
            float v = Float.valueOf(part[4]);
            VERTEX vertex = new VERTEX(x, y, z, u, v);
            triangle.vertex[vertexIndex] = vertex;

            vertexIndex ++;
            if(vertexIndex == 3){
                vertexIndex = 0;
                sector1.triangle.add(triangle);
```

```
                triangle = new TRIANGLE();
            }
        }
    } catch (IOException e) {
        e.printStackTrace();
    }
}
public boolean onKeyUp(int keyCode, KeyEvent event)
{
    switch ( keyCode )
    {
        case KeyEvent.KEYCODE_DPAD_LEFT:
            yrot -= 1.5f;
            break;
        case KeyEvent.KEYCODE_DPAD_RIGHT:
            yrot += 1.5f;
            break;
        case KeyEvent.KEYCODE_DPAD_UP:
            // 沿游戏者所在的 X 平面移动
            xpos -= (float)Math.sin(heading*piover180) * 0.05f;
            // 沿游戏者所在的 Z 平面移动
            zpos -= (float)Math.cos(heading*piover180) * 0.05f;
            if (walkbiasangle >= 359.0f)// 如果 walkbiasangle 大于 359°
            {
                walkbiasangle = 0.0f;// 将 walkbiasangle 设为 0
            }
            else
            {
                walkbiasangle+= 10;// 如果 walkbiasangle 小于 359 ，则增加 10
            }
            // 使游戏者产生跳跃感
            walkbias = (float)Math.sin(walkbiasangle * piover180)/20.0f;
            break;
        case KeyEvent.KEYCODE_DPAD_DOWN:
            // 沿游戏者所在的 X 平面移动
            xpos += (float)Math.sin(heading*piover180) * 0.05f;
            // 沿游戏者所在的 Z 平面移动
            zpos += (float)Math.cos(heading*piover180) * 0.05f;
            // 如果 walkbiasangle 小于 1 度
            if (walkbiasangle <= 1.0f)
            {
                walkbiasangle = 359.0f;// 使 walkbiasangle 等于 359
            }
            else
            {
                walkbiasangle-= 10;// 如果 walkbiasangle 大于 1 减去 10
            }
            // 使游戏者产生跳跃感
            walkbias = (float)Math.sin(walkbiasangle *
            piover180)/20.0f;
            break;
    }
    return false;
}
```

执行之后的效果如图 8-13 所示。

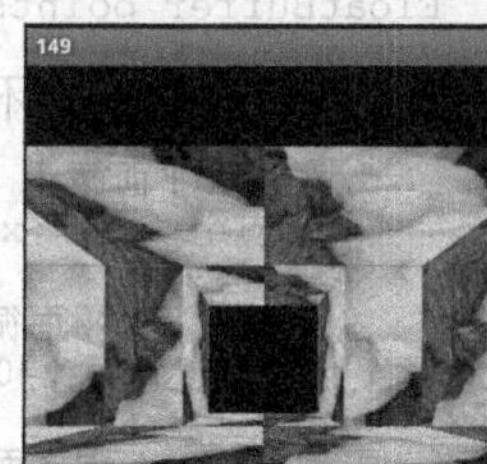

▲图 8-13 执行效果

8.11.3 特别提醒——分析相关的底层代码

OpenGL ES（OpenGL for Embedded Systems）是 OpenGL 三维图形 API 的子集，针对手机、PDA 和游戏主机等嵌入式设备而设计。该 API 由 Khronos 集团定义推广，Khronos 是一个图形软硬件行业协会，该协会主要关注图形和多媒体方面的开放标准。

Android 系统使用 OpenGL 的标准接口来支持 3D 图形功能，Android 3D 图形系统也分为 Java 框架和本地代码两部分。本地代码主要实现 OpenGL 接口的库，在 Java 框架层，javax.microedition.khronos.opengles 是 Java 标准的 OpenGL 包，android.opengl 包提供了 OpenGL 系统和 Android GUI 系统之间的联系。

Android 的本地代码位如下目录中：

```
frameworks/base/opengl
```

JNI 代码位于如下目录中：

```
frameworks/base/core/com_google_android_gles_jni_GLImpl.cpp
```

或下面的目录中：

```
frameworks/base/core/com_google_android_gles_jni_EGLImpl.cpp
```

Java 类位于如下目录中：

```
opengl/java/javax/microedition/khronos
```

8.12 实现浮动的旗帜效果

实例 165	在手机屏幕中实现浮动的旗帜效果
源码路径	daima\165
视频路径	视频\165

8.12.1 实例说明

因为旗帜浮动的效果类似于数学中的正弦函数的运行轨迹，所以本实例结合了正弦波动算法的实现，使整个图像看起来像浮动的样子。在具体实现时，使用单独的数组来存放网格各顶点独立的 *x*、*y*、*z* 坐标。

8.12.2 具体实现

（1）使用数组 vertex 来保存网格各顶点独立的 *x*，*y*，*z* 坐标，在此设置用 45×45 点形成。具体实现代码如下所示。

```
float vertex[][][]=new float[45][45][3];    // Points 网格顶点数组(45,45,3)
int wiggle_count = 0;                       // 指定旗形波浪的运动速度
float hold;                                 // 临时变量
float xrot, yrot, zrot;
int texture = -1;
FloatBuffer texCoord = FloatBuffer.allocate(8);
FloatBuffer points = FloatBuffer.allocate(12);
```

（2）通过两个循环来初始化网格上的点，具体代码如下所示。

```
    // 沿 X 平面循环
    for(int x=0; x<45; x++)
    {
        // 沿 Y 平面循环
        for(int y=0; y<45; y++)
        {
            // 向表面添加波浪效果
            vertex[x][y][0]=((float)x/5.0f)-4.5f;
            vertex[x][y][1]=(((float)y/5.0f)-4.5f);
        vertex[x][y][2]=(float)(Math.sin(((((float)x/5.0f)*40.0f)/360.0f)*
3.141592654*2.0f));
        }
    }
```

（3）通过 1 个双循环来绘制每个面的顶点和纹理，具体代码如下所示。

```
for( x = 0; x < 44; x++ ){
    for( y = 0; y < 44; y++) {
        float_x = (float)(x)/44.0f;           // 生成 X 浮点值
        float_y = (float)(y)/44.0f;           // 生成 Y 浮点值
        float_xb = (float)(x+1)/44.0f;          // X 浮点值+0.0227f
```

```
    float_yb = (float)(y+1)/44.0f;        // Y 浮点值+0.0227f

    texCoord.clear();
    texCoord.put(float_x);
    texCoord.put(float_y);
    texCoord.put(float_x);
    texCoord.put(float_yb);
    texCoord.put(float_xb);
    texCoord.put(float_yb);
    texCoord.put(float_xb);
    texCoord.put(float_y);

    points.clear();
    points.put(vertex[x][y][0]);
    points.put(vertex[x][y][1]);
    points.put(vertex[x][y][2]);

    points.put(vertex[x][y+1][0]);
    points.put(vertex[x][y+1][1]);
    points.put(vertex[x][y+1][2]);

    points.put(vertex[x+1][y+1][0]);
    points.put(vertex[x+1][y+1][1]);
    points.put(vertex[x+1][y+1][2]);

    points.put(vertex[x+1][y][0]);
    points.put(vertex[x+1][y][1]);
    points.put(vertex[x+1][y][2]);
    gl.glDrawArrays(GL10.GL_TRIANGLE_FAN, 0, 4);
```

（4）因为要实现波浪效果，所以要绘制 2 次场景以生成波浪效果。具体代码如下所示。

```
if( wiggle_count == 2 )                          // 用来降低波浪速度(每隔 2 帧一次)
{
    for( y = 0; y < 45; y++ )                    // 沿 Y 平面循环
    {
        hold=vertex[0][y][2];                    // 存储当前左侧波浪值
        for( x = 0; x < 44; x++)                 // 沿 X 平面循环
        {
            // 当前波浪值等于其右侧的波浪值
            vertex[x][y][2] = vertex[x+1][y][2];
        }
        vertex[44][y][2]=hold;                   // 刚才的值成为最左侧的波浪值
    }
    wiggle_count = 0;                            // 计数器清零
```

执行后的效果如图 8-14 所示。

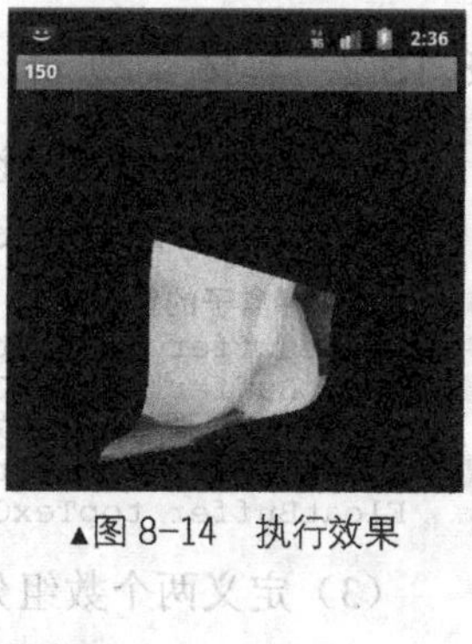
▲图 8-14　执行效果

8.12.3　特别提醒——用 OpenGL ES 绘图的基本流程

使用 OpenGL ES 进行绘图的基本流程如下所示。

（1）获取 Display，Display 代表显示器。函数原型如下所示。

```
EGLDisplay eglGetDisplay(NativeDisplayType display);
```

其中，display 参数是 native 系统的窗口显示 ID 值，一般为 EGL_DEFAULT_DISPLAY。该参数实际的意义是平台实现相关的，在 X-Window 下是 XDisplay ID，在 MS Windows 下是 Window DC。

（2）初始化 egl 库，函数原型如下所示。

```
EGLBoolean eglInitialize(EGLDisplay dpy, EGLint *major, EGLint *minor);
```

其中，dpy 是一个有效的 EGLDisplay。函数返回时，major 和 minor 将被赋予当前 EGL 版本号。

（3）选择一个合适的 EGL Configuration FrameBuffer，实际指的是 FrameBuffer 的参数。函数原型如下所示。

```
EGLBoolean eglChooseConfig(EGLDisplay dpy, const EGLint *attrib_list,
EGLConfig *configs,
EGLint config_size,
EGLint *num_config);
```

各个参数的具体说明如下所示。

- 参数 attrib_list：指定选择配置时需要参照的属性。
- 参数 configs：将返回一个按照 attrib_list 排序的平台所有有效的 EGL framebuffer 配置列表。
- 参数 config_size：指定可以返回到 configs 的总配置个数。
- 参数 num_config：返回实际匹配的配置总数。

（4）创建一个可实际显示的 EGLSurface，实际上就是一个 FrameBuffer。函数原型如下所示。

```
EGLSurface eglCreateWindowSurface(EGLDisplay dpy, EGLConfig config,
                                  NativeWindowType win,
                                  const EGLint *attrib_list);
```

（5）创建 Context，函数原型如下所示。

```
EGLContext eglCreateContext(EGLDisplay dpy, EGLConfig config,
                            EGLContext share_context,
                            const EGLint *attrib_list);
```

（6）绑定 Display、Surface、Context，函数原型如下所示。

```
EGLBoolean eglMakeCurrent(EGLDisplay dpy, EGLSurface draw,
                          EGLSurface read, EGLContext ctx);
```

8.13 在屏幕中显示多个物体

实例 166	使用列表在屏幕中显示多个物体
源码路径	daima\166
视频路径	视频\166

8.13.1 实例说明

根据前面所学实例得到的知识，可以通过循环的方式实现在场景中显示多个类似物体的方法。但是这样做也有一个坏处，就是会增加代码量并使得程序运行缓慢。在本实例中，使用了列表控件来实现上述功能，这样做的好处是不但可以减少代码数量，而且能够减少代码长度。

8.13.2 具体实现

（1）在布局文件中设置插入一个 TextView。

（2）定义 FloatBuffer 类型变量来保存列表数据，具体实现代码如下所示。

```
// 保存盒子的显示列表
FloatBuffer boxVertices = FloatBuffer.allocate(60);
FloatBuffer boxTexCoords= FloatBuffer.allocate(40);
// 保存盒子顶部的显示列表
FloatBuffer topVertices = FloatBuffer.allocate(12);
FloatBuffer topTexCoords= FloatBuffer.allocate(8);
```

（3）定义两个数组分别来存储立方体盒子的顶部颜色和盒子颜色，具体代码如下所示。

```
float[][] boxcol = {
        {1.0f, 0.0f, 0.0f},
        {1.0f, 0.5f, 0.0f},
        {1.0f, 1.0f, 0.0f},
        {0.0f, 1.0f, 0.0f},
        {0.0f, 1.0f, 1.0f},
};
```

```
float[][] topcol= {
        {0.5f, 0.0f, 0.0f},
        {0.5f, 0.25f, 0.0f},
        {0.5f, 0.5f, 0.0f},
        {0.0f, 0.5f, 0.0f},
        {0.0f, 0.5f, 0.5f},
};
```

（4）初始化列表数据，在里面保存了一个立方体的顶点和贴图数据，在绘制时循环绘制这些立方体。具体实现代码如下所示。

```
public void BuildLists(GL10 gl)
{
   boxTexCoords.put(new float[]{1.0f, 1.0f,0.0f, 1.0f,0.0f, 0.0f,1.0f,0.0f});
   boxVertices.put(new float[]{-1.0f, -1.0f, -1.0f,1.0f, -1.0f, -1.0f,1.0f, -1.0f,
1.0f,-1.0f, -1.0f, 1.0f});

   boxTexCoords.put(new float[]{0.0f, 0.0f,1.0f, 0.0f,1.0f, 1.0f,0.0f, 1.0f});
   boxVertices.put(new float[]{-1.0f, -1.0f, 1.0f,1.0f, -1.0f, 1.0f,1.0f, 1.0f,
1.0f,-1.0f, 1.0f, 1.0f});

   boxTexCoords.put(new float[]{1.0f, 0.0f,1.0f, 1.0f,0.0f, 1.0f,0.0f, 0.0f});
   boxVertices.put(new float[]{-1.0f, -1.0f, -1.0f,-1.0f, 1.0f, -1.0f,1.0f, 1.0f,
-1.0f,1.0f, -1.0f, -1.0f});

   boxTexCoords.put(new float[]{1.0f, 0.0f,1.0f, 1.0f,0.0f, 1.0f,0.0f, 0.0f});
   boxVertices.put(new float[]{1.0f, -1.0f, -1.0f,1.0f, 1.0f, -1.0f,1.0f, 1.0f,
1.0f,1.0f, -1.0f, 1.0f});

   boxTexCoords.put(new float[]{0.0f, 0.0f,1.0f, 0.0f,1.0f, 1.0f,0.0f, 1.0f});
   boxVertices.put(new float[]{-1.0f, -1.0f, -1.0f,-1.0f, -1.0f, 1.0f,-1.0f, 1.0f,
1.0f,-1.0f, 1.0f, -1.0f});
         topTexCoords.put(new float[]{0.0f, 1.0f,0.0f, 0.0f,1.0f, 0.0f,1.0f, 1.0f});
   topVertices.put(new float[]{-1.0f, 1.0f, -1.0f,-1.0f, 1.0f, 1.0f,1.0f, 1.0f,
1.0f,1.0f, 1.0f, -1.0f});
}
```

（5）绘制15个立方体盒子，并实现堆积显示，即在绘制每一个立方体之前将其设置到相应的位置。此功能是通过函数onDrawFrame实现的，具体实现代码如下所示。

```
public void onDrawFrame(GL10 gl)
{
   // 清除屏幕和深度缓存
   gl.glClear(GL10.GL_COLOR_BUFFER_BIT | GL10.GL_DEPTH_BUFFER_BIT);
   // 绑定纹理
   gl.glBindTexture(GL10.GL_TEXTURE_2D, texture);
   gl.glEnableClientState(GL10.GL_VERTEX_ARRAY);
   gl.glEnableClientState(GL10.GL_TEXTURE_COORD_ARRAY);
   for (yloop=1;yloop<6;yloop++)
   {
      for (xloop=0;xloop<yloop;xloop++)
      {
         gl.glLoadIdentity();            // 重置模型变化矩阵
// 设置盒子的位置   gl.glTranslatef(1.4f+((float)(xloop)*2.8f)-((float)(yloop)*1.4f),
((6.0f-(float)(yloop))*2.4f)-7.0f,-20.0f);
         gl.glRotatef(45.0f-(2.0f*yloop)+xrot,1.0f,0.0f,0.0f);
         gl.glRotatef(45.0f+yrot,0.0f,1.0f,0.0f);
         gl.glColor4f(boxcol[yloop-1][0],boxcol[yloop-1][1],boxcol[yloop-1][2],
1.0f);
         gl.glVertexPointer(3, GL10.GL_FLOAT, 0, boxVertices);
         gl.glTexCoordPointer(2, GL10.GL_FLOAT, 0, boxTexCoords);
         gl.glDrawArrays(GL10.GL_TRIANGLE_FAN, 0, 4);
         gl.glDrawArrays(GL10.GL_TRIANGLE_FAN, 4, 4);
         gl.glDrawArrays(GL10.GL_TRIANGLE_FAN, 8, 4);
         gl.glDrawArrays(GL10.GL_TRIANGLE_FAN, 12, 4);
         gl.glDrawArrays(GL10.GL_TRIANGLE_FAN, 16, 4);
         gl.glColor4f(topcol[yloop-1][0],topcol[yloop-1][1],topcol[yloop-1][2],1.0f);
         gl.glVertexPointer(3, GL10.GL_FLOAT, 0, topVertices);
         gl.glTexCoordPointer(2, GL10.GL_FLOAT, 0, topTexCoords);
```

```
            gl.glDrawArrays(GL10.GL_TRIANGLE_FAN, 0, 4);
        }
    }
    gl.glDisableClientState(GL10.GL_TEXTURE_COORD_ARRAY);
    gl.glDisableClientState(GL10.GL_VERTEX_ARRAY);
    xrot+=0.5f;
    yrot+=0.6f;
    zrot+=0.3f;
}
```

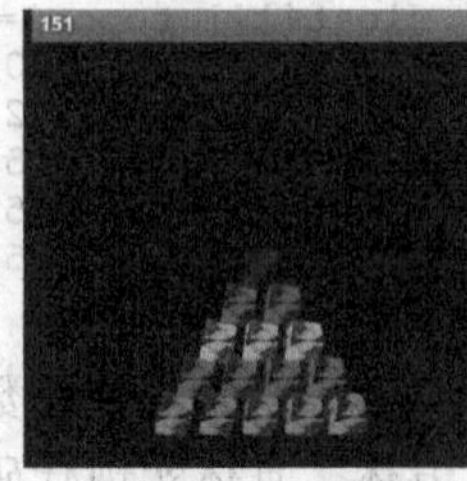

▲图 8-15 执行效果

执行后的效果如图 8-15 所示。

8.13.3 特别提醒——类 FloatBuffer

在本实例中使用了类 FloatBuffer，此类是 Java 中的一个重要的类，其源文件路径位于 “jdk16/java/nio/FloatBuffer.java” 目录下。

8.14 模拟实现粒子系统效果

实例 167	在手机屏幕中模拟实现粒子系统效果
源码路径	daima\167
视频路径	视频\167

8.14.1 实例说明

粒子系统表示三维计算机图形学中模拟一些特定的模糊现象的技术，而这些现象用其他传统的渲染技术难以实现具有真实感的 Game Physics。经常使用粒子系统模拟的现象有火、爆炸、烟、水流、火花、落叶、云、雾、雪、尘、流星尾迹或者像发光轨迹这样的抽象视觉效果等。在本实例中，使用了三角形绘制一个粒子效果，把某一个“点”抽象成一个物体，然后赋予这个物体一些特效属性。

8.14.2 具体实现

（1）在布局文件中设置插入一个 TextView。

（2）定义类 lizi 来表示“点”，在里面定义了各个点的坐标变量。具体代码如下所示。

```
public class lizi
{
      boolean active;
      float life;
      float fade;
      float r;
      float g;
      float b;
      float x;
      float y;
      float z;
      float xi;
      float yi;
      float zi;
      float xg;
      float yg;
      float zg;
}
```

（3）为了更好地操作和控制微粒，在文件 example152.java 中特意加入了如下变量。

```
public final static int MAX_PARTICLES =1000;
boolean rainbow=true;
```

```
Random random = new Random();
float slowdown=0.5f;   /* 减速例子*/
float xspeed=1;        /* X轴方向的速度*/
float yspeed=3;        /* y轴方向的速度*/
float zoom=-30.0f;      /* 沿 z 轴缩放*/
int loop;              /* 循环变量*/
int col=0;             /* 当前的颜色*/
int delay;             /* 延迟彩虹效果*/
```

（4）定义数组 colors，用于存储 12 种不同的颜色，具体代码如下所示。

```
static float colors[][]=
{
   {1.0f,  0.5f,  0.5f},
   {1.0f,  0.75f, 0.5f},
   {1.0f,  1.0f,  0.5f},
   {0.75f, 1.0f,  0.5f},
   {0.5f,  1.0f,  0.5f},
   {0.5f,  1.0f,  0.75f},
   {0.5f,  1.0f,  1.0f},
   {0.5f,  0.75f, 1.0f},
   {0.5f,  0.5f,  1.0f},
   {0.75f, 0.5f,  1.0f},
   {1.0f,  0.5f,  1.0f},
   {1.0f,  0.5f,  0.75f}
};
```

（5）装载纹理贴图来实现初始化处理，具体代码如下所示。

```
public void ResetParticle(int num, int color, float xDir, float yDir, float zDir)
{
    particle tmp = new particle();
    tmp.active=true;
    tmp.life=1.0f;
    tmp.fade=(float)(rand()%100)/1000.0f+0.003f;
    tmp.r=colors[color][0];
    tmp.g=colors[color][1];
    tmp.b=colors[color][2];
    tmp.x=0.0f;
    tmp.y=0.0f;
    tmp.z=0.0f;
    tmp.xi=xDir;
    tmp.yi=yDir;
    tmp.zi=zDir;
    tmp.xg=0.0f;
    tmp.yg=-0.5f;
    tmp.zg=0.0f;
    particles[num] = tmp;
    return;
}
```

（6）给粒子分配一种颜色，通过方法 onDrawFrame 实现对粒子的绘制处理。具体代码如下所示。

```
public void onDrawFrame(GL10 gl)
{
    FloatBuffer vertices = FloatBuffer.wrap(new float[12]);
    FloatBuffer texcoords = FloatBuffer.wrap(new float[8]);
    gl.glClear(GL10.GL_COLOR_BUFFER_BIT | GL10.GL_DEPTH_BUFFER_BIT);
    gl.glEnableClientState(GL10.GL_VERTEX_ARRAY);
    gl.glEnableClientState(GL10.GL_TEXTURE_COORD_ARRAY);
    gl.glVertexPointer(3, GL10.GL_FLOAT, 0, vertices);
    gl.glTexCoordPointer(2, GL10.GL_FLOAT, 0, texcoords);
    gl.glLoadIdentity();
    for (loop = 0; loop < MAX_PARTICLES; loop++)
    {
        if (particles[loop].active)
        {
            float x = particles[loop].x;
            float y = particles[loop].y;
            float z = particles[loop].z + zoom;
```

```
            gl.glColor4f(particles[loop].r, particles[loop].g, particles[loop].b,
particles[loop].life);
            texcoords.clear();
            vertices.clear();
            texcoords.put(1.0f);
            texcoords.put(1.0f);
            vertices.put(x + 0.5f);
            vertices.put(y + 0.5f);
            vertices.put(z);
            texcoords.put(0.0f);
            texcoords.put(1.0f);
            vertices.put(x - 0.5f);
            vertices.put(y + 0.5f);
            vertices.put(z);
            texcoords.put(1.0f);
            texcoords.put(0.0f);
            vertices.put(x + 0.5f);
            vertices.put(y - 0.5f);
            vertices.put(z);
            texcoords.put(0.0f);
            texcoords.put(0.0f);
            vertices.put(x - 0.5f);
            vertices.put(y - 0.5f);
            vertices.put(z);
            gl.glDrawArrays(GL10.GL_TRIANGLE_STRIP, 0, 4);
            particles[loop].x += particles[loop].xi / (slowdown * 1000);
            particles[loop].y += particles[loop].yi / (slowdown * 1000);
            particles[loop].z += particles[loop].zi / (slowdown * 1000);
            particles[loop].xi += particles[loop].xg;
            particles[loop].yi += particles[loop].yg;
            particles[loop].zi += particles[loop].zg;
            particles[loop].life -= particles[loop].fade;
            if (particles[loop].life < 0.0f)
            {
                float xi, yi, zi;
                xi = xspeed + (float) ((rand() % 60) - 32.0f);
                yi = yspeed + (float) ((rand() % 60) - 30.0f);
                zi = (float) ((rand() % 60) - 30.0f);
                ResetParticle(loop, col, xi, yi, zi);
            }
        }
    }
    gl.glDisableClientState(GL10.GL_TEXTURE_COORD_ARRAY);
    gl.glDisableClientState(GL10.GL_VERTEX_ARRAY);
    gl.glFinish();
}
```

执行后的效果如图 8-16 所示。

▲图 8-16 执行效果

8.14.3 特别提醒——粒子系统的实现过程

粒子系统的实现与实现星星效果有相似之处，大体上就是先创建一个类，这个类中包含了要创建原型的各类属性，然后再在 Renderer 中将其各类属性赋予相应的值。粒子系统，先用一个循环初始化所有的 particles，然后在 onDrawFrame 中循环出每一个 particle，最后判断运行一段时间的 particle 是否还为激活状态，若为 false 则再初始化一次。

8.15 移动手机屏幕中的图片

实例 168	移动手机屏幕中的图片
源码路径	daima\168
视频路径	视频\168

8.15.1 实例说明

Bitmap 提供了一些十分重要的方法，例如 getHeight 和 getWidth，通过这些方法可以获取这个图片的高度和宽度，在本实例中将演示怎么使用这些方法。本实例实现了上、下、左、右移动图片的方法，可以将图片移动到手机屏幕的不同地方，上述移动功能是通过手机的上、下、左、右键来控制的。

8.15.2 具体实现

（1）编写文件 Activity01.java，在里面定义两个类，其中一个是用来设置布局的 Activity01 类。文件 Activity01.java 的主要代码如下所示。

```
public class Activity01 extends Activity {
    private GameView mGameView = null;
    @Override
    public void onCreate(Bundle savedInstanceState) {
        super.onCreate(savedInstanceState);
        mGameView = new GameView(this);
        setContentView(mGameView);
    }
    public boolean onKeyDown(int keyCode, KeyEvent event) {
        if (mGameView == null) {
            return false;
        }
        return mGameView.onKeyDown(keyCode, event);
    }
}
```

（2）编写文件 GameView.java，在此文件中定义了 GameView 类，这是一个自定义的 View 类，功能是实现事件监听和对图片的移动。文件 GameView.java 的主要代码如下所示。

```
public class GameView extends View implements Runnable {
    // 声明Paint对象
    private Paint mPaint = null;
    // 创建两个图片对象
    Bitmap mBitmapQQ = null;
    Bitmap mBitDestTop = null;
    int miDTX = 0;
    int miDTY = 0;
    public GameView(Context context) {
        super(context);
        mPaint = new Paint();
        miDTX = 0; // 代表图片左边的横坐标，用来左右移动图片
        miDTY = 170;// 代表图片上边的纵坐标，用来上下移动图片
        /* 从资源文件中装载图片 */
        // getResources()-->得到Resources
        // getDrawable()-->得到资源中的Drawable对象，参数为资源索引ID
        // getBitmap()-->得到Bitmap
        mBitmapQQ = ((BitmapDrawable) getResources().getDrawable(R.drawable.xh)).
getBitmap();
        mBitDestTop = ((BitmapDrawable) getResources().getDrawable(
                R.drawable.chrysler)).getBitmap();
        new Thread(this).start();
    }
    @Override
    protected void onDraw(Canvas canvas) {
        super.onDraw(canvas);
        /* 清屏效果 */
        canvas.drawColor(Color.GRAY);
        /* 在屏幕(0,0)处绘制图片mBitQQ */
        GameView.drawImage(canvas, mBitmapQQ, 0, 0);
        /* 在指定位置按指定裁剪的区域进行绘制 */
        // getWidth()-->得到图片的宽度
        // getHeight()-->得到图片的高度
        GameView.drawImage(canvas, mBitDestTop, miDTX, miDTY, mBitDestTop
                .getWidth(), mBitDestTop.getHeight(), 0, 0);
```

```
    }
    // 触笔事件
    public boolean onTouchEvent(MotionEvent event) {
        return true;
    }
    // 按键按下事件
    public boolean onKeyDown(int keyCode, KeyEvent event) {
        // 左方向键
        if (keyCode == KeyEvent.KEYCODE_DPAD_LEFT) {
            if (miDTX > 0) {
                miDTX -= 4;
            }
        }
        // 右方向键
        else if (keyCode == KeyEvent.KEYCODE_DPAD_RIGHT) {
            if (miDTX + mBitDestTop.getWidth() < 320) {
                miDTX += 4;
            }
        }
        // 上方向键
        else if (keyCode == KeyEvent.KEYCODE_DPAD_UP) {
            if (miDTY > 0) {
                // miDTY + mBitDestTop.getHeight() < 450
                miDTY -= 4;
            }
        }
        // 下方向键
        else if (keyCode == KeyEvent.KEYCODE_DPAD_DOWN) {
            if (miDTY < 322) {
                miDTY += 4;
            }
        }
        return true;
    }
    // 按键弹起事件
    public boolean onKeyUp(int keyCode, KeyEvent event) {
        return false;
    }
    public boolean onKeyMultiple(int keyCode, int repeatCount, KeyEvent event) {
        return true;
    }
    // 线程处理
    @Override
    public void run() {
        while (!Thread.currentThread().isInterrupted()) {
            try {
                Thread.sleep(100);
            } catch (InterruptedException e) {
                Thread.currentThread().interrupt();
            }
            // 使用 postInvalidate 可以直接在线程中更新界面
            postInvalidate();
        }
    }
    /*------------------------------------
     * 绘制图片
     * @param       x 屏幕上的 x 坐标
     * @param       y 屏幕上的 y 坐标
     * @param       w 要绘制的图片的宽度
     * @param       h 要绘制的图片的高度
     * @param       bx 图片上的 x 坐标
     * @param       by 图片上的 y 坐标
     * @return        null
     ------------------------------------*/
    public static void drawImage(Canvas canvas, Bitmap blt, int x, int y,
            int w, int h, int bx, int by) {
        Rect src = new Rect();// 图片 >>原矩形
        Rect dst = new Rect();// 屏幕 >>目标矩形
        src.left = bx;
        src.top = by;
        src.right = bx + w;
```

```
        src.bottom = by + h;
        dst.left = x;
        dst.top = y;
        dst.right = x + w;
        dst.bottom = y + h;
        // 画出指定的位图，位图将自动缩放/自动转换，以填补目标矩形
        canvas.drawBitmap(blt, null, dst, null);
        src = null;
        dst = null;
    }
    /**
     * 绘制一个 Bitmap
     *
     * @param canvas
     *            画布
     * @param bitmap
     *            图片
     * @param x
     *            屏幕上的 x 坐标
     * @param y
     *            屏幕上的 y 坐标
     */
    public static void drawImage(Canvas canvas, Bitmap bitmap, int x, int y) {
        // 绘制图像将 bitmap 对象显示在坐标 x,y 上
        canvas.drawBitmap(bitmap, x, y, null);
    }
}
```

执行之后的效果如图 8-17 所示，可以通过键盘上方向键移动屏幕中的汽车图片，如图 8-18 所示。

▲图 8-17 执行效果

▲图 8-18 移动之后

8.15.3 特别提醒——配对使用 save 和 restore

Save 和 restore 要配对使用（restore 可以比 save 少，但不能多），如果 restore 调用次数比 save 多，会引发 Error。Save 和 restore 之间，往往夹杂的是对 Canvas 的特殊操作。

假设我们要在画布上绘制一个右向的三角箭头，当然可以直接绘制，也可以先把画布旋转 90°，画一个向上的箭头，然后再旋转回来（这种旋转操作对于画圆周上的标记非常有用）。然后，我们想在右下角有个 20 像素的圆，那么，onDraw 中的核心代码是：

```
int px = getMeasuredWidth();
int py = getMeasuredWidth();

// Draw background
canvas.drawRect(0, 0, px, py, backgroundPaint);
canvas.save();
canvas.rotate(90, px/2, py/2);

// Draw up arrow
canvas.drawLine(px / 2, 0, 0, py / 2, linePaint);
canvas.drawLine(px / 2, 0, px, py / 2, linePaint);
canvas.drawLine(px / 2, 0, px / 2, py, linePaint);
```

```
canvas.restore();

// Draw circle
canvas.drawCircle(px - 10, py - 10, 10, linePaint);
```

效果如图 8-19 所示，如果不调用 save 和 restore 则效果如图 8-20 所示。

▲图 8-19 显示效果

▲图 8-20 不调用 save 和 restore 的效果

从图 8-19 和图 8-20 的效果中，可以看到圆圈位置的明显差异。不进行 Canvas 的 save 和 restore 操作的话，所有的图像都是在画布旋转 90° 后的画布上绘制的。当执行完 onDraw 方法，系统自动将画布恢复回来。Save 和 restore 操作执行的时机不同，就能造成绘制的图形不同。

8.16 在 Canvas 画布中绘制字符串

实例 169	在 Canvas 画布中绘制字符串
源码路径	daima\169
视频路径	视频\169

8.16.1 实例说明

在 Android 开发应用中，在很多时候需要绘制字符串，例如，开发一个 RPG 游戏，里面有大量的对话内容，此时不可能用全部用图片来显示文字。这时候我们可以在 Canvas 画布中来绘制字符串。在 Android 系统中提供了一系列的 drawText 方法来绘制字符串，在绘制字符串之前需要设置画笔对象，包括字符串的尺寸、颜色等属性。使用 FontMetrics 来规划字体的属性，可以通过 getFontMetrics 方法来获得系统字体的相关内容。

8.16.2 具体实现

（1）编写文件 Activity01.java，在里面定义按键事件处理程序。主要代码如下所示。

```
public void onCreate(Bundle savedInstanceState)
{
    super.onCreate(savedInstanceState);
    mGameView = new GameView(this);
    setContentView(mGameView);
}

// 按键弹起事件
public boolean onKeyUp(int keyCode, KeyEvent event)
{
    return super.onKeyUp(keyCode, event);
}
// 按键按下事件
public boolean onKeyDown(int keyCode, KeyEvent event)
{
    mGameView.onKeyDown(keyCode, event);
```

```
        return true;
    }
}
```

（2）编写文件 GameView.java，在里面分别声明 Paint 对象和 TextUtil 对象，然后设置在屏幕中显示的字符内容 string。并定义方法 onDraw 用于在屏幕中实现绘制功能；最后定义方法 run() 实现线程处理，以实现屏幕效果的及时更新显示。主要代码如下所示。

```
public class GameView extends View implements Runnable
{
    /* 声明 Paint 对象 */
    private Paint mPaint = null;
    private int  mICount = 0;
    /* 声明 TextUtil 对象 */
    private TextUtil mTextUtil = null;
    public GameView(Context context)
    {
        super(context);
        /* 构建对象 */
        mPaint = new Paint();
        String string="自动换行\n\n 文字自动换行 mnbvcxz\nasdfg 换行 1111111\n1111111AAAAAA\n
文字自动换行 qwert\nizxcvb 换行 123347465\n43756245AAAA";

        /* 实例化 TextUtil */
        mTextUtil = new TextUtil(string,5,50,300,80,0x0,0xffffff,255,16);

        /* 初始化 TextUtil */
        mTextUtil.InitText(string,5,50,300,80,0x0,0xffffff,255,16);

        /* 开启线程  */
        new Thread(this).start();
    }
    public void onDraw(Canvas canvas)
    {
        super.onDraw(canvas);

        /* 设置背景颜色 */
        canvas.drawColor(Color.BLACK);

        mPaint.setAntiAlias(true);

        if ( mICount < 100 )
        {
            mICount++;
        }
        mPaint.setColor(Color.RED);
        canvas.drawText("进度："+mICount+"%.....", 10, 20, mPaint);
        /* 绘制 TextUtil：实现自动换行 */
        mTextUtil.DrawText(canvas);
    }
    // 触笔事件
    public boolean onTouchEvent(MotionEvent event)
    {
        return true;
    }
    // 按键按下事件
    public boolean onKeyDown(int keyCode, KeyEvent event)
    {
        return mTextUtil.KeyDown(keyCode, event);
    }
    // 按键弹起事件
    public boolean onKeyUp(int keyCode, KeyEvent event)
    {
        return false;
    }
    public boolean onKeyMultiple(int keyCode, int repeatCount, KeyEvent event)
    {
        return true;
```

```
    }
    /**
     * 线程处理
     */
    public void run()
    {
        while (!Thread.currentThread().isInterrupted())
        {
            try
            {
                Thread.sleep(100);
            }
            catch (InterruptedException e)
            {
                Thread.currentThread().interrupt();
            }
            //使用 postInvalidate 可以直接在线程中更新界面
            postInvalidate();
        }
    }
}
```

（3）编写文件 TextUtil.java，在里面设置文本字体的颜色、尺寸、区域等属性。主要代码如下所示。

```
public class TextUtil
{
    int         m_iTextPosX;     //绘制的 x 点
    int         m_iTextPosY;     //绘制的 y 点
    int         m_iTextWidth;     //绘制宽度
    int         m_iTextHeight;     //绘制高度
    int         m_iFontHeight;     //字体高度
    int         m_ipageLineNum;     //每一页显示的行数
    int         m_iTextBGColor; // 背景颜色
    int         m_iTextColor;    // 字体颜色
    int         m_iAlpha;        //Alpha 值
    int         m_iRealLine;    // 字符串真实的行数
    int         m_iCurLine;          //当前行
    String    m_strText;
    Vector    m_String;
    Paint    m_paint;
    int         m_iTextSize;
    public TextUtil()
    {
        m_paint = new Paint();
        m_String = new Vector();
    }
    public TextUtil(String strText, int x, int y, int w, int h, int bgcolor, int txetcolor,
int a, int iTextSize)
    {
        m_paint = new Paint();
        m_String = new Vector();
        m_strText = strText;

        m_iTextPosX = x;
        m_iTextPosY = y;
        m_iTextWidth = w;
        m_iTextHeight = h;
        m_iTextBGColor = bgcolor;
        m_iTextColor = txetcolor;
        m_iTextSize = iTextSize;
        m_iAlpha = a;
    }
    /**
     * 初始化
     * @param strText     要显示的字符串
     * @param x            x
     * @param y            y
     * @param w            w
     * @param h            h
```

```
     * @param bgcolor    背景颜色
     * @param txetcolor    文字的颜色
     * @param a            Alpha
     * @param iTextSize    字体大小
     */
    public void InitText(String strText, int x, int y, int w, int h, int bgcolor, int
txetcolor, int a, int iTextSize)
    {
        m_iCurLine = 0;
        m_ipageLineNum = 0;
        m_iRealLine = 0;
        m_strText = "";
        m_iTextPosX = 0;
        m_iTextPosY = 0;
        m_iTextWidth = 0;
        m_iTextHeight = 0;
        m_iTextBGColor = 0;
        m_iTextColor = 0;
        m_iTextSize = 0;
        m_iAlpha = 0;
        m_String.clear();
        SetText(strText);
        SetRect(x, y, w, h);
        SetBGColor(bgcolor);
        SetTextColor(txetcolor);
        SetFontSize(iTextSize);
        SetAlpha(a);
        SetPaint();
        GetTextIfon();
    }
    /**
     * 设置 Alpha
     * @param a    Alpha 值
     */
    public void SetAlpha(int a)
    {
        m_iAlpha = a;
    }
    /**
     * 对 Paint 属性的设置
     */
    public void SetPaint()
    {
        m_paint.setARGB(m_iAlpha, Color.red(m_iTextColor), Color.green(m_iTextColor),
Color.blue(m_iTextColor));
        m_paint.setTextSize(m_iTextSize);
    }
    /**
     * 设置字体尺寸
     * @param iTextSize
     */
    public void SetFontSize(int iTextSize)
    {
        m_iTextSize = iTextSize;
    }
    /**
     * 设置显示文本的区域
     * @param x
     * @param y
     * @param w
     * @param h
     */
    public void SetRect(int x, int y, int w, int h)
    {
        m_iTextPosX = x;
        m_iTextPosY = y;
        m_iTextWidth = w;
        m_iTextHeight = h;
    }
    /**
     * 设置背景颜色
```

```
     * @param bgcolor
     */
    public void SetBGColor(int bgcolor)
    {
        m_iTextBGColor = bgcolor;
    }
    /**
     * 设置字体颜色
     * @param txetcolor
     */
    public void SetTextColor(int txetcolor)
    {
        m_iTextColor = txetcolor;
    }
    /**
     * 色绘制要显示的字符串
     * @param strText
     */
    public void SetText(String strText)
    {
        m_strText = strText;
    }
    /**
     * 得到字符串的信息
     * 包括：行数、页数等信息
     * 内部调用
     */
    public void GetTextIfon()
    {
        char ch;
        int w = 0;
        int istart = 0;
        FontMetrics fm = m_paint.getFontMetrics();

        m_iFontHeight = (int) Math.ceil(fm.descent - fm.top) + 2;
        m_ipageLineNum = m_iTextHeight / m_iFontHeight;
        for (int i = 0; i < m_strText.length(); i++)
        {
            ch = m_strText.charAt(i);
            float[] widths = new float[1];
            String srt = String.valueOf(ch);
            m_paint.getTextWidths(srt, widths);
            if (ch == '\n')
            {
                m_iRealLine++;
                m_String.addElement(m_strText.substring(istart, i));
                istart = i + 1;
                w = 0;
            }
            else
            {
                w += (int) (Math.ceil(widths[0]));
                if (w > m_iTextWidth)
                {
                    m_iRealLine++;
                    m_String.addElement(m_strText.substring(istart, i));
                    istart = i;
                    i--;
                    w = 0;
                }
                else
                {
                    if (i == (m_strText.length() - 1))
                    {
                        m_iRealLine++;
                        m_String.addElement(m_strText.substring(istart,m_strText.length()));
                    }
                }
            }
        }
    }
```

```
/**
 * 绘制字符串
 * @param canvas
 */
public void DrawText(Canvas canvas)
{
    for (int i = m_iCurLine, j = 0; i < m_iRealLine; i++, j++)
    {
        if (j > m_ipageLineNum)
        {
            break;
        }
        canvas.drawText((String) (m_String.elementAt(i)), m_iTextPosX, m_iTextPosY +
        m_iFontHeight * j, m_paint);
    }
}
/**
 * 翻页等按键处理
 * @param keyCode
 * @param event
 * @return
 */
public boolean KeyDown(int keyCode, KeyEvent event)
{
    if (keyCode == KeyEvent.KEYCODE_DPAD_UP)
    {
        if (m_iCurLine > 0)
        {
            m_iCurLine--;
        }
    }
    else if (keyCode == KeyEvent.KEYCODE_DPAD_DOWN)
    {
        if ((m_iCurLine + m_ipageLineNum) < (m_iRealLine - 1))
        {
            m_iCurLine++;
        }
    }
    return false;
}
}
```

执行之后的效果如图 8-21 所示。

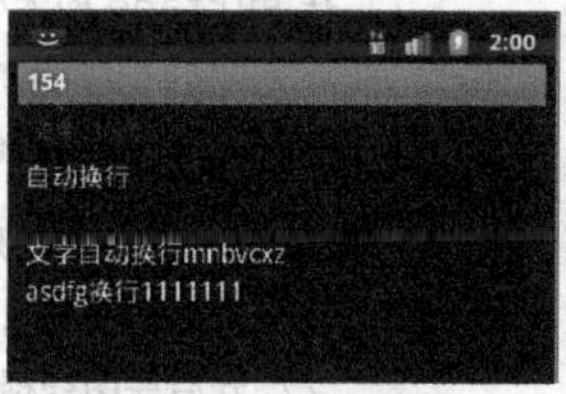

▲图 8-21　执行效果

8.16.3　特别提醒——设置画布的属性

在 Android 中既然把 Canvas 当作画布，那么就可以在画布上绘制我们想要的任何东西。除了在画布上绘制之外，还需要设置一些关于画布的属性，如画布的颜色和尺寸等。在游戏开发中，我们可能需要对某个精灵执行旋转、缩放和一些其他操作。我们可以通过旋转画布来实现，但是旋转画布时会旋转画布上的所有对象，而我们只是需要旋转其中的一个，这时就需要用到 save 方法来锁定需要操作的对象，在操作之后通过 restore 方法来解除锁定。

8.17　在手机屏幕中移动一个不断变换颜色的图形

实例 170	在手机屏幕中移动一个不断变换颜色的图形
源码路径	daima\170
视频路径	视频\170

8.17.1　实例说明

在本实例中，使用 SurfaceView 类技术，目的是在屏幕中实现一个不断变换颜色的图形，并且通过键盘上的方向按键可以移动这个图形。当我们需要开发一个复杂项目的时候，例如游戏，而且对程序的执行效率要求很高时，View 类就不能满足需求了，这时必须用 SurfaceView 类进行开发。例如，对速度要求很高的游戏时，View 类就不能满足需求了，这时必须使用 SurfaceView 类进行开发。例如，对速度要求很高的游戏，可以使用双缓冲来显示。游戏中的背景、人物、动画等都需要绘制在一个画布（Canvas）上，而 SurfaceView 可以直接访问一个画布，SurfaceView 是提供给需要直接画像素而不是使用窗体部件的应用使用的。每个 Surface 创建一个 Canvas 对象（但属性时常改变），用来管理 View 和 Surface 上的绘图操作。

8.17.2 具体实现

（1）编写主程序文件在屏幕中绘制一个图形，并且通过线程来实现颜色的不断闪烁。具体代码如下所示。

```
// 控制循环
boolean mbLoop = false;
// 定义 SurfaceHolder 对象
SurfaceHolder mSurfaceHolder = null;
int miCount = 0;
int y = 50;
public example155(Context context) {
    super(context);
    // 实例化 SurfaceHolder
    mSurfaceHolder = this.getHolder();
    // 添加回调 函数
    // 注意这里这句 mSurfaceHolder.addCallback(this) 执行完了之后，
    // 马上就会回调 surfaceCreated 方法了，然后开启线程。执行绘图方法这个执行顺序要搞清楚
    mSurfaceHolder.addCallback(this);
    this.setFocusable(true);
    mbLoop = true;
}
// 在 surface 的大小发生改变时激发
@Override
public void surfaceChanged(SurfaceHolder holder, int format, int width,
        int height) {
}
// surface 创建时激发，此方法在主线程总执行
@Override
public void surfaceCreated(SurfaceHolder holder) {
    // 开启绘图线程
    new Thread(this).start();
}
// 在 surface 销毁时激发
@Override
public void surfaceDestroyed(SurfaceHolder holder) {
    // 停止循环
    mbLoop = false;
}
// 绘图循环
@Override
public void run() {
    while (mbLoop) {
        try {
            Thread.sleep(200);
        } catch (Exception e) {
        }
        // 至于这里为什么同步，这就像一块画布，你不能让两个人同时往上边画画
        synchronized (mSurfaceHolder) {
            Draw();
        }
    }
}
// 绘图方法，注意这里是另起一个线程来执行绘图方法的，不是在 UI 线程
public void Draw() {
    // 锁定画布，得到 canvas 用 SurfaceHolder 对象的 lockCanvas 方法
    Canvas canvas = mSurfaceHolder.lockCanvas();
```

```
            if (mSurfaceHolder == null || canvas == null) {
                return;
            }
            if (miCount < 100) {
                miCount++;
            } else {
                miCount = 0;
            }
            // 绘图
            Paint mPaint = new Paint();
            // 给 Paint 对象加上抗锯齿标志
            // [img]http://tech.techweb.com.cn/thread-459611-1-1.html[/img]
            // 详细说明可以看这里
            mPaint.setAntiAlias(true);
            mPaint.setColor(Color.BLACK);
            // 绘制矩形——清屏作用
            canvas.drawRect(0, 0, 320, 480, mPaint);
            switch (miCount % 4) {
            case 0:
                mPaint.setColor(Color.BLUE);
                break;
            case 1:
                mPaint.setColor(Color.GREEN);
                break;
            case 2:
                mPaint.setColor(Color.RED);
            case 3:
                mPaint.setColor(Color.YELLOW);
            default:
                mPaint.setColor(Color.WHITE);
                break;
            }
            // 绘制矩形
            canvas.drawCircle((320 - 25) / 2, y, 50, mPaint);
            // 绘制后解锁，绘制后必须解锁才能显示
            mSurfaceHolder.unlockCanvasAndPost(canvas);
        }
    }
```

（2）编写文件 Activity01.java 实现按键响应事件，主要代码如下所示。

```
    // 触笔事件，返回值为 true 父视图不做处理以下返回值为 true 的都是不做处理的
    public boolean onTouchEvent(MotionEvent event) {
        return true;
    }
    // 按键按下事件
    public boolean onKeyDown(int keyCode, KeyEvent event) {
        return true;
    }
    // 按键弹起事件
    public boolean onKeyUp(int keyCode, KeyEvent event) {
        switch (keyCode) {
        // 上方向键
        case KeyEvent.KEYCODE_DPAD_UP:
            mGameSurfaceView.y -= 3;
            break;
        // 下方向键
        case KeyEvent.KEYCODE_DPAD_DOWN:
            mGameSurfaceView.y += 3;
            break;
        }
        return false;
    }
    public boolean onKeyMultiple(int keyCode, int repeatCount, KeyEvent event) {
        return true;
    }
}
```

执行后的效果如图 8-22 所示，可以用方向键来移动这个闪烁的图片。

8.17.3　特别提醒——SurfaceView 的用法

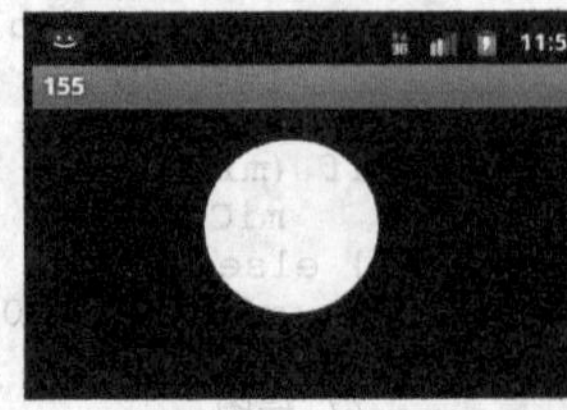

▲图 8-22　执行效果

在使用 SurfaceView 开发时需要注意的是，使用它绘制的图一般都出现在最顶层。使用时还需要对其进行创建、销毁，情况改变时进行监视，这就要实现 SurfaceHolder.Callback 接口，如果要对被绘制的画布进行裁剪，控制其大小都需要使用 SurfaceHolder 来完成处理。在程序中，SurfaceHolder 对象需要通过 getHolder 方法来获得，同时还需要 addCallback 方法来添加“回调函数”。

在一般的情况下，应用程序的 View 都是在相同的 GUI 线程中绘制的。这个主应用程序线程同时也用来处理所有的用户交互（例如，按钮单击或者文本输入）。

当需要快速地更新 View 的 UI，或者当渲染代码阻塞 GUI 线程的时间过长的时候，SurfaceView 就是解决上述问题的最佳选择。在 SurfaceView 中封装了一个 Surface 对象，而不是 Canvas。这一点很重要，因为 Surface 可以使用后台线程绘制。对于那些资源敏感的操作，或者那些要求快速更新或者高速帧率的地方，例如使用 3D 图形、创建游戏，或者实时预览摄像头，这一点特别有用。

使用 SurfaceView 的方式与任何 View 所派生的类都是完全相同的。可以像其他 View 那样应用动画，并把它们放到布局中。

SurfaceView 封装的 Surface 支持所有标准的 Canvas 方法进行绘图，同时也支持完全的 OpenGL ES 库。使用 OpenGL 可以在 Surface 上绘制任何支持的 2D 或者 3D 对象，与在 2D 画布上模拟相同的效果相比，这种方法可以依靠硬件加速（可用的时候）来极大地提高性能。

对于显示动态的 3D 图像来说，例如，那些使用 Google Earth 功能的应用程序，或者那些提供沉浸体验的交互式游戏，SurfaceView 特别有用。它还是实时显示摄像头预览的最佳选择。

8.18　在手机屏幕中实现一个图片移动的动画效果

实例 171	在手机屏幕中实现一个图片移动的动画效果
源码路径	daima\171
视频路径	视频\171

8.18.1　实例说明

在本实例中实现了一个简单的动画场景，最终效果是首先显示一幅图片从屏幕的左下角开始向右上方运动。当图片上沿与手机屏幕上沿相撞时，图片的水平速度大小与方向均不变，竖直方向上速度大小不变，方向相反；当下边沿相撞后，有同样的效果，直到图片飞出屏幕，之后屏幕渐渐地显示一幅图片。

8.18.2　具体实现

（1）编写文件 MyActivity.java，在里面编写了类 MyActivity，并设置屏幕为全屏显示和设置屏幕只允许横屏显示。文件 MyActivity.java 的主要代码如下所示。

```
public class MyActivity extends Activity {
    private MySurfaceView msv;                    //得到 surfaceView 的引用
    @Override
    public void onCreate(Bundle savedInstanceState) {    //Activity 的生命周期函数，该函数
是在程序创建时调用
        super.onCreate(savedInstanceState);
        msv=new MySurfaceView(MyActivity.this);        //实例化 MySurfaceView 的对象
        requestWindowFeature(Window.FEATURE_NO_TITLE);    //设置屏幕显示没有 title 栏
```

```
        getWindow().setFlags(WindowManager.LayoutParams.FLAG_FULLSCREEN ,
                WindowManager.LayoutParams.FLAG_FULLSCREEN);    //设置全屏
        //设置只允许横屏
        this.setRequestedOrientation(ActivityInfo.SCREEN_ORIENTATION_LANDSCAPE);
        setContentView(msv);                              //设置 Activity 显示的内容为 msv
    }
}
```

（2）编写文件 MySurfaceView.java，在此文件中实现了 SurfaceHolder.Callback 接口，并为surfaceView 添加生命周期回调函数，并在屏幕中绘制了图像。文件 MySurfaceView.java 的主要代码如下所示。

```
implements SurfaceHolder.Callback{
    //实现 SurfaceHolder.Callback 接口，为 surfaceView 添加生命周期回调函数
    int dy=Display.DEFAULT_DISPLAY;
    MyActivity ma;                       //得到 MyActivity 的引用
    Paint paint;                         //画笔的引用
    OnDrawThread odt;                    //OnDrawThread 类引用
    PicRunThread prt;                    //图片运动的 Thread 类引用
    private float picX=0;                //图片 x 坐标
    private float picY=0;                //图片 y 坐标
    boolean picAlphaFlag=false;          //图片变暗效果的标记，false 为不显示，true 为显示。
    int picAlphaNum=0;                   //图片变暗效果中画笔的 alpha 值
    public MySurfaceView(Context context) {
        super(context);
        this.ma=(MyActivity) context;
        //将 ma 的引用指向调用了该 Surfaceview 类构造器方法的对象，本例为 MyActivity
        this.getHolder().addCallback(this);       //注册回调接口
        paint=new Paint();                        //实例化画笔
        odt=new OnDrawThread(this);               //实例化 OnDrawThread 类
        prt=new PicRunThread(this);               //实例化 PicRunThread 类
        prt.start();
    }
    public void setPicX(float picX) {             //图片 x 坐标的设置器
        this.picX = picX;
    }
    public void setPicY(float picY) {             //图片 y 坐标的设置器
        this.picY = picY;
    }
    public void setPicAlphaNum(int picAlphaNum) {//图片变暗效果 alpha 参数设置器。
        this.picAlphaNum = picAlphaNum;
    }
    @Override
    protected void onDraw(Canvas canvas) {    //onDraw 方法，此方法用于绘制图像，图形等。
        super.onDraw(canvas);
        paint.setColor(Color.WHITE);          //设置画笔为白色。
        canvas.drawRect(0, 0, Constant.SCREENWIDTH, Constant.SCREENHEIGHT, paint);
        //此处画了一个白色的全屏幕的矩形，目的是设置背景为白色，同时每次重绘时清除背景
        //进行平面贴图。
        Bitmap bitmapDuke=BitmapFactory.decodeResource(ma.getResources(), R.drawable. duke);
        canvas.drawBitmap(bitmapDuke, picX, picY, paint);
        //图片渐暗效果。
        if(picAlphaFlag){
        Bitmap bitmapBG=BitmapFactory.decodeResource(ma.getResources(), R.drawable. jpg1);
            paint.setAlpha(picAlphaNum);
            canvas.drawBitmap(bitmapBG, 0,0, paint);
        }
    }
    @Override
    public void surfaceChanged(SurfaceHolder holder, int format, int width,
            int height) {          //此方法为当 surfaceView 改变时调用，如屏幕大小改变。
    }
    @Override
    public void surfaceCreated(SurfaceHolder holder) {//此方法为在 surfaceView 创建时调用。
        odt.start();              //启动 onDraw 的绘制线程。
    }
```

```
    @Override
    public void surfaceDestroyed(SurfaceHolder holder){//此方法为在 surfaceView 销毁前调用。
    }
}
```

（3）编写文件 OnDrawThread.java，在此创建了 MySurfaceView 与 SurfaceHolder 的引用，并调用 OnDraw()方法来绘制画面，当绘制完成后解锁休息 ONDRAWSPEED 秒钟。文件 OnDrawThread.java 的主要代码如下所示。

```
//刷新 onDraw 并进行画面的重绘
public class OnDrawThread extends Thread{
    MySurfaceView msv;          //得到 MySurfaceView 的引用
    SurfaceHolder sh;           //SurfaceHolder 引用
    public OnDrawThread(MySurfaceView msv) {
        super();
        this.msv = msv;      //构造方法中，将 msv 引用指向调用了该类的 MySurfaceView 的对象
        sh=msv.getHolder();
    }
    @Override
    public void run() {
        super.run();
        Canvas canvas = null;    //Canvas 的引用
        while(true){
            try{
                canvas=sh.lockCanvas(null);//将 canvas 的引用指向 surfaceView 的 canvas 的对象
                synchronized(this.sh){    //开始绘制
                    if(canvas!=null){
                    msv.onDraw(canvas);
                    }
                }
            }finally{
                try{
                        if(sh!=null){
                            sh.unlockCanvasAndPost(canvas);     //绘制完后解锁
                    }
                }catch(Exception e){e.printStackTrace();}
            }
            try{
                Thread.sleep(Constant.ONDRAWSPEED);                 //休息 1 秒钟
            }catch(Exception e){e.printStackTrace();}
        }
    }
}
```

（4）编写文件 Constant.java，在此文件中定义了类 Constant，将本实例中的所有常量全部写在了此类中。文件 Constant.java 的主要代码如下所示。

```
public class Constant {
    public static int SCREENWIDTH=480;   //屏幕宽（本程序为横屏）
    public static int SCREENHEIGHT=320;          //屏幕高
    public static int PICWIDTH=64;               //图片宽度
    public static int PICHEIGHT=64;             //图片高度
    public static int ONDRAWSPEED=30;          //onDraw 线程类的绘制间隔时间
    public static float PICXSPEED=1.5f;          //图片水平移动速度
    public static float PICYSPEED=2;       //图片垂直移动速度
    public static int PICRUNSPEED=30;          //图片的运动线程的刷新速度
    public static int PICALPHASPEED=20;    //图片渐暗效果演示刷新速度
}
```

执行后素材图片先在屏幕上运动，如图 8-23 所示，当图片移动出屏幕右边界时会显示默认的背景图片，如图 8-24 所示。

8.18.3 特别提醒——在 SurfaceHolder.Callback 回调接口中的常用方法

在 SurfaceHolder.Callback 回调接口中的常用方法如下所示。

- surfaceChanged：在 Surface 的大小发生改变时激发。

▲图 8-23 执行效果

▲图 8-24 显示背景图片

- surfaceCreated：在创建 Surface 时激发。
- surfaceDestroyed：在销毁 Surface 时激发。
- addCallback：给 SurfaceView 添加一个回调函数。
- lockCanvas：锁定画布，绘图之前必须锁定画布才能得到当前画布对象。
- unlockCanvasAndPost：开始绘图时锁定了画布，绘制完成之后解锁画布。
- removeCallback：从 SurfaceView 中移除回调函数。

8.19 绘制一个三维圆柱体

实例 172	在手机屏幕中绘制一个三维圆柱体
源码路径	daima\172
视频路径	视频\172

8.19.1 实例说明

绘制圆柱体时需要运用到立体几何中的圆柱体知识，使用圆柱体可以构建 3D 场景中的柱子模型类等事物。在本实例中，使用 OpenGL ES 技术在屏幕中绘制了一个三维效果的圆柱，并且为了实现逼真的三维效果，通过鼠标可以拖动查看圆柱的不同方位。

8.19.2 具体实现

（1）编写文件 Activity_GL.java，设置界面是可触控的，便于对该界面进行控制。文件 Activity_GL.java 的主要代码如下所示。

```
public class Activity_GL extends Activity {
   private MySurfaceView mGLSurfaceView;
   @Override
   public void onCreate(Bundle savedInstanceState) {
      super.onCreate(savedInstanceState);

      requestWindowFeature(Window.FEATURE_NO_TITLE);
      getWindow().setFlags(WindowManager.LayoutParams.FLAG_FULLSCREEN,
WindowManager.LayoutParams.FLAG_FULLSCREEN);
      setRequestedOrientation(ActivityInfo.SCREEN_ORIENTATION_LANDSCAPE);

      mGLSurfaceView = new MySurfaceView(this);
      setContentView(mGLSurfaceView);
      mGLSurfaceView.setFocusableInTouchMode(true);//设置为可触控
```

```
        mGLSurfaceView.requestFocus();//获取焦点
    }
    @Override
    protected void onResume() {
        super.onResume();
        mGLSurfaceView.onResume();
    }
    @Override
    protected void onPause() {
        super.onPause();
        mGLSurfaceView.onPause();
    }
}
```

（2）编写文件 MySurfaceView.java，在此定义了圆柱体场景类 MySurfaceView，此类实现加载和渲染场景的功能。文件 MySurfaceView.java 的主要代码如下所示。

```
public class MySurfaceView extends GLSurfaceView {
    private final float TOUCH_SCALE_FACTOR = 180.0f/320;//角度缩放比例
    private SceneRenderer mRenderer;//场景渲染器
    private float mPreviousY;//上次的触控位置 y 坐标
    private float mPreviousX;//上次的触控位置 y 坐标
    private int lightAngle=90;//灯的当前角度
    public MySurfaceView(Context context) {
        super(context);
        mRenderer = new SceneRenderer();    //创建场景渲染器
        setRenderer(mRenderer);             //设置渲染器
        setRenderMode(GLSurfaceView.RENDERMODE_CONTINUOUSLY);//设置渲染模式为主动渲染
    }
    //触摸事件回调方法
    @Override
    public boolean onTouchEvent(MotionEvent e) {
        float y = e.getY();
        float x = e.getX();
        switch (e.getAction()) {
        case MotionEvent.ACTION_MOVE:
            float dy = y - mPreviousY;//计算触控笔 y 位移
            float dx = x - mPreviousX;//计算触控笔 Y 位移
            mRenderer.cylinder.mAngleX += dy * TOUCH_SCALE_FACTOR;//设置沿 x 轴旋转角度
            mRenderer.cylinder.mAngleZ += dx * TOUCH_SCALE_FACTOR;//设置沿 轴旋转角度
            requestRender();//重绘画面
        }
        mPreviousY = y;//记录触控笔位置
        mPreviousX = x;//记录触控笔位置
        return true;
    }
    private class SceneRenderer implements GLSurfaceView.Renderer
    {
        int textureId;//纹理名称 ID
        DrawY cylinder;//创建圆柱体

        public SceneRenderer()
        {
        }

        public void onDrawFrame(GL10 gl) {
            //清除颜色缓存
            gl.glClear(GL10.GL_COLOR_BUFFER_BIT | GL10.GL_DEPTH_BUFFER_BIT);
            //设置当前矩阵为模式矩阵
            gl.glMatrixMode(GL10.GL_MODELVIEW);
            //设置当前矩阵为单位矩阵
            gl.glLoadIdentity();

            gl.glPushMatrix();//保护变换矩阵现场
            float lx=0; //设定光源的位置
            float ly=(float)(7*Math.cos(Math.toRadians(lightAngle)));
            float lz=(float)(7*Math.sin(Math.toRadians(lightAngle)));
            float[] positionParamsRed={lx,ly,lz,0};
            gl.glLightfv(GL10.GL_LIGHT1, GL10.GL_POSITION, positionParamsRed,0);
```

```
        initMaterial(gl);//初始化纹理
        gl.glTranslatef(0, 0, -10f);//平移
        initLight(gl);//开灯
        cylinder.drawSelf(gl);//绘制
        closeLight(gl);//关灯
        gl.glPopMatrix();//恢复变换矩阵现场
    }
    public void onSurfaceChanged(GL10 gl, int width, int height) {
        //设置视窗大小及位置
        gl.glViewport(0, 0, width, height);
        //设置当前矩阵为投影矩阵
        gl.glMatrixMode(GL10.GL_PROJECTION);
        //设置当前矩阵为单位矩阵
        gl.glLoadIdentity();
        //计算透视投影的比例
        float ratio = (float) width / height;
        //调用此方法计算产生透视投影矩阵
        gl.glFrustumf(-ratio, ratio, -1, 1, 1, 100);
    }
    public void onSurfaceCreated(GL10 gl, EGLConfig config) {
        //关闭抗抖动
    gl.glDisable(GL10.GL_DITHER);
    //设置特定 Hint 项目的模式，这里设置为使用快速模式
        gl.glHint(GL10.GL_PERSPECTIVE_CORRECTION_HINT,GL10.GL_FASTEST);
        //设置屏幕背景色黑色 RGBA
        gl.glClearColor(0,0,0,0);
        //设置着色模型为平滑着色
        gl.glShadeModel(GL10.GL_SMOOTH);
        //启用深度测试
        gl.glEnable(GL10.GL_DEPTH_TEST);

        textureId=initTexture(gl,R.drawable.stone);//纹理 ID
        cylinder=new DrawY(10f,2f,18f,textureId);//创建圆柱体

    }
}
//初始化白色灯
private void initLight(GL10 gl)
{
    gl.glEnable(GL10.GL_LIGHTING);//允许光照
    gl.glEnable(GL10.GL_LIGHT1);//打开 1 号灯

    //环境光设置
    float[] ambientParams={0.2f,0.2f,0.2f,1.0f};//光参数 RGBA
    gl.glLightfv(GL10.GL_LIGHT1, GL10.GL_AMBIENT, ambientParams,0);

    //散射光设置
    float[] diffuseParams={1f,1f,1f,1.0f};//光参数 RGBA
    gl.glLightfv(GL10.GL_LIGHT1, GL10.GL_DIFFUSE, diffuseParams,0);

    //反射光设置
    float[] specularParams={1f,1f,1f,1.0f};//光参数 RGBA
    gl.glLightfv(GL10.GL_LIGHT1, GL10.GL_SPECULAR, specularParams,0);
}

//关闭灯
private void closeLight(GL10 gl)
{
    gl.glDisable(GL10.GL_LIGHT1);
    gl.glDisable(GL10.GL_LIGHTING);
}

//初始化材质
private void initMaterial(GL10 gl)
{
    //环境光
    float ambientMaterial[] = {248f/255f, 242f/255f, 144f/255f, 1.0f};
```

```
        gl.glMaterialfv(GL10.GL_FRONT_AND_BACK, GL10.GL_AMBIENT, ambientMaterial,0);
        //散射光
        float diffuseMaterial[] = {248f/255f, 242f/255f, 144f/255f, 1.0f};
        gl.glMaterialfv(GL10.GL_FRONT_AND_BACK, GL10.GL_DIFFUSE, diffuseMaterial,0);
        //高光材质
        float specularMaterial[] = {248f/255f, 242f/255f, 144f/255f, 1.0f};
        gl.glMaterialfv(GL10.GL_FRONT_AND_BACK, GL10.GL_SPECULAR, specularMaterial,0);
        gl.glMaterialf(GL10.GL_FRONT_AND_BACK, GL10.GL_SHININESS, 100.0f);
    }
    //初始化纹理
    public int initTexture(GL10 gl,int drawableId)//textureId
    {
        //生成纹理 ID
        int[] textures = new int[1];
        gl.glGenTextures(1, textures, 0);
        int currTextureId=textures[0];
        gl.glBindTexture(GL10.GL_TEXTURE_2D, currTextureId);
        gl.glTexParameterf(GL10.GL_TEXTURE_2D,
GL10.GL_TEXTURE_MIN_FILTER,GL10.GL_LINEAR_MIPMAP_NEAREST);
gl.glTexParameterf(GL10.GL_TEXTURE_2D,GL10.GL_TEXTURE_MAG_FILTER, GL10.GL_LINEAR_
MIPMAP_LINEAR);
        ((GL11)gl).glTexParameterf(GL10.GL_TEXTURE_2D, GL11.GL_GENERATE_MIPMAP, GL10.
GL_TRUE);
        gl.glTexParameterf(GL10.GL_TEXTURE_2D, GL10.GL_TEXTURE_WRAP_S,GL10.GL_REPEAT);
        gl.glTexParameterf(GL10.GL_TEXTURE_2D, GL10.GL_TEXTURE_WRAP_T,GL10.GL_REPEAT);


        InputStream is = this.getResources().openRawResource(drawableId);
        Bitmap bitmapTmp;
        try
        {
        bitmapTmp = BitmapFactory.decodeStream(is);
        }
        finally
        {
            try
            {
                is.close();
            }
            catch(IOException e)
            {
                e.printStackTrace();
            }
        }
        GLUtils.texImage2D(GL10.GL_TEXTURE_2D, 0, bitmapTmp, 0);
        bitmapTmp.recycle();

        return currTextureId;
    }
}
```

（3）编写文件 DrawY.java，在此实现了圆柱类的三角形绘制方法的构造器部分的内容。在本实例的三角形绘制方法中添加了光照和纹理贴图。文件 DrawY.java 的主要代码如下所示。

```
public class DrawY
{
    private FloatBuffer myVertexBuffer;//顶点坐标缓冲
    private FloatBuffer myNormalBuffer;//法向量缓冲
    private FloatBuffer myTexture;//纹理缓冲

    int textureId;

    int vCount;//顶点数量

    float length;//圆柱长度
    float circle_radius;//圆截环半径
    float degreespan;  //圆截环每一份的度数大小
```

```
public float mAngleX;
public float mAngleY;
public float mAngleZ;
public DrawY(float length,float circle_radius,float degreespan,int textureId)
{
    this.circle_radius=circle_radius;
    this.length=length;
    this.degreespan=degreespan;
    this.textureId=textureId;

    float collength=(float)length;//圆柱每块所占的长度
    int spannum=(int)(360.0f/degreespan);

    ArrayList<Float> val=new ArrayList<Float>();//顶点存放列表
    ArrayList<Float> ial=new ArrayList<Float>();//法向量存放列表

    for(float circle_degree=180.0f;circle_degree>0.0f;circle_degree-=degreespan)
    //循环行
    {
            float x1 =(float)(-length/2);
            float y1=(float) (circle_radius*Math.sin(Math.toRadians(circle_degree)));
            float z1=(float) (circle_radius*Math.cos(Math.toRadians(circle_degree)));

            float a1=0;
            float b1=y1;
            float c1=z1;
            float l1=getVectorLength(a1, b1, c1);//模长
            a1=a1/l1;//法向量规格化
            b1=b1/l1;
            c1=c1/l1;

            float x2 =(float)(-length/2);
            float y2=(float) (circle_radius*Math.sin(Math.toRadians(circle_degree-
            degreespan)));
            float z2=(float) (circle_radius*Math.cos(Math.toRadians(circle_degree-
            degreespan)));

            float a2=0;
            float b2=y2;
            float c2=z2;
            float l2=getVectorLength(a2, b2, c2);//模长
            a2=a2/l2;//法向量规格化
            b2=b2/l2;
            c2=c2/l2;

            float x3 =(float)(length/2);
            float y3=(float) (circle_radius*Math.sin(Math.toRadians(circle_degree-
            degreespan)));
            float z3=(float) (circle_radius*Math.cos(Math.toRadians(circle_degree-
            degreespan)));

            float a3=0;
            float b3=y3;
            float c3=z3;
            float l3=getVectorLength(a3, b3, c3);//模长
            a3=a3/l3;//法向量规格化
            b3=b3/l3;
            c3=c3/l3;

            float x4 =(float)(length/2);
            float y4=(float) (circle_radius*Math.sin(Math.toRadians(circle_degree)));
            float z4=(float) (circle_radius*Math.cos(Math.toRadians(circle_degree)));

            float a4=0;
            float b4=y4;
            float c4=z4;
            float l4=getVectorLength(a4, b4, c4);//模长
            a4=a4/l4;//法向量规格化
```

```
            b4=b4/l4;
            c4=c4/l4;

            val.add(x1);val.add(y1);val.add(z1);//两个三角形，共 6 个顶点的坐标
            val.add(x2);val.add(y2);val.add(z2);
            val.add(x4);val.add(y4);val.add(z4);

            val.add(x2);val.add(y2);val.add(z2);
            val.add(x3);val.add(y3);val.add(z3);
            val.add(x4);val.add(y4);val.add(z4);

            ial.add(a1);ial.add(b1);ial.add(c1);//顶点对应的法向量
            ial.add(a2);ial.add(b2);ial.add(c2);
            ial.add(a4);ial.add(b4);ial.add(c4);

            ial.add(a2);ial.add(b2);ial.add(c2);
            ial.add(a3);ial.add(b3);ial.add(c3);
            ial.add(a4);ial.add(b4);ial.add(c4);
        }

        vCount=val.size()/3;//确定顶点数量
        //顶点
        float[] vertexs=new float[vCount*3];
        for(int i=0;i<vCount*3;i++)
        {
            vertexs[i]=val.get(i);
        }
        ByteBuffer vbb=ByteBuffer.allocateDirect(vertexs.length*4);
        vbb.order(ByteOrder.nativeOrder());
        myVertexBuffer=vbb.asFloatBuffer();
        myVertexBuffer.put(vertexs);
        myVertexBuffer.position(0);
        //法向量
        float[] normals=new float[vCount*3];
        for(int i=0;i<vCount*3;i++)
        {
            normals[i]=ial.get(i);
        }
        ByteBuffer ibb=ByteBuffer.allocateDirect(normals.length*4);
        ibb.order(ByteOrder.nativeOrder());
        myNormalBuffer=ibb.asFloatBuffer();
        myNormalBuffer.put(normals);
        myNormalBuffer.position(0);

        //纹理
        float[] textures=generateTexCoor(spannum);
        ByteBuffer tbb=ByteBuffer.allocateDirect(textures.length*4);
        tbb.order(ByteOrder.nativeOrder());
        myTexture=tbb.asFloatBuffer();
        myTexture.put(textures);
        myTexture.position(0);
    }
    ……
    //法向量规格化，求模长度
    public float getVectorLength(float x,float y,float z)
    {
        float pingfang=x*x+y*y+z*z;
        float length=(float) Math.sqrt(pingfang);
        return length;
    }
    //自动切分纹理产生纹理数组的方法
    public float[] generateTexCoor(int bh)
    {
        float[] result=new float[bh*6*2];
        float REPEAT=2;
        float sizeh=1.0f/bh;//行数
```

```
        int c=0;
        for(int i=0;i<bh;i++)
        {
            //每行列 1 个矩形，由 2 个三角形构成，共 6 个点，12 个纹理坐标
            float t=i*sizeh;

            result[c++]=0;
            result[c++]=t;

            result[c++]=0;
            result[c++]=t+sizeh;

            result[c++]=REPEAT;
            result[c++]=t;

            result[c++]=0;
            result[c++]=t+sizeh;

            result[c++]=REPEAT;
            result[c++]=t+sizeh;

            result[c++]=REPEAT;
            result[c++]=t;
        }
        return result;
    }
```

执行后在屏幕中显示一个三维圆柱，如图 8-25 所示。通过鼠标可以查看此圆柱的不同部位，如图 8-26 所示。

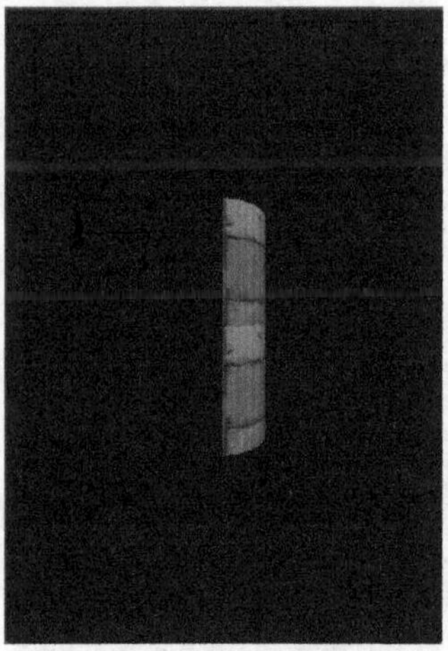

▲图 8-25　执行效果

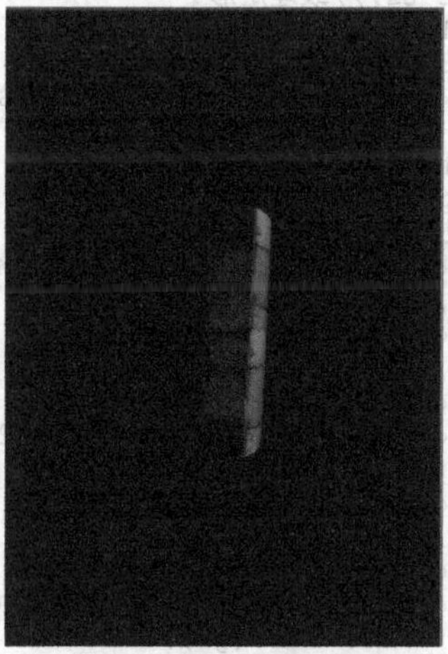

▲图 8-26　鼠标拖动后的效果

8.19.3　特别提醒——展开后的圆柱体

在绘制圆柱体的时候需要遵循立体几何中圆柱体的知识，圆柱体展开之后的效果如图 8-27 所示。

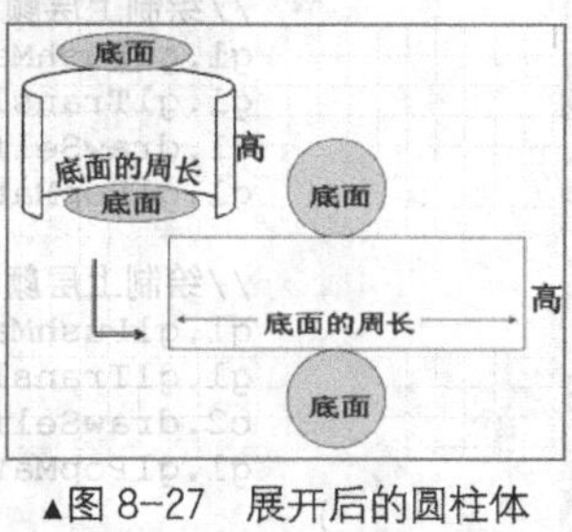

▲图 8-27　展开后的圆柱体

8.20　在手机屏幕中混合图像

实例 173	在手机屏幕中混合图像
源码路径	daima\173
视频路径	视频\173

8.20.1　实例说明

在本实例中，根据源混合因子和目标混合因子的组合原理来混合手机屏幕中的图像。本实例的目的是讲解源混合因子和目标混合因子组合的用法。本实例有两种混合模式的组合，其中一个为参数 GL ONE 和 GL_ONE_ MINUS_DST_ALPHA 的混合，另一个为参数是 GL SRC_ COLOR 和 GL_DST_ALPHA 的混合效果。

8.20.2　具体实现

（1）编写文件 MySurfaceView.java，在此实现了绘制场景类 MySurfaceView。主要代码如下所示。

```
private SceneRenderer mRenderer;//场景渲染器
    public MySurfaceView(Context context) {
        super(context);
        mRenderer = new SceneRenderer();    //创建场景渲染器
        setRenderer(mRenderer);              //设置渲染器
        setRenderMode(GLSurfaceView.RENDERMODE_CONTINUOUSLY);//设置渲染模式为主动渲染
    }
    private class SceneRenderer implements GLSurfaceView.Renderer
    {
        final int one=65535;
        int baseTextureId;//最底层矩形的不透明纹理的纹理 ID
        int topTextureId;//顶层透明纹理的纹理 Id
        ColorF c1;//颜色矩形 1
        ColorF c2;//颜色矩形 2
        Test t1;//纹理矩形 1
        Test t2;//纹理矩形 2
        public void onDrawFrame(GL10 gl) {
        //采用平滑着色
            gl.glShadeModel(GL10.GL_SMOOTH);

        //清除颜色缓存于深度缓存
        gl.glClear(GL10.GL_COLOR_BUFFER_BIT | GL10.GL_DEPTH_BUFFER_BIT);
        //设置当前矩阵为模式矩阵
            gl.glMatrixMode(GL10.GL_MODELVIEW);
            //设置当前矩阵为单位矩阵
            gl.glLoadIdentity();
            //绘制底层纹理矩形
            gl.glPushMatrix();
            gl.glTranslatef(0, 0f, -2f);
            t1.drawSelf(gl);
            gl.glPopMatrix();
            //绘制上层纹理矩形
            gl.glPushMatrix();
            gl.glTranslatef(-0.7f, -0.3f, -1.9f);
            t2.drawSelf(gl);
            gl.glPopMatrix();
            //绘制上层颜色半透明矩形
            gl.glPushMatrix();
            gl.glTranslatef(0.7f, 0.4f, -1.8f);
            c1.drawSelf(gl);
            gl.glPopMatrix();

            //绘制上层颜色半透明矩形
            gl.glPushMatrix();
            gl.glTranslatef(-0.6f, 0.6f, -1.8f);
            c2.drawSelf(gl);
            gl.glPopMatrix();
        }
        public void onSurfaceChanged(GL10 gl, int width, int height) {
            //设置视窗大小及位置
            gl.glViewport(0, 0, width, height);
            //设置当前矩阵为投影矩阵
            gl.glMatrixMode(GL10.GL_PROJECTION);
            //设置当前矩阵为单位矩阵
```

```
        gl.glLoadIdentity();
        //计算透视投影的比例
        float ratio = (float) width / height;
        //调用此方法计算产生透视投影矩阵
        gl.glFrustumf(-ratio, ratio, -1, 1, 1, 100);
    }
    public void onSurfaceCreated(GL10 gl, EGLConfig config) {
        //关闭抗抖动
    gl.glDisable(GL10.GL_DITHER);
    //设置特定Hint项目的模式，这里为设置为使用快速模式
        gl.glHint(GL10.GL_PERSPECTIVE_CORRECTION_HINT,GL10.GL_FASTEST);
        //设置屏幕背景色黑色RGBA
        gl.glClearColor(0,0,0,0);
        //启用深度测试
        gl.glEnable(GL10.GL_DEPTH_TEST);
        //开启混合
        gl.glEnable(GL10.GL_BLEND);
        gl.glBlendFunc(GL10.GL_SRC_COLOR, GL10.GL_DST_ALPHA);

        //初始化纹理
        baseTextureId=initTexture(gl,R.drawable.base);
        topTextureId=initTexture(gl,R.drawable.top);

        //创建矩形
        c1=new ColorF(one,0,0,one*3/4);
        c2=new ColorF(0,one,0,one/2);
        t1=new Test(baseTextureId);
        t2=new Test(topTextureId);
    }
  }

  //初始化纹理
  public int initTexture(GL10 gl,int drawableId)//textureId
  {
    //生成纹理ID
    int[] textures = new int[1];
    gl.glGenTextures(1, textures, 0);
    int currTextureId=textures[0];
    gl.glBindTexture(GL10.GL_TEXTURE_2D, currTextureId);
    gl.glTexParameterf(GL10.GL_TEXTURE_2D, GL10.GL_TEXTURE_MIN_FILTER,GL10.GL_NEAREST);
    gl.glTexParameterf(GL10.GL_TEXTURE_2D,GL10.GL_TEXTURE_MAG_FILTER,GL10.GL_LINEAR);
    gl.glTexParameterf(GL10.GL_TEXTURE_2D, GL10.GL_TEXTURE_WRAP_S,GL10.GL_CLAMP_TO_EDGE);
    gl.glTexParameterf(GL10.GL_TEXTURE_2D, GL10.GL_TEXTURE_WRAP_T,GL10.GL_CLAMP_TO_EDGE);

    InputStream is = this.getResources().openRawResource(drawableId);
    Bitmap bitmapTmp;
    try
    {
    bitmapTmp = BitmapFactory.decodeStream(is);
    }
    finally
    {
        try
        {
            is.close();
        }
        catch(IOException e)
        {
            e.printStackTrace();
        }
    }
    GLUtils.texImage2D(GL10.GL_TEXTURE_2D, 0, bitmapTmp, 0);
    bitmapTmp.recycle();
     return currTextureId;
  }
}
```

（2）编写文件 Test.java，分别实现顶点坐标数据缓冲和顶点着色数据缓冲，根据坐标实现绘制功能，并在绘制完成后关闭纹理功能。文件 Test.java 的主要代码如下所示。

```
public class Test {
    private IntBuffer   mVertexBuffer;//顶点坐标数据缓冲
    private FloatBuffer   mTextureBuffer;//顶点着色数据缓冲
    int vCount;
    int texId;
    public Test(int texId)
    {
        this.texId=texId;

        //顶点坐标数据的初始化
        vCount=6;
        final int UNIT_SIZE=40000;
        int vertices[]=new int[]
        {
        -1*UNIT_SIZE,1*UNIT_SIZE,0,
        -1*UNIT_SIZE,-1*UNIT_SIZE,0,
        1*UNIT_SIZE,1*UNIT_SIZE,0,

        -1*UNIT_SIZE,-1*UNIT_SIZE,0,
        1*UNIT_SIZE,-1*UNIT_SIZE,0,
        1*UNIT_SIZE,1*UNIT_SIZE,0
        };

        //创建顶点坐标数据缓冲
        //vertices.length*4 是因为一个整数四个字节
        ByteBuffer vbb = ByteBuffer.allocateDirect(vertices.length*4);
        vbb.order(ByteOrder.nativeOrder());//设置字节顺序
        mVertexBuffer = vbb.asIntBuffer();//转换为int 型缓冲
        mVertexBuffer.put(vertices);//向缓冲区中放入顶点坐标数据
        mVertexBuffer.position(0);//设置缓冲区起始位置
        //特别提示：由于不同平台字节顺序不同数据单元不是字节的一定要经过 ByteBuffer
        //转换，关键是要通过 ByteOrder 设置 nativeOrder()，否则有可能会出问题。
        float textures[]=new float[]
        {
        0,0,0,1,1,0,
        0,1,1,1,1,0
        };
        //创建顶点纹理数据缓冲
        ByteBuffer tbb = ByteBuffer.allocateDirect(textures.length*4);
        tbb.order(ByteOrder.nativeOrder());//设置字节顺序
        mTextureBuffer= tbb.asFloatBuffer();//转换为 Float 型缓冲
        mTextureBuffer.put(textures);//向缓冲区中放入顶点着色数据
        mTextureBuffer.position(0);//设置缓冲区起始位置
        //特别提示：由于不同平台字节顺序不同数据单元不是字节的一定要经过 ByteBuffer
        //转换，关键是要通过 ByteOrder 设置 nativeOrder()，否则有可能会出问题。
        //顶点纹理数据的初始化================end============================
    }
    public void drawSelf(GL10 gl)
    {
        gl.glEnableClientState(GL10.GL_VERTEX_ARRAY);//启用顶点坐标数组
        //为画笔指定顶点坐标数据
        gl.glVertexPointer
        (
                3,              //每个顶点的坐标数量为 3
                GL10.GL_FIXED,  //顶点坐标值的类型为 GL_FIXED
                0,              //连续顶点坐标数据之间的间隔
                mVertexBuffer   //顶点坐标数据
        );
        //开启纹理
        gl.glEnable(GL10.GL_TEXTURE_2D);
        //允许使用纹理 ST 坐标缓冲
        gl.glEnableClientState(GL10.GL_TEXTURE_COORD_ARRAY);
        //为画笔指定纹理 ST 坐标缓冲
        gl.glTexCoordPointer(2, GL10.GL_FLOAT, 0, mTextureBuffer);
        //绑定当前纹理
        gl.glBindTexture(GL10.GL_TEXTURE_2D, texId);
```

```
        //绘制图形
        gl.glDrawArrays
        (
            GL10.GL_TRIANGLES,          //以三角形方式填充
            0,
            vCount
        );
        //关闭纹理
        gl.glDisableClientState(GL10.GL_TEXTURE_COORD_ARRAY);
        gl.glDisable(GL10.GL_TEXTURE_2D);
    }
}
```

执行后将在屏幕中混合 3 幅指定的图片素材，如图 8-28 所示。

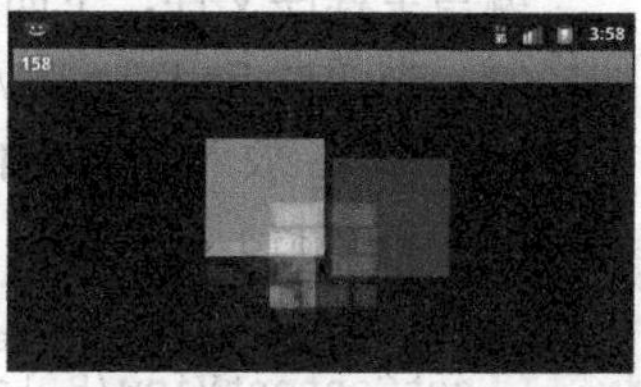

▲图 8-28　执行效果

8.20.3　特别提醒——常用的混合方式

在现实应用中，常用的混合方式有如下几种。

（1）均匀地混合 2 幅图像

首先将源因子和目标因子分别设置为 GL ONE 和 GL_ZERO，并绘制第 1 幅图像；然后将源因子设置为 GL_SRC_Alpha，目标因子设置为 GL ONE_IvnNUS_SRC_ALPHA，并在绘制第 2 幅图像时使用 Alpha 的值为 0.5。这是最常用的混合方式。如果要让第 1 幅图像占 75%，第 2 幅图像占 25%，可以按前面的方法绘制第 1 幅图像，然后在绘制第 2 幅图像时设置 Alpha 的值为 0.25。

（2）均匀地混合 3 幅图像

将目标因子设置为 GL_ONE，将源因子设置为 GL SEC_ALPHA，然后使用 Alpha 值 0.3333333 绘制这些图像。这样每幅图像的亮度都只有原来的 1/3，如果图像之间重叠则可以明显地观察到这一点。

（3）逐渐加深图像

假设在编写绘图程序时希望画笔能够逐渐地加深图像的颜色，使得每画一笔图像的颜色都将在原来的基础上加深一些，这样可以将原混合因子和目标混合因子分别设置为 GL_SRC_ALPHA 和 GL_ONE_MINUS_SRC_ALPHA，并将画笔的 Alpha 值设置为 0.1。

（4）模拟滤光器

通过将源混合因子设置为 GL_DST_COLOR 或 GL ONE- MJNUS_DST COLOR，将目标混合因子设置为 GL SRC_COLOR 或 GL ONE- MINUS—SRC_ COLOR，可以分别调整各个颜色分量。这样做才相当于使用一个简单的滤光器。

例如，通过将红色分量乘以 0.8，绿色分量乘以 0.4，蓝色分量乘以 0.72，可以模拟通过这样的滤光器观察场景的情况：滤光器滤掉 20%的红光、60%的绿光和 28%的蓝光。

（5）贴花法。

通过给图像中的片元指定不同的 Alpha 值，可以实现非矩阵光栅图像的效果。在大多数情况下，可以将透明片元的 Alpha 值设置为 0，每部透明片元的 Alpha 值设置为 1.0。

8.21 显示图片的宽和高

实例 174	在手机屏幕中显示图片的宽和高
源码路径	daima\174
视频路径	视频\174

8.21.1　实例说明

在智能手机系统中，很有必要获取屏幕中某幅图片的宽和高。在本实例中通过使用一个 ListView 显示操作选项，使用户单击一个选项后能够分别获取图片的宽和高。在具体实现上，通过 Bitmap 对象的 BitmapFactory.decodeResource()方法来获取预先设定的图片“m123.png”，然后再通过 Bitmap 对象的 getHeight()和 getWidth()来获取图片的宽和高。

8.21.2　具体实现

编写主程序文件，下面开始讲解其具体实现流程。

（1）先通过 findViewById 构造器来创建 TextView 和 ImageView 对象，然后将 Drawable 中的图片 m123.png 放入自定义的 ImageView 中。具体代码如下所示。

```
public void onCreate(Bundle savedInstanceState)
{
  super.onCreate(savedInstanceState);
  setContentView(R.layout.main);

  /*通过 findViewById 构造器创建 TextView 与 ImageView 对象*/
  mTextView01 = (TextView)findViewById(R.id.myTextView1);
  mImageView01= (ImageView)findViewById(R.id.myImageView1);
  /*将 Drawable 中的图片 baby.png 放入自定义的 ImageView 中*/
  mImageView01.setImageDrawable(getResources().
            getDrawable(R.drawable.m123));
```

（2）设置 OnCreateContextMenuListener 监听给 TextView，这样图片上可以使用 ContextMenu，然后覆盖 OnCreateContextMenu 来创建 ContextMenu 的选项。具体代码如下所示。

```
  /*设置 OnCreateContextMenuListener 给 TextView
   * 让图片上可以使用 ContextMenu*/
  mImageView01.setOnCreateContextMenuListener
  (new ListView.OnCreateContextMenuListener()
  {
    @Override
    /*覆盖 OnCreateContextMenu 来创建 ContextMenu 的选项*/
    public void onCreateContextMenu
    (ContextMenu menu, View v, ContextMenuInfo menuInfo)
    {
      // TODO Auto-generated method stub
      menu.add(Menu.NONE, CONTEXT_ITEM1, 0, R.string.str_context1);
      menu.add(Menu.NONE, CONTEXT_ITEM2, 0, R.string.str_context2);
      menu.add(Menu.NONE, CONTEXT_ITEM3, 0, R.string.str_context3);
    }
  });
}
```

（3）覆盖 OnContextItemSelected 来定义用户单击 Menu 键后的动作，然后通过自定义 Bitmap 对象 BitmapFactory.decodeResource 来获取预设的图片资源。具体代码如下所示。

```
/*覆盖 OnContextItemSelected 来定义用户单击 Menu 后的动作*/
public boolean onContextItemSelected(MenuItem item)
{
  /*自定义 Bitmap 对象并通过 BitmapFactory.decodeResource 取得
   *预先 Import 至 Drawable 的 baby.png 图档*/
  Bitmap myBmp = BitmapFactory.decodeResource
    (getResources(), R.drawable.baby);
  /*通过 Bitmap 对象的 getHight 与 getWidth 来取得图片宽高*/
  int intHeight = myBmp.getHeight();
  int intWidth = myBmp.getWidth();
```

（4）根据用户选择的选项，分别通过方法 getHeight()和 getWidth()获取对应图片宽度和高度。具体代码如下所示。

```
  try
```

```
        {
          /*菜单选项与动作*/
          switch(item.getItemId())
          {
            /*将图片宽度显示在 TextView 中*/
            case CONTEXT_ITEM1:
              String strOpt =
              getResources().getString(R.string.str_width)
              +"="+Integer.toString(intWidth);
              mTextView01.setText(strOpt);
              break;
            /*将图片高度显示在 TextView 中*/
            case CONTEXT_ITEM2:
              String strOpt2 =
              getResources().getString(R.string.str_height)
              +"="+Integer.toString(intHeight);
              mTextView01.setText(strOpt2);
              break;
            /*将图片宽高显示在 TextView 中*/
            case CONTEXT_ITEM3:
              String strOpt3 =
              getResources().getString(R.string.str_width)
              +"="+Integer.toString(intWidth)+"\n"
              +getResources().getString(R.string.str_height)
              +"="+Integer.toString(intHeight);
              mTextView01.setText(strOpt3);
              break;
          }
        }
        catch(Exception e)
        {
          e.printStackTrace();
        }
        return super.onContextItemSelected(item);
      }
    }
```

执行后的效果如图 8-29 所示，当长时间选中图片后会弹出用户选项，如图 8-30 所示。当选择一个选项后，会弹出对应的获取数值。如图 8-31 所示。

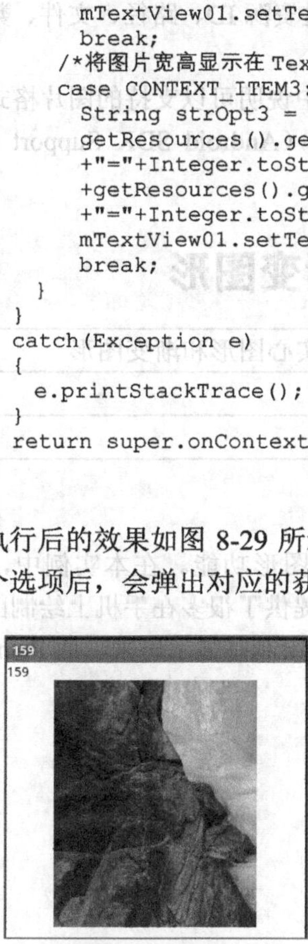

▲图 8-29　初始效果

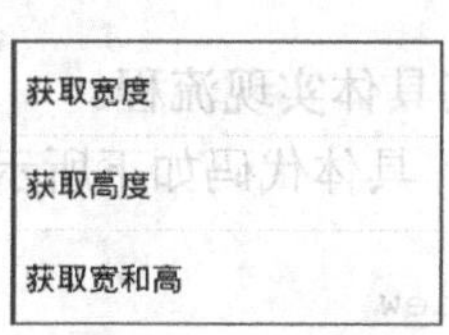

▲图 8-30　弹出选项

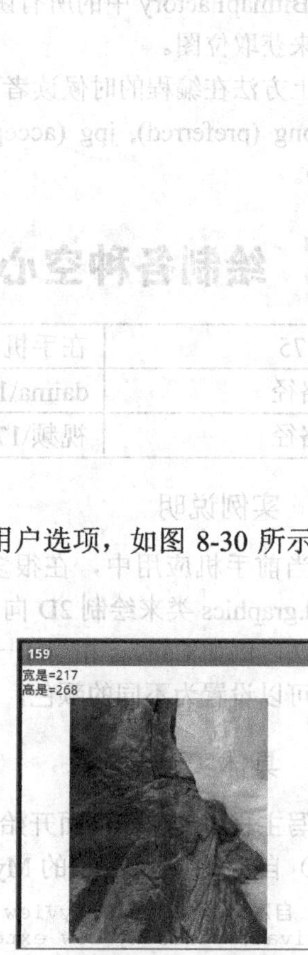

▲图 8-31　显示值

8.21.3　特别提醒——使用 BitmapDrawable 或 BitmapFactory 获取资源中的位图

本实例是基于位图开发的，需要从实例目录的资源文件夹“res\drawable”中获取位图信息。在 Android 系统中，可以使用 BitmapDrawable 或者 BitmapFactory 来获取资源中的位图。首先需要获取资源。

```
Resources res=getResources();
```

（1）使用 BitmapDrawable 获取位图的流程如下所示。

- 使用 BitmapDrawable (InputStream is)构造一个 BitmapDrawable。
- 使用 BitmapDrawable 类的 getBitmap()获取得到位图。

例如使用下面的代码可以读取 InputStream 并得到位图。

```
InputStream is=res.openRawResource(R.drawable.pic180);
BitmapDrawable bmpDraw=new BitmapDrawable(is);
Bitmap bmp=bmpDraw.getBitmap();
```

也可以采用下面的方式实现。

```
BitmapDrawable bmpDraw=(BitmapDrawable)res.getDrawable(R.drawable.pic180);
Bitmap bmp=bmpDraw.getBitmap();
```

（2）使用 BitmapFactory 获取位图

使用 BitmapFactory 类 decodeStream(InputStream is)可以解码位图资源，然后就可以获取位图了。

```
Bitmap bmp=BitmapFactory.decodeResource(res, R.drawable.pic180);
```

类 BitmapFactory 中的所有函数都是 static，此辅助类可以通过资源 ID、路径、文件、数据流等方式来获取位图。

以上方法在编程的时候读者可以自由选择，在 Android SDK 中说明可以支持的图片格式如下所示：png (preferred), jpg (acceptable), gif (discouraged)，和 bmp（Android SDK Support Media Format）。

8.22 绘制各种空心图形、实心图形和渐变图形

实例 175	在手机屏幕中分别绘制各种空心图形、实心图形和渐变图形
源码路径	daima\175
视频路径	视频\175

8.22.1 实例说明

在当前手机应用中，在很多游戏程序中经常需要绘制几何图形功能。在本实例中，通过 Android.graphics 类来绘制 2D 向量图。在安卓的“Package”包中提供了很多在手机上绘制图形的类和方法，例如 Canvas 相当于一个图纸，所有的图形都在它上面绘制并显示出来。而 Paint 则像铅笔，可以设置为不同的颜色，从而绘制不同颜色的图形。

8.22.2 具体实现

编写主程序文件，下面开始讲解其具体实现流程。

（1）自定义继承 View 的 MyView，具体代码如下所示。

```
/* 自定义继承 View 的 MyView */
private class MyView extends View
{
  public MyView(Context context)
  {
    super(context);
  }
```

（2）分别设置背景和消除锯齿，然后在屏幕中分别绘制空心圆形、空心正方形、空心长方形、空心椭圆形、空心三角形和空心梯形。具体代码如下所示。

```
/* 覆盖 onDraw() */
@Override
protected void onDraw(Canvas canvas)
{
  super.onDraw(canvas);
  /* 设置背景为白色 */
  canvas.drawColor(Color.WHITE);
```

```
Paint paint = new Paint();
/* 去锯齿 */
paint.setAntiAlias(true);
/* 设置paint的颜色 */
paint.setColor(Color.RED);
/* 设置paint的style为STROKE(空心的)*/
paint.setStyle(Paint.Style.STROKE);
/* 设置paint的外框宽度 */
paint.setStrokeWidth(3);
/* 画一个空心圆形 */
canvas.drawCircle(40,40,30, paint);
/* 画一个空心正方形 */
canvas.drawRect(10,90,70,150,paint);
/* 画一个空心长方形 */
canvas.drawRect(10,170,70,200,paint);
/* 画一个空心椭圆形 */
RectF re=new RectF(10,220,70,250);
canvas.drawOval(re, paint);
/* 画一个空心三角形 */
Path path = new Path();
path.moveTo(10,330);
path.lineTo(70,330);
path.lineTo(40,270);
path.close();
canvas.drawPath(path, paint);
/* 画一个空心梯形 */
Path path1 = new Path();
path1.moveTo(10,410);
path1.lineTo(70,410);
path1.lineTo(55,350);
path1.lineTo(25,350);
path1.close();
canvas.drawPath(path1, paint);
```

（3）设置实心样式和颜色，然后分别绘制实心圆形、实心正方形、实心长方形、实心椭圆形、实心三角形和实心梯形。具体代码如下所示。

```
/* 设置paint的style为FILL(实心)*/
paint.setStyle(Paint.Style.FILL);
/* 设置paint的颜色 */
paint.setColor(Color.BLUE);

/* 画一个实心圆 */
canvas.drawCircle(120, 40, 30, paint);
/* 画一个实心正方形 */
canvas.drawRect(90,90,150,150,paint);
/* 画一个实心长方形 */
canvas.drawRect(90,170,150,200,paint);
/* 画一个实心椭圆形 */
RectF re2=new RectF(90,220,150,250);
canvas.drawOval(re2, paint);
/* 画一个实心三角形 */
Path path2 = new Path();
path2.moveTo(90,330);
path2.lineTo(150,330);
path2.lineTo(120,270);
path2.close();
canvas.drawPath(path2, paint);
/* 画一个实心梯形 */
Path path3 = new Path();
path3.moveTo(90,410);
path3.lineTo(150,410);
path3.lineTo(135,350);
path3.lineTo(105,350);
path3.close();
canvas.drawPath(path3, paint);
```

（4）设置渐变样式和颜色，然后分别绘制渐变圆形、渐变正方形、渐变长方形、渐变椭圆形、渐变三角形和渐变梯形。具体代码如下所示。

```
/* 设置渐变色 */
Shader mShader=new LinearGradient(0, 0,100,100,
    new int[]{Color.RED, Color.GREEN,Color.BLUE,Color.YELLOW},
    null, Shader.TileMode.REPEAT);
paint.setShader(mShader);
/* 画一个渐变色的圆形 */
canvas.drawCircle(200,40, 30, paint);
/* 画一个渐变色的正方形 */
canvas.drawRect(170,90,230,150,paint);
/* 画一个渐变色的长方形 */
canvas.drawRect(170,170,230,200,paint);
/* 画一个渐变色的椭圆形 */
RectF re3=new RectF(170,220,230,250);
canvas.drawOval(re3, paint);
/* 画一个渐变色的三角形 */
Path path4 = new Path();
path4.moveTo(170,330);
path4.lineTo(230,330);
path4.lineTo(200,270);
path4.close();
canvas.drawPath(path4, paint);
/* 画一个渐变色的梯形 */
Path path5 = new Path();
path5.moveTo(170,410);
path5.lineTo(230,410);
path5.lineTo(215,350);
path5.lineTo(185,350);
path5.close();
canvas.drawPath(path5, paint);
```

（5）通过 canvas.drawText 实现写字，具体代码如下所示。

```
        /* 写字 */
        paint.setTextSize(24);
        canvas.drawText(getResources().getString(R.string.str_text1),
                        240,50,paint);
        canvas.drawText(getResources().getString(R.string.str_text2),
                        240,120,paint);
        canvas.drawText(getResources().getString(R.string.str_text3),
                        240,190,paint);
        canvas.drawText(getResources().getString(R.string.str_text4),
                        240,250,paint);
        canvas.drawText(getResources().getString(R.string.str_text5),
                        240,320,paint);
        canvas.drawText(getResources().getString(R.string.str_text6),
                        240,390,paint);
    }
  }
}
```

执行后会在屏幕中显示不同的空心图形、实心图形和渐变图形，如图 8-32 所示。

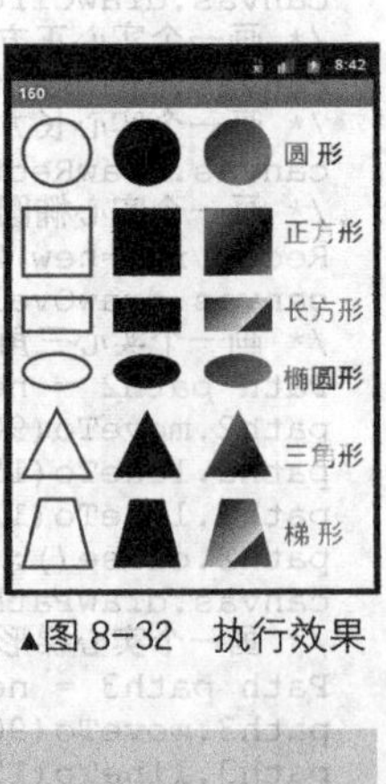

▲图 8-32 执行效果

8.22.3 特别提醒——Canvas 与 ImageView 对比

在 Android 中，虽然 Canvas 与 ImageView 的功能比较类似，ImageView 是一个图片控件，只能显示一张图片；而 Canvas 是画布，可以在画布的任何地方画自己想要的东西。

8.23 编写一个屏保程序

实例 176	编写一个类似于计算机中的屏保程序
源码路径	daima\176
视频路径	视频\176

8.23.1 实例说明

在当前手机应用中，屏幕保护程序是一个十分重要的功能。本实例演示了在 Android 中实现屏保功能的基本流程。本实例的源代码保存在“光盘:\daima\7\example3”，下面开始讲解本实例的具体实现流程。

8.23.2 具体实现

编写主程序文件，下面开始讲解其具体实现流程。

（1）定义对象 mView01 来输入解锁字符，通过 Menu 选项对象 identifier 来识别触发屏保的事件。具体代码如下所示。

```
/* 输入解锁的 View */
private View mView01;
private EditText mEditText01,mEditText02;

/* Menu 选项 identifier，用以识别事件 */
static final private int MENU_ABOUT = Menu.FIRST;
static final private int MENU_EXIT = Menu.FIRST+1;
private Handler mHandler01 = new Handler();
private Handler mHandler02 = new Handler();
private Handler mHandler03 = new Handler();
private Handler mHandler04 = new Handler();
```

（2）设置超时对象 timePeriod，当静止超过 n 秒将自动进入屏幕保护。具体代码如下所示。

```
/* 上一次 User 有动作的 Time Stamp */
private Date lastUpdateTime;
/* 计算 User 共几秒没有动作 */
private long timePeriod;
/* 静止超过 n 秒将自动进入屏幕保护 */
private float fHoldStillSecond = (float) 5;
private boolean bIfRunScreenSaver;
private boolean bFadeFlagOut, bFadeFlagIn = false;
private long intervalScreenSaver = 1000;
private long intervalKeypadeSaver = 1000;
private long intervalFade = 100;
private int screenWidth, screenHeight;
```

（3）设置每 5 秒自动置换图片，用 Screen Saver 对象来保存需要用到的背景图。主要代码如下所示。

```
/* 每 n 秒置换图片 */
private int intSecondsToChange = 5;
/* 设置 Screen Saver 需要用到的背景图 */
private static int[] screenDrawable = new int[]
{
  R.drawable.screen1,
  R.drawable.screen2,
  R.drawable.screen3,
  R.drawable.screen4,
  R.drawable.screen5
};
```

（4）设置在 setContentView 之前调用全屏幕显示，通过初始化 lastUpdateTime 来获取用户触摸手机的时间，并用方法 recoverOriginalLayout()来初始化屏幕上的 Widget 可见性。具体代码如下所示。

```
public void onCreate(Bundle savedInstanceState)
{
  super.onCreate(savedInstanceState);
  /* 必须在 setContentView 之前调用全屏幕显示 */
  requestWindowFeature(Window.FEATURE_NO_TITLE);
  getWindow().setFlags
```

```
  (
   WindowManager.LayoutParams.FLAG_FULLSCREEN,
   WindowManager.LayoutParams.FLAG_FULLSCREEN
  );
  setContentView(R.layout.main);

  /* onCreate all Widget */
  mTextView01 = (TextView)findViewById(R.id.myTextView1);
  mImageView01 = (ImageView)findViewById(R.id.myImageView1);
  mEditText01 = (EditText)findViewById(R.id.myEditText1);

  /* 初始取得 User 触碰手机的时间 */
  lastUpdateTime = new Date(System.currentTimeMillis());

  /* 初始化 Layout 上的 Widget 可见性 */
  recoverOriginalLayout();
}
```

（5）设置 Menu 群组 ID 的初始值是 0，然后通过 menu.add 创建具有 SubMenu 子选项的 Menu，创建完成后退出 Menu。具体代码如下所示。

```
public boolean onCreateOptionsMenu(Menu menu)
{
  /* Menu 群组 ID */
  int idGroup1 = 0;
  int orderMenuItem1 = Menu.NONE;
  int orderMenuItem2 = Menu.NONE+1;
  /* 创建具有 SubMenu 的 Menu */
  menu.add
  (
    idGroup1, MENU_ABOUT, orderMenuItem1, R.string.app_about
  );
  /* 创建退出 Menu */
  menu.add(idGroup1, MENU_EXIT, orderMenuItem2, R.string.str_exit);
  menu.setGroupCheckable(idGroup1, true, true);

  return super.onCreateOptionsMenu(menu);
}
```

（6）根据用户选择的 Menu 项显示对应的 AlertDialog 提示框，具体代码如下所示。

```
public boolean onOptionsItemSelected(MenuItem item)
{
switch(item.getItemId())
  {
    case (MENU_ABOUT):
      new AlertDialog.Builder
      (
        example3.this
      ).setTitle(R.string.app_about).setIcon
      (
        R.drawable.hippo
      ).setMessage
      (
        R.string.app_about_msg
      ).setPositiveButton(R.string.str_ok,
      new DialogInterface.OnClickListener()
      {
        public void onClick
        (DialogInterface dialoginterface, int i)
        {
        }
      }).show();
      break;
    case (MENU_EXIT):
      /* 离开程序 */
      finish();
      break;
  }
```

```
    return super.onOptionsItemSelected(item);
  }
```

（7）用 mTasks01 监控 User 没有动作的运行线程，通过 timePeriod 计算用户静止不动作的时间间隔，如果静止不动超过设置的 5 秒则运行对应的线程。具体代码如下所示。

```
private Runnable mTasks01 = new Runnable()
{
 public void run()
 {
   intCounter1++;
   Date timeNow = new Date(System.currentTimeMillis());
   /* 计算用户静止不动作的时间间距*/
   timePeriod =
   (long)timeNow.getTime() - (long)lastUpdateTime.getTime();
   float timePeriodSecond = ((float)timePeriod/1000);
   /* 如果超过时间静止不动 */
   if(timePeriodSecond>fHoldStillSecond)
   {
     /* 静止超过时间第一次的标记 */
     if(bIfRunScreenSaver==false)
     {
       /* 启动运行线程 2 */
       mHandler02.postDelayed(mTasks02, intervalScreenSaver);

       /* Fade Out*/
       if(intCounter1%(intSecondsToChange)==0)
       {
         bFadeFlagOut=true;
         mHandler03.postDelayed(mTasks03, intervalFade);
       }
       else
       {
         /* 在 Fade Out 后立即 Fade In */
         if(bFadeFlagOut==true)
         {
           bFadeFlagIn=true;
           mHandler04.postDelayed(mTasks04, intervalFade);
         }
         else
         {
           bFadeFlagIn=false;
           intCounter4 = 0;
           mHandler04.removeCallbacks(mTasks04);
         }
         intCounter3 = 0;
         bFadeFlagOut = false;
       }
       bIfRunScreenSaver = true;
     }
     else
     {
       /* screen saver 正在运行中 */
       if(intCounter1%(intSecondsToChange)==0)
       {
         bFadeFlagOut=true;
         mHandler03.postDelayed(mTasks03, intervalFade);
       }
       else
       {
         /* 在 Fade Out 后立即 Fade In */
         if(bFadeFlagOut==true)
         {
           bFadeFlagIn=true;
           mHandler04.postDelayed(mTasks04, intervalFade);
         }
         else
         {
           bFadeFlagIn=false;
```

```
            intCounter4 = 0;
            mHandler04.removeCallbacks(mTasks04);
          }
          intCounter3 = 0;
          bFadeFlagOut=false;
        }
      }
    }
    else
    {
      /* 当 User 没有动作的间距未超过时间 */
      bIfRunScreenSaver = false;
      /* 恢复原来的 Layout Visible*/
      recoverOriginalLayout();
    }
    /* 以 LogCat 查看 User 静止不动的时间间距 */
    Log.i
    (
      "HIPPO",
      "Counter1:"+Integer.toString(intCounter1)+
      "/"+
      Float.toString(timePeriodSecond));

    /* 反复运行运行线程 1 */
    mHandler01.postDelayed(mTasks01, intervalKeypadeSaver);
  }
};
```

（8）定义 mTasks02，设置每 1 秒运行一次屏保程序，并隐藏原有 Layout 屏幕上的 Widget，并调用方法 ScreenSaver()轮换显示预设的 5 幅图片。具体代码如下所示。

```
private Runnable mTasks02 = new Runnable()
{
  public void run()
  {
    if(bIfRunScreenSaver==true)
    {
      intCounter2++;

      hideOriginalLayout();
      showScreenSaver();
      mHandler02.postDelayed(mTasks02, intervalScreenSaver);
    }
    else
    {
      mHandler02.removeCallbacks(mTasks02);
    }
  }
};
```

（9）定义 mTasks03，通过 setAlpha 设置 ImageView 的透明度渐暗下去。具体代码如下所示。

```
/* Fade Out 特效 Runnable */
private Runnable mTasks03 = new Runnable()
{
  public void run()
  {
    if(bIfRunScreenSaver==true && bFadeFlagOut==true)
    {
      intCounter3++;

      /* 设置 ImageView 的透明度渐暗下去 */
      mImageView01.setAlpha(255-intCounter3*28);

      Log.i("HIPPO", "Fade out:"+Integer.toString(intCounter3));
      mHandler03.postDelayed(mTasks03, intervalFade);
    }
    else
    {
```

```
        mHandler03.removeCallbacks(mTasks03);
      }
    }
  };
```

（10）定义 mTasks03，通过 setAlpha 设置 ImageView 的透明度渐亮起来。具体代码如下所示。

```
/* Fade In 特效 Runnable */
private Runnable mTasks04 = new Runnable()
{
  public void run()
  {
    if(bIfRunScreenSaver==true && bFadeFlagIn==true)
    {
      intCounter4++;

      /* 设置 ImageView 的透明度渐亮起来 */
      mImageView01.setAlpha(intCounter4*28);

      mHandler04.postDelayed(mTasks04,intervalFade);
      Log.i("HIPPO", "Fade In:"+Integer.toString(intCounter4));
    }
    else
    {
      mHandler04.removeCallbacks(mTasks04);
    }
  }
};
```

（11）定义方法 recoverOriginalLayout()来恢复原有的 Layout 可视性，定义方法 hideOriginalLayout()来隐藏原有应用程序里的布局配置组件。具体代码如下所示。

```
/* 恢复原有的 Layout 可视性 */
private void recoverOriginalLayout()
{
  mTextView01.setVisibility(View.VISIBLE);
  mEditText01.setVisibility(View.VISIBLE);
  mImageView01.setVisibility(View.GONE);
}

/* 隐藏原有应用程序里的布局配置组件 */
private void hideOriginalLayout()
{
  /* 将欲隐藏的 Widget 写在此 */
  mTextView01.setVisibility(View.INVISIBLE);
  mEditText01.setVisibility(View.INVISIBLE);
}

/* 开始 ScreenSaver */
private void showScreenSaver()
{
  /* 屏幕保护之后要做的事件写在此*/

  if(intDrawable>4)
  {
    intDrawable = 0;
  }

  DisplayMetrics dm=new DisplayMetrics();
  getWindowManager().getDefaultDisplay().getMetrics(dm);
  screenWidth = dm.widthPixels;
  screenHeight = dm.heightPixels;
  Bitmap                          bmp=BitmapFactory.decodeResource(getResources(),
screenDrawable[intDrawable]);
```

（12）定义方法 updateUserActionTime()来统计用户单击键盘或屏幕的时间间隔。在统计时首先取得单击按键事件时的系统 Time Millis，然后重新计算单击按键距离上一次静止的时间间距。具体代码如下所示。

```
public void updateUserActionTime()
{
  /* 取得单击按键事件时的系统 Time Millis */
  Date timeNow = new Date(System.currentTimeMillis());
  /* 重新计算单击按键距离上一次静止的时间间距 */
  timePeriod =
  (long)timeNow.getTime() - (long)lastUpdateTime.getTime();
  lastUpdateTime.setTime(timeNow.getTime());
}
```

执行后如果超过 5 秒不触摸键盘或屏幕则会自动进入屏保状态，如图 8-33 所示。我们可以设置屏保密码，当输入正确的密码后才能解除屏保。

8.23.3　特别提醒——4 个 Runnable

在上述代码中，声明的 4 个 Runnable 是整个程序的重点：

- mTasks01：设置每 1 秒检查一次 timePeriod，并监视是否超过 5 秒未触发。超过 5 秒则将 blRunScreenSaver 这个 flag 更改为 true，并启动 mTasks02。
- mTasks02：设置每 1 秒运行一次屏保程序，并隐藏原有 Layout 上面的 Widget，并调用 ScreenSaver()加载图片，即轮换显示预设的 5 幅图片。
- mTasks03：是 Fade-Out 特效使用的 Runable，每 0.1 秒运行一个 scale。

▲图 8-33　执行效果

- mTasks04：是 Fade-In 特效使用的 Runable，每 0.1 秒运行一个 scale。

本实例有如下两个难点。

- 控制和判断用户静止未触动手机键盘或屏幕的时间及其事件。
- 通过动态全屏幕淡入、淡出和图片交换效果。

上述难点都是通过线程实现的，它以时间戳记的方式，判断距离上一次单击键盘或屏幕的时间，并计算两次的间隔。当超过了设置了时间后，会进入屏保程序，本实例设置的时间间隔为 5 秒。

8.24　在屏幕中通过单击的方式移动图片

实例 177	在屏幕中通过单击的方式移动图片
源码路径	daima\177
视频路径	视频\177

8.24.1　实例说明

在触摸屏手机中，单击移动照片的功能十分常见。在本实例中用 ImageView 控件来显示 Drawable 中的照片，在程序运行后将照片放在屏幕中央。通过 onTouchEvent 来处理单击、拖动、放开等事件来完成拖动图片的功能。并且设置了 ImageView 的单击监听事件，让用户在单击图片的同时恢复到图片的初始位置。

8.24.2　具体实现

编写主程序文件，下面开始讲解其具体实现流程。

（1）通过 DisplayMetrics 获取屏幕对象，分别用 intScreenX 和 intScreenY 取得屏幕解析像素

并分别设置图片的宽高。具体代码如下所示。

```
public void onCreate(Bundle savedInstanceState)
{
  super.onCreate(savedInstanceState);
  setContentView(R.layout.main);

  /* 取得屏幕对象 */
  DisplayMetrics dm = new DisplayMetrics();
  getWindowManager().getDefaultDisplay().getMetrics(dm);

  /* 取得屏幕解析像素 */
  intScreenX = dm.widthPixels;
  intScreenY = dm.heightPixels;

  /* 设置图片的宽高 */
  intWidth = 100;
  intHeight = 100;
```

（2）将图片从 Drawable 中赋值给 ImageView 控件来呈现在屏幕中，并通过方法 RestoreButton() 初始化按钮使其位置居中。具体代码如下所示。

```
/*通过 findViewById 构造器创建 ImageView 对象*/
mImageView01 =(ImageView) findViewById(R.id.myImageView1);
/*将图片从 Drawable 赋值给 ImageView 来呈现*/
mImageView01.setImageResource(R.drawable.baby);

/* 初始化按钮位置居中 */
RestoreButton();
```

（3）定义单击监听事件 setOnClickListener，当用户单击 ImageView 图片时将图片还原到初始位置显示。具体代码如下所示。

```
  /* 当单击 ImageView 时，还原初始位置 */
  mImageView01.setOnClickListener(new Button.OnClickListener()
  {
    @Override
    public void onClick(View v)
    {
      RestoreButton();
    }
  });
}
```

（4）定义 onTouchEvent(MotionEvent event)覆盖触控事件。首先取得手指触控屏幕的位置，然后实现触控事件的处理，分别实现单击屏幕、移动位置和离开屏幕这 3 个动作处理。具体代码如下所示。

```
/*覆盖触控事件*/
public boolean onTouchEvent(MotionEvent event)
{
  /*取得手指触控屏幕的位置*/
  float x = event.getX();
  float y = event.getY();

  try
  {
    /*触控事件的处理*/
    switch (event.getAction())
    {
      /*单击屏幕*/
      case MotionEvent.ACTION_DOWN:
        picMove(x, y);
          break;
      /*移动位置*/
      case MotionEvent.ACTION_MOVE:
        picMove(x, y);
          break;
```

```
        /*离开屏幕*/
        case MotionEvent.ACTION_UP:
          picMove(x, y);
            break;
      }
    }catch(Exception e)
      {
        e.printStackTrace();
      }
    return true;
  }
```

（5）定义方法 picMove(float x, float y)来移动屏幕中的图片，具体代码如下所示。

```
/*移动图片的方法*/
private void picMove(float x, float y)
{
  /*默认微调图片与指针的相对位置*/
  mX=x-(intWidth/2);
  mY=y-(intHeight/2);

  /*防图片超过屏幕的相关处理*/
  /*防止屏幕向右超过屏幕*/
  if((mX+intWidth)>intScreenX)
  {
    mX = intScreenX-intWidth;
  }
  /*防止屏幕向左超过屏幕*/
  else if(mX<0)
  {
    mX = 0;
  }
  /*防止屏幕向下超过屏幕*/
  else if ((mY+intHeight)>intScreenY)
  {
    mY=intScreenY-intHeight;
  }
  /*防止屏幕向上超过屏幕*/
  else if (mY<0)
  {
    mY = 0;
  }
  /*通过 log 来查看图片位置*/
  Log.i("jay", Float.toString(mX)+","+Float.toString(mY));
  /* 以 setLayoutParams 方法，重新安排 Layout 上的位置 */
  mImageView01.setLayoutParams
  (
    new AbsoluteLayout.LayoutParams
    (intWidth,intHeight,(int) mX,(int)mY)
  );
}
```

（6）定义方法 RestoreButton()来还原 ImageView 图片到初始位置，具体代码如下所示。

```
/* 还原 ImageView 位置的事件处理 */
public void RestoreButton()
{
  intDefaultX = ((intScreenX-intWidth)/2);
  intDefaultY = ((intScreenY-intHeight)/2);
  /*Toast 还原位置坐标*/
  mMakeTextToast
  (
    "("+
    Integer.toString(intDefaultX)+
    ","+
    Integer.toString(intDefaultY)+")",true
  );

  /* 以 setLayoutParams 方法，重新安排 Layout 上的位置 */
  mImageView01.setLayoutParams
```

```
        (
          new AbsoluteLayout.LayoutParams
          (intWidth,intHeight,intDefaultX,intDefaultY)
        );
      }
```

执行后效果如图 8-34 所示，可以通过鼠标单击的方式移图片的位置，如图 8-35 所示。

8.24.3 特别提醒——Bitmap 的两点重要应用

本实例用到了获取位图信息，要想获取位图大小、像素、density、透明度、颜色格式等信息，只需获取 Bitmap 就可以迎刃而解，这些信息在 Bitmap 手册中进行了详细介绍，在此着重说明以下两点。

▲图 8-34　执行效果

▲图 8-35　移动图片

（1）在 Bitmap 中对 RGB 颜色格式使用 Bitmap.Config 定义，仅包括 ALPHA_8、ARGB_4444、ARGB_8888、RGB_565，缺少了一些其他的颜色，比如说 RGB_555，在开发中可能需要注意这个小问题。

（2）Bitmap 还提供了 compress()接口来压缩图片，不过 AndroidSAK 只支持 PNG、JPG 格式的压缩；其他格式的需要 Android 开发人员自己补充了。

8.25 显示存储卡中的图片

实例 178	显示存储卡中的图片
源码路径	daima\178
视频路径	视频\178

8.25.1 实例说明

在手机应用中，为了扩大手机的容量，经常会用到存储卡。在存储卡中，通常会保存一些图片或媒体文件。在本实例中，定义了获取文件列表方法 getSD()，通过此方法将内存中扫描过的照片以 File List<String>的方式存储，然后初始化 Gallery 对象，最后将存储卡中的图片加载到 Gallery Widget 中。

8.25.2 具体实现

编写主程序文件，下面开始讲解其具体实现流程。

（1）定义方法 getSD()，通过 ArrayList 作为自定义 SD 卡访问图片文件列表所用，并将所有档案信息返回给 ArrayList 中。具体代码如下所示。

```
private List<String> getSD()
{
  /* 设定目前所?路径 */
  List<String> it=new ArrayList<String>();
  File f=new File("/sdcard/");
  File[] files=f.listFiles();
  /* 将所有档案返回给 ArrayList 中 */
  for(int i=0;i<files.length;i++)
  {
   File file=files[i];
   if(getImageFile(file.getPath()))
     it.add(file.getPath());
  }
  return it;
}
```

（2）定义方法 getImageFile(String fName)来获取存储卡内的图片文件，具体代码如下所示。

```
private boolean getImageFile(String fName)
{
  boolean re;

  /* 取得扩展名 */
  String end=fName.substring(fName.lastIndexOf(".")+1,
           fName.length()).toLowerCase();
  /* 根据扩展类型决定 MimeType */
  if(end.equals("jpg")||end.equals("gif")||end.equals("png")
      ||end.equals("jpeg")||end.equals("bmp"))
  {
   re=true;
  }
  else
  {
   re=false;
  }
  return re;
}
```

（3）定义如下几个需要覆盖的方法：

- getCount：用于返回图片数目。
- getItem：用于返回位置。
- getView：用于返回 View 对象。

具体代码如下所示。

```
/*定义要覆盖的方法 getCount,返回图片数目*/
public int getCount()
{
  return lis.size();
}

/*定义要覆盖的方法 getItem, 用于返回位置*/
public Object getItem(int position)
{
  return position;
}
/*定义要覆盖的方法 getItemId, 用于返回 position */
public long getItemId(int position)
{
  return position;
}

/*定义要覆盖的方法 getView,用于返回 View 对象*/
public View getView(int position, View convertView,
           ViewGroup parent)
```

```
        {
          /*产生 ImageView 对象*/
          ImageView i = new ImageView(mContext);
          /*设定图片 imageView 对象*/
          Bitmap bm = BitmapFactory.decodeFile(lis.
                        get(position).toString());
          i.setImageBitmap(bm);
          /*重新设定图片的宽和高*/
          i.setScaleType(ImageView.ScaleType.FIT_XY);
          /*重新设定 Layout 的宽高*/
          i.setLayoutParams(new Gallery.LayoutParams(136, 88));
          /*设定 Gallery 背景图*/
          i.setBackgroundResource(mGalleryItemBackground);
          /*传并 imageView 物件*/
          return i;
        }
    }
  }
```

▲图 8-36　执行效果

执行后会显示存储卡内的图片信息，使用鼠标单击后能够滑动显示图片，如图 8-36 所示。

8.25.3　特别提醒——测试存储卡

本实例需要特殊的测试过程，具体流程如下所示。

（1）创建虚拟 SD 卡

用 CMD 进入到 AndroidSDK 的 tools 目录下，执行 mksdcard 创建。例如 tools 目录为：

```
E:\skyland\android-sdk-windows\tools
```

则创建命令为：

```
E:\skyland\android-sdk-windows\tools mksdcard 128M sdcard.img
```

其中第一个参数为要创建的 sdcard 容量大小（容量大小自己决定），第二个参数为 sdcard 的名字。

（2）启动带 sdcard 的 Android 模拟器

可以不用 CMD 命令，而直接在 Eclipse 中启用。具体方法如下所示。

第一步：右键单击实例工程，在弹出菜单中依次选择“Run As”｜“Run Configurations”命令，如图 8-37 所示。

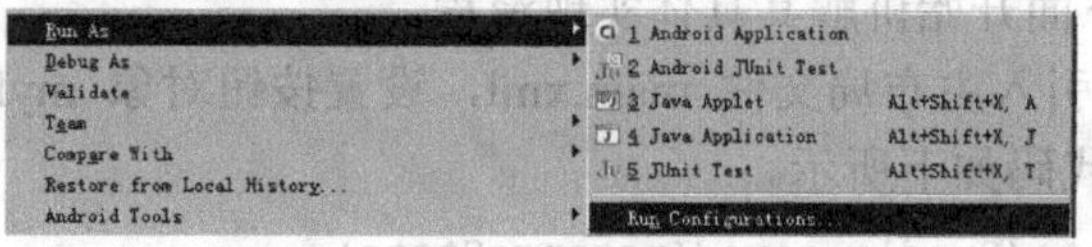

▲图 8-37　命令

第二步：在弹出的对话框中“Target”选项卡，在最后一行中输入如下字符：

```
-sdcard c:\sdcard.img
```

如图 8-38 所示。

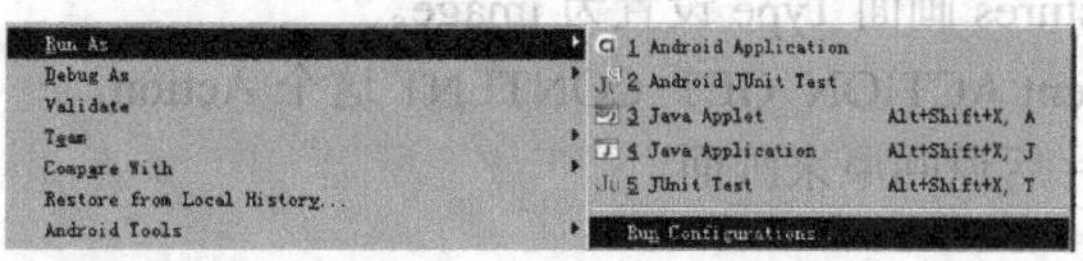

▲图 8-38　输入-sdcard c:\sdcard.img

（3）添加文件到创建的 SD 卡

经过上两步操作后，模拟器已经运行了，下面开始添加文件到创建的 SD 卡。具体来说有如下两种方法：

第一种：Eclipse 菜单实现

在 Eclipse 中打开 DDMS 视图，打开“File Explor”选项卡，单击目录下的“sdcard”，如图 8-39 所示。

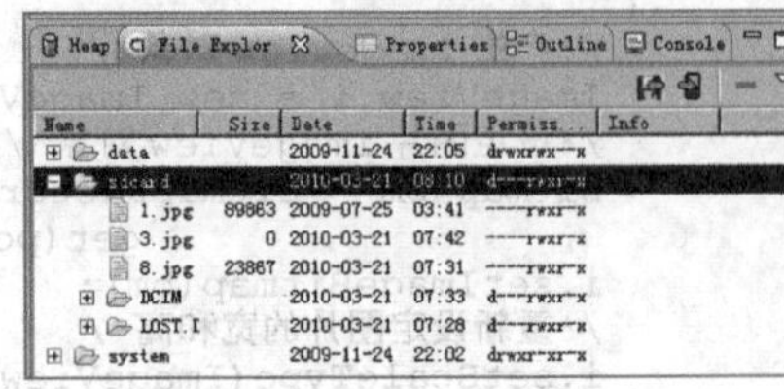

▲图 8-39 “File Explor” 选项卡

通过单击图 8-39 中的按钮，可以上传本地文件到虚拟存储卡。

第二种：用 CMD 命令。

用 CMD 到 android 的 SDK 的 Tools 目录下，用 adb push 命令添加，格式如下所示。

```
E:\skyland\android-sdk-windows\tools>adb push new.JPG /sdcard
```

其中，第一个参数为要加入的图片的全名，如果名字中间有空格，要用双引号将其括起来。例如：

```
adb push "c:\1.jpg" /sdcard
```

第二参数就是刚才创建的 sdcard 了。

8.26 显示系统内的图片信息

实例 179	在手机屏幕中显示系统内的图片信息
源码路径	daima\179
视频路径	视频\179

8.26.1 实例说明

在移动手机中，内置了多媒体这个 Intent，用户可以直接单击多媒体按钮 Picture 进入菜单程序。当然也可以通过编程的方式实现上述操作。在本实例中，当单击屏幕中的【图片】按钮后会打开相片集画面，让用户挑选自己喜欢的相片。

8.26.2 具体实现

编写主程序文件，下面开始讲解其具体实现流程。

（1）在 onCreate 中引入主布局文件 main.xml，设置按钮对象 myButton01 来激活单击事件 OnClickListener()。具体代码如下所示。

```
public void onCreate(Bundle savedInstanceState)
{
  super.onCreate(savedInstanceState);
  setContentView(R.layout.main);
  myImageView01 = (ImageView) findViewById(R.id.myImageView01);
  myButton01 = (Button) findViewById(R.id.myButton01);
```

（2）定义单击 myButton01 按钮的事件 OnClickListener()，具体流程如下所示。

- 第一步：打开 Pictures 画面 Type 设置为 image。
- 第二步：使用 Intent.ACTION_GET_CONTENT 这个 Action。
- 第三步：获取相片后返回原来画面。

具体代码如下所示。

```
myButton01.setOnClickListener(new Button.OnClickListener()
{
  @Override
  public void onClick(View arg0)
  {
```

```
        Intent intent = new Intent();
        /* 打开 Pictures 画面 Type 设置为 image */
        intent.setType("image/*");
        /* 使用 Intent.ACTION_GET_CONTENT 这个 Action */
        intent.setAction(Intent.ACTION_GET_CONTENT);
        /* 取得相片后返回本画面 */
        startActivityForResult(intent, 1);
      }
    });
  }
```

（3）定义方法 onActivityResult(int requestCode, int resultCode)来处理用户挑选的图片。通过 requestCode 和 resultCode 返回标识码，数据类型为 Intent 的 data 参数，调用 Intent 对象的 getData()方法可以获取具体内容。具体代码如下所示。

```
protected void onActivityResult(int requestCode, int resultCode,
    Intent data)
{
  if (resultCode == RESULT_OK)
  {
    Uri uri = data.getData();
    ContentResolver cr = this.getContentResolver();
    try
    {
      Bitmap bitmap = BitmapFactory.decodeStream(cr
          .openInputStream(uri));
      /* 将 Bitmap 设置到 ImageView */
      myImageView01.setImageBitmap(bitmap);
    } catch (FileNotFoundException e)
    {
      e.printStackTrace();
    }
  }
  super.onActivityResult(requestCode, resultCode, data);
}
}
```

执行后将在屏幕中显示一幅图片，单击【图片】按钮后会当前显示系统内的图片信息，如图 8-40 所示。

▲图 8-40 执行效果

8.26.3 特别提醒——BitmapDrawable 操作位图

本实例主要包括如下工作。

- 打开 Intent.ACTION_GET_CONTENT。
- 获取 User 选择的 Image。
- 通过 ContentResolver 将 Image 转换为 Bitmap。
- 在 ImageView 中显示图片。

在 Android 系统中显示位图时，可以使用核心类 Canvas 实现，通过 Canvas 类的方法 drawBirmap()来显示位图，或者借助于 BitmapDrawable 来将 Bitmap 绘制到 Canvas 中。也可以通过 BitmapDrawable 将位图显示到 View 中。

（1）转换为 BitmapDrawable 对象显示位图，具体代码如下所示。

```
// 获取位图
Bitmap bmp=BitmapFactory.decodeResource(res, R.drawable.pic180);
// 转换为 BitmapDrawable 对象
BitmapDrawable bmpDraw=new BitmapDrawable(bmp);
// 显示位图
ImageView iv2 = (ImageView)findViewById(R.id.ImageView02);
iv2.setImageDrawable(bmpDraw);
```

（2）使用类 Canvas 显示位图

可以采用一个继承自 View 的子类 Panel，在子类的 OnDraw 中显示位图。具体代码如下所示。

```
public class MainActivity extends Activity {
 /** Called when the activity is first created. */
 @Override
 public void onCreate(Bundle savedInstanceState) {
 super.onCreate(savedInstanceState);
 setContentView(new Panel(this));
 }
 class Panel extends View{
 public Panel(Context context) {
 super(context);
 }
 public void onDraw(Canvas canvas){
 Bitmap bmp = BitmapFactory.decodeResource(getResources(), R.drawable.pic180);
 canvas.drawColor(Color.BLACK);
 canvas.drawBitmap(bmp, 10, 10, null);
 }
 }
}
```

8.27 实现图片阴影效果和影子效果

实例 180	实现图片阴影效果和影子效果
源码路径	daima\180
视频路径	视频\180

8.27.1 实例说明

在 Android 系统中，可以使用 Paint 类来绘制阴影效果。在本实例中，将简单应用 Paint 类的几个方法来实现阴影效果和影子效果，为读者深入本书后面图形绘制章节的学习打好基础。

8.27.2 具体实现

（1）布局文件 main.xml 比较简单，只有一个 TextView 控件，具体代码如下所示。

```
<TextView
    android:layout_width="fill_parent"
    android:layout_height="wrap_content"
    android:text="@string/hello"
    />
```

（2）在主程序文件 ShaderEffect.java 中，使用了 Paint 类绘制了阴影效果。在具体实现时，是使用 onDraw 方法实现绘制功能的，主要代码如下所示。

```
    class ImageEffect extends View{
        Paint paint;
        public ImageEffect (Context context){
            super(context);
            paint = new Paint();//初始化画笔，为后面阴影效果使用。
            paint.setAntiAlias(true);//去除锯齿。
            paint.setShadowLayer(5f, 5.0f, 5.0f, Color.BLACK);//设置阴影层，这是关键。
            paint.setXfermode(new PorterDuffXfermode(Mode.SRC_IN));
        }
        @Override
        public void onDraw(Canvas canvas){
            super.onDraw(canvas);
            int posX = 20;
            int posY = 50;
            int PicWidth,PicHegiht;

            Drawable drawable = getResources().getDrawable(R.drawable.button);
            Drawable dbe = getResources().getDrawable(R.drawable.button).mutate();
//如果不调用 mutate 方法，则原图也会被改变，因为调用的资源是同一个，所有对象是共享状态的
            Drawable drawTest = getResources().getDrawable(R.drawable.button);
```

```
        Bitmap bmp = BitmapFactory.decodeResource(getResources(), R.drawable. button);

        PicWidth = drawable.getIntrinsicWidth();
        PicHegiht = drawable.getIntrinsicHeight();

        drawTest.setBounds(posX, (2 * posY) + PicHegiht, posX + PicWidth, (2 * posY)
        + 2 * PicHegiht );
        drawable.setBounds(posX,posY,posX+PicWidth,posY+PicHegiht);
        dbe.setBounds(0, 0, PicWidth, PicHegiht);

        canvas.drawColor(Color.WHITE);//设置画布颜色
        canvas.save(Canvas.MATRIX_SAVE_FLAG);
        dbe.setColorFilter(0x7f000000,PorterDuff.Mode.SRC_IN);
        canvas.translate(posX + (int)(0.9 * PicWidth/2), posY + PicHegiht/2);
        //图像平移为了刚好在原图后形成影子效果
        canvas.skew(-0.9F, 0.0F);//图像倾斜效果
        canvas.scale(1.0f, 0.5f);//图像（其实是画布）缩放，Y方向缩小为1/2
        dbe.draw(canvas);//此处为画原图像影子效果图，比原图先画，则会在下层
        drawable.clearColorFilter();
        canvas.restore();

        canvas.save(Canvas.MATRIX_SAVE_FLAG);
        drawable.draw(canvas);//此处为画原图像，由于Canvas有层次效果，因此会盖在影子之上
        canvas.restore();

        //默认无效果原图
        canvas.save(Canvas.MATRIX_SAVE_FLAG);
        drawTest.draw(canvas);
        canvas.restore();

        //图片阴影效果
        canvas.save(Canvas.MATRIX_SAVE_FLAG);
        //Rect rect = new Rect(2*posX + PicWidth, 2*posY + PicHegiht, 2*posX + 2*PicWidth,
        //2*posY + 2*PicHegiht);//此为理论上的阴影图坐标
        Rect rect = new Rect(2*posX + PicWidth + 3, 2*posY + PicHegiht + 3, 2*posX +
        2*PicWidth - 2, 2*posY + 2*PicHegiht - 2);
        //由于图片的实际尺寸比显示出来的图像要大一些，因此需要适当更改下大小，以达到较好的效果

        RectF rectF = new RectF(rect);
        canvas.drawRoundRect(rectF, 10f, 10f, paint);
        //在原有矩形基础上，画成圆角矩形，同时带有阴影层
        canvas.drawBitmap(bmp, 2*posX + PicWidth, 2*posY + PicHegiht, null);//画上原图
        canvas.restore();
    }
}
```

执行后的效果如图8-41所示。

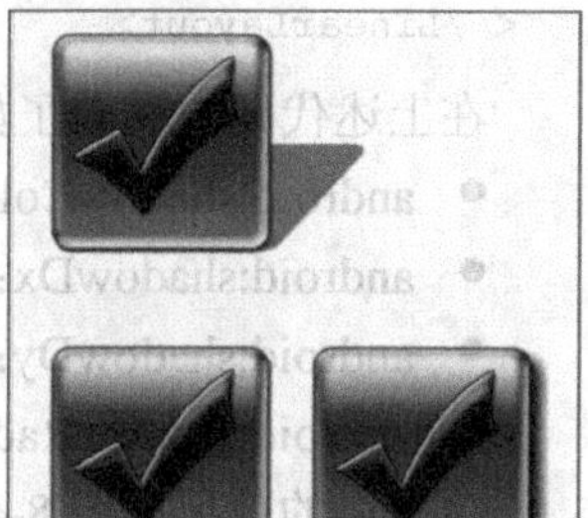

▲图8-41 执行效果

8.27.3 特别提醒——设置字体的阴影

在XML布局文件中可以实现字体的阴影效果，例如下面的代码：

```
<LinearLayout    xmlns:android="http://schemas.android.com/
apk/res/android"
xmlns:tools="http://schemas.android.com/tools"
android:layout_width="match_parent"
android:layout_height="match_parent"
android:orientation="vertical">

<TextView
android:layout_width="wrap_content"
android:layout_height="wrap_content"
android:shadowColor="#40000000"
android:shadowDx="0"
android:shadowDy="8"
android:shadowRadius="1"
android:layout_margin="20dip"
android:text="底部阴影效果"
```

```
android:textSize="20sp"/>

<TextView
android:layout_width="wrap_content"
android:layout_height="wrap_content"
android:shadowColor="#40000000"
android:shadowDx="0"
android:shadowDy="-5"
android:shadowRadius="1"
android:layout_margin="20dip"
android:text="顶部阴影"
android:textSize="20sp"/>
<TextView
android:layout_width="wrap_content"
android:layout_height="wrap_content"
android:shadowColor="#40000000"
android:shadowDx="-5"
android:shadowDy="0"
android:shadowRadius="1"
android:layout_margin="20dip"
android:text="左侧阴影"
android:textSize="20sp"/>

<TextView
android:layout_width="wrap_content"
android:layout_height="wrap_content"
android:shadowColor="#40000000"
android:shadowDx="5"
android:shadowDy="0"
android:shadowRadius="1"
android:layout_margin="20dip"
android:text="右侧阴影"
android:textSize="20sp"/>
<TextView
android:layout_width="wrap_content"
android:layout_height="wrap_content"
android:shadowColor="#40000000"
android:shadowDx="5"
android:shadowDy="5"
android:shadowRadius="1"
android:layout_margin="20dip"
android:text="右下侧阴影"
android:textSize="20sp"/>
< /LinearLayout>
```

在上述代码中设置了如下所示的 4 个属性：

- android:shadowColor：阴影的颜色。
- android:shadowDx：横向阴影，其值负数是往左，正数是往右。
- android:shadowDy：竖直方向，其值负数是往左，正数是往右。
- android:shadowRadius：阴影的半径。

执行后的效果如图 8-42 所示。

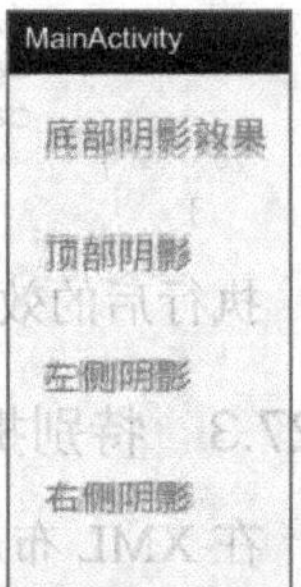

▲图 8-42　执行效果

第9章 互联网应用

21 世纪的前 10 年被称为信息时代，互联网是信息时代铸造的产物。互联网的问世，直接改变了人们的日常生活。现在人们已经越来越离不开网上冲浪和发送邮件等互联网应用了。在本节的内容中，将通过几个典型实例的实现过程，来详细介绍在 Android 系统中和互联网应用相关的基本知识。

9.1 传递 HTTP 参数

实例 181	传递 HTTP 参数
源码路径	daima\181
视频路径	视频\181

9.1.1 实例说明

HTTP 是一种网络传输协议，现实中的大多数网页都是通过“HTTP://WWW.”的形式实现显示的。在具体应用时，一些需要的数据都是通过其参数传递的。和网络 HTTP 有关的是 HTTP protocol，在 Android SDK 中，集成了 Apache 的 HttpClient 模块。通过这些模块，可以方便地编写出和 HTTP 有关的程序。在 Android SDK 中通常使用 HttpClient 4.0。

在本实例中插入了 2 个按钮，一个用于以 POST 方式获取网站数据，另外一个用于以 GET 方式获取数据，并以 TextView 对象来显示由服务器端的返回网页内容来显示连接结果。当然首先得建立和 HTTP 的连接，连接之后才能获取 Web Server 返回的结果。

9.1.2 具体实现

编写主程序文件，其具体实现流程如下所示。

（1）引用 apache.http 相关类实现 HTTP 联机，然后引用 java.io 与 java.util 相关类来读写档案。具体代码如下所示。

```
/*引用 apache.http 相关类来建立 HTTP 联机*/
import org.apache.http.HttpResponse;
import org.apache.http.NameValuePair;
import org.apache.http.client.ClientProtocolException;
import org.apache.http.client.entity.UrlEncodedFormEntity;
import org.apache.http.client.methods.HttpGet;
import org.apache.http.client.methods.HttpPost;
import org.apache.http.impl.client.DefaultHttpClient;
import org.apache.http.message.BasicNameValuePair;
import org.apache.http.protocol.HTTP;
import org.apache.http.util.EntityUtils;
/*必须引用 java.io 与 java.util 相关类来读写档案*/
import irdc.example165.R;
import java.io.IOException;
```

```
import java.util.ArrayList;
import java.util.List;
import java.util.regex.Matcher;
import java.util.regex.Pattern;
import android.app.Activity;
import android.os.Bundle;
import android.view.View;
import android.widget.Button;
import android.widget.TextView;
```

（2）使用 OnClickListener 来聆听单击第一个按钮事件，声明网址字符串并使用建立 Post 方式联机，最后通过 mTextView1.setText 输出提示字符。具体代码如下所示。

```
/*设定 OnClickListener 来聆听 OnClick 事件*/
mButton1.setOnClickListener(new Button.OnClickListener()
{
  /*覆写 onClick 事件*/
  @Override
  public void onClick(View v)
  {
    /*声明网址字符串*/
    String uriAPI = "http://www.dubblogs.cc:8751/Android/Test/API/Post/index.php";
    /*建立 HTTP Post 联机*/
    HttpPost httpRequest = new HttpPost(uriAPI);
    /*
     * Post 运行传送变量必须用 NameValuePair[]数组存储
    */
    List <NameValuePair> params = new ArrayList <NameValuePair>();
    params.add(new BasicNameValuePair("str", "I am Post String"));
    try
    {
      httpRequest.setEntity(new UrlEncodedFormEntity(params, HTTP.UTF_8));
      /*取得 HTTP 输出*/
      HttpResponse httpResponse = new DefaultHttpClient().execute(httpRequest);
      /*如果状态码为 200 */
      if(httpResponse.getStatusLine().getStatusCode() == 200)
      {
        /*获取应答字符串*/
        String strResult = EntityUtils.toString(httpResponse.getEntity());
        mTextView1.setText(strResult);
      }
      else
      {
        mTextView1.setText("Error"+httpResponse.getStatusLine().toString());
      }
    }
    catch (ClientProtocolException e)
    {
      mTextView1.setText(e.getMessage().toString());
      e.printStackTrace();
    }
    catch (IOException e)
    {
      mTextView1.setText(e.getMessage().toString());
      e.printStackTrace();
    }
    catch (Exception e)
    {
      mTextView1.setText(e.getMessage().toString());
      e.printStackTrace();
    }

  }
});
```

（3）使用 OnClickListener 来聆听单击第二个按钮的事件，声明网址字符串并建立 Get 方式的联机功能，分别实现发出 HTTP 获取请求、获取应答字符串和删除冗余字符操作，最后通过

mTextView1.setText 输出提示字符。具体代码如下所示。

```
mButton2.setOnClickListener(new Button.OnClickListener()
{
  @Override
  public void onClick(View v)
  {
    // TODO Auto-generated method stub
    /*声明网址字符串*/
    String uriAPI = "http://www.XXXX.cc:8751/index.php?str=I+am+Get+String";
    /*建立 HTTP Get 联机*/
    HttpGet httpRequest = new HttpGet(uriAPI);
    try
    {
      /*发出 HTTP 获取请求*/
      HttpResponse httpResponse = new DefaultHttpClient().execute(httpRequest);
      /*若状态码为 200 ok*/
      if(httpResponse.getStatusLine().getStatusCode() == 200)
      {
        /*获取应答字符串*/
        String strResult = EntityUtils.toString(httpResponse.getEntity());
        /*删除冗余字符*/
        strResult = eregi_replace("(\r\n|\r|\n|\n\r)","",strResult);
        mTextView1.setText(strResult);
      }
      else
      {
        mTextView1.setText("Error"+httpResponse.getStatusLine().toString());
      }
    }
    catch (ClientProtocolException e)
    {
      mTextView1.setText(e.getMessage().toString());
      e.printStackTrace();
    }
    catch (IOException e)
    {
      mTextView1.setText(e.getMessage().toString());
      e.printStackTrace();
    }
    catch (Exception e)
    {
      mTextView1.setText(e.getMessage().toString());
      e.printStackTrace();
    }
  }
});
}
```

（4）定义替换字符串函数 eregi_replace 来替换掉一些非法字符，具体代码如下所示。

```
/* 字符串替换函数 */
public String eregi_replace(String strFrom, String strTo, String strTarget)
{
  String strPattern = "(?i)"+strFrom;
  Pattern p = Pattern.compile(strPattern);
  Matcher m = p.matcher(strTarget);
  if(m.find())
  {
    return strTarget.replaceAll(strFrom, strTo);
  }
  else
  {
    return strTarget;
  }
}
}
```

最后需要在文件 AndroidManifest.xml 中声明网络连接权限，具体代码如下所示。

```
<uses-permission android:name="android.permission.INTERNET"></uses-permission>
```

执行后的效果如图 9-1 所示，单击图中的按钮能够以不同方式获取 HTTP 参数。

9.1.3　特别提醒——在 Android 系统中打开链接

▲图 9-1　执行效果

在 Android 系统中打开链接的通用代码如下所示。

```
Intent it = new Intent(Intent.ACTION_VIEW, Uri.parse
("http://www.baidu.com"));
it.setClassName("com.Android.browser",
"com.android.browser.BrowserActivity");
getContext().startActivity(it);
```

在 Android 系统中打开本地网页的通用代码如下所示。

```
Intent intent=new Intent();
intent.setAction("android.intent.action.VIEW");
Uri CONTENT_URI_BROWSERS = Uri.parse("content://com.android.htmlfileprovider/sdcard/
123.html");
intent.setData(CONTENT_URI_BROWSERS);
intent.setClassName("com.android.browser", "com.android.browser.BrowserActivity");
startActivity(intent);
```

9.2　在手机中浏览网页

实例 182	在手机屏幕中浏览网页
源码路径	daima\182
视频路径	视频\182

9.2.1　实例说明

在 Android 系统中内置了一个名为 WebKit 的引擎，使用里面的 WebView Widget 可以迅速浏览网页。在本实例中，是通过 WebView.loadUrl 来加载网址的。所以从 EditText 中传入要浏览的网址后，就可以在 WebView 中加载网页的内容了。

9.2.2　具体实现

编写主程序文件，通过 setOnClickListener 监听按钮单击事件，单击网址后面的箭头后会抓取 EditText 中的数据，然后打开此网址，并在 WebView 中显示网页内容。具体代码如下所示。

```
public void onCreate(Bundle savedInstanceState)
{
  super.onCreate(savedInstanceState);
  setContentView(R.layout.main);
  mImageButton1 = (ImageButton)findViewById(R.id.myImageButton1);
  mEditText1 = (EditText)findViewById(R.id.myEditText1);
  mWebView1 = (WebView) findViewById(R.id.myWebView1);

  /*当单击箭头后*/
  mImageButton1.setOnClickListener(new
                                  ImageButton.OnClickListener()
  {
    @Override
    public void onClick(View arg0)
    {
      // TODO Auto-generated method stub
      {
        mImageButton1.setImageResource(R.drawable.go_2);
        /*抓取 EditText 中的数据*/
        String strURI = (mEditText1.getText().toString());
```

```
            /*  WebView 显示网页内容  */
            mWebView1.loadUrl(strURI);
            Toast.makeText(
                example2.this,getString(R.string.load)+strURI,
                            Toast.LENGTH_LONG)
                .show();
            }
        }
      });
    }
  }
```

执行程序后显示一个文本框，在此中可以输入网址，输入网址并单击后面的▶后，将显示此网页的内容。

9.2.3 特别提醒——loadUrl 方法访问网页

在 Android 中提供了 WebView 控件专门用来浏览网页，其使用方法和其他控件一样，需要在布局文件中进行布局，然后在程序中就可以使用并进行设置了。通过 loadUrl 方法可以访问网页，其格式如下所示。

```
wb=(WebView)findViewById(R.id.wb);
wb.loadUrl(url);
```

9.3 在手机中使用 HTML 程序

实例 183	在手机屏幕中使用 HTML 程序
源码路径	daima\183
视频路径	视频\183

9.3.1 实例说明

HTML 语言是当前主流的网页技术，而 WebView 是一个嵌入式的浏览器，在里面可以直接使用 WebView.loadData()。WebView 将 HTML 标记传递给 WebView 对象，让 Android 手机程序变为 Web 浏览器。这样，网页程序被放在了 WebView 中运行，如同一个 Web Appliction。

9.3.2 具体实现

编写主程序文件，在 loadData 中插入了预先设置好的 HTML 代码，通过 HTML 代码显示了一幅图片和文字，并且实现了超级链接功能。具体代码如下所示。

```
        super.onCreate(savedInstanceState);
        setContentView(R.layout.main);
        mWebView1 = (WebView) findViewById(R.id.myWebView1);
        /*自行设置 WebView 要显示的网页内容*/
        mWebView1.
          loadData(
          "<html><body><p>aaaaaaa</p>" +
          "<div class='widget-content'>"+
          "<a href=http://www.sohu.com>" +
          "<img
src=http://hiphotos.baidu.com/chaojihedan/pic/item/bbddf5efc
260f133fdfa3 cd8.jpg />" +
          "<a href=http://www.sohu.com>Link Blog</a>" +
          "</body></html>", "text/html", "utf-8");
        }
}
```

▲图 9-2 执行效果

执行后将显示 HTML 产生的页面，如图 9-2 所示。单击超链接后会来到指定的目标页面。

9.3.3 特别提醒——开发 Android 网络项的注意事项

在 Android 手机中内置了一款高性能 WebKit 内核浏览器，在 SDK 中封装为 WebView 组件。在开发 Android 网络项目过程中应该注意如下三点。

（1）AndroidManifest.xml 中必须使用许可"android.permission. INTERNET"，否则会出 Web page not available 错误。

（2）如果访问的页面中有 Javascript，则 webview 必须设置支持 Javascript。

```
webview.getSettings().setJavaScriptEnabled(true);
```

（3）如果页面中链接，如果希望单击链接继续在当前 Browser 中响应，而不是新开 Android 的系统 Browser 中响应该链接，必须覆盖 Webview 的 WebViewClient 对象。

9.4 使用内置浏览器打开网页

实例 184	使用内置浏览器打开网页
源码路径	daima\184
视频路径	视频\184

9.4.1 实例说明

在 Android 系统中有一个内置浏览器，通过这个内置浏览器可以打开网页。在本实例中定义了一个 ListView 控件，在里面列表显示了 4 个菜单，单击菜单后会连接到指定的页面。当单击 ListView 中的某一个选项后，会通过 Intent（Intent.ACTION_VIEW,uri）来打开内置的浏览器，并浏览 ListView 中创建的网页 URL。

9.4.2 具体实现

编写主程序文件，其具体实现流程如下所示。

（1）通过 findViewById 构造器创建 ListView 与 TextView 对象，将 string.xml 中的值信息导入到列表中。具体代码如下所示。

```
public void onCreate(Bundle savedInstanceState)
{
  super.onCreate(savedInstanceState);
  setContentView(R.layout.main);

  /*通过 findViewById 构造器创建 ListView 与 TextView 对象*/
  mListView1 =(ListView) findViewById(R.id.myListView1);
  mTextView1 = (TextView) findViewById(R.id.myTextView1);
  mTextView1.setText(getResources().getString(R.string.hello));
  /*将列表通过 string.xml 中导入*/
  myFavor = new String[] {
                        getResources().getString
                        (R.string.str_list_url1),
                        getResources().getString
                        (R.string.str_list_url2),
                        getResources().getString
                        (R.string.str_list_url3),
                        getResources().getString
                        (R.string.str_list_url4)
                      };
```

（2）将自定义 ArrayAdapter 对象中的信息传入到 ListView 列表中,然后打开 ListAdapter 的可选（Focusable）菜单选项，最后设置单击 ListView 列表选项的处理事件。具体代码如下所示。

```
/*自定义一个 ArrayAdapter 准备传入 ListView 中,并将 myFavor 列表以参数传入*/
```

```
ArrayAdapter<String> adapter = new
ArrayAdapter<String>
(example4.this, android.R.layout.simple_list_item_1, myFavor);
/*将自定义完成的 ArrayAdapter 传入自定义的 ListView 中*/
mListView1.setAdapter(adapter);
/*将 ListAdapter 的可选(Focusable)菜单选项打开*/
mListView1.setItemsCanFocus(true);
/*设置 ListView 菜单选项设为每次只能单一选项*/
mListView1.setChoiceMode
(ListView.CHOICE_MODE_SINGLE);
/*设置 ListView 选项的 nItemClickListener*/
mListView1.setOnItemClickListener
(new ListView.OnItemClickListener()
{
```

（3）当用户单击一个 Item 选项后进行比较处理，并从 string.xml 中取出对应的 URL 网址，然后将字符串转换为 URL 对象。具体代码如下所示。

```
    /*覆盖 OnItemClick 方法*/
    public void onItemClick
    (AdapterView<?> arg0, View arg1, int arg2,long arg3)
    {
      // TODO Auto-generated method stub
      /*若所选菜单的文字与 myFavor 字符串数组第一个文字相同*/
      if(arg0.getAdapter().getItem(arg2).toString()==
      myFavor[0].toString())
      {
        /*取得网址并调用 goToUrl()方法*/
        myUrl=getResources().getString(R.string.str_url1);
        goToUrl(myUrl);
      }
      /*若所选菜单的文字与 myFavor 字符串数组第二个文字相同*/
      else if (arg0.getAdapter().getItem(arg2).toString()==
      myFavor[1].toString())
      {
        /*取得网址并调用 goToUrl()方法*/
        myUrl=getResources().getString(R.string.str_url2);
        goToUrl(myUrl);
      }
      /*若所选菜单的文字与 myFavor 字符串数组第二个文字相同*/
      else if (arg0.getAdapter().getItem(arg2).toString()==
      myFavor[2].toString())
      {
        /*取得网址并调用 goToUrl()方法*/
        myUrl=getResources().getString(R.string.str_url3);
        goToUrl(myUrl);
      }
      /*若所选菜单的文字与 myFavor 字符串数组第四个文字相同*/
      else if (arg0.getAdapter().getItem(arg2).toString()==
      myFavor[3].toString())
      {
        /*取得网址并调用 goToUrl()方法*/
        myUrl=getResources().getString(R.string.str_url4);
        goToUrl(myUrl);
      }
      /*以上皆非*/
      else
      {
        /*显示错误信息*/
        mTextView1.setText("Ooops!!出错了");
      }
    }
  });
}
```

（4）定义方法 goToUrl(String url)来打开网址为 URL 的网页，具体代码如下所示。

```
/*打开网页的方法*/
private void goToUrl(String url)
```

```
    {
      Uri uri = Uri.parse(url);
      Intent intent = new Intent(Intent.ACTION_VIEW, uri);
      startActivity(intent);
    }
  }
```

执行后将列表显示 4 个菜单，如图 9-3 所示。当单击一个菜单后，会来到对应的目标页面。

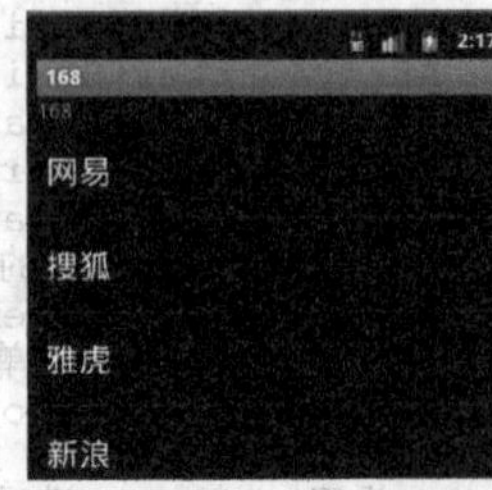

▲图 9-3 4 个菜单

9.4.3 特别提醒——WebSettings 设置 WebView 属性

对于浏览器的设置来说，可以通过 WebSettings 来设置 WebView 的一些属性、状态等。例如下面的代码。

```
WebSettingswebSettings=mWebView.getSettings();
webSettings.setJavaScriptEnabled(true);
//设置可以访问文件
webSettings.setAllowFileAccess(true);
//设置支持缩放
webSettings.setBuiltInZoomControls(true);
```

9.5 在屏幕中显示 QQ 空间中的图片

实例 185	在屏幕中显示 QQ 空间中的图片
源码路径	daima\185
视频路径	视频\185

9.5.1 实例说明

在 QQ 空间中可以存放我们的照片。在本实例中，直接在 Gallery 中显示 QQ 空间中的照片，这样可以节约手机的存储空间。在具体实现上，需要将 URL 网址的相片实时处理下载后，以 InputStream 转换为 Bitmap，这样才能放入 BaseAdapter 中取用。在运行实例前，需要预先准备照片并上传到网络空间中，在获取相片的连接后，再以 String 数组方式放在程序中，并对 BaseAdapter 稍作修改，加上 URL 对象的访问以及 URLConnection 连接的处理。

9.5.2 具体实现

编写主程序文件，其具体实现流程如下所示。

（1）分别声明在 Gallery 中要显示的 5 幅图片的地址栏字符串，具体代码如下所示。

```
private Gallery myGallery01;
/* 地址栏字符串 */
private String[] myImageURL = new String[]
{
   "http://b27.photo.store.qq.com/http_imgload.cgi?/"
      + "rurl4_b=086a67cbd6a8cfb4389ea2b48efab6f322f755a085107a7aeeaa56fc1358b1bd1
24186254e021f0655732688e69f060725491f8ae82e8e5508dbe9821670e2baf04e92dedc97e3bbf28e5
605596aa991c13220f1&a=27&b=27",
   "http://b27.photo.store.qq.com/http_imgload.cgi?/"
      + "rurl4_b=086a67cbd6a8cfb4389ea2b48efab6f3ea78f5797abbbaa617259f2d2a980a546
8f2801897cfcc2b78af92fbb87565ed7a3a08041daff2dd9ccd26d3cc6198e41f2d205c8a0c445325771
e8a179215999afaf9f3&a=27&b=27",
   "http://b27.photo.store.qq.com/http_imgload.cgi?/"
      + "rurl4_b=2a9dcf1fd909a7ed3ce8951f738608982f26d812b3a5fc96e221b85fc085e7cc
3264ee20730f0fd3a1f7aca06740db7a6153d9357467ca39f82b866b6fbe3cd94bbdd10ed01841e67c95
d8e4af8890b7ced40869&a=30&b=27",
   "http://b27.photo.store.qq.com/http_imgload.cgi?/"
```

```
        + "rurl4_b=2a9dcf1fd909a7ed3ce8951f73860898bb7ff57a8cb7747c9f0eb6a02124850b7
09c0b86f086a4ba5653eeb71dd4b01e4a58f407e2eec9433cd8d4bc0b88fda56260c2c8beb34ebab77b6
10c7131393f82e774ef&a=27&b=27",
      "http://b27.photo.store.qq.com/http_imgload.cgi?/"
        + "rurl4_b=2a9dcf1fd909a7ed3ce8951f73860898158d252489f84e7d2a83d44c01b7bb12
b2c19ca0efdd555dba788407fd01e9de45524b11a9793f532624197bc8d14c84ae78ddebafe4357e4eed
c60e9e510224367490bf&a=27&b=27" };
```

（2）引入布局文件 main.xml，定义类成员 myContext Context 对象，然后设置只有一个参数 C 的构造器。具体代码如下所示。

```
public void onCreate(Bundle savedInstanceState)
{
  super.onCreate(savedInstanceState);
  setContentView(R.layout.main);
  myGallery01 = (Gallery) findViewById(R.id.myGallery01);
  myGallery01.setAdapter(new myInternetGalleryAdapter(this));
}
/* 用 BaseAdapter */
public class myInternetGalleryAdapter extends BaseAdapter
{
  /* 类成员 myContext Context 对象 */
  private Context myContext;
  private int mGalleryItemBackground;
  /*构造器只有一个参数，即要存储的 Context */
  public myInternetGalleryAdapter(Context c)
  {
    this.myContext = c;
    TypedArray a = myContext
        .obtainStyledAttributes(R.styleable.Gallery);
    /* 获取 Gallery 属性的 Index id */
    mGalleryItemBackground = a.getResourceId(
        R.styleable.Gallery_android_galleryItemBackground, 0);
    /* 把对象的 styleable 属性能够反复使用 */
    a.recycle();
  }
```

（3）定义方法 getCount()来返回全部已定义图片的总量，定义方法 getItem(int position)获取当前容器中图像数的数组 ID。具体代码如下所示。

```
/*返回全部已定义图片的总量 */
public int getCount()
{
  return myImageURL.length;
}
/* 使用 getItem 方法获取当前容器中图像数的数组 ID */
public Object getItem(int position)
{
  return position;
}
public long getItemId(int position)
{
  return position;
}
```

（4）定义方法 getScale，利用 getScale 根据中央位移量返回 views 的大小。具体代码如下所示。

```
/* 根据中央位移量，利用 getScale 返回 views 的大小(0.0f to 1.0f) */
public float getScale(boolean focused, int offset)
{
  /* Formula: 1 / (2 ^ offset) */
  return Math.max(0, 1.0f / (float) Math.pow(2, Math
      .abs(offset)));
}
```

执行后将在 Gallery 中显示指定的的图片，如图 9-4 所示。

▲图 9-4　执行效果

9.5.3 特别提醒——Gallery 控件在游戏中的应用

Android 的 Gallery 控件是个很不错的看图控件，大大减轻了开发者对于看图功能的开发，而且效果也比较美观。在游戏开发中，往往要提供选关的页面，选择关卡可以简单地使用 listView，如果想让效果好一点，可以选择使用 Gallery 控件。其实本实例的图片横向显示效果就是游戏选择关卡界面最常用的效果。

9.6 从网络中下载图片作为屏幕背景

实例 186	从网络中下载图片作为屏幕背景
源码路径	daima\186
视频路径	视频\186

9.6.1 实例说明

我们可以从网络中下载一个图片文件来作为手机屏幕的背景。在本实例中，可以远程获取网络中的一幅图片，并将这幅图片作为手机屏幕的背景。当下载完图片后，通过 InputStream 传到 ContextWrapper 中重写 setWallpaper 的方式实现的。其中传入的参数是 URCConection.getInputStream()中的数据内容。

9.6.2 具体实现

编写主程序文件，其具体实现流程如下所示。

（1）单击按钮 1 时通过 mButton1.setOnClickListener 来预览图片，如果网址为空则输出空白提示，如果不为空则传入“type=1”表示预览图片。具体代码如下所示。

```
public void onCreate(Bundle savedInstanceState)
{
  super.onCreate(savedInstanceState);
  setContentView(R.layout.main);
  /* 初始化对象 */
  mButton1 =(Button) findViewById(R.id.myButton1);
  mButton2 =(Button) findViewById(R.id.myButton2);
  mEditText = (EditText) findViewById(R.id.myEdit);
  mImageView = (ImageView) findViewById(R.id.myImage);
  mButton2.setEnabled(false);
  /* 预览图片的 Button */
  mButton1.setOnClickListener(new Button.OnClickListener()
  {
    @Override
    public void onClick(View v)
    {
      String path=mEditText.getText().toString();
      if(path.equals(""))
      {
        showDialog("网址不可为空白!");
      }
      else
      {
        /* 传入 type=1 为预览图片 */
        setImage(path,1);
      }
    }
  });
```

（2）单击按钮 2 时通过 mButton2.setOnClickListener 将图片设置为桌面。如果网址为空则输出空白提示，如果不为空则传入“type=2”将其设置为桌面。具体代码如下所示。

```
  /* 将图片设为桌面的 Button */
```

```
mButton2.setOnClickListener(new Button.OnClickListener()
 {
  @Override
  public void onClick(View v)
  {
    try
    {
     String path=mEditText.getText().toString();
     if(path.equals(""))
     {
       showDialog("网址不可为空白!");
     }
     else
     {
       /* 传入 type=2 为设置桌面 */
       setImage(path,2);
     }
    }
    catch (Exception e)
    {
     showDialog("读取错误!网址可能不是图片或网址错误!");
     bm = null;
     mImageView.setImageBitmap(bm);
     mButton2.setEnabled(false);
     e.printStackTrace();
    }
  }
 });
}
```

（3）定义方法 setImage(String path,int type)将图片抓取预览或并设置为桌面，如果有异常则输出对应提示。具体代码如下所示。

```
/* 将图片抓下来预览并设置为桌面的方法 */
private void setImage(String path,int type)
{
  try
  {
    URL url = new URL(path);
    URLConnection conn = url.openConnection();
    conn.connect();
    if(type==1)
    {
      /* 预览图片 */
      bm = BitmapFactory.decodeStream(conn.getInputStream());
      mImageView.setImageBitmap(bm);
      mButton2.setEnabled(true);
    }
    else if(type==2)
    {
      /* 设置为桌面 */
      Example170.this.setWallpaper(conn.getInputStream());
      bm = null;
      mImageView.setImageBitmap(bm);
      mButton2.setEnabled(false);
      showDialog("桌面背景设置完成!");
    }
  }
  catch (Exception e)
  {
    showDialog("读取错误!网址可能不是图片或网址错误!");
    bm = null;
    mImageView.setImageBitmap(bm);
    mButton2.setEnabled(false);
    e.printStackTrace();
  }
}
```

（4）定义方法 showDialog(String mess)来弹出一个对话框，单击后完成背景设置。具体代码如下所示。

```
/* 弹出 Dialog 的方法 */
private void showDialog(String mess){
  new AlertDialog.Builder(example8.this).setTitle("Message")
  .setMessage(mess)
  .setNegativeButton("确定", new DialogInterface.OnClickListener()
  {
    public void onClick(DialogInterface dialog, int which)
    {
    }
  })
  .show();
 }
}
```

在文件 droidManifest.xml 中声明 T_WALLPAPER 权限和 INTERNET 权限，具体代码如下所示。

```
<uses-permission android:name="android.permission.SET_WALLPAPER"/>
<uses-permission android:name="android.permission.INTERNET"/>
```

执行后在屏幕中显示 1 个输入框和 2 个按钮，输入图片网址并单击【预览】按钮后，可以查看此图片，如图 9-5 所示。单击“设置”按钮后可以将此图片设置为屏幕背景。

9.6.3 特别提醒——将 InputStream 转换为 String

在 Android 系统中，可以将 InputStream 转换为 String，例如下面的代码。

▲图 9-5 执行效果

```
public static String inputStream2String (InputStream in)
throws IOException    {
        StringBuffer out = new StringBuffer();
        byte[]  b = new byte[4096];
        int n;
        while ((n = in.read(b))!= -1){
            out.append(new String(b,0,n));
    }
        Log.i("String 的长度",new Integer(out.length()).toString());
        return  out.toString();
}
```

另外，也可以将 InputStream 转换为 byte[]，例如下面的代码。

```
public static byte[] InputStreamToByte(InputStream is) throws IOException {
          ByteArrayOutputStream bytestream = new ByteArrayOutputStream();
          int ch;
          while ((ch = is.read()) != -1) {
           bytestream.write(ch);
          }
          byte imgdata[] = bytestream.toByteArray();
          bytestream.close();
          return imgdata;
        }
```

9.7 将文件上传至服务器

实例 187	将文件上传至服务器
源码路径	daima\187
视频路径	视频\187

9.7.1 实例说明

文件上传对于广大读者来说并不陌生，在手机中我们同样可以实现网站上传功能。在本节的内容中，将通过一个具体实例的实现过程，介绍在Android中实现文件上传的基本流程。

9.7.2　具体实现

编写主程序文件，其具体实现流程如下所示。

（1）分别声明变量newName、uploadFile和actionUrl，具体代码如下所示。

```
/* 变量声明
 * newName：上传后在服务器上的文件名称
 * uploadFile：要上传的文件路径
 * actionUrl：服务器上对应的程序路径 */
private String newName="image.jpg";
private String uploadFile="/data/data/irdc.example9/image.jpg";
private String actionUrl="http://127.127.0.1/upload/upload.jsp";
private TextView mText1;
private TextView mText2;
private Button mButton;
```

（2）通过mText1对象获取文件路径，根据mText2设置上传网址，单击按钮后调用上传方法uploadFile()。具体代码如下所示。

```
public void onCreate(Bundle savedInstanceState)
{
  super.onCreate(savedInstanceState);
  setContentView(R.layout.main);
  mText1 = (TextView) findViewById(R.id.myText2);
  mText1.setText("文件路径：\n"+uploadFile);
  mText2 = (TextView) findViewById(R.id.myText3);
  mText2.setText("上传网址：\n"+actionUrl);
  /* 设置mButton的onClick事件处理 */
  mButton = (Button) findViewById(R.id.myButton);
  mButton.setOnClickListener(new View.OnClickListener()
  {
    public void onClick(View v)
    {
      uploadFile();
    }
  });
}
```

（3）定义方法uploadFile()将文件上传至Server，具体代码如下所示。

```
/* 上传文件至Server的方法 */
private void uploadFile()
{
  String end = "\r\n";
  String twoHyphens = "--";
  String boundary = "*****";
  try
  {
    URL url =new URL(actionUrl);
    HttpURLConnection con=(HttpURLConnection)url.openConnection();
    /* 允许Input、Output，不使用Cache */
    con.setDoInput(true);
    con.setDoOutput(true);
    con.setUseCaches(false);
    /* 设置传送的method=POST */
    con.setRequestMethod("POST");
    /* setRequestProperty */
    con.setRequestProperty("Connection", "Keep-Alive");
    con.setRequestProperty("Charset", "UTF-8");
    con.setRequestProperty("Content-Type",
                      "multipart/form-data;boundary="+boundary);
    /* 设置DataOutputStream */
    DataOutputStream ds =
      new DataOutputStream(con.getOutputStream());
    ds.writeBytes(twoHyphens + boundary + end);
    ds.writeBytes("Content-Disposition: form-data; " +
```

```
            "name=\"file1\";filename=\"" +
            newName +"\"" + end);
    ds.writeBytes(end);
    /* 取得文件的 FileInputStream */
    FileInputStream fStream = new FileInputStream(uploadFile);
    /* 设置每次写入 1024bytes */
    int bufferSize = 1024;
    byte[] buffer = new byte[bufferSize];
    int length = -1;
    /* 从文件读取数据至缓冲区 */
    while((length = fStream.read(buffer)) != -1)
    {
      /* 将资料写入 DataOutputStream 中 */
      ds.write(buffer, 0, length);
    }
    ds.writeBytes(end);
    ds.writeBytes(twoHyphens + boundary + twoHyphens + end);
    fStream.close();
    ds.flush();
    /* 取得 Response 内容 */
    InputStream is = con.getInputStream();
    int ch;
    StringBuffer b =new StringBuffer();
    while( ( ch = is.read() ) != -1 )
    {
      b.append( (char)ch );
    }
    /* 将 Response 显示在 Dialog 对话框中 */
    showDialog(b.toString().trim());
    /* 关闭 DataOutputStream */
    ds.close();
  }
  catch(Exception e)
  {
    showDialog(""+e);
  }
}
```

（4）定义方法 showDialog(String mess)来显示提示对话框，具体代码如下所示。

```
/* 显示 Dialog 的方法*/
private void showDialog(String mess)
{
  new AlertDialog.Builder(example9.this).setTitle("Message")
   .setMessage(mess)
   .setNegativeButton("确定",new DialogInterface.OnClickListener()
   {
    public void onClick(DialogInterface dialog, int which)
    {
    }
   })
   .show();
 }
}
```

执行后单击【上传】按钮可以将指定的文件上传到服务器，如图 9-6 所示。

▲图 9-6　执行效果

9.7.3　特别提醒——表单上传程序实现文件上传

在 Web 应用中，通常通过一个表单和上传程序来实现文件上传。看下面的代码：

```
<FORM METHOD="POST" ACTION="do_upload.jsp" ENCTYPE="multipart/form-data">
<input type="FILE" name="FILE1" size="30">
<input type="submit" name="Submit" value="上传它! ">
</FORM>
```

上述代码是一个上传表单，供用户选择上传文件，并通过文件 do_upload.jsp 实现上传处理。在本实例中，将模拟上述处理过程，以Post方式对服务器上的接收程序发出request，触发该程序运行文件写入服务器的动作。在实现本实例前，需要搭建Java的WEB SERVER，在服务器预先编写一个接收文件程序，并在手机目录下准备要上传的资料。在此设置要上传的文件路径如下：

```
data/data/irdc.example171/image.jpg
```

然后准备上传处理文件upload.jsp，其代码将不作介绍，在网络中比比皆是。

Android要实现文件上传，可以利用Socket上传，也可以模拟Web进行上传，但是如果使用第一种方式上传，严格的话就得使用TCP，这样容易使系统死掉，或者是长时间等待，如果是UDP来传，就容易造成数据丢失，所以建议读者最好选择Web方式实现上传。由此可见，文件的上传其实就是自己组合成Post表单的形式进行HTTP的Post发送。

9.8 实现一个RSS系统

实例188	在手机中实现一个RSS系统
源码路径	daima\188
视频路径	视频\188

9.8.1 实例说明

RSS是一个开放的新闻模式，RSS是在线共享内容的一种简易方式（也叫聚合内容，Really Simple Syndication）。通常在时效性比较强的内容上使用RSS订阅能更快速获取信息，网站提供RSS输出，有利于让用户获取网站内容的最新更新。在使用RSS订阅时，通常通过网站提供的“订阅RSS”连接或小ICON实现，当单击链接后，会弹出包含RSS内容的页面，此页面的网址是网站的RSS网址。当连接到这个网址后，服务器端会返回RSS标准规格的XML文件，只要按照统一格式来解析XML文件，就可以得到RSS内的相关信息。

在本实例中，用户只需要输入一个RSS Feed网址，通过SAXParser解析后就可以直接在手机上浏览在线实时新闻。

9.8.2 具体实现

（1）编写主程序文件，在里面以EditText来作为输入RSS连接组件，当输入网址并单击【解析】按钮后，会触发单击事件以检查EditText是否空白。当检查无误后，将输入的网址写入Bundle对象中，再将Bundle对象assign给Intent，并通过startActivityForResult()来触发example172_1这个Activity。文件example172.java的主要代码如下所示。

```
public void onCreate(Bundle savedInstanceState)
{
  super.onCreate(savedInstanceState);
  setContentView(R.layout.main);
  /* 初始化对象 */
  mEditText=(EditText) findViewById(R.id.myEdit);
  mButton=(Button) findViewById(R.id.myButton);
  /* 设置Button的onClick事件 */
  mButton.setOnClickListener(new Button.OnClickListener()
  {
    @Override
    public void onClick(View v)
    {
      String path=mEditText.getText().toString();
      if(path.equals(""))
      {
        showDialog("网址不可为空白!");
      }
```

```
        else
        {
          /* new 一个 Intent 对象，并指定 class */
          Intent intent = new Intent();
          intent.setClass(example172.this,example172_1.class);
          /* new 一个 Bundle 对象，并将要传递的数据传入 */
          Bundle bundle = new Bundle();
          bundle.putString("path",path);
          /* 将 Bundle 对象 assign 给 Intent */
          intent.putExtras(bundle);
          /* 调用 Activity example172_1 */
          startActivityForResult(intent,0);
        }
      }
    });
  }

  /* 覆盖 onActivityResult()*/
  @Override
  protected void onActivityResult(int requestCode,int resultCode,
                                  Intent data)
  {
    switch (resultCode)
    {
      case 99:
        /* 返回错误时以 Dialog 显示 */
        Bundle bunde = data.getExtras();
        String error = bunde.getString("error");
        showDialog(error);
        break;
      default:
        break;
    }
  }
```

（2）编写文件 example172_1.java，这是一个列表界面，功能是调用主程序 example172.java 来列表显示订阅的 RSS 内容。主要代码如下所示。

```
public class example172_1 extends ListActivity
{
  /* 变量声明 */
  private TextView mText;
  private String title="";
  private List<News> li=new ArrayList<News>();
  public void onCreate(Bundle savedInstanceState) {
    super.onCreate(savedInstanceState);
    /* 设置 layout 为 newslist.xml */
    setContentView(R.layout.newslist);
    mText=(TextView) findViewById(R.id.myText);
    /* 取得 Intent 中的 Bundle 对象 */
    Intent intent=this.getIntent();
    Bundle bunde = intent.getExtras();
    /* 取得 Bundle 对象中的数据 */
    String path = bunde.getString("path");
    /* 调用 getRss()取得解析后的 List */
    li=getRss(path);
    mText.setText(title);
    /* 设置自定义的 MyAdapter */
    setListAdapter(new MyAdapter(this,li));
  }
  /* 设置 ListItem 被单击时要做的动作 */
  @Override
  protected void onListItemClick(ListView l,View v,int position,
                                 long id)
  {
    /* 取得 News 对象 */
    News ns=(News)li.get(position);
    /* new 一个 Intent 对象，并指定 class */
```

```
    Intent intent = new Intent();
    intent.setClass(example172_1.this,example172_2.class);
    /* new 一个 Bundle 对象，并将要传递的数据传入 */
    Bundle bundle = new Bundle();
    bundle.putString("title",ns.getTitle());
    bundle.putString("desc",ns.getDesc());
    bundle.putString("link",ns.getLink());
    /* 将 Bundle 对象 assign 给 Intent */
    intent.putExtras(bundle);
    /* 调用 Activity example172_2 */
    startActivity(intent);
  }
  /* 解析 XML 的方法 */
  private List<News> getRss(String path)
  {
    List<News> data=new ArrayList<News>();
    URL url = null;
    try
    {
      url = new URL(path);
      /* 产生 SAXParser 对象 */
      SAXParserFactory spf = SAXParserFactory.newInstance();
      SAXParser sp = spf.newSAXParser();
      /* 产生 XMLReader 对象 */
      XMLReader xr = sp.getXMLReader();
      /* 设置自定义的 MyHandler 给 XMLReader */
      MyHandler myExampleHandler = new MyHandler();
      xr.setContentHandler(myExampleHandler);
      /* 解析 XML */
      xr.parse(new InputSource(url.openStream()));
      /* 取得 RSS 标题与内容列表 */
      data =myExampleHandler.getParsedData();
      title=myExampleHandler.getRssTitle();
    }
```

（3）编写文件 example172_2.java 用于显示上一个 Activity 所单击的新闻内容。当程序被唤起后，会首先从 Bundle 对象中获取 News 的 title、link 和 desc，并显示在画面中。并以 Linkify.addLinks() 将 link 设置为一个 WEB_URLS 形式的链接。当用户单击链接后，会通过设置的网址直接打开 Web 浏览器来浏览网页。文件 example172_2.java 的主要实现代码如下所示。

```
public class example172_2 extends Activity
{
  /* 变量声明 */
  private TextView mTitle;
  private TextView mDesc;
  private TextView mLink;
  public void onCreate(Bundle savedInstanceState)
  {
    super.onCreate(savedInstanceState);
    /* 设置 layout 为 newscontent.xml */
    setContentView(R.layout.newscontent);
    /* 初始化对象 */
    mTitle=(TextView) findViewById(R.id.myTitle);
    mDesc=(TextView) findViewById(R.id.myDesc);
    mLink=(TextView) findViewById(R.id.myLink);
    /* 取得 Intent 中的 Bundle 对象 */
    Intent intent=this.getIntent();
    Bundle bunde = intent.getExtras();
    /* 取得 Bundle 对象中的数据 */
    mTitle.setText(bunde.getString("title"));
    mDesc.setText(bunde.getString("desc")+"....");
    mLink.setText(bunde.getString("link"));
    /* 设置 mLink 为网页连接 */
    Linkify.addLinks(mLink,Linkify.WEB_URLS);
  }
}
```

（4）编写文件 News.java 用于存放每一篇新闻信息。在本项目中每一个 News 对象代表了一条新闻，在News对象中定义了新闻的标题、描述、网站链接和发布时间这4个属性。JavaBean类中的方法都是以 setAAA()和 getAAA()方式来命名的，所以用 setAAA()来设置属性值，或通过getAAA()来获取属性值。文件News.java的主要代码如下所示。

```
public class News
{
  private String _title="";
  private String _link="";
  private String _desc="";
  private String _date="";

  public String getTitle()
  {
    return _title;
  }
  public String getLink()
  {
    return _link;
  }
  public String getDesc()
  {
    return _desc;
  }
  public String getDate()
  {
    return _date;
  }
  public void setTitle(String title)
  {
    _title=title;
  }
  public void setLink(String link)
  {
    _link=link;
  }
  public void setDesc(String desc)
  {
    _desc=desc;
  }
  public void setDate(String date)
  {
    _date=date;
  }
}
```

（5）编写文件MyAdapter.java，定义Adapter对象来设置ListView列表中要显示的信息。具体代码如下所示。

```
/* 自定义的Adapter，继承android.widget.BaseAdapter */
public class MyAdapter extends BaseAdapter
{
  /* 变量声明 */
  private LayoutInflater mInflater;
  private List<News> items;
  /* MyAdapter的构造器，传递两个参数 */
  public MyAdapter(Context context,List<News> it)
  {
    /* 参数初始化 */
    mInflater = LayoutInflater.from(context);
    items = it;
  }
  /* 因继承BaseAdapter，需重写以下方法 */
  @Override
  public int getCount()
  {
    return items.size();
  }
  public Object getItem(int position)
```

```
  {
    return items.get(position);
  }
  public long getItemId(int position)
  {
    return position;
  }
  public View getView(int position,View convertView,ViewGroup par)
  {
    ViewHolder holder;
    if(convertView == null)
    {
      /* 使用自定义的news_row作为Layout */
      convertView = mInflater.inflate(R.layout.news_row, null);
      /* 初始化holder的text与icon */
      holder = new ViewHolder();
      holder.text = (TextView) convertView.findViewById(R.id.text);
      convertView.setTag(holder);
    }
    else
    {
      holder = (ViewHolder) convertView.getTag();
    }
    News tmpN=(News)items.get(position);
    holder.text.setText(tmpN.getTitle());
    return convertView;
  }
  private class ViewHolder
  {
    TextView text;
  }
}
```

(6) 编写文件 MyHandler.java，定义 MyHandler 对象以获取对应的信息。主要代码如下所示。

```
/* 将转换成List<News>的XML数据返回 */
public List<News> getParsedData()
{
  return li;
}
/* 将解析出的RSS title返回 */
public String getRssTitle()
{
  return title;
}
/* XML文件开始解析时调用此方法 */
@Override
public void startDocument() throws SAXException
{
  li = new ArrayList<News>();
}
/* XML文件结束解析时调用此方法 */
@Override
public void endDocument() throws SAXException
{
}
/* 解析到Element的开头时调用此方法 */
@Override
public void startElement(String namespaceURI, String localName,
            String qName, Attributes atts) throws SAXException
{
  if (localName.equals("item"))
  {
    this.in_item = true;
    /* 解析到Item的开头时new一个News对象 */
    news=new News();
  }
  else if (localName.equals("title"))
  {
    if(this.in_item)
```

```
      {
        this.in_title = true;
      }
      else
      {
        this.in_mainTitle = true;
      }
    }
    else if (localName.equals("link"))
    {
      if(this.in_item)
      {
        this.in_link = true;
      }
    }
    else if (localName.equals("description"))
    {
      if(this.in_item)
      {
        this.in_desc = true;
      }
    }
    else if (localName.equals("pubDate"))
    {
      if(this.in_item)
      {
        this.in_date = true;
      }
    }
  }
  /* 解析到 Element 的结尾时调用此方法 */
  @Override
  public void endElement(String namespaceURI, String localName,
                         String qName) throws SAXException
  {
    if (localName.equals("item"))
    {
      this.in_item = false;
      /* 解析到 Item 的结尾时将 News 对象写入 List 中 */
      li.add(news);
    }
    else if (localName.equals("title"))
    {
      if(this.in_item)
      {
        /* 设置 News 对象的 title */
        news.setTitle(buf.toString().trim());
        buf.setLength(0);
        this.in_title = false;
      }
      else
      {
        /* 设置 RSS 的 title */
        title=buf.toString().trim();
        buf.setLength(0);
        this.in_mainTitle = false;
      }
    }
    else if (localName.equals("link"))
    {
      if(this.in_item)
      {
        /* 设置 News 对象的 link */
        news.setLink(buf.toString().trim());
        buf.setLength(0);
        this.in_link = false;
      }
    }
    else if (localName.equals("description"))
```

```
    {
      if(in_item)
      {
        /* 设置News对象的description */
        news.setDesc(buf.toString().trim());
        buf.setLength(0);
        this.in_desc = false;
      }
    }
    else if (localName.equals("pubDate"))
    {
      if(in_item)
      {
        /* 设置News对象的pubDate */
        news.setDate(buf.toString().trim());
        buf.setLength(0);
        this.in_date = false;
      }
    }
  }
  /* 取得Element的开头结尾中间夹的字符串 */
  @Override
  public void characters(char ch[], int start, int length)
  {
    if(this.in_item||this.in_mainTitle)
    {
      /* 将char[]添加StringBuffer */
      buf.append(ch,start,length);
    }
  }
}
```

执行后先显示一个可输入框，在文本框中输入 RSS 网址 http://rss.sina.com.cn/news/marquee/ddt.xml，然后单击【解析】按钮后会在屏幕中列表显示RSS新闻标题。单击某条新闻后，会显示此新闻的详情。

9.8.3 特别提醒——RSS2.0的语法规则

RSS2.0的语法规则非常简单，而且十分严格，看下面的代码。

```
<?xml version="1.0" encoding="ISO-8859-1" ?>
<rss version="2.0">
<channel>

<title>W3Schools</title>
<link>http://www.w3schools.com</link>
<description>W3Schools Web Tutorials </description>
<item>
<title>RSS Tutorial</title>
<link>http://www.w3schools.com/rss</link>
<description>Check out the RSS tutorial
on W3Schools.com</description>
</item>

</channel>
</rss>
```

其中，<channel>元素内是描述RSS feed的地方。

RSS 的<channel>元素是项目内容显示的地方。它就像 RSS 的标题。一般来讲它不会频繁地改动。有3个内部元素是必须有的，分别是<title>、<link>和<description>。具体说明如下所示。

- <title>元素里应该包含网站和RSS feed简短的说明。
- <link>元素应该定义网站主页的链接。
- <description>元素应该描述RSS feed。

<channel>内的可选元素如下。

- <category>定义一个或多个频道分类。
- <cloud>允许更新通告。
- <copyright>提醒有关版权。
- <docs>频道所使用的 RSS 版本文档 URL。
- <generator>如果频道是自动生成器产生的，就在这里定义。
- <image>给频道加图片。
- <language>描述了频道所使用的语言。
- <lastBuildDate>定义频道最新一次改动的时间。
- <managingEditor>定义编辑站点人员的 E-mail 地址。
- <pubDate>定义频带最新的发布时间。
- <rating>页面评估。
- <ttl>存活的有效时间。
- <webMaster>定义站长的邮件地址。

<item>元素内是网站链接和描述更新内容的地方。<item>是显示 RSS 更新内容的地方。它像是文章的标题。当站点有更新时 RSSfeed 中的<item>元素就会被建立起来。<item>元素里有几个可选的元素，但<title>和<description>是必须有的。

一个 RSS 的<item>应该包括：<title>、<link>和<description>元素。

- <title>元素是项目的题目，应该用十分简短地描述。
- <link>元素项目所关联的链接。
- <description>元素就是 RSS feed 的描述部分,这应该是描述你的 RSS feed 项目的。

可选的<item>元素如下。

- <author>定义作者。
- <category>类别。
- <comments>针对项目的评论页 URL。
- <enclosure>描述一个与项目有关的媒体对象。
- <guid>针对项目定义独特的标志。
- <pubDate>项目发布时间。
- <source>转载地址（源地址）。

在<description>中建议使用<![CDATA[　]]>，所有在 CDATA 部件之间的文本都会被解析器忽略。

9.9 远程下载并安装一个软件

实例 189	远程下载并安装一个软件
源码路径	daima\189
视频路径	视频\189

9.9.1 实例说明

本实例运行后，能够远程下载指定网址的 Android 应用程序，下载到手机后打开 Application Installer 软件来安装这个软件。在具体实现上，先设置一个 EditText 来获取远程程序的 URL，按后通过自定义按钮打开下载程序（使用 java.net 的 URLConnection 对象来创建连接，通过 InputStream 将下载文件写入到存储卡的缓存）。下载后通过自定义方法 openFile()打开文件，并根据文件扩展名，判断是否为 APK 格式，是则启动内置的 Install 程序，开始安装。安装完成后，在离开 Install 时通过方法 delFile()将存储卡中的临时文件删除。

9.9.2 具体实现

编写主程序文件，其具体实现流程如下所示。

（1）单击按钮后设置将文件下载到 local（本地），获取要安装程序的文件名称。具体代码如下所示。

```
mButton01.setOnClickListener(new Button.OnClickListener()
  {
    public void onClick(View v)
    {
      /* 文件会下载至 local 端 */
      mTextView01.setText("下载中...");
      strURL = mEditText01.getText().toString();
      /*取得欲安装程序之文件名称*/
      fileEx = strURL.substring(strURL.lastIndexOf(".")
      +1,strURL.length()).toLowerCase();
      fileNa = strURL.substring(strURL.lastIndexOf("/")
      +1,strURL.lastIndexOf("."));
      getFile(strURL);
     }
   }
  );
```

（2）如果框中的远程地址为空，则输出“请输入 URL”的提示。具体代码如下所示。

```
  mEditText01.setOnClickListener(new EditText.OnClickListener()
  {
    @Override
    public void onClick(View arg0)
    {
      // TODO Auto-generated method stub
      mEditText01.setText("");
      mTextView01.setText("远程安装程序(请输入 URL)");
    }
  });
}
```

（3）定义方法 getFile(final String strPath)来获取下载的 URL 文件，如果有异常则输出提示。具体代码如下所示。

```
/* 处理下载 URL 文件自定义函数 */
private void getFile(final String strPath)  {
  try
  {
    if (strPath.equals(currentFilePath) )
    {
      getDataSource(strPath);
    }
    currentFilePath = strPath;
    Runnable r = new Runnable()
    {
      public void run()
      {
        try
        {
          getDataSource(strPath);
        }
        catch (Exception e)
        {
          Log.e(TAG, e.getMessage(), e);
```

```
        }
      }
    };
    new Thread(r).start();
  }
  catch(Exception e)
  {
    e.printStackTrace();
  }
}
```

（4）定义方法 getDataSource 来获取远程文件，主要代码如下所示。

```
/*取得远程文件*/
private void getDataSource(String strPath) throws Exception
{
  if (!URLUtil.isNetworkUrl(strPath))
  {
    mTextView01.setText("错误的 URL");
  }
  else
  {
    /*取得 URL*/
    URL myURL = new URL(strPath);
    /*创建连接*/
    URLConnection conn = myURL.openConnection();
    conn.connect();
    /*InputStream 下载文件*/
    InputStream is = conn.getInputStream();
    if (is == null)
    {
      throw new RuntimeException("stream is null");
    }
    /*创建临时文件*/
    File myTempFile = File.createTempFile(fileNa, "."+fileEx);
    /*取得站存盘案路径*/
    currentTempFilePath = myTempFile.getAbsolutePath();
    /*将文件写入暂存盘*/
    FileOutputStream fos = new FileOutputStream(myTempFile);
    byte buf[] = new byte[128];
    do
    {
      int numread = is.read(buf);
      if (numread <= 0)
      {
        break;
      }
      fos.write(buf, 0, numread);
    }while (true);

    /*打开文件进行安装*/
    openFile(myTempFile);
    try
    {
      is.close();
    }
    catch (Exception ex)
    {
      Log.e(TAG, "error: " + ex.getMessage(), ex);
    }
  }
}
```

（5）定义方法 openFile(File f)来设置在手机上打开文件，主要代码如下所示。

```
/* 在手机上打开文件的 method */
private void openFile(File f)
{
  Intent intent = new Intent();
  intent.addFlags(Intent.FLAG_ACTIVITY_NEW_TASK);
```

```
    intent.setAction(android.content.Intent.ACTION_VIEW);

    /* 调用 getMIMEType()来取得 MimeType */
    String type = getMIMEType(f);
    /* 设置 intent 的 file 与 MimeType */
    intent.setDataAndType(Uri.fromFile(f),type);
    startActivity(intent);
  }
  /* 判断文件 MimeType 的 method */
  private String getMIMEType(File f)
  {
    String type="";
    String fName=f.getName();
    /* 取得扩展名 */
    String end=fName.substring(fName.lastIndexOf(".")
    +1,fName.length()).toLowerCase();

    /* 依扩展名的类型决定 MimeType */
    if(end.equals("m4a")||end.equals("mp3")||end.equals("mid")||
    end.equals("xmf")||end.equals("ogg")||end.equals("wav"))
    {
      type = "audio";
    }
    else if(end.equals("3gp")||end.equals("mp4"))
    {
      type = "video";
    }
    else if(end.equals("jpg")||end.equals("gif")||end.equals("png")||
    end.equals("jpeg")||end.equals("bmp"))
    {
      type = "image";
    }
    else if(end.equals("apk"))
    {
      /* android.permission.INSTALL_PACKAGES */
      type = "application/vnd.android.package-archive";
    }
    else
    {
      type="*";
    }
    /*如果无法直接打开，就跳出软件列表给用户选择 */
    if(end.equals("apk"))
    {
    }
    else
    {
      type += "/*";
    }
    return type;
  }
```

（6）定义方法 delFile 来删除 SD 卡上的临时文件，主要代码如下所示。

```
/*自定义删除文件方法*/
private void delFile(String strFileName)
{
  File myFile = new File(strFileName);
  if(myFile.exists())
  {
    myFile.delete();
  }
}
```

（7）定义方法 onPause()和 onResume()，分别设置 onPause 暂停和 onResume 重新开始的状态。具体代码如下所示。

```
/*当 Activity 处于 onPause 状态时，更改 TextView 文字状态*/
@Override
```

```
protected void onPause()
{
  mTextView01 = (TextView)findViewById(R.id.myTextView1);
  mTextView01.setText("下载成功");
  super.onPause();
}
/*当 Activity 处于 onResume 状态时，删除临时文件*/
@Override
protected void onResume()
{
  // TODO Auto-generated method stub
  /* 删除临时文件 */
  delFile(currentTempFilePath);
  super.onResume();
}
}
```

执行后将在文本框中显示目标安装程序的路径，如图 9-7 所示。实例中的默认路径是 http://mz.ruan8.com/soft/2/sougoushoujishurufa_7786.apk，这是一个 sogou 输入法程序。单击【安装】按钮后，开始下载目标文件，如图 9-8 所示。下载完成后弹出安装界面，单击【Install】按钮后开始安装，安装完成后输出提示。

▲图 9-7 下载目标文件

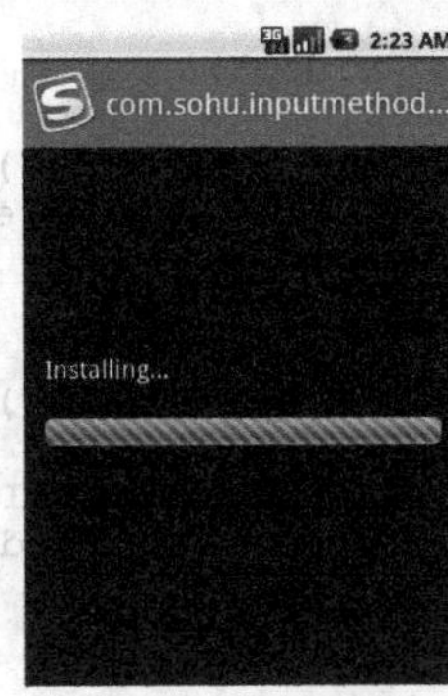

▲图 9-8 下载界面

9.9.3 特别提醒——APK 文件介绍

APK 是 Android Package 的缩写，即 Android 安装包。APK 是类似 Symbian Sis 或 Sisx 的文件格式。通过将 APK 文件直接传到 Android 模拟器或 Android 手机中执行即可安装。

APK 文件和 SIS 一样最终把 Android SDK 编译的工程打包成一个安装程序文件，格式为 APK。APK 文件其实是 zip 格式，但后缀名被修改为 APK，通过 UnZip 解压后，可以看到 Dex 文件，Dex 是 Dalvik VM executes 的全称，即 Android Dalvik 执行程序，并非 Java ME 的字节码而是 Dalvik 字节码。一个 APK 文件结构为。

- META-INF\ Jar 文件中的“res\”目录，存放图片等资源文件。
- AndroidManifest.xml 程序全局配置文件。
- classes.dex：Dalvik 字节码。
- resources.arsc：编译后的二进制资源文件。

总结后我们发现，Android 在运行一个程序时首先需要 UnZip，类似 Symbian 那样，和 Windows Mobile 中的 PE 文件有区别，这样做程序的保密性和可靠性不是很高，通过 dexdump 命令可以反编译，但这样做符合发展规律，微软的 Windows Gadgets 和 WPF 也采用了这种构架方式。在 Android 平台中，dalvik vm 的执行文件被打包为 APK 格式，最终运行时加载器会解压，然后获取编译后的 androidmanifest.xml 文件中的 permission，但仍然存在很多安全限制，如果将 APK 文件传到“/system/app”文件夹下会发现执行是不受限制的。最终，我们平时安装的文件可能不是这个文件夹，而在 Android ROM 中，系统的 APK 文件默认会放入这个文件夹，它们拥有 ROOT 权限。

（1）下载 APK 应用程序

我们可以从哪里取得好用的 Android APK 应用程序，并安装到 Android 手机上呢？对拥有 G1 实体手机的使用者而言，Android Market 就是最佳的地方，只要使用手机内应用程序列表的 Market 程序，就可以直接连接到 Android Market，而点选喜爱的应用程序后，就会直接下载并安装到 G1 手机上。不过对使用 Android 仿真器的使用者而言，就没有如此方便了，Android 仿真器并没有 Android Market 这个应用程序，只能使用内附的浏览器浏览 Android Market，为何说是浏览呢？因为 Android Market 不是采用通用网页浏览方式来下载文件，虽然可以使用常见的浏览器看到 Android Market 上的应用程序，但是没有办法下载到 Android 仿真器或一般的计算机上，原因是 Android Market 采用特有的网页 API，使用 native UI 的方式来访问，唯有通过内建在 G1 手机内的 Market 应用程序，才能下载 Android Market 网页中的应用程序，并自动安装到 G1 手机上。

所以 Android 仿真器的使用者，只好浏览该网页上的应用程序，然后通过搜索引擎去找找看开发人员有没有将应用程序放到 Android Market 之外，还将 APK 文件放置在一般网页上了。到此为止，使用 Android 仿真器的用户，也不需要这么灰心，因为有太多的人遇到同样的问题，也就生成非常多的 Android 应用程序网页，用户可以浏览这些网页并把上面的 APK 文件下载到一般计算机上，再安装到 Android 仿真器上。

下面列出了常用的 APK 应用程序下载网站：

http://andappstore.com/
http://www.getjar.com/software
http://www.phoload.com/android
http://slideme.org/
http://androidforums.com/market/
http://www.cyrket.com/
http://www.androidfreeware.org/
http://androidsoftwaredownload.com/
http://www.freeandroidsoft.com/
http://code.google.com/p/apps-for-android/
http://code.google.com/p/openintents/downloads/list

（2）安装 APK 应用程序

所有的 APK 应用程序要安装到 Android 仿真器上，使用如下 adb install 指令来开启一个命令字符的终端机窗口，并运行 APK 安装指令。

```
adb install filename.apk
```

这样 adb 指令就会自动将 filename.apk 应用程序安装到 Android 仿真器上，而仿真器上的应用程序列表也会立即出现刚刚安装的应用程序图标，如果应用程序没有安装成功，或安装不完善，也可以重复运行 adb install filename.apk 指令重新安装一次，这样会保留已经设置的信息，而仅是重新安装应用程序本身。

不过在运行 adb 安装 APK 应用程序组件时，不可以同时运行多个 Android 仿真器，因为 adb 会不知要将 APK 应用程序安装到哪一个仿真器，最好的方法就是仅运行一个 Android 仿真器。如果有同时运行多个仿真器的需要，就要在安装 APK 组件时，使用 adb 先指定某一个仿真器。您可以从 Android 仿真器的窗口上，看到类似 Android Emulator（5554）的字样，而 5554 就是仿真器的运行序号，每一个仿真器有其独特的运行序号，只要将 adb 加上-s <serialNumber> 参数，就可以指定 adb 将 APK 应用程序安装在哪一个仿真器上了。

```
adb -s emulator-5554 install filename.apk
(指定安装 APK 组件在 5554 的 Android 仿真器中)
```

（3）移除 APK 应用程序

如果已经安装了很多 Android 应用程序，如果想要删除一些应用程序图标也非常简单，同样是一行指令就搞定了，adb uninstall 指令可以将 APK 应用程序移除。

```
adb uninstall package
```

例如下面的代码：

```
adb uninstall com.android.email          (把 email 程序移除)
```

Android 使用的 Package 名称类似我们浏览网页时常用的域名方式，所以上面的示范是将 com.android.email 这个 email package 移除，请记住，Package 名称不是您安装 APK 组件时的文件名或是显示在 Android 仿真器中的应用程序名称。另外，Package 名称也并不一定都是 com.android 这样的形式，它可以用各式各样的域名方式来命名，例如 org.iii.ro.iiivpa 或 com.deafcode.android.Cinema。APK 文件的 Package 名称完全是由当初的开发人员所制定的，所以并没有统一的命名方式，唯一相同的就是它一定是类似 Domain 域名的命名格式。

另外，在移除该 APK 应用程序时，如果想要保留信息与 Cache 目录，则加上 -k 参数即可。

```
adb uninstall -k package                    (移除程序时，保留信息)
```

不过麻烦的是，可能不知道这个想要移除的应用程序 Package 名称，所以必须先运行 adb shell 进入 Android 操作系统的指令列模式，然后到 /data/data 或 /data/app 目录下，得知欲移除的 Package 名称，然后使用 adb uninstall 指令删除 APK 应用程序，这样就可以简易地从 Android 仿真器将不想使用的 APK 应用程序移除了。

```
adb shell
  ls /data/data 或 /data/app                (查询 Package 名称)
  exit
   adb uninstall package                    (移除查询到的 Package)
```

幸运的是，从 Android SDK 1.5 版起，已经内建应用程序管理系统，不需要再辛苦地使用 adb uninstall 指令移除 APK 应用程序组件，只要在 Android 手机主画面点选 MENU 按键，然后依序点选 Settings→Applications→Manage applications 就可以启动应用程序管理系统。当前 Android 系统已经安装的所有应用程序都会列出来，您只要点选想要移除的应用程序然后选择 Uninstall 就可以移除该程序了，这样就不需要使用 adb uninstall 指令来移除 Android 应用程序了。

下载文件与打开网页是一样的，打开网页是将内容显示出来，保存文件就是保存到文件中。例如可以通过下面的代码将内容保存到 SD 卡等设备上。

```
public void downFile(String url, String path, String fileName)
        throws IOException {
    if (fileName == null || fileName == "")
        this.FileName = url.substring(url.lastIndexOf("/") + 1);
    else
        this.FileName = fileName; // 取得文件名，如果输入新文件名，则使用新文件名
    URL Url = new URL(url);
    URLConnection conn = Url.openConnection();
    conn.connect();
    InputStream is = conn.getInputStream();
    this.fileSize = conn.getContentLength();// 根据响应获取文件大小
    if (this.fileSize <= 0) { // 获取内容长度为 0
        throw new RuntimeException("无法获知文件大小 ");
    }
    if (is == null) {          // 没有下载流
        sendMsg(Down_ERROR);
        throw new RuntimeException("无法获取文件");
```

```
        }
        FileOutputStream FOS = new FileOutputStream(path + this.FileName);
// 创建写入文件内存流，通过此流向目标写文件
        byte buf[] = new byte[1024];
        downLoadFilePosition = 0;
        int numread;
        while ((numread = is.read(buf)) != -1) {
            FOS.write(buf, 0, numread);
            downLoadFilePosition += numread
        }
        try {
            is.close();
        } catch (Exception ex) {
            ;
        }
    }
```

上述代码不够完美，因为没有实现进度条功能。如果要实现进度条功能，可以考虑使用消息进行发送提示，首先实现一个消息。

```
private Handler downloadHandler = new Handler() { // 用于接收消息，处理进度条
    @Override
    public void handleMessage(Message msg){// 接收到的消息，并且对接收到的消息进行处理
        if (!Thread.currentThread().isInterrupted()) {
            switch (msg.what) {
            case DOWN_START:
                pb.setMax(fileSize); //设置开始长度
            case DOWN_POSITION:
                pb.setProgress(downLoadFilePosition);  // 设置进度
                break;
            case DOWN_COMPLETE:
             Toast.makeText(DownLoadFileTest.this, "下载完成！", 1).show();// 完成提示
                break;
            case Down_ERROR:
                String error = msg.getData().getString("下载出错！");
                Toast.makeText(DownLoadFileTest.this, error, 1).show();
                break;
            }
        }
        super.handleMessage(msg);
    }
};
```

这样在下载的时候只要发送相应的消息即可产生相应的提示。

9.10 开发一个移动微博发布器

实例 190	开发一个移动微博发布器
源码路径	daima\190
视频路径	视频\190

9.10.1 实例说明

在当前的互联网时代，使用博客的人越来越多，人们通过博客来抒发情感、编写日记，记录生活中的点点滴滴，更有许多“部落格”，通过博客来分享不同领域的生活。为了方便人们的生活，在很多智能手机上推出了“移动博客发布器”。

RPC 是 Remote Procedure Call 的缩写，译名“远程过程调用”，XML-RPC 是一种统一标准的规范，是通过 HTTP 连接的方式运行的，以传送符合 XML-RPC 格式的 request 来调用远程服务器上的某个程序，进而运行博客功能。许多的网络服务业者都会以 XML-RPC 的方式提供给软件开发者一个系统介接的管道，让开发者能够根据业者定义好的方式，以 XML-RPC 的方式来使用该

网站的某些功能。目前外许多的博客也都支持 XML-RPC 的介接方式。

在 XML-RPC 标准中，规定 XML 内容的规则如下所示。

```
<xml version="1.0"?>
<methodCall>
 <methodName>要调用的 method name</methodName>
   <params>
   <params>参数 1</param>
   <params>参数 2</param>
   <param>参数 n</param>
   </params>
</methodCall>
```

在本实例中实现了一个“移动博客发布器”的功能，以乐多博客 http://ublog.roodo.com/为例，演示了如何从手机发布文章到乐多博客上的方法。

调用乐多博客的 metaWeblog.newPost 运行添加博客文章的动作，发出的 XML 请求内容如下所示。

```
< ?xml version="1.0"?>
<methodCall>
      <methodN ame >metaWeblog.newPost</methodName>
<params>
              <param><value><st ring>ID</string></value></param>
                    <param><value><string>账号</string></value></param>
                    <param><value><string>密码</string></value></param>
<param>
 <value>
 <struct>
 <member>
<name>title</name>
         <value><string>文章标题</string></value>
 </member>
 <member>
<name>descriptiori</name>
         <value><string>内容</string></value>
 </member>
 </struct>
 </value>
</param>
<param><value><boolean>l</boolean></value></param>
</params>
</methodCall>
```

9.10.2　具体实现

编写主程序文件，在此文件中以 EditText 编辑框作为输入博客相关信息及文章内容的组件，当用户输入完成后单击【发布文章】按钮，此 Button 按钮的 onClick()会被触发，首先检查输入字段是否是空白，检查无误后，程序先运行 getPostString()，将输入参数转换成符合 XML-RPC 规范的 XML 格式，再调用 sendPost()将 XML 的 request 传送给相对应的博客网址，最后再取得服务器返回的 response，并使用 Dialog 形式显示运行结果

主程序文件的主要代码如下所示。

```
/* 变量声明 */
Button mButton;
EditText mEdit1;
EditText mEdit2;
EditText mEdit3;
EditText mEdit4;
EditText mEdit5;
/* 乐多博客 XML-RPC 网址 */
private String path=
  " http://blog.csdn.net/asdfg343442";
/* XML-RPC 发布文章的 method name */
```

```
private String method="metaWeblog.newPost";

@Override
public void onCreate(Bundle savedInstanceState)
{
  super.onCreate(savedInstanceState);
  setContentView(R.layout.main);
  /* 初始化对象 */
  mEdit1=(EditText)findViewById(R.id.blogId);
  mEdit2=(EditText)findViewById(R.id.blogAccount);
  mEdit3=(EditText)findViewById(R.id.blogPwd);
  mEdit4=(EditText)findViewById(R.id.artTitle);
  mEdit5=(EditText)findViewById(R.id.artContent);
  mButton=(Button)findViewById(R.id.myButton);
  /* 设置发布文章的 onClick 事件 */
  mButton.setOnClickListener(new View.OnClickListener()
  {
    public void onClick(View v)
    {
      /* 取得输入的信息 */
      String blogId=mEdit1.getText().toString();
      String account=mEdit2.getText().toString();
      String pwd=mEdit3.getText().toString();
      String title=mEdit4.getText().toString();
      String content=mEdit5.getText().toString();

      if(blogId.equals("")||account.equals("")||pwd.equals("")||
         title.equals("")||content.equals(""))
      {
        showDialog("没有填写内容!");
      }
      else
      {
        /* 发送 XML POST 并显示 Response 内容 */
        String outS=getPostString(method,blogId,account,
                             pwd,title,content);
        String re=sendPost(outS);
        showDialog(re);
      }
    }
  });
}

/* 发送 request 至博客的对应网址的 method */
private String sendPost(String outString)
{
  HttpURLConnection conn=null;
  String result="";
  URL url = null;
  try
  {
    url = new URL(path);
    conn = (HttpURLConnection)url.openConnection();
    /* 允许 Input、Output */
    conn.setDoInput(true);
    conn.setDoOutput(true);
    /* 设置传送的 method=POST */
    conn.setRequestMethod("POST");
    /* setRequestProperty */
    conn.setRequestProperty("Content-Type", "text/xml");
    conn.setRequestProperty("Charset", "UTF-8");

    /* 送出 request */
    OutputStreamWriter out =
      new OutputStreamWriter(conn.getOutputStream(), "utf-8");
    out.write(outString);
    out.flush();
    out.close();
    /* 解析返回的 XML 内容 */
```

```
      result=parseXML(conn.getInputStream());
      conn.disconnect();
    }
    catch(Exception e)
    {
      conn.disconnect();
      e.printStackTrace();
      showDialog(""+e);
    }
    return result;
  }

  /* 解析 Response 的 XML 内容的 method */
  private String parseXML(InputStream is)
  {
    String result="";
    Document doc = null;
    try
    {
      /* 将 XML 转换成 Document 对象 */
      DocumentBuilderFactory dbf=
        DocumentBuilderFactory.newInstance();
      DocumentBuilder db=dbf.newDocumentBuilder();
      doc = db.parse(is);
      doc.getDocumentElement().normalize();
      /* 检查返回值是否有包含 fault 这个 tag，有就代表发布错误 */
      int fault=doc.getElementsByTagName("fault").getLength();
      if(fault>0)
      {
        result+="发布错误!\n";
        /* 取得 faultCode(错误代码) */
        NodeList nList1=doc.getElementsByTagName("int");
        for (int i = 0; i < nList1.getLength(); ++i)
        {
          String errCode=nList1.item(i).getChildNodes().item(0)
                         .getNodeValue();
          result+="错误代码: "+errCode+"\n";
        }
        /* 取得 faultString(错误信息) */
        NodeList nList2=doc.getElementsByTagName("string");
        for (int i = 0; i < nList2.getLength(); ++i)
        {
          String errString=nList2.item(i).getChildNodes().item(0)
                           .getNodeValue();
          result+="错误信息: "+errString+"\n";
        }
      }
      else
      {
        /* 发布成功，取得文章编号 */
        NodeList nList=doc.getElementsByTagName("string");
        for (int i = 0; i < nList.getLength(); ++i)
        {
          String artId=nList.item(i).getChildNodes().item(0)
                       .getNodeValue();
          result+="发布成功!!文章编号「"+artId+"」";
        }
      }
    }
    catch (Exception ioe)
    {
      showDialog(""+ioe);
    }
    return result;
  }

  /* 一组要发送的 XML 内容之 method */
  private String getPostString(String method,String blogId,
      String account,String pwd,String title,String content)
```

```
    {
      String s="";
      s+="<methodCall>";
      s+="<methodName>"+method+"</methodName>";
      s+="<params>";
      s+="<param><value><string>"+blogId+"</string></value></param>";
      s+="<param><value><string>"+account+"</string></value></param>";
      s+="<param><value><string>"+pwd+"</string></value></param>";
      s+="<param><value><struct>";
      s+="<member><name>title</name>" +
         "<value><string>"+title+"</string></value></member>";
      s+="<member><name>description</name>"+
         "<value><string>"+content+"</string></value></member>";
      s+="</struct></value></param>";
      s+="<param><value><boolean>1</boolean></value></param>";
      s+="</params>";
      s+="</methodCall>";

      return s;
    }

    /* 跳出 Dialog 的 method */
    private void showDialog(String mess)
    {
      new AlertDialog.Builder(example174.this).setTitle("Message")
      .setMessage(mess)
      .setNegativeButton("确定", new DialogInterface.OnClickListener()
      {
        public void onClick(DialogInterface dialog, int which)
        {
        }
      })
      .show();
    }
  }
```

执行后的效果如图 9-9 所示，只要拥有乐多的账号，就可以在手机上发送移动博客。

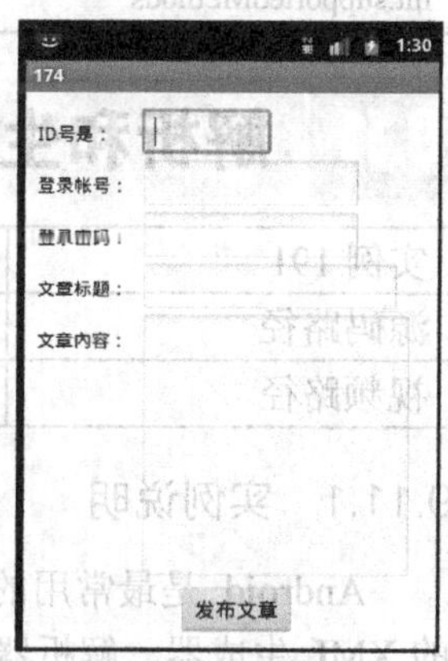

▲图 9-9 执行效果

9.10.3 特别提醒——乐多博客的接口

并非所有的博客都可以用 GET 或 POST 方式实现 XML-RPC 的 request 交互，有些博客只能以 POST 的方式来传送。所以在具体编码之前，要先弄清楚服务器接收 request 是否有特殊限制。

在本实例中，除了上述的 method 可以发布新文章之外，乐多博客还提供了许多方法给软件开发者介接，可以做到的功能包罗万象，在表 9-1 中列出几种比较常用的方法。

表 9-1 几种常用的介接方法

方法名称	参 数	返 回	说 明
metaWeblog.newPost	博客 ID(string) usemame(string) password(string) content publish(boolean)	成功：文章 ID 失败：fault	发布一篇新文章
metaWeblog.editPost	文章 ID(string) usemame(string) password(string) content publish(boolean)	成功：true 失败：fault	修改已发布的文章内容

续表

方法名称	参　数	返　回	说　明
metaWeblog.getPost	文章 ID(string) usemame(string) password(string)	成功：文章数组 失败：fault	取得特定文章的信息
metaWeblog.getRecentPosts	博客 ID(string) usemame(string) password(string) 返回篇数(int)	成功：文章数组 失败：fault	返回最近发表的文章信息
metaWeblog.deletePost	文章 ID(string) usemame(string) password(string)	成功：true 失败：fault	删除已发布的博客文章
mt.getCategoryList	博客 ID(string) usemame(string) password(string)	成功 j 分类数组 失败：fault	取得博客的文章分类信息
mt.getPostCategories	文章 ID(string) usemame(string) password(string)	成功：分类数组 失败：fault	返回指定文章的所属类信息
mt.setPostCategories	文章 ID(string) usemame(string) password(string) 文章分类（数组）	成功：true 失败：fault	设置指定文章所在的类
mt.supportedMethods		成功：方法数组	取得服务器支持的 XML-RPC 方法列表

9.11 解析和生成 XML

实例 191	在 Android 系统中解析和生成 XML
源码路径	daima\191
视频路径	视频\191

9.11.1 实例说明

Android 是最常用的智能手机平台，XML 是数据交换的标准媒介，Android 中可以使用标准的 XML 生成器、解析器、转换器 API，对 XML 进行解析和转换。

9.11.2 具体实现

实现解析功能的核心文件是 SAXForHandler.java，主要实现代码如下所示。

```
public class SAXForHandler extends DefaultHandler {
    private static final String TAG = "SAXForHandler";
    private List<Person> persons;
    private String perTag ;//通过此变量，记录前一个标签的名称。
    Person person;//记录当前 Person

    public List<Person> getPersons() {
        return persons;
    }

    //适合在此事件中触发初始化行为。
    public void startDocument() throws SAXException {
        persons = new ArrayList<Person>();
```

```
        Log.i(TAG , "***startDocument()***");
    }

    public void startElement(String uri, String localName, String qName,
        Attributes attributes) throws SAXException {
        if("person".equals(localName)){
            for ( int i = 0; i < attributes.getLength(); i++ ) {
                Log.i(TAG ,"attributeName:" + attributes.getLocalName(i)
                    + "_attribute_Value:" + attributes.getValue(i));
                person = new Person();
                person.setId(Integer.valueOf(attributes.getValue(i)));
            }
        }
        perTag = localName;
        Log.i(TAG , qName+"***startElement()***");
    }

    public void characters(char[] ch, int start, int length) throws SAXException {
        String data = new String(ch, start, length).trim();
        if(!"".equals(data.trim())){
            Log.i(TAG ,"content: " + data.trim());
        }
        if("name".equals(perTag)){
            person.setName(data);
        }else if("age".equals(perTag)){
            person.setAge(new Short(data));
        }
    }

    public void endElement(String uri, String localName, String qName)
            throws SAXException {
        Log.i(TAG , qName+"***endElement()***");
        if("person".equals(localName)){
            persons.add(person);
            person = null;
        }
        perTag = null;
    }

    public void endDocument() throws SAXException {
        Log.i(TAG , "***endDocument()***");
    }
}
```

执行后的效果如图 9-10 所示。

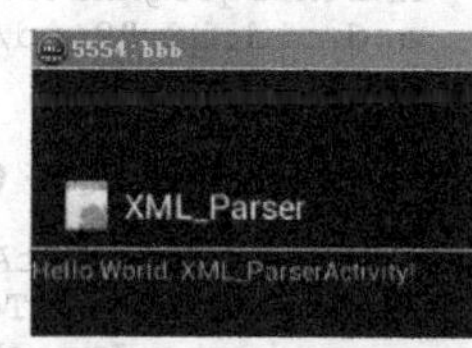

▲图 9-10 执行效果

9.11.3 特别提醒——SAX 解析器

DOM 解析器是通过将 XML 文档解析成树状模型并将其放入内存来完成解析工作的，对文档的操作都是在这个树状模型上完成的。这个在内存中的文档树将是文档实际大小的几倍。这样做的好处是结构清晰、操作方便，而带来的麻烦就是极其耗费系统资源。

SAX 解析器正好克服了 DOM 的缺点，分析能够立即开始，而不是等待所有的数据被处理。而且，由于应用程序只是在读取数据时检查数据，因此不需要将数据存储在内存中，这对于大型文档来说是个巨大的优点。事实上，应用程序甚至不必解析整个文档，它可以在某个条件得到满足时停止解析。

下面的表 9-2 中列出了 SAX 解析器和 DOM 解析器在一些方面的对比。

表 9-2　　SAX 解析器和 DOM 解析器的对比

SAK	DOM
顺序读入文档并产生相应事件，可以处理任何大小的 XML 文档	在内存中创建文档树，不适于处理大型 XML 文档
只能对文档按顺序解析一遍，不支持对文档的随意访问	可以随意访问文档树的任何部分，没有次数限制

续表

SAK	DOM
只能读取 XML 文档内容，而不能修改	可以随意修改文档树，从而修改 XML 文档
开发上比较复杂，需要自己来实现事件处理器	易于理解，易于开发
对开发人员而言更灵活，可以用 SAX 创建自己的 XML 对象模型	已经在 DOM 基础之上创建好了文档树

9.12 获取网络中的图片

实例 192	在 Android 系统中获取网络中的图片
源码路径	daima\192
视频路径	视频\192

9.12.1　实例说明

在 Android 中获取网络图片是一件耗时的操作，如果直接获取有可能会出现应用程序无响应（ANR:Application Not Responding）对话框的情况。对于这种情况，一般的方法就是耗时操作用线程来实现。

9.12.2　具体实现

先在布局文件 main.xml 中设置一个网址文本框，主要代码如下所示。

```
<EditText
android:layout_width="fill_parent"
android:layout_height="wrap_content"
android:text="http://img10.360buyimg.com/book1/s75x75_g14/M0A/06/09/rBEhVVHpYGsIAAAA
AAB4HtBqO9gAABOsAOX8xEAAHg2335.jpg"
android:id="@+id/path"
/>
```

编写主程序文件 GetAPictureFromInternetActivity.java，主要实现代码如下所示。

```
public class GetAPictureFromInternetActivity extends Activity {
    private EditText pathText;
    private ImageView imageView;

    @Override
    public void onCreate(Bundle savedInstanceState) {
        super.onCreate(savedInstanceState);
        setContentView(R.layout.main);
        pathText = (EditText) this.findViewById(R.id.path);
        imageView = (ImageView) this.findViewById(R.id.imageView);
    }

    public void showimage(View v){
        String path = pathText.getText().toString();
        try {
            Bitmap bitmap = ImageService.getImage(path);
            imageView.setImageBitmap(bitmap);
        } catch (Exception e) {
            e.printStackTrace();
            Toast.makeText(getApplicationContext(), R.string.error, 1).show();
        }
    }
}
```

执行后的效果如图 9-11 所示。

▲图 9-11　执行效果

9.12.3 特别提醒——Android 中获取网络图片的 3 种方法

（1）直接获取，例如：

```
mImageView = (ImageView)this.findViewById(R.id.imageThreadConcept) ;
Drawable drawable = loadImageFromNetwork(IMAGE_URL);
mImageView.setImageDrawable(drawable);
```

公用方法：

```
private Drawable loadImageFromNetwork(String imageUrl)
{
    Drawable drawable = null;
    try {
        // 可以在这里通过文件名来判断，本地是否有此图片
        drawable = Drawable.createFromStream(
                new URL(imageUrl).openStream(), "image.jpg");
    } catch (IOException e) {
        Log.d("test", e.getMessage());
    }
    if (drawable == null) {
        Log.d("test", "null drawable");
    } else {
        Log.d("test", "not null drawable");
    }

    return drawable ;
}
```

（2）后台线程获取 URL 图片，例如：

```
mImageView = (ImageView)this.findViewById(R.id.imageThreadConcept) ;
new Thread(new Runnable(){
    Drawable drawable = loadImageFromNetwork(IMAGE_URL);
    @Override
    public void run() {

        // post() 特别关键，就是到 UI 主线程去更新图片
        mImageView.post(new Runnable(){
        @Override
        public void run() {
            // TODO Auto-generated method stub
            mImageView.setImageDrawable(drawable) ;
        }}) ;
        }
}).start() ;
```

（3）AsyncTask 获取 URL 图片，例如：

```
mImageView = (ImageView)this.findViewById(R.id.imageThreadConcept) ;
new DownloadImageTask().execute(IMAGE_URL) ;
private class DownloadImageTask extends AsyncTask<String, Void, Drawable>
{

        protected Drawable doInBackground(String... urls) {
            return loadImageFromNetwork(urls[0]);
        }

        protected void onPostExecute(Drawable result) {
            mImageView.setImageDrawable(result);
        }
}
```

9.13 获取网页的代码

实例 193	获取网络中某个网页的代码
源码路径	daima\193
视频路径	视频\193

9.13.1 实例说明

Android 在加载非本地 HTML 时，会对此 HTML 做缓存，同时会建一个数据库，用以保存 URL 地址对应的缓存文件名称，打开时间等信息，可以将 WebView 加载的 URL 地址作为查询条件获取对应的缓存文件名称，匹配出的缓存文件就是完整的 HTML 代码。

9.13.2 具体实现

编写文件 HtmlService.java，定义一个获取网页代码的业务类 HtmlService，主要代码如下所示。

```
public class HtmlService {
    /**
     * 获取网页源码
     * @param path 网页路径
     * @return
     */
    public static String getHtml(String path) throws Exception {
        HttpURLConnection conn = (HttpURLConnection)new URL(path).openConnection();
        conn.setConnectTimeout(5000);
        conn.setRequestMethod("GET");
        if(conn.getResponseCode() == 200){
            InputStream inStream = conn.getInputStream();
            byte[] data = StreamTool.read(inStream);
            return new String(data);
        }
        return null;
    }
}
```

编写文件 StreamTool.java，功能是将流转换为字节数组，主要代码如下所示。

```
public static byte[] read(InputStream inStream) throws Exception{
    ByteArrayOutputStream outputStream = new ByteArrayOutputStream();
    byte[] buffer = new byte[1024];
    int len = 0;
    while( (len = inStream.read(buffer)) != -1){
        outputStream.write(buffer, 0, len);
    }
    inStream.close();
    return outputStream.toByteArray();
}
```

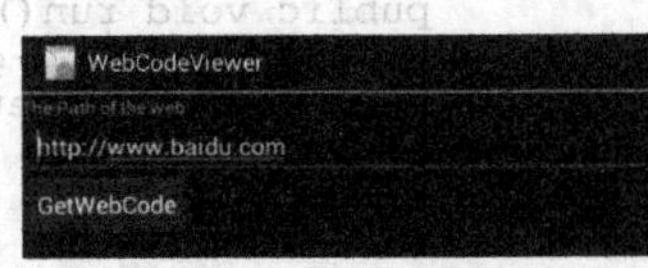

▲图 9-12 执行效果

执行后的效果如图 9-12 所示。

9.13.3 特别提醒——Android 获取网页数据的方法总结

（1）获取参数（ArrayList nameValuePairs,String url）后 post 给远程服务器，将获得的返回结果（String）返回给调用者，本函数适用于查询数量较少的时候。

```
public String posturl(ArrayList nameValuePairs,String url){
  String result = "";
  String tmp= "";
  InputStream is = null;
  try{
  HttpClient httpclient = new DefaultHttpClient();
  HttpPost httppost = new HttpPost(url);
  httppost.setEntity(new UrlEncodedFormEntity(nameValuePairs));
  HttpResponse response = httpclient.execute(httppost);
  HttpEntity entity = response.getEntity();
  is = entity.getContent();
  }catch(Exception e){
  return "Fail to establish http connection!";
  }
  try{
  BufferedReader reader = new BufferedReader(new InputStreamReader(is,"utf-8"));
  StringBuilder sb = new StringBuilder();
```

```
String line = null;
while ((line = reader.readLine()) != null) {
sb.append(line + "\n");
}
is.close();
tmp=sb.toString();
}catch(Exception e){
return "Fail to convert net stream!";
}
try{
JSONArray jArray = new JSONArray(tmp);
for(int i=0;i
JSONObject json_data = jArray.getJSONObject(i);
Iterator keys=json_data.keys();
while(keys.hasNext()){
result += json_data.getString(keys.next().toString());
}
}
}catch(JSONException e){
return "The URL you post is wrong!";
}
return result;
}
```

（2）获取参数指定的网页代码，将其返回给调用者，由调用者对其解析，返回 String。

```
public String posturl(String url){
  InputStream is = null;
  String result = "";
  try{
  HttpClient httpclient = new DefaultHttpClient();
  HttpPost httppost = new HttpPost(url);
  HttpResponse response = httpclient.execute(httppost);
  HttpEntity entity = response.getEntity();
  is = entity.getContent();
  }catch(Exception e){
  return "Fail to establish http connection!"+e.toString();
  }
  try{
  StringBuilder sb = new StringBuilder();
  String line = null;
  while ((line = reader.readLine()) != null) {
  sb.append(line + "\n");
  }
  is.close();
  result=sb.toString();
  }catch(Exception e){
  return "Fail to convert net stream!";
  }
  return result;
  }
```

（3）获取指定地址的网页数据，返回数据流。

```
public InputStream streampost(String remote_addr){
  URL infoUrl = null;
  InputStream inStream = null;
  try {
  infoUrl = new URL(remote_addr);
  URLConnection connection = infoUrl.openConnection();
  HttpURLConnection httpConnection = (HttpURLConnection)connection;
  int responseCode = httpConnection.getResponseCode();
  if(responseCode == HttpURLConnection.HTTP_OK){
  inStream = httpConnection.getInputStream();
  }
  } catch (MalformedURLException e) {
  // TODO Auto-generated catch block
  e.printStackTrace();
  } catch (IOException e) {
  // TODO Auto-generated catch block
```

```
        e.printStackTrace();
    }
    return inStream;
```

9.14 获取 JSON 数据

实例 194	获取网络中的 JSON 数据
源码路径	daima\194
视频路径	视频\194

9.14.1 实例说明

JSON（JavaScript Object Notation）是一种轻量级的数据交换格式。它基于 JavaScript（Standard ECMA-262 3rd Edition - December 1999）的一个子集。JSON 采用完全独立于语言的文本格式，但是也使用了类似于 C 语言家族的习惯（包括 C、C++、C#、Java、JavaScript、Perl、Python 等）。这些特性使 JSON 成为理想的数据交换语言。易于人阅读和编写，同时也易于机器解析和生成。本实例演示了在 Android 中解析 JSON 数据的方法。

9.14.2 具体实现

编写文件 NewsService.java，定义 JSON 数据源的地址，主要代码如下所示。

```
public class NewsService {

    public static List<News> getJSONLastNews() throws Exception{
        String path = "http://www.maimaicha.com/api.php?format=json";
        HttpURLConnection conn = (HttpURLConnection) new URL(path).openConnection();
        conn.setConnectTimeout(5000);
        conn.setRequestMethod("GET");
        if(conn.getResponseCode() == 200){
            InputStream json = conn.getInputStream();
            return parseJSON(json);
        }
        return null;
    }

    private static List<News> parseJSON(InputStream jsonStream) throws Exception{
        List<News> list = new ArrayList<News>();
        byte[] data = StreamTool.read(jsonStream);
        String json = new String(data);
        JSONArray jsonArray = new JSONArray(json);
        for(int i = 0; i < jsonArray.length() ; i++){
            JSONObject jsonObject = jsonArray.getJSONObject(i);
            int id = jsonObject.getInt("id");
            String title = jsonObject.getString("title");
            int timelength = jsonObject.getInt("timelength");
            list.add(new News(id, title, timelength));
        }
        return list;
    }
}
```

在上述代码中，设置的 JSON 数据源是 http://www.maimaicha.com/api.php?format=json，读者可以可以设置一个自己编写的 JSON 数据源。

9.14.3 特别提醒——Android 获取 JSON 并输出显示的方法

举一个例子，假设在服务器 http://localhost/android/index.php 上定义了下面的数据：

```
<?php
```

```
header('Content-Type: text/html; charset=utf-8');
$epg_result = array ();
$epg_result['username']="jack";
$epg_result['password']=123456;
echo json_encode($epg_result);
?>
```

应该如何在 Android 项目中编码，使得可以获取这个 JSON 数据，而且在 Android 项目中把"jack"和"123456"显示出来呢？

方法是先通过 HTTP 获取 JSON 字符串：

```
HttpGet request = HttpUtil.getHttpGet(url);
        DefaultHttpClient httpClient=new DefaultHttpClient();
            // 获得响应对象
            HttpResponse response = httpClient.execute(request);
            // 判断是否请求成功
            if(response.getStatusLine().getStatusCode()==200){
                // 获得响应
                jsonstr= EntityUtils.toString(response.getEntity());
```

然后解析 JSON 数据：

```
JSONObject json=new JSONObject(jsonstr);
String username = json.getString("username");
String password = json.getString("password");
```

9.15 多线程下载

实例 195	在 Android 系统中实现多线程下载
源码路径	daima\195
视频路径	视频\195

9.15.1 实例说明

本实例介绍了在 Android 平台下通过 HTTP 协议实现断点续传下载的方法。编写的是 Andorid 的 HTTP 协议多线程断点下载应用程序，直接使用单线程下载 HTTP 文件对初学者来说是一件非常简单的事。多线程断点需要具备如下所示的功能：

- 多线程下载；
- 支持断点。

使用多线程的好处是提升文件下载的速度。

9.15.2 具体实现

本实例的核心程序文件是 FileDownloader.java，主要代码如下所示。

```
/**
 * 构建文件下载器
 * @param downloadUrl 下载路径
 * @param fileSaveDir 文件保存目录
 * @param threadNum 下载线程数
 */
public FileDownloader(Context context, String downloadUrl, File fileSaveDir, int
threadNum) {
    try {
        this.context = context;
        this.downloadUrl = downloadUrl;
        fileService = new FileService(this.context);
        URL url = new URL(this.downloadUrl);
        if(!fileSaveDir.exists()) fileSaveDir.mkdirs();
        this.threads = new DownloadThread[threadNum];
```

```
        HttpURLConnection conn = (HttpURLConnection) url.openConnection();
        conn.setConnectTimeout(5*1000);
        conn.setRequestMethod("GET");
        conn.setRequestProperty("Accept", "image/gif, image/jpeg, image/pjpeg, image/
pjpeg, application/x-shockwave-flash, application/xaml+xml, application/vnd.ms-
xpsdocument, application/x-ms-xbap, application/x-ms-application, application/vnd.ms-
excel, application/vnd.ms-powerpoint, application/msword, */*");
        conn.setRequestProperty("Accept-Language", "zh-CN");
        conn.setRequestProperty("Referer", downloadUrl);
        conn.setRequestProperty("Charset", "UTF-8");
        conn.setRequestProperty("User-Agent", "Mozilla/4.0 (compatible; MSIE 8.0;
Windows NT 5.2; Trident/4.0; .NET CLR 1.1.4322; .NET CLR 2.0.50727; .NET CLR
3.0.04506.30; .NET CLR 3.0.4506.2152; .NET CLR 3.5.30729)");
        conn.setRequestProperty("Connection", "Keep-Alive");
        conn.connect();
        printResponseHeader(conn);

        if (conn.getResponseCode()==200) {
            this.fileSize = conn.getContentLength();//根据响应获取文件大小
            if (this.fileSize <= 0) throw new RuntimeException("Unkown file size ");

            String filename = getFileName(conn);//获取文件名称
            this.saveFile = new File(fileSaveDir, filename);//构建保存文件
            Map<Integer, Integer> logdata = fileService.getData(downloadUrl);
            //获取下载记录

            if(logdata.size()>0){//如果存在下载记录
                for(Map.Entry<Integer, Integer> entry : logdata.entrySet())
                    data.put(entry.getKey(), entry.getValue());//把各条线程已经下载的数据长度
                    //放入 data 中
            }

            if(this.data.size()==this.threads.length){//下面计算所有线程已经下载的数据长度
                for (int i = 0; i < this.threads.length; i++) {
                    this.downloadSize += this.data.get(i+1);
                }

                print("已经下载的长度"+ this.downloadSize);
            }
            //计算每条线程下载的数据长度
            this.block = (this.fileSize % this.threads.length)==0? this.fileSize /
this.threads.length : this.fileSize / this.threads.length + 1;
        }else{
            throw new RuntimeException("server no response ");
        }
    } catch (Exception e) {
        print(e.toString());
        throw new RuntimeException("don't connection this url");
    }
}

/**
 * 获取文件名
 * @param conn
 * @return
 */
private String getFileName(HttpURLConnection conn) {
    String filename = this.downloadUrl.substring(this.downloadUrl.lastIndexOf('/') + 1);

    if(filename==null || "".equals(filename.trim())){//如果获取不到文件名称
        for (int i = 0;; i++) {
            String mine = conn.getHeaderField(i);

            if (mine == null) break;

            if("content-disposition".equals(conn.getHeaderFieldKey(i).toLowerCase())){
                Matcher m = Pattern.compile(".*filename=(.*)").matcher(mine.toLowerCase());
```

```
            if(m.find()) return m.group(1);
        }
    }

    filename = UUID.randomUUID()+ ".tmp";//默认取一个文件名
  }

  return filename;
}

/**
 * 开始下载文件
 * @param listener 监听下载数量的变化,如果不需要了解实时下载的数量,可以设置为 null
 * @return 已下载文件大小
 * @throws Exception
 */
public int download(DownloadProgressListener listener) throws Exception{
    try {
        RandomAccessFile randOut = new RandomAccessFile(this.saveFile, "rw");
        if(this.fileSize>0) randOut.setLength(this.fileSize);
        randOut.close();
        URL url = new URL(this.downloadUrl);

        if(this.data.size() != this.threads.length){
            this.data.clear();

            for (int i = 0; i < this.threads.length; i++) {
                this.data.put(i+1, 0);//初始化每条线程已经下载的数据长度为 0
            }
        }

        for (int i = 0; i < this.threads.length; i++) {//开启线程进行下载
            int downLength = this.data.get(i+1);

            if(downLength < this.block && this.downloadSize<this.fileSize){
            //判断线程是否已经完成下载,否则继续下载
                this.threads[i] = new DownloadThread(this, url, this.saveFile, this.block,
                this.data.get(i+1), i+1);
                this.threads[i].setPriority(7);
                this.threads[i].start();
            }else{
                this.threads[i] = null;
            }
        }

        this.fileService.save(this.downloadUrl, this.data);
        boolean notFinish = true;//下载未完成

        while (notFinish) {// 循环判断所有线程是否完成下载
            Thread.sleep(900);
            notFinish = false;//假定全部线程下载完成

            for (int i = 0; i < this.threads.length; i++){
                if (this.threads[i] != null && !this.threads[i].isFinish()) {
                //如果发现线程未完成下载
                    notFinish = true;//设置标志为下载没有完成

                    if(this.threads[i].getDownLength() == -1){//如果下载失败,再重新下载
                        this.threads[i] = new DownloadThread(this, url, this.saveFile,
                        this.block, this.data.get(i+1), i+1);
                        this.threads[i].setPriority(7);
                        this.threads[i].start();
                    }
                }
            }

            if(listener!=null) listener.onDownloadSize(this.downloadSize);
            //通知目前已经下载完成的数据长度
        }
```

```
            fileService.delete(this.downloadUrl);
        } catch (Exception e) {
            print(e.toString());
            throw new Exception("file download fail");
        }
        return this.downloadSize;
    }

    /**
     * 获取 Http 响应头字段
     * @param http
     * @return
     */
    public static Map<String, String> getHttpResponseHeader(HttpURLConnection http) {
        Map<String, String> header = new LinkedHashMap<String, String>();
        for (int i = 0;; i++) {
            String mine = http.getHeaderField(i);
            if (mine == null) break;
            header.put(http.getHeaderFieldKey(i), mine);
        }

        return header;
    }

    /**
     * 打印 Http 头字段
     * @param http
     */
    public static void printResponseHeader(HttpURLConnection http){
        Map<String, String> header = getHttpResponseHeader(http);

        for(Map.Entry<String, String> entry : header.entrySet()){
            String key = entry.getKey()!=null ? entry.getKey()+ ":" : "";
            print(key+ entry.getValue());
        }
    }

    /**
     * 打印日志信息
     * @param msg
     */
    private static void print(String msg){
        Log.i(TAG, msg);
    }
```

执行后的效果如图 9-13 所示。

▲图 9-13　执行效果

9.15.3　特别提醒——多线程下载文件的过程

（1）首先获得下载文件的长度，然后设置本地文件的长度。

```
HttpURLConnection.getContentLength();//获取下载文件的长度
RandomAccessFile file = new RandomAccessFile("QQWubiSetup.exe","rwd");
    file.setLength(filesize);//设置本地文件的长度
```

（2）根据文件长度和线程数计算每条线程下载的数据长度和下载位置。例如文件的长度为 6MB，线程数为 3，那么每条线程下载的数据长度为 2MB，每条线程开始下载的位置如图 9-14 所示。

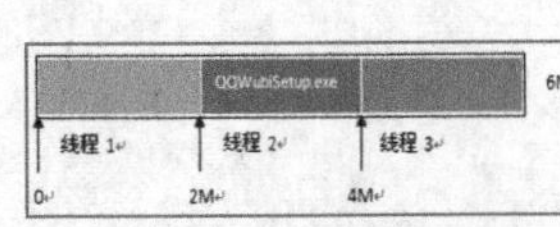

▲图 9-14　每条线程开始下载的位置

例如 10MB 大小，则使用 3 个线程来下载，具体说明如下所示。

- 线程下载的数据长度：(10%3 == 0 ？10/3:10/3+1)，第 1，2 个线程下载长度是 4MB，第三个线程下载长度为 2MB。
- 下载开始位置：线程 ID×每条线程下载的数据长度 ＝?。
- 下载结束位置：（线程 ID+1）×每条线程下载的数据长度-1=?。

(3)使用 HTTP 的 Range 头字段指定每条线程从文件的什么位置开始下载，下载到什么位置为止，例如指定从文件的 2MB 位置开始下载，下载到位置(4MB-1byte)为止，代码如下。

```
HttpURLConnection.setRequestProperty("Range", "bytes=2097152-4194303");
```

(4)保存文件，使用 RandomAccessFile 类指定每条线程从本地文件的什么位置开始写入数据。

```
RandomAccessFile threadfile = new RandomAccessFile("QQWubiSetup.exe ","rwd");
threadfile.seek(2097152);//从文件的什么位置开始写入数据
```

9.16 get 方式传递数据

实例 196	在 Android 系统中使用 get 方式传递数据
源码路径	daima\196
视频路径	视频\196

9.16.1 实例说明

在 Android 应用中，get 方式是把参数数据队列加到提交表单的 ACTION 属性所指的 URL 中，值和表单内各个字段一一对应，在 URL 中可以看到。本实例演示了在 Android 系统中使用 get 方式传递数据的方法。

9.16.2 具体实现

编写主程序文件 UserInformationService.java，主要代码如下所示。

```
public class UserInformationService {
    public static boolean save(String title, String length) throws Exception{
        String path = "http://192.168.1.100:8080/ServerForGETMethod/ServletForGE TMethod";
        Map<String, String> params = new HashMap<String, String>();
        params.put("name", title);
        params.put("age", length);
        return sendGETRequest(path, params, "UTF-8");
    }


    /**
     * 发送 get 请求
     * @param path 请求路径
     * @param params 请求参数
     * @return
     */
    private static boolean sendGETRequest(String path, Map<String, String> params, String
encoding) throws Exception{
        // http://192.178.1.100:8080/ServerForGETMethod/ServletForGETMethod?title=
xxxx&length=90
        StringBuilder sb = new StringBuilder(path);
        if(params!=null && !params.isEmpty()){
            sb.append("?");
            for(Map.Entry<String, String> entry : params.entrySet()){
                sb.append(entry.getKey()).append("=");
                sb.append(URLEncoder.encode(entry.getValue(), encoding));
                sb.append("&");
            }
            sb.deleteCharAt(sb.length() - 1);
        }
        HttpURLConnection conn = (HttpURLConnection) new URL(sb.toString()).
openConnection();
        conn.setConnectTimeout(5000);
        conn.setRequestMethod("GET");
        if(conn.getResponseCode() == 200){
            return true;
```

```
        }
        return false;
    }
}
```

执行后的效果如图 9-15 所示。

▲图 9-15　执行效果

9.16.3　特别提醒——解决乱码问题

请看下面的代码，很好地解决了乱码问题。

```
<%@ page language="java" import="java.util.*" pageEncoding="UTF-8"%>
<%
String  zh_value=new  String(request.getParameter("zh_value").getBytes("ISO-8859-1"),
"UTF-8")
%>
```

由此可见，在使用 get 方式传递数据时，需要使用如下所示的代码声明当前页的字符集。

```
pageEncoding="UTF-8" //声明当前页的字符集
```

9.17　post 方式传递数据

实例 197	在 Android 系统中使用 post 方式传递数据
源码路径	daima\197
视频路径	视频\197

9.17.1　实例说明

在 Android 应用中，post 传递方式是通过 HTTP post 机制，将表单内各个字段与其内容放置在 HTML HEADER 内一起传送到 ACTION 属性所指的 URL 地址，用户看不到这个过程。

9.17.2　具体实现

编写主程序文件 UploadUserInformationByPostService.java，主要代码如下所示。

```
public class UploadUserInformationByPostService {
    public static boolean save(String title, String length) throws Exception{
        String  path  =  "http://192.168.1.100:8080/ServerForPOSTMethod/ServletForPOSTM
ethod";
        Map<String, String> params = new HashMap<String, String>();
        params.put("name", title);
        params.put("age", length);
        return sendPOSTRequest(path, params, "UTF-8");
    }
    /**
     * 发送 POST 请求
     * @param path 请求路径
     * @param params 请求参数
     * @return
     */
    private  static  boolean  sendPOSTRequest(String  path,  Map<String,  String>  params,
String encoding) throws Exception{
        //  title=liming&length=30
        StringBuilder sb = new StringBuilder();
        if(params!=null && !params.isEmpty()){
            for(Map.Entry<String, String> entry : params.entrySet()){
                sb.append(entry.getKey()).append("=");
                sb.append(URLEncoder.encode(entry.getValue(), encoding));
                sb.append("&");
            }
            sb.deleteCharAt(sb.length() - 1);
        }
```

```
        byte[] data = sb.toString().getBytes();

        HttpURLConnection conn = (HttpURLConnection) new URL(path).openConnection();
        conn.setConnectTimeout(5000);
        conn.setRequestMethod("POST");
        conn.setDoOutput(true);//允许对外传输数据
        conn.setRequestProperty("Content-Type", "application/x-www-form-urlencoded");
        conn.setRequestProperty("Content-Length", data.length+"");
        OutputStream outStream = conn.getOutputStream();
        outStream.write(data);
        outStream.flush();
        if(conn.getResponseCode() == 200){
            return true;
        }
        return false;
    }
}
```

执行后的效果如图 9-16 所示。

▲图 9-16　执行效果

9.17.3　特别提醒——get 方式和 post 方式的区别

（1）对于 get 方式，服务器端用 Request.QueryString 获取变量的值，对于 post 方式，服务器端用 Request.Form 获取提交的数据。

（2）get 传送的数据量较小，不能大于 2KB。post 传送的数据量较大，一般被默认为不受限制。但理论上，IIS4 中最大量为 80KB，IIS5 中为 100KB。

（3）get 安全性非常低，post 安全性较高。但是执行效率却比 post 方法好。

在此提出如下两点建议。

- get 方式的安全性较 post 方式要差些，包含机密信息的话，建议用 post 数据提交方式。
- 在做数据查询时，建议用 get 方式；而在做数据添加、修改或删除时，建议用 post 方式。

9.18　调用 WebService 的数据

实例 198	在 Android 系统中调用 WebService 的数据
源码路径	daima\198
视频路径	视频\198

9.18.1　实例说明

在 Android SDK 中并没有提供调用 WebService 的库，因此，需要使用第三方的 SDK 来调用 WebService。PC 版本的 WebService 库非常丰富，但这些对 Android 来说过于庞大。适合手机的 WebService 客户端的 SDK 有一些，比较常用的是 KSOAP2。

9.18.2　具体实现

编写主程序文件 WebServiceRequestFromAndroid.java，主要代码如下所示。

```
public class WebServiceRequestFromAndroid {
    /**
     * 获取手机号归属地
     * @param mobile 手机号
     * @return
     * @throws Exception
     */
    public static String getAddress(String mobile) throws Exception{
        String soap = readSoap();
        soap = soap.replaceAll("\\$mobile", mobile);
```

```
        byte[] entity = soap.getBytes();

        String path = "http://webservice.webxml.com.cn/WebServices/MobileCodeWS.asmx";
        HttpURLConnection conn = (HttpURLConnection) new URL(path).openConnection();
        conn.setConnectTimeout(5000);
        conn.setRequestMethod("POST");
        conn.setDoOutput(true);
        conn.setRequestProperty("Content-Type", "application/soap+xml; charset=utf-8");
        conn.setRequestProperty("Content-Length", String.valueOf(entity.length));
        conn.getOutputStream().write(entity);
        if(conn.getResponseCode() == 200){
            return parseSOAP(conn.getInputStream());
        }
        return null;
    }
    /*
     <?xml version="1.0" encoding="utf-8"?>
    <soap12:Envelope xmlns:xsi="http://www.w3.org/2001/XMLSchema-instance" xmlns:xsd=
 "http://www.w3.org/2001/XMLSchema"      xmlns:soap12="http://www.w3.org/2003/05/soap-
 envelope">
      <soap12:Body>
        <getMobileCodeInfoResponse xmlns="http://WebXml.com.cn/">
          <getMobileCodeInfoResult>string</getMobileCodeInfoResult>
        </getMobileCodeInfoResponse>
      </soap12:Body>
    </soap12:Envelope>
     */
    private static String parseSOAP(InputStream xml)throws Exception{
        XmlPullParser pullParser = Xml.newPullParser();
        pullParser.setInput(xml, "UTF-8");
        int event = pullParser.getEventType();
        while(event != XmlPullParser.END_DOCUMENT){
            switch (event) {
            case XmlPullParser.START_TAG:
                if("getMobileCodeInfoResult".equals(pullParser.getName())){
                    return pullParser.nextText();
                }
                break;
            }
            event = pullParser.next();
        }
        return null;
    }

    private static String readSoap() throws Exception{
        InputStream  inStream  =  WebServiceRequestFromAndroid.class.getClassLoader().
 getResourceAsStream("AndroidInteractWithWebService.xml");
        byte[] data = StreamTool.read(inStream);
        return new String(data);
    }
}
```

9.18.3 特别提醒——WebService 介绍

WebService 是一种基于 SOAP 协议的远程调用标准，通过 Webservice 可以将不同操作系统平台、不同语言、不同技术整合到一块。在 Android SDK 中并没有提供调用 WebService 的库，因此，需要使用第三方的 SDK 来调用 WebService。PC 版本的 WEbservice 客户端库非常丰富，例如 Axis2、CXF 等，但这些开发包对于 Android 系统过于庞大，也未必很容易移植到 Android 系统中。因此，这些开发包并不是在我们的考虑范围内。适合手机的 WebService 客户端的 SDK 有一些，比较常用的有 Ksoap2，可以从 http://code.google.com/p/ksoap2-android/downloads/list 进行下载；将下载的 ksoap2-android-assembly-2.4-jar-with-dependencies.jar 包复制到 Eclipse 工程的 lib 目录中，当然也可以放在其他的目录里。同时在 Eclipse 工程中引用这个 jar 包。

第 10 章　多媒体应用

在移动手机应用中，多媒体是一个重要的应用领域。从严格意义上讲，多媒体包含了屏保、图片、音频、视频和相机等应用。在本书的第 8 章中已经详细介绍了图形图像应用的基本知识。本章将通过几个典型实例的实现过程，详细介绍 Android 中多媒体应用的基本知识，着重讲解音频、视频、相机等应用的方法。

10.1 调节手机音量的大小

实例 199	调节手机音量的大小
源码路径	daima\199
视频路径	视频\199

10.1.1 实例说明

在使用移动手机时，我们经常需要调节音量的大小。在 Android API 中的 AudioManager 类中，提供了调节手机音量的相关方法。我们可以直接在程序中控制手机音量的大小，也可以切换声音的模式为振动或静音。在进行具体编码之前，需要预先准备素材图片，并将这些素材图片保存在“res\drawable”目录下。

10.1.2 具体实现

编写主程序文件，下面开始讲解其具体实现代码。

（1）先声明系统需要的各个变量对象，具体代码如下所示。

```
/* 变量声明 */
private ImageView myImage;
private ImageButton downButton;
private ImageButton upButton;
private ImageButton normalButton;
private ImageButton muteButton;
private ImageButton vibrateButton;
private ProgressBar myProgress;
private AudioManager audioMa;
private int volume=0;
```

（2）依次初始化 audioMa、myImage、myProgress、downButton、upButton、normalButton、muteButton 和 vibrateButton 变量对象。具体代码如下所示。

```
/* 对象初始化 */
audioMa = (AudioManager)getSystemService(Context.AUDIO_SERVICE);
myImage、 = (ImageView)findViewById(R.id.myImage);
myProgress = (ProgressBar)findViewById(R.id.myProgress);
downButton = (ImageButton)findViewById(R.id.downButton);
upButton = (ImageButton)findViewById(R.id.upButton);
normalButton = (ImageButton)findViewById(R.id.normalButton);
```

```
muteButton = (ImageButton)findViewById(R.id.muteButton);
vibrateButton = (ImageButton)findViewById(R.id.vibrateButton);
```

（3）分别设置初始的手机音量大小和初始的声音模式，具体代码如下所示。

```
/* 设置初始的手机音量 */
volume=audioMa.getStreamVolume(AudioManager.STREAM_RING);
myProgress.setProgress(volume);
/* 设置初始的声音模式 */
int mode=audioMa.getRingerMode();
if(mode==AudioManager.RINGER_MODE_NORMAL)
{
  myImage.setImageDrawable(getResources()
                          .getDrawable(R.drawable.normal));
}
else if(mode==AudioManager.RINGER_MODE_SILENT)
{
  myImage.setImageDrawable(getResources()
                          .getDrawable(R.drawable.mute));
}
else if(mode==AudioManager.RINGER_MODE_VIBRATE)
{
  myImage.setImageDrawable(getResources()
                          .getDrawable(R.drawable.vibrate));
}
```

（4）设置单击音量调小按钮 downButton 的处理事件，每单击依次设置音量调小声一格，并设置调整后的声音模式。具体代码如下所示。

```
/* 音量调小声的 Button */
downButton.setOnClickListener(new Button.OnClickListener()
{
  @Override
  public void onClick(View arg0)
  {
    /* 设置音量调小声一格 */
    audioMa.adjustVolume(AudioManager.ADJUST_LOWER, 0);
    volume=audioMa.getStreamVolume(AudioManager.STREAM_RING);
    myProgress.setProgress(volume);
    /* 设置调整后声音模式 */
    int mode=audioMa.getRingerMode();
    if(mode==AudioManager.RINGER_MODE_NORMAL)
    {
      myImage.setImageDrawable(getResources()
                              .getDrawable(R.drawable.normal));
    }
    else if(mode==AudioManager.RINGER_MODE_SILENT)
    {
      myImage.setImageDrawable(getResources()
                              .getDrawable(R.drawable.mute));
    }
    else if(mode==AudioManager.RINGER_MODE_VIBRATE)
    {
      myImage.setImageDrawable(getResources()
                              .getDrawable(R.drawable.vibrate));
    }
  }
});
```

（5）设置单击音量调小按钮 upButton 的处理事件，设置每次音量调大声一格，然后设置调整后的声音模式。具体代码如下所示。

```
/* 音量调大声的 Button */
upButton.setOnClickListener(new Button.OnClickListener()
{
  @Override
  public void onClick(View arg0)
  {
    /* 设置音量调大声一格 */
```

```
    audioMa.adjustVolume(AudioManager.ADJUST_RAISE, 0);
    volume=audioMa.getStreamVolume(AudioManager.STREAM_RING);
    myProgress.setProgress(volume);
    /* 设置调整后的声音模式 */
    int mode=audioMa.getRingerMode();
    if(mode==AudioManager.RINGER_MODE_NORMAL)
    {
      myImage.setImageDrawable(getResources()
                    .getDrawable(R.drawable.normal));
    }
    else if(mode==AudioManager.RINGER_MODE_SILENT)
    {
      myImage.setImageDrawable(getResources()
                    .getDrawable(R.drawable.mute));
    }
    else if(mode==AudioManager.RINGER_MODE_VIBRATE)
    {
      myImage.setImageDrawable(getResources()
                    .getDrawable(R.drawable.vibrate));
    }
  }
});
```

（6）设置单击调整正常铃声模式按钮 **normalButton** 的处理事件，单击后设置铃声模式为NORMAL，并设置音量与声音模式。具体代码如下所示。

```
/* 调整铃声模式为正常模式的 Button */
normalButton.setOnClickListener(new Button.OnClickListener()
{
  @Override
  public void onClick(View arg0)
  {
    /* 设置铃声模式为 NORMAL */
    audioMa.setRingerMode(AudioManager.RINGER_MODE_NORMAL);
    /* 设置音量与声音模式 */
    volume=audioMa.getStreamVolume(AudioManager.STREAM_RING);
    myProgress.setProgress(volume);
    myImage.setImageDrawable(getResources()
                    .getDrawable(R.drawable.normal));
  }
});
```

（7）设置单击调整静音铃声模式按钮 muteButton 的处理事件，首先设置铃声模式为 SILENT，然后设置音量与声音状态。具体代码如下所示。

```
/* 调整铃声模式为静音模式的 Button */
muteButton.setOnClickListener(new Button.OnClickListener()
{
  @Override
  public void onClick(View arg0)
  {
    /* 设置铃声模式为 SILENT */
    audioMa.setRingerMode(AudioManager.RINGER_MODE_SILENT);
    /* 设置音量与声音状态 */
    volume=audioMa.getStreamVolume(AudioManager.STREAM_RING);
    myProgress.setProgress(volume);
    myImage.setImageDrawable(getResources()
                    .getDrawable(R.drawable.mute));
  }
});
```

（8）设置单击调整振动铃声模式按钮 **vibrateButton** 的处理事件，首先设置铃声模式为VIBRATE，然后设置音量与声音状态。具体代码如下所示。

```
/* 调整铃声模式为振动模式的 Button */
vibrateButton.setOnClickListener(new Button.OnClickListener()
{
  @Override
```

```
        public void onClick(View arg0)
        {
          /* 设置铃声模式为 VIBRATE */
          audioMa.setRingerMode(AudioManager.RINGER_MODE_VIBRATE);
          /* 设置音量与声音状态 */
          volume=audioMa.getStreamVolume(AudioManager.STREAM_RING);
          myProgress.setProgress(volume);
          myImage.setImageDrawable(getResources()
                                .getDrawable(R.drawable.vibrate));
        }
      });
    }
}
```

执行后将会显示一个音量调节界面，我们既可以设置声音模式，也可以调整音量大小。如图 10-1 所示。

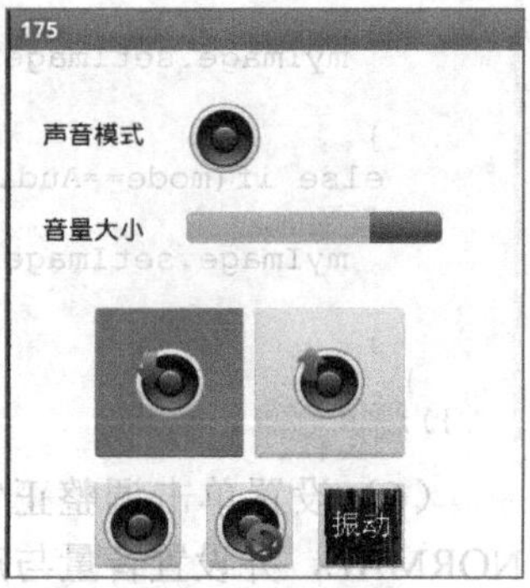

▲图 10-1　执行效果

10.1.3　特别提醒——AudioManager 管理手机声音

手机都有声音模式，响铃、静音还有振动，甚至振动加响铃兼备，这些都是手机的基本功能。在 Android 手机中，我们同样可以通过 Android 的 SDK 提供的声音管理接口来管理手机声音模式并调整声音大小，这就是 Android 中 AudioManager 的使用。

（1）设置声音模式

```
//声音模式
AudioManager.setRingerMode(AudioManager.RINGER_MODE_NORMAL);
//静音模式
AudioManager.setRingerMode(AudioManager.RINGER_MODE_SILENT);
//振动模式
AudioManager.setRingerMode(AudioManager.RINGER_MODE_VIBRATE);
```

（2）调整声音大小

```
//减少声音音量
AudioManager.adjustVolume(AudioManager.ADJUST_LOWER, 0);
//调大声音音量
AudioManager.adjustVolume(AudioManager.ADJUST_RAISE, 0);
```

10.2　在手机中播放 MP3 文件

实例 200	在手机中播放 MP3 文件
源码路径	daima\200
视频路径	视频\200

10.2.1　实例说明

在移动手机中，经常需要播放 MP3 文件。在本实例中插入了 3 个按钮，分别用于播放、暂停和停止 MP3 音乐。当单击播放按钮后会从手机资源中获取 MP3 文件，并播放这个 MP3 文件。在具体实现上，先添加一个 MediaPlayer 对象，并使用方法 MediaPlayer.creat()创建播放器资源，然后分别通过方法 MediaPlay.creat()、MediaPlay.stop()和 MediaPlay.pause()实现开始播放、停止播放和暂停播放功能。为了处理按钮所需要的各个事件，需要覆盖各个 ImageButton 的 onClick()，用于通过按钮来控制 MediaPlayer 的状态。

10.2.2　具体实现

编写主程序文件，其具体实现流程如下所示。

（1）分别声明 ImageButton、TextView 和 MediaPlayer 对象变量，使用变量 Flag 来表示确认音乐是否暂停，其默认值为 false。具体代码如下所示。

```
/*声明一个 ImageButton,TextView,MediaPlayer 变量*/
private ImageButton mButton01, mButton02, mButton03;
private TextView mTextView01;
private MediaPlayer mMediaPlayer01;
/*声明一个 Flag 作为确认音乐是否暂停的变量并默认为 false*/
private boolean bIsPaused = false;
```

（2）单击播放音乐的按钮后，先在 MediaPlayer 获取播放资源，然后开始播放，并同时改变 TextView 的状态为开始播放。具体代码如下所示。

```
/* 运行播放音乐的按钮 */
mButton01.setOnClickListener(new ImageButton.OnClickListener()
{
  @Override
  /*覆盖 OnClick 事件*/
  public void onClick(View v)
  {
    try
    {

      if (mMediaPlayer01 != null)
      {
        mMediaPlayer01.stop();
      }
      /*在 MediaPlayer 取得播放资源与 stop()之后
       * 要准备 Playback 的状态前一定要使用 MediaPlayer.prepare()*/
      mMediaPlayer01.prepare();
      /*开始或回复播放*/
      mMediaPlayer01.start();
      /*改变 TextView 为开始播放状态*/
      mTextView01.setText(R.string.str_start);
    }
    catch (Exception e)
    {
      // TODO Auto-generated catch block
      mTextView01.setText(e.toString());
      e.printStackTrace();
    }
  }
});
```

（3）编写单击停止播放的处理事件，通过方法 mMediaPlayer01.stop()停止播放 MP3，改变 TextView 为停止播放状态。具体代码如下所示。

```
/* 停止播放 */
mButton02.setOnClickListener(new ImageButton.OnClickListener()
{
  @Override
  public void onClick(View arg0)
  {
    // TODO Auto-generated method stub
    try
    {
      if (mMediaPlayer01 != null)
      {
        /*停止播放*/
        mMediaPlayer01.stop();
        /*改变 TextView 为停止播放状态*/
        mTextView01.setText(R.string.str_close);
      }
    }
    catch (Exception e)
    {
      // TODO Auto-generated catch block
      mTextView01.setText(e.toString());
```

```
        e.printStackTrace();
      }
    }
});
```

(4) 编写单击暂停播放按钮的处理事件，首先判断是否处于暂停状态，如果不是则使其暂停。具体代码如下所示。

```
/* 暂停播放 */
mButton03.setOnClickListener(new ImageButton.OnClickListener()
{
  public void onClick(View arg0)
  {
    // TODO Auto-generated method stub
    try
    {
      if (mMediaPlayer01 != null)
      {
        /*是否为暂停状态=否*/
        if(bIsPaused==false)
        {
          /*暂停播放*/
          mMediaPlayer01.pause();
          /*设置 Flag 为 true 表示 Player 状态为暂停*/
          bIsPaused = true;
          /*改变 TextView 为暂停播放*/
          mTextView01.setText(R.string.str_pause);
        }
        /*是否为暂停状态=是*/
        else if(bIsPaused==true)
        {
          /*回复播出状态*/
          mMediaPlayer01.start();
          /*设置 Flag 为 false 表示 Player 状态为非暂停状态*/
          bIsPaused = false;
          /*改变 TextView 为开始播放*/
          mTextView01.setText(R.string.str_start);
        }
      }
    }
    catch (Exception e)
    {
      // TODO Auto-generated catch block
      mTextView01.setText(e.toString());
      e.printStackTrace();
    }
  }
});
```

(5)定义 MediaPlayer.OnCompletionLister 来监听文件是否播出完毕，完毕后改变改变 TextView 状态为为播放结束。具体代码如下所示。

```
/* MediaPlayer.OnCompletionLister 运行的 Listener */
mMediaPlayer01.setOnCompletionListener(
  new MediaPlayer.OnCompletionListener()
{
  // @Override
  /*覆盖文件播出完毕事件*/
  public void onCompletion(MediaPlayer arg0)
  {
    try
    {
      /*解除资源与 MediaPlayer 的赋值关系
       * 让资源可以为其他程序利用*/
      mMediaPlayer01.release();
      /*改变 TextView 为播放结束*/
      mTextView01.setText(R.string.str_OnCompletionListener);
    }
    catch (Exception e)
```

```
    {
      mTextView01.setText(e.toString());
      e.printStackTrace();
    }
  }
});
```

（6）编写 MediaPlayer.OnErrorListener 来监听是否出现错误，当发生错误时解除资源与 MediaPlayer 的赋值。具体代码如下所示。

```
/* MediaPlayer.OnErrorListener 运行的 Listener */
mMediaPlayer01.setOnErrorListener(new MediaPlayer.OnErrorListener()
{
  @Override
  /*覆盖错误处理事件*/
  public boolean onError(MediaPlayer arg0, int arg1, int arg2)
  {
    // TODO Auto-generated method stub
    try
    {
      /*发生错误时也解除资源与 MediaPlayer 的赋值*/
      mMediaPlayer01.release();
      mTextView01.setText(R.string.str_OnErrorListener);
    }
    catch (Exception e)
    {
      mTextView01.setText(e.toString());
      e.printStackTrace();
    }
    return false;
  }
});
}
```

▲图 10-2　执行效果

执行后在屏幕中通过 3 个播放按钮播放指定的 MP3 文件，如图 10-2 所示。

10.2.3　特别提醒——播放手机卡里的音乐或者网络中的流媒体

如果想播放手机卡里的音乐或者网络中的流媒体，则可以用下列程序如下实现。

```
MediaPlayer mp = new MediaPlayer();
mp.setDataSource(String URL/FILE_PATH);
mp.prepare();
mp.start();
```

在上述代码中，使用方法 MediaPlayer.setDataSource()将 URL 或文件路径以字符串的方式传入，在使用方法 setDataSource ()时需要注意以下 3 点。

（1）构建完成的 MediaPlayer 必须实现 Null 对象的检查。

（2）必须实现接收 IlegalArgumentException 与 IOException 等异常，在很多情况下，你所用的文件当下并不存在。

（3）如果使用 URL 来播放在线媒体文件，该文件需要能够支持 pragressive 下载。

10.3　编写一个录音程序

实例 201	编写一个录音程序
源码路径	daima\201
视频路径	视频\201

10.3.1　实例说明

在手机应用中，录音是一个十分重要的功能。在本实例中插入了 4 个按钮，分别实现录音、停止录音、播放录音和删除录音这 4 种操作。为了能够不限制录音的长度，现将录音暂时保存到存储卡，当录音完毕后，再将录音文件显示在 ListView。单击文件后，可以播放或删除录音文件。

10.3.2　具体实现

编写主程序文件，其具体实现流程如下所示。

（1）分别构造 4 个按钮对象和两个文本对象，然后设置按钮状态不可选。具体代码如下所示。

```
/** Called when the activity is first created. */
@Override
public void onCreate(Bundle savedInstanceState)
{
  super.onCreate(savedInstanceState);
  setContentView(R.layout.main);
  /* 设置 4 个按钮和两个文本 */
  myButton1 = (ImageButton) findViewById(R.id.ImageButton01);
  myButton2 = (ImageButton) findViewById(R.id.ImageButton02);
  myButton3 = (ImageButton) findViewById(R.id.ImageButton03);
  myButton4 = (ImageButton) findViewById(R.id.ImageButton04);
  myListView1 = (ListView) findViewById(R.id.ListView01);
  myTextView1 = (TextView) findViewById(R.id.TextView01);
  /* 设置按钮状态不可选 */
  myButton2.setEnabled(false);
  myButton3.setEnabled(false);
  myButton4.setEnabled(false);
```

（2）通过方法 sdCardExit 判断是否插入 SD 卡，然后将获取的 SD 卡路径作为录音的文件位置，并取得 SD 开目录里的所有“.amr”格式的文件，最后将 ArrayAdapter 添加 ListView 对象中以列表显示录音文件。具体代码如下所示。

```
/* 判断是否插入 SD 卡 */
sdCardExit = Environment.getExternalStorageState().equals(
    android.os.Environment.MEDIA_MOUNTED);
/* 取得 SD Card 路径作为录音的文件位置 */
if (sdCardExit)
  myRecAudioDir = Environment.getExternalStorageDirectory();
/* 取得 SD Card 目录里的所有.amr 文件 */
getRecordFiles();
adapter = new ArrayAdapter<String>(this,
    R.layout.my_simple_list_item, recordFiles);
/* 将 ArrayAdapter 添加 ListView 对象中 */
myListView1.setAdapter(adapter);
```

（3）编写单击录音按钮后的录音处理事件，先创建录音频文件，然后设置录音来源为麦克风，最后通过 myTextView1.setText("录音中")设置录音过程显示的提示文本。具体代码如下所示。

```
/* 单击录音按钮的处理事件 */
myButton1.setOnClickListener(new ImageButton.OnClickListener()
{
  @Override
  public void onClick(View arg0)
  {
    try
    {
      if (!sdCardExit)
      {
        Toast.makeText(example177.this, "请插入 SD Card",
            Toast.LENGTH_LONG).show();
        return;
      }
      /* 创建录音频文件 */
      myRecAudioFile = File.createTempFile(strTempFile, ".amr",
          myRecAudioDir);
      mMediaRecorder01 = new MediaRecorder();
      /* 设置录音来源为麦克风 */
      mMediaRecorder01
```

```
            .setAudioSource(MediaRecorder.AudioSource.MIC);
        mMediaRecorder01
            .setOutputFormat(MediaRecorder.OutputFormat.DEFAULT);
        mMediaRecorder01
            .setAudioEncoder(MediaRecorder.AudioEncoder.DEFAULT);
        mMediaRecorder01.setOutputFile(myRecAudioFile
            .getAbsolutePath());
        mMediaRecorder01.prepare();
        mMediaRecorder01.start();
        myTextView1.setText("录音中");
        myButton2.setEnabled(true);
        myButton3.setEnabled(false);
        myButton4.setEnabled(false);
        isStopRecord = false;
      }
      catch (IOException e)
      {
        // TODO Auto-generated catch block
        e.printStackTrace();
      }
    }
  });
```

（4）编写单击停止按钮的处理事件，首先使用方法 mMediaRecorder01.stop()停止录音，然后将录音文件名传递给 Adapter。具体代码如下所示。

```
/* 停止 */
myButton2.setOnClickListener(new ImageButton.OnClickListener()
{
  @Override
  public void onClick(View arg0)
  {
    // TODO Auto-generated method stub
    if (myRecAudioFile != null)
    {
      /* 停止录音 */
      mMediaRecorder01.stop();
      mMediaRecorder01.release();
      mMediaRecorder01 = null;
      /* 将录音频文件名给 Adapter */
      adapter.add(myRecAudioFile.getName());
      myTextView1.setText("停止: " + myRecAudioFile.getName());
      myButton2.setEnabled(false);
      isStopRecord = true;
    }
  }
});
```

（5）编写单击播放按钮的处理事件，单击后将打开播放的程序。主要代码如下所示。

```
/* 播放 */
myButton3.setOnClickListener(new ImageButton.OnClickListener()
{
  @Override
  public void onClick(View arg0)
  {
    // TODO Auto-generated method stub
    if (myPlayFile != null && myPlayFile.exists())
    {
      /* 打开播放的程序 */
      openFile(myPlayFile);
    }
  }
});
```

（6）编写单击删除按钮的处理事件，首先在 Adapter 删除录音文件名，然后删除轮值的文件。具体代码如下所示。

```
/* 删除事件 */
```

```
myButton4.setOnClickListener(new ImageButton.OnClickListener()
{
  @Override
  public void onClick(View arg0)
  {
    if (myPlayFile != null)
    {
      /* 先将 Adapter 删除文件名 */
      adapter.remove(myPlayFile.getName());
      /* 删除文件 */
      if (myPlayFile.exists())
        myPlayFile.delete();
      myTextView1.setText("完成删除");
    }
  }
});
```

（7）编写单击 Adapter 列表中某个录制文件的处理事件，如果有文件，单击后将删除并使播放按钮设置为 Enable 不可用，然后输出选择提示语句。具体代码如下所示。

```
myListView1.setOnItemClickListener
(new AdapterView.OnItemClickListener()
{
  @Override
  public void onItemClick(AdapterView<?> arg0, View arg1,
      int arg2, long arg3)
  {
    /* 当单击时，将删除，并将播放按钮设为 Enable */
    myButton3.setEnabled(true);
    myButton4.setEnabled(true);
    myPlayFile = new File(myRecAudioDir.getAbsolutePath()
        + File.separator
        + ((CheckedTextView) arg1).getText());
    myTextView1.setText("你选的是："
        + ((CheckedTextView) arg1).getText());
  }
});
}
```

（8）定义方法 onStop()实现停止录音操作，具体代码如下所示。

```
protected void onStop()
{
  if (mMediaRecorder01 != null && !isStopRecord)
  {
    /* 停止录音 */
    mMediaRecorder01.stop();
    mMediaRecorder01.release();
    mMediaRecorder01 = null;
  }
  super.onStop();
}
```

（9）定义方法 getRecordFiles()来获取文件的长度，在此设置只能获取“.amr”格式的文件。具体代码如下所示。

```
private void getRecordFiles()
{
  recordFiles = new ArrayList<String>();
  if (sdCardExit)
  {
    File files[] = myRecAudioDir.listFiles();
    if (files != null)
    {
      for (int i = 0; i < files.length; i++)
      {
        if (files[i].getName().indexOf(".") >= 0)
        {
          /* 只取.amr 文件 */
```

```
            String fileS = files[i].getName().substring(
                files[i].getName().indexOf("."));
            if (fileS.toLowerCase().equals(".amr"))
              recordFiles.add(files[i].getName());
          }
        }
      }
    }
```

（10）定义方法 openFile(File f)来打开播放指定的录音文件，主要代码如下所示。

```
/* 打开播放录音文件的程序 */
private void openFile(File f)
{
  Intent intent = new Intent();
  intent.addFlags(Intent.FLAG_ACTIVITY_NEW_TASK);
  intent.setAction(android.content.Intent.ACTION_VIEW);
  String type = getMIMEType(f);
  intent.setDataAndType(Uri.fromFile(f), type);
  startActivity(intent);
}
```

（11）定义方法 getMIMEType(File f)设置系统可接受的文件类型，在此设置了 audio 类型、image 类型和其他类型。具体代码如下所示。

```
private String getMIMEType(File f)
{
  String end = f.getName().substring(
      f.getName().lastIndexOf(".") + 1, f.getName().length())
      .toLowerCase();
  String type = "";
  if (end.equals("mp3") || end.equals("aac") || end.equals("aac")
      || end.equals("amr") || end.equals("mpeg")
      || end.equals("mp4"))
  {
    type = "audio";
  }
  else if (end.equals("jpg") || end.equals("gif")
      || end.equals("png") || end.equals("jpeg"))
  {
    type = "image";
  }
  else
  {
    type = "*";
  }
  type += "/*";
  return type;
}
}
```

还需在文件 AndroidManifest.xml 中声明录音权限，具体代码如下所示。

```
<uses-permission android:name="android.permission.RECORD_AUDIO">
```

至此，整个实例介绍完毕，执行后的效果如图 10-3 所示。当单击【录音】按钮时开始录音处理，如图 10-4 所示。当单击【停止】按钮后停止录音处理，并在列表中显示录制的音频文件。当选中音频文件并单击【删除】按钮后会删除选中音频文件，单击【播放】按钮后会播放选中的音频文件。

▲图 10-3 初始效果

▲图 10-4 正在录音

10.3.3 特别提醒——Android 的开源多媒体框架

Android 的 MediaRecorder 包含了 Audio 和 Video 的记录功能，在 Android 的界面上，Music 和 Video 两个应用程序都是调用 MediaRecorder 实现的。

MediaRecorder 在底层是基于 OpenCore(PacketVideo)的库实现的，为了构建一个 MediaRecorder 程序，上层还包含了进程间通讯等内容，这种进程间通信的基础是 Android 基本库中的 Binder 机制。

以开源的 Android 为例，MediaRecorder 的代码主要在以下的目录中。

Java 程序的路径：

```
packages/apps/Camera/src/com/android/camera/VideoCamera.java
```

Java Framework 的路径：

```
frameworks/base/media/java/android/media/MediaRecorder.java
```

Java 本地调用部分（JNI）：

```
frameworks/base/media/jni/android_media_MediaRecorder.cpp
```

这部分内容编译成为目标是 libmedia_jni.so。

主要的头文件在以下的目录中：

```
frameworks/base/include/media/
```

多媒体底层库在以下的目录中：

```
frameworks/base/media/libmedia/
```

这部分的内容被编译成库 libmedia.so。

10.4 在手机中实现相机预览和拍照功能

实例 202	在手机中实现相机预览和拍照功能
源码路径	daima\202
视频路径	视频\202

10.4.1 实例说明

在当前移动手机中，拍照和录制视频也是一个十分重要的功能，其中在相机中可以通过 Preview 实现预览功能。本实例实现了一个简单的拍照功能，在实例中以 Activity 为基础，在 Layout 中配置了 3 个按钮，分别实现打开预览、关闭相机和拍照处理功能。当单击【拍照】按钮后会将屏幕中拍的画面截取下来并存储到 SD 卡中，然后将拍下来的图片显示在 Activity 中的 ImageView 控件中。为避免拍照相片造成的存储卡垃圾暂存堆栈，在离开程序前删除临时文件。

10.4.2 具体实现

编写主程序文件，其具体实现流程如下所示。

（1）引用 PictureCallback 作为取得拍照后的事件，具体代码如下所示。

```
/* 引用 Camera 类 */
import android.hardware.Camera;

/* 引用 PictureCallback 作为取得拍照后的事件 */
import android.hardware.Camera.PictureCallback;
import android.hardware.Camera.ShutterCallback;
import android.os.Bundle;
import android.util.DisplayMetrics;
```

```
import android.util.Log;
import android.view.SurfaceHolder;
import android.view.SurfaceView;
import android.view.View;
import android.view.Window;
import android.widget.Button;
import android.widget.ImageView;
import android.widget.TextView;
import android.widget.Toast;
```

（2）创建私有 Camera 对象，然后分别创建 mImageView01、mTextView01、TAG、mSurfaceView01、mSurfaceHolder01 和 intScreenY 作为预览相片之用。具体代码如下所示。

```
/* 使 Activity 实现 SurfaceHolder.Callback */
public class example10 extends Activity
implements SurfaceHolder.Callback
{
  /* 创建私有 Camera 对象 */
  private Camera mCamera01;
  private Button mButton01, mButton02, mButton03;

  /* 作为 review 照下来的相片之用 */
  private ImageView mImageView01;
  private TextView mTextView01;
  private String TAG = "HIPPO";
  private SurfaceView mSurfaceView01;
  private SurfaceHolder mSurfaceHolder01;
  //private int intScreenX, intScreenY;
```

（3）设置默认相机预览模式为 false，将照下来的图片存储在“/sdcard/camera_snap.jpg”目录下。具体代码如下所示。

```
  /* 默认相机预览模式为 false */
  private boolean bIfPreview = false;

  /* 将照下来的图片存储在此 */
  private String strCaptureFilePath = "/sdcard/camera_snap.jpg";
```

（4）使用 requestWindowFeature 设置全屏幕运行，然后判断存储卡是否存在，如果不存在则提醒用户未安装存储卡。具体代码如下所示。

```
  public void onCreate(Bundle savedInstanceState)
  {
    super.onCreate(savedInstanceState);

    /* 使应用程序全屏幕运行，不使用 title bar */
    requestWindowFeature(Window.FEATURE_NO_TITLE);
    setContentView(R.layout.main);

    /* 判断存储卡是否存在 */
    if(!checkSDCard())
    {
      /* 提醒 User 未安装存储卡 */
      mMakeTextToast
      (
        getResources().getText(R.string.str_err_nosd).toString(),
        true
      );
    }
```

（5）通过 DisplayMetrics 对象 dm 获取屏幕解析像素，然后以 SurfaceView 作为相机预览之用，绑定 SurfaceView 后获取 SurfaceHolder 对象，通过 setFixedSize 可以设置预览大小。具体代码如下所示。

```
/* 取得屏幕解析像素 */
DisplayMetrics dm = new DisplayMetrics();
getWindowManager().getDefaultDisplay().getMetrics(dm);
```

```
mTextView01 = (TextView) findViewById(R.id.myTextView1);
mImageView01 = (ImageView) findViewById(R.id.myImageView1);
/* 以 SurfaceView 作为相机 Preview 之用 */
mSurfaceView01 = (SurfaceView) findViewById(R.id.mSurfaceView1);

/* 绑定 SurfaceView，取得 SurfaceHolder 对象 */
mSurfaceHolder01 = mSurfaceView01.getHolder();
/* Activity 必须实现 SurfaceHolder.Callback */
mSurfaceHolder01.addCallback(example10.this);

/* 额外的设置预览大小设置，在此不使用 */
/*以 SURFACE_TYPE_PUSH_BUFFERS(3)作为 SurfaceHolder 显示类型 */
mSurfaceHolder01.setType
(SurfaceHolder.SURFACE_TYPE_PUSH_BUFFERS);

mButton01 = (Button)findViewById(R.id.myButton1);
mButton02 = (Button)findViewById(R.id.myButton2);
mButton03 = (Button)findViewById(R.id.myButton3);
```

（6）编写打开相机和预览按钮事件，自定义初始化打开相机函数。具体代码如下所示。

```
/* 打开相机及 Preview */
mButton01.setOnClickListener(new Button.OnClickListener()
{
  @Override
  public void onClick(View arg0)
  {
    // TODO Auto-generated method stub

    /* 自定义初始化打开相机函数 */
    initCamera();
  }
});
```

（7）设置停止预览按钮事件，自定义重置相机并关闭相机预览函数。具体代码如下所示。

```
/* 停止 Preview 及相机 */
mButton02.setOnClickListener(new Button.OnClickListener()
{
  @Override
  public void onClick(View arg0)
  {
    /* 自定义重置相机，并关闭相机预览函数 */
    resetCamera();
  }
});
```

（8）设置停止拍照按钮事件，当存储卡存在才允许拍照，自定义函数 takePicture()实现拍照功能。具体代码如下所示。

```
    /* 拍照 */
    mButton03.setOnClickListener(new Button.OnClickListener()
    {
      @Override
      public void onClick(View arg0)
      {
        // TODO Auto-generated method stub

        /* 当存储卡存在才允许拍照，存储暂存图像文件 */
        if(checkSDCard())
        {
          /* 自定义拍照函数 */
          takePicture();
        }
        else
        {
          /* 存储卡不存在显示提示 */
          mTextView01.setText
          (
            getResources().getText(R.string.str_err_nosd).toString()
```

```
        );
      }
    }
  });
}
```

（9）定义方法 initCamera()，如果相机处于非预览模式则打开相机。具体代码如下所示。

```
/* 自定义初始相机函数 */
private void initCamera()
{
  if(!bIfPreview)
  {
    /* 若相机非在预览模式，则打开相机 */
    mCamera01 = Camera.open();
  }

  if (mCamera01 != null && !bIfPreview)
  {
    Log.i(TAG, "inside the camera");

    /* 创建 Camera.Parameters 对象 */
    Camera.Parameters parameters = mCamera01.getParameters();

    /* 设置相片格式为 JPEG */
    parameters.setPictureFormat(PixelFormat.JPEG);

    /* 指定 preview 的屏幕大小 */
    parameters.setPreviewSize(320, 240);

    /* 设置图片分辨率大小 */
    parameters.setPictureSize(320, 240);

    /* 将 Camera.Parameters 设置为 Camera */
    mCamera01.setParameters(parameters);

    /* setPreviewDisplay 唯一的参数为 SurfaceHolder */
    mCamera01.setPreviewDisplay(mSurfaceHolder01);

    /* 立即运行 Preview */
    mCamera01.startPreview();
    bIfPreview = true;
  }
}
```

（10）定义方法 takePicture()来调用 takePicture()实现拍照并撷取图像。具体代码如下所示。

```
/* 拍照撷取图像 */
private void takePicture()
{
  if (mCamera01 != null && bIfPreview)
  {
    /* 调用 takePicture()方法拍照 */
    mCamera01.takePicture
    (shutterCallback, rawCallback, jpegCallback);
  }
}
```

（11）定义方法 resetCamera()来实现相机重置，具体代码如下所示。

```
/* 相机重置 */
private void resetCamera()
{
  if (mCamera01 != null && bIfPreview)
  {
    mCamera01.stopPreview();
    /* 扩展学习，释放 Camera 对象 */
    //mCamera01.release();
    mCamera01 = null;
    bIfPreview = false;
```

```
    }
  }

  private ShutterCallback shutterCallback = new ShutterCallback()
  {
    public void onShutter()
    {
      // Shutter has closed
    }
  };

  private PictureCallback rawCallback = new PictureCallback()
  {
    public void onPictureTaken(byte[] _data, Camera _camera)
    {
      // TODO Handle RAW image data
    }
  };
```

（12）定义方法 delFile(String strFileName)来自定义删除临时文件，具体代码如下所示。

```
/* 自定义删除文件函数 */
private void delFile(String strFileName)
{
  try
  {
    File myFile = new File(strFileName);
    if(myFile.exists())
    {
      myFile.delete();
    }
  }
  catch (Exception e)
  {
    Log.e(TAG, e.toString());
    e.printStackTrace();
  }
}
```

（13）定义方法 mMakeTextToast(String str, boolean isLong)来输出提示语句。具体代码如下所示。

```
public void mMakeTextToast(String str, boolean isLong)
{
  if(isLong==true)
  {
    Toast.makeText(example10.this, str, Toast.LENGTH_LONG).show();
  }
  else
  {
    Toast.makeText(example10.this, str, Toast.LENGTH_SHORT).show();
  }
}
```

（14）定义方法 checkSDCard()来检查是否有存储卡，具体代码如下所示。

```
private boolean checkSDCard()
{
  /* 判断存储卡是否存在 */
  if(android.os.Environment.getExternalStorageState().equals
  (android.os.Environment.MEDIA_MOUNTED))
  {
    return true;
  }
  else
  {
    return false;
  }
}
public void surfaceChanged
(SurfaceHolder surfaceholder, int format, int w, int h)
```

```
{
  Log.i(TAG, "Surface Changed");
}

public void surfaceCreated(SurfaceHolder surfaceholder)
{
  // TODO Auto-generated method stub
  Log.i(TAG, "Surface Changed");
}
```

在文件 AndroidManifest.xml 中声明 android.permission.CAMERA 权限，具体代码如下所示。

```
<uses-permission android:name="android.permission.CAMERA">
```

执行后的效果如图 10-5 所示，分别单击【预览】、【拍照】和【关闭】按钮后可以实现对应的功能。

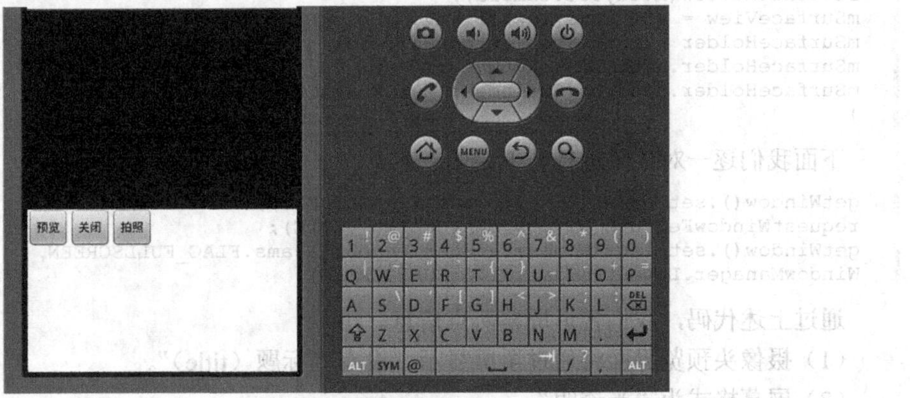

▲图 10-5 执行效果

10.4.3 特别提醒——使用摄像头的方法

从 Android 1.5 版本后，在安全方面有诸多改进，其中之一与摄像头权限控制有关。在此之前，能够创建无需用户许可就可实现拍照的应用。现在该问题已被修复，如果你想在自己的应用中使用摄像头，需要在 AndroidManifest.xml 中增加以下代码。

```
<uses-permission android:name="android.permission.CAMERA"/>
```

（1）设定摄像头布局

这是开发工作的基础，也就是说我们希望在应用程序中增加多少辅助性元素，如摄像头各种功能按钮等。在本文中我们采取最简方式，除了拍照外，没有多余摄像头功能。下面我们一起看一下本文示例将要用到的布局文件“camera_surface.xml”。

```
<LinearLayout xmlns:android="http://schemas.android.com/apk/res/android"
android:layout_width="fill_parent" android:layout_height="fill_parent"
android:orientation="vertical">
<SurfaceView android:id="@+id/surface_camera"
android:layout_width="fill_parent" android:layout_height="10dip"
android:layout_weight="1">
</SurfaceView>
</LinearLayout>
```

该布局非常简单，只有一个 LinearLayout 视图组，在它下面只有一个 SurfaceView 视图，也就是摄像头屏幕。在上述过程，不能在资源文件名称中使用大写字母，如果你把该文件命名为“CameraSurface.xml”，会带来不必要的麻烦。

（2）实现摄像

我们创建一个名为“CameraView”的 Activity 类，然后实现 SurfaceHolder.Callback 接口。

```
public class CamaraView extends Activity implements SurfaceHolder.Callback
```

接口 SurfaceHolder.Callback 被用来接收摄像头预览界面变化的信息。它实现了 3 个方法。

- surfaceChanged：当预览界面的格式和大小发生改变时，该方法被调用。
- surfaceCreated：初次实例化，预览界面被创建时，该方法被调用。
- surfaceDestroyed：当预览界面被关闭时，该方法被调用。

下面我们一起看一下在摄像头应用中如何使用这个接口，首先看一下在 Activity 类中的方法 onCreate。

```
super.onCreate(icicle);
getWindow().setFormat(PixelFormat.TRANSLUCENT);
requestWindowFeature(Window.FEATURE_NO_TITLE);
getWindow().setFlags(WindowManager.LayoutParams.FLAG_FULLSCREEN,
WindowManager.LayoutParams.FLAG_FULLSCREEN);
setContentView(R.layout.camera);
mSurfaceView = (SurfaceView) findViewById(R.id.surface_camera);
mSurfaceHolder = mSurfaceView.getHolder();
mSurfaceHolder.addCallback(this);
mSurfaceHolder.setType(SurfaceHolder.SURFACE_TYPE_PUSH_BUFFERS);
}
```

下面我们逐一对代码进行一下说明。

```
getWindow().setFormat(PixelFormat.TRANSLUCENT);
requestWindowFeature(Window.FEATURE_NO_TITLE);
getWindow().setFlags(WindowManager.LayoutParams.FLAG_FULLSCREEN,
WindowManager.LayoutParams.FLAG_FULLSCREEN);
```

通过上述代码，我们告诉屏幕两点信息。

（1）摄像头预览界面将通过全屏显示，没有“标题（title）”。

（2）屏幕格式为“半透明”。

```
setContentView(R.layout.camera_surface );
mSurfaceView = (SurfaceView) findViewById(R.id.surface_camera);
```

在以上代码中，我们通过 setContentView 来设定 Activity 的布局为前面我们创建的 camera_surface，并创建一个 SurfaceView 对象，从 XML 文件中获得它。

```
mSurfaceHolder = mSurfaceView.getHolder();
mSurfaceHolder.addCallback(this);
mSurfaceHolder.setType(SurfaceHolder.SURFACE_TYPE_PUSH_BUFFERS);
```

通过以上代码，我们从 SurfaceView 中获得了 holder，并增加 callback 功能到“this”。这意味着我们的操作（Activity）将可以管理这个 SurfaceView。

我们看一下 callback 功能时如何实现的：

```
public void surfaceCreated(SurfaceHolder holder) {
mCamera = Camera.open();
```

mCamera 是“Camera”类的一个对象。在 surfaceCreated 方法中“打开”摄像头，这就是启动它的方式。

```
public void surfaceChanged(SurfaceHolder holder, int format, int w, int h) {
if (mPreviewRunning) {
mCamera.stopPreview();
}
Camera.Parameters p = mCamera.getParameters();
p.setPreviewSize(w, h);
mCamera.setParameters(p);
try {
mCamera.setPreviewDisplay(holder);
} catch (IOException e) {
e.printStackTrace();
}
```

```
mCamera.startPreview();
mPreviewRunning = true;
}
```

该方法让摄像头做好拍照准备，设定它的参数，并开始在 Android 屏幕中启动预览画面。我使用了一个“semaphore”参数来防止冲突：当 mPreviewRunning 为 true 时，意味着摄像头处于激活状态，并未被关闭，因此我们可以使用它。

```
public void surfaceDestroyed(SurfaceHolder holder) {
mCamera.stopPreview();
mPreviewRunning = false;
mCamera.release();
}
```

通过这个方法，停止摄像头并释放相关的资源。正如大家所看到的，在此设置 mPreview Running 为 false，以此来防止在 surfaceChanged 方法中的冲突。原因何在？因为这意味着我们已经关闭了摄像头，而且我们不能再设置其参数或在摄像头中启动图像预览。

最后我们看一下本例中最重要的方法：

```
Camera.PictureCallback mPictureCallback = new Camera.PictureCallback() {
public void onPictureTaken(byte[] imageData, Camera c) {
}
};
```

当拍照时，该方法被调用。举例来说，用户可以在界面上创建一个 OnClickListener，当用户单击屏幕时，调用 PictureCallBack 方法。这个方法会向用户提供图像的字节数组，然后用户可以使用 Android 提供的 Bitmap 和 BitmapFactory 类，将其从字节数组转换成用户想要的图像格式。

10.5 在手机中播放影片

实例 203	在手机中播放影片
源码路径	daima\203
视频路径	视频\203

10.5.1 实例说明

在 Android 系统中内置了 VideoView Widget 作为多媒体视频播放器。VideoView Widget 和前面介绍的 Widget 私用方法类似，必须先在 Layout XML 中定义 VideoView 属性，在程序中通过 findViewById()方法即可创建 VideoView 对象。在本实例中，预先准备了两个 3gp 格式的视频文件，然后将这两个文件上传到虚拟 SD 卡中。然后插入两个按钮，当单击按钮后分别实现对这两个视频文件的播放。

10.5.2 具体实现

编写主程序文件，其具体实现流程如下所示。

（1）设置默认判别是否安装存储卡 flag 值为 false，然后设置全屏幕显示。具体代码如下所示。

```
/* 默认判别是否安装存储卡 flag 为 false */
private boolean bIfSDExist = false;
public void onCreate(Bundle savedInstanceState)
{
  super.onCreate(savedInstanceState);

  /* 全屏幕 */
  getWindow().setFormat(PixelFormat.TRANSLUCENT);
  setContentView(R.layout.main);
```

（2）判断存储卡是否存在，不存在则通过 mMakeTextToast 输出提示。具体代码如下所示。

```
/* 判断存储卡是否存在 */
if(android.os.Environment.getExternalStorageState().equals
(android.os.Environment.MEDIA_MOUNTED))
{
  bIfSDExist = true;
}
else
{
  bIfSDExist = false;
  mMakeTextToast
  (
    getResources().getText(R.string.str_err_nosd).toString(),
    true
  );
}
```

（3）定义单击第一个按钮的处理事件，通过函数 playVideo(strVideoPath)来播放第一个影片。具体代码如下所示。

```
mButton01.setOnClickListener(new Button.OnClickListener()
{
  @Override
  public void onClick(View arg0)
  {
    // TODO Auto-generated method stub
    if(bIfSDExist)
    {
      /* 播放影片路径 1 */
      strVideoPath = "file:///sdcard/hello.3gp";
      playVideo(strVideoPath);
    }
  }
});
```

（4）定义单击第二个按钮的处理事件，通过函数 playVideo(strVideoPath)来播放第二个影片。具体代码如下所示。

```
  mButton02.setOnClickListener(new Button.OnClickListener()
  {
    @Override
    public void onClick(View arg0)
    {
      // TODO Auto-generated method stub
      if(bIfSDExist)
      {
        /* 播放影片路径 2 */
        strVideoPath = "file:///sdcard/test.3gp";
        playVideo(strVideoPath);
      }
    }
  });
}
```

（5）定义方法 VideoView 来播放指定路径的影片，具体代码如下所示。

```
/* 自定义以 VideoView 播放影片 */
private void playVideo(String strPath)
{
  if(strPath!="")
  {
    /* 调用 VideoURI 方法，指定解析路径 */
    mVideoView01.setVideoURI(Uri.parse(strPath));

    /* 设置控制 Bar 显示于此 Context 中 */
    mVideoView01.setMediaController
    (new MediaController(example179.this));
```

```
        mVideoView01.requestFocus();

        /* 调用 VideoView.start()自动播放 */
        mVideoView01.start();
        if(mVideoView01.isPlaying())
        {
          /* 程序不会被运行，因 start()后尚需要 preparing() */
          mTextView01.setText("Now Playing:"+strPath);
          Log.i(TAG, strPath);
        }
      }
    }
```

（6）定义方法 mMakeTextToast 来输出提醒语句，具体代码如下所示。

```
    public void mMakeTextToast(String str, boolean isLong)
    {
      if(isLong==true)
      {
        Toast.makeText(example179.this, str, Toast.LENGTH_LONG).show();
      }
      else
      {
        Toast.makeText(example179.this, str, Toast.LENGTH_SHORT).show();
      }
    }
  }
```

执行后的效果如图 10-6 所示。当单击按钮【播放影片 A】和【播放影片 B】后分别播放预设的影片。

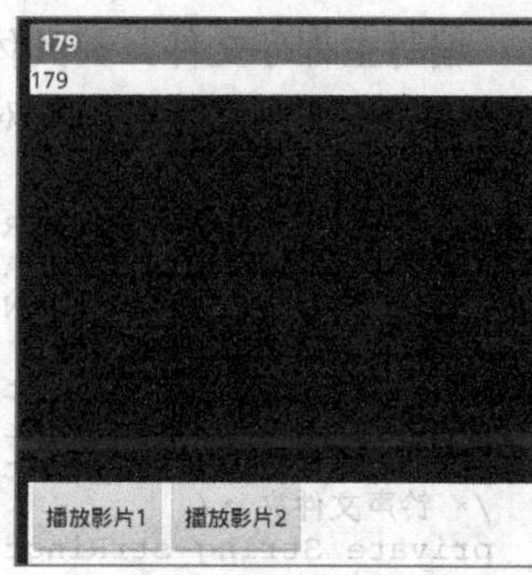

▲图 10-6　执行效果

10.5.3　特别提醒——VideoView 类的构造函数

VideoView 类可以从不同的来源（例如资源文件或内容提供器）读取图像，计算和维护视频的画面尺寸以使其适用于任何布局管理器，并提供一些诸如缩放、着色之类的显示选项。VideoView 类的构造函数如下所示。

```
public VideoView (Context context)
```

参数 context 表示视图运行的应用程序上下文，通过它可以访问当前主题、资源等。例如下面的代码创建了一个带有 attrs 属性的 VideoView 实例。

```
public VideoView (Context context, AttributeSet attrs)
```

上面的 attrs 是用于视图的 XML 标签属性集合。

10.6　编程的方式设置手机中的铃声

实例 204	编程的方式设置手机中的铃声
源码路径	daima\204
视频路径	视频\204

10.6.1　实例说明

相信大家都经历过在网络中下载自己喜欢的铃声的经验。在移动手机中，铃声设置也是一个十分重要的功能。在 Android 中，通过 RingtoneManager 类来专门控制各种铃声。例如常见的来电铃声、闹钟铃声、和一些警告、信息通知。类 RingtoneManager 中的常用方法如下所示。

- getActualDefaultRingtoneUri：获取指定类型的当前默认铃声。

- getCursor：返回所有可用铃声的游标。
- getDefaultType：获取指定 URL 默认的铃声类型。
- getDefaultUri：返回指定类型默认铃声的 URL。
- getRingtoneUri：返回指定位置铃声的 URL。
- getRingtonePosition：获取指定铃声的位置。
- getValidRingtoneUri：获取一个可用铃声的位置。
- isDefault：获取指定 URL 是否是默认的铃声。
- setActualDefaultRingtoneUri：设置默认的铃声。

在 Android 系统中，默认的铃声存储在“system/medio/audio”中，而下载的铃声一般被保存在 SD 卡中，在此假设下载的铃声分别保存在 SD 卡的下述目录中。

- sdcard/music/ringtone：一般来电铃声。
- sdcard/music/alarm：闹钟铃声。
- sdcard/music/notification：警告、通知铃声。

10.6.2　具体实现

编写主程序文件，其具体实现流程如下所示。

（1）分别设置 3 个按钮对象、3 个自定义类型和 3 个铃声文件夹，具体代码如下所示。

```
/* 3个按钮 */
private Button mButtonRingtone;
private Button mButtonAlarm;
private Button mButtonNotification;
/* 自定义的类型 */
public static final int ButtonRingtone          = 0;
public static final int ButtonAlarm             = 1;
public static final int ButtonNotification      = 2;
/* 铃声文件夹 */
private String strRingtoneFolder = "/sdcard/music/ringtone";
private String strAlarmFolder = "/sdcard/music/alarm";
private String strNotificationFolder = "/sdcard/music/notification";
```

（2）编写单击设置来电铃声按钮 mButtonRingtone 后的处理事件，先打开系统铃声设置然后进行设置。具体代码如下所示。

```
public void onCreate(Bundle savedInstanceState)
{
    super.onCreate(savedInstanceState);
    setContentView(R.layout.main);
    mButtonRingtone = (Button) findViewById(R.id.ButtonRingtone);
    mButtonAlarm = (Button) findViewById(R.id.ButtonAlarm);
    mButtonNotification = (Button) findViewById(R.id.ButtonNotification);
    /* 设置来电铃声 */
    mButtonRingtone.setOnClickListener(new Button.OnClickListener()
    {
        @Override
        public void onClick(View arg0)
        {
            if (bFolder(strRingtoneFolder))
            {
                //打开系统铃声设置
                Intent intent = new Intent(RingtoneManager.ACTION_RINGTONE_PICKER);
                //类型为来电 RINGTONE
                intent.putExtra(RingtoneManager.EXTRA_RINGTONE_TYPE,
                RingtoneManager.TYPE_RINGTONE);
                //设置显示的title
                intent.putExtra(RingtoneManager.EXTRA_RINGTONE_TITLE, "设置来电铃声");
                //当设置完成之后返回到当前的Activity
                startActivityForResult(intent, ButtonRingtone);
```

```
            }
        }
    });
```

（3）编写单击设置闹钟铃声按钮 mButtonAlarm 后的处理事件，先打开系统闹钟铃声设置然后进行设置。具体代码如下所示。

```
/* 设置闹钟铃声 */
mButtonAlarm.setOnClickListener(new Button.OnClickListener()
{
    @Override
    public void onClick(View arg0)
    {
        if (bFolder(strAlarmFolder))
        {
            //打开系统铃声设置
            Intent intent = new Intent(RingtoneManager.ACTION_RINGTONE_PICKER);
            //设置铃声类型和title
            intent.putExtra(RingtoneManager.EXTRA_RINGTONE_TYPE,
            RingtoneManager.TYPE_ALARM);
            intent.putExtra(RingtoneManager.EXTRA_RINGTONE_TITLE,"设置闹铃铃声");
            //当设置完成之后返回到当前的Activity
            startActivityForResult(intent, ButtonAlarm);
        }
    }
});
```

（4）编写单击通知铃声按钮 mButtonNotification 的处理事件，先打开系统铃声设置然后进行设置。具体代码如下所示。

```
    /* 设置通知铃声 */
    mButtonNotification.setOnClickListener(new Button.OnClickListener()
    {
        @Override
        public void onClick(View arg0)
        {
            if (bFolder(strNotificationFolder))
            {
                //打开系统铃声设置
                Intent intent = new Intent(RingtoneManager.ACTION_RINGTONE_PICKER);
                //设置铃声类型和title
                intent.putExtra(RingtoneManager.EXTRA_RINGTONE_TYPE, RingtoneManager.
                TYPE_NOTIFICATION);
                intent.putExtra(RingtoneManager.EXTRA_RINGTONE_TITLE, "设置通知铃声");
                //当设置完成之后返回到当前的Activity
                startActivityForResult(intent, ButtonNotification);
            }
        }
    });
}
```

（5）定义方法 boolean bFolder 来检测是否存在指定的文件夹，如果不存在则创建一个。具体代码如下所示。

```
private boolean bFolder(String strFolder)
{
    boolean btmp = false;
    File f = new File(strFolder);
    if (!f.exists())
    {
        if (f.mkdirs())
        {
            btmp = true;
        }
        else
        {
            btmp = false;
        }
```

```
        }
        else
        {
            btmp = true;
        }
        return btmp;
    }
}
```

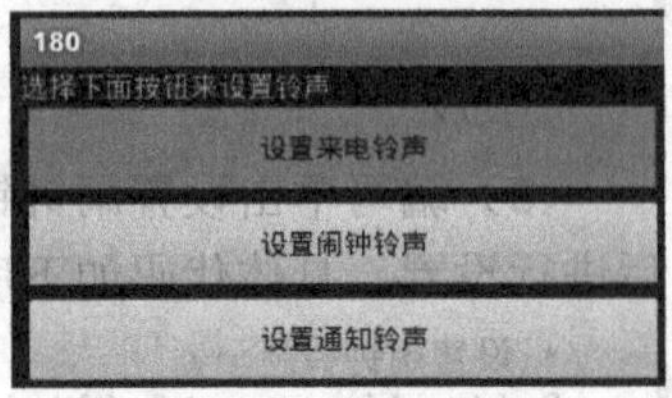

▲图 10-7 执行效果

执行后的可以分别设置 3 种类型的铃声，效果如图 10-7 所示。

10.6.3 特别提醒——设置 3 种声音

根据音乐文件的位置不同有如下 3 种不同的声音。

```
/sdcard/ringtones/
/sdcard/media/ringtones/
/sdcard/music/ringtones/
```

10.7 播放远程网络中的 MP3

实例 205	播放远程网络中的 MP3
源码路径	daima\205
视频路径	视频\205

10.7.1 实例说明

同样是为了节约手机的存储空间，在听音乐时可以用从网络中下载的方式播放 MP3。在本实例中，首先插入 4 个按钮，分别用于播放、暂停、重新播放和停止处理。执行后，通过 Runnable 发起运行线程，在线程中远程下载指定的 MP3 文件，是通过网络传输方式下载的。下载完毕后，临时保存到 SD 卡中，这样可以通过 4 个按钮对其进行控制。当程序关闭后，删除 SD 卡中的临时性文件。

10.7.2 具体实现

编写主程序文件，其具体实现流程如下所示。

（1）定义 currentFilePath 用于记录当前正在播放 MP3 的 URL 地址，定义 currentTempFilePath 表示当前播放 MP3 的路径。具体代码如下所示。

```
/*记录当前正在播放 MP3 的地址 URL*/
private String currentFilePath = "";
/*当前播放MP3 的路径*/
private String currentTempFilePath = "";
private String strVideoURL = "";
```

（2）使用 strVideoURL 设置要播放 MP3 文件的网址，并设置透明度。具体代码如下所示。

```
public void onCreate(Bundle savedInstanceState)
{
  super.onCreate(savedInstanceState);
  setContentView(R.layout.main);
  /* MP3 文件不会被下载到 local*/
  strVideoURL = "http://www.lrn.cn/zywh/xyyy/yyxs/200805/W020080505536315331317.mp3";
  mTextView01 = (TextView)findViewById(R.id.myTextView1);
  /*设置透明度*/
  getWindow().setFormat(PixelFormat.TRANSPARENT);
  mPlay = (ImageButton)findViewById(R.id.play);
  mReset = (ImageButton)findViewById(R.id.reset);
  mPause = (ImageButton)findViewById(R.id.pause);
```

```
    mStop = (ImageButton)findViewById(R.id.stop);
```

（3）编写单击【播放】按钮所触发的处理事件，具体代码如下所示。

```
/* 播放按钮 */
mPlay.setOnClickListener(new ImageButton.OnClickListener()
{
  public void onClick(View view)
  {
    /* 调用播放影片 Function */
    playVideo(strVideoURL);
    mTextView01.setText
    (
      getResources().getText(R.string.str_play).toString()+
      "\n"+ strVideoURL
    );
  }
});
```

（4）编写单击【重播】按钮所触发的处理事件，具体代码如下所示。

```
/* 重新播放 */
mReset.setOnClickListener(new ImageButton.OnClickListener()
{
  public void onClick(View view)
  {
    if(bIsReleased == false)
    {
      if (mMediaPlayer01 != null)
      {
        mMediaPlayer01.seekTo(0);
        mTextView01.setText(R.string.str_play);
      }
    }
  }
});
```

（5）编写单击【暂停】按钮所触发的处理事件，具体代码如下所示。

```
/* 暂停播放 */
mPause.setOnClickListener(new ImageButton.OnClickListener()
{
  public void onClick(View view)
  {
    if (mMediaPlayer01 != null)
    {
      if(bIsReleased == false)
      {
        if(bIsPaused==false)
        {
          mMediaPlayer01.pause();
          bIsPaused = true;
          mTextView01.setText(R.string.str_pause);
        }
        else if(bIsPaused==true)
        {
          mMediaPlayer01.start();
          bIsPaused = false;
          mTextView01.setText(R.string.str_play);
        }
      }
    }
  }
});
```

（6）编写单击【停止】按钮所触发的处理事件，具体代码如下所示。

```
/*停止*/
mStop.setOnClickListener(new ImageButton.OnClickListener()
{
  public void onClick(View view)
```

```
    {
      try
      {
        if (mMediaPlayer01 != null)
        {
          if(bIsReleased==false)
          {
            mMediaPlayer01.seekTo(0);
            mMediaPlayer01.pause();
            //mMediaPlayer01.stop();
            //mMediaPlayer01.release();
            //bIsReleased = true;
            mTextView01.setText(R.string.str_stop);
          }
        }
      }
      catch(Exception e)
      {
        mTextView01.setText(e.toString());
        Log.e(TAG, e.toString());
        e.printStackTrace();
      }
    }
  });
}
```

（7）定义方法 playVideo(final String strPath)来播放指定的 MP3，其播放的是存储卡中暂时保存的 MP3 文件，具体代码如下所示。

```
private void playVideo(final String strPath)
{
  try
  {
    if (strPath.equals(currentFilePath)&& mMediaPlayer01 != null)
    {
      mMediaPlayer01.start();
      return;
    }
    currentFilePath = strPath;
    mMediaPlayer01 = new MediaPlayer();
    mMediaPlayer01.setAudioStreamType(2);
```

（8）编写 setOnErrorListener 来监听错误处理，具体代码如下所示。

```
/*错误事件 */
mMediaPlayer01.setOnErrorListener(new MediaPlayer.OnErrorListener()
{
  @Override
  public boolean onError(MediaPlayer mp, int what, int extra)
  {
    //TODO Auto-generated method stub
    Log.i(TAG, "Error on Listener, what: " + what + "extra: " + extra);
    return false;
  }
});
```

（9）编写 setOnBufferingUpdateListener 来监听 MediaPlayer 缓冲区的更新，具体代码如下所示。

```
/* 捕捉使用 MediaPlayer 缓冲区的更新事件 */
mMediaPlayer01.setOnBufferingUpdateListener(new MediaPlayer.OnBufferingUpdateListener()
{
  @Override
  public void onBufferingUpdate(MediaPlayer mp, int percent)
  {
    //TODO Auto-generated method stub
    Log.i(TAG, "Update buffer: " + Integer.toString(percent)+ "%");
  }
});
```

（10）编写 setOnCompletionListener 来监听播放完毕所触发的事件，具体代码如下所示。

```
/* 播放完毕所触发的事件 */
mMediaPlayer01.setOnCompletionListener(new MediaPlayer.OnCompletionListener()
{
  @Override
  public void onCompletion(MediaPlayer mp)
  {
    //TODO Auto-generated method stub
    //delFile(currentTempFilePath);
    Log.i(TAG,"mMediaPlayer01 Listener Completed");
  }
});
```

（11）编写 setOnPreparedListener 来监听开始阶段的事件，具体代码如下所示。

```
/* 开始阶段的监听 Listener */
mMediaPlayer01.setOnPreparedListener(new MediaPlayer.OnPreparedListener()
{
  @Override
  public void onPrepared(MediaPlayer mp)
  {
    //TODO Auto-generated method stub
    Log.i(TAG,"Prepared Listener");
  }
});
```

（12）将文件存到 SD 卡后，通过方法 mMediaPlayer01.start()播放 MP3。具体代码如下所示。

```
  /* 用 Runnable 来确保文件在存储完毕后才开始 start() */
  Runnable r = new Runnable()
  {
    public void run()
    {
      try
      {
        /* setDataSource 将文件存到 SD 卡 */
        setDataSource(strPath);
        /*  因为线程顺利进行，所以在 setDataSource 后运行 prepare() */
        mMediaPlayer01.prepare();
        Log.i(TAG, "Duration: " + mMediaPlayer01.getDuration());

        /* 开始播放 MP3 */
        mMediaPlayer01.start();
        bIsReleased = false;
      }
      catch (Exception e)
      {
        Log.e(TAG, e.getMessage(), e);
      }
    }
  };
  new Thread(r).start();
}
```

（13）如果有异常则输出提示，具体代码如下所示。

```
  catch(Exception e)
  {
    if (mMediaPlayer01 != null)
    {
      /* 线程发生异常则停止播放 */
      mMediaPlayer01.stop();
      mMediaPlayer01.release();
    }
    e.printStackTrace();
  }
}
```

（14）定义函数 setDataSource 用于存储 URL 的 MP3 文件到存储卡。首先判断传入的地址是否为 URL，然后创建 URL 对象和临时文件。具体代码如下所示。

```
/* 定义函数用于存储 URL 的 MP3 文件到存储卡    */
private void setDataSource(String strPath) throws Exception
{
  /* 判断传入的地址是否为 URL */
  if (!URLUtil.isNetworkUrl(strPath))
  {
    mMediaPlayer01.setDataSource(strPath);
  }
  else
  {
    if(bIsReleased == false)
    {
      /* 创建 URL 对象 */
      URL myURL = new URL(strPath);
      URLConnection conn = myURL.openConnection();
      conn.connect();

      /* 获取 URLConnection 的 InputStream */
      InputStream is = conn.getInputStream();
      if (is == null)
      {
        throw new RuntimeException("stream is null");
      }
      /* 创建临时文件  */
      File myTempFile = File.createTempFile("yinyue", "."+getFileExtension(strPath));
      currentTempFilePath = myTempFile.getAbsolutePath();
      FileOutputStream fos = new FileOutputStream(myTempFile);
      byte buf[] = new byte[128];
      do
      {
        int numread = is.read(buf);
        if (numread <= 0)
        {
          break;
        }
        fos.write(buf, 0, numread);
      }while (true);

      /*直到 fos 存储完毕，调用 MediaPlayer.setDataSource */
      mMediaPlayer01.setDataSource(currentTempFilePath);
      try
      {
        is.close();
      }
      catch (Exception ex)
      {
        Log.e(TAG, "error: " + ex.getMessage(), ex);
      }
    }
  }
}
```

（15）定义方法 getFileExtension(String strFileName)来获取音乐文件的扩展名，如果无法顺利获取扩展名则默认为“.dat”。具体代码如下所示。

```
/* 获取音乐文件扩展名自定义函数 */
private String getFileExtension(String strFileName)
{
  File myFile = new File(strFileName);
  String strFileExtension=myFile.getName();
  strFileExtension=(strFileExtension.substring(strFileExtension.lastIndexOf
(".")+1)).toLowerCase();
  if(strFileExtension=="")
  {
    /* 如果无法顺利获取扩展名则默认为.dat */
    strFileExtension = "dat";
  }
```

```
        return strFileExtension;
    }
```

（16）定义方法 delFile(String strFileName)来设置当离开程序时删除临时音乐文件，具体代码如下所示。

```
    /* 离开程序时需要调用自定义函数删除临时音乐文件*/
    private void delFile(String strFileName)
    {
      File myFile = new File(strFileName);
      if(myFile.exists())
      {
        myFile.delete();
      }
    }

    @Override
    protected void onPause()
    {
      //TODO Auto-generated method stub

      /* 删除临时文件 */
      try
      {
        delFile(currentTempFilePath);
      }
      catch(Exception e)
      {
        e.printStackTrace();
      }
      super.onPause();
    }
  }
```

执行后可以通过播放、暂停、重新播放和停止 4 个按钮拉控制指定的 MP3 音乐，如图 10-8 所示。

▲图 10-8　执行效果

10.7.3　特别提醒——Runnable 并不一定是新开一个线程

Runnable 并不一定是新开一个线程，比如下面的调用方法就是运行在 UI 主线程中的。

```
Handler mHandler=new Handler();
mHandler.post(new Runnable(){
    @Override
    public void run() {
        // TODO Auto-generated method stub
    }
});
```

10.8 从网络中远程下载手机铃声

实例 206	从网络中远程下载手机铃声
源码路径	daima\206
视频路径	视频\206

10.8.1　实例说明

在前面的实例中介绍了设置铃声的基本知识，为了节省时间，我们可以从网络中直接下载一个 MP3 文件作为手机铃声。在本实例中，用户可以在 EditText 中输入一个 MP3 的网址，当下载完成此网址的 MP3 后打开 RingtoneManager.ACTION_RINGTONE_PICKER 这个 Intent，在打开 Intent 的同时传入一个参数，这个 ACTION_RINGTONE_PICKER 的 Intent 会带入刚才下载文件让用户选择。

在具体实现过程中，会首先判断下载文件是否完整，并判断用户是否已经设置铃声，会以 SD 卡中的铃声文件作为存储网络下载音乐文件的路径，打开 RingtoneManager 的 ACTION_RINGTONE_PICKER 的 Intent 让用户找到下载的音乐，并作为铃声。

10.8.2　具体实现

编写主程序文件，下面开始介绍其实现流程。

（1）用 private 对系统中需要的对象进行私有声明，具体代码如下所示。

```
protected static final String APP_TAG = "DOWNLOAD_RINGTONE";
private Button mButton1;
private TextView mTextView1;
private EditText mEditText1;
private String strURL = "";
public static final int RINGTONE_PICKED = 0x108;
private String currentFilePath = "";
private String currentTempFilePath = "";
private String fileEx="";
private String fileNa="";
private String strRingtoneFolder = "/sdcard/music/ling";
```

（2）判断是否包含文件夹"/sdcard/music/ringtones"，如果不存在则输出提示。具体代码如下所示。

```
/** Called when the activity is first created. */
@Override
public void onCreate(Bundle savedInstanceState)
{
  super.onCreate(savedInstanceState);
  setContentView(R.layout.main);

  mButton1 =(Button) findViewById(R.id.myButton1);
  mTextView1 = (TextView) findViewById(R.id.myTextView1);
  mEditText1 = (EditText) findViewById(R.id.myEditText1);
  /*判断是否有/sdcard/music/ringtones 文件夹*/
  if(bIfExistRingtoneFolder(strRingtoneFolder))
  {
   Log.i(APP_TAG, "Ringtone Folder exists.");
  }
```

（3）使用 fileEx 和 getFile 取得远程 MP3 文件的名称，具体代码如下所示。

```
  mButton1.setOnClickListener(new Button.OnClickListener()
  {
    @Override
    public void onClick(View arg0)
    {
      strURL = mEditText1.getText().toString();
       Toast.makeText(example182.this, getString(R.string.str_msg)
             ,Toast.LENGTH_SHORT).show();
      /*取得文件名称*/
      fileEx = strURL.substring(strURL.lastIndexOf(".")+1,strURL.
                  length()).toLowerCase();
      fileNa = strURL.substring(strURL.lastIndexOf("/")+1,strURL.
                  lastIndexOf("."));
      getFile(strURL);
    }
   });
}
```

（4）定义方法 getMIMEType(File f)来判断文件 MimeType 的打开格式，具体代码如下所示。

```
/* 判断文件 MimeType 的 method */
private String getMIMEType(File f)
{
```

```
    String type="";
    String fName=f.getName();
    /* 取得扩展名 */
    String end=fName.substring(fName.lastIndexOf(".")+1,
                        fName.length()).toLowerCase();
    /* 依扩展名的类型决定MimeType */
    if(end.equals("m4a")||end.equals("mp3")||end.equals("mid")||
       end.equals("xmf")||end.equals("ogg")||end.equals("wav"))
    {
      type = "audio";
    }
    else if(end.equals("3gp")||end.equals("mp4"))
    {
      type = "video";
    }
    else if(end.equals("jpg")||end.equals("gif")||
         end.equals("png")||end.equals("jpeg")||
          end.equals("bmp"))
    {
      type = "image";
    }
    else
    {
      type="*";
    }
    /*如果无法直接打开，就跳出软件列表给用户选择 */
    if(end.equals("image"))
    {
    }
    else
    {
      type += "/*";
    }
    return type;
  }
```

（5）定义方法 getFile(final String strPath)来获取 MP3 文件，如果地址和当前地址一样则直接使用 getDataSource 数据，如果有异常则输出异常信息。具体代码如下所示。

```
  private void getFile(final String strPath)
  {
    try
    {
      if (strPath.equals(currentFilePath) )
      {
       getDataSource(strPath);
      }
      currentFilePath = strPath;
      Runnable r = new Runnable()
      {
        public void run()
        {
          try
          {
            getDataSource(strPath);
          }
          catch (Exception e)
          {
            Log.e(APP_TAG, e.getMessage(), e);
          }
        }
      };
      new Thread(r).start();
    }
    catch(Exception e)
    {
      e.printStackTrace();
    }
  }
```

（6）定义方法 getDataSource(String strPath)来获取远程文件，如果地址错误则输错误信息。具体代码如下所示。

```
/*取得远程文件*/
private void getDataSource(String strPath) throws Exception
{
  if (!URLUtil.isNetworkUrl(strPath))
  {
    mTextView1.setText("错误的 URL");
  }
  else
  {
    /*取得 URL*/
    URL myURL = new URL(strPath);
    /*创建连接*/
    URLConnection conn = myURL.openConnection();
    conn.connect();
    /*InputStream 下载文件*/
    InputStream is = conn.getInputStream();
    if (is == null)
    {
      throw new RuntimeException("stream is null");
    }

    /*创建文件地址*/
    File myTempFile = new File("/sdcard/music/ling/",
                fileNa+"."+fileEx);
    /*取得在内存盘案路径*/
    currentTempFilePath = myTempFile.getAbsolutePath();
    /*将文件写入暂存盘*/
    FileOutputStream fos = new FileOutputStream(myTempFile);
    byte buf[] = new byte[128];
    do
    {
      int numread = is.read(buf);
      if (numread <= 0)
      {
        break;
      }
      fos.write(buf, 0, numread);
    }while (true);
```

（7）打开 RingtonManager 以选择铃声，通过 Intent 对象 intent 来设置铃声，然后设置显示铃声的文件夹和显示铃声开头。如果有异常则输出异常。具体代码如下所示。

```
/* 打开 RingtonManager 进行铃声选择 */
String uri = null;
if(bIfExistRingtoneFolder(strRingtoneFolder))
{
  /*设置铃声*/
  Intent intent = new Intent( RingtoneManager.
        ACTION_RINGTONE_PICKER);
  /*设置显示铃声的文件夹*/
  intent.putExtra( RingtoneManager.EXTRA_RINGTONE_TYPE,
        RingtoneManager.TYPE_RINGTONE);
  /*设置显示铃声开头*/
  intent.putExtra( RingtoneManager.EXTRA_RINGTONE_TITLE,
        "设置铃声");
  if( uri != null)
  {
    intent.putExtra( RingtoneManager.
        EXTRA_RINGTONE_EXISTING_URI, Uri.parse( uri));
  }
  else
  {
    intent.putExtra( RingtoneManager.
        EXTRA_RINGTONE_EXISTING_URI, (Uri)null);
  }
```

```
            startActivityForResult(intent, RINGTONE_PICKED);
        }

        try
        {
          is.close();
        }
        catch (Exception ex)
        {
          Log.e(APP_TAG, "error: " + ex.getMessage(), ex);
        }
      }
    }
```

（8）定义方法 onActivityResult 根据用户选择的铃声设置保存对应的信息。当选择完毕后，再次返回选择 Activity 界面。具体代码如下所示。

```
protected void onActivityResult(int requestCode,
                int resultCode, Intent data)
{
  if (resultCode != RESULT_OK)
  {
    return;
  }
  switch (requestCode)
  {
    case (RINGTONE_PICKED):
      try
      {
        Uri pickedUri = data.getParcelableExtra
        (RingtoneManager.EXTRA_RINGTONE_PICKED_URI);
        if(pickedUri!=null)
        {
          RingtoneManager.setActualDefaultRingtoneUri
          (example182.this,RingtoneManager.TYPE_RINGTONE,
              pickedUri);
        }
      }
      catch(Exception e)
      {
        e.printStackTrace();
      }
      break;
    default:
      break;
  }
  super.onActivityResult(requestCode, resultCode, data);
}
```

（9）定义 bIfExistRingtoneFolder 来断判断是否包含文件夹“/sdcard/music/ringtones”，具体代码如下所示。

```
/*判断是否包含“/sdcard/music/ringtones 文件夹”*/
private boolean bIfExistRingtoneFolder(String strFolder)
{
  boolean bReturn = false;

  File f = new File(strFolder);
  if(!f.exists())
  {
    /*创建/sdcard/music/ringtones 文件夹*/
    if(f.mkdirs())
    {
      bReturn = true;
    }
    else
    {
      bReturn = false;
    }
```

```
    }
    else
    {
      bReturn = true;
    }
    return bReturn;
  }
}
```

执行后会先显示一个下载界面，单击【单击下载】按钮后开始下载指定的 MP3 文件，下载完成后会弹出一个界面，如图 10-9 所示。选择一种选项，并单击【OK】按钮后，完成铃声设置。

▲图 10-9　执行效果

10.8.3　特别提醒——使用 Notification 的注意事项

在使用 Notification 时需要导入如下 3 类。

```
import android.app.PendingIntent;
import android.app.NotificationManager;
import android.app.Notification;
```

10.9　远程观看网络中的 3GP 视频

实例 207	远程观看网络中的 3GP 视频
源码路径	daima\207
视频路径	视频\207

10.9.1　实例说明

当前智能手机都可以远程观看在线视频，通常视频都比较大，所以得必须保证手机空间能够存储，另外还要确保下载的视频能够被 MediaPlayer 所支持。在本实例中，通过 EditText 来获取远程视频的 URL，然后将此网址的视频下载到手机的存储卡中，以暂存的方式保存在存储卡中。然后通过控制按钮来控制对视频的处理。在播放完毕并终止程序后，将暂存到 SD 中的临时视频删除。

10.9.2　具体实现

编写主程序文件，其具体实现流程如下所示。

（1）定义 bIsReleased 来标识 MediaPlayer 是否已被释放，识别 MediaPlayer 是否正处于暂停，并用 LogCat 输出 TAG filter。具体代码如下所示。

```
/* 识别 MediaPlayer 是否已被释放*/
private boolean bIsReleased = false;
/* 识别 MediaPlayer 是否正处于暂停*/
private boolean bIsPaused = false;
/* LogCat 输出 TAG filter */
private static final String TAG = "HippoMediaPlayer";
private String currentFilePath = "";
private String currentTempFilePath = "";
private String strVideoURL = "";
```

（2）设置播放视频的 URL 地址，使用 mSurfaceView01 来绑定 Layout 上的 SurfaceView。然后设置 SurfaceHolder 为 Layout SurfaceView。具体代码如下所示。

```
public void onCreate(Bundle savedInstanceState)
{
  super.onCreate(savedInstanceState);
  setContentView(R.layout.main);
  /* 将.3gp 图像文件存放 URL 网址*/
```

```
    strVideoURL =
    "http://new4.sz.3gp2.com//20100205xyy/喜羊羊与灰太狼%20 踩高跷(www.3gp2.com).3gp";
    //http://www.dubblogs.cc:8751/Android/Test/Media/3gp/test2.3gp

    mTextView01 = (TextView)findViewById(R.id.myTextView1);
    mEditText01 = (EditText)findViewById(R.id.myEditText1);
    mEditText01.setText(strVideoURL);

    /* 绑定 Layout 上的 SurfaceView */
    mSurfaceView01 = (SurfaceView) findViewById(R.id.mSurfaceView1);

    /* 设置 PixnelFormat */
    getWindow().setFormat(PixelFormat.TRANSPARENT);
    /* 设置 SurfaceHolder 为 Layout SurfaceView */
    mSurfaceHolder01 = mSurfaceView01.getHolder();
    mSurfaceHolder01.addCallback(this);
```

（3）为影片设置大小比例，并分别设置 mPlay、mReset、mPause 和 mStop 4 个控制按钮。具体代码如下所示。

```
/* 由于原有的影片 Size 较小，故指定其为固定比例*/
mSurfaceHolder01.setFixedSize(160, 128);
mSurfaceHolder01.setType(SurfaceHolder.SURFACE_TYPE_PUSH_BUFFERS);
mPlay = (ImageButton) findViewById(R.id.play);
mReset = (ImageButton) findViewById(R.id.reset);
mPause = (ImageButton) findViewById(R.id.pause);
mStop = (ImageButton) findViewById(R.id.stop);
```

（4）编写单击【播放】按钮的处理事件，具体代码如下所示。

```
/* 播放按钮*/
mPlay.setOnClickListener(new ImageButton.OnClickListener()
{
  public void onClick(View view)
  {
    if(checkSDCard())
    {
      strVideoURL = mEditText01.getText().toString();
      playVideo(strVideoURL);
      mTextView01.setText(R.string.str_play);
    }
    else
    {
      mTextView01.setText(R.string.str_err_nosd);
    }
  }
});
```

（5）编写单击【重播】按钮的处理事件，具体代码如下所示。

```
/* 重新播放按钮*/
mReset.setOnClickListener(new ImageButton.OnClickListener()
{
  public void onClick(View view)
  {
    if(checkSDCard())
    {
      if(bIsReleased == false)
      {
        if (mMediaPlayer01 != null)
        {
          mMediaPlayer01.seekTo(0);
          mTextView01.setText(R.string.str_play);
        }
      }
    }
    else
    {
      mTextView01.setText(R.string.str_err_nosd);
    }
```

```
    }
});
```

（6）编写单击【暂停】按钮的处理事件，具体代码如下所示。

```
/* 暂停按钮*/
mPause.setOnClickListener(new ImageButton.OnClickListener()
{
  public void onClick(View view)
  {
    if(checkSDCard())
    {
      if (mMediaPlayer01 != null)
      {
        if(bIsReleased == false)
        {
          if(bIsPaused==false)
          {
            mMediaPlayer01.pause();
            bIsPaused = true;
            mTextView01.setText(R.string.str_pause);
          }
          else if(bIsPaused==true)
          {
            mMediaPlayer01.start();
            bIsPaused = false;
            mTextView01.setText(R.string.str_play);
          }
        }
      }
    }
    else
    {
      mTextView01.setText(R.string.str_err_nosd);
    }
  }
});
```

（7）编写单击【停止】按钮的处理事件，具体代码如下所示。

```
/* 停止按钮*/
mStop.setOnClickListener(new ImageButton.OnClickListener()
{
  public void onClick(View view)
  {
    if(checkSDCard())
    {
      try
      {
        if (mMediaPlayer01 != null)
        {
          if(bIsReleased==false)
          {
            mMediaPlayer01.seekTo(0);
            mMediaPlayer01.pause();
            mTextView01.setText(R.string.str_stop);
          }
        }
      }
      catch(Exception e)
      {
        mTextView01.setText(e.toString());
        Log.e(TAG, e.toString());
        e.printStackTrace();
      }
    }
    else
    {
      mTextView01.setText(R.string.str_err_nosd);
    }
```

```
        }
    });
}
```

（8）定义方法 playVideo 来下载指定 URL 地址的影片，并在下载后进行播放处理。具体代码如下所示。

```
/* 自定义下载 URL 影片并播放*/
private void playVideo(final String strPath)
{
  try
  {
    /* 若传入的 strPath 为现有播放的链接，则直接播放*/
    if (strPath.equals(currentFilePath) && mMediaPlayer01 != null)
    {
      mMediaPlayer01.start();
      return;
    }
    else if(mMediaPlayer01 != null)
    {
      mMediaPlayer01.stop();
    }
    currentFilePath = strPath;
    /* 重新构建 MediaPlayer 对象*/
    mMediaPlayer01 = new MediaPlayer();
    /* 设置播放音量*/
    mMediaPlayer01.setAudioStreamType(2);
    /* 设置显示于 SurfaceHolder */
    mMediaPlayer01.setDisplay(mSurfaceHolder01);
    mMediaPlayer01.setOnErrorListener
    (new MediaPlayer.OnErrorListener()
    {
      @Override
      public boolean onError(MediaPlayer mp, int what, int extra)
      {
        // TODO Auto-generated method stub
        Log.i
        (
          TAG,
          "Error on Listener, what: " + what + "extra: " + extra
        );
        return false;
      }
    });
```

（9）定义 onBufferingUpdate 事件来监听缓冲进度，具体代码如下所示。

```
mMediaPlayer01.setOnBufferingUpdateListener
(new MediaPlayer.OnBufferingUpdateListener()
{
  @Override
  public void onBufferingUpdate(MediaPlayer mp, int percent)
  {
    // TODO Auto-generated method stub
    Log.i
    (
      TAG, "Update buffer: " +
      Integer.toString(percent) + "%"
    );
  }
});
```

（10）定义方法 run()来接受连接并记录线程信息。先在运行线程时调用自定义函数来抓取下文，当下载完后调用 prepare 准备动作，当有异常发生时输出错误信息。件具体代码如下所示。

```
Runnable r = new Runnable()
{
  public void run()
  {
```

```
        try
        {
          /* 在线程运行中，调用自定义函数抓下文件*/
          setDataSource(strPath);
          /* 下载完后才会调用 prepare */
          mMediaPlayer01.prepare();
          Log.i
          (
            TAG, "Duration: " + mMediaPlayer01.getDuration()
          );
          mMediaPlayer01.start();
          bIsReleased = false;
        }
        catch (Exception e)
        {
          Log.e(TAG, e.getMessage(), e);
        }
      }
    };
    new Thread(r).start();
  }
  catch(Exception e)
  {
    if (mMediaPlayer01 != null)
    {
      mMediaPlayer01.stop();
      mMediaPlayer01.release();
    }
  }
}
```

（11）定义方法 setDataSource 使用线程启动的方式来播放视频，具体代码如下所示。

```
/* 自定义 setDataSource，由线程启动*/
private void setDataSource(String strPath) throws Exception
{
  if (!URLUtil.isNetworkUrl(strPath))
  {
    mMediaPlayer01.setDataSource(strPath);
  }
  else
  {
    if(bIsReleased == false)
    {
      URL myURL = new URL(strPath);
      URLConnection conn = myURL.openConnection();
      conn.connect();
      InputStream is = conn.getInputStream();
      if (is == null)
      {
        throw new RuntimeException("stream is null");
      }
      File myFileTemp = File.createTempFile
      ("hippoplayertmp", "."+getFileExtension(strPath));

      currentTempFilePath = myFileTemp.getAbsolutePath();

      /*currentTempFilePath = /sdcard/mediaplayertmp39327.dat */

      FileOutputStream fos = new FileOutputStream(myFileTemp);
      byte buf[] = new byte[128];
      do
      {
        int numread = is.read(buf);
        if (numread <= 0)
        {
          break;
        }
        fos.write(buf, 0, numread);
      }while (true);
```

```
      mMediaPlayer01.setDataSource(currentTempFilePath);
      try
      {
        is.close();
      }
      catch (Exception ex)
      {
        Log.e(TAG, "error: " + ex.getMessage(), ex);
      }
    }
  }
}
```

（12）定义方法 getFileExtension 来获取视频的扩展名，具体代码如下所示。

```
private String getFileExtension(String strFileName)
{
  File myFile = new File(strFileName);
  String strFileExtension=myFile.getName();
  strFileExtension=(strFileExtension.substring
  (strFileExtension.lastIndexOf(".")+1)).toLowerCase();
  if(strFileExtension=="")
  {
    /* 若无法顺利取得扩展名，默认为.dat */
    strFileExtension = "dat";
  }
  return strFileExtension;
}
```

（13）定义方法 checkSDCard()来判断存储卡是否存在，具体代码如下所示。

```
private boolean checkSDCard()
{
  /* 判断存储卡是否存在*/
  if(android.os.Environment.getExternalStorageState().equals
  (android.os.Environment.MEDIA_MOUNTED))
  {
    return true;
  }
  else
  {
    return false;
  }
}
@Override
public void surfaceChanged
(SurfaceHolder surfaceholder, int format, int w, int h)
{
  Log.i(TAG, "Surface Changed");
}
public void surfaceCreated(SurfaceHolder surfaceholder)
{
  Log.i(TAG, "Surface Changed");
}

@Override
public void surfaceDestroyed(SurfaceHolder surfaceholder)
{
  Log.i(TAG, "Surface Changed");
}
}
```

▲图 10-10 执行效果

执行后在文本框中显示指定播放视频的 URL，当下载完毕后能实现播放处理，如图 10-10 所示。

10.9.3 特别提醒——Gallery 调用 MediaProvider 的数据

MediaProvider 相当于一个数据中心，SD 卡上所有的数据在这里都有记录，而 Gallery 的作用就是展示和操作这个数据中心，每次用户启动 Gallery 时，Gallery 只是读取 MediaProvider 里面的记录并显示用户。如果用户在 Gallery 里删除一个媒体时，Gallery 通过调用 MediaProvider 开放的接口来实现。

10.10 在屏幕中播放 GIF 动画

实例 208	在屏幕中播放 GIF 动画
源码路径	daima\208
视频路径	视频\208

10.10.1 实例说明

GIF 是 Graphics Interchange Format 的缩写，是 CompuServe 公司在 1987 年开发的图像文件格式。GIF 文件的数据，是一种基于 LZW 算法的连续色调的无损压缩格式。其压缩率一般在 50%左右，它不属于任何应用程序。目前几乎所有相关软件都支持它，公共领域有大量的软件在使用 GIF 图像文件。GIF 图像文件的数据是经过压缩的，而且是采用了可变长度等压缩算法。GIF 格式的另一个特点是其在一个 GIF 文件中可以存多幅彩色图像，如果把存于一个文件中的多幅图像数据逐幅读出并显示到屏幕上，就可构成一种最简单的动画。本实例实现了在 Android 系统中播放 GIF 动画的功能。

10.10.2 具体实现

（1）编写文件 Activity01.java，在此创建一个显示 GIF 的主界面。主要代码如下所示。

```
public class Activity01 extends Activity
{
    private GameView mGameView = null;
    @Override
    public void onCreate(Bundle savedInstanceState)
    {
        super.onCreate(savedInstanceState);
        mGameView = new GameView(this);
        setContentView(mGameView);
    }
}
```

（2）编写文件 GifDecoder.java，通过此文件对 GIF 动画文件进行解码处理。主要代码如下所示。

```
public class GifDecoder
{
    private int                         E0;
    private int                         E1[];
    private int                         E2;
    private int                         E6;
    private boolean                     E7;
    private int                         E8[];
    private int                         width;
    private int                         height;
    private int                         ED;
    private boolean                     EE;
    private boolean                     EF;
    private int                         F0[];
    private int                         F1;
    private boolean                     F2;
    private int                         F3;
    private long                        F4;
    private int                         F5;
    private static final int            F6[] = { 8, 8, 4, 2 };
    private static final int            F8[] = { 0, 4, 2, 1 };
    int                                 curFrame;
```

```
int                                        poolsize;
int                                        FA;
byte                                       C2[];
int                                        FB;
int                                        FC;
int                                        FD;
public GifDecoder(byte abyte0[])
{
    E0 = -1;
    E1 = new int[280];
    E2 = -1;
    E6 = 0;
    E7 = false;
    E8 = null;
    width = 0;
    height = 0;
    ED = 0;
    EE = false;
    EF = false;
    F0 = null;
    F1 = 0;
    F5 = 0;
    curFrame = 0;
    C2 = abyte0;
    poolsize = C2.length;
    FA = 0;
}
public Bitmap decodeImage(int i)
{
    if (i <= E0)
    {
        return null;
    }
    if (E0 < 0)
    {
        if (!E3())
        {
            return null;
        }
        if (!E4())
        {
            return null;
        }
    }
    do
    {
        if (!E9(1))
        {
            return null;
        }
        int j = E1[0];
        if (j == 59)
        {
            return null;
        }
        if (j == 33)
        {
            if (!E7())
            {
                return null;
            }
        }
        else if (j == 44)
        {
            if (!E5())
            {
                return null;
            }
            Bitmap image = createImage();
```

```
            E0++;
            if (E0 < i)
            {
                image = null;
            }
            else
            {
                return image;
            }
        }
    }
    while (true);
}
```

（3）编写文件GifFrame.java，将GIF中的每一帧取出来并保存到一个容器中，然后根据需要连续绘制每一帧。主要代码如下所示。

```
public class GifFrame
{
    /* 保存GIF中所有帧的向量 */
    private Vector frames;

    /* 当前播放的帧的索引 */
    private int index;
    public GifFrame()
    {
    frames = new Vector(1);
        index = 0;
    }

    /* 添加一帧 */
    public void addImage(Bitmap image)
    {
    frames.addElement(image);
    }
    /* 返回帧数 */
    public int size()
    {
        return frames.size();
    }
    /* 得到当前帧的图片 */
    public Bitmap getImage()
    {
        if (size() == 0)
        {
            return null;
        }
        else
        {
            return (Bitmap) frames.elementAt(index);
        }
    }
    /* 下一帧 */
    public void nextFrame()
    {
        if (index + 1 < size())
        {
            index++;
        }
        else
        {
            index = 0;
        }
    }
    /* 创建GifFrame */
    public static GifFrame CreateGifImage(byte abyte0[])
    {
        try
        {
```

```
            GifFrame GF = new GifFrame();
            Bitmap image = null;
            GifDecoder gifdecoder = new GifDecoder(abyte0);
            for (; gifdecoder.moreFrames(); gifdecoder.nextFrame())
            {
                try
                {
                    image = gifdecoder.decodeImage();
                    if (GF != null && image != null)
                    {
                        GF.addImage(image);
                    }
                    continue;
                }
                catch (Exception e)
                {
                    e.printStackTrace();
                }
                break;
            }
            gifdecoder.clear();
            gifdecoder = null;
            return GF;
        }
        catch (Exception e)
        {
        e.printStackTrace();
            return null;
        }
    }
}
```

（4）编写文件 GameView.java，通过帧解析 GIF 动画，通过线程处理及时显示动画效果。主要代码如下所示。

```
public class GameView extends View implements Runnable
{
    Context         mContext     = null;
    /* 声明 GifFrame 对象 */
    GifFrame     mGifFrame    = null;
    public GameView(Context context)
    {
        super(context);

        mContext = context;
        /* 解析 GIF 动画 */
        mGifFrame=GifFrame.CreateGifImage(fileConnect(this.getResources().
        openRawResource(R.drawable.gif1)));
        /* 开启线程 */
        new Thread(this).start();
    }
    public void onDraw(Canvas canvas)
    {
        super.onDraw(canvas);
        /* 下一帧 */
        mGifFrame.nextFrame();
        /* 得到当前帧的图片 */
        Bitmap b=mGifFrame.getImage();

        /* 绘制当前帧的图片 */
        if(b!=null)
            canvas.drawBitmap(b,10,10,null);
    }
    /*线程处理*/
    public void run()
    {
        while (!Thread.currentThread().isInterrupted())
        {
            try
```

```
                {
                    Thread.sleep(100);
                }
                catch (InterruptedException e)
                {
                    Thread.currentThread().interrupt();
                }
                //使用 postInvalidate 可以直接在线程中更新界面
                postInvalidate();
            }
        }
        /* 读取文件 */
        public byte[] fileConnect(InputStream is)
        {
            try
            {
                ByteArrayOutputStream baos = new ByteArrayOutputStream();
                int ch = 0;
                while( (ch = is.read()) != -1)
                {
                    baos.write(ch);
                }
                byte[] datas = baos.toByteArray();
                baos.close();
                baos = null;
                is.close();
                is = null;
                return datas;
            }
            catch(Exception e)
            {
                return null;
            }
        }
    }
```

执行后的效果如图 10-11 所示。

▲图 10-11　执行效果

10.10.3　特别提醒——GIF 动画和帧播放

在 Android 平台上是不能播放 GIF 动画的，要想播放 GIF 动画，首先需要对 GIF 图像进行解码，然后将 GIF 中的每一帧取出来保存到一个容器中，然后根据需要连续绘制每一帧，这样就可以轻松地实现 GIF 动画的播放。

在 Android 系统中，函数 AnimationDrawable 支持逐帧播放，所以利用这个原理可以逐帧播放 GIF 动画。最终原理是将 GIF 分帧，所以只要把 GIF 图片打散开来成为每一帧的图片，就可以实现播放。在打乱帧图片的时候，我们可以使用软件工具将 GIF 动画图片分帧，例如 GIFSplitter。

将 GIF 分帧之后，例如将一幅 GIF 动画分成 3 帧，则可以在 res 目录下新建 anim 动画文件夹，并编写如下代码。

```
<?xml version="1.0" encoding="UTF-8"?>
<animation-list android:oneshot="false"
    xmlns:android="http://schemas.android.com/apk/res/android">
    <item android:duration="150" android:drawable="@drawable/xiu0" />
    <item android:duration="150" android:drawable="@drawable/xiu1" />
    <item android:duration="150" android:drawable="@drawable/xiu2" />
    <item android:duration="150" android:drawable="@drawable/xiu3" />
</animation-list>
```

此时对应的 item 顺序是从开始到结束，duration 表示每张逐帧播放间隔，当 oneshot 为 false 表示循环播放，设置为 true 表示播放一次即停止。对应的 Activity 代码如下所示。

```
import android.app.Activity;
import android.graphics.drawable.AnimationDrawable;
import android.os.Bundle;
```

```
import android.view.View;
import android.view.View.OnClickListener;
import android.widget.ImageView;
public class animActivity extends Activity implements OnClickListener {
    ImageView iv = null;
    /** Called when the activity is first created. */
    @Override
    public void onCreate(Bundle savedInstanceState) {
        super.onCreate(savedInstanceState);
        setContentView(R.layout.main);
        iv = (ImageView) findViewById(R.id.ImageView01);
        iv.setOnClickListener(this);
    }
    @Override
    public void onClick(View v) {
        // TODO Auto-generated method stub
        AnimationDrawable anim = null;
        Object ob = iv.getBackground();
        anim = (AnimationDrawable) ob;
        anim.stop();
        anim.start();
    }
}
```

这样就可以使用 AnimationDrawable 对象获得帧图片，然后指定这个 AnimationDrawable 开始播放这 3 幅图片，从而实现动画效果。

10.11 编写一个简单的音乐播放器

实例 209	编写一个简单的音乐播放器
源码路径	daima\209
视频路径	视频\209

10.11.1 实例说明

本实例是一个简单的 MP3 音乐播放器实例，能够播放 SD 卡中的 MP3 文件，并且可以用屏幕中的控制按钮实现对 MP3 音乐的播放、暂停、停止、下一首、上一首等操作。

10.11.2 具体实现

编写主程序文件，分别编写暂停、播放、下一首、上一首和停止按钮的单击事件处理程序。主要代码如下所示。

```
public void onCreate(Bundle savedInstanceState)
{
    super.onCreate(savedInstanceState);
    setContentView(R.layout.main);
    /* 更新显示播放列表 */
    musicList();
    /* 构建 MediaPlayer 对象 */
    mMediaPlayer        = new MediaPlayer();
    mFrontImageButton = (ImageButton) findViewById(R.id.LastImageButton);
    mStopImageButton = (ImageButton) findViewById(R.id.StopImageButton);
    mStartImageButton = (ImageButton) findViewById(R.id.StartImageButton);
    mPauseImageButton = (ImageButton) findViewById(R.id.PauseImageButton);
    mNextImageButton = (ImageButton) findViewById(R.id.NextImageButton);

    //停止按钮
    mStopImageButton.setOnClickListener(new ImageButton.OnClickListener()
    {
        @Override
        public void onClick(View v)
```

```
        {
            /* 是否正在播放 */
            if (mMediaPlayer.isPlaying())
            {
                //重置 MediaPlayer 到初始状态
                mMediaPlayer.reset();
            }
        }
    });
    //开始按钮
    mStartImageButton.setOnClickListener(new ImageButton.OnClickListener()
    {
        @Override
        public void onClick(View v)
        {
            playMusic(MUSIC_PATH + mMusicList.get(currentListItme));
        }
    });
    //暂停
    mPauseImageButton.setOnClickListener(new ImageButton.OnClickListener()
    {
        public void onClick(View view)
        {
            if (mMediaPlayer.isPlaying())
            {
                /* 暂停 */
                mMediaPlayer.pause();
            }
            else
            {
                /* 开始播放 */
                mMediaPlayer.start();
            }
        }
    });
    //下一首
    mNextImageButton.setOnClickListener(new ImageButton.OnClickListener()
    {
        @Override
        public void onClick(View arg0)
        {
            nextMusic();
        }
    });
    //上一首
    mFrontImageButton.setOnClickListener(new ImageButton.OnClickListener()
    {
        @Override
        public void onClick(View arg0)
        {
            FrontMusic();
        }
    });
}
public boolean onKeyDown(int keyCode, KeyEvent event)
{
    if ( keyCode ==  KeyEvent.KEYCODE_BACK)
    {
        mMediaPlayer.stop();
        mMediaPlayer.release();
        this.finish();
        return true;
    }
    return super.onKeyDown(keyCode, event);
}
/* 当我们单击列表时，播放被单击的音乐 */
protected void onListItemClick(ListView l, View v, int position, long id)
{
    currentListItme = position;
```

```
        playMusic(MUSIC_PATH + mMusicList.get(position));
    }
    /* 播放列表 */
    public void musicList()
    {
        //取得指定位置的文件设置显示到播放列表
        File home = new File(MUSIC_PATH);
        if (home.listFiles(new MusicFilter()).length > 0)
        {
            for (File file : home.listFiles(new MusicFilter()))
            {
                mMusicList.add(file.getName());
            }
            ArrayAdapter<String> musicList = new ArrayAdapter<String>(example185.this,
R.layout.musicitme, mMusicList);
            setListAdapter(musicList);
        }
    }
    private void playMusic(String path)
    {
        try
        {
            /* 重置 MediaPlayer */
            mMediaPlayer.reset();
            /* 设置要播放的文件的路径 */
            mMediaPlayer.setDataSource(path);
            /* 准备播放 */
            mMediaPlayer.prepare();
            /* 开始播放 */
            mMediaPlayer.start();
            mMediaPlayer.setOnCompletionListener(new OnCompletionListener()
            {
                public void onCompletion(MediaPlayer arg0)
                {
                    //播放完成一首之后进行下一首
                    nextMusic();
                }
            });
        }catch (IOException e){}
    }
    /* 下一首 */
    private void nextMusic()
    {
        if (++currentListItme >= mMusicList.size())
        {
            currentListItme = 0;
        }
        else
        {
            playMusic(MUSIC_PATH + mMusicList.get(currentListItme));
        }
    }
    /* 上一首 */
    private void FrontMusic()
    {
        if (--currentListItme >= 0)
        {
            currentListItme = mMusicList.size();
        }
        else
        {
            playMusic(MUSIC_PATH + mMusicList.get(currentListItme));
        }
    }
}
/* 过滤文件类型 */
class MusicFilter implements FilenameFilter
{
    public boolean accept(File dir, String name)
```

```
        {
            //这里还可以设置其他格式的音乐文件
            return (name.endsWith(".mp3"));
        }
    }
```

执行后可以通过控制按钮来操作 SD 卡中的 MP3 文件，执行效果如图 10-12 所示。

10.11.3 特别提醒——SD 卡支持 ContentProvider 接口

▲图 10-12 执行效果

Android 使用 ContentProvider 来支持不同应用程序的数据共享，为了方便其他应用程序对 SD 卡中的数据进行操作，SD 卡也提供了 ContentProvider 接口。访问 SD 卡中的音频文件的 URI 为 MediaStore.Audio.Media.EXTERNAL_CONTENT_URI，为了使播放列表显示所以音乐文件的信息，这里需要查询 SD 卡里的音频文件，并把查询到的信息保存在 Cursor 中。

10.12 在手机中播放 MP4 视频

实例 210	在手机中播放 MP4 视频
源码路径	daima\210
视频路径	视频\210

10.12.1 实例说明

目前 Android 平台支持 MP4 的 H.264、3GP 和 WMV 视频解析。使用 Android 内置的类 VideoView 可以快速制作一个系统播放器，VideoView 主要用来显示一个视频文件。在本实例中，将演示在 Android 系统中播放 MP4 视频的基本流程。

10.12.2 具体实现

编写主程序文件，当单击【装载】按钮时将加载指定路径的视频文件，然后通过【播放】和【暂停】按钮来操作 MP4 文件。主程序文件的主要实现代码如下所示。

```
public class example186 extends Activity {
    @Override
    public void onCreate(Bundle savedInstanceState) {
        super.onCreate(savedInstanceState);
        setContentView(R.layout.main);
        /* 创建 VideoView 对象 */
        final VideoView videoView = (VideoView) findViewById(R.id.VideoView01);
        /* 操作播放的三个按钮 */
        Button PauseButton = (Button) this.findViewById(R.id.PauseButton);
        Button LoadButton = (Button) this.findViewById(R.id.LoadButton);
        Button PlayButton = (Button) this.findViewById(R.id.PlayButton);
        /* 装载按钮事件 */
        LoadButton.setOnClickListener(new OnClickListener() {
            public void onClick(View arg0) {
                /* 设置路径 */
                videoView.setVideoPath("/sdcard/test.mp4");
                /* 设置模式-播放进度条 */
                videoView.setMediaController(new MediaController(
                        example186.this));
                videoView.requestFocus();
            }
        });
        /* 播放按钮事件 */
        PlayButton.setOnClickListener(new OnClickListener() {
            public void onClick(View arg0) {
```

```
                /* 开始播放 */
                videoView.start();
            }
        });
        /* 暂停按钮 */
        PauseButton.setOnClickListener(new OnClickListener() {
            public void onClick(View arg0) {
                /* 暂停 */
                videoView.pause();
            }
        });
    }
}
```

执行后的效果如图 10-13 所示。

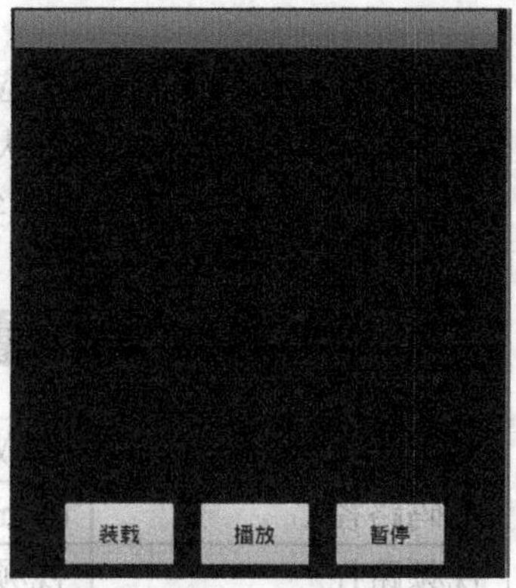

▲图 10-13 执行效果

10.12.3 特别提醒——VideoView 中的常用方法

类 VideoView 中常用方法的具体说明如下所示。

- getBufferPercentage：得到缓冲的百分比。
- getCurrentPosition：得到当前播放的位置。
- getDuration：得到视频文件的时间。
- isPlaying：是否正在播放。
- pause：暂停。
- resolveAdjustedSize：调整视频显示大小。
- seekTo：指定播放位置。
- setMediaController：设置播放控制器模式（播放进度条）。
- setOnCompletionListener：当媒体文件播放完时触发事件。
- setOnErrorListener：错误监听。
- setVideoPath：设置视频源路径。
- setVideoURI：设置视频源地址。
- start：开始播放。

第 11 章　地图服务

在当前的智能手机系统应用中，地图导航已经成为了必不可少的功能之一。我们永远不会忘记谷歌地图给生活带来的巨大方便，作为谷歌旗下的产品——Android，当然具备了谷歌地图的所有优点。本章将通过几个典型实例的实现过程，详细介绍 Android 系统中使用地图服务的基本知识。

11.1 获取当前位置的坐标

实例 211	获取当前位置的坐标
源码路径	daima\211
视频路径	视频\211

11.1.1　实例说明

Android 支持 GPS 和网络地图，通常将各种不同的定位技术称为 LBS。LBS 是基于位置的服务（Location Based Service）的简称，它是通过电信移动运营商的无线电通信网络（如 GSM 网、CDMA 网）或外部定位方式（如 GPS）获取移动终端用户的位置信息（地理坐标，或大地坐标），在 GIS（Geographic Information System，地理信息系统）平台的支持下，为用户提供相应服务的一种增值业务。在本实例中，使用 GPS 定位技术获取当前位置的坐标信息。

11.1.2　具体实现

（1）编写文件 AndroidManifest.xml，在里面声明 ACCESS_FINE_LOCATION 权限，具体代码如下所示。

```
<uses-permission android:name="android.permission.ACCESS_FINE_LOCATION"/>
```

（2）编写主程序文件，在 onCreate（Bundle savedInstanceState）中获取当前位置信息，主要代码如下所示。

```
public void onCreate(Bundle savedInstanceState) {
    super.onCreate(savedInstanceState);
    setContentView(R.layout.main);
    LocationManager locationManager;
    String serviceName = Context.LOCATION_SERVICE;
    locationManager = (LocationManager)getSystemService(serviceName);
    Criteria criteria = new Criteria();
    criteria.setAccuracy(Criteria.ACCURACY_FINE);
    criteria.setAltitudeRequired(false);
    criteria.setBearingRequired(false);
    criteria.setCostAllowed(true);
    criteria.setPowerRequirement(Criteria.POWER_LOW);
    String provider = locationManager.getBestProvider(criteria, true);
    Location location = locationManager.getLastKnownLocation(provider);
    updateWithNewLocation(location);
     /*每隔 1000ms 更新一次，并且不考虑位置的变化。*/
    locationManager.requestLocationUpdates(provider, 2000, 10,
```

```
        locationListener);
}
```

在上述代码中，使用 LocationManager 周期获得当前设备的一个类。要获取 LocationManager 实例，需要调用方法 Context.getSystemService 并传入服务名 LOCATION_SERVICE("location")。在创建 LocationManager 实例后可以调用 getLastKnownLocation 方法将上一次 LocationManager 获得有效位置信息以 Location 对象的形式返回。

（3）定义方法 updateWithNewLocation（Location location）来更新显示用户界面，主要代码如下所示。

```
private void updateWithNewLocation(Location location) {
    String latLongString;
    TextView myLocationText;
    myLocationText = (TextView)findViewById(R.id.myLocationText);
    if (location != null) {
    double lat = location.getLatitude();
    double lng = location.getLongitude();
    latLongString = "纬度:" + lat + "\n 经度:" + lng;
    } else {
    latLongString = "获取地理信息失败";
    }
    myLocationText.setText("当前坐标位置是:\n" +
    latLongString);
}
```

（4）定义 LocationListener 对象来监听坐标改变时事件，如果 Provider 传进相同的坐标，它就不会被触发。主要代码如下所示。

```
private final LocationListener locationListener = new LocationListener() {
    public void onLocationChanged(Location location) {
    updateWithNewLocation(location);
    }
    public void onProviderDisabled(String provider){
    updateWithNewLocation(null);
    }
    public void onProviderEnabled(String provider){ }
    public void onStatusChanged(String provider, int status,
    Bundle extras){ }
};
```

因为模拟器上没有 GPS 设备，所以需要在 Eclipse 的 DDMS 工具中提供模拟的 GPS 数据。即依次单击“DDMS”｜“Emulator Control”，在弹出对话框中找到“Location Control”选项，在此输入坐标，完成后单击【Send】按钮，如图 11-1 所示。

因为用到了 Google API，所以要在项目中引入 Google API，邮件单击项目选择“Properties”，在弹出对话框中选择 Google API 版本，如图 11-2 所示。

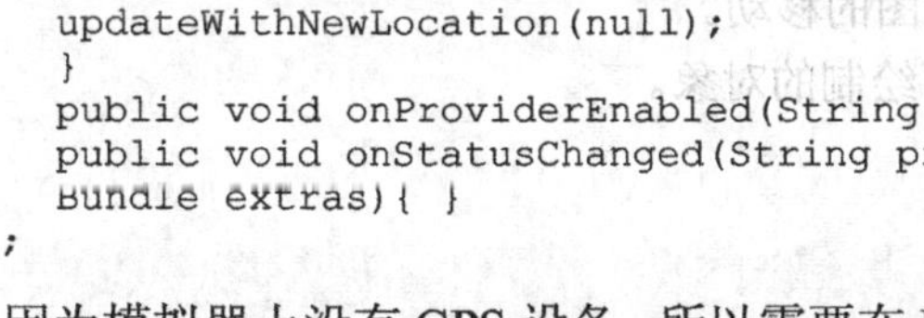

▲图 11-1 设置坐标

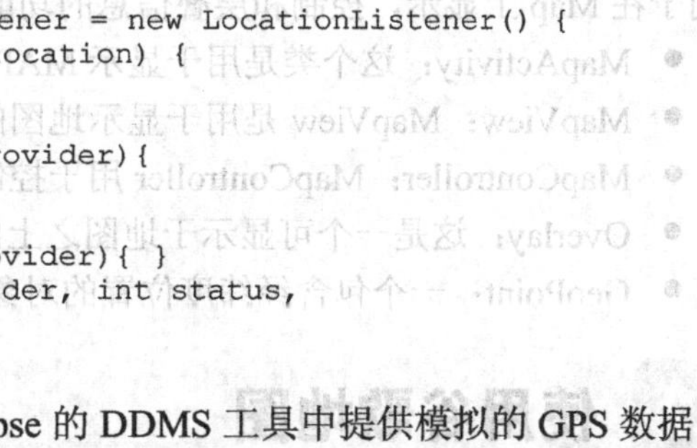

▲图 11-2 引用 Google API

这样模拟器运行后，会显示当前的坐标，如图 11-3 所示。

11.1.3　特别提醒——android.location 的定位功能

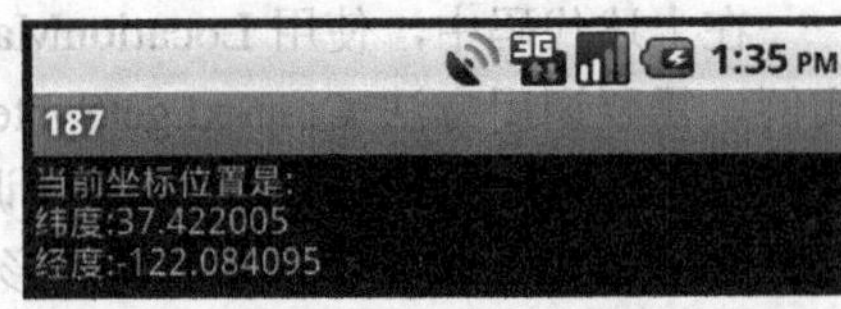

▲图 11-3　执行效果

在 android.location 中有如下两个和定位有关的功能类。

（1）Android Location API

以下是包中几个 Android 关于定位功能的比较重要的类。

- LocationManager：本类提供访问定位服务的功能，也提供获取最佳定位提供者的功能。另外，临近警报功能（前面所说的那种功能）也可以借助该类来实现。
- LocationProvider：该类是定位提供者的抽象类。定位提供者具备周期性报告设备地理位置的功能。
- LocationListener：提供定位信息发生改变时的回调功能。必须事先在定位管理器中注册监听器对象。
- Criteria：该类使得应用能够通过在 LocationProvider 中设置的属性来选择合适的定位提供者。

（2）Map API

Android 也提供了一组访问 Map 的 API，借助 Map 及定位 API，我们就能在地图上显示用户当前的地理位置。在 Android 中定义了一个名为 com.google.android.maps 的包，其中包含了一系列用于在 Map 上显示，控制和层叠信息的功能类，以下是该包中最重要的几个类：

- MapActivity：这个类是用于显示 MAP 的 Activity 类，它需要连接底层网络。
- MapView：MapView 是用于显示地图的 View 组件，它必须和 MapActivity 配合使用。
- MapController：MapController 用于控制地图的移动。
- Overlay：这是一个可显示于地图之上的可绘制的对象。
- GeoPoint：一个包含经纬度位置的对象。

11.2　使用谷歌地图

实例 212	在手机中使用谷歌地图
源码路径	daima\212
视频路径	视频\212

11.2.1　实例说明

在本实例中，使用 Map API 密钥在手机屏幕中显示谷歌地图。Google 地图给人们的生活带来了极大的方便，例如可以通过 Google 地图查找商户信息、查看地图和获取行车路线等。Android 平台也提供了一个 map 包（com.google.android.maps），通过其中的 MapView 就能够方便地利用 Google 地图的资源来进行编程。

在使用谷歌地图之前需要预先进行如下设置。

（1）添加 maps.jar 到项目

在 Android SDK 中，以 JAR 库的形式提供了和 MAP 有关的 API，此 JAR 库位于“android-sdk-windows\add-ons\google_apis-4”目录下。要把 maps.jar 添加到项目中，可以在项目属性中的“Android”栏中指定使用包含 Google API 的 Target 作为项目的构建目标，如图 11-4 所示。

（2）将地图嵌入到应用

通过使用 MapActivity 和 MapView 控件，可以轻松地将地图嵌入到应用程序当中。在此步骤中，需要将 Google API 添加到构建路径中。方法是在图 11-4 所示界面中选择“Java Build Path”，然后在 Target 中选择勾选 Google API，设置项目中包含 Google API，如图 11-5 所示。

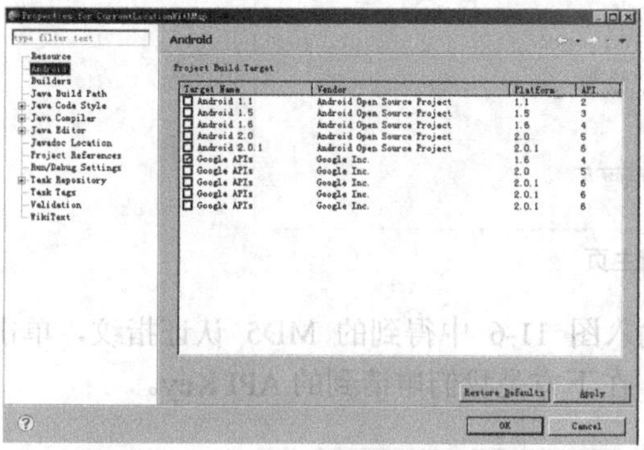

▲图 11-4　在项目中包含 Google API

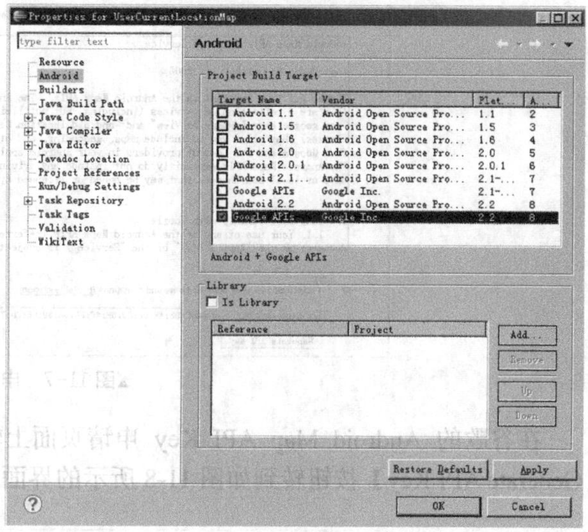

▲图 11-5　将 Google API 添加到构建路径

（3）获取 Map API 密钥

在利用 MapView 之前，必须要先申请一个 Android Map API Key。具体步骤如下所示。

- 找到 debug.keystore 文件，通常位于如下目录中。

C:\Documents and Settings\当前用户\Local Settings\Application Data\Android。

- 接下来开始获取 MD5 指纹，运行 cmd.cxc，执行如下命令获取 MD5 指纹。

```
>keytool -list -alias androiddebugkey -keystore "debug.keystore 的路径" -storepass android
-keypass android
```

例如笔者在个人计算机中输入如下命令。

```
keytool   -list   -alias   androiddebugkey   -keystore   "C:\Documents  and  Settings\
Administrator\.android\debug.keystore" -storepass android -keypass android
```

此时系统会提示输入 keystore 密码，输入后 Android 系统会输出我们申请到的 MD5 认证指纹。如图 11-6 所示。

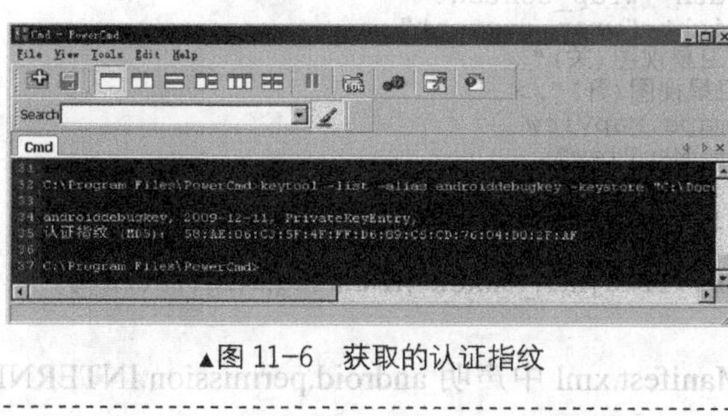

▲图 11-6　获取的认证指纹

注意　因为在 CMD 中不能直接复制、粘贴使用 CMD 命令，这样很影响编程效率，所以笔者使用了第三方软件 PowerCmd 来代替机器中自带的 CMD 工具。

- 开始申请 Android Map 的 API Key。

在浏览器中输入网址：http://code.google.com/intl/zh-CN/android/maps-api-signup.html，如图 11-7 所示。

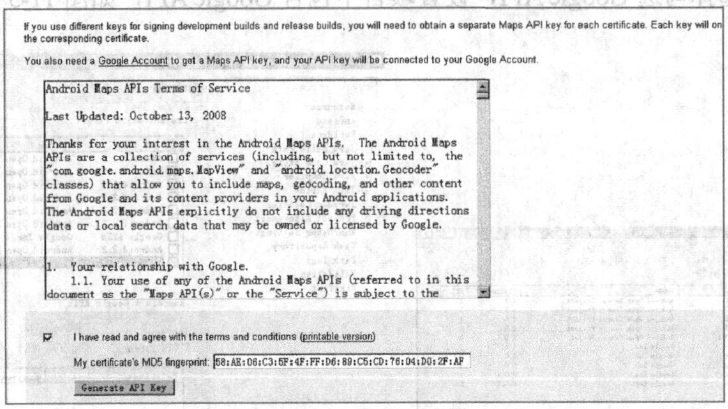

▲图 11-7　申请主页

在谷歌的 Android Map API Key 申请页面上输入图 11-6 中得到的 MD5 认证指纹，单击【Generate API Key】按钮转到如图 11-8 所示的界面，在下方是我们申请到的 API Key。

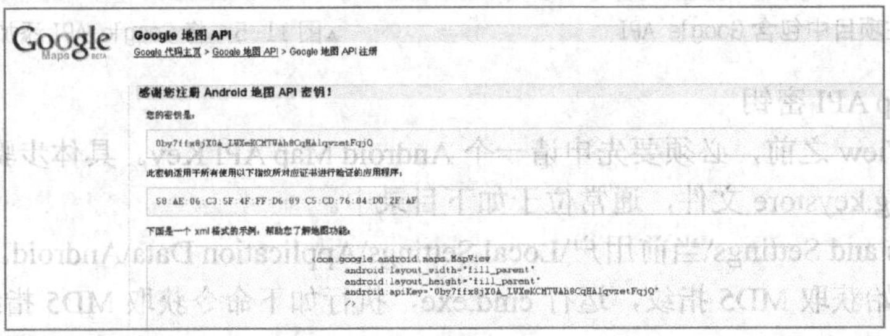

▲图 11-8　得到的 API Key

11.2.2　具体实现

（1）编写主布局文件 main.xml，在里面插入了 2 个 Button，分别为“放大”和“缩小”地图，然后通过 ToggleButton 来控制是否显示卫星地图，在最后设置申请的 API Key。主要代码如下所示。

```
<ToggleButton
   android:id="@+id/switchMap"
   android:layout_width="wrap_content"
   android:layout_height="wrap_content"
   android:textOff="卫星视图(关)"
   android:textOn="卫星视图(开)"/>
<com.google.android.maps.MapView
   android:id="@+id/myMapView"
   android:layout_width="fill_parent"
   android:layout_height="fill_parent"
   android:clickable="true"
   android:apiKey="0by7ffx8jX0A_LWXeKCMTWAh8CqHAlqvzetFqjQ"
  />
```

（2）在文件 AndroidManifest.xml 中声明 android.permission.INTERNET 和 INTERNET 权限，主要代码如下所示。

```
<uses-permission android:name="android.permission.INTERNET"/>
<uses-permission android:name="android.permission.ACCESS_FINE_LOCATION"/>
```

（3）编写文件 example188.java，其实例说明流程如下所示。

- 将 MapView 绘制到屏幕上，因为 MapView 只能继承自 MapActivity 的活动中，所以必须用方法 onCreate 将 MapView 绘制到屏幕上，并同时覆盖方法 isRouteDisplayed()，它表示是否需要在地图上绘制导航线路。具体代码如下所示。

```
public class example188 extends MapActivity {
    MapView map;
    MapController ctrlMap;
    Button inBtn;
    Button outBtn;
    ToggleButton switchMap;
    @Override
    protected boolean isRouteDisplayed() {
        return false;
    }
```

- 引入主布局 main.xml，调用 getOverlays()方法获取其 Overylay 链表，并将构建好的 MyLocationOverlay 对象添加到链表中去。其中 MyLocationOverlay 对象调用的 enableMyLocation()方法表示尝试通过位置服务来获取当前的位置。具体代码如下所示。

```
public void onCreate(Bundle savedInstanceState) {
    super.onCreate(savedInstanceState);
    setContentView(R.layout.main);
    map = (MapView)findViewById(R.id.myMapView);
    List<Overlay> overlays = map.getOverlays();
    MyLocationOverlay myLocation = new MyLocationOverlay(this,map);
    myLocation.enableMyLocation();
    overlays.add(myLocation);
```

- 为【放大】和【缩小】这 2 个按钮设置单击响应程序，首先通过方法 getController()获取 MapView 的 MapController 对象，然后在【放大】和【缩小】两个按钮单击事件监听器的回放方法里，根据按钮的不同实现对 MapView 的缩放。具体代码如下所示。

```
ctrlMap = map.getController();
inBtn = (Button)findViewById(R.id.in);
outBtn = (Button)findViewById(R.id.out);
OnClickListener listener = new OnClickListener() {
    @Override
    public void onClick(View v) {
        switch (v.getId()) {
        case R.id.in:                               /*如果是缩放*/
            ctrlMap.zoomIn();
            break;
        case R.id.out:                              /*如果是放大*/
            ctrlMap.zoomOut();
            break;
        default:
            break;
        }
    }
};
inBtn.setOnClickListener(listener);
outBtn.setOnClickListener(listener);

//=========================================
```

- 通过方法 onCheckedChanged 获取是否选择了 switchMap 卫星试图，如果选择了则显示卫星地图。首先通过方法 findViewById 获取对应 ID 的 ToggleButton 对象的引用，然后调用 setOnCheckedChangeListener 方法，设置对事件监听器选中的事件进行处理。根据 ToggleButton 是否被选中，进而通过 setSatellite（）方法启用或禁用卫星试图功能。具体代码如下所示。

```
switchMap = (ToggleButton)findViewById(R.id.switchMap);
switchMap.setOnCheckedChangeListener(new OnCheckedChangeListener() {
    @Override
```

```
    public void onCheckedChanged(CompoundButton cBtn, boolean isChecked) {
        if (isChecked == true) {
            map.setSatellite(true);
        } else {
            map.setSatellite(false);
        }
    }
});
```

● 使用 LocationManager 获取当前的位置，然后通过方法 getBestProvider 获取查询条件，最后设置更新位置信息的最小间隔为 2 秒，位移变化在 10 米以上。具体代码如下所示。

```
LocationManager locationManager;
String context = Context.LOCATION_SERVICE;
locationManager = (LocationManager)getSystemService(context);
Criteria criteria = new Criteria();
criteria.setAccuracy(Criteria.ACCURACY_FINE);
criteria.setAltitudeRequired(false);
criteria.setBearingRequired(false);
criteria.setCostAllowed(true);
criteria.setPowerRequirement(Criteria.POWER_LOW);
String provider = locationManager.getBestProvider(criteria, true);
Location location = locationManager.getLastKnownLocation(provider);
updateWithNewLocation(location);
locationManager.requestLocationUpdates(provider, 2000, 10,
        locationListener);
```

● 定义方法 updateWithNewLocation(Location location)来显示地理信息和地图信息，具体代码如下所示。

```
    private void updateWithNewLocation(Location location) {
        String latLongString;
        TextView myLocationText;
        myLocationText = (TextView)findViewById(R.id.myLocationText);
        if (location != null) {
            double lat = location.getLatitude();
            double lng = location.getLongitude();
            latLongString = "纬度:" + lat + "\n 经度:" + lng;
            ctrlMap.animateTo(new GeoPoint((int)(lat*1E6),(int)(lng*1E6)));
        } else {
            latLongString = "无法获取地理信息";
        }
        myLocationText.setText("您当前的位置是:\n" +
        latLongString);
    }
}
```

此时选定一个经度和维度位置后可以显示此位置的定位信息，并且定位信息分别以文字和地图形式显示出来。

单击【放大】和【缩小】按钮可以控制地图的大小。打开卫星试图后可以显示此位置范围对应的卫星地图。

11.2.3 特别提醒——使用 Map API 密钥的基本流程

通过上述实例可以总结出使用 Map API 密钥的基本流程，具体说明如下所示。

（1）在文件 AndroidManifest.xml 中声明权限

在 Anroid 系统中，如果程序执行需要读取到安全敏感的项目，那么必须在 AndroidManifest.xml 中声明相关权限请求，比如这个地图程序需要从网络读取相关数据。所以必须声明 android.permission.INTERNET 权限。方法是在文件 AndroidManifest.xml 中添加下面的代码。

```
<uses-permission android:name="android.permission.INTERNET" />
```

因为类 maps 不是 Android 启动的缺省类，所以还需要在文件 AndroidManifest.xml 的 application

标签中申明要用 maps 类。

```
<uses-library android:name="com.google.android.maps" />
```

下面是基本的 AndroidManifest.xml 文件代码。

```
<manifest xmlns:android="http://schemas.android.com/apk/res/android"
   <application android:icon="@drawable/icon" android:label="@string/app_name">
    <uses-library android:name="com.google.android.maps" />
   </application>
 <uses-permission android:name="android.permission.INTERNET" />
</manifest>
```

（2）在文件 main.xml 中完成 Layout

假设设置要显示杭州的卫星地图，并且假设在地图上方有 5 个按钮，分别可以放大地图、缩小地图或者切换显示模式（卫星、交通、街景）。即整个界面主要由 2 个部分组成，上面是一排 5 个按钮，下面是 Map View。

因为在 Android 系统中可以互相嵌套 LinearLayout，所以可以把上面 5 个按钮放在一个子 LinearLayout 里边（子 LinearLayout 的指定可以由 android:addStatesFromChildren="true"实现），然后再把这个子 LinearLayout 加到外面的父 LinearLayout 里边。主要代码如下所示。

```
<LinearLayout xmlns:android="http://schemas.android.com/apk/res/android"
 android:orientation="vertical" android:layout_width="fill_parent"
 android:layout_height="fill_parent">
 <LinearLayout android:layout_width="fill_parent"
  android:addStatesFromChildren="true"                /*子 Layout
  android:gravity="center_vertical"                  /*在此子 Layout 里边的按钮是横向排列
  >
  <Button android:id="@+id/ZoomOut"
   android:text="放大"
   android:layout_width="wrap_content"
   android:layout_height="wrap_content"
   android:layout_marginTop="5dip"                  /*4 个属性指定了按钮的相对位置
   android:layout_marginLeft="30dip"
   android:layout_marginRight="5dip"
   android:layout_marginBottom="5dip"
   android:padding="5dip" />
  /*在此省略其余 4 个按钮*/
 </LinearLayout>
 <com.google.android.maps.MapView
  android:id="@+id/map"
  android:layout_width="fill_parent"
  android:layout_height="fill_parent"
  android:enabled="true"
  android:clickable="true"
  android:apiKey="在此输入上一节申请的 API KEY"          /*在此加上申请的 API KEY
 />
</LinearLayout>
```

（3）完成主 Java 程序代码

先在主文件中创建一个继承于 MapActivity 的类，例如下面的代码。

```
public class Mapapp extends MapActivity {
```

然后编写 onCreate()函数，其核心代码如下所示。

```
 public void onCreate(Bundle icicle) {
 //取得地图 View
  myMapView = (MapView) findViewById(R.id.map);
  //设置为卫星模式
  myMapView.setSatellite(true);
  //地图初始化的点:杭州
  GeoPoint p = new GeoPoint((int) (30.27 * 1000000),
    (int) (120.16 * 1000000));
  //取得地图 View 的控制
  MapController mc = myMapView.getController();
```

```
    //定位到杭州
    mc.animateTo(p);
    //设置初始化倍数
    mc.setZoom(DEFAULT_ZOOM_LEVEL);
}
```

编写缩放按钮的处理代码，主要代码如下所示。

```
btnZoomIn.setOnClickListener(new View.OnClickListener() {
 public void onClick(View view) {
   myMapView.getController().setZoom(myMapView.getZoomLevel() - 1);
 });
```

通过下面代码实现地图模式的切换。

```
btnSatellite.setOnClickListener(new View.OnClickListener() {
 public void onClick(View view) {
  myMapView.setSatellite(true);                     //卫星模式为 True
  myMapView.setTraffic(false);                      //交通模式为 False
  myMapView.setStreetView(false);                   //街景模式为 False
```

到此为止，就完成了使用 Map API 的基本过程。

11.3 输入一个坐标后在地图中实现定位

实例 213	输入一个坐标后在地图中实现定位
源码路径	daima\213
视频路径	视频\213

11.3.1 实例说明

在本实例中，通过 Google MapView 和 GeoPoint 实现地图经纬应用的流程。挡在表单中输入一个经度和维度值后，单击【查询】按钮会在地图中显示此位置。

11.3.2 具体实现

编写文件 example189.java，在 EditText 输入框中输入坐标的经度和维度，将坐标转换为 GeoPoint 对象后，再利用 MapController 的 animateTo()方法将地图的中心点移到 GeoPoint 坐标上。文件 example189.java 的主要代码如下所示。

```
/* Map 启动时的默认坐标*/
private double dLat=120.391177;
private double dLng=39.9067452;
@Override
protected void onCreate(Bundle icicle)
{
  super.onCreate(icicle);
  setContentView(R.layout.main);
  /* 创建 MapView 对象 */
  mMapView01 = (MapView)findViewById(R.id.myMapView1);
  mMapController01 = mMapView01.getController();
  /* 设置 MapView 的显示选项（卫星、街道） */
  mMapView01.setSatellite(false);
  mMapView01.setStreetView(true);
  /* 默认放大的层级 */
  intZoomLevel = 17;
  mMapController01.setZoom(intZoomLevel);
  /* 设置 Map 的中点为默认经纬度 */
  refreshMapView();

  mEditText01 = (EditText)findViewById(R.id.myEdit1);
  mEditText02 = (EditText)findViewById(R.id.myEdit2);
```

```
    /* 送出查询的 Button */
    mButton01 = (Button)findViewById(R.id.myButton1);
    mButton01.setOnClickListener(new Button.OnClickListener()
    {
      @Override
      public void onClick(View v)
      {
        /* 经纬度空白检查 */
        if(mEditText01.getText().toString().equals("")||
          mEditText02.getText().toString().equals(""))
        {
          showDialog("经度或纬度填写不正确!");
        }
        else
        {
          /* 取得输入的经纬度 */
          dLng=Double.parseDouble(mEditText01.getText().toString());
          dLat=Double.parseDouble(mEditText02.getText().toString());
          /* 依输入的经纬度重整 Map */
          refreshMapView();
        }
      }
    });

    /* 放大 Map 的 Button */
    mButton02 = (Button)findViewById(R.id.myButton2);
    mButton02.setOnClickListener(new Button.OnClickListener()
    {
      @Override
      public void onClick(View v)
      {
        intZoomLevel++;
        if(intZoomLevel>mMapView01.getMaxZoomLevel())
        {
          intZoomLevel = mMapView01.getMaxZoomLevel();
        }
        mMapController01.setZoom(intZoomLevel);
      }
    });

    /* 缩小 Map 的 Button */
    mButton03 = (Button)findViewById(R.id.myButton3);
    mButton03.setOnClickListener(new Button.OnClickListener()
    {
      @Override
      public void onClick(View v)
      {
        intZoomLevel--;
        if(intZoomLevel<1)
        {
          intZoomLevel = 1;
        }
        mMapController01.setZoom(intZoomLevel);
      }
    });
  }

  /* 重整 Map 的 method */
  public void refreshMapView()
  {
    GeoPoint p = new GeoPoint((int)(dLat* 1E6), (int)(dLng* 1E6));
    mMapView01.displayZoomControls(true);
    /* 将 Map 的中点移至 GeoPoint */
    mMapController01.animateTo(p);
    mMapController01.setZoom(intZoomLevel);
  }

  @Override
```

```
    protected boolean isRouteDisplayed()
    {
      return false;
    }

    /* 显示 Dialog 的 method */
    private void showDialog(String mess){
      new AlertDialog.Builder(example189.this).setTitle("Message")
      .setMessage(mess)
      .setNegativeButton("确定", new DialogInterface.OnClickListener()
      {
        public void onClick(DialogInterface dialog, int which)
        {
        }
      })
      .show();
    }
  }
```

程序执行后可以看到实际效果。

11.3.3　特别提醒——类 GeoPoint 的方法

类 GeoPoint 表示一个地理坐标点，在里面存放了经度和纬度，以微度的整数形式存储。此类中的主要方法如表 11-1 所示。

表 11-1　方法说明

返回类型	方　　法
boolean	equals(java.lang.Object obj)
int	getLatitudeE6()：返回 GeoPoint 的纬度，单位微度
int	getLongitudeE6()：返回 GeoPoint 对象的经度，单位微度
int	hashCode()
void	setLatitudeE6(int latitudeE6)
void	setLongitudeE6(int longitudeE6)
java.lang.String	toString()

11.4　在手机中实现地址查询

实例 214	在手机中实现地址查询
源码路径	daima\214
视频路径	视频\214

11.4.1　实例说明

在 Google 中提供了一个 Geocoder 服务，在非商用情况下，使用 Geocoder 可以反查 Address 地址对象服务。在本实例中，通过使用 Geocoder 实现地址反查功能。

11.4.2　具体实现

编写文件 example190.java，在此文件中通过地址来获取 GeoPoint 方法，在自定义函数 getGeoByAddress()中传入唯一的值，以字符串的方式传入地址，使用方法 Geocoder.getFromLocationName()来获取从 Google 服务器找到的结果。文件 example190.java 的主要代码如下所示。

```
  protected void onCreate(Bundle icicle)
  {
    super.onCreate(icicle);
```

```
    setContentView(R.layout.main);

    mEditText01 = (EditText)findViewById(R.id.myEditText1);
    mEditText01.setText
    (
      getResources().getText(R.string.str_default_address).toString()
    );

    /* 创建 MapView 对象 */
    mMapView01 = (MapView)findViewById(R.id.myMapView1);
    mMapController01 = mMapView01.getController();
    // 设置 MapView 的显示选项（卫星、街道）
    mMapView01.setSatellite(true);
    mMapView01.setStreetView(true);
    mButton01 = (Button)findViewById(R.id.myButton1);
    mButton01.setOnClickListener(new Button.OnClickListener()
    {
      @Override
      public void onClick(View v)
      {
        if(mEditText01.getText().toString()!="")
        {
          refreshMapViewByGeoPoint
          (
            getGeoByAddress
            (
              mEditText01.getText().toString()
            ),mMapView01,intZoomLevel,true
          );
        }
      }
    });

    /* 放大 */
    mButton02 = (Button)findViewById(R.id.myButton2);
    mButton02.setOnClickListener(new Button.OnClickListener()
    {
      @Override
      public void onClick(View v)
      {
        // TODO Auto-generated method stub
        intZoomLevel++;
        if(intZoomLevel>mMapView01.getMaxZoomLevel())
        {
          intZoomLevel = mMapView01.getMaxZoomLevel();
        }
        mMapController01.setZoom(intZoomLevel);
      }
    });

    /* 缩小 */
    mButton03 = (Button)findViewById(R.id.myButton3);
    mButton03.setOnClickListener(new Button.OnClickListener()
    {
      @Override
      public void onClick(View v)
      {
        // TODO Auto-generated method stub
        intZoomLevel--;
        if(intZoomLevel<1)
        {
          intZoomLevel = 1;
        }
        mMapController01.setZoom(intZoomLevel);
      }
    });

    /* 初次查询地点 */
    refreshMapViewByGeoPoint
```

```
  (
    getGeoByAddress
    (
        getResources().getText(R.string.str_default_address).toString()
    ),mMapView01,intZoomLevel,true
  );
}
private GeoPoint getGeoByAddress(String strSearchAddress)
{
  GeoPoint gp = null;
  try
  {
    if(strSearchAddress!="")
    {
      Geocoder mGeocoder01 = new Geocoder(example190.this, Locale.getDefault());
      List<Address> lstAddress = mGeocoder01.getFromLocationName(strSearchAddress, 1);
      if (!lstAddress.isEmpty())
      {
        // Address[addressLines=[0:"U.S  PIZZA",1:"15th Main Rd, Phase II, J P
Nagar",2:"Bengaluru, Karnataka",3:"India"],feature=U.S PIZZA,admin=Karnataka,sub-
admin=Bengaluru,locality=Bengaluru,thoroughfare=15th Main Rd,postalCode=null,
countryCode=IN,countryName=India,hasLatitude=true,latitude=18.508933,hasLongitude=tr
ue,longitude=73.8042,phone=null,url=null,extras=null]
        /*
        for (int i = 0; i < lstAddress.size(); ++i)
        {
          Address adsLocation = lstAddress.get(i);
          Log.i(TAG, "Address found = " + adsLocation.toString());
        }
        Address adsLocation = lstAddress.get(0);
        double geoLatitude = adsLocation.getLatitude()*1E6;
        double geoLongitude = adsLocation.getLongitude()*1E6;
        gp = new GeoPoint((int) geoLatitude, (int) geoLongitude);
      }
      else
      {
        Log.i(TAG, "Address GeoPoint NOT Found.");
      }
    }
  }
  catch (Exception e)
  {
    e.printStackTrace();
  }
  return gp;
}
public static void refreshMapViewByGeoPoint(GeoPoint gp, MapView mv, int zoomLevel,
boolean bIfSatellite)
{
  try
  {
    mv.displayZoomControls(true);
    /* 取得MapView的MapController */
    MapController mc = mv.getController();
    /* 移至该地理坐标地址 */
    mc.animateTo(gp);

    /* 放大地图层级 */
    mc.setZoom(zoomLevel);
    /* 设置MapView的显示选项（卫星、街道）*/
    if(bIfSatellite)
    {
      mv.setSatellite(true);
      mv.setStreetView(true);
    }
    else
    {
      mv.setSatellite(false);
    }
```

```
    }
    catch(Exception e)
    {
      e.printStackTrace();
    }
  }

  @Override
  protected boolean isRouteDisplayed()
  {
    // TODO Auto-generated method stub
    return false;
  }
}
```

程序执行后能够实现地址反查处理。

11.4.3 特别提醒——Google Map API 解密

所谓 Geocoder，是指根据某个 key 寻找地理位置的坐标，这个 key 可以是地址。近年来 Google Map API 做了很多改进，已经自动整合了中文地址的定位功能，不再需要以前的糅合了。以前只有 6 个国家提供了街道级别的定位，Google 从不让人失望。当然每日 50 000 次查询的 limit 还在，但是一般也足够了，何况还有客户端的 built-in cache 改善用户体验。

这个 key 还可以是 IP 地址，例如做一个 library 可以读取本地数据库转换 IP 为坐标，这个坐标只是城市中心的坐标，不过也一般够用了。同时 library 也将提供基于 HTTP request 的公共服务，地址定位和 IP 定位现在都很容易可以实现了。

11.5 实现路径导航

实例 215	在手机屏幕中实现路径导航
源码路径	daima\215
视频路径	视频\215

11.5.1 实例说明

在 Android SDK 中，可以使用手机内置地图程序传递导航坐标的方式来规划路径。在本实例中，通过 Directions Route 实现了路径导航功能。在实例说明中，先调用 getLocationProvider()来获取当前 Location，以取得当前所在位置的地理坐标。并通过提供的 EditText Widget 来让用户输入将要前往的地址，通过地址来反复取得目的地的地理坐标。通过 2 个 GeoPoint 对象，并通过 Intent 方式来调用内置的地图程序。

11.5.2 具体实现

编写文件 example191.java，其实例说明流程如下所示。

（1）创建 LocationManager 对象以获取系统 Location 本地服务，然后设置使用 MapView 控件显示选项（卫星、街道）。主要代码如下所示。

```
protected void onCreate(Bundle icicle)
{
  // TODO Auto-generated method stub
  super.onCreate(icicle);
  setContentView(R.layout.main);

  mTextView01 = (TextView)findViewById(R.id.myTextView1);

  mEditText01 = (EditText)findViewById(R.id.myEditText1);
```

```
mEditText01.setText
(
  getResources().getText
  (R.string.str_default_address).toString()
);

/* 创建 MapView 对象 */
mMapView01 = (MapView)findViewById(R.id.myMapView1);
mMapController01 = mMapView01.getController();

// 设置 MapView 的显示选项（卫星、街道）
mMapView01.setSatellite(true);
mMapView01.setStreetView(true);

// 放大的层级
intZoomLevel = 15;
mMapController01.setZoom(intZoomLevel);

/* 创建 LocationManager 对象取得系统 Location 服务 */
mLocationManager01 =
(LocationManager)getSystemService(Context.LOCATION_SERVICE);

/*
 * 自定义函数，访问 Location Provider,
 * 并将之存储在 strLocationProvider 当中
 */
getLocationProvider();

/* 传入 Location 对象，显示于 MapView */
fromGeoPoint = getGeoByLocation(mLocation01);
refreshMapViewByGeoPoint(fromGeoPoint,
                mMapView01, intZoomLevel);

/* 创建 LocationManager 对象，监听
 * Location 更改时事件，更新 MapView*/
mLocationManager01.requestLocationUpdates
(strLocationProvider, 2000, 10, mLocationListener01);
```

（2）定义单击 mButton01 按钮的处理事件，先获取用户要前往地址的 GeoPoint 对象，传入路径规划所需要的地标地址。实例说明代码如下所示。

```
mButton01 = (Button)findViewById(R.id.myButton1);
mButton01.setOnClickListener(new Button.OnClickListener()
{
  @Override
  public void onClick(View v)
  {
    // TODO Auto-generated method stub
    if(mEditText01.getText().toString()!="")
    {
      /* 取得 User 要前往地址的 GeoPoint 对象 */
      toGeoPoint =
      getGeoByAddress(mEditText01.getText().toString());

      /* 路径规划 Intent */
      Intent intent = new Intent();
      intent.setAction(android.content.Intent.ACTION_VIEW);

      /* 传入路径规划所需要的地标地址 */
      intent.setData
      (
        Uri.parse("http://maps.google.com/maps?f=d&saddr="+
        GeoPointToString(fromGeoPoint)+
        "&daddr="+GeoPointToString(toGeoPoint)+
        "&hl=cn" +
        "")
      );
      startActivity(intent);
    }
  }
});
```

（3）定义单击 mButton02 按钮的处理事件，单击后实现地图放大处理。具体代码如下所示。

```
* 放大地图 */
Button02 = (Button)findViewById(R.id.myButton2);
Button02.setOnClickListener(new Button.OnClickListener()

 @Override
 public void onClick(View v)
 {
   // TODO Auto-generated method stub
   intZoomLevel++;
   if(intZoomLevel>mMapView01.getMaxZoomLevel())
   {
     intZoomLevel = mMapView01.getMaxZoomLevel();
   }
   mMapController01.setZoom(intZoomLevel);
 }
);
```

（4）定义单击 mButton03 按钮的处理事件，单击实现地图缩小处理。具体代码如下所示。

```
  /* 缩小地图 */
  mButton03 = (Button)findViewById(R.id.myButton3);
  mButton03.setOnClickListener(new Button.OnClickListener()
  {
    @Override
    public void onClick(View v)
    {
      // TODO Auto-generated method stub
      intZoomLevel--;
      if(intZoomLevel<1)
      {
        intZoomLevel = 1;
      }
      mMapController01.setZoom(intZoomLevel);
    }
  });
}
```

（5）捕捉当手机 GPS 坐标更新时的事件，当手机收到位置更改时，将 Location 传入 getMyLocation 对象。具体代码如下所示。

```
/* 捕捉当手机GPS坐标更新时的事件 */
public final LocationListener mLocationListener01 =
new LocationListener()
{
  @Override
  public void onLocationChanged(Location location)
  {
    /* 当手机收到位置更改时，将Location传入getMyLocation */
    mLocation01 = location;
    fromGeoPoint = getGeoByLocation(location);
    refreshMapViewByGeoPoint(fromGeoPoint,
         mMapView01, intZoomLevel);
  }
};
```

（6）定义方法 getGeoByLocation，设置当传入 Location 对象时取回其 GeoPoint 对象。具体代码如下所示。

```
/* 传入Location对象，取回其GeoPoint对象 */
private GeoPoint getGeoByLocation(Location location)
{
  GeoPoint gp = null;
  try
  {
    /* 如果Location存在 */
    if (location != null)
    {
      double geoLatitude = location.getLatitude()*1E6;
```

```
        double geoLongitude = location.getLongitude()*1E6;
        gp = new GeoPoint((int) geoLatitude, (int) geoLongitude);
      }
    }
    catch(Exception e)
    {
      e.printStackTrace();
    }
    return gp;
  }
```

（7）定义方法 getGeoByAddress，设置当输入地址时获取其 GeoPoint 对象。具体代码如下所示。

```
/* 输入地址，取得其 GeoPoint 对象 */
private GeoPoint getGeoByAddress(String strSearchAddress)
{
  GeoPoint gp = null;
  try
  {
    if(strSearchAddress!="")
    {
      Geocoder mGeocoder01 = new Geocoder
      (example191.this, Locale.getDefault());

      List<Address> lstAddress = mGeocoder01.getFromLocationName
                      (strSearchAddress, 1);
      if (!lstAddress.isEmpty())
      {
        Address adsLocation = lstAddress.get(0);
        double geoLatitude = adsLocation.getLatitude()*1E6;
        double geoLongitude = adsLocation.getLongitude()*1E6;
        gp = new GeoPoint((int) geoLatitude, (int) geoLongitude);
      }
    }
  }
  catch (Exception e)
  {
    e.printStackTrace();
  }
  return gp;
}
```

（8）定义方法 refreshMapViewByGeoPoint 和 refreshMapViewByCode，用于分别传入 GeoPoint 更新 MapView 里的谷歌地图和传入经纬度更新 MapView 里的谷歌地图。具体代码如下所示。

```
/* 传入 geoPoint 更新 MapView 里的 Google Map */
public static void refreshMapViewByGeoPoint
(GeoPoint gp, MapView mapview, int zoomLevel)
{
  try
  {
    mapview.displayZoomControls(true);
    MapController myMC = mapview.getController();
    myMC.animateTo(gp);
    myMC.setZoom(zoomLevel);
    mapview.setSatellite(false);
  }
  catch(Exception e)
  {
    e.printStackTrace();
  }
}

/* 传入经纬度更新 MapView 里的 Google Map */
public static void refreshMapViewByCode
(double latitude, double longitude,
  MapView mapview, int zoomLevel)
{
  try
  {
```

```
    GeoPoint p = new GeoPoint((int) latitude, (int) longitude);
    mapview.displayZoomControls(true);
    MapController myMC = mapview.getController();
    myMC.animateTo(p);
    myMC.setZoom(zoomLevel);
    mapview.setSatellite(false);
  }
  catch(Exception e)
  {
    e.printStackTrace();
  }
}
```

（9）定义方法 GeoPointToString 将 GeoPoint 中的经纬度以“String,String”的格式返回，具体代码如下所示。

```
/* 将 GeoPoint 里的经纬度以 String 返回 */
private String GeoPointToString(GeoPoint gp)
{
  String strReturn="";
  try
  {
    /* 当 Location 存在 */
    if (gp != null)
    {
      double geoLatitude = (int)gp.getLatitudeE6()/1E6;
      double geoLongitude = (int)gp.getLongitudeE6()/1E6;
      strReturn = String.valueOf(geoLatitude)+","+
        String.valueOf(geoLongitude);
    }
  }
  catch(Exception e)
  {
    e.printStackTrace();
  }
  return strReturn;
}
```

执行后的效果如图 11-9 所示；单击【开始规划路径】按钮后弹出选择对话框，如图 11-10 所示。在此选择“Maps”后弹出规划界面，如图 11-11 所示；在图 11-11 所示界面中，在第一个文本框中设置出发位置，例如“Beijing”，在第二个文本框中设置目的地位置，例如“Tianjin”，选择汽车前往标志按钮，如图 11-12 所示；单击按钮“Go”，系统将实现北京出发，目的地到天津的线路规划，产生线路规划图。

▲图 11-9　执行效果

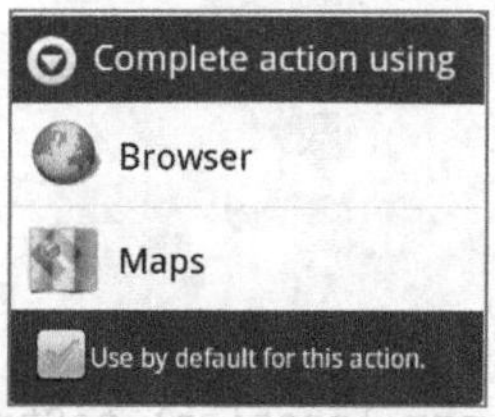

▲图 11-10　选择对话框

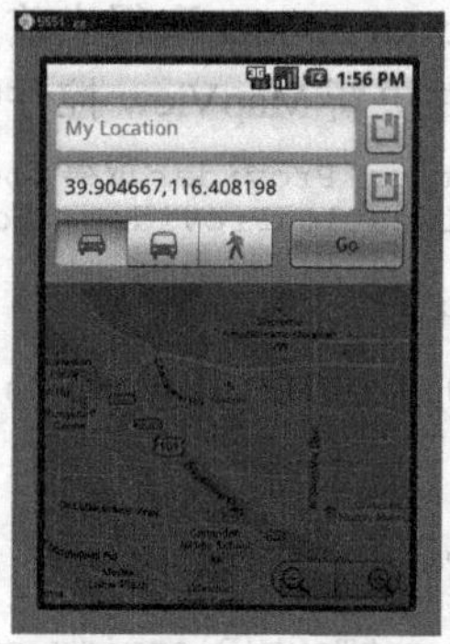

▲图 11-11　规划界面

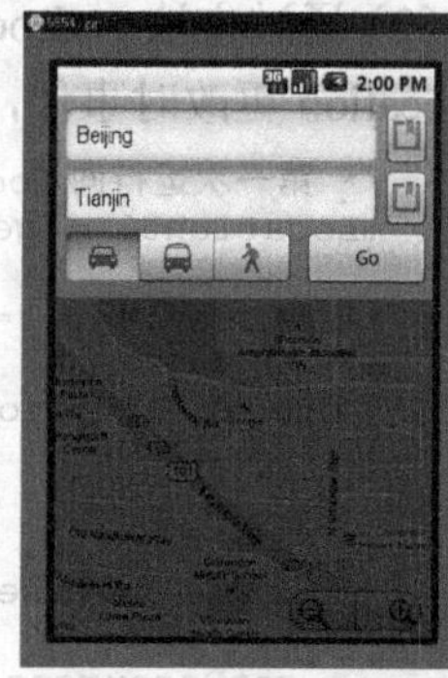

▲图 11-12　设置出发地和目的地

11.5.3　特别提醒——起点和终点的设置

在此出发地和目的地不能属于两个不同的国家，否则将会产生错误提示。并且在实例说明中，读者需要把握如下 2 点。

- 以 Url.parse()传入 Google Map 的路径规划参数方法。
- 根据手机的移动状态，更改并更新当前 GeoPoint 的方法。

只要设置好了起点 GeoPoint 和终点 GeoPoint，通过重组 Google Map 的 GET 传输参数，便可以传入 Google Map 显示。在实际上，map.google.com 能够接受的经纬度需要以“精度，维度”的字符串格式来传递，所以编写了一个 GeoPointToString()来重组 GeoPoint 的经纬度值。

11.6 移动手机时自动实现位置更新

实例 216	移动手机时自动实现位置更新
源码路径	daima\216
视频路径	视频\216

11.6.1 实例说明

在现实应用中，GPS 的使用越来越广泛。但是每一个位置和路况都不是固定不变的，这就要求系统能够根据各种变化而变化，不能误导了人们的使用。在 Android SDK 中，支持手机 GPS 定位事件处理。在 Android 手机中内置了 Google Map，但是不能随着手机的移动而更新。在本实例中，将插入一个 TextView 和 MapView，当手机移动时，会触发内置 GPS 定位坐标的改变事件。只要程序发现地理位置的变化，便实时更新 MapView 里的 Google Map，并反查地理坐标系统的信息。从而在 Android 中实现了 GPS 实时更新的功能。

11.6.2 具体实现

编写文件 example192.java，其实例说明流程如下所示。

（1）创建 LocationManager 对象 mLocationManager01 来获取系统 Location 服务，具体代码如下所示。

```
mTextView01 = (TextView)findViewById(R.id.myTextView1);
/* 创建 MapView 对象 */
mMapView01 = (MapView)findViewById(R.id.myMapView1);

/* 创建 LocationManager 对象取得系统 Location 服务 */
mLocationManager01 =
(LocationManager)getSystemService(Context.LOCATION_SERVICE);
```

（2）通过方法 getLocationProvider 取得当前 Location 位置，创建 LocationManager 对象用于监听 Location 更改时事件，并更新 MapView 控件中的地图。具体代码如下所示。

```
  /* 第一次运行向 Location Provider 取得 Location */
  mLocation01 = getLocationProvider(mLocationManager01);

  if(mLocation01!=null)
  {
    processLocationUpdated(mLocation01);
  }
  else
  {
    mTextView01.setText
    (
      getResources().getText(R.string.str_err_location).toString()
    );
  }
  /* 创建 LocationManager 对象，监听 Location 更改时事件，更新 MapView */
  mLocationManager01.requestLocationUpdates
  (strLocationProvider, 2000, 10, mLocationListener01);
}
```

（3）通过方法 LocationListener 来监听定位信息，当手机收到位置更改时将 Location 位置传入并取得当前地理坐标。具体代码如下所示。

```
public final LocationListener
mLocationListener01 = new LocationListener()
{
  @Override
  public void onLocationChanged(Location location)
  {
    /* 当手机收到位置更改时，将 Location 传入取得地理坐标 */
    processLocationUpdated(location);
  }
  public void onProviderDisabled(String provider)
  {
    /* 当 Provider 已离开服务范围时 */
  }
  public void onProviderEnabled(String provider)
  {
    // TODO Auto-generated method stub
  }
```

（4）定义方法 getAddressbyGeoPoint(GeoPoint gp)来获取定位地址的信息，先创建 Geocoder 对象并取出地理坐标经纬度，然后判断地址是否为多行，最后将撷取到的地址组合后放在 StringBuilder 对象中输出。具体代码如下所示。

```
public String getAddressbyGeoPoint(GeoPoint gp)
{
  String strReturn = "";
  try
  {
    /* 当 GeoPoint 不等于 null */
    if (gp != null)
    {
      /* 创建 Geocoder 对象 */
      Geocoder gc = new Geocoder
      (example192.this, Locale.getDefault());

      /* 取出地理坐标经纬度 */
      double geoLatitude = (int)gp.getLatitudeE6()/1E6;
      double geoLongitude = (int)gp.getLongitudeE6()/1E6;

      /* 自经纬度取得地址（可能有多行地址） */
      List<Address> lstAddress =
      gc.getFromLocation(geoLatitude, geoLongitude,1);

      StringBuilder sb = new StringBuilder();

      /* 判断地址是否为多行 */
      if (lstAddress.size() > 0)
      {
        Address adsLocation = lstAddress.get(0);
        for(int i=0;i<adsLocation.getMaxAddressLineIndex();i++)
        {
          sb.append(adsLocation.getAddressLine(i)).append("\n");
        }
        sb.append(adsLocation.getLocality()).append("\n");
        sb.append(adsLocation.getPostalCode()).append("\n");
        sb.append(adsLocation.getCountryName());
      }

      /*将撷取到的地址，组合后放在 StringBuilder 对象中输出用*/
      strReturn = sb.toString();
    }
  }
  catch(Exception e)
  {
    e.printStackTrace();
  }
  return strReturn;
```

```
}
public Location getLocationProvider(LocationManager lm)
{
  Location retLocation = null;
  try
  {
    Criteria mCriteria01 = new Criteria();
    mCriteria01.setAccuracy(Criteria.ACCURACY_FINE);
    mCriteria01.setAltitudeRequired(false);
    mCriteria01.setBearingRequired(false);
    mCriteria01.setCostAllowed(true);
    mCriteria01.setPowerRequirement(Criteria.POWER_LOW);
    strLocationProvider = lm.getBestProvider(mCriteria01, true);
    retLocation = lm.getLastKnownLocation(strLocationProvider);
  }
  catch(Exception e)
  {
    mTextView01.setText(e.toString());
    e.printStackTrace();
  }
  return retLocation;
}
private GeoPoint getGeoByLocation(Location location)
{
  GeoPoint gp = null;
  try
  {
    /* 当 Location 存在 */
    if (location != null)
    {
      double geoLatitude = location.getLatitude()*1E6;
      double geoLongitude = location.getLongitude()*1E6;
      gp = new GeoPoint((int) geoLatitude, (int) geoLongitude);
    }
  }
  catch(Exception e)
  {
    e.printStackTrace();
  }
  return gp;
}

public static void refreshMapViewByGeoPoint
(GeoPoint gp, MapView mv, int zoomLevel, boolean bIfSatellite)
{
  try
  {
    mv.displayZoomControls(true);
    /* 取得 MapView 的 MapController */
    MapController mc = mv.getController();
    /* 移至该地理坐标地址 */
    mc.animateTo(gp);

    /* 放大地图层级 */
    mc.setZoom(zoomLevel);

    /* 设置 MapView 的显示选项（卫星、街道）*/
    if(bIfSatellite)
    {
      mv.setSatellite(true);
      mv.setStreetView(true);
    }
    else
    {
      mv.setSatellite(false);
    }
  }
  catch(Exception e)
  {
```

```
            e.printStackTrace();
        }
    }
```

（5）定义方法processLocationUpdated，设置当手机获取的位置发生变化时将Location位置传入到GeoPoint，并同时在MapView控件中更新显示地图。具体代码如下所示。

```
  /* 当手机收到位置更改，将 Location 传入 GeoPoint 及 MapView */
  private void processLocationUpdated(Location location)
  {
    /* 传入 Location 对象，取得 GeoPoint 地理坐标 */
    currentGeoPoint = getGeoByLocation(location);
    /* 更新 MapView 显示 Google Map */
    refreshMapViewByGeoPoint
    (currentGeoPoint, mMapView01, intZoomLevel, true);
    mTextView01.setText
    (
      getResources().getText(R.string.str_my_location).toString()+
      "\n"+getAddressbyGeoPoint(currentGeoPoint)
    );
  }
  protected boolean isRouteDisplayed()
  {
    // TODO Auto-generated method stub
    return false;
  }
}
```

执行后将显示当前位置的定位信息，并能实现及时更新功能。

11.6.3 特别提醒——判断GPS模块是否存在或开启

在众多手持设备中都具有GPS设备，但是GPS很耗电，所以常规做法是只有在使用时才打开GPS模块。所以我们必须编写一个判断GPS模块是否存在或者是开启的方法，例如下面的代码。

```
private void openGPSSettings() {
        LocationManager alm = (LocationManager) this
                .getSystemService(Context.LOCATION_SERVICE);
        if (alm
                .isProviderEnabled(android.location.LocationManager.GPS_PROVIDER)) {
            Toast.makeText(this, "GPS 模块正常", Toast.LENGTH_SHORT)
                    .show();
            return;
        }
        Toast.makeText(this, "请开启 GPS! ", Toast.LENGTH_SHORT).show();
        Intent intent = new Intent(Settings.ACTION_SECURITY_SETTINGS);
        startActivityForResult(intent,0); //此为设置完成后返回到获取界面
    }
```

11.7 在地图中绘制线路并计算距离

实例 217	在地图中绘制线路并计算距离
源码路径	daima\217
视频路径	视频\217

11.7.1 实例说明

通过前面的演示实例，想必大家了解了在Android实现GPS导航的方法。其实除了导航功能之外，还可以在地图上绘制线路并计算距离，实现一个完整的导航功能。在本实例中，实现了在Android地图上画绘制线路并计算距离的功能。

11.7.2　具体实现

（1）编写文件 example193.java，通过自定义的 MyOveryLay 类在 MapView 控件中绘制标记。文件 example193.java 的主要代码如下所示。

```
private double distance=0;
public void onCreate(Bundle savedInstanceState)
{
  super.onCreate(savedInstanceState);
  setContentView(R.layout.main);
  /* 创建 MapView 对象 */
  mMapView = (MapView)findViewById(R.id.myMapView1);
  mMapController = mMapView.getController();
  /* 对象初始化 */
  mTextView = (TextView)findViewById(R.id.myText1);
  mButton01 = (Button)findViewById(R.id.myButton1);
  mButton02 = (Button)findViewById(R.id.myButton2);
  mButton03 = (Button)findViewById(R.id.myButton3);
  mButton04 = (Button)findViewById(R.id.myButton4);
  /* 设置默认的放大层级 */
  zoomLevel = 17;
  mMapController.setZoom(zoomLevel);

  /* Provider 初始化 */
  mLocationManager = (LocationManager)
                  getSystemService(Context.LOCATION_SERVICE);
  /* 取得 Provider 与 Location */
  getLocationPrivider();
  if(mLocation!=null)
  {
    /* 取得目前的经纬度 */
    gp1=getGeoByLocation(mLocation);
    gp2=gp1;
    /* 将 MapView 的中点移至目前位置 */
    refreshMapView();
    /* 设置事件的 Listener */
    mLocationManager.requestLocationUpdates(mLocationPrivider,
        2000, 10, mLocationListener);
  }
  else
  {
    new AlertDialog.Builder(example193.this).setTitle("系统信息")
    .setMessage(getResources().getString(R.string.str_message))
    .setNegativeButton("确定",new DialogInterface.OnClickListener()
     {
       public void onClick(DialogInterface dialog, int which)
       {
         example193.this.finish();
       }
     })
     .show();
  }
  /* 开始记录的 Button */
  mButton01.setOnClickListener(new Button.OnClickListener()
  {
    @Override
    public void onClick(View v)
    {
      gp1=gp2;
      /* 清除 Overlay */
      resetOverlay();
      /* 画起点 */
      setStartPoint();
      /* 更新 MapView */
      refreshMapView();
      /* 重设移动距离为 0，并更新 TextView */
      distance=0;
      mTextView.setText("移动距离: 0M");
```

```
        /* 启动画路线的机制 */
        _run=true;
      }
    });
    /* 结束记录的 Button */
    mButton02.setOnClickListener(new Button.OnClickListener()
    {
      @Override
      public void onClick(View v)
      {
        /* 画终点 */
        setEndPoint();
        /* 更新 MapView */
        refreshMapView();
        /* 终止画路线的机制 */
        _run=false;
      }
    });
    /* 缩小地图的 Button */
    mButton03.setOnClickListener(new Button.OnClickListener()
    {
      @Override
      public void onClick(View v)
      {
        zoomLevel--;
        if(zoomLevel<1)
        {
          zoomLevel = 1;
        }
        mMapController.setZoom(zoomLevel);
      }
    });
    /* 放大地图的 Button */
    mButton04.setOnClickListener(new Button.OnClickListener()
    {
      @Override
      public void onClick(View v)
      {
        zoomLevel++;
        if(zoomLevel>mMapView.getMaxZoomLevel())
        {
          zoomLevel = mMapView.getMaxZoomLevel();
        }
        mMapController.setZoom(zoomLevel);
      }
    });
  }
  /* MapView 的 Listener */
  public final LocationListener mLocationListener =
    new LocationListener()
  {
    @Override
    public void onLocationChanged(Location location)
    {
      /* 如果记录进行中，就画路线并更新移动距离 */
      if(_run)
      {
        /* 记下移动后的位置 */
        gp2=getGeoByLocation(location);
        /* 画路线 */
        setRoute();
        /* 更新 MapView */
        refreshMapView();
        /* 取得移动距离 */
        distance+=GetDistance(gp1,gp2);
        mTextView.setText("移动距离："+format(distance)+"M");
        gp1=gp2;
      }
    }
```

```
/* 取得GeoPoint的方法 */
private GeoPoint getGeoByLocation(Location location)
{
  GeoPoint gp = null;
  try
  {
    if (location != null)
    {
      double geoLatitude = location.getLatitude()*1E6;
      double geoLongitude = location.getLongitude()*1E6;
      gp = new GeoPoint((int) geoLatitude, (int) geoLongitude);
    }
  }
  catch(Exception e)
  {
    e.printStackTrace();
  }
  return gp;
}
/* 取得LocationProvider */
public void getLocationPrivider()
{
  Criteria mCriteria01 = new Criteria();
  mCriteria01.setAccuracy(Criteria.ACCURACY_FINE);
  mCriteria01.setAltitudeRequired(false);
  mCriteria01.setBearingRequired(false);
  mCriteria01.setCostAllowed(true);
  mCriteria01.setPowerRequirement(Criteria.POWER_LOW);

  mLocationPrivider = mLocationManager
                      .getBestProvider(mCriteria01, true);
  mLocation = mLocationManager
              .getLastKnownLocation(mLocationPrivider);
}
/* 设置起点的方法 */
private void setStartPoint()
{
  int mode=1;
  OverLay mOverlay = new OverLay(gp1,gp2,mode);
  List<Overlay> overlays = mMapView.getOverlays();
  overlays.add(mOverlay);
}
/* 设置路线的方法 */
private void setRoute()
{
  int mode=2;
  OverLay mOverlay = new OverLay(gp1,gp2,mode);
  List<Overlay> overlays = mMapView.getOverlays();
  overlays.add(mOverlay);
}
/* 设置终点的方法 */
private void setEndPoint()
{
  int mode=3;
  OverLay mOverlay = new OverLay(gp1,gp2,mode);
  List<Overlay> overlays = mMapView.getOverlays();
  overlays.add(mOverlay);
}
/* 重设Overlay的方法 */
private void resetOverlay()
{
  List<Overlay> overlays = mMapView.getOverlays();
  overlays.clear();
}
/* 更新MapView的方法 */
public void refreshMapView()
{
  mMapView.displayZoomControls(true);
  MapController myMC = mMapView.getController();
```

```
    myMC.animateTo(gp2);
    myMC.setZoom(zoomLevel);
    mMapView.setSatellite(false);
  }
  /* 取得两点间的距离的方法 */
  public double GetDistance(GeoPoint gp1,GeoPoint gp2)
  {
    double Lat1r = ConvertDegreeToRadians(gp1.getLatitudeE6()/1E6);
    double Lat2r = ConvertDegreeToRadians(gp2.getLatitudeE6()/1E6);
    double Long1r= ConvertDegreeToRadians(gp1.getLongitudeE6()/1E6);
    double Long2r= ConvertDegreeToRadians(gp2.getLongitudeE6()/1E6);
    /* 地球半径(KM) */
    double R = 6371;
    double d = Math.acos(Math.sin(Lat1r)*Math.sin(Lat2r)+
          Math.cos(Lat1r)*Math.cos(Lat2r)*
          Math.cos(Long2r-Long1r))*R;
    return d*1000;
  }
  /* format移动距离的方法 */
  public String format(double num)
  {
    NumberFormat formatter = new DecimalFormat("###");
    String s=formatter.format(num);
    return s;
  }
```

（2）编写文件 OverLay.java，其功能是在 MapView 地图上绘制图形，并使用方法 getProjection 来获取 Projection 对象，然后使用 projection.toPixels(gp1, point)将 getProjection()转换成 Piont，最后根据 Point 对象的对应位置来绘制图形。文件 OverLay.java 的主要代码如下所示。

```
public class OverLay extends Overlay
{
  private GeoPoint gp1;
  private GeoPoint gp2;
  private int mRadius=6;
  private int mode=0;
  /* 构造器，传入起点与终点的 GeoPoint 与 mode */
  public OverLay(GeoPoint gp1,GeoPoint gp2,int mode)
  {
    this.gp1 = gp1;
    this.gp2 = gp2;
    this.mode = mode;
  }
  public boolean draw
  (Canvas canvas, MapView mapView, boolean shadow, long when)
  {
    Projection projection = mapView.getProjection();
    if (shadow == false)
    {
      /* 设置笔刷 */
      Paint paint = new Paint();
      paint.setAntiAlias(true);
      paint.setColor(Color.BLUE);
      Point point = new Point();
      projection.toPixels(gp1, point);
      /* mode=1：创建起点 */
      if(mode==1)
      {
        /* 定义 RectF 对象 */
        RectF oval=new RectF(point.x - mRadius, point.y - mRadius,
                    point.x + mRadius, point.y + mRadius);
        /* 绘制起点的圆形 */
        canvas.drawOval(oval, paint);
      }
      /* mode=2：画路线 */
      else if(mode==2)
      {
        Point point2 = new Point();
```

```
            projection.toPixels(gp2, point2);
            paint.setColor(Color.BLACK);
            paint.setStrokeWidth(5);
            paint.setAlpha(120);
            /* 画线 */
            canvas.drawLine(point.x, point.y, point2.x,point2.y, paint);
          }
          /* mode=3：创建终点 */
          else if(mode==3)
          {
            /* 避免误差，先画最后一段的路线 */
            Point point2 = new Point();
            projection.toPixels(gp2, point2);
            paint.setStrokeWidth(5);
            paint.setAlpha(120);
            canvas.drawLine(point.x, point.y, point2.x,point2.y, paint);

            /* 定义 RectF 对象 */
            RectF oval=new RectF(point2.x - mRadius,point2.y - mRadius,
                        point2.x + mRadius,point2.y + mRadius);
            /* 绘制终点的圆形 */
            paint.setAlpha(255);
            canvas.drawOval(oval, paint);
          }
        }
        return super.draw(canvas, mapView, shadow, when);
      }
    }
```

执行后依次单击按钮【开始记录】和【结束记录】按钮后，可以在地图中绘制 GPS 轨迹记录。

11.7.3 特别提醒——JavaScript overlay 类型

Google Web Toolkit（GWT）引入了 JavaScript overlay 类型以简化将整个 JavaScript 对象家族集成到 GWT 项目的过程。该技术有很多优势，如利用 Java IDE 的代码完成和重构能力，甚至当你在编写无类型的 JavaScript 对象时也可以充分利用这一优势。

通过 Overlay 类可以在地图上绘制图形或添加图片，在使用前需要引用，格式如下所示。

```
import com.google.android.maps.Overlay;
```

在本实例中，设置了一个继承了 com.google.android.maps.Overlay 的类 MyOverLay，并对方法 onDraw()进行了重写，这样实现了在 MapView 添加轨迹的效果。

11.8 在谷歌地图中显示指定的位置

实例 218	在谷歌地图中显示指定的位置
源码路径	daima\218
视频路径	视频\218

11.8.1 实例说明

在前面的实例中，功能都十分人性化，能够根据当前的位置来显示对应的定位信息。而在本实例中，在代码中指定一个坐标位置，然后在手机屏幕中用谷歌地图显示此位置。本例假设的坐标是济南泉城广场的坐标。

11.8.2 具体实现

（1）编写布局文件 main.xml，在里面引用了 Map 密钥，主要代码如下所示。

```
<?xml version="1.0" encoding="utf-8"?>
<RelativeLayout xmlns:android="http://schemas.android.com/apk/res/android"
    android:layout_width="fill_parent"
    android:layout_height="fill_parent"
    >
<com.google.android.maps.MapView
    android:id="@+id/MapView01"
    android:layout_width="fill_parent"
    android:layout_height="fill_parent"
    android:apiKey="0by7ffx8jX0C4kaxou6vckW6pkvss4ZwxjYIofg"/>
</RelativeLayout>
```

（2）编写文件 example194.java，在里面设置了坐标位置是（36.662223，117.026095），主要代码如下所示。

```
public class example194 extends MapActivity
{
    private MapView     mMapView;
    private MapController mMapController;
    private GeoPoint mGeoPoint;
    /** Called when the activity is first created. */
    @Override
    public void onCreate(Bundle savedInstanceState)
    {
        super.onCreate(savedInstanceState);
        setContentView(R.layout.main);
        mMapView = (MapView) findViewById(R.id.MapView01);
        //设置为交通模式
        //mMapView.setTraffic(true);
        //设置为卫星模式
        mMapView.setSatellite(true);
        //设置为街景模式
        //mMapView.setStreetView(false);
        //取得 MapController 对象(控制 MapView)
        mMapController = mMapView.getController();
        mMapView.setEnabled(true);
        mMapView.setClickable(true);
        //设置地图支持缩放
        mMapView.setBuiltInZoomControls(true);
        //设置起点为济南
        mGeoPoint = new GeoPoint((int) (36.662223 * 1000000), (int) (117.026095 * 1000000));
        //定位到济南
        mMapController.animateTo(mGeoPoint);
        //设置倍数(1-21)
        mMapController.setZoom(15);
        //添加 Overlay，用于显示标注信息
        MyLocationOverlay myLocationOverlay = new MyLocationOverlay();
        List<Overlay> list = mMapView.getOverlays();
        list.add(myLocationOverlay);
    }
    protected boolean isRouteDisplayed()
    {
        return false;
    }
    class MyLocationOverlay extends Overlay
    {
        @Override
        public boolean draw(Canvas canvas, MapView mapView, boolean shadow, long when)
        {
            super.draw(canvas, mapView, shadow);
            Paint paint = new Paint();
            Point myScreenCoords = new Point();
            // 将经纬度转换成实际屏幕坐标
            mapView.getProjection().toPixels(mGeoPoint, myScreenCoords);
            paint.setStrokeWidth(1);
            paint.setARGB(255, 255, 0, 0);
            paint.setStyle(Paint.Style.STROKE);
            Bitmap bmp = BitmapFactory.decodeResource(getResources(), R.drawable.home);
```

```
            canvas.drawBitmap(bmp, myScreenCoords.x, myScreenCoords.y, paint);
            canvas.drawText("泉城广场", myScreenCoords.x, myScreenCoords.y, paint);
            return true;
        }
    }
}
```

程序执行后可以看到实际效果。

11.8.3 特别提醒——Android 的位置访问

关于 Android 的位置访问，包含两部分，一个是通过 GPS 模块获取位置信息，另外一个是调用 GOOGLE MAP 的 API 显示位置信息。目前的需求主要还是获取地址信息，这样可以通过与服务器的交互，获取与位置相关的信息。

11.9 在屏幕中显示当前位置的详细信息

实例 219	在手机屏幕中显示当前位置的详细信息
源码路径	daima\219
视频路径	视频\219

11.9.1 实例说明

在本章前面的实例中，介绍过在手机中获取定位信息的方法。在本实例中，不但在屏幕中显示当前位置的坐标信息，而且在在谷歌地图中显示当前的坐标位置。

11.9.2 具体实现

（1）编写布局文件 main.xml，主要代码如下所示。

```
<com.google.android.maps.MapView
    android:id="@+id/MapView01"
    android:layout_width="fill_parent"
    android:layout_height="fill_parent"
    android:apiKey="0by7ffx8jX0C4kaxou6vckW6pkvss4ZwxjYIofg"/>
```

（2）编写文件 example195.java，功能是获取当前位置信息并在地图中定位此位置。文件 example195.java 的主要代码如下所示。

```
    private static final int ZOOM_IN=Menu.FIRST;
    private static final int ZOOM_OUT=Menu.FIRST+1;

    public void onCreate(Bundle savedInstanceState) {
        super.onCreate(savedInstanceState);
        setContentView(R.layout.main);
        //取得 LocationManager 实例
        LocationManager locationManager;
        String context=Context.LOCATION_SERVICE;
        locationManager=(LocationManager)getSystemService(context);
        myMapView=(MapView)findViewById(R.id.MapView01);
        //取得 MapController 实例，控制地图
        mapController=myMapView.getController();
        //设置显示模式
        myMapView.setSatellite(true);
        myMapView.setStreetView(true);
        //设置缩放控制,这里我们自己实现缩放菜单
        myMapView.displayZoomControls(false);
        //设置使用 MyLocationOverlay 来绘图
        mapController.setZoom(17);
        myPosition=new MyLocationOverlay();
```

```
        List<Overlay> overlays=myMapView.getOverlays();
        overlays.add(myPosition);
        //设置Criteria(服务商)的信息
        Criteria criteria =new Criteria();
        //经度要求
        criteria.setAccuracy(Criteria.ACCURACY_FINE);
        criteria.setAltitudeRequired(false);
        criteria.setBearingRequired(false);
        criteria.setCostAllowed(false);
        criteria.setPowerRequirement(Criteria.POWER_LOW);
        //取得效果最好的criteria
        String provider=locationManager.getBestProvider(criteria, true);
        //得到坐标相关的信息
        Location location=locationManager.getLastKnownLocation(provider);
        //更新坐标
        updateWithNewLocation(location);
        //注册一个周期性的更新,3000ms更新一次
        //locationListener用来监听定位信息的改变
        locationManager.requestLocationUpdates(provider, 3000, 0,locationListener);
    }
    private void updateWithNewLocation(Location location)
    {
        String latLongString;
        TextView myLocationText = (TextView)findViewById(R.id.TextView01);

        String addressString="没有找到地址\n";

        if(location!=null)
        {
            //为绘制标志的类设置坐标
            myPosition.setLocation(location);
            //取得经度和纬度
            Double geoLat=location.getLatitude()*1E6;
            Double geoLng=location.getLongitude()*1E6;
            //将其转换为int型
            GeoPoint point=new GeoPoint(geoLat.intValue(),geoLng.intValue());
            //定位到指定坐标
            mapController.animateTo(point);
            double lat=location.getLatitude();
            double lng=location.getLongitude();
            latLongString="经度: "+lat+"\n 纬度: "+lng;

            double latitude=location.getLatitude();
            double longitude=location.getLongitude();
            //更具地理环境来确定编码
            Geocoder gc=new Geocoder(this,Locale.getDefault());
            try
            {
                //取得地址相关的一些信息\经度、纬度
                List<Address> addresses=gc.getFromLocation(latitude, longitude,1);
                StringBuilder sb=new StringBuilder();
                if(addresses.size()>0)
                {
                    Address address=addresses.get(0);
                    for(int i=0;i<address.getMaxAddressLineIndex();i++)
                        sb.append(address.getAddressLine(i)).append("\n");

                        sb.append(address.getLocality()).append("\n");
                        sb.append(address.getPostalCode()).append("\n");
                        sb.append(address.getCountryName());
                        addressString=sb.toString();
                }
            }catch(IOException e){}
        }
        else
        {
            latLongString="没有找到坐标.\n";
        }
        //显示
```

```
    myLocationText.setText("你当前的坐标如下:\n"+latLongString+"\n"+addressString);
  }
  private final LocationListener locationListener=new LocationListener()
  {
     //当坐标改变时触发此函数
     public void onLocationChanged(Location location)
     {
        updateWithNewLocation(location);
     }
     //Provider 被 disable 时触发此函数，比如 GPS 被关闭
     public void onProviderDisabled(String provider)
     {
        updateWithNewLocation(null);
     }
     //Provider 被 enable 时触发此函数，比如 GPS 被打开
     public void onProviderEnabled(String provider){}
     //Provider 的状态在可用、暂时不可用和无服务三个状态直接切换时触发此函数
     public void onStatusChanged(String provider,int status,Bundle extras){}
  };
  protected boolean isRouteDisplayed()
  {
     return false;
  }
  //为应用程序添加菜单
  public boolean onCreateOptionsMenu(Menu menu)
  {
     super.onCreateOptionsMenu(menu);
     menu.add(0, ZOOM_IN, Menu.NONE, "放大");
     menu.add(0, ZOOM_OUT, Menu.NONE, "缩小");
     return true;
  }
  public boolean onOptionsItemSelected(MenuItem item)
  {
     super.onOptionsItemSelected(item);
     switch (item.getItemId())
     {
        case (ZOOM_IN):
           //放大
           mapController.zoomIn();
           return true;
        case (ZOOM_OUT):
           //缩小
           mapController.zoomOut();
           return true;
     }
     return true;
  }
  class MyLocationOverlay extends Overlay
  {
     Location mLocation;
     //在更新坐标时，设置该坐标，一边画图
     public void setLocation(Location location)
     {
        mLocation = location;
     }
     @Override
     public boolean draw(Canvas canvas, MapView mapView, boolean shadow, long when)
     {
        super.draw(canvas, mapView, shadow);
        Paint paint = new Paint();
        Point myScreenCoords = new Point();
        // 将经纬度转换成实际屏幕坐标
        GeoPoint tmpGeoPoint = new GeoPoint((int)(mLocation.getLatitude()*1E6),
        (int)(mLocation.getLongitude()*1E6));
        mapView.getProjection().toPixels(tmpGeoPoint, myScreenCoords);
        paint.setStrokeWidth(1);
        paint.setARGB(255, 255, 0, 0);
        paint.setStyle(Paint.Style.STROKE);
        Bitmap bmp = BitmapFactory.decodeResource(getResources(), R.drawable.home);
```

```
            canvas.drawBitmap(bmp, myScreenCoords.x, myScreenCoords.y, paint);
            canvas.drawText("Here am I", myScreenCoords.x, myScreenCoords.y, paint);
            return true;
        }
    }
}
```

11.9.3 特别提醒——Android 中实现定位的地图

Android 对 GPS 的支持主要是看用户的设备情况，如果用户的设备具备 GPS 模块的话，那么就应该是 AGPS（通过 GPS 和运营商基站联合定位），问题不在于 Android 支不支持 GPS，而在于用户的设备有没有 GPS 模块的问题。

Android 里面实现定位的地图有两种。

（1）在线地图，像 Android 系统自带的 Google Map，使用这种地图需要无线网络的支持，也就是地图是即时下载下来的。

（2）地图软件，凯立德就属于这种，把地图都下载在手机的储存卡里。

Android SDK 开发包里面包含 GPS API 实例，读者朋友们可以下载学习。

11.10 快速查询某个位置

实例 220	快速查询某个位置
源码路径	daima\220
视频路径	视频\220

11.10.1 实例说明

在本实例中，插入一个输入框控件和按钮控件，当在输入框中输入一个地址并单击【开始查询】按钮后，会在地图中显示这个位置的信息。

11.10.2 具体实现

（1）编写文件 mymap.xml，在里面添加 Map 密钥以实现对地图的引用。主要代码如下所示。

```
<com.google.android.maps.MapView
            android:id="@+id/mapview_mymap_display"
            android:layout_width="fill_parent"
            android:layout_height="fill_parent"
            android:apiKey="0NFa8R5kt6KmenQdcxhItm2rcaSZaNhOe3WZQTw"
            />
```

（2）编写文件 MyMap.java，获取用户在文本框中输入的地址，并根据这个地址进行查询操作。文件 MyMap.java 的主要代码如下所示。

```
public class MyMap extends MapActivity{//程序列表中要添加联网的权限还要加一个类库

    MapView mapview;
    private MapController mapcontroller;
    private GeoPoint geopoint;
    protected String addressname;

    protected void onCreate(Bundle savedInstanceState) {
        // TODO Auto-generated method stub
        super.onCreate(savedInstanceState);
        setContentView(R.layout.mymap);
        //用于显示地图上的一个 ViewGroup
        mapview=(MapView)findViewById(R.id.mapview_mymap_display);
```

```
        Bundle bundle=getIntent().getExtras();
        Log.d("MyMap_Oncreate_bundle",bundle+"");
        addressname=bundle.getString("address");
        Log.d("MyMap_oncreate",addressname);
        //使得这个 view 可以获得点击事件
        mapview.setClickable(true);
        //是否可以设置自动缩放设置
        mapview.setBuiltInZoomControls(true);

        //获取控制缩放的操作对象
        mapcontroller=mapview.getController();
        //通过系统默认区域设置进行地图的定位
        Geocoder geocoder=new Geocoder(this);

        mapview.setTraffic(true);
        try
        {
                List<Address> addresses=geocoder.getFromLocationName(addressname,2);
            Log.d("MyMap_oncreate_addressname3",addressname);
            geopoint = new GeoPoint(
                  (int) (addresses.get(0).getLatitude() * 1E6),
                  (int) (addresses.get(0).getLongitude() * 1E6));
                MyOverlay myoverlay=new MyOverlay();

                mapview.getOverlays().add(myoverlay);
                mapcontroller.setZoom(20);
                mapcontroller.animateTo(geopoint);
        }
        catch(Exception e)
        {
            e.printStackTrace();
        }
    }
    @Override
    protected boolean isRouteDisplayed() {        return false;
    }
    class MyOverlay extends Overlay
    {
        @Override
        public boolean draw(Canvas canvas, MapView mapview, boolean shadow, long when) {
            // TODO Auto-generated method stub
            Paint paint=new Paint();
            Point screenPoint=new Point();
              //??经纬度坐标和屏幕像素坐标的一个映射
            mapview.getProjection().toPixels(geopoint, screenPoint);
            //并且这个映射可以把地理上的经纬度转换在屏幕上的像素点
            Bitmap bitmap=BitmapFactory.decodeResource(getResources(),R.drawable.flag1);
            canvas.drawBitmap(bitmap,screenPoint.x,screenPoint.y, paint);
            canvas.drawText(addressname,screenPoint.x,screenPoint.y, paint);
            return super.draw(canvas, mapview, shadow, when);
        }
    }
}
```

执行后的效果如图 11-13 所示，输入一个地址并单击【开始查询】按钮后会在地图中显示此位置。

▲图 11-13　执行效果

11.10.3　特别提醒——谷歌地图的 3 种视图模式

在本实例中，在 Activity 的 OnCreate 方法中设置 MapView 的各个属性，设置了是否可以获得单击事件（setClickable()方法），设置地图缩放尺度（setBuiltInZoomControls(true)），设置了地图的视图模式，谷歌地图一共有 3 种视图模式。

- 街道视图：mapview.setStreetView()。
- 卫星视图：mapview.setSatelite()。

- 一般地图：mapview.setTraffic()。

对地图的操作是通过对一个 MapController 对象的操作，该对象是通过 MapView.getController()方法获取的。在使地图显示某一个地点时，则是 MapController.animateTo()方法，参数是一个 GeoPoint 类型，经度和纬度的一个组合。个人感觉类似于坐标值，并且可以通过 MapController.set Zoom 来设置放大的倍数，其中数值越大，地图越详细。类 GeoCoder 是处理地理编码的一个类，根据输入的地点可以获取一个和此地点相关的 Address 类的集合。

方法 getFromLLocationName()有两个参数，一个是输入的地点，另一个是获取的地点的个数。也可通过继承 OverLay 类为地图设置一个图标图层。

最后不要忘记在列表中添加访问 Intnet 的权限。

```
<uses-permission android:name="android:permission.Internet"/>
```

还需要为应用添加类库。

```
<uses- library android:name="com.google.android.maps"/>
```

11.11 在手机地图中查询一个地址

实例 221	在手机地图中查询一个地址
源码路径	daima\221
视频路径	视频\221

11.11.1　实例说明

在本实例中，在文本框中输入了一个中文地址，单击【定位】按钮后能够在地图中定位到这个位置。本实例演示了在模拟器中输入中文的方法。

11.11.2　具体实现

编写文件 AddressActivity.java，在里面设置能够在地图上显示【放大】和【缩小】按钮，根据用户输入的地址实现在地图中定位。文件 AddressActivity.java 的主要代码如下所示。

```
    public void onCreate(Bundle savedInstanceState) {
        super.onCreate(savedInstanceState);
        setContentView(R.layout.address);
        posBitmap = BitmapFactory.decodeResource(getResources(),
                R.drawable.icon);
        mv = (MapView) findViewById(R.id.mv);
        address_value = (EditText) findViewById(R.id.address_value);
        // 显示放大缩小控制按钮
        mv.setBuiltInZoomControls(true);
        controller = mv.getController();
        locBn = (Button) findViewById(R.id.location);
        locBn.setOnClickListener(new OnClickListener() {
            public void onClick(View v) {
                String address = address_value.getEditableText().toString().trim();
                if (address.equals("")) {
                    Toast.makeText(AddressActivity.this, "输入有效地址",
                            Toast.LENGTH_LONG).show();
                } else {
                    double[] result=ConvertUtil.getLocationInfo(address);
                    UpdateMapView(result[0], result[1]);
                }
            }
        });
        locBn.performClick();
    }
```

```
    @Override
    protected boolean isRouteDisplayed() {
        // TODO Auto-generated method stub
        return true;
    }
    private void UpdateMapView(double dlong, double dLat) {
    GeoPoint gp = new GeoPoint((int)(dLat*1E6), (int)(dlong*1E6));
    mv.displayZoomControls(true);
    controller.animateTo(gp);
    List<Overlay> ol = mv.getOverlays();
    ol.clear();
    ol.add(new PosOverLay(gp, posBitmap));
    }
}
```

程序执行后可以看到实际效果。

11.11.3　特别提醒——选择中文输入法

在文本框中输入地址时输入的是中文地址，默认模拟器的输入法是谷歌输入法，我们可以设置使用中文字符。具体设置方法如下所示。

（1）在文本框输入字符时只需鼠标长按输入位置，弹出如图 11-14 所示界面。

（2）选择上图中的“Input method”选项后弹出输入法选择对话框，在此选择“谷歌拼音输入法”，如图 11-15 所示。此时就可以输入中文字符了。

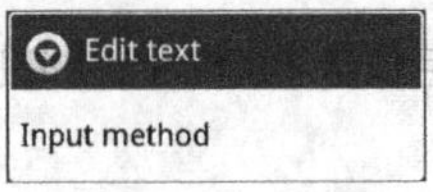

▲图 11-14　弹出界面

▲图 11-15　输入法选择对话框

第 12 章 Google API 应用

Android 作为谷歌旗下的杰出产品，可以使用谷歌官方很多强大的服务功能。例如 Google API、日历、相册和文件等。本章将通过几个典型实例的实现过程，详细介绍在 Android 系统中使用谷歌官方服务的基本知识。

12.1 模拟验证官方账号

实例 222	模拟验证官方账号
源码路径	daima\222
视频路径	视频\222

12.1.1 实例说明

在现实应用中，基于 Google 的大多数服务都需要通过官方进行的账号验证。本实例的实现过程介绍在 Android 中通过账号验证来获取“Google Account Authentication Service”所发出的凭据的过程。

12.1.2 具体实现

（1）编写文件 example198.java，当用户在登录 UI 中输入账号信息后和获取输入的信息。在具体实现上，先通过 TextView 的 onClick()事件为起点，调用自定义方法 showLoginForm()显示登录表单。文件 example198.java 的主要实现代码如下所示。

```
  /* 中文字的间距 */
  private int intShiftPadding = 14;
  @Override
  public void onCreate(Bundle savedInstanceState)
  {
    super.onCreate(savedInstanceState);
    setContentView(R.layout.main);
    /* 创建 DisplayMetrics 对象，取得屏幕分辨率 */
    DisplayMetrics dm = new DisplayMetrics();
    getWindowManager().getDefaultDisplay().getMetrics(dm);
    mTextView01 = (TextView)findViewById(R.id.myTextView1);
    /* 将文字 Label 放在屏幕右上方 */
    mTextView01.setLayoutParams
    (
      new AbsoluteLayout.LayoutParams(intShiftPadding*mTextView01.getText().toString().
length(),18,(dm.widthPixels-(intShiftPadding*mTextView01.getText().toString().length
()))-10,0)
    );
    /* 处理用户单击 TextView 文字的事件处理 -登录*/
    mTextView01.setOnClickListener(new TextView.OnClickListener()
    {
      @Override
```

```
      public void onClick(View v)
      {
        /* 显示登录对话框 */
        showLoginForm();
      }
    });
  }
  /* 自定义登录对话框函数 */
  private void showLoginForm()
  {
    try
    { /* 以 LayoutInflater 取得主 Activity 的 context */
      mInflater01 = LayoutInflater.from(example198.this);
      /* 设置创建的 View 所要使用的 Layout Resource */
      mView01 = mInflater01.inflate(R.layout.login, null);
      /* 账号 EditText */
      mEditText01=(EditText)mView01.findViewById(R.id.myEditText1);
      /* 密码 EditText */
      mEditText02=(EditText)mView01.findViewById(R.id.myEditText2);
      /*创建 AlertDialog 窗口来取得用户账号密码*/
      new AlertDialog.Builder(this)
      .setView(mView01)
      .setPositiveButton("OK",
      new DialogInterface.OnClickListener()
      {
        /*覆盖 onClick()来触发取得 Token 事件与完成登录事件*/
        public void onClick(DialogInterface dialog, int whichButton)
        {
          if(processGoogleLogin(mEditText01.getText().toString(), mEditText02.getText().
toString()))
          {
            Intent i = new Intent();
            /*登录后调用注销程序(EX09_01_02.java)*/
            i.setClass(example198.this, example198_01_02.class);
            startActivity(i);
            finish();
          }
        }).show();
    }
    catch(Exception e)
    {
      e.printStackTrace();
    }
  }
  /*调用 GoogleAuthSub 来取得 Google 账号的 Authentication Token*/
  private boolean processGoogleLogin(String strUID, String strUPW)
  {
    try
    {
      /*建构自定义的 GoogtleAuthSub 对象*/
      GoogleAuthSub gas = new GoogleAuthSub(strUID, strUPW);
      /*取得 Google Token*/
      String strAuth =  gas.getAuthSubToken();
      /*将取回的 Google Token 写入 log 中*/
      Log.i(TAG, strAuth);
    }
    catch (Exception e)
    {
      e.printStackTrace();
    }
    return true;
  }
}
```

在上述代码中，方法 showLoginForm()使用 LayoutInflater 获取主 Activity 的 context，并且搭配 AlertDialog 控件构建了一个 Login Form 登录表单。当用户输入账号和密码后，开始重写 DialogInterface.OnClickListener()的 onClick()事件来调用自定义的 processGoogleLogin 处理和

Google 账号验证的连接事件。当通过 Google 验证后取得 Google Authentication Token 后，通过 Intent 打开 example198_01_02.java 以改变 UI 的状态。

（2）编写文件 example198_01_02.java，功能是注销返回登录界面的工作，将原来的登录状态改为注销状态，并实现 TextView 的 onClick()方法。文件 example198_01_02.java 的具体实现代码如下所示。

```
public class example198_01_02 extends Activity
{
  private TextView mTextView03;
  /* 中文字的间距 */
  private int intShiftPadding = 14;

  @Override
  protected void onCreate(Bundle savedInstanceState)
  {
    // TODO Auto-generated method stub
    super.onCreate(savedInstanceState);
    setContentView(R.layout.loginok);

    /* 创建 DisplayMetrics 对象，取得屏幕分辨率 */
    DisplayMetrics dm = new DisplayMetrics();
    getWindowManager().getDefaultDisplay().getMetrics(dm);

    /*通过 findViewById()来取得 TextView 对象*/
    mTextView03 = (TextView)findViewById(R.id.myTextView3);

    /* 将文字 Label 放在屏幕右上方 */
    mTextView03.setLayoutParams
    (
      new AbsoluteLayout.LayoutParams(intShiftPadding*mTextView03.getText().toString().
length(),18,(dm.widthPixels-(intShiftPadding*mTextView03.getText().toString().length
()))-10,0)
    );

    /* 处理用户单击 TextView 文字的事件处理-注销 */
    mTextView03.setOnClickListener(new TextView.OnClickListener()
    {
      /*覆盖 onClick()事件*/
      @Override
      public void onClick(View v)
      {
        // TODO Auto-generated method stub
        Intent i = new Intent();
        /*注销后调用登录程序(EX09_01.java)*/
        i.setClass(example198_01_02.this, example198.class);
        startActivity(i);
        finish();
      }
    });
  }
}
```

当用户单击 TextView，则通过自定义的 Intent 来调用 example.java，返回到程序的等待状态。

（3）编写文件 GoogleAuthSub.java，此文件是整个实例的核心，通过 Google 提供的 ClientLogin 的机制，使用 HTTPPost 连接到 https://www.google.com/accounts/ClientLogin，并同时将用户账号和密码及其相关参数以 Name Value Pair 字符串传入，通过自定义方法 getAuth()获取 Google 认证的 Authentication Token，然后模拟 Google 网络服务的 AuthSub 的方法，将自定义的 Header 和 HTTPGet 方法带入 Token 来获取用户 Google Calendar 服务中的所有日历数据，并以 XML 文件存储于临时文件中，作为使用 Google 服务的规范。文件 GoogleAuthSub.java 的主要代码如下所示。

```
public class GoogleAuthSub
{
  /*声明变量*/
```

```
private DefaultHttpClient httpclient;
private HttpPost httpost;
private HttpResponse response;
private String strGoogleAccount;
private String strGooglePassword;
private String TAG = "IRDC_DEBUG";
/*GoogleAuthSub 对象构造器*/
public GoogleAuthSub(String strUID, String strPWD)
{
  this.strGoogleAccount = strUID;
  this.strGooglePassword = strPWD;
  httpclient = new DefaultHttpClient();
  httpost = new HttpPost("https://www.google.com/accounts/ClientLogin");
}
/*取得 Google Token 方法*/
public String getAuthSubToken()
{
  /*创建 Name Value Pair 字符串*/
  List <NameValuePair> nvps = new ArrayList <NameValuePair>();
  nvps.add(new BasicNameValuePair("Email", this.strGoogleAccount));
  nvps.add(new BasicNameValuePair("Passwd", this.strGooglePassword));
  nvps.add(new BasicNameValuePair("source", "MyApiV1"));
  nvps.add(new BasicNameValuePair("service", "cl"));
  String GoogleLoginAuth="";
  try
  {
    /*创建 Http Post 连接*/
    httpost.setEntity(new UrlEncodedFormEntity(nvps, HTTP.DEFAULT_CONTENT_CHARSET));
    response = httpclient.execute(httpost);
    if( response.getStatusLine().getStatusCode()!=200 )
    {
      return "";
    }
    /*取回 Google Token*/
    InputStream is = response.getEntity().getContent();
    GoogleLoginAuth = getAuth(is);
    /*模拟 HTTP Header*/
    Header[] headers = new BasicHeader[6];
    headers[0] = new BasicHeader("Content-type", "application/x-www-form-urlencoded");
    headers[1]    =    new    BasicHeader("Authorization",    "GoogleLogin    auth=\""+
GoogleLoginAuth+"\"");
    headers[2] = new BasicHeader("User-Agent", "Java/1.5.0_06");
    headers[3] = new BasicHeader("Accept", "text/html, image/gif, image/jpeg, *; q=.2,
*/*; q=.2");
    headers[4] = new BasicHeader("Connection", "keep-alive");
    /*发出 HTTP Get 请求登录 Google Calendar 服务作范例*/
    HttpGet httpget;
    String feedUrl2 = "http://www.google.com/calendar/feeds/default/allcalendars/full";
    httpget = new HttpGet(feedUrl2);
    httpget.addHeader(headers[0]);
    httpget.addHeader(headers[1]);
    httpget.addHeader(headers[2]);
    httpget.addHeader(headers[3]);
    httpget.addHeader(headers[4]);
    /*取得 Google Calendar 服务应答*/
    response = httpclient.execute(httpget);
    String strTemp01 = convertStreamToString(response.getEntity().getContent());
    Log.i(TAG, strTemp01);
    /*指定暂存盘位置*/
    String strEarthLog = "/sdcard/googleauth.log";
    BufferedWriter bw;
    bw = new BufferedWriter (new FileWriter(strEarthLog));
    /*将取回文件写入暂存盘中*/
    bw.write( strTemp01, 0, strTemp01.length() );
    bw.flush();

  }
  catch (UnsupportedEncodingException e)
  {
```

```
        e.printStackTrace();
      }
      catch (ClientProtocolException e)
      {
        e.printStackTrace();
      }
      catch (IOException e)
      {
        e.printStackTrace();
      }
      catch(Exception e)
      {
        e.printStackTrace();
      }
      return GoogleLoginAuth;
    }
    /*自定义读取 Token 内容的方法*/
    public String getAuth(InputStream is)
    {
      BufferedReader reader = new BufferedReader(new InputStreamReader(is));
      String line = null;
      String strAuth="";
      try
      {
        while ((line = reader.readLine()) != null)
        {
          Log.d(TAG, ": "+line);
          if( line.startsWith("Auth="))
          {
            strAuth=line.substring(5);
            Log.i("auth",": "+strAuth);
          }
        }
      }
      catch (IOException e)
      {
        e.printStackTrace();
      }
      finally
      {
        try
        {
          is.close();
        }
        catch (IOException e)
        {
          e.printStackTrace();
        }
      }
      return strAuth;
    }
    /*将数据转为字符串方法*/
    public String convertStreamToString(InputStream is)
    {
      BufferedReader reader = new BufferedReader(new InputStreamReader(is));
      StringBuilder sb = new StringBuilder();
      String line = null;
      try
      {
        while ((line = reader.readLine()) != null)
        {
          sb.append(line);
        }
      }
      catch (IOException e)
      {
        e.printStackTrace();
      }
      finally
```

```
            {
                try
                {
                    is.close();
                }
                catch (IOException e)
                {
                    e.printStackTrace();
                }
            }
            return sb.toString();
        }
    }
```

执行后的效果如图 12-1 所示；单击“登录”链接后显示登录表单界面，如图 12-2 所示；输入账号和密码并单击“OK”按钮后弹出成功获取 Token 提示，如图 12-3 所示。

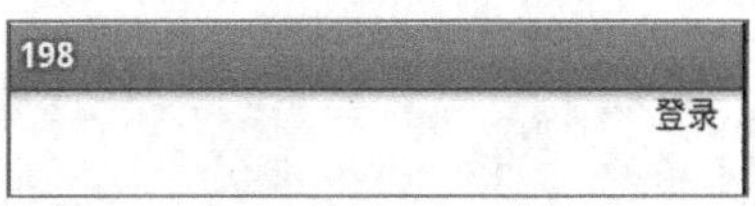

▲图 12-1　执行效果

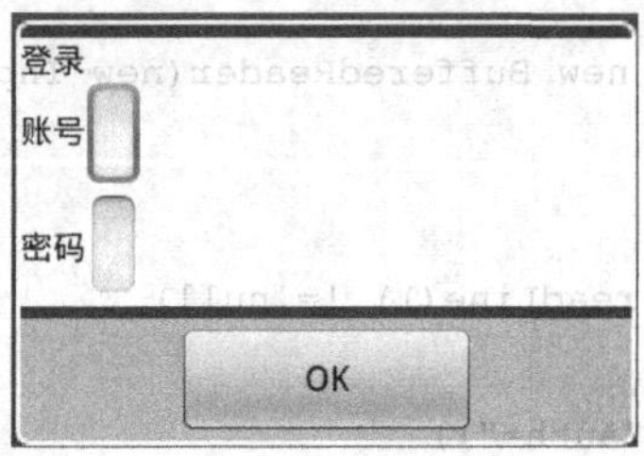

▲图 12-2　登录表单

▲图 12-3　成功获取 Token 提示

12.1.3　特别提醒——Google Account 的组成

当前的 Google Account 现在已经阵容强大，由单一的 AuthSub 发展到 OAuth Federated Hybird 一共 4 种。具体说明如下。

- AuthSub：提供单独的 Google Service Access，比如 Gmail Contact。如果你要一次使用多个 Google Service，比如同时需要读取 Picasaweb 和 Youtube 的数据，那么用 Authsub 就不那么合适了，因为你需要让用户登录 Google 两次。
- OAuth：和 Authsub 相比，提供了 Sign-On，一次登录可以取得的 Authtoken 可以 Access 好几个 google services。
- Federated：本质上是 Openid，它是唯一可以让你在使用 Google Account 登录自己网站的同时，拿到用户电子邮件的方法。
- Hybird：集成了 Oauth 和 Openid，可以让你的网站同时拿到 Google Service 访问权限和用户的电子邮件。

由此可见，AuthSub 即将过时，现在的好处是使用 Authsub 不需要在 Google 注册自己的网站。

12.2　实现谷歌搜索功能

实例 223	在手机中实现谷歌搜索功能
源码路径	daima\223
视频路径	视频\223

12.2.1　实例说明

在信息时代，信息已经成为第一生产力。在巨大的网络资源中，检索站点蓬勃发展，百度、雅虎和谷歌，都已经站在了时代的最前沿。在 Android 官方服务中，提供了 Google Search API 实现检索处理。在本实例中，将演示使用 Google Search API 实现检索处理的方法。

12.2.2 具体实现

（1）编写文件 example199.java，在此创建一个 MyAdapter 对象，此对象是自己实现的 BaseMyAdapter 类。文件 example199.java 的主要实现代码如下所示。

```
public class example199 extends Activity
{
  private AutoCompleteTextView myAutoCompleteTextView1;
  @Override
  public void onCreate(Bundle savedInstanceState)
  {
    super.onCreate(savedInstanceState);
    setContentView(R.layout.main);
    myAutoCompleteTextView1 = (AutoCompleteTextView) findViewById(R.id.myAuto
CompleteTextView1);
    /* new 一个自己实现的 BaseAdapter */
    MyAdapter adapter = new MyAdapter(this);
    myAutoCompleteTextView1.setAdapter(adapter);
  }
}
```

（2）编写文件 MyAdapter.java ，定义了继承于 BaseAdapter 的类 MyAdapter，可以通过覆盖 Filterable 对象中的 getFilter()方法来动态处输入的关键字。当用户输入关键字时，方法 performFiltering()所返回的 FilterResults 就是查询后的结果。文件 MyAdapter.java 的主要实现代码如下所示。

```
public class MyAdapter extends BaseAdapter implements Filterable
{
  ArrayList<String> keyWordValue = new ArrayList<String>();
  ArrayList<String> resultValue = new ArrayList<String>();
  private Context mContext;
  LinearLayout.LayoutParams param1;
  public MyAdapter(Context context)
  {
    mContext = context;
    param1 = new LinearLayout.LayoutParams(
        LinearLayout.LayoutParams.WRAP_CONTENT,
        LinearLayout.LayoutParams.WRAP_CONTENT);
  }
  public int getCount()
  {
    return keyWordValue.size();
  }
  public Object getItem(int position)
  {
    return keyWordValue.get(position);
  }
  public long getItemId(int position)
  {
    return position;
  }
  public View getView(int position, View view, ViewGroup viewGroup)
  {
    LinearLayout myLinearLayout = new LinearLayout(mContext);
    myLinearLayout.setOrientation(LinearLayout.HORIZONTAL);
    if (position >= keyWordValue.size())
      return myLinearLayout;
    /* 第一个 TextView 放关键字 */
    TextView keyWordTextView = new TextView(this.mContext);
    keyWordTextView.setTextColor(mContext.getResources().getColor(
        R.drawable.blue));
    keyWordTextView.setTextSize(18);
    keyWordTextView.setWidth(180);
    try
```

```
    {
      keyWordTextView
          .setText(keyWordValue.get(position).toString());
    } catch (java.lang.IndexOutOfBoundsException i)
    {
      keyWordTextView.setText("");
    }
    /* 第二个 TextView 放关键字结果数量 */
    TextView resultTextView = new TextView(this.mContext);
    resultTextView.setTextColor(mContext.getResources().getColor(
        R.drawable.red));
    resultTextView.setTextSize(18);
    try
    {
      resultTextView.setText(resultValue.get(position).toString());
    } catch (java.lang.IndexOutOfBoundsException i)
    {
      resultTextView.setText("");
    }
    myLinearLayout.addView(keyWordTextView, param1);
    myLinearLayout.addView(resultTextView, param1);
    return myLinearLayout;
  }
  public Filter getFilter()
  {
    // TODO Auto-generated method stub
    Filter myFilter = new Filter()
    {
      protected FilterResults performFiltering(CharSequence text)
      {
        FilterResults fr = new FilterResults();
        keyWordValue = new java.util.ArrayList<String>();
        resultValue = new java.util.ArrayList<String>();
        if (text == null || text.length() == 0)
        {
          fr.count = keyWordValue.size();
          fr.values = keyWordValue;
          return fr;
        }
        /* 输入关键字后调用 Google 关键字 API */
        changeResult(getGoogleAPI(text.toString()));
        fr.count = keyWordValue.size();
        fr.values = keyWordValue;
        return fr;
      }
      protected void publishResults(CharSequence text,
          FilterResults filterResults)
      {
        if (filterResults != null && filterResults.count > 0)
          notifyDataSetChanged();
        else
          notifyDataSetInvalidated();
      }
    };
    return myFilter;
  }
  /* 访问 GoogleAPI 取得返回的结果字符串 */
  private String getGoogleAPI(String text)
  {
    String uri = "";
    try
    {
      /* 输入的字要 encode */
      uri = "http://www.google.com/complete/"
          + "search?hl=en&js=true&qu="
          + URLEncoder.encode(text, "utf-8");
    } catch (UnsupportedEncodingException e1)
    {
      // TODO Auto-generated catch block
```

```
      e1.printStackTrace();
    }
    URL googleUrl = null;
    HttpURLConnection conn = null;
    InputStream is = null;
    BufferedReader in = null;
    String resultStr = "";
    /* 取得连接 */
    try
    {
      googleUrl = new URL(uri);
      /* 打开连接 */
      conn = (HttpURLConnection) googleUrl.openConnection();
      int code = conn.getResponseCode();
      /* 连接好时 */
      if (code == HttpURLConnection.HTTP_OK)
      {
        /* 取得返回的 InputStream */
        is = conn.getInputStream();
        in = new BufferedReader(new InputStreamReader(is));
        String inputLine;
        /* 一行一行读取 */
        while ((inputLine = in.readLine()) != null)
        {
          resultStr += inputLine;
        }
      }
    } catch (IOException e)
    {
      // TODO Auto-generated catch block
      e.printStackTrace();
    } finally
    {
      try
      {
        if (is != null)
          is.close();
        if (conn != null)
          conn.disconnect();
      } catch (Exception e)
      {
      }
    }
    return resultStr;
  }
  /* 处理返回的字符串变成 ArrayList */
  private void changeResult(String text)
  {
    String resultStr = "";
    String startSub = "new Array(2, ";
    String endSub = "), new Array";
    int start = text.indexOf(startSub);
    int end = text.indexOf(endSub);
    if (start != -1 && end != -1)
    {
      resultStr = text.substring(start + startSub.length(), end);
      /* 去掉前后的" */
      resultStr = resultStr.substring(1, resultStr.length() - 1);
      /* 以 ", "来分隔字符串变成字符串数组 */
      String total[] = resultStr.split("\\\", \\\"");
      for (int i = 0; i < total.length / 2; i++)
      {
        keyWordValue.add(total[i * 2]);
        /* 将 results 字符串去掉 */
        resultValue
            .add(total[i * 2 + 1].replaceAll(" results", ""));
      }
    }
  }
}
```

在上述 MyAdapter 类中重写了 getView()，在其中放了 2 个 TextView 控件，一个用于显示关键字，另一个用于显示结果数量。因为 AutoCompleteTextView 绑定了 MyAdapter，所以当 Adapter 动态向 Google 获取查询结果时，也顺便更新了 AutoCompleteTextView 下拉菜单里的结果。

执行后的效果如图 12-4 所示。

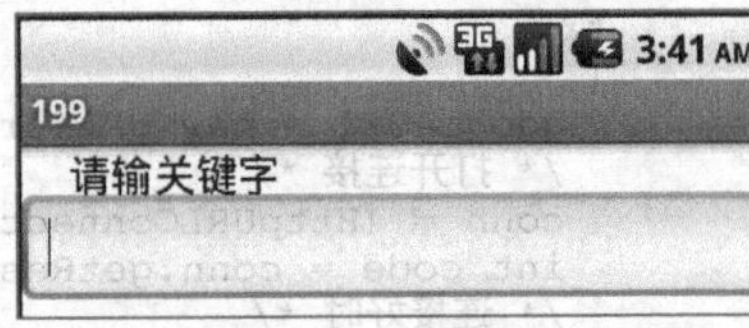

▲图 12-4　执行效果

12.2.3　特别提醒——使用 Google Search API 的流程

使用 Google Search API 的基本流程如下所示。

（1）构造一个搜索服务“容器”

Google.search.SearchControl 的实例代表页面上的一个搜索控件，这个控件是多种“搜索服务”的“容器”。

（2）构造一个搜索“服务”对象

Google.search.LocalSearch()这个构造函数可以构造一个“搜索服务容”对象。“搜索服务”是我起的名字，之所以叫这个名字是因为笔者认为它的核心是服务。尽管默认有一个搜索框和结果列表，但这些都是可以被改变的，甚至搜索结果的内容都是可以改变的。

（3）向容器中添加“搜索服务”

SearchControl.addSearcher(searcher, optiions)。Options 的类型为 google.search.SearchOptions。可以添加的搜索服务有多种，到目前为止 Google 提供了以下类型的搜索器。

```
* google.search.LocalSearch
* google.search.WebSearch
* google.search.VideoSearch
* google.search.BlogSearch
* google.search.NewsSearch
* google.search.ImageSearch
* google.search.BookSearch
* google.search.PatentSearch
```

（4）通过 SearchControl 对象调用 draw 方法，按照里面的 DrawOptiions 参数画出搜索框。

```
searchControl.draw(document.getElementById("from"), drawOptions)
```

上述流程是一般的流程，但 Google 提供了很多选项来定制这些服务。主要的选项有两种，一种是 SearcherOptions，另一种是 DrawOptions。

12.3　使用 Google Chart API 生成二维条码

实例 224	使用 Google Chart API 生成二维条码
源码路径	daima\224
视频路径	视频\224

12.3.1　实例说明

在 Android 系统中，使用 Google Chart API 可以方便地生成动态二维条码。这样开发人员无需掌握 GD Libray 等知识，降低了开发门槛。通过本实例的实现过程，详细介绍了在 Android 中通过 Google Chart API 动态生成二维条码的具体流程。

12.3.2　具体实现

编写文件 example200.java 中，通过自定义函数 genGoogleQRChart()生成要显示远程图像的网址，然后使用“<img src="">”的方式组成 HTML 标签。在实现成像功能时，通过了 WebView 来显示 HTML 的内容。文件 example200.java 的主要实现代码如下所示。

```
    super.onCreate(savedInstanceState);
    setContentView(R.layout.main);
    /* 测试手机是否具有连接 Google API 的连接能力 */
    if(checkInternetConnection
      ("http://code.google.com/intl/zh-TW/apis/chart/","utf-8")
    )
    {
      bInternetConnectivity = true;
    }
    mWebView01 = (WebView)findViewById(R.id.myWebView1);
    mButton01 = (Button)findViewById(R.id.myButton1);
    mButton01.setOnClickListener(new Button.OnClickListener()
    {
      @Override
      public void onClick(View v)
      {
        // TODO Auto-generated method stub
        if(mEditText01.getText().toString()!="" &&
           bInternetConnectivity==true)
        {
          mWebView01.loadData
          (
             /* 调用自定义云端生成 QR Code 函数 */
            genGoogleQRChart
            (
              mEditText01.getText().toString(),120
            ),"text/html", "utf-8"
          );
        }
      }
    });
    mEditText01 = (EditText)findViewById(R.id.myEditText1);
    mEditText01.setText(R.string.str_text);

    mEditText01.setOnKeyListener(new EditText.OnKeyListener()
    {
      @Override
      public boolean onKey(View v, int keyCode, KeyEvent event)
      {
        if(mEditText01.getText().toString()!="" &&
           bInternetConnectivity==true)
        {
          mWebView01.loadData
          (
            genGoogleQRChart
            (
              mEditText01.getText().toString(),120
            ),"text/html", "utf-8"
          );
        }
        return false;
      }
    });
  }
  /* 调用 Google API，产生 QR Code 二维条形码 */
  public String genGoogleQRChart(String strToQRCode, int strWidth)
  {
    String strReturn="";
    try
    {
      strReturn = new String(strToQRCode.getBytes("utf-8"));
      /* 组成 Google API 需要的传输参数字符串 */
      strReturn = "<html><body>"+
      "<img src=http://chart.apis.google.com/chart?chs="+
      strWidth+"x"+strWidth+"&chl="+
      URLEncoder.encode(strReturn, "utf-8")+
      "&choe=UTF-8&cht=qr></body></html>";
```

```
    }
    catch (Exception e)
    {
      e.printStackTrace();
    }
    return strReturn;
  }
  /* 检查网络连接是否正常 */
  public boolean checkInternetConnection
  (String strURL, String strEncoding)
  {
    /* 最多延时 n 秒若无应答则表示无法连接 */
    int intTimeout = 5;
    try
    {
      HttpURLConnection urlConnection= null;
      URL url = new URL(strURL);
      urlConnection=(HttpURLConnection)url.openConnection();
      urlConnection.setRequestMethod("GET");
      urlConnection.setDoOutput(true);
      urlConnection.setDoInput(true);
      urlConnection.setRequestProperty
      (
        "User-Agent","Mozilla/4.0"+
        " (compatible; MSIE 6.0; Windows 2000)"
      );
      urlConnection.setRequestProperty
      ("Content-type","text/html; charset="+strEncoding);
      urlConnection.setConnectTimeout(1000*intTimeout);
      urlConnection.connect();
      if (urlConnection.getResponseCode() == 200)
      {
        return true;
      }
      else
      {
        return false;
      }
    }
    catch (Exception e)
    {
      e.printStackTrace();
      return false;
    }
  }
  /* 自定义 BIG5 转 UTF-8 */
  public String big52unicode(String strBIG5)
  {
    String strReturn="";
    try
    {
      strReturn = new String(strBIG5.getBytes("big5"), "UTF-8");
    }
    catch (Exception e)
    {
      e.printStackTrace();
    }
    return strReturn;
  }

  /* 自定义 UTF-8 转 BIG5 */
  public String unicode2big5(String strUTF8)
  {
    String strReturn="";
    try
    {
      strReturn = new String(strUTF8.getBytes("UTF-8"), "big5");
    }
    catch (Exception e)
```

```
        {
            e.printStackTrace();
        }
        return strReturn;
    }
}
```

执行后的效果如图 12-5 所示。

▲图 12–5 执行效果

12.3.3 特别提醒——Google Chart API 的用法详解

Google Chart API 为每个请求返回一个 PNG 格式图片。目前提供如下类型图表：折线图、柱状图、饼图、维恩图、散点图。您可以设定图表尺寸、颜色和图例。您可以在网页中使用<img>元素插入图表，当浏览器打开该网页时，Chart API 提供即时图表。

所有 Chart API URL 都应使用如下格式。

```
http://chart.apis.google.com/chart?<parameter 1>&<parameter 2>&<parameter n>
```

注意	每个 URL 所有字符必须在同一行内。

多个参数间使用&作为分隔符，您可以使用任意多个参数，例如图 12-6 所示。

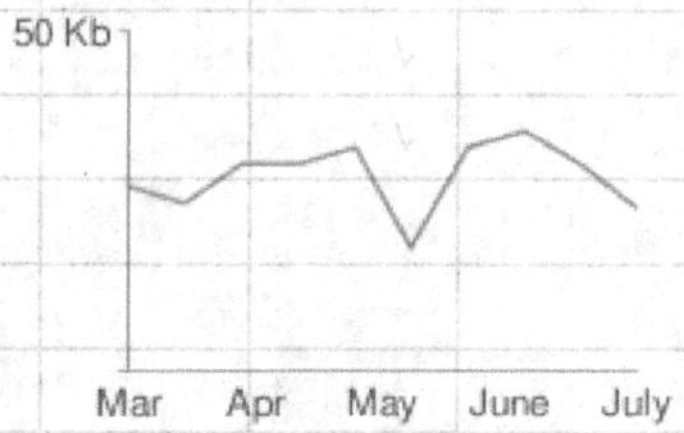

▲图 12–6 参数

http://chart.apis.google.com/chart?cht=lc&chs=200x125&chd=s:helloWorld&chxt=x,y&chxl=0:|Mar|Apr|May|June|July|1:||50+Kb。

各个参数的具体说明如下。

- http://chart.apis.google.com/chart?：Chart API 的调用地址。
- &：参数分隔符。
- chs=200x125：图表尺寸。
- chd=s:helloWorld：图表数据值。
- cht=lc：图表类型。
- chxt=x,y：显示 x、y 轴坐标。
- chxl=0:|Mar|Apr|May|June|July|1:||50+Kb：x、y 轴坐标值。

你可以在网页中使用 img 元素插入图表，例如：

```
<img  src="http://chart.apis.google.com/chart?chs=200x125&amp;chd=s:helloWorld&amp;
cht=lc&amp;chxt=x,y&amp;chxl=0:|Mar|Apr|May|June|July|1:||50+Kb" alt="Sample chart" />
```

注意	在 HTMLimg 元素中，URL 属性中&字符应书写为转义字符&。

所有请求必须包含以下参数：

- 图表尺寸；
- 图表数据；
- 图表类型。

其他参数均为可选参数，各类型图表有效参数如表 12-1 所示。

表 12-1　有效参数

参　数	柱状图	折线图谱线图	雷达图	散点图	维恩图	饼图	仪表图	地图
数据颜色	√	√	√	√	√	√	√	√
区域、背景填充	√	√	√	√	√	√	仅背景	仅背景
数值缩放	√	√				√		
线性过渡填充	√	√	√	√		仅背景		
线性条纹填充	√	√	√	√	√	仅背景		
图表标题	√	√	√	√	√	√		
图表图例	√	√	√	√	√			
多轴标注	√	√	√	√				
网格线	√	√	√	√				
形状标记	√	√	√	√				
水平区间填充	√	√	√	√				
垂直区间填充	√	√	√	√				
折线样式	√	√	√					
数据区块填充	√	√						
柱形、间隔宽度	√							
柱状图基准线	√							
饼图、仪表图标注						√	√	

12.4 在手机中编写一个翻译软件

实例 225	在手机中编写一个翻译软件
源码路径	daima\225
视频路径	视频\225

12.4.1　实例说明

在 Android 系统中不具备手机翻译功能，但是使用 Google Translate API 可以编写具有翻译功能的程序。在本实例的内容中，详细介绍在 Android 中通过 Google Translate API 实现翻译处理的过程。

12.4.2　具体实现

本实例的主文件是 example201.java，其具体实现流程如下所示。

（1）在 Activity 中设置一个 EditText Widget，用于接受用户欲翻译的字符串。

（2）编写和 Google Translate API 通信的 JavaScript，并以 HTML 格式存储在 asssts 文件夹中。

（3）在 HTML 网页中编写一个<a href>的链接。

（4）当用户在 EditText 输入英文后，单击“中文”链接后开始翻译处理，并将翻译结果显示在 WebView 中。

文件 example201.java 的主要实现代码如下所示。

```
    myEditText1 = (EditText) findViewById(R.id.myEditText1);
    myWebView1 = (WebView) findViewById(R.id.myWebView1);
    /* 取得 WebSettings */
    WebSettings webSettings = myWebView1.getSettings();
    /* 设置可运行 JavaScript */
    webSettings.setJavaScriptEnabled(true);
    webSettings.setSaveFormData(false);
    webSettings.setSavePassword(false);
    webSettings.setSupportZoom(false);
    myWebView1.setWebChromeClient(new MyWebChromeClient());
    /* 设置给 HTML 调用的对象及名称 */
    myWebView1.addJavascriptInterface(new runJavaScript(), "irdc");
    /* 将 assets/google_translate.html 载入 */
    String url = "file:///android_asset/google_translate.html";
    myWebView1.loadUrl(url);
  }
  final class runJavaScript
  {
    public void runOnAndroidJavaScript()
    {
      mHandler01.post(new Runnable()
      {
        public void run()
        {
          if (myEditText1.getText().toString() != "")
          {
            /* 调用 google_translate.html 里的 javascript */
            myWebView1.loadUrl("javascript:translate('"
                + myEditText1.getText().toString() + "')");
          }
        }
      });
    }
  }
  /*捕捉网页里的 alert javascript 作为.js 调试之用，并输出至 LogCat*/
  final class MyWebChromeClient extends WebChromeClient
  {
    @Override
    public boolean onJsAlert(WebView view, String url,
      String message, JsResult result)
    {
      Log.d(LOG_TAG, message);
      return super.onJsAlert(view, url, message, result);
    }
  }
}
```

执行后的效果如图 12-7 所示；输入英文字符并单击“中文”链接后将会显示翻译结果。例如输入“name”后翻译结果如图 12-8 所示。

▲图 12-7　初始效果

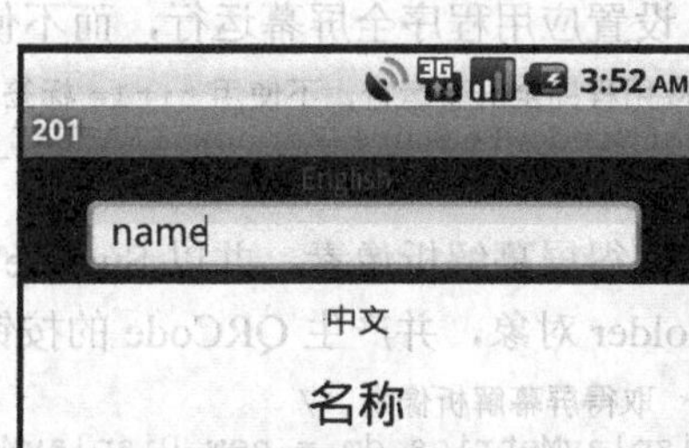

▲图 12-8　单击“OK”按钮

12.4.3　特别提醒——Ajax 语言的 API

Google 的在线翻译功能十分强大，现在 Google 已经开放了其 Ajax 的 API。使用 Ajax 语言的 API，可以仅使用 Javascript 来翻译和检测网页中文本块的语言。此外，可以在网页的任何文本字段或文本区域启用音译。例如，如果用户已音译为北印度语，则该 API 会允许用户使用英语按照发音拼出北印度语单词，并以北印度语脚本中显示出来。

语言 API 旨在简单容易地在脱机翻译不可用时翻译和检测使用中的语言。我们计划以后向 Ajax 语言 API 添加更多令人激动的功能，敬请期待。

google-api-translate-java 是 Java 语言对 Google 翻译引擎的封装类库，具体使用方法如下。

```
import com.google.api.translate.Language;
import com.google.api.translate.Translate;

public class Main {
  public static void main(String[] args) {
    try {
      String translatedText =
          Translate.translate("Salut le monde", Language.FRENCH, Language.ENGLISH);
      System.out.println(translatedText);
    } catch (Exception ex) {
      ex.printStackTrace();
    }
  }
}
```

12.5 在手机屏幕中生成二维条码

实例 226	在手机屏幕中生成二维条码
源码路径	daima\226
视频路径	视频\226

12.5.1　实例说明

在本章前面的实例中，曾经介绍过使用 Google Chat API 生成二维条码的流程。但是我们不能保证手机都处于联网状态，也就不能 100%确保可以使用 Google Chat API。为了解决上述问题，我们可以使用开放的资源来实现这个功能，例如最常见的开发资源是 swetake，读者可以去 http://www.swetake.com/下载获取。下载后将其引入到 Android 工程中，并将文件名称改为 SwetakeQRCode.jar。

12.5.2　具体实现

编写文件 example198.java，其具体实现流程如下所示。

（1）设置应用程序全屏幕运行，而不使用 title bar。具体代码如下所示。

```
/* 使应用程序全屏幕运行，不使用 title 标签 */
requestWindowFeature(Window.FEATURE_NO_TITLE);
setContentView(R.layout.main);
```

（2）取得屏幕解析像素，并以 SurfaceView 作为相机 Preview 之用，绑定 SurfaceView，取得 SurfaceHolder 对象，并产生 QRCode 的按钮事件处理。具体代码如下所示。

```
    /* 取得屏幕解析像素 */
    DisplayMetrics dm = new DisplayMetrics();
    getWindowManager().getDefaultDisplay().getMetrics(dm);

    mTextView01 = (TextView) findViewById(R.id.myTextView1);
    mTextView01.setText(R.string.str_qr_gen);

    /* 以 SurfaceView 作为相机 Preview 之用 */
    mSurfaceView01 = (SurfaceView) findViewById(R.id.mSurfaceView1);
```

```
    /* 绑定 SurfaceView，取得 SurfaceHolder 对象 */
    mSurfaceHolder01 = mSurfaceView01.getHolder();

    /* Activity 必须实现 SurfaceHolder.Callback */
    mSurfaceHolder01.addCallback(example198.this);

    /* 产生 QRCode 的按钮事件处理 */
    mButton01 = (Button)findViewById(R.id.myButton1);
    mButton01.setOnClickListener(new Button.OnClickListener()
    {
      @Override
      public void onClick(View arg0)
      {
        // TODO Auto-generated method stub
        if(mEditText01.getText().toString()!="")
        {
          /* 传入 setQrcodeVersion 为 4，仅能接受 62 个字符 */
          AndroidQREncode(mEditText01.getText().toString(), 4);
        }
      }
    });

    mEditText01 = (EditText)findViewById(R.id.myEditText1);
    mEditText01.setText("DavidLanz");
    mEditText01.setOnKeyListener(new EditText.OnKeyListener()
    {
      @Override
      public boolean onKey(View v, int keyCode, KeyEvent event)
      {
        return false;
      }
    });
}
```

（3）自定义产生 QR Code 函数 AndroidQREncode 以实现二维编码处理，具体代码如下所示。

```
/* 自定义产生 QR Code 的函数 */
public void AndroidQREncode(String strEncoding, int qrcodeVersion)
{
  try
  {
    /* 建构 QRCode 编码对象 */
    com.swetake.util.Qrcode testQrcode =
    new com.swetake.util.Qrcode();
    testQrcode.setQrcodeErrorCorrect('M');
    testQrcode.setQrcodeEncodeMode('B');
    testQrcode.setQrcodeVersion(qrcodeVersion);
    byte[] bytesEncoding = strEncoding.getBytes("utf-8");
    if (bytesEncoding.length>0 && bytesEncoding.length <120)
    {
      /* 将字符串通过 calQrcode 函数转换成 boolean 数组 */
      boolean[][] bEncoding = testQrcode.calQrcode(bytesEncoding);
      /* 依据编码后的 boolean 数组，绘图 */
      drawQRCode
      (bEncoding, getResources().getColor(R.drawable.black));
    }
  }
  catch (Exception e)
  {
    e.printStackTrace();
  }
}
```

（4）定义方法 drawQRCode，先在 SurfaceView 上绘制 QR Code 条形码，然后解锁 SurfaceHolder 并绘图。具体代码如下所示。

```
/* 在 SurfaceView 上绘制 QR Code 条形码 */
private void drawQRCode(boolean[][] bRect, int colorFill)
{
```

```
    /* test Canvas*/
    int intPadding = 20;

    /* 欲在 SurfaceView 上绘图，需先 lock 锁定 SurfaceHolder */
    Canvas mCanvas01 = mSurfaceHolder01.lockCanvas();

    /* 设置画布绘制颜色 */
    mCanvas01.drawColor(getResources().getColor(R.drawable.white));

    /* 创建画笔 */
    Paint mPaint01 = new Paint();

    /* 设置画笔颜色及模式 */
    mPaint01.setStyle(Paint.Style.FILL);
    mPaint01.setColor(colorFill);
    mPaint01.setStrokeWidth(1.0F);

    /* 逐一加载 2 维 boolean 数组 */
    for (int i=0;i<bRect.length;i++)
    {
      for (int j=0;j<bRect.length;j++)
      {
        if (bRect[j][i])
        {
          /* 依据数组值，绘出条形码方块 */
          mCanvas01.drawRect
          (
            new Rect
            (
              intPadding+j*3+2,
              intPadding+i*3+2,
              intPadding+j*3+2+3,
              intPadding+i*3+2+3
            ), mPaint01
          );
        }
      }
    }
    /* 解锁 SurfaceHolder，并绘图 */
    mSurfaceHolder01.unlockCanvasAndPost(mCanvas01);
  }

  public void mMakeTextToast(String str, boolean isLong)
  {
    if(isLong==true)
    {
      Toast.makeText(example198.this, str, Toast.LENGTH_LONG).show();
    }
    else
    {
      Toast.makeText(example198.this, str, Toast.LENGTH_SHORT).show();
    }
  }
  @Override
  public void surfaceChanged
  (SurfaceHolder surfaceholder, int format, int w, int h)
  {
    Log.i(TAG, "Surface Changed");
  }
  @Override
  public void surfaceCreated(SurfaceHolder surfaceholder)
  {
    Log.i(TAG, "Surface Changed");
  }
  public void surfaceDestroyed(SurfaceHolder surfaceholder)
  {
    Log.i(TAG, "Surface Destroyed");
  }
}
```

执行后可以将输入的文本字符转换为二维条形码，如图 12-9 所示。

▲图 12-9　执行效果

12.5.3　特别提醒——DisplayMetircs 处理分辨率问题

Android 可设置为随着窗口大小调整缩放比例，但即便如此，手机程序设计人员还是必须知道手机屏幕的边界，以避免缩放造成的布局变形问题。手机的分辨率信息是手机的一项重要信息，幸运的是 Android 提供的 DisplayMetircs 类可以很方便地获取分辨率。

Andorid.util 包中的 DisplayMetrics 类提供了一种关于显示的通用信息，例如显示大小、分辨率和字体。为了获取 DisplayMetrics 成员，首先需要初始化一个对象：

```
DisplayMetrics metrics = new DisplayMetrics();
getWindowManager().getDefaultDisplay().getMetrics;
```

构造函数 DisplayMetrics 不需要传递任何参数，在调用 getWindowManager()后，会取得现有 Activity 的 Handle，此时，getDefaultDisplay() 方法将取得的宽高维度存放于 DisplayMetrics 对象中，而取得的宽高维度是以像素（Pixel）为单位“像素”所指的是“绝对像素”而非“相对像素”。

通过 DisplayMetrics 的 toString()方法可以获取到 DisplayMetrics 的大部分 fields 信息。

12.6　引用 qrcode 项目实现二维条码

实例 227	引用 qrcode 项目实现二维条码
源码路径	daima\227

12.6.1　实例说明

本实例同样需要使用第三方免费资源 Library，在此需要引用 qrcode 项目，在下载“.jar”之后将文件名修改为 SourceForgeQRCode.jar，并导入到我们的 Android 工程中去。当前的二维码标准是 QR Code，QR Code 码是由日本 Denso 公司于 1994 年 9 月研制的一种矩阵二维码符号，它具有一维条码及其他二维条码所具有的信息容量大、可靠性高、可表示汉字及图像多种文字信息、保密防伪性强等优点。

12.6.2　具体实现

编写文件 example203.java，其具体实现流程如下所示。

（1）分别创建私有 Camera 对象 mCamera01、mButton01、mButton02 和 mButton03，然后设置默认相机预览模式为 false。具体代码如下所示。

```
/* 创建私有 Camera 对象 */
private Camera mCamera01;
private Button mButton01, mButton02, mButton03;
/* 作为 review 照下来的相片之用 */
private ImageView mImageView01;
private String TAG = "HIPPO";
private SurfaceView mSurfaceView01;
private SurfaceHolder mSurfaceHolder01;

/* 默认相机预览模式为 false */
private boolean bIfPreview = false;

/** Called when the activity is first created. */
```

（2）设置应用程序全屏幕运行，并添加红色正方形红框 View 供用户对准条形码，然后将创建的红色方框添加至此 Activity 中。具体代码如下所示。

```
public void onCreate(Bundle savedInstanceState)
{
  super.onCreate(savedInstanceState);
  /* 使应用程序全屏幕运行，不使用 title bar */
  requestWindowFeature(Window.FEATURE_NO_TITLE);
  setContentView(R.layout.main);
  /* 添加红色正方形红框 View，供 User 对准条形码 */
  DrawCaptureRect mDraw = new DrawCaptureRect
  (
    example203.this,
    110, 10, 100, 100,
    getResources().getColor(R.drawable.lightred)
  );

  /* 将创建的红色方框添加至此 Activity 中 */
  addContentView
  (
    mDraw,
    new LayoutParams
    (
      LayoutParams.WRAP_CONTENT, LayoutParams.WRAP_CONTENT
    )
  );
```

（3）分别取得屏幕解析像素，绑定 SurfaceView 并设置预览大小。具体代码如下所示。

```
/* 取得屏幕解析像素 */
DisplayMetrics dm = new DisplayMetrics();
getWindowManager().getDefaultDisplay().getMetrics(dm);

mImageView01 = (ImageView) findViewById(R.id.myImageView1);

/* 以 SurfaceView 作为相机 Preview 之用 */
mSurfaceView01 = (SurfaceView) findViewById(R.id.mSurfaceView1);

/* 绑定 SurfaceView，取得 SurfaceHolder 对象 */
mSurfaceHolder01 = mSurfaceView01.getHolder();

/* Activity 必须实现 SurfaceHolder.Callback */
mSurfaceHolder01.addCallback(example203.this);

/* 额外的设置预览大小设置，在此不使用 */
//mSurfaceHolder01.setFixedSize(320, 240);

/*
 * 以 SURFACE_TYPE_PUSH_BUFFERS(3)
 * 作为 SurfaceHolder 显示类型
 * */
mSurfaceHolder01.setType
(SurfaceHolder.SURFACE_TYPE_PUSH_BUFFERS);

mButton01 = (Button)findViewById(R.id.myButton1);
```

```
mButton02 = (Button)findViewById(R.id.myButton2);
mButton03 = (Button)findViewById(R.id.myButton3);
```

（4）编写单击方法 mButton01 按钮的响应程序，单击后打开相机及预览二维条形码。具体代码如下所示。

```
/* 打开相机及预览二维条形码 */
mButton01.setOnClickListener(new Button.OnClickListener()
{
  @Override
  public void onClick(View arg0)
  {
    // TODO Auto-generated method stub

    /* 自定义初始化打开相机函数 */
    initCamera();
  }
});
```

（5）编写方法单击 mButton02 按钮的响应程序，单击后停止预览。具体代码如下所示。

```
/* 停止预览 */
mButton02.setOnClickListener(new Button.OnClickListener()
{
  @Override
  public void onClick(View arg0)
  {
    // TODO Auto-generated method stub

    /* 自定义重置相机，并关闭相机预览函数 */
    resetCamera();
  }
});
```

（6）编写单击 mButton03 按钮后的响应程序，单击后拍照处理并生成二维条形码。具体代码如下所示。

```
/* 拍照 QR Code 二维条形码 */
mButton03.setOnClickListener(new Button.OnClickListener()
{
  @Override
  public void onClick(View arg0)
  {
    // TODO Auto-generated method stub
    /* 自定义拍照函数 */
    takePicture();
  }
});
}
```

（7）定义方法 initCamera()用于自定义初始相机函数，具体代码如下所示。

```
/* 自定义初始相机函数 */
private void initCamera()
{
  if(!bIfPreview)
  {
    /* 若相机非在预览模式，则打开相机 */
    mCamera01 = Camera.open();
  }

  if (mCamera01 != null && !bIfPreview)
  {
    Log.i(TAG, "inside the camera");

    /* 创建 Camera.Parameters 对象 */
    Camera.Parameters parameters = mCamera01.getParameters();

    /* 设置相片格式为 JPEG */
```

```
    parameters.setPictureFormat(PixelFormat.JPEG);

    /* 指定 preview 的屏幕大小 */
    parameters.setPreviewSize(160, 120);

    /* 设置图片分辨率大小 */
    parameters.setPictureSize(160, 120);

    /* 将 Camera.Parameters 设置予 Camera */
    mCamera01.setParameters(parameters);

    /* setPreviewDisplay 唯一的参数为 SurfaceHolder */
    mCamera01.setPreviewDisplay(mSurfaceHolder01);

    /* 立即运行 Preview */
    mCamera01.startPreview();
    bIfPreview = true;
  }
}
```

（8）定义方法 takePicture()用于拍照并获取图像，具体代码如下所示。

```
/* 拍照撷取图像 */
private void takePicture()
{
  if (mCamera01 != null && bIfPreview)
  {
    /* 调用 takePicture()方法拍照 */
    mCamera01.takePicture
    (shutterCallback, rawCallback, jpegCallback);
  }
}
```

（9）定义方法 resetCamera()来实现相机重置，然后释放 Camera 对象。具体代码如下所示。

```
/* 相机重置 */
private void resetCamera()
{
  if (mCamera01 != null && bIfPreview)
  {
    mCamera01.stopPreview();
    /*释放 Camera 对象 */
    //mCamera01.release();
    mCamera01 = null;
    bIfPreview = false;
  }
}
private ShutterCallback shutterCallback = new ShutterCallback()
{
  public void onShutter()
  {
    // Shutter has closed
  }
};
private PictureCallback rawCallback = new PictureCallback()
{
  public void onPictureTaken(byte[] _data, Camera _camera)
  {
    // TODO Handle RAW image data
  }
};
```

（10）定义方法 onPictureTaken，对传入的图片进行处理。首先设置 onPictureTaken 传入的第一个参数即为相片的 byte；然后使用 Matrix.postScale 方法缩小图像大小；接下来创建新的 Bitmap 对象；然后获取 4:3 图片的居中红色框部分 100×100 像素，并将拍照的图文件以 ImageView 显示出来；最后将传入的图文件译码成字符串，并定义方法 mMakeTextToast 输出提示。具体代码如下所示。

```
private PictureCallback jpegCallback = new PictureCallback()
{
  public void onPictureTaken(byte[] _data, Camera _camera)
  {
    try
    {
      /* onPictureTaken 传入的第一个参数即为相片的 byte */
      Bitmap bm =
      BitmapFactory.decodeByteArray(_data, 0, _data.length);

      int resizeWidth = 160;
      int resizeHeight = 120;
      float scaleWidth = ((float) resizeWidth) / bm.getWidth();
      float scaleHeight = ((float) resizeHeight) / bm.getHeight();

      Matrix matrix = new Matrix();
      /* 使用 Matrix.postScale 方法缩小 Bitmap Size*/
      matrix.postScale(scaleWidth, scaleHeight);

      /* 创建新的 Bitmap 对象 */
      Bitmap resizedBitmap = Bitmap.createBitmap
      (bm, 0, 0, bm.getWidth(), bm.getHeight(), matrix, true);

      /* 撷取 4:3 图片的居中红色框部分 100×100 像素 */
      Bitmap resizedBitmapSquare = Bitmap.createBitmap
      (resizedBitmap, 30, 10, 100, 100);

      /* 将拍照的图文件以 ImageView 显示出来 */
      mImageView01.setImageBitmap(resizedBitmapSquare);

      /* 将传入的图文件译码成字符串 */
      String strQR2 = decodeQRImage(resizedBitmapSquare);
      if(strQR2!="")
      {
        if (URLUtil.isNetworkUrl(strQR2))
        {
          /* OMIA 规范，网址条形码，打开浏览器上网 */
          mMakeTextToast(strQR2, true);
          Uri mUri = Uri.parse(strQR2);
          Intent intent = new Intent(Intent.ACTION_VIEW, mUri);
          startActivity(intent);
        }
        else if(eregi("wtai://",strQR2))
        {
          /* OMIA 规范，手机拨打电话格式 */
          String[] aryTemp01 = strQR2.split("wtai://");
          Intent myIntentDial = new Intent
          (
            "android.intent.action.CALL",
            Uri.parse("tel:"+aryTemp01[1])
          );
          startActivity(myIntentDial);
        }
        else if(eregi("TEL:",strQR2))
        {
          /* OMIA 规范，手机拨打电话格式 */
          String[] aryTemp01 = strQR2.split("TEL:");
          Intent myIntentDial = new Intent
          (
            "android.intent.action.CALL",
            Uri.parse("tel:"+aryTemp01[1])
          );
          startActivity(myIntentDial);
        }
        else
        {
          /* 若仅是文字，则以 Toast 显示出来 */
          mMakeTextToast(strQR2, true);
        }
```

```
        }

        /* 显示完图文件，立即重置相机，并关闭预览 */
        resetCamera();

        /* 再重新启动相机继续预览 */
        initCamera();
      }
      catch (Exception e)
      {
        Log.e(TAG, e.getMessage());
      }
    }
  };

  public void mMakeTextToast(String str, boolean isLong)
  {
    if(isLong==true)
    {
      Toast.makeText(example203.this, str, Toast.LENGTH_LONG).show();
    }
    else
    {
      Toast.makeText(example203.this, str, Toast.LENGTH_SHORT).show();
    }
  }
```

（11）定义方法 checkSDCard()来判断记忆卡是否存在，具体代码如下所示。

```
  private boolean checkSDCard()
  {
    /* 判断记忆卡是否存在 */
    if(android.os.Environment.getExternalStorageState().equals
    (android.os.Environment.MEDIA_MOUNTED))
    {
      return true;
    }
    else
    {
      return false;
    }
  }
```

（12）定义方法 decodeQRImage(Bitmap myBmp)来解码传入的 Bitmap 图片，主要代码如下所示。

```
  /* 解码传入的Bitmap图片 */
  public String decodeQRImage(Bitmap myBmp)
  {
    String strDecodedData = "";
    try
    {
      QRCodeDecoder decoder = new QRCodeDecoder();
      strDecodedData  = new String
      (decoder.decode(new AndroidQRCodeImage(myBmp)));
    }
    catch(Exception e)
    {
      e.printStackTrace();
    }
    return strDecodedData;
  }
```

（13）定义类 DrawCaptureRect 来绘制相机预览画面里的正方形方框，具体代码如下所示。

```
  /* 绘制相机预览画面里的正方形方框 */
  class DrawCaptureRect extends View
  {
    private int colorFill;
    private int intLeft,intTop,intWidth,intHeight;
```

```
  public DrawCaptureRect
  (
    Context context, int intX, int intY, int intWidth,
    int intHeight, int colorFill
  )
  {
    super(context);
    this.colorFill = colorFill;
    this.intLeft = intX;
    this.intTop = intY;
    this.intWidth = intWidth;
    this.intHeight = intHeight;
  }

  @Override
  protected void onDraw(Canvas canvas)
  {
    Paint mPaint01 = new Paint();
    mPaint01.setStyle(Paint.Style.FILL);
    mPaint01.setColor(colorFill);
    mPaint01.setStrokeWidth(1.0F);
    /* 在画布上绘制红色的四条方边框作为瞄准器 */
    canvas.drawLine
    (
      this.intLeft, this.intTop,
      this.intLeft+intWidth, this.intTop, mPaint01
    );
    canvas.drawLine
    (
      this.intLeft, this.intTop,
      this.intLeft, this.intTop+intHeight, mPaint01
    );
    canvas.drawLine
    (
      this.intLeft+intWidth, this.intTop,
      this.intLeft+intWidth, this.intTop+intHeight, mPaint01
    );
    canvas.drawLine
    (
      this.intLeft, this.intTop+intHeight,
      this.intLeft+intWidth, this.intTop+intHeight, mPaint01
    );
    super.onDraw(canvas);
  }
}
```

（14）定义方法eregi实现自定义比较字符串处理，具体代码如下所示。

```
/* 自定义比较字符串函数 */
public static boolean eregi(String strPat, String strUnknow)
{
  String strPattern = "(?i)"+strPat;
  Pattern p = Pattern.compile(strPattern);
  Matcher m = p.matcher(strUnknow);
  return m.find();
}

@Override
public void surfaceChanged
(SurfaceHolder surfaceholder, int format, int w, int h)
{
  // TODO Auto-generated method stub
  Log.i(TAG, "Surface Changed");
}

@Override
public void surfaceCreated(SurfaceHolder surfaceholder)
{
  // TODO Auto-generated method stub
  Log.i(TAG, "Surface Changed");
```

```
    }

    @Override
    public void surfaceDestroyed(SurfaceHolder surfaceholder)
    {
      // TODO Auto-generated method stub
      Log.i(TAG, "Surface Destroyed");
    }

    @Override
    protected void onPause()
    {
      // TODO Auto-generated method stub
      super.onPause();
    }
  }
```

执行后能够通过手机拍照的方式实现二维码解析，如图 12-10 所示。

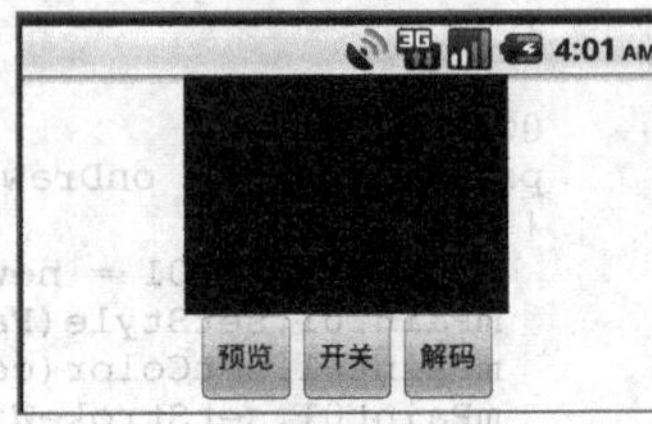

▲图 12-10 执行效果

12.6.3 特别提醒——Android 拍照的两种方式

Android 拍照有两种方式，一是使用 android.hardware.Camera，二是使用 Intent("android.media.action.IMAGE_CAPTURE")。从 Android 1.5 开始，在安全方面有诸多改进，其中之一与摄像头权限控制有关。在此之前，你能够创建无需用户许可就可实现拍照的应用。现在该问题已被修复，如果你想在自己的应用中使用摄像头，需要在 AndroidManifest.xml 中增加以下代码。

```
<uses-permission android:name="android.permission.CAMERA"/>
```

第 13 章　游戏应用

自从手持设备诞生以来，游戏就成为了最重要的应用之一。无论是在旅行途中和上下班的路上，还是躺在家中的床上，都可以用手机游戏来打发无聊的时间。本章将通过几个典型实例的实现过程，详细介绍在 Android 系统中实现游戏项目的基本知识。

13.1 五子棋游戏

实例 228	五子棋游戏
源码路径	daima\228
视频路径	视频\228

13.1.1 实例说明

五子棋是一种两人对弈的纯策略型棋类游戏，是起源于中国古代的传统黑白棋种之一。它发展于日本，流行于欧美。容易上手，老少皆宜，而且趣味横生，引人入胜；不仅能增强思维能力，提高智力，而且富含哲理，有助于修身养性。

13.1.2 具体实现

本项目实例实现了一个简单的五子棋功能，主界面有 3 个按钮，分别是“重玩”、“选项”和“退出”。界面大部分都是方格棋盘，在上面可以摆放五子棋的黑棋子和白棋子。真格实例比较简单，具体实现流程如下所示。

（1）编写布局文件 main.xml，具体代码如下所示。

```
<?xml version="1.0" encoding="utf-8"?>
<LinearLayout xmlns:android="http://schemas.android.com/apk/res/android"
    android:orientation="vertical"
    android:layout_width="fill_parent"
    android:layout_height="fill_parent"
    >
<TextView
    android:layout_width="fill_parent"
    android:layout_height="wrap_content"
    android:text="@string/hello"
    />
</LinearLayout>
```

（2）编写文件 Const.java，这是一个常量文件，将系统中需要的量在此文件中统一定义，这样做的好处是方便对系统的维护和理解。主要代码如下所示。

```
public interface Const {
    public static final int ALIGN_TOP = 1;
    public static final int ALIGN_VCENTER = ALIGN_TOP << 1;
    public static final int ALIGN_LEFT = ALIGN_TOP << 2;
```

```
    public static final int ALIGN_RIGHT = ALIGN_TOP << 3;
    public static final int ALIGN_HCENTER = ALIGN_TOP << 4;
    public static final int ALIGN_BOTTOM = ALIGN_TOP << 5;
    public final static int GS_WAIT = 0;
    public final static int GS_INVITING = 1;
    public final static int GS_COMFIRE = 2;
    public final static int GS_DECLINE = 3;
    public final static int GS_GAME = 4;
    public final static int GS_END = 5;
    public final static int GS_AWAY = 6;
    public final static int GS_ERROR = 7;
    public final static int MAP_SPACE = 15;
    public final static int TILE_WIDTH = 24;
    public final static int TILE_HEIGHT = 25;
    public final static int CHESS_WIDTH = 9;
    public final static int CHESS_HEIGHT = 9;
    public final static int RADIUS_SPACE = TILE_WIDTH >>1;
    public final static int CAMP_DEFAULT = 0;
    public final static int CAMP_HERO = 1;
    public final static int CAMP_ENEMY = 2;
    public final static int CALU_ALL_COUNT = 10;
    public final static int CALU_SINGLE_COUNT = 5;
}
```

（3）编写文件 mainA.java，此文件实现游戏主界面，能够实现标题栏隐藏功能和全屏显示功能。主要代码如下所示。

```
public class mainA extends Activity {
    GameV gameView = null;
    @Override
    public void onCreate(Bundle savedInstanceState) {
    super.onCreate(savedInstanceState);
    // 隐藏标题栏
    requestWindowFeature(Window.FEATURE_NO_TITLE);
    // 全屏显示
    getWindow().setFlags(WindowManager.LayoutParams.FLAG_FULLSCREEN,
        WindowManager.LayoutParams.FLAG_FULLSCREEN);
    //获取屏幕宽高
    Display display = getWindowManager().getDefaultDisplay();
    // 现实 GameView
    GameV.init(this, display.getWidth(), display.getHeight());
    gameView = GameV.getInstance();
    setContentView(gameView);
    }
    public boolean onKeyDown(int keyCode, KeyEvent event) {
    return super.onKeyDown(keyCode, event);
    }
}
```

（4）编写文件 GameV.java，此文件是我们这个五子棋游戏的核心，在里面定义了继承于 SurfaceView 类的子类 GameV，实现了整个游戏框架功能。文件 GameV.java 的具体实现流程如下所示。

- 定义继承于 SurfaceView 类的子类 GameV，定义游戏框架界面中元素的初始值，具体代码如下所示。

```
public class GameV extends SurfaceView implements Const,
    SurfaceHolder.Callback, Runnable {
    static GameV sInstance = null;
    public static void init(Activity mActivity, int screenWidth,
        int screenHeight) {
    sInstance = new GameV(mActivity, screenWidth, screenHeight);
    }
    public static GameV getInstance() {
    return sInstance;
```

```
}
// 控制循环
boolean mbLoop = false;
// 定义 SurfaceHolder 对象
SurfaceHolder mSurfaceHolder = null;
public static Paint sPaint = null;
public static Canvas sCanvas = null;
public static Resources sResources = null;
private int mGameState = 0;
private int mScreenWidth = 0;
private int mScreenHeight = 0;
public int[][] mGameMap = null;
private int mMapHeightLengh = 0;
private int mMapWidthLengh = 0;

private int mMapIndexX = 0;
private int mMapIndexY = 0;
public int mCampTurn = 0;
public int mCampWinner = 0;
private float mTitleSpace = 0;
private int mTitleHeight = 0;
private float mTitleIndex_x = 0;
private float mTitleIndex_y = 0;
Bitmap bitmapBg = null;
Bitmap mBlack = null;
Bitmap mWhite = null;
Context mContext = null;
public GameV(Activity activity, int screenWidth, int screenHeight) {
super(activity);
sPaint = new Paint();
sPaint.setAntiAlias(true);
sResources = getResources();
mContext = activity;
mScreenWidth = screenWidth;
mScreenHeight = screenHeight;
mSurfaceHolder = this.getHolder();
mSurfaceHolder.addCallback(this);
setFocusable(true);
mbLoop = true;
bitmapBg = CreatMatrixBitmap(R.drawable.status, mScreenWidth,
   mScreenHeight);
mBlack = BitmapFactory.decodeResource(GameV.sResources,
   R.drawable.ai);
mWhite = BitmapFactory.decodeResource(GameV.sResources,
   R.drawable.human);
mTitleSpace = (float) mScreenWidth / CHESS_WIDTH;
mTitleHeight = mScreenHeight / 3;
mTitleIndex_x = (float) (mTitleSpace / 2);
mTitleIndex_y = (float) (mTitleSpace / 2);
setGameState(GS_GAME);
}
```

- 定义方法 onTouchEvent()，功能是根据用户触摸屏幕实现走棋响应。具体代码如下所示。

```
public boolean onTouchEvent(MotionEvent event) {
int x = (int) event.getX();
int y = (int) event.getY();
switch (event.getAction()) {
case MotionEvent.ACTION_DOWN:
   UpdateTouchEvent(x, y);
   break;
case MotionEvent.ACTION_MOVE:
   break;
case MotionEvent.ACTION_UP:
   break;
}
return super.onTouchEvent(event);
```

```
}

public boolean CheckPiecesMeet(int Camp) {
int MeetCount = 0;
// 横向
for (int i = 0; i < CALU_ALL_COUNT; i++) {
    int index = mMapIndexX - CALU_SINGLE_COUNT + i;
    if (index < 0 || index >= mMapWidthLengh) {
    if (MeetCount == CALU_SINGLE_COUNT) {
        return true;
    }
    MeetCount = 0;
    continue;
    }
    if (mGameMap[mMapIndexY][index] == Camp) {
    MeetCount++;
    if (MeetCount == CALU_SINGLE_COUNT) {
        return true;
    }
    } else {
    MeetCount = 0;
    }
}
// 纵向
MeetCount = 0;
for (int i = 0; i < CALU_ALL_COUNT; i++) {
    int index = mMapIndexY - CALU_SINGLE_COUNT + i;
    if (index < 0 || index >= mMapHeightLengh) {
    if (MeetCount == CALU_SINGLE_COUNT) {
        return true;
    }
    MeetCount = 0;
    continue;
    }
    if (mGameMap[index][mMapIndexX] == Camp) {
    MeetCount++;
    if (MeetCount == CALU_SINGLE_COUNT) {
        return true;
    }
    } else {
    MeetCount = 0;
    }
}

// 右斜
MeetCount = 0;
for (int i = 0; i < CALU_ALL_COUNT; i++) {
    int indexX = mMapIndexX - CALU_SINGLE_COUNT + i;
    int indexY = mMapIndexY - CALU_SINGLE_COUNT + i;
    if ((indexX < 0 || indexX >= mMapWidthLengh)
        || (indexY < 0 || indexY >= mMapHeightLengh)) {
    if (MeetCount == CALU_SINGLE_COUNT) {
        return true;
    }
    MeetCount = 0;
    continue;
    }
    if (mGameMap[indexY][indexX] == Camp) {
    MeetCount++;
    if (MeetCount == CALU_SINGLE_COUNT) {
        return true;
    }
    } else {
    MeetCount = 0;
    }
}

// 左斜
MeetCount = 0;
```

```
for (int i = 0; i < CALU_ALL_COUNT; i++) {
    int indexX = mMapIndexX - CALU_SINGLE_COUNT + i;
    int indexY = mMapIndexY + CALU_SINGLE_COUNT - i;
    if ((indexX < 0 || indexX >= mMapWidthLengh)
        || (indexY < 0 || indexY >= mMapHeightLengh)) {
    if (MeetCount == CALU_SINGLE_COUNT) {
        return true;
    }
    MeetCount = 0;
    continue;
    }
    if (mGameMap[indexY][indexX] == Camp) {
    MeetCount++;
    if (MeetCount == CALU_SINGLE_COUNT) {
        return true;
    }
    } else {
    MeetCount = 0;
    }
}
return false;
}
```

● 定义方法 UpdateTouchEvent()，功能是当触摸屏幕棋盘时实现屏幕内容的更新，从而实现下棋功能。具体代码如下所示。

```
private void UpdateTouchEvent(int x, int y) {
switch (mGameState) {
case GS_GAME:
    if (x > 0 && y > mTitleHeight) {
    mMapIndexX = (int) (x / mTitleSpace);
    mMapIndexY = (int) ((y - mTitleHeight) / mTitleSpace);

    if (mMapIndexX > mMapWidthLengh) {
        mMapIndexX = mMapWidthLengh;
    }
    if (mMapIndexX < 0) {
        mMapIndexX = 0;
    }

    if (mMapIndexY > mMapHeightLengh) {
        mMapIndexY = mMapHeightLengh;
    }

    if (mMapIndexY < 0) {
        mMapIndexY = 0;
    }
    if (mGameMap[mMapIndexY][mMapIndexX] == CAMP_DEFAULT) {

        if (mCampTurn == CAMP_HERO) {
        mGameMap[mMapIndexY][mMapIndexX] = CAMP_HERO;
        if (CheckPiecesMeet(CAMP_HERO)) {
            mCampWinner = R.string.Role_black;
            setGameState(GS_END);
        } else {
            mCampTurn = CAMP_ENEMY;
        }

        } else {
        mGameMap[mMapIndexY][mMapIndexX] = CAMP_ENEMY;
        if (CheckPiecesMeet(CAMP_ENEMY)) {
            mCampWinner = R.string.Role_white;
            setGameState(GS_END);
        } else {
            mCampTurn = CAMP_HERO;
        }
        }
    }
    }
```

```
        break;
    case GS_END:
        setGameState(GS_GAME);
        break;
    }
}
```

● 定义方法 CreatMatrixBitmap()，功能是创建一个缩小或放大的新图片。具体代码如下所示。

```
private Bitmap CreatMatrixBitmap(int resourcesID, float scr_width,
    float res_height) {
Bitmap bitMap = null;
bitMap = BitmapFactory.decodeResource(sResources, resourcesID);
int bitWidth = bitMap.getWidth();
int bitHeight = bitMap.getHeight();
float scaleWidth = scr_width / (float) bitWidth;
float scaleHeight = res_height / (float) bitHeight;
Matrix matrix = new Matrix();
matrix.postScale(scaleWidth, scaleHeight);
bitMap = Bitmap.createBitmap(bitMap, 0, 0, bitWidth, bitHeight, matrix,
    true);
return bitMap;
}
```

● 定义方法 DrawString()，功能是在屏幕中绘制一个字符串。具体代码如下所示。

```
private void DrawString(int color, String text, int x, int y, int anchor) {
Rect rect = new Rect();
sPaint.getTextBounds(text, 0, text.length(), rect);
int w = rect.width();
int h = rect.height();
int tx = 0;
int ty = 0;
if ((anchor & ALIGN_RIGHT) != 0) {
    tx = x - w;
} else if ((anchor & ALIGN_HCENTER) != 0) {
    tx = x - (w >> 1);
} else {
    tx = x;
}
if ((anchor & ALIGN_TOP) != 0) {
    ty = y + h;
} else if ((anchor & ALIGN_VCENTER) != 0) {
    ty = y + (h >> 1);
} else {
    ty = y;
}
sPaint.setColor(color);
sCanvas.drawText(text, tx, ty, sPaint);
}
```

● 定义方法 DrawImage()，功能是绘制一张图片可以选择图片的锚点位置。在此有 3 个锚点位置，分别是“重玩”、“选项”和“退出”。具体代码如下所示。

```
private void DrawImage(Bitmap bitmap, float x, float y, int anchor) {
int w = bitmap.getWidth();
int h = bitmap.getHeight();
float tx = 0;
float ty = 0;
if ((anchor & ALIGN_RIGHT) != 0) {
    tx = x - w;
} else if ((anchor & ALIGN_HCENTER) != 0) {
    tx = x - (w >> 1);
} else {
    tx = x;
}
if ((anchor & ALIGN_TOP) != 0) {
    ty = y + h;
} else if ((anchor & ALIGN_VCENTER) != 0) {
```

```
        ty = y - (h >> 1);
    } else if ((anchor & ALIGN_BOTTOM) != 0) {
        ty = y - h;
    } else {
        ty = y;
    }
    sCanvas.drawBitmap(bitmap, tx, ty, sPaint);
    }
```

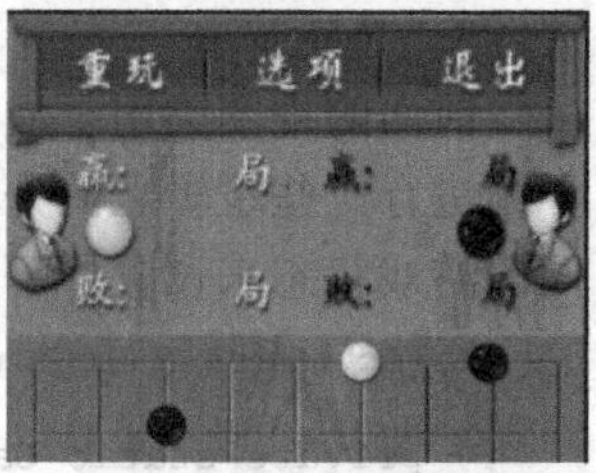

▲图 13-1 执行效果

到此为止，本五子棋游戏项目介绍完毕，执行后的效果如图 13-1 所示。分别单击“重玩”、“选项”和“退出”可以实现对应的操作。

13.2 益智类游戏——魔塔

实例 229	益智类游戏——魔塔
源码路径	daima\229
视频路径	视频\229

13.2.1 实例说明

▲图 13-2 市面魔塔游戏界面

魔塔是一种固定数值的 RPG 游戏，在玩此游戏时需要动很多脑筋，任何一个轻率的选择都可能导致游戏的失败，可以锻炼游戏者的数学能力。在本实例中，基于 Android 平台开发了一个经典魔塔游戏。

13.2.2 具体实现

（1）设计游戏框架

因为所有游戏是基于框架的，所以设计一个合理、科学的框架尤为重要。为了使我们的框架做到完美，先看市面上魔塔游戏的界面，吸取他们的精华和经验，如图 13-2 所示。

由图 13-2 所示游戏界面可知，在游戏中包含了地图、角色、屏幕界面、道具等元素，这些元素构成了一个视图，例如屏幕视图、道具视图、角色视图等。

- 界面视图

在 Android 中，视图是通过继承 View 类实现的，在 View 类中包含了各种绘制图形的方法和事件处理，例如 onKeyDown、onKeyUp 等。在构造此视图类时还可以加入自己的一些抽象方法，例如资源回收和刷新等，有了这些内容，构建一个游戏界面类将变得轻而易举。界面类 GameView 类的主要实现代码如下所示。

```
public abstract class GameView extends View
{
    public GameView(Context context)
    {
        super(context);
    }
    /**绘图*/
    protected abstract void onDraw(Canvas canvas);
    /**按键按下*/
    public abstract boolean onKeyDown(int keyCode);
    /*按键弹起*/
    public abstract boolean onKeyUp(int keyCode);
    /*回收资源*/
    protected abstract void reCycle();

    /*刷新*/
    protected abstract void refurbish();
}
```

- 屏幕显示

前面的视图类用于显示游戏界面，我们还需要控制当前的屏幕显示哪一个界面，并且能够对界面进行一些逻辑上的处理，这就需要建立一个整个游戏的MainGame类，在此类中需要根据不同的游戏状态来设置屏幕需要显示的视图。在此需要编写类MainGame，具体代码如下所示。

```
public class MainGame
{
   private static GameView    m_GameView = null;    // 当前需要显示的对象
   private Context             m_Context     = null;
   private MagicTower          m_MagicTower   = null;
   private int                m_status       = -1;       //游戏状态
   public  CMIDIPlayer mCMIDIPlayer;
   public byte mbMusic = 0;
   public MainGame(Context context)
   {
      m_Context = context;
      m_MagicTower = (MagicTower)context;
      m_status = -1;

      initGame();
   }
   //初始化游戏
   public void initGame()
   {
      controlView(yarin.GAME_SPLASH);
      mCMIDIPlayer = new CMIDIPlayer(m_MagicTower);
   }
   //得到游戏状态
   public int getStatus()
   {
      return m_status;
   }
   //设置游戏状态
   public void setStatus(int status)
   {
      m_status = status;
   }
   //得到主类对象
   public Activity getMagicTower()
   {
      return m_MagicTower;
   }

   //得到当前需要显示的对象
   public static GameView getMainView()
   {
      return m_GameView;
   }
   //控制显示什么界面
   public void controlView(int status)
   {
      if(m_status != status)
      {
         if(m_GameView != null)
         {
            m_GameView.reCycle();
            System.gc();
         }
      }
      freeGameView(m_GameView);
      switch (status)
      {
      case yarin.GAME_SPLASH:
         m_GameView = new SplashScreen(m_Context,this);
         break;
      case yarin.GAME_MENU:
         m_GameView = new MainMenu(m_Context,this);
```

```
            break;
        case yarin.GAME_HELP:
            m_GameView = new HelpScreen(m_Context,this);
            break;
        case yarin.GAME_ABOUT:
            m_GameView = new AboutScreen(m_Context,this);
            break;
        case yarin.GAME_RUN:
            m_GameView = new GameScreen(m_Context,m_MagicTower,this,true);
            break;
        case yarin.GAME_CONTINUE:
            m_GameView = new GameScreen(m_Context,m_MagicTower,this,false);
            break;
        }
        setStatus(status);
    }

    //释放界面对象
    public void freeGameView(GameView gameView)
    {
        if(gameView != null)
        {
            gameView = null;
            System.gc();
        }
    }
}
```

- 更新线程

当创建和完成控制视图显示以后，还需要让游戏能够动起来，此时需要线程来实现界面的自动更新。在此可以为游戏开启一个主线程，并通过方法 MainGame.getMainView()来获取当前显示的界面，并根据不同的界面来进行游戏更新。此功能是在文件 ThreadCanvas.java 中实现，主要代码如下所示。

```
package com.example205;

public class ThreadCanvas extends View implements Runnable
{
    private String   m_Tag   = "ThreadCanvas_Tag";
    public ThreadCanvas(Context context)
    {
        super(context);
    }
    /*绘图*/
    protected void onDraw(Canvas canvas)
    {
        if (MainGame.getMainView() != null)
        {
            MainGame.getMainView().onDraw(canvas);
        }
        else
        {
            Log.i(m_Tag, "null");
        }
    }
    /*绘图显示*/
    public void start()
    {
        Thread t = new Thread(this);
        t.start();
    }
    // 刷新界面
    public void refurbish()
    {
        if (MainGame.getMainView() != null)
        {
            MainGame.getMainView().refurbish();
```

```
        }
    }

    /*游戏循环*/
    public void run()
    {
        while (true)
        {
            try
            {
                Thread.sleep(yarin.GAME_LOOP);
            }
            catch (Exception e)
            {
                e.printStackTrace();
            }
            refurbish(); // 更新显示
            postInvalidate(); // 刷新屏幕
        }
    }
    // 按键处理(按键按下)
    boolean onKeyDown(int keyCode)
    {
        if (MainGame.getMainView() != null)
        {
            MainGame.getMainView().onKeyDown(keyCode);
        }
        else
        {
            Log.i(m_Tag, "null");
        }
        return true;
    }
    // 按键弹起
    boolean onKeyUp(int keyCode)
    {
        if (MainGame.getMainView() != null)
        {
            MainGame.getMainView().onKeyUp(keyCode);
        }
        else
        {
            Log.i(m_Tag, "null");
        }
        return true;
    }
}
```

- 显示

接下来需要调用 Activity 来显示具体的界面。因为是在 ThreadCanvas 中控制界面的，所以需要用 setContentView 来显示一个 ThreadCanvas 对象。本实例的显示功能通过文件 MagicTower.java 实现，主要代码如下所示。

```
public class MagicTower extends Activity
{
    private ThreadCanvas   mThreadCanvas   = null;
    public void onCreate(Bundle savedInstanceState)
    {
        super.onCreate(savedInstanceState);
        setTheme(android.R.style.Theme_Black_NoTitleBar_Fullscreen);
        requestWindowFeature(Window.FEATURE_NO_TITLE);
        getWindow().setFlags(WindowManager.LayoutParams.FLAG_FULLSCREEN,
WindowManager.LayoutParams.FLAG_FULLSCREEN);
        new MainGame(this);
        mThreadCanvas = new ThreadCanvas(this);
        setContentView(mThreadCanvas);
    }
```

```
/*暂停*/
protected void onPause()
{
    super.onPause();
}
/*重绘*/
protected void onResume()
{
    super.onResume();
    mThreadCanvas.requestFocus();
    mThreadCanvas.start();
}
/*按键按下*/
public boolean onKeyDown(int keyCode, KeyEvent event)
{
    mThreadCanvas.onKeyDown(keyCode);
    return false;
}
/*按键弹起*/
public boolean onKeyUp(int keyCode, KeyEvent event)
{
    mThreadCanvas.onKeyUp(keyCode);
    return false;
}
```

（2）后面的视图

经过前面的游戏框架设计后，标志着整个游戏项目的根基已经打好了。接下来需要在根基的基础上增砖添瓦，此魔塔游戏后面的功能也都是基于视图的，接下来将详细介绍具体实现过程。

- 设计地图

地图在游戏项目中十分重要，游戏中的所有角色都需要在某个场景中生存。但是我们不可能让美工制作一张巨大的地图供我们使用，因为这样游戏将会很大，不利于在手机中有限的空间和配置中使用。通常游戏中的地图是由多个小块构成的一个完整大图，所以我们完全可以使用一个二维数组来存储小块数据，然后通过程序将地图数据对应的小块映射到屏幕，从而组成一副完整的地图。当前主流的做法是用 mappy 来生成地图，然后用脚本语言为 mappy 写一个保存格式的程序。一般情况下，地图分为 45 度角、仰视角和俯视角。

实现地图的思路非常清晰，具体流程如下所示。

- 创建一个对象类，在此命名为 TiledLayer，具体代码如下所示。

```
public class TiledLayer extends Layer
```

- 新建对应的构造函数，具体代码如下所示。

```
public TiledLayer(int columns, int rows, Bitmap image, int tileWidth,
        int tileHeight) {
    super(columns < 1 || tileWidth < 1 ? -1 : columns * tileWidth, rows < 1
            || tileHeight < 1 ? -1 : rows * tileHeight);
    if (((image.getWidth() % tileWidth) != 0)
            || ((image.getHeight() % tileHeight) != 0)) {
        throw new IllegalArgumentException();
    }
    this.columns = columns;
    this.rows = rows;
    cellMatrix = new int[rows][columns];
    int noOfFrames = (image.getWidth() / tileWidth)
            * (image.getHeight() / tileHeight);
    createStaticSet(image, noOfFrames + 1, tileWidth, tileHeight, true);
}
```

其中参数 columns 和 rows 分别表示地图的行数和列数，image 代表地图土块中的一块，tileWidth 和 tileHeight 分别表示土块的宽度和高度。

● 定义方法 setCell(int col, int row, int tileIndex)来设置地图使用的地图数据，此方法的具体实现代码如下所示。

```
public void setCell(int col, int row, int tileIndex) {
    if (col < 0 || col >= this.columns || row < 0 || row >= this.rows) {
        throw new IndexOutOfBoundsException();
    }
    if (tileIndex > 0) {
        if (tileIndex >= numberOfTiles) {
            throw new IndexOutOfBoundsException();
        }
    } else if (tileIndex < 0) {
        // do animated tile index check
        if (anim_to_static == null || (-tileIndex) >= numOfAnimTiles) {
            throw new IndexOutOfBoundsException();
        }
    }
    cellMatrix[row][col] = tileIndex;
}
```

● 通过方法 createAnimatedTile(int staticTileIndex)实现动态贴图功能，此方法在 J2ME 中十分常见。动态贴图可以通过调用这个方法来创建，该方法返回一个索引号，用于标记新创建的动态贴图。动态贴图的索引号总是负数，并且也是连续的，起始值为-1。一旦被创建，与之关联的静态贴图可以通过调用 setAnimatedTile(int, int)方法来改变。具体代码如下所示。

```
public int createAnimatedTile(int staticTileIndex) {
    if (staticTileIndex < 0 || staticTileIndex >= numberOfTiles) {
        throw new IndexOutOfBoundsException();
    }
    if (anim_to_static == null) {
        anim_to_static = new int[4];
        numOfAnimTiles = 1;
    } else if (numOfAnimTiles == anim_to_static.length) {
        // grow anim_to_static table if needed
        int new_anim_tbl[] = new int[anim_to_static.length * 2];
        System.arraycopy(anim_to_static, 0, new_anim_tbl, 0,
                anim_to_static.length);
        anim_to_static = new_anim_tbl;
    }
    anim_to_static[numOfAnimTiles] = staticTileIndex;
    numOfAnimTiles++;
    return (-(numOfAnimTiles - 1));
}
```

定义方法 setAnimatedTile(int animatedTileIndex, int staticTileIndex)实现动态图块的内容，其第一个参数是动态图块的编号，第二个参数是 Tile 的编号。具体代码如下所示。

```
 public void setAnimatedTile(int animatedTileIndex, int staticTileIndex) {
    if (staticTileIndex < 0 || staticTileIndex >= numberOfTiles) {
        throw new IndexOutOfBoundsException();
    }
        animatedTileIndex = -animatedTileIndex;
    if (anim_to_static == null || animatedTileIndex <= 0
            || animatedTileIndex >= numOfAnimTiles) {
        throw new IndexOutOfBoundsException();
    }
    anim_to_static[animatedTileIndex] = staticTileIndex;
}
```

● 使用函数 getAnimatedTile(int animatedTileIndex)得到序号为 animatedTileIndex 的动画分块实际的图像分块序号。具体代码如下所示。

```
public int getAnimatedTile(int animatedTileIndex) {
    animatedTileIndex = -animatedTileIndex;
    if (anim_to_static == null || animatedTileIndex <= 0
            || animatedTileIndex >= numOfAnimTiles) {
```

```
        throw new IndexOutOfBoundsException();
    }
    return anim_to_static[animatedTileIndex];
}
```

- 使用方法 paint 将图绘制在屏幕上，具体代码如下所示。

```
public void fillCells(int col, int row, int numCols, int numRows,
        int tileIndex) {
    if (col < 0 || col >= this.columns || row < 0 || row >= this.rows
            || numCols < 0 || col + numCols > this.columns || numRows < 0
            || row + numRows > this.rows) {
        throw new IndexOutOfBoundsException();
    }
    if (tileIndex > 0) {
        if (tileIndex >= numberOfTiles) {
            throw new IndexOutOfBoundsException();
        }
    } else if (tileIndex < 0) {
        if (anim_to_static == null || (-tileIndex) >= numOfAnimTiles) {
            throw new IndexOutOfBoundsException();
        }
    }
    for (int rowCount = row; rowCount < row + numRows; rowCount++) {
        for (int columnCount = col; columnCount < col + numCols; columnCount++) {
            cellMatrix[rowCount][columnCount] = tileIndex;
        }
    }
}
```

- 设计主角

在本实例游戏中只有一个主角，在魔塔游戏中被称之为“精灵”。并且这个“精灵”角色还有很多的动作。例如向 4 个方向的移动，在移动的时候就是一个动画。动画的本身是将图片一帧一帧连接起来、循环播放每一帧所形成的。在一些大型游戏中，可以使用精灵编辑器去编写精灵，将精灵拆解为很多部分，然后再组合起来，这样可以节省大量的空间。在此我决定使用 Sprite 类实现魔塔中的主角，此类是一个用于显示图像的类。下面开始讲解主角的具体实现过程。

- 构建 Sprite 对象

先定义 Sprite 类，代码如下所示。

```
public class Sprite extends Layer
```

然后在 Sprite 类中提供了如下 3 个构造方法来构建完整的 Sprite 类。

- 方法 Sprite(Bitmap image)的主要代码如下所示。

```
public Sprite(Bitmap image) {
    super(image.getWidth(), image.getHeight());
    initializeFrames(image, image.getWidth(), image.getHeight(), false);
    initCollisionRectBounds();
    this.setTransformImpl(TRANS_NONE);
}
```

- 方法 Sprite(Bitmap image, int frameWidth, int frameHeight)的具体实现代码如下所示。

```
public Sprite(Bitmap image, int frameWidth, int frameHeight) {
    super(frameWidth, frameHeight);
    if ((frameWidth < 1 || frameHeight < 1)
            || ((image.getWidth() % frameWidth) != 0)
            || ((image.getHeight() % frameHeight) != 0)) {
        throw new IllegalArgumentException();
    }
    initializeFrames(image, frameWidth, frameHeight, false);
    initCollisionRectBounds();
    this.setTransformImpl(TRANS_NONE);
}
```

● 方法 Sprite(Sprite s)的具体实现代码如下所示。

```
public Sprite(Sprite s) {
   super(s != null ? s.getWidth() : 0, s != null ? s.getHeight() : 0);
   if (s == null) {
      throw new NullPointerException();
   }
   this.sourceImage = s.sourceImage;
   this.numberFrames = s.numberFrames;
   this.frameCoordsX = new int[this.numberFrames];
   this.frameCoordsY = new int[this.numberFrames];
   System.arraycopy(s.frameCoordsX, 0, this.frameCoordsX, 0, s
         .getRawFrameCount());
   System.arraycopy(s.frameCoordsY, 0, this.frameCoordsY, 0, s
         .getRawFrameCount());
   this.x = s.getX();
   this.y = s.getY();
   this.dRefX = s.dRefX;
   this.dRefY = s.dRefY;
   this.collisionRectX = s.collisionRectX;
   this.collisionRectY = s.collisionRectY;
   this.collisionRectWidth = s.collisionRectWidth;
   this.collisionRectHeight = s.collisionRectHeight;
   this.srcFrameWidth = s.srcFrameWidth;
   this.srcFrameHeight = s.srcFrameHeight;
   setTransformImpl(s.t_currentTransformation);
   this.setVisible(s.isVisible());
   this.frameSequence = new int[s.getFrameSequenceLength()];
   this.setFrameSequence(s.frameSequence);
   this.setFrame(s.getFrame());

   this.setRefPixelPosition(s.getRefPixelX(), s.getRefPixelY());
}
```

在上述 3 个构造函数中，参数 image 为精灵的图片，参数 frameWidth 和 frameHeight 分别设置了精灵图片的每一帧的宽度和高度，参数 s 表示通过一个精灵来创建另一个精灵。构造 Sprite 类的时候需要指定精灵的高度和宽度（像素值）。图像的高度和宽度必须分别是精灵的高度和宽度的整数倍。换句话说，要能正好让电脑把图像按照精灵的大小划分成几个类，通过上面的例子也看到了，这些帧是横着排还是竖着排，抑或横竖都有，排成一个方阵，都无所谓。接着就可以指定帧数了，左上方是编号 0，然后从左到右、从上到下依次排列。可以使用 setFrame(int sequenceIndex)选择哪一帧被显示，只要把它的编号作为参数传递即可。

● 设置 Sprite 属性

因为类 TiledLayer 可以自动根据精灵的位置来判断地图绘制的位置，所以可以使用一个方法来设置精灵的位置。在此定义为 setRefPixelPosition(int x, int y)方法，具体代码如下所示。

```
public void setRefPixelPosition(int x, int y) {
   // update this.x and this.y
   this.x = x
         - getTransformedPtX(dRefX, dRefY, this.t_currentTransformation);
   this.y = y
         - getTransformedPtY(dRefX, dRefY, this.t_currentTransformation);
}
```

其中参数 x 和 y 是精灵的位置。

● 实现碰撞检测处理

碰撞即相遇，当精灵和外物相碰撞时就需要对应的处理。我们为精灵类提供了以下 3 个碰撞检测函数：

- public final boolean collidesWith(TiledLayer t, boolean pixelLevel)
- public final boolean collidesWith(Sprite s, boolean pixelLevel)
- public final boolean collidesWith(Bitmap image, int x, int y,boolean pixelLevel)

使用函数 collidesWith(TiledLayer t, boolean pixelLevel)实现精灵和 TiledLayer 的碰撞，主要代码如下所示。

```
public final boolean collidesWith(TiledLayer t, boolean pixelLevel) {
    if (!(t.visible && this.visible)) {
        return false;
    }
    int tLx1 = t.x;
    int tLy1 = t.y;
    int tLx2 = tLx1 + t.width;
    int tLy2 = tLy1 + t.height;
    int tW = t.getCellWidth();
    int tH = t.getCellHeight();
    int sx1 = this.x + this.t_collisionRectX;
    int sy1 = this.y + this.t_collisionRectY;
    int sx2 = sx1 + this.t_collisionRectWidth;
    int sy2 = sy1 + this.t_collisionRectHeight;
    int tNumCols = t.getColumns();
    int tNumRows = t.getRows();
    int startCol; // = 0;
    int endCol; // = 0;
    int startRow; // = 0;
    int endRow; // = 0;
    if (!intersectRect(tLx1, tLy1, tLx2, tLy2, sx1, sy1, sx2, sy2)) {
        return false;
    }
    startCol = (sx1 <= tLx1) ? 0 : (sx1 - tLx1) / tW;
    startRow = (sy1 <= tLy1) ? 0 : (sy1 - tLy1) /tH;
    endCol = (sx2 < tLx2) ? ((sx2 - 1 - tLx1) / tW) : tNumCols - 1;
    endRow = (sy2 < tLy2) ? ((sy2 - 1 - tLy1) / tH) : tNumRows - 1;
    if (!pixelLevel) {
            for (int row = startRow; row <= endRow; row++) {
        for (int col = startCol; col <= endCol; col++) {
            if (t.getCell(col, row) != 0) {
                return true;
            }
        }
    }
        return false;
  } else {
      if (this.t_collisionRectX < 0) {
          sx1 = this.x;
      }
      if (this.t_collisionRectY < 0) {
          sy1 = this.y;
      }
      if ((this.t_collisionRectX + this.t_collisionRectWidth) > this.width) {
          sx2 = this.x + this.width;
      }
      if ((this.t_collisionRectY + this.t_collisionRectHeight) > this.height) {
          sy2 = this.y + this.height;
      }
      if (!intersectRect(tLx1, tLy1, tLx2, tLy2, sx1, sy1, sx2, sy2)) {
          return (false);
      }
      startCol = (sx1 <= tLx1) ? 0 : (sx1 - tLx1) / tW;
      startRow = (sy1 <= tLy1) ? 0 : (sy1 - tLy1) / tH;
      endCol = (sx2 < tLx2) ? ((sx2 - 1 - tLx1) / tW) : tNumCols - 1;
      endRow = (sy2 < tLy2) ? ((sy2 - 1 - tLy1) / tH) : tNumRows - 1;
       int cellTop = startRow * tH + tLy1;
       int cellBottom = cellTop + tH;
       int tileIndex; // = 0;
       for (int row = startRow; row <= endRow; row++, cellTop += tH, cellBottom += tH) {
           int cellLeft = startCol * tW + tLx1;
           int cellRight = cellLeft + tW;
           for (int col = startCol; col <= endCol; col++, cellLeft += tW, cellRight += tW) {
               tileIndex = t.getCell(col, row);
               if (tileIndex != 0) {
                   int intersectLeft = (sx1 < cellLeft) ? cellLeft : sx1;
```

```
                int intersectTop = (sy1 < cellTop) ? cellTop : sy1;
                int intersectRight = (sx2 < cellRight) ? sx2
                        : cellRight;
                int intersectBottom = (sy2 < cellBottom) ? sy2
                        : cellBottom;
                if (intersectLeft > intersectRight) {
                    int temp = intersectRight;
                    intersectRight = intersectLeft;
                    intersectLeft = temp;
                }
                if (intersectTop > intersectBottom) {
                    int temp = intersectBottom;
                    intersectBottom = intersectTop;
                    intersectTop = temp;
                }
                int intersectWidth = intersectRight - intersectLeft;
                int intersectHeight = intersectBottom - intersectTop;
                int image1XOffset = getImageTopLeftX(intersectLeft,
                        intersectTop, intersectRight, intersectBottom);
                int image1YOffset = getImageTopLeftY(intersectLeft,
                        intersectTop, intersectRight, intersectBottom);
                int image2XOffset = t.tileSetX[tileIndex]
                        + (intersectLeft - cellLeft);
                int image2YOffset = t.tileSetY[tileIndex]
                        + (intersectTop - cellTop);
                if (doPixelCollision(image1XOffset, image1YOffset,
                        image2XOffset, image2YOffset, this.sourceImage,
                        this.t_currentTransformation, t.sourceImage,
                        TRANS_NONE, intersectWidth, intersectHeight)) {
                    return true;
                }
            }
        }
    }
    return false;
  }
}
```

使用函数 collidesWith(Sprite s, boolean pixelLevel)实现精灵和精灵的碰撞，具体代码如下所示。

```
public final boolean collidesWith(Sprite s, boolean pixelLevel) {
    if (!(s.visible && this.visible)) {
        return false;
    }
    int otherLeft = s.x + s.t_collisionRectX;
    int otherTop = s.y + s.t_collisionRectY;
    int otherRight = otherLeft + s.t_collisionRectWidth;
    int otherBottom = otherTop + s.t_collisionRectHeight;
    int left = this.x + this.t_collisionRectX;
    int top = this.y + this.t_collisionRectY;
    int right = left + this.t_collisionRectWidth;
    int bottom = top + this.t_collisionRectHeight;
    if (intersectRect(otherLeft, otherTop, otherRight, otherBottom, left,
            top, right, bottom)) {
        if (pixelLevel) {
            if (this.t_collisionRectX < 0) {
                left = this.x;
            }
            if (this.t_collisionRectY < 0) {
                top = this.y;
            }
        if ((this.t_collisionRectX + this.t_collisionRectWidth) > this.width) {
                right = this.x + this.width;
            }
        if ((this.t_collisionRectY + this.t_collisionRectHeight) > this.height) {
                bottom = this.y + this.height;
            }
            if (s.t_collisionRectX < 0) {
                otherLeft = s.x;
            }
```

```
            if (s.t_collisionRectY < 0) {
                otherTop = s.y;
            }
            if ((s.t_collisionRectX + s.t_collisionRectWidth) > s.width) {
                otherRight = s.x + s.width;
            }
            if ((s.t_collisionRectY + s.t_collisionRectHeight) > s.height) {
                otherBottom = s.y + s.height;
            }
            if (!intersectRect(otherLeft, otherTop, otherRight,
                    otherBottom, left, top, right, bottom)) {
                return false;
            }
            int intersectLeft = (left < otherLeft) ? otherLeft : left;
            int intersectTop = (top < otherTop) ? otherTop : top;
            int intersectRight = (right < otherRight) ? right : otherRight;
            int intersectBottom = (bottom < otherBottom) ? bottom
                    : otherBottom;
            int intersectWidth = Math.abs(intersectRight - intersectLeft);
            int intersectHeight = Math.abs(intersectBottom - intersectTop);
            int thisImageXOffset = getImageTopLeftX(intersectLeft,
                    intersectTop, intersectRight, intersectBottom);
            int thisImageYOffset = getImageTopLeftY(intersectLeft,
                    intersectTop, intersectRight, intersectBottom);
            int otherImageXOffset = s.getImageTopLeftX(intersectLeft,
                    intersectTop, intersectRight, intersectBottom);
            int otherImageYOffset = s.getImageTopLeftY(intersectLeft,
                    intersectTop, intersectRight, intersectBottom);
            return doPixelCollision(thisImageXOffset, thisImageYOffset,
                    otherImageXOffset, otherImageYOffset, this.sourceImage,
                    this.t_currentTransformation, s.sourceImage,
                    s.t_currentTransformation, intersectWidth,
                    intersectHeight);
        } else {
            return true;
        }
    }
    return false;
}
```

使用函数 collidesWith(Bitmap image, int x, int y,boolean pixelLevel)用于实现精灵和图片的碰撞。具体代码如下所示。

```
public final boolean collidesWith(Bitmap image, int x, int y,
        boolean pixelLevel) {
    if (!(this.visible)) {
        return false;
    }
    int otherLeft = x;
    int otherTop = y;
    int otherRight = x + image.getWidth();
    int otherBottom = y + image.getHeight();
    int left = this.x + this.t_collisionRectX;
    int top = this.y + this.t_collisionRectY;
    int right = left + this.t_collisionRectWidth;
    int bottom = top + this.t_collisionRectHeight;
    if (intersectRect(otherLeft, otherTop, otherRight, otherBottom, left,
            top, right, bottom)) {
        if (pixelLevel) {
            if (this.t_collisionRectX < 0) {
                left = this.x;
            }
            if (this.t_collisionRectY < 0) {
                top = this.y;
            }
        if ((this.t_collisionRectX + this.t_collisionRectWidth) > this.width) {
                right = this.x + this.width;
            }
        if ((this.t_collisionRectY + this.t_collisionRectHeight) > this.height) {
```

```
                bottom = this.y + this.height;
            }
            if (!intersectRect(otherLeft, otherTop, otherRight,
                    otherBottom, left, top, right, bottom)) {
                return false;
            }
            int intersectLeft = (left < otherLeft) ? otherLeft : left;
            int intersectTop = (top < otherTop) ? otherTop : top;
            int intersectRight = (right < otherRight) ? right : otherRight;
            int intersectBottom = (bottom < otherBottom) ? bottom
                    : otherBottom;
            int intersectWidth = Math.abs(intersectRight - intersectLeft);
            int intersectHeight = Math.abs(intersectBottom - intersectTop);
            int thisImageXOffset = getImageTopLeftX(intersectLeft,
                    intersectTop, intersectRight, intersectBottom);
            int thisImageYOffset = getImageTopLeftY(intersectLeft,
                    intersectTop, intersectRight, intersectBottom);
            int otherImageXOffset = intersectLeft - x;
            int otherImageYOffset = intersectTop - y;
            return doPixelCollision(thisImageXOffset, thisImageYOffset,
                    otherImageXOffset, otherImageYOffset, this.sourceImage,
                    this.t_currentTransformation, image, Sprite.TRANS_NONE,
                    intersectWidth, intersectHeight);
        } else {
            return true;
        }
    }
    return false;
}
```

在上 3 个函数中，参数 pixelLevel 表示使用像素检测还是矩形检测。矩形检测只需要将精灵对应成相应的矩形范围来进行检查，这种检测速度很快，但不是很准确，对于碰撞要求不高的游戏可以使用它。同时还可以将一个 Sprite 分解成很多矩形来使用矩形检测以提高准确性。而像素检测则比较准确，但是速度必然会减慢。

- 实现简单的主角对话

笔者设计的《魔塔》主角可以和 NPC 对话来获得一些信息，然后进行游戏。我们准备通过一个浮动的对话框来显示对话内容，这个对话框只是一个矩形框，然后在右边绘制出对应的 NPC 的头像即可。这里的对话内容可以通过前面介绍的 TextUtil 类来实现自动换行。

- 实现精灵旋转和镜像

在游戏开发时，一般都需要使用旋转和镜像。例如做一个飞机游戏时，飞机会有几个方向的图片，这样会增加游戏开发包的大小，所以可以制作一个方向的图片，然后通过精灵的旋转方法来将图片在各个方向进行旋转。这里我们只实现了 90° 的倍数旋转，分别是我们在 Sprite 类中定义的常量：TRANS_NONE、TRANS_ROT90、TRANS_ROT180、TRANS_ROT270、TRANS_MIRROR、TRANS_MIRROR_ROT90、TRANS_MIRROR_ROT180、TRANS_MIRROR_ROT270。我可以通过 setTransform 方法来传输上面这些常量，设置 Sprite 的旋转和镜像。当然，可以查看该方法的具体实现来更深入地理解 Sprite 的旋转和镜像。

- 实现战斗界面

当主角和怪物发生碰撞时就会发生战斗，这时需要一个界面来显示战斗效果。本实例中的战斗界面很简单，只分别显示玩家和怪物的头像以及属性，包括生命、攻击和防御。战斗界面功能是由文件 FightScreen.java 实现的，其中绘制战斗界面功能的实现代码如下所示。

```
protected void onDraw(Canvas canvas)
{
    mcanvas = canvas;
    int tx, ty, tw, th;
    tw = yarin.SCREENW;
    th = yarin.MessageBoxH;
```

```
        tx = 0;
        ty = (yarin.SCREENH - yarin.MessageBoxH) / 2;
        showMessage();
        if (!isFighting)
        {
            tu.DrawText(mcanvas);
        }
        else
        {
            yarin.drawImage(canvas, orgeImage, 0, ty + (th - GameMap.TILE_WIDTH) / 2,
    GameMap.TILE_WIDTH, GameMap.TILE_WIDTH, orgeSrcX, orgeSrcY);
            yarin.drawImage(canvas, heroImage, (tw - GameMap.TILE_WIDTH), ty + (th -
    GameMap.TILE_WIDTH) / 2, GameMap.TILE_WIDTH, GameMap.TILE_WIDTH, 0, 0);
            paint.setColor(Color.WHITE);
            // 怪物
            {
                tx = 40;
                ty = (yarin.SCREENH - yarin.MessageBoxH) / 2 + 5;
                yarin.drawString(canvas, "生命:" + orgeHp, tx, ty, paint);
                yarin.drawString(canvas, "攻击:" + orgeAttack, tx, ty + yarin.TextSize, paint);
                yarin.drawString(canvas, "防御:" + orgeDefend, tx, ty + 2 * yarin.TextSize, paint);
            }
            // 英雄
            {
                String string = "";
                ty = (yarin.SCREENH - yarin.MessageBoxH) / 2 + 5;
                string = hero.getHp() + ":生命";
                yarin.drawString(canvas, string, (tw - 40 - paint.measureText(string)), ty, paint);
                string = hero.getAttack() + ":攻击";
                yarin.drawString(canvas, string, (tw - 40 - paint.measureText(string)), ty +
                yarin.TextSize, paint);
                string = hero.getDefend() + ":防御";
                yarin.drawString(canvas, string, (tw - 40 - paint.measureText(string)), ty +
                2 * yarin.TextSize, paint);
            }
        }
        tick();
    }
    public void showMessage()
    {
        int x = 0;
        int y = (yarin.SCREENH - yarin.MessageBoxH) / 2;
        int w = yarin.SCREENW;
        int h = yarin.MessageBoxH;
        Paint ptmPaint = new Paint();
        ptmPaint.setARGB(255, 0, 0, 0);
        yarin.fillRect(mcanvas, x, y, w, h, ptmPaint);
        ptmPaint = null;
    }
```

每次战斗过后都会得到经验值，增加经验值功能的实现代码如下所示。

```
    private void tick()
    {
        if (orgeHp <= 0)
        {
            isFighting = false;
            tu.InitText("得到" + orgeMoney + "个金币  " + "经验值增加" + orgeExperience, 0,
    (yarin.SCREENH - yarin.MessageBoxH) / 2, yarin.SCREENW, yarin.MessageBoxH,
                0x0, 0xff0000, 255, yarin.TextSize);
        }
        else if (heroFirst == true)
        {
            orgeHp -= orgeDamagePerBout;
            if (orgeHp <= 0)
            {
                orgeHp = 0;
            }
```

```
    }
    else
    {
       hero.cutHp(heroDamagePerBout);
    }
    heroFirst = !heroFirst;
 }
```

在文件 Sprite.java 中编写函数 paint(Canvas canvas)，通过此函数将 Sprite 显示在屏幕上。主要实现代码如下所示。

```
public final void paint(Canvas canvas) {
          if(canvas == null) {
      throw new NullPointerException();
    }
    if (visible) {
drawImage(canvas,this.x,this.y,sourceImage,frameCoordsX[frameSequence[sequenceIndex]],
              frameCoordsY[frameSequence[sequenceIndex]],
              srcFrameWidth,
              srcFrameHeight);
    }
 }
```

注意 Sprite 的编号是从 0 开始的，但是 TiledLayer 却是从 1 开始的。在 TiledLayer 中，序号 0 表示一个空白的元素（比如在某个位置什么都不想画，那就把它设置成 0）。Sprite 只由一个单元组成，所以如果用户想让它不显示这个单元，简单地设置成 setVisible(false)就可以了，因而 Sprite 不需要一个特殊的编号来表示空白的单元。

- 游戏音效

音效在游戏开发中起了很重要的作用，在开发游戏时，人们常常忽视游戏的音效。开发者往往把主要精力花费在游戏的图像和动画等方面，而忽视了背景音乐和声音效果。这种做法是不可取的，因为好的游戏音效和音乐可以使玩家融入游戏世界，产生共鸣。音效的作用还不仅限于此。如果没有高超的游戏音效的映衬，再好的图像技巧也无法使游戏的表现摆脱平庸，对玩家也没有足够的吸引力。首先我们将游戏中的音效分为如下几类：背景音乐、剧情音乐、音效（动作的音效、使用道具音效、辅助音效）等。背景音乐一般需要一直播放，而剧情音乐则只需要在剧情需要的时候播放，音效则是很短小的一段，比如挥刀的声音、怪物叫声等。我准备为此游戏添加 2 个背景音乐，一个是菜单背景音乐，一个是游戏中的背景音乐。操作流程如下所示。

- 准备两个符合游戏剧情的背景音乐放到“res\raw”目录下面。
- 创建一个 CMIDIPlayer 类，控制音乐播放。

因为在 Android 中是通过 MediaPlayer 来播放音乐的，所以在类 CMIDIPlayer 中需要构建一个 MediaPlayer 对象，通过 MediaPlayer.create 来装载音乐文件。上述功能的实现文件是 CMIDIPlayer.java，主要实现代码如下所示。

```
public class CMIDIPlayer
{
   public MediaPlayer   playerMusic;
   public MagicTower   magicTower   = null;
   public CMIDIPlayer(MagicTower magicTower)
   {
      this.magicTower = magicTower;
   }
   // 播放音乐
   public void PlayMusic(int ID)
   {
      FreeMusic();
      switch (ID)
      {
```

```
            case 1:
                //装载音乐
                playerMusic = MediaPlayer.create(magicTower, R.raw.menu);
                //设置循环
                playerMusic.setLooping(true);
                try
                {
                    //准备
                    playerMusic.prepare();
                }
                catch (IllegalStateException e)
                {
                    e.printStackTrace();
                }
                catch (IOException e)
                {
                    e.printStackTrace();
                }
                //开始
                playerMusic.start();
                break;
            case 2:
                playerMusic = MediaPlayer.create(magicTower, R.raw.run);
                playerMusic.setLooping(true);
                try
                {
                    playerMusic.prepare();
                }
                catch (IllegalStateException e)
                {
                    e.printStackTrace();
                }
                catch (IOException e)
                {
                    e.printStackTrace();
                }
                playerMusic.start();
                break;
        }
    }
    // 退出释放资源
    public void FreeMusic()
    {
        if (playerMusic != null)
        {
            playerMusic.stop();
            playerMusic.release();
        }
    }
    // 停止播放
    public void StopMusic()
    {
        if (playerMusic != null)
        {
            playerMusic.stop();
        }
    }
}
```

在上述代码中，通过 PlayMusic 加上 ID 来确定播放什么音乐，通过 StopMusic 来停止正在播放的音乐，当程序退出时调用 FreeMusic 方法来释放播放音乐产生的资源。

- 创建“是否开启音效”界面

在游戏中不可能强制玩家接受要播放的音乐，所以设计一个界面来供玩家选择是否开启音乐很有必要。播放音乐代码如下所示。

```
mCMIDIPlayer.PlayMusic(1);
```

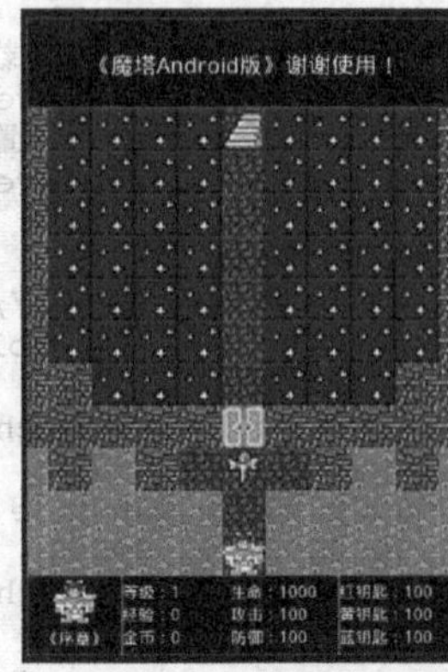

▲图 13-3　执行效果

mCMIDIPlayer 是我们构建的一个 CMIDIPlayer 类的对象。在进入游戏时，又需要播放另一首背景音乐，和上面的代码一样，只需要通过参数的 ID 来设置要播放的音乐。

- 释放资源

当退出游戏时，需要调用类 CMIDPlayer 的方法 FreeMusic 来释放资源，主要代码如下所示。

```
mCMIDIPlayer.FreeMusic();
```

在大多数游戏中，控制音效的界面也不只是这一个，可以在主菜单界面里设置音效，同样还可以在游戏中通过一个弹出菜单等，来控制音效，但是实现方式都相同，大家可以自己将其完善，尽可能地方便用户随时控制音乐开关。执行后的界面效果如图 13-3 所示。

13.2.3　特别提醒——一款游戏产品受到的限制

在制作游戏之前，策划首先要确定一点：到底想要制作一个什么样的游戏？而要制作一个游戏并不是闭门造车，一个策划说了就算数的简单事情。制作一款游戏受到多方面的限制。

（1）市场：即将做的游戏是不是具备市场潜力？在市场上推出以后会不会被大家所接受？是否能够取得良好的市场回报？

（2）技术：即将做的游戏从程序和美术上是不是完全能够实现？如果不能实现，是不是能够有折中的办法？

（3）规模：以现有的资源是否能很好地协调并完成即将要做的游戏？是否需要另外增加人员或设备？

（4）周期：游戏的开发周期是否长短合适？能否在开发结束时正好赶上游戏的销售旺季？

（5）产品：即将做的游戏在其同类产品中是否有新颖的设计？是否能有吸引玩家的地方？如果在游戏设计上达不到革新，是否能够在美术及程序方面加以补足？如果同类型的游戏市场上已经有了很多，那么即将做的游戏的卖点在哪里？

以上各个问题都是要经过开发组全体成员反复进行讨论才能够确定下来的，大家集思广益，共同探讨一个可行的方案。如果对上述全部问题都能够有肯定的答案的话，那么这个项目基本是可行的。但是即便项目获得了通过，在进行过程中也可能会有种种不可预知的因素导致意外情况的发生，所以项目能够成立，只是游戏制作的刚开始。

在项目确立了以后，下一步要进行的就是进行游戏的大纲策划工作。

13.3　一个简单的贪吃蛇游戏

实例 230	一个简单的贪吃蛇游戏
源码路径	无
视频路径	视频\230

13.3.1　实例说明

其实对于初学者来说，如果不得贪吃蛇游戏的要领，可以参考 Android SDK 中的“sample”目录，在此目录下有一个现成的贪吃蛇实例。如图 13-4 所示的是 Android 2.3 中的贪吃蛇源文件。

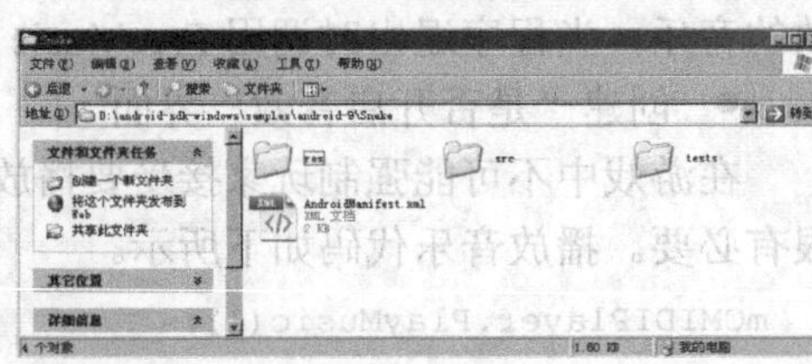

▲图 13-4　贪吃蛇

13.3.2 具体实现

（1）编写文件 Snake.java，在此定义了暂停方法 onPause()和保存状态方法 onSaveInstanceState。文件 Snake.java 的主要代码如下所示。

```
package com.example.android.snake;

import android.app.Activity;
import android.os.Bundle;
import android.view.Window;
import android.widget.TextView;

/**
 * Snake: a simple game that everyone can enjoy.
 *
 * This is an implementation of the classic Game "Snake", in which you control a
 * serpent roaming around the garden looking for apples. Be careful, though,
 * because when you catch one, not only will you become longer, but you'll move
 * faster. Running into yourself or the walls will end the game.
 *
 */
public class Snake extends Activity {
    private SnakeView mSnakeView;

    private static String ICICLE_KEY = "snake-view";
    /**
     * Called when Activity is first created. Turns off the title bar, sets up
     * the content views, and fires up the SnakeView.
     *
     */
    @Override
    public void onCreate(Bundle savedInstanceState) {
        super.onCreate(savedInstanceState);
        setContentView(R.layout.snake_layout);
        mSnakeView = (SnakeView) findViewById(R.id.snake);
        mSnakeView.setTextView((TextView) findViewById(R.id.text));
        if (savedInstanceState == null) {
            // We were just launched -- set up a new game
            mSnakeView.setMode(SnakeView.READY);
        } else {
            // We are being restored
            Bundle map = savedInstanceState.getBundle(ICICLE_KEY);
            if (map != null) {
                mSnakeView.restoreState(map);
            } else {
                mSnakeView.setMode(SnakeView.PAUSE);
            }
        }
    }
    @Override
    protected void onPause() {
        super.onPause();
        // Pause the game along with the activity
        mSnakeView.setMode(SnakeView.PAUSE);
    }
    @Override
    public void onSaveInstanceState(Bundle outState) {
        //Store the game state
        outState.putBundle(ICICLE_KEY, mSnakeView.saveState());
    }
}
```

（2）编写文件 SnakeView.java，在此定义了继承于 View 的类作为“画布”，实际是一个控件。文件 Snake.java 的主要代码如下所示。

```
public class SnakeView extends View implements Runnable{
private static final String tag="SnakeView";
public boolean isPaused=false;
```

```
    public boolean isRunning=true;
    private int[][] snake=new int[100][2];//100 节点总数，第二维下标 0 代表 x 坐标，1 代表 y 坐标
    private int snakeNum;//已经使用的节点数
    private int direction;
    private final int direction_up=0;
    private final int direction_down=1;
    private final int direction_left=2;
    private final int direction_right=3;
    private int width=320,height=480;//view 的宽高，不是全屏 320*480
    private final int SNAKEWIDTH=5;//单节蛇体宽
    private int SLEEP_TIME;
    private int foodX,foodY;//食物坐标
    private boolean b=true;//控制食物闪烁
    private Random r;
    private Thread t;
    private Paint paint;
    public SnakeView(Context context) {
        super(context);
        // TODO Auto-generated constructor stub
        r=new Random();
        paint=new Paint();
        init();
        t=new Thread(this);
        t.start();
    }
    public void init(){
        snakeNum=12;
        for(int i=0;i<snakeNum;i++){
            snake[i][0]=100-SNAKEWIDTH*i;
            snake[i][1]=100;
        }
        direction=direction_right;
        generateFood();
        SLEEP_TIME=200;
        b=true;
        isRunning=true;
        isPaused=false;
    }
    @Override
    public void run() {
        // TODO Auto-generated method stub
        while (isRunning) {
            long start=System.currentTimeMillis();
            if(!isPaused){
                if(isGameOver()){
                    isPaused=true;
                }else{
                    eatFood();
                    move(direction);
                    b=!b;
                }
            }
            postInvalidate();//相当于 repaint
            long end=System.currentTimeMillis();
            if(end-start<SLEEP_TIME){
                try {
                    Thread.sleep(SLEEP_TIME-(end-start));
                } catch (InterruptedException e) {
                    // TODO Auto-generated catch block
                    e.printStackTrace();
                }
            }
        }
    }
    @Override
    protected void onDraw(Canvas canvas) {
        // TODO Auto-generated method stub
        super.onDraw(canvas);
        width=getWidth();
```

```
        height=getHeight();
        Log.w(tag, "width="+width);
        Log.w(tag, "height="+height);
        width=canvas.getWidth();
        height=canvas.getHeight();
        Log.w(tag, "width=="+width);
        Log.w(tag, "height=="+height);
        canvas.drawColor(0xffffff);
        paint.setColor(Color.BLUE);
        paint.setAntiAlias(true);
        paint.setStyle(Style.FILL);
        for(int i=0;i<snakeNum;i++){
            canvas.drawRect(snake[i][0], snake[i][1], snake[i][0]+SNAKEWIDTH, snake[i]
            [1]+SNAKEWIDTH, paint);
        }
        paint.setColor(Color.WHITE);
        if(b){
            canvas.drawRect(foodX,foodY,foodX+SNAKEWIDTH,foodY+SNAKEWIDTH,paint);
        }
    }
    @Override
    public boolean onKeyDown(int keyCode, KeyEvent event) {
        // TODO Auto-generated method stub
        switch (keyCode) {
        case KeyEvent.KEYCODE_DPAD_DOWN:
            if(direction!=direction_up)
                direction=direction_down;
            break;
        case KeyEvent.KEYCODE_DPAD_UP:
            if(direction!=direction_down)
                direction=direction_up;
            break;
        case KeyEvent.KEYCODE_DPAD_LEFT:
            if(direction!=direction_right)
                direction=direction_left;
            break;
        case KeyEvent.KEYCODE_DPAD_RIGHT:
            if(direction!=direction_left)
                direction=direction_right;
            break;
        case KeyEvent.KEYCODE_DPAD_CENTER:
            isPaused=!isPaused;
            break;
        default:
            break;
        }
        return super.onKeyDown(keyCode, event);
    }
    @Override
    public boolean onKeyUp(int keyCode, KeyEvent event) {
        // TODO Auto-generated method stub
        return super.onKeyUp(keyCode, event);
    }
    @Override
    protected void onSizeChanged(int w, int h, int oldw, int oldh) {
        // TODO Auto-generated method stub
        super.onSizeChanged(w, h, oldw, oldh);
    }
    @Override
    public boolean onTouchEvent(MotionEvent event) {
        // TODO Auto-generated method stub
        switch (event.getAction()) {
        case MotionEvent.ACTION_DOWN:
            break;
        case MotionEvent.ACTION_MOVE:
            break;
        case MotionEvent.ACTION_UP:
            break;
        }
```

```
        return super.onTouchEvent(event);
    }
    private void eatFood(){
        if(snake[0][0]==foodX&&snake[0][1]==foodY){
            snakeNum++;
            generateFood();
        }
    }

    private void generateFood(){
        while(true){
            //确保在屏幕内产生食物
            foodX=Math.abs(r.nextInt()%(width-SNAKEWIDTH+1))/SNAKEWIDTH*SNAKEWIDTH;
            foodY=Math.abs(r.nextInt()%(height-SNAKEWIDTH+1))/SNAKEWIDTH*SNAKEWIDTH;
            boolean b=true;
            for(int i=0;i<snakeNum;i++){//确保不在蛇体上产生食物
                if(foodX==snake[i][0]&&foodY==snake[i][1]){
                    b=false;
                    break;
                }
            }
            if(b){
                break;
            }
        }
    }
    private void move(int direction){
        for(int i=snakeNum-1;i>0;i--){
            snake[i][0]=snake[i-1][0];
            snake[i][1]=snake[i-1][1];
        }
        switch (direction) {
        case direction_up:
            snake[0][1]=snake[0][1]-SNAKEWIDTH;
            break;
        case direction_down:
            snake[0][1]=snake[0][1]+SNAKEWIDTH;
            break;
        case direction_left:
            snake[0][0]=snake[0][0]-SNAKEWIDTH;
            break;
        case direction_right:
            snake[0][0]=snake[0][0]+SNAKEWIDTH;
            break;
        default:
            break;
        }
    }
    private boolean isGameOver(){//越界判断
    if(snake[0][0]<0||snake[0][0]>width-SNAKEWIDTH||snake[0][1]<0||snake[0][1]>
height-SNAKEWIDTH){
            return true;
        }
        for(int i=4;i<snakeNum;i++){//自身碰撞判断
            if(snake[0][0]==snake[i][0]&&snake[0][1]==snake[i][1]){
                return true;
            }
        }
        return false;
    }
}
```

13.3.3 特别提醒——贪吃蛇游戏的基本思路

贪吃蛇游戏在手机应用中比较常见，在此笔者根据开发经验总结出策划贪吃蛇游戏的基本思路。这个思路比较符合正常人思维，所以介绍给广大读者以作参考。笔者思路的基本流程如下。

（1）将屏幕画面分为 3 栏，上面一栏显示得分，中间一栏是小蛇的活动区域，下面一栏是操作栏，包括两个操作按钮。

（2）在游戏开始之后，画面的下方出现一条向上运动的小蛇。

（3）利用画面最下面一栏的左右键可以控制小蛇，左键控制蛇头向左旋转 90º，右键控制蛇头向右旋转 90º。

（4）画面中的小蛇活动区域随机出现苹果，吃掉一个苹果，另外一个才会出现。

（5）小蛇用头部触碰随机出现的苹果，得分 10 分，速度适当增加。

（6）小蛇的头部如果触碰到活动区域的边界，小蛇将随机向左或右转向 90º。

（7）小蛇的头部如果触碰到身体部分，游戏结束，结束之后可以输入用户名，记录得分。

（8）有排行榜功能，在排行榜显示用户民和得分。

（9）游戏为过关类型，共设置 10 关，第一关会出现 3 个苹果，以后每关增加 3 个苹果。在新的关卡，小蛇的长度恢复为默认长度，速度为默认速度。

（10）设置挑战极限功能，设置 100 个苹果，初始速度为 10 级，初始长度为 10。

13.4 扑克游戏

实例 231	翻扑克牌游戏
源码路径	daima\231
视频路径	视频\231

13.4.1 实例说明

在本游戏中，预先准备了 3 张扑克牌，如图 13-5 所示。

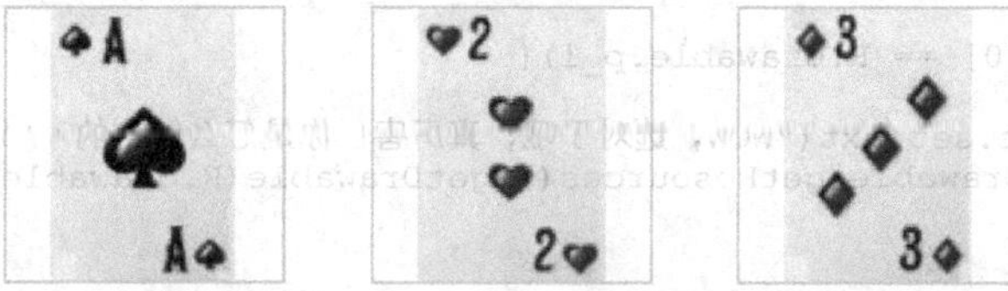

▲图 13-5 3 张扑克牌

这个游戏的玩法是：用户从这 3 张扑克牌中找出 A，无论正确还是错误都会输出对应的提示。

13.4.2 具体实现

本实例的实现文件是 puke.java，具体实现流程如下所示。

（1）定义 Activity 类的子类 puke，首先声明需要的控件对象，然后分别建立循环消息队列和获取控件实例。主要代码如下所示。

```
public class puke extends Activity {
    /** Called when the activity is first created. */
    //声明控件
    private TextView outPut;
    private ImageView imageFace;
    private ImageView image_View1;
    private ImageView image_View2;
    private ImageView image_View3;
    private ProgressBar progressBar;
    private Button button_start;
    private Button button_end;
    private MyHandler myHandler;    //进度条线程
    private int i;    //进度条参数
```

```
private static int[] poker = {R.drawable.p_1,R.drawable.p_2,R.drawable.p_3};

@Override
public void onCreate(Bundle savedInstanceState) {
    super.onCreate(savedInstanceState);
    setContentView(R.layout.main);
    //建立循环消息队列
    HandlerThread handlerThread = new HandlerThread("thread");
    //很重要，必须要写
    handlerThread.start();
    myHandler = new MyHandler(handlerThread.getLooper());
    //取得控件实例
    outPut = (TextView)findViewById(R.id.outPut);
    imageFace = (ImageView)findViewById(R.id.imageface);
    image_View1 = (ImageView)findViewById(R.id.image1);
    image_View2 = (ImageView)findViewById(R.id.image2);
    image_View3 = (ImageView)findViewById(R.id.image3);
    progressBar = (ProgressBar)findViewById(R.id.progressbar);
    button_start = (Button)findViewById(R.id.start);
    button_end = (Button)findViewById(R.id.end);
    //洗牌
    random();
```

（2）编写选择第一张牌后的响应事件，选到 A 则输出“选对了哦，真厉害！你是怎么做到的？”。没选到则输出“真遗憾，这次运气不好，再来一次吧！”。具体代码如下所示。

```
//牌 1 监听器
image_View1.setOnClickListener(new OnClickListener(){
    @Override
    public void onClick(View v) {
        // TODO Auto-generated method stub
        image_View1.setImageDrawable(getResources().getDrawable(poker[0]));
        image_View2.setImageDrawable(getResources().getDrawable(poker[1]));
        image_View3.setImageDrawable(getResources().getDrawable(poker[2]));
        image_View2.setAlpha(100);    //设置没被选中的牌渐隐效果
        image_View3.setAlpha(100);

        if(poker[0] == R.drawable.p_1){

            outPut.setText("WOW，选对了哦，真厉害！你是怎么做到的？");
imageFace.setImageDrawable(getResources().getDrawable(R.drawable.qq_suprise));

        }else{

            outPut.setText("真遗憾，这次运气不好，再来一次吧！");
imageFace.setImageDrawable(getResources().getDrawable(R.drawable.qq_despise));
        }
    }

});
```

（3）编写选择第二张牌后的响应事件，选到 A 则输出“选对了哦，真厉害！你是怎么做到的？”。没选到则输出“真遗憾，这次运气不好，再来一次吧！”。具体代码如下所示。

```
image_View2.setOnClickListener(new OnClickListener(){
    @Override
    public void onClick(View v) {
        // TODO Auto-generated method stub

        image_View1.setImageDrawable(getResources().getDrawable(poker[0]));
        image_View2.setImageDrawable(getResources().getDrawable(poker[1]));
        image_View3.setImageDrawable(getResources().getDrawable(poker[2]));

        image_View1.setAlpha(100);
        image_View3.setAlpha(100);

        if(poker[1] == R.drawable.p_1){
```

```
            outPut.setText("WOW，选对了哦，真厉害！你是怎么做到的？");
            imageFace.setImageDrawable(getResources().getDrawable(R.drawable.
qq_suprise));
        }

});
```

（4）编写选择第三张牌后的响应事件，选到 A 则输出“选对了哦，真厉害！你是怎么做到的？”。没选到则输出“真遗憾，这次运气不好，再来一次吧！”。具体代码如下所示。

```
image_View3.setOnClickListener(new OnClickListener(){
    @Override
    public void onClick(View v) {
        // TODO Auto-generated method stub

        image_View1.setImageDrawable(getResources().getDrawable(poker[0]));
        image_View2.setImageDrawable(getResources().getDrawable(poker[1]));
        image_View3.setImageDrawable(getResources().getDrawable(poker[2]));

       image_View1.setAlpha(100);
       image_View2.setAlpha(100);

       if(poker[2] == R.drawable.p_1){

           outPut.setText("WOW，选对了哦，真厉害！你是怎么做到的？");
           imageFace.setImageDrawable(getResources().getDrawable(R.drawable.
qq_suprise));

       }else{

          outPut.setText("真遗憾，这次运气不好，再来一次吧！");
          imageFace.setImageDrawable(getResources().getDrawable(R.drawable.
qq_despise));

        }


    }

});

button_start.setOnClickListener(new OnClickListener(){
```

（5）编写单击【洗牌】按钮事件的处理方法 nClick(View v)，在里面设置进度条可见，并启动进度条线程。具体代码如下所示。

```
    public void onClick(View v) {
        // TODO Auto-generated method stub
        outPut.setText("猜猜看黑桃 A 是哪一张？");
        //设置进度条可见，启动进度条线程
        progressBar.setVisibility(View.VISIBLE);
        myHandler.post(progressBarThread);

        imageFace.setImageDrawable(getResources().getDrawable(R.drawable.qq_laugh));
        image_View1.setImageDrawable(getResources().getDrawable(R.drawable.poker_
back));
        image_View2.setImageDrawable(getResources().getDrawable(R.drawable.poker_
back));
        image_View3.setImageDrawable(getResources().getDrawable(R.drawable.poker_
back));

        image_View1.setAlpha(255);
        image_View2.setAlpha(255);
        image_View3.setAlpha(255);

        random();
    }
});
```

（6）编写单击【退出】按钮事件的处理方法，具体代码如下所示。

```
    //end 键结束程序
    button_end.setOnClickListener(new OnClickListener(){
        @Override
        public void onClick(View v) {
            // TODO Auto-generated method stub
            finish();
        }

    });

}
```

（7）编写随机洗牌处理方法 random()，具体代码如下所示。

```
//随机洗牌方法
private void random(){
    Random rand = new Random();
    int temp1 = 0;
    int temp2 = 0;
    for(int i=0; i<3; i++){
        temp1 = rand.nextInt(3);
        temp2 = poker[i];
        poker[i] = poker[temp1];
        poker[temp1] = temp2;
    }

}
```

（8）编写进度条线程代码，具体代码如下所示。

```
//进度条线程
Runnable progressBarThread = new Runnable(){
    @Override
    public void run() {
        // TODO Auto-generated method stub
        i+=10;

        try{
            Thread.sleep(20);
        }catch(InterruptedException e){
            e.printStackTrace();
        }

        Message msg = myHandler.obtainMessage();
        msg.arg1 = i;
        myHandler.sendMessage(msg);
    }

};
//设置进度条不可见
Runnable progressInvisible = new Runnable(){
    @Override
    public void run() {
        // TODO Auto-generated method stub
        progressBar.setVisibility(View.INVISIBLE);
    }

};
```

到此为止，本游戏项目的主要功能介绍完毕。执行后的初始界面效果如图 13-6 所示，选对界面效果如图 13-7 所示。

13.4.3　特别提醒——游戏的大纲策划

在项目确立了以后，下一步要进行的就是进行游戏大纲策划工作。

（1）大纲策划

游戏大纲关系到游戏的整体面貌，当大纲策划案定稿以后，没有特殊情况，是不允许进行更改的。程序员和美术工作人员将按照策划所构思的游戏形式来架构整个游戏，因此，在制定策划案时一定要做到慎重并尽量考虑成熟。

▲图 13-6　初始效果

▲图 13-7　选对界面效果

（2）正式制作

当游戏大纲策划案完成并讨论通过后，游戏就从三方面同时开始进行制作了。在这一阶段，策划的主要任务是在大纲的基础上对游戏的所有细节进行完善，将游戏大纲逐步填充为完整的游戏策划案。根据不同的游戏种类，所要进行细化的部分也不尽相同。

在正式制作的过程中，策划者、程序员、美工人员及时进行经常性的交流，了解工作进展以及是否有难以克服的困难，并且根据现实情况有目的的变更工作计划或设计思想。三方面的配合在游戏正式制作过程中是最重要的。

（3）配音、配乐

在程序和美工进行得差不多要结束的时候，就要进行配音和配乐的工作了。虽然音乐和音效是游戏的重要组成部分，能够起到很好的烘托游戏气氛的作用，但是限于 J2ME 游戏的开发成本和设置的处理能力，这部份已经被弱化到可有可无的地步了。但仍应选择跟游戏风格能很好配合的音乐当作游戏背景音乐，这个工作交给策划比较合适。

（4）检测、调试

游戏刚制作完成，肯定在程序上会有很多的错误，严重情况下会导致游戏完全没有办法进行下去。同样，策划设计也会有不完善的地方，主要在游戏的参数部分。参数部分的不合理，会影响游戏的可玩性。此时测试人员需检测程序上的漏洞并通过试玩调整游戏的各个部分参数使之基本平衡。

13.5 扫雷游戏

实例 232	扫雷游戏
源码路径	daima\232
视频路径	视频\232

13.5.1　实例说明

扫雷一词为多义项。扫雷游戏是微软于 1992 年附带在其操作系统中的小游戏，它通过单击格子并以出现的数字来判断附近地雷的数量，将全部地雷做上标记即可胜利。扫雷游戏的目标是尽快找到雷区中的所有不是地雷的方块，而不许踩到地雷。点开的数字是几，则说明该数字旁边的 8 个位置中有几个雷，如果挖开的是地雷，则会输掉游戏。在本实例中，编写了一个能够在 Android 系统上运行的扫雷游戏。

13.5.2 具体实现

（1）编写文件 Bl.java，在里面定义了继承于 Button 的类 Bl，功能是实现了一个个地雷快的显示功能。文件 Bl.java 的具体实现代码如下所示。

```
/**地雷块*/
public class Bl extends Button {
    private boolean isCovered; // 块是否覆盖
    private boolean isMined; // 下个块
    private boolean isFlagged; // 是否将该块标记为一个潜在的地雷
    private boolean isQuestionMarked; // 是否是块的问题标记
    private boolean isClickable; // 是否可以单击
    private int numberOfMinesInSurrounding; // 在附近的地雷数量块
    public Bl(Context context) {
        super(context);
        // TODO Auto-generated constructor stub
    }
    public Bl(Context context, AttributeSet attrs) {
        super(context, attrs);
        // TODO Auto-generated constructor stub
    }
    public Bl(Context context, AttributeSet attrs, int defStyle)
        {
            super(context, attrs, defStyle);
        }
    /**
      * 设置默认参数
      */
    public void setDefaults() {
        isCovered = true;
        isMined = false;
        isFlagged = false;
        isQuestionMarked = false;
        isClickable = true;
        numberOfMinesInSurrounding = 0;

        this.setBackgroundResource(R.drawable.square_blue);
        setBoldFont();
    }
    public void setNumberOfSurroundingMines(int number) {
        this.setBackgroundResource(R.drawable.square_grey);
        updateNumber(number);
    }
    public void setMineIcon(boolean enabled) {
        this.setText("M");
        if (!enabled) {
            this.setBackgroundResource(R.drawable.square_grey);
            this.setTextColor(Color.RED);
        }
        else {
            this.setTextColor(Color.BLACK);
        }
    }
    public void setFlagIcon(boolean enabled) {
        this.setText("F");
        if (!enabled) {
            this.setBackgroundResource(R.drawable.square_grey);
            this.setTextColor(Color.RED);
        }
        else {
            this.setTextColor(Color.BLACK);
        }
```

```
    }
    public void setQuestionMarkIcon(boolean enabled) {
        this.setText("?");
        if (!enabled) {
            this.setBackgroundResource(R.drawable.square_grey);
            this.setTextColor(Color.RED);
        }
        else {
            this.setTextColor(Color.BLACK);
        }
    }
    public void setBlockAsDisabled(boolean enabled) {
        if (!enabled) {
            this.setBackgroundResource(R.drawable.square_grey);
        }
        else {
            this.setTextColor(R.drawable.square_blue);
        }
    }
    public void clearAllIcons() {
        this.setText("");
    }
    private void setBoldFont() {
        this.setTypeface(null, Typeface.BOLD);
    }
    public void OpenBlock() {
        if (!isCovered) {
            return;
        }
        setBlockAsDisabled(false);
        isCovered = false;
        if (hasMine()) {
            setMineIcon(false);
        }
        else {
            setNumberOfSurroundingMines(numberOfMinesInSurrounding);
        }
    }
    public void updateNumber(int text) {
        if (text != 0) {
            this.setText(Integer.toString(text));
            switch (text) {
            case 1:
                this.setTextColor(Color.BLUE);
                break;
            case 2:
                this.setTextColor(Color.rgb(0, 100, 0));
                break;
            case 3:
                this.setTextColor(Color.RED);
                break;
            case 4:
                this.setTextColor(Color.rgb(85, 26, 139));
                break;
            case 5:
                this.setTextColor(Color.rgb(139, 28, 98));
                break;
            case 6:
                this.setTextColor(Color.rgb(238, 173, 14));
                break;
            case 7:
                this.setTextColor(Color.rgb(47, 79, 79));
                break;
            case 8:
                this.setTextColor(Color.rgb(71, 71, 71));
                break;
            case 9:
                this.setTextColor(Color.rgb(205, 205, 0));
                break;
```

```
            }
        }
    }
    public void plantMine() {
        isMined = true;
    }
    public void triggerMine() {
        setMineIcon(true);
        this.setTextColor(Color.RED);
    }
    public boolean isCovered() {
        return isCovered;
    }
    public boolean hasMine() {
        return isMined;
    }
    public void setNumberOfMinesInSurrounding(int number) {
        numberOfMinesInSurrounding = number;
    }
    public int getNumberOfMinesInSorrounding() {
        return numberOfMinesInSurrounding;
    }
    public boolean isFlagged() {
        return isFlagged;
    }
    public void setFlagged(boolean flagged) {
        isFlagged = flagged;
    }
    public boolean isQuestionMarked() {
        return isQuestionMarked;
    }
    public void setQuestionMarked(boolean questionMarked) {
        isQuestionMarked = questionMarked;
    }
    public boolean isClickable() {
        return isClickable;
    }
    public void setClickable(boolean clickable) {
        isClickable = clickable;
    }
}
```

（2）编写文件 leiGame.java，此文件实现了本扫雷游戏的主界面，具体实现流程如下所示。

- 使用 TableLayout 动态添加行，主要代码如下所示。

```
mineField = (TableLayout)findViewById(R.id.MineField);
private void showMineField()
{
  for (int row = 1; row < numberOfRowsInMineField + 1; row++)
  {
    TableRow tableRow = new TableRow(this);
    tableRow.setLayoutParams(new LayoutParams((blockDimension + 2 * blockPadding) *
        numberOfColumnsInMineField, blockDimension + 2 * blockPadding));
    for (int column = 1; column < numberOfColumnsInMineField + 1; column++)
    {
      blocks[row][column].setLayoutParams(new LayoutParams(
          blockDimension + 2 * blockPadding,
          blockDimension + 2 * blockPadding));
      blocks[row][column].setPadding(blockPadding,     blockPadding,     blockPadding,
blockPadding);
      tableRow.addView(blocks[row][column]);
    }
    mineField.addView(tableRow,new TableLayout.LayoutParams(
        (blockDimension + 2 * blockPadding) * numberOfColumnsInMineField, blockDimension
+ 2 * blockPadding));
  }
}
```

- 实现定时器 Handler 功能，用于统计扫雷完成的时间。具体代码如下所示。

```
private Handler timer = new Handler();
private int secondsPassed = 0;

public void startTimer(){ if (secondsPassed == 0)
  {
    timer.removeCallbacks(updateTimeElasped);
    timer.postDelayed(updateTimeElasped, 1000);
  }
}

public void stopTimer()
{
  timer.removeCallbacks(updateTimeElasped);
}
private Runnable updateTimeElasped = new Runnable()
{
  public void run()
  {
    long currentMilliseconds = System.currentTimeMillis();
    ++secondsPassed;
    txtTimer.setText(Integer.toString(secondsPassed));
    timer.postAtTime(this, currentMilliseconds);
    timer.postDelayed(updateTimeElasped, 1000);
  }
};
```

- 第一次单击的处理事件代码如下所示。

```
private boolean isTimerStarted;
blocks[row][column].setOnClickListener(new OnClickListener()
{
  @Override
  public void onClick(View view)
  {
    // start timer on first click
    if (!isTimerStarted)
    {
      startTimer();
      isTimerStarted = true;
    }
    ...
  }
});
```

- 第一次单击无雷处时的处理事件代码如下所示。

```
private boolean areMinesSet;
blocks[row][column].setOnClickListener(new OnClickListener()
{
  @Override
  public void onClick(View view)
  {
    ...
    // set mines on first click
    if (!areMinesSet)
    {
      areMinesSet = true;
      setMines(currentRow, currentColumn);
    }
  }
});
private void setMines(int currentRow, int currentColumn)
{
  Random rand = new Random();
  int mineRow, mineColumn;
  for (int row = 0; row < totalNumberOfMines; row++)
  {
    mineRow = rand.nextInt(numberOfColumnsInMineField);
    mineColumn = rand.nextInt(numberOfRowsInMineField);
    if ((mineRow + 1 != currentColumn) || (mineColumn + 1 != currentRow))
```

```
    {
      if (blocks[mineColumn + 1][mineRow + 1].hasMine())
      {
        row--;
      }
      blocks[mineColumn + 1][mineRow + 1].plantMine();
    }
    else
    {
      row--;
    }
  }
  int nearByMineCount;
}
```

● 单击雷块后会实现一个特殊的效果，此效果的实现代码如下所示。

```
private void rippleUncover(int rowClicked, int columnClicked)
{
  if (blocks[rowClicked][columnClicked].hasMine() || blocks[rowClicked][columnClicked].
isFlagged())
  {
    return;
  }
  blocks[rowClicked][columnClicked].OpenBlock();
  if (blocks[rowClicked][columnClicked].getNumberOfMinesInSorrounding() != 0 )
  {
    return;
  }
  for (int row = 0; row < 3; row++)
  {
    for (int column = 0; column < 3; column++)
    {
      // check all the above checked conditions
      // if met then open subsequent blocks
      if (blocks[rowClicked + row - 1][columnClicked + column - 1].isCovered()
          && (rowClicked + row - 1 > 0) && (columnClicked + column - 1 > 0)
          && (rowClicked + row - 1 < numberOfRowsInMineField + 1)
          && (columnClicked + column - 1 < numberOfColumnsInMineField + 1))
      {
        rippleUncover(rowClicked + row - 1, columnClicked + column - 1 );
      }
    }
  }
  return;
}
```

● 通过如下代码记录当前玩家的胜负。

```
if (blocks[currentRow + previousRow][currentColumn + previousColumn].hasMine())
{
  finishGame(currentRow + previousRow, currentColumn + previousColumn);
}
if (checkGameWin())
{
  winGame();
}
private boolean checkGameWin()
{
  for (int row = 1; row < numberOfRowsInMineField + 1; row++)
  {
    for (int column = 1; column < numberOfColumnsInMineField + 1; column++)
    {
      if (!blocks[row][column].hasMine() && blocks[row][column].isCovered())
      {
        return false;
      }
    }
  }
  return true;
}
```

因为本书篇幅的限制，本实例就讲解到这儿。本实例的所有源码保存在本书光盘中，笔者对源码进行了详细注释，相信大家一读便懂。执行后的游戏界面如图 13-8 所示。

▲图 13-8 执行效果

13.5.3 特别提醒——用“？”标记空白

在本游戏中，使用了问号“?”标记来标记空白，对应的实现代码如下所示。

```
blocks[row][column].setOnLongClickListener(new
OnLongClickListener(){
  public boolean onLongClick(View view)
  {
    if (blocks[currentRow][currentColumn].isClickable() &&
       (blocks[currentRow][currentColumn].isEnabled()  || blocks[currentRow][current
Column].isFlagged()))
    {
      if   (!blocks[currentRow][currentColumn].isFlagged()   &&   !blocks[currentRow]
[currentColumn].isQuestionMarked())
      {
        blocks[currentRow][currentColumn].setBlockAsDisabled(false);
        blocks[currentRow][currentColumn].setFlagIcon(true);
        blocks[currentRow][currentColumn].setFlagged(true);
        minesToFind--; //reduce mine count
        updateMineCountDisplay();
      }
      else if (!blocks[currentRow][currentColumn].isQuestionMarked())
      {
        blocks[currentRow][currentColumn].setBlockAsDisabled(true);
        blocks[currentRow][currentColumn].setQuestionMarkIcon(true);
        blocks[currentRow][currentColumn].setFlagged(false);
        blocks[currentRow][currentColumn].setQuestionMarked(true);
        minesToFind++; // increase mine count
        updateMineCountDisplay();
      }
      else
      {
        blocks[currentRow][currentColumn].setBlockAsDisabled(true);
        blocks[currentRow][currentColumn].clearAllIcons();
        blocks[currentRow][currentColumn].setQuestionMarked(false);
        if (blocks[currentRow][currentColumn].isFlagged())
        {
          minesToFind++;
          updateMineCountDisplay();
        }
        blocks[currentRow][currentColumn].setFlagged(false);
      }
      updateMineCountDisplay();
    }
    return true;
  }
});
```

13.6 体育竞技类游戏——疯狂足球

实例 233	开发一个足球游戏
源码路径	daima\233
视频路径	视频\233

13.6.1 实例说明

足球游戏是指以足球作为游戏主题的游戏，目前在市场上主要分为足球类小游戏、足球类网页游戏、足球类电视游戏、足球类计算机游戏等几大类别。在足球游戏中，用户可以扮演不同的角色，扮演球员角色通常以操作类的足球游戏为主，代表作品包括 FIFA 系列、实况足球系列。用户也可以扮演经理人角色，代表作品是足球经理人系列游戏。不同类型的足球游戏，可以让玩家得到不同的体验。足球游戏平台包括 PSP、PS3、PS2、NDSL、PC、手机、XBOX360 等等。视图类型包括几部分，例如屏幕视图、道具视图、角色视图等。

13.6.2 具体实现

在 Android 中，类 Activity 负责切换不同界面。在本实例中，Activity 还能够实现按键单击和修改按键状态的功能。本足球游戏项目的 Activity 类是由文件 FootballActivity.java 实现的，其主要实现代码如下所示。

```
public void onCreate(Bundle savedInstanceState) {                //重写 onCreate 方法
    super.onCreate(savedInstanceState);
    initWelcomeSound(this);       //初始化声音库
    requestWindowFeature(Window.FEATURE_NO_TITLE);          //设置全屏
    getWindow().setFlags(
        WindowManager.LayoutParams.FLAG_FULLSCREEN,
        WindowManager.LayoutParams.FLAG_FULLSCREEN
        );
    welcome = new WelcomeView(this);                //将屏幕切到欢迎界面
    setContentView(welcome);
    current = welcome;
    if(wantSound && mpWelcomeMusic!=null){            //如需要，播放相应声音
      mpWelcomeMusic.start();
    }
    initRects();        //初始化用于匹配点击事件的矩形框
}
始化欢迎界面的声音
public void initWelcomeSound(Context context){
    mpWelcomeMusic = MediaPlayer.create(context, R.raw.music);
}
//初始化矩形框
public void initRects(){
    rectPlus = new Rect[3];
    rectMinus = new Rect[3];
    for(int i=0;i<3;i++){
      rectPlus[i] = new Rect(244,200+40*i,280,236+40*i);
      rectMinus[i] = new Rect(280,200+40*i,316,236+40*i);
    }
    rectSound = new Rect(135,370,185,420);
    rectStart = new Rect(205,425,295,475);
    rectQuit = new Rect(25,425,115,475);
    rectGallery = new Rect(10,10,310,110);
}
//重写 onTouchEvent 方法
public boolean onTouchEvent(MotionEvent event) {
    if(event.getAction()== MotionEvent.ACTION_UP){//判断事件类型
      int x = (int)event.getX();        //获得单击处的 X 坐标
      int y = (int)event.getY();        //获得单击处的 Y 坐标
      if(current == welcome){//如果当前界面是欢迎界面
        if(rectGallery.contains(x, y)){          //用户单击的是 Gallery
          welcome.cg.galleryTouchEvnet(x, y);//交给 Gallery 来处理单击事件
        }
        else if(rectSound.contains(x, y)){        //点下的是声音选项
          this.wantSound = !this.wantSound;     //更改声音选项
          return true;
        }
        else if(rectStart.contains(x, y)){        //点下开始键
          if(checkLayout(welcome.layout)){        //检查玩家选择的布局是否正确
            layoutArray = welcome.layout;        //获得玩家选择站位布局
            lv = new LoadingView(this);        //创建读取进度 View
            this.setContentView(lv); //将屏幕设为读取进度的 LoadingView
            this.current = lv;                //记录当前 View
            lv.lt.start();              //启动 LoadingView 的刷屏线程
            new Thread(){          //启动一个新线程，在其中创建 GameView 对象
              public void run(){
```

```
                    Looper.prepare();
                    if(wantSound){
                        initSound();//初始化声音
                    }
                    //创建游戏界面
gv = new GameView(FootballActivity.this,imageIDs[welcome.cg.currIndex]);
                    lv.progress = 100;
                    welcome = null;          //释放掉 WelcomeView
                }
            }.start();
        }
    }
    else if(rectQuit.contains(x,y)){          //按下退出键
        System.exit(0);                       //程序退出
    }
    else{       //检查是否按下了修改队员站位的加号和减号按钮
  for(int i=0;i<3;i++){
  if(rectPlus[i].contains(x,y)){     //如果有加号按钮点下，就增加对应进攻防守线上人数
            //如果有富余的人再加
        if(welcome.layout[0]+welcome.layout[1]+welcome.layout[2] <10){
            welcome.layout[i]++;
        }
        break;
    }
    if(rectMinus[i].contains(x, y)){//如果有减号按钮点下，就减少相应人数
        if(welcome.layout[i] > 0){     //如果该处人数不为零，就减少一个
            welcome.layout[i]--;
        }
        break;
    }
        }
    }
  }
  else if(current == gv){                //如果当前显示的 View 为 GameView
    if(gv.rectMenu.contains(x,y)){      //如果点下了菜单按钮
      gv.isShowDialog = true;           //设置显示对话框
      gv.ball.isPlaying = false;  //足球停止移动
      pmt.flag = false;                  //使 PlayerMoveThread 空转
    }
  else if(gv.rectYesToDialog.contains(x,y)){//如果点下的是对话框中的“是”按钮
  if(gv.isShowDialog){                //检查对话框是不是正在显示
     welcome = new WelcomeView(this);    //新建一个 WelcomeView
          setContentView(welcome);             //设置当前屏幕为 WelcomeView
          welcome.status = 3;                           //直接设为待命状态
          current = welcome;                           //记录当前屏幕
          gv = null;      //将 GameView 指向的对象声明为垃圾
          if(wantSound && mpWelcomeMusic!=null){
                                   //如需要，播放声音
              mpWelcomeMusic.start();
          }
      }
  }
else if(gv.rectNoToDialog.contains(x,y)){        //如果点下的是对话框中的“否”按钮
      if(gv.isShowDialog){                      //检查对话框是不是正在显示
          gv.isShowDialog = false;      //不显示对话框
          pmt.flag = true;               //设置双方球员可移动
          gv.ball.isPlaying = true;     //设置足球可移动
      }
  }
}
  else if(current == lv){                              //如果当前屏幕为 LoadingView
    if(lv.progress == 100){                            //如果进度达到 100%
      setContentView(gv);                             //屏幕切换到 GameView
      current = gv;                                   //记录当前 View
      lv = null;                                      //lv 指向的对象声明为垃圾
      if(mpWelcomeMusic.isPlaying()){             //如需要，播放相应声音
          mpWelcomeMusic.stop();
      }
      gv.startGame();                                    //开始游戏
```

```
                }
            }
        }
        return true;
    }
//加载游戏中用到的声音
    public void initSound(){
        mpKick = MediaPlayer.create(this, R.raw.kick);
        updateProgressView();//更新进度条
        mpCheerForWin = MediaPlayer.create(this, R.raw.cheer_win);
        updateProgressView();//更新进度条
        mpCheerForLose = MediaPlayer.create(this, R.raw.cheer_lose);
        updateProgressView();//更新进度条
        mpCheerForGoal = MediaPlayer.create(this, R.raw.cheer_goal);
        updateProgressView();//更新进度条
        mpLargerGoal = MediaPlayer.create(this, R.raw.lager_goal);
        updateProgressView();//更新进度条
        mpIce = MediaPlayer.create(this, R.raw.ice);
        updateProgressView();//更新进度条
    }
//更新进度条的进度
    public void updateProgressView(){
        lv.progress+=15;
    }
    @Override
//检查用户输入的 layout 是否合法
    public boolean checkLayout(int [] layout){
        int sum=0;
        for(int i=0;i<layout.length;i++){     //遍历存放球员站位的数组
            if(layout[i]<0){                 //如果发现某个进攻/防守阵线上的球员为负数
                return false;
            }
            else{
                sum+=layout[i];      //将各个阵线上的球员个数相加
            }
        }
        if(sum == 10){               //如果和为 10，则该站位合法
            return true;
        }
        else{
            return false;   //返回 false
        }
    }
}
```

执行之后的菜单界面如图 13-9 所示，游戏界面如图 13-10 所示。

▲图 13-9 初始界面

▲图 13-10 游戏界面

13.6.3 特别提醒——做好准备工作

在进行游戏开发之前，需要准备好游戏中用到的图片素材和配音文件。其中用到的图片素材文件保存在“res\drawable-mdpi”目录下。

用到的配音文件保存在“res\raw”目录下。

13.7 象棋游戏

实例 234	象棋游戏
源码路径	daima\234
视频路径	视频\234

13.7.1 实例说明

象棋，又称中国象棋，英文译作 Xiangqi。象棋在中国有着悠久的历史，属于二人对抗性游戏的一种，由于用具简单，趣味性强，成为流行极为广泛的棋艺活动。中国象棋是我国正式开展的 78 个体育运动项目之一，为促进该项目在世界范围内的普及和推广，现将“中国象棋”项目名称更改为“象棋”。此外，高材质的象棋也具有收藏价值，例如高档木材、玉石等为材料的象棋。更有文人墨客为象棋谱写了诗篇，使象棋更具有一种文化色彩。本实例实现了一个中国象棋游戏，希望读者好好阅读代码，读懂每一段代码的真正功能。

13.7.2 具体实现

（1）编写文件 XIActivity.java，在此文件中定义了类 XIActivity，这是本实例游戏控制器类，功能是在合适的时候初始化相应的用户界面，根据其他界面的要求切换到需要的界面。文件 XIActivity.java 的主要代码如下所示。

```
public class XIActivity extends Activity {
    boolean isSound = true;//是否播放声音
    MediaPlayer startSound;//开始和菜单时的音乐
    MediaPlayer gamesound;//游戏声音
    Handler myHandler = new Handler(){//用来更新 UI 线程中的控件
        public void handleMessage(Message msg) {
            if(msg.what == 1){//WelcomeView 或 HelpView 或 GameView 传来的消息，切换到 MenuView
                initMenuView();//初始化并切换到菜单界面
            }
            else if(msg.what == 2){//MenuView 传来的消息，切换到 GameView
                initGameView();//初始化并切换到游戏界面
            }
            else if(msg.what == 3){//MenuView 传来的消息，切换到 HelpView
                initHelpView();//初始化并切换到帮助界面
            }
        }
    };
    public void onCreate(Bundle savedInstanceState) {//重写的 onCreate
        super.onCreate(savedInstanceState);
        //全屏
        requestWindowFeature(Window.FEATURE_NO_TITLE);
        getWindow().setFlags(WindowManager.LayoutParams.FLAG_FULLSCREEN ,
                WindowManager.LayoutParams.FLAG_FULLSCREEN);
        startSound = MediaPlayer.create(this, R.raw.startsound);//加载欢迎声音
        startSound.setLooping(true);//设置游戏声音循环播放
        gamesound  = MediaPlayer.create(this, R.raw.gamesound);//游戏过程的背景声音
        gamesound.setLooping(true);//设置游戏声音循环播放
        this.initWelcomeView();//初始化欢迎界面
    }
    public void initWelcomeView(){//初始化欢迎界面
        this.setContentView(new WelcomeView(this,this));//切换到欢迎界面
        if(isSound){//需要播放声音时
            startSound.start();//播放声音
        }
    }

    public void initGameView(){//初始化游戏界面
```

```
        this.setContentView(new GameView(this,this)); //切换到游戏界面
    }

    public void initMenuView(){//初始化菜单界面
        if(startSound != null){//停止
            startSound.stop();//停止播放声音
            startSound = null;
        }
        if(this.isSound){//是否播放声音
            gamesound.start();//播放声音
        }
        this.setContentView(new MenuView(this,this));//切换 View
    }
    public void initHelpView(){//初始化帮助界面
        this.setContentView(new HelpView(this,this));//切换到帮助界面
    }
}
```

（2）编写文件 WelcomeView.java，在此文件中定义了类 WelcomeView，此类是一个辅助界面类，是刚进入游戏系统后显示的欢迎界面框架。文件 WelcomeView.java 的主要代码如下所示。

```
    public WelcomeView(Context context,XIActivity activity) {//构造器
        super(context);
        this.activity = activity;//得到 activity 引用
        getHolder().addCallback(this);
        this.thread = new TutorialThread(getHolder(), this);//初始化刷帧线程
        this.moveThread = new WelcomeThread(this);//初始化图片移动线程
        initBitmap();//初始化所有图片
    }
    public void initBitmap(){//初始化所有图片
        welcomebackage  =  BitmapFactory.decodeResource(getResources(),  R.drawable.
welcomebackage);
        logo = BitmapFactory.decodeResource(getResources(), R.drawable.logo);
        boy = BitmapFactory.decodeResource(getResources(), R.drawable.boy);
        oldboy = BitmapFactory.decodeResource(getResources(), R.drawable.oldboy);
        bordbackground  =  BitmapFactory.decodeResource(getResources(),  R.drawable.
bordbackground);
        logo2 = BitmapFactory.decodeResource(getResources(), R.drawable.logo2);
        menu = BitmapFactory.decodeResource(getResources(), R.drawable.menu);
    }
    public void onDraw(Canvas canvas){//自己写的绘制方法,并非重写的
        //画的内容是 z 轴的，后画的会覆盖前面画的
        canvas.drawColor(Color.BLACK);//清屏
        canvas.drawBitmap(welcomebackage, 0, 100, null);//绘制 welcomebackage
        canvas.drawBitmap(logo, logoX, 110, null);//绘制 logo
        canvas.drawBitmap(boy, boyX,210, null);//绘制 boy
        canvas.drawBitmap(oldboy, oldboyX, 270, null);//绘制 oldboy
        canvas.drawBitmap(bordbackground,150,bordbackgroundY,null);//绘制 bordbackground
        canvas.drawBitmap(logo2, logo2X, 100, null);//绘制 logo2
        canvas.drawBitmap(menu, 200, menuY, null);//绘制 menu
    }
    public void surfaceChanged(SurfaceHolder holder, int format, int width, int height)
{
    }
    public void surfaceCreated(SurfaceHolder holder) {//创建时启动相应进程
        this.thread.setFlag(true);//设置循环标志位
        this.thread.start();//启动线程

        this.moveThread.setFlag(true);//设置循环标志位
        this.moveThread.start();//启动线程
    }
    public void surfaceDestroyed(SurfaceHolder holder) {//摧毁时释放相应进程
        boolean retry = true;
        thread.setFlag(false);//设置循环标志位
        moveThread.setFlag(false);
        while (retry) {//循环
            try {
                thread.join();//等待线程结束
                moveThread.join();
```

```
                retry = false;//停止循环
            }
            catch (InterruptedException e) {//不断地循环，直到刷帧线程结束
            }
        }
    }
    @Override
    public boolean onTouchEvent(MotionEvent event) {//屏幕监听
        if(event.getAction() == MotionEvent.ACTION_DOWN){
            if(event.getX()>200 && event.getX()<200+menu.getWidth()
                    && event.getY()>355 && event.getY()<355+menu.getHeight()){//点击菜单按钮
                activity.myHandler.sendEmptyMessage(1);
            }
        }
        return super.onTouchEvent(event);
    }
    class TutorialThread extends Thread{//刷帧线程
        private int span = 100;//睡眠的毫秒数
        private SurfaceHolder surfaceHolder;//SurfaceHolder 引用
        private WelcomeView welcomeView;//WelcomeView 引用
        private boolean flag = false;
        public TutorialThread(SurfaceHolder surfaceHolder, WelcomeView welcomeView) {
        //构造器
            this.surfaceHolder = surfaceHolder;//得到 SurfaceHolder 引用
            this.welcomeView = welcomeView;//得到 WelcomeView 引用
        }
        public void setFlag(boolean flag) {//设置循环标记位
            this.flag = flag;
        }
        @Override
        public void run() {//重写的 run 方法
            Canvas c;//画布
            while (this.flag) {//循环
                c = null;
                try {
                    // 锁定整个画布，在内存要求比较高的情况下，建议参数不要为 null
                    c = this.surfaceHolder.lockCanvas(null);
                    synchronized (this.surfaceHolder) {//同步
                        welcomeView.onDraw(c);//绘制
                    }
                } finally {//使用 finally 语句保证下面的代码一定会被执行
                    if (c != null) {
                        //更新屏幕显示内容
                        this.surfaceHolder.unlockCanvasAndPost(c);
                    }
                }
                try{
                    Thread.sleep(span);//睡眠指定毫秒数
                }
                catch(Exception e){//捕获异常
                    e.printStackTrace();//打印堆栈信息
                }
            }
        }
    }
}
```

到此为止，此项目的主要功能介绍完毕，程序执行后可以看到实际界面。

13.8 21 点游戏

实例 235	在 Android 系统中开发一个 21 点游戏
源码路径	daima\235
视频路径	视频\235

13.8.1 实例说明

21 点又名黑杰克（BlackJack），起源于法国，现已流传到世界各地。现在在世界各地的赌场中都可以看到 21 点，随着互联网的发展，21 点开始走向网络时代。该游戏由 2 到 6 个人玩，使用除大小王之外的 52 张牌，游戏者的目标是使手中的牌的点数之和不超过 21 点且尽量大。有着悠久的历史。

13.8.2 具体实现

主程序文件 CardView.java 的主要代码如下所示。

```
public void initOffset(int yOffset){
    mBlackjackXOffset = 5;
    mBlackjackYOffset = 10;
    mPlayerXOffset = 5;
    mPlayerYOffset = yOffset;
}
/**
 * clear cards
 */
public void clearCards(){
    mPlayerCards = new int[9];
    Arrays.fill(mPlayerCards, -1);
    mSheepCards = new int[9];
    Arrays.fill(mSheepCards, -1);
    mSheepCards[0] = 0;                    //0 as a hide card
}

/**set bottom card
 *
 * @param bottomCard
 */
public void setBottomCard(int bottomCard){
    mBottomCard = bottomCard;
}

/**
 * 开
 */
protected void open(){
    mSheepCards[0] = mBottomCard;
}

/**庄家底牌
 * @return
 */
protected int getBottomCard(){
    return mBottomCard;
}
/**
 * set player card
 * @param card
 */
public void setPlayerCard(int card){
    mPlayerCards[fillPostion(0)] = card;
}

/**set blackjack card
 *
 * @param card
 */
public void setBlackjackCard(int card){
    mSheepCards[fillPostion(1)] = card;
}
/**最多 9 张牌
 * @return
 */
```

```
protected int[] getBlackjackCards(){
    return mSheepCards;
}
/**最多 9 张牌
 * @return
 */
protected int[] getPlayerCards(){
    return mPlayerCards;
}
/**找到发牌时候当前牌应该在的位置
 * @param type :0 playerCards 1 blackjackCards
 */
private int fillPostion(int type){
    if(type==0){
        for(int i=0;i<9;i++){
            if(mPlayerCards[i]==-1)
                return i;
        }
    }
    else{
        for(int i=0;i<9;i++){
        if(mSheepCards[i]==-1)
            return i;
        }
    }
    return 0;
}

  /**加载图片到 mCards
    * @param r
    * @param id
    */
public void loadCards(Resources r,int[] id){
    if(hasLoadPicture) {
        return;
    }
    for(int i=0;i<id.length;i++){
        mCards[i] = BitmapFactory.decodeResource(r, id[i]);
    }
    hasLoadPicture = true;
}
/* draw puke
 * (non-Javadoc)
 * @see android.view.View#onDraw(android.graphics.Canvas)
 */
@Override
public void onDraw(Canvas canvas) {
    super.onDraw(canvas);
    for(int i=0;i<9;i++){
        if(mPlayerCards[i]!=-1){
            canvas.drawBitmap(mCards[mPlayerCards[i]],
                    mPlayerXOffset + i * mLeftSpace,
                    mPlayerYOffset + i * mTopSpace,
                    mPaint);
        }

        if(mSheepCards[i]!=-1){
            canvas.drawBitmap(mCards[mSheepCards[i]],
                    mBlackjackXOffset + i * mLeftSpace,
                    mBlackjackYOffset + i * mTopSpace,
                    mPaint);
        }
    }
}
```

执行后的效果如图 13-11 所示。

▲图 13-11 执行效果

13.8.3　特别提醒——棋牌游戏发展现状

随着休闲网络游戏市场竞争的升级，尤其是网络棋牌游戏的巨大市场前景的吸引，许多公司都加入到棋牌游戏的竞争之列，由于全国流行的棋牌游戏市场（牌骨类、棋类、牌类、休闲类）已经基本被几个大的游戏厂商（联众、腾讯、盛大边锋、茶苑、易发棋牌）所占据，加之棋牌游戏玩家忠诚度非常高的特性，继续介入这块市场已经没有任何意义。

由于中国不同的省份都有自己独特的文化特性，各个省份也都有自己区域内流行的棋牌游戏，我们把这种棋牌游戏定义为“地方棋牌游戏”，这块市场现在正处于高速成长阶段，但是在全国没有特别有影响力的品牌，其中较为突出的是：黄金岛、同城游、游戏茶苑等相对较大的占据几个省份市场的游戏厂商，以及其他一些非常小的游戏厂商，这块市场的竞争还没有到寡头竞争的阶段，这也是由于地方游戏的特性决定的。一般来讲每一个地方游戏都是独立的，每个独立的游戏所面对的目标消费者都是不同的，所以对于企业的营销推广工作要求也比较高。

目前，“地方棋牌游戏”成功的模式不多，但是有一点可以肯定，以后地方棋牌游戏市场的划分是以“城市”为单位的。从市场竞争层面来看，以前那种以省份为单位的划分方法已经不能满足现在的竞争要求，不同城市的不同用户要求不能完全满足。从宏观环境来看，中国城市化进程的加快，也需要区域性的娱乐游戏。另外，地方经济的发展带动地方区域性媒体以及区域性娱乐项目成为可能。

13.9　俄罗斯方块游戏

实例 236	在 Android 系统中开发一个俄罗斯方块游戏
源码路径	daima\236
视频路径	视频\236

13.9.1　实例说明

俄罗斯方块是一款风靡全球的电视游戏机和掌上游戏机游戏，它由俄罗斯人阿列克谢・帕基特诺夫发明，故得此名。俄罗斯方块的基本规则是移动、旋转和摆放游戏自动输出的各种方块，使之排列成完整的一行或多行并且消除得分。由于上手简单、老少皆宜，从而家喻户晓，风靡世界。

13.9.2　具体实现

主程序文件 LinkSee.java 的主要代码如下所示。

```
protected void onCreate(Bundle savedInstanceState) {
    // TODO Auto-generated method stub
    super.onCreate(savedInstanceState);
    setContentView(R.layout.elos);

    LinearLayout ll = (LinearLayout)this.findViewById(R.id.elos);
    LinearLayout.LayoutParams params = new LinearLayout.LayoutParams(
            LinearLayout.LayoutParams.WRAP_CONTENT,
LinearLayout.LayoutParams.FILL_PARENT);
    params.leftMargin = 1;
    params.rightMargin = 1;

    ll.addView(evElos = new ElosView(this), params);
    params = new LinearLayout.LayoutParams(params);

    RetriveDrawable(this);
    nElosHeight = GetElosHeight(drArr[0]);
    nElosWidth = GetElosWidth(drArr[0]);
```

```
    nElosYOffset = nElosHeight;
}

@Override
public boolean onKeyDown(int keyCode, KeyEvent event) {
    // TODO Auto-generated method stub

    if (keyCode == 21){//left

    }else if (keyCode == 22){//right

    }else if (keyCode == 19){//up

    }else if (keyCode == 20){//down
    }
    //evElos.invalidate();
    //AnnounceNewStage();
    return super.onKeyDown(keyCode, event);
}

private ElosLogic GetElosLogicByPoint(Point pt){
    int nCurRow, nCurCol;
    nCurCol = pt.x/nElosWidth;
    nCurRow = pt.y/nElosHeight;
    if (nCurRow >= this.nTotalLines || nCurRow < 0) return null;
    if (nCurCol >= this.nTotalColumns || nCurCol < 0) return null;
    return elosGuard[nCurRow][nCurCol];
}

Rect rtDraw = new Rect();
Paint ptFrame = new Paint();
private void DrawElos(ElosLogic elosLogic, Canvas canvas, int nOffset){
    ptFrame.setColor(Color.BLACK);
    if (!elosLogic.IsDraw()) return;
    Drawable dr = elosLogic.GetDrawable();
    if (dr == null) Log.d(TAG, "drawble is null...");
    rtDraw.set(elosLogic.GetRect());
    rtDraw.right = rtDraw.right - nOffset;
    rtDraw.bottom = rtDraw.bottom - nOffset;
    Rect rt = new Rect();
    rt.set(rtDraw);
    rt.left++;
    rt.right--;
    rt.top++;
    rt.bottom--;
    if (elosLogic.bTouch) dr.setBounds(rt);
    else dr.setBounds(rtDraw);
    dr.draw(canvas);

    if (!elosLogic.bTouch){
        //canvas.drawRoundRect(new RectF(rtDraw.left-1, rtDraw.top-1, rtDraw.right+1,
rtDraw.bottom+1), 1, 1, ptFrame);
        canvas.drawLine(rtDraw.left-1, rtDraw.top-1, rtDraw.right+1, rtDraw.top-1,
ptFrame);
        canvas.drawLine(rtDraw.right+1, rtDraw.bottom+1, rtDraw.right+1, rtDraw.top-1,
ptFrame);
        canvas.drawLine(rtDraw.right+1, rtDraw.bottom+1, rtDraw.left-1, rtDraw.bottom+1,
ptFrame);
        canvas.drawLine(rtDraw.left-1, rtDraw.top-1, rtDraw.left-1, rtDraw.bottom+1,
ptFrame);
    }else {
        //canvas.drawRoundRect(new RectF(rt.left-1, rt.top-1, rt.right+1, rt.bottom+1),
1, 1, ptFrame);
        canvas.drawLine(rt.left-1, rt.top-1, rt.right+1, rt.top-1, ptFrame);
        canvas.drawLine(rt.right+1, rt.bottom+1, rt.right+1, rt.top-1, ptFrame);
        canvas.drawLine(rt.right+1, rt.bottom+1, rt.left-1, rt.bottom+1, ptFrame);
        canvas.drawLine(rt.left-1, rt.top-1, rt.left-1, rt.bottom+1, ptFrame);
    }
}
```

```
private void DrawElosLogicNet(Canvas canvas, ElosLogic[][] elosLogicGuard){
    for (int i = 0; i < elosLogicGuard.length; i++)
        for (int j = 0; j < elosLogicGuard[i].length; j++)
            if (elosLogicGuard[i][j].IsDraw())
            DrawElos(elosLogicGuard[i][j], canvas, 1);
}

private void MakeElosLogicNet(ElosLogic[][] elosGuard){
    int nLen = elosGuard.length;
    if (nLen != this.nTotalLines){ Log.d(TAG, "guard len is error"); }
    int nColumns = this.nTotalColumns;
    if (nColumns != elosGuard.length){ Log.d(TAG, "guard len is error");}
    int i = 0;
    Rect rt = new Rect();
    while (i < nLen){
        //process line...
        int j = 0;
        for (; j < this.nTotalColumns; j++){
            //------------left------------------
            if (j == 0){
                elosGuard[i][j].SetElosLogicLeft(null);
            }else{
                elosGuard[i][j].SetElosLogicLeft(elosGuard[i][j - 1]);
            }
            //------------right-------------------
            if (j == this.nTotalColumns - 1){
                elosGuard[i][j].SetElosLogicRight(null);
            }else{
                elosGuard[i][j].SetElosLogicRight(elosGuard[i][j + 1]);
            }
            //------------up-----------------------
            if (i == 0){
                elosGuard[i][j].SetElosLogicUp(null);
            }else{
                elosGuard[i][j].SetElosLogicUp(elosGuard[i - 1][j]);
            }
            //------------down-----------------------
            if (i == this.nTotalLines - 1){
                elosGuard[i][j].SetElosLogicDown(null);
            }else{
                elosGuard[i][j].SetElosLogicDown(elosGuard[i + 1][j]);
            }

            //---------assign rect for elos logic-----

            rt.left = j*this.nElosWidth + nElosXOffset;
            rt.top = i*this.nElosHeight + this.nElosYOffset;
            rt.right = rt.left + this.nElosWidth;
            rt.bottom = rt.top + this.nElosHeight;
            elosGuard[i][j].SetRect(rt);

            elosGuard[i][j].SetDrawable(drArr[GetRandomDrawableChoice()]);
            if (i == 0 || i == this.nTotalLines - 1 ||j == this.nTotalColumns - 1 || j == 0)elosGuard[i][j].SetDraw(false);
            else elosGuard[i][j].SetDraw(true);
        }
        i++;
    }
}
```

执行后的效果如图 13-12 所示。

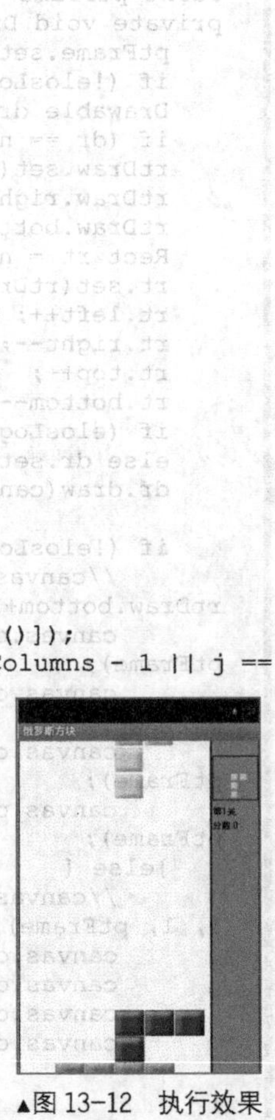

▲图 13-12　执行效果

13.9.3　特别提醒——经典棋牌类游戏

（1）斗地主

基础类扑克游戏，玩法简单，娱乐性强，老少皆宜。该游戏由 3 个人玩，用一副牌，共54张，每局牌有一个玩家是“地主”，地主为一方，其余两家农民为一方，双方对战，先出完牌的人所代表的一方获胜。因为每一局“地主”、“农民”都会有变化，所以对抗性和配合性都很强。斗地主包括普通斗地主、特色CT斗地主和超级斗地主，在游戏里加入了特色任务，玩家在游戏中完成规定的任务，还有额外的奖励奉送，任务有运气，有技术，其乐无穷。

（2）麻将类

麻将的游戏人数为4人，分别为东、南、西、北，其中一家为庄家，其余为旁家。每人手里抓13张牌，通过吃牌、碰牌、杠牌等方式，使手牌按照相关规定的牌型条件和牌，先和牌者胜出。

（3）扑克类

扑克玩法多种多样，其中德州扑克，易学难精，被称为是“学一时，精一世”的经典扑克游戏。

（4）象棋类

“运筹帷幄之中，决胜千里之外”的中国象棋，是棋艺的比拼，更是一种把握棋局的能力。中国象棋，给玩家一个更加公平的对弈空间。

（5）休闲类

属于休闲类的骰子游戏，技巧性大于运气，对游戏者诸如观察、计算、分析、判断、反应、承受和伪装能力等综合素质均要求极高。翻翻看则是休闲益智游戏，考验玩家的记忆能力，简单有趣，放松娱乐。

13.10 蚂蚁迷呀

实例237	在Android系统中开发一个蚂蚁迷呀游戏
源码路径	daima\237
视频路径	视频\237

13.10.1 实例说明

还记得童年少时，和小伙伴一起趴在地在玩蚂蚁吗？ 是否也用手指在小蚂蚁的路上划过，改变它前进的方向呢？今天，我们这只小小的蚂蚁迷路了，来划屏幕，帮助它快快回家吧。

13.10.2 具体实现

主程序文件AntGuideActivity.java的主要代码如下所示。

```
protected void onResume() {
    super.onResume();
    mSound.play(R.raw.background, true);
    Utils.log(TAG, "onresume..");
    init();

    mBackMusicOff = mSettings.getBoolean(Utils.PREF_SETTINGS_BACK_MUSIC_OFF,
        false);
    mSoundEffectOff = mSettings.getBoolean(
        Utils.PREF_SETTINGS_SOUND_EFFECT_OFF, false);

    if (!mBackMusicOff) {
      sendBroadcast(mIntentReceiver);
    }

    mLevel = this.getIntent().getIntExtra(Utils.LEVEL_REF, 0);
    antView.init(mHandler, mLevel);
    Utils.log(TAG, "entering level = " + mLevel);
```

```
    SharedPreferences sp = this.getSharedPreferences(PREF, MODE_PRIVATE);
    int gameStatus = sp.getInt(GAME_STATE_PREF, GameStatus.GAME_INIT);

    // int gameStatus = mGameStatus.getStatus();

    if (gameStatus == GameStatus.GAME_INIT) {
        playGame();
    } else if (gameStatus == GameStatus.GAME_STOPPED) {
        playGame();
    } else if (gameStatus == GameStatus.GAME_PAUSED) {
        restorePausedGame();
    } else {
        // TODO stop
    }

}
@Override
protected void onPause() {
    Utils.log(TAG, "onPause..");
    if (mSound != null) {
        mSound.stop();
    }
    if (this.isFinishing() || mGameStatus.getStatus() == GameStatus.GAME_STOPPED) {
        Utils.log(TAG, "this isfinishing! or game stopped");
        resetState();
        finish();
    } else {
        Utils.log(TAG, "not this isfinishing!");
        pauseGame();
        saveState();
    }
    if (!mBackMusicOff) {
        stopService(mIntentService);
    }

    super.onPause();

}
@Override
protected void onStop() {
    super.onStop();
    Utils.log(TAG, "onStop..");
    mTimeManager.kill();
}

private void findViews() {
    gamePause = (ImageView) findViewById(R.id.game_pause);
    gamePlay = (ImageView) findViewById(R.id.game_play);
    antView = (AntView) findViewById(R.id.ant_view);

    mGameInfo = (LinearLayout) findViewById(R.id.game_view_info);
    mGameInfoText = (TextView) findViewById(R.id.game_view_info_text);
    mGameInfoPlayBtn = (Button) findViewById(R.id.game_view_play_btn);
    mGameInfoRestartBtn = (Button) findViewById(R.id.game_view_restart_btn);
    mGameInfoNextLvBtn =  (Button) findViewById(R.id.game_view_next_level);

    mTimeMin0 = (ImageView) findViewById(R.id.time_min0);
    mTimeMin1 = (ImageView) findViewById(R.id.time_min1);
    mTimeSec0 = (ImageView) findViewById(R.id.time_sec0);
    mTimeSec1 = (ImageView) findViewById(R.id.time_sec1);

    mScore0 = (ImageView) findViewById(R.id.score_0);
    mScore1 = (ImageView) findViewById(R.id.score_1);
```

```
      mScore2 = (ImageView) findViewById(R.id.score_2);
   }
   private void setupListeners() {
      if (mGameInfoNextLvBtn != null) {
         mGameInfoNextLvBtn.setOnClickListener(new OnClickListener() {
            @Override
            public void onClick(View v) {
               goNextLv();
               resetGame();
            }
         });
      }

      if (mGameInfoPlayBtn != null) {
         mGameInfoPlayBtn.setOnClickListener(new OnClickListener() {
            @Override
            public void onClick(View v) {
               if (mGameStatus.getStatus() == GameStatus.GAME_PAUSED) {
                  resumeGame();
               }
            }
         });
      }
      if (mGameInfoRestartBtn != null) {
         mGameInfoRestartBtn.setOnClickListener(new OnClickListener() {
            @Override
            public void onClick(View v) {
               resetGame();
            }
         });
      }

      if (gamePause != null) {
         gamePause.setOnClickListener(new OnClickListener() {
            @Override
            public void onClick(View v) {
               pauseGame();
            }
         });
      }

      if (gamePlay != null) {
         gamePlay.setOnClickListener(new OnClickListener() {
            @Override
            public void onClick(View v) {
               if (mGameStatus.getStatus() == GameStatus.GAME_PAUSED) {
                  resumeGame();
               }
            }
         });
      }

      if (antView != null) {
         antView.setOnTouchListener(new OnTouchListener() {

            @Override
            public boolean onTouch(View v, MotionEvent event) {
               int action = event.getAction();
               float x = event.getX();
               float y = event.getY();
               switch (action) {
               case MotionEvent.ACTION_DOWN:
                  antView.setDownPos(x, y);
                  break;
               case MotionEvent.ACTION_MOVE:
                  break;
```

```
                case MotionEvent.ACTION_UP:
                    antView.setUpPos(x, y);
                    antView.showBlockLine();
                    break;
                }
                return true;
            }
        });
    }
}
```

程序执行后可以看到游戏效果。

13.11 推箱子游戏

实例 238	在 Android 系统中开发一个推箱子游戏
源码路径	daima\238
视频路径	视频\238

13.11.1　实例说明

推箱子游戏是一款经典游戏，类似的游戏读者一定早就玩过。但是你试过用鼠标来操纵吗？试过让搬运工自己来找出到某个位置的最短路径，然后自己走过去吗？试过让搬运工自己将箱子推到你所指定的位置吗？没有的话就试一下这个软件吧。这是一款完全免费的绿色软件，还支持更换地图和更换主题。

13.11.2　具体实现

主程序文件 GameRunner.java 的主要代码如下所示。

```
public GameRunner(
        Context context,
        Sokoban sokoban,
        MainGame mainGame,
        boolean loadGameFromeFile)
{
    super(context);

    mContext = context;
    mSokoban = sokoban;
    mMainGame = mainGame;

    mToolbar = new Toolbar(mMainGame, toolBitmapIds);
    mHelpbar = new Helpbar(mMainGame);

    mTouchEventHandler = new TouchEventHandler();
    mRunnerHilightCursor = new RunnerHilightCursor();
    mRunnerHilightCursor.setTime(USER_INPUP_DELAY);

    getSystemSetting();
    onOSDLanguaChange(mOSDLanguageType);

    if(true == loadGameFromeFile)
    {
        loadGame(GameDataSaver.DEFAULT_DATA_FILE_NAME);
    }
    else
    {
        loadGame(0);
    }
}
private void loadGame(int[][] dataArray)
```

```
{
    mGameContainer = new GameContainer(
            mContext,
            mSokoban,
            mMainGame,
            dataArray,
            GameContainer.WorkMode.PLAY_MODE);
}
private void loadGame(int stateNo)
{
    if(stateNo == GameStateDataProvider.getGameStateToltalNumer())
        stateNo = 0;
    mStateNo = stateNo;
    loadGame(GameStateDataProvider.getGameStateData(mStateNo));
    startFadeInAnimation();
}
private void loadGame(String fileName)
{
    mStateNo = -1;
    loadGame(GameDataSaver.importDataFromFile());
    startFadeInAnimation();
}
private void getSystemSetting()
{
    int systemMusicEffectState = SystemSettingsSaver.getSettingItem(
            SystemSettingsSaver.SettingItem.SYS_SOUND_EFFECT);
    mBgMusicId = SystemSettingsSaver.getSettingItem(
            SystemSettingsSaver.SettingItem.GAME_BG_SOUND);
    mKbMusicId = SystemSettingsSaver.getSettingItem(
            SystemSettingsSaver.SettingItem.KEY_BOARD_SOUND);
    mOSDLanguageType = SystemSettingsSaver.getSettingItem(
            SystemSettingsSaver.SettingItem.OSD_LANGUAGE);

    mIsBgMusicOn = MusicPlayer.MusicID.NULL == mBgMusicId ?
            false : true;
    mIsKbMusicOn = MusicPlayer.MusicID.NULL == mKbMusicId ?
            false : true;
    mIsSystemMusicOn = MusicPlayer.MusicSettingState.ON == systemMusicEffectState ?
            true : false;
}
private void playSystemMusic(int musicId)
{
    if(false == mIsSystemMusicOn)
        return;

    MusicPlayer.playMusic(
            MusicPlayer.PlayerType.SYS_MUSIC_PLAYER,
            musicId);
}
private void playBgMusic()
{
    if(false == mIsBgMusicOn)
        return;

    MusicPlayer.playMusic(
            MusicPlayer.PlayerType.BG_MUSIC_PLAYER,
            mBgMusicId,
            true);
}
private void stopBgMusic()
{
    MusicPlayer.freeMusic(MusicPlayer.PlayerType.BG_MUSIC_PLAYER);
}
private void playKeyBoardMusic()
{
    if(false == mIsKbMusicOn)
        return;

    MusicPlayer.playMusic(
```

```
            MusicPlayer.PlayerType.KEY_BOARD_MUSIC_PLAYER,
            mKbMusicId);
    }
    private void updateHelpbarMsg()
    {
        if(mStateNo < 0)
        {
            String stateMsg = StringsProvider.getUserNotifyMsg(
                    StringsProvider.UserNotifyMsgID.MSG_USER_GAME,
                    mOSDLanguageType)
                +    "\n"
                +    StringsProvider.getUserNotifyMsg(
                        StringsProvider.UserNotifyMsgID.LAB_STEP_INDEX,
                        mOSDLanguageType)
                +    mCurStepIndex;
            mHelpbar.setText(stateMsg);
        }
        else
        {
            String stateMsg = StringsProvider.getUserNotifyMsg(
                    StringsProvider.UserNotifyMsgID.LAB_GAME_STATE_NO_LEFT,
                    mOSDLanguageType)
                +    (mStateNo + 1)
                +    StringsProvider.getUserNotifyMsg(
                        StringsProvider.UserNotifyMsgID.LAB_GAME_STATE_NO_RIGHT,
                        mOSDLanguageType)
                +    "\n"
                +    StringsProvider.getUserNotifyMsg(
                        StringsProvider.UserNotifyMsgID.LAB_STEP_INDEX,
                        mOSDLanguageType)
                +    mCurStepIndex;
            mHelpbar.setText(stateMsg);
        }
    }
    private void moveMainPlayer(int moveDir)
    {
        boolean actionResult;
        switch(moveDir)
        {
        case MoveDir.UP:
            mGameContainer.setMPAnimation(
                    GameContainer.MPAnimation.ANIMATION_TYPE_MOVE_UP);
            actionResult =
                mGameContainer.moveMainPlayer(GameContainer.MoveDir.UP);
            break;
        case MoveDir.DOWN:
            mGameContainer.setMPAnimation(
                    GameContainer.MPAnimation.ANIMATION_TYPE_MOVE_DOWN);
            actionResult =
                mGameContainer.moveMainPlayer(GameContainer.MoveDir.DOWN);
            break;
        case MoveDir.LEFT:
            mGameContainer.setMPAnimation(
                    GameContainer.MPAnimation.ANIMATION_TYPE_MOVE_LEFT);
            actionResult =
                mGameContainer.moveMainPlayer(GameContainer.MoveDir.LEFT);
            break;
        case MoveDir.RIGHT:
            mGameContainer.setMPAnimation(
                    GameContainer.MPAnimation.ANIMATION_TYPE_MOVE_RIGHT);
            actionResult =
                mGameContainer.moveMainPlayer(GameContainer.MoveDir.RIGHT);
            break;
        default:
            actionResult = false;
        }
        if(true == actionResult)
        {
            recordStep(mCurStepIndex + 1);
```

```
        }
    }
    private void recordStep(int stepIndex)
    {
        mCurStepIndex = stepIndex;
        mStepIndex = stepIndex;
        mGameContainer.recordStep(stepIndex);
        updateHelpbarMsg();
    }
    private void resetCurrentState()
    {
        if(mCurStepIndex > 0)
        {
            mCurStepIndex = 0;
            mGameContainer.gotoStep(mCurStepIndex);
        }
        updateHelpbarMsg();
    }
    private void gotoNextStep()
    {
        if(mCurStepIndex < mStepIndex)
        {
            mCurStepIndex ++;
            mGameContainer.gotoStep(mCurStepIndex);
        }
        updateHelpbarMsg();
    }
```

执行后的效果如图 13-13 所示。

▲图 13-13 执行效果

13.11.3 特别提醒——SurfaceView 的作用

SurfaceView 是 View 的子类，常用于实现游戏中的动画效果。SurfaceView 最大的特点就是：从主线程中把具体的绘图线程独立出来。这样做的好处在于：当绘图任务比较繁重时，避免主线程的阻塞，从而提高主线程的反应速度。

13.12 更复杂的扫雷游戏

实例 239	在 Android 系统中开发一个扫雷游戏
源码路径	daima\239
视频路径	视频\239

13.12.1 实例说明

扫雷是一款相当大众的小游戏，游戏目标是在最短的时间内根据单击格子出现的数字找出所有非雷格子，同时避免踩雷。扫雷最初伴随着 1992 年发布的 Windows 3.1 流行，之后迅速成为了各种操作系统中必不可少的一款游戏（包括 Windows 的 Winmine，KDE 桌面环境下的 KMines，GNOME 桌面环境下的 gnomine 等），也出现于一些智能手机平台（如 Android 系统的 Minesweeper Classic，苹果 ios 系统的 Minesweeper Q）。同时，Minesweeper Clone 等功能更为丰富的“专业”扫雷软件也应时而生。扫雷玩家可以在中国扫雷网加入排行。在 13.5 节中，我们介绍了扫雷游戏的开发过程，在此介绍更复杂的扫雷游戏的开发。

13.12.2 具体实现

主程序文件 MinesweeperGame.java 的主要代码如下所示。

```
public void onCreate(Bundle savedInstanceState)
```

```
    {
        super.onCreate(savedInstanceState);
        setContentView(R.layout.main);

        txtMineCount = (TextView) findViewById(R.id.MineCount);
        txtTimer = (TextView) findViewById(R.id.Timer);

        // set font style for timer and mine count to LCD style
        Typeface lcdFont = Typeface.createFromAsset(getAssets(),
              "fonts/lcd2mono.ttf");
        txtMineCount.setTypeface(lcdFont);
        txtTimer.setTypeface(lcdFont);

        btnSmile = (ImageButton) findViewById(R.id.Smiley);
        btnSmile.setOnClickListener(new OnClickListener()
        {
            @Override
            public void onClick(View view)
            {
                endExistingGame();
                startNewGame();
            }
        });

        mineField = (TableLayout)findViewById(R.id.MineField);

        showDialog("Click smiley to start New Game", 2000, true, false);
    }

    private void startNewGame()
    {
        // plant mines and do rest of the calculations
        createMineField();
        // display all blocks in UI
        showMineField();

        minesToFind = totalNumberOfMines;
        isGameOver = false;
        secondsPassed = 0;
    }

    private void showMineField()
    {
        // remember we will not show 0th and last Row and Columns
        // they are used for calculation purposes only
        for (int row = 1; row < numberOfRowsInMineField + 1; row++)
        {
            TableRow tableRow = new TableRow(this);
            tableRow.setLayoutParams(new LayoutParams((blockDimension + 2 * blockPadding) *
    numberOfColumnsInMineField, blockDimension + 2 * blockPadding));

            for (int column = 1; column < numberOfColumnsInMineField + 1; column++)
            {
                blocks[row][column].setLayoutParams(new LayoutParams(
                        blockDimension + 2 * blockPadding,
                        blockDimension + 2 * blockPadding));
                blocks[row][column].setPadding(blockPadding, blockPadding, blockPadding,
    blockPadding);
                tableRow.addView(blocks[row][column]);
            }
            mineField.addView(tableRow,new TableLayout.LayoutParams(
                    (blockDimension + 2 * blockPadding) * numberOfColumnsInMineField,
    blockDimension + 2 * blockPadding));
        }
    }

    private void endExistingGame()
    {
        stopTimer(); // stop if timer is running
```

```
    txtTimer.setText("000"); // revert all text
    txtMineCount.setText("000"); // revert mines count
    btnSmile.setBackgroundResource(R.drawable.smile);

    // remove all rows from mineField TableLayout
    mineField.removeAllViews();

    // set all variables to support end of game
    isTimerStarted = false;
    areMinesSet = false;
    isGameOver = false;
    minesToFind = 0;
}

private void createMineField()
{
    // we take one row extra row for each side
    // overall two extra rows and two extra columns
    // first and last row/column are used for calculations purposes only
    //    x|xxxxxxxxxxxxxx|x
    //    ------------------
    //    x|              |x
    //    x|              |x
    //    ------------------
    //    x|xxxxxxxxxxxxxx|x
    // the row and columns marked as x are just used to keep counts of near by mines

    blocks = new Block[numberOfRowsInMineField + 2][numberOfColumnsInMineField + 2];

    for (int row = 0; row < numberOfRowsInMineField + 2; row++)
    {
      for (int column = 0; column < numberOfColumnsInMineField + 2; column++)
      {
         blocks[row][column] = new Block(this);
         blocks[row][column].setDefaults();

         // pass current row and column number as final int's to event listeners
         // this way we can ensure that each event listener is associated to
         // particular instance of block only
         final int currentRow = row;
         final int currentColumn = column;

         // add Click Listener
         // this is treated as Left Mouse click
         blocks[row][column].setOnClickListener(new OnClickListener()
         {
            @Override
            public void onClick(View view)
            {
               // start timer on first click
               if (!isTimerStarted)
               {
                  startTimer();
                  isTimerStarted = true;
               }

               // set mines on first click
               if (!areMinesSet)
               {
                  areMinesSet = true;
                  setMines(currentRow, currentColumn);
               }

               // this is not first click
               // check if current block is flagged
               // if flagged the don't do anything
               // as that operation is handled by LongClick
               // if block is not flagged then uncover nearby blocks
               // till we get numbered mines
```

```
                if (!blocks[currentRow][currentColumn].isFlagged())
                {
                    // open nearby blocks till we get numbered blocks
                    rippleUncover(currentRow, currentColumn);

                    // did we clicked a mine
                    if (blocks[currentRow][currentColumn].hasMine())
                    {
                        // Oops, game over
                        finishGame(currentRow,currentColumn);
                    }

                    // check if we win the game
                    if (checkGameWin())
                    {
                        // mark game as win
                        winGame();
                    }
                }
            }
        });

        // add Long Click listener
        // this is treated as right mouse click listener
        blocks[row][column].setOnLongClickListener(new OnLongClickListener()
        {
            public boolean onLongClick(View view)
            {
                // simulate a left-right (middle) click
                // if it is a long click on an opened mine then
                // open all surrounding blocks
                if (!blocks[currentRow][currentColumn].isCovered() && (blocks
[currentRow][currentColumn].getNumberOfMinesInSorrounding() > 0) && !isGameOver)
                {
                    int nearbyFlaggedBlocks = 0;
                    for (int previousRow = -1; previousRow < 2; previousRow++)
                    {
                        for (int previousColumn = -1; previousColumn < 2;
previousColumn++)
                        {
                            if (blocks[currentRow + previousRow][currentColumn +
previousColumn].isFlagged())
                            {
                                nearbyFlaggedBlocks++;
                            }
                        }
                    }

                    // if flagged block count is equal to nearby mine count
                    // then open nearby blocks
                    if (nearbyFlaggedBlocks == blocks[currentRow][currentColumn].
getNumberOfMinesInSorrounding())
                    {
                        for (int previousRow = -1; previousRow < 2; previousRow++)
                        {
                            for (int previousColumn = -1; previousColumn < 2;
previousColumn++)
                            {
                                // don't open flagged blocks
                                if (!blocks[currentRow + previousRow][currentColumn +
previousColumn].isFlagged())
                                {
                                    // open blocks till we get numbered block
                                    rippleUncover(currentRow + previousRow,
currentColumn + previousColumn);

                                    // did we clicked a mine
                                    if (blocks[currentRow + previousRow][currentColumn +
previousColumn].hasMine())
```

```
                        {
                            // oops game over
                            finishGame(currentRow + previousRow,
currentColumn + previousColumn);
                        }

                        // did we win the game
                        if (checkGameWin())
                        {
                            // mark game as win
                            winGame();
                        }
                    }
                }
            }
        }
        // as we no longer want to judge this gesture so return
        // not returning from here will actually trigger other action
        // which can be marking as a flag or question mark or blank
        return true;
    }

    // if clicked block is enabled, clickable or flagged
    if (blocks[currentRow][currentColumn].isClickable() &&
        (blocks[currentRow][currentColumn].isEnabled() ||
blocks[currentRow] [currentColumn].isFlagged()))
    {

        // for long clicks set:
        // 1. empty blocks to flagged
        // 2. flagged to question mark
        // 3. question mark to blank

        // case 1. set blank block to flagged
        if (!blocks[currentRow][currentColumn].isFlagged() && !blocks
[currentRow][currentColumn].isQuestionMarked())
        {
            blocks[currentRow][currentColumn].setBlockAsDisabled(false);
            blocks[currentRow][currentColumn].setFlagIcon(true);
            blocks[currentRow][currentColumn].setFlagged(true);
            minesToFind--; //reduce mine count
            updateMineCountDisplay();
        }
        // case 2. set flagged to question mark
        else if (!blocks[currentRow][currentColumn].isQuestionMarked())
        {
            blocks[currentRow][currentColumn].setBlockAsDisabled(true);
            blocks[currentRow][currentColumn].setQuestionMarkIcon(true);
            blocks[currentRow][currentColumn].setFlagged(false);
            blocks[currentRow][currentColumn].setQuestionMarked(true);
            minesToFind++; // increase mine count
            updateMineCountDisplay();
        }
        // case 3. change to blank square
        else
        {
            blocks[currentRow][currentColumn].setBlockAsDisabled(true);
            blocks[currentRow][currentColumn].clearAllIcons();
            blocks[currentRow][currentColumn].setQuestionMarked(false);
            // if it is flagged then increment mine count
            if (blocks[currentRow][currentColumn].isFlagged())
            {
                minesToFind++; // increase mine count
                updateMineCountDisplay();
            }
            // remove flagged status
            blocks[currentRow][currentColumn].setFlagged(false);
        }
```

```
                    updateMineCountDisplay(); // update mine display
                  }

                  return true;
              }
          });
      }
    }
}
```

执行后的效果如图 13-14 所示。

▲图 13-14　执行效果

13.12.3　特别提醒——关于扫雷游戏的一点说明

在扫雷游戏中，游戏者要面对一片砖块组成的格栅，有些砖块包含随机设置的地雷。我们将实现一个典型的初学者级别扫雷游戏：行和列的数量都是 9，一共有 10 颗地雷。扩展成中级和高级游戏很容易（只需要改编代码中的上述 3 个值）。

下面是扫雷游戏的一些特点（Windows 版本）。

- 单击左键打开一个砖块。
- 单击右键对砖块进行标记：插旗帜（表示下面有雷），标问号（不确定是否有雷），取消标记。
- 第一个砖块下面永远没有雷；避免了一开始就要猜测的问题。
- 如果打开的砖块是空的，周围的砖块都会依次打开直到遇到数字砖块；类似涟漪的原理。
- 在一个砖块上同时单击左右键或者中键，如果周围的地雷都被标出来了，则会打开周围所有未打开的砖块。
- 单击第一个砖块时开始计时，在选择一个新游戏后不会开始计时。

第 14 章　程序优化

任何一个程序，无论是简单还是复杂，都可能有多种编码格式，不同的编码格式肯定效率会不尽相同。不知从何时起，程序优化提到了日常议程。事实证明，经过优化处理后的程序，其运行速度和效率大大提高了。试想作为一个访问量巨大的项目，如果每个访问速度快那么一点点，在海量访问的前提下，速度会快不少。在本章将通过几个典型实例的实现过程，详细介绍优化 Android 程序的基本知识。

14.1 <merge/>标签在 UI 界面中的优化作用

实例 240	<merge />标签在 UI 界面中的优化作用
源码路径	daima\240
视频路径	视频\240

14.1.1 实例说明

定义 Android Layout（XML）时，有 4 个比较特别的标签是非常重要的，其中有 3 个与资源复用有关，分别是<viewStub/>、<requestFocus/>、<merge/>和<include/>。可是以往我们所接触的案例或者官方文档的例子都没有着重去介绍这些标签的重要性。其中<merge />标签十分重要，因为它在优化 UI 结构时起到很重要的作用。<merge />标签可以通过删减多余或者额外的层级，从而优化整个 Android Layout 的结构。

14.1.2 具体实现

（1）新建一个简单的 Layout 界面，在里面包含了两个 Views 元素，分别是 ImageView 和 TextView。在默认状态下将这两个元素放在 FrameLayout 中，效果是在主视图中全屏显示一张图片，之后将标题显示在图片上，并位于视图的下方。

```
<?xml version="1.0" encoding="utf-8"?>
<FrameLayout
    xmlns:android="http://schemas.android.com/apk/res/android"
    android:layout_width="fill_parent"
    android:layout_height="fill_parent"
    >
    <ImageView
        android:layout_width="fill_parent"
        android:layout_height="fill_parent"
        android:scaleType="center"
        android:src="@drawable/golden_gate"
        />
    <TextView
        android:layout_width="wrap_content"
        android:layout_height="wrap_content"
```

```
        android:layout_marginBottom="20dip"
        android:layout_gravity="center_horizontal|bottom"
        android:padding="12dip"
        android:background="#AA000000"
        android:textColor="#ffffffff"
        android:text="Golden Gate"
        />
</FrameLayout>
```

此时执行后的效果如图 14-1 所示。

（2）启动 SDK 目录下的“tools”文件夹中的 hierarchyviewer.bat，如图 14-2 所示。

▲图 14-1　执行效果

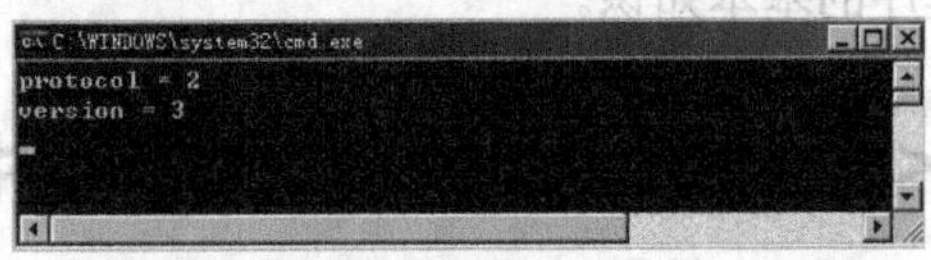

▲图 14-2　启动 hierarchyviewer.bat

此时可以查看当前 UI 的结构视图，如图 14-3 所示。

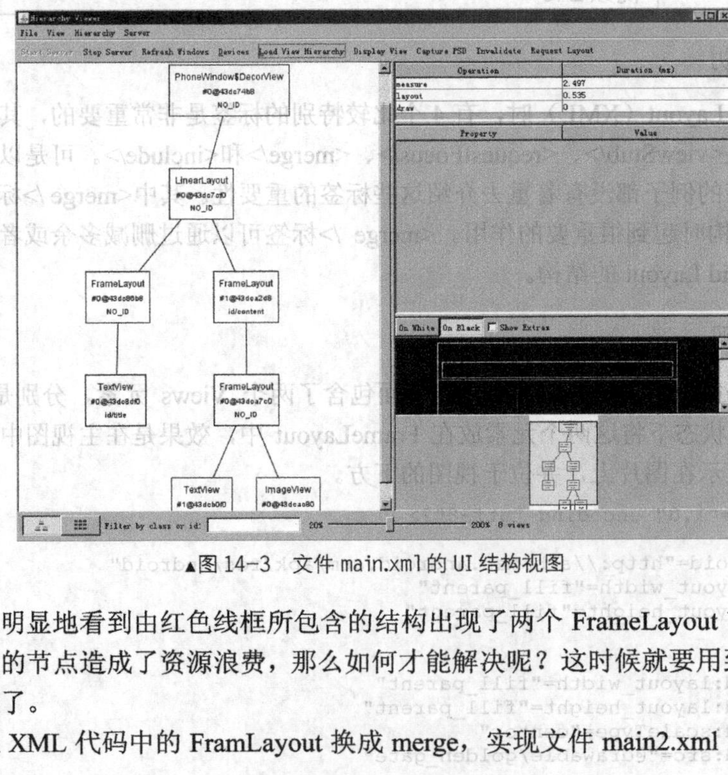

▲图 14-3　文件 main.xml 的 UI 结构视图

此时可以很明显地看到由红色线框所包含的结构出现了两个 FrameLayout 节点，这说明这两个完全意义相同的节点造成了资源浪费，那么如何才能解决呢？这时候就要用到<merge />标签来处理类似的问题了。

（3）将上边 XML 代码中的 FramLayout 换成 merge，实现文件 main2.xml 的具体实现代码如下所示：

```
<merge
    xmlns:android="http://schemas.android.com/apk/res/android"
    >
```

```
    <ImageView
        android:layout_width="fill_parent"
        android:layout_height="fill_parent"
        android:scaleType="center"
        android:src="@drawable/golden_gate"
        />
    <TextView
        android:layout_width="wrap_content"
        android:layout_height="wrap_content"
        android:layout_marginBottom="20dip"
        android:layout_gravity="center_horizontal|bottom"
        android:padding="12dip"
        android:background="#AA000000"
        android:textColor="#ffffffff"
        android:text="Golden Gate"
        />
</merge>
```

此时程序运行后，在 Emulator 中显示的效果是一样的，可是通过 hierarchyviewer 查看的 UI 结构是有变化的，如图 14-4 所示。

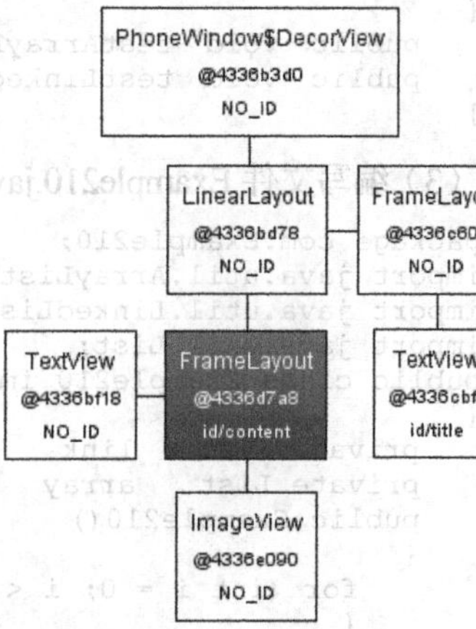

▲图 14-4 UI 结构视图

此时原来多余的 FrameLayout 节点被合并在一起了，即将<merge/>标签中的子集直接加到 Activity 的 FrameLayout 根节点下。如果所创建的 Layout 并不是用 FramLayout 作为根节点（而是应用 LinerLayout 等定义 root 标签），就不能应用上边的例子通过 merge 来优化 UI 结构。

14.1.3 特别提醒——使用<merge />标签的注意事项

在使用<merge />标签的时候需要注意以下两点。

（1）<merge />只可以作为 XML Layout 的根节点。

（2）当需要扩充的 XML Layout 本身是由 merge 作为根节点的话，需要将被导入的 XML Layout 置于 viewGroup 中，同时需要设置 attachToRoot 为 True。

其实除了本例外，<merge />标签还有另外一个用法。当应用 Include 或者 ViewStub 标签从外部导入 XML 结构时，可以将被导入的 XML 用 merge 作为根节点表示，这样当被嵌入父级结构中后可以很好地将它所包含的子集融合到父级结构中，而不会出现冗余的节点。

14.2 测试计算机的性能

实例 241	测试计算机的性能
源码路径	daima\241
视频路径	视频\241

14.2.1 实例说明

在 Java 中为我们提供了 System.currentTimeMillis()方法，可以得到毫秒级的当前时间，我们在以前的程序当中一定也写过类似的代码来计算执行某一段代码所消耗的时间。在本实例中，测试的是 java.util.LinkedList 和 java.util.ArrayList 中的方法 get(int index)，ArrayList 要比 LinkedList 高效，因为前者是随机访问，而后者需要顺序访问。

14.2.2 具体实现

（1）编写布局文件 main.xml，主要代码如下所示。

```
<?xml version="1.0" encoding="utf-8"?>
<LinearLayout xmlns:android="http://schemas.android.com/apk/res/android"
    android:orientation="vertical"
    android:layout_width="fill_parent"
    android:layout_height="fill_parent"
    >
<TextView
    android:layout_width="fill_parent"
    android:layout_height="wrap_content"
    android:text="@string/hello"
    />
</LinearLayout>
```

（2）编写文件 Testing.java 来创建一个接口，主要代码如下所示。

```
package com.Example210;
public interface Testing
{
    public  void  testArrayList();
    public  void  testLinkedList();
}
```

（3）编写文件 Example210.java 创建一个测试对象，用这个对象实现此接口。主要代码如下所示，

```
package com.Example210;
import java.util.ArrayList;
import java.util.LinkedList;
import java.util.List;
public class Example210 implements Testing
{
    private List   link     = new LinkedList();
    private List   array    = new ArrayList();
    public Example210()
    {
        for (int i = 0; i < 10000; i++)
        {
            array.add(new Integer(i));
            link.add(new Integer(i));
        }
    }
    public void testArrayList()
    {
        for (int i = 0; i < 10000; i++)
            array.get(i);
    }
    public void testLinkedList()
    {
        for (int i = 0; i < 10000; i++)
            link.get(i);
    }
}
```

（4）编写文件 Handler.java 来实现 InvocationHandler 接口，主要体代码如下所示。

```
package com.Example210;
import java.lang.reflect.InvocationHandler;
import java.lang.reflect.InvocationTargetException;
import java.lang.reflect.Method;
import java.lang.reflect.Proxy;
import android.util.Log;
public class Handler implements InvocationHandler
{
    private Object   obj;
    public Handler(Object obj)
    {
        this.obj = obj;
    }
    public static Object newInstance(Object obj)
    {
        Object   result   =   Proxy.newProxyInstance(obj.getClass().getClassLoader(),
```

```
obj.getClass().getInterfaces(), new Handler(obj));
        return (result);
    }
    public Object invoke(Object proxy, Method method, Object[] args) throws Throwable
    {
        Object result;
        try
        {
            Log.i("Handler", "begin method " + method.getName());

            long start = System.currentTimeMillis();
            result = method.invoke(obj, args);
            long end = System.currentTimeMillis();

            Log.i("Handler", "the method " + method.getName() + " lasts " + (end - start) + "ms");
        }
        catch (InvocationTargetException e)
        {
            throw e.getTargetException();
        }
        catch (Exception e)
        {
            throw new RuntimeException("unexpected invocation exception: " +
            e.getMessage());
        }
        finally
        {
            Log.i("Handler", "end method " + method.getName());
        }
        return result;
    }
}
```

（5）编写文件 Activity01.java，主要代码如下所示。

```
public class Activity01 extends Activity
{
    /** Called when the activity is first created. */
    @Override
    public void onCreate(Bundle savedInstanceState)
    {
        super.onCreate(savedInstanceState);

        try
        {
            Testing testing = (Testing) Handler.newInstance(new Example210());
            testing.testArrayList();
            testing.testLinkedList();
        }catch (Exception e){
            e.printStackTrace();
        }
        setContentView(R.layout.main);
    }
}
```

执行后的效果如图 14-5 所示。

在 DDMS 中可以看到详细的 Log 信息，可以看出每个方法的执行时间，如图 14-6 所示。

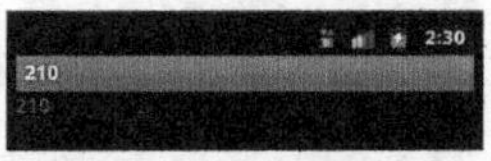

▲图 14-5 执行效果

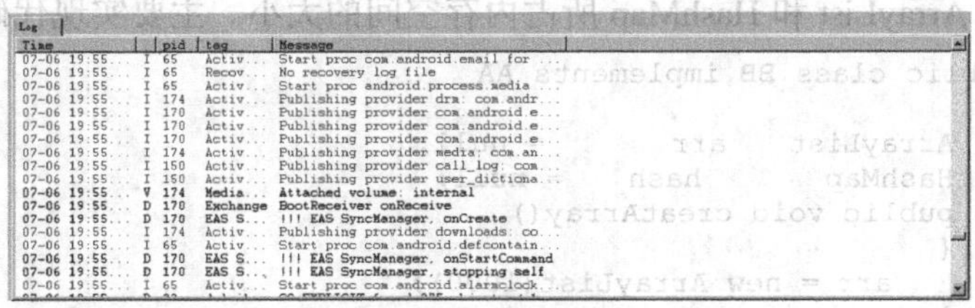

▲图 14-6 Log 信息

14.2.3　特别提醒——使用动态代理

本实例演示了利用动态代理比较两个方法的执行时间，有时候通过一次简单的测试进行比较是片面的，读者可以进行多次执行测试对象，从而计算出最差、最好和平均性能。这样，才能加快经常执行的程序的速度，尽量少调用速度慢的程序。

使用动态代理的好处是你不必修改原有代码 FooImpl，但是一个缺点是你不得不写一个接口，如果类原来没有实现接口的话。

14.3 测试内存性能

实例 242	测试内存性能
源码路径	daima\242
视频路径	视频\242

14.3.1　实例说明

当运行一个 Java 应用程序时，会存在很多需要消耗内存的因素，例如对象、加载类、线程等。在本实例中将只考虑程序中的对象所消耗的虚拟机空间，此时可以利用 Runtime 类的方法 freeMemory()和 totalMemory()来实现。

14.3.2　具体实现

（1）编写布局文件 main.xml，主要代码如下所示。

```
<?xml version="1.0" encoding="utf-8"?>
<LinearLayout xmlns:android="http://schemas.android.com/apk/res/android"
   android:orientation="vertical"
   android:layout_width="fill_parent"
   android:layout_height="fill_parent"
   >
<TextView
   android:layout_width="fill_parent"
   android:layout_height="wrap_content"
   android:text="@string/hello"
  />
</LinearLayout>
```

（2）编写文件 AA.java 用于创建一个接口 AA，主要代码如下所示。

```
package com.Example211;
public interface AA
{
   public void creatArray();
   public void creatHashMap();
}
```

（3）编写文件 BB.java 用于创建对象实现接口 BB，此接口的功能是分别比较一个长度为 1000 cm 的 ArrayList 和 HashMap 所占内存空间的大小。主要实现代码如下所示。

```
public class BB implements AA
{
   ArrayList    arr        = null;
   HashMap       hash    = null;
   public void creatArray()
   {
      arr = new ArrayList(1000);
   }
   public void creatHashMap()
   {
```

```
      hash = new HashMap(1000);
   }
}
```

（4）编写文件 Memory.java，定义了类 Memory 来计算当前的内存消耗。具体代码如下所示。

```
public class Memory
{
   public static long used()
   {
      long total = Runtime.getRuntime().totalMemory();
      long free = Runtime.getRuntime().freeMemory();
      return (total - free);
   }
}
```

（5）编写文件 Handle.java，在里面定义了 invoke()方法来修改 Handle 类。主要实现代码如下所示。

```
public class Handler implements InvocationHandler
{
   private Object   obj;
   public Handler(Object obj)
   {
      this.obj = obj;
   }
   public static Object newInstance(Object obj)
   {
      Object   result   =   Proxy.newProxyInstance(obj.getClass().getClassLoader(),
obj.getClass().getInterfaces(), new Handler(obj));
      return (result);
   }
   public Object invoke(Object proxy, Method method, Object[] args) throws Throwable
   {
      Object result;
      try
      {
         Log.i("Handler", "begin method " + method.getName());

         long start = Memory.used();
         result = method.invoke(obj, args);
         long end = Memory.used();

         Log.i("Handler", "memory increased by " + (end - start) + "bytes");
      }
      catch (InvocationTargetException e)
      {
         throw e.getTargetException();
      }
      catch (Exception e)
      {
         throw new RuntimeException("unexpected invocation exception: " +
         e.getMessage());
      }
      finally
      {
         Log.i("Handler", "end method " + method.getName());
      }
      return result;
   }
}
```

执行后的效果如图 14-7 所示。

在 DDMS 中可以看到详细的 Log 信息，可以看出所占用的内存空间，如图 14-8 所示。

14.3.3 特别提醒——命名问题

在本实例中，笔者没有遵循命名规范，只是随便起了 AA 和 BB 的名字，AOP 通过分解关注点和 OOP 相互结合，使程序更加简洁易懂，通过 Java 语言本身提供的动态代理帮助我们很容易地分解关注点，取得了较好的效果。不过测试对象必须实现接口在一定程度上限制了动态代理的使用，可以借鉴 Spring 中使用的 CGlib 来为没有实现任何接口的类创建动态代理。

▲图 14-7　执行效果

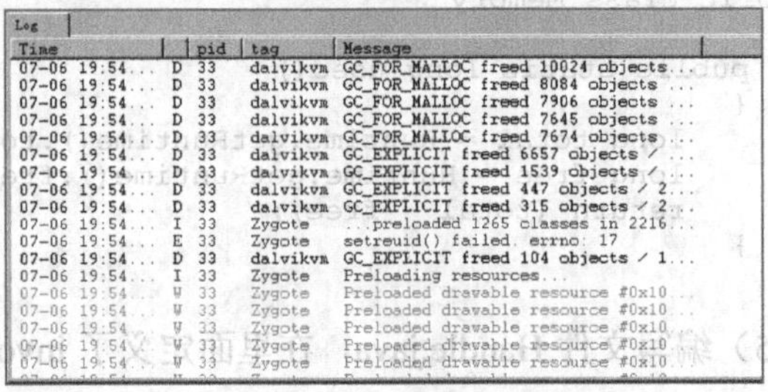

▲图 14-8　Log 信息

14.4　Android Layout 优化

实例 243	Android Layout 优化
源码路径	daima\243
视频路径	视频\243

14.4.1　实例说明

Android 中的 Layout 优化一直是广大程序员们探讨的话题，接下来将给出两段通用的标准 XML 代码，并不是希望广大读者严格遵循下面的布局格式，但是希望根据自己项目的需求尽力向下面的标准靠拢。

14.4.2　具体实现

第一段标注 Layout 优化 XML 代码：

```
<?xml version="1.0" encoding="utf-8"?>
<!--<FrameLayout-->
<!--  xmlns:android="http://schemas.android.com/apk/res/android"-->
<!--  android:layout_width="fill_parent"-->
<!--  android:layout_height="fill_parent">-->
<!--     <ListView android:id="@+id/list"-->
<!--            android:layout_width="fill_parent"-->
<!--            android:layout_height="fill_parent"/>-->
<!--    <TextView android:id="@+id/no_item_text"-->
<!--            android:layout_width="fill_parent"-->
<!--            android:layout_height="fill_parent"-->
<!--            android:gravity="center"-->
<!--            android:visibility="gone"/>-->
<!--</FrameLayout>-->
<merge xmlns:android="http://schemas.android.com/apk/res/android">
   <ListView android:id="@+id/list"
          android:layout_width="fill_parent"
          android:layout_height="fill_parent"/>
   <TextView android:id="@+id/no_item_text"
          android:layout_width="fill_parent"
          android:layout_height="fill_parent"
          android:gravity="center"
          android:visibility="gone"/>
</merge>
```

第二段标注 Layout 优化 XML 代码：

```
<?xml version="1.0" encoding="utf-8"?>
 <!--<LinearLayout-->
 <!--  xmlns:android="http://schemas.android.com/apk/res/android"-->
 <!--  android:orientation="vertical"-->
 <!--  android:layout_width="fill_parent"-->
 <!--  android:layout_height="fill_parent">-->
 <!--  -->
 <!--  <ImageView android:id="@+id/softicon"-->
 <!--           android:layout_width="wrap_content"-->
 <!--           android:layout_height="wrap_content"-->
 <!--           android:layout_marginTop="10dip"-->
 <!--           android:layout_gravity="center"/>-->
  <TextView
      xmlns:android="http://schemas.android.com/apk/res/android"
      android:id="@+id/softname"
      android:layout_width="wrap_content"
      android:layout_height="wrap_content"
      android:layout_marginBottom="10dip"
      android:layout_gravity="center"
      android:gravity="center"
      android:drawableTop="@drawable/icon"/>
 <!--</LinearLayout>-->
```

14.4.3 特别提醒——Layout 布局的注意事项

在进行 Layout 布局时，必须注意下面的 4 点。

（1）如果可能，尽量不要使用 LineLayout，而是使用 RelativeLayout 替换它。这是因为 android:layout_alignWithParentIfMissing 只对 RelativeLayout 有用，如果那个视图设置为 gone，这个属性将按照父视图进行调整。

（2）在使用 Adapter 控件时，例如 list，如果布局中递归太深则会严重影响性能。

（3）对于 TextView 和 ImageView 组成的 Layout 来说，可以直接使用 TextView 替换。

（4）如果其父 Layout 是 FrameLayout，如果子 Layout 也是 FrameLayout，此时可以将 FrameLayout 替换为 merge，这样做的好处是可以减少层递归深度。

14.5 优化 Bitmap 图片

实例 244	优化 Bitmap 图片
源码路径	daima\244
视频路径	视频\244

14.5.1 实例说明

在 Android 项目中，如果直接使用 ImageView 显示 bitmap 会占用较多资源。在图片较大的时候，甚至可能会导致系统崩溃。使用 BitmapFactory.Options 设置 inSampleSize，这样做可以减少对系统资源的要求。通过本实例，将演示优化 Android 程序中 Bitmap 图片的方法。

14.5.2 具体实现

（1）编写文件 xml.xml，插入一个 ImageView 控件用于显示一幅图片，主要代码如下所示。

```
<?xml version="1.0" encoding="utf-8"?>
<LinearLayout xmlns:android="http://schemas.android.com/apk/res/android"
android:orientation="vertical"
android:layout_width="fill_parent"
android:layout_height="fill_parent"
>
<TextView
android:layout_width="fill_parent"
```

```
android:layout_height="wrap_content"
android:text="@string/hello"
/>
<ImageView
android:id="@+id/imageview"
android:layout_gravity="center"
android:layout_width="fill_parent"
android:layout_height="fill_parent"
android:scaleType="center"
/>
</LinearLayout>
```

（2）编写文件 java.java，通过设置 inJustDecodeBounds 为 true 的方式来获取 outHeight（图片原始高度）和 outWidth（图片的原始宽度），然后计算一个 inSampleSize（缩放值）。主要代码如下所示。

```
import android.app.Activity;
import android.graphics.Bitmap;
import android.graphics.BitmapFactory;
import android.os.Bundle;
import android.widget.ImageView;
import android.widget.Toast;

public class AndroidImage extends Activity {

private String imageFile = "/sdcard/AndroidSharedPreferencesEditor.png";
/** Called when the activity is first created. */

@Override
public void onCreate(Bundle savedInstanceState) {
super.onCreate(savedInstanceState);
setContentView(R.layout.main);

ImageView myImageView = (ImageView)findViewById(R.id.imageview);
//Bitmap bitmap = BitmapFactory.decodeFile(imageFile);
//myImageView.setImageBitmap(bitmap);

Bitmap bitmap;
float imagew = 300;
float imageh = 300;

BitmapFactory.Options bitmapFactoryOptions = new BitmapFactory.Options();
bitmapFactoryOptions.inJustDecodeBounds = true;
bitmap = BitmapFactory.decodeFile(imageFile, bitmapFactoryOptions);

int yRatio = (int)Math.ceil(bitmapFactoryOptions.outHeight/imageh);
int xRatio = (int)Math.ceil(bitmapFactoryOptions.outWidth/imagew);

if (yRatio > 1 || xRatio > 1){
 if (yRatio > xRatio) {
  bitmapFactoryOptions.inSampleSize = yRatio;
  Toast.makeText(this,
  "yRatio = " + String.valueOf(yRatio),
    Toast.LENGTH_LONG).show();
 }
 else {
  bitmapFactoryOptions.inSampleSize = xRatio;
  Toast.makeText(this,
  "xRatio = " + String.valueOf(xRatio),
    Toast.LENGTH_LONG).show();
 }
}
else{
 Toast.makeText(this,
   "inSampleSize = 1",
   Toast.LENGTH_LONG).show();
}
```

```
    bitmapFactoryOptions.inJustDecodeBounds = false;
    bitmap = BitmapFactory.decodeFile(imageFile, bitmapFactoryOptions);
    myImageView.setImageBitmap(bitmap);
    }

    }
```

上述代码保存在本书光盘中，读者可以为本实例设置素材图片，执行后查看运行结果。

14.5.3 特别提醒——Options 中的属性

在上述代码中，属性 inSampleSize 表示缩略图大小为原始图片大小的几分之一，即如果这个值为 2，则取出的缩略图的宽和高都是原始图片的 1/2，图片大小就为原始大小的 1/4。

Options 中的属性 inJustDecodeBounds 比较重要，如果设置 inJustDecodeBounds 为 True，则可以获取 outHeight（图片原始高度）和 outWidth（图片的原始宽度）的值，通过这两个值就可以计算对应的 inSampleSize（缩放值）。

14.6 优化 Android 模拟器

实例 245	优化 Android 模拟器
源码路径	无
视频路径	视频\245

14.6.1 实例说明

计算机上运行的都是模拟器，也许是因为模拟的缘故，在调试一个 Android 项目时，速度会非常慢。即使自己的计算机配置够高也很慢。此时就需要我们掌握一些优化知识和相关技巧，以确保我们的调试工作“加速运转”。

14.6.2 具体实现

（1）快速调试多个项目

先运行模拟器，到运行成功的速度非常慢。然后在 Eclipse 中右键单击项目，在弹出命令中依次单击【Run As】|【Android Application】，开始运行一个项目，如图 14-9 所示。

在后面我们不要关闭模拟器，继续在 Eclipse 中打开其他 Android 项目，可以继续用如图 14-9 所示的操作方式来调试运行多个 Android 项目，调试多个 Android 项目的速度非常快。这个技巧简称为“一次运行，多次调试”。

（2）加速模拟器

我们可以将模拟器中的“自动屏幕适应”功能关闭，关闭后能够加速模拟器的运行。关闭方法是依次单击【Settings】|【Display】，在界面中取消对“Auto-rotate screen”选项的勾选，如图 14-10 所示。

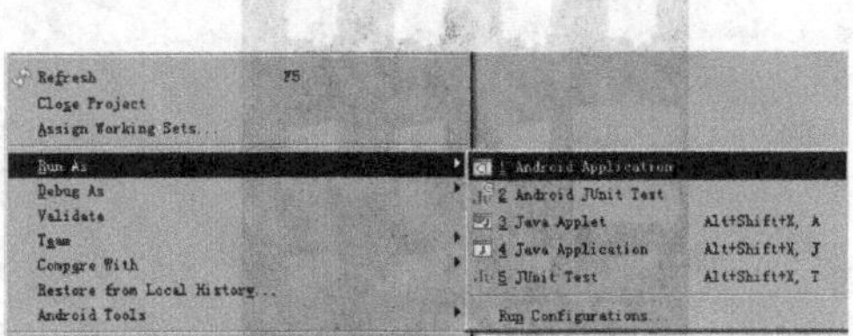

▲图 14-9 运行一个项目

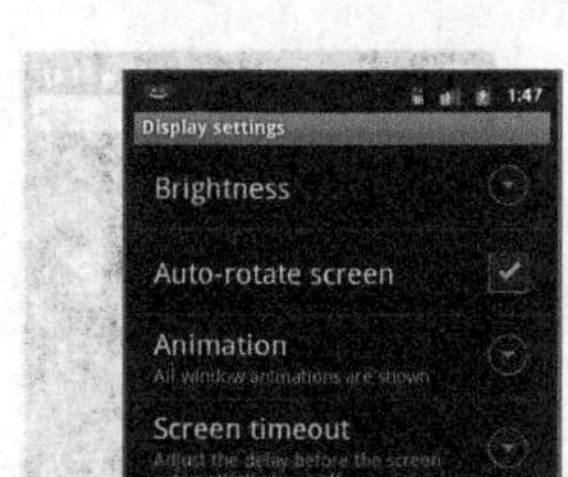

▲图 14-10 取消对“Auto-rotate screen”选项的勾选

（3）使用快照（Snapshot）功能

首先在 Android 虚拟设备（AVD）管理窗口中选中“Snapshot”选项，如图 14-11 所示。这样当以后启动该虚拟设备时，就可以使用快照功能了。

然后在虚拟设备的启动窗口中，选中“Launch from snapshot（从快照启动）”和“Save to snapshot（保存快照）”选项，如图 14-12 所示。

这样，在关闭虚拟设备时，就会把虚拟设备的当前状态和设置都自动保存成快照（例如，你在设置里面设置的语言状态、网络状态、甚至你在命令行 adb shell 中的各项设置等等）。下次再启动该虚拟设备时，就能立即成功启动，再不用等长长的一段时间了。

当选中了“Save to snapshot”（保存快照），关闭虚拟设备时系统会花一段时间来保存快照。其实，快照只要有一个就可以了。所以只需要在第一次生成快照前选中“Save to snapshot”（保存快照），在以后都可以使用该快照来快速启动，就不需要再选中“Save to snapshot”（保存快照）了。

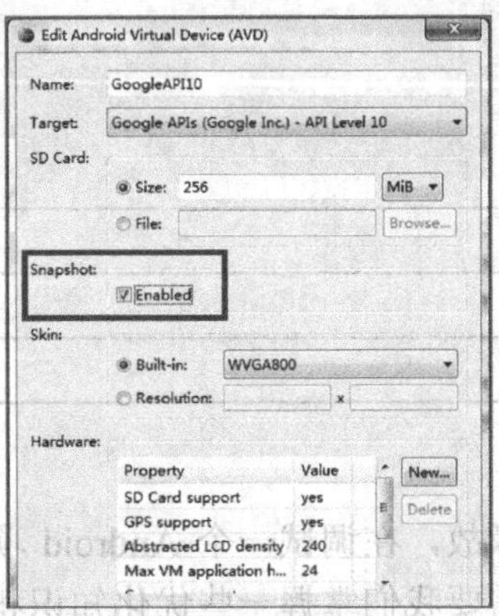

▲图 14-11　选中“Snapshot”选项

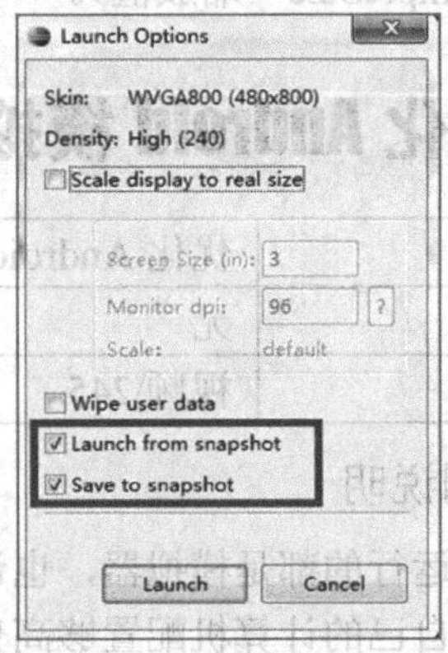

▲图 14-12　选中两项

（4）关闭 animation 动画

我们可以将模拟器中的“animation（动画）”功能关闭，关闭后能够加速模拟器的运行。关闭方法是依次单击【Settings】|【Display】，在界面中取消对“animation”选项的勾选，如图 14-13 所示。

（5）重置模拟器数据

如果我们多次使用一个模拟器调试 Android 程序，则会在模拟器中保存多个程序。例如图 14-14 所示的模拟器界面中显示了以前调试的程序。如果模拟器中包含原来的程序过多，则会影响调试速度。此时我们可以重置模拟器数据，即删除原来的调试痕迹。具体操作做法如下。

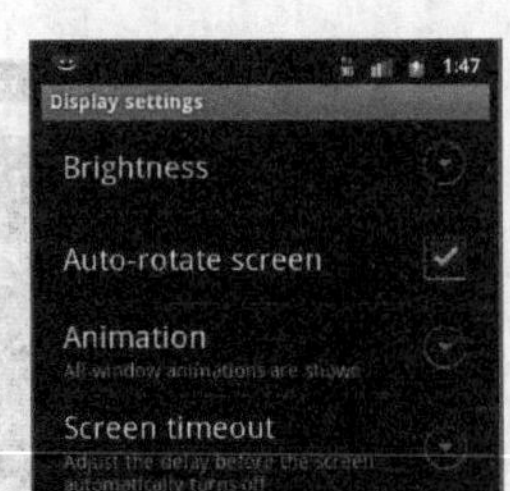

▲图 14-13　取消对“animation”选项的勾选

▲图 14-14　以前调试的程序

首先右键单击要调试的项目，依次选择【Run As】|【Run Configurations】，如图 14-15 所示。

然后在弹出界面中选择“Target”选项卡，在下方勾选“Wipe user data”选项，最后单击【RUN】按钮开始运行程序，如图 14-16 所示。

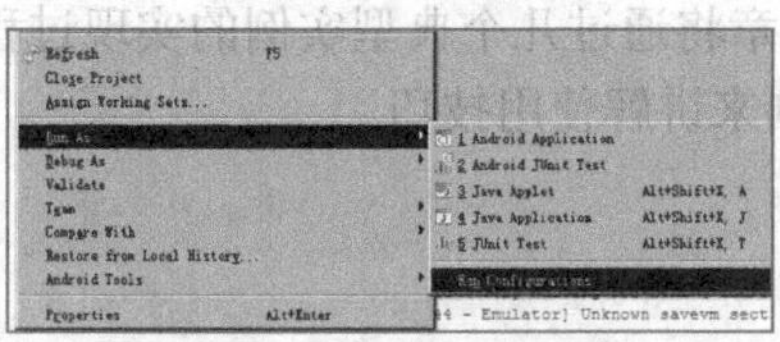

▲图 14-15　运行 Android 项目

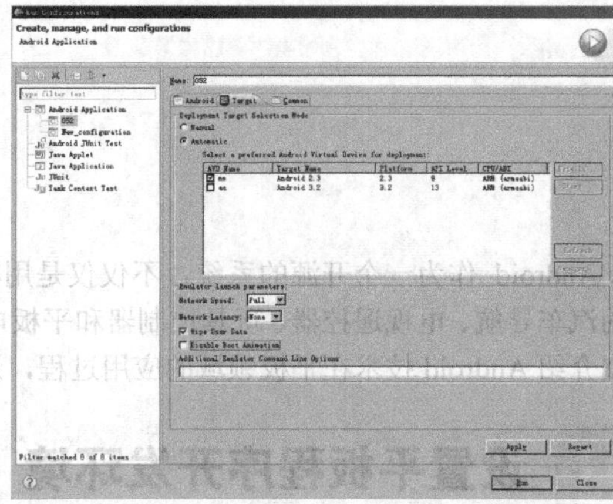

▲图 14-16　勾选“Wipe user data”选项

此时模拟器主界面中只显示当前的程序痕迹，如图 14-17 所示。

14.6.3　特别提醒——开启动画效果选项

在图 14-17 中，在“Wipe user data”选项下方有一个“Disable Boot Animations”选项，此选项的功能是取消动画效果。如果勾选此选项，模拟器的运行速度会更快，此选项也是优化模拟器的一个重要方法。

▲图 14-17　只显示当前的程序痕迹

第 15 章　平板电脑应用开发

Android 作为一个开源的系统，不仅仅是用在手机设备上，而且广泛用于平板设备，例如常见的汽车导航、电视遥控器、玩具控制器和平板电脑等。在本章将通过几个典型实例的实现过程，详细介绍 Android 技术在平板领域的应用过程，通过具体实例来讲解使用技巧。

15.1 设置平板程序开发环境

实例 246	设置平板程序开发环境
源码路径	
视频路径	视频\246

15.1.1　实例说明

自从推出 Android 2.3 以后，在 SDK 中增加了第三方 add-ons，其中就包括了针对平板电脑的 Galaxy Tab Addon，这样我们可以在计算机上利用平板模拟器开发平板程序了。其实平板程序和传统的手机程序一样，唯一的区别在于分辨率的大小，因为平板的屏幕更大。在本实例中，讲解了通过具体设实现开发平板程序的方法。

15.1.2　具体实现

（1）启动一个新的平板电脑模拟器的时候，首先我们需要设置"Scale display to real size"选项，这将让平板电脑的屏幕大小与计算机屏幕的大小匹配。以笔者的计算机为例，屏幕大小是 1440px×900px。如图 15-1 所示。

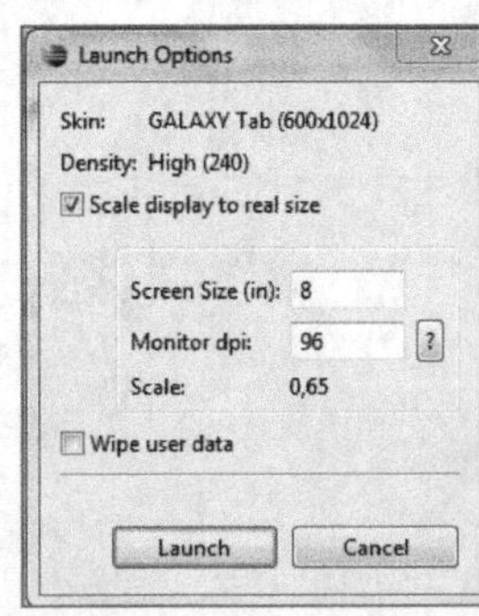

▲图 15-1　启动选项界面

（2）此时在平板电脑模拟器上运行一个 SDK1.6 的例子（我们至少需要 API level 4, SDK 1.6 for tablets），运行结果如图 15-2 所示。

（3）此时应用程序并没有填满整个平板电脑模拟器的屏幕，下面我们就来解决这个问题。首先打开 AndroidManifest.xml 文件，增加如下两行代码。

```
<uses-sdk android:minsdkversion="4" android:targetsdkversion="9"></uses-sdk>
<supports-screens android:anydensity="true"></supports-screens>
```

然后在模拟器中运行，效果如图 15-3 所示。

由图 15-3 所示效果可以看出，此时已经布满屏幕。

为平板电脑开发应用程序和为手机开发应用程序一样，我们需要在"/res"目录下创建两个资源文件目录，即分别创建"drawable-large 和 layout-large"目录，把所有的图片资源和 UI 文件放到里面。当然，您也需要为横屏的平板电脑程序创建一个 layout-large-land 目录。整个应用程序结构如图 15-4 所示。

▲图 15-2　没有布满屏幕

▲图 15-3　调整后的效果

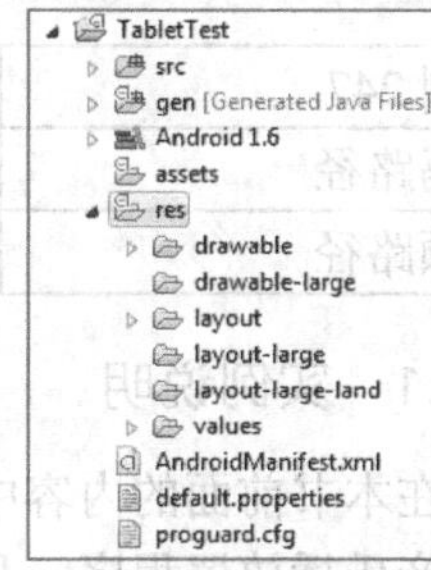

▲图 15-4　目录结构

15.1.3　特别提醒——平板电脑的分辨率

其实在 Android 2.3 以后，谷歌开始大力发展平板程序，所以默认的模拟器大小是平板分辨率。例如在计算机上新建一个 Android 模拟器时，例如创建一个 Android 3.2 模拟器，创建界面如图 15-5 所示。创建后再次启动的时候，在启动界面显示其分辨率大小是 1280×800，和笔者计算机的分辨率一致，如图 15-6 所示。

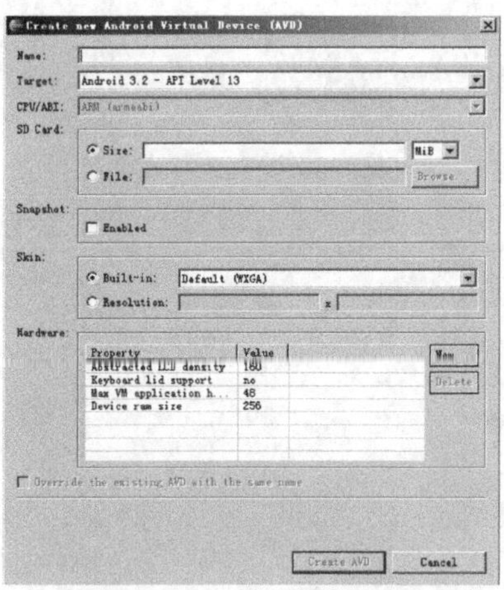

▲图 15-5　新建模拟器界面

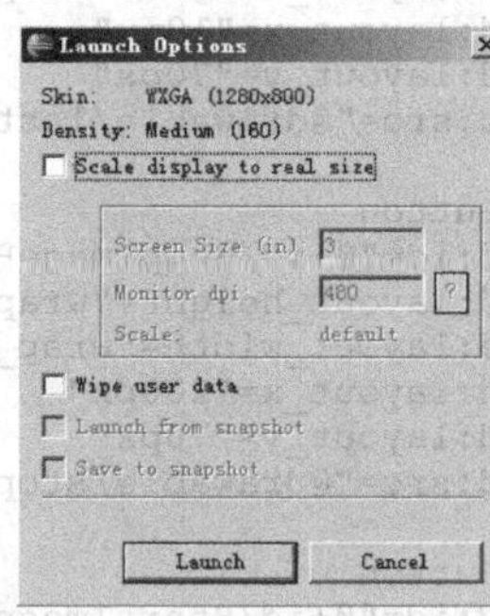

▲图 15-6　启动界面

启动模拟器之后的界面完全是一个平板电脑大小的界面。

有很多初学者对平板的分辨率无从下手，笔者刚开始做一个 Android 游戏，用的模拟器是 854×480 的，用 SurfaceView 画了一张 854×800 的背景图，但是画出来后被放大了 1.5 倍，大大超过了模拟器的屏幕。来来经过高手指点，建立了一个名为“drawable-nodpi”文件夹，把图片资源都放入其中。然后在 AndroidManifest.xml 中添加如下代码就解决了。

```
<supports-screens
 android:largeScreens="true"
 android:normalScreens="true"
 android:smallScreens="true"
 android:anyDensity="true" />
```

后来笔者发现，在我们项目中存储图片的文件夹有 3 个，分别是“drawable-hdpi”、“drawable-mdpi”和“drawable-ldpi”，分别代表高、中、低 3 种不同大小分辨率的图片。我可以将图片存放于这 3 个文件夹中，程序会根据屏幕的大小，会自动选择图片的不同分辨率。

15.2 在平板电脑中开发一个音乐播放器

实例 247	开发一个音乐播放器
源码路径	daima\247
视频路径	视频\247

15.2.1 实例说明

在本书前面的内容中，已经讲解过在 Android 手机中开发音乐播放器的基本知识。本实例是一个音乐播放器程序，和前面实例的区别是在平板上的播放器，所以分辨率的大小和本书前面的有所差别。

15.2.2 具体实现

（1）编写布局文件 main.xml，主要代码如下所示。

```
<AbsoluteLayout
  xmlns:android="http://schemas.android.com/apk/res/android"
  android:orientation="vertical"
  android:layout_width="fill_parent"
  android:layout_height="fill_parent"
  >
  <ImageButton
  android:id="@+id/LastImageButton"
  android:layout_width="wrap_content"
  android:layout_height="wrap_content"
  android:layout_x="10px"
  android:layout_y="70px"
  android:src="@drawable/last"
  />
  <ImageButton
  android:id="@+id/StopImageButton"
  android:layout_height="wrap_content"
  android:layout_width="wrap_content"
  android:layout_x="200px"
  android:layout_y="70px"
  android:src="@drawable/stop"
  />
  <ImageButton
  android:id="@+id/StartImageButton"
  android:layout_height="wrap_content"
  android:layout_width="wrap_content"
  android:layout_x="390px"
  android:layout_y="70px"
  android:src="@drawable/start"
  />
  <ImageButton
  android:id="@+id/PauseImageButton"
  android:layout_height="wrap_content"
  android:layout_width="wrap_content"
  android:layout_x="580px"
  android:layout_y="70px"
  android:src="@drawable/pause"
  />
  <ImageButton
  android:id="@+id/NextImageButton"
  android:layout_width="wrap_content"
  android:layout_height="wrap_content"
  android:layout_x="770px"
  android:layout_y="70px"
  android:src="@drawable/next"
```

```
/>
<ListView   android:layout_height="fill_parent"   android:drawSelectorOnTop="false"
android:id="@id/android:list" android:layout_width="fill_parent"  android:layout_x=
"-5dp" android:layout_y="1dp"></ListView>
</AbsoluteLayout>
```

在上述代码中，故意设置每个 Button 按钮在水平方向的距离比较大（水平间距 190），目的是和手机屏幕的大小区别开。如果在手机中设置这么大的水平间距，则在一行中会显示不全。而平板的分辨率足够大，所以能够在一行中显示出来。

（2）编写主程序文件 Activity01.java，主要代码如下所示。

```
public class Activity01 extends ListActivity
{
    /* 几个操作按钮 */
    private ImageButton   mFrontImageButton   = null;
    private ImageButton   mStopImageButton    = null;
    private ImageButton   mStartImageButton   = null;
    private ImageButton   mPauseImageButton   = null;
    private ImageButton   mNextImageButton    = null;

    /* MediaPlayer 对象 */
    public MediaPlayer   mMediaPlayer       = null;

    /* 播放列表 */
    private List<String> mMusicList = new ArrayList<String>();

    /* 当前播放歌曲的索引 */
    private int currentListItme = 0;

    /* 音乐的路径 */
    private static final String MUSIC_PATH = new String("/sdcard/");

    /** Called when the activity is first created. */
    @Override
    public void onCreate(Bundle savedInstanceState)
    {
        super.onCreate(savedInstanceState);
        setContentView(R.layout.main);
        /* 更新显示播放列表 */
        musicList();
        /* 构建 MediaPlayer 对象 */
        mMediaPlayer       = new MediaPlayer();

        mFrontImageButton = (ImageButton) findViewById(R.id.LastImageButton);
        mStopImageButton = (ImageButton) findViewById(R.id.StopImageButton);
        mStartImageButton = (ImageButton) findViewById(R.id.StartImageButton);
        mPauseImageButton = (ImageButton) findViewById(R.id.PauseImageButton);
        mNextImageButton = (ImageButton) findViewById(R.id.NextImageButton);

        //停止按钮
        mStopImageButton.setOnClickListener(new ImageButton.OnClickListener()
        {
            @Override
            public void onClick(View v)
            {
                /* 是否正在播放 */
                if (mMediaPlayer.isPlaying())
                {
                    //重置 MediaPlayer 到初始状态
                    mMediaPlayer.reset();
                }
            }
        });

        //开始按钮
        mStartImageButton.setOnClickListener(new ImageButton.OnClickListener()
        {
            @Override
```

```
        public void onClick(View v)
        {
            playMusic(MUSIC_PATH + mMusicList.get(currentListItme));
        }
    });

    //暂停
    mPauseImageButton.setOnClickListener(new ImageButton.OnClickListener()
    {
        public void onClick(View view)
        {
            if (mMediaPlayer.isPlaying())
            {
                /* 暂停 */
                mMediaPlayer.pause();
            }
            else
            {
                /* 开始播放 */
                mMediaPlayer.start();
            }
        }
    });

    //下一首
    mNextImageButton.setOnClickListener(new ImageButton.OnClickListener()
    {
        @Override
        public void onClick(View arg0)
        {
            nextMusic();
        }
    });
    //上一首
    mFrontImageButton.setOnClickListener(new ImageButton.OnClickListener()
    {
        @Override
        public void onClick(View arg0)
        {
            FrontMusic();
        }
    });
}

public boolean onKeyDown(int keyCode, KeyEvent event)
{
    if ( keyCode ==  KeyEvent.KEYCODE_BACK)
    {
        mMediaPlayer.stop();
        mMediaPlayer.release();
        this.finish();
        return true;
    }
    return super.onKeyDown(keyCode, event);
}

@Override
/* 当我们单击列表时，播放被单击的音乐 */
protected void onListItemClick(ListView l, View v, int position, long id)
{
    currentListItme = position;
    playMusic(MUSIC_PATH + mMusicList.get(position));
}

/* 播放列表 */
public void musicList()
{
```

```
        //取得指定位置的文件设置显示到播放列表
        File home = new File(MUSIC_PATH);
        if (home.listFiles(new MusicFilter()).length > 0)
        {
            for (File file : home.listFiles(new MusicFilter()))
            {
                mMusicList.add(file.getName());
            }
            ArrayAdapter<String> musicList = new ArrayAdapter<String>(Activity01.this,
R.layout.musicitme, mMusicList);
            setListAdapter(musicList);
        }
    }

    private void playMusic(String path)
    {
        try
        {
            /* 重置MediaPlayer */
            mMediaPlayer.reset();
            /* 设置要播放的文件的路径 */
            mMediaPlayer.setDataSource(path);
            /* 准备播放 */
            mMediaPlayer.prepare();
            /* 开始播放 */
            mMediaPlayer.start();
            mMediaPlayer.setOnCompletionListener(new OnCompletionListener()
            {
                public void onCompletion(MediaPlayer arg0)
                {
                    //播放完成一首之后进行下一首
                    nextMusic();
                }
            });
        }catch (IOException e){}
    }

    /* 下一首 */
    private void nextMusic()
    {
        if (++currentListItme >= mMusicList.size())
        {
            currentListItme = 0;
        }
        else
        {
            playMusic(MUSIC_PATH + mMusicList.get(currentListItme));
        }
    }

    /* 上一首 */
    private void FrontMusic()
    {
        if (--currentListItme >= 0)
        {
            currentListItme = mMusicList.size();
        }
        else
        {
            playMusic(MUSIC_PATH + mMusicList.get(currentListItme));
        }
    }

}

/* 过滤文件类型 */
class MusicFilter implements FilenameFilter
{
    public boolean accept(File dir, String name)
```

```
    {
        //这里还可以设置其他格式的音乐文件
        return (name.endsWith(".mp3"));
    }
}
```

执行之后的效果如图 15-7 所示，这样在平板上开发了一个音乐播放器程序。

▲图 15-7　音乐播放器

15.2.3　特别提醒——在平板电脑中开发一个视频播放程序

根据前面我们所学的视频播放器知识，进行同样的分辨率设置，也可以在平板电脑中开发一个视频播放程序。例如下面的代码。

```
public class Activity01 extends Activity
{
    /** Called when the activity is first created. */
    @Override
    public void onCreate(Bundle savedInstanceState)
    {
        super.onCreate(savedInstanceState);
        setContentView(R.layout.main);
        /* 创建 VideoView 对象 */
        final VideoView videoView = (VideoView) findViewById(R.id.VideoView01);

        /* 操作播放的三个按钮 */
        Button PauseButton = (Button) this.findViewById(R.id.PauseButton);
        Button LoadButton = (Button) this.findViewById(R.id.LoadButton);
        Button PlayButton = (Button) this.findViewById(R.id.PlayButton);

        /* 装载按钮事件 */
        LoadButton.setOnClickListener(new OnClickListener()
        {
            public void onClick(View arg0)
            {
                /* 设置路径 */
                videoView.setVideoPath("/sdcard/test.mp4");
                /* 设置模式-播放进度条 */
                videoView.setMediaController(new MediaController(Activity01.this));
                videoView.requestFocus();
            }
        });
        /* 播放按钮事件 */
        PlayButton.setOnClickListener(new OnClickListener()
        {
            public void onClick(View arg0)
            {
                /* 开始播放 */
                videoView.start();
            }
        });
        /* 暂停按钮 */
        PauseButton.setOnClickListener(new OnClickListener()
        {
            public void onClick(View arg0)
            {
                /* 暂停 */
                videoView.pause();
```

```
            }
        });
    }
}
```

15.3 浏览指定的网页

实例 248	浏览指定的网页
源码路径	daima\248
视频路径	视频\248

15.3.1　实例说明

在本书前面的内容中，已经讲解过在 Android 手机中浏览网页实例的实现过程。本实例是一个网页浏览程序程序，功能是通过 WebView 浏览指定的网页。和前面实例的区别是在平板电脑上浏览程序，所以分辨率的大小和本书前面的有所差别。

15.3.2　具体实现

（1）编写布局文件 main.xml，主要代码如下所示。

```
<?xml version="1.0" encoding="utf-8"?>
<LinearLayout xmlns:android="http://schemas.android.com/apk/res/android"
   android:orientation="vertical"
   android:layout_width="fill_parent"
   android:layout_height="fill_parent"
   >
   <LinearLayout
      android:orientation="horizontal"
      android:layout_width="fill_parent"
      android:layout_height="fill_parent"
      android:animationCache="true"
      android:layout_weight="9">
      <EditText
         android:id="@+id/EditText01"
         android:layout_width="wrap_content"
         android:layout_weight="9"
         android:layout_height="wrap_content"
         android:text="请输入网址"/>
      <Button android:id="@+id/Button01"
         android:layout_width="wrap_content"
         android:layout_weight="1"
         android:layout_height="wrap_content"
         android:text="连接" />
   </LinearLayout>
     <WebView
     android:id="@+id/WebView01"
     android:layout_width="fill_parent"
     android:layout_height="fill_parent"
   android:layout_weight="1"
     />
</LinearLayout>
```

为了实现程序根据硬件设备屏幕的自动适应功能，在“res”目录下分别创建了“drawable-hdpi”、“drawable-ldpi”和“drawable-mdpi”3 个文件夹。此时在 Eclipse 中看布局界面，UI 界面实现了自适应。

（2）编写程序文件 Activity01.java，主要代码如下所示。

```
public class Activity01 extends Activity
{
   private final String DEBUG_TAG    = "Activity01";
```

```
    private Button       mButton;
    private EditText   mEditText;
    private WebView      mWebView;
    /** Called when the activity is first created. */
    @Override
    public void onCreate(Bundle savedInstanceState)
    {
        super.onCreate(savedInstanceState);
        setContentView(R.layout.main);
        mButton = (Button) findViewById(R.id.Button01);
        mEditText = (EditText) findViewById(R.id.EditText01);
        mWebView = (WebView) findViewById(R.id.WebView01);
        //设置支持 JavaScript 脚本
        WebSettings webSettings = mWebView.getSettings();
        webSettings.setJavaScriptEnabled(true);
        //设置可以访问文件
        webSettings.setAllowFileAccess(true);
        //设置支持缩放
        webSettings.setBuiltInZoomControls(true);
        //设置 WebViewClient
        mWebView.setWebViewClient(new WebViewClient()
        {
            public boolean shouldOverrideUrlLoading(WebView view, String url)
            {
                view.loadUrl(url);
                return true;
            }
            @Override
            public void onPageFinished(WebView view, String url)
            {
                super.onPageFinished(view, url);
            }
            @Override
            public void onPageStarted(WebView view, String url, Bitmap favicon)
            {
                super.onPageStarted(view, url, favicon);
            }
        });
        //设置 WebChromeClient
        mWebView.setWebChromeClient(new WebChromeClient(){
            @Override
            //处理 javascript 中的 alert
            public boolean onJsAlert(WebView view, String url, String message,
                    final JsResult result)
            {
                //构建一个 Builder 来显示网页中的对话框
                Builder builder = new Builder(Activity01.this);
                builder.setTitle("提示对话框");
                builder.setMessage(message);
                builder.setPositiveButton(android.R.string.ok,
                        new AlertDialog.OnClickListener() {
                            public void onClick(DialogInterface dialog, int which) {
                                //单击确定按钮之后,继续执行网页中的操作
                                result.confirm();
                            }
                        });
                builder.setCancelable(false);
                builder.create();
                builder.show();
                return true;
            };
            @Override
            //处理 javascript 中的 confirm
            public boolean onJsConfirm(WebView view, String url, String message,
                    final JsResult result)
            {
                Builder builder = new Builder(Activity01.this);
                builder.setTitle("带选择的对话框");
                builder.setMessage(message);
```

```
        builder.setPositiveButton(android.R.string.ok,
                new AlertDialog.OnClickListener() {
                    public void onClick(DialogInterface dialog, int which) {
                        result.confirm();
                    }
                });
        builder.setNegativeButton(android.R.string.cancel,
                new DialogInterface.OnClickListener() {
                    public void onClick(DialogInterface dialog, int which) {
                        result.cancel();
                    }
                });
        builder.setCancelable(false);
        builder.create();
        builder.show();
        return true;
    };
    @Override
    //处理 javascript 中的 prompt
    //message 为网页中对话框的提示内容
    //defaultValue 在没有输入时，默认显示的内容
    public boolean onJsPrompt(WebView view, String url, String message,
            String defaultValue, final JsPromptResult result) {
        //自定义一个带输入的对话框由 TextView 和 EditText 构成
        final LayoutInflater factory = LayoutInflater.from(Activity01.this);
        final View dialogview = factory.inflate(R.layout.prom_dialog, null);
        //设置 TextView 对应网页中的提示信息
        ((TextView) dialogview.findViewById(R.id.TextView_PROM)).setText(message);
        //设置 EditText 对应网页中的输入框
        ((EditText) dialogview.findViewById(R.id.EditText_PROM)).setText
        (defaultValue);

        Builder builder = new Builder(Activity01.this);
        builder.setTitle("带输入的对话框");
        builder.setView(dialogview);
        builder.setPositiveButton(android.R.string.ok,
                new AlertDialog.OnClickListener() {
                    public void onClick(DialogInterface dialog, int which) {
                        //单击确定之后，取得输入的值，传给网页处理
                        String value = ((EditText) dialogview.findViewById
                        (R.id.EditText_PROM)).getText().toString();
                        result.confirm(value);
                    }
                });
        builder.setNegativeButton(android.R.string.cancel,
                new DialogInterface.OnClickListener() {
                    public void onClick(DialogInterface dialog, int which) {
                        result.cancel();
                    }
                });
        builder.setOnCancelListener(new DialogInterface.OnCancelListener() {
                    public void onCancel(DialogInterface dialog) {
                        result.cancel();
                    }
                });
        builder.show();
        return true;
    };
    @Override
    //设置网页加载的进度条
    public void onProgressChanged(WebView view, int newProgress)
    {
        Activity01.this.getWindow().setFeatureInt(Window.FEATURE_PROGRESS,
        newProgress * 100);
        super.onProgressChanged(view, newProgress);
    }

    @Override
    //设置应用程序的标题 title
```

```
            public void onReceivedTitle(WebView view, String title)
            {
                Activity01.this.setTitle(title);
                super.onReceivedTitle(view, title);
            }
        });
        //连接按钮事件监听
        mButton.setOnClickListener(new OnClickListener()
        {
            public void onClick(View v)
            {
                try
                {
                    //取得编辑框中我们输入的内容
                    String url = mEditText.getText().toString();
                    //判断输入的内容是不是网址
                    if ( URLUtil.isNetworkUrl(url) )
                    {
                        //装载网址
                        mWebView.loadUrl(url);
                    }
                    else
                    {
                        mEditText.setText("输入网址错误，请重新输入");
                    }
                }
                catch (Exception e)
                {
                    Log.e(DEBUG_TAG, e.toString());
                }
            }
        });
    }
    public boolean onKeyDown(int keyCode, KeyEvent event)
    {
        if ((keyCode == KeyEvent.KEYCODE_BACK) &&
         mWebView.canGoBack())
        {
            //返回前一个页面
            mWebView.goBack();
            return true;
        }
        return super.onKeyDown(keyCode, event);
    }
}
```

执行之后的效果如图 15-8 所示，这样在平板上开发了一个网页浏览程序。

▲图 15-8 网页浏览程序

当在输入框中输入一个网址并单击【连接】按钮后回到指定的页面，其界面大小和笔者的屏幕一样。

15.3.3 特别提醒——设置样式自适应

同样原理，读者们可以将本书前面介绍的网络项目设置为样式自适应，将其发布到平板模拟器中，查看具体执行效果是否能成功显示。其实本书前面的很多实例，在“res”目录中已经设置好了自适应功能。

15.4 开发一个天气预报系统

实例 249	开发一个天气预报系统
源码路径	daima\249
视频路径	视频\249

15.4.1 实例说明

在我们的日常生活中，已经离不开天气预报，无论是远行旅游还是上班，都根据天气预报决定是否带伞和选择衣物。本实例是一个天气预报程序，能根据我们选择的城市显示天气情况。和前面实例的区别是在平板电脑上浏览程序，所以分辨率的大小和本书前面的有所差别。

15.4.2 具体实现

（1）编写布局文件 main.xml，主要代码如下所示。

```
<LinearLayout  xmlns:android="http://schemas.android.com/apk/res/android"  android:
orientation="vertical"   android:layout_width="fill_parent"   android:layout_height=
"fill_parent" android:background="@drawable/bg">
   <TextView   android:id="@+id/TextView001"   android:layout_width="wrap_content"
android:layout_height="wrap_content"          android:text="@string/inputstr"
android:textStyle="bold"   android:textSize="2px"   android:layout_marginLeft="10px"
android:textColor="@color/black"></TextView>
   <TableLayout android:id="@+id/TableLayout02" android:layout_height="wrap_content"
android:layout_width="fill_parent">
      <TableRow  android:id="@+id/TableRow01"  android:layout_height="wrap_content"
android:layout_width="fill_parent">
         <TextView android:id="@+id/TextView01" android:layout_width="wrap_content"
android:layout_height="wrap_content"                    android:text="@string/msg"
android:textStyle="bold"  android:textSize="16px"  android:layout_marginLeft="10px"
android:textColor="@color/black"></TextView>
         <Spinner  android:id="@+id/Spinner01"  android:layout_height="wrap_content"
android:layout_width="fill_parent"                      android:paddingLeft="10px"
android:minWidth="1000px"></Spinner>
         <Button   android:id="@+id/Button01"   android:layout_width="wrap_content"
android:layout_height="wrap_content"                     android:text="@string/OK"
android:paddingLeft="20px"></Button>
      </TableRow>
   </TableLayout>
   <TableLayout android:id="@+id/TableLayout002" android:layout_height="wrap_content"
android:layout_width="fill_parent">
      <TableRow  android:id="@+id/TableRow001"  android:layout_height="wrap_content"
android:layout_width="fill_parent">
         <TextView android:id="@+id/TextView002" android:layout_width="wrap_content"
android:layout_height="wrap_content"                    android:text="@string/msg"
android:textStyle="bold"  android:textSize="16px"  android:layout_marginLeft="10px"
android:textColor="@color/black"></TextView>
         <EditText    android:id="@+id/EditText001"    android:layout_height="wrap_
content"     android:layout_width="fill_parent"         android:paddingLeft="10px"
android:minWidth="1000px"></EditText>
         <Button  android:id="@+id/Button001"  android:layout_width="wrap_content"
android:layout_height="wrap_content"  android:text="@string/OK"  android:paddingLeft=
"20px"></Button>
      </TableRow>
   </TableLayout>
   <TableLayout  android:id="@+id/TableLayout01"  android:layout_width="fill_parent"
android:layout_height="wrap_content">
      <TableRow  android:id="@+id/TableRow02"  android:layout_width="wrap_content"
android:layout_height="wrap_content">
         <com.EX217.SingleWeatherInfoView               android:id="@+id/weather_0"
android:layout_width="wrap_content" android:layout_height="wrap_content"/>
```

```
        </TableRow>
        <TableRow   android:id="@+id/TableRow03"   android:layout_width="wrap_content"
  android:layout_height="wrap_content">
            <com.EX217.SingleWeatherInfoView                  android:id="@+id/weather_1"
  android:layout_width="wrap_content" android:layout_height="wrap_content"/>
        </TableRow>
        <TableRow   android:id="@+id/TableRow04"   android:layout_width="wrap_content"
  android:layout_height="wrap_content">
            <com.EX217.SingleWeatherInfoView                  android:id="@+id/weather_2"
  android:layout_width="wrap_content" android:layout_height="wrap_content"/>
        </TableRow>
        <TableRow   android:id="@+id/TableRow05"   android:layout_width="wrap_content"
  android:layout_height="wrap_content">
            <com.EX217.SingleWeatherInfoView                  android:id="@+id/weather_3"
  android:layout_width="wrap_content" android:layout_height="wrap_content"/>
        </TableRow>
        <TableRow   android:id="@+id/TableRow06"   android:layout_width="wrap_content"
  android:layout_height="wrap_content">
            <com.EX217.SingleWeatherInfoView                  android:id="@+id/weather_4"
  android:layout_width="wrap_content" android:layout_height="wrap_content"/>
        </TableRow>
    </TableLayout>
```

为了突出平板电脑和手机的差别，所以在上述代码中设置 Spinner 控件和 EditText 控件的宽度都是 1000px。

（2）编写文件 CityWeather.java，功能是及时更新显示实时天气信息和天气预报，并将通过网络获取的数据传递给 XMLReader 解析进行解析。主要代码如下所示。

```
// 更新显示实时天气信息
private void updateWeatherInfoView(int aResourceID, WeatherCurrentCondition aWCC)
throws MalformedURLException
{

  URL imgURL = new URL("http://www.google.com/" + aWCC.getIcon());
  ((SingleWeatherInfoView) findViewById(aResourceID)).setWeatherIcon(imgURL);
  ((SingleWeatherInfoView)
findViewById(aResourceID)).setWeatherString(aWCC.toString());
}

// 更新显示天气预报
private void updateWeatherInfoView(int aResourceID, WeatherForecastCondition aWFC)
throws MalformedURLException
{

  URL imgURL = new URL("http://www.google.com/" + aWFC.getIcon());
  ((SingleWeatherInfoView) findViewById(aResourceID)).setWeatherIcon(imgURL);
  ((SingleWeatherInfoView)
findViewById(aResourceID)).setWeatherString(aWFC.toString());
}

//获取天气信息
//通过网络获取数据
//传递给 XMLReader 解析
public void getCityWeather(URL url)
{
  try
  {
     SAXParserFactory spf = SAXParserFactory.newInstance();
     SAXParser sp = spf.newSAXParser();

     XMLReader xr = sp.getXMLReader();

     GoogleWeatherHandler gwh = new GoogleWeatherHandler();
     xr.setContentHandler(gwh);

     InputStreamReader isr = new InputStreamReader(url.openStream(), "GBK");
     InputSource is = new InputSource(isr);
```

```
        xr.parse(is);

        WeatherSet ws = gwh.getMyWeatherSet();

        updateWeatherInfoView(R.id.weather_0, ws.getMyCurrentCondition());
        updateWeatherInfoView(R.id.weather_1, ws.getMyForecastConditions().get(0));
        updateWeatherInfoView(R.id.weather_2, ws.getMyForecastConditions().get(1));
        updateWeatherInfoView(R.id.weather_3, ws.getMyForecastConditions().get(2));
        updateWeatherInfoView(R.id.weather_4, ws.getMyForecastConditions().get(3));
    }
    catch (Exception e)
    {
        Log.e("CityWeather", e.toString());
    }
}
```

（3）编写文件ConstData.java，功能是设置系统列表中的能够快速查询显示的城市，主要代码如下所示。

```
public class ConstData
{
    public static final String queryString="http://www.google.com/ig/api?hl=zh-
cn&weather=,,,";
    public static final String queryString_intput="http://www.google.com/ig/api?hl=
zh_cn&weather=";
    public static final String [] cityCode ={
            "39930000,116279998",//北京
            "31399999,121470001",//上海
            "39099998,117169998",//天津
            "29520000,106480003",//重庆
            "39669998,118150001",//唐山
            "38029998,114419998",//石家庄
            "38900001,121629997",//大连
            "45750000,126769996",//哈尔滨
            "20030000,110349998",//海口
            "43900001,125220001",//长春
            "28229999,112870002",//长沙
            "30670000,104019996",//成都
            "26079999,119279998",//福州
            "23129999,113319999",//广州
            "26579999,106720001",//贵阳
            "30229999,120169998",//杭州
            "31870000,117230003",//合肥
            "40819999,111680000",//呼和浩特
            "36680000,116980003",//济南
            "25020000,102680000",//昆明
            "29657589,91132050",//拉萨
            "36040000,103879997",//兰州
            "28600000,115919998",//南昌
            "32000000,118800003",//南京
            "22819999,108349998",//南宁
            "36069999,120330001",//青岛
            "22549999,114099998",//深圳
            "41770000,123430000",//沈阳
            "37779998,112550003",//太原
            "43779998,87620002",//乌鲁木齐
            "30620000,114129997",//武汉
            "34299999,108930000",//西安
            "36619998,101769996",//西宁
            "24479999,118080001",//厦门
            "34279998,117150001",//徐州
            "38479999,106220001",//银川
            "34720001,113650001"//郑州
    };
    public static final String [] city ={
        "北京",//
        "上海",//
        "天津",//
```

```
        "重庆",//
        "唐山",//
        "石家庄",//
        "大连",//
        "哈尔滨",//
        "海口",//
        "长春",//
        "长沙",//
        "成都",//
        "福州",//
        "广州",//
        "贵阳",//
        "杭州",//
        "合肥",//
        "呼和浩特",//
        "济南",//
        "昆明",//
        "拉萨",//
        "兰州",//
        "南昌",//
        "南京",//
        "南宁",//
        "青岛",//
        "深圳",//
        "沈阳",//
        "太原",//
        "乌鲁木齐",//
        "武汉",//
        "西安",//
        "西宁",//
        "厦门",//
        "徐州",//
        "银川",//
        "郑州"//
    };
}
```

（4）编写文件 GoogleWeatherHandler.java，功能是通过方法 startElement()根据不同的标签来获取不同的数据信息，并将获取的信息保存到自定义的专门用于保存天气信息的类 WeatherSet 中。主要代码如下所示。

```
public void startElement(String uri, String localName, String name, Attributes attributes)
throws SAXException
{
    if (localName.equals(CURRENT_CONDITIONS))
    {//实时天气
        Log.i("localName+CURRENT", localName);
        this.myWeatherSet.setMyCurrentCondition(new WeatherCurrentCondition());
        Log.i("localName+CURRENT+1", localName);
        this.is_Current_Conditions = true;
    }
    else if (localName.equals(FORECAST_CONDITIONS))
    {//预报天气
        this.myWeatherSet.getMyForecastConditions().add(new WeatherForecastCondition());
        this.is_Forecast_Conditions = true;
    }
    else
    {
        //分别将得到的信息设置到指定的对象中
        if (localName.equals(CURRENT_CONDITIONS))
        {
            Log.i("localName+CURRENT", localName);
        }
        String dataAttribute = attributes.getValue("data");

        if (localName.equals("icon"))
        {
            if (this.is_Current_Conditions)
            {
```

```
                this.myWeatherSet.getMyCurrentCondition().setIcon(dataAttribute);
            }
            else if (this.is_Forecast_Conditions)
            {
                this.myWeatherSet.getLastForecastCondition().setIcon(dataAttribute);
            }
        }
        else if (localName.equals("condition"))
        {
            if (this.is_Current_Conditions)
            {
                this.myWeatherSet.getMyCurrentCondition().setCondition(dataAttribute);
            }
            else if (this.is_Forecast_Conditions)
            {
                this.myWeatherSet.getLastForecastCondition().setCondition
(dataAttribute);
            }
        }
        else if (localName.equals("temp_c"))
        {
            this.myWeatherSet.getMyCurrentCondition().setTemp_celcius(dataAttribute);
        }
        else if (localName.equals("temp_f"))
        {
            this.myWeatherSet.getMyCurrentCondition().setTemp_Fahrenheit
(dataAttribute);
        }
        else if (localName.equals("humidity"))
        {
            this.myWeatherSet.getMyCurrentCondition().setHumidity(dataAttribute);
        }
        else if (localName.equals("wind_condition"))
        {
            this.myWeatherSet.getMyCurrentCondition().setWind_condition
(dataAttribute);
        }// Tags is forecast_conditions
        else if (localName.equals("day_of_week"))
        {
            this.myWeatherSet.getLastForecastCondition().setDay_of_week
(dataAttribute);
        }
        else if (localName.equals("low"))
        {
            this.myWeatherSet.getLastForecastCondition().setLow(dataAttribute);
        }
        else if (localName.equals("high"))
        {
            this.myWeatherSet.getLastForecastCondition().setHigh(dataAttribute);
        }
    }
}
```

（5）编写文件 WeatherCurrentCondition.java，功能是实现实时天气显示功能，显示当前某个城市的当前天气情况。主要代码如下所示。

```
public class WeatherCurrentCondition{
    private String    condition;            // 多云
    private String    temp_celcius;         // 摄氏温度
    private String    temp_fahrenheit;      // 华氏温度
    private String    humidity;             // 湿度:58%
    private String    wind_condition;       // 风向...
    private String    icon;                 // 图标
    public WeatherCurrentCondition()
    {

    }
    //得到 Condition（多云）
    public String getCondition()
    {
```

```
        return condition;
    }
    //设置 Condition（多云）
    public void setCondition(String condition)
    {
        this.condition = condition;
    }
    //得到设置温度
    public String getTemp_c()
    {
        return temp_celcius;
    }
    //得到华氏温度
    public String getTemp_f()
    {
        return temp_fahrenheit;
    }
    //设置摄氏温度
    public void setTemp_celcius(String temp_celcius)
    {
        this.temp_celcius = temp_celcius;
    }
    //设置华氏温度
    public void setTemp_fahrenheit(String temp_fahrenheit)
    {
        this.temp_fahrenheit = temp_fahrenheit;
    }
    //得到（湿度:58%）
    public String getHumidity()
    {
        return humidity;
    }

    //设置（湿度:58%）
    public void setHumidity(String humidity)
    {
        this.humidity = humidity;
    }
    //得到风向指示
    public String getWind_condition()
    {
        return wind_condition;
    }
    //设置风向指示
    public void setWind_condition(String wind_condition)
    {
        this.wind_condition = wind_condition;
    }
    //得到图标地址
    public String getIcon()
    {
        return icon;
    }
    //设置图标地址
    public void setIcon(String icon)
    {
        this.icon = icon;
    }
    //得到一个封装打包的字符串，包括除 icno 外的所有东西
    public String toString()
    {
        StringBuilder sb = new StringBuilder();
        sb.append("实时天气: ").append(temp_celcius).append("°C");
        sb.append(" ").append(temp_fahrenheit).append(" F");
        sb.append(" ").append(condition);
        sb.append(" ").append(humidity);
        sb.append(" ").append(wind_condition);
        return sb.toString();
    }
}
```

执行后会在平板界面中显示查询表单。

15.4.3 特别提醒——XML 实现方式

本实例需要使用 XML 技术实现，例如下面的代码。

```
<xml_api_reply version="1">
-<weather module_id="0" tab_id="0" mobile_row="0" mobile_zipped="1" row="0"
section="0">
 -<forecast_information>
  <city data="Chengdu, Sichuan"/>
  <postal_code data="chengdu"/>
  <latitude_e6 data=""/>
  <longitude_e6 data=""/>
  <forecast_date data="2009-08-18"/>
  <current_date_time data="2009-08-19 00:00:00 +0000"/>
  <unit_system data="SI"/>
  </forecast_information>
 -<current_conditions>
  <condition data="多云"/>
  <temp_f data="88"/>
  <temp_c data="31"/>
  <humidity data="湿度： 58%"/>
  <icon data="/ig/images/weather/cn_cloudy.gif"/>
  <wind_condition data="风向： 东、风速：4 米/秒"/>
  </current_conditions>
 -<forecast_conditions>
  <day_of_week data="周二"/>
  <low data="24"/>
  <high data="33"/>
  <icon data="/ig/images/weather/chance_of_rain.gif"/>
  <condition data="可能有雨"/>
  </forecast_conditions>
 -<forecast_conditions>
  <day_of_week data="周三"/>
  <low data="21"/>
  <high data="31"/>
  <icon data="/ig/images/weather/cn_heavyrain.gif"/>
  <condition data="雨"/>
  </forecast_conditions>
 -<forecast_conditions>
  <day_of_week data="周四"/>
  <low data="19"/>
  <high data="29"/>
  <icon data="/ig/images/weather/mostly_sunny.gif"/>
  <condition data="晴间多云"/>
  </forecast_conditions>
 -<forecast_conditions>
  <day_of_week data="周五"/>
  <low data="21"/>
  <high data="31"/>
  <icon data="/ig/images/weather/chance_of_rain.gif"/>
  <condition data="可能有雨"/>
  </forecast_conditions>
  </weather>
  </xml_api_reply>
  */
```

本实例中使用 XML 的具体原理和本书前面介绍的 RSS 类似，希望读者回顾一下本书前面关于 RSS 系统中 XML 技术的用法。

15.5 使用文件存储数据的方法保存音乐状态

实例 250	使用文件存储数据的方法保存音乐状态
源码路径	daima\250
视频路径	视频\250

15.5.1　实例说明

在本书前面的实例中，曾经专门用一章的内容来讲解了在 Android 中存储数据的基本知识。在本实例中，在平板中开发一个用文件来存储数据的程序。基本原理是通过 openFileOutput()方法打开一个文件，然后用 load()方法来获取文件中的数据，使用 deleteFile()方法删除一个指定的文件。本实例的最终目的是在文件里面保存一个音乐的状态。

15.5.2　具体实现

（1）编写布局文件 main.xml，主要代码如下所示。

```
<LinearLayout xmlns:android="http://schemas.android.com/apk/res/android"
    android:orientation="vertical"
    android:layout_width="fill_parent"
    android:layout_height="fill_parent"
    >
<TextView
      android:id="@+id/TextView01"
    android:layout_width="fill_parent"
    android:layout_height="wrap_content"
    android:text="@string/hello"
    />
</LinearLayout>
```

（2）编写文件 Player.java，在里面定义函数 PlayMusic()来播放音乐，定义函数 FreeMusic()停止并释放音乐。主要代码如下所示。

```
public void PlayMusic()
{
    /* 装载资源中的音乐 */
    playerMusic = MediaPlayer.create(mContext, R.raw.start);

    /* 设置是否循环 */
    playerMusic.setLooping(true);
    try
    {
        playerMusic.prepare();
    }
    catch (IllegalStateException e)
    {
        e.printStackTrace();
    }
    catch (IOException e)
    {
        e.printStackTrace();
    }
    playerMusic.start();
}
/* 停止并释放音乐 */
public void FreeMusic()
{
    if (playerMusic != null)
    {
         playerMusic.stop();
        playerMusic.release();
    }
}
```

（3）编写文件 Activity01.java，实现流程如下所示。

● 读取文件的数据，如果播放状态则显示“当前音乐状态：开”，否则显示“当前音乐状态：关”。具体代码如下所示。

```
public class Activity01 extends Activity
{
```

```
    private Player    mMIDIPlayer     = null;
    private boolean        mbMusic         = false;
    private TextView    mTextView     = null;
    /** Called when the activity is first created. */
    @Override
    public void onCreate(Bundle savedInstanceState)
    {
        super.onCreate(savedInstanceState);
        setContentView(R.layout.main);
        mTextView = (TextView) this.findViewById(R.id.TextView01);
        mMIDIPlayer = new Player(this);
        /* 读取文件数据  */
        load();
        if (mbMusic)
        {
            mTextView.setText("当前音乐状态: 开");
            mbMusic = true;
            mMIDIPlayer.PlayMusic();
        }
        else
        {
            mTextView.setText("当前音乐状态: 关");
        }
    }
```

- 定义方法 load()，功能是先构建 Properties 对象，然后实现装载数据和读取数据的功能。具体代码如下所示。

```
/* 装载、读取数据 */
void load()
{
    /* 构建 Properties 对象 */
    Properties properties = new Properties();
    try
    {
        /* 开发文件 */
        FileInputStream stream = this.openFileInput("music.cfg");
        /* 读取文件内容 */
        properties.load(stream);
    }
    catch (FileNotFoundException e)
    {
        return;
    }
    catch (IOException e)
    {
        return;
    }
    /* 取得数据 */
    mbMusic = Boolean.valueOf(properties.get("bmusic").toString());
}
```

定义方法 save()，功能是保存状态数据。具体代码如下所示。

```
/* 保存数据 */
boolean save()
{
    Properties properties = new Properties();

    /* 将数据打包成 Properties */
    properties.put("bmusic", String.valueOf(mbMusic));
    try
    {
        FileOutputStream stream = this.openFileOutput("music.cfg", Context.MODE_WORLD_
WRITEABLE);

        /* 将打包好的数据写入文件中 */
        properties.store(stream, "");
    }
```

```
        catch (FileNotFoundException e)
        {
            return false;
        }
        catch (IOException e)
        {
            return false;
        }
        return true;
    }
```

到此为止，本实例的主要代码讲解完毕，执行后将获取文件中存储的状态数据，然后在屏幕中显示出来。如图 15-9 所示。

▲图 15-9　执行效果

15.5.3　特别提醒——修改平板电脑程序

在本书前面的实例中曾经讲解过在 Android 中存储数据的方法有多种，例如 Shared Preferences 存储、SQLite 存储和网络存储。读者们可以将本书前文中的相关实例通过调整布局的方法，修改为平板程序。

15.6　勇敢派递员游戏

实例 251	在 Android 中使用 AndEngine 开发一个勇敢派递员游戏
源码路径	daima\251
视频路径	视频\251

15.6.1　实例说明

AndEngine 是一款 Android 平台的开源 2D 游戏引擎。AndEngine 基于 libGDX 框架开发，使用 OpenGL ES 进行图形绘制，底层使用 C++编写，通过 JNI 调用来实现，因此比较高效并且功能强大。同时集成了 Box2D 物理引擎，因此能实现一些较为复杂的物理效果。伴随着 Rokon（另一个 Android 2D 游戏引擎）宣布停止更新以后，AndEngine 成为 Android 最为流行的 2D 游戏引擎。

15.6.2　具体实现

核心文件 Score.java 的主要代码如下所示。

```
private void getRecords() {
    // Colocar aqui os scores !!!
    tv1.setText("--------------------");
    tv2.setText("--------------------");
    tv3.setText("--------------------");
    tv4.setText("--------------------");
    tv5.setText("--------------------");
    tv6.setText("--------------------");
    SharedPreferences set = getSharedPreferences(Menu.PREFS_NAME, 0);

    String score= set.getString("score1", "--------------------");
    if (score.equals("--------------------")==false){
```

```
        String scores[]=parsePlayerString(score);
        tv1.setText(scores[0]+ "           "+ scores[1]);
    }
    score= set.getString("score2", "--------------------");
    if (score.equals("--------------------")==false){
        String scores[]=parsePlayerString(score);
        tv2.setText(scores[0]+ "           "+ scores[1]);
    }
    score= set.getString("score3", "--------------------");
    if (score.equals("--------------------")==false){
        String scores[]=parsePlayerString(score);
        tv3.setText(scores[0]+ "           "+ scores[1]);
    }
    score= set.getString("score4", "--------------------");
    if (score.equals("--------------------")==false){
        String scores[]=parsePlayerString(score);
        tv4.setText(scores[0]+ "           "+ scores[1]);
    }
    score= set.getString("score5", "--------------------");
    if (score.equals("--------------------")==false){
        String scores[]=parsePlayerString(score);
        tv5.setText(scores[0]+ "           "+ scores[1]);
    }
    score= set.getString("score6", "--------------------");
    if (score.equals("--------------------")==false){
        String scores[]=parsePlayerString(score);
        tv6.setText(scores[0]+ "           "+ scores[1]);
    }
}
public static String[] parsePlayerString(String playerStr){
    StringTokenizer str = new StringTokenizer(playerStr,"++++");
    String rec []= new String[2];
    rec[0]= str.nextToken();
    rec[1]=str.nextToken();
    return rec;
}
```

然后需要在文件 AndroidManifest.xml 中声明 WAKE_LOCK 权限，代码如下所示。

```
<uses-permission android:name="android.permission.WAKE_LOCK"/>
<uses-permission
android:name="android.permission.MODIFY_AUDIO_SETTINGS"></uses-permission>
```

读者执行程序后可以看到效果。

15.6.3 特别提醒——解读 AndEngine 框架

如果读者解读过 AndEngine 源码，会发现除了采取低耦合、高内聚的框架策略细分引擎模块，使用 OpenGLES 进行游戏渲染之外，AndEngine 引擎还以双线程方式分别驱动绘图与事务更新。事实上，AndEngine 将游戏画面和游戏业务分为两组逻辑，在同级的互斥线程当中并行跑。

具体来说，其绘图线程位于 AndEngine 提供的 GLSurfaceView 内部类 GLThread（在 AndEngine 的 org.anddev.andengine.opengl.view 包下，非 Android 默认的 GLSurfaceView），并通过 GLSurfaceView 子类，即 AndEngine 提供的 RenderSurfaceView 类调用重载的 onDrawFrame 函数加以渲染控制；而业务线程在 Engine 类的内部类 UpdateThread 中，AndEngine 将始终以 while(true)这样的死循环方式快速执行其中的 onTickUpdate 函数，所有 AndEngine 提供的游戏业务最终都会由此函数调用及执行，比如 AndEngine 常用的 registerUpdateHandler 方法就是向它提交数据。

当使用 AndEngine 实现游戏绘图时，游戏业务线程会通过 wait 方式锁定，而当游戏业务处理时，也会以同样的手段锁定绘图线程，二者间具体交互关系由 Engine 类中的 State 子类控制，以此保证游戏画面与游戏业务同步。

另外，或许是考虑到持续双线程运行电量消耗较大的缘故，AndEngine 默认情况下要求用户启动 PowerManager 进行电源管理，所以需要添加如下所示的支持：

```
<uses-permission android:name="android.permission.WAKE_LOCK"/>
```

否则初始化时 Log 会提示缺少相关配置，建议读者在 AndroidManifest.xml 中添加权限。如果没有声明此权限，虽然不会影响运行，但是会在 Log 发出警告信息，并且耗电较快。

15.7 愤怒的小鸟游戏

实例 252	在 Android 中开发一个愤怒的小鸟游戏
源码路径	daima\252
视频路径	视频\252

15.7.1 实例说明

愤怒的小鸟（Angry Birds）是一款相当有趣的游戏，游戏内容是为了报复偷走鸟蛋的肥猪们，鸟儿以自己的身体为武器，仿佛炮弹一样去攻击肥猪们的堡垒。游戏是十分卡通的 2D 画面，看着愤怒的红色小鸟，奋不顾身地往绿色的肥猪的堡垒砸去，那种奇妙的感觉还真是令人感到很欢乐。而游戏的配乐轻松的节奏，欢快的风格同样充满了欢乐的感觉。不过在进行游戏的时候却没有这样的音乐，有点可惜。但是将鸟儿们弹射出去时，鸟儿的叫声倒是给人很好笑的感觉。

本实例是一款类似于 Android 愤怒的小鸟玩法和风格的游戏，基于 AndEngine 游戏引擎，画质精细，源码完整可重新编译。

15.7.2 具体实现

主布局文件 main.xml 的主要代码如下所示。

```
    <ImageView
        android:id="@+id/ImageViewPos6"
        android:layout_width="wrap_content"
        android:layout_height="wrap_content"
        android:background="@drawable/mosaic_pigeon_img_layer_picture_of_avatar_
large"
        android:layout_x="451dip"
        android:layout_y="5dip"></ImageView>
    <ImageView
        android:id="@+id/ImageViewPos6"
        android:layout_width="wrap_content"
        android:layout_height="wrap_content"
        android:background="@drawable/mosaic_pigeon_img_layer_picture_of_avatar_
large"
        android:layout_x="383dip"
        android:layout_y="5dip"></ImageView>
    <ImageView
        android:id="@+id/ImageViewPos6"
        android:layout_width="wrap_content"
        android:layout_height="wrap_content"
        android:background="@drawable/mosaic_pigeon_img_layer_picture_of_avatar_
large"
        android:layout_x="314dip"
        android:layout_y="5dip"></ImageView>
    <ImageView
        android:id="@+id/ImageViewPos6"
        android:layout_width="wrap_content"
        android:layout_height="wrap_content"
        android:background="@drawable/mosaic_pigeon_img_layer_picture_of_avatar_
large"
        android:layout_x="244dip"
        android:layout_y="5dip"></ImageView>
    <ImageView
```

```
        android:id="@+id/ImageViewPos6"
        android:layout_width="wrap_content"
        android:layout_height="wrap_content"
        android:background="@drawable/mosaic_pigeon_img_layer_picture_of_avatar_
large"
        android:layout_x="175dip"
        android:layout_y="5dip"></ImageView>
    <ImageView
        android:id="@+id/ImageViewPos6"
        android:layout_width="wrap_content"
        android:layout_height="wrap_content"
        android:background="@drawable/mosaic_pigeon_ima_quadro_foto"
        android:layout_x="179dip"
        android:layout_y="11dip"></ImageView>
    <ImageView
        android:id="@+id/ImageViewPos6"
        android:layout_width="wrap_content"
        android:layout_height="wrap_content"
        android:background="@drawable/mosaic_pigeon_ima_quadro_foto"
        android:layout_x="248dip"
        android:layout_y="11dip"></ImageView>
    <ImageView
        android:id="@+id/ImageViewPos6"
        android:layout_width="wrap_content"
        android:layout_height="wrap_content"
        android:background="@drawable/mosaic_pigeon_ima_quadro_foto"
        android:layout_x="318dip"
        android:layout_y="11dip"></ImageView>
    <ImageView
        android:id="@+id/ImageViewPos6"
        android:layout_width="wrap_content"
        android:layout_height="wrap_content"
        android:background="@drawable/mosaic_pigeon_ima_quadro_foto"
        android:layout_x="387dip"
        android:layout_y="11dip"></ImageView>
    <ImageView
        android:id="@+id/ImageViewPos6"
        android:layout_width="wrap_content"
        android:layout_height="wrap_content"
        android:background="@drawable/mosaic_pigeon_ima_quadro_foto"
        android:layout_x="455dip"
        android:layout_y="11dip"></ImageView>
    <TextView
        android:text="@string/pos1"
        android:layout_width="wrap_content"
        android:layout_height="wrap_content"
        android:id="@+id/TextView01"
        android:layout_x="188dip"
        android:layout_y="71dip"></TextView>
    <TextView
        android:text="@string/pos2"
        android:layout_width="wrap_content"
        android:layout_height="wrap_content"
        android:id="@+id/TextView01"
        android:layout_x="256dip"
        android:layout_y="71dip"></TextView>
    <TextView
        android:text="@string/pos4"
        android:layout_width="wrap_content"
        android:layout_height="wrap_content"
        android:id="@+id/TextView01"
        android:layout_x="399dip"
        android:layout_y="70dip"></TextView>
    <TextView
        android:text="@string/pos5"
        android:layout_width="wrap_content"
        android:layout_height="wrap_content"
        android:id="@+id/TextView01"
        android:layout_x="468dip"
        android:layout_y="71dip"></TextView>
    <TextView
```

```
            android:text="@string/pos3"
            android:layout_width="wrap_content"
            android:layout_height="wrap_content"
            android:id="@+id/TextView01"
            android:layout_x="331dip"
            android:layout_y="70dip"></TextView>
        <SlidingDrawer
            android:layout_width="280dip"
            android:layout_height="89dip"
            android:id="@+id/SlidingDrawer"
            android:handle="@+id/slideHandleButton"
            android:content="@+id/contentLayout"
            android:padding="10dip"
            android:layout_x="200dip"
            android:layout_y="310dip">
            <Button
                android:layout_width="wrap_content"
                android:layout_height="wrap_content"
                android:id="@+id/slideHandleButton"
    android:background="@drawable/mosaic_pigeon_img_layer_message_box_button">
</Button>
            <LinearLayout
                android:layout_width="280dip"
                android:id="@+id/contentLayout"
                android:orientation="vertical"
                android:gravity="center|top"
                android:background="@drawable/mosaic_pigeon_img_layer_message_box_
textarea"
                android:layout_height="89dip"
                android:layout_x="200dip"
                android:layout_y="285dip">
                <EditText
                    android:id="@+id/msg"
                    android:layout_marginLeft="2px"
                    android:layout_marginRight="4px"
                    android:layout_marginTop="15px"
                    android:layout_width="260dip"
                    android:layout_height="60dip"
                    android:maxLength="136">
                </EditText>
            </LinearLayout>
        </SlidingDrawer>
        <ImageButton
            android:background="@drawable/mosaic_pigeon_img_layer_facebook_logout"
            android:layout_width="wrap_content"
            android:layout_height="wrap_content"
            android:id="@+id/facebook"
            android:layout_x="27dip"
            android:layout_y="177dip"></ImageButton>
        <ImageButton
            android:background="@drawable/mosaic_pigeon_img_layer_twitter"
            android:layout_width="wrap_content"
            android:layout_height="wrap_content"
            android:id="@+id/twitter_button"
            android:layout_x="30dip"
            android:layout_y="254dip"></ImageButton>
        <ImageButton
            android:background="@drawable/mosaic_pigeon_img_layer_help"
            android:layout_width="wrap_content"
            android:layout_height="wrap_content"
            android:id="@+id/help_button"
            android:layout_x="568dip"
            android:layout_y="240dip"></ImageButton>
        <ImageButton
            android:background="@drawable/mosaic_pigeon_img_layer_start"
            android:layout_width="wrap_content"
            android:layout_height="wrap_content"
            android:id="@+id/start_game"
            android:layout_x="322dip"
            android:layout_y="226dip">
</ImageButton>
```

主程序文件 ProxyClient.java 的主要代码如下所示。

```
public void execute(String url, Method m, AsynCallback callback) {
    try {
        HttpClient httpClient = new DefaultHttpClient();
        HttpRequestBase request = getMethod(m, url);
        HttpResponse response = httpClient.execute(request);

        String content = getContent( response.getEntity() );
        JSONObject json = new JSONObject( content );
        callback.onSucess(json);
    } catch (Throwable t) {
        callback.onFailure( getFailure(t) );
    }
}

private JSONObject getFailure(Throwable t) {
    try {
        String msg = getFailureMessage(t);
        String jsonContent = "{ 'fail' : '" + msg + "' }";
        JSONObject json = new JSONObject(jsonContent);
        return json;
    } catch (JSONException e) {
        return null;
    }
}

private String getFailureMessage(Throwable t) {
    return t.getClass() + " : \n" + t.getMessage();
}

private String getContent(HttpEntity entity) throws IOException {
    InputStream is = entity.getContent();
    return readFully(is, (int) entity.getContentLength());
}
private String readFully(InputStream is, int length) throws IOException {
    if (is != null) {
        Writer writer = new StringWriter();
        char[] buffer = new char[4096];
        try {
            InputStreamReader isr = new InputStreamReader(is, "UTF-8");
            Reader reader = new BufferedReader(isr);
            int n;
            while ((n = reader.read(buffer)) != -1) {
                writer.write(buffer, 0, n);
            }
        } finally {
            is.close();
        }
        return writer.toString();
    } else {
        return "";
    }
}
private HttpRequestBase  getMethod(Method  m,  String  url)  throws  Unsupported
EncodingException {
    switch (m) {
        case GET: return new HttpGet(url);
        case POST: return getHttpPost(url);
    }
    return null;
}

private HttpPost getHttpPost(String url) throws UnsupportedEncodingException {
    HttpPost post = new HttpPost();

    List<NameValuePair> params = new ArrayList<NameValuePair>();
    BasicNameValuePair basic = new BasicNameValuePair("chave", "valor");
    params.add( basic );
```

```
    UrlEncodedFormEntity encod = new UrlEncodedFormEntity(params, HTTP.UTF_8);
    post.setEntity( encod );

    return post;
}
```

读者执行程序后可以看到效果。

15.7.3　特别提醒——AndEngine 的基本运行流程

因为 AndEngine 是专门供 Android 使用的 2D 游戏引擎，所以作为启动类的 Activity 肯定必不可少，并且 AndEngine 也提供了一个 Activity：BaseGameActivity。一个标准的 AndEngine 应用，至少应该对 BaseGameActivity 做如下所示的继承。

```
public class Main extends BaseGameActivity {
    public void onLoadComplete() {
    }
    public Engine onLoadEngine() {
        return null;
    }
    public void onLoadResources() {
    }
    public Scene onLoadScene() {
        return null;
    }
}
```

在上述继承中，必须被重载函数的启动顺序如下所示。

```
onLoadEngine->onLoadResources->onLoadScene->onLoadComplete
```

具体来说，AndEngine 会首先加载类 Engine 实例通知系统游戏引擎的基本运行方式，然后加载游戏资源，接着加载游戏场景实例，最后通过 onLoadComplete 通知用户加载完毕并于此进行善后工作。并且，因为类 BaseGameActivity 重载了父类 Activity 的函数 onResume 与函数 onPause，以保证其自身的正常运行，所以不建议在继承 BaseGameActivity 时再次重载上述函数。在此推荐直接重载 AndEngine 提供的 onGamePaused 和 onGameResumed 实现同等功能。

15.8　仓库管理系统

实例 253	在 Android 中开发一个仓库管理系统
源码路径	daima\253
视频路径	视频\253

15.8.1　实例说明

仓库管理系统是典型的信息管理系统（MIS Management Information System），其开发主要包括后台数据库的建立和维护以及前端应用程序的开发两个方面。对于前者要求建立起数据一致性和完整性强、数据安全性好的数据库。而对于后者则要求应用程序功能完备、易使用等特点。

本实例采用 SQLite 建立数据库后台，使用 Eclipse 作为开发工具，利用其提供的各种面向对象的开发工具进行开发。本系统通过基本信息管理对供应商、顾客和商品进行基本信息的管理。通过库存管理进行商品的入库出库操作来完成商品信息的管理。

15.8.2　具体实现

本仓库管理系统数据库中的每个表格表示数据库中的一个表，表 15-1 为供应商信息表。

表 15-1　　　　供应商信息表

列　名	数据类型	可否为空	说　明
CompanyName	Varchar	NOT NULL	公司名称
ContactName	Varchar	NULL	联系人姓名
Address	Varchar	NULL	联系地址
City	Varchar	NULL	所在城市
Region	Varchar	NULL	所在地区
PostalCode	Varchar	NULL	邮政编码
Phone	Varchar	NULL	电话号码
Fax	Varchar	NULL	传真号码
Homepage	Varchar	NULL	公司主页
SupplierMemo	Text	NULL	备注信息

表 15-1 供应商信息表共包括 10 个列名，即为供应商实体的基本属性。其中供应商编号 Company Name 为候选码（Candidate key），根据实体完整性规则，它不能为空且唯一标识一个供应商元组。由于只有一个候选码，故 CompanyName 为主码（Primary key）。由于选择了公司名称 CompanyName 为主码，则不允许公司重名。其他 9 个属性为非码属性，是可以为空的。建表程序代码如下：

```
CREATE TABLE [dbo].[suppliers] (
[CompanyName] [varchar] (40) COLLATE Chinese_PRC_CI_AS NOT NULL ,
    [ContactName] [varchar] (30) COLLATE Chinese_PRC_CI_AS NULL ,
    [Address] [varchar] (60) COLLATE Chinese_PRC_CI_AS NULL ,
    [City] [varchar] (15) COLLATE Chinese_PRC_CI_AS NULL ,
    [Region] [varchar] (15) COLLATE Chinese_PRC_CI_AS NULL ,
    [PostalCode] [varchar] (6) COLLATE Chinese_PRC_CI_AS NULL,
    [Phone] [varchar] (24) COLLATE Chinese_PRC_CI_AS NULL ,
    [Fax] [varchar] (24) COLLATE Chinese_PRC_CI_AS NULL ,
    [HomePage] [varchar] (50) COLLATE Chinese_PRC_CI_AS NULL ,
    [SupplierMemo] [text] COLLATE Chinese_PRC_CI_AS NULL
)
```

表 15-2 为顾客信息表。

表 15-2　　　　顾客信息表

列　名	数据类型	可否为空	说　明
CompanyName	Varchar	NOT NULL	公司名称
ContactName	Varchar	NULL	联系人姓名
Address	Varchar	NULL	联系地址
City	Varchar	NULL	所在城市
Region	Varchar	NULL	所在地区
PostalCode	Varchar	NULL	邮政编码
Phone	Varchar	NULL	电话号码
Fax	Varchar	NULL	传真号码
Homepage	Varchar	NULL	公司主页
SupplierMemo	Text	NULL	备注信息

表中共包含 10 个列名，即为顾客实体的基本属性。其中顾客公司名（CompanyName）为候选码，它不能为空且它们唯一标识一个顾客信息元组。由于只有一个候选码，CompanyName 即为主码。由于选择了公司名称 CompanyName 为候选码，则不允许公司重名。其他 9 个属性为非

码属性，是可以为空的。建表程序与建供应商表类似，在这里不再列出。

表 15-3 为商品信息表：商品信息共包括 4 个列名，分为对应商品名称、商品规格、商品单位和备注信息。其中商品名称（ProductName）为候选码，它唯一标识一个商品信息元组，不能够为空。由于只有一个候选码 ProductName 即为主码。由于 ProductName 为候选码，商品不能够重名。其他 3 个属性为非码属性，可以为空。

表 15-3　　　　　　　　　　商品信息表

列　名	数据类型	可否为空	说　明
ProductName	Varchar	NOT NULL	商品名称
Spec	Varchar	NULL	商品规格
Unit	Varchar	NULL	商品单位
Productmemo	Text	NULL	备注信息

表 15-4 为入库信息表:表中共包括 8 个表项，分别表示供应商名称、商品名称、商品规格、商品单位、备注信息、商品单价、进货日期、商品数量。

表 15-4　　　　　　　　　　进货信息表

列　名	数据类型	可否为空	说　明
ProviderName	Varchar	NULL	供应商姓名
ProductName	Varchar	NOT NULL	商品名称
Spec	Varchar	NULL	商品规格
Unit	Varchar	NULL	商品单位
Quantity	Float	NULL	商品数量
UnitPrice	Money	NULL	商品单价
OrderDate	Datatime	NULL	进货日期
Ordermemo	Text	NULL	备注信息

其中商品名称（ProductName）为主码。不能够为空。其它 7 项为非码属性，可以为空。建表程序如下：

```
CREATE TABLE [dbo].[sstock] (
    [ProviderName] [varchar] (40) COLLATE Chinese_PRC_CI_AS NULL ,
    [ProductName] [varchar] (40) COLLATE Chinese_PRC_CI_AS NULL ,
    [Spec] [varchar] (20) COLLATE Chinese_PRC_CI_AS NULL ,
    [Unit] [varchar] (20) COLLATE Chinese_PRC_CI_AS NULL ,
    [Quantity] [varchar] (20) COLLATE Chinese_PRC_CI_AS NULL ,
    [UnitPrice] [float] NULL ,
    [OrderDate] [datetime] NULL ,
    [Ordermemo] [text] COLLATE Chinese_PRC_CI_AS NULL
)
```

表 15-5 为出库信息表: 表中共包括 8 个表项，分别表示顾客名称、商品名称、商品规格、商品单位、备注信息、商品单价、进货日期、商品数量。其中商品名称（ProductName）为主码。不能够为空。其他 7 项为非码属性，可以为空。

表 15-5　　　　　　　　　　出库信息表

列　名	数据类型	可否为空	说　明
CustomerName	Varchar	NULL	顾客姓名
ProductName	Varchar	NOT NULL	商品名称

续表

列　　名	数据类型	可否为空	说　　明
Spec	Varchar	NULL	商品规格
Unit	Varchar	NULL	商品单位
Quantity	Float	NULL	商品数量
UnitPrice	Money	NULL	商品单价
OrderDate	Datatime	NULL	进货日期
Ordermemo	Text	NULL	备注信息

本实例的核心是基于 SQLite 数据库操作为基础的，例如添加库存信息文件 Tianjiak.java 的主要实现代码如下所示。

```
public class Tianjiak extends Activity {
    private EditText gsmc;
    private EditText lxr;
    private EditText lxdz;
    private EditText csmc;
    private EditText dqmc;
    private EditText yzbm;
    private EditText lxdh;
    private EditText czhm;
    private EditText gszy;
    SqlHelpdemo db;
    SQLiteDatabase sDatabase = null;
    String names;
    protected void onCreate(Bundle savedInstanceState) {
        // TODO Auto-generated method stub
        super.onCreate(savedInstanceState);
        setContentView(R.layout.tianjiak);
        setTitle("添加客户信息");
        Intent inte = getIntent();
        Bundle name = inte.getExtras();
         names = inte.getStringExtra("username");
        db = new SqlHelpdemo(getApplicationContext(), "store.db", null, 1);
        sDatabase = db.getWritableDatabase();
        gsmc=(EditText) findViewById(R.id.gsmce);
        lxr=(EditText) findViewById(R.id.lxre);
        csmc=(EditText) findViewById(R.id.csmce);
        lxdz=(EditText) findViewById(R.id.lxdze);
        dqmc=(EditText) findViewById(R.id.dqmce);
        yzbm=(EditText) findViewById(R.id.yzbme);
        lxdh=(EditText) findViewById(R.id.lxdhe);
        czhm=(EditText) findViewById(R.id.czhme);
        gszy=(EditText) findViewById(R.id.gszye);
    }
    /**
     * 保存按钮监听
     * @param v
     */
    public void save1(View v) {
        if(gsmc.getText().toString().equals("")){
            DialogDemo.builder(Tianjiak.this, "提示", "请输入公司名称");
        }
        else{
            // 查询语句
                        String egsmc=gsmc.getText().toString();
                        String elxr=lxr.getText().toString();
                        String elxdz=lxdz.getText().toString();
                        String ecsmc=csmc.getText().toString();
                        String edqmc=dqmc.getText().toString();
                        String eyzbm=yzbm.getText().toString();
                        String elxdh=lxdh.getText().toString();
```

```
                    String eczhm=czhm.getText().toString();
                    String egszy=gszy.getText().toString();
                    String selectStr = "select comname  from guke";
                    System.out.println("11111111111111");
                    Cursor cursor = sDatabase.rawQuery(selectStr, null);
                    System.out.println("22222222222222");
                    cursor.moveToFirst();
                    String nameg = null;

                    do {
                        try {
                            nameg = cursor.getString(0);

                            System.out.println("3333333333333333333333");
                        } catch (Exception e) {
                            // TODO: handle exception
                            nameg = "";

                        }
                        if (nameg.equals(egsmc)) {
                            DialogDemo.builder(Tianjiak.this,"错误信息","该公司信息已存在");
                            cursor.close();
                            break;

                        }
                    } while (cursor.moveToNext());

                    if (!nameg.equals(egsmc)) {
                        // 定义 ID
                        int id = 0;
                        String select = "select max(_id) from guke";
                        Cursor seCursor = sDatabase.rawQuery(select, null);
                        try {
                            seCursor.moveToFirst();
                            id = Integer.parseInt(seCursor.getString(0));
                            id += 1;
                        } catch (Exception e) {
                            // TODO: handle exception
                            id = 0;
                        }
                        sDatabase.execSQL("insert into guke values('" + id + "','"
                            + egsmc + "','" + elxr + "','" +elxdz+ "','"+ecsmc+ "','"
                            + edqmc+ "','"+eyzbm+ "','"+ elxdh+ "','"+eczhm+ "','"+
                            egszy+ "')");
                        Toast.makeText(Tianjiak.this, "添加成功", Toast.LENGTH_LONG).show();

                        seCursor.close();


                    }
            }
        }
        public void back1(View v) {
            Intent intent = new Intent();
            Bundle bundle = new Bundle();
            bundle.putString("username",names);
            intent.putExtras(bundle);
            intent.setClass(Tianjiak.this, MenuDemo.class);
            startActivity(intent);
        }
```

读者执行程序后可以看到效果。

15.8.3 特别提醒——删除供应商信息步骤及处理流程

在本实例中，删除供应商信息步骤及处理流程如下所示。

(1) 选择要修改的供应商信息。

（2）选择基本信息管理→供应商信息管理→删除供应商信息。

（3）更新供应商信息列表。显示信息已经被删除。

（4）信息一旦被删除将不能被恢复。

上述过程如图 15-10 所示。

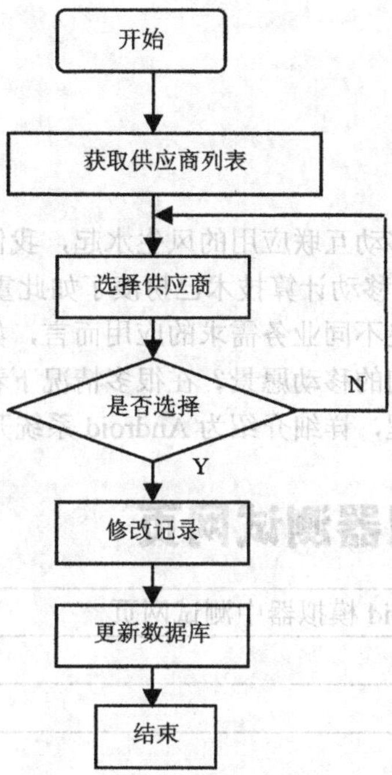

▲图 15-10　删除流程

第16章 移动Web应用

从移动电话的产生，到当前移动互联应用的风生水起，我们步入到任何人都有机会获得大量信息资源的移动互联网时代。尽管移动计算技术已扮演了如此重要的角色，但它仍处于发展初期。对于需要吸引不同群体用户，满足不同业务需求的应用而言，如何使用一个实用、价格合理，且可支持大量应用的方式来实现我们的移动愿景？在很多情况下看来，答案是使用Web技术。在本章将通过几个典型实例的实现过程，详细介绍为Android系统开发移动Web应用程序的过程。

16.1 在Android模拟器测试网页

实例254	在Android模拟器中测试网页
源码路径	
视频路径	视频\254

16.1.1 实例说明

本实例讲解了搭建测试Android移动Web环境的方法，其实整个过程比较简单，只需要有一个网络空间即可。我们把做得网页上传到空间中，然后保证在Andorid模拟器中上网浏览这个网页即可。可能有的读者本来就有自己的网站，也有的没有。没有的读者也不要紧张，我们可以申请一个免费的空间。

16.1.2 具体实现

申请免费空间的基本流程如下所示。

（1）登录http://www.3v.cm/，如图16-1所示。

▲图16-1 登录http://www.3v.cm/

（2）单击左侧的【注册】按钮来到服务条款页面。

（3）单击【我同意】按钮后来到填写用户名界面。

（4）填写完毕后单击【递交】按钮完成注册，在注册中心界面我们可以管理自己的空间。

（5）单击用户中心界面左侧的“FTP管理”链接可以更改我们的FTP密码，并且可以查看我们空间的IP地址，如图16-2所示。

根据图16-2中的资料我们可以用专业上传工具上传我们编写的程序文件。

（6）单击左侧的“文件管理”链接，在弹出的界面中可以在线管理我们空间中的文件，如图16-3所示。

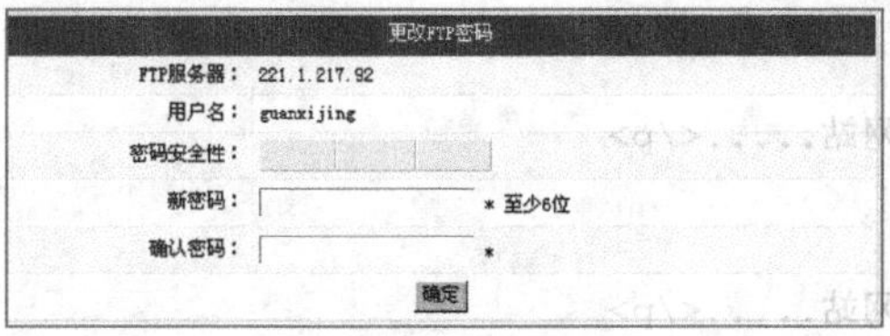

▲图 16-2　FTP 管理

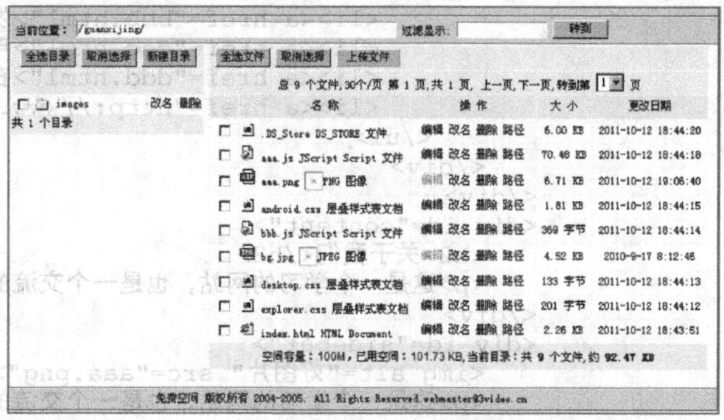

▲图 16-3　文件管理

单击图 16-3 中每一个文件的"路径"链接，我们可以获取这个文件的 URL 地址，这样我们在 Android 手机中就可以用这个 URL 来访问此文件，查看此文件在 Android 手机中的执行效果。

16.1.3　特别提醒——移动设备将占据未来计算机市场

据国外媒体报道，爱立信近日发布的一份报告称，到 2017 年，移动设备的数量将从今年初的 62 亿增长到 90 亿。在 2012 年的第一季度，移动设备数量约为 62 亿，低于全球人口数量 70 亿。但是，由于一个用户可能拥有多个移动设备，因此移动设备用户的数量可能只有 42 亿。

16.2　编写第一个网页

实例 255	为 Android 编写第一个网页
源码路径	daima\255
视频路径	视频\255

16.2.1　实例说明

我们以一个具体例子来作为开始，详细讲解在 Android 平台中，使用 HTML+CSS+JavaScript 设计一个网页的基本知识，并讲解在 Android 设备中调试运行的具体方法。本实例假设有一个很好的网页，广大用户在计算机上已经"光顾"它很多次了。

16.2.2　具体实现

主页文件 index.html 的源代码如下所示。

```
<html>
    <head>
        <title>aaa</title>
        <link rel="stylesheet" href="desktop.css" type="text/css" />
    <body>
        <div id="container">
          <div id="header">
                <h1><a href="./">好东西要分享</a></h1>
                <div id="utility">
                    <ul>
                        <li><a href="about.html">关于我们</a></li>
                        <li><a href="blog.html">博客</a></li>
                        <li><a href="contact.html">联系我们</a></li>
                    </ul>
                </div>
                <div id="nav">
                    <ul>
```

```
                <li><a href="bbb.html">发邮件吧</a></li>
                <li><a href="ccc.html">电话支持</a></li>
                <li><a href="ddd.html">在线客服</a></li>
                <li><a href="http://www.aaa.com">在线视频</a></li>
            </ul>
        </div>
    </div>
    <div id="content">
        <h2>关于我们</h2>
        <p>这是一个学习的网站，也是一个交流的网站.....</p>
    </div>
    <div id="sidebar">
        <img alt="好图片" src="aaa.png">
        <p>这是一个学习的网站，也是一个交流的网站.....</p>
  </div>
    <div id="footer">
        <ul>
            <li><a href="bbb.html">服务</a></li>
            <li><a href="ccc.html">关于我们</a></li>
            <li><a href="ddd.html">博客</a></li>
        </ul>
        <p class="subtle">世界第一</p>
    </div>
  </div>
 </body>
</html>
```

根据“样式和表现想分离”的原则，我们需要单独写一个 CSS 文件，通过这个 CSS 文件来给上述这个网页进行修饰，修饰的最终目的是能够在 Android 手机上浏览。

注意 在现实中开发应用中，最好将桌面浏览器的样式表和 Android 样式表划清界限。笔者认为，写两个完全独立的文件更加合适。当然还有另一种做法是把所有的 CSS 规则放到一个单一的样式表中，但是这种做法不值得提倡，原因有二：

- 文件太长了就显得麻烦，不利于维护；
- 把太多不相关的桌面样式规则发送到手机上，这会浪费一些宝贵的带宽和存储空间。

开始写 CSS 文件，为了适应 Android 系统，我们写下面 link 标签。

```
<link rel="stylesheet" type="text/css"
 href="android.css" media="only screen and (max-width: 480px)" />
<link rel="stylesheet" type="text/css"
 href="desktop.css" media="screen and (min-width: 481px)" />
```

在上述代码中，最明显的变动是浏览器宽度的变化，即：

```
max-width: 480px
min-width: 481px
```

这是因为手机屏幕的宽度和计算机屏幕的宽度是不一样的（当然长度也不一样，但是都具有下拉功能），480 是 Android 系统的标准宽度，我们输代码的功能是不管浏览器的窗口是多大，桌面用户看到的都是文件 desktop.css 中样式修饰的页面，宽度都是用如下代码设置的宽度。

```
max-width: 480px
min-width: 481px
```

上述代码中有两个 CSS 文件，一个是 desktop.css，此文件是在开发电脑页面时编写的样式文件，就是为这个 HTML 页面服务的。而另一个文件 Android.css 是一个新文件，也是我们本章将要讲解的重点，通过这个 Android.css，可以将上面的计算机网页显示在 Android 手机中。当读者开发出完整的 Android.css 后，可以直接在 HTML 文件中将如下代码删除，即不再用这个修饰文件了。

```
<link rel="stylesheet" type="text/css"
 href="desktop.css" media="screen and (min-width: 481px)" />
```

此时在 Chrome 浏览器来浏览修改后的 HTML 文件，不管从 Android 手机浏览器还是计算机浏览器，执行后都将得到一个完整的页面展示。此时的完整代码如下所示。

```
<html>
    <head>
        <title>AAAA</title>
        <link rel="stylesheet" type="text/css" href="android.css" media="only screen and
(max-width: 480px)" />
        <link rel="stylesheet" type="text/css" href="desktop.css" media="screen and
(min-width: 481px)" />
        <!--[if IE]>
            <link rel="stylesheet" type="text/css" href="explorer.css" media="all" />
        <![endif]-->
        <script type="text/javascript" src="jquery.js"></script>
        <script type="text/javascript" src="android.js"></script>
    <meta http-equiv="Content-Type" content="text/html; charset=gb2312">
    </head>
    <body>
     <div id="container">
       <div id="header">
            <h1><a href="./">好东西要分享</a></h1>
            <div id="utility">
                <ul>
                    <li><a href="about.html">关于我们</a></li>
                    <li><a href="blog.html">博客</a></li>
                    <li><a href="contact.html">联系我们</a></li>
                </ul>
            </div>
            <div id="nav">
                <ul>
                    <li><a href="bbb.html">发邮件吧</a></li>
                    <li><a href="ccc.html">电话支持</a></li>
                    <li><a href="ddd.html">在线客服</a></li>
                    <li><a href="http://www.aaa.com">在线视频</a></li>
                </ul>
            </div>
        </div>
        <div id="content">
            <h2>关于我们</h2>
            <p>这是一个学习的网站，也是一个交流的网站.....</p>
        </div>
        <div id="sidebar">
            <img alt="好图片" src="aaa.png">
            <p>这是一个学习的网站，也是一个交流的网站.....</p>
      </div>
        <div id="footer">
            <ul>
                <li><a href="bbb.html">服务</a></li>
                <li><a href="ccc.html">关于我们</a></li>
                <li><a href="ddd.html">博客</a></li>
            </ul>
            <p class="subtle">世界第一</p>
        </div>
    </div>
    </body>
</html>
</html>
```

而 desktop.css 的代码如下所示。

```
For example:
body {
    margin:0;
    padding:0;
    font: 75% "Lucida Grande", "Trebuchet MS", Verdana, sans-serif;
}
```

执行效果如图 16-4 所示。

为了使我们的页面变得更加精彩，在本实例添加了一些充满视觉效果的样式，具体实现流程如下所示。

（1）给<header>文字加 lpx 向下的白色阴影，背景加上 CSS 渐变效果。具体代码如下所示。

```
#header h1 a {
   text-shadow: 0px 1px 1px #fff;
   background-image: -webkit-gradient(linear, left top, left bottom, from(#ccc),
to(#999));
}
```

对于上述代码有两点说明。

- text-shadow 声明：参数从左到右分别表示水平偏移、垂直偏移、模糊效果和颜色。在大多数情况下，可以将文字设置成上面代码中的数值，这在 Android 界面中的显示效果也不错。在大部分浏览器上，将模糊范围设置为 0px 也能看到效果。但 Andorid 要求模糊范围最少是 lpx，如果设置成 0px，则在 Android 设备上将显示不出来文字阴影。
- -webkit-gradient：功能是让浏览器在运行时产生一张渐变的图片。因此，可以把 CSS 渐变功能用在任何平常指定图片（比如背景图片或者列表式图片）URL 的地方。参数从左到右的排列顺序分别是：渐变类型（可以是 linear 或者 radial 的）、渐变起点（可以是 left top、left bottom、right top 或者 right bottom）、渐变终点、起点颜色、终点颜色。

注意　在上述赋值时，不能颠倒描述渐变起点、终点常量（left top、left bottom、right top. right bottom）的水平和垂直顺序。也就是说 top left、bottom left、top right 和 bottom right 是不合法的值。

（2）给导航菜单加上圆角样式，代码如下所示。

```
#header ul li:first-child a {
   -webkit-border-top-left-radius: 8px;
   -webkit-border-top-right-radius: 8px;
}
#header ul li:last-child a {
   -webkit-border-bottom-left-radius: 8px;
   -webkit-border-bottom-right-radius: 8px;
}
```

上述代码使用-webkit-border- radius 属性描述角的方式，定义列表第一个元素的上两个角和最后一个元素的下两个角为以 8 像素为半径的圆角。此时在 Android 中的执行效果如图 16-5 所示。

此时会发现列表显示样式变为了圆角样式，整个外观显得更加圆滑和自然。

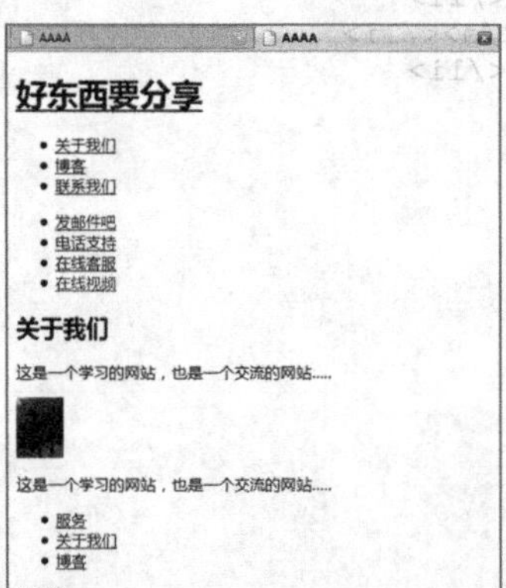

▲图 16-4　执行效果

▲图 16-5　在 Android 中的执行效果

16.2.3 特别提醒——格式化一级和二级导航的<ul>元素

格式化一级和二级导航的<ul>元素的方法比较简单，只需用通用的标签选择器（也就是#header ul）就够用了，而不必再设置标签<ID>，也就不必设置诸如下面的样式了。

- #header ul
- #utility
- #header ul
- #nav

此步骤的代码如下所示。

```
#header ul {
    list-style: none;
    margin: 10px;
    padding: 0;
}
#header ul li a {
    background-color: #FFFFFF;
    border: 1px solid #999999;
    color: #222222;
    display: block;
    font-size: 17px;
    font-weight: bold;
    margin-bottom: -1px;
    padding: 12px 10px;
    text-decoration: none;
}
```

16.3 使用 jQuery 设计网页

实例 256	在 Android 中使用 jQuery 设计网页
源码路径	daima\256
视频路径	视频\256

16.3.1 实例说明

jQuery 是继 prototype 之后又一个优秀的 JavaScript 框架。它是轻量级的 js 库，它兼容 CSS 3，还兼容各种浏览器（IE 6.0+, FF 1.5+, Safari 2.0+, Opera 9.0+），jQuery2.0 及后续版本将不再支持 IE6/7/8 浏览器。jQuery 使用户能更方便地处理 HTML documents、events，实现动画效果，并且方便地为网站提供 Ajax 交互。jQuery 还有一个比较大的优势是，它的文档说明很全，而且各种应用也说得很详细，同时还有许多成熟的插件可供选择。jQuery 能够使用户的 HTML 页面保持代码和 HTML 内容分离，也就是说，不用再在 HTML 里面插入一堆 js 来调用命令了，只需定义 ID 即可。

16.3.2 具体实现

（1）隐藏<header>中的 ul 元素，让它在用户第一次加载页面之后不会显示出来。具体代码如下所示。

```
#header ul. hide{
display: none;
}
```

（2）定义显示和隐藏菜单的按钮，代码如下所示。

```
<div class=" leftButton" onclick= "toggleMenu() ">Menu</ div>
```

我们定一个带有 leftButton 类的 div 元素，将被放在 header 里面，下面是这个按钮的完整 CSS

样式代码。

```
#header div.leftButton {
    position: absolute;
    top: 7px;
    left: 6px;
    height: 30px;
    font-weight: bold;
    text-align: center;
    color: white;
    text-shadow: rgba (0,0,0,0.6) 0px -1px 1px;
    line-height: 28px;
    border-width: 0 8px 0 8px;
    -webkit-border-image: url(images/button.png) 0 8 0 8;
}
```

上述代码的具体说明如下。

- position: absolute：从顶部开始，设置 position 为 absolute，相当于把这个 div 元素从 HTML 文件流中去掉，从而可以设置自己的最上面和最左面的坐标。
- height: 30px：设置高度为 30px。
- font-weight: bold：定义文字格式为粗体，白色带有一点向下的阴影，在元素里居中显示。
- text-shadow: rgba：rgb(255，255，255)、rgb(100%，100%，l0096)格式和#FFFFFF 格式是一个原理，都是设置颜色值的。在 rgba()函数中，它的第 4 个参数用来定义 alpha 值（透明度），取值范围从 0 到 1。其中 0 表示完全透明，1 表示完全不透明，0 到 1 之间的小数表示不同程度的半透明。
- line-height：把元素中的文字往下移动的距离，使之不会和上边框齐平。
- border-width 和-webkit-border-image：这两个属性一起决定把一张图片的一部分放入某一元素的边框中去。如果元素大小由于文字的增减而改变，图片会自动拉伸适应这样的变化。这一点其实非常棒，意味着只需要不多的图片、少量的工作、低带宽和更少的加载时间。
- border-width：让浏览器把元素的边框定位在距上 0px、距右 8px、距下 0px、距左 8px 的地方（4 个参数从上开始，以顺时针为序）。不需要指定边框的颜色和样式。边框宽度定义好之后，就要确定放进去的图片了。
- url(images/button.png) 0 8 0 8：5 个参数从左到右分别是：图片的 URL、上边距、右边距、下边距、左边距（再一次，从上顺时针开始）。URL 可以是绝对（比如 http://example.com/myBorderlmage.png）或者相对路径，后者是相对于样式表所在的位置的，而不是引用样式表的 HTML 页面的位置。

（3）开始在 HTML 文件中插入引入 JavaScript 的代码，将对 aaa.js 和 bbb.js 的引用写到 HTML 文件中。

```
<script type="text/javascript" src="aaa.js"></script>
<script type="text/javascript" src="bbb.js"></script>
```

在文件 bbb.js 中，我们编写一段 JavaScript 代码，这段代码的主要作用是让用户显示或者隐藏 nav 菜单。代码如下所示。

```
if (window.innerWidth && window.innerWidth <= 480) {
    $(document).ready(function(){
        $('#header ul').addClass('hide');
        $('#header').append('<div class="leftButton" onclick="toggleMenu()">Menu</div>');
    });
    function toggleMenu() {
        $('#header ul').toggleClass('hide');
        $('#header .leftButton').toggleClass('pressed');
    }
}
```

对上述代码的具体说明如下所示。

第 1 行：括号中的代码，表示当 Window 对象的 innerWidth 属性存在并且 innerWidth 小于等于 480px（这是大部分手机合理的最大宽度值）时才执行到内部。这一行保证只有当用户用 Android 手机或者类似大小的设备访问这个页面时，上述代码才会执行。

第 2 行：使用了函数 document ready，此函数是“网页加载完成”函数。这段代码的功能是设置当网页加载完成之后才运行里面的代码。

第 3 行：使用了典型的 iQuery 代码，目的是选择 header 中的<ul>元素并且往其中添加 hide 类开始。

此处的 hide 前面 CSS 文件中的选择器，这行代码执行的效果是隐藏 header 的 ul 元素。

第 4 行：此处是给 header 添加按钮的地方，目的是我们可以显示和隐藏菜单。

第 8 行：函数 toggleMenu()用 iQuery 的 toggleClass()函数来添加或删除所选择对象中的某个类。这里应用了 header 的 ul 里的 hide 类。

第 9 行：在 header 的 leftButton 里添加或删除 pressed 类，类 pressed 的具体代码如下所示。

```
#header div.pressed {
    -webkit-border-image: url(images/button_clicked.png) 0 8 0 8;
}
```

通过上述样式和 JavaScript 行为设置以后，Menu 开始动起来了，默认是隐藏了链接内容，单击之后才会在下方显示链接信息。如图 16-6 所示。

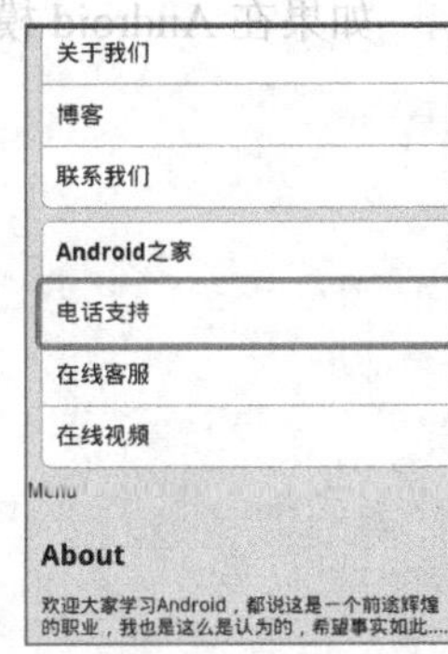

▲图 16-6　下方显示信息

16.3.3　特别提醒——jQuery 介绍

jQuery 是继 prototype 之后又一个优秀的 JavaScript 框架。它是轻量级的 js 库，它兼容 CSS 3，还兼容各种浏览器（IE 6.0+, FF 1.5+, Safari 2.0+, Opera 9.0+），jQuery2.0 及后续版本将不再支持 IE6/7/8 浏览器。jQuery 使用户能更方便地处理 HTML documents、events，实现动画效果，并且方便地为网站提供 Ajax 交互。jQuery 还有一个比较大的优势是，它的文档说明很全，而且各种应用也说得很详细，同时还有许多成熟的插件可供选择。jQuery 能够使用户的 HTML 页面保持代码和 HTML 内容分离，也就是说，不用再在 HTML 里面插入一堆 js 来调用命令了，只需定义 id 即可。

16.4 使用页面模板

实例 257	在 Android 中使用页面模板
源码路径	daima\257
视频路径	视频\257

16.4.1　实例说明

在我们的日常生活中，已经离不开天气预报这个高科技产物，无论是远行旅游还是上班，都根据天气预报决定是否带伞和选择衣物。本实例是一个天气预报程序，能偶根据我们选择的城市显示天气情况。和前面实例的区别是在平板上的浏览程序，所以分辨率的大小和本书前面的有所差别。

16.4.2　具体实现

实例文件 template.html 的具体代码如下所示。

```
<!DOCTYPE html>
<html>
    <head>
    <meta charset="utf-8">
    <title>Page Template</title>
    <meta name="viewport" content="width=device-width, initial-scale=1">
    <link                                                    rel="stylesheet"
href="http://code.jquery.com/mobile/1.0/jquery.mobile-1.0.min.css" />
    <script src="http://code.jquery.com/jquery-1.6.4.min.js"></script>
    <script
src="http://code.jquery.com/mobile/1.0/jquery.mobile-1.0.min.js"></script>
</head>
<body>
<div data-role="page">
    <div data-role="header">
        <h1>页头</h1>
    </div>
    <div data-role="content">
        <p>你好 jQuery Mobile!</p>
    </div>
    <div data-role="footer" data-position="fixed">
        <h4>页尾</h4>
    </div>
</div>
</body>
</html>
```

将上述 HTML 文件在台式机上运行就可以看到效果。

如果在 Android 模拟器中运行上述程序，则执行效果如图 16-7 所示。

▲图 16-7　在 Android 模拟器中的运行效果

对于上述代码来说，无论使用的是什么浏览器，运行效果都好似相同的。这是因为上述模板符合 HTML 5 语法标准，并且包含了 jQuery Mobile 的特定属性和 asset 文件（CSS、js）。

16.4.3　特别提醒——组件的增强样式

在本实例的 body 标签中，包含了 header、content 和 footer 组件的增强样式。默认情况下，所有的组件都是使用默认的主题和特定的移动 CSS 增强来设计（styled）的。作为一个额外的好处，所有的组件现在都证明了可访问性，而这要归功于 WAI-ARIA 角色和级别。我们可以免费获得这些增强。

16.5　使用多页面模板

实例 258	在 Android 中使用多页面模板
源码路径	daima\258
视频路径	视频\258

16.5.1 实例说明

jQuery Mobile 支持在一个 HTML 文档中嵌入多个页面的能力，该策略可以用来预先获取最前面的多个页面，当载入子页面时，其响应时间会缩短。读者在下面的例子中可以看到，多页面文档与我们前面看到的单页面文档相同，第二个页面附加在第一个页面后面的情况除外。

16.5.2 具体实现

实例文件 duo.html 的具体代码如下所示。

```
<!DOCTYPE html>
<html>
    <head>
    <meta charset="utf-8">
    <title>Multi Page Example</title>
    <meta name="viewport" content="width=device-width, initial-scale=1">
    <link                                                    rel="stylesheet"
href="http://code.jquery.com/mobile/1.0/jquery.mobile-1.0.min.css" />
    <script src="http://code.jquery.com/jquery-1.6.4.min.js"></script>
    <script type="text/javascript">/* Shared scripts for all internal and ajax-loaded
pages */</script>
    <script
src="http://code.jquery.com/mobile/1.0/jquery.mobile-1.0.min.js"></script>
    </head>
<body>
<!-- First Page -->
<div data-role="page" id="home" data-title="Welcome">
    <div data-role="header">
        <h1>Multi-Page</h1>
    </div>
    <div data-role="content">
        <a href="#contact-info" data-role="button">联系我们</a>
    </div>
    <script type="text/javascript">
        /* Page specific scripts here. */
    </script>
</div>
<!-- Second Page -->
<div data-role="page" id="contact-info" data-title="Contacts">
    <div data-role="header">
        <h1>联系我们</h1>
    </div>
    <div data-role="content">
        联系信息详情...
    </div>
</div>
</body>
</html>
```

上述代码在 Android 中的初始执行效果如图 16-8 所示。

单击“联系我们”按钮后会显示一个新界面，如图 16-9 所示。此新界面效果也是由上述代码实现的。

▲图 16-8　初始执行效果

▲图 16-9　显示一个新界面

16.5.3 特别提醒——设置内部页面的页面标题

在 Android 应用中，内部页面的标题（title）可以按照如下优先顺序进行设置。

（1）如果 data-title 值存在，则它会用作有内部页面的标题。例如，“multi-page.html#home”页面的标题将被设置为“Home”。

（2）如果不存在 data-title 值，则页眉（header）将会用作内部页面的标题。例如，如果“multi-page.html#home”页面的 data-title 属性不存在，则标题将被设置为页面 header 标记的值“Welcome Home”。

（3）最后，如果内部页面既不存在 data-title，也不存在页眉，则 head 标记中的 title 元素将会用作内部页面的标题。例如，如果“multi-page.html#page”页面不存在 data-title 属性，也不存在页眉，则该页面的标题将被设置为其父文档的 title 标记的值“Multi Page Example”。

16.6 使用 Ajax 驱动导航

实例 259	在 Android 中使用 Ajax 驱动导航
源码路径	daima\259
视频路径	视频\259

16.6.1　实例说明

当一个单页面转换到另外一个单页面时，导航模型是不同的。例如，我们可以从多页面中提取出 contact 页面，然后命名为 contact.html 文件。现在我们的 home 页面（hijax.html）可以通过一个普通的 HTTP 链接引用来返回 contact 页面，下面的实例演示了上述过程。

16.6.2　具体实现

实例文件 ajax.html 的具体代码如下所示。

```
<!DOCTYPE html>
<html>
    <head>
    <meta charset="utf-8">
    <title>Hijax Example</title>
    <meta name="viewport" content="width=device-width, initial-scale=1">
    <link   rel="stylesheet"   href="http://code.jquery.com/mobile/1.0/jquery.mobile-1.0.min.css" />
    <script src="http://code.jquery.com/jquery-1.6.4.min.js"></script>
    <script src="http://code.jquery.com/mobile/1.0/jquery.mobile-1.0.min.js"></script>
</head>
<body>
<!-- First Page -->
<div data-role="page">
    <div data-role="header">
        <h1>Ajax 页面</h1>
    </div>
    <div data-role="content">
        <a href="contact.html" data-role="button">联系我们</a>
    </div>
</div>
</body>
</html>
```

上述代码在 Android 中的初始执行效果如图 16-10 所示。

当单击上述代码中的“联系我们”链接后会来到新页面 contact.html，此文件的实现代码如下所示。

```
<div data-role="page">
    <div data-role="header">
        <h1>联系我们</h1>
```

```
    </div>

    <div data-role="content">
        电话: 010-111111111</div>
        <div data-role="content">
        邮箱: 7291017304@qq.com</div>
        <div data-role="content">地址: 中国山东</div>
</div>
```

▲图 16-10 执行效果

当单击“联系我们”链接后会显示一个 Ajax 特效，如图 16-11 所示，然后显示一个如图 16-12 所示的新页面。

▲图 16-11 Ajax 特效导航

▲图 16-12 新界面效果

16.6.3 特别提醒——分析 jQuery Mobile 的处理流程

当单击上述实例中的“联系我们”链接时，jQuery Mobile 将会按照如下所示的步骤处理该请求。

（1）jQuery Mobile 会解析 href，然后通过一个 Ajax 请求（Hij ax）载入页面。如果成功载入页面，则该页面会添加到当前页面的 DOM 中。执行过程如图 16-13 所示。

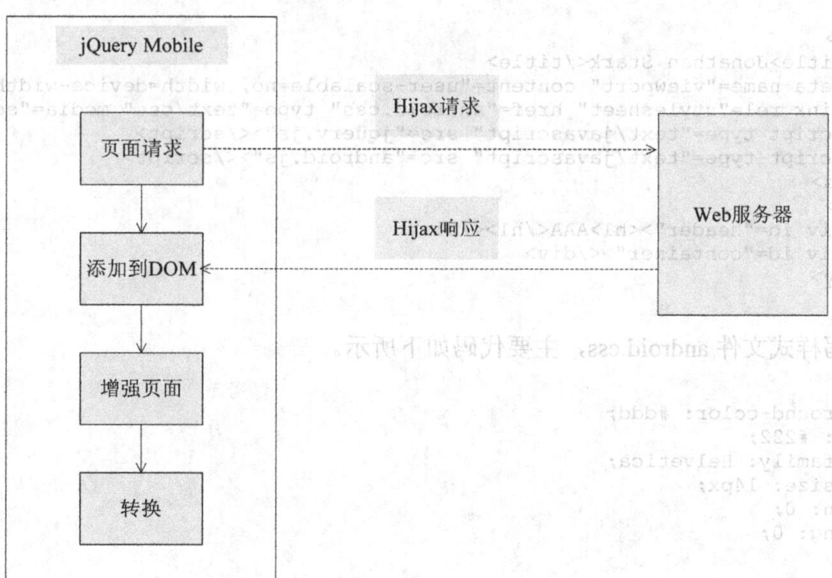

▲图 16-13 处理过程

当页面成功添加到 DOM 中后，jQuery Mobile 可以根据需要来增强该页面，更新基础（base）元素的@href，并设置 data-url 属性（如果没有被显式设置的话）。

（2）框架随后使用应用的默认“滑动”转换模式转换到一个新的页面。框架也可以实现无缝的 CSS 转换，因为“from”页面和“to”页面都存在于 DOM 中。在转换完成之后，当前可见的页面或活动页面将会被指定为“ui-page-active”CSS 类。

（3）产生的 URL 也可以作为书签。例如，如果想深链接（deep link）到 contact 页面，则可以通过如下完整的路径来访问：

```
http://<host:port>/2/contact.html
```

（4）如果页面载入失败，则会显示和淡出一条短的错误消息，该消息是对“Error Loading Page（页面载入错误）”消息的覆写（overlay）。

16.7 开发一个 Ajax 网页

实例 260	在 Android 系统中开发一个 Ajax 网页
源码路径	daima\260
视频路径	视频\260

16.7.1 实例说明

Ajax 导航是全局启用的，当你很在意 DOM 的大小时，或者是你需要支持的某个特定设备不支持 hash 历史更新时则可以禁用这个特性。默认情况下，jQuery Mobile 可以为我们管理 DOM 的大小或缓存，它只将活动页面转换所涉及的“from”和“to”页面合并到 DOM 中。要禁用 Ajax 导航，在绑定移动初始事件时，设置$.moible.aj axEnabled=false。

16.7.2 具体实现

（1）编写一个简单的 HTML 文件，命名为 android.html，具体代码如下所示。

```
<html>
   <head>
      <title>Jonathan Stark</title>
      <meta name="viewport" content="user-scalable=no, width=device-width" />
      <link rel="stylesheet" href="android.css" type="text/css" media="screen" />
      <script type="text/javascript" src="jquery.js"></script>
      <script type="text/javascript" src="android.js"></script>
   </head>
   <body>
      <div id="header"><h1>AAA</h1></div>
      <div id="container"></div>
   </body>
</html>
```

（2）编写样式文件 android.css，主要代码如下所示。

```
body {
   background-color: #ddd;
   color: #222;
   font-family: Helvetica;
   font-size: 14px;
   margin: 0;
   padding: 0;
}
#header {
   background-color: #ccc;
   background-image:  -webkit-gradient(linear,  left  top,  left  bottom,  from(#ccc),
```

```
to(#999));
    border-color: #666;
    border-style: solid;
    border-width: 0 0 1px 0;
}
#header h1 {
    color: #222;
    font-size: 20px;
    font-weight: bold;
    margin: 0 auto;
    padding: 10px 0;
    text-align: center;
    text-shadow: 0px 1px 1px #fff;
    max-width: 160px;
    overflow: hidden;
    white-space: nowrap;
    text-overflow: ellipsis;
}
ul {
    list-style: none;
    margin: 10px;
    padding: 0;
}
ul li a {
    background-color: #FFF;
    border: 1px solid #999;
    color: #222;
    display: block;
    font-size: 17px;
    font-weight: bold;
    margin-bottom: -1px;
    padding: 12px 10px;
    text-decoration: none;
}
ul li:first-child a {
    -webkit-border-top-left-radius: 8px;
    -webkit-border-top-right-radius: 8px;
}
ul li:last-child a {
    -webkit-border-bottom-left-radius: 8px;
    -webkit-border-bottom-right-radius: 8px;
}
ul li a:active, ul li a:hover {
    background-color: blue;
    color: white;
}
#content {
    padding: 10px;
    text-shadow: 0px 1px 1px #fff;
}
#content a {
    color: blue;
}
```

上述样式文件在本章的前面内容中都进行了详细讲解，相信广大读者一读便懂。

（3）继续编写如下 HTML 文件。

- about.html
- blog.html
- contact.html
- consulting-clinic.html
- index.html

为了简单起见，它们的代码都是一样的，具体代码如下所示。

```
<body>
    <div id="container">
```

```
        <div id="header">
            <h1><a href="./">AAAA</a></h1>
            <div id="utility">
                <ul>
                    <li><a href="about.html">AAA</a></li>
                    <li><a href="blog.html">BBB</a></li>
                    <li><a href="contact.html">CCC</a></li>
                </ul>
            </div>
            <div id="nav">
                <ul>
                    <li><a href="bbb.html">DDD</a></li>
                    <li><a href="ccc.html">EEE</a></li>
                    <li><a href="ddd.html">FFF</a></li>
                    <li><a href="http://www.aaa.com">GGG</a></li>
                </ul>
            </div>
        </div>
        <div id="content">
            <h2>About</h2>
            <p>欢迎大家学习 Android，都说这是一个前途辉煌的职业，我也是这么是认为的，希望事实如
此....</p>
        </div>
        <div id="sidebar">
            <img alt="好图片" src="aaa.png">
            <p>欢迎大家学习 Android，都说这是一个前途辉煌的职业，我也是这么是认为的，希望事实如
此....</p>
        </div>
        <div id="footer">
            <ul>
                <li><a href="bbb.html">Services</a></li>
                <li><a href="ccc.html">About</a></li>
                <li><a href="ddd.html">Blog</a></li>
            </ul>
            <p class="subtle">巅峰卓越</p>
        </div>
    </div>
</body>
```

（4）编写 JavaScript 文件 android.js，在此文件中使用了 Ajax 技术。具体代码如下所示。

```
var hist = [];
var startUrl = 'index.html';
$(document).ready(function(){
    loadPage(startUrl);
});
function loadPage(url) {
    $('body').append('<div id="progress">wait for a moment...</div>');
    scrollTo(0,0);
    if (url == startUrl) {
        var element = ' #header ul';
    } else {
        var element = ' #content';
    }
    $('#container').load(url + element, function(){
        var title = $('h2').html() || '你好!';
        $('h1').html(title);
        $('h2').remove();
        $('.leftButton').remove();
        hist.unshift({'url':url, 'title':title});
        if (hist.length > 1) {
            $('#header').append('<div class="leftButton">'+hist[1].title+'</div>');
            $('#header .leftButton').click(function(e){
                $(e.target).addClass('clicked');
                var thisPage = hist.shift();
                var previousPage = hist.shift();
                loadPage(previousPage.url);
            });
        }
        $('#container a').click(function(e){
```

```
            var url = e.target.href;
            if (url.match(/aaa.com/)) {
                e.preventDefault();
                loadPage(url);
            }
        });
        $('#progress').remove();
    });
}
```

（5）修饰

为了能使我们设计的页面体现出 Ajax 效果，还需继续设置样式文件 android.css。

- 为了能够显示出“加载中…”的样式，需要在 android.css 中添加如下对应的修饰代码。

```
#progress {
    -webkit-border-radius: 10px;
    background-color: rgba(0,0,0,.7);
    color: white;
    font-size: 18px;
    font-weight: bold;
    height: 80px;
    left: 60px;
    line-height: 80px;
    margin: 0 auto;
    position: absolute;
    text-align: center;
    top: 120px;
    width: 200px;
}
```

- 用边框图片修饰返回按钮，并清除默认的单击后高亮显示的效果。在 android.css 中添加如下修饰代码。

```
#header div.leftButton {
    font-weight: bold;
    text-align: center;
    line-height: 28px;
    color: white;
    text-shadow: 0px -1px 1px rgba(0,0,0,0.6);
    position: absolute;
    top: 7px;
    left: 6px;
    max-width: 50px;
    white-space: nowrap;
    overflow: hidden;
    text-overflow: ellipsis;
    border-width: 0 8px 0 14px;
    -webkit-border-image: url(images/back_button.png) 0 8 0 14;
    -webkit-tap-highlight-color: rgba(0,0,0,0);
}
```

此时在 Android 中执行我们的上述文件，执行后先加载页面，在加载时会显示“wait for a moment...”的提示，如图 16-14 所示。在滑动选择某个链接的时候，被选中的会有不同的颜色，如图 16-15 所示。

而文件 android.html 的执行效果和其他文件相比稍有不同，如图 16-16 所示。这是因为在编码时的的有意而为之。

16.7.3 特别提醒——智能手机数量猛增

随着 Android、iOS、Windows Phone 等智能系统的市场占有率越来越高，智能手机已经步入了飞速发展的黄金时期。其中许多人将用这些设备办公，因此，企业需要着力思索如何用手机产品吸引客户。

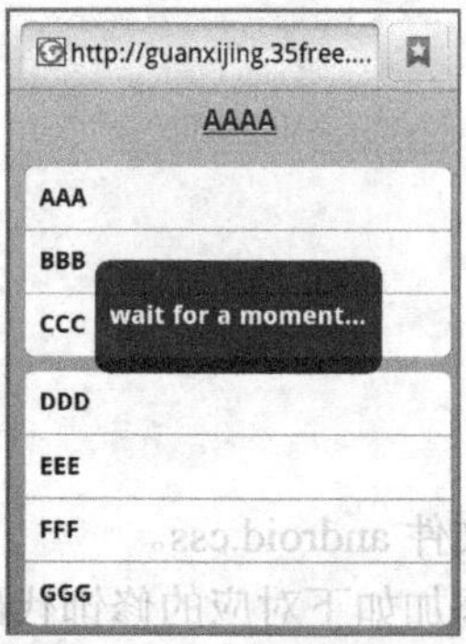

▲图 16-14　提示特效

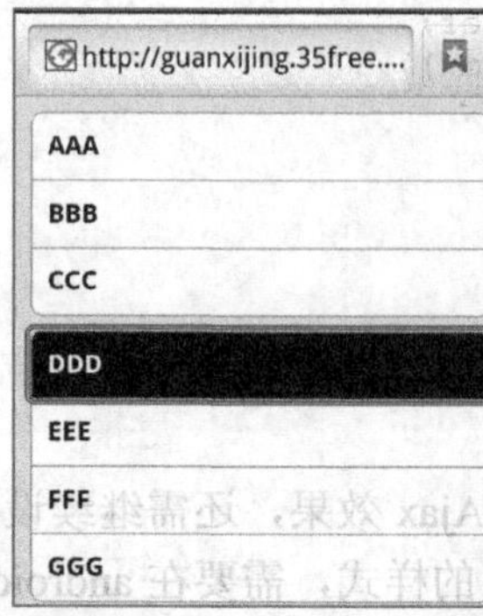

▲图 16-15　被选择的不同颜色

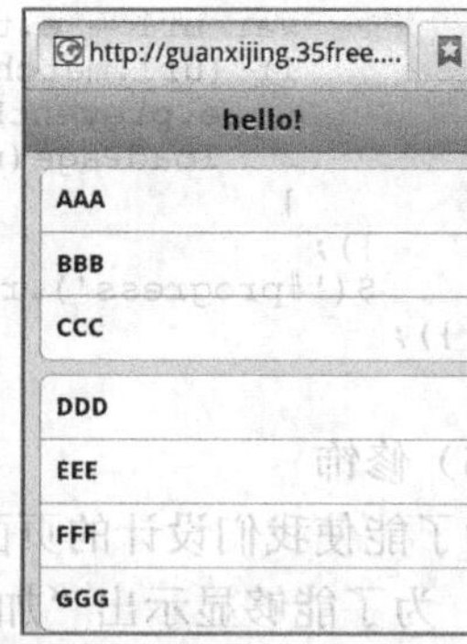

▲图 16-16　文件 android.html

16.8 实现基本对话框效果

实例 261	在 Android 系统中实现对话框效果
源码路径	daima\261
视频路径	视频\261

16.8.1　实例说明

对话框与页面相似，只不过对话框的边界是有间距的（inset），从而产生模态对话框（modal dialog）的外观。在对话框的设计方面，jQuery Mobile 相当灵活。我们可以创建确认对话框、警告对话框，甚至是动作表单样式的对话框。

16.8.2　具体实现

实例文件 duihuakuang.html 的具体实现流程如下所示。

（1）实现链接级别的转换，具体代码如下所示。

```
<!DOCTYPE html>
<html>
    <head>
        <meta charset="utf-8">
        <title>Multi Page Example</title>
        <meta name="viewport" content="width=device-width, initial-scale=1">
    <link   rel="stylesheet"    href="http://code.jquery.com/mobile/1.0/jquery.mobile-1.0.min.css" />
    <style>
        .ui-header  .ui-title,  .ui-footer  .ui-title  {  margin-right:  0  !important; margin-left: 0 !important; }
    </style>
    <script src="http://code.jquery.com/jquery-1.6.4.min.js"></script>
    <script src="http://code.jquery.com/mobile/1.0/jquery.mobile-1.0.min.js"></script>
    </head>
<body>
<!--第一页 -->
<div data-role="page" id="home">
    <div data-role="header">
        <h1>对话框实例</h1>
    </div>

    <div data-role="content">
        <a href="#terms" data-transition="slidedown">会员注册条款</a>
    </div>
</div>
```

（2）实现页面级别的转换，具体代码如下所示。

```
<!--第二页-对话框 -->
<div data-role="dialog" id="terms">
    <div data-role="header">
        <h1>注册条款</h1>
    </div>

    <div data-role="content" data-theme="c">
        你同意上述条款吗?
    <br><br>
        <a   href="#home"   data-role="button"   data-inline="true"   data-rel="back"
data-theme="a">不同意! </a><a href="javascript:agree();" data-role="button" data-inline=
"true">同意! </a>
    </div>
```

（3）处理按钮进程，具体代码如下所示。

```
    <script>
        function agree() {
            // process dialog...

            // close dialog
            $('.ui-dialog').dialog('close');
        }
    </script>
</div>
</body>
</html>
```

本实例执行后的初始效果如图 16-17 所示。

单击“会员注册条款”链接后来到如图 16-18 所示的对话框界面效果。

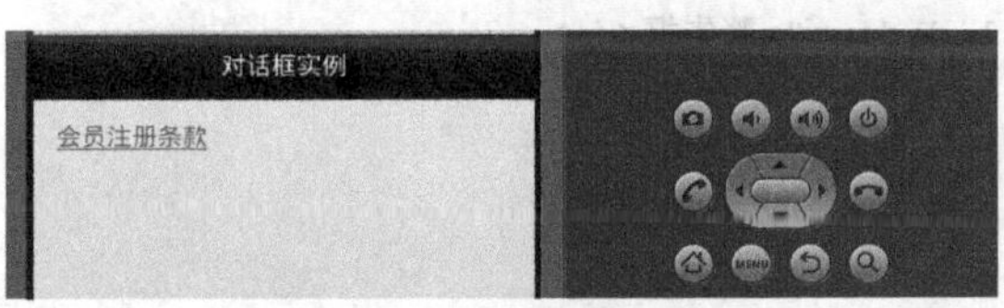

▲图 16-17 初始执行效果

▲图 16-18 对话框界面效果

16.8.3 特别提醒——使用操作表

除了传统的对话框之外，我们还可以将对话框设计为一个操作表（action sheet），只需移除标题便可添加较少的样式（styling）更新，其对话框就成为一个操作表。操作表通常用来请求一个来自用户的响应。为了获得最佳的用户体验，建议为操作表使用“向下滑动”转换。为方便起见，当对话框关闭时，会自动应用相反的转换。例如当关闭某动作表单时，将会应用“卷起”转换。

16.9 实现警告框

实例 262	在 Android 系统中实现警告框效果
源码路径	daima\262
视频路径	视频\262

16.9.1 实例说明

在移动网站中，通常使用警告框显示可以影响应用程序使用的重要信息。警告按钮要么是浅颜色，要么是深颜色。对于单按钮的警告来说，按钮总是浅颜色的。对于一个包含两个按钮的对话框，左边的按钮总是深颜色的，而右边的按钮总是浅颜色的。在一个包含两个按钮的对话框中，如果提出了一个肯定的动作，而且用户很有可能会选择这个动作，则取消该动作的按钮应该位于右边，而且是浅颜色的。在通常情况下，执行有风险的动作的按钮是红色的。

16.9.2 具体实现

实例文件 jing.html 的具体实现代码如下所示。

```
<!DOCTYPE html>
<html>
    <head>
        <meta charset="utf-8">
        <title>Alert Example</title>
        <meta name="viewport" content="width=device-width, initial-scale=1">
    <link   rel="stylesheet"   href="http://code.jquery.com/mobile/1.0/jquery.mobile-1.0.min.css" />
    <style>
        .ui-header  .ui-title,  .ui-footer  .ui-title  {  margin-right:  0  !important; margin-left: 0 !important; }
    </style>
    <script src="http://code.jquery.com/jquery-1.6.4.min.js"></script>
    <script src="http://code.jquery.com/mobile/1.0/jquery.mobile-1.0.min.js"></script>
    </head>
<body>

<!-- First Page -->
<div data-role="page" id="home">
    <div data-role="header">
        <h1>演示警告框的用法</h1>
    </div>

    <div data-role="content">
        <a href="#alert" data-transition="slidedown">警告框</a>
    </div>
</div>

<!-- Second Page/Dialog -->
<div data-role="dialog" id="alert">
    <div data-role="header">
        <h1>Connection Required</h1>
    </div>

    <div data-role="content" data-theme="b">
        注意，有一个网络连接需要同步你的数据，允许吗？<br>
        <br>
        <a href="#home" data-role="button" data-theme="c" data-rel="back">允许</a>
  </div>
</div>
</body>
</html>
```

上述代码执行后的初始效果如图 16-19 所示。单击“警告框”链接后会弹出一个警告框，效果如图 16-20 所示。

▲图 16-19 初始执行效果

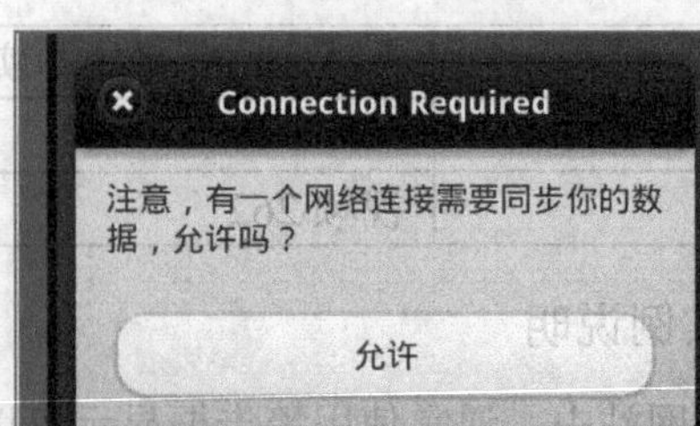

▲图 16-20 警告框效果

16.9.3 特别提醒——使用多选项操作表

在现实应用中，通常使用操作表来收集用户发起的任务的确认信息。另外，操作表也可以针对当前的任务为用户提供一系列选项，具体说明如下所示。

- 一个操作表至少包含两个按钮，它可以让用户选择如何完成他们的任务。
- 包含一个取消按钮，以允许用户放弃任务。取消按钮位于操作表的底部，以促使用户在做出选择之前，阅读了所有的选项。取消按钮的颜色应该与背景的颜色相同。

16.10 实现竖屏和横屏自适应效果

实例 263	在 Android 系统中实现竖屏和横屏自适应效果
源码路径	daima\263
视频路径	视频\263

16.10.1 实例说明

在某些情况下，jQuery Mobile 将会为用户创建响应式设计。下面将讲解将 jQuery Mobile 的响应式设计应用于竖屏（pomait）模式和横屏（landscape）模式中的表单字段。例如，在竖屏视图中标签位于表单字段的上面。而当将设备横屏放置时表单字段和标签并排显示。这种响应式设计可以基于设备可用的屏幕真实状态提供最实用的体验。jQuery Mobile 为用户提供了很多这样优秀的 UX（用户体验）原则。

16.10.2 具体实现

实例文件 zishiyong.html 的具体实现代码如下所示。

```
<!DOCTYPE html>
<html>
    <head>
    <meta charset="utf-8">
    <title>Responsive Design Example</title>
    <meta name="viewport" content="width=device-width, initial-scale=1">
    <link   rel="stylesheet"   href="http://code.jquery.com/mobile/1.0/jquery.mobile-
1.0.min.css" />
    <script src="http://code.jquery.com/jquery-1.6.4.min.js"></script>
    <script src="http://code.jquery.com/mobile/1.0/jquery.mobile-1.0.min.js"></script>
</head>
<body>

<div data-role="page">
    <div data-role="header">
        <h1>会员注册</h1>
    </div>

    <div data-role="content">
        <label for="username">用户名:</label>
        <input type="text" name="username" id="username" value="" />

        <label for="password">密 码:</label>
        <input type="password" name="password" id="password" value="" />
    </div>
</div>
</body>
</html>
```

上述代码执行后，如果将设备纵向放置，则注册表单将自动旋转，实现自适应效果。

16.10.3 特别提醒——Webkit 的媒体扩展

在上述实例代码中，通过使用 min-max 宽度媒体特性，jQuery Mobile 能够应用响应式设计。例如，当浏览器支持的宽度大于 450 像素时，表单元素可以浮动在它们的标签旁边。CSS 支持文本输入的这种行为，如下所示。

```
label.ui-input-text{
display:block;
}
@media all and (min-width: 450px){
label.ui-input-text{display:inline-block;}
}
```

读者可以找到一组数量有限的特定 Webkit 的媒体扩展。例如，如果要在具有高分辨率的 retina（视网膜）显示屏的新 iOS 设备上应用 CSS 增强，你可以使用 webkit-min-device-piexel-ratio 媒体特性：

```
// WebKit 询问 iOS 高分辨率视网膜显示屏幕内容
and (-webkit-min-device-pixel-ratio: 2){
//应用视网膜显示增强
}
```

16.11 实现全屏显示效果

实例 264	在 Android 系统中实现全屏显示效果
源码路径	daima\264
视频路径	视频\264

16.11.1 实例说明

页眉通常用于显示页面标题，还可以包含控件，以辅助用户在屏幕中进行导航或管理对象。页眉栏显示当前屏幕的标题。此外，也可以在上面添加用于导航的按钮，或者是添加用来管理页面中的项目的控件。尽管页眉是可选的，但是它通常用来提供活动页面的标题。在接下来的内容中，将通过一个具体实例的实现过程，详细讲解在 Android 中实现页眉定位的方法。

16.11.2 具体实现

实例文件 position-full.html 的具体实现代码如下所示。

```
<!DOCTYPE html>
<html>
    <head>
    <meta charset="utf-8">
    <title>Fullscreen Example</title>
    <meta name="viewport" content="width=device-width, maximum-scale=1">
    <link  rel="stylesheet"  href="http://code.jquery.com/mobile/1.0/jquery.mobile-
1.0.min.css" />
    <style>
        .detailimage { width: 100%; text-align: center; margin-right: 0; margin-left: 0; }
        .detailimage img { width: 100%; }
    </style>
    <script src="http://code.jquery.com/jquery-1.6.4.min.js"></script>
    <script src="http://code.jquery.com/mobile/1.0/jquery.mobile-1.0.min.js"></script>
</head>
<body>
<div data-role="page" data-fullscreen="true">
    <div data-role="header" data-position="fixed">
        <h6>4/10</h6>
    </div>
```

```
    <div data-role="content">
        <div class="detailimage"><img src="images/123.jpg" /></div>
    </div>
    <!-- toolbar with icons -->
    <div data-role="footer" data-position="fixed">
        <div data-role="navbar">
            <ul>
                <li><a href="#" data-icon="forward"></a></li>
                <li><a href="#" data-icon="arrow-l"></a></li>
                <li><a href="#" data-icon="arrow-r"></a></li>
                <li><a href="#" data-icon="delete"></a></li>
            </ul>
        </div>
    </div>
</div>
</body>
</html>
```

执行上述代码后将首先显示一个有页眉的效果。

在执行后的效果中有一个用来显示照片的全屏页面，如果用户轻敲屏幕，则页眉和页脚将会出现和消失，这样便形成了一个全屏显示效果。

在本实例中有一个照片查看器，而且其页眉显示照片的计数信息，页脚显示一个工具栏以辅助导航、发送电子邮件或删除照片。

16.11.3　特别提醒——可以用于定位页眉的 3 种样式

在设计过程中，有如下 3 种样式可以用于定位页眉。

（1）Default（默认）：默认的页眉会在屏幕的顶部边缘显示，而且在屏幕滚动时，页眉将会滑到可视范围之外。

```
<div data-role="header">
<h1>Default Header</h1>
</div>
```

（2）Fixed（固定）：固定的页眉总是位于屏幕的顶部边缘位置，而且总是保持可见。但是，在屏幕滚动的过程期间，页眉是不可见的，当滚动结束之后，页眉才出现。通过添加 data-position=”fixed’’属性，可以创建一个固定的页眉。

```
<div data-role="header" data-position="fixed">
<h1>Fixed Header</h1>
</div>
```

（3）Responsive（响应式）：当我们创建一个全屏页面时，页面中的内容会全屏显示，而页眉和页脚则基于触摸响应来出现或消失。对显示照片和播放视频来说，全屏模式相当有用。要创建一个全屏的页面，需要在页面容器中添加如下代码：

```
data-fullscreen="true"
```

然后在页眉和页脚元素中添加如下所示的属性：

```
data-position="fixed"
```

16.12　实现只有图标的按钮效果

实例 265	在页眉中实现只有图标的按钮效果
源码路径	daima\265
视频路径	视频\265

16.12.1 实例说明

JQuery Mobile 包含多个标准图标，可以用它们来创建只带有图标的按钮。例如，“info”图标通常与“翻转（flip）”转换一起使用，来显示配置选项或更多的信息。标准图标在使用时，只占用很小的屏幕空间，而且它们的含义在所有的设备上都是相对一致的。假如想要添加一个条目到现有的一个列表中，可以选择一个“plus”图标，用户通过该图标可以添加一个条目到列表中。

16.12.2 具体实现

在本实例显示了一个电视剧评论列表，用户可以轻敲“+”图标来创建新的评论。创建一个只带有图标的按钮，需要添加两个专用的属性。实例文件 icons.html 的具体实现代码如下所示。

```
<!DOCTYPE html>
<html>
    <head>
    <meta charset="utf-8">
    <title>Header Example</title>
    <meta name="viewport" content="width=device-width, initial-scale=1">
    <link   rel="stylesheet"   href="http://code.jquery.com/mobile/1.0/jquery.mobile-
1.0.min.css" />
    <style>
        .ui-li-heading { overflow: visible; }
        .ui-li-thumb { top: 1em; }
        .ui-li-rating { font-size: 32px; }
    </style>
    <script src="http://code.jquery.com/jquery-1.6.4.min.js"></script>
    <script src="http://code.jquery.com/mobile/1.0/jquery.mobile-1.0.min.js"></script>
</head>
<body>
<div data-role="page" data-theme="b">
    <div data-role="header">
        <h1>评论信息</h1>
        <a href="#" data-icon="plus" data-iconpos="notext" class="ui-btn-right"></a>
    </div>

    <div data-role="content">
        <ul data-role="listview" data-inset="true" data-theme="e">
            <li data-role="list-divider">调查报告</li>
            <li>
                <img src="images/456.jpg">
                <h3>葫芦兄弟</h3>
                <p><span class="ui-li-rating">90%</span><strong> 喜欢看!</strong></p>
                <p>用户评价: <em>1,888,888,8</em></p>
            </li>
        </ul>
        <ul data-role="listview" data-inset="true" data-theme="d">
            <li data-role="list-divider">用户评论列表</li>
            <li>
              <a href="#">
                <img src="images/user.png" class="ui-li-icon">
                <p><strong>去看看!</strong></p>
                <p>非常精彩,非常精彩,非常精彩,非常精彩,非常精彩,非常精彩,非常精彩,非常精彩,非常精
彩.</p>
              </a>
            </li>
            <li>
              <a href="#">
                <img src="images/user.png" class="ui-li-icon">
                <p><strong>去看看!</strong></p>
                <p>非常精彩,</p>
              </a>
            </li>
            <li>
```

```
            <a href="#">
              <img src="images/user.png" class="ui-li-icon">
              <p><strong>去看看!</strong></p>
              <p>非常精彩,非常精彩,非常精彩.</p>
            </a>
          </li>
          <li>
              <p><a href="#">显示更多的评论...</a></p>
              <p>120 页共 1188 条评论</p>
          </li>
        </ul>
      </div>
    </div>
  </body>
  </html>
```

读者可以把上述实例代码执行后看到实际效果。

16.12.3 特别提醒——在页眉中使用分段控件

除了在页眉中使用按钮之外，还可以使用分段控件。分段控件是一组内联（inline）的控件，其中每一个控件可以显示一个不同的视图。在具体使用时，建议将分段控件放置在主页眉内。如果将页眉作为一个固定控件来放置，则这种放置方式可以让分段控件与主页眉无缝集成。通过添加少量的样式更新方式，可以实现一个允许用户以不同视图来快速查看数据的分段控件效果。

16.13 实现回退按钮效果

实例 266	在页眉中实现回退按钮效果
源码路径	daima\266
视频路径	视频\266

16.13.1 实例说明

如果在全局启用了回退按钮，可以通过在页面页眉中添加 data-add-back-btn="false"属性，禁用特定页面上的回退按钮。这会将回退按钮从特定页面的页眉中移除。

```
<div data-role="header" data-add-back-btn="false">
```

在接下来的内容中，将通过一个具体实例的实现过程，详细讲解在页眉中实现回退按钮效果的方法。

16.13.2 具体实现

实例文件 back.html 的具体实现代码如下所示。

```
<!DOCTYPE html>
<html>
    <head>
    <meta charset="utf-8">
    <title>Contact</title>
    <meta name="viewport" content="width=device-width, initial-scale=1">
    <link  rel="stylesheet"  href="http://code.jquery.com/mobile/1.0/jquery.mobile-1.0.min.css" />
    <script src="http://code.jquery.com/jquery-1.6.4.min.js"></script>
    <script src="http://code.jquery.com/mobile/1.0/jquery.mobile-1.0.min.js"></script>
</head>
<body>
<div data-role="page" id="home">
    <div data-role="header">
        <h1>返回演示</h1>
```

```
        </div>
        <div data-role="content">
            <a href="#back">单击观看详情</a>
        </div>
    </div>
    <div data-role="page" data-add-back-btn="true" id="back">
        <div data-role="header">
            <h1>联系我们</h1>
        </div>
        <div data-role="content">
            <ul data-role="listview" data-inset="true">
                <li data-role="list-divider">联系方式</li>
                <li><a  href="#"><img  src="images/75-phone.png"  alt="Call"  class="ui-li-
icon">电话</a></li>
                <li><a href="#"><img src="images/116-envelope.png" alt="Email" class="ui-li-
icon">邮箱</a></li>
                <li><a  href="#"><img  src="images/016-chat-2.png"  alt="SMS"  class="ui-li-
icon">短信</a></li>
                <li><a  href="#"><img  src="images/1016-map.png"  alt="Directions"  class=
"ui-li-icon">其他</a></li>
            </ul>
        </div>
    </div>
    </body>
    </html>
```

本实例执行后将首先显示一个链接主页，如图 16-21 所示。单击“点击观看详情”链接后会来到一个新界面，在新界面中显示了一个回退按钮，如图 16-22 所示。触摸回退按钮 Back 后会返回到如图 16-21 所示的链接界面。

▲图 16-21　链接主页

▲图 16-22　页眉中有回退按钮

16.13.3　特别提醒——在页眉中添加回退链接

如果希望创建一个行为与回退按钮相类似的按钮，则可以为任何锚元素添加 data_rel="back" 属性。具体代码如下所示。

```
<a href="home.html" data-rel="back" data-role="button">返回</a>
```

通过使用 data-rel="back"属性，链接将会模拟回退按钮，返回一个历史条目（window.history.back()），并忽略链接的默认 href 值。对于 C 级浏览器或不支持 JavaScript 的浏览器来说，它们会忽略 data-rel，而且将属性 href 作为一个备用。

16.14　在表单中输入文本

实例 267	在 Android 系统的表单中输入文本
源码路径	daima\267
视频路径	视频\267

16.14.1 实例说明

文本输入工作是移动设备上最麻烦的表单字段，当在物理或真实的 QWERTY 键盘上输入文字时，效率会非常低。所以在移动设备中，需要的就是尽可能地自动收集用户的信息。前面提到，设备 API 有助于简化这一用户体验。尽管最大限度地减少这些繁琐的任务是我们所期望的目标，但是有时必须使用文本输入来收集用户的反馈信息。

在接下来的内容中，将通过一个具体实例的实现过程，详细讲解在 Android 中实现在表单输入文本的方法。

16.14.2 具体实现

实例文件 text.html 的具体实现代码如下所示。

```
<!DOCTYPE html>
<html>
    <head>
    <meta charset="utf-8">
    <title>Forms</title>
    <meta  name="viewport"  content="width=device-width,  minimum-scale=1.0,  maximum-
scale=1.0;">
    <link   rel="stylesheet"   href="http://code.jquery.com/mobile/1.0/jquery.mobile-
1.0.min.css" />
    <style>
        label {
            float: left;
            width: 5em;
        }
        input.ui-input-text {
            display: inline !important;
            width: 12em !important;
        }
        form p {
            clear:left;
            margin:1px;
        }
    </style>
    <script src="http://code.jquery.com/jquery-1.6.4.min.js"></script>
    <script src="http://code.jquery.com/mobile/1.0/jquery.mobile-1.0.min.js"></script>
</head>
<body>

<div data-role="page" data-theme="b">
    <div data-role="header">
        <h1>输入文本</h1>
    </div>

    <div data-role="content">
      <form id="test" id="test" action="#" method="post">
          <p style="margin-bottom:8px;">
        <label for="search" class="ui-hidden-accessible">Search</label>
        <input type="search" name="search" id="search" value="" placeholder="Search"
data-theme="d" />
        </p>
        <p>
        <label for="text">名字:</label>
        <input  type="text"  name="text"  id="text"  value=""  placeholder="Text"
data-theme="d"/>
        </p>
        <p>
        <label for="number">编号:</label>
        <input type="number" name="number" id="number" value="" placeholder="Number"
data-theme="d" />
        </p>
        <p>
        <label for="email">邮箱:</label>
        <input  type="email"  name="email"  id="email"  value=""  placeholder="Email"
```

```
data-theme="d" />
        </p>
        <p>
        <label for="url">网址:</label>
        <input type="url" name="url" id="url" value="" placeholder="URL" data-theme="d"
/>
        </p>
        <p>
        <label for="tel">电话:</label>
        <input  type="tel"  name="tel"  id="tel"  value=""  placeholder="Telephone"
data-theme="d" />
        </p>

        <!-- Future: http://www.w3.org/2011/02/mobile-web-app-state.html -->
        <!--
        <p>
        <label for="date">date:</label>
        <input type="date" name="date" id="date" value="" placeholder="Date" data-theme=
"d" />
        <p>
        -->

        <p>
        <label for="textarea">留言:</label>
        <textarea  cols="40"  rows="8"  name="textarea"  id="textarea"  placeholder=
"Textarea" data-theme="d"></textarea>
        </p>
      </form>
    </div>
</div>

</body>
</html>
```

在上述实例代码中，通过为输入元素添加属性 data-theme 的方法，为文本输入选择一个合适的主题，从而增强表单字段的对比。执行后，如果在“名字”文本框中输入信息，则自动弹出文字键盘，如图 16-23 所示。如果在“编号”文本框中输入信息，则自动弹出数字键盘，如图 16-24 所示。

▲图 16-23 自动弹出文字键盘

▲图 16-24 自动弹出数字键盘

16.14.3 特别提醒——将输入字段与其语义类型关联

在构建表单时，一定要将输入字段与其语义类型关联起来，这种关联有如下所示的两种优势。

（1）当输入字段接收到焦点时，它会为用户显示合适的键盘。例如，被指明为 type="number" 的字段会自动向用户显示一个数字键盘。

（2）当使用 type="tel"进行关联的字段，则会显示一个特定的电话号码键盘。

并且，该规范允许浏览器针对字段类型应用验证规则。在用户填写表单期间，浏览器能能够自动对每个字段类型进行实时验证。

所有移动浏览器都能够很好支持的另外一个特性是 placeholder 属性。该属性为文本输入添加了一个提示或标签，而且能够在字段接收到焦点时自动消失。

16.15 动态输入文本

实例 268	使用 textinput 插件动态输入文本
源码路径	daima\268
视频路径	视频\268

16.15.1 实例说明

在 jQuery Mobile 应用中，可以给 input 元素直接绑定事件，可以使用 jQuery Mobile 的虚拟事件，或者绑定 JavaScript 的标准事件，例如 change、focus 和 blur 等。例如：

```
$( ".selector" ).bind( "change", function(event, ui) {
  ...
});
```

16.15.2 具体实现

实例文件 dynamic-text.html 的具体实现代码如下所示。

```
<div data-role="page" data-theme="b">
    <div data-role="header">
        <h1>动态输入文本</h1>
    </div>

    <div data-role="content">
      <form id="test" action="#" method="post">
        <a href="#" data-role="button" id="create-text1">创建文本输入框 1</a>
        <a href="#" data-role="button" id="create-text2">创建文本输入框 2</a>
        <br><br>
        <a href="#" data-role="button" id="disable-text1" data-theme="a">不可用输入框 1</a>
        <a href="#" data-role="button" id="enable-text1" data-theme="a">可用输入框 1</a>
      </form>
    </div>
        <script type="text/javascript">
        $( "#create-text1" ).bind( "click", function() {
            $( '<input type="text" name="text1" id="text1" value="" placeholder="text1" data-theme="c" />' )
                .insertAfter( "#create-text1" )
                .textinput();
        });

        $( "#create-text2" ).bind( "click", function() {
            $( '<input type="text" name="text2" id="text2" value="" placeholder="text2" />' )
                .insertAfter( "#create-text2" )
                .textinput({
                   theme: 'c',
                   create: function(event) {
                     console.log( "Creating text input..." );
                     for (prop in event) {
                         console.log(prop + ' = ' + event[prop]);
                     }
                   }
                });
        });

        $( "#disable-text1" ).bind( "click", function() {
            $( "#text1").textinput( "disable" );
        });
```

```
        $( "#enable-text1" ).bind( "click", function() {
            $( "#text1" ).textinput( "enable" );
        });
        </script>
</div>
```

执行后的初始效果如图 16-25 所示。触摸按下某个按钮后会自动创建一个文本输入框，例如触摸按下“创建文本输入框 1”按钮后会创建一个如图 16-26 所示的输入框。

▲图 16-25　初始效果

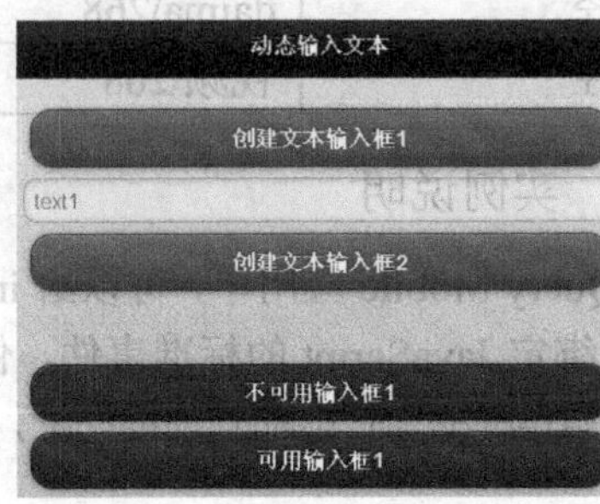

▲图 16-26　自动创建一个文本输入框

16.15.3　特别提醒——使用选择菜单

在无需添加额外标记的情况下，jQuery Mobile 框架就能够自动增强所有本地的选择元素。这种转变会使用 jQuery Mobile 风格的按钮来取代原始的选择，而且前者包含一个右对齐的下拉箭头图标。在默认情况下，轻敲该选择按钮，会为移动设备启动本地选择选择器。作为一种替换方法，可以配置 jQuery Mobile 使其显示自定义的选择菜单。

16.16　实现一个自定义选择菜单效果

实例 269	在 Android 中实现一个自定义选择菜单
源码路径	daima\269
视频路径	视频\269

16.16.1　实例说明

在 jQuery Mobile 应用中，替代本机呈现选项列表的一个方法是可以使用一个自定义的 HTML/CSS 视图来呈现选择菜单，并且可以为选择元素添加如下所示的属性。

```
data-native-menu="false"
```

与本机呈现菜单相比，以自定义方式呈现选择菜单的优点如下所示。

- 在所有设备上提供了统一的用户体验。
- 自定义菜单普遍支持多选的选项列表。
- 增加了一种优雅的方式来处理占位符选项。下一节会讲解占位符选项。
- 自定义菜单是可主题化的。

16.16.2　具体实现

实例文件 custom.html 的具体实现代码如下所示。

```
<div data-role="page" data-theme="b">
    <div data-role="header">
        <h1>使用选择菜单</h1>
    </div>
```

```
    <div data-role="content">
      <form id="test" id="test" action="#" method="post">

      <br><br>
        <p>
          <label for="genre">选择:</label>
          <select name="genre" id="genre" data-native-menu="false" data-theme="a">
            <option value="null">选择一个...</option>
            <option value="action">qq</option>
            <option value="comedy">ww</option>
            <option value="drama">rr</option>
            <option value="romance">tt</option>
              <!-- Alternate placeholder options:
              <option value="">Select one...</option>
              <option value=""></option>
              -->
</select>
          </p>
        <br><br><br><br><br>
        <p>
          <label for="delivery">方式:</label>
          <select name="delivery"id="delivery"data-native-menu="false"data-theme= "d">
            <option value="">选择一个...</option>
            <option value="barcode">aa</option>
            <option value="nfc">bb</option>
            <option value="overnight">cc</option>
            <option value="express">dd</option>
            <option value="ground">ee</option>
            <option value="overnight">ff</option>
            <option value="express">gg</option>
            <option value="standard">hh</option>
              <optgroup label="Digital">
                  <option value="barcode">E-Ticket</option>
                  <option value="nfc">NFC</option>
              </optgroup>
              <optgroup label="FedEx">
                  <option value="overnight">Overnight</option>
                  <option value="express">Express</option>
                  <option value="ground">Ground</option>
              </optgroup>
              <optgroup label="US Mail">
                  <option value="overnight">Overnight</option>
                  <option value="express">Express</option>
                  <option value="standard">Standard</option>
              </optgroup>
          </select>
        </p>
      </form>
    </div>
  </div>
```

执行后的初始效果如图 16-27 所示。触摸按下某个选项后会自动弹出该选项下面的菜单，例如触摸按下“方式”后面的后会弹出一个如图 16-28 所示的菜单框，这些菜单框是用自定义样式实现的。

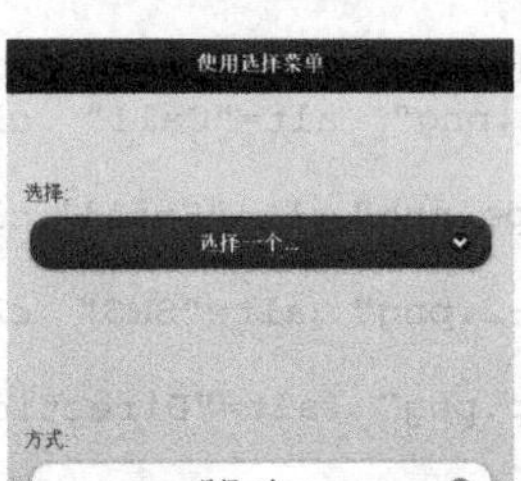

▲图 16-27　初始效果

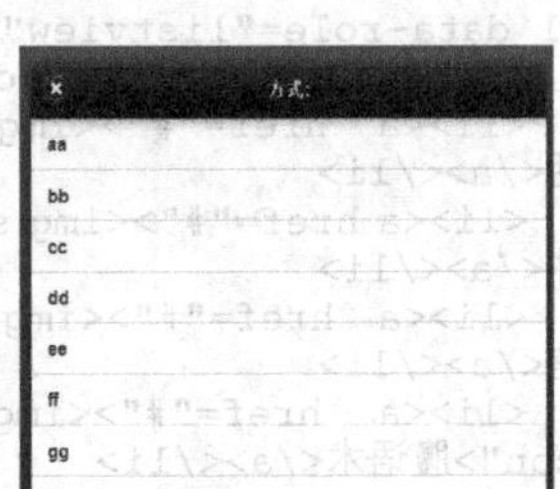

▲图 16-28　弹出选项下的菜单框

16.16.3　特别提醒——占位符选项

在 jQuery Mobile 应用中，对自定义选择菜单来说，占位符是一个独特的特性，它具有如下所示的 3 种好处。

（1）占位符要求用户做出一个选择。默认情况下，如果没有配置占位符，则列表中的第一个选项会被选中。

（2）占位符可以为未选定的选择按钮显示提示文本。例如，未选定的 Ticket Delivery 字段将会与占位符文本"Select one…"一起显示。

（3）在显示选项列表时，占位符也可以作为页眉来显示。

在现实应用中，可以用如下 3 种方式来配置占位符。

（1）为选项添加不带有任何值的文本。

```
<option value="">Select one…</option>
```

（2）在选项包含文本和值的时候，可以为其添加 data-placeholder="true"属性。

```
<option value="null" data-placeholder="true">Select one…</option>
```

（3）如果需要一个不带有提示文本和页眉的字段，可以使用一个空选项。

```
<option value=""></option>
```

16.17　使用内置列表

实例 270	在 Android 中使用内置列表
源码路径	daima\270
视频路径	视频\270

16.17.1　实例说明

在 jQuery Mobile 应用中，在显示内置列表（inset list）时不会占据整个屏幕。相反，它会自动存在于带有圆角的区域块内部，而且具有额外空间的边距设置。要创建一个内置列表，需要为列表元素添加 data-inset="true"属性。如果列表需要嵌入在有其他内容的页面中，内嵌列表会将列表设为边缘圆角，周围留有 magin 的块级元素。给列表（ul 或 ol）添加 data-inset="true"属性即可。

16.17.2　具体实现

实例文件 inset.html.html 的具体实现代码如下所示。

```
<div data-role="page" data-add-back-btn="true">
    <div data-role="header">
        <h1>联系亲们</h1>
</div>

    <div data-role="content">
        <ul data-role="listview" data-inset="true">
            <li data-role="list-divider">选择联系方式</li>
            <li><a  href="#"><img  src="images/75-phone.png"  alt="Call"  class="ui-li-
icon">电话</a></li>
            <li><a href="#"><img src="images/116-envelope.png" alt="Email" class="ui-li-
icon">邮件</a></li>
            <li><a  href="#"><img  src="images/016-chat-2.png"  alt="SMS"  class="ui-li-
icon">短信</a></li>
            <li><a  href="#"><img  src="images/1016-map.png"  alt="Directions"  class=
"ui-li-icon">腹语术</a></li>
        </ul>
    </div>
</div>
```

上述代码的执行效果图如图 16-29 所示。

▲图 16-29 执行效果

16.17.3 特别提醒——使用列表分割线

在 jQuery Mobile 应用中，列表分割线（List Divider）可以用作一组列表条目的页眉。例如，如果我们的应用程序有一个日历列表，我们可以选择按照日期对日历事件进行分组。列表分割线也可以用作内置列表的页眉。在上一个例子中，使用列表分割线设置了内置列表的页眉。

为了创建列表分割线，需要为任何列表条目添加如下所示的属性：

```
data-role= "list-divider"
```

这样列表分割线的默认文本在显示时是左对齐的。

16.18 实现缩略图列表效果

实例 271	在 Android 中实现缩略图列表效果
源码路径	daima\271
视频路径	视频\271

16.18.1 实例说明

在 jQuery Mobile 应用中，将一个图像作为列表条目的第一个子元素添加到列表条目中，可以在屏幕左方为列表条目添加缩略图，jQuery Mobile 框架会将图像缩放为 80 像素的正方形。由此可见，要在列表项左侧添加缩略图，只需在列表项中添加一幅图片作为第一个子元素即可。jQuery Mobile 会自动缩放图片为大小 80px 的正方形，而要使用标准 16×16 的图标作为缩略图的话，需要为图片元素添加 ui-li-icon class。

16.18.2 具体实现

实例文件 suolue.html 的具体实现代码如下所示。

```
<html>
    <head>
    <meta charset="utf-8">
    <title>List Example</title>
    <meta name="viewport" content="width=device-width, initial-scale=1">
    <link  rel="stylesheet"  href="http://code.jquery.com/mobile/1.0/jquery.mobile-1.0.min.css" />
    <style>
        .tabbar  .ui-btn  .ui-btn-inner  {  font-size:  11px!important;  padding-top: 24px!important; padding-bottom: 0px!important; }
        .tabbar  .ui-btn  .ui-icon  {  width:  30px!important;  height:  20px!important; margin-left:    -15px!important;     box-shadow:     none!important;     -moz-box-shadow: none!important;      -webkit-box-shadow:       none!important;      -webkit-border-radius: none !important; border-radius: none !important; }
        #home .ui-icon { background:  url(../images/516-house-w.png) 50% 50% no-repeat; background-size: 22px 20px; }
        #movies  .ui-icon  {  background:   url(../images/1016-widescreen-w.png)  50%  50% no-repeat; background-size: 25px 17px; }
        #theatres .ui-icon { background:  url(../images/15-tags-w.png) 50% 50% no-repeat; background-size: 20px 20px; }

        .segmented-control { text-align:center;}
        .segmented-control .ui-controlgroup { margin: 0.2em; }
        .ui-control-active, .ui-control-inactive { border-style: solid; border-color: gray; }
```

```
        .ui-control-active { background: #BBB; }
        .ui-control-inactive { background: #DDD; }
    </style>
    <script src="http://code.jquery.com/jquery-1.6.4.min.js"></script>
    <script src="http://code.jquery.com/mobile/1.0/jquery.mobile-1.0.min.js"></script>
</head>
<body>

<div data-role="page">
    <div data-role="header" data-theme="b" data-position="fixed">
        <div class="segmented-control ui-bar-d">
            <div data-role="controlgroup" data-type="horizontal">
                <a href="#" data-role="button" class="ui-control-active">歌曲</a>
                <a href="#" data-role="button" class="ui-control-inactive">影视</a>
                <a href="#" data-role="button" class="ui-control-inactive">小品</a>
            </div>
        </div>
    </div>

    <div data-role="content">
        <ul data-role="listview">
            <li>
              <a href="#">
                <img src="images/111.jpg" />
              <h3>变形金刚</h3>
                <p>评级: PG</p>
                <p>时长: 95 min.</p>
              </a>
            </li>
            <li>
              <a href="#">
                <img src="images/222.jpg" />
              <h3>X 战警</h3>
                <p>评级: PG-13</p>
                <p>时长: 137 min.</p>
              </a>
            </li>
            <li>
              <a href="#">
                <img src="images/333.jpg" />
              <h3>雷雨</h3>
                <p>评级: PG-13</p>
                <p>时长: 131 min.</p>
              </a>
            </li>
            <li>
              <a href="#">
                <img src="images/444.jpg" />
              <h3>小李飞刀</h3>
                <p>评级: PG</p>
                <p>时长: 95 min.</p>
              </a>
            </li>
            <li>
              <a href="#">
                <img src="images/111.jpg" />
              <h3>X 战警</h3>
                <p>评级: PG-13</p>
                <p>时长: 131 min.</p>
              </a>
            </li>
        </ul>
    </div>

    <!-- tab bar with custom icons -->
    <div data-role="footer" class="tabbar" data-position="fixed">
        <div data-role="navbar" class="tabbar">
        <ul>
            <li><a href="#" id="home" data-icon="custom">主页</a></li>
```

```
            <li><a  href="#"  id="movies"  data-icon="custom"  class="ui-btn-active">
Movies</a></li>
            <li><a href="#" id="theatres" data-icon="custom">音乐</a></li>
        </ul>
        </div>
    </div>
</div>
```

读者可以把上述实例代码执行后看到实际效果。

16.18.3 特别提醒——使用拆分按钮列表

在某些情况下，需要让每个列表条目支持多个动作，对此，可以创建具有主（primary）按钮和附属（secondary）按钮的拆分按钮列表。在 jQuery Mobile 应用中，有时每个列表项会有多于一个操作，这时拆分按钮用来提供如下 2 个独立的可单击的部分：

- 列表项本身
- 列表项右边的小 icon

要创建这种拆分按钮，在 li 插入第二个链接即可，框架会创建一个竖直的分割线，并把链接样式化为一个只有 icon 的按钮，记得设置 title 属性以保证可访问性。我们可以通过指定 data-split-icon 属性来设置位于右边的分隔项的图标，图标分隔项的主题样式可以通过 data-split-theme 属性来设置。

16.19 实现可折叠设置效果

实例 272	在 Android 中实现可折叠设置效果
源码路径	daima\272
视频路径	视频\272

16.19.1 实例说明

在 jQuery Mobile 应用中，折叠组的标记和单个的折叠区域的标记的开头是一样的。能够将若干可折叠区域用一个容器包裹，再给此容器增加 data-role="collapsible-set"属性，框架会自动将这些可折叠的部件组合成为一个视觉上成组的部件，使它们看上去像手风琴，并且在同一个时间只会有一个容器是展开的。在默认情况下，手风琴中所有的部件都是收缩起来的。如果想设置某个部件是打开的，可以给这个部件的标题容器添加 data-collapsed="false"属性。

16.19.2 具体实现

实例文件 set.html 的具体实现代码如下所示。

```
<div data-role="page" id="home" data-theme="b">
    <div data-role="header" data-theme="a">
        <h1>设置</h1>
    </div>
    <div data-role="content">
        <div data-role="collapsible-set" data-theme="a" data-content-theme="b">
            <div data-role="collapsible" data-collapsed="true">
                <h3>无线</h3>
                <ul data-role="listview" data-inset="true">
                    <li><a href="#">&#xe117;AA</a></li>
                    <li><a href="#">&#xe01d;BB</a></li>
                </ul>
            </div>
```

```
            <div data-role="collapsible">
                <h3>应用</h3>
                <ul data-role="listview" data-inset="true">
                    <li><a href="#">&#xe001;CC</a></li>
                    <li><a href="#">&#xe428;DD</a></li>
                    <li><a href="#">&#xe03d;EE</a></li>
                </ul>
            </div>

            <div data-role="collapsible" data-collapsed="true">
                <h3>显示</h3>
                <ul data-role="listview" data-inset="true">
                    <li><a href="#">FF</a></li>
                    <li><a href="#">GG</a></li>
                </ul>
            </div>

            <div data-role="collapsible" data-collapsed="true">
                <h3>声音</h3>
                <ul data-role="listview" data-inset="true">
                    <li><a href="#">HH</a></li>
                    <li><a href="#">III</a></li>
                </ul>
            </div>

            <div data-role="collapsible" data-collapsed="true">
                <h3>安全</h3>
                <ul data-role="listview" data-inset="true">
                    <li><a href="#">GG</a></li>
                    <li><a href="#">HH</a></li>
                </ul>
            </div>
        </div>

        <!--
        <div data-role="collapsible-set">
            <div data-role="collapsible" data-collapsed="true">
                <h3>Section A</h3>
                <p>I'm the collapsible content in a set so this feels like an accordion.
 I'm hidden by default because I have the "collapsed" state; you need to expand the header
 to see me.</p>
            </div>
            <div data-role="collapsible" data-collapsed="true">
                <h3>Section B</h3>
                <p>I'm the collapsible content in a set so this feels like an accordion.
 I'm hidden by default because I have the "collapsed" state; you need to expand the header
 to see me.</p>

            </div>
            <div data-role="collapsible" data-collapsed="true">
                <h3>Section C</h3>
                <p>I'm the collapsible content in a set so this feels like an accordion.
 I'm hidden by default because I have the "collapsed" state; you need to expand the header
 to see me.</p>

            </div>
            <div data-role="collapsible" data-collapsed="true">
                <h3>Section D</h3>
                <p>I'm the collapsible content in a set so this feels like an accordion.
 I'm hidden by default because I have the "collapsed" state; you need to expand the header
 to see me.</p>

            </div>
            <div data-role="collapsible" data-collapsed="true">
                <h3>Section E</h3>
                <p>I'm the collapsible content in a set so this feels like an accordion.
 I'm hidden by default because I have the "collapsed" state; you need to expand the header
 to see me.</p>
```

```
            </div>
        </div>-->
    </div>
</div>
```

读者可以把上述实例代码执行后看到实际效果。

16.19.3 特别提醒——使用 CSS 设置样式

在 jQuery Mobile 应用中，可以使用 CSS 设置屏幕中元素的样式。在 jQuery Mobile 应用中，通常在使用背景图像的地方使用 CSS 渐变。将 CSS 渐变替代图片的做法，能够很好地适用于灵活的布局，而且当浏览器不提供支持时，也可以优雅地降级。例如，通过添加渐变，我们可以将一个原始图以一种更为优雅的方式显示出来。但凡使用背景图像的地方，就可以使用渐变。例如，渐变通常用于样式化页眉、内容和按钮背景等。此外，有两种类型的 CSS 渐变：线性渐变和放射性渐变。其中生成背景线性渐变 CSS 的方法最为简单。

16.20 使用网络连接 API

实例 273	在 Android 系统中使用网络连接 API
源码路径	daima\273
视频路径	视频\273

16.20.1 实例说明

对于传统的 Web 应用开发来说，网络连接是一件理所当然的事。但是对于移动应用来说，用户很可能处于信号非常差的地方，或者为了节省流量，经常暂时关闭了网络连接。PhoneGap 为此专门提供了网络连接 API 来获取此类信息。在 PhoneGap 应用中，网络连接 API 通过 navigator.network.connectlon 对象来访问。该对象的 type 属性代表了网络连接的类型，其所有的可能取值通过 PhoneGap 中的 Connection 来获取，分别是 UNKNOWN、ETHERNET、WIFI、CELL_2G、CELL_3G、CELL_4G 和 NONE，分别对应未知连接、以太网络、Wi-Fi 网络、2G 网络、3G 网络、4G 网络以及无网络连接。

16.20.2 具体实现

本实例的实现文件是 273.html，具体实现代码如下所示。

```
<!DOCTYPE html>
<html>
  <head>
    <meta http-equiv="Content-Type" content="text/html; charset=utf-8">
    <title>通知实例</title>

    <script type="text/javascript" charset="utf-8" src="cordova.js"></script>
    <script type="text/javascript" charset="utf-8">

    document.addEventListener("deviceready", onDeviceReady, false);

    function onDeviceReady() {
        // 监听网络的变化
        document.addEventListener("online", onOnline, false);
        document.addEventListener("offline", onOffline, false);
        // 检查网络连接
        checkNetworkConnection();
    }
```

```
    function checkNetworkConnection() {
        var states = {};
        states[Connection.UNKNOWN]  = '未知连接';
        states[Connection.ETHERNET] = '以太网';
        states[Connection.WIFI]     = 'WiFi';
        states[Connection.CELL_2G]  = '2G 网络';
        states[Connection.CELL_3G]  = '3G 网络';
        states[Connection.CELL_4G]  = '4G 网络';
        states[Connection.NONE]     = '无网络连接';
        alert('网络连接类型: ' + states[navigator.network.connection.type]);
    }
    function onOnline() {
        alert('您现在在线');
    }
    function onOffline() {
        alert('您现在离线');
    }
    </script>
  </head>
  <body>
    <p>检查网络类型的例子</p>
    <input type="button" value="检查网络" onClick="checkNetworkConnection()" />
  </body>
</html>
```

在上述代码中，在 deviceready 的事件回调函数中安全地添加对 online 和 offline 事件的回调函数。当网络环境发生变化时，相应的事件回调函数便会被正确地调用。还有一点值得注意的是，在 PhoneGap 1.5 版本中，online 和 offline 事件需要注册在 Window 对象上，而不是 document 对象上。而在 PhoneGap 的其他版本中，online 和 offline 事件都是注册在 document 对象上的。

然后在文件 AndroidManifest.xml 中添加网络访问的权限，具体代码如下所示。

```
<uses-permission android:name="android.permission.INTERNET" />
<uses-permission android:name="android.permission.ACCESS_NETWORK_STATE" />
```

执行文件 273.html 后会在屏幕中显示当前设备的网络类型。

16.20.3　特别提醒——使用指南针 API

在 PhoneGap 框架中，使用 Compass 接口可以实现指南针功能。拥有电子罗盘传感器的移动设备一般都有指南针功能，电子罗盘和传统罗盘的作用一样，用来指示方向。电子罗盘相关的应用很多，例如，根据电子罗盘的读数，地图可以自动旋转到方便用户读取的方向，十分适合不太会用地图的人使用。此外，与传统罗盘一样，可以根据地标粗略估计自己所处位置、控制行进方向等。此外，电子罗盘可方便地与 GPS 和电子地图等系统整合使用。熟练运用 GPS 导航功能和电子罗盘功能，能让我们在任何地方都不会迷路。

16.21　预加载一个网页

实例 274	在 Android 系统中使用方法$.mobile.loadPage()预加载页面
源码路径	daima\274
视频路径	视频\274

16.21.1　实例说明

在页面已成功加载并插入到 DOM 后触发，绑定到这个事件的回调函数会被作为一个数据对象来作为第二个参数。这个对象包含如下的信息：

- url（字符串）：URL 地址。
- absUrl（字符串）：URL 的绝对地址版本。

在接下来的内容中，将通过一个具体实例的实现过程，详细讲解使用方法$.mobile.loadPage()预加载页面的方法。

16.21.2 具体实现

实例文件 yujia.html 的具体实现代码如下所示。

```
<!DOCTYPE HTML >
<!DOCTYPE HTML PUBLIC "-//W3C//DTD HTML 4.0 Transitional//EN">
<HTML>
 <HEAD>
  <TITLE> New Document </TITLE>
  <meta name="viewport" content="width=device-width,initial-scale=1"/>
  <meta charset="utf-8">
  <link href="Css/jquery.mobile-1.2.0.min.css" rel="Stylesheet" type="text/css"/>
  <script src="Js/jquery-1.8.3.min.js" type"text/javascript"></script>
  <script src="Js/jquery.mobile-1.2.0.min.js" type="text/javascript"></script>
 </HEAD>
 <BODY>
  <div data-role="page">
    <div data-role="header"><h1>预加载页</h1></div>
<div data-role="content">
 <p><a href="about.html"rel="external" data-prefetch="ture">单击进入</a></p>
</div>
<div data-role="footer"><h1>@2013 3i studio</h1></div>
  </div>
 </BODY>
</HTML>
```

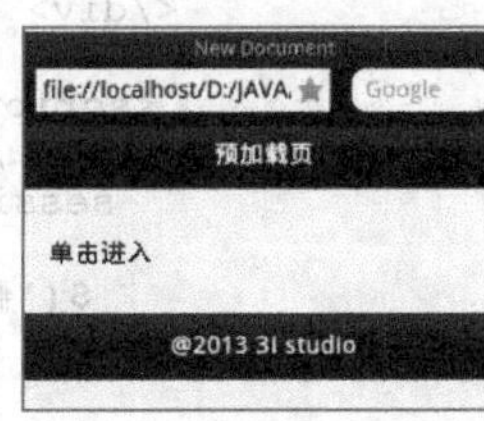

▲图 16-30 执行效果

上述实例代码执行后的效果如图 16-30 所示。

从图 16-30 可以很清楚地看到，<a>元素链接的目标页面“about.htm”中，“page”容器的内容已经通过预加载的方式注入当前文档中。

16.21.3 特别提醒——Pagebeforechange 事件

这是在页面改变期间触发的第一个事件。回调该事件时，会传递两个参数。第一个参数是事件，第二个参数是一个数据对象。通过调用事件的 preventDefault，可以取消页面改变。此外，通过检查和更新数据对象，可以覆盖页面改变。作为第二个参数传递的数据对象包含如下属性。

- toPage（string）：一个文件 URL 或一个 jQuery 集对象。这与传递给$.mobile.changePage()的参数相同。
- options（object）。这与传递给$.mobile.changePage 的选项相同。

例如：

```
$(document).bind("pagebeforechange",function(e,data){
console*log("Change page starting...");
e.preventDefault();
});
```

16.22 开发一个 Web 版的电话簿系统

实例 275	在 Android 系统中开发一个 Web 版的电话簿系统
源码路径	daima\275
视频路径	视频\275

16.22.1 实例说明

本实例使用 HTML 5 和 PhoneGap 实现了一个经典的电话本工具，能够实现对设备内联系人信息的管理，包括添加新信息、删除信息、快速搜索信息、修改信息、更新信息等功能。

16.22.2 具体实现

主页文件 main.html 的具体实现代码如下所示。

```
        <script src="./js/jquery.js"></script>
        <script src="./js/jquery.mobile-1.2.0.js"></script>
        <script src="./cordova-2.1.0.js"></script>

</head>
<body>
        <!-- Home -->
        <div data-role="page" id="page1" style="background-image: url(./img/bg.gif);" >
            <div data-theme="e" data-role="header">
                <h2>电话本管理中心</h2>
            </div>
            <div data-role="content" style="padding-top:200px;">
                <a data-role="button" data-theme="e" href="./select.html" id="chaxun"
data-icon="search" data-iconpos="left" data-transition="flip">查询</a>
                <a data-role="button" data-theme="e" href="./set.html" id="guanli"
data-icon="gear" data-iconpos="left"> 管理 </a>
            </div>
            <div data-theme="e" data-role="footer" data-position="fixed">
                <span class="ui-title">免费组织制作 v1.0</span>
            </div>

             <script type="text/javascript">
                    //App custom javascript
                sessionStorage.setItem("uid","");
                 $('#page1').bind('pageshow',function(){
                     $.mobile.page.prototype.options.domCache = false;

                 });
                 // 等待加载 PhoneGap
                 document.addEventListener("deviceready", onDeviceReady, false);

                 // PhoneGap 加载完毕
                 function onDeviceReady() {
                     var db=window.openDatabase("Database","1.0","PhoneGap myuser",200000);
                     db.transaction(populateDB, errorCB);
                 }
                  // 填充数据库
                  function populateDB(tx) {
                      tx.executeSql('CREATE TABLE IF NOT EXISTS `myuser` (`user_id` integer
primary key autoincrement ,`user_name` VARCHAR( 25 ) NOT NULL ,`user_phone` varchar( 15 )
NOT NULL ,`user_qq` varchar( 15 ) ,`user_email` VARCHAR( 50 ),`user_bz` TEXT)');

                  }

                  // 事务执行出错后调用的回调函数
                  function errorCB(tx, err) {
                      alert("Error processing SQL: "+err);
                  }

                 </script>
        </div>
    </body>
```

添加信息文件 add.html 的主要实现代码如下所示。

```
<script type="text/javascript" src="./js/jquery.js"></script>
</head>
<body>
```

```
<!-- Home -->
    <div data-role="page" id="page1">
        <div data-theme="e" data-role="header">
            <a  data-role="button"    id="tjlxr"  data-theme="e"  data-icon="info"
data-iconpos="right" class="ui-btn-right">保存</a>
            <h3>添加联系人 </h3>
            <a  data-role="button"  id="czlxr"  data-theme="e"  data-icon="refresh"
data-iconpos="left" class="ui-btn-left"> 重置</a>
        </div>
        <div data-role="content">
            <form action="" data-theme="e" >
                <div data-role="fieldcontain">
                    <fieldset data-role="controlgroup" data-mini="true">
                        <label  for="textinput1"> 姓 名：  <input  name=""  id="textinput1"
placeholder="联系人姓名" value="" type="text" /></label>
                    </fieldset>
                    <fieldset data-role="controlgroup" data-mini="true">
                        <label  for="textinput2">电话：  <input  name=""  id="textinput2"
placeholder="联系人电话" value="" type="tel" /></label>
                    </fieldset>
                    <fieldset data-role="controlgroup" data-mini="true">
                        <label   for="textinput3">QQ ：  <input   name=""   id="textinput3"
placeholder="" value="" type="number" /></label>
                    </fieldset>
                    <fieldset data-role="controlgroup" data-mini="true">
                        <label   for="textinput4">Emai ：  <input   name=""   id="textinput4"
placeholder=""  value="" type="email" /></label>
                    </fieldset>
                    <fieldset data-role="controlgroup">
                        <label for="textarea1"> 备注: </label>
                        <textarea name="" id="textarea1" placeholder="" data-mini="true">
</textarea>
                    </fieldset>
                </div>
                <div>
                    <a data-role="button"  id="back" data-theme="e" >返回</a>
                </div>
            </form>

        </div>
        <script type="text/javascript">
        $.mobile.page.prototype.options.domCache = false;
        var textinput1 = "";
          var textinput2 = "";
          var textinput3 = "";
          var textinput4 = "";
          var textarea1  = "";
           $("#tjlxr").click(function(){

               textinput1 =  $("#textinput1").val();
               textinput2 =  $("#textinput2").val();
               textinput3 =  $("#textinput3").val();
               textinput4 =  $("#textinput4").val();
               textarea1  =   $("#textarea1").val();
              var db = window.openDatabase("Database", "1.0", "PhoneGap myuser", 200000);
              db.transaction(addBD, errorCB);
           });

           function addBD(tx){
               tx.executeSql("INSERT INTO 'myuser' ('user_name','user_phone','user_qq',
'user_email','user_bz') VALUES ('"+textinput1+"',"+textinput2+","+textinput3+",
'"+textinput4+"','"+textarea1+"')", [], successCB, errorCB);
           }
           $("#czlxr").click(function(){
               $("#textinput1").val("");
               $("#textinput2").val("");
               $("#textinput3").val("");
               $("#textinput4").val("");
               $("#textarea1").val("");
```

```
            });
            $("#back").click(function(){
               successCB();
            });
            // 等待加载 PhoneGap
            document.addEventListener("deviceready", onDeviceReady, false);
            // PhoneGap 加载完毕
            function onDeviceReady() {
               var db = window.openDatabase("Database", "1.0", "PhoneGap myuser",
200000);
               db.transaction(populateDB, errorCB);
            }
             // 填充数据库
             function populateDB(tx) {
                 //tx.executeSql('DROP TABLE IF EXISTS `myuser`');
                 tx.executeSql('CREATE TABLE IF NOT EXISTS `myuser` (`user_id` integer
primary key autoincrement ,`user_name` VARCHAR( 25 ) NOT NULL ,`user_phone` varchar( 15 )
 NOT NULL ,`user_qq` varchar( 15 ) ,`user_email` VARCHAR( 50 ),`user_bz` TEXT)');
                 //tx.executeSql("INSERT INTO `myuser` (`user_name`,`user_phone`,
 `user_qq`,`user_email`,`user_bz`) VALUES ('刘',12222222,222,'nllllull','null')");
                 //tx.executeSql("INSERT INTO `myuser` (`user_name`,`user_phone`,
 `user_qq`,`user_email`,`user_bz`) VALUES ('张山',12222222,222,'nllllull','null')");
                 //tx.executeSql("INSERT INTO `myuser` (`user_name`,`user_phone`,
 `user_qq`,`user_email`,`user_bz`) VALUES ('李四',12222222,222,'nllllull','null')");
                 //tx.executeSql("INSERT INTO `myuser` (`user_name`,`user_phone`,
 `user_qq`,`user_email`,`user_bz`) VALUES ('李四搜索',12222222,222,'nllllull','null')");
                 //tx.executeSql('INSERT INTO DEMO (id, data) VALUES (2, "Second row")');
             }

             // 事务执行出错后调用的回调函数
             function errorCB(tx, err) {
                 alert("Error processing SQL: "+err);
             }

             // 事务执行成功后调用的回调函数
             function successCB() {
                 $.mobile.changePage ('set.html', 'fade', false, false);
             }
         </script>
     </div>
</body>
```

信息修改文件 modfiry.html 的主要实现代码如下所示。

```
     <div data-role="page" id="page1">
         <div data-theme="e" data-role="header">
             <a data-role="button" id="tjlxr" data-theme="e" data-icon="info"
data-iconpos="right" class="ui-btn-right">修改</a>
             <h3>修改联系人 </h3>
             <a data-role="button" id="back" data-theme="e" data-icon="refresh"
data-iconpos="left" class="ui-btn-left"> 返回</a>
         </div>
         <div data-role="content">
             <form action="" data-theme="e" >
                 <div data-role="fieldcontain">
                     <fieldset data-role="controlgroup" data-mini="true">
                         <label for="textinput1">姓名: <input name="" id="textinput1"
placeholder="联系人姓名" value="" type="text" /></label>
                     </fieldset>
                     <fieldset data-role="controlgroup" data-mini="true">
                         <label for="textinput2">电话: <input name="" id="textinput2"
placeholder="联系人电话" value="" type="tel" /></label>
                     </fieldset>
                     <fieldset data-role="controlgroup" data-mini="true">
                         <label for="textinput3">QQ : <input name="" id="textinput3"
placeholder="" value="" type="number" /></label>
                     </fieldset>
                     <fieldset data-role="controlgroup" data-mini="true">
                         <label for="textinput4">Emai : <input name="" id="textinput4"
```

```
placeholder="" value="" type="email" /></label>
                    </fieldset>
                    <fieldset data-role="controlgroup">
                        <label for="textarea1"> 备注: </label>
                        <textarea name="" id="textarea1" placeholder="" data-mini="true">
</textarea>
                    </fieldset>
                </div>
            </form>
        </div>
        <script type="text/javascript">
        $.mobile.page.prototype.options.domCache = false;
        var textinput1 = "";
          var textinput2 = "";
          var textinput3 = "";
          var textinput4 = "";
          var textarea1  = "";
          var uid = sessionStorage.getItem("uid");

//==============================================================================================
======
          $("#tjlxr").click(function(){

              textinput1 =  $("#textinput1").val();
              textinput2 =  $("#textinput2").val();
              textinput3 =  $("#textinput3").val();
              textinput4 =  $("#textinput4").val();
              textarea1  =   $("#textarea1").val();
           var db = window.openDatabase("Database", "1.0", "PhoneGap myuser", 200000);
              db.transaction(modfiyBD, errorCB);
         });
           function modfiyBD(tx){
              //                          alert("UPDATE                          `myuser`SET
`user_name`='"+textinput1+"',`user_phone`="+textinput2+",`user_qq`="+textinput3
                //       +",`user_email`='"+textinput4+"',`user_bz`='"+textarea1+"'
WHERE userid="+uid);
              tx.executeSql("UPDATE                                                `myuser`SET
`user_name`='"+textinput1+"',`user_phone`="+textinput2+",`user_qq`="+textinput3
                              +",`user_email`='"+textinput4+"',`user_bz`='"+textarea1+"'
WHERE user_id="+uid, [], successCB, errorCB);
           }
//==============================================================================================
=============
          $("#back").click(function(){
              successCB();
           });

           //==========================================================

           document.addEventListener("deviceready", onDeviceReady, false);
           // PhoneGap 加载完毕
           function onDeviceReady() {
               var  db  =  window.openDatabase("Database",  "1.0",  "PhoneGap  myuser",
200000);
               db.transaction(selectDB, errorCB);
           }
             function selectDB(tx) {
                 //alert("SELECT * FROM myuser where user_id="+uid);
                 tx.executeSql("SELECT * FROM myuser where user_id="+uid, [], querySuccess,
errorCB);
             }
             // 事务执行出错后调用的回调函数
             function errorCB(tx, err) {
                 alert("Error processing SQL: "+err);
             }
             // 事务执行成功后调用的回调函数
             function successCB() {
                 $.mobile.changePage ('set.html', 'fade', false, false);
```

```
            }
            function querySuccess(tx, results) {
             var len = results.rows.length;
             for (var i=0; i<len; i++){
                  //写入到logcat文件
                  //console.log("Row = " + i + " ID = " + results.rows.item(i).user_id
  + " Data =  " + results.rows.item(i).user_name);
                    $("#textinput1").val(results.rows.item(i).user_name);
                    $("#textinput2").val(results.rows.item(i).user_phone);
                    $("#textinput3").val(results.rows.item(i).user_qq);
                    $("#textinput4").val(results.rows.item(i).user_email);
                    $("#textarea1").val(results.rows.item(i).user_bz);
             }
          }
        </script>
    </div>
```

执行后的效果分别如图 16-31 和图 16-32 所示。

▲图 16-31 系统主界面

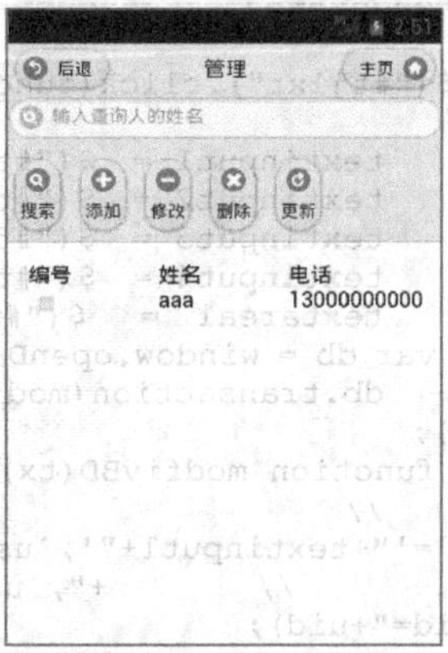

▲图 16-32 系统管理界面

16.22.3 特别提醒——使用页面初始化事件 Page initialization events

在 jQuery Mobile 增强页面之前和之后，会触发页面初始化事件。可以绑定到这些事件，以便在框架增强页面之前对标记进行预解析，或者是在框架增强页面之后设置 DOM ready 事件处理程序。在页面的生命周期之内，这些事件只被触发一次。jQuery Mobile 会自动基于 page 内的增强的约定自动初始化一些插件。例如给一个 input 输入框约定了 type=range 属性时，会自动生成一个自定义滑动条。

这些自动初始化的行为是受“page”插件控制的，它在执行前后部署事件，允许用户在初始化前后操作页面，或者甚至自己提供初始化行为，禁止自动初始化。

16.23 搭建 PhoneGap 开发环境

实例 276	为 Android 系统搭建 PhoneGap 开发环境
源码路径	
视频路径	视频\276

16.23.1 实例说明

在使用 PhoneGap 进行移动 Web 开发之前，需要先搭建 PhoneGap 开发环境。在安装 PhoneGap 开发环境之前，需要先安装如下所示的框架。

- Java SDK。
- Eclipse。
- Android SDK。
- ADT Plugin。

16.23.2 具体实现

在写本书的时候，PhoneGap 的最新版本是 2.9.0。获得 PhoneGap 开发包的基本流程如下所示。

（1）登录 PhoneGap 的官方网站：http://phonegap.com/download/，如图 16-33 所示。

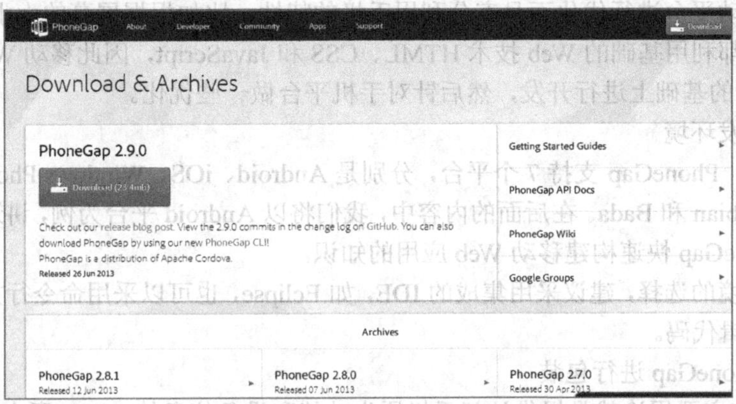

▲图 16-33 PhoneGap 的官方网站

（2）单击最新版本下方的按钮下载 PhoneGap 开发包，下载成功后的压缩包名为“phonegap-2.9.0.zip”。

（3）解压缩文件 phonegap-2.9.0.zip，假设解压到本地硬盘的“D”目录下，解压后的根目录名是“phonegap-2.9.0”，双击打开后的效果如图 16-34 所示。

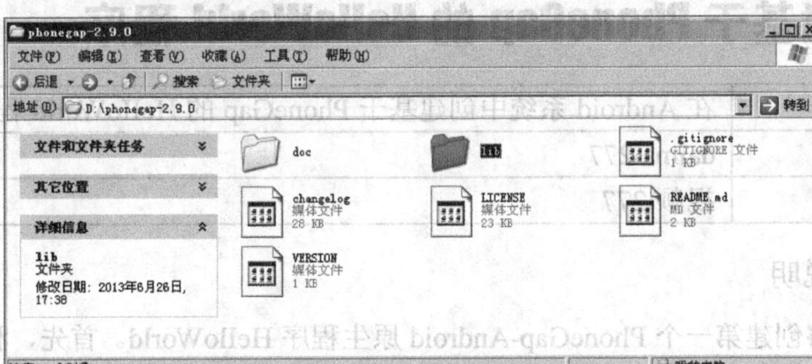

▲图 16-34 “phonegap-2.9.0”的根目录

对图 16-46 中各个子目录的具体说明如下所示。

- “doc”：在里面包含了 PhoneGap 的源代码文档。
- “lib”：在里面包含了 PhoneGap 支持的各种平台。
- “changelog”：一个日志文件，保存了更改历史记录信息和作者信息等。
- “LICENSE”：Apache 软件许可证（v2 版本）。
- “VERSION”：版本信息。
- “README.md”：帮助文档。

16.23.3　特别提醒——PhoneGap 移动 Web 开发的步骤

在 Android 系统中，PhoneGap 基于 Web 的移动开发应用的基本步骤如下所示。

（1）基于 HTML、CSS 和 JavaScript 构建标准的 Web 应用

在手机上访问 Web 应用有两种形式，具体说明如下所示。

- 一种是通过浏览器来访问应用，即发布 Web 应用到一个服务器后，通过手机浏览器访问服务器的网址。这种方式虽然部署简单，但是可能得不到很好的用户体验，不同移动设备的显示效果不同，并且无法访问手机的原生功能和设备信息。
- 另一种是基于 Web 的移动原生程序，它使用 WebView 来显示页面。这种方式有更好的用户体验，针对移动平台进行优化而且充分利用手机的特性，比如根据屏幕的大小来调整元素的布局和样式。它们都利用基础的 Web 技术 HTML、CSS 和 JavaScript，因此移动 Web 应用程序可以在传统 Web 应用的基础上进行开发，然后针对手机平台做一些优化。

（2）准备开发环境

到目前为止，PhoneGap 支持 7 个平台，分别是 Android、iOS、Windows Phone7、HP webOS、BlackBerry、Symbian 和 Bada。在后面的内容中，我们将以 Android 平台为例，讲述如何在 Android 系统上利用 PhoneGap 快速构建移动 Web 应用的知识。

对于开发环境的选择，建议采用集成的 IDE，如 Eclipse，也可以采用命令行方式利用 Notepad 或者 TextEdit 编辑代码。

（3）利用 PhoneGap 进行包装

PhoneGap 的主要用途就是提供访问手机原生功能和设备信息的 API，所有的 API 都是基于 JavaScript 的，因此第一步创建的 Web 应用可以集成 PhoneGap 的功能，成为原生程序。

（4）打包成不同移动平台的原生程序

PhoneGap 其实为每一个支持的平台提供了一个模板，只要 Web 程序实现了该平台模板要求的功能，就能打包成该平台的原生应用程序。

16.24　创建基于 PhoneGap 的 HelloWorld 程序

实例 277	在 Android 系统中创建基于 PhoneGap 的 HelloWorld 程序
源码路径	daima\277
视频路径	视频\277

16.24.1　实例说明

在本实例中将创建第一个 PhoneGap-Android 原生程序 HelloWorld。首先，利用 HTML、CSS 和 JavaScript 来搭建一个标准的 Web 应用程序，然后用 PhoneGap 封装来访问移动设备的基本信息，在 Android 模拟器上调试成功后，最后部署到实体机。为了在不同的设备上得到一样的渲染效果，将采用 jQuery Mobile 来设计应用程序界面。

16.24.2　具体实现

1. 首先建立一个基于 Web 的 Android 应用

创建标准 Android 应用的操作步骤如下所示。

（1）启动 Eclipse，依次选中 File、New、Other 菜单，然后在向导的树形结构中找到 Android 节点。并单击 Android Project，在项目名称上填写 HelloWorld。

（2）单击 Next 按钮，选择目标 SDK，在此选择 2.3.3。单击 Next 按钮，在其中填写包名 com.adobe.phonegap，如图 16-35 所示。

（2）单击 Finish 按钮，此时将成功构建一个标准的 Android 项目。图 16-36 展示了当前项目的目录结构。

2. 添加 Web 内容

在 HelloWorld 中，将要添加的 Web 页面只有 index.html，该页面要完成的功能是在内容区域输出 HelloWorld。为了确保在不同的移动平台上显示一样的效果，我们使用 jQuery Mobile 来设计 UI。

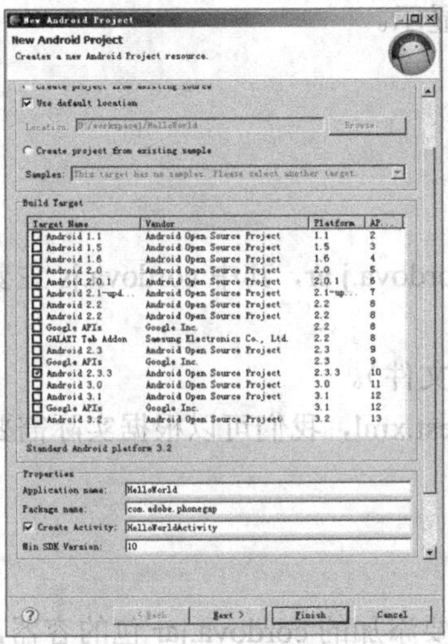

▲图 16-35　创建 Android 工程

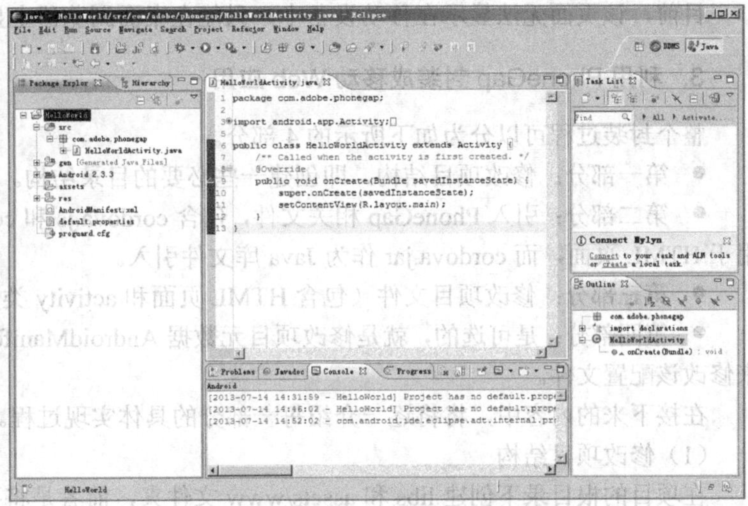

▲图 16-36　创建的 Android 工程

（1）在 HelloWorld 程的 assets 目录下创建 www 文件夹，这个文件夹是所有 Web 内容的容器。

（2）下载 jQuery Mobile，笔者在此实例使用的版本是 1.1.0 RC1。除了需要 jQuery Mobile 的 CSS 和相关 JavaScript 文件外，还需要用到 jquery.js。

（3）下载完 jQuery Mobile 并解压缩后，将 jquery.mobile-1.0.min.css、jquery.mobile-1.0.min.js 和 jquery.js 放置在 www 文件夹下。如图 16-37 所示。

▲图 16-37　添加 jQuery Mobile 文件

（4）开始编写文件 index.html，该页面是个单页结构，共包含 3 部分，分别是页头、内容和页脚。文件 index.html 的具体代码如下所示。

```
<!DOCTYPE html>
<html>
<head>
    <meta charset="utf-8">
    <meta name="viewport" content="width=device-width, initial-scale=1">
    <title>index.html</title>
    <link rel="stylesheet" href="jquery.mobile-1.0.1.min.css" />
    <script type="text/javascript" charset="utf-8" src="jquery.js"></script>
    <script          type="text/javascript"          charset="utf-8"
src="jquery.mobile-1.0.1.min.js"></script>
</head>
<body>
```

```
<!-- begin first page -->
<div id="page1" data-role="page" >
<header data-role="header"><h1>Hello World</h1></header>
<div data-role="content" class="content">
<h3>设备信息</h3>

</ul>
</div>
<footer data-role="footer"><h1>Footer</h1></footer>
</div>
<!-- end first page -->
</body>
</html>
```

目前，该页面无法显示在移动设备中，只能在桌面浏览器上显示。

3. 利用 PhoneGap 封装成移动 Web 应用

整个封装过程可以分为如下所示的 4 部分。

- 第一部分：修改项目结构，即创建一些必要的目录结构。
- 第二部分：引入 PhoneGap 相关文件，包含 cordova.js 和 cordova.j ar，其中 cordova.js 主要用于 HTML 页面，而 cordova.jar 作为 Java 库文件引入。
- 第三部分：修改项目文件（包含 HTML 页面和 activity 类文件）。
- 第四部分：是可选的，就是修改项目元数据 AndroidManifest.xml，我们可以根据实际需要来修改该配置文件。

在接下来的内容中，将将逐一介绍每一部分的具体实现过程。

（1）修改项目结构

在项目的根目录下创建 libs 和 assets/www 文件夹，前者是将要添加的 cordova.jar 包的容器，后者（该文件夹在“添加 Web 内容”一节中已经创建）是 Web 内容的容器。

（2）引入 PhoneGap 相关文件。

在前面已经下载了最新的 PhoneGap 发布包 2.9.0。进入发布包的\lib\android 目录，将文件 cordova.js 复制到 assets/www 目录下，将 cordova-2.9.0.jar 库文件复制到 libs 目录下，将 XML 文件夹复制到 res 目录下，作为 res 目录的一个子目录。在 PhoneGap 2.0 以前，XML 文件夹包含两个配置文件 cordova.xml 和 plugins.xml，从 2.0 开始这两个文件合并成一个 config.xml。修改项目的 Java 构建路径，把 libs 下的 cordova-2.9.0.jar 添加到编译路径中。

（3）修改项目文件

修改默认的 Java 文件 HelloWorldActivity，使其继承 DroidGap，修改后的代码如下所示。

```
package com.adobe.phonegap;
import org.apache.cordova.DroidGap;
import android.app.Activity;
import android.os.Bundle;
public class HelloWorldActivity extends DroidGap {
    /** Called when the activity is first created. */
    @Override
    public void onCreate(Bundle savedInstanceState) {
        super.onCreate(savedInstanceState);
        super.loadUrl("file:///android_asset/www/index.html");
    }
}
```

在上述代码中，DroidGap 是由 PhoneGap 提供的，此类继承自 android.app.Activity 类。如果需要 PhoneGap 提供的 API 访问设备的原生功能或者设备信息，则需要在 index.html 的<header>标签中加入如下代码：

```
<script type="text/javascript" charset="utf-8" src="cordova.js" >
```

在本例中，我们先实验一下不引入 cordova.js 时的情况，此时在模拟器上的运行效果如图 16-38 所示。

▲图 16-38 不引入 cordova.js 时的执行效果

现在修改文件 index.html，将文本“Iam here”替换为显示设备信息。更改后的 index.html 页面的代码如代码如下所示。

```
    <link rel="stylesheet" href="jquery.mobile-1.0.1.min.css" />
    <script type="text/javascript" charset="utf-8" src="jquery.js"></script>
    <script type="text/javascript" charset="utf-8" src="jquery.mobile- 1.0.1.min.js">
</script>
    <script type="text/javascript" charset="utf-8" src="cordova.js" ></script>
    <script type="text/javascript" charset="utf-8">

    $( function() {

    });
    $(document).ready(function(){

        console.log("jquery ready");
        document.addEventListener("deviceready", onDeviceReady, false);
        console.log("register the listener");
    });
    function onDeviceReady()
    {
        console.log("onDeviceReady");
        $(".content").html("<ul   data-role='listview'><li>"+device.name+"</li><li>"+
device.cordova+"</li><li>"+device.platform+"</li><li>"+device.version+"</li><li>"+de-
vice.uuid+"</li></ul>");
    }
    </script>
</head>
<body>
<!-- begin first page -->
<div id="page1" data-role="page" >
<header data-role="header"><h1>Hello World</h1></header>
<div data-role="content" class="content">
<h3>设备信息</h3>
</ul>
</div>
<footer data-role="footer"><h1>Footer</h1></footer>
</div>
```

在上述代码中，使用函数 onDeviceReady()调用$(".content").html()函数来修改 div 中的 HTML 内容。

4. 修改权限文件 AndroidManifest.xml

在文件 AndroidManifest.xml 中，增加访问网络和照相机的权限，并添加适用不同分辨率的设置代码。文件 AndroidManifest.xml 的具体代码如下所示。

```
<?xml version="1.0" encoding="utf-8"?>
<manifest xmlns:android="http://schemas.android.com/apk/res/android"
      package="com.adobe.phonegap"
      android:versionCode="1"
      android:versionName="1.0">

    <supports-screens    android:largeScreens="true"     android:normalScreens="true"
android:smallScreens="true"  android:resizeable="true" android:anyDensity="true"  />
 <uses-permission android:name="android.permission.CAMERA" />
 <uses-permission android:name="android.permission.VIBRATE" />
 <uses-permission android:name="android.permission.ACCESS_COARSE_LOCATION" />
 <uses-permission android:name="android.permission.ACCESS_FINE_LOCATION" />
 <uses-permission android:name="android.permission.ACCESS_LOCATION_EXTRA_COMMANDS" />
 <uses-permission android:name="android.permission.READ_PHONE_STATE" />
 <uses-permission android:name="android.permission.INTERNET" />
 <uses-permission android:name="android.permission.RECEIVE_SMS" />
 <uses-permission android:name="android.permission.RECORD_AUDIO" />
 <uses-permission android:name="android.permission.MODIFY_AUDIO_SETTINGS" />
 <uses-permission android:name="android.permission.READ_CONTACTS" />
 <uses-permission android:name="android.permission.WRITE_CONTACTS" />
 <uses-permission android:name="android.permission.WRITE_EXTERNAL_STORAGE" />
 <uses-permission android:name="android.permission.ACCESS_NETWORK_STATE" />
 <uses-permission android:name="android.permission.BROADCAST_STICKY" />
    <uses-sdk android:minSdkVersion="10" />

    <application android:icon="@drawable/icon" android:label="@string/app_name">
       <activity android:name=".HelloWorldActivity"
               android:label="@string/app_name">
           <intent-filter>
               <action android:name="android.intent.action.MAIN" />
               <category android:name="android.intent.category.LAUNCHER" />
           </intent-filter>
       </activity>
    </application>
</manifest>
```

到此为止，整个实例介绍完毕，读者可以在 Android 环境中执行看看效果。

16.24.3　特别提醒——使用 PhoneGap API

PhoneGap 为开发者提供了丰富的 API，帮助大家可以更方便地获取移动设备的信息。PhoneGap 官方网站的 API 文档地址是 http://docs.phonegap.com/en/1.5.0/index.html。

在目前的版本中，PhoneGap 拥有如下所示的可用 API。

- Accelerometer：加速计，也就是我们常说的重力感应功能。
- Camera：用于访问前置摄像头和后置摄像头。
- Capture：提供了对于移动设备音频、图像和视频捕获功能的支持。
- Compass：对于罗盘的访问，由此可以获取移动设备行动的方向。
- Connection：能够快速检查并提供移动设备的各种网络信息。
- Contacts：能够获取移动设备通讯录的信息。
- Device：能够获取移动设备的硬件和操作系统信息。
- Events：能够为应用提供各种移动设备操作事件，例如暂停、离线、按下返回键、按下音量键等。
- File：能够访问移动设备的本地文件系统。
- Geolocation：能够获取移动设备的地理位置信息。
- Media：提供了对于移动设备上音频文件的录制和回放功能。
- Notification：提供了本地化的通知机制，包括提示、声音和振动。
- Storage：提供了对于 SQLite 嵌入式数据库的支持。

第 17 章　创意开发

时代在进步，手机技术也在不断进步。Android 作为一个智能系统，不仅能够实现基本的功能，而且还能实现一些创意性的功能。在本章将通过几个典型实例的实现过程，详细介绍 Android 技术实现创意性功能的具体过程，并简要探索了于此相关的几种技术。

17.1 开发一个蓝牙遥控器

实例 278	在 Android 系统中开发一个控制玩具车的蓝牙遥控器
源码路径	daima\278
视频路径	视频\278

17.1.1 实例说明

本实例的功能是，在手机上开发一个 Android 程序，通过该程序可以控制在玩具车上的蓝牙设备，从而实现控制玩具运行的遥控器功能。开发蓝牙项目是一件很麻烦的事情，这里说的麻烦不仅是类多、函数多，而且在测试时不能用模拟器来实现，我们需要真机，并且是两部具有蓝牙模块的设备。

17.1.2 具体实现

（1）将蓝牙模块放在一辆玩具车上，并为其接通电源。

（2）打开 Eclipse 新建一个 Android 工程文件。

（3）编写布局文件 main.xml，在里面插入了 5 个控制按钮，分别实现对玩具车的向前、左转、右转、后退和停止的控制。

（4）编写蓝牙程序控制文件 lanya.java，具体实现流程如下所示。

- 定义类 lanya，然后设置 5 个按钮对象，具体代码如下所示。

```
public class lanya extends Activity {
    private static final String TAG = "THINBTCLIENT";
    private static final boolean D = true;
    private BluetoothAdapter mBluetoothAdapter = null;
    private BluetoothSocket btSocket = null;

    private OutputStream outStream = null;
    Button mButtonF;
    Button mButtonB;
    Button mButtonL;
    Button mButtonR;
    Button mButtonS;
```

- 赋值给蓝牙设备上的标准串行和要连接的蓝牙设备 MAC 地址，具体代码如下所示。

```
private static final UUID MY_UUID = UUID.fromString("00011101-0000-1000-8010-00805F9B34FB");//蓝牙设备上的标准串行
```

```
private static String address = "00:11:03:21:00:42"; // <==要连接的蓝牙设备 MAC 地址
```

- 编写单击【向前】按钮的处理事件，具体代码如下所示。

```
@Override
public void onCreate(Bundle savedInstanceState) {
        super.onCreate(savedInstanceState);
        setContentView(R.layout.main);
        //向前
        mButtonF=(Button)findViewById(R.id.btnF);
        mButtonF.setOnTouchListener(new Button.OnTouchListener(){

            @Override
            public boolean onTouch(View v, MotionEvent event) {
                // TODO Auto-generated method stub
                String message;
                byte[] msgBuffer;
                int action = event.getAction();
                switch(action)
                {
                case MotionEvent.ACTION_DOWN:
                try {
                      outStream = btSocket.getOutputStream();
                  } catch (IOException e) {
                      Log.e(TAG, "ON RESUME: Output stream creation failed.", e);
                  }
                  message = "1";
                 msgBuffer = message.getBytes();
                  try {
                      outStream.write(msgBuffer);
                  } catch (IOException e) {
                           Log.e(TAG, "ON RESUME: Exception during write.", e);
                  }
                break;
                case MotionEvent.ACTION_UP:
                    try {
                           outStream = btSocket.getOutputStream();
                      } catch (IOException e) {
                           Log.e(TAG, "ON RESUME: Output stream creation failed.", e);
                      }
                      message = "0";
                      msgBuffer = message.getBytes();
                      try {
                         outStream.write(msgBuffer);
                      } catch (IOException e) {
                              Log.e(TAG, "ON RESUME: Exception during write.", e);
                      }
                    break;
                }
                return false;
            }
        });
```

- 编写单击【后退】按钮的处理事件，具体代码如下所示。

```
mButtonB=(Button)findViewById(R.id.btnB);
mButtonB.setOnTouchListener(new Button.OnTouchListener(){
    @Override
    public boolean onTouch(View v, MotionEvent event) {
        // TODO Auto-generated method stub
        String message;
        byte[] msgBuffer;
        int action = event.getAction();
        switch(action)
        {
        case MotionEvent.ACTION_DOWN:
        try {
            outStream = btSocket.getOutputStream();
          } catch (IOException e) {
            Log.e(TAG, "ON RESUME: Output stream creation failed.", e);
```

```
            }
            message = "3";
            msgBuffer = message.getBytes();
            try {
                outStream.write(msgBuffer);
            } catch (IOException e) {
                    Log.e(TAG, "ON RESUME: Exception during write.", e);
            }
        break;

        case MotionEvent.ACTION_UP:
            try {
                outStream = btSocket.getOutputStream();
            } catch (IOException e) {
                Log.e(TAG, "ON RESUME: Output stream creation failed.", e);
            }
            message = "0";
            msgBuffer = message.getBytes();
            try {
                outStream.write(msgBuffer);
            } catch (IOException e) {
                    Log.e(TAG, "ON RESUME: Exception during write.", e);
            }
            break;
        }

        return false;
    }
});
```

- 编写单击【左转】按钮的处理事件，具体代码如下所示。

```
mButtonL=(Button)findViewById(R.id.btnL);
mButtonL.setOnTouchListener(new Button.OnTouchListener(){
    @Override
    public boolean onTouch(View v, MotionEvent event) {
        // TODO Auto-generated method stub
        String message;
        byte[] msgBuffer;
        int action = event.getAction();
        switch(action)
        {
        case MotionEvent.ACTION_DOWN:
        try {
            outStream = btSocket.getOutputStream();
        } catch (IOException e) {
            Log.e(TAG, "ON RESUME: Output stream creation failed.", e);
        }
        message = "2";
        msgBuffer = message.getBytes();
        try {
            outStream.write(msgBuffer);
        } catch (IOException e) {
                Log.e(TAG, "ON RESUME: Exception during write.", e);
        }
        break;

        case MotionEvent.ACTION_UP:
            try {
                outStream = btSocket.getOutputStream();
            } catch (IOException e) {
                Log.e(TAG, "ON RESUME: Output stream creation failed.", e);
            }
            message = "0";
            msgBuffer = message.getBytes();
            try {
                outStream.write(msgBuffer);
            } catch (IOException e) {
                    Log.e(TAG, "ON RESUME: Exception during write.", e);
            }
```

```
            break;
        }

        return false;

    }
});
```

- 编写单击【右转】按钮的处理事件，具体代码如下所示。

```
mButtonR=(Button)findViewById(R.id.btnR);
mButtonR.setOnTouchListener(new Button.OnTouchListener(){
    @Override
    public boolean onTouch(View v, MotionEvent event) {
        // TODO Auto-generated method stub
        String message;
        byte[] msgBuffer;
        int action = event.getAction();
        switch(action)
        {
        case MotionEvent.ACTION_DOWN:
        try {
            outStream = btSocket.getOutputStream();
          } catch (IOException e) {
            Log.e(TAG, "ON RESUME: Output stream creation failed.", e);
          }
          message = "4";
         msgBuffer = message.getBytes();
          try {
            outStream.write(msgBuffer);
          } catch (IOException e) {
                Log.e(TAG, "ON RESUME: Exception during write.", e);
          }
        break;

        case MotionEvent.ACTION_UP:
            try {
                outStream = btSocket.getOutputStream();
              } catch (IOException e) {
                Log.e(TAG, "ON RESUME: Output stream creation failed.", e);
              }
              message = "0";
              msgBuffer = message.getBytes();
              try {
                outStream.write(msgBuffer);
              } catch (IOException e) {
                    Log.e(TAG, "ON RESUME: Exception during write.", e);
              }
            break;
        }

        return false;
    }
});
```

- 编写单击【停止】按钮的处理事件，具体代码如下所示。

```
mButtonS=(Button)findViewById(R.id.btnS);
mButtonS.setOnTouchListener(new Button.OnTouchListener(){
    @Override
    public boolean onTouch(View v, MotionEvent event) {
        // TODO Auto-generated method stub
        if(event.getAction()==MotionEvent.ACTION_DOWN)
         try {
                outStream = btSocket.getOutputStream();
            } catch (IOException e) {
                Log.e(TAG, "ON RESUME: Output stream creation failed.", e);
            }
            String message = "0";
            byte[] msgBuffer = message.getBytes();
```

```
                try {
                    outStream.write(msgBuffer);
                } catch (IOException e) {
                        Log.e(TAG, "ON RESUME: Exception during write.", e);
                }
            return false;
        }
    });
    if (D)
        Log.e(TAG, "+++ ON CREATE +++");
        mBluetoothAdapter = BluetoothAdapter.getDefaultAdapter();
    if (mBluetoothAdapter == null) {
        Toast.makeText(this, "蓝牙设备不可用，请打开蓝牙！", Toast.LENGTH_LONG).show();
            finish();
            return;
     }
     if (!mBluetoothAdapter.isEnabled()) {
            Toast.makeText(this,"请打开蓝牙并重新运行程序！",Toast.LENGTH_LONG).show();
            finish();
            return;
     }
     if (D)
     Log.e(TAG, "+++ DONE IN ON CREATE, GOT LOCAL BT ADAPTER +++");
}
```

- 通过套接字建立蓝牙连接，如果失败则输出失败提示。主要代码如下所示。

```
@Override
public void onStart() {
        super.onStart();
        if (D) Log.e(TAG, "++ ON START ++");
}
@Override
public void onResume() {
        super.onResume();
        if (D) {
            Log.e(TAG, "+ ON RESUME +");
         Log.e(TAG, "+ ABOUT TO ATTEMPT CLIENT CONNECT +");
        }
        DisplayToast("正在尝试连接智能小车，请稍候····");
        BluetoothDevice device = mBluetoothAdapter.getRemoteDevice(address);
        try {
          btSocket = device.createRfcommSocketToServiceRecord(MY_UUID);
        } catch (IOException e){
          DisplayToast("套接字创建失败！");
        }
        DisplayToast("成功连接智能小车！可以开始操控了！");
        mBluetoothAdapter.cancelDiscovery();
        try {
                btSocket.connect();
                DisplayToast("连接成功建立，数据连接打开！");
        } catch (IOException e) {
                try {
                   btSocket.close();
                } catch (IOException e2) {

                        DisplayToast("连接没有建立，无法关闭套接字！");
                }
        }
        if (D)
            Log.e(TAG, "+ ABOUT TO SAY SOMETHING TO SERVER +");
}
@Override
public void onPause() {
        super.onPause();
        if (D)
            Log.e(TAG, "- ON PAUSE -");
        if (outStream != null) {
                try {
```

```
                outStream.flush();
            } catch (IOException e) {
                Log.e(TAG, "ON PAUSE: Couldn't flush output stream.", e);
            }
        }
        try {
            btSocket.close();
        } catch (IOException e2) {

            DisplayToast("套接字关闭失败!");
        }
    }
    @Override
    public void onStop() {
        super.onStop();
        if (D)Log.e(TAG, "-- ON STOP --");
    }
    @Override
    public void onDestroy() {
        super.onDestroy();
        if (D) Log.e(TAG, "--- ON DESTROY ---");
    }
    public void DisplayToast(String str)
    {
       Toast toast=Toast.makeText(this, str, Toast.LENGTH_LONG);
       toast.setGravity(Gravity.TOP, 0, 220);
       toast.show();
     }
}
```

（5）在文件 AndroidManifest.xml 中声明蓝牙权限，对应代码如下所示。

```
<uses-permission android:name="android.permission.BLUETOOTH_ADMIN" />
 <uses-permission android:name="android.permission.BLUETOOTH" />
   <application android:icon="@drawable/icon" android:label="@string/app_name">
       <activity android:name=".lanya"
                 android:label="@string/app_name">
           <intent-filter>
               <action android:name="android.intent.action.MAIN" />
               <category android:name="android.intent.category.LAUNCHER" />
           </intent-filter>
       </activity>
```

到此为止，蓝牙控制玩具车的实例就介绍完毕了。此时在真手机中运行程序后，手机变为了一个遥控器，可以控制小车的运行轨迹。

▲图 17-1　模拟器的运行效果

17.1.3　特别提醒——蓝牙在模拟器上发生问题

本实例的实现比较简单，难度大的是双向控制，即实现每个设备都可以操控另外一个设备的功能，此时就需要有蓝牙功能的计算机或第二步 Andorid 手机来完成测试了。在模拟器中因为不具备蓝牙设备，程序执行后会显示“蓝牙设备不可用，请打开蓝牙！”的提示，如图 17-1 所示。

17.2　手机模拟实现跋杯仪式

实例 279	手机模拟实现跋杯仪式
源码路径	daima\279
视频路径	视频\279

17.2.1　实例说明

跋杯是一种问卜的仪式，普遍流传于华人社会，闽南语也称之为“掷筊”。凸面为“阴”，平面为“阳”。跋杯是人与神灵的交流工具，人们借跋杯能获悉神灵的旨意。本实例模拟了跋杯的过程，根据跋杯的 3 种显示来执行 3 种对应的音乐特效。

17.2.2　具体实现

（1）编写布局文件 main.xml，在里面分别插入一个 TextView 控件和一个 ImageView 控件。

（2）编写主程序文件 ex220.java，具体实现流程如下所示。

- 分别声明需要的控件变量、媒体播放器对象和常数，主要代码如下所示。

```
/*声明变量*/
private TextView mTextView01;
private ImageView mImageView01;
private SensorManager mSensorManager01;
private float velocityFinal = 0;
/*声明媒体播放器*/
private MediaPlayer mMediaPlayer01;
private MediaPlayer mMediaPlayer02;
private MediaPlayer mMediaPlayer03;
private Date lastUpdateTime;
private boolean bIfMakeSound = true;
private int godanswer = 0;
/*声明常数*/
private final int saint=1;
private final int laugh=2;
private final int bad=3;
```

- 通过 mSensorManager01 获取系统的加速度感测装备，然后通过方法 MediaPlayer.create()获取“raw”目录下的音乐文件。主要代码如下所示。

```
public void onCreate(Bundle savedInstanceState)
{
  super.onCreate(savedInstanceState);
  setContentView(R.layout.main);
  /*取得目前系统时间*/
  lastUpdateTime = new Date(System.currentTimeMillis());
  /*通过 findViewById 构造器创建 TextView 与 ImageView 对象*/
  mTextView01 = (TextView)findViewById(R.id.myTextView1);
  mImageView01 = (ImageView)findViewById(R.id.myImageView1);
  /*取得系统的加速度感测装备*/
  mSensorManager01 =
  (SensorManager)getSystemService(Context.SENSOR_SERVICE);
  /*通过 MediaPlayer.create()来取得 raw 底下音乐文件*/
  mMediaPlayer01 = new MediaPlayer();
  mMediaPlayer01 = MediaPlayer.create(ex220.this, R.raw.saint);
  mMediaPlayer02 = new MediaPlayer();
  mMediaPlayer02 = MediaPlayer.create(ex220.this, R.raw.laugh);
  mMediaPlayer03 = new MediaPlayer();
  mMediaPlayer03 = MediaPlayer.create(ex220.this, R.raw.bad);
}
```

- 定义方法 onResume()和 onPause()分别启动和暂停感应设置，主要代码如下所示。

```
/*覆盖 onResuem 方法*/
@Override
protected void onResume()
{
  // TODO Auto-generated method stub
  /*注册 SensorListener 与设置参数*/
  mSensorManager01.registerListener
  (
    mSensorLisener,
    SensorManager.SENSOR_ACCELEROMETER,
    SensorManager.SENSOR_DELAY_UI
  );
  super.onResume();
```

```
}
/*覆盖 onPause 方法*/
@Override
protected void onPause()
{
  /*解除 SensorListener 的设置*/
  // TODO Auto-generated method stub
mSensorManager01.unregisterListener(mSensorLisener);
  super.onPause();
}
```

● 创建 SensorListener 对象，获取手机的下落速度，系统预先设置了一个不能超出的加速度标准。然后根据 Random 对象生成的随机变量对应跋杯仪式的 3 种状态，根据状态显示 3 种对应的 MP3 音效。主要代码如下所示。

```
private final SensorListener mSensorLisener = new SensorListener()
{
  /*声明变量*/
  private float previousAcceleration;
  /*覆盖 onSensorChanged 事件来侦测手机投掷事件*/
  @Override
  public void onSensorChanged(int sensor, float[] values)
  {
    // TODO Auto-generated method stub
    /*加速度是否存在*/
    if(sensor == SensorManager.SENSOR_ACCELEROMETER)
    {
      float x = values[SensorManager.DATA_X];
      float y = values[SensorManager.DATA_Y];
      float z = values[SensorManager.DATA_Z];
       /*手机是否落下的速度标准*/
      double forceThreshHold = 1.5f;
      double appliedAcceleration = 0.0f;

      /* SensorManager.GRAVITY_EARTH = 9.8m/s2 */
      appliedAcceleration +=
      Math.pow(x/SensorManager.GRAVITY_EARTH, 2.0);

      appliedAcceleration +=
      Math.pow(y/SensorManager.GRAVITY_EARTH, 2.0);

      appliedAcceleration +=
      Math.pow(z/SensorManager.GRAVITY_EARTH, 2.0);

      appliedAcceleration = Math.sqrt(appliedAcceleration);

      /*判断手机使否落下的判断式
       * 落地当时速度需小于 1.5f, 落地前速度必须大于 1.5f*/
      if((appliedAcceleration < forceThreshHold) &&
         (previousAcceleration > forceThreshHold))
      {
        /* Shake 手机事件触发 */
        Date timeNow = new Date(System.currentTimeMillis());

        /* 从初速度到末速度所经过的时间 */
        long timePeriod =
        (long)timeNow.getTime() - (long)lastUpdateTime.getTime();

        /* (v) = a*t */
        velocityFinal =
        (float) (appliedAcceleration * ((float)timePeriod/1000));
        Log.i("V=",Float.toString(velocityFinal));

        if(bIfMakeSound==true)
        {
          /*Random Number 生成器*/
          Random generator=new Random();
          /*跋杯*/
```

```
godanswer = generator.nextInt(3) + 1;

switch (godanswer)
{
 /*圣杯*/
case saint:
  mTextView01.setText
  (
    getResources().getText(R.string.str_saint).toString()
  );
  mImageView01.setImageDrawable(getResources().
  getDrawable(R.drawable.saint));
  if (mMediaPlayer01 != null)
  {
    try
    {
      mMediaPlayer01.seekTo(0);
      mMediaPlayer01.stop();
      mMediaPlayer01.prepare();
      mMediaPlayer01.setVolume(10, 10);
      mMediaPlayer01.start();
    }
    catch(Exception e)
    {
      mTextView01.setText(e.toString());
      e.printStackTrace();
    }
  }
  else
  {
    try
    {
      mMediaPlayer01.prepare();
      mMediaPlayer01.setVolume(10, 10);
      mMediaPlayer01.start();
    }
    catch(Exception e)
    {
      mTextView01.setText(e.toString());
      e.printStackTrace();
    }
  }
  break;
/*笑杯*/
case laugh:
  mTextView01.setText
  (
    getResources().getText(R.string.str_laugh).toString()
  );
  mImageView01.setImageDrawable(getResources().
  getDrawable(R.drawable.laugh));
  if (mMediaPlayer02 != null)
  {
    try
    {
      mMediaPlayer02.seekTo(0);
      mMediaPlayer02.stop();
      mMediaPlayer02.prepare();
      mMediaPlayer02.setVolume(10, 10);
      mMediaPlayer02.start();
    }
    catch(Exception e)
    {
      mTextView01.setText(e.toString());
      e.printStackTrace();
    }
  }
  else
  {
```

```
          try
          {
            mMediaPlayer02.prepare();
            mMediaPlayer02.setVolume(10, 10);
            mMediaPlayer02.start();
          }
          catch(Exception e)
          {
            mTextView01.setText(e.toString());
            e.printStackTrace();
          }
        }
        break;
        /*阴杯*/
      case bad:
        mTextView01.setText
        (
          getResources().getText(R.string.str_bad).toString()
        );
        mImageView01.setImageDrawable(getResources().
        getDrawable(R.drawable.bad));
        if (mMediaPlayer03 != null)
        {
          try
          {
            mMediaPlayer03.seekTo(0);
            mMediaPlayer03.stop();
            mMediaPlayer03.prepare();
            mMediaPlayer03.setVolume(10, 10);
            mMediaPlayer03.start();
          }
          catch(Exception e)
          {
            mTextView01.setText(e.toString());
            e.printStackTrace();
          }
        }
        else
        {
          try
          {
            mMediaPlayer03.prepare();
            mMediaPlayer03.setVolume(10, 10);
            mMediaPlayer03.start();
          }
          catch(Exception e)
          {
            mTextView01.setText(e.toString());
            e.printStackTrace();
          }
        }
        break;
      }
    }
  }
  else
  {
    /* 末速度=0 */
    /* 更新 lastUpdateTime 为现在 */
    Date timeNow = new Date(System.currentTimeMillis());
    lastUpdateTime.setTime(timeNow.getTime());
  }
  previousAcceleration = (float) appliedAcceleration;
 }
}
@Override
public void onAccuracyChanged(int sensor, int accuracy)
{
  // TODO Auto-generated method stub
```

```
    }
};
```

到此为止，本实例的主要代码讲解完毕，在真机上运行后，可以移动手机实现跋杯仪式的模拟。

17.2.3 特别提醒——使用传感器技术

本实例的核心是Sensor，这是一种传感器技术。在很多读者的眼中，可能对传感器有点陌生。但是随着物联网概念的推出，传感器这一名词逐渐进入了开发人员的耳中。其实传感器在大家日常的生活中经常见到甚至是用到，比如楼宇的楼梯灯，马路上的路灯等。传感器（Sensor）系统可以让智能手机的功能更加丰富多彩，在Android系统中支持多种传感器。Android的Sensor系统涉及了Android的各个层次。Android系统支持多种传感器，有的传感器已经在Android的框架中使用，大多数传感器由应用程序来使用，使用传感器可以开发出包括游戏在内的很多新奇的应用。在Android系统中乐意支持的传感器包括加速度传感器（Accelerometer）、姿态传感器（Orientation）、磁场传感器（Magnetic Field）和光传感器（Light）等。

传统意义上的加速度传感器是一种能够测量加速力的电子设备。加速力就是当物体在加速过程中作用在物体上的力，就好比地球引力，也就是重力。加速力可以是个常量，比如g，也可以是变量。加速度计有两种，其中一种是角加速度计，是由陀螺仪（角速度传感器）的改进的，另一种就是线加速度计。

17.3 随时检测我们当前的加速度

实例 280	随时检测我们当前的加速度
源码路径	daima\280
视频路径	视频\280

17.3.1 实例说明

加速度传感器可以帮助你的机器人了解它现在身处的环境。是在爬山，还是在走下坡，摔倒了没有？对于飞行类的机器人来说，控制姿态也是至关重要的。更要确保的是，你的机器人没有带着炸弹自己前往人群密集处。一个好的程序员能够使用加速度传感器来回答所有上述问题。加速度传感器甚至可以用来分析发动机的振动。在本实例在手机中运行后，可以获取手机移动过程中3个方向的加速度——X方向、Y方向和Z方向。

17.3.2 具体实现

（1）编写布局文件main.xml，主要代码如下所示。

```
<?xml version="1.0" encoding="utf-8"?>                <!-- 声明xml的版本以及编码格式 -->
<LinearLayout xmlns:android="http://schemas.android.com/apk/res/android"
    android:orientation="vertical"
    android:layout_width="fill_parent"
    android:layout_height="fill_parent">              <!-- 添加一个垂直的线性布局 -->
    <TextView
        android:id="@+id/title"
        android:gravity="center_horizontal"
        android:textSize="20px"
        android:layout_width="fill_parent"
        android:layout_height="wrap_content"
        android:text="@string/title"/>                <!-- 添加一个TextView控件 -->
    <TextView
        android:id="@+id/myTextView1"
        android:textSize="18px"
```

```
    android:layout_width="fill_parent"
    android:layout_height="wrap_content"
    android:text="@string/myTextView1"/>          <!-- 添加一个 TextView 控件 -->
<TextView
    android:id="@+id/myTextView2"
    android:textSize="18px"
    android:layout_width="fill_parent"
    android:layout_height="wrap_content"
    android:text="@string/myTextView2"/>          <!-- 添加一个 TextView 控件 -->
  <TextView
    android:id="@+id/myTextView3"
    android:textSize="18px"
    android:layout_width="fill_parent"
    android:layout_height="wrap_content"
    android:text="@string/myTextView3"/>          <!-- 添加一个 TextView 控件 -->
</LinearLayout>
```

（2）编写主程序文件 jiaS.java，首先声明 3 个 TextView 的引用，分别用来显示 3 个方向上的加速度；然后声明对 SensorManager 对象的引用，该行为真实机器中的代码，此处因使用的是 SensorSimulator 工具来模拟传感器；接下来设置当前的用户界面，然后得到 XML 文件中配置的各个控件的引用；再初始化 SensorManager 对象，同样因为调试的原因用如下两行加代码替代。

```
mySensorManager = SensorManagerSimulator.getSystemService(this, SENSOR_SERVICE);
mySensorManager.connectSimulator();                //与 Simulator 连接
```

接下来初始化监听器类，并重写了该类中的两个方法。在 onSensorChanged 方法中只对加速度的变化做处理。并将得到的数值显示到 TextView 中；最后重写 Activity 类的 onResume 方法，在该方法中为 SensorManager 添加监听，还需要重写 onPause 方法，在方法中取消注册的监听器。

文件 jiaS.java 的主要代码如下所示。

```
public class jiaS extends Activity {
    TextView myTextView1;//x 方向的加速度
    TextView myTextView2;//y 方向的加速度
    TextView myTextView3;//z 方向的加速度
    //SensorManager mySensorManager;//SensorManager 对象引用
    SensorManagerSimulator mySensorManager;//声明 SensorManagerSimulator 对象,调试时用
    @Override
    public void onCreate(Bundle savedInstanceState) {//重写 onCreate 方法
        super.onCreate(savedInstanceState);
        setContentView(R.layout.main);//设置当前的用户界面
        myTextView1 = (TextView) findViewById(R.id.myTextView1);//得到 myTextView1 的引用
        myTextView2 = (TextView) findViewById(R.id.myTextView2);//得到 myTextView2 的引用
        myTextView3 = (TextView) findViewById(R.id.myTextView3);//得到 myTextView3 的引用
        //调试时用
        mySensorManager = SensorManagerSimulator.getSystemService(this, SENSOR_SERVICE);
        mySensorManager.connectSimulator();              //与 Simulator 服务器连接
    }
    private SensorListener mySensorListener = new SensorListener(){
        @Override
        public void onAccuracyChanged(int sensor, int accuracy) {}   //重写
onAccuracyChanged 方法
        @Override
        public void onSensorChanged(int sensor, float[] values) {    //重写
onSensorChanged 方法
            if(sensor == SensorManager.SENSOR_ACCELEROMETER){//只检查加速度的变化
                myTextView1.setText("x 方向上的加速度为: "+values[0]);   //将提取的 x 数据显示
到 TextView
                myTextView2.setText("y 方向上的加速度为: "+values[1]);   //将提取的 y 数据显示
到 TextView
                myTextView3.setText("z 方向上的加速度为: "+values[2]);   //将提取的 x 数据显示
到 TextView
            }
        }
    };
    @Override
    protected void onResume() {//重写的 onResume 方法
```

```
        mySensorManager.registerListener(//注册监听
                mySensorListener, //监听器 SensorListener 对象
                SensorManager.SENSOR_ACCELEROMETER,//传感器的类型为加速度
                SensorManager.SENSOR_DELAY_UI//传感器事件传递的频度
                );
        super.onResume();
    }
    @Override
    protected void onPause() {//重写 onPause 方法
        mySensorManager.unregisterListener(mySensorListener);//取消注册监听器
        super.onPause();
    }
}
```

（3）为了调试本实例代码，需要为该程序添加网络权限，因为 SensorSimulator 安装在 Android 模拟器中的客户端需要和桌面端的服务器进行通信。将下列代码添加到 AndroidManifest.xml 文件 </manifest>标记之前。如果在真机上调试，则不需要加入该权限。

```
<uses-permission android:name="android.permission.INTERNET"/><!-- 调试时用 -->
```

因为此实例比较简单，是根据 SensorSimulator 中附带的开源代码改变的，所以在此不再进行详细介绍，读者只需阅读本书附带光盘中的源码即可，笔者在代码中添加了详细的注释，相信一读便懂。

17.3.3 特别提醒——安装 SensorSimulator 工具

本实例还是用到了传感器的知识，要想正确运行这个实例，笔者需要安装 SensorSimulator 工具。SensorSimulator 是一个开源免费的传感器小工具，通过该工具便可以在模拟器中调试传感器的应用，在本节的内容中，将简要介绍搭建 SensorSimulator 开发环境的基本方法。

（1）下载 SensorSimulator，读者可从 http://code.google.com/p/openintents/wiki/SensorSimulator 网站找到该工具的下载链接。笔者下载的是 sensorsimulator-1.1.1.zip 版本，如图 17-2 所示。

（2）将下载好的 SensorSimulator 解压到本地根目录，例如 C 盘的根目录。

（3）向模拟器安装 SensorSimulatorSettings-1.1.1.apk。首先在操作系统中依次选择“开始”|“运行”进入“运行”对话框。

（4）在“运行”对话框输入 cmd 进入 cmd 命令行，之后通过 cd 命令将当前目录导航到 SensorSimulatorSettings-1.1.1.apk 目录下，然后输入下列命令向模拟器安装该 apk。

```
adb install SensorSimulatorSettings-1.1.1.apk
```

在此需要注意的是，安装 apk 时，一定要保证模拟器正在运行才可以，安装成功后会输出“Success”提示。如图 17-3 所示。

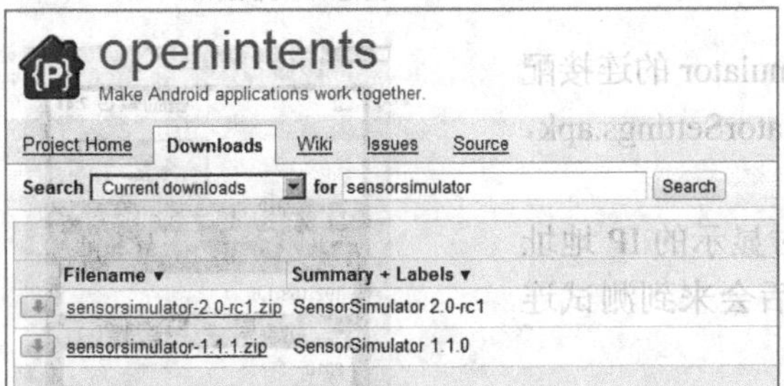

▲图 17-2 下载 sensorsimulator-2.0-rc1

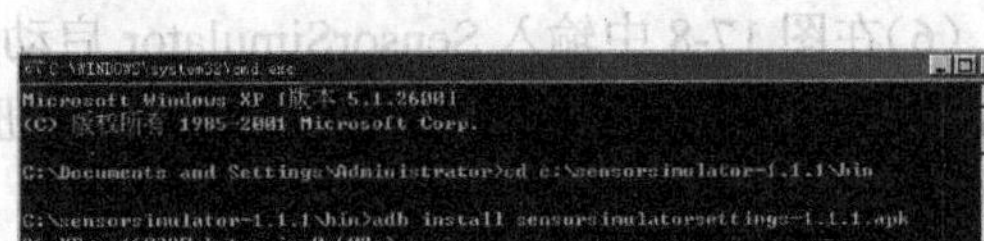

▲图 17-3 安装 apk

接下来开始配置应用程序，假设我们要在项目“jiaS”中使用 SensorSimulator，则配置流程如下所示。

（1）在 Eclipse 中打开项目“jiaS”，然后为该项目添加 JAR 包，使其能够使用 SensorSimulator 工具的类和方法。添加方法非常简单，在 Eclipse 的 Package Explorer 中找到该项目的文件夹“jiaS”，然后右键单击该文件夹并选择“Properties”选项，弹出如图 17-4 所示的“Properties for jiaS”窗口。

（2）选择左面的“Java Build Path”选项，然后单击“Libraries”选项卡，如图 17-5 所示。

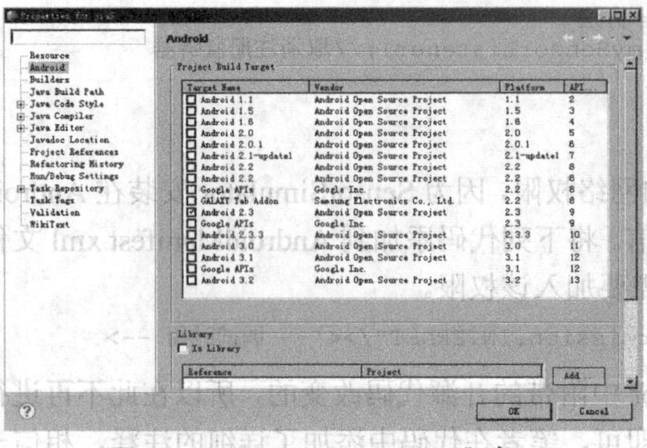

▲图 17-4 “Properties for jiaS” 窗口

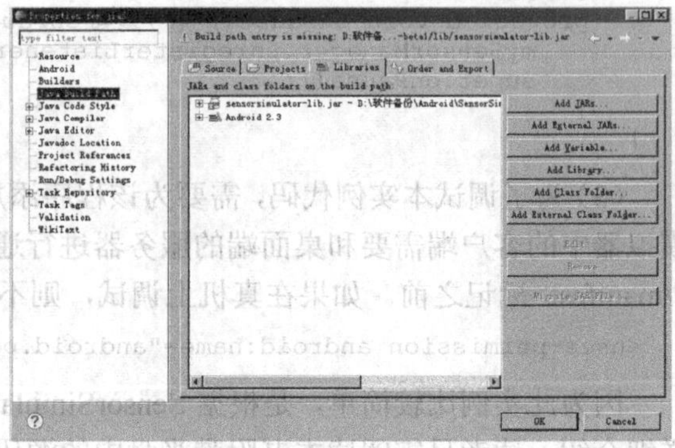

▲图 17-5 “Libraries” 选项卡

（3）单击【Add External JARs】按钮，在弹出的“JAR Selection”对话框中找到 Sensorsimulator 安装目录下的 sensorsimulator-lib.jar，并将其添加到该项目中，如图 17-6 所示。

（4）开始启动 sensorsimulator.jar，并对手机模拟器上的 SensorSimulatorSettings 进行必要的配置。首先在“C:\sensorsimulator-1.1.1\bin”目录下找到 sensorsimulator.jar 并启动，运行后的界面如图 17-7 所示。

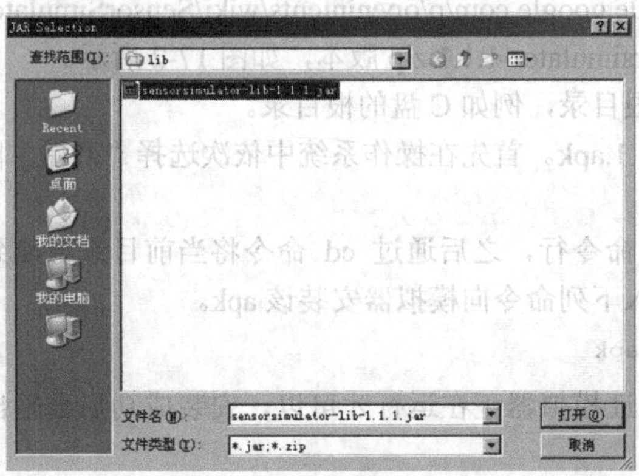

▲图 17-6 添加需要的 JAR 包

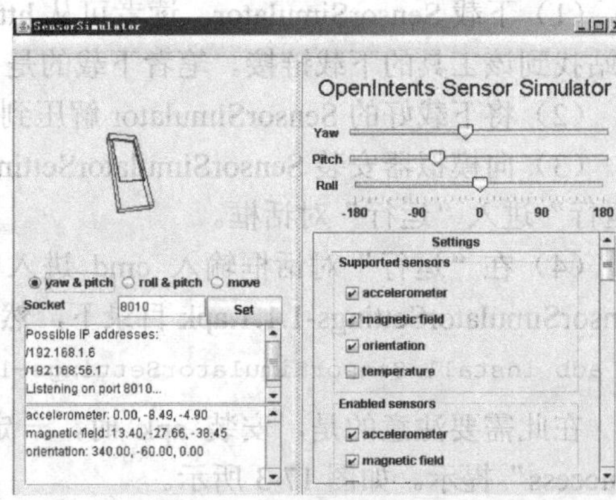

▲图 17-7 传感器的模拟器

（5）接下来开始进行手机模拟器和 SensorSimulator 的连接配置工作，运行手机模拟器上安装好的 SensorSimulatorSettings.apk，如图 17-8 所示。

（6）在图 17-8 中输入 SensorSimulator 启动时显示的 IP 地址和端口号，单击屏幕有上角的【Testing】按钮后会来到测试连接界面，如图 17-9 所示。

（7）单击屏幕上的【Connect】按钮进入下一界面，如图 17-10 所示。在此界面中可以选择需要监听的传感器，如果能够从传感器中读取到数据，说明 SensorSimulator 与手机模拟器连接成功，可以测试自己开发的应用程序了。

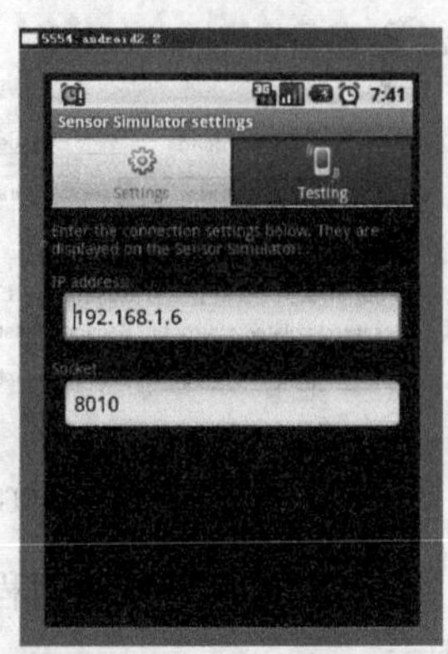

▲图 17-8 运行手机模拟器上的 SensorSimulatorSettings-2.0-rc1.apk

到此为止，整个用 Eclipse 结合 SensorSimulator 配置传感器应用程序的基本流程介绍完毕，读者按照上述配置就可以运行本实例的代码了。

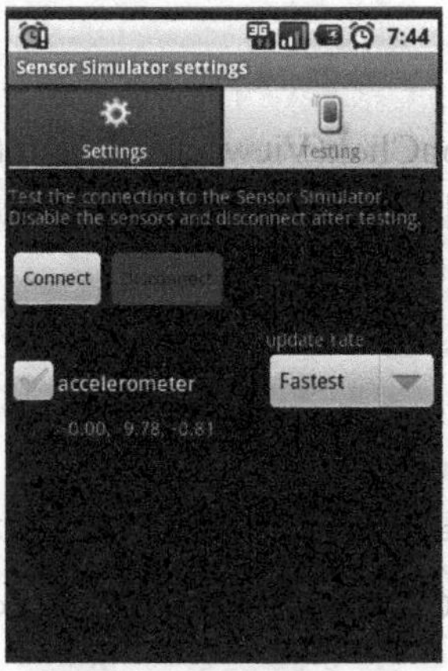

▲图 17-9　测试连接界面

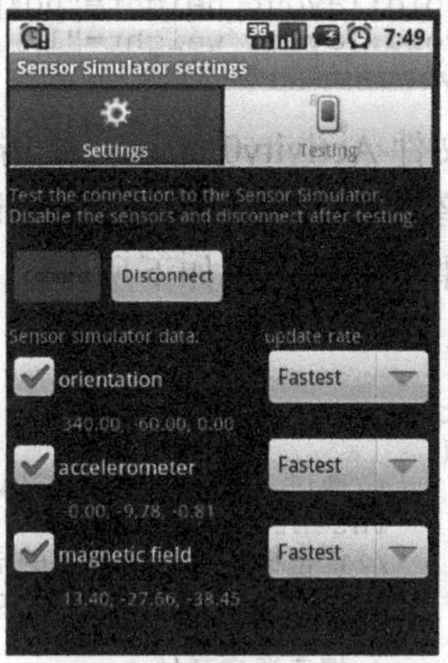

▲图 17-10　连接界面

17.4 语音识别系统

实例 281	语音识别系统，让手机听懂你的话
源码路径	daima\281
视频路径	视频\281

17.4.1　实例说明

也许大家还为苹果新发布的 iPhone 4S 中的语音系统而感叹，确实科技进步得太快了，给我们带来了尽善尽美的用户体验，其实在 Android 系统中也能实现语音识别功能。因为很早谷歌就推出了语音搜索功能，而在 iphone 中也使用了谷歌的语音搜索功能。在本实例中，通过使用 RecognizerIntent 实现了语音识别，在具体实现上，是通过 Intent 传递了一个动作及其属性，然后通过 startActivityForResult 开启语音服务。如果找不到设置，就会抛出异常 ActivityNotFound Exception，所以我们需要捕捉这个异常。当然，另外需要实现 onActivityResult 方法，当语音结束时，会触发来获得语音的字符序列。

17.4.2　具体实现

（1）编写布局文件 main.xml，在里面插入了一个 Button 按钮，单击后开启语音识别服务。主要代码如下所示。

```
<LinearLayout xmlns:android="http://schemas.android.com/apk/res/android"
    android:orientation="vertical"
    android:layout_width="fill_parent"
    android:layout_height="fill_parent"
    >
<TextView
    android:layout_width="fill_parent"
    android:layout_height="wrap_content"
    android:text="@string/hello"
    />
<Button
   android:id="@+id/Button01"
     android:text="开始使用语音识别"
```

```
    android:layout_width="fill_parent"
    android:layout_height="wrap_content"/>
    <ListView android:id="@+id/ListView01"
        android:layout_width="fill_parent"
        android:layout_height="0dip"
        android:layout_weight="1" />
</LinearLayout>
```

（2）编写文件 Activity01.java，单击按钮后执行函数 onClick(View v)，通过 Intent 传递语音识别的模式，语音识别系统正式开始。当语音结束时执行回调函数 onActivityResult()，通过视图更新显示执行结果。主要代码如下所示。

```
        public void onClick(View v)
        {
            try
            {
                //通过 Intent 传递语音识别的模式，开启语音
                Intent intent = new Intent(RecognizerIntent.ACTION_RECOGNIZE_SPEECH);
                //语言模式和自由形式的语音识别
                intent.putExtra(RecognizerIntent.EXTRA_LANGUAGE_MODEL,RecognizerIntent.
                LANGUAGE_MODEL_FREE_FORM);
                //提示语音开始
                intent.putExtra(RecognizerIntent.EXTRA_PROMPT,"开始语音");
                //开始执行 Intent、语音识别
                startActivityForResult(intent, VOICE_RECOGNITION_REQUEST_CODE);
            }
            catch (ActivityNotFoundException e)
            {
                //找不到语音设备装置
                Toast.makeText(Activity01.this,"ActivityNotFoundException",
                Toast.LENGTH_LONG).show();
            }
        }
    });
}

//当语音结束时的回调函数 onActivityResult
@Override
protected void onActivityResult(int requestCode, int resultCode, Intent data)
{
    // 判断是否是我们执行的语音识别
    if (requestCode == VOICE_RECOGNITION_REQUEST_CODE && resultCode == RESULT_OK)
    {
        // 取得语音的字符
        ArrayList<String> results = data.getStringArrayListExtra(RecognizerIntent.
        EXTRA_RESULTS);
        //设置视图更新
        //mList.setAdapter(new ArrayAdapter<String>(this, android.R.layout.simple_
        //list_item_1,results));
        String resultsString = "";
        for (int i = 0; i < results.size(); i++)
        {
            resultsString += results.get(i);
        }
        Toast.makeText(this, resultsString, Toast.LENGTH_LONG).show();
        super.onActivityResult(requestCode, resultCode, data);
    }
}
```

执行后的效果如图 17-11 所示，单击【开始使用语音识别】按钮后开启语音识别服务。

▲图 17-11　执行效果

17.4.3　特别提醒——谷歌的语音识别技术

其实谷歌在 2010 年就推出了语音识别技术，并且在 2010 年 8 月 13 日展示了运行 Android 系统移动设备的语音识别技术，可通过语音指令发送电子邮件、短信、拨打电话和获得驾驶导航信

息。一段时间以来，谷歌一直在自己谈论其 Android 手机操作系统。现在，该公司急于让用户对该系统说话。谷歌工程师演示了 Android 手机用户如何通过向手机接收器说话，写电子邮件并发送给联系人、设置闹钟和收听在线音乐等。当日谷歌推出了 10 项这样的“声音行动”，针对最新的 Android2.2 设备如摩托罗拉 Droid2，几个月后，这些功能还将推广到老版 Android 设备。谷歌语音识别功能是通过 RecognizerIntent 实现，它包括如表 17-1 中所示的 14 种常量。

表 17-1　RecognizerIntent 包括的常量

常　　量	描　　述
ACTION RECOGNIZE SPEECH	开启语音活动
ACTION WEB SEARCH	开启网络语音模式，结果将以网页搜索显示
EXTRA_LANGUAGE	可以理解为设置一个语言库
EXTRA LANGUAGE MODEL	语音识别模式
EXTIRA MAX RESULTS	返回的最大结果
EXTRA PROMPT	提示用户可以开始语音了
EXIRA RESULTS	将字符串返回到一个 ArrayList 中
LANGUAGE MODEL FREE FORM	在种语言模式上自由语音
LANGUAGE MODEL WEB SEARCH	使用语言模型在 Web 上搜索
RESULT AUDIO ERROR	返回结果时，音频遇到错误
RESULT CLIENT ERROR	返回结果时，客户端遇到错误
RESULT NETWORK ERROR	返回结果时，网络遇到错误
RESULT NO MATCH	没有检测到语音的错误
RESULT SERVER ERROR	返回结果时，服务器遇到错误

17.5 在 Android 中使用 JavaScript

实例 282	让 Android 使用 JavaScript
源码路径	daima\282
视频路径	视频\282

17.5.1 实例说明

想必大家都知道，Javascript 是一种由 Netscape 的 LiveScript 发展而来的原型化继承的面向对象的动态类型的区分大小写的客户端脚本语言，主要目的是为了解决服务器端语言，比如 Perl 遗留的速度问题，为客户提供更流畅的浏览效果。其实在 Android 系统中，也可以灵活调用 Javascript。在本实例中，在 WebView 中调用了 Javascript 技术，将一个网页完美地显示出来。

17.5.2 具体实现

（1）编写布局文件 main.xml，主要代码如下所示。

```
<?xml version="1.0" encoding="utf-8"?>
<LinearLayout xmlns:android="http://schemas.android.com/apk/res/android"
    android:orientation="vertical"
    android:layout_width="fill_parent"
    android:layout_height="fill_parent"
    >
    <WebView android:id="@+id/WebView01"
```

```
    android:layout_width="fill_parent"
    android:layout_height="fill_parent"/>
</LinearLayout>
```

（2）编写文件 Activity01.java，首先定义 PersonalData 来保存个人资料，并将得到的数据成员函数供 JavaScript 调用。主要代码如下所示。

```
public class Activity01 extends Activity
{
    private WebView mWebView;
    private PersonalData mPersonalData;
    /** Called when the activity is first created. */
    @Override
    public void onCreate(Bundle savedInstanceState)
    {
        super.onCreate(savedInstanceState);
        setContentView(R.layout.main);
        mPersonalData = new PersonalData();
        mWebView = (WebView)this.findViewById(R.id.WebView01);
        //设置支持 JavaScript
        mWebView.getSettings().setJavaScriptEnabled(true);
        //把本类的一个实例添加到 js 的全局对象 window 中,
        //这样就可以使用 window.PersonalData 来调用它的方法
        mWebView.addJavascriptInterface(this, "PersonalData");
        //加载网页
        mWebView.loadUrl("file:///android_asset/PersonalData.html");
    }

    //在 js 脚本中调用得到 PersonalData 对象
    public PersonalData getPersonalData()
    {
        return mPersonalData;
    }

    //js 脚本中调用显示的资料
    class PersonalData
    {
        String  mID;
        String  mName;
        String  mAge;
        String  mBlog;
        public PersonalData()
        {
            this.mID="123456789";
            this.mName="Android";
            this.mAge="100";
            this.mBlog="http://www.sohu.com";
        }
        public String getID()
        {
            return mID;
        }
        public String getName()
        {
            return mName;
        }
        public String getAge()
        {
            return mAge;
        }
        public String getBlog()
        {
            return mBlog;
        }
    }
}
```

这样经过上述代码初始化 WebView 后，在 JavaScript 中就可以使用函数 getPersonalData()来获取 Java 对象并显示出来。JavaScript 文件 test.js 的实现代码如下所示。

```
window.onload= function(){
    var personaldata = window.PersonalData.getPersonalData();
    if(personaldata)
    {
        var Personaldata = document.getElementById("Personaldata");
    pnode = document.createElement("p");
        tnode = document.createTextNode("ID:" + personaldata.getID());
        pnode.appendChild(tnode);
        Personaldata.appendChild(pnode);
    pnode = document.createElement("p");
        tnode = document.createTextNode("Name:" + personaldata.getName());
        pnode.appendChild(tnode);
        Personaldata.appendChild(pnode);
    pnode = document.createElement("p");
        tnode = document.createTextNode("Age:" + personaldata.getAge());
        pnode.appendChild(tnode);
        Personaldata.appendChild(pnode);
    pnode = document.createElement("p");
        tnode = document.createTextNode("Blog:" + personaldata.getBlog());
        pnode.appendChild(tnode);
        Personaldata.appendChild(pnode);
    }
}
```

17.5.3 特别提醒——在 Android 中做网页

其实网页设计也是 Android 应用中的重要组成部分之一。我们原来设计的网页目的是在计算机上能够正确显示，但是要想让网页在手机中显示应该怎么做呢？其实设计网页的技术还是 HTML、CSS 和 JavaScript，唯一的区别在于手机的屏幕较小，所以我们需要将网页设计为屏幕宽度自适应就可以了。这样能保证在计算机上、平板电脑上和手机中都能正确显示网页中的内容。

17.6 动态更换壁纸

实例 283	在 Android 系统中实现动态更换壁纸效果
源码路径	daima\283
视频路径	视频\283

17.6.1 实例说明

在 Android 应用中，AlarmManager 的作用是在特定的时刻为我们广播一个指定的 Intent。简单地说就是我们设定一个时间，在该时间到来时，AlarmManager 广播一个我们设定的 Intent。

17.6.2 具体实现

实例文件 AlarmChangeWallpaper.java 的主要实现代码如下所示。

```
public class AlarmChangeWallpaper extends Activity
{
    // 定义 AlarmManager 对象
    AlarmManager aManager;
    Button start, stop;
    @SuppressLint("ShowToast")
    @Override
    public void onCreate(Bundle savedInstanceState)
    {
        super.onCreate(savedInstanceState);
        setContentView(R.layout.main);
        start = (Button)findViewById(R.id.start);
        stop = (Button)findViewById(R.id.stop);
        aManager = (AlarmManager) getSystemService(Service.ALARM_SERVICE);
        // 指定启动 ChangeService 组件
        Intent intent = new Intent(AlarmChangeWallpaper.this
```

```
        , ChangeService.class);
    // 创建 PendingIntent 对象
    final PendingIntent pi = PendingIntent.getService(
        AlarmChangeWallpaper.this, 0, intent, 0);
    start.setOnClickListener(new OnClickListener()
    {
        @Override
        public void onClick(View arg0)
        {
            // 设置每隔 5 秒执行 pi 代表的组件一次
            aManager.setRepeating(AlarmManager.RTC_WAKEUP
                , 0 , 5000, pi);
            start.setEnabled(false);
            stop.setEnabled(true);
            Toast.makeText(AlarmChangeWallpaper.this
                , "壁纸定时更换启动成功啦"
                , 5000).show();
        }
    });
    stop.setOnClickListener(new OnClickListener()
    {
        @Override
        public void onClick(View arg0)
        {
            start.setEnabled(true);
            stop.setEnabled(false);
            // 取消对 pi 的调度
            aManager.cancel(pi);
        }
    });
  }
}
```

执行后的效果如图 17-12 所示。

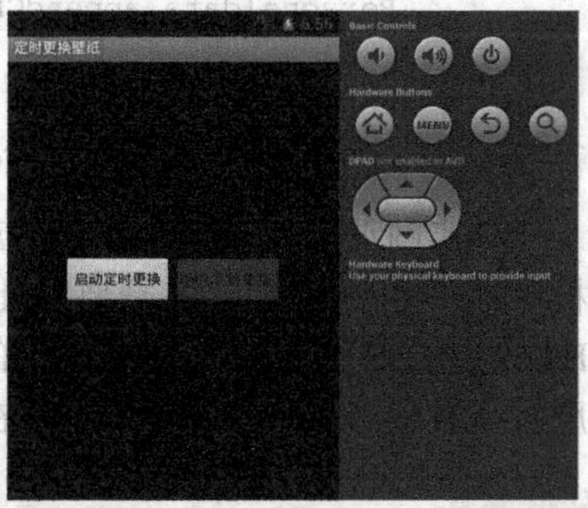

▲图 17-12　执行效果

17.6.3　特别提醒——Service BroadcastReceiver 与 AlarmManager

假设有这样一个应用：用户设定一个时间，到时后停止音乐的播放。这时候需要使用 Service 来保持在 Activity 结束后继续维持计时。当用户设定某一时间后启动一个 Service，之后所有操作由 Service 驱动，Activity 界面就可以关闭了，在 Service 中我们要使用 AlarmService 来实现计时，当时间到时 AlarmManager 会发送一个广播，你需要一个 BroadcastReceiver 来处理这个广播完成时间到时要完成的操作。

其实 Service 是一个后台的应用程序，它没有显示的界面所以也就不能与用户交互，但是它还是能够通信的。Service 有两种启动的方式。一个使用 Context.startService()启动，另一个则是使用 Context.bindService()来启动，两者存在区别。而 BroadCastReceiver 就是一个收音机，这个 BroadCastReceiver 会响应一个有特定标识的消息。

17.7　二维扫描码程序

实例 284	在 Android 系统中实现一个二维扫描码程序
源码路径	daima\284
视频路径	视频\284

17.7.1　实例说明

二维码扫描是指通过智能手机客户端应用软件获取二维码图片中的内容和信息。二维码扫描依据手机的操作系统不同，分为 iOS、Android、塞班等。同时，因为操作版本不同支持的操作系统也不同，通常都被用于条码扫描、资源扫描下载、火车票扫描等。

17.7.2 具体实现

采集文件 CaptureActivity.java 的主要实现代码如下所示。

```
    protected void onResume() {
        super.onResume();
        SurfaceView surfaceView = (SurfaceView) findViewById(R.id.preview_view);
        SurfaceHolder surfaceHolder = surfaceView.getHolder();
        if (hasSurface) {
            initCamera(surfaceHolder);
        } else {
            surfaceHolder.addCallback(this);
            surfaceHolder.setType(SurfaceHolder.SURFACE_TYPE_PUSH_BUFFERS);
        }
        decodeFormats = null;
        characterSet = null;

        playBeep = true;
        AudioManager audioService = (AudioManager) getSystemService(AUDIO_SERVICE);
        if (audioService.getRingerMode() != AudioManager.RINGER_MODE_NORMAL) {
            playBeep = false;
        }
        initBeepSound();
        vibrate = true;

        //quit the scan view
        cancelScanButton.setOnClickListener(new OnClickListener() {

            @Override
            public void onClick(View v) {
                CaptureActivity.this.finish();
            }
        });
    }

    @Override
    protected void onPause() {
        super.onPause();
        if (handler != null) {
            handler.quitSynchronously();
            handler = null;
        }
        CameraManager.get().closeDriver();
    }

    @Override
    protected void onDestroy() {
        inactivityTimer.shutdown();
        super.onDestroy();
    }

    /**
     * Handler scan result
     * @param result
     * @param barcode
     */
    public void handleDecode(Result result, Bitmap barcode) {
        inactivityTimer.onActivity();
        playBeepSoundAndVibrate();
        String resultString = result.getText();
        //FIXME
        if (resultString.equals("")) {
            Toast.makeText(CaptureActivity.this, "Scan failed!", Toast.LENGTH_SHORT).show();
        }else {
//              System.out.println("Result:"+resultString);
            Intent resultIntent = new Intent();
```

```
            Bundle bundle = new Bundle();
            bundle.putString("result", resultString);
            resultIntent.putExtras(bundle);
            this.setResult(RESULT_OK, resultIntent);
        }
        CaptureActivity.this.finish();
    }
```

二维码格式管理文件 DecodeFormatManager.java 的主要实现代码如下所示。

```
final class DecodeFormatManager {
  private static final Pattern COMMA_PATTERN = Pattern.compile(",");
  static final Vector<BarcodeFormat> PRODUCT_FORMATS;
  static final Vector<BarcodeFormat> ONE_D_FORMATS;
  static final Vector<BarcodeFormat> QR_CODE_FORMATS;
  static final Vector<BarcodeFormat> DATA_MATRIX_FORMATS;
  static {
    PRODUCT_FORMATS = new Vector<BarcodeFormat>(5);
    PRODUCT_FORMATS.add(BarcodeFormat.UPC_A);
    PRODUCT_FORMATS.add(BarcodeFormat.UPC_E);
    PRODUCT_FORMATS.add(BarcodeFormat.EAN_13);
    PRODUCT_FORMATS.add(BarcodeFormat.EAN_8);
    PRODUCT_FORMATS.add(BarcodeFormat.RSS14);
    ONE_D_FORMATS = new Vector<BarcodeFormat>(PRODUCT_FORMATS.size() + 4);
    ONE_D_FORMATS.addAll(PRODUCT_FORMATS);
    ONE_D_FORMATS.add(BarcodeFormat.CODE_39);
    ONE_D_FORMATS.add(BarcodeFormat.CODE_93);
    ONE_D_FORMATS.add(BarcodeFormat.CODE_128);
    ONE_D_FORMATS.add(BarcodeFormat.ITF);
    QR_CODE_FORMATS = new Vector<BarcodeFormat>(1);
    QR_CODE_FORMATS.add(BarcodeFormat.QR_CODE);
    DATA_MATRIX_FORMATS = new Vector<BarcodeFormat>(1);
    DATA_MATRIX_FORMATS.add(BarcodeFormat.DATA_MATRIX);
  }

  private DecodeFormatManager() {}

  static Vector<BarcodeFormat> parseDecodeFormats(Intent intent) {
    List<String> scanFormats = null;
    String scanFormatsString = intent.getStringExtra(Intents.Scan.SCAN_FORMATS);
    if (scanFormatsString != null) {
      scanFormats = Arrays.asList(COMMA_PATTERN.split(scanFormatsString));
    }
    return parseDecodeFormats(scanFormats, intent.getStringExtra(Intents.Scan.MODE));
  }

  static Vector<BarcodeFormat> parseDecodeFormats(Uri inputUri) {
    List<String> formats = inputUri.getQueryParameters(Intents.Scan.SCAN_FORMATS);
    if (formats != null && formats.size() == 1 && formats.get(0) != null){
      formats = Arrays.asList(COMMA_PATTERN.split(formats.get(0)));
    }
    return parseDecodeFormats(formats, inputUri.getQueryParameter(Intents.Scan.MODE));
  }

  private static Vector<BarcodeFormat> parseDecodeFormats(Iterable<String> scanFormats,
                                                          String decodeMode) {
    if (scanFormats != null) {
      Vector<BarcodeFormat> formats = new Vector<BarcodeFormat>();
      try {
        for (String format : scanFormats) {
          formats.add(BarcodeFormat.valueOf(format));
        }
        return formats;
      } catch (IllegalArgumentException iae) {
        // ignore it then
      }
    }
    if (decodeMode != null) {
      if (Intents.Scan.PRODUCT_MODE.equals(decodeMode)) {
        return PRODUCT_FORMATS;
```

```
        }
        if (Intents.Scan.QR_CODE_MODE.equals(decodeMode)) {
          return QR_CODE_FORMATS;
        }
        if (Intents.Scan.DATA_MATRIX_MODE.equals(decodeMode)) {
          return DATA_MATRIX_FORMATS;
        }
        if (Intents.Scan.ONE_D_MODE.equals(decodeMode)) {
          return ONE_D_FORMATS;
        }
      }
      return null;
    }
```

读者可运行程序看看实际的效果。

17.7.3 特别提醒——ZXing 开源项目

在本实例项目中用到了二维码扫描的技术，使用的是 Google 提供的 ZXing 开源项目，它提供了二维码和条形码的扫描。扫描条形码就是直接读取条形码的内容，扫描二维码是按照自己指定的二维码格式进行编码和解码。

读者可以到 http://code.google.com/p/zxing/下载 ZXing 项目的源码，然后按照官方文档进行开发。本实例使用的 ZXing 是经过简化版的，去除了一些一般使用不必要的文件。

17.8 随身日记本

实例 285	在 Android 系统中开发一个随身日记本
源码路径	daima\285
视频路径	视频\285

17.8.1 实例说明

生活在现代都市中的你，是否因为自己的花费多而苦恼呢？你是否是一名“月光族”呢？通过本实例的软件系统，可以随时记录自己的花费和收入，帮你达到收支平衡自己。

17.8.2 具体实现

主界面文件 MainActivity.java 的主要实现代码如下所示。

```
public void onClick(View v) {
    // TODO Auto-generated method stub
    Intent in = null;
    if (v == add_expense_quickly_btn) {
        in = new Intent(MainActivity.this, TransactionTabActivity.class);
        startActivity(in);
        finish();
    }

    long curtime = getCurrentTime();
    switch (v.getId()) {
    case R.id.today_row_rl:
        showNavExpenseActivity(curtime, curtime, getString(R.string.text_title_
        today), NavExpenseActivity.mode_day);
        break;
    case R.id.week_row_rl:
        showNavExpenseActivity(getFirstOfWeek(curtime),getLastOfWeek(curtime),
        getString(R.string.text_title_week), NavExpenseActivity.mode_week);
        break;
    case R.id.month_row_rl:
```

```
            showNavExpenseActivity(getFirstOfMonth(curtime),  getLastOfMonth(curtime),
getString(R.string.text_title_month), NavExpenseActivity.mode_month);
            break;
        case R.id.nav_account_btn:
            startActivity(new Intent(this, SettingAccountActivity.class));
            break;
        case R.id.nav_budget_btn:
            startActivityForResult(new Intent(this, BudgetActivity.class),0);
            break;

        }
    }
    private void showNavExpenseActivity(long startTime, long endTime, String title, int
mode)
    {
        Intent intent = new Intent(this, NavExpenseActivity.class);
        intent.putExtra(NavExpenseActivity.str_startTime, startTime);
        intent.putExtra(NavExpenseActivity.str_endTime, endTime);
        intent.putExtra(NavExpenseActivity.str_title, title);
        intent.putExtra(NavExpenseActivity.str_mode, mode);

        startActivity(intent);
    }
  // =================== date function ===========================================//
    public static long getCurrentTime() {
        return Calendar.getInstance().getTimeInMillis();
    }
    public static long getFirstOfWeek(long time) {
        Date date1, date2;
        date1 = new Date(time);
        date2  =  new  Date(date1.getYear(),  date1.getMonth(),  date1.getDate()  -
(date1.getDay() + 6) % 7);
        return date2.getTime();
    }

    public static long getLastOfWeek(long time) {
        Date date1, date2;
        date1 = new Date(time);
        date2  =  new  Date(date1.getYear(),  date1.getMonth(),  date1.getDate()  -
(date1.getDay() + 6) % 7 + 6);
        return date2.getTime();
    }
    public static long getFirstOfMonth(long time) {
        Date date1, date2;
        date1 = new Date(time);
        date2 = new Date(date1.getYear(), date1.getMonth(), 1);
        return date2.getTime();
    }
    public static long getLastOfMonth(long time) {
        Date date1, date2;
        date1 = new Date(time);
        date2 = new Date(date1.getYear(), date1.getMonth() + 1, 0);
        return date2.getTime();
    }
    private void initDate(){
        year = String.valueOf(calendar.get(Calendar.YEAR));
        month = String.valueOf(calendar.get(Calendar.MONTH)+1);
        if(Integer.parseInt(month)<10)
            month ="0" + month;
        day = String.valueOf(calendar.get(Calendar.DATE));
        if(Integer.parseInt(day)<10)
            day ="0" + day;
        calendar.setFirstDayOfWeek(Calendar.MONDAY);
    }
```

数据处理文件 TransactionData.java 的主要实现代码如下所示。

```
public static final Parcelable.Creator<TransactionData> CREATOR = new Parcelable.
Creator<TransactionData>()
{
```

```
    public TransactionData createFromParcel(Parcel in) {
        return new TransactionData(in);
    }

    public TransactionData[] newArray(int size) {
        return new TransactionData[size];
    }
};

private TransactionData(Parcel in) {
    id                  = in.readInt();
    type                = in.readInt();
    infoId              = in.readInt();
    money               = in.readDouble();
    category_id         = in.readInt();
    subcategory_id      = in.readInt();
    account_id          = in.readInt();
    shop_id             = in.readInt();
    item_id             = in.readInt();
    date                = in.readString();
    memo                = in.readString();
}

public  TransactionData(int  type,int  infoId,  double  money,  int  category_id,  int
subcategory_id, int account_id, int shop_id, int item_id, String date, String memo)
{
    this.type = type;
    this.infoId = infoId;
    this.money = money;
    this.category_id = category_id;
    this.subcategory_id = subcategory_id;
    this.account_id = account_id;
    this.shop_id = shop_id;
    this.item_id = item_id;
    this.date = date;
    this.memo = memo;
}

@Override
public int describeContents() {
    // TODO Auto-generated method stub
    return 0;
}

@Override
public void writeToParcel(Parcel dest, int flags) {
    dest.writeInt(id);
    dest.writeInt(type);
    dest.writeInt(infoId);
    dest.writeDouble(money);
    dest.writeInt(category_id);
    dest.writeInt(subcategory_id);
    dest.writeInt(account_id);
    dest.writeInt(shop_id);
    dest.writeInt(item_id);
    dest.writeString(date);
    dest.writeString(memo);
}
```

执行后的效果如图 17-13 所示。

17.8.3 特别提醒——Cursor 对象的常用方法

在 Android 应用中，Cursor 对象的常用方法如下所示。

- c.move(int offset)：以当前位置为参考，移动到指定行。
- c.moveToFirst()：移动到第一行。

▲图 17-13　执行效果

- c.moveToLast()：移动到最后一行。
- c.moveToPosition(int position)：移动到指定行。
- c.moveToPrevious()：移动到前一行。
- c.moveToNext()：移动到下一行。
- c.isFirst()：是否指向第一条。
- c.isLast()：是否指向最后一条。
- c.isBeforeFirst()：是否指向第一条之前。
- c.isAfterLast()：是否指向最后一条之后。
- c.isNull(int columnIndex)：指定列是否为空（列基数为 0）。
- c.isClosed()：游标是否已关闭。
- c.getCount()：总数据项数。
- c.getPosition()：返回当前游标所指向的行数。
- c.getColumnIndex(String columnName)：返回某列名对应的列索引值。
- c.getString(int columnIndex)：返回当前行指定列的值。